Einführung in die Theorie der Schwachstromtechnik

von

Dr. phil. **Julius Wallot**

Mit 421 Textabbildungen

Vierte Auflage

Berlin
Springer-Verlag
1944

ISBN-13: 978-3-642-90518-6 e-ISBN-13: 978-3-642-92375-3
DOI: 10.1007/ 978-3-642-92375-3

Reprint of the original edition 1932

Aus dem Vorwort zur ersten Auflage.

Dieses Buch ist hervorgegangen aus Unterrichtskursen, die ich seit einer Reihe von Jahren im Zentrallaboratorium der Siemens & Halske A.-G. abhalte. Da an diesen Kursen nicht nur an Hoch- und Fachschulen ausgebildete Ingenieure und Physiker, sondern auch begabte Angestellte ohne regelrechte Ausbildung teilnehmen, pflege ich nur geringe Vorkenntnisse insbesondere in der Mathematik vorauszusetzen. Entsprechend braucht auch der Leser dieses Buchs von der Trigonometrie, der Determinantentheorie, der analytischen Geometrie und der Differential- und Integralrechnung nur das zu wissen, was er in jeder, auch der kürzesten, Darstellung dieser Gebiete findet. Ein Verzicht auf die Anwendung der höheren Mathematik hat nicht in Frage kommen können, weil die vorgetragenen Theorien ohnehin nur dem bereits Vorgebildeten und Geübten zugänglich sind, und weil man heutzutage die nötigen Vorkenntnisse bei jedem voraussetzen kann, der sich für die Theorie der Schwachstromtechnik interessiert.

Auch eine gewisse Vertrautheit mit den physikalischen Grundbegriffen und den Problemen der Praxis setze ich durchaus voraus. Ich beginne zwar mit einer kurzen Darstellung der physikalischen Grundbegriffe. Damit beabsichtige ich aber keineswegs, Laien für die späteren Abschnitte vorzubilden; ich möchte vielmehr die Aufmerksamkeit des Lesers auf solche für die Schwachstromtechnik wichtige Punkte lenken, die er in den Lehrbüchern der Elektrizitätslehre entweder überhaupt nicht findet oder über die der Anfänger zunächst hinwegzulesen pflegt.

Ich habe mich bemüht, eine bei aller Kürze leicht verständliche Darstellung der wichtigsten Begriffsbildungen und Entwicklungen zu geben. Im Vordergrund steht immer das Interesse an der physikalischen Erscheinung und ihrer Erklärung. Nicht aufgenommen worden sind daher Ableitungen, die sich — soviel ich sehe — nicht physikalisch durchsichtig darstellen lassen oder bei denen der mathematische Aufwand in keinem rechten Verhältnis zu der Wichtigkeit des Endergebnisses steht.

Die eingestreuten Zahlenbeispiele sollen in erster Linie der Veranschaulichung der allgemeinen Theorien dienen. Die Schaltbilder sind durchweg als schematische Zeichnungen aufzufassen. Das Buch soll kein Handbuch sein, in dem der Praktiker alles findet, was er braucht. Ein solches könnte bei dem heutigen Stand der Fernmeldetechnik auch nicht mehr von einem einzelnen, sondern nur in Gemeinschaftsarbeit vieler Verfasser geschaffen werden.

Da das Buch ein Lehrbuch sein soll, habe ich den Stoff weniger nach logischen, als nach didaktischen Gesichtspunkten gegliedert. Immer habe ich der nach meiner Ansicht einfachsten Darstellung den Vorzug gegeben; es hat daher leider auch manche in der geschichtlichen Entwicklung bedeutungsvolle Ableitung fallen müssen. Umgekehrt ist manche lehrreiche Angabe stehengeblieben, auch wenn ihre Bedeutung für die heutige Technik nicht mehr allzu groß ist.

Berlin-Siemensstadt, im November 1931.

Aus dem Vorwort zur zweiten Auflage.

Die 2. Auflage ist stark umgearbeitet und erweitert. Neu hinzugekommen sind Abschnitte über die Grundbegriffe der Elektroakustik, über Rückkopplung und über Frequenzumsetzung. Dagegen ist der Abschnitt „Messungen an Leitungen" gestrichen; bei der schnellen Entwicklung gerade der Meßtechnik hätte er zu stark erweitert werden müssen.

Der Abschnitt „Vierpole" ist noch ausgesprochener als in der 1. Auflage Grundlage für fast alles Weitere. Er sollte daher beim Lesen unter keinen Umständen überschlagen werden.

Um das Auffinden zu erleichtern, habe ich die Gleichungen und die Abbildungen nach den Nummern der Paragraphen bezeichnet, in denen sie vorkommen. Bei Verweisungen auf Gleichungen desselben Paragraphen sind die Paragraphnummern weggelassen.

Wie bei der 1. Auflage habe ich auf Vollständigkeit der Literaturangaben keinen Wert gelegt. Die wenigen Arbeiten, die ich genannt habe, sollen dem Leser die Einarbeitung in Sondergebiete erleichtern. Über die neuesten Fortschritte auf dem Gebiete des Fernsprechwesens unterrichtet in ausgezeichneter Weise vor allem die Zeitschrift „Europäischer Fernsprechdienst".

Von Matrizen- und Operatorenrechnung habe ich auch in der neuen Auflage keinen Gebrauch gemacht. Wer sich darüber unterrichten will, greife zu den Sonderdarstellungen, für die Operatorenrechnung z. B. zu dem neuen Buch von K. W. Wagner: „Operatorenrechnung" (Leipzig 1940).

Berlin-Siemensstadt, im April 1940.

J. Wallot.

Vorwort zur dritten und vierten Auflage.

Die dritte Auflage ist etwas umfangreicher als die zweite. Einige Paragraphen sind neu geschrieben; außerdem finden sich auf fast allen Seiten kleinere oder größere Änderungen oder Zusätze. Die Gesamtzahl der Paragraphen ist die gleiche geblieben.

Wer über die in dem Buch verwendete Schreibweise der Gleichungen Näheres erfahren will, den verweise ich auf meine Aufsätze in der Elektrotechn. Z. 64 (1943) S. 13, 299 und in der Physik. Z. 44 (1943) S. 17.

Über die „Laplacesche Transformation" sind weitere Darstellungen von H. W. Droste (Berlin 1939) und H. Schulz (Berlin 1941) erschienen.

Meinen Arbeitskameraden, die wieder die Freundlichkeit gehabt haben, einzelne Paragraphen oder längere Abschnitte des Buches durchzusehen, danke ich herzlich für ihre wertvollen Ratschläge; der Verlagsbuchhandlung für ihr Entgegenkommen.

Die vierte Auflage ist ein im wesentlichen unveränderter Abdruck der dritten.

Berlin-Siemensstadt, im März 1943 und August 1944.

J. Wallot.

Inhaltsverzeichnis.

1. Abschnitt.

Gleichstromschaltungen.

§ 1. Das Ohmsche Gesetz. Eine Bleisammlerbatterie werde durch einen langen und dünnen Metalldraht geschlossen. In den Kreis sei außerdem (Abb. 1. 1) ein „Silbervoltameter“ eingeschaltet, d. h. ein Platintiegel mit Silbernitratlösung, in die ein Silberstift hineintaucht. Dieser werde mit einer braunen Platte der Batterie, der Platintiegel über den Schließungsdraht mit einer grauen verbunden. Dann scheidet sich, wie die Beobachtung zeigt, auf dem Tiegel dauernd Silber ab, und zwar Sekunde für Sekunde die gleiche Menge (Faradaysches Gesetz der Elektrolyse).

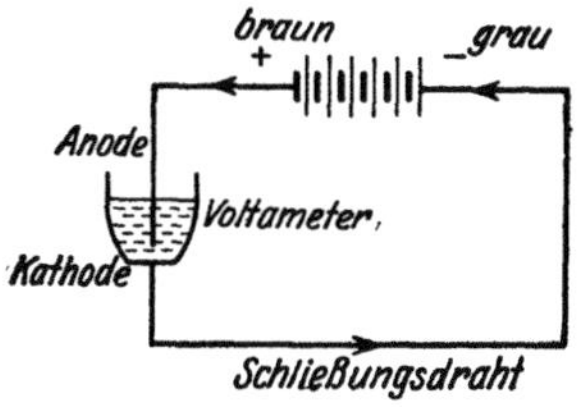

Abb. 1. 1.

Man stellt sich vor, daß durch das Voltameter und den Schließungsdraht von der braunen Platte, der „positiven“, zur grauen, der „negativen“, „Elektrizität“ fließt, und daß mit der bewegten Elektrizität von dem Silberstift auf den Platintiegel Silber wandert und sich dort abscheidet. Die abgeschiedene Silbermenge nimmt man als Anzeiger und Maß für die gedachte bewegte Elektrizitätsmenge, indem man ihr diese proportional setzt. Nennen wir die bewegte Elektrizitätsmenge Q, die abgeschiedene Silbermenge m, so dürfen wir den Ansatz machen:

$$Q = \text{const}\, m\,. \tag{1. 1}$$

Durch diese Festsetzung wird zwar nicht erklärt, was die „Elektrizitätsmenge Q“ ist; diese wird aber vergleichbar gemacht: Zwei verschiedene Elektrizitätsmengen sollen sich nach (1. 1) verhalten wie die Silbermengen, die sich in gleichen Zeiten mit ihnen abscheiden:

$$\frac{Q_1}{Q_2} = \frac{m_1}{m_2}\,.$$

Die mit dem negativen Pol der Batterie verbundene Elektrode des Voltameters heißt „Kathode“, die andere „Anode“.

Verändert man die Zahl der eingeschalteten Sammlerzellen, so beobachtet man, daß die abgeschiedene Silbermenge und damit die durch den Kreis geflossene Elektrizitätsmenge nicht nur wie immer der Dauer des Versuchs, sondern auch[1] der Zellenzahl proportional ist. Man stellt sich deshalb vor, jeder Sammlerzelle wohne eine „die Elektrizität in Bewegung setzende“, „elektromotorische“ Kraft (EMK) inne[2]; der beschriebene Versuch zeigt dann, daß die in einer gegebenen Zeit t fließende Elektrizitätsmenge der gesamten „elektromotorischen Kraft“ E der Sammlerbatterie und der Zeit t proportional ist:

$$Q = \text{const}\, E\, t\,. \tag{1. 2}$$

Das Verhältnis der in einer Zeit t geflossenen Elektrizitätsmenge Q zu dieser Zeit t nennen wir die „Stromstärke“ I:

$$I = \frac{Q}{t}\,. \tag{1. 3}$$

Der Versuch zeigt also, daß die Stromstärke einfach der elektromotorischen Kraft

[1] Bei konstanter Temperatur.

[2] Eine genauere Erklärung des Begriffs der elektromotorischen Kraft sparen wir uns für später auf (§ 41). Man präge sich jedoch schon jetzt ein, daß die elektromotorische Kraft keine Kraft im Sinne der Mechanik ist.

der Batterie proportional ist:

$$I = \text{const}\, E\,. \tag{1.4}$$

Dieser Erfahrungssatz heißt das „Ohmsche Gesetz". Nach ihm verhalten sich die Stärken der zustande kommenden elektrischen Ströme wie die angelegten elektromotorischen Kräfte:

$$\frac{I_1}{I_2} = \frac{E_1}{E_2}\,. \tag{1.5}$$

Dem Vorstehenden liegt die Voraussetzung zugrunde, daß die elektromotorische Kraft der Bleisammler zeitlich konstant sei. Sie liefern in der Tat (nahezu) konstante Ströme, „Gleichströme"[1].

Der Begriff des „Gleichstroms" darf nicht mit dem des „Stroms gleichbleibender Richtung" verwechselt werden.

§ 2. Widerstand und Leitwert eines metallischen Schließungskreises. Die in dem Ohmschen Gesetz vorkommende Konstante setzt man gewöhnlich gleich $\frac{1}{R}$ und nennt die Größe R zweckmäßigerweise den „Widerstand des Schließungskreises":

$$R = \frac{E}{I}\,. \tag{2.1}$$

Der Widerstand eines Kreises ist hiernach gleich dem Verhältnis einer an ihn angeschalteten elektromotorischen Kraft zu dem Strom, den sie in ihm hervorbringt, und das Ohmsche Gesetz sagt, daß der so festgelegte Widerstand bei gegebenem Schließungskreis[2] konstant ist.

Den reziproken Wert des Widerstandes R, also den Wert $G = \frac{1}{R}$, nennt man den „Leitwert" des Stromkreises.

§ 3. Größengleichungen[3]. Die Gleichungen (1. 1)

$$Q = \text{const}\, m \tag{3.1}$$

und (2. 1):

$$I = \text{const}\, E = \frac{1}{R} E = \frac{E}{R} \tag{3.2}$$

sollen nach ihrer Herleitung kurze mathematische Ausdrücke sein für die Verhältnisgleichungen

$$\frac{Q_1}{Q_2} = \frac{m_1}{m_2} \tag{3.3}$$

und

$$\frac{I_1}{I_2} = \frac{E_1}{E_2}\,. \tag{3.4}$$

Denn aus ihnen folgen diese Verhältnisgleichungen. Die Gleichungen (1. 1) und (2. 1) haben also einen bestimmten Sinn, ohne daß es nötig wäre, Einheiten für die Größen Q, m, I, E festzusetzen. Denn die Werte von Verhältnissen gleichartiger Größen sind natürlich unabhängig von der Wahl bestimmter Einheiten.

Wir wollen ausdrücklich festsetzen, daß die Zeichen Q, m, I, E, R die physikalischen „Größen" Elektrizitätsmenge, Menge, Stromstärke, elektromotorische Kraft, Widerstand selbst bedeuten sollen und nicht ihre Zahlenwerte bezogen auf schon festgesetzte Einheiten. Gleichungen, in denen die Formelzeichen die

[1] Mit dieser Benennung nimmt der deutsche technische Sprachgebrauch eine Sonderstellung ein: franz. courant continu, engl. continuous (oder direct) current, ital. corrente continua, span. corriente continua.

[2] Und konstanter Temperatur.

[3] Vgl. das Normblatt des Ausschusses für Einheiten und Formelgrößen DIN 1313.

Größen selbst bedeuten, nennen wir „Größengleichungen". Sie haben mit der Wahl der Einheiten nichts zu tun. Mit nur wenigen Ausnahmen werden im folgenden überall Größengleichungen verwendet.

§ 4. **Einheiten.** Will man sagen, wie groß eine gegebene Größe ist, so gibt es nur einen Weg: man wählt eine andere Größe derselben Art als Vergleichsgröße und sagt, wieviel mal größer oder kleiner die gegebene Größe ist als die Vergleichsgröße. Die Vergleichsgröße nennt man meist „Einheit".

Als Vergleichsgröße oder Einheit für die Stärke eines elektrischen Stromes kann man die Stromstärke wählen, bei der im Silbervoltameter Sekunde für Sekunde $1{,}118 \cdot 10^{-3}$ g $= 1{,}118$ mg Silber ausgeschieden werden. Diese Vergleichsgröße hat den Namen „internationales Ampere" erhalten (abgekürzt A); sie ist die Einheit der Stromstärke im „internationalen praktischen System"[1].

Die Gleichung „$I = 12$ mA" sagt demnach, daß der Strom I 12 mal so groß ist wie der Vergleichsstrom mA $= 10^{-3}$ A; der Strom I scheidet also in der Sekunde $12 \cdot 10^{-3} \cdot 1{,}118$ mg $= 13{,}416$ µg Silber aus. I ist die Stromstärke selbst, 12 ihr „Zahlenwert" bezogen auf die Vergleichsstromstärke mA; 12 mA ist ein Produkt.

Größengleichungen sind hiernach Gleichungen, bei denen die Formelzeichen die Produkte aus den Zahlenwerten und den Einheiten bedeuten. Den Gegensatz zu ihnen bilden die Zahlenwertgleichungen, bei denen die Formelzeichen die Zahlenwerte der Größen bedeuten; bei ihnen darf also für jedes Formelzeichen nur der Faktor „Zahlenwert" des Produkts „Zahlenwert mal Einheit" eingesetzt werden.

Größengleichungen können natürlich auch reine Zahlen enthalten, z. B. die Faktoren $\frac{1}{2}$ oder 2π. Da man außerdem für jede Größe das Produkt aus ihrem Zahlenwert und der für sie benutzten Einheit einsetzen darf, können in Größengleichungen auch Einheitszeichen vorkommen. Zahlenwertgleichungen dagegen enthalten nur reine Zahlen. Wir wollen zur Sicherheit ausdrücklich festsetzen, daß in ihnen keine Einheitszeichen vorkommen dürfen.

Die Widerstandseinheit des internationalen praktischen Systems ist das „internationale Ohm" (Ω). Dieses ist festgesetzt worden als der Widerstand, den eine Quecksilbermenge von 14,4521 g in Form eines Fadens von gleichmäßigem Querschnitt und von 1,063 m Länge bei 0° C dem elektrischen Strom entgegensetzt.

Die übrigen praktischen Einheiten werden in der einfachsten möglichen Weise auf die beiden unabhängig festgesetzten Einheiten A und Ω bezogen. So wird die Einheit „Siemens" (S) des Leitwerts durch den Leitwert des zur Definition des Ohms benutzten Quecksilberfadens dargestellt, die Einheit „Volt" der elektromotorischen Kraft durch die elektromotorische Kraft, die in einem Schließungsdraht von 1 Ω Widerstand einen Strom von 1 A hervorruft usw.

Nach der Definition des Volts und nach dem Ohmschen Gesetz (2. 1) ist

$$1\,\mathrm{V} = 1\,\Omega \cdot 1\,\mathrm{A} \quad \text{oder} \quad \mathrm{V} = \Omega\,\mathrm{A}. \tag{4. 1}$$

Derartige Beziehungen zwischen Einheiten heißen „Einheitengleichungen". Bestehen zwischen den Einheiten eines Systems Einheitengleichungen, in denen keine von 1 verschiedenen Zahlenfaktoren vorkommen, so heißen die Einheiten des Systems „aufeinander abgestimmt" („kohärent"). Nach (. 1) sind die Einheiten V, Ω und A aufeinander abgestimmt. Dasselbe gilt z. B. für kV, MΩ und mA.

Teilt man die Größengleichung $E = RI$ durch die Einheitengleichung V $=$ Ω A, so entsteht die „zugeschnittene" Größengleichung

$$\frac{E}{\mathrm{V}} = \frac{R}{\Omega} \cdot \frac{I}{\mathrm{A}} \quad \text{oder} \quad E = \frac{R}{\Omega}\,\frac{I}{\mathrm{A}}\,\mathrm{V}. \tag{4. 2}$$

[1] Die Wahl des Zahlenwerts 1,118 hat geschichtliche Gründe. Es besteht die Absicht, das System der „praktischen" Einheiten auf eine neue Grundlage zu stellen. Die neuen Einheiten werden sich jedoch nur sehr wenig von den alten unterscheiden.

Sie sagt aus, daß man den Zahlenwert von E in V erhält, wenn man den Zahlenwert von R in Ω mit dem Zahlenwert von I in A multipliziert. Denn wenn die „Größe" das Produkt aus Zahlenwert und Einheit ist, so ist der „Zahlenwert" der Quotient „Größe durch Einheit". Der zugeschnittenen Größengleichung (. 2) entspricht die Zahlenwertgleichung $E = RI$. Diese hat dieselbe Form wie die zugehörige Größengleichung (3. 2). Das ist immer dann so, wenn die Einheiten, auf die sich die Zahlenwertgleichung beziehen soll, aufeinander abgestimmt sind.

§ 5. Richtungs- und Vorzeichenregeln. Legt man bei dem Versuch des § 1 den Stift des Silbervoltameters an den negativen, den Platintiegel an den positiven Pol der Batterie, so scheidet sich das Silber wieder an der Kathode ab, diesmal also am Stift und nicht im Tiegel. Zwischen der Polung der Batterie und dem Sinne, in dem das Silber im Voltameter wandert, besteht demnach ein physikalischer Zusammenhang. Definiert man als Richtungssinn des Stroms den Sinn, in dem das Silber wandert, als Richtungssinn der elektromotorischen Kraft die Richtung vom negativen Pol durch die Batterie hindurch zum positiven, so stimmt der Richtungssinn des Stroms erfahrungsgemäß mit dem Richtungssinn der elektromotorischen Kraft überein.

Diesen physikalischen Zusammenhang sucht man auch in den Gleichungen zum Ausdruck zu bringen. Bei dem Verfahren der Doppelindizes schreibt man in einem Schaltbild oder auch in Gedanken an die jedesmal zwei Punkte, zwischen denen eine elektromotorische Kraft wirkt oder ein Strom fließt, Ziffern oder Buchstaben und setzt fest, daß z. B. ein Strom I_{12}, wenn er positiv ist, von 1 nach 2 fließt oder daß eine elektromotorische Kraft E_{ab}, wenn sie positiv ist, in der Richtung von a nach b „treibt". Dann ist $I_{12} = -I_{21}$, und $E_{ab} = -E_{ba}$. Bei einem zweiten Verfahren, dem Verfahren der „Bezugspfeile" oder „Zählpfeile", sind Indizes unnötig; man ordnet jeder Größe, die einen Richtungssinn haben kann, einen „Bezugspfeil" zu und setzt fest: Jede positive Größe hat den Richtungssinn ihres Bezugspfeils, jeder negative den entgegengesetzten. Doppelindizes und Bezugspfeile verknüpfen demnach nur die Vorzeichen von Größen, denen Richtungssinne zukommen können, mit ihren Richtungssinnen. Man beachte besonders, daß man weder aus einem Doppelindex allein, noch aus einem Bezugspfeil allein auf den wirklichen Richtungssinn einer Größe schließen kann.

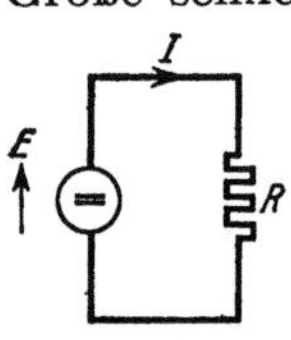

Abb. 5. 1.

Aus diesen Festsetzungen folgt, daß das Ohmsche Gesetz für einen Kreis mit positivem Widerstand R nach Abb. 5. 1 in der Form

$$E = RI, \tag{5. 1}$$

nach Abb. 5. 2 in der Form

$$E = -RI \tag{5. 2}$$

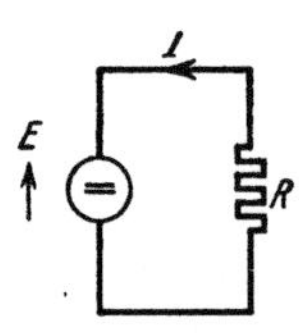

Abb. 5. 2.

geschrieben werden muß. Denn nur dann stimmen, wie es der Erfahrung entspricht, die wirklichen Richtungssinne des Stroms und der elektromotorischen Kraft miteinander überein.

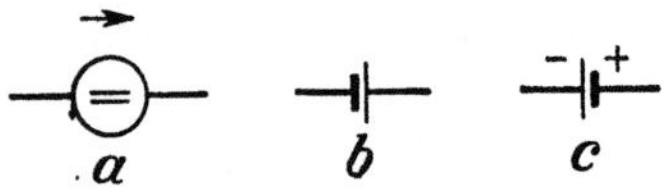

Abb. 5. 3.

Den Richtungssinn einer positiven elektromotorischen Kraft kann man statt durch einen Zählpfeil auch durch ein besonderes Batteriezeichen andeuten. Nach internationaler Festsetzung ist an Stelle des in den Abb. 5. 1 und 5. 2 gebrauchten Zeichens a (Abb. 5. 3) das Zeichen b (Kurzbild des Daniellelements) zu benutzen. Das in einigen Schaltbildern dieses Buchs noch verwendete Zeichen c (Kurzbild des Bunsen- oder Leclanchéelements) widerspricht wie das Zeichen a der heutigen Norm.

§ 6. Die Abhängigkeit der Stromstärke von den Eigenschaften des Schließungsdrahts. Verändert man die Länge l und den Querschnitt F des die Stromquelle schließenden Metalldrahts, so zeigt der Versuch, daß sich die Stromstärke dem Querschnitt direkt, der Länge umgekehrt proportional mitändert:

$$I = \varkappa \frac{F}{l} E. \tag{6.1}$$

Der Leitwert des Schließungsdrahts kann also gleich

$$G = \varkappa \frac{F}{l}, \tag{6.2}$$

sein Widerstand gleich

$$R = \frac{1}{\varkappa} \frac{l}{F} \tag{6.3}$$

gesetzt werden. $\varkappa$ ist eine neue Proportionalitätskonstante, die, wie der Versuch zeigt, von der Größe und Gestalt des Schließungsdrahts unabhängig, von der Art des Metalls, aus dem er hergestellt ist, und von der Temperatur dagegen abhängig ist. Sie heißt „Leitfähigkeit" des Metalls; ihr reziproker Wert „spezifischer Widerstand" ϱ.

Die hier angegebenen einfachen Beziehungen (. 2) und (. 3) gelten nur für Drähte („lineare Leiter").

Mit steigender Temperatur nimmt die Leitfähigkeit der Metalle („Leiter 1. Klasse") ab.

Für die Leitfähigkeit ist die Einheit Sm/mm², für den spezifischen Widerstand die Einheit μΩ cm geeignet. Für Kupfer z. B. soll bei 20° C nach internationalen Festsetzungen $\varkappa = 58$ S m/mm², $\varrho = 1{,}724$ μΩ cm sein.

§ 7. Widerstand von Leitungen. In der Theorie der Leitungen ist es üblich, unter l den Abstand der verbundenen Punkte zu verstehen. Der Gesamtwiderstand von Drahtpaarleitungen ist daher nach der Formel

$$R = \frac{2l}{\varkappa F} \tag{7.1}$$

zu berechnen. Bei Einfachleitungen ist der Widerstand des Rückwegs, der durch die Erde verläuft, bei guter „Erdung" als sehr klein anzusehen, so daß für sie auch mit der neuen Bedeutung des Buchstabens l die frühere Formel (6. 3) gültig bleibt.

Nach (. 1) und (6. 3) ist der Widerstand der Leitungen ihrer Länge proportional. Der Koeffizient von l:

$$\frac{2}{\varkappa F} = \frac{R}{l} \quad \text{oder} \quad \frac{1}{\varkappa F} = \frac{R}{l} \tag{7.2}$$

heißt „bezogener Widerstand" (auch: „Widerstandsbelag"); er ist, wie man sieht, nur von der Dicke und der Leitfähigkeit der Drähte abhängig.

Beispiel. Für eine 2-mm-Bronzefreileitung (Zahlenwert der Leitfähigkeit: 53) wird der bezogene Widerstand

$$\frac{R}{l} = \frac{2\,\text{mm}^2}{53\,\text{Sm}\cdot\text{mm}^2\pi} = \frac{2}{53\pi}\frac{\Omega}{\text{m}} = 12\,\frac{\Omega}{\text{km}}.$$

§ 8. Isolationswiderstand von Leitungen. Der Isolationswiderstand einer Leitung läßt sich aus ihren Abmessungen und aus der Leitfähigkeit der Isolierstoffe nicht so einfach berechnen wie der Widerstand der Drähte selbst. Ohne Rechnung erkennt man aber sofort, daß er der Leitungslänge nicht direkt, sondern umgekehrt proportional ist; denn den durch die Isolation fließenden Strömen steht ein um so größerer Querschnitt zur Verfügung, je länger die Leitung ist. Als „bezogenen Isolationswiderstand" bezeichnet man daher das Produkt Rl. Meist mißt man ihn in MΩ km (= 10^6 Ω km).

Bei der Messung von Isolationswiderständen ist zu beachten, daß ihre Größe davon abhängt, wie lange man die elektromotorische Kraft anlegt.

§ 9. Kirchhoffsche Regeln. Die Schaltungen der Schwachstromtechnik stellen häufig verwickeltere „Netzwerke" aus Drähten (linearen Leitern) dar; sie bestehen aus „Zweigen", die in „Knoten" zusammenlaufen und in sich geschlossene „Maschen" bilden. Zur Berechnung der Ströme, die in solchen Netzwerken entstehen, wenn man in die Zweige konstante elektromotorische Kräfte einschaltet, dienen die „Kirchhoffschen Regeln"[1].

Wir denken uns für alle elektromotorischen Kräfte und für alle Ströme Bezugspfeile (§ 5) und außerdem für jede Masche willkürlich einen Umlaufsinn festgesetzt. Dann besagen die Regeln:

a) „Knotenregel": Für jeden Knoten ist die Summe der Ströme gleich Null. Dabei sind alle Ströme, deren Bezugspfeile nach dem betrachteten Knoten hinweisen, mit dem positiven, alle anderen Ströme mit dem negativen Zeichen zu versehen (oder umgekehrt).

b) „Maschenregel": Für jede Masche ist die Summe der elektromotorischen Kräfte gleich der Summe der für die Zweige der Masche berechneten Produkte „Widerstand mal Stromstärke". Dabei sind die elektromotorischen Kräfte und Ströme, deren Bezugspfeile dem Maschenumlaufsinn entsprechen, mit dem positiven, alle anderen elektromotorischen Kräfte und Ströme mit dem negativen Zeichen zu versehen (oder umgekehrt):

Die Knotenregel drückt aus, daß die Summe der zu einem Knoten hinfließenden Elektrizitätsmengen ebenso groß ist wie die Summe der von ihm wegfließenden. („Gesetz von der Erhaltung der Elektrizität.")

Die Maschenregel ist eine Verallgemeinerung des Ohmschen Gesetzes[2]. Man pflegt das Fließen der Elektrizität durch ein Netzwerk mit dem Fließen von Wasser durch ein System von Röhren zu vergleichen. Wenn das Wasser in einem solchen System beständig kreisen soll, muß es nach dem Heruntersinken immer wieder von neuem gehoben werden. Ähnlich sinkt die Elektrizität in den Widerständen der elektrischen Kreise allmählich von höheren „Potentialen" zu niedrigeren herab; und die elektromotorischen Kräfte E sorgen für den Ersatz der in den Widerständen „verlorenen" oder „vernichteten" Potentialunterschiede RI. Die Maschenregel behauptet, daß der Gesamtfall $\sum RI$ gleich der Summe der hebenden elektromotorischen Kräfte $\sum E$ ist.

Statt „Potentialunterschied" sagt man auch „Spannung". Die Summe der elektromotorischen Kräfte in einer Masche ist also gleich der Summe der Spannungen, die an den einzelnen Zweigen der Masche liegen.

In den Zweigen einer Masche fließen im allgemeinen verschiedene Ströme. Die Potentialunterschiede $R_i I_i$ setzen sich zusammen wie im Falle des Wassers die Höhenunterschiede; wie ein bestimmter Punkt nur auf einer einzigen Höhe liegen kann, so kann einem bestimmten Knotenpunkt nur ein einziges Potential zukommen.

Die aus den Kirchhoffschen Regeln folgenden Gleichungen sind hinsichtlich der Ströme und Spannungen „linear", wenn die Widerstände R weder von den Strömen noch von den Spannungen abhängen. Man nennt daher die Netzwerke, die sich aus strom- und spannungsunabhängigen Widerständen zusammensetzen, „lineare Netzwerke".

Fließen den n Knotenpunkten eines Netzwerks von außen n Ströme I_i zu und sind I_{ik} die in den Zweigen des Netzwerks fließenden Ströme, so gelten nach der Knotenregel n Gleichungen der Form

$$I_i = \sum_k I_{ik}. \qquad (k = 1, 2, \ldots n, \quad \text{aber} \quad k \neq i) \tag{9.1}$$

Addiert man sie, so verschwindet die rechte Seite, da jeder Strom I_{ik} sich gegen einen Strom I_{ki} streicht. Von den n „Einströmungen" I_i eines Netzwerks können daher nur $n-1$

[1] Kirchhoff, G.: Poggendorffs Ann. **64** (1845).
[2] Ausführlichere Erläuterungen im 2. Abschnitt.

willkürlich angenommen werden. Ferner liefert bei einem Netzwerk mit n Knoten die Knotenregel immer nur $n-1$ voneinander unabhängige Gleichungen.

Als Ersatz für den etwas umständlichen Ausdruck „elektromotorische Kraft" ist neuerdings das Wort „Urspannung" vorgeschlagen worden[1]. Die Maschenregel verknüpft also „Spannungen" mit „Urspannungen".

§ 10. **Klemmenspannungen.** Wenn das Potential mit der Höhe eines Punktes über einem Nullpegel verglichen werden kann, so geht daraus schon hervor, daß die Spannung U als Potentialdifferenz ebenso wie die elektromotorische Kraft und der Strom eine Größe mit Richtungssinn ist.

Wir wollen festsetzen, daß sie, wenn die Elektrizität mit der Stärke I durch einen Widerstand R fließt, physikalisch den Richtungssinn der Stromstärke hat, also den Richtungssinn von dem höheren Potential nach dem niedrigeren hin.

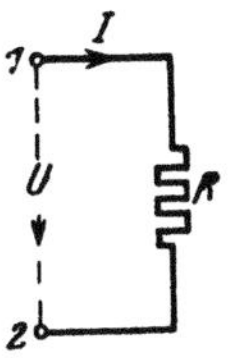

Abb. 10.1.

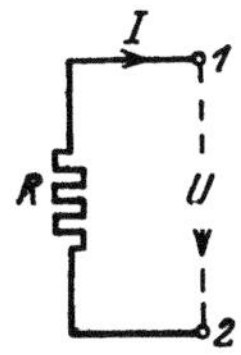

Abb. 10.2.

Für die Schaltung und die Bezugspfeile der Abb. 10.1 gilt daher:

$$U = RI, \tag{10.1}$$

für die Schaltung und die Bezugspfeile der Abb. 10.2 dagegen:

$$U = -RI. \tag{10.2}$$

Diese beiden Gleichungen können auch nach der Maschenregel sofort hingeschrieben werden. Man braucht nur jedesmal durch eine Hilfslinie von *1* durch den Außenraum nach *2* eine geschlossene Masche herzustellen. Da keine elektromotorischen Kräfte vorhanden sind, ergibt sich im Falle der Abb. 10.1

$$0 = -U + RI,$$

im Falle der Abb. 10.2

$$0 = U + RI,$$

beides genau wie vorher.

Wie man sieht, kann die Maschenregel auch auf offene Stromkreise angewendet werden, wenn man deren Lücken durch Spannungen überbrückt.

Fügt man dem Widerstand der Abb. 10.2 noch eine elektromotorische Kraft E zu (Abb. 10.3), so ergibt die Maschenregel

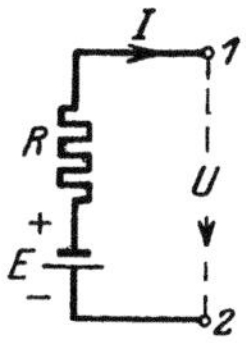

Abb. 10.3.

$$E = RI + U \tag{10.3}$$

oder auch

$$U = E - RI. \tag{10.4}$$

Die „Klemmenspannung" einer solchen Stromquelle ist daher gleich ihrer elektromotorischen Kraft E vermindert um ihren inneren Potentialfall RI.

In der Fernmeldetechnik ist es üblich, die Pfeile der Ströme und Spannungen bei den Stromquellen und den Abschlußwiderständen, die man gewöhnlich „Verbraucher" nennt, so zu wählen, wie es in den Abb. 10.3 und 10.1 geschehen ist. (. 4) kann daher als Grundgleichung der Stromquelle, (. 1) als Grundgleichung des Verbrauchers angesehen werden.

Sind die Pfeile der Klemmenspannung und des Klemmenstroms einander wie in den Abb. 10.2 und 10.3 zugeordnet, so spricht man auch von „Erzeugerpfeilen"; die Pfeile der Abb. 10.1 dagegen faßt man als „Verbraucherpfeile" zusammen[2].

§ 11. **Zweipole: Zwei Widerstände hintereinander (in Reihe, Serie).** Die Spannung U zwischen den beiden Endpunkten (Endklemmen) einer Hintereinander-

---

[1] Von A. Güntherschulze.
[2] Vgl. Bödefeld, Th.: Elektrotechn. u. Masch.-Bau 56 (1938) S. 381.

schaltung von zwei Widerständen R_1 und R_2 (Abb. 11. 1) setzt sich nach der Maschenregel additiv aus den beiden Teilspannungen an R_1 und R_2 zusammen:

$$U = R_1 I + R_2 I = (R_1 + R_2)\, I\,. \tag{11. 1}$$

(Nach der Knotenregel fließt ja durch die beiden Widerstände derselbe Strom.)

Die Teilspannungen $U_1 = R_1 I$ und $U_2 = R_2 I$ an den Widerständen R_1 und R_2 verhalten sich wie diese:

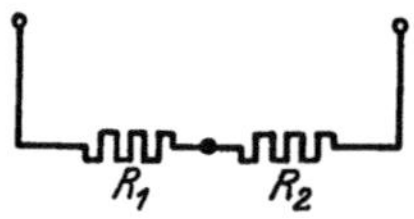

Abb. 11. 1.

$$\frac{U_1}{U_2} = \frac{R_1}{R_2}\,. \tag{11. 2}$$

Wir nennen jede solche Zusammenschaltung aus stromunabhängigen Widerständen mit zwei Endklemmen (Polen) einen „linearen Zweipol". Unter ihrem „Scheinwiderstand" oder auch „inneren Widerstand" R verstehen wir[1] das Verhältnis ihrer „Klemmenspannung" zu ihrem „Klemmenstrom", also das Verhältnis $\frac{U}{I}$. Für die Hintereinanderschaltung gilt hiernach [vgl. (. 1)]:

$$R = R_1 + R_2\,; \tag{11. 3}$$

durch Aneinanderreihung von Drahtspulen kann man also Widerstände von beliebiger Größe herstellen.

Der Scheinleitwert einer Hintereinanderschaltung ist natürlich

$$G = \frac{I}{U} = \frac{1}{R} = \frac{1}{R_1 + R_2} = \frac{1}{\frac{1}{G_1} + \frac{1}{G_2}} = \frac{G_1 G_2}{G_1 + G_2}\,. \tag{11. 4}$$

§ 12. **Zweipole: Zwei Leitwerte nebeneinander (parallel).** Auch zwei parallele Leitwerte (Abb. 12. 1) bilden zusammen einen Zweipol. Der in ihn hineinfließende Strom I setzt sich nach der Knotenregel additiv aus den beiden Teilströmen durch G_1 und G_2 zusammen:

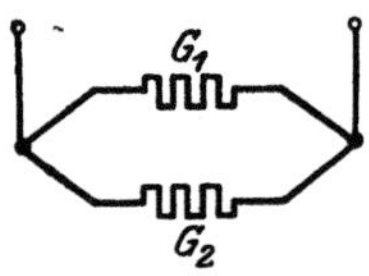

Abb. 12. 1.

$$I = G_1 U + G_2 U = (G_1 + G_2)\, U. \tag{12. 1}$$

(Die Spannungen zwischen den beiden Enden von G_1 und G_2 sind nach der Maschenregel gleich groß.)

Die Teilströme $I_1 = G_1 U$ und $I_2 = G_2 U$ durch die Leitwerte G_1 und G_2 verhalten sich wie diese:

$$\frac{I_1}{I_2} = \frac{G_1}{G_2}\,. \tag{12. 2}$$

Der Scheinleitwert der Parallelschaltung ist

$$G = \frac{I}{U} = \frac{(G_1 + G_2)\, U}{U} = G_1 + G_2\,; \tag{12. 3}$$

durch Parallelschalten von Drahtspulen kann man also Leitwerte von beliebiger Größe herstellen. Der Scheinwiderstand ist natürlich

$$R = \frac{1}{G} = \frac{1}{G_1 + G_2} = \frac{1}{\frac{1}{R_1} + \frac{1}{R_2}} = \frac{R_1 R_2}{R_1 + R_2}\,. \tag{12. 4}$$

§ 13. **Widerstand und Leitwert parallel.** Oft hat man den Scheinwiderstand W einer Parallelschaltung eines Widerstandes R und eines Leitwertes G zu berechnen. Man tut gut daran, sich die sehr einfache Formel:

$$W = \frac{R}{1 + RG} \tag{13. 1}$$

[1] Diese recht zweckmäßige Definition des Begriffes „Scheinwiderstand" beginnt sich in der neueren Zeit mehr und mehr durchzusetzen. Vgl. § 106.

zu merken, die nach (12. 4) für diesen Fall gilt. Der Scheinwiderstand ist also gleich dem Widerstand dividiert durch die Summe aus der Zahl 1 und dem Produkt aus Widerstand und Leitwert.

§ 14. Verbindung von Reihen- und Parallelschaltung; Spannungsteiler. Eine Stromquelle E sei geschlossen durch die Reihenschaltung eines Leitwerts G_1 und einer Parallelschaltung zweier Leitwerte G_2 und G_3 (Abb. 14. 1). Dann gelten nach § 11 und 12, wenn c eine Proportionalitätskonstante ist, die Gleichungen:

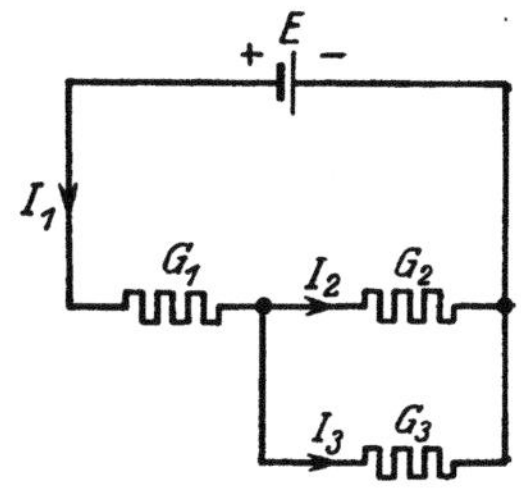

Abb. 14. 1.

$$I_2 = c\,G_2\,, \qquad I_3 = c\,G_3\,, \tag{14.1}$$

$$I_1 = \frac{G_1(G_2+G_3)}{G_1+G_2+G_3}\,E = I_2 + I_3 = c\,(G_2+G_3)\,, \tag{14.2}$$

also nach Ausscheidung der Konstante c:

$$I_2 = \frac{G_1 G_2}{G_1+G_2+G_3}\,E\,, \qquad I_3 = \frac{G_1 G_3}{G_1+G_2+G_3}\,E\,. \tag{14.3}$$

Führt man an Stelle der Leitwerte die Widerstände ein, so erhält man

$$\left.\begin{aligned} I_1 &= \frac{R_2+R_3}{R_1R_2+R_2R_3+R_3R_1}\,E\,,\\ I_2 &= \frac{R_3}{R_1R_2+R_2R_3+R_3R_1}\,E\,,\\ I_3 &= \frac{R_2}{R_1R_2+R_2R_3+R_3R_1}\,E\,. \end{aligned}\right\} \tag{14.4}$$

In den Nennern steht die Summe aller Produkte zu zwei Faktoren, die man aus den drei Widerständen (ohne Wiederholung) bilden kann.

Von besonderer Wichtigkeit ist die Spannung U_3 zwischen den Enden des Widerstandes R_3:

$$U_3 = R_3 I_3 = \frac{R_2}{R_1 + R_2 + \dfrac{R_1R_2}{R_3}}\,E\,. \tag{14.5}$$

Wenn der Widerstand R_3 so groß ist, daß er praktisch keinen Strom mehr aufnimmt, „leerläuft", wird U_3 zur „Leerlaufspannung":

$$U_3^l = \frac{R_2}{R_1+R_2}\,E\,. \tag{14.6}$$

An einem konstanten Gesamtwiderstand $R_1 + R_2$ kann man also eine beliebige — jedoch natürlich unter E liegende — Leerlaufspannung „abzapfen", die dem Widerstand R_2, an dem man abzapft, proportional ist. Ein Widerstand, an dem man in solcher Weise abzapfen kann, heißt „Spannungsteiler", die Gleichung (. 6) „Spannungsteilergleichung". Die Leerlaufspannung U_3^l ist die Spannung am Widerstande R_2 vor dem Anlegen eines endlichen (nicht unendlich großen) Widerstandes R_3.

Führt man statt der Widerstände Leitwerte ein, so nimmt die Spannungsteilergleichung nach (. 3) oder (. 6) die Form

$$U_3 = \frac{G_1}{G_1+G_2}\,E \tag{14.7}$$

an.

Obgleich die Spannung an R_2 gemäß (. 5) nach dem Anlegen eines endlichen Widerstandes R_3 eine andere ist, kann man den Strom I_3, der in R_3 entsteht, in sehr einfacher Weise aus der Leerlaufspannung U_3^l berechnen. Bezeichnet man nämlich mit R_i (Abb. 14. 2) den Widerstand $\frac{R_1 R_2}{R_1 + R_2}$, der zwischen den Abzapfdrähten läge, wenn die elektromotorische Kraft E gar nicht da wäre, so gilt, wie wir behaupten,

$$I_3 = \frac{U_3^l}{R_i + R_3}; \qquad (14.8)$$

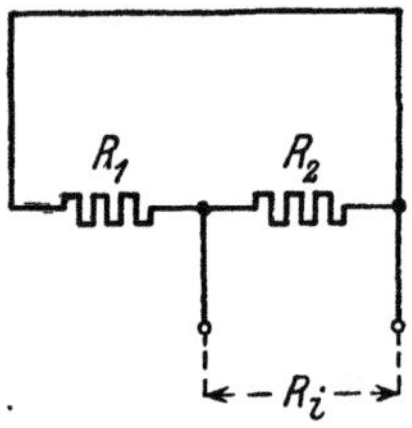

Abb. 14. 2.

d. h. der Strom kann berechnet werden, als ob die Leerlaufspannung U_3^l (also nicht die elektromotorische Kraft E) wirkte und nur die Widerstände R_i und R_3 in Reihe vorhanden wären. Der Beweis ergibt sich unmittelbar durch Einsetzen. Für ihre Wirkung nach außen kann die Spannungsteilerschaltung demnach durch die einfachere Schaltung Abb. 14. 3 ersetzt werden.

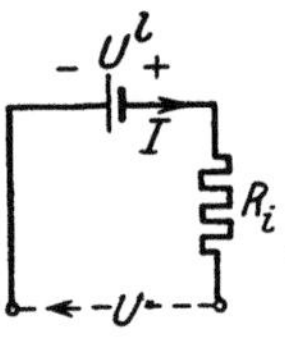

Abb. 14. 3.

§ 15. Zweipol und Zweipolquelle; Grundgleichungen. Wir haben im § 11 eine beliebige in zwei Klemmen endigende Zusammenschaltung von stromunabhängigen Widerständen einen linearen Zweipol genannt. Die Wirkung eines solchen Zweipols nach außen hin läßt sich durch einen einzigen Parameter, seinen Scheinwiderstand oder inneren Widerstand beschreiben; dieser ist definiert durch das Verhältnis der Klemmenspannung zum Klemmenstrom.

Ähnlich nennen wir eine beliebige in zwei Klemmen endigende Zusammenschaltung von stromunabhängigen Widerständen und elektromotorischen Kräften eine „lineare Zweipolquelle".

Jede lineare Zweipolquelle kann (wie die Spannungsteilerschaltung) durch zwei Parameter gekennzeichnet werden, durch ihre Leerlaufspannung U^l und ihren inneren Widerstand R_i. Die Leerlaufspannung ist die Spannung, die man an den Klemmen mit einem „statischen" Spannungsmesser oder mit einem Spannungsmesser sehr hohen Widerstandes mißt; unter dem inneren Widerstand R_i der Zweipolquelle wollen wir das Verhältnis ihrer Leerlaufspannung U^l verstehen zu dem Strom I^k, der durch ihre Klemmen fließt, wenn man diese kurz schließt:

$$R_i = \frac{U^l}{I^k}. \qquad (15.1)$$

Ist R der Scheinwiderstand eines linearen Zweipols und bedeutet U die Klemmenspannung, I den Klemmenstrom, so gilt selbstverständlich die Beziehung

$$U = R I, \qquad (15.2)$$

die man die „Grundgleichung des Zweipols" nennen kann.

Bei der linearen Zweipolquelle (Abb. 15. 1) liegen die Dinge etwas verwickelter. Man kann leicht feststellen, daß die durch die Kirchhoffschen Regeln zur Verfügung gestellten Gleichungen auch bei dem kompliziertesten abgeschlossenen Netzwerk gerade ausreichen, um die Ströme in sämtlichen Zweigen zu berechnen. Denkt man sich also die lineare Zweipolquelle durch einen linearen Zweipol vom Scheinwiderstand R abgeschlossen, so wäre der Klemmenstrom I, wenn der Aufbau der Schaltung im einzelnen bekannt wäre, vollständig berechenbar als Funktion einerseits der Widerstände und elektromotorischen Kräfte der Zweipolquelle, anderseits der Widerstände des abschließenden Zweipols. Nun gilt aber immer die Gleichung (. 2); ersetzt man also in der gedachten Gleichung für I die Widerstände des Zweipols durch U/I, so erhält man eine Beziehung zwischen der Klemmenspannung U und dem

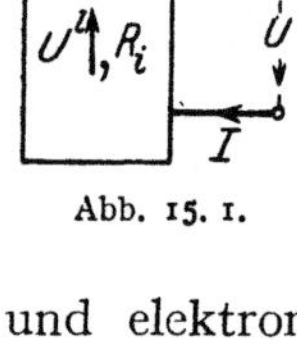

Abb. 15. 1.

Klemmenstrom I, in der nur noch die Widerstände und elektromotorischen Kräfte der Zweipolquelle vorkommen. Diese Beziehung muß linear sein, da es die Kirchhoffschen Regeln sind; man kann daher schreiben

$$U = a + bI. \tag{15.3}$$

Nun geht nach Definition bei Leerlauf ($I = 0$) die Klemmenspannung U in die Leerlaufspannung U^l über; daraus folgt $a = U^l$. Außerdem wird bei Kurzschluß ($RI = U = 0$) der Klemmenstrom zum Kurzschlußstrom I^k:

$$0 = a + bI^k = U^l + bI^k,$$

so daß nach der Definition des inneren Widerstandes

$$b = -\frac{U^l}{I^k} = -R_i \tag{15.4}$$

wird. Für jede lineare Zweipolquelle gilt daher die Beziehung

$$U = U^l - R_i I; \tag{15.5}$$

wir nennen sie die Grundgleichung der Zweipolquelle.

Die Gleichungen (. 2) und (. 5) entsprechen den Gleichungen (10. 1) und (10. 4), sind aber viel allgemeiner als diese.

§ 16. Zusammenschaltung von Zweipol und Zweipolquelle. Schließt man die Zweipolquelle U^l, R_i durch den Zweipol R ab (Abb. 16. 1), so werden U und I, beide Größen für sich, berechenbar: Es wird nach (15. 5) $U = U^l - R_i U/R$ oder

$$U = \frac{R}{R_i + R} U^l \tag{16.1}$$

und daher

$$I = \frac{U^l}{R_i + R}. \tag{16.2}$$

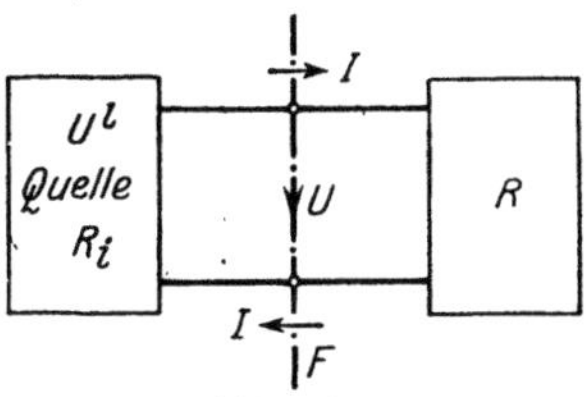

Abb. 16. 1.

Diese fast selbstverständlich erscheinenden Gleichungen[1] erlauben häufig selbst verwickeltere Schaltaufgaben zu lösen, ohne daß man die Kirchhoffschen Regeln ausdrücklich ansetzen müßte. (Ein Beispiel für eine solche abgekürzte Berechnung haben wir schon in § 14 kennengelernt.) Die Fruchtbarkeit der Gleichungen rührt davon her, daß sich die Parameter U^l und R_i in vielen Fällen nach ihren Definitionen unmittelbar ergeben.

Die im § 14 benutzte Definition des inneren Widerstandes als des Widerstandes der Zweipolquelle bei kurzgeschlossenen elektromotorischen Kräften folgt natürlich ohne weiteres aus der Grundgleichung (15. 5), wenn man beachtet, daß die Bezugspfeile der Abb. 10. 2 zugrunde zu legen sind.

§ 17. Kompensationsverfahren. Wir denken uns zwei in sich abgeschlossene Zweipolquellen (Abb. 17. 1) mit den Klemmen *12* und *34* gegeben und die Klemmen *1* und *3* durch den Widerstand R_{13}, die Klemmen *2* und *4* durch den Widerstand R_{24} verbunden. Dann wird natürlich im allgemeinen ein Strom I durch die Klemmen fließen, der im Zweige *13* die gleiche Stärke hat wie im Zweige *24*.

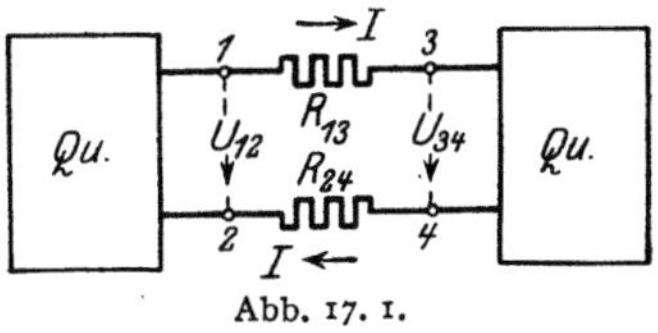

Abb. 17. 1.

Es sei nun gelungen, durch Veränderungen an den Zweipolquellen den Klemmenstrom I zum Verschwinden zu bringen. Dann ist nach der Maschenregel:

$$U_{12} = U_{12}^l = U_{34}^l = U_{34}, \tag{17.1}$$

[1] (16. 2) ist abgeleitet bei H. Helmholtz: Poggendorffs Ann. 89 (1853) S. 211.

einerlei wie groß die Widerstände R_{13} und R_{24} gewählt sind. Ist also z. B. die Spannung U_{34}^{l} veränderbar und ihr Wert ablesbar, so hat man ein Verfahren zur Bestimmung einer beliebigen (Leerlauf-) Spannung U_{12}^{l}: Sie ist gleich der Spannung U_{34}^{l}, für die der Klemmenstrom verschwindet. Die Spannung im Augenblicke der Einstellung ist natürlich identisch mit der Spannung vor dem Anlegen der Meßschaltung.

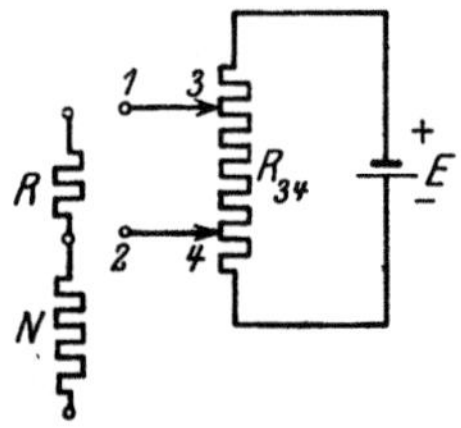

Abb. 17. 2.

Da sich die Spannungen U_{12} und U_{34} im Augenblicke der Einstellung gerade aufheben, nennt man das Verfahren „Kompensationsverfahren“.

Auf ihm beruht eine außerordentlich bequeme und genaue Methode der Widerstandsmessung. Man kompensiert zuerst (Abb. 17. 2) an den Enden des unbekannten Widerstandes R, dann an den Enden eines genau bekannten Normalwiderstandes N. Als „kompensierende“ Zweipolquelle verwendet man meist einen genau gearbeiteten, durch eine elektromotorische Kraft E betriebenen Spannungsteiler („Kompensationsapparat“). Dessen Leerlaufspannung U_{34}^{l} ist nach § 14 proportional dem Widerstand zwischen den Punkten *3* und *4*, an denen man „abzapft“. Muß man diesen Widerstand bei der Kompensation an R gleich R_{34} wählen, bei der Kompensation an N dagegen gleich R'_{34}, so gilt

$$\frac{R}{N} = \frac{R_{34}}{R'_{34}}; \qquad (17.2)$$

d. h. das gesuchte Verhältnis des Widerstandes R zu dem Widerstande N ist gleich dem Verhältnis der Widerstände des Spannungsteilers, an denen man abzapfen muß, um den Klemmenstrom verschwinden zu lassen.

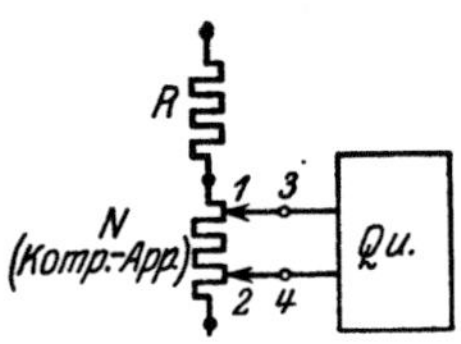

Abb. 17. 3.

Verwendet man einen Kompensationsapparat als Normalwiderstand (Abb. 17. 3), so braucht die kompensierende Zweipolquelle nicht geeicht zu sein: Man kompensiert zuerst an R, dann bei ungeänderter kompensierender Quelle an demjenigen Bruchteil von N, an dem die **gleiche** Spannung liegt wie an R. Bei diesem — einfachsten — Verfahren ist R gleich dem Widerstande des abgegriffenen Stückes von N.

§ 18. Differentialschaltung[1]. Auch sie wird zum Vergleich von Widerständen benutzt. Man schaltet die zu vergleichenden Drahtrollen einander parallel in einen Stromkreis und schickt die durch sie fließenden Ströme im entgegengesetzten Sinne durch ein Doppelspulgalvanometer. Ist die Konstante des ablenkenden Drehmoments für beide Galvanometerspulen die **gleiche**, so entsteht nach § 12 ein Ausschlag, der der Differenz der beiden Leitwerte proportional ist und gleich Null wird, wenn sie gleich groß sind.

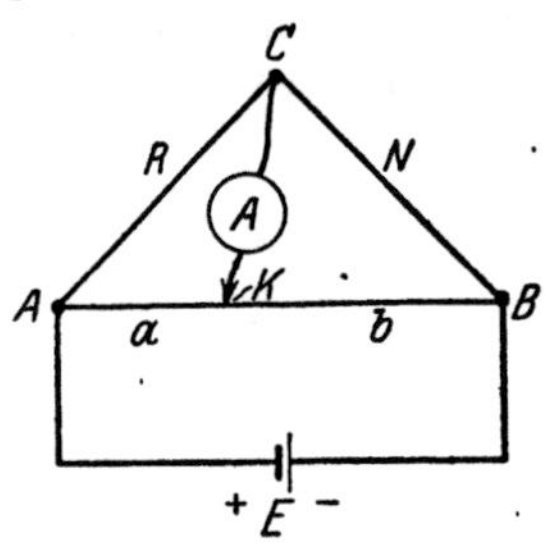

Abb. 19. 1.

§ 19. Wheatstonesche Brücke. Das wichtigste Verfahren zur Bestimmung von Widerständen ist die Messung mit der Wheatstoneschen Brücke[2]. Abb. 19. 1 zeigt ihre einfachste Form. AB ist ein blanker „Meßdraht“, N ein bekannter, R der unbekannte Widerstand. Der Meßdraht und die Hintereinanderschaltung $R + N$ bilden zwei parallele Zweige,

[1] Zuerst angegeben von A. C. Becquerel 1826.

[2] Zuerst verwendet von S. Hunter Christie: Philos. Trans. roy. Soc. Lond. 1833, Teil 1, S. 95.

die von einer Stromquelle E gespeist werden. Von dem Punkte C geht ein biegsamer Draht aus, dessen Ende K auf dem Meßdraht schleifen kann.

Man verschiebt den Kontakt K auf dem Meßdraht, bis der Strom in der „Brücke" CK gleich Null geworden ist. Dann fließt in R und N derselbe Strom I_1, in a und b derselbe Strom I_2, und nach der Maschenregel gilt:

$$\left.\begin{aligned} R I_1 - a I_2 &= 0\,, \\ N I_1 - b I_2 &= 0\,. \end{aligned}\right\} \qquad (19.1)$$

Diese Gleichungen können als „homogene" lineare Gleichungen mit den Unbekannten I_1 und I_2 aufgefaßt werden; sie sind miteinander nur verträglich, wenn ihre Determinante verschwindet, d. h. wenn

$$\frac{R}{N} = \frac{a}{b}\,. \qquad (19.2)$$

Der unbekannte Widerstand R kann demnach aus dem bekannten N und aus dem gemessenen Verhältnis a/b berechnet werden. Dieses ist bei gleichmäßigem Meßdraht gleich dem Verhältnis der Drahtlängen.

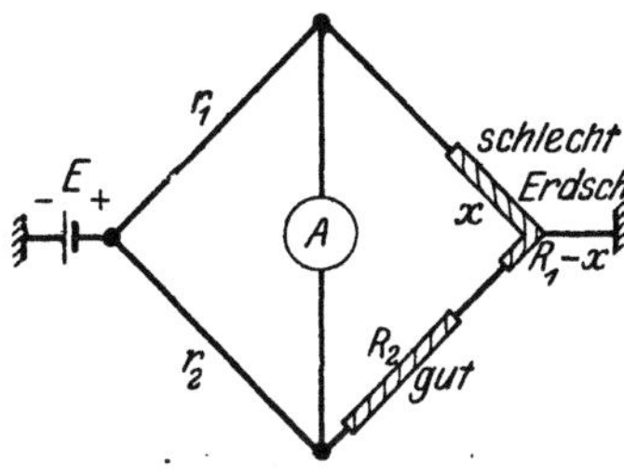

Abb. 20. 1.

§ 20. Bestimmung der Lage eines Erdschlusses in einer Kabelader. Hat eine Kabelader vom Widerstande R_1 Erdschluß, so kann man sie mit einer fehlerfreien Ader[1] vom Widerstande R_2 zur Schleife schalten und den Erdschluß nach Abb. 20. 1 als Teil des Speisezweigs einer Wheatstoneschen Brückenkombination benutzen. Macht man r_1 oder r_2 veränderbar und ist der Widerstand der schlechten Ader vor dem Fehler gleich x, so gilt, wenn die Brücke stromlos ist,

$$\frac{r_1}{r_2} = \frac{x}{R_1 - x + R_2}$$

oder

$$x = \frac{r_1(R_1 + R_2)}{r_1 + r_2}\,, \qquad (20.1)$$

woraus sich die Lage der Fehlerstelle berechnen läßt.

Der Gesamtwiderstand $R_1 + R_2$ kann mit einer gegen Erde isolierten Meßanordnung ohne Rücksicht auf den Erdschluß unmittelbar bestimmt werden.

§ 21. Strom im Brückenzweige. Er ergibt sich am bequemsten aus der Helmholtzschen Gleichung (16. 2). Man braucht nur den Brückenwiderstand R_0 als den Scheinwiderstand des angeschlossenen Zweipols und die übrige Schaltung als die Zweipolquelle aufzufassen; die Punkte A und B sind deren Klemmen (Abb. 21. 1). Vernachlässigt man den Widerstand der Stromquelle, so ist nach der Spannungsteilergleichung

$$U^l = \left(\frac{R_2}{R_2 + R_4} - \frac{R_1}{R_1 + R_3}\right) E\,. \qquad (21.1)$$

Da die Punkte C und D bei der Berechnung des inneren Widerstandes nach dem letzten Absatz des § 16 als kurzgeschlossen angesehen werden müssen, ist weiter

$$R_i = \frac{R_1 R_3}{R_1 + R_3} + \frac{R_2 R_4}{R_2 + R_4}\,. \qquad (21.2)$$

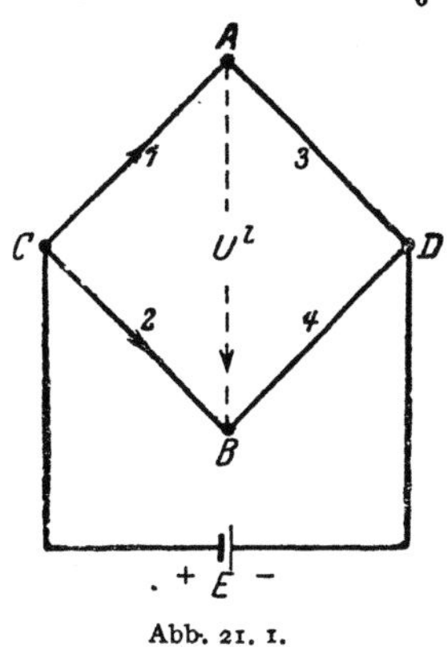

Abb. 21. 1.

[1] Damit nicht alle Adern gleichzeitig Erdschluß haben, bringt man in den Kabeln häufig Adern unter, die durch einen zweiten Bleimantel besonders geschützt sind.

Der Brückenstrom ergibt sich daher nach Gleichung (16. 2) zu

$$I_0 = \frac{R_2 R_3 - R_1 R_4}{R_0(R_1 + R_3)(R_2 + R_4) + R_1 R_3 (R_2 + R_4) + R_2 R_4 (R_1 + R_3)} E \qquad (21.3)$$

oder bei Einführung der entsprechenden Leitwerte:

$$I_0 = G_0 \frac{G_1 G_4 - G_2 G_3}{G_0(G_1 + G_2 + G_3 + G_4) + (G_1 + G_3)(G_2 + G_4)} E. \qquad (21.4)$$

§ 22. Thomsonbrücke. Gegenüber der Wheatstoneschen Brücke hat das Kompensationsverfahren (§ 17) den Vorteil, daß die Widerstände der Abgreifdrähte einflußlos sind, daß man mit ihm also auch kleine Widerstände messen kann, ohne wegen des Widerstandes der Zuleitungsdrähte Fehler befürchten zu müssen.

Die Frage liegt nahe, ob man nicht sozusagen das Verfahren des Spannungsvergleichs mit dem Verfahren der Brücke verbinden kann. In der Tat gelingt dies mit der sogenannten „Thomsonbrücke" (Abb. 22. 1). Man schaltet wie gezeichnet und stellt durch Veränderung des abgegriffenen Bruchteils von N auf Verschwinden des Stromes im Zweige 0 ein.

Dann gilt nach den Kirchhoffschen Regeln in leicht verständlicher Bezeichnung

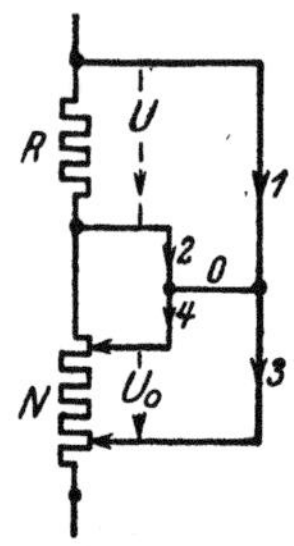

Abb. 22. 1.

$$\left.\begin{aligned} R_1 I_1 - R_2 I_2 &= U, \\ R_3 I_1 - R_4 I_2 &= U_0. \end{aligned}\right\} \qquad (22.1)$$

Im allgemeinen folgt hieraus für das Verhältnis U/U_0 nichts Einfaches. Ist jedoch die Determinante

$$\Delta = \begin{vmatrix} R_1 & R_2 \\ R_3 & R_4 \end{vmatrix} \qquad (22.2)$$

gleich Null, so müssen, da die Ströme I_1 und I_2 nicht unendlich werden können, auch die Determinanten

$$\begin{vmatrix} U_1 & R_2 \\ U_0 & R_4 \end{vmatrix} \quad \text{und} \quad \begin{vmatrix} R_1 & U \\ R_3 & U_0 \end{vmatrix}$$

verschwinden, d. h. es muß gelten

$$\frac{U}{U_0} = \frac{R_2}{R_4} = \frac{R_1}{R_3}. \qquad (22.3)$$

Erfüllt man also die Brückenbedingung ($\Delta = 0$), so kann man das Verhältnis der abgegriffenen Spannungen sehr einfach bestimmen: Da die Widerstände R und N im Augenblick der Einstellung von dem gleichen Strom durchflossen werden, ist das Verhältnis der abgegriffenen Spannungen auch gleich dem Verhältnis der Widerstände, an denen sie abgegriffen werden. Besonders häufig wird die Thomsonbrücke zur Vergleichung von Leitfähigkeiten stabförmiger Proben verwendet. Haben die Stäbe gleiche Querschnitte und ist $R_2/R_4 = R_1/R_3 = 1$, so verhalten sich die Leitfähigkeiten wie die abgegriffenen Längen.

§ 23. Umwandlung eines Dreiecks in einen Stern. Wir wollen nach dem Scheinwiderstand der Brückenschaltung fragen, den sie der speisenden Stromquelle bei beliebigem Brückenstrom entgegensetzt. Die Frage kann leicht beantwortet werden mit Hilfe des im folgenden abzuleitenden Satzes über die Umwandlung eines Dreieckes in einen Stern.

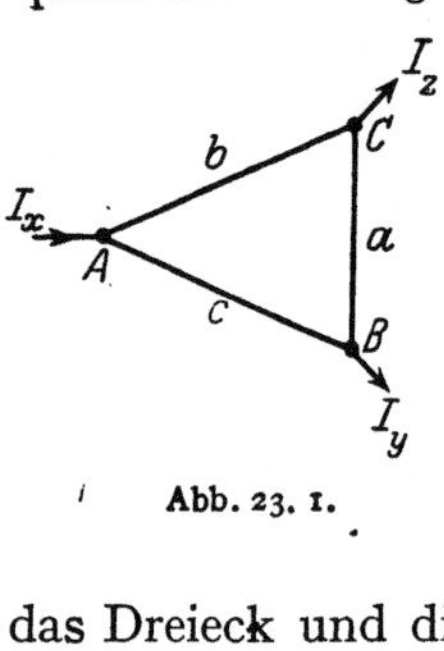

Abb. 23. 1.

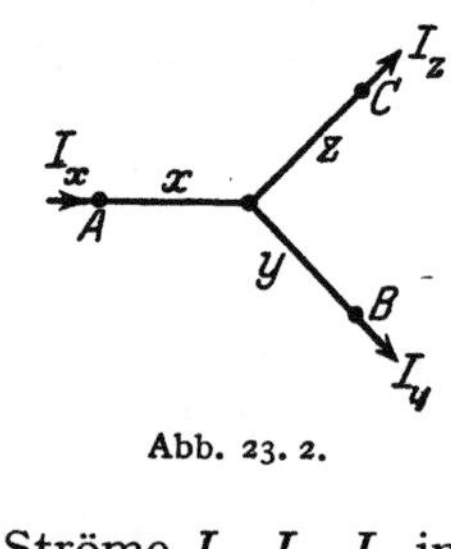

Abb. 23. 2.

Gegeben sei (Abb. 23. 1) das Dreieck ABC mit den Widerständen a, b, c; wir suchen (Abb. 23. 2) die Widerstände x, y, z eines Sterns, der nach außen ebenso wirkt wie das Dreieck. Das heißt: wenn *beliebige* Ströme I_x, I_y, I_z in das Dreieck und die *gleichen* Ströme in den Stern hineinfließen, dann sollen auch die Spannungen U_{AB}, U_{BC} und U_{CA} beim Dreieck und beim Stern gleich groß sein.

Da die Ströme beliebig sind, setzen wir zunächst $I_z = 0$. Dann ist $I_x = I_y$, und die Spannung zwischen den Punkten A und B ist beim Dreieck

$$U_{AB} = I_x \frac{c(a+b)}{a+b+c}, \tag{23.1}$$

beim Stern

$$U_{AB} = I_x(x+y). \tag{23.2}$$

Also muß sein:

$$x + y = \frac{c(a+b)}{a+b+c}. \tag{23.3}$$

Entsprechend findet man

$$y + z = \frac{a(b+c)}{a+b+c}, \qquad z + x = \frac{b(c+a)}{a+b+c};$$

hieraus folgen aber die Umwandlungsgleichungen:

$$x = \frac{bc}{a+b+c}, \qquad y = \frac{ca}{a+b+c}, \qquad z = \frac{ab}{a+b+c}, \tag{23.4}$$

die leicht zu behalten sind, wenn man sie mit der Formel für parallel geschaltete Widerstände (12.4) vergleicht.

Mit Hilfe dieser Umwandlungsgleichungen kann man den Scheinwiderstand einer Brückenschaltung leicht berechnen. Setzt man z. B. die in Abb. 23.3 eingetragenen Widerstandsgrößen voraus, so erhält man durch Umwandlung eines der beiden Dreiecke eine Schaltung, deren Scheinwiderstand R sich nach § 11 und 12 zu 550 Ω berechnet.

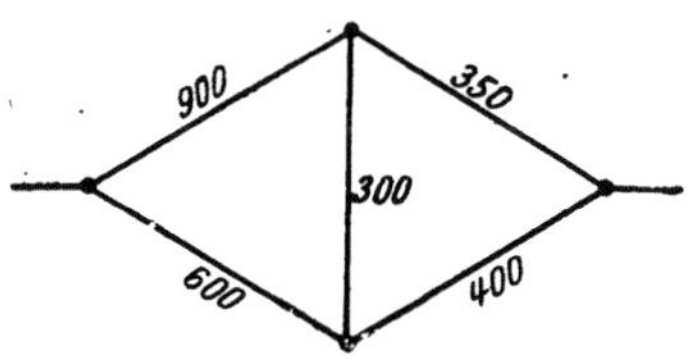

Abb. 23.3.

Sieht man den Widerstand des Brückenzweiges als nicht vorhanden an, so erhält man $R = 1250 \cdot 1000/2250 = 556\ \Omega$. Obgleich also die Schaltung keineswegs abgeglichen ist, erhält man fast dasselbe Ergebnis, wie wenn sie es wäre; denn der Scheinwiderstand einer abgeglichenen Brückenschaltung ist natürlich immer unabhängig von dem Widerstand des (stromlosen) Brückenzweigs.

§ 24. Duale Beziehungen. Die Ableitung der Gleichungen für die Parallelschaltung zweier Widerstandsspulen im § 12 geht Wort für Wort aus der Ableitung der Gleichungen für die Hintereinanderschaltung im § 11 hervor, wenn man überall statt Spannung Strom, statt Knotenregel Maschenregel, statt Widerstand Leitwert, statt hintereinander nebeneinander sagt und umgekehrt. Man kann also sozusagen durch „Übersetzung“ aus einer Sprache in eine andere die Theorie der einen Schaltung sofort hinschreiben, wenn man die der andern kennt. Von zwei Schaltungen, bei denen dies möglich ist, sagen wir, daß sie sich „dual“ entsprechen. Hintereinanderschaltung und Parallelschaltung stellen das einfachste Beispiel einander dual entsprechender Schaltungen dar (vgl. § 105).

Auch das Dreieck und der Stern entsprechen einander dual. Das ist leicht folgendermaßen einzusehen. Wir wollen in der Ableitung des § 23 nicht I_z, sondern U_{AB} gleich Null setzen, also die Schaltungen nicht im Punkte C leerlaufen lassen, sondern die Punkte A und B „kurzschließen“. Nennen wir dann die Leitwerte entsprechend $\alpha\beta\gamma$ und $\xi\eta\zeta$, so ist der Strom I_z beim Stern gleich

$$\frac{\zeta(\xi+\eta)}{\xi+\eta+\zeta} U_{AC};$$

beim Dreieck dagegen gleich $(\alpha + \beta)\, U_{AC}$, wobei an Stelle von U_{AC} natürlich auch U_{BC} geschrieben werden könnte. Aus der Forderung der Gleichwertigkeit der beiden Gebilde folgt

$$\alpha + \beta = \frac{\zeta(\xi+\eta)}{\xi+\eta+\zeta}. \tag{24.1}$$

Diese Gleichung ist aber nichts als die „übersetzte" Gleichung (23. 3); und die weitere Ableitung läßt sich genau wie früher durchführen.

Für die Umwandlung eines dreistrahligen Sterns in ein Dreieck gelten also dieselben Gleichungen wie für die Umwandlung eines Dreiecks in einen dreistrahligen Stern, nur muß man statt der Widerstände Leitwerte einsetzen.

Wir können dieses Ergebnis z. B. auf die Schaltung Abb. 14. 1 anwenden, indem wir den aus den Leitwerten G_1, G_2 und G_3 bestehenden „Stern" in ein „Dreieck" umwandeln. Dann ergeben sich zwei einander parallele Ersatzleitwerte $G_1 G_2/(G_1 + G_2 + G_3)$ und $G_1 G_3/(G_1 + G_2 + G_3)$, während der dritte Ersatzleitwert $G_2 G_3/(G_1 + G_2 + G_3)$ „kurzgeschlossen" ist, also unwirksam bleibt. Aus der Ersatzparallelschaltung lassen sich aber die Gleichungen (14. 2) und (14. 3) unmittelbar ablesen.

Die Umwandlungsgleichungen (23. 4) und (. 1) lauten natürlich anders, wenn man sie für die Umwandlung Dreieck → Stern in Leitwerten oder für die Umwandlung Stern → Dreieck in Widerständen schreibt.

Auch zu der Theorie der Zweipolquelle (§ 15) gibt es eine dual entsprechende. Man kann die Zweipolquelle nämlich statt durch ihre Leerlaufspannung und ihren inneren Widerstand auch durch ihren Kurzschlußstrom und ihren inneren Leitwert beschreiben[1]. Übersetzen wir die früher hingeschriebenen Gleichungen in die Sprache der dualen Parameter, so erhalten wir als Grundgleichung der Zweipolquelle

$$I = I^k - G_i U \tag{24. 2}$$

und als Gleichungen für den Klemmenstrom und die Klemmenspannung bei der Zusammenschaltung von Zweipolquelle und Zweipol

$$I = \frac{G}{G_i + G} I^k \quad \text{und} \quad U = \frac{I^k}{G_i + G}, \tag{24. 3}$$

wobei

$$G_i = \frac{I^k}{U^l}. \tag{24. 4}$$

Jede lineare Zweipolquelle kann hiernach auch ersetzt gedacht werden durch eine Stromquelle von der Kurzschlußstromstärke („Urstromstärke", „Ergiebigkeit") I^k, der ein „innerer Leitwert" $G_i = 1/R_i$ parallel geschaltet ist (Abb. 24. 1). Die Gleichung (. 2) folgt dann unmittelbar aus der Knotenregel, wie früher die Gleichung (15. 5) aus der Maschenregel folgte.

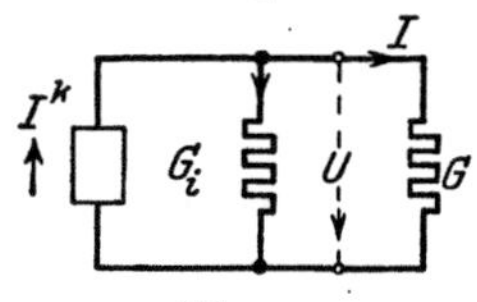

Abb. 24. 1.

Der innere Grund für die merkwürdige Tatsache, daß es zu jeder Gleichung und zu jeder Schaltung eine ihr dual entsprechende gibt, ist natürlich der: Schon die Kirchhoffschen Regeln entsprechen einander dual. Man sieht dies sofort, wenn man sie folgendermaßen schreibt:

Knotenregel:

$$\text{Summe der Urströme} = \sum I^k = \sum G\,U = \text{Summe der Ströme}; \tag{24. 5}$$

Maschenregel:

$$\text{Summe der Urspannungen} = \sum U^l = \sum R\,I = \text{Summe der Spannungen}. \tag{24. 6}$$

§ 25. Umwandlung eines *n*-strahligen Sterns in ein vollständiges *n*-Eck. Bei einem n-strahligen Stern (Abb. 25. 1) sind n Knotenpunkte mit einem „Sternpunkt" durch Leitwerte verbunden; unter einem vollständigen n-Eck dagegen verstehen wir ein Netzwerk mit ebenfalls n Knotenpunkten, die in jeder möglichen Weise miteinander durch Leitwerte verbunden sind. Der n-strahlige Stern besteht aus n, das vollständige n-Eck aus $n\,(n-1)/2$ Zweigen.

Die beiden Schaltungen sind gleichwertig, wenn bei gleichen Einströmungen I_1, I_2, . . . (s. Abb. 25. 2) die Spannungen zwischen den Knotenpunkten der beiden Schaltungen die

[1] Vgl. Mayer, H. F.: Telegr.- u. Fernspr.-Techn. 15 (1926) S. 335. Barkhausen, H.: Verh. dtsch. phys. Ges. (3) 9 (1928) S. 2.

gleichen sind. Aus der Knotenregel, angewendet auf die n Knotenpunkte, folgen zunächst n Gleichungen der Form

$$G_{10}\,U_{10} = G_{12}\,U_{12} + G_{13}\,U_{13} + G_{14}\,U_{14} + \cdots \text{ usw.,} \tag{25.1}$$

wo die einzelnen Spannungen und Leitwerte sinngemäß bezeichnet sind. Nach der Maschenregel kann man hierfür aber auch setzen:

$$G_{10}\,U_{10} = G_{12}\,(U_{10} - U_{20}) + G_{13}\,(U_{10} - U_{30}) + G_{14}\,(U_{10} - U_{40}) + \cdots \text{ usw.} \tag{25.2}$$

oder — unter vorübergehender Einführung noch zu bestimmender Leitwerte G_{11}, G_{22}, ... —

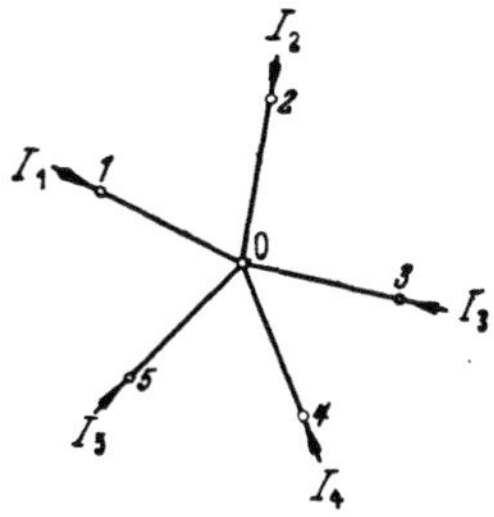

Abb. 25. 1.

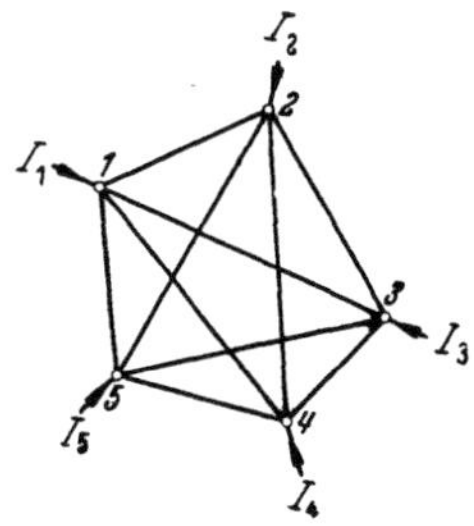

Abb. 25. 2.

$$G_{10}\,U_{10} = (G_{11} + G_{12} + G_{13} + \cdots + G_{1n})\,U_{10} - (G_{11}\,U_{10} + G_{12}\,U_{20} + G_{13}\,U_{30} + \cdots + G_{1n}\,U_{n0})\,. \tag{25.3}$$

Diese Gleichung muß nun richtig sein für beliebige Sternspannungen U_{10}, U_{20}, ..., vorausgesetzt nur, daß sie der Gleichung

$$G_{10}\,U_{10} + G_{20}\,U_{20} + G_{30}\,U_{30} + \cdots + G_{n0}\,U_{n0} = 0 \tag{25.4}$$

gehorchen, die sich ergibt, wenn man die Knotenregel auf den Sternpunkt anwendet.

Setzen wir zunächst, was mit (. 4) vereinbar ist (V = Volt)

$$U_{10} = 0\,, \qquad U_{20} = 1\text{ V}, \qquad U_{30} = -\frac{G_{20}}{G_{30}}\text{ V}, \qquad U_{40}, \ldots, U_{n0} = 0\,,$$

so wird nach (. 3)

$$G_{12}\,\text{V} - G_{13}\,\frac{G_{20}}{G_{30}}\,\text{V} = 0$$

oder

$$\frac{G_{12}}{G_{13}} = \frac{G_{20}}{G_{30}}\,. \tag{25.5}$$

Diese Gleichung läßt sich offenbar mit allen anderen, die sich aus ihr durch Vertauschung der Knotenindizes herleiten lassen, zusammenfassen in der einen Gleichung

$$G_{ih} = k\,G_{i0}\,G_{h0}\,. \tag{25.6}$$

Die bisher noch nicht bestimmten Leitwerte G_{11}, ... bestimmen wir so, daß sie ebenfalls dieser Gleichung genügen.

Setzen wir nun (. 6) in (. 3) ein, so folgt:

$$G_{10}\,U_{10} = k\,G_{10}\,(G_{10} + G_{20} + \cdots + G_{n0})\,U_{10} - k\,G_{10}\,(G_{10}\,U_{10} + G_{20}\,U_{20} + \cdots + G_{n0}\,U_{n0})$$

oder mit Rücksicht auf (. 4)

$$1 = k\,(G_{10} + G_{20} + \cdots + G_{n0}), \tag{25.7}$$

so daß wir schließlich zur Berechnung der Leitwerte des Vielecks die Gleichungen[1]

$$G_{ih} = \frac{G_{i0}\,G_{h0}}{G_{10} + G_{20} + \cdots + G_{n0}} \tag{25.8}$$

erhalten.

Da mit Ausnahme des Falles $n = 3$ die Zahl der Sternstrahlen kleiner ist als die der Vieleckseiten, kann man jeden Stern in ein Vieleck verwandeln; die umgekehrte Verwandlung dagegen ist im allgemeinen nicht möglich.

Der hier abgeleitete Umwandlungssatz läßt sich zur Vereinfachung komplizierterer Schaltungen verwenden. Man braucht bei einer Schaltung mit n Knoten nur irgend einen Knoten mit den Leitwerten, die in ihm zusammenlaufen, zu einem Stern zusammenzufassen und diesen in ein Vieleck zu verwandeln, um sofort ein Netzwerk mit nur $n-1$ Knoten zu erhalten.

§ 26. Überlagerungssatz. Da die Kirchhoffschen Regeln in den Spannungen und Strömen linear sind, berechnen sich die in einer Schaltung mit vielen elek-

[1] Küpfmüller, K.: Wiss. Veröff. Siemens-Konz. 3 (1923) H. 1 S. 130. Rosen, A.: J. Instn. electr. Engrs. 62 (1924) S. 916.

tromotorischen Kräften E_1 $E_2, \ldots$ fließenden Ströme in der Form

$$I_1 = a_{11} E_1 + a_{12} E_2 + \cdots \text{ usw.,} \tag{26. 1}$$

wo die a Konstanten bedeuten. Nennt man nun I_{11} den Strom I_1, der sich ergäbe, wenn bei ungeänderten Widerständen E_1 allein wirkte, I_{12} den Strom I_1, der sich ergäbe, wenn E_2 allein wirkte usw., so ist offenbar

$$I_{11} = a_{11} E_1, \qquad I_{12} = a_{12} E_2, \ldots \text{ usw.,}$$

also auch

$$I_1 = I_{11} + I_{12} + \cdots \text{ usw.} \tag{26. 2}$$

D. h. die Ströme lassen sich berechnen als Summen der Teilströme, die man erhielte, wenn jedesmal nur eine der elektromotorischen Kräfte vorhanden wäre.

Wir werden von diesem Satz, dem „Überlagerungs-" oder „Superpositionsprinzip" im folgenden Paragraphen Gebrauch machen[1].

§ 27. Zweimaschige Schaltung mit zwei Stromquellen. Für die Schaltung nach Abb. 27. 1 ergibt sich nach dem Überlagerungsprinzip und nach § 14 unmittelbar und allgemein:

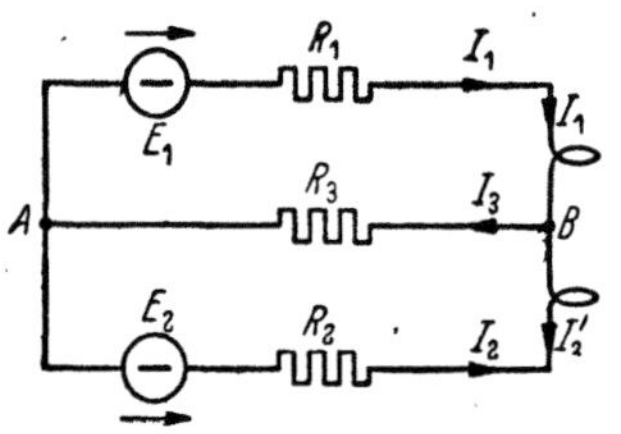

Abb. 27. 1.

$$I_1 = \frac{(R_2 + R_3) E_1 - R_3 E_2}{R_1 R_2 + (R_1 + R_2) R_3}, \tag{27. 1}$$

$$I_2 = \frac{(R_1 + R_3) E_2 - R_3 E_1}{R_1 R_2 + (R_1 + R_2) R_3}, \tag{27. 2}$$

$$I_3 = \frac{R_2 E_1 + R_1 E_2}{R_1 R_2 + (R_1 + R_2) R_3}. \tag{27. 3}$$

Zur Vereinfachung werde die beschränkende Voraussetzung gemacht, daß die beiden elektromotorischen Kräfte und die beiden Widerstände R_1 und R_2 dem Betrage nach nur wenig verschieden seien; es gelte bei kleinem ε und ϱ:

$$\begin{aligned} E_1 &= E(1 - \varepsilon), \qquad & R_1 &= R(1 - \varrho), \\ E_2 &= E(1 + \varepsilon), \qquad & R_2 &= R(1 + \varrho). \end{aligned} \tag{27. 4}$$

Zunächst werde angenommen, daß der Widerstand R_3 ein „Verbraucher" sei, auf den die beiden „parallel geschalteten" Quellen wirken. Dann ist bei Vernachlässigung von $\varrho\varepsilon$ und ϱ^2 neben 1:

$$I_3 = \frac{R E[(1 + \varrho)(1 - \varepsilon) + (1 - \varrho)(1 + \varepsilon)]}{R_1 R_2 + 2 R R_3} \approx \frac{E}{\frac{R}{2} + R_3}. \tag{27. 5}$$

D. h. die beiden Quellen wirken annähernd wie eine einzige von der mittleren elektromotorischen Kraft E und von dem halben mittleren inneren Widerstand — ein Ergebnis, das auch unmittelbar aus den Überlegungen im § 15 gefolgert werden kann.

Man kann die Schaltung auch von einem anderen Gesichtspunkt aus betrachten. Wir denken uns den Zweig R_3 zunächst ganz weg und nehmen an, daß die Ströme I_1 und I_2 durch ein Doppelspulgalvanometer so hindurchgeleitet werden, daß der Ausschlag seines Zeigers dem Mittelwert $(I_1 + I_2')/2 = (I_1 - I_2)/2$ proportional ist. Dann ist natürlich im Galvanometer zunächst nur ein schwacher Differenzstrom zu beobachten, der davon herrührt, daß die beiden gegeneinander geschalteten Stromquellen E_1 und E_2 im allgemeinen verschieden stark sind. Dieser Differenzstrom, der aus (. 1) und (. 2) folgt, wenn man R_3 über alle Grenzen

[1] Der Überlagerungssatz wäre z. B. nicht anwendbar, wenn $I_1 = a(E_1 + E_2)^2$ wäre.

wachsen läßt:

$$\frac{I_1 - I_2}{2} = \frac{E_1 - E_2}{R_1 + R_2} = -2\varepsilon\frac{E}{2R} \qquad (27.6)$$

ist natürlich unabhängig von dem Faktor ϱ und verschwindet, wenn $E_1 = E_2$ gemacht wird ($\varepsilon = 0$).

Nun denken wir uns die Punkte A und B durch einen endlichen Widerstand R_3 miteinander verbunden. Dadurch wird das Gleichgewicht empfindlich gestört; nach (. 5) fließt jetzt zwischen den beiden Punkten ein starker Strom, und der von dem Galvanometer angezeigte Differenzstrom

$$\frac{I_1 - I_2}{2} = \frac{R_2 E_1 - R_1 E_2 + 2 R_3 (E_1 - E_2)}{2(R_1 R_2 + (R_1 + R_2) R_3)} \approx \left(\frac{\varrho - \varepsilon}{2} - \varepsilon\frac{R_3}{R}\right)\frac{E}{R/2 + R_3} \qquad (27.7)$$

ist zwar noch immer klein, aber jetzt selbst für $E_1 = E_2$ endlich. Der Faktor

$$\varrho = \frac{R_2 - R_1}{R_1 + R_2}, \qquad (27.8)$$

dem er für $E_1 = E_2$ proportional ist, heißt[1] „Unsymmetrie" der Widerstände R_1 und R_2.

Infolge der leitenden Verbindung der Punkte A und B, zwischen denen vorher ($R_3 \to \infty$) nach (. 5) die Spannung E lag, ist demnach die Unsymmetrie der Widerstände neben der der elektromotorischen Kräfte für die Größe des Galvanometerausschlags entscheidend geworden.

Schließt man die Punkte A und B kurz, indem man sie z. B. widerstandslos mit der Erde verbindet, so zerfällt die Schaltung in zwei voneinander unabhängige Maschen, und es ist — in Übereinstimmung mit (. 7) —

$$\frac{I_1 - I_2}{2} = \frac{1}{2}\left(\frac{E_1}{R_1} - \frac{E_2}{R_2}\right) \approx (\varrho - \varepsilon)\frac{E}{R}. \qquad (27.9)$$

Denkt man sich die eine der beiden Stromquellen (z. B. E_2) umgepolt, so erhält man nach (. 3) für I_3 die Gleichung

$$I_3 = \frac{R_2 E_1 - R_1 E_2}{R_1 R_2 + (R_1 + R_2) R_3} \approx (\varrho - \varepsilon)\frac{R}{R/2 + R_3}. \qquad (27.10)$$

Jetzt ist also der in der Überbrückung (zwischen A und B) fließende Strom der Differenz der Unsymmetrien ϱ und ε proportional, die Punkte A und B haben nahezu dasselbe Potential, und der Mittelwert $(I_1 + I_2')/2$ der in R_1 und R_2 fließenden Ströme ist, abgesehen von kleinen Größen 2. Ordnung — unabhängig von der Unsymmetrie der Widerstände — gleich $E/R = 2\,E/(2\,R)$.

2. Abschnitt.

Elektrische Felder.

§ 28. **Elektrische Feldstärke.** Unter einem elektromagnetischen Feld verstehen wir einen Raum, in dem mit Hilfe besonderer, im folgenden näher zu besprechender Prüfmittel gewisse Wirkungen festgestellt werden können, die man als elektrische und magnetische unterscheidet.

Wir beschäftigen uns zunächst mit den elektrischen Wirkungen. Als Prüfmittel verwenden wir eine leichte kleine Kugel, z. B. eine kleine Hohlkugel aus Aluminium, die nach allen Richtungen hin beweglich an einem Seidenfaden oder einem System von Seidenfäden hängt und der wir eine elektrische Ladung (Elektrizitätsmenge, § 1) Q erteilt haben. Wir bringen diese Prüfkugel

[1] Wirk, A.: Telegr.- u. Fernspr.-Techn. **22** (1933) S. 111 nennt den Kehrwert der Hälfte von ϱ „Symmetrie", während in den vom Comité Consultatif International Téléphonique (übliche Abkürzung: CCIF) herausgegebenen „Directives concernant les mesures à prendre pour protéger les lignes téléphoniques contre les influences perturbatrices des installations d'énergie à courant fort ou à haute tension" (Paris 1930, S. 47) das Doppelte davon als „degré de dyssymétrie résultante (déséquilibre)" definiert wird.

in den „Aufpunkt", d. h. in den Punkt des Feldes, in dem wir dessen elektrische Wirkung feststellen wollen. Dann beobachten wir, daß die Kugel in einer bestimmten Richtung beschleunigt wird. Diese Beschleunigung können wir aufheben (kompensieren), indem wir auf die Kugel in der entgegengesetzten Richtung eine Kraft $|\mathfrak{P}|$ von bestimmter Größe wirken lassen. Jedem Feldpunkte läßt sich in dieser Weise eine auf die Kugel wirkende Kraft $|\mathfrak{P}|$ zuordnen.

Verändern wir die Ladung der Prüfkugel, so beobachten wir, daß sich die Kräfte mit ändern, und zwar proportional der Ladung. Wir können dies feststellen, weil wir ja wissen (§ 1), wie man Ladungen quantitativ miteinander vergleicht. Ändert die Prüfladung ihr Vorzeichen, so kehren sich die Richtungen der Kräfte um.

Diese Feststellungen können ausgedrückt werden durch die Gleichung

$$\mathfrak{P} = \mathfrak{E} Q. \tag{28. 1}$$

Die Größe $\mathfrak{E}$ ist dabei eine Konstante, solange wir die Kugel in dem Aufpunkt lassen und nur ihre Ladung variieren; von Aufpunkt zu Aufpunkt dagegen hat sie eine verschiedene Größe. Sie kann, da sie von der Ladung unabhängig ist, als ein Maß für die Stärke des Feldes im Aufpunkt angesehen werden. Legen wir ihr die Richtung der Kraft auf eine positive Ladung bei, so drückt sie zugleich die „Richtung des Feldes" im Aufpunkt aus. Man nennt $\mathfrak{E}$ die „elektrische Feldstärke im Aufpunkt".

Die Feldstärke ist nach dieser Definition wie die mechanische Kraft eine gerichtete Größe oder ein „Vektor". Wir werden im folgenden die Vektoren vorzugsweise durch deutsche Buchstaben bezeichnen. Wollen wir betonen, daß nur ihre Größe, ihr stets positiver „Betrag", gemeint ist, so schließen wir den deutschen Buchstaben in senkrechte Striche ein.

Zahlenbeispiel. Die der Prüfkugel erteilte Ladung betrage $50 \cdot 10^{-12}$ C. (Es ist 1 C = 1 Coul = 1 Coulomb = 1 A·s.) Der Antrieb, den sie im Aufpunkt erfährt, lasse sich durch den Zug eines in entgegengesetzter Richtung wirkenden Gewichts von 2 mg_p wieder aufheben[1]. Das Zeichen mg_p soll dabei die Kraft bedeuten, mit der im luftleeren Raum ein Milligrammgewichtchen an einem Orte, wo der Normwert der Fallbeschleunigung 980,665 cm/s^2 herrscht, senkrecht nach unten zieht. In dem von uns untersuchten Feld herrscht dann nach (. 1) eine elektrische Feldstärke von der Größe

$$|\mathfrak{E}| = \frac{|\mathfrak{P}|}{Q} = \frac{2\ mg_p}{50 \cdot 10^{-12}\,\text{Coul}} = 4 \cdot 10^4 \frac{kg_p}{\text{Coul}}. \tag{28. 2}$$

Die Einheit kg_p ist eine Grundeinheit des „technischen" Maßsystems.

Wenn wir die Feldstärke in dieser Form angeben, wählen wir die Feldstärke kg_p/Coul als Einheit. Die Feldstärke $kg_p/\text{Coul} = mg_p/\mu\text{Coul}$ ist gleich der (ziemlich geringen) Stärke eines Feldes, in dem eine Kugel mit der (ziemlich großen) Ladung von 1 μCoul einen Antrieb von (nur) 1 mg_p erfährt.

§ 29. Feldstärke und Stromdichte; Ohmsches Gesetz. Unter einem homogenen oder gleichförmigen Feld verstehen wir ein Feld, dessen Stärke nach Größe und Richtung überall die gleiche ist. In ein solches Feld denken wir uns parallel zu seiner Richtung einen geraden Draht von dem kleinen Querschnitt F hineingebracht. Wenn nun in dem Metall frei bewegliche, mit elektrischen Ladungen versehene Teilchen vorhanden sind, so erfahren sie nach § 28 Antriebe in der Richtung des Feldes, falls die Ladungen positiv sind, in der entgegengesetzten Richtung, falls sie negativ sind; es kommt daher durch die einzelnen Querschnitte hindurch ein elektrischer Strom zustande, und zwar in jedem Falle in der Richtung des Feldes. Die entstehende Stromstärke I ist erfahrungsgemäß dem Querschnitt F und der elektrischen Feldstärke $|\mathfrak{E}|$ proportional:

$$I = \varkappa F |\mathfrak{E}|. \tag{29. 1}$$

[1] Der Index p kann „pond" ausgesprochen werden (pondus = Gewicht).

Mit der Abkürzung

$$|\mathfrak{i}| = \frac{I}{F} \tag{29.2}$$

kann man auch

$$\mathfrak{i} = \varkappa \mathfrak{E} \tag{29.3}$$

schreiben. $\mathfrak{i}$ heißt „Stromdichte".

Diese Erfahrungsformel (. 3) nennen wir die Differentialform des Ohmschen Gesetzes. Sie gilt nicht nur unter den von uns gemachten Voraussetzungen, sondern allgemein und sagt, daß in einem Metall, das in ein elektromagnetisches Feld gebracht wird, ein elektrischer Strom entsteht, dessen Dichte an jeder Stelle der dort herrschenden elektrischen Feldstärke proportional ist. In dem empirischen Faktor $\varkappa$ steckt u. a. die Zahl der in der Raumeinheit vorhandenen frei beweglichen geladenen Teilchen.

Aus der Erfahrung, daß mit der Leitung der Elektrizität in Metallen keinerlei elektrolytische Ausscheidung verbunden ist, muß geschlossen werden, daß die Leitung durch die Bewegung der „Elektronen" zustande kommt, d. h. der „Elektrizitätsatome", deren negative Ladung $-e$ dem Betrage nach gleich $1{,}601 \cdot 10^{-19}$ C ist.

§ 30. Elektrische Arbeit und elektrische Spannung. Unter dem Einflusse des Feldes $\mathfrak{E}$ sei durch jeden Querschnitt unseres geraden Drahts die Elektrizitätsmenge Q gewandert. In ein Stück von der Länge dl ist dann — wenn $\mathfrak{E}$ von *1* nach *2* (Abb. 30. 1) gerichtet ist — vorn, bei *1*, die Menge Q eingetreten; die gleiche Menge ist hinten, bei *2*, wieder ausgetreten. Das Ergebnis ist offenbar dasselbe, wie wenn die Menge Q um die Strecke dl verschoben worden wäre. Ist $\mathfrak{P}$ die Kraft, die im Felde $\mathfrak{E}$ auf die Ladung Q wirkt, so haben die elektrischen Kräfte nach einer bekannten Definition der Mechanik im ganzen die „Arbeit"

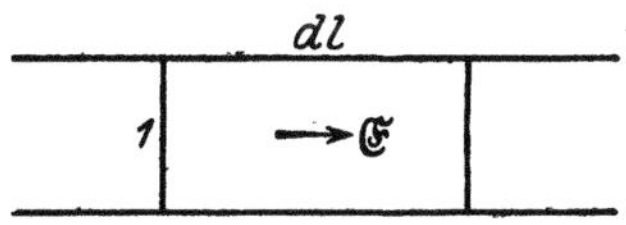

Abb. 30. 1.

$$A = |\mathfrak{P}|\, \mathrm{d}l = Q\, |\mathfrak{E}|\, \mathrm{d}l \tag{30.1}$$

geleistet. Die Arbeit der elektrischen Kräfte ist also gleich dem Produkt aus der durch die elektrischen Kräfte bewegten Ladung Q und der Größe $|\mathfrak{E}|\,\mathrm{d}l$.

Wir wollen zeigen, daß aus der Differentialform des Ohmschen Gesetzes für ein kleines Stück eines dünnen Drahts die Spannungsdefinition des § 9 hervorgeht, wenn man das Produkt $|\mathfrak{E}|\,\mathrm{d}l$ als die „elektrische Spannung" auf dem Wege von *1* nach *2* deutet. Wir brauchen nur die Differentialform (29. 1) nach $\mathfrak{E}$ aufzulösen und mit dl zu multiplizieren; dann erhalten wir:

$$\mathrm{d}U = |\mathfrak{E}|\, \mathrm{d}l = \frac{\mathrm{d}l}{\varkappa F} I. \tag{30.2}$$

Dies folgt aber auch aus den Gleichungen (6. 3) und (10. 1), wenn man die in § 29 eingeführte Proportionalitätskonstante $\varkappa$ mit der elektrischen Leitfähigkeit gleichsetzt.

Die elektrische Spannung auf dem Wege dl ist nach (. 2) und (. 1) zahlenmäßig gleich der Arbeit, welche die elektrischen Kräfte leisten, wenn die Elektrizitätsmenge 1 in der Richtung der elektrischen Feldstärke um die Strecke dl verschoben wird.

Aus (. 2) folgt, daß die elektrische Feldstärke auch in V/cm gemessen werden kann.

§ 31. Zusammenhang zwischen den Einheiten kg_p/Coul und V/cm. Wenn kg_p/Coul eine Feldstärkeneinheit ist, so ist kg_p cm/Coul eine Spannungseinheit. Um die Beziehung zwischen ihr und der Einheit Volt zu finden, muß man dieselbe Spannung einmal in der „praktischen" Einheit Volt und einmal in der „gemischt technisch-praktischen" Einheit kg_p cm/Coul messen und die gefundenen Werte einander gleich setzen.

Zwischen zwei Metallplatten (Abb. 31. 1) liege eine Spannung von 100000 V; ihr Abstand $l = 20$ cm sei klein gegenüber der Wurzel aus ihrer Flächengröße. Zwischen diese Platten werde eine kleine Kugel gebracht, die mit $200 \cdot 10^{-12}$ Coul geladen sei. Dann zeigt der Versuch, daß die Kugel, wo im einzelnen sie sich auch befinden möge, einen Antrieb von 10,2 mg_p erfährt. Daraus muß geschlossen werden, daß

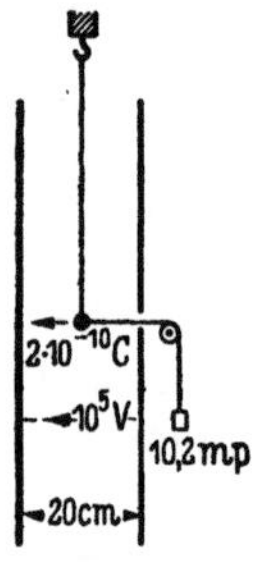

Abb. 31. 1.

$$|\mathfrak{E}| = \frac{U}{l} = \frac{10^5\ \text{Volt}}{20\ \text{cm}} = \frac{|\mathfrak{P}|}{Q} = \frac{10{,}2\ \text{mg}_\text{p}}{2 \cdot 10^{-10}\ \text{Coul}}$$

ist, d. h. daß

$$\text{Volt} = \frac{20 \cdot 10{,}2}{2}\, 10^5\, \frac{\text{mg}_\text{p}\ \text{cm}}{\text{Coul}} = 10{,}2\, \frac{\text{kg}_\text{p}\text{cm}}{\text{Coul}}\,. \tag{31. 1}$$

Man merkt sich diesen häufig benutzten Zusammenhang am besten in der Form

$$1\ \text{kg}_\text{p}\text{m} = 9{,}8\ \text{J}. \tag{31. 2}$$

Hier ist $\text{kg}_\text{p}\text{m}$ die Energieeinheit des „technischen", J = Joule = VC = VAs die Energieeinheit des (internationalen) „praktischen" Systems. (Genauer ist 1 $\text{kg}_\text{p}\text{m} = 9{,}804$ J.)

§ 32. **Bezogene Ableitung einer koaxialen Leitung**[1]. Ein Draht von der großen Länge l und der Dicke $2\,r_i$ (Abb. 32. 1) sei von einem koaxialen zylindrischen Rückleiter umgeben, dessen an der inneren Oberfläche gemessener Durchmesser gleich $2\,r_a$ sei. Der Zwischenraum zwischen dem Innen- und dem Außenleiter sei durch einen Isolierstoff der Leitfähigkeit $\varkappa_m$ ausgefüllt. Dann ist nach (29. 1) der Gesamtstrom I, der durch eine im Abstande r von der gemeinsamen Achse gedachte koaxiale Zylinderfläche fließt, gleich $\varkappa_m\,|\mathfrak{E}|\,2\pi r l$, wo $|\mathfrak{E}|$ den Betrag der elektrischen Feldstärke im Abstande r von der Achse bedeutet. Für die Spannung U zwischen Innen- und Außenleiter ergibt sich daher nach (30. 2)

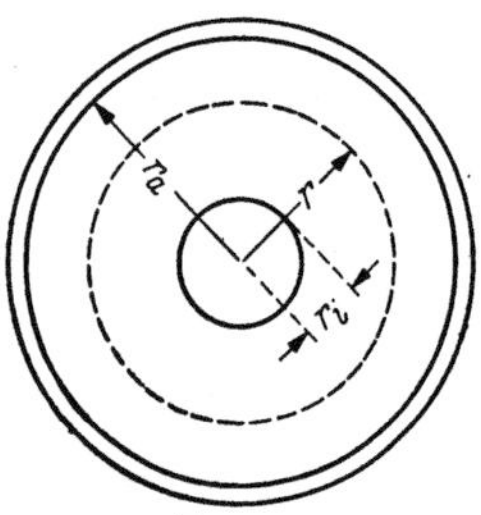

Abb. 32. 1.

$$U = \int_{r_i}^{r_a} |\mathfrak{E}|\,\mathrm{d}r = \frac{I}{2\pi\varkappa_m l}\int_{r_i}^{r_a}\frac{\mathrm{d}r}{r} = \frac{I}{2\pi\varkappa_m l}\ln\frac{r_a}{r_i} \tag{32. 1}$$

und für den auf die Längeneinheit bezogenen Leitwert zwischen Innen- und Außenleiter, die „bezogene Ableitung" (vgl. § 7),

$$G = \frac{I}{U\,l} = \frac{2\pi\varkappa_m}{\ln\frac{r_a}{r_i}} = 2{,}73\,\frac{\frac{\varkappa_m}{10^{-15}\ \text{Sm/mm}^2}}{\lg\frac{r_a}{r_i}}\,\frac{\mu\text{S}}{\text{km}}\,. \tag{32. 2}$$

§ 33. **Stromwärme.** Durch jeden Querschnitt eines Widerstandes R sei unter der Einwirkung einer angelegten Spannung U in der Zeit t die Elektrizitätsmenge Q geflossen. Dann ist wieder das Ergebnis dasselbe, wie wenn Q von dem Eingang *1* des Widerstandes bis zu seinem Ausgang *2* bewegt worden wäre; und die gesamte Arbeit der elektrischen Kräfte ist daher

$$A = Q\int_1^2 |\mathfrak{E}|\,\mathrm{d}s = Q\,U = U\,I\,t = R\,I \cdot I\,t = R\,I^2 t. \tag{33. 1}$$

Diese Arbeit ist nicht verloren. Wo sie hingeht, zeigt der Versuch: Man bringt den Widerstand in ein Gefäß mit Wasser; dieses erwärmt sich, und zwar ist bei Beobachtung der nötigen Vorsichtsmaßregeln die Zunahme seiner Temperatur ΔT proportional der von den elektrischen Kräften geleisteten Arbeit A, umgekehrt proportional der Menge m des Wassers:

$$\Delta T = \text{const}\,\frac{A}{m}\,. \tag{33. 2}$$

[1] In der Literatur findet man auch die Bezeichnungen „konzentrische Leitung" und „gleichachsige Leitung". Vgl. § 56.

Der reziproke Wert der Proportionalitätskonstante heißt „spezifische Wärme“ c_0 des Wassers; das Produkt $c_0 m \Delta T$ wird die in dem Widerstand entwickelte und auf das Wasser übertragene „Wärmemenge“ oder kurz „Wärme“ genannt. Die von den elektrischen Kräften geleistete Arbeit ist hiernach unmittelbar gleich (nicht etwa nur proportional) der entwickelten Wärme:

$$A = c_0 m \Delta T = R I^2 t. \tag{33.3}$$

Die Stromwärme kann als eine Art „Reibungswärme“ aufgefaßt werden.

Die Wärmemenge $c_0 \cdot 1\,\mathrm{g} \cdot 1^0$ heißt „Kalorie“ (cal), wenn man c_0 auf 15^0 C bezieht. 1 g Wasser von 15^0 C erwärmt sich nach (. 2) um 1^0, wenn man ihm 1 cal zuführt.

§ 34. Die Leistung als strömende Energie; Klemmenleistung.

Eine Zweipolquelle von der konstanten Leerlaufspannung U^l und dem inneren Widerstand R_i sei (Abb. 16. 1) mit einem Zweipol vom Widerstande R durch Klemmen verbunden. Nennen wir den Klemmenstrom I, so wird in dem Zweipol nach § 33 in der Sekunde die Wärmemenge RI^2 entwickelt.

Diese Wärmemenge stammt aus den elektromotorischen Kräften der Zweipolquelle; sie muß also von dieser in den Verbraucher gewandert sein. Mit andern Worten: durch eine Fläche F, die man sich senkrecht zu der Zeichenebene durch die Klemmen gelegt denken kann, strömt in jeder Zeiteinheit die Energie RI^2. Schreibt man hierfür UI, wo U die Klemmenspannung bedeutet, so kann man das Ergebnis auch so aussprechen: die „Klemmenleistung“, d. h. die in der Zeiteinheit durch die Klemmen strömende Energie, ist gleich dem Produkt aus Klemmenspannung und Klemmenstrom[1].

Diese letzte Beziehung gilt auch dann, wenn in dem Verbraucher mechanische oder chemische Arbeit geleistet wird. Dann ist die Klemmenleistung gleich der Summe der in dem Verbraucher entwickelten Wärme und der sonst noch geleisteten Arbeiten, alles auf die Zeiteinheit bezogen.

Der Richtungssinn der Energieströmung stimmt nach Abb. 16. 1 überein mit der Richtung des Stroms, der durch die Klemme höheren Potentials fließt, und ist entgegengesetzt zu der Richtung des Stroms, der durch die Klemme niedrigeren Potentials fließt.

Entsprechend der Gleichung $N = UI$ wechselt die Energieströmung ihren Richtungssinn, sobald die Spannung oder der Strom die Richtung ändert. Ändern Spannung und Strom beide ihre Richtung, so bleibt die Wanderungsrichtung der Energie die ursprüngliche.

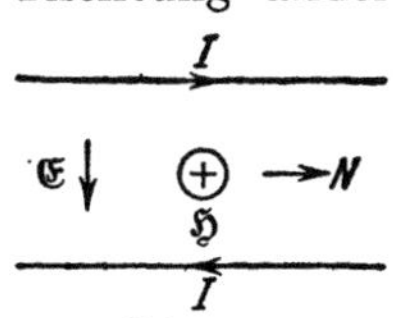

Abb. 34. 1.

Man kann den Richtungssinn der Leistung auch so festlegen: Man ordnet dem Umlaufsinn des Stroms nach einer Rechtsschraube einen Hilfsvektor $\mathfrak{H}$ zu, wie es in Abb. 34. 1 geschehen ist (das +-Zeichen in dem Kreis soll andeuten, daß der Vektor von dem Beschauer weg gerichtet ist); denkt man sich dann den Vektor $\mathfrak{E}$ durch den kleineren Winkel hindurch in die Richtung des Vektors $\mathfrak{H}$ gedreht, so bildet diese Drehung mit der Strömungsrichtung der Energie wieder eine Rechtsschraube.

Die Leistungseinheit des praktischen Systems ist das Watt = W = VA.

§ 35. Anpassung des Verbrauchers an den Erzeuger.

Wie muß man die Schaltung der Abb. 16. 1 bemessen, wenn der Verbraucher möglichst viel Leistung aufnehmen soll? Die Gleichung

$$N = UI = RI^2 = \frac{R}{(R_i + R)^2} U^{l2}, \tag{35.1}$$

bei der die Gleichung (16. 2) benutzt ist, läßt zunächst unmittelbar erkennen, daß die Leistung mit größer werdender Leerlaufspannung und mit abnehmendem

[1] Die Klemmenleistung ist der Fluß des sog. „Poyntingschen Vektors“ durch die Fläche F. Vgl. Abraham, M.: Theorie der Elektrizität, 10. Aufl. bearb. v. R. Becker. § 53, 66, 70. Leipzig: B. G. Teubner 1933.

innerem Widerstand der Quelle wächst. Ob es günstig ist, den Widerstand R des Verbrauchers groß oder klein zu wählen, wird am besten durch Differentiation entschieden, da R im Zähler und im Nenner vorkommt. Nach der im Anhang unter 4. 3 angegebenen Formel erhält man das Maximum von N durch den Ansatz

$$\frac{R}{(R_i + R)^2} = \frac{1}{2(R_i + R)},$$

also

$$2R = R_i + R \quad \text{oder} \quad R = R_i. \qquad (35.2)$$

Bei gegebenem Widerstand der Stromquelle ist es demnach günstig, wenn ihm der Widerstand des Verbrauchers annähernd gleich ist; ist er größer, so wird der Klemmenstrom, ist er kleiner, so wird die Klemmenspannung zu klein.

§ 36. Allgemeine Definition der Spannung. Allgemein definiert man die Spannung längs eines gegebenen, im Sinne ihres Bezugspfeils zu durchlaufenden Weges durch das über diesen Weg erstreckte „Linienintegral":

$$U = \int |\mathfrak{E}|\,|ds| \cos(\mathfrak{E}, ds). \qquad (36.1)$$

Dabei ist unter $|\mathfrak{E}|$ der immer positive Betrag der Feldstärke, unter $|ds|$ der immer positive Betrag des Wegelements zu verstehen; $(\mathfrak{E}, ds)$ ist der Winkel zwischen den Richtungen des Feldes und des im Integrationssinne gezogenen Wegelements.

Die Spannung ist nach dieser Definition kein „Vektor". Durch die Integrationsrichtung wird ihr jedoch ein bestimmter „Richtungssinn" zugeordnet. Welches dieser Sinn ist, erkennt man am leichtesten in dem besonderen Fall, wo der Pfeil der Feldstärke $\mathfrak{E}$ überall den Weg berührt. Bildet er mit der Richtung des Wegelements überall den Winkel 0^0, so ist U nach (. 1) positiv; d. h. die Spannung läuft im Sinne ihres Bezugspfeils, sie hat denselben Richtungssinn wie die Feldstärke. Bildet der Pfeil der Feldstärke dagegen mit ds den Winkel 180^0, so ist U negativ; das heißt aber: die Spannung hat wieder denselben Richtungssinn wie die Feldstärke.

Besteht zwischen der Richtung der Feldstärke und dem Verlauf des Wegs keine Bindung, so sind die Projektionen $|\mathfrak{E}| \cos(\mathfrak{E}, ds)$ der Feldstärke auf den Weg teils positiv, teils negativ; der Sinn der Spannung richtet sich dann nach dem Vorzeichen derjenigen Projektionen, die zu dem Integral das meiste beisteuern.

§ 37. Elektrostatisches Feld. Im § 29 war das betrachtete Drahtstück von der Länge dl als Teil eines Stromkreises aufzufassen. Bringt man ein begrenztes Drahtstück in ein gleichförmiges elektrisches Feld, so müssen sich infolge der entstehenden Strömung auf seinen Enden Ladungen ansammeln[1]; durch die Einwirkung dieser „influenzierten" Ladungen wird aber (vgl. später § 42) das ursprüngliche Feld zum Verschwinden gebracht, so daß nach dem Ohmschen Gesetz schließlich auch die Strömung verschwindet.

Die elektrischen Leiter sind Stoffe, in denen sich ohne Energiezufuhr auf die Dauer überhaupt kein elektrisches Feld und kein elektrischer Strom halten kann: das Feld beginnt in ihnen unter Entwicklung von Wärme sofort zu „zerfallen".

Wir nennen das zeitlich konstante Feld, das sich in einem System, das keine Energiequelle enthält, nach hinreichend langer Zeit ausbildet, ein „elektrostatisches". Bei ihm ist der elektrische Strom in allen Medien gleich Null geworden.

[1] Wenn sich nur Ladungen eines Vorzeichens, z. B. nur Elektronen, bewegen, hat man sich vorzustellen, daß das eine Ende an Ladungen verarmt, während sich auf dem andern Ladungen ansammeln.

§ 38. **Wirbelfreies Feld.** Die Erfahrung zeigt, daß die für einen geschlossenen Weg berechnete elektrische Spannung im elektrostatischen Felde gleich Null ist:

$$\oint |\mathfrak{E}|\,|ds| \cos(\mathfrak{E}, ds) = 0 . \qquad (38.1)$$

Führen wir also eine Ladung Q im elektrostatischen Feld auf einem geschlossenen Wege herum, so leisten die elektrischen Kräfte im allgemeinen zwar auf einem Teile des Weges Arbeit; auf einem andern Teile müssen aber wir selbst gegen die elektrischen Kräfte Arbeit leisten: die Gesamtarbeitsleistung ist immer genau gleich Null.

Der Satz von dem Verschwinden der „Umlaufsspannung", wie man die Spannung auf geschlossenem Wege nennt, ist ein Grundgesetz des elektrostatischen Feldes. Aus ihm folgt, daß man die Kräfte des elektrostatischen Feldes nicht zum Betriebe eines perpetuum mobile ausnutzen kann.

Ein Feld von verschwindender Umlaufspannung wird auch ein „wirbelfreies" Feld genannt. Die elektrostatischen Felder sind, wie wir sehen werden (§ 77), nicht die einzigen wirbelfreien Felder.

§ 39. **Potential.** Aus dem Verschwinden der Umlaufspannung folgt, daß im wirbelfreien Felde die Spannung auf allen Wegen, die man sich zwischen zwei Punkten *1* und *2* denken kann, die gleiche ist. Denn führt der eine Weg (Abb. 39. 1) über *a*, der andere über *b*, so ist nach Voraussetzung

$$\int_{1a2b1} = 0,$$

also

$$\int_{1a2} + \int_{2b1} = \int_{1a2} - \int_{1b2} = 0. \qquad (39.1)$$

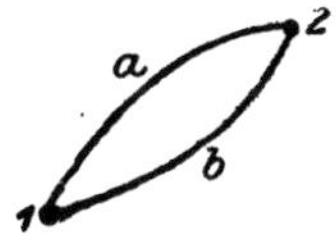

Abb. 39. 1.

Im wirbelfreien Felde kann man daher in Übereinstimmung mit den Angaben des § 9 die Spannung zwischen den Punkten *1* und *2* gleich der Differenz der Werte setzen, die eine Ortsfunktion φ, die man „Potential" nennt, in den beiden Punkten *1* und *2* hat:

$$U = \varphi_1 - \varphi_2 . \qquad (39.2)$$

Denn dann wird U tatsächlich für jeden geschlossenen Weg von selbst gleich Null, da für ihn natürlich $\varphi_1 = \varphi_2$ ist.

Bei Gleichung (. 2) muß vorausgesetzt werden, daß der Bezugspfeil der Spannung von *1* nach *2* läuft; denn nach § 9 sollte das Potential in Richtung der Spannung abnehmen.

Da durch (. 2) nur die Potentialdifferenz, aber nicht das Potential selbst definiert ist, kann man dieses in irgendeinem Punkte willkürlich gleich Null setzen.

§ 40. **Feldstärke und Potentialgefälle.** Wir denken uns von einem Feldpunkte aus ein unendlich kleines Wegelement ds gezogen; dieses kann alle möglichen Richtungen haben (Abb. 40. 1). Der Zuwachs, den das Potential φ erleidet, wenn man um das Wegelement ds in dessen Richtung fortschreitet, sei gleich $d\varphi$. Dann kann man, da das Potential in der Richtung der Spannung immer abnimmt, den Ansatz machen:

$$-d\varphi = |\mathfrak{E}|\,|ds| \cos(\mathfrak{E}, ds) . \qquad (40.1)$$

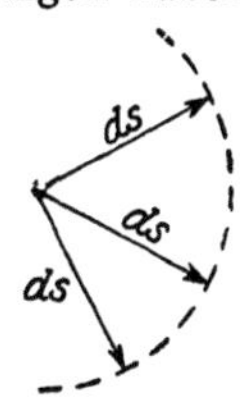

Abb. 40. 1.

Die Potentialabnahme hängt also im allgemeinen von der Richtung des Fortschreitens ab. Bei gleichem $|\mathfrak{E}|$ und $|ds|$ ist sie aber in der Richtung der elektrischen Feldstärke ($\sphericalangle\, \mathfrak{E}, ds = 0$) größer als in allen anderen Richtungen. Für diese Richtung berechnet ist der Betrag $|d\varphi/ds|$, den wir den Betrag des „Potentialgefälles" nennen, nach (. 1) gleich dem Betrag der elektrischen Feldstärke. Diese stimmt also an jeder Stelle des wirbelfreien Feldes nach Größe und Richtung mit dem größten Potentialgefälle überein.

§ 41. **Elektromotorische Kräfte.** Auf eine stromquellenfreie Gleichstrommasche angewendet, ist die Kirchhoffsche Maschenregel offenbar gleichbedeutend mit der Aussage, daß das betrachtete elektrische Feld wirbelfrei ist. Deshalb ist es beispielsweise bei der Schaltung Abb. 41. 1 gleichgültig, ob man sich die Spannung U zwischen den Klemmen *1* und *2* für einen Weg quer durch das Medium hindurch oder durch die Windungen des Abschlußwiderstandes R hindurch berechnet denkt. Es ist ja $U = RI$.

Treten elektromotorische Kräfte hinzu, so kann man den Satz von der Wirbelfreiheit des Gleichstromfeldes formal aufrechterhalten, wenn man jeder elektromotorischen Kraft E mit dem gleichen Bezugspfeil eine fiktive Spannung $-E$ zuordnet und bei der Berechnung der Umlaufspannung diese Zusatzspannungen mit berücksichtigt. Bei der Schaltung Abb. 41. 1 beispielsweise kann man die Klemmenspannung U auch auf dem Wege längs des Widerstandsdrahts R_i und durch die Batterie E hindurch berechnet denken; denn aus der Wirbelfreiheit des Feldes ergibt sich:

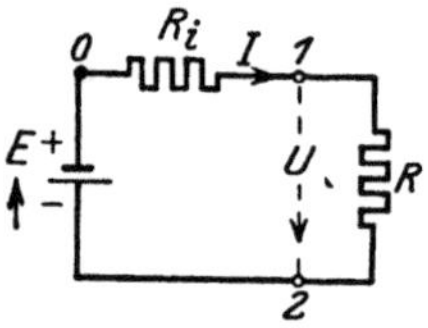

Abb. 41. 1.

$$U + (-E) + R_i I = 0\,, \tag{41. 1}$$

wie es sein muß.

Daß man den elektromotorischen Kräften Spannungen zuordnen muß, die in den Stromquellen von den positiven nach den negativen Polen gerichtet sind, läßt sich auch folgendermaßen erklären. Man stelle sich etwa vor, die Stromquelle bestände in einem Gebläse, durch das positive Elektrizitätsträger in der Richtung der elektromotorischen Kraft getrieben werden[1]. Dann hat die elektrische Strömung zwei Ursachen: Die Ladungen verschieben sich, weil sie sich in einem gemäß § 28 meßbaren Feld $\mathfrak{E}$ befinden und weil mechanische Kräfte an den Trägern angreifen. Diese mechanischen Kräfte kann man durch ein fiktives „eingeprägtes" Feld $\mathfrak{E}_e$ ersetzen, dessen Linienintegral genommen für einen Weg vom negativen Pol der Quelle zum positiven gleich der elektromotorischen Kraft E ist:

$$\int |\mathfrak{E}_e|\,|ds|\cos(\mathfrak{E}_e, ds) = E\,. \tag{41. 2}$$

Beide Felder zusammen verursachen eine Strömung: $\mathfrak{i} = \varkappa(\mathfrak{E} + \mathfrak{E}_e)$; aber nur für das Feld $\mathfrak{E}$, das man häufig das „elektrostatische" Feld nennt, gilt die Gleichung (38. 1).

Auch diese Vorstellungen führen zur Maschenregel. Wir zeigen das für die Zweipolquelle der Abb. 41. 2. Da eine eingeprägte Feldstärke nur bei dem Zweig *20*, ein elektrischer Strom nur bei den Zweigen *01* und *20* zu berücksichtigen ist, ergibt sich aus der Wirbelfreiheit des Feldes $\mathfrak{E}$, wenn man den Batteriewiderstand vernachlässigt (vgl. 30. 2):

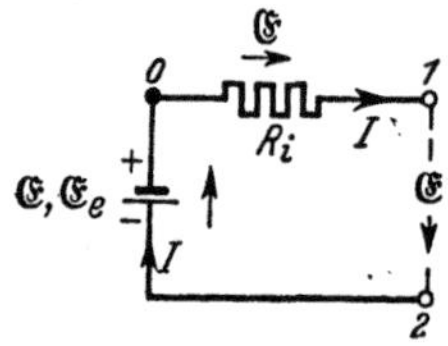

Abb. 41. 2.

$$0 = \int_0^1 + \int_1^2 + \int_2^0 = I\int \frac{ds}{\varkappa F} + U + \int_2^0 \left(\frac{\mathfrak{i}}{\varkappa} - \mathfrak{E}_e\right) ds \approx R_i I + U - \int_2^0 \mathfrak{E}_e\, ds$$

$$= R_i I + U - E \tag{41. 3}$$

wieder in Übereinstimmung mit der Grundgleichung der Zweipolquelle.

Ist die Stromquelle offen, so ist der Strom I und damit in den Metallen[2] das Gesamtfeld $\mathfrak{E} + \mathfrak{E}_e$ gleich Null. In dem Draht ist auch das elektrostatische Feld gleich Null; in der Stromquelle dagegen liegt zwischen den Polen ein vom Pluspol zum Minuspol gerichtetes Feld $\mathfrak{E} = -\mathfrak{E}_e$.

---

[1] Vgl. z. B. Pohl, R. W.: Einführung in die Elektrizitätslehre. 6. u. 7. Aufl. Berlin: Springer 1941. XII u. XIII.

[2] Im Dielektrikum zwischen *1* und *2* bleibt ein Feld bestehen; das Verschwinden des Stroms folgt hier aus $\varkappa = 0$.

In der Praxis sind die eingeprägten Feldstärken meist chemischen Ursprungs[1].

§ 42. Coulombsches Gesetz. Erfahrungsgemäß bestehen in der Umgebung elektrischer Ladungen elektrische Felder. Um den Zusammenhang zwischen den felderzeugenden Ladungen und den erzeugten Feldstärken festzustellen, hat Coulomb das Feld einer einzelnen annähernd punktförmigen Ladung gemessen und gefunden, daß seine Stärke der Ladung direkt und dem Quadrate ihrer Entfernung von dem Aufpunkt umgekehrt proportional ist:

$$|\mathfrak{E}| = \text{const}\,\frac{Q}{r^2}. \qquad (42.1)$$

Die Feldstärke hat bei positiver Ladung Q die Richtung Ladung → Aufpunkt, bei negativer die Richtung Aufpunkt → Ladung. Die Konstante des Gesetzes hängt, wie spätere Messungen gezeigt haben, von der Art des Feldmediums ab.

Der Coulombsche Ansatz (.1) reicht aus, das von beliebig vielen Punktladungen erzeugte elektrische Feld zu berechnen; man braucht nur die Einzelfeldstärken nach dem Vieleck der Kräfte zusammenzusetzen.

Der Ansatz versagt jedoch, wenn die Ladungen verteilt auf ausgedehnten Leitern sitzen. Denn da sie selbst dem Felde ausgesetzt sind, werden sie durch dieses verschoben; die in die Gleichung (.1) einzuführenden Abstände r hängen daher von der noch unbekannten Feldverteilung ab.

§ 43. Elektrische Verschiebung. Die mathematische Physik geht in solchen verwickelteren Fällen meist von einer Differentialgleichung (der „Poissonschen") aus, die für den Fall einer Punktladung wieder zum Coulombschen Gesetz zurückführt.

Man kann das Coulombsche Gesetz aber auch durch eine Integralform der Poissonschen Gleichung ersetzen. Dabei erweist es sich als zweckmäßig, neben der Feldstärke $\mathfrak{E}$ noch eine zweite gerichtete Feldgröße $\mathfrak{D}$ einzuführen, die man „elektrische Verschiebung" nennt.

Wenn nach dem Coulombschen Gesetz die Feldstärke dem Quadrate des Abstands r, den die Punktladung vom Aufpunkt hat, umgekehrt proportional ist, so hat dies offenbar einen geometrischen Grund: die Wirkung der Ladung verteilt sich sozusagen auf die Oberfläche $4\pi r^2$ einer Kugel vom Radius r. Es erleichtert nun den Überblick, wenn man sich vorstellt, daß die Ladung Q im Aufpunkt zunächst einen „Hilfs-" oder „Zwischenvektor" $\mathfrak{D}$ erzeugt, der in dem geometrischen Zusammenhang

$$|\mathfrak{D}| = \frac{Q}{4\pi r^2} \qquad (43.1)$$

mit ihr steht, und daß diesem Zwischenvektor dann erst die Feldstärke $\mathfrak{E}$ proportional ist. Man zerlegt hierbei gewissermaßen den gesuchten Zusammenhang zwischen $\mathfrak{E}$ und Q in zwei Teilzusammenhänge.

Der erste dieser Teilzusammenhänge wird allgemein am besten mit Hilfe des Begriffs des „Flusses" ausgedrückt. Unter dem Flusse einer gerichteten Größe $\mathfrak{D}$ durch eine Fläche F versteht man das Integral $\int |\mathfrak{D}|\, dF \cos(\mathfrak{D}, \mathfrak{n})$, wo $\mathfrak{n}$ die Normale des Flächenelements bedeutet. Man nimmt die Normalkomponente der gerichteten Größe, damit ihr Fluß gleich Null wird, wenn sie der Fläche parallel läuft.

---

[1] Vgl. Pohl, R. W.: a. a. O. Ab und zu wird auch die Summe $\mathfrak{E} + \mathfrak{E}_e$ als „elektrische Feldstärke" bezeichnet und durch $\mathfrak{E}$ abgekürzt, so in den früheren Auflagen der „Theorie der Elektrizität" von Föppl und Abraham.

Da jede Fläche zwei Seiten hat, muß eine „Bezugsnormale" festgesetzt werden; der überwiegende Richtungsinn eines **positiven** Flusses ist dann der der Normale.

Man setzt nun fest, daß der Verschiebungsfluß durch jede beliebige geschlossene Fläche (durch jede Raumteilhülle), wenn die Bezugsnormale nach außen weist, gleich der gesamten Ladung sein soll, die in dem von der Fläche umhüllten Raumteil enthalten ist:

$$\int |\mathfrak{D}|\, dF \cos(\mathfrak{D}, \mathfrak{n}) = Q. \qquad (43.2)$$

Das ist die Integralform der Poissonschen Gleichung.

Im Falle der Punktladung führt (. 2) wieder zu der Gleichung (. 1) zurück. Wir denken uns als Fläche, für die wir den Fluß berechnen, eine Kugelfläche vom Radius r um die Punktladung. Dann folgt aus der Symmetrie des Ganzen, daß die Verschiebung überall auf der Fläche nur die Richtung des Kugelradius haben kann und überall gleich groß sein muß. (. 2) ergibt also $|\mathfrak{D}| \cdot 4\pi r^2 = Q$ oder $|\mathfrak{D}| = Q/(4\pi r^2)$ in Übereinstimmung mit (. 1). Die Verschiebung ist nach (. 2) nach **außen** gerichtet, wenn die Ladung positiv ist; sie hat also nach § 42 die Richtung der Feldstärke.

§ 44. Verschiebungsfeld eines langen Drahts. Wir wollen die Grundgleichung (43. 2) sofort auf zwei praktisch besonders wichtige Fälle anwenden; und zwar beginnen wir mit der Berechnung der Verschiebung in der Umgebung eines geladenen langen Zylinders. Als Fläche, auf die die Gleichung (43. 2) anzuwenden ist, wählen wir eine koaxiale Zylinderfläche durch den Aufpunkt A (Abb. 44. 1), die wir durch zwei Querschnitte abschließen. Aus den Symmetrieverhältnissen folgt wieder, daß die Verschiebung radial gerichtet ist und auf der Mantelfläche überall die gleiche Größe hat. Es ergibt sich daher aus (43. 2), da die Flüsse durch die beiden Querschnitte gleich Null sind:

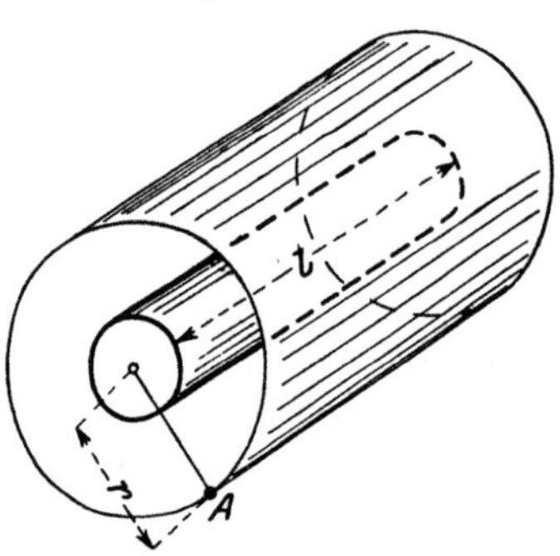

Abb. 44. 1.

$$|\mathfrak{D}| = \frac{Q}{2\pi r l}, \qquad (44.1)$$

wo r den Abstand des Aufpunkts von der Achse, Q die Ladung und l die Länge des betrachteten Zylinderstücks bedeuten. Die Verschiebung ist also der Ladung der Längeneinheit Q/l direkt, dem Abstande r umgekehrt proportional.

§ 45. Verschiebungsfeld zwischen zwei parallelen Ebenen. Zwei sehr große einander parallele ebene Leiteroberflächen seien mit entgegengesetzt gleichen Elektrizitätsmengen geladen. Dann folgt bei kleinem Flächenabstand aus den Symmetrieverhältnissen, daß die Verschiebung überall gleich groß ist und zu den Flächen senkrecht steht. Um die Gleichung (43. 2) anwenden zu können, denken wir uns einen Zylinder, dessen Achse zu den Flächen senkrecht steht (Abb. 45. 1). Der Fluß durch die im Leiter verlaufende Grundfläche und durch die Mantelfläche ist gleich Null; in die Gleichung (43. 2) ist daher nur der Fluß durch die im Dielektrikum liegende Grundfläche einzusetzen, und man erhält

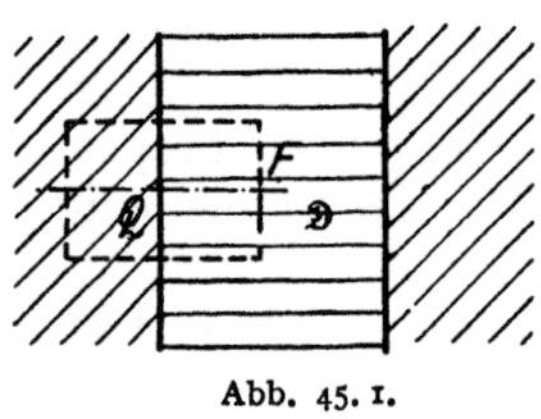

Abb. 45. 1.

$$|\mathfrak{D}| = \frac{Q}{F}, \qquad (45.1)$$

wo F die Größe der Grundfläche und Q die Ladung bedeutet, die auf dem im Innern des Zylinders liegenden Stück der einen Leiteroberfläche sitzt. Die Verschiebung ist in diesem Falle überall im Zwischenraum gleich der Dichte der Ladung auf einer der beiden Leiteroberflächen.

Die Verschiebung in irgend einem Punkte eines Feldes läßt sich daher unmittelbar durch die auf Prüfscheibchen influenzierten Ladungen bestimmen[1].

[1] Pohl, R. W.: a. a. O. § 22.

§ 46. Zusammenhang zwischen Verschiebung und Feldstärke. Die Erfahrung zeigt, daß die gemessene oder nach (43. 2) berechnete Verschiebung $\mathfrak{D}$ der Feldstärke $\mathfrak{E}$ proportional ist und daß die zugehörige Proportionalitätskonstante nur von den Eigenschaften des Mediums im Aufpunkt abhängt. Die Gleichung (43. 2) ist also mehr als eine willkürliche der zu definierenden Größe $\mathfrak{D}$ aufzuerlegende Bedingung; sie muß zusammen mit der Gleichung

$$\mathfrak{E} = \text{const}\,\mathfrak{D} \qquad (46.1)$$

als Ausdruck eines physikalischen Gesetzes angesehen werden. Den reziproken Wert der Stoffkonstante in (. 1) nennen wir (absolute) „Dielektrizitätskonstante" oder „elektrische Durchlässigkeit" ε. Erfahrungsgemäß ist also

$$\mathfrak{E} = \frac{1}{\varepsilon}\mathfrak{D} \quad \text{oder} \quad \mathfrak{D} = \varepsilon\,\mathfrak{E}. \qquad (46.2)$$

Die Dielektrizitätskonstante kann nach (. 2) unmittelbar durch gleichzeitige Messung von $\mathfrak{E}$ und $\mathfrak{D}$ bestimmt werden.

Bei den beiden auf 100000 V geladenen Platten des § 31 z. B. war $|\mathfrak{E}| = 100000$ V/(20 cm) $= 5000$ V/cm. Die Elektrizitätsmengen Q, die auf den Platten sitzen, können gemessen werden; dann ist nach (45. 1)

$$|\mathfrak{D}| = \frac{Q}{F}.$$

Führt man den Versuch mit Platten von 5 m² Flächengröße in Luft aus, so findet man

$$Q = 22{,}14 \cdot 10^{-6}\ \text{Coul}.$$

Daraus ist zu schließen:

$$|\mathfrak{D}| = \frac{Q}{F} = \frac{22{,}14 \cdot 10^{-6}\ \text{Coul}}{5\ \text{m}^2} = 4{,}428 \cdot 10^{-10}\ \frac{\text{Coul}}{\text{cm}^2}$$

und

$$\varepsilon = \frac{|\mathfrak{D}|}{|\mathfrak{E}|} = \frac{4{,}428 \cdot 10^{-10}\ \text{Coul cm}}{\text{cm}^2 \cdot 5000\ \text{Volt}} = 0{,}886 \cdot 10^{-13}\ \frac{\text{Coul}}{\text{Volt cm}} = 8{,}86\ \frac{\text{nF}}{\text{km}}. \qquad (46.3)$$

Dies ist nach unseren Festsetzungen die Dielektrizitätskonstante der Luft. Für den leeren Raum bekommt man einen Wert ε_0, der sich hiervon nur wenig unterscheidet[1].

In Tabellen gibt man gewöhnlich die „relative Dielektrizitätskonstante" $\varepsilon/\varepsilon_0$ an, d. h. das Verhältnis der Dielektrizitätskonstante des betreffenden Stoffes zu der universellen Konstante ε_0.

§ 47. Verschiebungsströme. Wenn sich die im Felde vorhandenen elektrischen Ladungen ändern, so ändert sich auch die mit ihnen verknüpfte Verschiebung in den einzelnen Punkten des Feldes.

Bei parallelen Platten z. B. (Abb. 47. 1) zieht jede Änderung $\mathrm{d}Q/\mathrm{d}t$ gemäß (45. 1) eine Änderung $\mathrm{d}|\mathfrak{D}|/\mathrm{d}t$ nach sich, die durch

$$\frac{\mathrm{d}|\mathfrak{D}|}{\mathrm{d}t} = \frac{1}{F}\frac{\mathrm{d}Q}{\mathrm{d}t} \qquad (47.1)$$

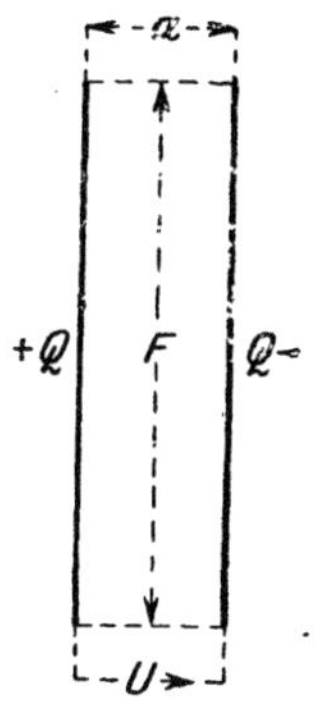

Abb. 47. 1.

gegeben ist. Nun ist aber $\mathrm{d}Q/\mathrm{d}t$ zugleich der Leitungsstrom, der auf die Platten fließt. Wenn er gleich $F \cdot \mathrm{d}|\mathfrak{D}|/\mathrm{d}t$ sein soll, also gleich einer Größe, die auf eine Fläche im Innern des Dielektrikums bezogen werden kann, so ist die Auffassung möglich, daß der Leitungsstrom nicht auf der einen Platte endigt und auf der andern wieder beginnt, sondern im Dielektrikum abgelöst wird durch einen andern Strom, dessen Dichte gleich $\mathrm{d}\mathfrak{D}/\mathrm{d}t$ ist.

[1] Die Erkenntnis, daß der Zusammenhang zwischen Feld und Ladungen auch im leeren Raum durch eine meßbare Konstante vermittelt wird, verdankt man G. Giorgi: Nuovo Cimento (5) 4 (1902) S. 11.

Diese Auffassung rührt von Maxwell her; er hat $\mathrm{d}\mathfrak{D}/\mathrm{d}t$ die „Dichte des Verschiebungsstroms" genannt und die Elektrizitätslehre auf der Voraussetzung aufgebaut, daß zu den Leitungsströmen die Verschiebungsströme hinzuzunehmen sind, so daß es überhaupt nur geschlossene Ströme gibt.

Den Gesamtstrom, d. h. die Summe aus Leitungs- und Verschiebungsstrom, nennt man auch den „wahren" Strom.

§ 48. **Kapazität.** Wir wollen nun die Maxwellsche Auffassung für den praktisch wichtigsten Fall des elektrischen Feldes zwischen zwei ebenen Platten weiter durchführen (Abb. 47. 1). Für ihn gilt bei kleinem Plattenabstand nach (47. 1)

$$I = F \frac{\mathrm{d}|\mathfrak{D}|}{\mathrm{d}t}, \tag{48. 1}$$

wo I der Gesamtverschiebungsstrom ist. Nun ist aber

$$|\mathfrak{D}| = \varepsilon |\mathfrak{E}| \quad \text{und} \quad U = |\mathfrak{E}|\, a,$$

wo U die Spannung zwischen den Platten und a die Dicke des Dielektrikums bedeutet. Also ist auch

$$I = F \cdot \varepsilon \frac{\mathrm{d}|\mathfrak{E}|}{\mathrm{d}t} = \frac{\varepsilon F}{a} \frac{\mathrm{d}U}{\mathrm{d}t}. \tag{48. 2}$$

Diese Gleichung für den das Dielektrikum durchfließenden Verschiebungsstrom ist ähnlich gebaut wie das Ohmsche Gesetz (6. 1) für Leitungsstrom. Sie unterscheidet sich von ihm aber insofern, als sie statt der Spannung ihren Differentialquotienten nach der Zeit und statt der Leitfähigkeit die Dielektrizitätskonstante enthält.

Ein Paar von Platten, zwischen denen Verschiebungsströme verlaufen, ist die einfachste und wichtigste Form eines „Kondensators". Als seine „Kapazität" bezeichnet man den Faktor

$$C = \frac{\varepsilon F}{a}, \tag{48. 3}$$

also das mit der elektrischen Durchlässigkeit des Dielektrikums multiplizierte Verhältnis der Plattenfläche zum Plattenabstand. Setzt man (. 3) in (. 2) ein, so erhält man die Gleichung

$$I = C \frac{\mathrm{d}U}{\mathrm{d}t}; \tag{48. 4}$$

sie stellt die allgemeine Definition der Kapazität dar. Multipliziert man also die „treibende" zeitliche Änderung einer an einen Kondensator angelegten Spannung mit seiner Kapazität, so erhält man den entstehenden Verschiebungsstrom.

Natürlich kann man auch

$$I\,\mathrm{d}t = C\,\mathrm{d}U$$

schreiben und zwischen zwei Zeiten t_1 und t_2 integrieren. Dann erhält man

$$Q = \int I\,\mathrm{d}t = C(U_2 - U_1). \tag{48. 5}$$

Da der Verschiebungsstrom die Fortsetzung des Leitungsstromes ist, stellt Q die gesamte zwischen den Zeitpunkten t_1 und t_2 durch Leitung auf die Platte geflossene Elektrizitätsmenge dar; diese ist also gleich dem Produkt aus der Kapazität und der in derselben Zeit eingetretenen Änderung der Spannung.

War zur Zeit t_1 noch kein Feld vorhanden, so gilt die einfachere Gleichung

$$Q = CU; \tag{48. 6}$$

d. h. die auf einer der Platten sitzende Elektrizitätsmenge ist dem Betrage nach gleich dem Produkt aus der Kapazität und der Spannung zwischen den Platten.

Gewöhnlich bezeichnet man C als die „Kapazität des Kondensators". Treffender wäre es, von der „Kapazität des Dielektrikums" zu sprechen und F nicht als Plattengröße, sondern als Querschnitt des Dielektrikums, a nicht als Plattenabstand, sondern als Dicke des Dielektrikums aufzufassen[1].

§ 49. Übliche Einheit der Kapazität. Der auf praktische Einheiten bezogene Zahlenwert der Dielektrizitätskonstante ist für alle Isolierstoffe so außerordentlich klein, daß es sehr kostspielig wäre, mit den gewöhnlichen Hilfsmitteln eine Kapazität auch nur von einem Farad wirklich herzustellen. Bezieht man die Fläche eines Kondensators auf die Einheit Hektar (ha $= 10^8\,\text{cm}^2$), den Abstand seiner Belegungen auf die Einheit 10 μm ($= 10^{-3}$ cm), so kann man schreiben:

$$C = \varepsilon \frac{F}{a} = \frac{\varepsilon}{\varepsilon_0} \cdot 0{,}886 \cdot 10^{-13} \frac{\text{F}}{\text{cm}} \frac{F/\text{ha}}{a/(10\,\mu\text{m})} \cdot \frac{10^8\,\text{cm}^2}{10^{-3}\,\text{cm}}$$

$$= 8{,}86 \cdot 10^{-3} \frac{\varepsilon}{\varepsilon_0} \frac{F/\text{ha}}{a/(10\,\mu\text{m})} \text{F}. \tag{49. 1}$$

Selbst mit $F = 1$ ha und $a = 10$ μm käme man also noch nicht einmal auf ein Farad. Man verwendet daher fast immer die Einheiten μF ($= 10^{-6}$ F), nF ($= 10^{-9}$ F) und pF ($= 10^{-12}$ F).

Die letzte Form der Gleichung (49. 1) ist eine „zugeschnittene Größengleichung" (§ 4). Sie ist aus der allgemeinen Größengleichung $C = \varepsilon F/a$ entstanden durch Zusatz des Faktors $8{,}86 \cdot 10^{-3} \cdot 10\,\mu\text{m} \cdot \text{Farad}/(\varepsilon_0 \cdot \text{ha})$, der nach (46. 3) gleich 1 ist, und erlaubt, die Kapazität in F unmittelbar aus den Zahlenwerten $\varepsilon/\varepsilon_0$, F/ha und $a/(10\,\mu\text{m})$ zu berechnen.

§ 50. Bezogene Kapazität einer koaxialen Leitung. Sitzt auf dem Innenleiter einer koaxialen Leitung von der Länge l (§ 32) die Ladung Q, so ist nach § 36 und nach (44. 1) die Spannung U zwischen ihm und dem Rückleiter

$$U = \int_{r_i}^{r_a} |\mathfrak{E}|\,\mathrm{d}r = \int_{r_i}^{r_a} \frac{Q}{\varepsilon \cdot 2\pi r l}\,\mathrm{d}r = \frac{Q}{2\pi\varepsilon l} \int_{r_i}^{r_a} \frac{\mathrm{d}r}{r} = \frac{Q}{2\pi\varepsilon l} \ln \frac{r_a}{r_i}. \tag{50. 1}$$

Die bezogene Kapazität der koaxialen Leitung ist daher nach (48. 6):

$$C = \frac{Q}{Ul} = \frac{2\pi\varepsilon}{\ln \frac{r_a}{r_i}} = 24{,}2 \frac{\varepsilon}{\varepsilon_0} \frac{1}{\lg \frac{r_a}{r_i}} \frac{\text{nF}}{\text{km}}. \tag{50. 2}$$

Sie ist, wie man sieht, nur von dem Verhältnis r_a/r_i abhängig, ändert sich also nicht, wenn man die Querabmessungen im gleichen Verhältnis vergrößert oder verkleinert. Für $r_a = 3{,}6\, r_i$ ist

$$C = 43{,}5 \frac{\varepsilon}{\varepsilon_0} \frac{\text{nF}}{\text{km}}. \tag{50. 3}$$

Befinden sich die Ladungen Q auf dem Innenleiter und $-Q$ auf der inneren Fläche des Außenleiters in Ruhe (Fall der „Elektrostatik"), so ist nach (43. 2) das Feld des Vektors $\mathfrak{D}$ und daher auch das des Vektors $\mathfrak{E}$ außerhalb der koaxialen Leitung gleich Null.

§ 51. Energieinhalt eines Kondensators. Wenn auf den beiden Belegungen eines Kondensators die Ladungen $+Q$ und $-Q$ sitzen und zwischen ihnen die Spannung U besteht, stellt das ganze System eine gewisse potentielle Energie dar. Denn wenn man die Belegungen durch einen Draht miteinander verbindet (Abb. 51. 1), setzen sich die Ladungen in Bewegung; es entsteht ein mit Wärme-

[1] Damit soll nicht gesagt sein, daß das Dielektrikum als solches schon eine Kapazität hätte. C kann erst angegeben werden, wenn bekannt ist, wo der Verschiebungsstrom ein- und wo er austritt. (Das Entsprechende gilt auch für den Widerstand z. B. eines Metallklotzes.)

entwicklung verbundener elektrischer Strom. Fließt bei diesem Ausgleichsvorgang in der Zeit dt die Elektrizitätsmenge dQ durch einen Querschnitt, so haben die elektrischen Kräfte nach § 33 die Arbeit

$$dA = U\,dQ \tag{51.1}$$

geleistet. U ist die in dem betreffenden Augenblicke noch vorhandene Spannung zwischen den Belegungen gemäß Abb. 51.1. Setzen wir[1] mit den Bezeichnungen des § 48 die Werte $U = \mathfrak{E}a$ und $dQ = -F\,d\mathfrak{D}$ ein (einem positiven dQ entspricht nach den Bezugspfeilen der Abb. 51.1 eine Abnahme der auf der positiven Belegung sitzenden Ladung $\mathfrak{D}F$), so erhalten wir

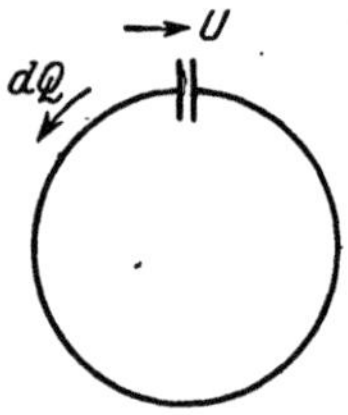

Abb. 51.1.

$$dA = -\mathfrak{E}\,d\mathfrak{D}\cdot aF = -\mathfrak{E}\,d\mathfrak{D}\,V,$$

wo unter V das Volum des Dielektrikums zu verstehen ist. Da

$$\mathfrak{E}\,d\mathfrak{D} = \mathfrak{E}\,d(\varepsilon\mathfrak{E}) = d\left(\frac{\varepsilon\,\mathfrak{E}^2}{2}\right) = d\left(\frac{\mathfrak{E}\,\mathfrak{D}}{2}\right) \tag{51.2}$$

ist, gilt auch

$$dA = -d\left(\frac{\mathfrak{E}\,\mathfrak{D}}{2}V\right). \tag{51.3}$$

Der Arbeit der elektrischen Kräfte entspricht also die Abnahme einer gewissen Größe $\frac{\mathfrak{E}\,\mathfrak{D}}{2}V$, die man sich, da $\mathfrak{E}$, $\mathfrak{D}$ und V dem Dielektrikum zugeordnet werden können, als in diesem sitzend und es gleichmäßig erfüllend vorstellen kann. Man nennt mit Maxwell den Ausdruck

$$W_e = \frac{\mathfrak{E}\,\mathfrak{D}}{2}V \tag{51.4}$$

die „elektrische Energie" des Kondensators oder seines Dielektrikums. Die Arbeit der elektrischen Kräfte und damit nach § 33 die entwickelte Stromwärme stammen nach dieser Vorstellung aus der elektrischen Energie des Kondensators.

Diese kann auch ausgedrückt werden in einer der Formen:

$$W_e = \frac{1}{2}UQ = \frac{C}{2}U^2 = \frac{Q^2}{2C}. \tag{51.5}$$

Die in Kondensatoren normaler Größe enthaltene Energie ist auch bei hohen Spannungen nicht sehr groß, jedenfalls nicht zu vergleichen mit den Energiemengen, mit denen man sonst zu rechnen pflegt. So ist die Energie eines Kondensators von 1 μF bei einer Spannung von 1000 V nur gleich

$$W_e = \tfrac{1}{2}\,\mu\text{F}\cdot 10^6\,\text{V}^2 = 0{,}5\,\text{CV} = 0{,}5\,\text{Ws} = 1{,}39\cdot 10^{-7}\,\text{kWh}. \tag{51.6}$$

§ 52. Stromkreis mit Widerstand und Kondensator. Schaltet man (Abb. 52.1) eine Stromquelle E, einen Widerstand R und einen Kondensator C hintereinander, so gilt nach § 41

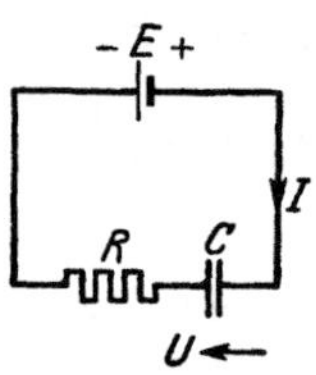

Abb. 52.1.

$$E = RI + U, \tag{52.1}$$

wo U die Spannung an dem Kondensator bedeutet. Multipliziert man beiderseits mit I, so erhält man

$$\begin{aligned} EI &= RI^2 + UI = RI^2 + CU\frac{dU}{dt} \\ &= RI^2 + \frac{d}{dt}\left(\frac{C}{2}U^2\right) = RI^2 + \frac{dW_e}{dt}. \end{aligned} \tag{52.2}$$

Diese Gleichung sagt, daß die in der Zeiteinheit von der Stromquelle gelieferte Energie zum einen Teil zur Erzeugung von Wärme im Widerstande R, zum andern zur Vergrößerung der im Kondensator enthaltenen Energie verwendet wird.

---

[1] Der Einfachheit halber lassen wir bei den Vektoren überall die Betragstriche weg.

Ist nach Ablauf eines Vorgangs der Energieinhalt des Kondensators wieder der gleiche wie zu Beginn, so ist nach (. 2) die gesamte von der Quelle gelieferte Energie im Widerstande R in Wärme verwandelt worden. Denn das Integral

$$\int_1^2 \frac{\mathrm{d}W_e}{\mathrm{d}t}\,\mathrm{d}t = \int_1^2 \mathrm{d}W_e$$

liefert den Wert Null.

Mit dem Fließen von Verschiebungsströmen durch die Kapazitäten der Stromkreise ist demnach keine Wärmeentwicklung verbunden; die wechselnden Energieansammlungen in den Dielektriken sind jedoch häufig ebenso unerwünscht wie Energieverluste. Außerdem ist zu beachten, daß alle Isolierstoffe nicht nur Verschiebungs-, sondern auch Leitungsströme aufnehmen.

§ 53. Sinusspannungen. Unter einer Sinusspannung verstehen wir eine Spannung, die sich mit der Zeit nach der Gleichung

$$u = \hat{u}\sin(2\pi f t + \varphi) \qquad (53.\,1),$$

ändert, wo $\hat{u}$, f und φ zeitlich konstante Größen sind.

Die lineare Funktion der Zeit $2\pi f t + \varphi$, die hier als Argument des Sinus auftritt, nennt man den „Phasenwinkel" der Sinusspannung. φ heißt Nullphasenwinkel, weil der Phasenwinkel für $t = 0$ gleich φ wird.

Der konstante Faktor $\hat{u}$ heißt „Amplitude" oder „Schwingungsweite"; er ist nach Definition immer positiv. Da die Spannung nach (. 1) zwischen einem höchsten Wert $\hat{u}$ und einem niedrigsten $-\hat{u}$ hin und her schwankt (Abb. 53. 1), hat die Schwingungsweite bei der Sinusschwingung zugleich die Bedeutung des „Scheitelwerts".

Es gibt kompliziertere Schwingungsformen, bei denen man zwischen Weiten und Scheitelwerten unterscheiden muß (vgl. DIN 1311).

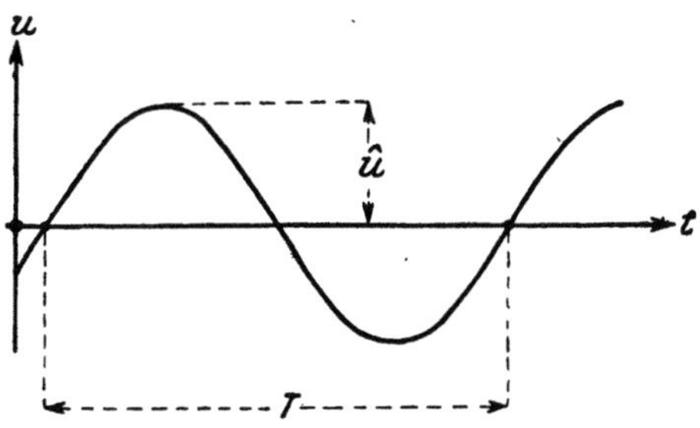

Abb. 53. 1.

Die Konstante f hängt in einfacher Weise mit der Länge T der den zeitlichen Verlauf der Spannung darstellenden Wellen zusammen. Da der Sinus nämlich mit $360^0 = 2\pi$ periodisch ist, muß eine Vergrößerung der Zeit t um T die gleiche Wirkung haben wie eine Vergrößerung des Phasenwinkels um 2π:

$$2\pi f(t + T) + \varphi = 2\pi f t + \varphi + 2\pi,$$

d. h. es ist

$$f\,T = 1 \quad \text{oder} \quad f = 1/T. \qquad (53.\,2)$$

f heißt „Frequenz", $2\pi f = \omega$ „Kreisfrequenz", T „Schwingungsdauer".

Ist z. B. $T = 1{,}25$ ms, erhält man also jedesmal nach Ablauf von 1,25 ms wieder den gleichen Wert der Spannung, so ist die Frequenz

$$f = \frac{1}{1{,}25\ \mathrm{ms}} = \frac{1}{1{,}25 \cdot 10^{-3}\ \mathrm{s}} = 800\,\frac{1}{\mathrm{s}}.$$

Die Kreisfrequenz ist 2π mal so groß.

Die Frequenz ist nach ihrer Definition keine reine Zahl, sondern eine reziproke Zeit. Ihre Einheit 1/s wird auch mit „Hertz", abgekürzt Hz, bezeichnet[1]. Da die Identität

$$\frac{f}{\text{Hz}} = \frac{\text{s}}{T} \tag{53.3}$$

besteht, gibt der Zahlenwert f/Hz der Frequenz in Hz an, wie oft die Schwingungsdauer T in der Sekunde enthalten ist; er ist gleich der Zahl der Schwingungen in der Sekunde.

Der Nullphasenwinkel einer einzelnen sinusartig wechselnden Größe ist gleichgültig; denn er kann durch Wahl eines anderen Nullpunkts auf der Zeitachse zum Verschwinden gebracht werden. Deshalb ist es auch gleichgültig, ob wir zur Darstellung von Sinusschwingungen den Sinus oder den Kosinus wählen: Da

$$\sin(2\pi f t + \varphi) = \cos\left(\frac{\pi}{2} - 2\pi f t - \varphi\right) = \cos\left(2\pi f t + \varphi - \frac{\pi}{2}\right), \tag{53.4}$$

unterscheiden sich die beiden Funktionen nur um einen gleichgültigen Nullphasenwinkel $-\pi/2$. Wir werden im folgenden den Kosinus bevorzugen.

Wenn der Nullphasenwinkel einer einzelnen Größe gleichgültig ist, so sind die Unterschiede der Nullphasenwinkel verschiedener Wechselgrößen, also deren Phasendifferenzen oder Phasenverschiebungen, von um so größerer Bedeutung.

Das Bestimmungswort „Kreis-“ bei „Kreisfrequenz“ wird der Kürze halber häufig weggelassen. Mißverständnisse können nicht entstehen, da zahlenmäßig immer Frequenzen angegeben werden und „Hz“ nur als Einheit der Frequenz, nicht der Kreisfrequenz gelten soll[2].

§ 54. Dielektrischer Leitwert bei Sinusspannungen. Die Spannung u zwischen den Platten eines Kondensators sei eine einfache Sinusfunktion der Zeit:

$$u = \hat{u}\cos(2\pi f t + \varphi).$$

Dann ist

$$\frac{\mathrm{d}u}{\mathrm{d}t} = -\hat{u}\, 2\pi f \sin(2\pi f t + \varphi) = \hat{u}\, 2\pi f \cos\left(2\pi f t + \varphi + \frac{\pi}{2}\right).$$

Der Verschiebungsstrom im Dielektrikum ist daher

$$i = 2\pi f C \hat{u} \cos\left(2\pi f t + \varphi + \frac{\pi}{2}\right). \tag{54.1}$$

Ändert sich also die Spannung eines Kondensators sinusartig, so ist auch der ihn durchfließende Verschiebungsstrom ein Sinusstrom; seine Anfangsphase ist jedoch um $\pi/2$ größer, d. h. er ist der Spannung um eine Viertelschwingungsdauer voraus (Abb. 54. 1). Sein Scheitelwert $\hat{i}$ ist $2\pi f C \hat{u}$, d. h. man kann ihn aus dem Scheitelwert der Spannung so berechnen, als ob das Dielektrikum einen „dielektrischen Leitwert“ $2\pi f C = \omega C$ hätte. Bei Sinusströmen darf man daher nach (. 1) das Ohmsche Gesetz in seiner zunächst nur für Leitungsströme abgeleiteten Form auch auf die Dielektrika der Kondensatoren anwenden (vgl. § 102).

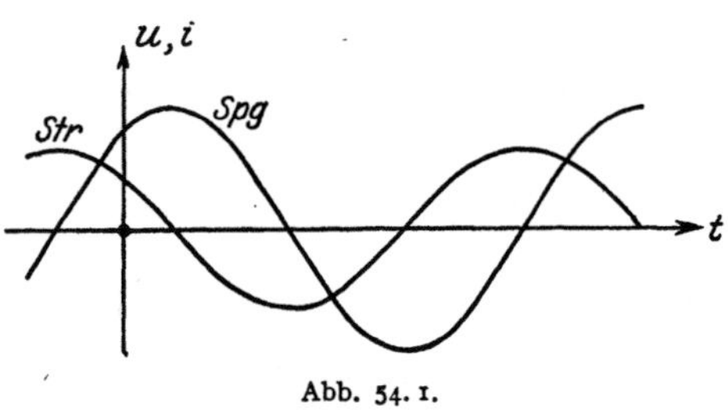

Abb. 54. 1.

Zahlenbeispiel. Eine 1 mm dicke Hartgummiplatte ($\varepsilon = 2{,}6\, \varepsilon_0$) hätte zwischen Metallplatten von 1 m² Fläche bei 800 Hz nach (48. 3) und (46. 3) den dielektrischen Leitwert

$$G = 2\pi \cdot 800\,\text{Hz} \cdot 2{,}6\, \varepsilon_0 \cdot \frac{\text{m}^2}{\text{mm}} = 116 \cdot 10^{-6}\,\frac{\text{F}}{\text{sec}} = \frac{1}{8640\,\Omega}.$$

---

[1] Nach einem Beschluß der Internationalen Elektrotechnischen Kommission (IEC) vom Jahre 1935.

[2] Die übliche Einheit der Kreisfrequenz ist 1/s.

Der Leitwert ωC eines Kondensators steigt proportional der Frequenz: Der Kondensator läßt Gleichstrom überhaupt nicht durch, für hohe Frequenzen dagegen bedeutet er fast einen Kurzschluß.

Vergleicht man[1] die Gleichungen (6. 2) und (32. 2) mit den Gleichungen (48. 3) und (50. 2), so erkennt man, daß mindestens beim Plattenkondensator und bei der koaxialen Leitung das Verhältnis des galvanischen zum dielektrischen Leitwert

$$\operatorname{tg} \delta = \frac{G}{\omega C} = \frac{\varkappa_m}{\omega \varepsilon} \tag{54. 2}$$

unabhängig ist von den Abmessungen. Der Winkel δ, den man „Verlustwinkel" nennt, ist eine im allgemeinen frequenzabhängige Stoffkonstante. Bei den meisten homogenen Isolierstoffen wie Glimmer, Glas, Paraffin, Quarz, Kalit, Frequenta, Trolitul, Styroflex ist $\varkappa_m$ nahezu der Frequenz proportional, der Verlustwinkel also nahezu konstant; bei nichthomogenen, z. B. bei der üblichen Papierluftraumisolation der Niederfrequenzkabel, nimmt der Verlustwinkel mit steigender Frequenz in der Regel zu.

§ 55. Dreieck aus Verschiebungsströmen. Auf die Maxwellschen Verschiebungsströme lassen sich sinngemäß die Kirchhoffschen Regeln anwenden. Für das zwischen drei Leitern *1*, *2* und *3* ausgespannte Dreieck aus Verschiebungsströmen der Abb. 55. 1 z. B. liefert die Knotenregel das Gleichungssystem:

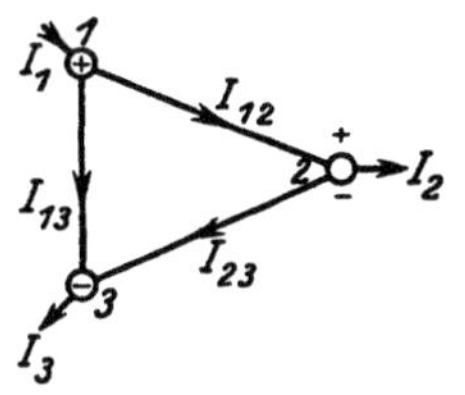

Abb. 55. 1.

$$\left.\begin{aligned} I_1 &= I_{12} + I_{13} = C_{12}\frac{\mathrm{d}U_{12}}{\mathrm{d}t} + C_{13}\frac{\mathrm{d}U_{13}}{\mathrm{d}t}, \\ I_2 &= I_{12} - I_{23} = C_{12}\frac{\mathrm{d}U_{12}}{\mathrm{d}t} - C_{23}\frac{\mathrm{d}U_{23}}{\mathrm{d}t}, \\ I_3 &= I_{13} + I_{23} = C_{13}\frac{\mathrm{d}U_{13}}{\mathrm{d}t} + C_{23}\frac{\mathrm{d}U_{23}}{\mathrm{d}t}. \end{aligned}\right\} \tag{55. 1}$$

Die hier auftretenden Koeffizienten C_{12}, C_{13} und C_{23}, die den dielektrischen Leitwerten zwischen den drei Knoten entsprechen, heißen „Teilkapazitäten". Wenn man nach der Zeit integriert, erhält man die in der Elektrostatik üblicheren Formen:

$$\left.\begin{aligned} Q_1 &= C_{12}U_{12} + C_{13}U_{13}, \\ Q_2 &= C_{12}U_{12} - C_{23}U_{23}, \\ Q_3 &= C_{13}U_{13} + C_{23}U_{23}. \end{aligned}\right\} \tag{55. 2}$$

Hiernach sind die Ladungen, die sich auf den Leitern *1*, *2*, *3* ansammeln, lineare Funktionen der drei Spannungen U_{12}, U_{13} und U_{23}. Von diesen Spannungen sind nach der Maschenregel

$$U_{12} + U_{23} + U_{31} = 0$$

zwei Spannungen wählbar.

Das Leiterpaar *1*, *2* werde z. B. von den Drähten einer Freileitung gebildet, und U_{12} sei die Spannung, die durch den Betrieb der Leitung an der betreffenden Stelle hervorgerufen wird. Die Spannungen U_{13} und U_{23} hängen dann davon ab, in welche Beziehung der dritte Leiter (z. B. die Erde) durch die im einzelnen Falle getroffenen Maßnahmen zu der Freileitung gesetzt ist. Je nach diesen besonderen Bedingungen fallen, wie wir in den folgenden Paragraphen sehen werden, die Spannungen und damit auch die Ladungen Q verschieden aus.

---

[1] In (6. 2) ersetze man $\varkappa$ und l durch $\varkappa_m$ und a.

§ 56. Die Teilkapazitäten einer symmetrischen Freileitung[1]. Das im vorigen Abschnitt betrachtete Dreieck aus Verschiebungsströmen werde gebildet von den Strömen, die zwischen den Drähten einer Freileitung und der Erde als drittem Leiter fließen (Abb. 56. 1). Der Abstand der Drähte sei a, ihre Höhe über dem Erdboden h.

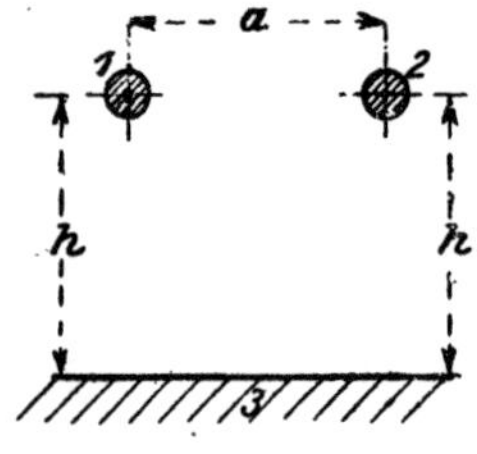

Abb. 56. 1.

Wir berechnen zunächst die Spannung zwischen zwei Punkten A und E (Abb. 56. 2) im Felde eines einzigen mit der Elektrizitätsmenge Q geladenen Drahtes von der Länge l. Da der Betrag der Feldstärke im Abstand r von Q nach (44. 1) gleich

$$|\mathfrak{E}| = \frac{|Q|}{2\pi\varepsilon r l} \tag{56. 1}$$

ist, so erhält man für die Spannung zwischen A und E (φ ist der Winkel zwischen den Richtungen von $\mathfrak{E}$ und ds):

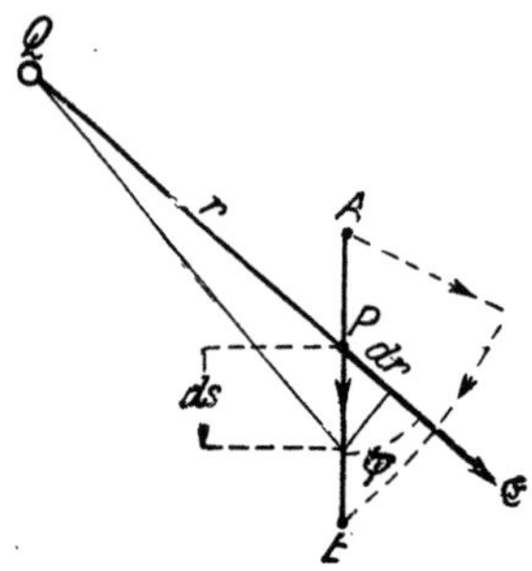

Abb. 56. 2.

$$U = \int_A^E \frac{|Q|\,|ds|\cos\varphi}{2\pi\varepsilon r l}. \tag{56. 2}$$

Nun ist aber dr die Projektion von ds auf die Richtung von $\mathfrak{E}$, d. h. es ist $|ds|\cos\varphi = \pm dr$, wo das obere Vorzeichen für positives, das untere für negatives Q gilt; aus (. 2) folgt daher[2]:

$$U = \frac{Q}{2\pi\varepsilon l}\int_A^E \frac{dr}{r} = \frac{Q}{2\pi\varepsilon l}\ln\frac{r_E}{r_A}. \tag{56. 3}$$

Der betrachtete Draht ist waagerecht über der als vollkommen leitend angenommenen Erde ausgespannt. Nach einem Satz von Lord Kelvin[3] stimmt das Feld, das von einem mit der Elektrizitätsmenge Q geladenen Draht von der Länge l in dem Raum oberhalb der ebenen Erdoberfläche erzeugt wird, in diesem Raum vollständig überein mit dem Feld, das sich im unendlichen Raum zwischen demselben Draht und seinem mit der Elektrizitätsmenge $Q' = -Q$ geladenen (auf die Erdoberfläche bezogenen) „Spiegelbild" ausbilden würde (Abb. 56. 3). Der Punkt E liege jetzt in der Mittelebene zwischen Q und Q' (Abb. 56. 4), die ja mit der Erdoberfläche zusammenfällt. Kennzeichnen wir dann die Abstände von der Bildladung Q' durch einen Strich, so erhalten wir als die von dem geladenen Draht und von der durch Influenz ebenfalls geladenen Erde herrührende Spannung zwischen dem Aufpunkt und der Erdoberfläche:

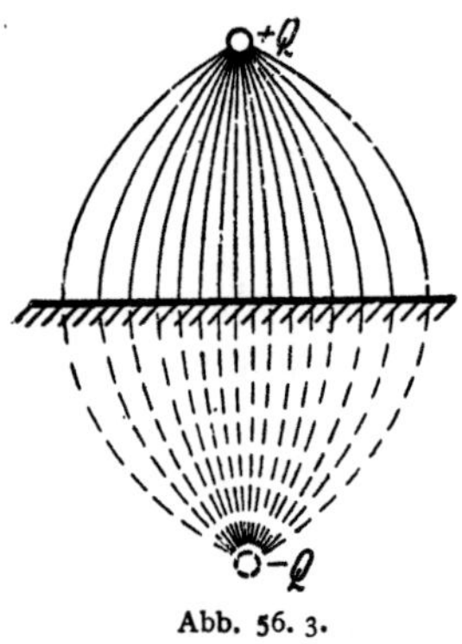

Abb. 56. 3.

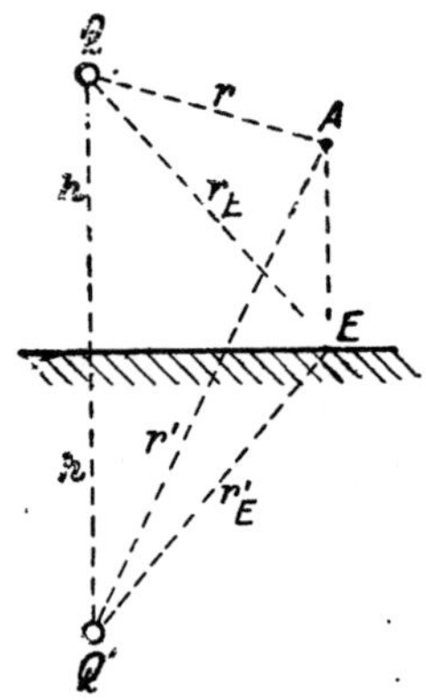

Abb. 56. 4.

[1] Die hier betrachtete Drahtpaarleitung ist zweiachsig im Gegensatz zu der in den §§ 32 und 50 betrachteten einachsigen koaxialen Leitung.

[2] Man kann diese Gleichung gemäß § 39 unmittelbar hinschreiben, wenn man über den gestrichelten Weg der Abbildung integriert.

[3] Vgl. z. B. M. Abraham: Theorie der Elektrizität. 10. Aufl., bearb. v. R. Becker, § 28.

$$U = \frac{Q}{2\pi\varepsilon l}\ln\frac{r_B}{r_A} + \frac{Q'}{2\pi\varepsilon l}\ln\frac{r'_B}{r'_A} = \frac{Q}{2\pi\varepsilon l}\ln\frac{r'_A}{r_A} = \frac{Q}{2\pi\varepsilon l}\ln\frac{r'}{r}. \quad (56.4)$$

Dabei sind die Zeiger A als unnötig wieder weggelassen.

Für die Berechnung der Wirkung der Ladung Q in größerer Entfernung darf man sich Q in der Achse des Drahts konzentriert denken. Will man jedoch die Wirkung für einen Aufpunkt A auf dem Drahte selbst berechnen, so muß man berücksichtigen, daß Q auf der Oberfläche des Drahtes verteilt ist; man hat also den Abstand r des Aufpunkts von der Ladung Q gleich dem Drahthalbmesser ϱ zu setzen.

Wenden wir die Gleichung (56.4) nunmehr auf das Problem der Freileitung an, so erhalten wir nach dem Gesagten

$$\left.\begin{aligned} 2\pi\varepsilon l\, U_{13} &= Q_1 \ln\frac{2h}{\varrho} + Q_2 \ln\frac{2h}{a},\\ 2\pi\varepsilon l\, U_{23} &= Q_1 \ln\frac{2h}{a} + Q_2 \ln\frac{2h}{\varrho}. \end{aligned}\right\} \quad (56.5)$$

Eigentlich hätten wir hier statt $2h/a$

$$\frac{\sqrt{(2h)^2 + a^2}}{a}$$

schreiben müssen; a^2 ist aber bei Freileitungen immer viel kleiner als $4h^2$.

Zur Berechnung der Teilkapazitäten genügt es, die Gleichungen (. 5) nach Q_1 aufzulösen. Die Nennerdeterminante läßt sich vereinfachen:

$$\left(\ln\frac{2h}{\varrho}\right)^2 - \left(\ln\frac{2h}{a}\right)^2 = \left(\ln\frac{2h}{\varrho} + \ln\frac{2h}{a}\right)\left(\ln\frac{2h}{\varrho} - \ln\frac{2h}{a}\right) = 2\ln\frac{2h}{\sqrt{a\varrho}}\ln\frac{a}{\varrho}; \quad (56.6)$$

man erhält daher:

$$Q_1 = \pi\varepsilon l\left(\frac{\ln\frac{2h}{\varrho}}{\ln\frac{2h}{\sqrt{a\varrho}}\ln\frac{a}{\varrho}}U_{13} - \frac{\ln\frac{2h}{a}}{\ln\frac{2h}{\sqrt{a\varrho}}\ln\frac{a}{\varrho}}U_{23}\right).$$

Hier führen wir noch durch

$$-U_{23} = -U_{21} - U_{13} = U_{12} - U_{13}$$

die Betriebsspannung U_{12} ein; damit wird

$$Q_1 = \pi\varepsilon l\left(\frac{\ln\frac{2h}{a}}{\ln\frac{2h}{\sqrt{a\varrho}}\ln\frac{a}{\varrho}}U_{12} + \frac{1}{\ln\frac{2h}{\sqrt{a\varrho}}}U_{13}\right), \quad (56.7)$$

und die Teilkapazitäten der (geometrisch) symmetrischen Freileitung sind daher nach (55.2):

$$C_{12} = \pi\varepsilon l\frac{\ln\frac{2h}{a}}{\ln\frac{2h}{\sqrt{a\varrho}}\ln\frac{a}{\varrho}} = 12{,}09\frac{\varepsilon}{\varepsilon_0}\frac{l}{\mathrm{km}}\frac{\lg\frac{2h}{a}}{\lg\frac{2h}{\sqrt{a\varrho}}\lg\frac{a}{\varrho}}\,\mathrm{nF}, \quad (56.8)$$

$$C_{13} = \pi\varepsilon l\frac{1}{\ln\frac{2h}{\sqrt{a\varrho}}} = 12{,}09\frac{\varepsilon}{\varepsilon_0}\frac{l}{\mathrm{km}}\frac{1}{\lg\frac{2h}{\sqrt{a\varrho}}}\,\mathrm{nF}. \quad (56.9)$$

Die Gleichungen für C_{12} und C_{13} sind als „allgemeine" und als „zugeschnittene" Größengleichungen geschrieben (§ 4). Allgemeine Größengleichungen geben physikalische Zusammenhänge in einfachster Form ohne Rücksicht auf die Zahlenrechnung; zugeschnittene Größengleichungen sind Anweisungen für die Zahlenrechnung. Man überzeuge sich davon, daß die zweiten Gleichheitszeichen wirklich gleiche Ausdrücke miteinander verbinden.

§ 57. Symmetrische Kapazität einer symmetrischen Freileitung. Wir betrachten die Leitung zuerst unter den gewöhnlichen Bedingungen des Fernsprechbetriebs (Abb. 57. 1). Bei diesem wird auch elektrisch für möglichst vollkommene Symmetrie gegen die Erde gesorgt. Wir dürfen daher voraussetzen, daß das Potential der Erde beständig in der Mitte liegt zwischen den Potentialen der Leitungsdrähte. Diese Bedingung bedeutet (man beachte das kleine Bild und die Reihenfolge der Zeiger bei den Spannungen):

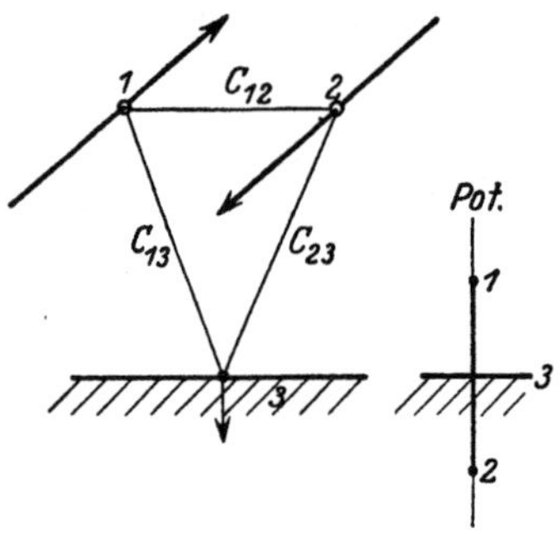

Abb. 57. 1.

$$U_{13} = U_{32} = \frac{U_{12}}{2}, \tag{57. 1}$$

und, wegen der Gleichheit von C_{13} und C_{23}, $I_{13} = I_{32}$ und $I_3 = 0$. Wir brauchen daher die Erde gar nicht weiter zu beachten: die Betriebskapazität ist einfach gleich $C_{12} + C_{13}/2$. Diese Kapazität nennt man auch die „symmetrische" oder „Schleifenkapazität" der Leitung. Setzen wir die für C_{12} und C_{13} abgeleiteten Werte ein, so erhalten wir:

$$\left.\begin{aligned} C_{12} + \frac{C_{13}}{2} &= \pi\varepsilon l \frac{\ln\frac{2h}{a} + \frac{1}{2}\ln\frac{a}{\varrho}}{\ln\frac{2h}{\sqrt{a\varrho}}\ln\frac{a}{\varrho}} = \pi\varepsilon l \frac{\ln\left(\frac{2h}{a}\sqrt{\frac{a}{\varrho}}\right)}{\ln\frac{2h}{\sqrt{a\varrho}}\ln\frac{a}{\varrho}} \\ \text{oder}^{1} \qquad C_{\text{symm}} &= \frac{\pi\varepsilon l}{\ln\frac{a}{\varrho}} = 12{,}09\,\frac{\varepsilon}{\varepsilon_0}\,\frac{l}{\text{km}}\,\frac{1}{\lg\frac{a}{\varrho}}\,\text{nF}\,. \end{aligned}\right\} \tag{57. 2}$$

Wie man sieht, ist die symmetrische Kapazität einer Freileitung, solange a^2 neben $4h^2$ vernachlässigt werden darf, unabhängig von ihrer Höhe über dem Erdboden.

Beispiel: Zwei 4 mm starke Drähte seien mit 20 cm horizontalem Abstand 7 m über der Erde ausgespannt. Ihre symmetrische Kapazität der Längeneinheit ist nach (. 2)

$$\left(\frac{C}{l}\right)_{\text{symm}} = 12{,}09\,\frac{1}{\lg\frac{20\text{ cm}}{2\text{ mm}}}\,\frac{\text{nF}}{\text{km}} = 6{,}05\,\frac{\text{nF}}{\text{km}}\,. \tag{57. 3}$$

§ 58. Simultankapazität einer Freileitung. Den Gegensatz zu der Schleifenschaltung, bei der der eine Draht als Hin-, der andere als Rückleitung dient, bildet die „Simultanschaltung", bei der die Leitungen gleich gerichtete Ströme führen und der Rückstrom durch die Erde fließt (Abb. 58. 1). Sie wird benutzt bei der einfachsten Form des Telegraphierens über Fernsprechleitungen. Dabei liegt zwischen den Leitern *1* und *2* keine Spannung; die Simultankapazität setzt sich daher einfach aus den parallelen Kapazitäten C_{13} und C_{23} zusammen, d. h. es ist

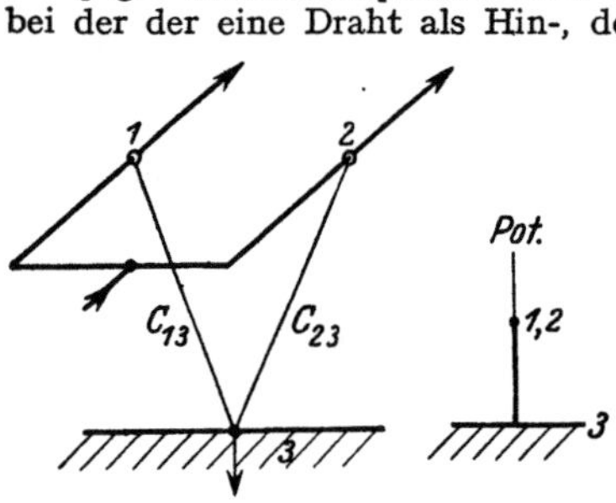

Abb. 58. 1.

$$C_{\text{sim}} = 2\,C_{13} = 24{,}2\,\frac{\varepsilon}{\varepsilon_0}\,\frac{l}{\text{km}}\,\frac{1}{\lg\frac{2h}{\sqrt{a\varrho}}}\,\text{nF}\,. \tag{58. 1}$$

Beispiel: Bei der Leitung des vorhergehenden Paragraphen ist

$$\left(\frac{C}{l}\right)_{\text{sim}} = 24{,}2\,\frac{1}{\lg\frac{14\text{ m}}{2\text{ cm}}}\,\frac{\text{nF}}{\text{km}} = 8{,}5\,\frac{\text{nF}}{\text{km}}\,. \tag{58. 2}$$

[1] Nach (56. 8) nähert sich C_{12} bei wachsendem h diesem Wert langsam.

3. Abschnitt.

Magnetische Felder.

§ 59. Erste Definition der magnetischen Induktion. Die magnetische Wirkung des elektromagnetischen Feldes kann mit einem „Prüfrechteck" festgestellt werden. Darunter verstehen wir (Abb. 59. 1) ein sehr langes und schmales Rechteck aus dünnem Draht, das eine Stromquelle enthält. Man bringt es so in das Feld, daß die Mitte seiner einen kurzen Seite mit dem Aufpunkt A zusammenfällt; die andere kurze Seite soll außerhalb des Feldes liegen, das wir als von endlicher Ausdehnung voraussetzen.

Auf ein solches stromdurchflossenes Drahtrechteck wird ebenso wie auf eine geladene Prüfkugel im elektromagnetischen Felde eine verschiebende Kraft ausgeübt.

Die Größe dieser Kraft hängt zunächst von der Orientierung des Rechtecks ab. Sie kann variieren von dem Werte Null bis zu einem Höchstwerte. An jeder Stelle des Feldes gibt es eine Richtungslinie, die dadurch ausgezeichnet ist, daß auf das Rechteck, wenn seine kurze Seite mit ihr zusammenfällt, überhaupt keine verschiebende Kraft ausgeübt wird. Wir nennen diese ausgezeichnete Linie die „Nullinie" an der betreffenden Stelle des Feldes. Liegt die Fläche des Rechtecks dagegen senkrecht zu der Nullinie, so nimmt die verschiebende Kraft ihren Höchstwert an; ihre Richtung steht senkrecht zu der Nullinie und zu der kurzen Rechteckseite, fällt also mit der Richtung der langen Rechtecksseiten zusammen. Dreht man das Rechteck in seiner Ebene, jedoch so, daß die Mitte seiner einen kurzen Seite im Aufpunkt bleibt, so dreht sich die Kraft mit, ihre Größe bleibt aber die gleiche.

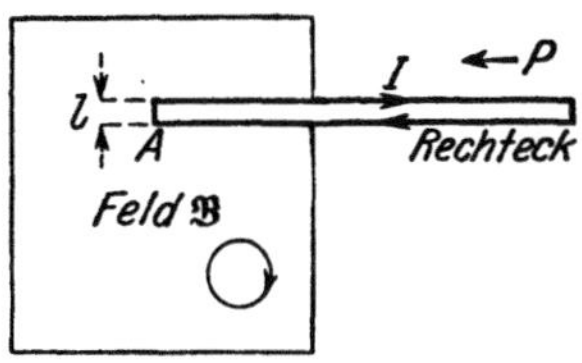

Abb. 59. 1.

In einer solchen Lage höchster Kraftwirkung werde das Rechteck festgehalten, und es werde nunmehr untersucht, wie die Größe der mechanischen Kraft $\mathfrak{P}$ von den Abmessungen des Rechtecks, von der Stärke und dem Umlaufsinn des Stromes abhängt. Der Versuch zeigt, daß bei gleichem Strom und großer Schmalheit des Rechtecks der Drahtdurchmesser und die Länge der langen Seiten keine Rolle spielen, daß die Kraft aber der Länge l der kurzen Rechtecksseite proportional ist. Sie ist ferner der Stromstärke I proportional und wechselt mit deren Umlaufsinn ihre Richtung. Es gilt also für die Größe der Kraft:

$$|\mathfrak{P}| = |\mathfrak{B}| \cdot I\,l. \tag{59.1}$$

Wiederum ist $|\mathfrak{B}|$ eine Konstante, solange wir die Lage und die Orientierung des Rechtecks ungeändert lassen und nur die Länge seiner kurzen Seite und die Stromstärke variieren; von Aufpunkt zu Aufpunkt dagegen hat $|\mathfrak{B}|$ eine verschiedene Größe. Der Faktor $|\mathfrak{B}|$ kann also wie die elektrische Feldstärke $|\mathfrak{E}|$ als ein Kennzeichen des elektromagnetischen Feldes angesehen werden; wir nennen ihn den „**Betrag der magnetischen Induktion im Aufpunkt**".

Die magnetische Induktion ist hiernach bei Wahl abgestimmter Einheiten (§ 4) zahlenmäßig gleich der größten Kraftwirkung, die das Rechteck erfährt, wenn es von der Einheit der Stromstärke durchflossen wird und seine kurze Seite gleich der Längeneinheit ist.

Zahlenbeispiel. Ein Drahtrechteck, dessen lange Seiten 1 m, dessen kurze 1 cm lang sind und das aus 20 Windungen besteht, erfahre, wenn es von einem Strom von 80 mA durchflossen wird, im Aufpunkt einen größten Antrieb von 500 mg (vgl. § 28). Nach der Definition

(. 1) herrscht dann, da die kurzen Seiten sämtlicher Windungen zu berücksichtigen sind, im Aufpunkt eine Induktion

$$|\mathfrak{B}| = \frac{500\ \text{mg}_p}{80\ \text{mA}\cdot 20\ \text{cm}} = 0{,}3125\,\frac{\text{g}_p}{\text{A cm}}$$

oder nach (31. 2)

$$|\mathfrak{B}| = 0{,}3125\cdot 9{,}80\cdot 10^{-3}\,\frac{\text{J}}{\text{m}}\,\frac{1}{\text{A cm}} = 30{,}6\,\frac{\mu\text{V}\cdot\text{s}}{\text{cm}^2}\,. \qquad (59.2)$$

Da das angenommene Feld von der Größenordnung der in der Praxis vorkommenden Felder ist, ist die Induktionseinheit V·s/cm² eine große Einheit. Man verwendet daher meist ihren 10^8. Teil, das „Gauß" (G). V·s heißt auch „Weber".

§ 60. Der Drehsinn der magnetischen Induktion.

Die beiden Feldgrößen elektrische Feldstärke $\mathfrak{E}$ und magnetische Induktion $\mathfrak{B}$ stehen einander gegenüber wie in der Mechanik die Verschiebung und die Drehung.

Die Achse der Drehgröße $\mathfrak{B}$ läuft an jeder Stelle des Feldes der Nullinie parallel. Der Sinn, in dem sie sich um diese Achse dreht, kann nur mit einer gewissen Willkür festgelegt werden, da uns die Feldgrößen nur durch ihre Wirkungen zugänglich sind. Ähnlich wie wir als Richtung der elektrischen Feldstärke die Richtung der auf eine positive Ladung ausgeübten Kraft definiert haben, definieren wir als Drehsinn der magnetischen Induktion den Umlaufsinn, in dem der elektrische Strom (der Strom der positiven Ladungen) das Prüfrechteck durchströmt, wenn dieses in das Feld hineingezogen wird.

Zur Feststellung des Drehsinnes von $\mathfrak{B}$ ist also zweierlei nötig: Man hat erstens die Orientierung des Rechtecks aufzusuchen, für die es frei von verschiebenden Kräften bleibt; die im Aufpunkt liegende kurze Rechteckseite fällt dann in die Nullinie der Induktion. Man hat zweitens die Rechteckfläche senkrecht zur Nullinie zu stellen und zu prüfen, ob das Rechteck dann in das Feld hineingezogen oder aus ihm herausgestoßen wird. Im ersten Falle stimmt der Drehsinn des Feldes mit dem Umlaufsinn des Stromes überein; im zweiten läuft er ihm entgegen.

Als Gedächtnishilfe kann die Vorstellung dienen, daß die Natur das Bestreben hat, das Innere der Rechteckfläche mit möglichst viel magnetischer Induktion des gleichen Umlaufsinnes anzufüllen.

§ 61. Der axiale Vektor der magnetischen Induktion, Richtungsregel.

Wir hätten der magnetischen Induktion auch den umgekehrten Drehsinn beilegen können. Unmöglich wäre es jedoch, aus dem Versuch mit dem Prüfrechteck zu schließen, daß die magnetische Induktion physikalisch durch einen Pfeil darstellbar, also physikalisch ein „Vektor" sei. Denn die einzige ausgezeichnete Linie, die Nullinie, hat keinen Richtungssinn, weil sie gerade durch das Nullwerden der verschiebenden Kraft ausgezeichnet ist.

Nichtsdestoweniger ist es nützlich, die Drehgröße $\mathfrak{B}$ durch einen Vektor zu ersetzen, dessen Richtung man ihrem Drehsinn mit Hilfe einer Schraube zuordnet. Bei den Drehgrößen der Mechanik macht man es bekanntlich ebenso. Je nachdem ob man eine Rechts- oder eine Linksschraube zugrunde legt, fällt natürlich die Richtung des ersetzenden Vektors verschieden aus.

Man nennt Vektoren, die nur bequeme Hilfsmittel für die zeichnerische Darstellung von Drehgrößen und für das Rechnen mit ihnen sein sollen, „axiale" Vektoren im Gegensatz zu den wirklichen Vektoren, die man zur Unterscheidung auch als „polare" Vektoren bezeichnet.

Bei dem Feld der Abb. 59. 1 ist der axiale Vektor der Induktion bei Annahme der Rechtsschraube senkrecht zur Zeichenebene von dem Beschauer weg gerichtet.

Denken wir uns mit ihm schwimmend und in der Richtung des durch die kurze Rechteckseite im Aufpunkt fließenden, also gegebenen Stromes schauend, so geht die Kraft nach rechts.

Legen wir umgekehrt die Linksschraube zugrunde und verhalten wir uns im übrigen wie vorher, so geht die Kraft nach links.

Es gilt also die Richtungsregel: Man schwimme mit dem axialen Vektor der Induktion und schaue in der Richtung der zweiten gegebenen Größe; dann geht die gesuchte Größe (in unserm Falle die Kraft) bei Zugrundelegung der Rechtsschraube nach rechts, bei Zugrundelegung der Linksschraube nach links[1].

§ 62. **Zweite Definition der magnetischen Induktion.** Wir bringen die eine kurze Seite des Prüfrechtecks nach Ersatz der Stromquelle durch einen Kurzschluß in den Aufpunkt, drehen es, bis die Nullinie senkrecht zu seiner Fläche steht, und verschieben es (Abb. 62. 1) um die Strecke s in der Richtung seiner langen Seiten. Bei dieser Verschiebung beobachten wir zweierlei: Erstens müssen wir einen gewissen Widerstand $\mathfrak{P}$ überwinden; zweitens entsteht in dem Rechteck ein in der gewöhnlichen Weise nachweisbarer sehr kurz dauernder (vgl. § 127) elektrischer Strom I, den man als „Induktionsstrom" bezeichnet.

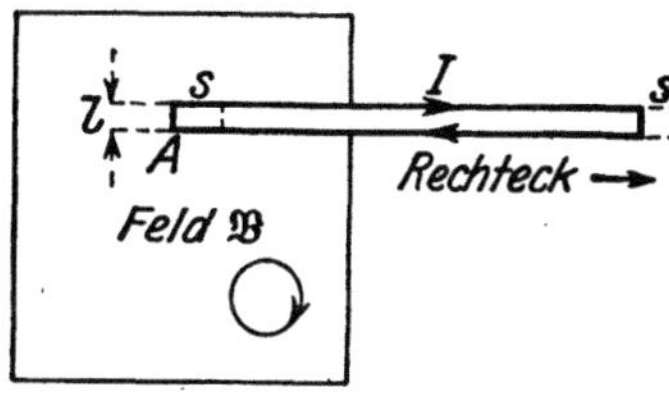

Abb. 62. 1

Da wir schon wissen, daß auf jeden im Rechteck fließenden Strom I im Felde $\mathfrak{B}$ eine Kraft $|\mathfrak{P}| = |\mathfrak{B}| I l$ ausgeübt wird, vermuten wir, daß die beobachtete Hemmung eben durch diese Kraft $\mathfrak{P}$ verursacht ist, und daß als Gegenwert der Arbeit, die wir gegen sie leisten müssen, die Stromwärme des Induktionsstromes I entsteht. D. h. wir vermuten, daß nach (33. 1) die Gleichung

$$|\mathfrak{P}|\, s = |\mathfrak{B}|\, I l s = R I Q \tag{62.1}$$

gilt, wo Q die gesamte geflossene Elektrizitätsmenge bedeutet, daß also

$$Q = \frac{|\mathfrak{B}|\, l s}{R} \tag{62.2}$$

ist.

In der Tat zeigt die Erfahrung, daß die bei einer Verschiebung des Rechtecks um die Strecke s, also bei der Überstreichung einer Fläche ls, in Bewegung gesetzte Elektrizitätsmenge dem überstrichenen Flächeninhalt direkt, dem elektrischen Widerstand des Rechtecks dagegen umgekehrt proportional ist.

Wir haben demnach durch Anwendung des Energiesatzes eine zweite Definition der magnetischen Induktion gefunden: sie ist bei Verwendung abgestimmter Einheiten zahlenmäßig gleich der Elektrizitätsmenge, die in einem Prüfrechteck vom Widerstande 1 bei Überstreichung der Fläche 1 induziert wird.

Zahlenbeispiel. Wir denken uns das schon früher betrachtete Rechteck von $100 \cdot 1\ \mathrm{cm}^2$ Fläche um 2 cm in Richtung seiner langen Seiten verschoben. Dadurch entsteht ein Induktionsstromstoß; die gesamte durch ihn in Bewegung gesetzte Elektrizitätsmenge Q werde (etwa mit einem ballistischen Galvanometer) zu $2{,}50 \cdot 10^{-4}$ Coul bestimmt. Der Widerstand des Rechtecks betrage $4{,}90\ \Omega$. Nach unserer zweiten Definition der magnetischen Induktion (. 2) ist dann

$$|\mathfrak{B}| = \frac{QR}{ls} = \frac{2{,}50 \cdot 10^{-4}\,\mathrm{Coul} \cdot 4{,}90\,\Omega}{20 \cdot 1 \cdot 2\,\mathrm{cm}^2} = 30{,}6\,\frac{\mu\mathrm{V} \cdot \mathrm{s}}{\mathrm{cm}^2}, \tag{62.3}$$

d. h. das Feld ist ebenso groß wie bei dem letzten Zahlenbeispiel.

[1] Diese Regel ist eine etwas allgemeinere Form der Regel von J. K. Sumec: Elektrot. Z. 24 (1903) S. 269. Sie gilt unverändert auch für den induzierten Strom (s. § 63).

§ 63. Drehsinn- und Richtungsregeln für den Induktionsstrom. Zieht man das Rechteck aus dem Felde heraus, so muß man Arbeit leisten, da die Stromwärme des Induktionsstromes nicht aus nichts entstehen kann. Auf das Rechteck muß also eine in das Feld hineinziehende Kraft wirken, d. h. Induktion und Strom müssen im gleichen Sinne umlaufen.

Schiebt man umgekehrt das Rechteck in das Feld hinein, so muß man wieder Arbeit leisten; denn wieder fließt ein Induktionsstrom, der Energie beansprucht. Die Bewegung wird also auch in diesem Falle gehemmt; es muß jetzt eine aus dem Feld heraustreibende Kraft wirken, d. h. Induktion und Strom müssen im entgegengesetzten Sinne umlaufen.

Wie man sieht, hängt die Einseitigkeit, die darin liegt, daß die Bewegung immer gehemmt wird (Lenzsches Gesetz), damit zusammen, daß die entwickelte Stromwärme von der Stromrichtung unabhängig ist.

Ersetzt man die Drehgröße $\mathfrak{B}$ durch einen axialen Vektor, dessen Richtung ihrem Drehsinn mit Hilfe einer Rechts- (Links-) Schraube zugeordnet ist, so gilt wieder die schon früher für die Kraftwirkung abgeleitete Richtungsregel: Schwimmt man in der Richtung des axialen Vektors der magnetischen Induktion (also in der Abb. 62. 1 bei Annahme der Rechtsschraube von vorn nach hinten) und schaut man in der Richtung der zweiten gegebenen Größe — in diesem Falle der Bewegung —, so ist die eintretende Erscheinung — der Induktionsstrom — bei der Rechtsschraube nach rechts, bei der Linksschraube nach links gerichtet.

§ 64. Bewegung eines stromführenden Leiters in einem magnetischen Feld. Bei unseren Betrachtungen im § 59 haben wir uns das Rechteck festgehalten gedacht. Wir wollen diese Beschränkung jetzt fallen lassen und voraussetzen, der in ihm fließende Strom I habe denselben Umlaufsinn wie die magnetische Induktion, das Rechteck werde also in das Feld hineingezogen. Folgt es diesem Antrieb, so nimmt der Fluß zu; nach unserer Drehsinnregel wird daher ein Strom induziert, der den ursprünglichen Strom I schwächt. Da die entwickelte Stromwärme jetzt im quadratischen Verhältnis geringer ist, vermag die Stromquelle auch noch den Gegenwert der bei der Bewegung von den elektromagnetischen Kräften geleisteten mechanischen Arbeit zu liefern.

Wie man sieht, ist der induzierte Gegenstrom beim Motor ebenso wie die hemmende Kraft beim Generator eine unmittelbare Folge des Energiesatzes.

§ 65. Gesetz von Biot und Savart. Magnetische Felder treten hauptsächlich in der Umgebung elektrischer Ströme auf. Ihr Zusammenhang mit diesen kann nur durch den Versuch festgestellt werden.

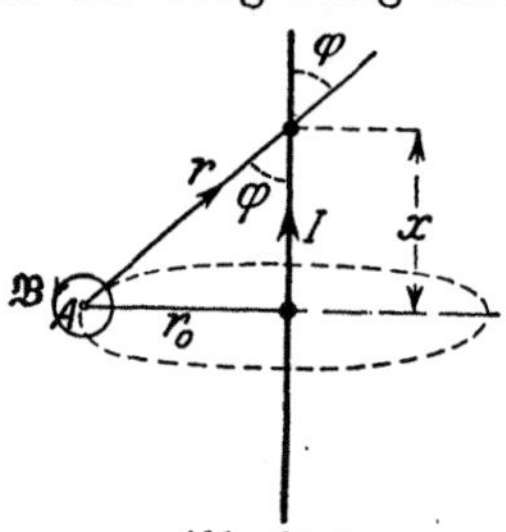

Abb. 65. 1.

So tritt erfahrungsgemäß im senkrechten Abstand r_0 von einem unendlich langen geradlinigen Strom I (Abb. 65. 1) in dem umgebenden Luftraum eine magnetische Induktion $\mathfrak{B}$ auf, die der Stromstärke I direkt, dem Abstande r_0 umgekehrt proportional ist:

$$\mathfrak{B} = \text{const}\,\frac{I}{r_0}. \qquad (65.1)$$

Sie dreht sich in der durch r_0 und I definierten Ebene in dem durch den Drehpfeil der Abb. 65. 1 angedeuteten Sinne.

Ähnlich wie beim elektrischen Feld kann man versuchen, aus dieser und ähnlichen Beobachtungen ein dem Coulombschen Gesetz entsprechendes Elementargesetz abzuleiten und aus diesem wieder durch Integration für alle vorkommenden elektrischen Strömungen das magnetische Feld zu berechnen.

Ein solches Elementargesetz ist das Gesetz von Biot und Savart[1]. Es sagt aus, daß in einem Aufpunkt A, der von einem „Stromelement" der Stärke I und der Länge dl den Abstand r hat, eine magnetische Induktion $d\mathfrak{B}$ entsteht, die der Stärke I und der Länge dl direkt, der Kugeloberfläche um A mit dem Radius r dagegen umgekehrt proportional ist. Die Drehebene der Induktion $d\mathfrak{B}$ ist die durch r und dl definierte Ebene; der Drehsinn stimmt überein mit dem Sinn, in dem das Element dl in dieser Ebene um A herumzulaufen scheint. Die von einer großen Zahl von Stromelementen erzeugte Induktion ist gleich der geometrischen Summe der Teilinduktionen, die von den Elementen einzeln hervorgerufen werden. Bildet das Stromelement mit der Linie r einen unter 180^0 liegenden Winkel φ, so ist dem Betrag von $\mathfrak{B}$ noch $\sin\varphi$ zuzufügen. Nach Biot und Savart ist also:

$$|\mathfrak{B}| = \sum d|\mathfrak{B}| = \sum \mu \frac{I\,dl}{4\pi r^2} \sin\varphi. \qquad (65.2)$$

Die Proportionalitätskonstante μ hängt von der Art des Mediums im Aufpunkt ab und heißt „Permeabilität" des Mediums.

Man kann leicht zeigen, daß dieses Biot-Savartsche „Elementargesetz" bei dem vorhin betrachteten unendlich langen geradlinigen Strom wieder auf die von der Erfahrung bestätigte Gesetzmäßigkeit (. 1) führt. Auf andere als „lineare" Leiter ist das Gesetz nach seiner Formulierung nicht anwendbar.

§ 66. **Magnetische Feldstärke.** Wenn im Abstande r_0 von einem geradlinigen langen Strom erfahrungsgemäß die magnetische Induktion const I/r_0 herrscht, so liegt es wiederum nahe, die rein geometrische Feststellung, daß die magnetische Wirkung mit wachsendem Umfange $2\pi r_0$ des in Abb. 65. 1 gestrichelten Kreises abnimmt, zu trennen von der andern Feststellung, daß sie außerdem von der Art des Feldmediums ein wenig abhängt. Man hat sich deshalb die Anschauung gebildet, daß der Strom I in der Entfernung r_0 eine „Zwischengröße" $\mathfrak{H}$ erzeugt, für die die einfache Beziehung

$$|\mathfrak{H}| = \frac{I}{2\pi r_0} \qquad (66.1)$$

gilt, und daß die beobachtbare Induktion $\mathfrak{B}$ dieser Größe $\mathfrak{H}$ proportional ist mit der Permeabilität μ als der Proportionalitätskonstante.

Allgemein wollen wir der Hilfsgröße $\mathfrak{H}$, die wir „magnetische Feldstärke" nennen, die folgende Bedingung auferlegen: Für jede beliebige im Felde liegende Fläche soll das über deren Randkurve erstreckte Linienintegral von $\mathfrak{H}$ gleich der elektrischen Durchflutung der Fläche sein: „Durchflutungssatz". Unter der „Durchflutung" verstehen wir dabei den Fluß der Stromdichte durch die Fläche, d. h. die algebraische Summe aller Elektrizitätsmengen, die in der Zeiteinheit durch sie hindurchströmen. Ebenso wie die elektrische Spannung nach § 36 das Linienintegral der elektrischen Feldstärke ist, bezeichnen wir das Linienintegral der magnetischen Feldstärke erstreckt über den Rand einer Fläche als ihre „Randspannung" bezogen auf die Fläche.

Daß diese Festsetzung für den Fall des geradlinigen Stromes wieder auf die frühere Formel führt, ergibt sich aus der Symmetrie des Problems. Man wählt als Fläche die zu dem Strome senkrechte Kreisfläche vom Radius r_0 (Abb. 65. 1). Dann ist die Durchflutung der Fläche gleich I, die Randspannung gleich

$$|\mathfrak{H}| \cdot 2\pi r_0;$$

aus der Gleichsetzung beider Größen ergibt sich aber wieder die Gleichung (66.1).

[1] In vielen Ländern heißt es „Gesetz von Laplace".

Die magnetische Feldstärke hat nach dem Durchflutungssatz die Dimension einer Stromstärke dividiert durch eine Länge. Ihre praktische Einheit ist daher die Einheit Amp/cm. Deren 0,796 faches [$0{,}796 \approx 10/(4\pi)$] wird mit „Örsted" (Ö oder Oe) bezeichnet.

Der Durchflutungssatz hätte keinen bestimmten Sinn, wenn es ungeschlossene Ströme gäbe (wie man vor der Einführung der „Verschiebungsströme" durch Maxwell geglaubt hat). Denn gäbe es Stromlinien mit freien Enden, so könnten die Durchflutungen der unzählig vielen denkbaren Flächen, die von einer gegebenen Kurve umrandet werden, verschiedene Werte haben.

Den Drehsinn der magnetischen Feldstärke wählen wir so, daß der überwiegende Richtungssinn der die Bezugsfläche durchsetzenden Drehpfeile (Abb. 66. 1) übereinstimmt mit dem überwiegenden Richtungssinn der Durchflutung. Wenn demnach die Drehpfeile auch für sich genommen nur den Drehsinn der magnetischen Feldstärke ausdrücken und ausdrücken sollen, so entsteht doch, da die Drehpfeile die Bezugsfläche nur je einmal durchsetzen und die Randkurve geschlossen ist, die Möglichkeit, der Randspannung einen Richtungssinn zuzuordnen. Sonst dürften wir sie auch nicht gleich der Durchflutung setzen, die als Fluß des Vektors der Stromdichte eine Größe mit Richtungssinn ist.

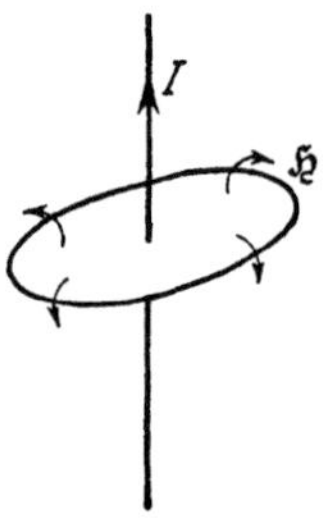

Abb. 66. 1.

Mit dem so festgelegten Drehsinn der magnetischen Feldstärke stimmt (in magnetisch isotropen Medien) der beobachtbare Drehsinn der Induktion überein; und Entsprechendes gilt für die Richtungen der zugehörigen axialen Vektoren.

§ 67. Permeabilität der Nichteisenkörper. Die durch die Gleichung

$$\mu = \frac{\mathfrak{B}}{\mathfrak{H}} \tag{67.1}$$

definierte „Permeabilität" des Feldmediums kann unmittelbar nach dieser Definition gemessen werden.

Angenommen z. B., in einem geradlinigen Leiter fließe ein Strom I von 100 A. Dieser ruft in einem Punkte, der von der Leiterachse einen senkrechten Abstand $r_0 = 10$ cm hat, eine magnetische Feldstärke

$$|\mathfrak{H}| = \frac{I}{2\pi r_0} = \frac{100\,\mathrm{A}}{2\pi\cdot 10\,\mathrm{cm}} = \frac{10}{2\pi}\,\frac{\mathrm{A}}{\mathrm{cm}}$$

hervor. Bringt man nun an dieselbe Stelle des umgebenden Luftraums ein Prüfrechteck mit einer kurzen Seite von $l = 1$ cm Länge, in dem ein Strom von $I' = 1$ A (z. B. je 10 mA in 100 feinen Windungen) fließt, so erhält man, wie der Versuch zeigt, eine größte Kraftwirkung von 0,204 $\mathrm{mg_p}$. Es ist also nach (59. 1)

$$|\mathfrak{B}| = \frac{|\mathfrak{P}|}{I\,l} = \frac{0{,}204\,\mathrm{mg_p}}{1\,\mathrm{A}\cdot 1\,\mathrm{cm}} = \frac{0{,}204\cdot 9{,}80\cdot 10^{-8}\,\mathrm{J}}{\mathrm{A\,cm^2}} = 2{,}00\cdot 10^{-8}\,\frac{\mathrm{Vs}}{\mathrm{cm^2}} = 2{,}00\ \text{Gauß}$$

und daher

$$\mu = \frac{|\mathfrak{B}|}{|\mathfrak{H}|} = \frac{2{,}00\cdot 10^{-8}\,\mathrm{Vs}\cdot 2\pi\,\mathrm{cm}}{\mathrm{cm^2}\cdot 10\,\mathrm{A}} = 1{,}256\cdot 10^{-8}\,\frac{\mathrm{Vs}}{\mathrm{A\,cm}} = 1{,}256\cdot 10^{-8}\,\frac{\mathrm{H}}{\mathrm{cm}}. \tag{67.2}$$

Dies ist nach unserer Definition die Permeabilität der Luft. Nur wenig davon verschieden ist der Wert μ_0 der Konstante μ, den man im leeren Raum bestimmt. Genaue Messungen haben für ihn den Wert $1{,}25606\cdot 10^{-8}$ H/cm ergeben. H ist die Abkürzung für die praktische Einheit „Henry" = Vs/A = Ωs.

Für alle Stoffe, mit Ausnahme der „ferromagnetischen", der „Eisenkörper", liegt die Permeabilität sehr nahe bei dem Wert μ_0. Für Platin ist z. B. $\mu = 1{,}00024\,\mu_0$, für Wismut $\mu = 0{,}99984\,\mu_0$. Man kann also ohne merklichen Fehler bei allen Stoffen mit Ausnahme der ferromagnetischen $\mu = \mu_0$ setzen. Stoffe, bei denen μ ein wenig größer (kleiner) ist als μ_0, heißen paramagnetisch (diamagnetisch).

§ 68. Die Ringspule. Unser Beispiel im § 67 hat gezeigt, daß es nicht leicht ist, mit einem geradlinigen Strom die Permeabilität des umgebenden Mediums zu messen. Auch bei einer Stromstärke von 100 A erhält man in 10 cm Entfernung ein Feld von nur 2 Gauß; das ist ungefähr das Zehnfache der Stärke des erdmagnetischen Feldes.

Will man ein starkes Feld erzeugen, so muß man den Strom möglichst oft um den Raum herumführen, in dem es entstehen soll; außerdem muß man die erzeugten Kraftlinien möglichst konzentrieren.

Das einfachste und vollkommenste Hilfsmittel zur Erzeugung starker Felder ist die Ringspule. Darunter verstehen wir eine Spule wie in Abb. 68. 1, deren Achse einen Kreis bildet. Bei ihr entsteht ein Feld nur im Innern der Windungen. Denn für die Flächen aller Kreise um den Mittelpunkt M, die man sich in der Ebene der Zeichnung außerhalb der Spulenwindungen denken kann, ist die gesamte Durchflutung und darum auch die Randspannung gleich Null; wegen der symmetrischen Anordnung des Ganzen folgt aber aus dem Verschwinden der Randspannung das Verschwinden der magnetischen Feldstärke selbst.

Abb. 68. 1.

Für die Flächen solcher Kreise, deren Mittelpunkte auf der durch M gehenden Senkrechten zur Zeichenebene liegen und die in dieser oder zu dieser parallel durch das Innere der Windungen laufen, ist die Durchflutung von Null verschieden; und zwar ist sie nach ihrer Definition einfach gleich der Spulenstromstärke I multipliziert mit der Zahl der Windungen w. Wegen der Symmetrie des Problems kann man also schreiben:

$$|\mathfrak{H}|\, l = w\, I\,, \tag{68. 1}$$

wo l den Umfang des betrachteten Kreises bedeutet.

Genau genommen ist l für die mehr nach außen liegenden Kreise größer als für die mehr nach innen liegenden; deshalb ist die Feldstärke in den Windungen außen ein wenig kleiner als innen. Den Mittelwert der Feldstärke im Innern der Windungen kann man aber mit großer Genauigkeit nach der einfachen Formel $|\mathfrak{H}| = \frac{w\,I}{l}$ berechnen, wo jetzt l den mittleren Kreisumfang, d. h. die Länge der kreisförmigen Spulenachse bedeutet.

Der Drehsinn der Feldstärke im Innern der Ringspule ist gleich dem Umlaufsinn des Stroms in ihren Windungen (Abb. 68. 2).

Abb. 68. 2.

§ 69. **Eisenkörper.** Bei den ferromagnetischen Werkstoffen, zu denen hauptsächlich das Eisen mit seinen Legierungen zählt, ist der Zusammenhang zwischen $\mathfrak{B}$ und $\mathfrak{H}$ außerordentlich verwickelt. Die Induktion in einem gegebenen Eisenkörper ist der Feldstärke nicht nur nicht proportional; sondern bei einer gegebenen Feldstärke sind sogar unzählig viele (innerhalb eines bestimmten Bereichs liegende) Induktionen möglich, und zwar auch dann, wenn der Eisenkörper unter gleichen äußeren Bedingungen steht. Dies hat zwei Gründe:

1. Die Änderung des Magnetfelds im Innern der Eisenkörper beansprucht eine gewisse Zeit; die magnetische Induktion folgt daher den Veränderungen der sie hervorrufenden Ströme nicht sofort, sondern mit einer gewissen Verzögerung. Man nennt diese Erscheinung „magnetische Nachwirkung".

2. Die magnetische Induktion in einem Eisenkörper hängt nicht nur von den äußeren magnetisierenden Strömen ab, sondern auch von dem inneren magnetischen Zustand, in dem er sich in dem Augenblicke, wo er magnetisiert wird, bereits befindet. Die Eisenkörper verhalten sich ähnlich wie ein Schaltwerk, das auf den gleichen äußeren Eingriff verschieden antwortet je nach den Schaltvorgängen, die sich vor dem Eingriff schon abgespielt haben.

Magnetisiert man einen Eisenkörper — z. B. in einer Ringspule — durch einen Strom, der so langsam wechselt, daß man von der magnetischen Nachwirkung absehen kann, so durchläuft die Induktion nach einigen Stromwechseln während jedes Hin- und Herganges des magnetisierenden Stromes eine Kurve, die eine endliche Fläche umschließt, etwa wie in Abb. 69. 1. Die Gestalt dieser „Magnetisierungskurve“ ist nur wenig abhängig von der Frequenz des benutzten Wechselstroms, kann also auch punktweise mit Gleichstrom verschiedener Stärke und verschiedenen Umlaufsinnes aufgenommen werden. Man nennt die in dieser Kurve zutage tretende Erscheinung, daß die Änderung der Induktion hinter der Änderung der Feldstärke zurückbleibt, „Hysterese“ und die Magnetisierungskurve daher auch „Hystereseschleife.“

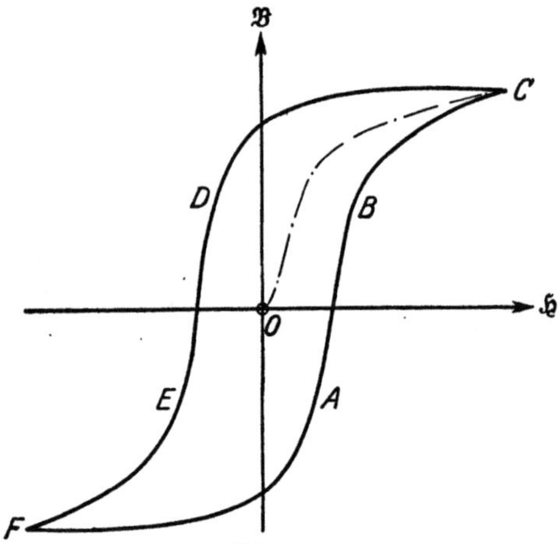

Abb. 69. 1.

Geht man vom unmagnetischen Zustande des Materials aus, so durchläuft die Induktion zunächst die sogenannte „jungfräuliche“ Kurve, die etwa die Gestalt der Kurve *OC* hat.

Das Entstehen der Hystereseschleifen kann qualitativ erklärt werden mit Hilfe der von Ampère eingeführten Vorstellung, daß in den Molekülen der Eisenkörper „Molekularströme“ kreisen. Diese fließen, solange kein äußerer magnetisierender Strom wirkt, in allen möglichen Ebenen und mit jedem denkbaren Kreisungssinn, so daß die Resultierende aus den von ihnen erzeugten Feldstärken und daher auch Induktionen gleich Null ist. Beginnt jedoch ein äußerer Strom zu wirken, so entsteht in den Zwischenräumen zwischen den Molekülen eine magnetische Feldstärke $\mathfrak{H}$ und infolgedessen auch eine ihr proportionale Induktion $\mathfrak{B}_0 = \mu_0 \mathfrak{H}$. Diese dreht (vgl. § 60) die Molekularströme so, daß ihre Ebenen und ihre Umlaufsinne immer mehr mit der Drehebene und dem Drehsinn von $\mathfrak{B}_0$ selbst übereinstimmen. Die Molekularströme erzeugen daher eine Zusatzfeldstärke $\mathfrak{J}$, und die resultierende Induktion ist:

$$\mathfrak{B} = \mu_0 (\mathfrak{H} + \mathfrak{J}). \qquad (69.1)$$

$\mathfrak{B}/\mu_0 - \mathfrak{H} = \mathfrak{J}$ heißt[1] „Magnetisierung“; das Verhältnis $\mathfrak{J}/\mathfrak{H}$ setzt man auch gleich $\varkappa$ und nennt es „magnetische Aufnahmefähigkeit“ oder „Suszeptibilität“. Es ist daher

$$\varkappa = \frac{\mathfrak{J}}{\mathfrak{H}} = \frac{\mathfrak{B} - \mu_0 \mathfrak{H}}{\mu_0 \mathfrak{H}} = \frac{\mu - \mu_0}{\mu_0}. \qquad (69.2)$$

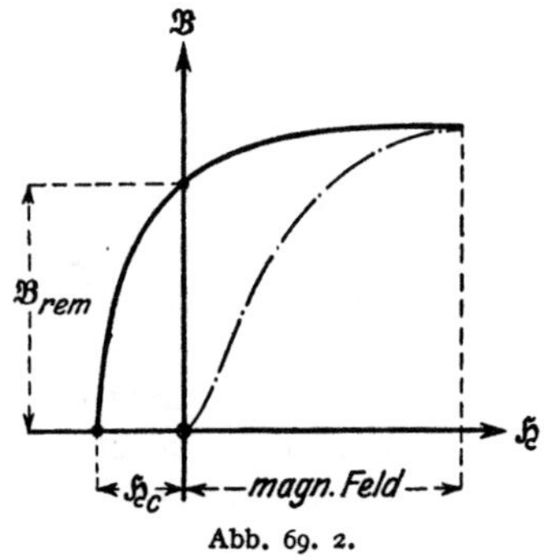

Abb. 69. 2.

Da man bei der Aufnahme von Magnetisierungskurven $\mathfrak{B}$ und $\mathfrak{H}$ bestimmt, kann man auch $\mathfrak{J} = \mathfrak{B}/\mu_0 - \mathfrak{H}$ ausrechnen und als Funktion von $\mathfrak{H}$ darstellen. Solche $\mathfrak{J}$-$\mathfrak{H}$-Kurven zeigen den Charakter der „Sättigung“: die Magnetisierung strebt mit wachsender Feldstärke einem bestimmten, nur von dem Material abhängenden und für dieses charakteristischen Grenzwert $\mathfrak{J}_{max}$ zu. Für die Induktion gilt nicht dasselbe; ist die Sättigung erreicht, so wächst sie entsprechend der Gleichung $\mathfrak{B} = \mu_0(\mathfrak{H} + \mathfrak{J}_{max})$ linear mit der Feldstärke weiter.

Aus dem Verlauf der Hystereseschleifen geht hervor, daß in einem Eisenkörper, der in einer Ringspule magnetisiert wird, auch nach Abschaltung des magnetisierenden Stroms noch eine gewisse Induktion vorhanden ist. Man nennt deren Betrag, also den Abschnitt auf der $\mathfrak{B}$-Achse (Abb. 69. 2), „remanente Induktion“ oder „wahre Remanenz“.

---

[1] Als Magnetisierung ist in den früheren Auflagen dieses Buches das Produkt $\mu_0 \mathfrak{J}$ definiert worden.

Koerzitivkraft heißt der Betrag der Feldstärke $\mathfrak{H}_c$, die man in der Ringspule erzeugen muß, um die Induktion (oder die Magnetisierung) wieder völlig auf Null zu bringen. Sie ist also der Abschnitt auf der $\mathfrak{H}$-Achse links vom Nullpunkt.

§ 70. Reversible Permeabilität. Bei ferromagnetischen Stoffen sind im allgemeinen nur die auf besondere Kurven, z. B. die jungfräuliche oder die sogenannte Kommutierungskurve, bezogenen Permeabilitäten eindeutig. Die Fernmeldeströme sind jedoch meist so schwach, daß die Hystereseschleifen in erster Näherung durch gerade Linien ersetzt werden können; der Magnetisierungsvorgang wird dann, wie R. Gans[1] es ausdrückt, umkehrbar, reversibel. Der trigonometrische Tangens des Neigungswinkels der kleinen Linienstücke, in die die Schleifen übergehen, heißt „reversible Permeabilität".

Häufig lagert sich die Magnetisierung durch die Fernmeldeströme über eine stärkere konstante Magnetisierung. So hat man in dem magnetischen Kreis des gewöhnlichen Fernhörers eine gewisse durch den Dauermagnet hervorgerufene konstante Induktion und darübergelagert die Induktion des Fernsprechstroms. Dann ist das Linienstück, dessen Neigung gleich der reversiblen Permeabilität ist, nach höheren Induktionen hin verschoben.

Für solche verschobene Linienstücke haben Madelung[2] und Gans durch Versuche festgestellt, daß ihre Neigung, d. h. die reversible Permeabilität, nur von der zugehörigen mittleren Magnetisierung $\mathfrak{J}$ abhängt: alle Linienstücke, deren Mittelpunkte in der $\mathfrak{J}$-$\mathfrak{H}$-Darstellung auf derselben Horizontalen liegen, sind einander parallel. Die Versuche haben ferner ergeben, daß die Steilheit der Linienstückchen bei niedrigen mittleren Magnetisierungen ziemlich konstant ist und erst bei Annäherung der mittleren Magnetisierung an die Sättigungsmagnetisierung rasch abfällt. Soll also die reversible Permeabilität eines Materials gegen vorübergehende starke Störmagnetisierungen unempfindlich sein, so muß man dafür sorgen, daß die remanente Magnetisierung des Materials wesentlich kleiner ist als seine Sättigungsmagnetisierung.

Man kann die Linienstücke, die einer überlagerten Wechselmagnetisierung entsprechen, durch lineare Beziehungen der Form

$$\mathfrak{B} = \mu_{\text{rev}} (\mathfrak{H}^e + \mathfrak{H}) \qquad (70.1)$$

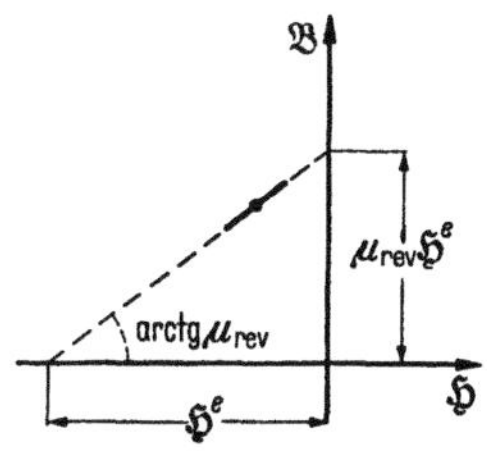

Abb. 70. 1.

darstellen (Abb. 70. 1). Dabei ist μ_{rev} die reversible Permeabilität an der betreffenden Stelle der Koordinatenebene; die Stoffkonstanten $\mu_{\text{rev}} \mathfrak{H}^e$ und $\mathfrak{H}^e$ sind die Strecken, die das Linienstückchen, gehörig verlängert, auf den beiden Achsen abschneidet. μ_{rev} und $\mathfrak{H}^e$ hängen von der Lage des Linienstücks ab.

Wenn der magnetisierende Wechselstrom so stark ist, daß die überlagerten Schleifen nicht mehr durch gerade Linien ersetzt werden können, nennt man ihre mittlere Neigung „Überlagerungspermeabilität μ_Δ". μ_Δ geht also bei abnehmender Stärke des Wechselstroms in μ_{rev} über.

§ 71. Das Ohmsche Gesetz für den magnetischen Kreis. Wir nehmen an, ein unverzweigter geschlossener magnetischer Kreis bestehe aus Stücken verschiedener Länge l_i, verschiedenen Querschnitts F_i und verschiedener Stoffeigenschaften $\mu_{\Delta i}$ und $\mathfrak{H}_i^e$. Dann gilt nach dem Durchflutungsgesetz und nach (70. 1)

$$\sum w I = \sum_i \mathfrak{H}_i l_i = \sum_i \left(\frac{\mathfrak{B}_i}{\mu_{\Delta i}} - \mathfrak{H}_i^e \right) l_i . \qquad (71.1)$$

[1] Gans, R.: Ann. Physik 27 (1908) S. 1.
[2] Madelung, E.: Ann. Physik 17 (1905) S. 861.

Ist nun die Zahl der in dem Kreis verlaufenden Induktionslinien an allen Stellen die gleiche (vgl. § 76), d. h. ist

$$\mathfrak{B}_1 F_1 = \mathfrak{B}_2 F_2 = \cdots = \mathfrak{B}_i F_i = \Phi, \tag{71.2}$$

so kann man für (. 1) auch

$$\sum w I + \sum_i \mathfrak{H}_i^e l_i = \Phi \cdot \sum_i \frac{l_i}{\mu_{\Delta i} F_i} \tag{71.3}$$

schreiben.

Diese Gleichung hat die Form des Ohmschen Gesetzes. Dem elektrischen Strom entspricht der „magnetische Fluß“ Φ, dem elektrischen Widerstand der „magnetische Widerstand“ (die „Reluktanz“) $l_i/(\mu_{\Delta i} F_i)$ und der elektrischen Leitfähigkeit die Überlagerungspermeabilität. Der Fluß Φ wird nach (. 3) getrieben erstens durch die mit dem Kreise verketteten Durchflutungen $\sum wI$, zweitens durch „eingeprägte“ „magnetomotorische Kräfte“ $\sum \mathfrak{H}_i^e l_i$, die wir uns in den Eisenkörpern sitzend vorstellen können und die den eingeprägten elektromotorischen Kräften des § 41 entsprechen.

Die nach Abb. 70.1 definierte „eingeprägte magnetische Feldstärke“ $\mathfrak{H}^e$ darf nicht mit der Koerzitivkraft $\mathfrak{H}_c$ verwechselt werden. Bei „weichen“ Eisenkörpern kann $\mathfrak{H}_c$ viel kleiner sein als $\mathfrak{H}^e$, bei „harten“ sind $\mathfrak{H}_c$ und $\mathfrak{H}^e$ von derselben Größenordnung. Bei harten Eisenkörpern wird der Abschnitt $\mu_\Delta\ \mathfrak{H}^e$ auf der Ordinatenachse auch als „Permanenz“ bezeichnet.

§ 72. Hystereseverluste. Die Hysterese ist mit einer beträchtlichen und in der Praxis unerwünschten Wärmeentwicklung verbunden; diese ist um so größer, je größer in der $\mathfrak{B}$-$\mathfrak{H}$-Darstellung die von der Hystereseschleife umschlossene Fläche ist. Nach Warburg gilt für die bei einmaliger Durchlaufung einer Hystereseschleife in einem gleichförmigen Feld entwickelte Wärme, den „Hystereseverlust“ je Schleife, die Gleichung:

$$W_h = N_h T = V F_h = -V \int_t^{t+T} |\mathfrak{B}| \frac{d|\mathfrak{H}|}{dt}\, dt, \tag{72.1}$$

wo W_h die entwickelte Hysteresewärme, N_h die verlorene Leistung, T die Zeit, die für die Durchlaufung einer Schleife vom ausgewerteten Flächeninhalt F_h erforderlich ist, und V das Volum des Ferromagnetikums bedeutet.

Bei der Auswertung des Flächeninhalts der Schleife ist zu beachten, daß man für $\mathfrak{B}$ und $\mathfrak{H}$ im allgemeinen verschiedene Maßstäbe verwendet. Entspricht z. B.

bei $\mathfrak{H}$: 1 Ö 7 mm,

„ $\mathfrak{B}$: 1 kG 3,5 mm,

so ist aus einem wahren Flächeninhalt von 2,5 cm² zu schließen, daß während jeder Periode in der Raumeinheit die Wärmemenge

$$F_h = 2{,}5\ \text{cm}^2 \cdot \frac{\text{kG}}{3{,}5\ \text{mm}} \cdot \frac{\text{Ö}}{7\ \text{mm}} = \frac{5}{49}\, 10^5\ \text{G Ö} = 0{,}796 \cdot \frac{5}{49} \frac{\text{mJ}}{\text{cm}^3}$$

$$= 81{,}2 \frac{\mu\text{J}}{\text{cm}^3} = 812 \frac{\text{erg}}{\text{cm}^3} = 19{,}4 \frac{\mu\text{cal}}{\text{cm}^3}$$

entwickelt wird. Diese Größe W_h/V wird häufig — und zwar meist in erg/cm³ — zur Kennzeichnung der Hystereseverluste eines ferromagnetischen Materials angegeben.

§ 73. Darstellung der Hystereseschleife durch Parabelstücke (Lord Rayleigh). H. Jordan[1] hat gezeigt, daß sich die bei schwachen Feldern von der Größenordnung eines Milliörsted durchlaufenen Hystereseschleifen überraschend genau nach einem schon von Lord Rayleigh[2] aus magnetometrischen Messungen hergeleiteten Verfahren durch Parabelstücke darstellen lassen. Man darf nämlich

[1] Jordan, H.: Elektr. Nachr.-Techn. 1 (1924) S. 7.
[2] Lord Rayleigh: Phil. Mag. (5) 23 (1887) S. 225.

für die beiden „Äste" einer Hystereseschleife (Abb. 73. 1) die Gleichungen

$$\mathfrak{B} = (\mu_A + 2\nu\hat{\mathfrak{H}})\,\mathfrak{H} \pm \nu(\hat{\mathfrak{H}}^2 - \mathfrak{H}^2) \qquad (73.\,1)$$

ansetzen. Hier sind $\hat{\mathfrak{H}}$ und $-\hat{\mathfrak{H}}$ die Scheitelwerte, zwischen denen die magnetische Feldstärke wechselt; das obere Vorzeichen gilt für den absteigenden (oberen), das untere für den aufsteigenden (unteren) Ast; μ_A und ν sind Stoffkonstanten, $\mathfrak{B}$ und $\mathfrak{H}$ Beträge. Man erkennt, daß die durch (. 1) dargestellten beiden Parabelstücke tatsächlich in den Punkten $\mathfrak{H} = \pm\hat{\mathfrak{H}}$ zusammentreffen (Punkte P und P'); $\nu\hat{\mathfrak{H}}^2$ ist die Remanenz[1]. Die Steilheiten der beiden Äste sind

$$\frac{d\mathfrak{B}}{d\mathfrak{H}} = \mu_A + 2\nu(\hat{\mathfrak{H}} \mp \mathfrak{H}); \qquad (73.\,2)$$

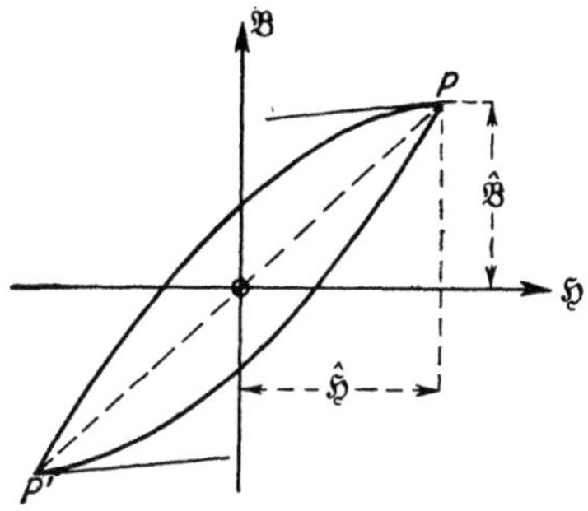

Abb. 73. 1.

die Konstante μ_A hat also die Bedeutung der „Anfangspermeabilität", d. h. der Permeabilität für $\hat{\mathfrak{H}} \to 0$. Außerdem ist sie gleich der Steilheit der weniger steilen Tangenten in P und P', während die Neigung der Linie $P'P$ gleich $\mu_A + 2\nu\hat{\mathfrak{H}}$ ist.

Aus (. 1) läßt sich leicht der Hystereseverlust berechnen. Zu ihm tragen natürlich nur die quadratischen Glieder bei. Nach (72. 1) ist

$$N_h = f V F_h = -f V \left\{ -\int_{-\hat{\mathfrak{H}}}^{\hat{\mathfrak{H}}} \nu(\hat{\mathfrak{H}}^2 - \mathfrak{H}^2)\,d\mathfrak{H} + \int_{\hat{\mathfrak{H}}}^{-\hat{\mathfrak{H}}} \nu(\hat{\mathfrak{H}}^2 - \mathfrak{H}^2)\,d\mathfrak{H} \right\} = \tfrac{8}{3}\nu f V \hat{\mathfrak{H}}^3. \qquad (73.\,3)$$

Im Bereich der Gültigkeit des Rayleighschen Ansatzes ist daher die für die Hysteresewärme aufzuwendende Leistung proportional der Stoffkonstante ν und der 3. Potenz des Scheitelwerts der in dem Ferromagnetikum wechselnden magnetischen Feldstärke. Nach (33. 3) kann man dem Hystereseverlust einen Verlustwiderstand R_h zuordnen; dieser ist nach (. 3) und (68. 1) der Frequenz- und der 1. Potenz des Scheitelwerts des magnetisierenden Stroms proportional.

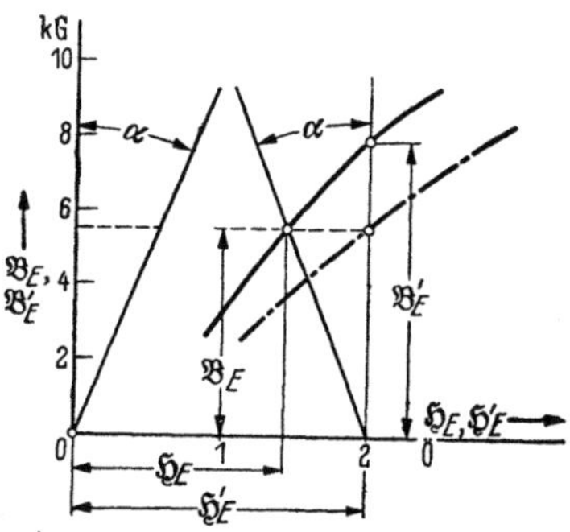

Abb. 74. 1.

§ 74. Geschlitzte Ringspule.

Bei der Untersuchung eines Eisenrings habe sich eine Magnetisierungskurve ergeben, von der die in Abb. 74. 1 ausgezogene dicke Linie ein Stück ist. $\mathfrak{B}'_E$ und $\mathfrak{H}'_E$ seien die Koordinaten der Kurve. Der Ring werde darauf an irgend einer Stelle mit einem sehr dünnen Sägeblatt quer durchschnitten. Dann sinkt die magnetische Induktion $\mathfrak{B}'_E$, da die magnetische Durchlässigkeit der Luft viel geringer ist als die des Eisens, bei ungeänderter Durchflutung wI sowohl im Eisen wie im Luftschlitz auf den kleineren Wert $\mathfrak{B}_E$. Dieser läßt sich aus der Magnetisierungskurve entnehmen, wenn die neue magnetische Feldstärke $\mathfrak{H}_E$ im Eisen bekannt ist. Für $\mathfrak{H}_E$ gilt aber nach dem Durchflutungssatz:

[1] Man überzeugt sich leicht von Folgendem: Der absteigende Ast hat bezogen auf P als Nullpunkt die Gleichung $\mathfrak{B} = \mu_A\mathfrak{H} - \nu\mathfrak{H}^2$, der aufsteigende bezogen auf P' als Nullpunkt die Gleichung $\mathfrak{B} = \mu_A\mathfrak{H} + \nu\mathfrak{H}^2$.

$$w\,I = \mathfrak{H}'_E\, l = \mathfrak{H}_E\, l_E + \mathfrak{H}_L\, l_L \tag{74.1}$$

und

$$\mathfrak{H}_E = \mathfrak{H}'_E \frac{l}{l_E} - \mathfrak{H}_L \frac{l_L}{l_E} \approx \mathfrak{H}'_E - \frac{\mathfrak{B}_L}{\mu_0}\frac{l_L}{l} = \mathfrak{H}'_E - \frac{\mathfrak{B}_E}{\mu_0}\frac{l_L}{l}, \tag{74.2}$$

wo sich die Indizes E und L auf Eisen und Luft beziehen und $l_E + l_L = l$ gesetzt ist. Zeichnet man also in der $\mathfrak{B}_E$-$\mathfrak{H}_E$-Ebene für festes $\mathfrak{H}'_E$ die durch (. 2) dargestellte gerade Linie, so hat deren Schnittpunkt mit der Magnetisierungskurve die gesuchten Koordinaten $\mathfrak{B}_E$ und $\mathfrak{H}_E$.

Der Winkel α, den die Gerade mit der Senkrechten bildet, läßt sich wie folgt berechnen. Entspricht wie in Abb. 74. 1 ($\widehat{=}$ heißt: „entspricht")

$$\text{bei } \mathfrak{H}_E : 1\,\text{Ö} \mathrel{\widehat{=}} 1{,}2\,\text{cm}, \qquad \text{bei } \mathfrak{B}_E : 1\,\text{kG} \mathrel{\widehat{=}} 0{,}3\,\text{cm},$$

so ist

$$\operatorname{tg}\alpha = \frac{\text{Länge von } \mathfrak{H}'_E - \mathfrak{H}_E}{\text{Länge von } \mathfrak{B}_E} = \frac{\dfrac{\mathfrak{H}'_E - \mathfrak{H}_E}{\text{Ö}}\,1{,}2\,\text{cm}}{\dfrac{\mathfrak{B}'_E}{\text{kG}}\,0{,}3\,\text{cm}} = 4\,\frac{\mathfrak{H}'_E - \mathfrak{H}_E}{\mathfrak{B}_E}\,\frac{\text{kG}}{\text{Ö}}$$

$$= 4000\,\frac{\mathfrak{H}'_E - \mathfrak{H}_E}{\mathfrak{B}_E}\,\mu_0 = 4000\,\frac{l_L}{l}, \tag{74.3}$$

da nach der Definition der Einheiten Gauß und Örsted $\text{G} = \mu_0\text{Ö}$. Mit $l_L/l = 10^{-4}$ erhält man z. B. $\operatorname{tg}\alpha = 21{,}8^0$. Der Einfluß selbst eines engen Schlitzes ist also sehr beträchtlich.

Häufig nimmt man als Ordinate die unmittelbar meßbare Induktion $\mathfrak{B}_E$ in dem geschlitzten Ring, als Abszisse dagegen die Feldstärke $\mathfrak{H}'_E$, auf die man aus der Durchflutung wI schließen würde, wenn man von dem Schlitz (oder den Schlitzen) nichts wüßte. Dann erhält man nach

$$\mathfrak{H}'_E = \mathfrak{H}_E + \frac{\mathfrak{B}_E}{\mu_0}\frac{l_L}{l} \tag{74.4}$$

durch eine entsprechende Konstruktion die strichpunktierte Magnetisierungskurve. Man nennt diese auch die „gescherte"; denn sie geht aus der nur von den Eigenschaften des Eisens abhängigen ausgezogenen Kurve durch eine Verformung hervor, die man in der Elastizitätslehre „Scherung" nennt[1]. Die „wirksame" Permeabilität

$$\mu_A = \frac{\mathfrak{B}_E}{\mathfrak{H}'_E} = \frac{\mathfrak{B}_E}{\mathfrak{H}_E + \dfrac{\mathfrak{B}_E}{\mu_0}\dfrac{l_L}{l}} = \frac{\mu_{A_0}}{1 + \dfrac{\mu_{A_0}}{\mu_0}\dfrac{l_L}{l}} = \frac{\mu_{A_0}}{1 + p\,\mu_{A_0}}, \tag{74.5}$$

auf die man aus der gescherten Kurve schließt, ist immer kleiner als die „wahre" μ_{A_0}.

$4\pi\, l_L/l$ heißt auch „Entmagnetisierungsfaktor".

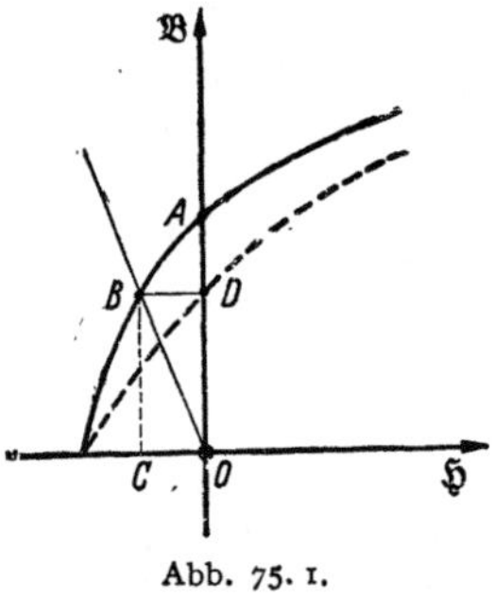

Abb. 75. 1.

§ 75. Wirksame Remanenz. Als Remanenz haben wir im § 69 die Induktion für die Feldstärke Null definiert. Man könnte daher denken, daß hauptsächlich diese Größe für die Fernmeldetechnik Bedeutung habe. Häufig sind jedoch die Eisenkörper aus ferromagnetischen und nicht ferromagnetischen Bestandteilen gemengt; dann liegen die wahren Feldstärken $\mathfrak{H}_E$ gar nicht in der Nähe des Wertes Null. Die Durchflutung und die Feldstärke $\mathfrak{H}'_E$ sind zwar klein; die wahre Feldstärke $\mathfrak{H}_E$ aber kann nach (74. 2) auch für $\mathfrak{H}'_E = 0$ beträchtlich sein. Abb. 75. 1 veranschaulicht dies. Im Innern des Eisenkörpers herrscht die Feldstärke $-\overline{CO} = -\overline{BD}$ und demnach eine „wirksame" (scheinbare) Rema-

[1] Früher nannte man die gestrichelte Kurve die „ungescherte", die ausgezogene die „gescherte" (so in der 1. Aufl.).

nenz $\overline{BC}$, die kleiner ist als die früher definierte „wahre" Remanenz $\overline{AO}$. (In B wird die ausgezogene ungescherte Kurve von der „Scherungslinie" geschnitten.) Die wirksame Remanenz kann auch als die Strecke $\overline{DO}$ abgegriffen werden; dabei ist D der Schnittpunkt der gescherten Kurve mit der Ordinatenachse.

Ein Werkstoff von hoher wahrer Remanenz, der nach § 70 eine gegen störende Magnetisierungen sehr empfindliche reversible Permeabilität zeigen würde, kann nach dem Gesagten durch „Scherung", d. h. durch Einfügung von Schlitzen, verbessert werden. Hierauf beruht die hohe „Stabilität" der in der Pupintechnik verwendeten Massekernspulen; die mit Isolierstoff ausgefüllten Zwischenräume zwischen den Eisenkörnern drücken die wirksame Remanenz herab.

§ 76. Induktionsströme. Im § 62 haben wir die magnetische Induktion durch den „Induktionsstrom" definiert, der bei der Bewegung eines Drahtrechtecks in einem magnetischen Felde entsteht. Die Erfahrung zeigt nun, daß die damals abgeleitete Gleichung

$$Q = |\mathfrak{B}| \frac{l s}{R} = \frac{|\mathfrak{B}| F}{R} = \frac{\Phi}{R}, \tag{76. 1}$$

in der F die überstrichene Fläche und Φ den Fluß der Induktion $\mathfrak{B}$ durch sie bezeichnet, für jeden beliebig gestalteten geschlossenen Drahtkreis gilt, vorausgesetzt, daß man unter $\Phi = \Phi_1 - \Phi_2$ die Abnahme des Flusses durch seine Fläche versteht:

$$Q = \frac{\Phi_1 - \Phi_2}{R}. \tag{76. 2}$$

Ist $\Phi_1 - \Phi_2$ klein, also etwa gleich $-\mathrm{d}\Phi$ und gehört zu $-\mathrm{d}\Phi$ die kleine Zeit $\mathrm{d}t$, so gilt

$$R I = -\frac{\mathrm{d}\Phi}{\mathrm{d}t}. \tag{76. 3}$$

Diese Gleichung ist eine besondere Form des Faradayschen „Induktionsgesetzes". Sie sagt, daß in einem Drahtkreis, der einen zeitlich veränderlichen magnetischen Fluß umschlingt, eine Art elektromotorischer Kraft entsteht, die gleich der Geschwindigkeit ist, mit der der magnetische Fluß abnimmt.

Wie die Umlaufsinne des entstehenden Stromes und des Feldes einander zugeordnet sind, ist schon im § 63 besprochen worden. Wählt man z. B. für den axialen Vektor des Feldes, wie üblich, die Rechtsschraube (Abb. 76. 1), so entsteht bei einer zeitlichen Abnahme eines positiven Flusses Φ (§ 43) nach § 63 ein Induktionsstrom, der mit der Bezugsnormale des Stromkreises ebenfalls eine Rechtsschraube bildet. Wählt man daher den Bezugspfeil des Induktionsstroms so, daß auch er mit der Bezugsnormale eine Rechtsschraube bildet, so muß das Induktionsgesetz wie in Gleichung (. 3) geschrieben werden; denn dann ist $\mathrm{d}\Phi/\mathrm{d}t$ negativ, und es ergibt sich ein positiver Strom I. Nimmt man für das Feld wie für den Strom eine Linksschraube, so bleibt die Form der Gleichung (. 3) offenbar erhalten.

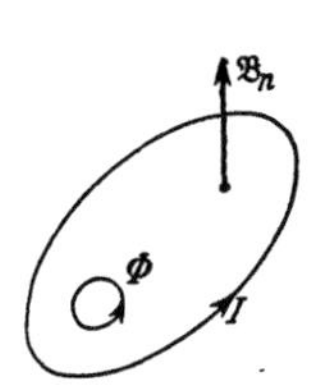

Abb. 76. 1.

Deutet man, wie es soeben geschehen ist, $-\mathrm{d}\Phi/\mathrm{d}t$ als eine elektromotorische Kraft, so kann die Gleichung (. 3) als eine Erweiterung der Maschenregel angesehen werden. Mit Rücksicht jedoch auf die im folgenden durchweg benutzte komplexe Rechenweise empfiehlt es sich, den Differentialquotienten $\mathrm{d}\Phi/\mathrm{d}t$ auf der Seite der Spannungen unterzubringen, also in dem angenommenen Fall

$$0 = R I + \frac{\mathrm{d}\Phi}{\mathrm{d}t} \tag{76. 4}$$

zu schreiben. Er kann dann etwa als eine „induktive Spannung" gedeutet werden. Wir werden diese Darstellungsweise bevorzugen.

Im Induktionsgesetz liegt eine wichtige Aussage über die magnetische Induktion $\mathfrak{B}$. Durch einen geschlossenen Drahtkreis kann man beliebig viele irgendwie gekrümmte Flächen hindurchlegen. Von dem „Fluß durch die Fläche eines geschlossenen Drahtkreises" zu reden, hat also nur dann einen bestimmten Sinn, wenn die Induktionslinien nirgends freie Enden haben (vgl. § 66). Die Erfahrung zeigt demnach, indem sie das Induktionsgesetz bestätigt, daß die Induktionslinien wie die Stromlinien geschlossene Linien sind.

Die Änderung des magnetischen Flusses in der Zeiteinheit $\mathrm{d}\Phi/\mathrm{d}t$ kann erfahrungsgemäß nicht nur durch eine Bewegung, sondern auch durch eine rein zeitliche Änderung des elektromagnetischen Feldes zustande kommen.

§ 77. **Das Induktionsgesetz als Feldgesetz.** Das Induktionsgesetz ist in allgemeinster Fassung ein reines Feldgesetz. Es sagt über den Zusammenhang etwas aus, der in jedem elektromagnetischen Feld zwischen der Verteilung der elektrischen Feldstärke $\mathfrak{E}$, der zeitlichen Änderung der magnetischen Induktion $\mathfrak{B}$ und einer etwaigen Geschwindigkeit $\mathfrak{v}$ der in dem Felde vorhandenen Materie besteht. Es behauptet, daß (bei Abwesenheit eingeprägter elektrischer Feldstärken) für jedes beliebige Flächenstück das über seinen Rand erstreckte Integral der elektrischen Feldstärke gleich der zeitlichen Abnahme des Flusses der Induktion in dem Flächenstück ist:

$$\oint |\mathfrak{E}|\,|\mathrm{d}s|\cos(\mathfrak{E}, \mathrm{d}s) = -\frac{\mathrm{d}\Phi}{\mathrm{d}t}. \qquad (77.1)$$

Dabei ist das Linienintegral der elektrischen Feldstärke zu bilden wie bei der elektrischen „Spannung"; die Abnahme des magnetischen Flusses kann sowohl durch eine rein zeitliche Änderung des Feldes als auch bei zeitlich konstantem Felde durch eine Bewegung (Geschwindigkeit) der mit dem Flächenstück zusammenfallenden Materie zustande kommen.

Da die elektrische Spannung längs einer geschlossenen Kurve in einem wirbelfreien Felde nach dessen Definition immer gleich Null ist, kann das elektromagnetische Feld, wenn sich der magnetische Fluß zeitlich ändert, nur ein Wirbelfeld sein.

Die Gleichung (.1) ist die Verallgemeinerung von (38.1).

Der Begriff der „Spannung" ist im Wirbelfeld nur dann eindeutig, wenn der Integrationsweg angegeben wird; der Begriff des Potentials verliert im Wirbelfeld sogar überhaupt seine Bedeutung. Oft gibt es jedoch auch im Wirbelfeld Flächen, für die die Abnahme des magnetischen Flusses dauernd gleich Null oder sehr klein ist, so daß in ihnen das Feld als wirbelfrei angesehen werden kann. So kreisen bei den parallelen Drähten einer Doppelleitung die magnetischen Induktionslinien um die Drähte herum; auf den beiden Wegen *124* und *134* (Abb. 77.1) ist deshalb die Spannung verschieden groß, und die Differenz der Potentiale in *1* und *4* ist unbestimmt. Der Fluß der Induktion durch eine Querebene aber, also durch eine Ebene senkrecht zu den Drähten, ist beständig wenigstens annähernd gleich Null; man bekommt also bestimmte Werte für die Potentialdifferenz, wenn man sie durch die Spannung in einer solchen Ebene definiert. Wenn bei Leitungen von einer Spannung zwischen den Drähten die Rede ist, so ist immer diese Spannung gemeint.

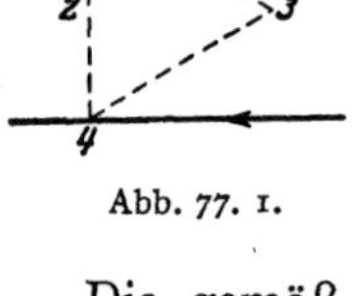

Abb. 77.1.

Wenn eingeprägte Feldstärken vorhanden sind, darf die Umlaufspannung wieder nur für den Vektor $\mathfrak{E}$ gebildet werden (vgl. § 41).

Die gemäß (.1) induzierte Umlaufspannung ruft erst mittelbar in einem etwa vorhandenen Leiter nach dem Ohmschen Gesetz einen Induktionsstrom hervor. Der Leiter macht die in dem Felde bestehende besondere Verteilung der elektrischen Feldstärke sozusagen sichtbar; er gibt dem Felde die Möglichkeit, Ladungen in Bewegung zu setzen.

Angenommen z. B., ein ruhender linearer Stromkreis der Länge l, der Leitfähigkeit $\varkappa$ und des Querschnitts F liege in einem magnetischen Wechselfeld;

außerdem sei in dem Kreise eine eingeprägte Feldstärke $\mathfrak{E}_e$ vorhanden, die etwa von einer galvanischen oder thermoelektrischen Batterie herrühre. Dann gilt nach dem Ohmschen Gesetz:

$$I = \varkappa F\,(\mathfrak{E} + \mathfrak{E}_e)$$

und nach dem Induktionsgesetz:

$$\oint |\mathfrak{E}|\,|\mathrm{d}s| \cos(\mathfrak{E}, \mathrm{d}s) = \oint \frac{I}{\varkappa F}\,\mathrm{d}s - \oint |\mathfrak{E}_e|\,|\mathrm{d}s| \cos(\mathfrak{E}_e, \mathrm{d}s) = -\frac{\mathrm{d}\Phi}{\mathrm{d}t}$$

oder, da I konstant ist:

$$R I - E = -\frac{\mathrm{d}\Phi}{\mathrm{d}t} \quad \text{oder} \quad E = R I + \frac{\mathrm{d}\Phi}{\mathrm{d}t}. \tag{77.2}$$

Dies ist wieder die erweiterte Maschenregel.

Bei einer Spule von w Windungen gilt für jede Windung, wenn keine eingeprägte Feldstärke da ist, die Gleichung

$$I \int \frac{\mathrm{d}s}{\varkappa F} = -\frac{\mathrm{d}\Phi}{\mathrm{d}t}. \tag{77.3}$$

Nennen wir nun R den Gesamtwiderstand der Spule, so ist

$$\int \frac{\mathrm{d}s}{\varkappa F} = \frac{R}{w}; \tag{77.4}$$

also gilt auch

$$R I = -w \frac{\mathrm{d}\Phi}{\mathrm{d}t} = -\frac{\mathrm{d}\Psi}{\mathrm{d}t}. \tag{77.5}$$

$\Psi = w\Phi$ heißt auch „Spulenfluß".

Nach dem Induktionsgesetz (. 1) ist das elektrische Feld zeitlich konstanter Ströme wirbelfrei.

§ 78. Induktivität einer Ringspule mit nicht ferromagnetischem Kern.

In einer Ringspule, die im Innern ihrer Windungen mit nicht ferromagnetischem Material ausgefüllt ist, fließe ein zeitlich veränderlicher Strom I. Seine zeitliche Veränderung komme etwa dadurch zustande, daß eine zunächst mit der Spule verbundene Stromquelle E (Abb. 78. 1) plötzlich abgeschaltet und die Spule kurzgeschlossen wird. Da jeder Strom Wärme erzeugt, muß I im Laufe der Zeit verschwinden; mit I verschwindet aber auch das magnetische Feld im Innern der Spule, also der Fluß Φ, für den sich aus (68. 1) und (67. 1) die Gleichung

$$\Phi = \frac{\mathfrak{B}}{\mathfrak{H}} \frac{w F}{l} I = \mu \frac{w F}{l} I \tag{78.1}$$

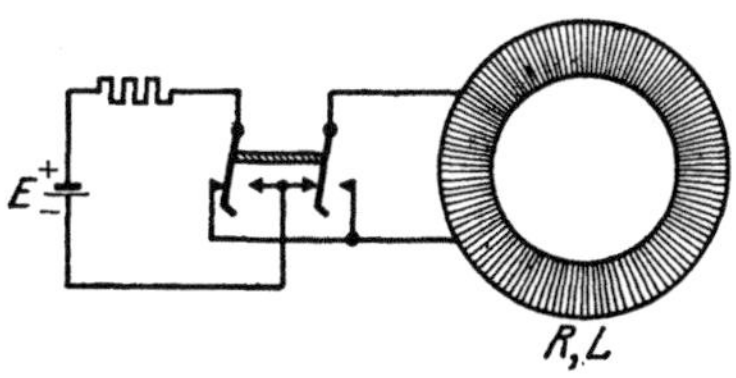

Abb. 78. 1.

ableiten läßt. Nach dem Induktionsgesetz gilt daher:

$$0 = R I + w \frac{\mathrm{d}\Phi}{\mathrm{d}t} = R I + \mu \frac{w^2 F}{l} \frac{\mathrm{d}I}{\mathrm{d}t} \tag{78.2}$$

oder wenn wir die Abkürzung

$$L = \mu \frac{w^2 F}{l} = w^2 \Lambda \tag{78.3}$$

einführen:

$$0 = R I + L \frac{\mathrm{d}I}{\mathrm{d}t} = R I + w^2 \Lambda \frac{\mathrm{d}I}{\mathrm{d}t}. \tag{78.4}$$

Λ ist nach § 71 der magnetische Leitwert des Spulenkerns[1].

[1] Die „Induktivität je Windung A_L" ist mit Λ identisch.

Wenn demnach der die Ringspule durchfließende Strom mit der Zeit veränderlich ist, tritt eine scheinbare elektromotorische Kraft $-L\,\mathrm{d}I/\mathrm{d}t$ auf, die in unserem Falle, wo $\mathrm{d}I/\mathrm{d}t$ negativ ist, wie eine hinzugeschaltete elektromotorische Kraft das plötzliche Verschwinden des Stromes verhindert. Der Faktor L, der nur von der Permeabilität des Spulenkerns, der Windungszahl, der Windungsfläche und dem Ringumfang abhängt, heißt „Induktivität" („Selbstinduktion", „Selbstpotential") der Spule.

Zahlenbeispiel. Bei einer eisenfreien Ringspule von 3134 Windungen sei schätzungsweise die mittlere Windungsfläche F gleich 36,9 cm², die mittlere Länge einer Kraftlinie l gleich 45,5 cm. Ihre Induktivität hat daher den Wert:

$$L = \mu_0 \frac{w^2 F}{l} = 1{,}256 \cdot 10^{-8}\,\frac{\mathrm{H}}{\mathrm{cm}}\,(3{,}134)^2 \cdot 10^6 \cdot \frac{36{,}9\ \mathrm{cm}^2}{45{,}5\ \mathrm{cm}} = 0{,}1\ \mathrm{H}.$$

Ist R der Widerstand der Ringspule, so heißt das Verhältnis L/R, das die Dimension einer Zeit hat, die „Zeitkonstante" der Spule. Die Zeitkonstante ist praktisch nur wenig von der Induktivität der Spule abhängig. Füllt man den zur Verfügung stehenden Wickelraum das eine Mal mit wenig Windungen dicken, das andere Mal mit vielen Windungen dünnen Drahtes, so ändern sich die Größen R und L stark, ihr Verhältnis L/R dagegen nur wenig.

Man denke sich, um dies einzusehen, die mehrlagige Wicklung einer Ringspule aufgeschnitten, gerade gebogen und dann noch einmal quer zu den Drähten durchgeschnitten (Abb. 78. 2). Ist F die Schnittfläche, ϱ der Radius des (kreisförmigen) Drahtquerschnitts, $f = w\varrho^2\pi/F$ der sogenannte „Füllfaktor" oder „Raumfaktor", u das Mittel der Umfänge der Windungen und $\varkappa$ die Leitfähigkeit des Drahtmetalls, so ist der Widerstand der Spule

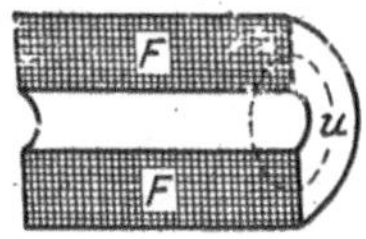

Abb. 78. 2.

$$R = \frac{w\,u}{\varkappa\,\varrho^2\,\pi} = \frac{w^2\,u}{f\,\varkappa\,F}. \tag{78. 5}$$

D. h. er ist bei gegebenem Wickelraum (gegebenem u und F) dem Quadrat der Windungszahl direkt, dem Füllfaktor umgekehrt proportional. Soweit man diesen als einigermaßen konstant ansehen kann, ist der Widerstand wie die Induktivität dem Quadrate der Windungszahl proportional, die Zeitkonstante also als das Verhältnis der beiden Größen nahezu konstant.

§ 79. Induktiver Widerstand bei Sinusströmen. Wenn sich der die Ringspule durchfließende Strom sinusförmig mit der Zeit ändert:

$$i = \hat{\imath} \cos(2\pi f t + \varphi),$$

ergibt sich

$$\frac{\mathrm{d}i}{\mathrm{d}t} = -\hat{\imath}\,2\pi f \sin(2\pi f t + \varphi) = \hat{\imath}\,2\pi f \cos(2\pi f t + \varphi + 90^0). \tag{79. 1}$$

Bei Sinusströmen ist also eine induktive Spannung zu überwinden von dem Scheitelwert $L \cdot 2\pi f \cdot \hat{\imath} = \omega L \cdot \hat{\imath}$.

Eine Ringspule verhält sich hiernach bei Sinusströmen so, als ob ihr außer einem „Ohmschen" oder „Wirk"-Widerstand R noch ein „induktiver Widerstand" (oder eine „Induktanz") $2\pi f L = \omega L$ zukäme.

§ 80. Induktivität einer Ringspule mit ferromagnetischem Kern. Die in der Draht-Nachrichtentechnik verwendeten Spulen haben meist ferromagnetische Kerne. Dann ist ($\mathfrak{B}$ und $\mathfrak{H}$ sind Beträge):

$$R I = -w\frac{\mathrm{d}\Phi}{\mathrm{d}t} = -wF\frac{\mathrm{d}\mathfrak{B}}{\mathrm{d}t} = -wF\frac{\mathrm{d}\mathfrak{B}}{\mathrm{d}\mathfrak{H}}\frac{\mathrm{d}\mathfrak{H}}{\mathrm{d}I}\frac{\mathrm{d}I}{\mathrm{d}t} = -\frac{w^2F}{l}\frac{\mathrm{d}\mathfrak{B}}{\mathrm{d}\mathfrak{H}}\frac{\mathrm{d}I}{\mathrm{d}t}$$

und

$$L = \frac{\mathrm{d}\mathfrak{B}}{\mathrm{d}\mathfrak{H}}\frac{w^2F}{l}. \tag{80. 1}$$

Zur Berechnung der Induktivität ist also an die Stelle der Permeabilität der Differentialquotient von $\mathfrak{B}$ nach $\mathfrak{H}$ zu setzen, d. h. das Verhältnis der bei der Stromänderung $\mathrm{d}I$ eintretenden Änderung $\mathrm{d}\mathfrak{B}$ der magnetischen Induktion zu der gleichzeitigen Änderung $\mathrm{d}\mathfrak{H}$ der magnetischen Feldstärke.

Die Induktivität ist demnach bei Spulen mit ferromagnetischem Kern genau genommen keine Konstante. Spricht man von der Induktivität schlechthin, so meint man ihren zeitlichen Mittelwert etwa während einer Periode. Bei geringen Amplituden ist für $\mathrm{d}\mathfrak{B}/\mathrm{d}\mathfrak{H}$ nach § 70 die „reversible" Permeabilität einzusetzen.

§ 81. **Der streuungslose Ringübertrager.** Denkt man sich die Wicklung einer Ringspule in zwei Teile zerlegt und diese — jeden für sich — mit Klemmen versehen, so entsteht ein „Transformator" oder „Übertrager". Die beiden Teilwicklungen pflegt man als die „primäre" und „sekundäre" zu unterscheiden. Wenn die Windungen sehr gleichmäßig auf den Kern aufgebracht sind, verlaufen nahezu alle magnetischen Feldlinien in ihrem Innern; alle Linien, die von der primären Wicklung umschlungen werden, gehen daher auch durch die sekundäre. Ein solcher Ringübertrager ist „streuungslos".

Angenommen, die primäre Wicklung habe w_1, die sekundäre w_2 Windungen. Dann ist für den primären Kreis *1*:

$$\frac{\mathrm{d}\Psi_1}{\mathrm{d}t} = w_1 \frac{\mathrm{d}\Phi_1}{\mathrm{d}t} = w_1 F \frac{\mathrm{d}\mathfrak{B}}{\mathrm{d}t} = w_1 F \frac{\mathrm{d}\mathfrak{B}}{\mathrm{d}\mathfrak{H}} \frac{\mathrm{d}\mathfrak{H}}{\mathrm{d}t} = w_1 F \mu \frac{\mathrm{d}\mathfrak{H}}{\mathrm{d}t}, \qquad (81.1)$$

wo μ die reversible Permeabilität bedeutet. Jetzt ist aber

$$\mathfrak{H} l = w_1 I_1 + w_2 I_2, \qquad (81.2)$$

also

$$\frac{\mathrm{d}\Psi_1}{\mathrm{d}t} = \mu \frac{w_1^2 F}{l} \frac{\mathrm{d}I_1}{\mathrm{d}t} + \mu \frac{w_1 w_2 F}{l} \frac{\mathrm{d}I_2}{\mathrm{d}t}. \qquad (81.3)$$

Setzt man

$$L_1 = \mu \frac{w_1^2 F}{l}, \qquad L_{12} = \mu \frac{w_1 w_2 F}{l}, \qquad (81.4)$$

so wird

$$0 = R_1 I_1 + L_1 \frac{\mathrm{d}I_1}{\mathrm{d}t} + L_{12} \frac{\mathrm{d}I_2}{\mathrm{d}t}. \qquad (81.5)$$

L_1 ist die bereits definierte Induktivität des Kreises *1*; L_{12} heißt „Gegeninduktivität" zwischen den Kreisen *1* und *2*.

Entsprechend gilt für den Kreis *2*:

$$0 = R_2 I_2 + L_{12} \frac{\mathrm{d}I_1}{\mathrm{d}t} + L_2 \frac{\mathrm{d}I_2}{\mathrm{d}t}, \qquad (81.6)$$

wo

$$L_2 = \mu \frac{w_2^2 F}{l}. \qquad (81.7)$$

Offenbar ist beim streuungslosen Ringübertrager

$$\left.\begin{aligned} &\frac{L_{12}}{L_1} = \frac{w_2}{w_1}, \qquad \frac{L_2}{L_{12}} = \frac{w_2}{w_1}, \\ &L_{12} = \sqrt{L_1 L_2}. \end{aligned}\right\} \qquad (81.8)$$

D. h. die Gegeninduktivität ist gleich dem „geometrischen Mittel" der beiden Selbstinduktivitäten.

§ 82. **Kopplungsfaktor und Streugrad.** Da auch die Luft eine gewisse magnetische Leitfähigkeit besitzt, ist bei einem Übertrager immer nur ein Teil der Induktionslinien mit beiden Wicklungen verkettet. Sind diese wie in der schematischen Abb. 82. 1 kurz, so braucht man nur zwischen einem gemeinsamen Linienbündel und zwei je nur einer einzigen Wicklung zugehörigen Linienbündeln zu unterscheiden. Dann bleiben die beiden Selbstinduktivitäten L_1 und L_2 den Quadraten der Windungszahlen w_1^2 und w_2^2 und die Gegeninduktivität dem Produkt $w_1 w_2$ proportional; da jedoch für die Gegeninduktivität der magnetische Leitwert offenbar kleiner ist als für die Induktivitäten, so ist

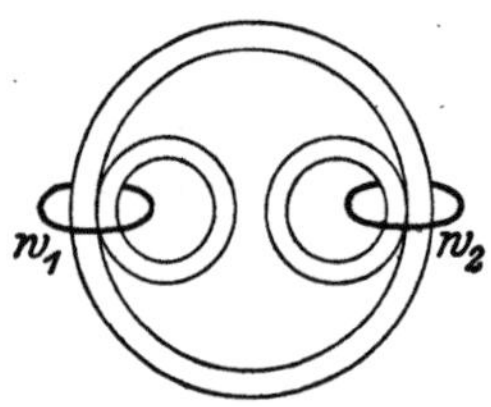

Abb. 82. 1.

$$L_{12} < \sqrt{L_1 L_2}. \tag{82. 1}$$

Im geometrisch kompliziertesten Fall liegen für jede einzelne Windung, ja für jedes Drahtstück der beiden Wicklungen andere Verhältnisse vor, so daß auch der einfache Zusammenhang zwischen den Induktivitäten und Windungszahlen nicht mehr bestehen bleibt.

Wenn bei einem Übertrager die Gegeninduktivität kleiner ist als das geometrische Mittel aus den beiden Induktivitäten, so sagt man, er zeige „magnetische Streuung". Das Verhältnis der Gegeninduktivität zu dem geometrischen Mittel aus den Induktivitäten nennt man Kopplungsgrad $\varkappa$:

$$\varkappa = \frac{L_{12}}{\sqrt{L_1 L_2}}. \tag{82. 2}$$

$\varkappa$ ist nach dem Gesagten immer kleiner als 1 und nur bei dem idealen streuungsfreien Übertrager gleich 1.

Meist ist die Einführung einer andern Größe, des „Streugrads" σ, bequemer. Wir definieren ihn durch die Gleichung

$$\sigma = 1 - \varkappa^2. \tag{82. 3}$$

§ 83. **Wirbelströme.** Nach dem Induktionsgesetz werden in jedem geschlossenen Leiter, der sich in einem zeitlich veränderlichen elektromagnetischen Felde befindet oder der sich durch ein ungleichmäßiges Feld hindurchbewegt, Ströme induziert. Unter „Wirbelströmen" versteht man solche Induktionsströme, deren Bahnen nicht durch die Gestalt gegebener „linearer Leiter" (Drähte) vorgeschrieben sind, sondern erst durch eine — meist komplizierte — Integration der Feldgleichungen gefunden werden müssen; zu ihnen zählen insbesondere die Induktionsströme in dickeren Metallmassen.

Soweit die Wirbelströme als unnütze Energieverbraucher unerwünscht sind, sucht man sie zu verringern, indem man die Metallmassen unterteilt. Am gebräuchlichsten ist es, die Kerne z. B. von Spulen aus Blechen, Drahtbündeln oder feinem Pulver herzustellen. In den Teilleitern entstehen natürlich auch Wirbelströme; die auf die Raumeinheit der Metallmassen entfallende Wärmeentwicklung nimmt aber mit steigender Unterteilung ab (§ 84).

§ 84. **Stromverdrängung.** Auch die „Stromverdrängung" oder „Hautwirkung", d. h. die Erscheinung, daß bei hohen Frequenzen das Innere der Leiter stromarm und der wirksame Widerstand daher sehr groß wird, beruht auf der Induktion von Strömen durch das eigene magnetische Feld der Leiter.

Die Theorie der Stromverdrängung führt schon in dem einfachen Fall eines sehr langen geraden Drahts auf Zylinderfunktionen. Man kann über die Hautwirkung bei Drähten jedoch auch bereits auf Grund der Dimensionen der in Betracht kommenden Größen etwas aussagen. Da die Argumente mathematischer Funktionen reine Zahlen sein müssen, lassen sich[1] alle physikalischen Gesetze

[1] Vgl. Handbuch der Physik, herausgeg. von H. Geiger u. K. Scheel. 2, Kap. 1. Berlin: Springer 1927.

durch mathematische Funktionen dimensionsloser Potenzprodukte physikalischer Größen darstellen. Diesen Satz kann man anwenden auf die Berechnung des Widerstandes ΔR, der je Längeneinheit zu dem Gleichstromwiderstand R_0 eines geraden gut leitenden nicht ferromagnetischen Drahtes infolge der Hautwirkung hinzukommt. ΔR kann offenbar nur abhängen von der Dicke $2r$ des Drahts, von seiner Leitfähigkeit $\varkappa$ und außerdem — eben weil die Hautwirkung eine Induktionserscheinung ist — von der Frequenz f und der Permeabilität μ_0. Aus den fünf Größen $\Delta R, r, \varkappa, f$ und μ_0 lassen sich aber nur die zwei dimensionslosen Potenzprodukte $\Delta R r^2 \varkappa$ und $r^2 \varkappa f \mu_0$ bilden. Es ist also sicher

$$\Delta R = \frac{1}{r^2 \varkappa} \varphi(r^2 \varkappa f \mu_0), \qquad (84.1)$$

wo φ eine rein mathematische Funktion ist[1]. Führen wir noch den Gleichstromwiderstand der Längeneinheit $R_0 = 1/(\varkappa r^2 \pi)$ ein, so wird

$$\frac{\Delta R}{R_0} = \psi(r^2 \varkappa f \mu_0). \qquad (84.2)$$

Über die Funktion ψ läßt sich natürlich auf Grund bloßer Dimensionsbetrachtungen nichts aussagen. Sicher ist jedoch das Folgende:

a) Wenn der hinzukommende Widerstand ΔR unter irgendwelchen Bedingungen dem Quadrate der Frequenz proportional ist, so muß

$$\Delta R \sim \frac{1}{r^2 \varkappa} r^4 \varkappa^2 f^2 \mu_0^2 = r^2 \varkappa f^2 \mu_0^2, \qquad (84.3)$$

$$R = R_0 + \Delta R = R_0 (1 + \text{const} \cdot r^4 \varkappa^2 f^2 \mu_0^2) \qquad (84.4)$$

sein. D. h. der durch die Hautwirkung verursachte zusätzliche Widerstand wächst unter diesen Bedingungen proportional der Leitfähigkeit des Drahtmaterials und sogar quadratisch mit der Drahtdicke. Da nun aber der Gleichstromwiderstand mit wachsender Leitfähigkeit und wachsender Drahtdicke in demselben Verhältnis abnimmt, so wächst das Verhältnis des zusätzlichen Widerstands zum Gleichstromwiderstand sogar proportional der zweiten Potenz der Leitfähigkeit und der vierten Potenz der Drahtdicke.

b) Ist dagegen der zusätzliche Widerstand ΔR unter irgendwelchen Bedingungen proportional der Wurzel aus der Frequenz, so ist

$$\Delta R \sim \frac{1}{r^2 \varkappa} r \sqrt{\varkappa f \mu_0} = \frac{1}{r} \sqrt{\frac{f \mu_0}{\varkappa}}, \qquad (84.5)$$

$$\frac{\Delta R}{R_0} \sim r \sqrt{\varkappa f \mu_0}. \qquad (84.6)$$

In diesem Gebiet nimmt also der zusätzliche Widerstand mit wachsender Drahtdicke und wachsender Leitfähigkeit ab, wenn auch in schwächerem Maße als der Gleichstromwiderstand ($\sim 1/r$ gegen $\sim 1/r^2$).

Die genauere Theorie zeigt, daß die Gesetzmäßigkeit (. 3) für niedrige, die Gesetzmäßigkeit (. 5) für sehr hohe Frequenzen annähernd richtig ist. Setzt man

$$x = \frac{r}{2} \sqrt{\pi \varkappa f \mu_0} = 0{,}314 \frac{r}{\text{cm}} \sqrt{\frac{\varkappa}{\text{Sm/mm}^2} \frac{f}{\text{kHz}}} \qquad (84.7)$$

oder für Kupfer ($\varkappa = 57$ Sm/mm²)

$$x = 2{,}37 \frac{r}{\text{cm}} \sqrt{\frac{f}{\text{kHz}}}, \qquad (84.8)$$

so gilt für $x < 1$

$$\frac{R}{R_0} \approx 1 + \frac{x^4}{3} = 1 + \frac{\pi^2}{48} r^4 \varkappa^2 f^2 \mu_0^2, \qquad (84.9)$$

[1] D. h. eine Funktion, die außer den ausdrücklich angegebenen physikalischen Größen keine weiteren enthält.

für $x \gg 1$ dagegen

$$\frac{R}{R_0} \approx x + \frac{1}{4} = \frac{r}{2}\sqrt{\pi \varkappa f \mu_0} + \frac{1}{4}. \qquad (84.10)$$

Die Frequenz f_0, für die $x = 1$ wird, heißt auch „kritische" oder „Grenzfrequenz".

Für Kupferdrähte von 4 mm Dicke ist z. B.

$$f_0 = \left(\frac{\text{cm}}{2{,}37\,r}\right)^2 \text{kHz} = 4{,}4\ \text{kHz; ferner} \qquad (84.11)$$

für	2,4 kHz	(x = 0,74)	R/R_0 = 1,11	nach (. 9)
„	40 „	(x = 3,0)	= 3,3	nach (. 10).
„	300 „	(x = 8,2)	= 8,5	nach (. 10).

Macht man den Leiter 10 mal so dick ($2r = 4$ cm), so wird

$$\text{für } 300\ \text{kHz}\ (x = 82) \quad R = 82\,R_0.$$

Wählen wir den Gleichstromwiderstand des dünneren Drahtes als Einheit, so ist der Gleichstromwiderstand des dickeren gleich 0,01, der 300-kHz-Widerstand des dünneren gleich 8,5, des dickeren gleich 0,82. Bei hohen Frequenzen läßt sich also der Widerstand durch Vergrößerung der Leiterquerschnitte viel weniger verringern als bei niedrigen.

Bei sehr hohen Frequenzen fließt der Strom praktisch nur in der nächsten Nähe der Leiteroberfläche. Die Wandstärke ϑ eines Rohrs, dessen Gleichstromwiderstand ebenso groß ist wie der Hochfrequenzwiderstand eines ebenso dicken aus demselben Werkstoff gefertigten massiven zylindrischen Leiters, ergibt sich aus dem Ansatz

$$R \approx R_0 x = \frac{x}{\varkappa r^2 \pi} = \frac{1}{\varkappa \cdot 2\pi r \cdot \vartheta} \qquad (84.12)$$

zu

$$\vartheta = \frac{r}{2x} = \frac{1}{\sqrt{\pi \varkappa f \mu_0}} = \frac{15{,}9}{\sqrt{\frac{\varkappa}{\text{Sm/mm}^2}\frac{f}{\text{kHz}}}}\ \text{mm}$$

und für Kupfer

$$\vartheta = \frac{2{,}11}{\sqrt{f/\text{kHz}}}\ \text{mm}. \qquad (84.13)$$

ϑ heißt „Dicke der gleichwertigen Leitschicht", $2\pi\vartheta$ „Eindringtiefe" (vgl. § 266 am Schluß).

Mit der Verdrängung des Stromes bei höheren Frequenzen geht eine Verdrängung des elektrischen und auch des magnetischen Feldes Hand in Hand.

§ 85. **Energieinhalt einer Spule.** Eine Ringspule, in deren Windungen ein Strom fließt, stellt eine gewisse Energie dar. Denn wenn man die Stromquelle abschaltet, so fließt zunächst noch eine ganze Weile ein abnehmender Induktionsstrom I, der in jeder kleinen Zeit $\mathrm{d}t$ eine gewisse Wärmemenge $RI^2\mathrm{d}t$ entwickelt, wo R den Widerstand der Spule bedeutet. Nun ist aber mit den Bezeichnungen des § 78 (die Betragstriche lassen wir wieder weg)

$$RI^2\mathrm{d}t = -w\frac{\mathrm{d}\Phi}{\mathrm{d}t}I\,\mathrm{d}t = -w\frac{\mathrm{d}}{\mathrm{d}t}(\mathfrak{B}F)\cdot I\,\mathrm{d}t$$
$$= -F\,\mathrm{d}\mathfrak{B}\cdot wI = -\mathfrak{H}\,\mathrm{d}\mathfrak{B}\cdot Fl = -\mathfrak{H}\,\mathrm{d}\mathfrak{B}\cdot V, \qquad (85.1)$$

wo unter V das Volum des Spulenkernes zu verstehen ist. Demnach entspricht die entwickelte Wärme der Abnahme einer Größe W_m

$$-\mathrm{d}W_m = -\mathfrak{H}\,\mathrm{d}\mathfrak{B}\,V, \qquad (85.2)$$

die von den Feldgrößen $\mathfrak{H}$ und $\mathfrak{B}$ im Innern des Kernes abhängt und proportional dem Kernvolum ist.

Da

$$\mathfrak{H}\,d\mathfrak{B} = \mathfrak{H}\,d(\mu\,\mathfrak{H}) = d\left(\frac{\mu\,\mathfrak{H}^2}{2}\right) = d\left(\frac{\mathfrak{B}\,\mathfrak{H}}{2}\right) \tag{85.3}$$

ist, gilt auch

$$dW_m = d\left(\frac{\mathfrak{B}\,\mathfrak{H}}{2}V\right). \tag{85.4}$$

D. h. ebenso wie wir in (51. 4) die elektrische Energie eines Flächenkondensators durch $W_e = (\mathfrak{E}\,\mathfrak{D}/2)\,V$ definiert haben, können wir jetzt die „magnetische Energie" eines Spulenkerns durch

$$W_m = \frac{\mathfrak{B}\,\mathfrak{H}}{2}V \tag{85.5}$$

definieren. Auch dieser Ansatz stammt von Maxwell. Nach ihm sitzt also die magnetische Energie einer Ringspule in der Hauptsache nicht in ihren Windungen, also dort, wo der Strom fließt, sondern im Spulenkern, dessen Volum sie proportional ist.

Sie kann offenbar auch ausgedrückt werden durch

$$W_m = \tfrac{1}{2}\Psi I = \frac{L}{2}I^2 = \frac{\Psi^2}{2L}. \tag{85.6}$$

Für $L = 1$ H, $I = 1$ A erhält man z. B.

$$W_m = 0{,}5\ \text{J} = 1{,}4\cdot 10^{-7}\ \text{kWh}.$$

§ 86. **Anzugskraft eines Magnets.** Die Gleichung (85. 5) erlaubt, die Kraft zu berechnen, mit der der Anker eines Elektromagnets von seinen Polen angezogen wird. Die magnetische Leitfähigkeit der beiden Eisenkörper sei so groß und der Abstand a des Ankers von den Polflächen (Abb. 86. 1) so klein, daß die $\mathfrak{B}$-Linien in den Luftschlitzen mit konstanter Dichte als parallele Linien verlaufen. Dann leistet die gesuchte Anzugskraft P, wenn sich der Anker den Polen um die unendlich kleine Strecke da nähert, die Arbeit $P\,da$. Ebenso groß muß nach dem Energiesatz die mit der Ankerverschiebung verbundene Abnahme der Energie des magnetischen Feldes sein. D. h. wenn wir mit F die Fläche eines Pols und mit $\mathfrak{B}_L$ und $\mathfrak{H}_L$ die Feldgrößen in Luft bezeichnen, so gilt

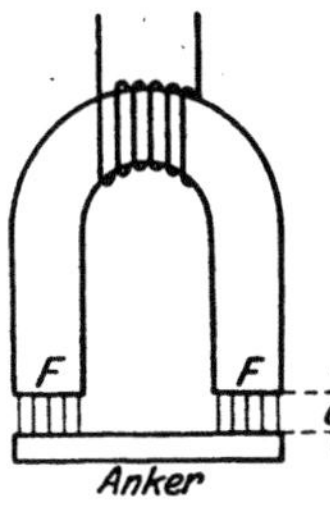

Abb. 86. 1.

$$P\,da = 2\,\frac{\mathfrak{B}_L\,\mathfrak{H}_L}{2}F\,da;$$

die für die Flächeneinheit berechnete Tragkraft oder Anzugskraft ist daher

$$\frac{P}{2F} = \frac{\mathfrak{B}_L\,\mathfrak{H}_L}{2} = \frac{\mathfrak{B}_L^2}{2\,\mu_0} = \frac{\Phi_L^2}{2\,\mu_0 F^2} = 0{,}0406\left(\frac{\mathfrak{B}_L}{\text{kGauß}}\right)^2\frac{\text{kg}_\text{P}}{\text{cm}^2}. \tag{86.1}$$

Da der magnetische Leitwert der Luftschlitze bei der gedachten Bewegung des Ankers zunimmt, muß der in den Windungen des Elektromagnets fließende Strom gleichzeitig in einem solchen Maße geschwächt werden, daß das magnetische Feld ungeändert bleibt.

μ_0 und F sind bei gegebenem Elektromagnet konstant; die auf die Flächeneinheit bezogene Kraftwirkung $P/(2F)$ variiert also wie das Quadrat des magnetischen Flusses.

Dieser ändert sich stark mit dem Abstande a. Der Durchflutungssatz liefert wie in (74. 2):

$$\mathfrak{H}_E = \mathfrak{H}'_E - \frac{\mathfrak{B}_E}{\mu_0}\frac{2a}{l}; \tag{86.2}$$

man bekommt also die Feldstärke im Innern des Elektromagnets in erster Näherung wie im § 74 dadurch, daß man im $\mathfrak{B}$-$\mathfrak{H}$-Diagramm von dem Punkte $\mathfrak{H}'_E$ der Abszissenachse aus Scherungslinien für verschiedene Abstände a zieht. Wie man sieht, sinkt die Induktion und damit um so mehr die Anzugskraft stark mit zunehmendem Ankerabstand a.

§ 87. Stromkreis mit Widerstand, Kapazität und Induktivität. Schaltet man eine (konstante oder veränderliche) Stromquelle E, einen Widerstand R, einen Kondensator der Kapazität C und eine Spule der Induktivität L hintereinander (der Widerstand dieser Spule sei in R enthalten), so gilt nach den Kirchhoffschen Regeln und nach dem Induktionsgesetz

$$E = R\,I + U + \frac{\mathrm{d}\Psi}{\mathrm{d}t}. \tag{87.1}$$

Multipliziert man nach (48. 4) mit $I = C\frac{\mathrm{d}U}{\mathrm{d}t}$, so erhält man nach § 81

$$\begin{aligned} E\,I &= R\,I^2 + U\,C\frac{\mathrm{d}U}{\mathrm{d}t} + I\frac{\mathrm{d}}{\mathrm{d}t}(L\,I) \\ &= R\,I^2 + \frac{\mathrm{d}}{\mathrm{d}t}(\tfrac{1}{2}C\,U^2) + \frac{\mathrm{d}}{\mathrm{d}t}(\tfrac{1}{2}L\,I^2) = R\,I^2 + \frac{\mathrm{d}}{\mathrm{d}t}(W_e + W_m). \end{aligned} \tag{87.2}$$

Die von der Stromquelle aufgebrachte Leistung wird also zum Teil (RI^2) zur Erzeugung von Wärme verwendet, zum Teil in dem Kondensator und in der Spule aufgespeichert[1].

Bei dieser Ableitung wird vorausgesetzt, daß R, C, L konstant sind. Hat die Spule einen ferromagnetischen Kern und ist sie eine Ringspule, so kann man mit den Bezeichnungen des § 85

$$I\frac{\mathrm{d}\Psi}{\mathrm{d}t} = \frac{\mathfrak{H}\,l}{w}\frac{\mathrm{d}(w\,\mathfrak{B}\,F)}{\mathrm{d}t} = \mathfrak{H}\frac{\mathrm{d}\mathfrak{B}}{\mathrm{d}t}V$$

setzen. Hat dann die elektromotorische Kraft E die Periode T, so ist

$$\begin{aligned} \int_0^T E\,I\,\mathrm{d}t &= R\int_0^T I^2\,\mathrm{d}t + |W_e|_0^T + \int_0^T \mathfrak{H}\frac{\mathrm{d}\mathfrak{B}}{\mathrm{d}t}V\,\mathrm{d}t \\ &= R\int_0^T I^2\,\mathrm{d}t + V|\mathfrak{H}\,\mathfrak{B}|_0^T - V\int_0^T \mathfrak{B}\,\mathrm{d}\mathfrak{H} = R\int_0^T I^2\,\mathrm{d}t + V\int_T^0 \mathfrak{B}\,\mathrm{d}\mathfrak{H}; \end{aligned} \tag{87.3}$$

d. h. die von der Stromquelle während einer Periode gelieferte Energie wird teils in Joulesche, teils in Hysteresewärme (§ 72) verwandelt.

Führen wir in der Gleichung (. 1) den Spulenfluß auf die Induktivität und den Strom und diesen auf die Spannung U am Dielektrikum zurück, so erhalten wir nach Division durch C:

$$L\frac{\mathrm{d}^2U}{\mathrm{d}t^2} = \frac{E}{C} - R\frac{\mathrm{d}U}{\mathrm{d}t} - \frac{U}{C}. \tag{87.4}$$

Diese Differentialgleichung ist ähnlich gebaut wie die Differentialgleichung für einen schwingenden Punkt von der Masse m, der in einem widerstehenden Mittel durch eine äußere Kraft P aus einer Gleichgewichtslage herausgezogen wird, an die er durch eine elastische Kraft gefesselt ist. Ist nämlich s sein Ausschlag, d. h. seine Abweichung von der Gleichgewichtslage, Ds die durch s geweckte elastische Kraft und $p\,\mathrm{d}s/\mathrm{d}t$ die seiner Bewegung widerstehende Kraft, so gilt

$$m\frac{\mathrm{d}^2 s}{\mathrm{d}t^2} = P - p\frac{\mathrm{d}s}{\mathrm{d}t} - Ds. \tag{87.5}$$

In dem elektrischen Problem entspricht also der Masse m die Induktivität L, dem Reibungskoeffizienten p der Widerstand R und der Proportionalitätskonstante D der elastischen Kraft der reziproke Wert der Kapazität C. Die Induktivität kann (nicht ganz scharf) als die elektrische Trägheit des Stromkreises, der Widerstand als der elektrische Reibungswiderstand, der reziproke Wert der Kapazität als die elektrische Elastizität (Federung) bezeichnet werden. Die magnetische Energie entspricht der Bewegungsenergie, die Stromwärme der Reibungswärme und die elektrische Energie der potentiellen elastischen Energie.

[1] Vgl. hierzu Cohn, E.: Das elektromagnetische Feld. 2. Aufl., S. 83.

§ 88. Berechnung von Induktivitäten. In § 81 ergaben sich die beiden Spulenflüsse als homogene lineare Funktionen der Ströme. Man kann dieses Ergebnis verallgemeinern und zeigen, daß sich bei einem beliebigen System linearer Leiter die einzelnen Spulenflüsse als homogene lineare Funktionen der Ströme in der Form

$$\Psi_1 = L_1 I_1 + L_{12} I_2 + \cdots + L_{1n} I_n \quad \text{usw.} \tag{88. 1}$$

darstellen lassen. Hat man diese Gleichungen auf Grund des Durchflutungssatzes gefunden, so kann man die einzelnen Induktivitäten als die Koeffizienten der Ströme aus ihnen ablesen.

Ich empfehle dem Leser, nach diesem Verfahren die Induktivität einer sehr langen Freileitung zu berechnen, etwa unter der vereinfachenden Voraussetzung vollkommener Stromverdrängung (§ 84). Die Rechnung führt ohne weiteres zu der späteren Gleichung (92. 2).

Bei einem zweiten, ebenfalls fruchtbaren Rechenverfahren summiert man nicht die magnetischen Flüsse, sondern die „Fernwirkungen" der einzelnen „Stromfäden". Dieses Verfahren steht zu dem zuerst genannten etwa in demselben Verhältnis wie die Berechnung des Magnetfeldes eines Stroms nach dem Gesetz von Biot und Savart zu der Berechnung auf Grund des Durchflutungssatzes.

Es handelt sich um die folgende Rechenvorschrift, auf deren Ableitung[1] wir nicht eingehen:

$$L_{12} = \mu \iint \frac{ds_1\, ds_2 \cos\varphi}{4\pi r}. \tag{88. 2}$$

Hier bedeutet L_{12} die Gegeninduktivität zwischen zwei Stromfäden *1* und *2* (Abb. 88. 1); ds_1 ist ein Element des ersten Stromfadens, ds_2 ein Element des zweiten, φ der Winkel zwischen den Stromrichtungen in den beiden Fadenelementen und r ihr gegenseitiger Abstand. Zu integrieren ist über beide Elemente; d. h. zuerst ist das eine Element, z. B. ds_1, festzuhalten und über den ganzen Stromfaden *2* zu integrieren; dann integriert man über den Stromfaden *1*.

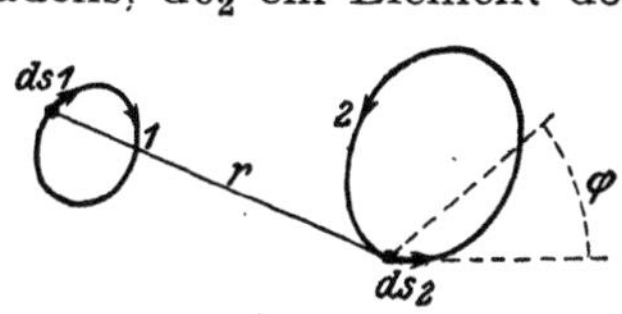

Abb. 88. 1.

Die Gleichung (. 2) kann natürlich nur dann angewendet werden, wenn der Verlauf der Stromfäden als bekannt vorausgesetzt werden darf. Mit unseren früheren Definitionen steht sie insofern nicht in völliger Übereinstimmung, als sie negative Gegeninduktivitäten liefern kann.

§ 89. Induktivität einer koaxialen Leitung. Wir geben zunächst ein Beispiel für die Rechnung nach (88. 1). Fließt in dem Innenleiter einer koaxialen Leitung (Abb. 32. 1) ein elektrischer Strom I in der einen Richtung, in dem zylindrischen Rückleiter ein ebenso starker Strom in der anderen Richtung und ist das Innere der Leiter feldfrei, so läßt sich nach dem Durchflutungssatz das magnetische Feld in dem Raume zwischen den Leitern im Abstande r von der Achse durch

$$|\mathfrak{H}| = \frac{I}{2\pi r} \tag{89. 1}$$

darstellen. In einem Stück der Leitung von der Länge l ist mit dem Strom verkettet der magnetische Fluß

$$\Phi = \int_{r_i}^{r_a} \mu_0 |\mathfrak{H}|\, dF = \int_{r_i}^{r_a} \mu_0 \frac{I}{2\pi r}\, l\, dr = \frac{\mu_0 l}{2\pi}\left(\ln \frac{r_a}{r_i}\right) I.$$

---

[1] Vgl. z. B. Abraham, M.: Theorie d. Elektrizität. 10. Aufl. bearb. von R. Becker Leipzig: B. G. Teubner 1933. I § 58.

Die bezogene Induktivität ist daher nach (88. 1) mit $r_a = 3{,}6\, r_i$

$$L = \frac{\Phi}{I\,l} = \frac{\mu_0}{2\pi} \ln \frac{r_a}{r_i} = 0{,}460 \left(\lg \frac{r_a}{r_i}\right) \frac{\text{mH}}{\text{km}} = 0{,}26\,\frac{\text{mH}}{\text{km}}\,. \tag{89. 2}$$

Sie ist bei vollkommener Stromverdrängung wie die bezogene Kapazität der koaxialen Leitung (§ 50) nur von dem Verhältnis r_a/r_i abhängig.

Zwischen Innen- und Außenleiter laufen die Linien der Vektoren $\mathfrak{B}$ und $\mathfrak{H}$ in Form von Kreisen um den Innenleiter. Der Außenraum ist feldfrei, wenn der Rückstrom völlig im Außenleiter verläuft.

§ 90. Gegeninduktivität zweier paralleler Drähte. Wir wollen nach der Doppelintegralformel (88. 2) zunächst die Gegeninduktivität zweier gerader Stromfäden (unendlich dünner Drähte) von der Länge l und dem Abstand a berechnen (Abb. 90. 1). Die Abstände der Fadenelemente $\mathrm{d}x_1$ und $\mathrm{d}x_2$ vom linken Ende der Fäden seien x_1 und x_2, ihr gegenseitiger Abstand sei r. Der in der Formel vorkommende Winkel φ ist gleich 0^0, wenn die beiden Ströme im gleichen Sinne, gleich 180^0, wenn sie im entgegengesetzten Sinne laufen. Dann ist nach (88. 2):

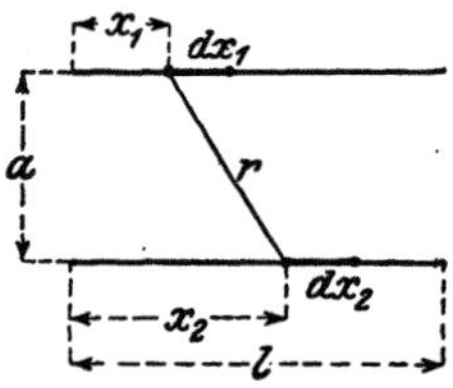

Abb. 90. 1.

$$L_{12} = \pm \mu \iint \frac{\mathrm{d}x_1\,\mathrm{d}x_2}{4\pi r} = \pm \frac{\mu}{4\pi} \iint \frac{\mathrm{d}x_1\,\mathrm{d}x_2}{\sqrt{a^2 + (x_2 - x_1)^2}}\,. \tag{90. 1}$$

Wir denken uns zuerst x_1 festgehalten (konstant) und summieren über x_2. Setzen wir

$$x_2 - x_1 = z\,, \quad \text{also} \quad \mathrm{d}x_2 = \mathrm{d}z\,, \tag{90. 2}$$

so wird

$$L_{12} = \pm \frac{\mu}{4\pi} \int\limits_{x_1=0}^{x_1=l} \mathrm{d}x_1 \int\limits_{z=-x_1}^{z=l-x_1} \frac{\mathrm{d}z}{\sqrt{a^2+z^2}}\,. \tag{90. 3}$$

Hier kann aber das unbestimmte Integral ausgerechnet werden; es ist[1]

$$\int \frac{\mathrm{d}z}{\sqrt{a^2+z^2}} = \ln\left(z + \sqrt{a^2+z^2}\right) + \text{const} = f(z) + \text{const}\,, \tag{90. 4}$$

wie leicht durch Differentiation nachzuweisen. Also wird

$$L_{12} = \pm \frac{\mu}{4\pi} \int\limits_0^l \mathrm{d}x_1 \left[f(z)\right]_{-x_1}^{l-x_1}\,. \tag{90. 5}$$

Wir setzen nun wieder im Minuend $l - x_1 = z$, im Subtrahend $-x_1 = z$, in beiden Gliedern also $\mathrm{d}x_1 = -\mathrm{d}z$ und führen die Bezeichnung ein:

$$\int f(z)\,\mathrm{d}z = F(z) + \text{const}\,. \tag{90. 6}$$

Dann wird nach (. 5):

$$L_{12} = \mp \frac{\mu}{4\pi} \left\{\left[F(l - x_1)\right]_0^l - \left[F(-x_1)\right]_0^l\right\} = \pm \frac{\mu}{4\pi} \left\{F(l) + F(-l) - 2F(0)\right\}. \tag{90. 7}$$

Nun gilt[2]

$$F(z) = \int \ln\left(z + \sqrt{a^2+z^2}\right) \mathrm{d}z = z \ln\left(z + \sqrt{a^2+z^2}\right) - \sqrt{a^2+z^2} + \text{const}; \tag{90. 8}$$

---

[1] Man kann für das Integral auch $\mathfrak{Ar}\,\mathfrak{Sin}\,\frac{z}{a} + \text{const}$ schreiben. Es besteht nämlich die Identität $\mathfrak{Ar}\,\mathfrak{Sin}\,\frac{z}{a} = \ln\left(\frac{z}{a} + \sqrt{1 + \frac{z^2}{a^2}}\right)$.

[2] Durch partielle Integration erhält man

$$\int \mathfrak{Ar}\,\mathfrak{Sin}\,\frac{z}{a}\,\mathrm{d}z = z\,\mathfrak{Ar}\,\mathfrak{Sin}\,\frac{z}{a} - \int \frac{z\,\mathrm{d}z}{\sqrt{a^2+z^2}}\,.$$

also wird schließlich

$$L_{12} = \pm \frac{\mu}{4\pi}\{l \ln(l + \sqrt{l^2 + a^2}) - \sqrt{l^2 + a^2}$$

$$- l \ln(-l + \sqrt{l^2 + a^2}) - \sqrt{l^2 + a^2} + 2a\}$$

$$= \pm \frac{\mu}{4\pi}\left\{l \ln \frac{\sqrt{l^2 + a^2} + l}{\sqrt{l^2 + a^2} - l} - 2\sqrt{l^2 + a^2} + 2a\right\} \qquad (90.9)$$

oder, wenn man das Argument des Logarithmus mit seinem Zähler erweitert:

$$L_{12} = \pm \frac{\mu l}{2\pi}\left\{\ln \frac{\sqrt{l^2 + a^2} + l}{a} - \sqrt{1 + \frac{a^2}{l^2}} + \frac{a}{l}\right\}. \qquad (90.10)$$

Nun ist bei den Problemen, die in der Fernmeldetechnik interessieren, der Fadenabstand a immer klein gegen die Fadenlänge l; man darf also setzen:

$$L_{12} = \pm \frac{\mu}{2\pi} l \left(\ln \frac{2l}{a} - 1\right). \qquad (90.11)$$

Dies ist zunächst nur die Formel für die Gegeninduktivität zweier paralleler Stromfäden. Sie darf aber mit guter Annäherung auch für die Gegeninduktivität zweier paralleler Drähte verwendet werden, vorausgesetzt, daß deren Durchmesser klein sind gegenüber ihrem Abstand.

§ 91. Selbstinduktivität eines Drahtes kreisförmigen Querschnitts. Auch die Selbstinduktivität eines einzelnen Drahts von der Dicke 2ϱ kann nach der Formel für die Gegeninduktivität zweier Fäden berechnet werden; denn in dem Draht fließen gewissermaßen unendlich viele Stromfäden, die sich gegenseitig beeinflussen und, jeder für sich, nur unendlich wenig Strom führen. Für den in der Formel vorkommenden $\ln a$ ist ein Mittelwert einzusetzen; dieser hängt von der Verteilung der Stromfäden im Drahtquerschnitt ab. Wir wollen zwei Sonderfälle betrachten:

1. Die Stromfäden verlaufen alle auf der Oberfläche des Drahtes. Dann kommen alle möglichen Stromfädenabstände von dem Werte Null bis zu dem Werte 2ϱ vor; aus der eingehenderen Theorie[1] folgt, daß als mittlerer Fadenabstand einfach der Drahtradius ϱ zu nehmen ist (Abb. 91. 1).

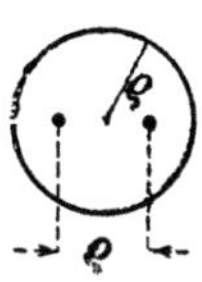

Abb. 91. 1.

2. Die Stromfäden sind gleichmäßig über den ganzen Querschnitt verteilt. Dann ist der mittlere Abstand kleiner als im ersten Falle; die Theorie ergibt für ihn den Wert $\varrho/\sqrt[4]{e} = 0{,}78\varrho$ (Abb. 91. 2).

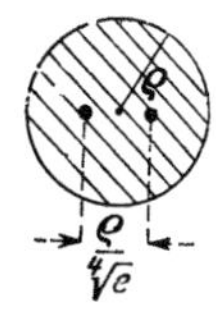

Abb. 91. 2.

Setzen wir diese Werte ein, so erhalten wir bei Durchströmung nur der Drahtoberfläche[2], wenn die Drähte in Luft gespannt sind:

$$L = \frac{\mu_0}{2\pi} l \left(\ln \frac{2l}{\varrho} - 1\right), \qquad (91.1)$$

bei gleichmäßiger Durchströmung dagegen

$$L = \frac{\mu_0}{2\pi} l \left(\ln\left(\frac{2l}{\varrho}\sqrt[4]{e}\right) - 1\right) = \frac{\mu_0}{2\pi} l \left(\ln \frac{2l}{\varrho} - \frac{3}{4}\right). \qquad (91.2)$$

Bildet der Strom also nur eine Haut, so ist die Induktivität ein wenig kleiner als bei gleichmäßiger Durchströmung (vgl. § 84).

---

[1] Z. B. Breisig, F.: Theoretische Telegraphie. 2. Aufl. Braunschweig: Friedr. Vieweg & Sohn 1924. § 112.

[2] Das Pluszeichen ist zu nehmen, weil die Stromfäden gleichgerichtet sind.

§ 92. Selbstinduktivität einer Leitung. Durch Vereinigung der Formeln (90. 11) und (91. 2) ergibt sich die Induktivität der Drahtpaarleitung. Sie setzt sich aus den Selbstinduktivitäten der beiden Drähte für sich und ihren Gegeninduktivitäten in der folgenden Weise zusammen:

$$L = L_1 + L_2 + L_{12} + L_{21} = L_1 + L_2 + 2L_{12}. \tag{92. 1}$$

$2 L_{12}$ ist hier negativ und wegen der großen Fadenabstände kleiner als $L_1 + L_2$, so daß L positiv wird. Setzen wir die vorher gefundenen Werte ein, so erhalten wir bei oberflächlicher Durchströmung

$$L \doteq \frac{\mu_0}{2\pi} l \left(\ln\frac{2l}{\varrho_1} - 1 + \ln\frac{2l}{\varrho_2} - 1 - 2\ln\frac{2l}{a} + 2\right)$$

$$= \frac{\mu_0}{\pi} l \ln\frac{a}{\sqrt{\varrho_1\varrho_2}} = 0{,}920 \lg\frac{a}{\sqrt{\varrho_1\varrho_2}} \cdot \frac{l}{\mathrm{km}} \,\mathrm{mH}, \tag{92. 2}$$

bei gleichmäßiger dagegen

$$L = \frac{\mu_0}{2\pi} l \left(\ln\frac{a^2}{\varrho_1\varrho_2} + \frac{1}{2}\right) = \frac{\mu_0}{\pi} l \left(\ln\frac{a}{\sqrt{\varrho_1\varrho_2}} + \frac{1}{4}\right)$$

$$= \left(0{,}920 \lg\frac{a}{\sqrt{\varrho_1\varrho_2}} + 0{,}1\right)\frac{l}{\mathrm{km}} \,\mathrm{mH}. \tag{92. 3}$$

Aus einem Vergleich der Formeln (. 2) und (. 3) kann man schließen, daß der erste Summand in der Klammer der Gleichung (. 3) dem magnetischen Feld im Außenraum, der zweite (viel geringere) dem magnetischen Feld im Innern der Drähte entspricht. Bei ferromagnetischem Material hat man daher zu setzen:

$$L = \left(0{,}920 \lg\frac{a}{\sqrt{\varrho_1\varrho_2}} + 0{,}1\frac{\mu}{\mu_0}\right)\frac{l}{\mathrm{km}} \,\mathrm{mH}. \tag{92. 4}$$

Wegen der Induktivität anderer Gebilde, insbesondere von Spulen, verweisen wir auf die Sonderdarstellungen[1].

4. Abschnitt.

Wechselstromschaltungen.

§ 93. Allgemeines. Unter einer „Wechselspannung“ verstehen wir eine elektrische Spannung von den folgenden Eigenschaften:

1. Die Kurve, die die Abhängigkeit ihres Augenblickswerts von der Zeit darstellt, soll aus gleichen Stücken der Länge T bestehen, wo T die „Periode“ der Wechselspannung heißt.

2. Der Mittelwert der Spannung, genommen über eine volle Periode, soll gleich Null sein.

Eine besonders einfache Art von Wechselspannung ist hiernach die im § 53 erläuterte „Sinusspannung“:

$$u = \hat{u}\cos(2\pi f t + \varphi_u) = \hat{u}\cos\left(\frac{2\pi t}{T} + \varphi_u\right). \tag{93. 1}$$

Bei ihr fällt die „Periode“ mit der „Schwingungsdauer“ zusammen.

Entsprechend definiert man den „Wechselstrom“ und den „Sinusstrom“.

Unter einer „Gleichspannung“ oder einem „Gleichstrom“ verstehen wir, wie schon im § 1 gesagt, nicht etwa eine Spannung oder einen Strom gleichbleibender

[1] z. B. Rosa, E. B., u. Cohen, L.: Bull. Bur. Stand. 5 S. 90.

Richtung, sondern eine Spannung oder einen Strom konstanten Augenblickswerts. Durch Übereinanderlagerung einer Wechselspannung und einer Gleichspannung entsteht eine „Mischspannung"; entsprechend ist der „Mischstrom" definiert.

§ 94. Messung der Stärke von Wechselströmen. Der arithmetische Mittelwert der Stromstärke, gebildet für eine ganze Periode, der beim Wechselstrom definitionsgemäß gleich Null sein soll, kann bei einem beliebigen periodischen Strom folgendermaßen berechnet werden. Man teilt die ganze Periode T in sehr viele gleiche kleine Zeitteile $\mathrm{d}t$ ein. Zu jedem dieser Zeitteile, deren es im ganzen $T/\mathrm{d}t$ gibt, gehört eine gewisse Stromstärke. Bildet man nun die Summe dieser Stromstärken und teilt sie durch ihre Anzahl, so erhält man den arithmetischen Mittelwert M:

$$M = \int_0^T \frac{i}{\frac{T}{\mathrm{d}t}} = \frac{1}{T}\int_0^T i\,\mathrm{d}t. \qquad (94.1)$$

Beim Sinusstrom ergibt sich auf diese Weise definitionsgemäß

$$M = \frac{\hat{i}}{\omega T}\int_0^T \cos(\omega t + \varphi_i)\,\mathrm{d}(\omega t + \varphi_i) = \frac{\hat{i}}{2\pi}\left[\sin(\omega t + \varphi_i)\right]_0^T$$

$$= \frac{\hat{i}}{2\pi}(\sin(2\pi + \varphi_i) - \sin\varphi_i) = 0. \qquad (94.2)$$

Da $\int_0^T i\,\mathrm{d}t$ nach (1. 3) die während einer Periode bewegte Elektrizitätsmenge ist, scheidet ein reiner Wechselstrom aus einem Elektrolyt während einer vollen Periode überhaupt nichts aus. Das Voltameter ist daher zur Messung von Wechselströmen untauglich.

Auch die an den gewöhnlichen Galvanometern abgelesene Stromstärke ist gleich Null. Ihre Spule oder ihr Magnet erfährt zwar nach beiden Seiten abwechselnd Antriebe, ist aber zu träg, um ihnen zu folgen. Will man Wechselströme elektromagnetisch messen, so muß man die Trägheit der benutzten beweglichen Systeme (Drähte, Bänder, Spulen, Schleifen, Stäbchen, Membranen usw.) so herabsetzen, daß die Wechselströme imstande sind, sie zu beobachtbaren Schwingungen mit der Wechselstromfrequenz zu zwingen. Besonders stark werden diese Schwingungen, wenn die mechanische Eigenfrequenz des beweglichen Systems mit der Frequenz der Grundschwingung oder einer Oberschwingung des Wechselstromes nahezu übereinstimmt (Ausnutzung der „Resonanz"). Die Schwingungen können entweder mit dem Auge (Vibrationsgalvanometer, Oszillograph) oder mit dem Ohr (Telephon) wahrnehmbar gemacht werden.

Will man durch Wechselströme einen dauernden Ausschlag erzeugen, so kann man ein Instrument nehmen, dessen Ausschlag dem Quadrate des Stromes proportional ist (z. B. ein Dynamometer, Hitzdrahtinstrument oder dergleichen). Das Quadrat eines Sinusstroms wird nach der Gleichung

$$i^2 = \hat{i}^2\cos^2(\omega t + \varphi_i)$$

$$= \frac{\hat{i}^2}{2}(1 + \cos(2\omega t + 2\varphi_i)) \qquad (94.3)$$

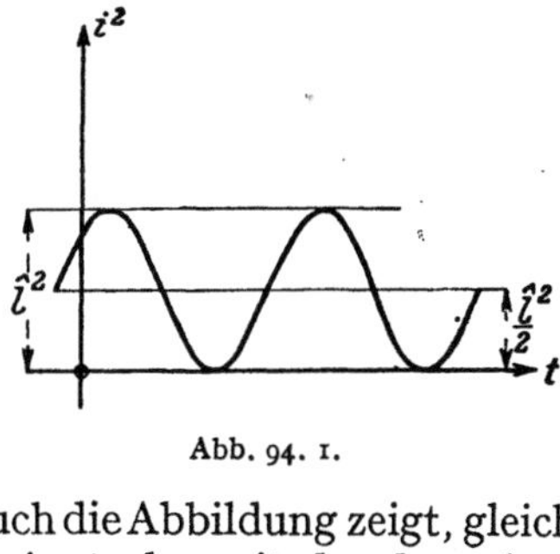

Abb. 94. 1.

durch eine Sinuslinie von der doppelten Frequenz dargestellt (Abb. 94. 1); der Mittelwert des Quadrats i^2 während einer Periode ist aber nicht mehr wie der des Stromes selbst gleich Null, sondern, wie auch die Abbildung zeigt, gleich $\hat{i}^2/2$. Ein bewegliches System geringer Trägheit schwingt also mit der doppelten Frequenz des Sinusstroms um eine mittlere Einstellung herum, die ebenso groß ist wie bei einem Gleichstrom der Stärke $\sqrt{\hat{i}^2/2} = \hat{i}/\sqrt{2}$; ein träges nimmt diese Einstellung dauernd an. Eicht man demnach die Teilung des Instruments mit Gleichstrom, so zeigt es bei Sinusstrom den Wert $\hat{i}/\sqrt{2}$.

Die Wurzel aus dem Mittelwert des Quadrates der Stromstärke heißt bei jedem Wechselstrom „effektive Stromstärke"; beim Sinusstrom ist sie gleich $\hat{\imath}/\sqrt{2}$. Für Wechselspannungen gilt das Entsprechende.

§ 95. Die Klemmenleistung für Wechselstrom. Die in der Zeiteinheit durch die Ausgangsklemmen eines Erzeugers oder durch die Eingangsklemmen eines Verbrauchers strömende Energie, also die Klemmenleistung, ist bei jedem — konstanten oder beliebig veränderlichen — Strom gleich dem Produkt aus der Klemmenspannung und dem Klemmenstrom

$$n = u\,i \qquad (95.1)$$

und hat den im § 34 festgelegten Richtungssinn.

Ändern sich sowohl die Spannung wie der Strom sinusförmig:

$$\left.\begin{aligned} u &= \hat{u}\cos(\omega t + \varphi_u)\,, \\ i &= \hat{\imath}\cos(\omega t + \varphi_i)\,, \end{aligned}\right\} \qquad (95.2)$$

wobei die positiven Werte der Spannung und des Stromes wie üblich (§ 10) festgelegt sein mögen, so ist die Klemmenleistung gleich

$$u\,i = \hat{u}\,\hat{\imath}\cos(\omega t + \varphi_u)\cos(\omega t + \varphi_i)\,.$$

Nun gilt aber die Rechenregel

$$\cos\alpha\cos\beta = \tfrac{1}{2}(\cos(\alpha+\beta) + \cos(\alpha-\beta))\,;$$

man kann also auch schreiben

$$u\,i = \frac{\hat{u}\,\hat{\imath}}{2}(\cos(2\omega t + \varphi_u + \varphi_i) + \cos(\varphi_u - \varphi_i))\,, \qquad (95.3)$$

oder wenn wir die Effektivwerte durch große Buchstaben ohne Index $U = \hat{u}/\sqrt{2}$, $I = \hat{\imath}/\sqrt{2}$ und die Phasenverschiebung $\varphi_u - \varphi_i$ zwischen Strom und Spannung durch φ bezeichnen:

$$u\,i = U I\cos\varphi + U I\cos(2\omega t + \varphi_u + \varphi_i)\,. \qquad (95.4)$$

Die Klemmenleistung besteht also aus einem zeitlich konstanten und einem mit der doppelten Frequenz $2f$ und dem Scheitelwert UI schwingenden Anteil (Abb. 95. 1). Den zeitlich konstanten Anteil $N_w = UI\cos\varphi$ nennt man „mittlere" oder „Wirkleistung" (d. h. wirksame Leistung), die Amplitude $N_s = UI$ des schwingenden Anteils „Scheinleistung". Der zeitliche Mittelwert des schwingenden Anteils, genommen über eine ganze Zahl von Perioden, ist natürlich gleich Null, so daß bei Betrachtung längerer Zeiträume nur die Wirkleistung zu berücksichtigen ist, die man deshalb auch „Leistung" (ohne Zusatz) nennt.

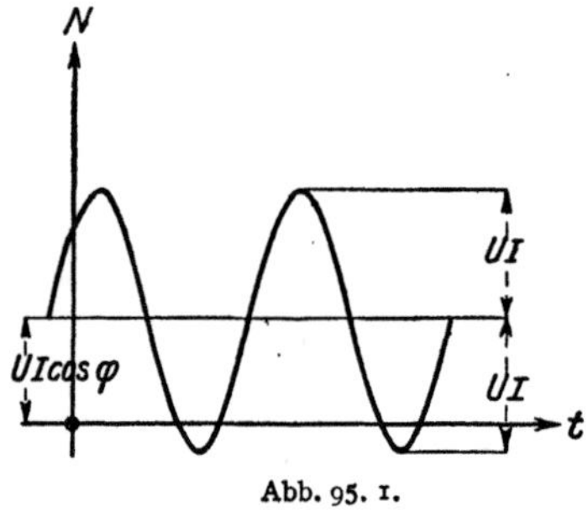

Abb. 95. 1.

Daß bei der Wirkleistung der Faktor $\cos\varphi$ auftreten muß, den man auch „Leistungsfaktor" nennt, ist leicht zu verstehen. Ist nämlich die Phasendifferenz zwischen Spannung und Strom gleich Null oder gleich 180°, so wechseln beide Größen immer gleichzeitig ihr Vorzeichen. Die Energie strömt also nach § 34 immer in derselben Richtung; ob sie vom Erzeuger zum Verbraucher oder in der umgekehrten Richtung strömt, läßt sich leicht feststellen, wenn man die Richtungen der Zählpfeile beachtet.

Ist dagegen die Phasendifferenz zwischen Spannung und Strom gleich 90° oder gleich 270°, so haben die Spannung und der Strom in jeder Periode während zweier Viertelschwingungsdauern gleiches und in den dazwischenliegenden Zeiträumen ungleiches Vorzeichen (vgl. Abb. 54. 1). Die Energie strömt also während zweier Viertel der Periode aus dem Erzeuger in den Verbraucher, während der beiden anderen Viertel dagegen in der umgekehrten Richtung, so daß sie nur hin- und herpendelt.

Die Definitionen der Wirk- und Scheinleistung lassen sich für beliebige periodische Spannungen und Ströme verallgemeinern. Man braucht nur unter den Effektivwerten U und I die quadratischen Mittel aus den Augenblickswerten u, i und unter der Wirkleistung N_w das arithmetische Mittel aus den Augenblickswerten n zu verstehen, alle Mittel gebildet für eine volle Periode. Dann definiert man N_s als UI, $\cos\varphi$ als N_w/N_s. (φ hat jetzt nicht mehr die Bedeutung eines Phasenunterschieds.) $N_s \sin\varphi$ heißt „Blindleistung".

§ 96. Wechselstromkreis mit Widerstand und Induktivität. Eine Spule (Drossel) vom Widerstande R und der Induktivität L werde an eine sinusförmige elektromotorische Kraft $e = \hat{e}\cos(2\pi f t + \varphi_e) = \hat{e}\cos(\omega t + \varphi_e)$ angeschlossen. Dann ist nach dem Induktionsgesetz (§ 78) in jedem Augenblicke

$$e = R\,i + L\frac{\mathrm{d}i}{\mathrm{d}t}. \tag{96.1}$$

Wir vermuten, daß der von der elektromotorischen Kraft e in dem Kreise erzwungene Strom i schließlich ebenfalls sinusförmig wird, und zwar mit der gleichen Frequenz f, lassen jedoch die Möglichkeit offen, daß seine Phase um einen gewissen Winkel verschoben ist (§ 53); d. h. wir setzen für alle Zeiten

$$i = \hat{\imath}\cos(2\pi f t + \varphi_i) = \hat{\imath}\cos(\omega t + \varphi_i) \tag{96.2}$$

und untersuchen, wie groß $\hat{\imath}$ und φ_i sein müssen, damit die Differentialgleichung (. 1) erfüllt ist.

Setzen wir (. 2) in (. 1) ein, so erhalten wir

$$\hat{e}\cos(\omega t + \varphi_e) = R\,\hat{\imath}\cos(\omega t + \varphi_i) - \omega L\,\hat{\imath}\sin(\omega t + \varphi_i), \tag{96.3}$$

also[1] für $t = 0$:

$$\hat{e}\cos\varphi_e = R\,\hat{\imath}\cos\varphi_i - \omega L\,\hat{\imath}\sin\varphi_i \tag{96.4}$$

und für $t = \frac{T}{4}$:

$$\hat{e}\sin\varphi_e = R\,\hat{\imath}\sin\varphi_i + \omega L\,\hat{\imath}\cos\varphi_i. \tag{96.5}$$

Quadriert und addiert man diese beiden Gleichungen, so erhält man

$$\hat{e}^2 = (R^2 + \omega^2 L^2)\,\hat{\imath}^2$$

oder

$$\hat{\imath} = \frac{\hat{e}}{\sqrt{R^2 + \omega^2 L^2}}. \tag{96.6}$$

Setzt man in (. 3) $\omega t = 90^0 - \varphi_e$, so folgt

$$0 = R\,\hat{\imath}\sin(\varphi_e - \varphi_i) - \omega L\,\hat{\imath}\cos(\varphi_e - \varphi_i),$$

also

$$\operatorname{tg}(\varphi_e - \varphi_i) = \frac{\omega L}{R}. \tag{96.7}$$

Die Differentialgleichung (. 1) ist daher erfüllt durch den Ansatz

$$i = \frac{\hat{e}}{\sqrt{R^2 + \omega^2 L^2}}\cos\left(\omega t + \varphi_e - \operatorname{arctg}\frac{\omega L}{R}\right). \tag{96.8}$$

D. h.: Die erzwingende elektromotorische Kraft kann einen Wechselstrom der gleichen Frequenz unterhalten, der gegen sie verschoben ist um einen Winkel $\varphi = \varphi_e - \varphi_i$, dessen Tangens gleich $\omega L/R$ ist. Der Nullphasenwinkel φ_i von i ist kleiner als der von e; i „läuft hinter e her". Der Strom ist kleiner als in einer induktionsfreien Spule; die Induktivität wirkt also widerstandvergrößernd.

[1] Da die Gleichung (. 3) für alle Zeiten gilt, kann man zu ihr auch die Gleichung hinzunehmen, die sich ergibt, wenn man sie Glied für Glied nach t differenziert, und dann in beiden Gleichungen $t = 0$ setzen.

Die gefundene Lösung gilt nach ihrer Ableitung nur für den „eingeschwungenen", „stationären", „Beharrungs"-Zustand. Beim Einschalten einer Wechselspannung tritt zunächst ein besonderer „Einschaltvorgang" auf, der erst im Laufe der Zeit verschwindet.

Nach § 53 kann man bei jeder Schaltaufgabe den Nullphasenwinkel einer Sinusgröße gleich Null setzen. Wir wählen als diese Sinusgröße vorzugsweise die treibende elektromotorische Kraft, schreiben also meist $e = \hat{e} \cos \omega t$.

§ 97. Zeichnerisches Verfahren. Ein Pfeil (oder Speer) von der konstanten Länge $\hat{e}$ drehe sich mit der konstanten Winkelgeschwindigkeit ω um einen Punkt O herum (Abb. 97. 1). Zur Zeit $t = 0$ habe er die Richtung OA_1. Dann bildet er zur Zeit t den Winkel ωt mit OA_1, und seine senkrechte Projektion auf OA_1 ist $\hat{e} \cos \omega t$. Während er gleichmäßig umläuft, bewegt sich demnach die Projektion P_1 seiner Spitze auf der Geraden durch O und A_1 so hin und her, daß die Länge der Strecke OP_1 beständig proportional der augenblicklichen elektromotorischen Kraft e ist.

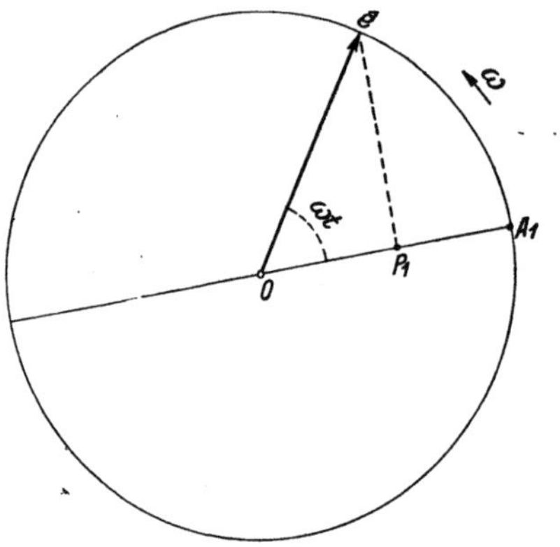

Abb. 97. 1.

Entsprechend kann, wenn wir wieder den Ansatz (96. 2) machen, die Spannung an dem Widerstande R

$$R\,i = R\,\hat{\imath} \cos(\omega t + \varphi_i) \qquad (97.1)$$

dargestellt werden durch einen Pfeil von der konstanten Länge $R\hat{\imath}$, der um den konstanten Winkel $-\varphi_i$ hinter dem Pfeil von e zurückbleibt (Abb. 97. 2)[1]. Denn die Projektion dieses zweiten Pfeils auf die Gerade durch O und A_2 ist in jedem Augenblick (OA_1 und OA_2 seien gleich gerichtet)

$$R\,\hat{\imath} \cos(\omega t + \varphi_i) = R\,i\,. \qquad (97.2)$$

Endlich kann auch die induktive Spannung (Induktivitätsspannung)

$$L\frac{\mathrm{d}i}{\mathrm{d}t} = -\omega L \hat{\imath} \sin(\omega t + \varphi_i) = \omega L \hat{\imath} \cos(\omega t + \varphi_i + 90^0) \qquad (97.3)$$

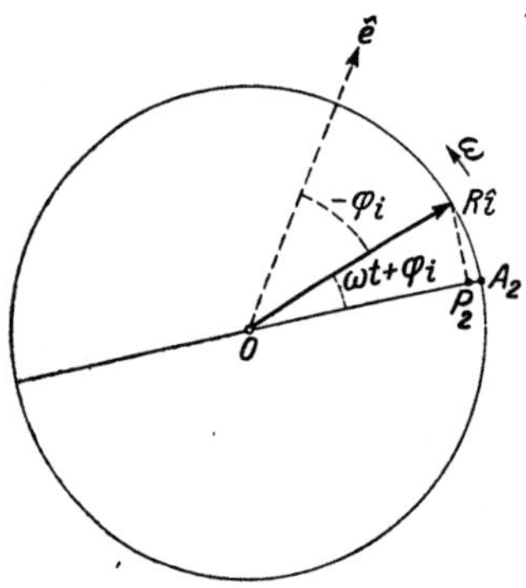

Abb. 97. 2.

nach Abb. 97. 3 dargestellt werden durch einen Pfeil von der konstanten Länge $\omega L \hat{\imath}$, der wieder mit der gleichen Winkelgeschwindigkeit rotiert, aber dem Pfeil der Widerstandsspannung Ri um 90^0 vorausläuft. (Auch OA_3 habe die gleiche Richtung wie OA_1.)

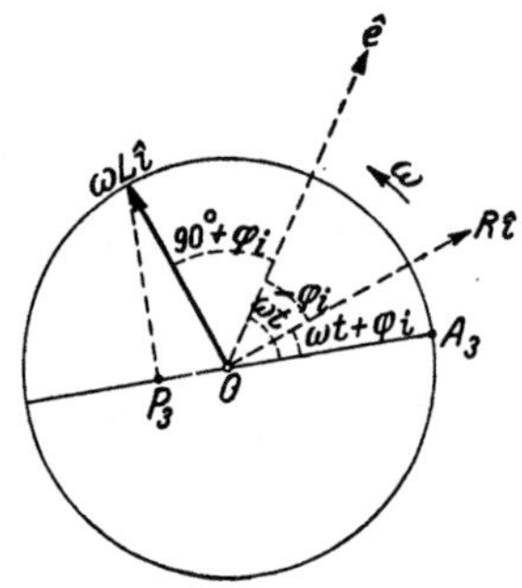

Abb. 97. 3.

Die Augenblickswerte e, Ri und $L\frac{\mathrm{d}i}{\mathrm{d}t}$ können also dargestellt werden durch die Projektionen der Spitzen dreier starr miteinander verbundener Pfeile oder Speere oder „Vektoren", die sich mit der konstanten Winkelgeschwindigkeit ω um einen Punkt O herum drehen.

Wir wollen nun auf diese drei Pfeile das erweiterte Ohmsche Gesetz (96. 1)

[1] Wir tragen in unsere Zeichnungen immer nur die positiven Beträge der Längen, Winkel usw. ein. In unserm Fall ist φ_i negativ (nach dem vorigen Paragraphen), $-\varphi_i$ also positiv.

anwenden. Es sagt aus, daß in jedem Augenblick die Projektion des e-Vektors gleich der algebraischen Summe der Projektionen des Ri-Vektors und des $L\,\mathrm{d}i/\mathrm{d}t$-Vektors ist:

$$e = Ri - \left(-L\frac{\mathrm{d}i}{\mathrm{d}t}\right), \quad \text{also} \quad OP_1 = OP_2 - OP_3. \qquad (97.4)$$

Dies wird aber, wie Abb. 97. 4 zeigt, dauernd dann und nur dann erreicht, wenn die drei Pfeile einen geschlossenen Linienzug, in unserem Falle also ein rechtwinkliges Dreieck bilden. In der Tat folgen jetzt aus der Abbildung unmittelbar die alten Beziehungen:

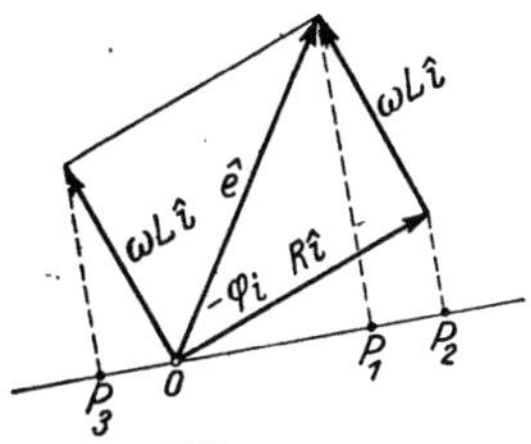

Abb. 97. 4.

$$\hat{e}^2 = R^2\,\hat{\imath}^2 + \omega^2 L^2\,\hat{\imath}^2 \qquad (97.5)$$

und

$$\operatorname{tg}\varphi_i = -\frac{\omega L}{R} = -\operatorname{tg}\varphi. \qquad (97.6)$$

Denkt man sich an Stelle der Pfeile Kräfte, so sagt das erweiterte Ohmsche Gesetz, daß sich diese Kräfte das Gleichgewicht halten. Während bei Gleichstrom die einzelnen Spannungen „arithmetisch" zu addieren sind, muß man bei andauernden Sinusströmen die Pfeile wie Kräfte, d. h. „geometrisch", mit Berücksichtigung ihrer Richtung, zusammensetzen.

Obgleich man bei der Begründung des zeichnerischen Verfahrens von den Projektionen der rotierenden Pfeile, also den Augenblickswerten, ausgehen muß und auch nur diese in das Ohmsche Gesetz eingesetzt werden dürfen, so erhält man doch die einzig interessierenden Gleichungen, nämlich die für das Verhältnis $\hat{\imath}/\hat{e}$ und für die Phasendifferenz φ, unmittelbar aus dem Diagramm, ohne daran denken zu müssen, daß sich dieses eigentlich um den Punkt O mit der Winkelgeschwindigkeit ω herumdreht. Praktisch rechnet man daher so, als ob die Pfeile ruhten[1].

An Stelle von „Pfeil", „Speer" oder „Vektor" sagt man auch „Zeiger". Die Richtung der Vektoren, die nur als Hilfsmittel der Darstellung anzusehen sind, hat natürlich mit der etwaigen Richtung der dargestellten physikalischen Größen (z. B. der Stromdichte) nichts zu tun.

§ 98. **Der Lehrsatz von Euler.** Neben der im § 97 behandelten graphischen Methode wird in der Elektrotechnik in ausgedehntem Maße die sogenannte komplexe Rechnung angewandt[2]. Ihre Grundlage bildet ein von Euler aufgestellter Satz. Er sagt aus, daß die Umwandlung

$$e^{j\varphi} = \cos\varphi + j\sin\varphi \qquad (98.1)$$

richtig ist. Dabei bedeutet φ eine beliebige Zahl; j ist durch die Gleichung

$$j^2 = -1 \qquad (98.2)$$

definiert. Die große Erleichterung, die die Anwendung dieses Lehrsatzes mit sich bringt, beruht darauf, daß er erlaubt, die trigonometrischen Funktionen Kosinus und Sinus durch die Exponentialfunktion zu ersetzen, mit der man bequemer rechnen kann.

Wir werden die Funktion $e^{j\varphi}$, also die Exponentialfunktion mit „imaginärem" Exponenten, immer durch das Zeichen $\underline{/\varphi}$ abkürzen[3]:

$$e^{j\varphi} \equiv \underline{/\varphi}, \qquad (98.3)$$

so daß der Eulersche Lehrsatz die Form

$$\underline{/\varphi} = \cos\varphi + j\sin\varphi \qquad (98.4)$$

annimmt.

---

[1] Man kann auch die Pfeile von vornherein ruhen und dafür zunächst eine „Zeitlinie" umlaufen lassen.

[2] Kennelly, A. E.: Trans. Amer. Inst. electr. Engrs. **10** (1893) S. 175.

[3] Das Zeichen $\underline{/}$ ist zuerst von A. E. Kennelly benutzt worden [Electr. Wld., N. Y. **23** (1894) S. 17]. Im Auslande schreibt man auch $\cos\varphi + j\sin\varphi \equiv \operatorname{cis}\varphi$.

Für die Funktion $\underline{/\varphi}$, die man „versor φ" lesen kann, gelten nach ihrer Definition (. 3) die folgenden Rechenregeln:

$$\left.\begin{array}{ll} \underline{/\varphi_1 + \varphi_2} = \underline{/\varphi_1}\,\underline{/\varphi_2}, & (\underline{/\varphi})^2 = \underline{/2\varphi}, \\ \underline{/\varphi_1 - \varphi_2} = \dfrac{\underline{/\varphi_1}}{\underline{/\varphi_2}}, & \sqrt{\underline{/\varphi}} = \underline{/\varphi/2}, \end{array}\right\} \tag{98.5}$$

$$\frac{d}{d\varphi}\underline{/\varphi} = j\underline{/\varphi}, \qquad \int \underline{/\varphi}\, d\varphi = \frac{1}{j}\underline{/\varphi} = -j\underline{/\varphi}. \tag{98.6}$$

Wir merken uns weiter noch, daß

$$\underline{/0^0} = 1, \qquad \underline{/90^0} = j, \qquad \underline{/\pm 180^0} = -1, \qquad \underline{/-90^0} = -j. \tag{98.7}$$

§ 99. Lösung der Aufgabe mit Hilfe des Eulerschen Lehrsatzes. Wir betrachten wieder den Kreis mit Widerstand R und Induktivität L, auf den eine andauernd wechselnde elektromotorische Kraft $e = \hat{e}\cos(\omega t + \varphi_e)$ einwirkt. Wie im § 96 vermuten wir, daß sich der Strom in der Form $i = \hat{\imath}\cos(\omega t + \varphi_i)$ darstellen läßt; es muß also wie dort die Gleichung

$$\hat{e}\cos(\omega t + \varphi_e) = R\hat{\imath}\cos(\omega t + \varphi_i) + L\hat{\imath}\frac{d}{dt}\cos(\omega t + \varphi_i) \tag{99.1}$$

erfüllt sein.

Auch jetzt bringen wir zum Ausdruck, daß diese Gleichung für alle Zeiten gilt; wir verfahren ein wenig anders als im § 96, indem wir fordern, daß (. 1) auch richtig bleibt, wenn wir die Zeit t um $T/4$ verkleinern. Nun ist

$$\cos\left(\omega\left(t - \frac{T}{4}\right) + \varphi\right) = \cos(\omega t + \varphi - 90^0) = \sin(\omega t + \varphi);$$

es muß also auch

$$\hat{e}\sin(\omega t + \varphi_e) = R\hat{\imath}\sin(\omega t + \varphi_i) + L\hat{\imath}\frac{d}{dt}\sin(\omega t + \varphi_i) \tag{99.2}$$

erfüllt sein. Addieren wir diese Gleichung, nachdem wir sie mit j multipliziert haben, zu der Gleichung (. 1), so erhalten wir nach dem Eulerschen Lehrsatz

$$\hat{e}\underline{/\omega t + \varphi_e} = R\hat{\imath}\underline{/\omega t + \varphi_i} + L\hat{\imath}\frac{d}{dt}\underline{/\omega t + \varphi_i} \tag{99.3}$$

oder nach der Rechenregel (98. 6) für das Differenzieren der Versorfunktion

$$\hat{e}\underline{/\omega t + \varphi_e} = (R + j\omega L)\,\hat{\imath}\underline{/\omega t + \varphi_i}$$

oder endlich, wenn wir die ganze Gleichung durch $\underline{/\omega t}$ dividieren,

$$\hat{e}\underline{/\varphi_e} = (R + j\omega L)\,\hat{\imath}\underline{/\varphi_i}. \tag{99.4}$$

Um hier auch auf R und L den Eulerschen Lehrsatz anwenden zu können, führen wir durch

$$\left.\begin{array}{r} R = r\cos\varphi, \\ \omega L = r\sin\varphi \end{array}\right\} \tag{99.5}$$

zwei neue reelle Größen r und φ ein; wir erhalten dann aus (. 4)

$$\hat{e}\underline{/\varphi_e} = (r\cos\varphi + j r\sin\varphi)\,\hat{\imath}\underline{/\varphi_i} = r\underline{/\varphi}\cdot\hat{\imath}\underline{/\varphi_i} \tag{99.6}$$

oder

$$\hat{e} = r\hat{\imath}\underline{/\varphi + \varphi_i - \varphi_e}. \tag{99.7}$$

Hier ist $\hat{e}$ als Scheitelwert reell und positiv. Auch die rechte Seite der Gleichung ist daher reell und positiv, und es wird

$$\varphi + \varphi_i - \varphi_e = 0 \tag{99.8}$$

und

$$\hat{e} = r\hat{\imath}. \tag{99.9}$$

In diesen beiden Gleichungen ist aber die Lösung der Aufgabe enthalten. Denn eus den beiden Gleichungen (. 5) folgt durch Quadrieren und Addieren

$$R^2 + \omega^2 L^2 = r^2, \tag{99.10}$$

durch Dividieren

$$\frac{\omega L}{R} = \operatorname{tg} \varphi, \tag{99.11}$$

also nach (. 9)

$$\hat{\imath} = \frac{\hat{e}}{r} = \frac{e}{\sqrt{R^2 + \omega^2 L^9}} \tag{99.12}$$

und nach (. 8)

$$\operatorname{tg}(\varphi_e - \varphi_i) = \operatorname{tg} \varphi = \frac{\omega L}{R}. \tag{99.13}$$

§ 100. Komplexe elektromotorische Kräfte, Spannungen, Ströme und Widerstände. Die komplexe Rechnung wäre nicht so fruchtbar, wie sie es tatsächlich ist, wenn man immer so umständlich wie im vorigen Paragraph verfahren müßte. Berechnen will man fast immer nur die effektiven Werte der Ströme und Spannungen und die Phasenverschiebungen zwischen ihnen. Für die Gleichung (99.6) kann man aber auch schreiben

$$\frac{\hat{e}}{\sqrt{2}} \underline{/\varphi_e} = r \underline{/\varphi} \cdot \frac{\hat{\imath}}{\sqrt{2}} \underline{/\varphi_i}.$$

Die komplexe Größe

$$\mathfrak{I} = \frac{\hat{\imath}}{\sqrt{2}} \underline{/\varphi_i} = I \underline{/\varphi_i} = |\mathfrak{I}| \underline{/\varphi_i} \tag{100.1}$$

läßt sich also aus den gegebenen komplexen Größen

$$\mathfrak{E} = \frac{\hat{e}}{\sqrt{2}} \underline{/\varphi_e} = E \underline{/\varphi_e} = |\mathfrak{E}| \underline{/\varphi_e}, \tag{100.2}$$

$$\mathfrak{R} = r \underline{/\varphi} = |\mathfrak{R}| \underline{/\varphi}, \tag{100.3}$$

nach der einfachen Gleichung

$$\mathfrak{I} = \frac{\mathfrak{E}}{\mathfrak{R}} \tag{100.4}$$

berechnen.

Wir nennen $\mathfrak{I}$ den komplexen Strom, $\mathfrak{E}$ die komplexe elektromotorische Kraft und $\mathfrak{R}$ den komplexen Widerstand. Wirkt also auf einen Stromkreis von dem (aus reinem Widerstand und Induktivität gebildeten) komplexen Widerstand $\mathfrak{R}$ eine komplexe elektromotorische Kraft $\mathfrak{E}$, so entsteht ein komplexer Strom, der gleich dem Verhältnis von $\mathfrak{E}$ zu $\mathfrak{R}$ ist. Das Ohmsche Gesetz gilt demnach auch für sinusförmigen Wechselstrom, wenn man alle Größen als komplex voraussetzt. Die Beträge $|\mathfrak{U}|$ und $|\mathfrak{I}|$ sind dabei (und im folgenden überall) als Effektivwerte (gleichbedeutend mit U und I) definiert. (Bisweilen definiert man sie auch als die Amplituden $\hat{u}$ und $\hat{\imath}$.)

Das Rechnen mit komplexen elektromotorischen Kräften, Strömen, Spannungen und Widerständen ist ein „symbolisches" Verfahren, da es in Wirklichkeit nur reelle elektromotorische Kräfte, Ströme, Spannungen und Widerstände gibt. Es läßt sich aber trotzdem **unmittelbar** auf jede praktische Aufgabe anwenden. Ist z. B.

$$\mathfrak{E} = 100\,\mathrm{V} \underline{/0^0}, \qquad \mathfrak{R} = 500\,\Omega \underline{/30^0},$$

so ist

$$\mathfrak{I} = \frac{100\,\mathrm{V} \underline{/0^0}}{500\,\Omega \underline{/30^0}} = 0{,}2\,\mathrm{A} \underline{/-30^0}.$$

In dieser Angabe liegt alles, was wir wissen wollen, der Effektivwert des Stroms und seine Phasenverschiebung gegen die elektromotorische Kraft. Die komplexen Größen sind also keine Zwischengrößen, die wir durch Übergang zu reellen Zahlen ausdrücklich deuten müßten, sondern (wie die Pfeile des graphischen Verfahrens) bereits das Ziel der Rechnung.

Von der komplexen Rechnung kann man jederzeit zu der Rechnung mit Augenblickswerten übergehen: Man multipliziert die komplexen Größen nach (. 1) und (. 2) mit $\sqrt{2}\,\underline{/\omega t}$; der reelle Teil des Produktes ist dann der zugehörige Augenblickswert.

§ **101. Umrechnungen.** In dem letzten Zahlenbeispiel haben wir vorausgesetzt, der komplexe Widerstand des Kreises sei in der Form $\mathfrak{R} = 500\,\Omega\;\underline{/30^0}$ gegeben. Diese „polare" Darstellung bekommt man aber gewöhnlich erst durch eine Umrechnung; unmittelbar gegeben sind die Komponenten R und ωL.

Bei irgendeiner beliebigen komplexen Größe

$$\mathfrak{R} = |\mathfrak{R}|\underline{/\varphi} = |\mathfrak{R}|\cos\varphi + \mathrm{j}\,|\mathfrak{R}|\sin\varphi = R + \mathrm{j}\,X \qquad (101.\,1)$$

nennen wir $|\mathfrak{R}|$ den „Betrag", φ den „Winkel", R den reellen oder Wirkteil (die „reelle Komponente"), X den imaginären oder Blindteil (die „imaginäre Komponente"). Da

$$|\mathfrak{R}|\cos\varphi = R, \qquad |\mathfrak{R}|\sin\varphi = X,$$

ergeben sich die „polaren" Komponenten aus den rechtwinkligen nach:

$$|\mathfrak{R}| = \sqrt{R^2 + X^2} \quad \text{und} \quad \operatorname{tg}\varphi = \frac{X}{R}. \qquad (101.\,2)$$

Die erste Gleichung ist jedoch zur Berechnung von $|\mathfrak{R}|$ mit dem Rechenschieber nicht recht geeignet. Man bestimmt daher am besten zuerst φ nach der zweiten Gleichung und dann $|\mathfrak{R}|$ nach einer der beiden Gleichungen

$$|\mathfrak{R}| = \frac{R}{\cos\varphi} \quad \text{und} \quad |\mathfrak{R}| = \frac{X}{\sin\varphi}. \qquad (101.\,3)$$

Daraus ergibt sich die folgende einfache Vorschrift für die Berechnung mit dem Rechenschieber:

1. Man drehe die Zunge des Schiebers um, so daß die logarithmisch-trigonometrischen Teilungen ablesbar werden, stelle das eine Ende der Tangensteilung an der unteren Stabteilung auf den größeren[1] der beiden Teile (R oder X) und lese mit Hilfe des Läufers an dem kleineren den „vorläufigen Winkel α" ab. Ist die Ablesung nicht möglich, so hat man das falsche Ende der Tangensteilung genommen.

2. Das weitere Verfahren richtet sich nach der Beschaffenheit der Sinusteilung.

a) Geht diese von 34′ bis 90°, so schiebe man den Läuferstrich an der oberen Stabteilung über die kleinere Komponente (R oder X), lasse mit ihm auf der Sinusteilung den Winkel α zusammenfallen und lese am Ende der Sinusteilung an der oberen Stabteilung den Betrag ab[2].

b) Geht die Sinusteilung von 5° 44′ bis 90°, so lasse man den Läufer stehen und verschiebe nur die Zunge, bis der Winkel α auf der Sinusteilung mit dem Läuferstrich zusammenfällt. Den Betrag findet man dann wieder am Ende der Sinusteilung, diesmal aber an der unteren Stabteilung.

3. Den endgültigen Winkel φ, der sich von dem vorläufigen Winkel α, wenn er ihm nicht gleich ist, um ein ganzzahliges Vielfaches von 45° unterscheidet, bestimmt man am besten, indem man R und X als die rechtwinkligen Koordinaten eines Punktes P auffaßt und sich diesen in eine Koordinatenebene eingetragen denkt (Abb. 101. 1). α ist jedesmal der Winkel unter 45° zwischen PO und der nächsten Achse.

Bei der Feststellung des Betrags ist zu beachten, daß er immer größer ist als die größere Komponente, aber kleiner als ihr $\sqrt{2}$-faches.

Beispiele (vgl. die 3 Vektoren der Abb. 101. 1):

a) Es sei R gleich -25, $X = 42$. Stellt man das rechte Ende der Tangensteilung auf 42 ein, so liest man bei 25 den Winkel $\alpha = 30^0 46'$ ab. Stellt man dann im Falle a) den Winkel $30^0 46'$ der Sinusteilung auf den Wert 25 der oberen rechten Teilung, so liest man am Ende der Sinusteilung $|\mathfrak{R}| = 49$ ab. Nach der Abbildung ist $\varphi = 90^0 + \alpha = 120^0 46'$.

---

[1] Ohne Rücksicht auf das Vorzeichen.

[2] Die größere Komponente muß dann dem Winkel $90^0 - \alpha$ gegenüber liegen.

b) Es sei $R = -95$; $X = -120$. Jetzt muß man das linke Ende der Tangensteilung auf 120 einstellen; bei 95 liest man $\alpha = 38^0 22'$ ab. Stellt man diesen Winkel an der Sinusteilung auf 95, so erhält man $|\mathfrak{R}| = 153$. Ferner ergibt sich $\varphi = -(90^0 + \alpha) = -128^0 22'$.

c) Es sei $R=6$; $X=-120$. Dann läßt sich α auf der Tangensteilung nicht mehr finden, wohl aber bei den Schiebern mit enger Sinusteilung auf dieser. Man verfährt wie vorher bei der Tangensteilung und findet $\alpha = 2^0 52'$. Bei Schiebern mit weiter Sinusteilung kann man nach[1]

$$\alpha \approx \operatorname{tg}\alpha = \frac{1}{20} = \frac{57{,}3^0}{20} = 2^0 52'$$

rechnen (oder die „ST"-Teilung benutzen). Bei einem so kleinen Winkel kann man den Betrag[2] gleich der größeren Komponente setzen, so daß sich schließlich

$$\mathfrak{R} \approx 120 \underline{/ -(90^0 - \alpha)} = 120 \underline{/ -87^0 8'}$$

ergibt.

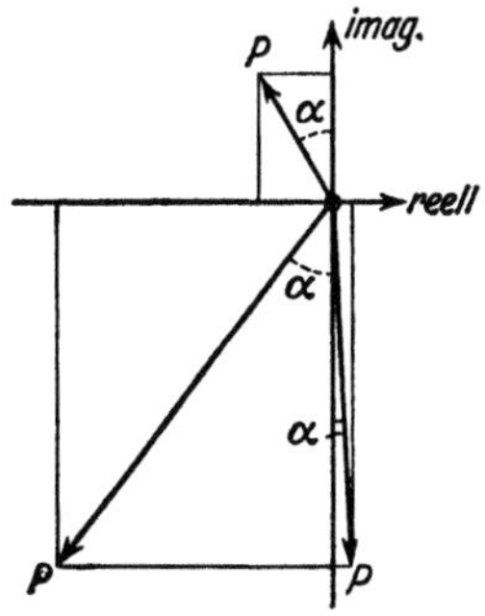

Abb. 101. 1.

§ **102. Kreise mit Kapazitäten.** Für einen unverzweigten Kreis, der außer einem Widerstand und einer Drossel noch einen Kondensator enthält, gilt nach § 87

$$e = u + R i + L \frac{di}{dt}, \tag{102. 1}$$

wenn wir den Augenblickswert der Spannung am Kondensator mit u bezeichnen. Außerdem ist nach der Definition der Kapazität

$$i = C \frac{du}{dt}. \tag{102. 2}$$

Beim graphischen Verfahren hat man also außer den Pfeilen der treibenden elektromotorischen Kraft, der Widerstands- und Induktivitätsspannung auch noch den Pfeil der Spannung zwischen den Belegungen des Kondensators zu berücksichtigen, die nach (. 2) um 90^0 hinter dem Strom zurückbleibt.

Den Eulerschen Lehrsatz kann man wie im § 99 auf die Gleichungen (. 1) und (. 2) anwenden. Aus (. 2) folgert man:

$$\hat{\imath} \underline{/ \omega t + \varphi_i} = C \cdot \frac{d}{dt} (\hat{u} \underline{/ \omega t + \varphi_u}) = j \omega C \hat{u} \underline{/ \omega t + \varphi_u},$$

also

$$\frac{\hat{\imath}}{\sqrt{2}} \underline{/ \varphi_i} = j \omega C \frac{\hat{u}}{\sqrt{2}} \underline{/ \varphi_u}$$

oder symbolisch

$$\mathfrak{J} = j \omega C \mathfrak{U}. \tag{102. 3}$$

Führt man dies in die komplexe Gleichung ein, die der Gleichung (. 1) entspricht, so erhält man

$$\mathfrak{J} = \frac{\mathfrak{E}}{R + j\omega L + \frac{1}{j\omega C}}. \tag{102. 4}$$

§ **103. Verwickeltere Schaltungen.** Ebenso wie das Ohmsche Gesetz können auch die Kirchhoffschen Regeln in komplexer Form auf Netzwerke mit beliebigen Schaltelementen angewandt werden. Die früher abgeleiteten Gleichungen für die Hintereinander- und Parallelschaltung von Widerständen, für den Spannungs-

[1] Der Vollwinkel 360^0 ist gleich dem Verhältnis des Kreisumfangs $2\pi r$ zum Halbmesser r: $360^0 = 2\pi r/r = 2\pi$. Also gilt $360^0/(2\pi) = 57{,}3^0 = 1$.

[2] Der Betrag kommt bei dieser Art der Berechnung

für $\alpha =$	1	2	3	4	5	6^0
um	0,2	0,6	1,4	2,4	3,8	5,5‰

zu klein heraus.

teiler, die Wheatstonesche Brücke, die Verwandlung von Dreiecken in Sterne usw. bleiben unverändert gültig; man hat sie nur mit deutschen Buchstaben anzuschreiben und alle Größen als komplex anzusehen.

§ 104. **Zeichnerisches Verfahren und komplexe Rechnung.** Seit Gauß veranschaulicht man die komplexen Größen in einer Zahlenebene: auf einer x-Achse trägt man die reellen, auf einer y-Achse die imaginären Komponenten auf. Jedem komplexen Wert entspricht ein bestimmter Punkt der Ebene; mit diesem fällt die Spitze des Pfeils zusammen, der die Größe bei der zeichnerischen Methode darstellt.

Bei den wechselnden Größen wie der Spannung und dem Strom kommt es nur auf die Winkel-Unterschiede an; die absoluten Winkel sind gleichgültig. Dagegen kommen den zeitlich konstanten komplexen Widerständen und Leitwerten absolute Winkel zu. Da ihre reellen Bestandteile immer positiv sind, liegen die sie veranschaulichenden Punkte immer im ersten oder vierten Quadranten der Ebene der komplexen Zahlen.

§ 105. **Frequenzreziprozität.** Der komplexen Grundgleichung für die Spannung an einer Induktivität $\mathfrak{U}_L = \mathrm{j}\,\omega L\,\mathfrak{J}$ entspricht die komplexe Grundgleichung für die Spannung an einer Kapazität $\mathfrak{U}_C = \mathfrak{J}/(\mathrm{j}\,\omega C)$. Ersetzt man also in einer Schaltung die vorhandenen Induktivitäten durch Kapazitäten und umgekehrt, so gelten für die neue, zu der ersten, wie man sagt, „frequenzreziproke" Schaltung[1] Gleichungen derselben Form; in diesen ist jedoch überall L durch $1/C$, C durch $1/L$ und $\mathrm{j}\,\omega$ durch $1/(\mathrm{j}\,\omega)$ zu ersetzen.

Abgesehen von der Vertauschung der Induktivitäten und Kapazitäten sind zueinander frequenzreziproke Schaltungen genau in der gleichen Weise aufgebaut. Dadurch unterscheidet sich die Beziehung der Frequenzreziprozität wesentlich von der im § 24 zuerst erwähnten „dualen" Beziehung, die auch als „Widerstandsreziprozität" bezeichnet wird und bei weitem wichtiger ist.

§ 106. **Die Klemmenleistung in komplexer Darstellung; Scheinleistung und Scheinwiderstand.** Auch Leistungen lassen sich auf dem — nur scheinbaren — Umweg über komplexe Größen berechnen. Nach der Rechenregel 8. 2 des Anhangs ist[2]

$$\left.\begin{aligned} u &= \frac{1}{\sqrt{2}}\{\mathfrak{U}\,\underline{/\omega t} + (\mathfrak{U}\,\underline{/\omega t})^*\}, \\ i &= \frac{1}{\sqrt{2}}\{\mathfrak{J}\,\underline{/\omega t} + (\mathfrak{J}\,\underline{/\omega t})^*\}. \end{aligned}\right\} \qquad (106.1)$$

Die Augenblicksklemmenleistung ist demnach:

$$\begin{aligned} n &= \tfrac{1}{2}\{\mathfrak{U}\mathfrak{J}\,\underline{/2\omega t} + (\mathfrak{U}\mathfrak{J}\,\underline{/2\omega t})^* + \mathfrak{U}\mathfrak{J}^* + (\mathfrak{U}\mathfrak{J}^*)^*\} \\ &= |\mathfrak{U}|\,|\mathfrak{J}|\cos(2\omega t + \varphi_u + \varphi_i) + |\mathfrak{U}|\,|\mathfrak{J}|\cos\varphi. \end{aligned} \qquad (106.2)$$

Dies stimmt völlig mit Gleichung (95. 4) überein. Die mittlere (Wirk-)Leistung ist also gleich dem reellen Teil vom $\mathfrak{U}\mathfrak{J}^* = |\mathfrak{U}|\,|\mathfrak{J}|\,\underline{/\varphi_u - \varphi_i} = |\mathfrak{U}|\,|\mathfrak{J}|\,\underline{/\varphi}$.

Das Produkt $\mathfrak{U}\mathfrak{J} = |\mathfrak{U}|\,|\mathfrak{J}|\,\underline{/\varphi_u + \varphi_i}$ heißt „(komplexe) Scheinleistung". Mit dieser rechnet man in der Theorie der Schwachstromtechnik häufig.

Der Quotient $\mathfrak{U}/\mathfrak{J} = (|\mathfrak{U}|/|\mathfrak{J}|)\,\underline{/\varphi_u - \varphi_i} = (|\mathfrak{U}|/|\mathfrak{J}|)\,\underline{/\varphi}$ heißt „(komplexer) Scheinwiderstand" der hinter den Klemmen liegenden Schaltung (vgl. § 11):

$$\frac{\mathfrak{U}}{\mathfrak{J}} = \mathfrak{R} = R + \mathrm{j}X = |\mathfrak{R}|\cos\varphi + \mathrm{j}\,|\mathfrak{R}|\sin\varphi. \qquad (106.3)$$

Der Kehrwert des Scheinwiderstandes heißt „(komplexer) Scheinleitwert":

$$\frac{\mathfrak{J}}{\mathfrak{U}} = \mathfrak{G} = G + \mathrm{j}B = \frac{1}{R + \mathrm{j}X} = \frac{R - \mathrm{j}X}{R^2 + X^2} = |\mathfrak{G}|\cos\varphi - \mathrm{j}\,|\mathfrak{G}|\sin\varphi. \qquad (106.4)$$

[1] Matthies, K., u. Strecker, F.: Arch. Elektrotechn. 14 (1924) S. 1.

[2] Ist $\mathfrak{R} = R + \mathrm{j}X = |\mathfrak{R}|\,\underline{/\varphi}$, so bezeichnen wir mit $\mathfrak{R}^*$ den „konjugierten" Wert $\mathfrak{R}^* = R - \mathrm{j}X = |\mathfrak{R}|\,\underline{/-\varphi}$.

Im Mittel fließt in einen Verbraucher die Wirkleistung

$$N = |\mathfrak{U}||\mathfrak{J}|\cos\varphi = |\mathfrak{R}||\mathfrak{J}|^2\cos\varphi = R|\mathfrak{J}|^2 = \frac{G}{|\mathfrak{G}|^2}|\mathfrak{J}|^2$$
$$= |\mathfrak{G}||\mathfrak{U}|^2\cos\varphi = G|\mathfrak{U}|^2 = \frac{R}{|\mathfrak{R}|^2}|\mathfrak{U}|^2. \qquad (106.5)$$

Man sieht, daß auch hier das Prinzip der Dualität erfüllt ist. $|\mathfrak{U}||\mathfrak{J}|\cos(\varphi_u - \varphi_i)$ entspricht sich selbst dual.

Das in den Paragraphen 99 bis 104 hergeleitete Verfahren des Rechnens mit „komplexen" Spannungen und Strömen läßt sich nicht auf die Berechnung von Leistungen anwenden[1].

§ 107. Anpassung von Zweipolen nach der Leistung. Eine Energiequelle von der komplexen Leerlaufspannung $\mathfrak{U}^l$ und dem komplexen inneren Widerstand $\mathfrak{R}_i$ sende Energie in einen verbrauchenden Zweipol vom Scheinwiderstand $\mathfrak{R}$ (Abb. 107. 1). Wie müssen die Schaltelemente gewählt werden, wenn die in den Verbraucher wandernde mittlere Leistung N so groß wie möglich werden soll (vgl. § 35)?

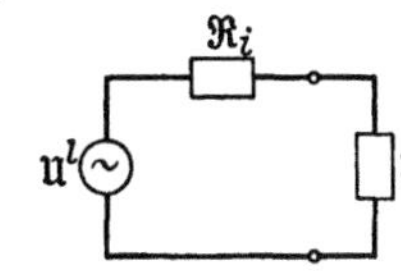

Abb. 107. 1.

Nach (106. 5) ist

$$N = R|\mathfrak{J}|^2 = \frac{R}{(R_i + R)^2 + (X_i + X)^2}|\mathfrak{U}^l|^2. \qquad (107.1)$$

Man muß also jedenfalls $|\mathfrak{U}^l|$ recht groß, R_i und die Summe $X_i + X$ recht klein machen:

$$R_i = 0, \qquad X_i + X = 0. \qquad (107.2)$$

Die zweite Bedingung sagt aus, daß die größte Energie in den Verbraucher wandert, wenn sich die Blindwiderstände des ganzen Systems aufheben, so daß die Leerlaufspannung auf einen reinen Wirkwiderstand arbeitet.

Der günstigste Wert des Wirkwiderstandes R des Verbrauchers ergibt sich wie im § 35 mit Hilfe der Rechenvorschrift des Anhangs 4. 3: Aus

$$\frac{R}{(R_i + R)^2 + (X_i + X)^2} = \frac{1}{2(R_i + R)}$$

folgt

$$R^2 = R_i^2 + (X_i + X)^2. \qquad (107.3)$$

D. h. der Wirkwiderstand des Verbrauchers ist so groß zu wählen wie der Betrag aller übrigen (Wirk- und Blind-)Widerstände des Kreises zusammengenommen. Hat man die zweite Bedingung (. 2) bereits erfüllt, so muß man $R = R_i$ machen; dann kann man die zweite Bedingung (. 2) und die Bedingung (. 3) zusammenfassen in der komplexen Gleichung

$$\mathfrak{R} = \mathfrak{R}_i^*. \qquad (107.4)$$

Führen wir diese Bedingung für die „Leistungsanpassung" in die Gleichung für die Leistung ein, so erhalten wir für die größte entnehmbare Leistung

$$N_{\max} = R\left|\frac{\mathfrak{U}^l}{\mathfrak{R}_i + \mathfrak{R}_i^*}\right|^2 = \frac{R_i|\mathfrak{U}^l|^2}{(2R_i)^2} = \frac{|\mathfrak{U}^l|^2}{4R_i}. \qquad (107.5)$$

Für die Differenz zwischen der größten der Stromquelle entnehmbaren Leistung und der tatsächlichen findet man nach (. 5 und . 1):

$$N_{\max} - N = \frac{|\mathfrak{U}^l|^2}{4R_i} - \frac{R|\mathfrak{U}^l|^2}{(R_i + R)^2 + (X_i + X)^2} = \frac{(R_i - R)^2 + (X_i + X)^2}{(R_i + R)^2 + (X_i + X)^2}\frac{|\mathfrak{U}^l|^2}{4R_i}$$
$$= \left|\frac{\mathfrak{R}_i - \mathfrak{R}^*}{\mathfrak{R}_i + \mathfrak{R}}\right|^2 N_{\max} = \left|\frac{\mathfrak{R}_i^* - \mathfrak{R}}{\mathfrak{R}_i + \mathfrak{R}}\right|^2 N_{\max}. \qquad (107.6)$$

[1] Vgl. Landolt, M.: Bull. schweiz. elektrotechn. Ver. **32** (1941) S. 721.

Diese Differenz ist also dem Quadrate der Größe

$$\left|\frac{\mathfrak{R}_i - \mathfrak{R}^*}{\mathfrak{R}_i + \mathfrak{R}}\right| \quad \text{oder} \quad \left|\frac{\mathfrak{R}_i^* - \mathfrak{R}}{\mathfrak{R}_i + \mathfrak{R}}\right| \tag{107.7}$$

proportional, die man auch „Anpassungsfehler" nennt.

§ 108. Frequenzabhängigkeit der Schaltelemente. Da in der Fernmeldetechnik fast immer eine große Zahl verschiedener Frequenzen übertragen wird, bildet die Untersuchung der Frequenzabhängigkeiten ihre Hauptaufgabe.

Es ist nützlich, die Aufmerksamkeit zunächst auf die Frequenzabhängigkeiten der Schaltelemente zu richten. Der Scheinwiderstand der induktivitäts- und kapazitätsarm gewickelten Spulen, wie sie in den Widerstandssätzen verwendet werden, ist bei niedrigen Frequenzen nahezu reell; bei höheren Frequenzen wird er komplex, außerdem macht sich die frequenzabhängige Stromverdrängung stärker geltend (vgl. § 84). Der komplexe Widerstand $R + \mathrm{j}\omega L$ der eisenhaltigen Drosselspulen ist bei niedrigen Frequenzen eine lineare Funktion der Frequenz. Über diese Frequenzabhängigkeit lagern sich bei höheren Frequenzen weitere durch Hysterese (§ 72) und Wirbelströme sowie durch das Auftreten von dielektrischen Überbrückungen verursachte Frequenzgänge (§ 248). Der Scheinleitwert $G + \mathrm{j}\omega C$ der Kondensatoren ist bei niedrigen Frequenzen sehr nahe eine lineare Funktion der Frequenz; auch bei ihm ist jedoch bei höheren Frequenzen die Frequenzabhängigkeit — je nach den Eigenschaften des Dielektrikums — im allgemeinen verwickelter.

In erster Näherung pflegt man bei Spulen mit einem Widerstand $R + \mathrm{j}\omega L$, bei Kondensatoren mit einem Leitwert $G + \mathrm{j}\omega C$ zu rechnen und dabei R, L, G, C als frequenzunabhängig vorauszusetzen. Im Rahmen dieser Näherung kann man einen reinen Widerstand R durch eine waagerechte Gerade, einen Blindwiderstand ωL durch eine schiefe Gerade durch den Nullpunkt, einen Blindwiderstand $-1/(\omega C)$ durch eine gleichseitige Hyperbel unterhalb der Abszissenachse darstellen.

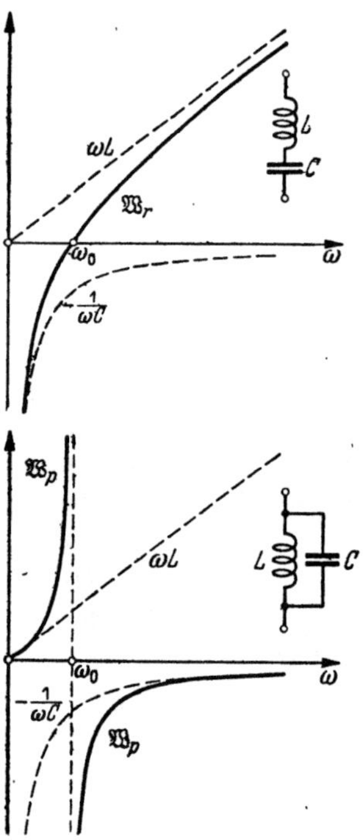

Abb. 109. 1 u. 2.

§ 109. Frequenzabhängigkeit der Scheinwiderstände von Zweipolen. Zwei hintereinander (oder parallel) geschaltete reelle Widerstände R_1 und R_2 können durch einen einzigen Widerstand $R_1 + R_2$ (oder $R_1 R_2/(R_1 + R_2)$) völlig ersetzt werden. Das Entsprechende gilt für zwei ebenso geschaltete Induktivitäten oder Kapazitäten.

Schaltet man dagegen eine Induktivität und eine Kapazität in Reihe oder parallel, so hat der entstehende Zweipol einen Scheinwiderstand neuer Frequenzabhängigkeit; denn es gilt für die Reihenschaltung (Abb. 109. 1)

$$\mathfrak{W}_r = \mathrm{j}\,\omega L + \frac{1}{\mathrm{j}\,\omega C} = -\mathrm{j}\,\frac{1 - \omega^2 L C}{\omega C}, \tag{109.1}$$

für die Parallelschaltung (Abb. 109. 2)

$$\mathfrak{W}_p = \frac{\mathrm{j}\,\omega L}{1 - \omega^2 L C}. \tag{109.2}$$

Der Scheinwiderstand $\mathfrak{W}_r$ hat also für tiefe Frequenzen den „Charakter"[1] einer

[1] Der „Charakter" eines komplexen Widerstands ist also nach dem hier befolgten Sprachgebrauch durch das Vorzeichen des Blindteils gegeben.

Kapazität, für hohe den einer Induktivität; für die Frequenz $\omega = 1/\sqrt{LC} = \omega_0$ verschwindet er völlig. Der Scheinwiderstand $\mathfrak{W}_p$ dagegen hat umgekehrt für tiefe Frequenzen den Charakter einer Induktivität, für hohe den einer Kapazität, während er bei der Frequenz $\omega = 1/\sqrt{LC} = \omega_0$ von $+\infty$ nach $-\infty$ springt.

Aus den beiden hier betrachteten Zweipolen, der schwingungsfähigen Reihe und der schwingungsfähigen Masche, sind zahlreiche Schaltungen der Fernmeldetechnik zusammengesetzt. Wir werden die Frequenz $\omega_0 = 1/\sqrt{LC}$, die man formal aus der Induktivität und der Kapazität der Reihe oder Masche errechnen kann und bei der der Widerstand der Reihe und der Leitwert der Masche verschwinden, als die „Scheinfrequenz" der Reihe oder Masche bezeichnen[1]. Diese Bezeichnung werden wir auch beibehalten, wenn die Reihe oder Masche außer ihrer Induktivität L und ihrer Kapazität C noch einen reellen Widerstand R enthält.

Die hier betrachteten einfachen Beispiele zeigen schon, daß sich zwei Schaltungen, die z. B. im Sinne der Paragraphen 23, 24 und 25 ineinander „umwandelbar" sind, hinsichtlich ihrer Frequenzabhängigkeiten durchaus verschieden verhalten können und daß sich Spulen und Kondensatoren so zusammenschalten lassen, daß die Frequenzabhängigkeiten der entstehenden Gebilde viel mannigfaltiger sind als die der Elemente, aus denen sie bestehen. Die erwähnten „Umwandlungssätze" sind lediglich Rechenhilfsmittel.

Aus den Abb. 109. 1 und . 2 erkennt man, daß die dargestellten Blindscheinwiderstände mit wachsender Frequenz stetig nur ansteigen; ein stetiger Abfall kommt nicht vor, nur ein plötzlicher von $+\infty$ auf $-\infty$. Zobel hat gezeigt, daß sich alle reinen Blindscheinwiderstände so verhalten („Zobelsches Reaktanztheorem"[2]).

Der Beweis für diesen Satz ist auf dem folgenden induktiven Wege leicht zu erbringen. Man geht davon aus, daß die Ableitungen von ωL und ωC nach ω positiv sind. Weiter sind die Ableitung des negativ genommenen Kehrwerts einer reellen Größe und die Ableitung der Summe zweier reellen Größen sicher positiv, wenn es die Ableitungen der Größen selbst sind. Damit ist der Satz zunächst für beliebige Reihen- und Parallelschaltungen aus Blindwiderständen bewiesen. Zum Beweise für einen beliebigen Zweipol braucht man sich dann nur zu erinnern, daß man nach § 25 jedes Netzwerk durch einen einzigen Zweig ersetzen kann; die dazu erforderlichen Umwandlungsgleichungen (25. 8) haben aber dieselbe Form wie die für die Reihenschaltung zweier Leitwerte mit dem einzigen Unterschiede, daß die Nennersumme eine größere Zahl von Gliedern enthält.

§ 110. Frequenzabhängigkeit des Betrags des Stroms bei einer Reihenschaltung von Induktivität und Kapazität. Für eine Reihenschaltung L, C, die über einen Widerstand R durch eine elektromotorische Kraft $\mathfrak{E}$ der Kreisfrequenz ω betrieben wird, gilt nach (102. 4) die komplexe Gleichung:

$$\mathfrak{J} = \frac{\mathfrak{E}}{R + \mathrm{j}\omega L + \frac{1}{\mathrm{j}\omega C}}. \qquad (110.\,1)$$

Wir führen das Verhältnis η der Frequenz ω zur Scheinfrequenz ω_0 ein:

$$\eta = \frac{\omega}{\omega_0} = \omega\sqrt{LC};$$

außerdem setzen wir

$$\sqrt{\frac{L}{C}} = Z, \quad \text{also} \quad \omega L = \eta Z, \qquad \omega C = \frac{\eta}{Z}, \qquad (110.\,2)$$

$$\sin\vartheta = \frac{R}{2}\sqrt{\frac{C}{L}} = \frac{R}{2Z}. \qquad (110.\,3)$$

[1] Diese Definition der Scheinfrequenz stimmt praktisch (wenn auch nicht genau) mit der in der 1. Auflage gegebenen überein.

[2] Zobel, O. J.: Bell Syst. techn. J. 2 Nr. 1 (1923) S. 5 u. 35.

Dabei sei, wie wir ausdrücklich festlegen wollen, $R < 2Z$, so daß ϑ ein reeller Winkel ist. Dann folgt aus (. 1)

$$\mathfrak{J} = \frac{1}{2 \sin \vartheta + j\left(\eta - \frac{1}{\eta}\right)} \frac{\mathfrak{E}}{Z}. \qquad (110.4)$$

Der Frequenzgang des Zahlenwerts der Stromstärke $\mathfrak{J}$, bezogen auf die Stromstärke $|\mathfrak{E}|/Z$, hängt also nur von dem Parameter ϑ ab, den wir den „Dämpfungswinkel" des Stromkreises nennen.

$2\pi \operatorname{tg} \vartheta$, also bei kleinem ϑ das 2π-fache des Dämpfungswinkels heißt auch „Dekrement" (vgl. § 138). (ϑ ist dabei im „Bogenmaß" zu nehmen.)

Untersuchen wir zunächst die Frequenzabhängigkeit des Betrags:

$$|\mathfrak{J}| = \frac{|\mathfrak{E}|/Z}{\sqrt{4 \sin^2 \vartheta + \left(\eta - \frac{1}{\eta}\right)^2}}. \qquad (110.5)$$

In Abb. 110. 1 ist die dieser Gleichung entsprechende Kurve $f(\vartheta, \eta)$ für einige Dämpfungswinkel gezeichnet; die Ordinate ist der Zahlenwert des Stroms bezogen auf $|\mathfrak{E}|/Z$ als Einheit. Wie aus der Gleichung unmittelbar hervorgeht, liegt das Maximum aller Kurven bei der Scheinfrequenz $\eta = 1$, $\omega = \omega_0$: „Resonanzfrequenz" der Stromstärke und Scheinfrequenz fallen bei allen Dämpfungswinkeln zusammen. Das Maximum ist um so spitzer, je kleiner der Dämpfungswinkel ist; um so mehr kann im Nenner von (. 5) das die Frequenz enthaltende Glied neben dem Glied $4 \sin^2 \vartheta$ zur Geltung kommen.

Von der Resonanzfrequenz der Stromstärke und der Scheinfrequenz verschieden ist die Eigenfrequenz des Stromkreises, d. h. die Frequenz, mit der er, wenn keine treibende Spannung da wäre, nach einem plötzlichen Anstoß zu schwingen begänne. Sie ist, wie wir im § 136 zeigen werden, gleich der Scheinfrequenz multipliziert mit $\cos \vartheta$, also bei kleinen Dämpfungswinkeln etwas niedriger als die Scheinfrequenz.

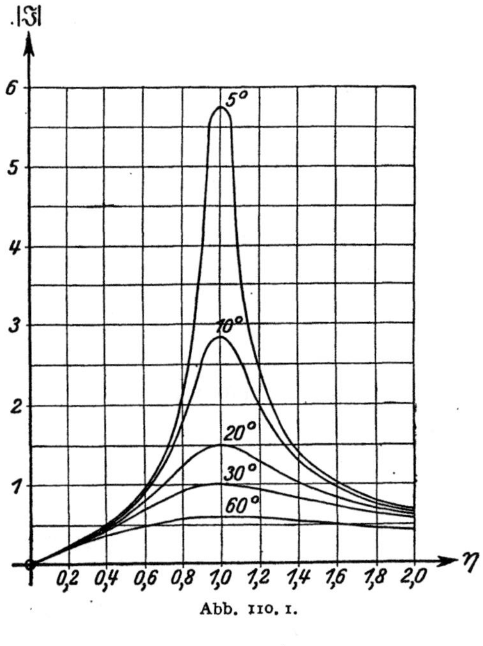

Abb. 110. 1.

Die Darstellung Abb. 110. 1 ist quantitativ für jede Schaltung der angenommenen Art verwendbar.

Es sei z. B. $L = 0{,}298$ H, $C = 0{,}1326$ µF, $R = 600\ \Omega$, $|\mathfrak{E}| = 24$ V. Dann ist

$$f_0 = \frac{1}{2\pi\sqrt{0{,}298\ \text{H} \cdot 0{,}1326\ \mu\text{F}}} = 800\ \text{Hz};$$

$$Z = \sqrt{\frac{0{,}298\ \text{H}}{0{,}1326\ \mu\text{F}}} = 1500\ \Omega.$$

$|\mathfrak{E}|/Z$ ist also gleich 16 mA, $\vartheta = \arcsin 0{,}20 = 11{,}5^0$. Für 480 Hz z. B. ist $\eta = 0{,}6$; aus der Darstellung entnimmt man zu $\eta = 0{,}6$ und $\vartheta = 11{,}5^0$ einen Zahlenwert des Stroms gleich 0,88; der Effektivwert des Stromes selbst ist also für 480 Hz gleich 14,1 mA.

Die in Abb. 110. 1 dargestellte Frequenzabhängigkeit des Stroms ist zugleich die des Scheinleitwerts der betrachteten Reihenschaltung.

§ 111. Abhängigkeit der Form der Resonanzkurve von den Größen *R*, *L* und *C*. Wir wollen die Form der Resonanzkurve durch die Höhe ihres Maximums und durch ihre „Halbwertsbreite" kennzeichnen.

Der Höchstwert der Stromstärke zunächst ist nach (110. 5) und (110. 3)

$$|\mathfrak{J}|_{max} = \frac{|\mathfrak{E}|}{2Z\sin\vartheta} = \frac{|\mathfrak{E}|}{R}. \qquad (111.\ 1)$$

Zur Definition einer „Halbwertsbreite" der Resonanzkurve werden wir durch die folgende Überlegung geführt: Setzt man

$$\eta - \frac{1}{\eta} = \pm 2\sin\vartheta, \qquad (111.\ 2)$$

so wird nach (110. 5)

$$|\mathfrak{J}| = \frac{|\mathfrak{E}|/Z}{2\sqrt{2}\sin\vartheta} = \frac{|\mathfrak{J}|_{max}}{\sqrt{2}} = 70{,}7\%\ |\mathfrak{J}|_{max}. \qquad (111.\ 3)$$

Bei den beiden Frequenzmaßen η_1 und η_2, die der Bedingung (. 2) genügen, ist demnach die Stromstärke auf 70,7% von $|\mathfrak{J}|_{max}$, ihr Quadrat somit auf die Hälfte von $|\mathfrak{J}|^2_{max}$ gesunken. Man nennt deshalb die Differenz der Kreisfrequenzen ω_2 und ω_1, die den Frequenzmaßen η_2 und η_1 entsprechen, die „Halbwertsbreite". Nun ist nach (. 2)

$$\begin{aligned} \eta_2 &= \sin\vartheta + \sqrt{1+\sin^2\vartheta}, \\ \eta_1 &= -\sin\vartheta + \sqrt{1+\sin^2\vartheta}. \end{aligned} \qquad (111.\ 4)$$

Für die Halbwertsbreite gilt also[1]:

$$\text{Halbwertsbreite} = \omega_2 - \omega_1 = 2\omega_0 \sin\vartheta = \frac{R}{L}. \qquad (111.\ 5)$$

Sind daher die Elemente R und L fest, die Kapazität C dagegen veränderbar, so verschiebt sich mit steigender Kapazität das Maximum der Resonanzkurve nach niedrigeren Frequenzen; seine Höhe aber und die Halbwertsbreite der Kurve bleiben ungeändert.

Ändert man dagegen R allein oder L allein, so liegen die Dinge anders. Eine Änderung von R hat auf die Lage des Maximums keinen Einfluß, während mit steigendem R seine Höhe abnimmt, die Halbwertsbreite der Kurve dagegen zunimmt. Eine Steigerung allein von L wirkt bei unveränderter Höhe auf die Lage des Maximums wie eine Steigerung von C; die Halbwertsbreite jedoch nimmt mit wachsender Induktivität, also sinkender Scheinfrequenz ab.

§ 112. Frequenzabhängigkeit der Phasenverschiebung des Stroms, des Wirk- und des Blindstroms bei einer Reihenschaltung von Induktivität und Kapazität. Die Phasenverschiebung φ des Stroms gegen die elektromotorische Kraft $\mathfrak{E}$ ergibt sich nach (110. 4) zu

$$\varphi = -\operatorname{arctg} \frac{\eta - \frac{1}{\eta}}{2\sin\vartheta}. \qquad (112.\ 1)$$

Hiernach ist der Strom bei geringer Dämpfung für Frequenzen unterhalb der

[1] Diese Beziehung erlaubt die Bestimmung des Dämpfungswinkels (und des Dekrements aus der Breite der Resonanzkurve.

Scheinfrequenz nahezu um 90⁰ der Spannung voraus; für Frequenzen oberhalb der Scheinfrequenz dagegen bleibt er hinter ihr um nahezu 90⁰ zurück. In der Umgebung der Scheinfrequenz macht die Phasenverschiebung φ bei verschwindender Dämpfung nahezu einen Sprung um 180⁰; der Scheinleitwert der Schaltung ändert sehr rasch seinen Charakter. Bei der Scheinfrequenz selbst wird $\varphi = 0$.

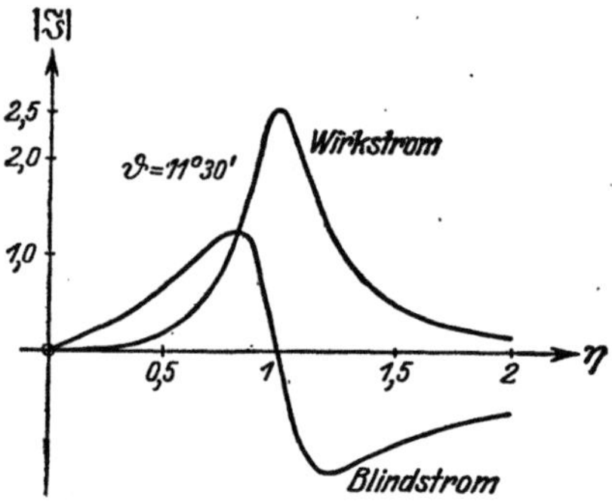

Abb. 112. 1.

Der Gang der Phasenverschiebung läßt sich auch in der Weise verfolgen, daß man den Strom nach

$$\mathfrak{J} = \frac{2\sin\vartheta - j\left(\eta - \frac{1}{\eta}\right)}{4\sin^2\vartheta + \left(\eta - \frac{1}{\eta}\right)^2}\,\frac{|\mathfrak{E}|}{Z} \tag{112.2}$$

in Wirk- und Blindstrom zerlegt. Abb. 112. 1 zeigt die Frequenzabhängigkeiten für den Dämpfungswinkel 11,5⁰ (vgl. das Beispiel des § 110); als Ordinate ist wie in Abb. 110. 1 der auf $|\mathfrak{E}|/Z$ bezogene Zahlenwert von $|\mathfrak{J}|$ aufgetragen. Je kleiner der Dämpfungswinkel ist, um so ähnlicher wird die Kurve des Blindstroms der Kurve in Abb. 109. 2.

Über die Darstellung von Frequenzgängen komplexer Größen mit Hilfe von „Ortskurven" findet man Näheres in den Paragraphen 117ff.

§ 113. Resonanzkurve der Kondensatorspannung bei einer Reihenschaltung von Induktivität und Kapazität. Für die Teilspannung $\mathfrak{U}_C$ am Kondensator gilt

$$\mathfrak{U}_C = \frac{\mathfrak{J}}{j\omega C} = \frac{\mathfrak{E}}{1 - \eta^2 + j\cdot 2\eta\sin\vartheta}, \tag{113.1}$$

also

$$|\mathfrak{U}_C| = \frac{|\mathfrak{E}|}{\sqrt{(1-\eta^2)^2 + 4\eta^2\sin^2\vartheta}} = \frac{|\mathfrak{E}|}{\sqrt{1 - 2\eta^2\cos 2\vartheta + \eta^4}}. \tag{113.2}$$

Sie hat im allgemeinen nicht bei der Scheinfrequenz ein Maximum; dessen Lage muß mit den Hilfsmitteln der Differentialrechnung bestimmt werden. Wir benutzen (wieder unter der Voraussetzung $R < 2Z$) den Satz (Anhang 4. 1), daß die Extrema des Radikanden $\varrho = 1 - 2\eta^2\cos 2\vartheta + \eta^4$ zugleich Extrema des ganzen Bruches sind. Nun ist

$$\frac{d\varrho}{d\eta} = 4\eta\,(\eta^2 - \cos 2\vartheta); \tag{113.3}$$

Extrema von $|\mathfrak{U}_C|$ liegen also bei $\eta = 0$ und bei $\eta = \eta_m = \sqrt{\cos 2\vartheta}$. Um zu entscheiden, ob es sich um Maxima oder Minima handelt, bilden wir noch den zweiten Differentialquotienten

$$\frac{d^2\varrho}{d\eta^2} = 4\,(\eta^2 - \cos 2\vartheta) + 8\eta^2 = 4\,(3\eta^2 - \cos 2\vartheta). \tag{113.4}$$

Der Dämpfungswinkel liege zunächst unter 45⁰. Dann ist $\cos 2\vartheta$ positiv; also sind beide Extrema reell. Für $\eta = 0$ wird $d^2\varrho/d\eta^2$ nach (. 4) negativ; für sehr niedrige Frequenzen hat der Radikand also ein Maximum, die Spannung selbst ein Minimum. Daraus folgt sofort, daß die andere Bedingung $\eta = \sqrt{\cos 2\vartheta}$ ein Maximum der Spannung liefert. Dieses liegt aber nur für den Dämpfungswinkel Null bei der Scheinfrequenz ($\eta = 1$), sonst bei einer niedrigeren. Nur bei kleiner Dämpfung fällt also die Resonanzfrequenz der Kondensatorspannung mit der Scheinfrequenz des Stromkreises nahezu zusammen. Abb. 113. 1 veranschaulicht dies.

Ist der Dämpfungswinkel größer als 45^0, so ist $\cos 2\vartheta$ negativ; das zweite Extremum ist also nicht mehr reell. Außerdem wird dann für $\eta = 0$

$$\frac{d^2 \varrho}{d \eta^2} = -4 \cos 2\vartheta \qquad (113.5)$$

positiv; d. h. bei der Frequenz Null liegt jetzt ein Maximum der Spannung: die Scheinfrequenz hat nichts mehr mit der Resonanzfrequenz zu tun.

Zwischen Scheinfrequenz und Resonanzfrequenz liegt die Eigenfrequenz $\omega_e = \omega_0 \cos\vartheta$ des Stromkreises (§ 136). Bei kleinen Dämpfungswinkeln kann man schreiben:

$$\frac{1 + \eta_m}{2} = \frac{1 + \sqrt{\cos 2\vartheta}}{2} \approx \frac{1 + (1 - \vartheta^2)}{2}$$

$$= 1 - \frac{\vartheta^2}{2} \approx \cos\vartheta = \eta_e; \qquad (113.6)$$

d. h. die wahre Eigenfrequenz liegt bei geringer Dämpfung in der Mitte zwischen Resonanz- und Scheinfrequenz.

Bei dem Dämpfungswinkel 45^0 wird die Teilspannung am Kondensator durch die Gleichung

$$|\mathfrak{U}_C| = \frac{|\mathfrak{E}|}{\sqrt{1 + \eta^4}} \qquad (113.7)$$

dargestellt. Sie ist also bei niedrigen Frequenzen fast frequenzunabhängig.

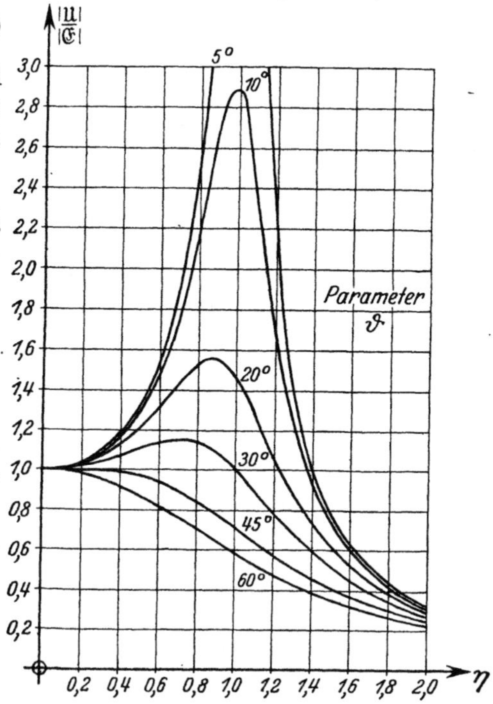

Abb. 113. 1.

Nimmt man ϑ etwas kleiner als 45^0, so ist die Abweichung der Spannung von dem Werte $|\mathfrak{E}|$ sogar in einem noch etwas größeren Frequenzbereich praktisch zu vernachlässigen. Da die Spannung am Kondensator dem Ausschlag bei mechanischen Schwingungen entspricht, ist dieses Ergebnis von großer Bedeutung für die Theorie der Galvanometer und Oszillographen.

Für Dämpfungswinkel unter 45^0 ist die höchste Spannung am Kondensator:

$$|\mathfrak{U}_C|_{\max} = \frac{|\mathfrak{E}|}{\sqrt{1 - 2\cos^2 2\vartheta + \cos^2 2\vartheta}} = \frac{|\mathfrak{E}|}{\sin 2\vartheta}; \qquad (113.8)$$

sie wird also wie die höchste Stromstärke mit zunehmender Dämpfung immer kleiner.

Ähnlich wie die Teilspannung $\mathfrak{U}_C$ am Kondensator läßt sich die Teilspannung $\mathfrak{U}_L$ an der Spule berechnen und ihr Frequenzgang untersuchen. Für Dämpfungswinkel unter 45^0 hat auch sie ein Maximum von der Höhe $|\mathfrak{E}|/(\sin 2\vartheta)$, aber bei der Frequenz $\eta = 1/\sqrt{\cos 2\vartheta}$; für Dämpfungswinkel über 45^0 steigt sie beständig an bis zu dem Wert $|\mathfrak{E}|$, den sie für alle Dämpfungswinkel bei unendlich hohen Frequenzen erreicht.

Bei der Reihenschaltung aus Widerstand, Induktivität und Kapazität zeigen nach den Paragraphen 110 und 113 der Strom sowohl wie die drei Teilspannungen $R|\mathfrak{J}|$, $\omega L|\mathfrak{J}|$ und $|\mathfrak{J}|/(\omega C)$ die Erscheinung der Resonanz. Da dies davon herrührt, daß sich die in Reihe geschalteten Widerstände $j\omega L$ und $1/(j\omega C)$ bei der Scheinfrequenz gerade kompensieren, sprechen wir in diesem Falle von „Reihenresonanz“[1].

Der Betrag $|\mathfrak{E}/\mathfrak{J}|$ des Scheinwiderstands der ganzen Reihenschaltung hat bei der Scheinfrequenz seinen kleinsten Wert R.

[1] Die häufig benutzte Bezeichnung „Spannungsresonanz“ ist irreführend.

§ 114. Frequenzabhängigkeiten bei einer Parallelschaltung von Induktivität und Kapazität. Für die Spannung $\mathfrak{U}$ an einer Parallelschaltung L, C, der ein Leitwert G parallel liegt und die durch einen „Urstrom“ $\mathfrak{J}^k$ betrieben wird (Abb. 114. 1), ergibt die komplexe Rechnung

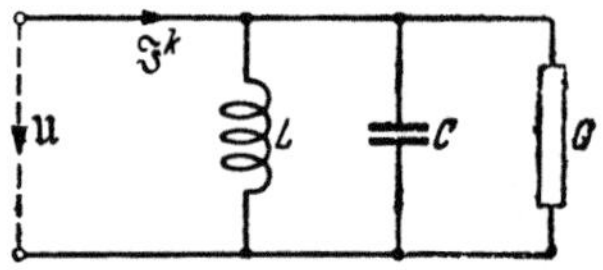

Abb. 114. 1.

$$\mathfrak{U} = \frac{\mathfrak{J}^k}{G + \mathrm{j}\,\omega C + \frac{1}{\mathrm{j}\,\omega L}}. \tag{114. 1}$$

Diese Gleichung stimmt ihrer Form nach völlig mit der Gleichung (110. 1) überein; nur muß man $\mathfrak{J}$ mit $\mathfrak{U}$, $\mathfrak{E}$ mit $\mathfrak{J}^k$, R mit G und L mit C (und umgekehrt) vertauschen.

Der Frequenzgang der Spannung an der Parallelschaltung wird daher wie der ihres Scheinwiderstands $\mathfrak{U}/\mathfrak{J}^k$ quantitativ ebenfalls durch Abb. 110. 1 dargestellt. Die Ordinate ist der auf $Z\,|\mathfrak{J}^k|$ bezogene Zahlenwert der Spannung $\mathfrak{U}$; der Dämpfungswinkel ϑ ist definiert durch

$$\sin\vartheta = \frac{G}{2}\sqrt{\frac{L}{C}} = \frac{G}{2}Z. \tag{114. 2}$$

Wenn hier ϑ mit dem Leitwert G wächst, so ist dies durchaus sinnvoll; denn je größer dieser ist, um so mehr Strom nimmt er auf, um so mehr Wärme wird in ihm entwickelt.

Der Höchstwert des Scheinwiderstands $|\mathfrak{U}/\mathfrak{J}^k|$ liegt immer bei der Scheinfrequenz. Sein Wert ist gleich $1/G$, die Halbwertsbreite der seinen Frequenzgang darstellenden Kurven ist gleich $1/(R\,C)$ [vgl. (111. 5)]. Bei geringem Leitwert G nimmt der bei tiefen Frequenzen induktive Scheinwiderstand der Schaltung bei der Scheinfrequenz fast sprunghaft den Charakter einer Kapazität an.

Für den durch die Induktivität fließenden Teilstrom $\mathfrak{J}_L$ gilt die Darstellung Abb. 113. 1, wenn man die Ordinate als das Verhältnis $|\mathfrak{J}/\mathfrak{J}^k|$ deutet. Der durch die Kapazität fließende Verschiebungsstrom $\mathfrak{J}_C$ dagegen beginnt bei sehr tiefen Frequenzen mit dem Wert Null, durchläuft bei Dämpfungswinkeln unter 45^0 ein Maximum, das oberhalb der Scheinfrequenz liegt, und mündet schließlich bei hohen Frequenzen in den Wert $|\mathfrak{J}^k|$ ein.

Bei der Parallelschaltung aus Leitwert, Induktivität und Kapazität zeigen nach dem Vorstehenden die an ihr liegende Spannung sowohl wie die drei Teilströme $G|\mathfrak{U}|$, $\omega C|\mathfrak{U}|$ und $|\mathfrak{U}|/(\omega L)$ die Erscheinung der Resonanz. Da dies davon herrührt, daß die Parallelschaltung von $\mathrm{j}\omega C$ und $1/(\mathrm{j}\omega L)$ bei der Scheinfrequenz einen unendlich großen Widerstand darstellt (Abb. 109. 2), sprechen wir in diesem Falle von „Parallelresonanz“[1].

§ 115. Verlustbehaftete Spulen und Kondensatoren. Der Verlustwiderstand r einer Spule läßt sich bei der in den §§ 110 bis 113 betrachteten Reihenschaltung ohne weiteres zu R schlagen. Ebenso kann man bei der Parallelschaltung des § 114 den Leitwert G einfach um den Verlustleitwert g des Kondensators vergrößern. Die abgeleiteten Gleichungen und Kurven bleiben mit etwas geänderten Parametern gültig.

Etwas schwieriger ist es, die Verluste eines Reihenkondensators oder einer Parallelspule richtig zu berücksichtigen. Wenn das in den vorhergehenden Paragraphen Abgeleitete anwendbar bleiben soll, muß es möglich sein, nach Abb. 115. 1 und 115. 2 Ersatzwerte r', C', g', L' zu finden, für die die Gleichungen

$$r' + \frac{1}{\mathrm{j}\,\omega C'} = \frac{1}{g + \mathrm{j}\,\omega C} \qquad \text{und} \qquad g' + \frac{1}{\mathrm{j}\,\omega L'} = \frac{1}{r + \mathrm{j}\,\omega L} \tag{115. 1}$$

[1] Weniger gut, da irreführend, ist die Bezeichnung „Stromresonanz“.

bei jeder Frequenz erfüllt sind. Leider führt diese Forderung auf die Bedingungen:

Reihenersatzwerte des Kondensators:

$$r' = \frac{g}{g^2 + \omega^2 C^2} \approx \frac{g}{\omega^2 C^2}, \qquad C' = \frac{g^2 + \omega^2 C^2}{\omega^2 C} \approx C, \tag{115.2}$$

Parallelersatzwerte der Spule:

$$g' = \frac{r}{r^2 + \omega^2 L^2} \approx \frac{r}{\omega^2 L^2}, \qquad L' = \frac{r^2 + \omega^2 L^2}{\omega^2 L} \approx L; \tag{115.3}$$

sie enthalten aber die Frequenz.

Immerhin bleibt die Theorie der §§ 110 bis 114 bei geringen Verlusten nahezu richtig. In der Nähe der Scheinfrequenz ist

$$r' \approx \frac{g L}{C}, \qquad g' \approx \frac{r C}{L}. \tag{115.4}$$

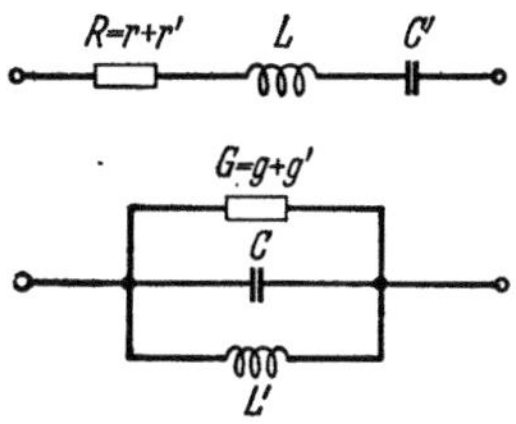

Abb. 115. 1 und .2.

Der „Resonanzwiderstand" einer Reihenschaltung ist daher

$$R = r + r' = r + \frac{g L}{C}, \tag{115.5}$$

der „Resonanzleitwert" einer Parallelschaltung

$$G = g + g' = g + \frac{r C}{L}. \tag{115.6}$$

Wir wenden das Abgeleitete an auf den Fall, daß eine Stromquelle $\mathfrak{J}^k$, $G_i = 1/R_i$ auf die Parallelschaltung einer Spule r, L und eines Kondensators g, C arbeitet. Dann berechnet sich der maßgebende Dämpfungswinkel ϑ nach (114. 2) zu

$$\sin\vartheta = \frac{G_i + r\,C/L + g}{2}\sqrt{\frac{L}{C}} = \frac{1}{2 R_i}\sqrt{\frac{L}{C}} + \frac{r}{2}\sqrt{\frac{C}{L}} + \frac{g}{2}\sqrt{\frac{L}{C}}. \tag{115.7}$$

Die Spannung an der Parallelschaltung hat also bei der Scheinfrequenz eine um so ausgeprägtere Spitze, je kleiner r und g und je größer der innere Widerstand R_i ist. Ist R_i gleich Null, so gibt es überhaupt keine Spitze. Das läßt sich auch so verstehen: Die Leerlaufspannung der Stromquelle liegt, wenn $R_i = 0$ ist, unmittelbar an der aus der Spule und dem Kondensator bestehenden Parallelschaltung; $\mathfrak{U}$ ist also bei allen Frequenzen gleich $\mathfrak{E}$.

§ 116. Zeichnerische Bestimmung der komplexen Größe, die zu einer gegebenen reziprok ist; Inversion. Es sei ein komplexer Widerstand $\mathfrak{R}$ gegeben und der zugehörige Leitwert $\mathfrak{G} = 1/\mathfrak{R}$ durch Konstruktion zu bestimmen.

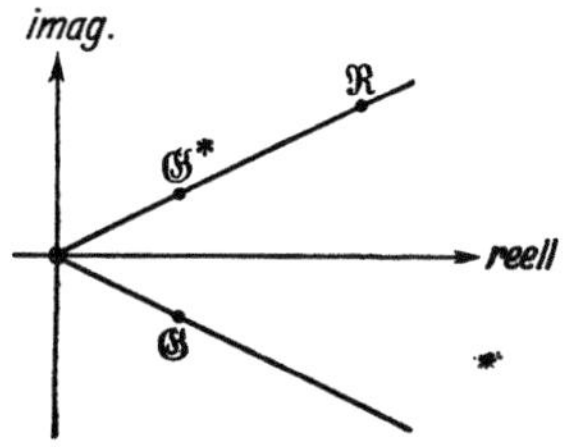

Abb. 116. 1.

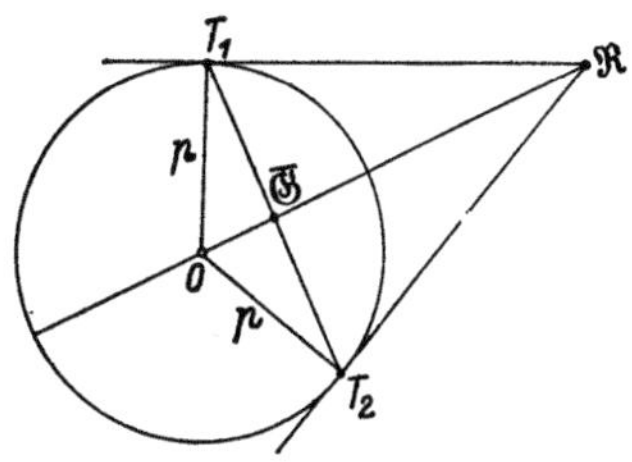

Abb. 116. 2.

Der Winkel des gesuchten Leitwerts zunächst ist nach dessen Definition dem des Widerstandes entgegengesetzt. Daher wird der Winkel zwischen den beiden durch den Nullpunkt gehenden Geraden, auf denen die Punkte $\mathfrak{R}$ und $\mathfrak{G}$ liegen (Abb. 116. 1), durch die reelle Achse halbiert; oder, was dasselbe sagt, $\mathfrak{R}$ und $\mathfrak{G}^*$ liegen auf derselben Geraden durch den Nullpunkt[1].

Die Größe $|\mathfrak{G}|$ des Leitwerts kann durch die „Polarenkonstruktion" gefunden werden (Abb. 116. 2): Man schlägt um den Nullpunkt einen Hilfskreis, dessen Halbmesser p in dem für den Widerstand $\mathfrak{R}$ benutzten Maßstab einem runden

[1] Häufig zählt man bei den Leitwerten die Winkel im entgegengesetzten Sinne positiv wie bei den Widerständen. Dann liegt $\mathfrak{G}$ auf derselben Geraden durch den Nullpunkt wie $\mathfrak{R}$.

Widerstandszahlenwert entspricht, legt von $\mathfrak{R}$ aus die Berührenden $\mathfrak{R}T_1$ und $\mathfrak{R}T_2$ an den Kreis und verbindet T_1 mit T_2. Den Schnittpunkt der Linien $O\mathfrak{R}$ und T_1T_2 nennt man $\overline{\mathfrak{G}}$. Dann ist der gesuchte Betrag $|\mathfrak{G}|$ gleich $|\overline{\mathfrak{G}}|/p^2$. Denn da die rechtwinkligen Dreiecke $OT_1\overline{\mathfrak{G}}$ und $OT_1\mathfrak{R}$ einander ähnlich sind, gilt

$$\frac{|\overline{\mathfrak{G}}|}{p} = \frac{p}{|\mathfrak{R}|}, \quad \text{also} \quad |\mathfrak{G}| = \frac{1}{|\mathfrak{R}|} = \frac{|\overline{\mathfrak{G}}|}{p^2}. \tag{116. 1}$$

Liegt $\mathfrak{R}$ im Innern des Hilfskreises, so zeichnet man zuerst die zu $O\mathfrak{R}$ senkrechte Linie T_1T_2, dann die Tangenten. Ihr Schnittpunkt hat den Abstand $|\overline{\mathfrak{G}}|$ vom Nullpunkt.

Besonders häufig soll zu einem gegebenen Widerstand $\mathfrak{R}_1$ der Widerstand

$$\mathfrak{R}_2 = \frac{\mathfrak{R}_0^2}{\mathfrak{R}_1} \tag{116. 2}$$

konstruiert werden; der komplexe Widerstand $\mathfrak{R}_0$ muß ebenfalls gegeben sein. Dann hat man den Hilfskreis durch den Punkt $\mathfrak{R}_0$ zu legen und den Punkt $\overline{\mathfrak{R}}_2$, den man unmittelbar durch die Polarenkonstruktion erhält (Abb. 116. 3), an der Strecke $O\mathfrak{R}_0$ zu spiegeln. Denn der Winkel von $\mathfrak{R}_0 = \sqrt{\mathfrak{R}_1\mathfrak{R}_2}$ muß gleich dem arithmetischen Mittel der Winkel von $\mathfrak{R}_1$ und $\mathfrak{R}_2$ sein. Der Widerstand $\mathfrak{R}_2$ ist dann, wie man sagt, „mit der Potenz $\mathfrak{R}_0$ zu $\mathfrak{R}_1$ invers". Wir nennen[1] die nach (. 2) an $\mathfrak{R}_1$ ausgeübte Operation „Inversion".

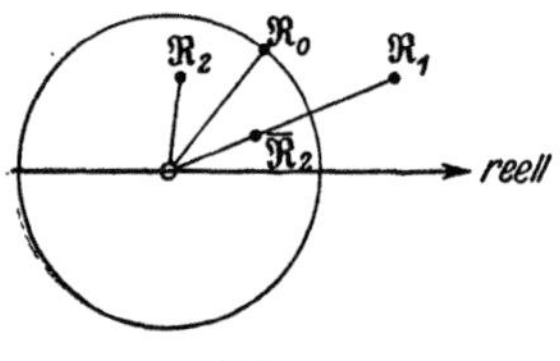

Abb. 116. 3.

§ 117. Zeichnerische Darstellung der Frequenzgänge komplexer Größen.

Wir haben bisher meist die Komponenten der komplexen Ströme und Spannungen als Ordinaten über einer Frequenzabszisse aufgetragen. Man kann den Frequenzgang einer komplexen Größe aber auch durch eine einzige Kurve darstellen, wenn man diese noch mit einer — im allgemeinen ungleichmäßigen — Frequenzteilung versieht. Um das einzusehen, braucht man sich nur zu erinnern, daß jede komplexe Größe in der Ebene der komplexen Zahlen durch einen Punkt dargestellt werden kann. Ändert sie sich mit der Frequenz, so durchläuft der darstellende Punkt eine Kurve, die, wenn man die zugehörigen Frequenzen an sie anschreibt, als vollständige Darstellung des Frequenzgangs der komplexen Größe angesehen werden kann.

Wir wollen als erstes Beispiel den Scheinwiderstand $\mathfrak{R}$ einer Reihenschaltung aus einem Widerstand R und einer Induktivität L durch eine Frequenzkurve in der komplexen Ebene darstellen. Da

$$\mathfrak{R} = R + \mathrm{j}\omega L, \tag{117. 1}$$

ist die reelle Koordinate x des darstellenden Punktes gleich R, also von der Frequenz unabhängig, die imaginäre Koordinate y dagegen gleich ωL, also der Frequenz proportional. Der Frequenzgang des Scheinwiderstandes $\mathfrak{R}$ wird daher dargestellt durch eine zur imaginären Achse parallele ganz im ersten Quadranten liegende gerade Linie, die von der imaginären Achse den Abstand R hat und mit einer gleichmäßigen Frequenzteilung versehen ist (Abb. 117. 1). Je höher die Induktivität, um so größer sind die Abstände der Teilstriche.

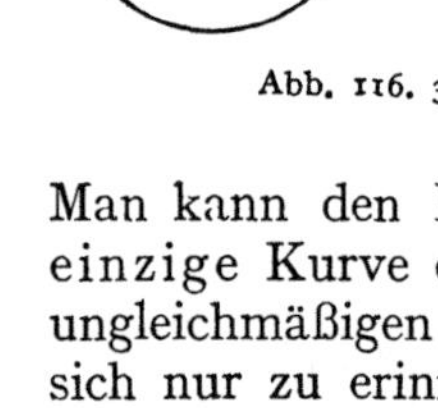

Abb. 117. 1.

Zieht man vom Nullpunkt aus eine Gerade unter einem Winkel von 45^0, so trifft sie die Frequenzteilung bei der Kreisfrequenz R/L. Ist z. B. $R = 17{,}5\,\Omega$, $L = 0{,}2$ H, so wird $R/L = 87{,}5$/s; man sieht sofort, daß ein solcher Widerstand bei Sprechfrequenzen, die ja viel höher liegen, bereits sehr nahe den Charakter einer reinen Induktivität hätte.

[1] Häufig spricht man schon bei der Bildung des Kehrwerts von „Inversion".

Als zweites Beispiel sei der Frequenzgang des Leitwertes $\mathfrak{G} = 1/\mathfrak{R}$ in der komplexen Ebene betrachtet. Da

$$\mathfrak{G} = \frac{1}{R + j\,\omega L} = \frac{R - j\,\omega L}{R^2 + \omega^2 L^2}, \tag{117.2}$$

sind die rechtwinkligen Koordinaten x und y des darstellenden Punktes (mit der Abkürzung $1/R = G$):

$$x = \frac{R}{R^2 + \omega^2 L^2} = \frac{G}{1 + \omega^2 G^2 L^2}, \tag{117.3}$$

$$y = -\frac{\omega L}{R^2 + \omega^2 L^2} = -\omega G L \cdot x. \tag{117.4}$$

Dies ist eine „Parameterdarstellung" der gesuchten Frequenzkurve mit der Frequenz ω als „Parameter". Entnimmt man der Gleichung (. 4) die Größe $\omega G L$ und setzt sie in (. 3) ein, so erhält man

$$x^2 + y^2 = G\,x; \tag{117.5}$$

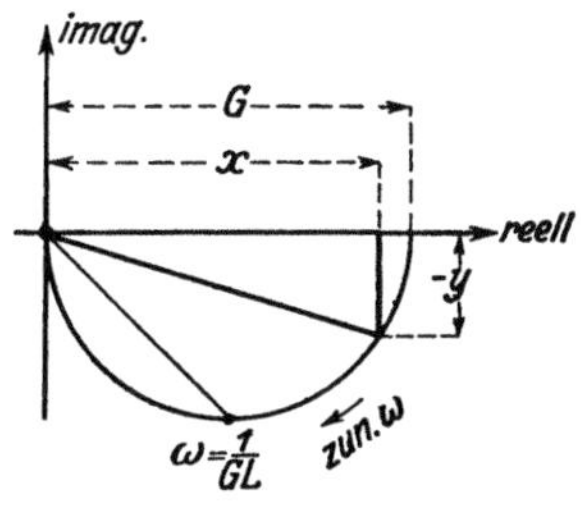

Abb. 117. 2.

d. h. der den Scheinleitwert darstellende Punkt läuft auf einem Halbkreis[1], der durch den Koordinatenanfang geht und dessen Mittelpunkt die Koordinaten $G/2$ und 0 hat (Abb. 117. 2). Dieser Halbkreis gibt, wenn er nach (. 4) mit einer Frequenzteilung versehen wird, ein vollständiges Bild von dem Frequenzgang des Scheinleitwerts. Abb. 117. 2 zeigt, daß der Winkel des Scheinleitwerts mit steigender Frequenz immer stärker negativ und sein Betrag (wegen der drosselnden Wirkung der Induktivität) immer kleiner wird. Ein negativer Winkel bei einem Leitwert bedeutet ja dasselbe wie ein positiver bei einem Widerstand.

Auch hier trifft ein Strahl, den man vom Nullpunkt unter einem Winkel von -45^0 gegen die Abszissenachse ausgehen läßt, nach (. 4) die Frequenzkurve gerade bei der ausgezeichneten Frequenz $\omega = 1/(GL) = R/L$; man erkennt, daß sich alle höheren Frequenzen auf der linken Hälfte des Halbkreises zusammendrängen. Die Frequenzteilung ist daher offenbar um so weiter, je kleiner der Widerstand R ist.

Liegt hinter der Induktivität noch eine Kapazität, ist also

$$\mathfrak{R} = R + j\left(\omega L - \frac{1}{\omega C}\right), \tag{117.6}$$

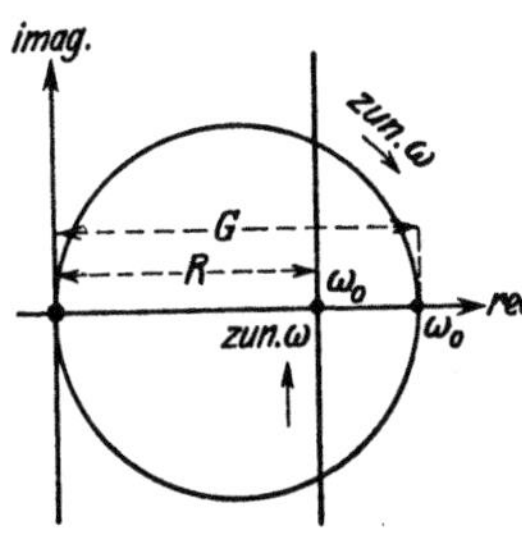

Abb. 117. 3.

so ist die Frequenzkurve des Widerstands nach wie vor eine gerade Linie (Abb. 117. 3). Diese erstreckt sich aber jetzt von Werten mit unendlich großer negativer imaginärer Komponente bis zu Werten mit unendlich großer positiver imaginärer Komponente; außerdem ist ihre Frequenzteilung ungleichmäßig. Das Geradenstück im vierten Quadranten trägt die Frequenzen unterhalb, das Geradenstück im ersten Quadranten die Frequenzen oberhalb der Scheinfrequenz ω_0.

Zwei Geraden, die man vom Nullpunkt aus unter den Winkeln $\pm 45^0$ zieht, schneiden aus der darstellenden Geraden die Halbwertsbreite aus (§ 111). In der Tat unterscheiden sich die beiden aus den Gleichungen $\omega L - 1/(\omega C) = \pm R$ folgenden Frequenzen um die Frequenz R/L in Übereinstimmung mit (111. 5).

[1] Der Halbkreis oberhalb der Abszissenachse ist nach (. 4) bedeutungslos, da die Frequenz nur positiv sein kann.

Ähnlich kann der Leitwert $\mathfrak{G} = 1/\mathfrak{R}$ in Abhängigkeit von der Frequenz wieder durch einen Kreis mit dem Durchmesser G dargestellt werden[1]. Nur fallen jetzt (Abb. 117. 3) die Frequenzen 0 und ∞ mit dem Nullpunkt des Systems zusammen, während die Scheinfrequenz dem Punkte G, 0 entspricht. Die tiefen Frequenzen liegen auf dem oberen, die hohen auf dem unteren Halbkreis. Aus dem Bild ist deutlich zu ersehen, daß für den Strom, der ja dem Leitwert proportional ist, die Scheinfrequenz zugleich die Bedeutung der Resonanzfrequenz hat. Da sich die Resonanzkurve um so spitzer erhebt, je geringer der Dämpfungswinkel ist, liegen die Frequenzpunkte in der Nähe der Scheinfrequenz bei kleiner Dämpfung weiter auseinander als bei großer.

Auch hier liefern zwei unter den Winkeln $\pm 45^0$ gezogene Geraden die Halbwertsbreite.

Die hier betrachteten Frequenzkurven sind besondere Fälle der auch in der Starkstromtechnik viel verwendeten „Ortskurven".

§ 118. Konstruktion der Leitwertkurve aus der Widerstandskurve. Die im vorigen Paragraphen rechnerisch abgeleitete Leitwertkurve kann auch durch fortgesetzte Anwendung der Polarenkonstruktion des § 116 gefunden werden (Abb. 118. 1). Punktweise entsteht so ein Kreis, der die gegebene Gerade in den beiden Punkten P und P^* schneidet, in denen sie auch von dem Inversionskreis geschnitten wird. Der Punkt D auf der reellen Achse ist das „Bild" des Punktes A; der Durchmesser OD des die Gerade abbildenden Kreises ist also nach § 116 gleich dem reziproken Wert des Abstandes OA der Geraden von der imaginären Achse, multipliziert mit dem Quadrate des Inversionshalbmessers.

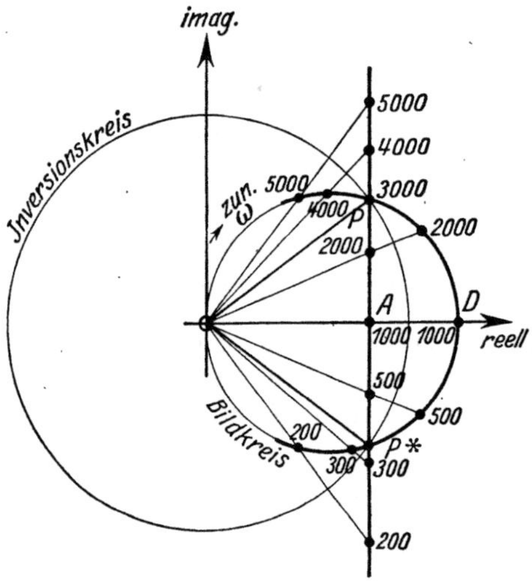

Abb. 118. 1.

Die Frequenzteilung des Bildkreises ergibt sich ebenfalls punktweise. Beachtet man, daß die durch die Polarenkonstruktion gefundenen Punkte[2] noch an der reellen Achse zu spiegeln sind, so erkennt man, daß die Frequenzen vom Nullpunkt bis wieder zum Nullpunkt im Sinn des Uhrzeigers wachsen, ganz wie wir es im vorigen Paragraph gefunden haben.

§ 119. Ortskurven, insbesondere Kreisdiagramme[3]. Die in den beiden vorhergehenden Paragraphen betrachteten Kurven sind besondere Fälle der in der Nachrichtentechnik so wichtigen Frequenzkurven in der komplexen Ebene. Diese sind im allgemeinsten Fall Veranschaulichungen für Funktionen von der Form $\mathfrak{W} = f(\mathfrak{A}, \mathfrak{B}, \mathfrak{C}, \ldots, \omega)$, wo die Größen $\mathfrak{A}, \mathfrak{B}, \mathfrak{C}, \ldots$ konstante komplexe Größen sind, ω aber die veränderliche Frequenz bedeutet.

Wir wollen in diesem Paragraphen das Problem insofern noch etwas allgemeiner fassen, als wir den Parameter ω als einen beliebigen reellen Parameter ansehen, bei dessen Veränderung die gesuchte Kurve durchlaufen wird. Er kann z. B. auch eine veränderliche Induktivität oder Kapazität bedeuten oder auch

[1] Die Gleichung (. 5) ist ja unabhängig von ωL, ändert sich also nicht, wenn man ωL durch $\omega L - 1/(\omega C)$ ersetzt.

[2] In Abb. 118. 1 sind nur diese auf dem Bildkreis aufgetragen.

[3] Vgl. Bloch, O.: Die Ortskurven der graphischen Wechselstromtechnik. Zürich 1917.

irgendeine Funktion der Frequenz, z. B. den in den Paragraphen 110 und 112 verwendeten Ausdruck $\eta - 1/\eta$.

Von besonderer Wichtigkeit für alle Anwendungen ist die durch eine gebrochene rationale Funktion 1. Grades

$$\mathfrak{W} = \frac{\mathfrak{A} + \mathfrak{B}\,\omega}{\mathfrak{C} + \mathfrak{D}\,\omega} \tag{119. 1}$$

dargestellte Kurve; wir wollen sie im folgenden etwas näher betrachten. Zur Vereinfachung bringen wir ihre Gleichung durch Division in die Form

$$\mathfrak{W} = \frac{\mathfrak{B}}{\mathfrak{D}} + \frac{\mathfrak{A} - \frac{\mathfrak{B}\,\mathfrak{C}}{\mathfrak{D}}}{\mathfrak{C} + \mathfrak{D}\,\omega} \tag{119. 2}$$

und untersuchen Schritt für Schritt deren geometrische Bedeutung.

Durch $\mathfrak{D}\omega$ zunächst wird offenbar eine Gerade von der Richtung des Vektors $\mathfrak{D} = |\mathfrak{D}|\,\angle\,\delta$ dargestellt, die durch den Nullpunkt der komplexen Ebene geht. Sie trägt eine gleichmäßige Frequenzteilung.

Auch der Funktion $\mathfrak{C} + \mathfrak{D}\omega$ entspricht eine Gerade (Abb. 119. 1); sie geht jedoch nicht mehr durch den Nullpunkt, sondern mit der Neigung des Vektors $\mathfrak{D}$ durch den Punkt $\mathfrak{C} = |\mathfrak{C}|\,\angle\,\gamma$. Ihre Teilung ist wie die der Geraden $\mathfrak{D}\omega$ gleichmäßig.

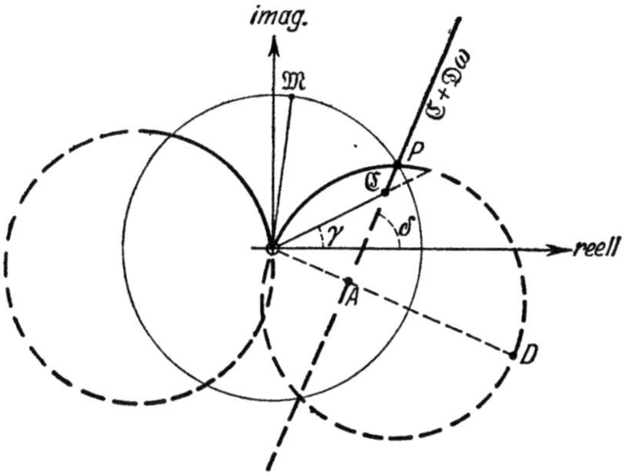

Abb. 119. 1.

Ist z. B. $\mathfrak{C} + \mathfrak{D}\,\omega = R + \mathrm{j}\omega L$, also $\mathfrak{C} = R$, $\mathfrak{D} = \mathrm{j}L$, $\gamma = 0^0$, $\delta = 90^0$, so ist die zugehörige Frequenzkurve eine zur imaginären Achse parallele Gerade durch den Punkt $\mathfrak{C}$ (R, 0) mit gleichmäßiger Frequenzteilung.

Der Bruch

$$\frac{\mathfrak{A} - \frac{\mathfrak{B}\,\mathfrak{C}}{\mathfrak{D}}}{\mathfrak{C} + \mathfrak{D}\,\omega} = \frac{\mathfrak{M}^2}{\mathfrak{C} + \mathfrak{D}\,\omega} \tag{119. 3}$$

wird durch den zu der Geraden $\mathfrak{C} + \mathfrak{D}\omega$ mit der Potenz $\mathfrak{M}$ inversen Kreis (oder Kreisbogen) durch den Nullpunkt der komplexen Ebene dargestellt (Abb. 119. 1). Durch den Zusatzvektor $\mathfrak{B}/\mathfrak{D}$ wird dieser Kreis in der komplexen Ebene noch um eine gewisse Strecke in einer bestimmten Richtung verschoben.

Die Funktion $\mathfrak{W}$ der Gleichung (. 1) durchläuft also bei Variation des reellen Parameters ω einen irgendwie in der komplexen Ebene liegenden, mit einer ω-Teilung versehenen Kreis[1].

Von besonderem Interesse ist in der Regel der Durchmesser des Bildkreises. Er ist nach § 118 gleich dem Kehrwert des kürzesten Abstandes OA (Abb. 119. 1) der Geraden $\mathfrak{C} + \mathfrak{D}\omega$ vom Nullpunkt, multipliziert mit dem Quadrat des Betrages der Potenz $\mathfrak{M}$. Für den kürzesten Abstand OA läßt sich aus Abb. 119. 1 der Wert

$$\overline{OA} = |\mathfrak{C}|\sin(\delta - \gamma) \tag{119. 4}$$

ablesen.

Für einen Leitwert $1/(R + \mathrm{j}\omega L)$ wird hiernach der kürzeste Abstand gleich R und der Durchmesser gleich $1/R = G$ in Übereinstimmung mit Abb. 117. 3.

[1] Schenkel, M.: Elektrotechn. Z. **22** (1901) S. 1044.

§ 120. Umbildung eines komplexen Widerstandes durch eine Reihen- oder Parallelschaltung. Wir wollen jetzt einige Fälle betrachten, wo der Parameter ω nicht die Frequenz bedeutet. Die allgemeine Aufgabe soll sein, zu untersuchen, wie sich der einen komplexen Widerstand $\mathfrak{R}$ in der komplexen Ebene darstellende Punkt verschiebt, wenn ihm ein Widerstand, eine Induktivität oder eine Kapazität vor- oder parallelgeschaltet wird.

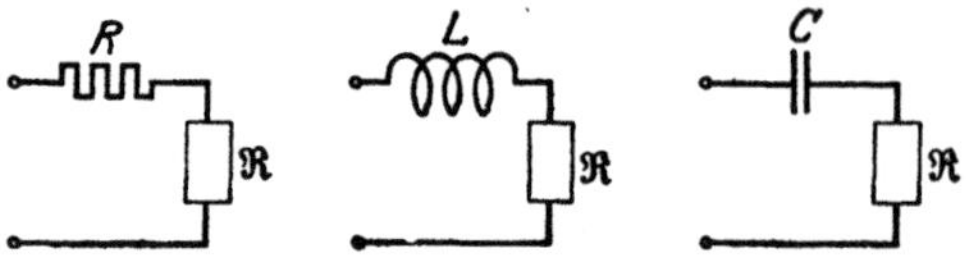

Abb. 120. 1.

Wir beginnen mit der Reihenschaltung (Abb. 120. 1). Nennen wir den Scheinwiderstand des durch die Zuschaltung entstehenden Zweipols $\mathfrak{W}$, so ist ohne weiteres klar, daß sich der Punkt $\mathfrak{W}$ (vgl. Abb. 120. 2) von dem Punkt $\mathfrak{R}$ aus bei Vorschaltung eines allmählich zunehmenden Widerstandes horizontal nach rechts, bei Vorschaltung einer allmählich zunehmenden Induktivität dagegen senkrecht nach oben verschiebt. Auch bei Vorschaltung einer Kapazität wandert der Punkt $\mathfrak{W}$ auf einer Vertikalen, aber mit a b n e h m e n d e r Kapazität von dem Punkte $\mathfrak{R}$ aus nach u n t e n. Diese Ergebnisse

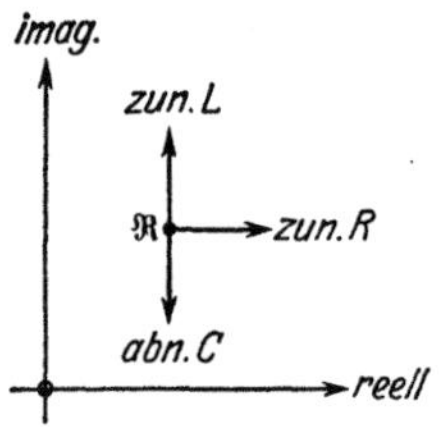

Abb. 120. 2.

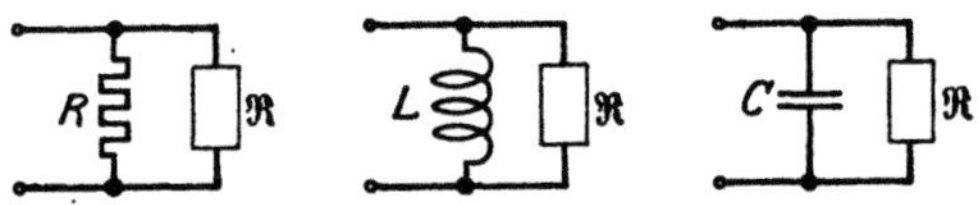

Abb. 120. 3.

stehen mit dem Inhalt des vorigen Paragraphen nicht in Widerspruch, weil die geraden Linien als Kreise mit unendlich großem Radius aufgefaßt werden können.

Etwas verwickelter liegen die Verhältnisse bei den Parallelschaltungen (Abb. 120. 3). Schalten wir dem komplexen Widerstand $\mathfrak{R}$ einen veränderlichen reinen Widerstand R parallel, so läßt sich der Scheinwiderstand $\mathfrak{W}$ durch Erweitern mit $\mathfrak{R}^*/R$ [vgl. Anhang (8. 1)] in die Form

$$\mathfrak{W} = \frac{R\,\mathfrak{R}}{R + \mathfrak{R}} = \frac{|\mathfrak{R}|^2}{\mathfrak{R}^* + |\mathfrak{R}|^2/R} \qquad (120.\ 1)$$

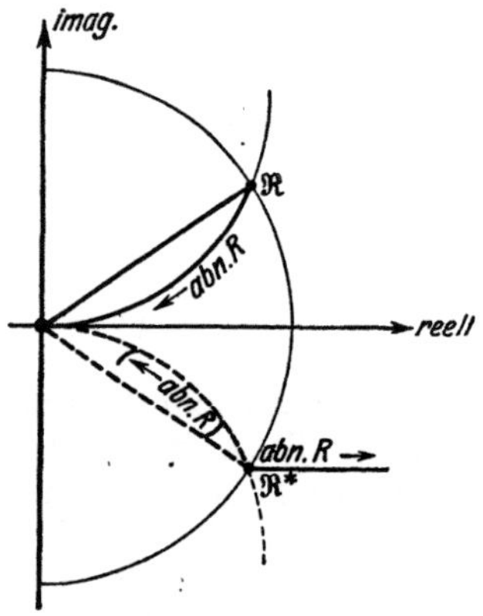

Abb. 120. 4.

bringen. Der Nenner läuft bei Verkleinerung von R auf einer von dem Punkt $\mathfrak{R}^*$ ausgehenden horizontalen geraden Linie (Abb. 120. 4). Invertiert man diese gemäß (. 1) mit $|\mathfrak{R}|$ als Potenz, so erhält man einen auf der imaginären Achse reitenden Kreis durch den Nullpunkt; auf diesem läuft der Scheinwiderstand $\mathfrak{W}$, wenn man den Parallelwiderstand R abnehmen läßt, von $\mathfrak{R}$ aus in den Nullpunkt hinein[1]. Man nennt den Kreis auch den „Resistanzkreis" (Wirkkreis) durch $\mathfrak{R}$.

Ist dem komplexen Widerstand $\mathfrak{R}$ dagegen eine I n d u k t i v i t ä t parallel geschaltet, so setzt man ähnlich wie vorher

$$\mathfrak{W} = \frac{\mathrm{j}\,\omega L\,\mathfrak{R}}{\mathrm{j}\,\omega L + \mathfrak{R}} = \frac{|\mathfrak{R}|^2}{\mathfrak{R}^* - \mathrm{j}\,\dfrac{|\mathfrak{R}|^2}{\omega L}}. \qquad (120.\ 2)$$

Hier wird der Nenner bei veränderlicher Induktivität L dargestellt durch eine

[1] In den Abbildungen sind Angaben, die sich auf die dem Betrage nach invertierte, aber noch nicht gespiegelte Kurve beziehen, in Klammern gesetzt.

von dem Punkt $\mathfrak{R}^*$ aus senkrecht nach unten laufende Linie (Abb. 120. 5); und zwar liegen die niedrigen Werte der auf ihr anzubringenden Induktivitätsteilung im Unendlichen, die hohen in der Nähe von $\mathfrak{R}^*$. Invertiert man wieder mit der Potenz $|\mathfrak{R}|$, so erhält man als Bild der Geraden das in der Abbildung dick ausgezogene Bogenstück eines auf der x-Achse reitenden Kreises durch den Nullpunkt. Schaltet man also einem Widerstand $\mathfrak{R}$ eine Induktivität von abnehmender Größe parallel, so wandert der Scheinwiderstand $\mathfrak{W}$ von dem Punkte $\mathfrak{R}$ aus auf dem angegebenen Kreis entgegengesetzt dem Uhrzeiger in den Nullpunkt hinein.

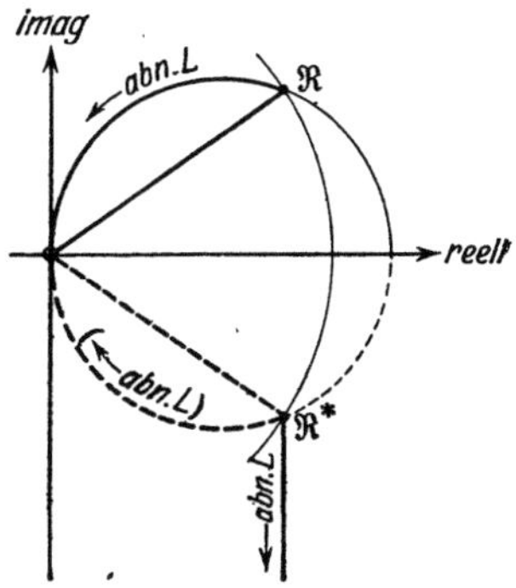

Abb. 120. 5.

Ähnlich setzt man bei der Parallelschaltung einer Kapazität[1]

$$\mathfrak{W} = \frac{\mathfrak{R}}{1 + j\omega C \mathfrak{R}} = \frac{|\mathfrak{R}|^2}{\mathfrak{R}^* + j\omega |\mathfrak{R}|^2 C}. \qquad (120.3)$$

Jetzt hat man eine Gerade zu invertieren, die von dem Punkte $\mathfrak{R}^*$ aus senkrecht nach oben läuft (Abb. 120. 6). Man erkennt, daß jetzt bei zunehmender Kapazität der Punkt $\mathfrak{W}$ von $\mathfrak{R}$ aus auf demselben Kreise wie vorher im Sinne des Uhrzeigers in den Nullpunkt hineinläuft.

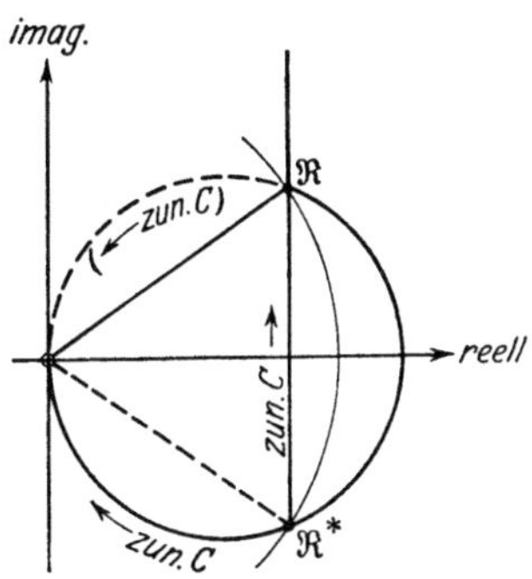

Abb. 120. 6.

Man nennt den auf der reellen Achse reitenden durch den Nullpunkt gehenden Kreis auch den „Reaktanzkreis“ (Blindkreis) durch $\mathfrak{R}$.

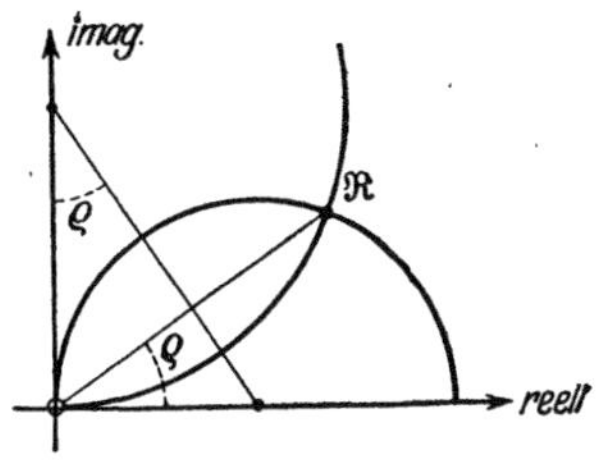

Abb. 120. 7.

Der Resistanzkreis und der Reaktanzkreis können zu jedem gegebenen Widerstand $\mathfrak{R}$ ohne weiteres gezeichnet werden, da ihre Mittelpunkte dort liegen, wo die Mittelsenkrechte des Vektors $\mathfrak{R}$ die Achsen schneidet (Abb. 120. 7). Bezeichnet man den Winkel von $\mathfrak{R}$ mit ϱ, so ist der Halbmesser des Resistanzkreises gleich $|\mathfrak{R}|/(2 \sin \varrho)$, der des Reaktanzkreises gleich $|\mathfrak{R}|/(2 \cos \varrho)$.

§ 121. Umwandlung einer Reihenschaltung in eine Parallelschaltung (und umgekehrt). Es sei ähnlich wie im § 115 eine Reihenschaltung eines Wirkwiderstandes r und eines Blindwiderstandes X gegeben, und es werde nach der Parallelschaltung r', X' gefragt, an der der gleiche Scheinwiderstand $\mathfrak{R} = r + jX$ gemessen wird. Die Lösung ergibt sich aus § 120: Schaltet man dem Blindteil X' den Wirkteil r' parallel, so läuft der auf der imaginären Achse liegende Punkt X' (Abb. 121. 1) auf einem Wirkkreis in den Punkt $\mathfrak{R}$ hinein; schaltet man dagegen dem Wirkteil r' einen Blindteil X' parallel, so läuft der auf der reellen Achse liegende Punkt r' auf einem Blindkreis in den Punkt $\mathfrak{R}$ hinein. Dieser ist also der Schnittpunkt der beiden Kreise, und man kann daher wie am Schluß von § 120 zu gegebenem $\mathfrak{R}$

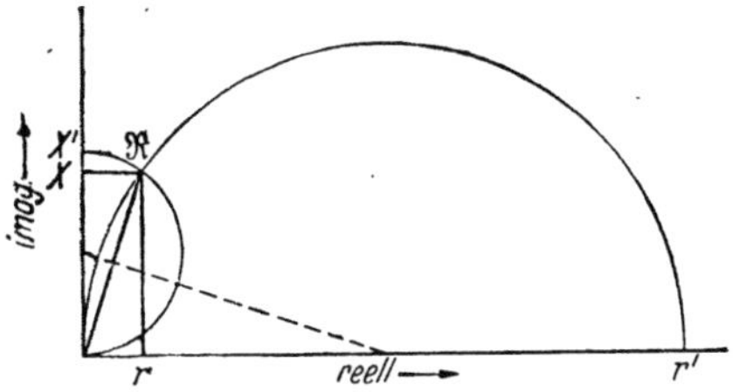

Abb. 121. 1.

[1] Die Gleichung läßt sich nach § 105 sofort hinschreiben.

die beiden Kreise konstruieren, die die Achsen in den gesuchten Punkten r' und X' treffen.

In der Tat ist nach einem bekannten Satz die Strecke $\overline{O\mathfrak{R}}$ gleich dem geometrischen Mittel sowohl von r und r', wie von X und X'; die daraus folgenden Beziehungen

$$r^2 + X^2 = r\,r' = X\,X' \tag{121. 1}$$

enthalten aber als besondere Fälle die Gleichungen (115. 3).

§ 122. Widerstandsmessung mit der Brücke. Bei der Wechselstrombrücke (Abb. 122. 1) verschwindet der Brückenstrom, wenn die vier komplexen Seitenwiderstände $\mathfrak{R}_1$, $\mathfrak{R}_2$, $\mathfrak{R}_3$, $\mathfrak{R}_4$ der Brückenbedingung

$$\frac{\mathfrak{R}_4}{\mathfrak{R}_3} = \frac{\mathfrak{R}_2}{\mathfrak{R}_1} \tag{122. 1}$$

genügen. Diese besteht als Gleichung zwischen komplexen Größen aus zwei Teilbedingungen, einer für die reellen und einer für die imaginären Bestandteile oder auch: einer für die Beträge und einer für die Winkel.

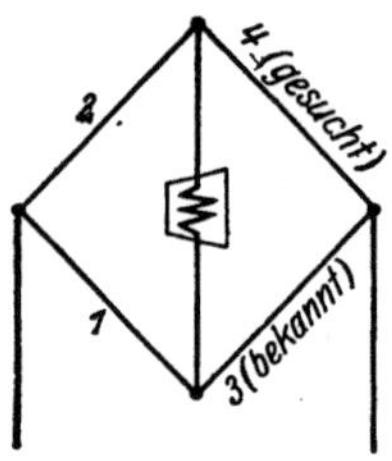

Abb. 122. 1.

Der bekannte Widerstand werde etwa durch $\mathfrak{R}_3$, der gesuchte durch $\mathfrak{R}_4$ dargestellt. Jener wird häufig wie in Abb. 122. 2 ausgebildet. Ist dann der unbekannte Widerstand gleich $R_4 + \mathrm{j}\,X_4$ und macht man $\mathfrak{R}_1 = \mathfrak{R}_2$, so gelten die Gleichungen

$$R_4 = R_3 + r_3 \quad \text{und} \quad X_4 = \omega L_3 - \frac{1}{\omega (C_3 + c_3)}. \tag{122. 2}$$

Die Einstellungen der Wechselstrombrücke hängen stark ab von den Leitwerten unberechenbarer dielektrischer Nebenschlüsse, insbesondere nach benachbarten Leitern. In der Abb. 122. 3 sind solche Nebenschlüsse durch vier an die Eckpunkte A, B, C, D angeschlossene „Erdkapazitäten" angedeutet. Durch eine von K. W. Wagner[1] angegebene Zusatzschaltung gelingt es, diese Fehlerquelle zu beseitigen. Man variiert die Brückenwiderstände und den in Abb. 122. 3 gezeichneten Hilfszweig[2] so lange, bis die beiden Telephone T_1 und T_2 schweigen. Dann sind die Punkte C, D, E auf dem Potential der Erde, die Kapazitäten bei C und D bleiben also unwirksam. Die Kapazitäten bei A, B anderseits gehören überhaupt nicht zu dem Brückenviereck, sind also auf die Einstellung ebenfalls ohne Einfluß.

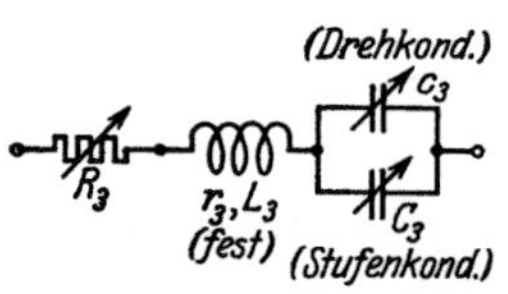

Abb. 122. 2.

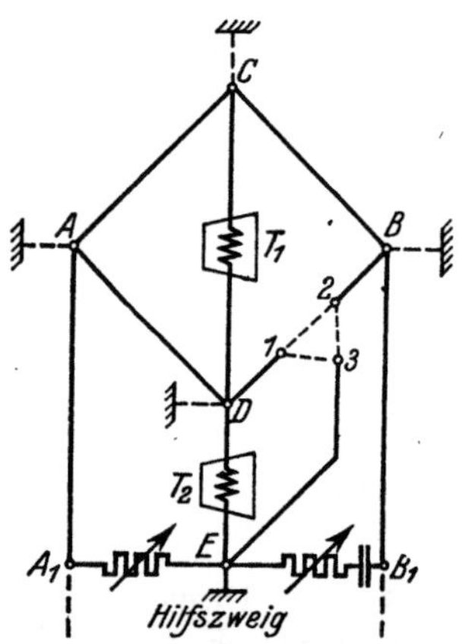

Abb. 122. 3.

§ 123. Frequenzbrücke. Schaltet man in eine Wechselstrombrücke nur bekannte Widerstände, Induktivitäten und Kapazitäten, so kann man aus den Werten, die man diesen Elementen geben muß, um die Brücke ins Gleichgewicht zu setzen, auf die Frequenz der benutzten Stromquelle schließen.

Besonders einfach ist die Brücke nach Robinson[3]. Man schaltet (Abb. 123. 1) je einen Widerstand und eine Kapazität in die Zweige *3* und *4*, und zwar in den

---

[1] Wagner, K. W.: Elektrotechn. Z. 32 (1911) S. 1001.
[2] Die Verbindungen *13*, *23* und *3 E* denke man sich weg.
[3] Robinson, C.: Post Off. electr. Engrs. J. 16 Nr. 2 (1923) S. 17.

Kreis *3* parallel zueinander, in den Kreis *4* in Reihe. Unter den Voraussetzungen $R_3 = R_4 = R$ und $C_3 = C_4 = C$ ergibt die Brückenbedingung ($n = R_2/R_1$):

$$R + \frac{1}{j\omega C} = n \frac{R}{1 + j\omega R C}. \qquad (123.1)$$

Man trennt das Imaginäre von dem Reellen und erhält

$$1 - \omega^2 R^2 C^2 = 0 \quad \text{und} \quad 2 = n. \qquad (123.2)$$

Führt man also den Leitwert $G = 1/R$ ein, so berechnet sich ω nach der Gleichung

$$\omega = \frac{G}{C}. \qquad (123.3)$$

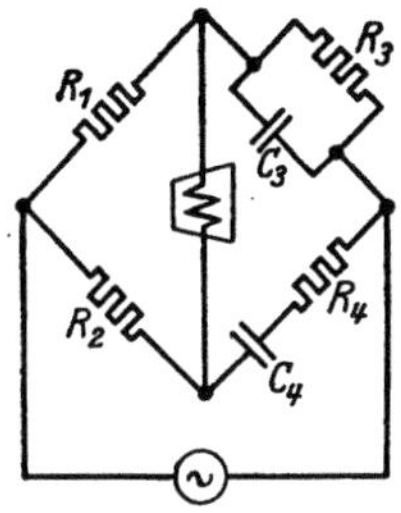

Abb. 123. 1.

Man wählt das Brückenverhältnis 2, eicht die Widerstände R_3 und R_4 bei festem C als Leitwerte (§ 12) und sorgt durch eine mechanische Kopplung dafür, daß sie dauernd gleich groß sind.

§ 124. Kompensationsmethoden. Frankesche Maschine. Bei Niederfrequenzmessungen wird häufig das Prinzip der Kompensation benutzt (§ 17). Es ist nur anwendbar, wenn die Frequenzen der beiden verwendeten Wechselstromquellen genau übereinstimmen; außerdem müssen im allgemeinen sowohl die Beträge wie die Winkel der Spannungen geändert werden, wenn die „Fühldrähte" stromlos werden sollen, was meist mit einem Telephon festgestellt wird.

Die Frankesche Maschine[1] ist ein Doppel-Wechselstromgenerator. Sein einer Anker kann mehr oder weniger in das ihm zugeordnete magnetische Drehfeld eingeführt, sein anderer um die Achse der Maschine gedreht werden. Man kann daher den Effektivwert der von dem ersten Anker gelieferten Leerlaufspannung und — unabhängig davon — den Winkel der von dem zweiten Anker gelieferten Leerlaufspannung stetig und meßbar verändern. Während man die Drehung des Spannungsvektors unmittelbar im Gradmaß ablesen kann, muß die Maschine hinsichtlich der Beträge eingemessen (geeicht) werden.

Das Kompensationsverfahren kann zunächst zum Vergleich von Wechselspannungen verwendet werden. Die eine Spannung $\mathfrak{U}_1$ sei z. B. (Abb. 124. 1) die Spannung am Eingang einer Leitung, die andere $\mathfrak{U}_2$ die Spannung an ihrem Ausgang. Man speist die Schaltung mit dem „Phasenanker" einer Frankeschen Maschine und kompensiert mit dem Betragsanker. Dann entspricht jeder der beiden Spannungen eine bestimmte Eintauchtiefe und eine bestimmte Stellung der Phasentrommel. Die Phasendifferenz zwischen $\mathfrak{U}_1$ und $\mathfrak{U}_2$ ergibt sich daraus unmittelbar; das Verhältnis der Beträge aus der Einmeßtafel des Betragsankers.

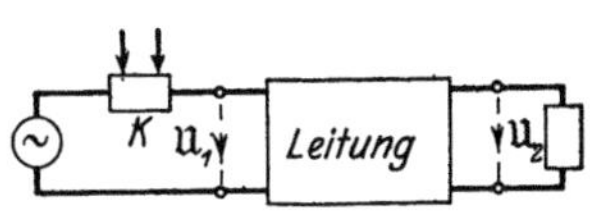

Abb. 124. 1.

Gewöhnlich mißt man diesen jedesmal von neuem ein, indem man die Bruchteile eines reinen Widerstandes (Kompensationsapparats) K sucht, an denen die Spannungen $|\mathfrak{U}_1|$ und $|\mathfrak{U}_2|$ liegen.

Soll ein Scheinwiderstand $\mathfrak{W}$ (Abb. 124. 2) gemessen werden, so schaltet man ihn in Reihe mit einem Kompensationsapparat K und speist ihn mit dem Phasenanker. Dann kompensiert man mit dem Betragsanker erst an $\mathfrak{W}$, dann — bei ungeänderter Stellung

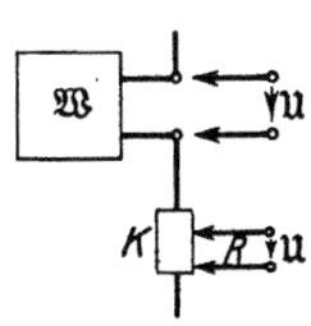

Abb. 124. 2.

[1] Franke, A.: Elektrotechn. Z. 12 (1891) S. 448.

des Eintauchtriebes, aber um einen Winkel φ gedrehter Phasentrommel — an einem geeigneten Teil R von K. Da die Fühldrähte keinen Strom aufnehmen, hat der die Widerstände durchfließende Strom bei beiden Kompensationen ($\mathfrak{J}$ und $\mathfrak{J}'$) die gleiche Stärke. Der zu messende Scheinwiderstand ergibt sich daher aus:

$$\mathfrak{W} = \frac{\mathfrak{J}' R}{\mathfrak{J}} = R_{\angle\varphi}. \tag{124. 1}$$

§ 125. **Phasenbrücke.** Bei einer Brücke, die gemäß Abb. 125. 1 geschaltet ist, gilt für die Leerlaufspannung zwischen den Punkten *3* und *4* nach der Spannungsteilergleichung

$$\mathfrak{U}^l_{34} = \mathfrak{U}_{31} + \mathfrak{U}_{14} = \left(-\frac{R}{R + \frac{1}{j\,\omega C}} + \frac{1}{j\,\omega C\left(R + \frac{1}{j\,\omega C}\right)}\right)\mathfrak{U}_{12}$$

$$= \frac{1 - j\,\omega R C}{1 + j\,\omega R C}\,\mathfrak{U}_{12} = \mathfrak{U}_{12\angle\,-\,2\,\mathrm{arc\,tg}\,\omega R C}\,. \tag{125. 1}$$

Legt man also an die Klemmen *1* und *2* eine Spannung $\mathfrak{U}_{12}$, so kann man an den Klemmen *3* und *4*, wenn man R (oder C) veränderbar macht, eine Leerlauf-

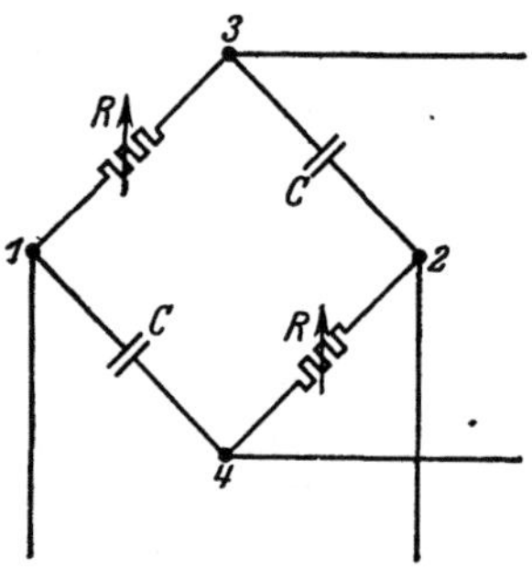

Abb. 125. 1.

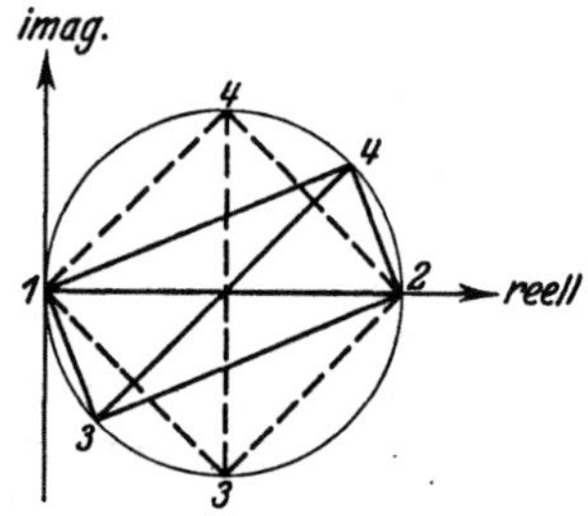

Abb. 125. 2.

spannung des gleichen Betrags, aber beliebig einstellbaren Winkels abnehmen. Das Diagramm Abb. 125. 2 veranschaulicht die Methode. Macht man noch — etwa mit Hilfe eines Spannungsteilers aus reellen Widerständen — die Spannung $\mathfrak{U}_{12}$ dem Betrage nach veränderbar, so hat man eine Anordnung, die wie die Frankesche Maschine eine nach Betrag und Winkel veränderbare Fühldrahtspannung liefert.

5. Abschnitt.

Schaltvorgänge.

§ 126. **Telephonie und Telegraphie.** Mit Wechselströmen, wie sie im 4. Abschnitt behandelt worden sind, hat es vor allem die Telephonie zu tun. Die Klänge und Geräusche, die durch sie übermittelt werden sollen, sind zwar keine Sinusschwingungen, können aber doch wenigstens in erster Näherung als Aneinanderreihung periodischer Vorgänge aufgefaßt werden.

In der Telegraphie dagegen arbeitet man mit Gleich- oder Wechselströmen, die in einer unregelmäßigen, nichtperiodischen zeitlichen Folge geschlossen und unterbrochen werden. Die Telegraphie muß daher von einer Theorie der Ein- und Ausschaltvorgänge ausgehen.

Die komplexe Rechnung, die ja auf der Voraussetzung beruht, daß die Ströme und Spannungen sinusartig wechseln, kann zur Berechnung der Ein- und Ausschaltvorgänge nicht ohne weiteres verwendet werden. Die Theorie dieser Vorgänge wird damit mathematisch verwickelter als die der andauernden Schwingungen.

In diesem Abschnitt sollen nur die einfachsten bei Schaltvorgängen auftretenden Erscheinungen untersucht werden.

§ 127. Kreis mit Widerstand und Induktivität; Einschaltvorgang. Wir beginnen mit dem besonders einfachen Fall eines Kreises mit Widerstand R und Induktivität L (Abb. 127. 1) — z. B. eines Kreises mit einem Morseapparat oder einem Relais — und untersuchen zunächst den Einschaltvorgang.

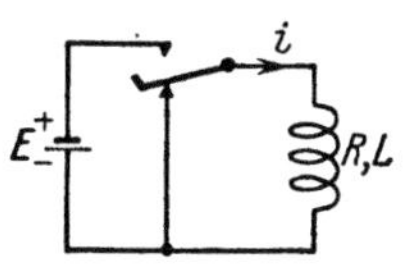

Abb. 127. 1.

Nach dem Ohmschen Gesetz gilt vom Zeitpunkt des Einschaltens $t = 0$ ab, also für positive Zeiten:

$$E = R\,i + L\frac{\mathrm{d}i}{\mathrm{d}t}. \tag{127.1}$$

Diese „nichthomogene lineare Differentialgleichung 1. Ordnung mit konstanten Koeffizienten" läßt sich integrieren, wenn man

$$R\,i - E = R\,i' \tag{127.2}$$

setzt; dann ist $\mathrm{d}i/\mathrm{d}t = \mathrm{d}i'/\mathrm{d}t$, und wir erhalten für die Hilfsgröße i' die „homogene" Differentialgleichung:

$$-R\,i' = L\frac{\mathrm{d}i'}{\mathrm{d}t}$$

oder

$$-R\,\mathrm{d}t = L\frac{\mathrm{d}i'}{i'}. \tag{127.3}$$

Ihr Integral ist:

$$-R\,t = L\ln i' - L\ln c_1 = L\ln\frac{i'}{c_1}, \tag{127.4}$$

wo c_1 und damit auch $L \ln c_1$ eine noch zu bestimmende „Integrationskonstante" bedeutet. Geht man zur Exponentialfunktion über, so erhält man

$$i = i' + \frac{E}{R} = \frac{E}{R} + c_1 e^{-\frac{R}{L}t}. \tag{127.5}$$

Die Konstante c_1 ergibt sich aus der Bedingung, daß der Kreis im Augenblicke $t = 0$ noch stromlos sein soll:

$$0 = \frac{E}{R} + c_1;$$

die Gleichung für den Strom nimmt daher schließlich die Form an:

$$i = \frac{E}{R}\left(1 - e^{-\frac{R}{L}t}\right). \tag{127.6}$$

Hiernach erreicht i den Gleichstromwert E/R erst nach unendlich langer Zeit. Mit einer solchen Angabe ist jedoch nichts anzufangen; von Interesse ist nur die Raschheit des Anstiegs. Für diese erhält man nach Abb. 127. 2, die den zeitlichen Verlauf des Stroms nach (. 6) darstellt, ein brauchbares Maß, wenn man im Koordinatenanfang eine Berührende an die Stromkurve legt und die Zeit τ angibt, nach deren Ablauf sie die Horizontale durch den Endwert E/R schneidet (Punkt P). Aus der Zeichnung ergibt sich[1]

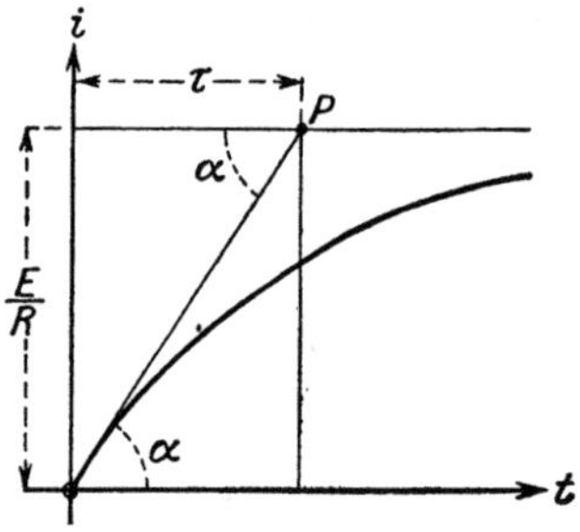

Abb. 127. 2.

$$\tau = \frac{E}{R} \operatorname{ctg} \alpha, \tag{127. 7}$$

also, da $\operatorname{tg} \alpha = (\mathrm{d}i/\mathrm{d}t)_{t=0} = E/L$,

$$\tau = \frac{E}{R} \frac{L}{E} = \frac{L}{R}. \tag{127. 8}$$

Die Zeit τ heißt die „Zeitkonstante" des Kreises. Je größer die Induktivität ist, um so langsamer erreicht der Strom seinen Endwert.

Statt der Zeitkonstante kann man auch die Zeit angeben, nach deren Ablauf der Strom nur noch um 1% oder 1‰ unter seinem Endwert liegt. Nach den Ansätzen

$$\mathrm{e}^{-\frac{t}{\tau}} = 0{,}01 \quad \text{oder} \quad 0{,}001$$

sind diese Zeiten gleich $4{,}6\,\tau$ und $6{,}9\,\tau$. Umgekehrt ist zur Zeit $t = \tau$ die Exponentialfunktion erst auf $1/\mathrm{e} = 36{,}8\,\%$ abgefallen.

Man kann das Anwachsen des Stroms nach dem Anschalten einer konstanten elektromotorischen Kraft auch als Überlagerung zweier Vorgänge deuten und sich vorstellen, daß sich zwar sofort der verlangte Endwert E/R einstellt, daß sich ihm aber noch ein „flüchtiger" Vorgang überlagert, der mit der Konstante τ exponentiell verklingt. Auf der rechten Seite von (. 6) bedeutet das erste Glied den beständigen, das zweite den flüchtigen Vorgang.

§ 128. Beliebiger Augenblick der Einschaltung. Wenn wir vorausgesetzt haben, daß die elektromotorische Kraft E im Zeitpunkt $t = 0$ eingeschaltet wird, so bedeutet dies eine Vereinfachung, aber keine wesentliche Beschränkung. Denn schaltet man im Augenblicke $t = t_1$ ein, so muß der Vorgang natürlich von diesem Zeitpunkt ab ($t > t_1$) ebenso verlaufen wie vorher von $t = 0$ ab. Beziehen wir also die Zeit t' auf den Zeitpunkt t_1 als Nullpunkt (Abb. 128. 1), so gilt

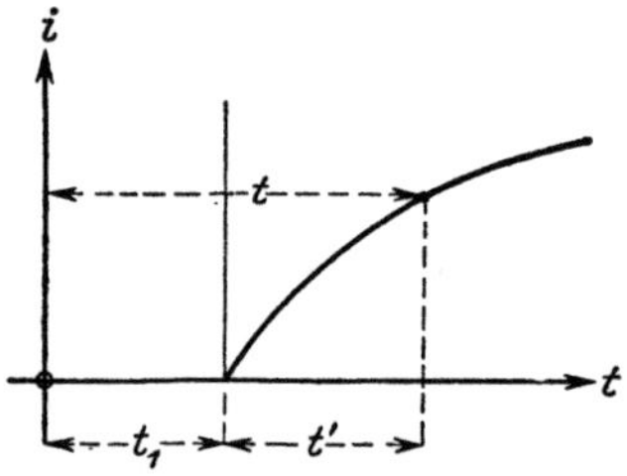

Abb. 128. 1

$$t' = t - t_1$$

und für Zeiten $t > t_1$

$$i = \frac{E}{R}\left(1 - \mathrm{e}^{-\frac{t'}{\tau}}\right) = \frac{E}{R}\left(1 - \mathrm{e}^{-\frac{t-t_1}{\tau}}\right). \tag{128. 1}$$

In der Tat wird jetzt z. B. $i = 0$ für $t = t_1$.

§ 129. Abschaltung einer konstanten elektromotorischen Kraft ohne Öffnung des Stromkreises. Schaltet man eine konstante elektromotorische Kraft zur Zeit $t = 0$ plötzlich ab, ohne den Kreis zu unterbrechen, so gilt die Differentialgleichung

$$0 = R\,i + L\frac{\mathrm{d}i}{\mathrm{d}t}. \tag{129. 1}$$

Da jetzt der Strom abnimmt, also $\mathrm{d}i/\mathrm{d}t$ negativ ist, wirkt der Energieinhalt der Spule wie eine Energiequelle von dem Antriebssinn von E; infolgedessen fließt der Strom noch eine geraume Zeit weiter. Nennt man den anfänglichen Strom i_0,

[1] Bei geeigneter Wahl der Einheiten und Zeichnungsmaßstäbe.

so lautet das Integral der Gleichung (. 1), da sie von vornherein homogen ist,

$$i = i_0 \, e^{-\frac{t}{\tau}}. \tag{129. 2}$$

Der Strom nimmt hiernach (Abb. 129. 1) mit einer Raschheit, die wieder durch den reziproken Wert der Zeit $\tau = L/R$ gemessen werden kann, von i_0 auf Null

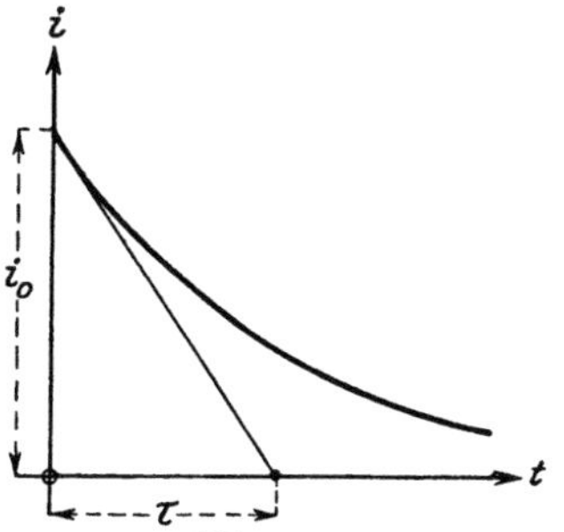

Abb. 129. 1.

Abb. 129. 2.

ab. Der beständige Vorgang ist jetzt „$i = 0$"; ihm ist der flüchtige Vorgang $i = i_0 \, e^{-\frac{t}{\tau}}$ überlagert.

Beim Telegraphieren mit Arbeitsstrom (Abb. 129. 2) wird bei der Ausschaltung die sendende Batterie durch den Widerstand des eigenen Telegraphenapparats ersetzt; der Stromkreis bleibt also (von den Schwebelagen der Taste abgesehen) wie hier vorausgesetzt, geschlossen.

§ 130. Telegraphierzeichen. Wird eine elektromotorische Kraft abwechselnd an- und abgeschaltet, wie es beim Telegraphieren mit „Einfachstrom" der Fall ist, so überlagern sich die in dem letzten Paragraphen berechneten Ein- und Ausschaltvorgänge; denn man kann jede Ausschaltung als Einschaltung einer negativen elektromotorischen Kraft — unter Fortdauer aller früheren An- und Abschaltungen — auffassen.

Hiernach lassen sich die Stromkurven von Telegraphierzeichen leicht konstruieren. Man erkennt, daß sie nur bei sehr kleiner Zeitkonstante und im Verhältnis zu ihr großer Zeichendauer ein annähernd treues Bild des rechteckigen Zeitverlaufs der elektromotorischen Kraft darstellen.

Auch rechnerisch kann man solche Kurven leicht zusammensetzen. Es werde z. B. ein Morsepunkt (oder ein Morsestrich) von der Dauer $\tau_0 = t_2 - t_1$ getastet. Dann gilt nach (128. 1)

für $t_1 < t < t_2$:

$$i = \frac{E}{R}\left(1 - e^{-\frac{t-t_1}{\tau}}\right), \tag{130. 1}$$

für $t_2 < t$:

$$i = \frac{E}{R}\left(1 - e^{-\frac{\tau_0}{\tau}}\right) e^{-\frac{t-t_2}{\tau}}. \tag{130. 2}$$

Abb. 130. 1, die für $\tau_0 = \tau$ gezeichnet ist, zeigt, daß man bei einem solchen Punkt- oder Strichzeichen trotz der starken „Verzerrung" die Anzugs- und die Abfalldurchflutung des Farbschreibers oder des Relais so einstellen kann, daß weder die Niederschrift auf dem Morsestreifen noch der durch das Relais ausgelöste Strom merklich verzerrt ist.

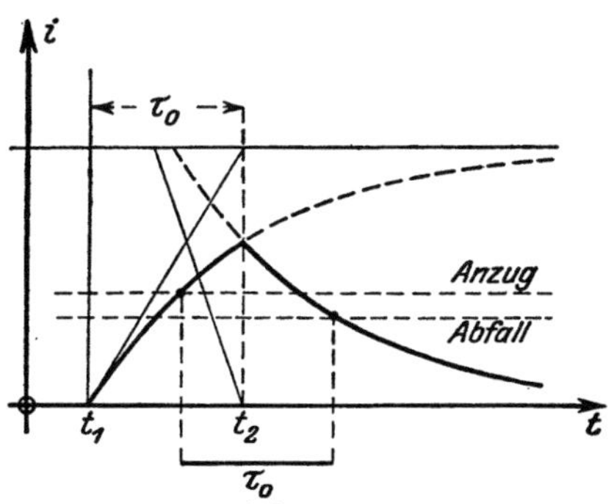

Abb. 130. 1.

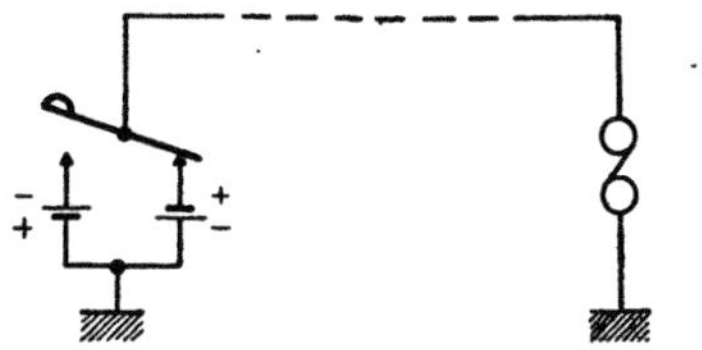

Abb. 130. 2.

Beim „Doppelstrom"-Betrieb (Abb. 130. 2) fließt während der Zeichenabschnitte Strom in der einen, während der Trennabschnitte Strom in der entgegengesetzten Richtung. Man kann in diesem Falle den Verlauf des Telegraphierstroms konstruieren, indem man einer konstanten elektromotorischen Kraft E negative und positive elektromotorische Kräfte vom Betrage $2E$ überlagert.

§ 131. Schrittgeschwindigkeit. Von der Dauer τ_0 des kürzesten Zeichenelements, des „Schrittes", hängt die Zahl n der in der Zeiteinheit übermittelten Zeichen ab. Beim Morsebetrieb rechnet man für jeden Strich $3\tau_0$, für die Abschnitte zwischen Strichen und Punkten desselben Zeichens τ_0, für die Abschnitte zwischen Zeichen $3\tau_0$, zwischen Wörtern $5\tau_0$. Durch das Wort „Zeichen" sind dabei Buchstaben, Ziffern und Satzzeichen zusammengefaßt.

Im Durchschnitt kann man beim Morsebetrieb für das Zeichen die Zeitdauer $8{,}5\,\tau_0$ rechnen; die Zahl n ist daher annähernd gleich $1/(8{,}5\,\tau_0)$. Mit einer Schrittdauer τ_0 von 50 ms z. B. erhält man 2,4 Zeichen/s oder 140 Zeichen/min.

Bezeichnet man bei einem beliebigen Telegraphenapparat mit z die Zahl der Schritte, die (im Durchschnitt) auf ein Zeichen fallen, so ist offenbar allgemein

$$n z \tau_0 = 1. \qquad (131.1)$$

Für den praktischen Betrieb kommt es auf die Zahl n an. Die elektrischen Vorgänge auf den Leitungen dagegen hängen hauptsächlich von der Dauer τ_0 des einzelnen Schrittes ab. Unter der „Schrittgeschwindigkeit" versteht man ihren reziproken Wert, d. h. die Zahl der Schritte (kürzesten Stromimpulse) in der Zeiteinheit. Bezieht man $1/\tau_0$ auf die Sekunde, so schreibt man die Einheit „Baud" hinzu (nach dem Erfinder des Baudot-Apparats). Die Schreibgeschwindigkeit ist also gleich der Schrittgeschwindigkeit geteilt durch z:

$$n = \frac{1/\tau_0}{z} = 60 \cdot \frac{1}{z} \, \frac{1/\tau_0}{\text{Baud}} \, \frac{\text{Zeichen}}{\text{min}}. \qquad (131.2)$$

Ob eine bestimmte Schrittgeschwindigkeit $1/\tau_0$ auf einer Leitung ohne Verstümmelung der Telegramme erreicht werden kann, hängt nicht nur von der Art des Apparates und bei Handbetrieb von der Geschicklichkeit des Telegraphisten ab, sondern sehr wesentlich auch von den Eigenschaften des Übertragungssystems.

Aus einer Reihe von Gründen, auf die wir später eingehen werden (§ 432), sieht man in einer fortschreitenden Steigerung der Schrittgeschwindigkeit heute kein technisches Ziel mehr. Das Comité Consultatif Télégraphique (übliche Abkürzung: CCIT) hat daher schon im Jahre 1929 eine Schrittgeschwindigkeit von 50 Baud als Norm aufgestellt.

§ 132. Telegraphenschriften. Die älteste im öffentlichen Betrieb gebrauchte Telegraphenschrift ist die Morseschrift. Für sie ist die Zahl $z = 8{,}5$ ein Mittelwert, der von den Eigentümlichkeiten des Morsealphabets und von der Häufigkeit abhängt, mit der die einzelnen Buchstaben in der übermittelten Sprache vorkommen.

Gibt man unter Beibehaltung des Morsealphabets die Striche durch Stromstöße in der entgegengesetzten Richtung wieder, so erhält man die „Kabelschrift" („Heberschrift", „Recorderschrift"), die vor allem bei Unterseekabeln verwendet wird. Da sie viel gedrängter ist als die gewöhnliche Morseschrift, ist bei ihr die Zahl z wesentlich niedriger ($z \approx 3{,}5$).

Eine Folge von Zeichen aus je fünf gleich langen Schritten wird von den (heute veralteten) Schnelltelegraphen und von den Fernschreibmaschinen übermittelt. Bei den zuletzt genannten rechnet man $z = 7$, da zu der Fünferkombination noch zwei Stromstöße hinzukommen für den Antrieb (start) und das Stillsetzen (stop) des

Apparates. Mit der genormten Schrittgeschwindigkeit von 50 Baud erreicht man nach (131. 1) eine Schreibgeschwindigkeit von ≈ 430 Zeichen in der Minute.

§ 133. Unterbrechung eines Stromkreises. Wird ein Stromkreis bei der Abschaltung seiner Stromquelle unterbrochen, so sieht es so aus, als könnte überhaupt kein Strom mehr fließen. Nach dem Induktionsgesetz würde aber bei plötzlichem völligem Verschwinden des Stroms eine unendlich große entgegenwirkende elektromotorische Kraft induziert; die in der Induktivität aufgespeicherte magnetische Energie kann ja nicht plötzlich auf Null abnehmen.

Auch nach der Unterbrechung muß also noch Strom fließen. Er schließt sich durch die Unterbrechungsstelle als Verschiebungsstrom; d. h. das Problem ist nur zu behandeln unter Berücksichtigung der Kapazität der Unterbrechungsstelle.

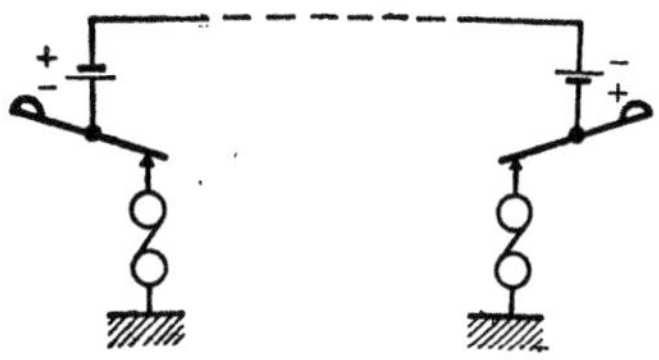

Abb. 133. 1.

Unter Umständen kann auch ein Leitungsstrom zustande kommen. Wächst nämlich die Spannung an der Unterbrechungsstelle rasch genug an und entfernen sich die Leiterenden an der Unterbrechungsstelle verhältnismäßig langsam, so kann die Unterbrechungsstelle durch einen „Funken“ durchschlagen werden.

Man erkennt, daß der Vorgang der „Unterbrechung“ wesentlich verwickelter ist als die in den Paragraphen 127 und 129 behandelten Schaltvorgänge.

Beim Telegraphenbetrieb mit Ruhestrom (Abb. 133. 1) wird der Stromkreis beim Abschalten (bei der Zeichengebung) vollständig unterbrochen.

§ 134. Kreis mit Widerstand und Kapazität. Wir behandeln nun den Fall der Ladung eines Kondensators über einen reinen Widerstand (Abb. 134. 1). Nennen wir die Spannung am Dielektrikum des Kondensators u, so gilt die Gleichung

$$E = R\,i + u \qquad (134.\ 1)$$

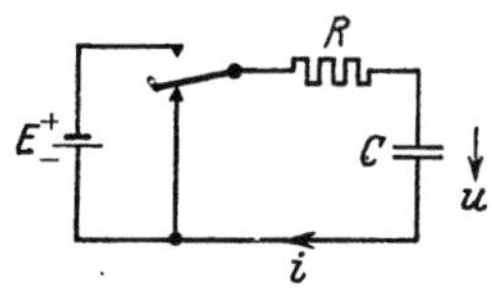

Abb. 134. 1.

oder, wenn wir differenzieren, nach (48. 4)

$$0 = R\frac{\mathrm{d}i}{\mathrm{d}t} + \frac{i}{C}.$$

Hieraus folgt für den Vorgang der Ladung und natürlich erst recht für den der Entladung:

$$i = c_1\,\mathrm{e}^{-\frac{t}{RC}}. \qquad (134.\ 2)$$

Der Strom nimmt also exponentiell ab mit einer Raschheit, der eine neue Zeitkonstante, nämlich das Produkt RC, entspricht. Wir nennen diese — zum Unterschied von der „ersten Zeitkonstante“ $\tau_1 = L/R$ — die „zweite Zeitkonstante“ τ_2.

Zur Bestimmung der Konstante c_1 müssen wir diesmal die Spannung u einer Anfangsbedingung unterwerfen und deshalb auf (. 1) zurückgehen:

$$u = E - R\,i = E - c_1 R\,\mathrm{e}^{-\frac{t}{\tau_2}}. \qquad (134.\ 3)$$

Soll sie zur Zeit $t = 0$ gleich Null sein, so folgt $0 = E - c_1 R$ und damit

$$u = E\left(1 - \mathrm{e}^{-\frac{t}{\tau_2}}\right), \qquad i = \frac{E}{R}\,\mathrm{e}^{-\frac{t}{\tau_2}}. \qquad (134.\ 4)$$

Der Kondensator wirkt demnach bei Beginn der Ladung — da er ja noch keine Spannung hat — wie ein Kurzschluß: der volle Strom E/R ergießt sich in ihn. Erst mit steigender Ladung wächst seine Gegenspannung u, bis sie schließlich der treibenden elektromotorischen Kraft E das Gleichgewicht hält und der Ladestrom verschwindet.

Ähnlich ist es beim Telegraphenkabel: der Endapparat bleibt verhältnismäßig lange fast stromlos, weil der „wahre" Strom (§ 47) zunächst in großer Stärke als Verschiebungsstrom durch die Isolation fließt. Auf den durch den Endapparat fließenden Strom wirkt demnach die parallel geschaltete Kabelkapazität verzögernd wie eine in Reihe geschaltete Induktivität.

Bei sehr kleinem Widerstand springt der Ladestrom nach (. 4) sogar auf den sehr großen Wert E/R, um im nächsten Augenblick wieder auf Null abzusinken.

Der plötzliche, sprunghafte Anstieg des Ladestroms im Augenblicke $t = 0$ widerspricht natürlich dem Induktionsgesetz; eine Theorie, die befriedigen soll, muß die immer vorhandene Induktivität des Kreises berücksichtigen (s. § 141).

Wird ein Kondensator durch Abschaltung einer konstanten elektromotorischen Kraft über einen Widerstand entladen, so ist seine Anfangsspannung gleich u_0 zu setzen: $u_0 = -c_1 R$, und es ergibt sich daher

$$u = u_0 e^{-\frac{t}{\tau_2}}, \qquad i = -\frac{u_0}{R} e^{-\frac{t}{\tau_2}}. \tag{134.5}$$

Daß der Strom das negative Vorzeichen haben muß, geht auch aus den Bezugspfeilen der Abb. 134. 1 hervor.

Die auf den Belegungen des Kondensators sitzenden Elektrizitätsmengen ändern sich natürlich proportional den Kondensatorspannungen.

§ 135. Unverzweigter Kreis mit Widerstand, Induktivität und Kapazität.

Sind in einem Kreis eine Induktionsspule mit Wirkwiderstand und ein Kondensator hintereinandergeschaltet (Abb. 135. 1), so gilt für den Fall der Einschaltung einer elektromotorischen Kraft E nach dem Ohmschen Gesetz

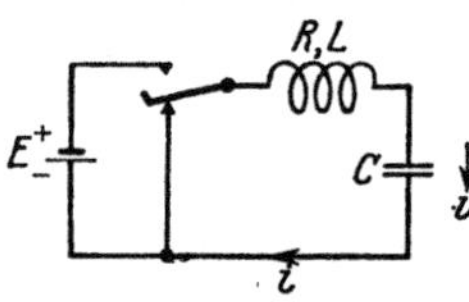

Abb. 135. 1.

$$E = Ri + L\frac{di}{dt} + u. \tag{135.1}$$

Führt man an Stelle des Stroms nach (48. 4) die Spannung u am Kondensator ein, so erhält man

$$E = RC\frac{du}{dt} + LC\frac{d^2u}{dt^2} + u. \tag{135.2}$$

Diese Differentialgleichung muß zunächst wieder homogen gemacht werden durch Einführung einer Hilfsgröße u':

$$u - E = u'. \tag{135.3}$$

Damit nimmt sie die Form an:

$$\frac{d^2u'}{dt^2} + \frac{R}{L}\frac{du'}{dt} + \frac{u'}{LC} = 0. \tag{135.4}$$

Hier ist der Koeffizient R/L des zweiten Glieds gleich dem reziproken Wert der ersten Zeitkonstante τ_1, der Koeffizient des letzten Glieds dagegen gleich dem Quadrat der schon im § 109 eingeführten Scheinfrequenz

$$\omega_0 = \frac{1}{\sqrt{LC}} = \frac{1}{\sqrt{\frac{L}{R}\cdot RC}} = \frac{1}{\sqrt{\tau_1\tau_2}}. \tag{135.5}$$

Die Lösung hängt davon an, in welchem Verhältnis die beiden Zeitkonstanten zueinander stehen, ob die erste überwiegt (hohe Induktivität, kleiner Widerstand und kleine Kapazität) oder die zweite (niedrige Induktivität, hoher Widerstand und hohe Kapazität). Wir führen als bequemes Maß für das genannte Verhältnis durch die Gleichung

$$\sin\vartheta = \frac{R}{2}\sqrt{\frac{C}{L}} = \sqrt{\frac{\tau_2}{4\tau_1}} = \frac{1}{2\tau_1\omega_0} = \frac{\tau_2\omega_0}{2} \tag{135.6}$$

wieder den „Dämpfungswinkel" ϑ ein. Da τ_2 größer als $4\tau_1$ sein kann, lassen wir jetzt die Möglichkeit offen, daß ϑ komplex wird.

Versuchen wir nun die Gleichung (.4) wieder durch einen exponentiellen Ansatz $u' = e^{\delta t}$ zu lösen, so erhalten wir als Bedingungsgleichung für den Faktor δ die quadratische Gleichung:

$$\delta^2 + \frac{\delta}{\tau_1} + \omega_0^2 = 0. \tag{135.7}$$

Es muß also sein:

$$\delta = -\frac{1}{2\tau_1} \pm \sqrt{\frac{1}{4\tau_1^2} - \omega_0^2}. \tag{135.8}$$

Nun ist aber nach (.6)

$$2\tau_1 = \frac{1}{\omega_0 \sin\vartheta}, \qquad \frac{\tau_2}{2} = \frac{\sin\vartheta}{\omega_0}. \tag{135.9}$$

Die beiden Wurzeln von (.7) können daher auch in der einfachen Form

$$\delta = -\frac{1}{2\tau_1} \pm \sqrt{\omega_0^2\sin^2\vartheta - \omega_0^2} = -\frac{1}{2\tau_1} \pm \mathrm{j}\,\omega_0\cos\vartheta \tag{135.10}$$

dargestellt werden.

§ 136. **Schwingungsvorgang.** Wir wollen zunächst voraussetzen, der Dämpfungswinkel sei ein reeller Winkel zwischen 0 und 90°, also

$$0 < \frac{\tau_2}{4\tau_1} < 1 \quad \text{oder} \quad R < 2\sqrt{\frac{L}{C}}. \tag{136.1}$$

Dann ist auch

$$\omega_0\cos\vartheta = \omega_e \tag{136.2}$$

reell, und es empfiehlt sich, die aus (135.10) folgende Lösung in der Form

$$u = E + e^{-\frac{t}{2\tau_1}}(c_1'\underline{/\omega_e t} + c_2'\underline{/-\omega_e t}) \tag{136.3}$$

anzuschreiben. Führt man hier trigonometrische Funktionen ein, so erhält man

$$u = E + e^{-\frac{t}{2\tau_1}}\{(c_1' + c_2')\cos\omega_e t + \mathrm{j}(c_1' - c_2')\sin\omega_e t\}. \tag{136.4}$$

Die Spannung am Kondensator kann aber nur reell sein. Man muß also auch setzen können:

$$c_1' + c_2' = c_1, \qquad \mathrm{j}(c_1' - c_2') = c_2, \tag{136.5}$$

wo jetzt c_1 und c_2 reell sind. Damit wird

$$u = E + e^{-\frac{t}{2\tau_1}}(c_1\cos\omega_e t + c_2\sin\omega_e t) \tag{136.6}$$

und

$$i = C\,e^{-\frac{t}{2\tau_1}}\left\{\left(-\frac{c_1}{2\tau_1} + \omega_e c_2\right)\cos\omega_e t - \left(\frac{c_2}{2\tau_1} + \omega_e c_1\right)\sin\omega_e t\right\}. \tag{136.7}$$

Die in diesen Gleichungen vorkommenden Ausdrücke

$$e^{-\frac{t}{2\tau_1}}\cos\omega_e t \quad \text{und} \quad e^{-\frac{t}{2\tau_1}}\sin\omega_e t \tag{136.8}$$

stellen „gedämpfte Sinusschwingungen" dar. Gibt man den trigonometrischen Funktionen ihre beiden äußersten Werte ± 1, so erhält man die beiden „Einhüllenden" (vgl. Abb. 137. 1 und . 2) mit den Ordinaten

$$\pm e^{-\frac{t}{2\tau_1}}. \tag{136. 9}$$

Zwischen diesen verlaufen die Ausdrücke (. 8) als allmählich abklingende Wellenlinien. Für die Raschheit des Abklingens ist die doppelte erste Zeitkonstante maßgebend; der Abstand aufeinanderfolgender Nullpunkte[1] ist gleich der halben Eigenschwingungsdauer $T_e = 2\pi/\omega_e$.

Die wahre Eigenfrequenz des Kreises ist wegen der Beziehung $\omega_e = \omega_0 \cos\vartheta$ immer kleiner als die Scheinfrequenz ω_0 (§ 113). Ist ϑ sehr klein, so wird $\omega_e \approx \omega_0$.

§ 137. Bestimmung der Konstanten. Für den Vorgang der Ladung des Kondensators (also für die Einschaltung) gelten die Gleichungen:

$$0 = E + c_1, \qquad 0 = -\frac{c_1}{2\tau_1} + \omega_e c_2. \tag{137. 1}$$

Beim Strom ist demnach das Glied mit dem Kosinus ganz wegzulassen, und man erhält für die Konstanten:

$$c_1 = -E, \tag{137. 2}$$

$$c_2 = \frac{c_1}{2\omega_e\tau_1} = -\frac{\omega_0 \sin\vartheta}{\omega_0 \cos\vartheta} E = -\operatorname{tg}\vartheta \cdot E, \tag{137. 3}$$

$$-\left(\frac{c_2}{2\tau_1} + \omega_e c_1\right) = \left(\omega_0 \frac{\sin^2\vartheta}{\cos\vartheta} + \omega_0 \cos\vartheta\right) E = \frac{\omega_0}{\cos\vartheta} E. \tag{137. 4}$$

Damit wird

$$\left.\begin{aligned} u &= E\left\{1 - e^{-\frac{t}{2\tau_1}}(\cos\omega_e t + \operatorname{tg}\vartheta \cdot \sin\omega_e t)\right\} \\ &= E\left\{1 - e^{-\frac{t}{2\tau_1}} \frac{1}{\cos\vartheta} \cos(\omega_e t - \vartheta)\right\} \end{aligned}\right\} \tag{137. 5}$$

und

$$i = E\sqrt{\frac{C}{L}}\, e^{-\frac{t}{2\tau_1}} \frac{1}{\cos\vartheta} \cos(\omega_e t - 90^0) = E\sqrt{\frac{C}{L}}\, \frac{e^{-\frac{t}{2\tau_1}}}{\cos\vartheta} \sin\omega_e t. \tag{137. 6}$$

Der flüchtige Bestandteil der Spannung und der Strom verlaufen hiernach als gedämpfte Sinuslinien. Der Strom[2] (Abb. 137. 1) bleibt hinter dem flüchtigen Bestandteil der Spannung um $90^0 - \vartheta$ zurück; wir haben ja einen Kreis mit überwiegender Induktivität. Für $\vartheta = 90^0$ sind der flüchtige Bestandteil der Spannung und der Strom in Phase; dann kompensieren sich die Induktivität und die Kapazität. Die Kurve der Spannung (Abb. 137. 2) ergibt sich, wenn man eine nach unten aufgetragene gedämpfte und in horizontaler Richtung um die Zeitdifferenz $\vartheta T_e/(2\pi)$ verschobene Kosinuslinie um die Strecke E nach oben rückt.

Bei dem Vorgang der Entladung (Ausschaltung) fällt wieder die erste Zahl 1 in der geschweiften Klammer von (. 5) weg, und die Vorzeichen der übrigen Glieder kehren sich um.

Bei niedrigen Dämpfungswinkeln sind die im § 110 betrachteten Resonanzkurven spitz. Soll also ein Kreis nur in der nächsten Nähe einer bestimmten Fre-

---

[1] Genau in der Mitte zwischen zwei Nullpunkten trifft die Kurve die eine der beiden Einhüllenden. Mit diesen Treffpunkten fallen aber die Maxima und Minima der Kurve nicht zusammen, sie liegen vielmehr um $\vartheta T_e/(2\pi)$ vor den Treffpunkten.

[2] Die Abb. 137. 1 und . 2 sind mit $\vartheta = 7{,}5^0$ gezeichnet.

quenz (der Resonanzfrequenz) stark erregt werden können, so „schwingt er langsam ein"; denn dann darf man ihm nur einen kleinen Dämpfungswinkel geben.

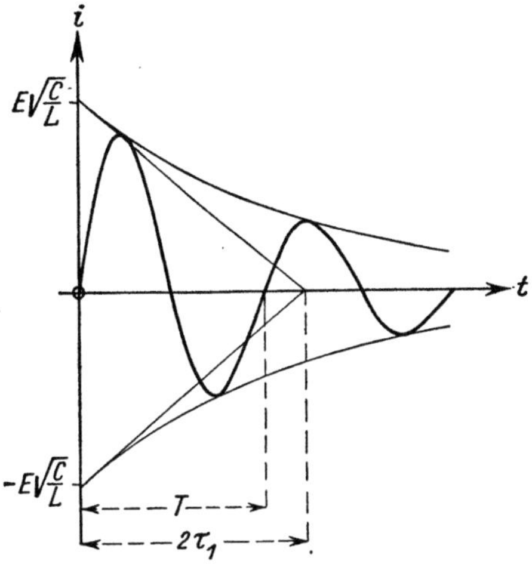

Abb. 137. 1.

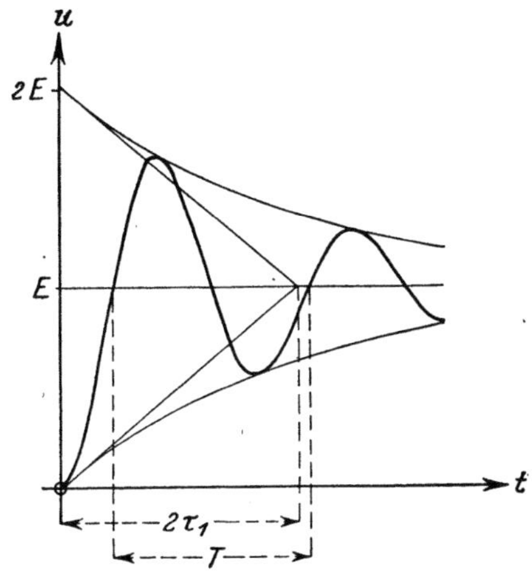

Abb. 137. 2.

Hohe Abstimmschärfe (Trennschärfe, Selektivität) ist also nicht vereinbar mit hoher Einschwinggeschwindigkeit (vgl. § 385). Legt man auf beides Wert, so hat man eine gewisse mittlere Größe der Dämpfung zu wählen.

§ 138. Logarithmisches Dekrement. Bei gedämpften Sinusschwingungen ist es — vor allem in der Physik und in der Hochfrequenztechnik — üblich, ihre Dämpfung durch das (logarithmische) „Dekrement" zu messen. Darunter versteht man den natürlichen Logarithmus des Verhältnisses zweier aufeinanderfolgender Ausschläge nach derselben Seite.

Im § 137 war z. B. die Amplitude des flüchtigen Stromes proportional zu

$$e^{-\frac{t}{2\tau_1}} \sin \omega_e t = e^{-\frac{t}{2\tau_1}} \sin \frac{2\pi t}{T_e}.$$

Sind nun t_1 und t_2 zwei um die Schwingungsdauer T_e auseinanderliegende Zeiten ($t_2 = t_1 + T_e$), so verhält sich der Strom zur Zeit t_1 zu dem Strom zur Zeit t_2 wie

$$\left(e^{-\frac{t_1}{2\tau_1}} \sin \frac{2\pi t_1}{T_e}\right) : \left(e^{-\frac{t_1+T_e}{2\tau_1}} \sin \frac{2\pi(t_1+T_e)}{T_e}\right) = e^{\frac{T_e}{2\tau_1}} : 1. \tag{138. 1}$$

Das Dekrement $\mathfrak{d}$ ist also [vgl. (135. 9)]

$$\mathfrak{d} = \frac{T_e}{2\tau_1} = \frac{2\pi}{2\tau_1\omega_e} = \frac{2\pi\,\omega_0 \sin\vartheta}{\omega_0 \cos\vartheta} = 2\pi \operatorname{tg}\vartheta. \tag{138. 2}$$

Wie der Dämpfungswinkel ist das Dekrement während der ganzen Dauer der Schwingung konstant: die Ausschläge nehmen in „geometrischer" Folge ab.

Nach (. 2) gehört zum Dämpfungswinkel 45^0 das Dekrement 2π; bei kleinem Dämpfungswinkel ist

$$\mathfrak{d} \approx 2\pi\vartheta = 0{,}1097 \frac{\vartheta}{1^0}. \tag{138. 3}$$

§ 139. Schwingungsfreier Vorgang. Wenn die zweite Zeitkonstante größer ist als das Vierfache der ersten ($\tau_2 > 4\tau_1$), liefert die Gleichung (135. 6) keinen reellen Dämpfungswinkel ϑ mehr. Dann setzen wir an Stelle von (135. 6) unter

Benutzung des Hyperbelkosinus (Anhang 5. 1)

$$\mathfrak{Cof}\,\Theta = \sqrt{\frac{\tau_2}{4\tau_1}} = \frac{1}{2\tau_1\omega_0} = \frac{\tau_2\omega_0}{2} = \frac{R}{2}\sqrt{\frac{C}{L}}\,. \tag{139. 1}$$

Das so eingeführte Θ ist wieder ein reelles Argument. Seinen Zusammenhang mit dem Dämpfungswinkel ϑ vermittelt die Rechenregel 5. 4 des Anhangs: Es ist

$$\mathfrak{Cof}\,\Theta = \cos(\mathrm{j}\,\Theta) = \sin(90^0 + \mathrm{j}\,\Theta) = \sin\vartheta\,, \tag{139. 2}$$

also[1]

$$\vartheta = 90^0 + \mathrm{j}\,\Theta\,. \tag{139. 3}$$

Der Dämpfungswinkel ϑ wird demnach bei steigender zweiter Zeitkonstante, sobald er den Grenzwert 90^0 erreicht hat, komplex; sein reeller Teil bleibt auf 90^0 stehen, während sein imaginärer Teil, eben das Argument Θ, von Null an zu wachsen beginnt.

Außer dem Parameter Θ führen wir bei der einen Lösung der quadratischen Gleichung (135. 7) die Zeitkonstante τ_1, bei der andern die Zeitkonstante τ_2 ein. Beachtet man, daß nach (. 3) $\cos\vartheta = -\sin\mathrm{j}\,\Theta = -\mathrm{j}\,\mathfrak{Sin}\,\Theta$, so erhält man

$$\left.\begin{aligned} \delta_1 &= -\frac{1}{2\tau_1} - \mathrm{j}\,\omega_0\cos\vartheta = -\frac{1}{2\tau_1} - \omega_0\,\mathfrak{Sin}\,\Theta \\ &= -\frac{1}{2\tau_1} - \frac{1}{2\tau_1\,\mathfrak{Cof}\,\Theta}\,\mathfrak{Sin}\,\Theta = -\frac{1}{\tau_1}\,\frac{1+\mathfrak{Tg}\,\Theta}{2}\,, \end{aligned}\right\} \tag{139. 4}$$

$$\left.\begin{aligned} \delta_2 &= -\frac{1}{2\tau_1} + \mathrm{j}\,\omega_0\cos\vartheta = -\frac{2}{\tau_2}\,\mathfrak{Cof}^2\,\Theta + \frac{2\,\mathfrak{Cof}\,\Theta}{\tau_2}\,\mathfrak{Sin}\,\Theta \\ &= -\frac{2}{\tau_2}\,\mathfrak{Cof}\,\Theta\,(\mathfrak{Cof}\,\Theta - \mathfrak{Sin}\,\Theta) \end{aligned}\right\} \tag{139. 5}$$

oder nach Anhang 5. 3

$$\delta_2 = -\frac{2}{\tau_2}\,\frac{\mathfrak{Cof}\,\Theta}{\mathfrak{Cof}\,\Theta + \mathfrak{Sin}\,\Theta} = -\frac{1}{\tau_2}\,\frac{2}{1+\mathfrak{Tg}\,\Theta}\,. \tag{139. 6}$$

Für $\tau_2 > 4\tau_1$ gilt also die allgemeine Lösung

$$\begin{aligned} u &= E + c_1\,\mathrm{e}^{\delta_1 t} + c_2\,\mathrm{e}^{\delta_2 t} \\ &= E + c_1\,\mathrm{e}^{-\frac{t}{\tau_1}\frac{1+\mathfrak{Tg}\,\Theta}{2}} + c_2\,\mathrm{e}^{-\frac{t}{\tau_2}\frac{2}{1+\mathfrak{Tg}\,\Theta}}\,. \end{aligned} \tag{139. 7}$$

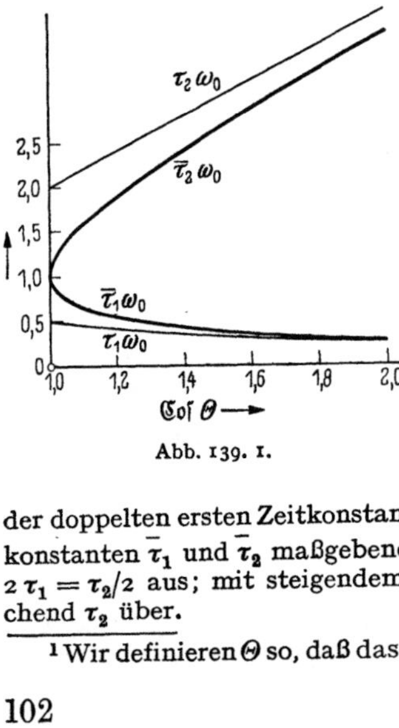

Abb. 139. 1.

Es lagern sich zwei flüchtige Vorgänge übereinander, die mit verschiedener Raschheit exponentiell verklingen.

In Abb. 139. 1 sind unter der Voraussetzung, daß L und C konstant gehalten werden, die beiden Zeitkonstanten τ_1 und τ_2 sowie die „wirksamen" Zeitkonstanten

$$\left.\begin{aligned} \bar\tau_1 &= \frac{2}{1+\mathfrak{Tg}\,\Theta}\,\tau_1 \\ \text{und}\qquad \bar\tau_2 &= \frac{1+\mathfrak{Tg}\,\Theta}{2}\,\tau_2\,, \end{aligned}\right\} \tag{139. 8}$$

bezogen auf die Einheit $T_0/(2\pi) = 1/\omega_0$, als Funktion von $(R/2)\sqrt{C/L} = \mathfrak{Cof}\,\Theta$ aufgetragen. Während bei Widerständen R unter $2\sqrt{L/C}$ die entstehenden Schwingungen mit der doppelten ersten Zeitkonstante $2\tau_1$ abklingen, sind bei höheren Widerständen zwei Zeitkonstanten $\bar\tau_1$ und $\bar\tau_2$ maßgebend. Diese gabeln sich bei der Grenzdämpfung von dem Wert $2\tau_1 = \tau_2/2$ aus; mit steigendem Widerstand R gehen sie immer mehr in τ_1 und entsprechend τ_2 über.

[1] Wir definieren Θ so, daß das komplexe ϑ auf der reellen Achse oder im 1. Quadranten liegt.

§ 140. **Grenzfall.** Zu dem „Grenzfall" $\vartheta = 90^0$ darf man nur allmählich übergehen, indem man Θ zunächst als sehr klein voraussetzt. Man erhält (Anhang 5. 5 und 2. 1)

$$\left.\begin{aligned} e^{-\frac{t}{\tau_1}\frac{1+\mathfrak{Tg}\,\Theta}{2}} &\approx e^{-\frac{t}{2\tau_1}(1+\Theta)} = e^{-\frac{t}{2\tau_1}} \cdot e^{-\frac{\Theta t}{2\tau_1}} \approx e^{-\frac{t}{2\tau_1}}\left(1 - \frac{\Theta t}{2\tau_1}\right), \\ e^{-\frac{t}{\tau_2}\frac{2}{1+\mathfrak{Tg}\,\Theta}} &\approx e^{-\frac{2t}{\tau_2}(1-\Theta)} = e^{-\frac{2t}{\tau_2}} \cdot e^{\frac{2\Theta t}{\tau_2}} \approx e^{-\frac{2t}{\tau_2}}\left(1 + \frac{2\Theta t}{\tau_2}\right). \end{aligned}\right\} \tag{140. 1}$$

Die allgemeine Lösung ist also (wegen $2/\tau_2 = 1/(2\tau_1)$)

$$u = E + e^{-\frac{t}{2\tau_1}}\left\{c_1'\left(1 - \frac{\Theta t}{2\tau_1}\right) + c_2'\left(1 + \frac{\Theta t}{2\tau_1}\right)\right\} \tag{140. 2}$$

oder, wenn man

$$c_1' + c_2' = c_1, \qquad -(c_1' - c_2')\frac{\Theta}{2\tau_1} = c_2 \tag{140. 3}$$

setzt[1],

$$u = E + e^{-\frac{t}{2\tau_1}}(c_1 + c_2 t). \tag{140. 4}$$

Auch in diesem Fall enthält das allgemeine Integral, wie man sieht, zwei willkürliche Konstanten, die entsprechend den Anfangsbedingungen festgesetzt werden können.

§ 141. **Bestimmung der Konstanten.** Wir betrachten wieder den Vorgang der Ladung. Zur Zeit $t = 0$ sei $u = 0$; daraus folgt

$$E + c_1 + c_2 = 0. \tag{141. 1}$$

Ferner sei zur Zeit $t = 0$ auch der Strom und damit die Ableitung der Spannung nach der Zeit gleich Null. Das bedeutet:

$$\frac{c_1}{2\tau_1}(1 + \mathfrak{Tg}\,\Theta) + \frac{2c_2}{\tau_2}\frac{1}{1+\mathfrak{Tg}\,\Theta} = 0 \tag{141. 2}$$

oder, da

$$\frac{2}{\tau_2} = \frac{1}{2\tau_1\mathfrak{Cof}^2\Theta} \quad \text{und} \quad \frac{1}{1+\mathfrak{Tg}\,\Theta} = (1 - \mathfrak{Tg}\,\Theta)\,\mathfrak{Cof}^2\Theta \tag{141. 3}$$

ist,

$$c_1(\mathfrak{Tg}\,\Theta + 1) - c_2(\mathfrak{Tg}\,\Theta - 1) = 0. \tag{141. 4}$$

Hieraus und aus der Bedingung (. 1) folgt

$$\left.\begin{aligned} c_1 &= \frac{E}{2}(\mathfrak{Ctg}\,\Theta - 1), \\ c_2 &= -\frac{E}{2}(\mathfrak{Ctg}\,\Theta + 1) \end{aligned}\right\} \tag{141. 5}$$

und daher

$$u = E\left\{1 + \frac{\mathfrak{Ctg}\,\Theta - 1}{2}e^{\delta_1 t} - \frac{\mathfrak{Ctg}\,\Theta + 1}{2}e^{\delta_2 t}\right\}. \tag{141. 6}$$

Da die Konstante c_1 bei großem Θ sehr klein ist, hängt der Anstieg der Spannung bei hoher Dämpfung so gut wie nur von der zweiten Zeitkonstante ab.

Etwas anders liegen die Verhältnisse beim Strom:

$$i = C\,(c_1\delta_1 e^{\delta_1 t} + c_2\delta_2 e^{\delta_2 t}). \tag{141. 7}$$

Für hohe Dämpfung ist δ_1 groß, δ_2 klein; die beiden Faktoren $c_1\delta_1$ und $c_2\delta_2$

[1] Man darf also Θ deshalb nicht ohne weiteres gleich Null setzen, weil bei diesem Übergang das unbestimmte Produkt $(c_1'-c_2')\,\Theta$ endlich bleiben kann.

sind daher von derselben Größenordnung:

$$\left.\begin{aligned} -c_1\delta_1 &= \frac{E}{2}(\mathfrak{Ctg}\,\Theta - 1)\frac{1}{2\tau_1}(1+\mathfrak{Tg}\,\Theta) = \frac{E}{4\tau_1}(\mathfrak{Ctg}\,\Theta - \mathfrak{Tg}\,\Theta) = \frac{E}{\tau_2}\mathfrak{Ctg}\,\Theta, \\ c_2\delta_2 &= \frac{E}{2}(\mathfrak{Ctg}\,\Theta + 1)\frac{1}{2\tau_1}(1-\mathfrak{Tg}\,\Theta) = \frac{E}{4\tau_1}(\mathfrak{Ctg}\,\Theta - \mathfrak{Tg}\,\Theta) = \frac{E}{\tau_2}\mathfrak{Ctg}\,\Theta, \end{aligned}\right\} \qquad (141.8)$$

und es ergibt sich

$$i = \frac{E}{R}\mathfrak{Ctg}\,\Theta\,(e^{\delta_2 t} - e^{\delta_1 t}). \qquad (141.9)$$

In einem Kreis von überwiegender Kapazität, aber nicht vernachlässigbarer Induktivität fällt also der Ladestrom zwar auch (vgl. § 134) in der Hauptsache mit der Zeitkonstante τ_2 ab; für die Steilheit seines ersten Anstiegs ist jedoch, wie aus (. 9), (139. 4) und (139. 6) leicht ableitbar, lediglich die Zeitkonstante τ_1 maßgebend. In dem Augenblick $t = 1/(\delta_2 - \delta_1)\cdot\ln(\delta_1/\delta_2)$ hat die Stromkurve ein Maximum.

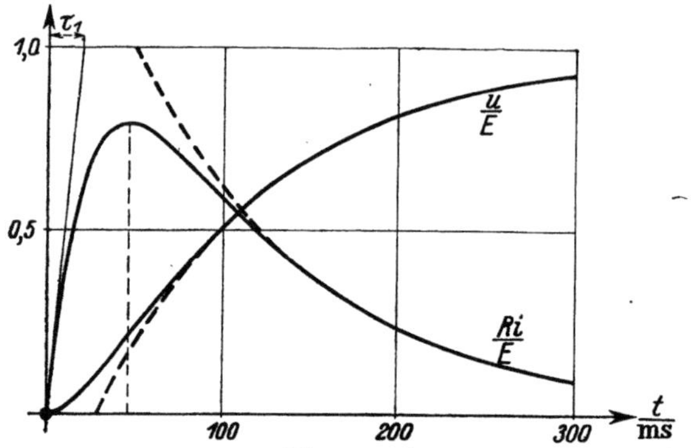

Abb. 141. 1.

Abb. 141. 1 zeigt den zeitlichen Verlauf des Ladestroms und der Kondensatorspannung für $\tau_1 = 20$ ms, $\tau_2 = 128$ ms, also nach (139. 8) $\overline{\tau}_1 = 25$ ms, $\overline{\tau}_2 = 103$ ms. Die einfachen Exponentialkurven, in die die beiden Schaulinien schließlich einmünden, sind gestrichelt gezeichnet.

Da im Anfang $i = C\,\mathrm{d}u/\mathrm{d}t = 0$ ist, beginnt die Kurve der Kondensatorspannung mit horizontaler Tangente. Im Augenblick des Strommaximums hat sie einen Wendepunkt. Sie steigt dann im wesentlichen mit der Zeitkonstante τ_2 auf den Endwert.

§ 142. Funkenverhütung durch Kondensatoren. Wir sind nunmehr in der Lage, die Vorgänge, die bei der Unterbrechung eines Stromkreises mit dem nicht zu hohen Widerstand R und der Induktivität L auftreten, etwas genauer zu untersuchen. Da die Kapazität C der Unterbrechungsstelle (der Kontaktstrecke) sehr klein ist, bleibt der Dämpfungswinkel weit unter 90°. Die Stromstärke sinkt daher von ihrem Ausgangswert i_0 aus schwingend ab. Nach Ablauf etwa einer Viertelschwingungsdauer ist sie zum ersten Male gleich Null geworden; dann liegt nach § 137 an der Unterbrechungsstelle ein Maximum der Spannung. Da erst ein kleiner Teil der vorher aufgespeicherten magnetischen Energie in Wärme verwandelt sein kann, enthält in diesem Augenblick die Kapazität der Unterbrechungsstelle fast die ganze ursprünglich vorhandene Energie des Stromkreises; man kann daher $(L/2)\,i_0^2 \approx (C/2)\,u^2$ setzen und erhält

$$u \approx \sqrt{\frac{L}{C}}\,i_0. \qquad (142.1)$$

Bei hoher Induktivität und hohem Anfangsstrom kann demnach an der Unterbrechungsstelle eine hohe Spannung auftreten, die unter Umständen zur Überbrückung der Unterbrechungsstelle durch einen Leitungsstrom (Funken, Lichtbogen) ausreicht.

Man kann die Bildung von Funken an den Kontakten durch Kondensatoren bekämpfen, die man den Kontakten parallel schaltet. Dadurch wird dem Strom, der vor der Unterbrechung über die fast widerstandslose Kontaktstelle geflossen ist, ein verhältnismäßig gut leitender dielektrischer Nebenweg geöffnet. Mit der wirksamen Kapazität wächst die Schwingungsdauer; das erste Maximum der zwischen den Kontaktstücken entstehenden Spannung ist daher nicht nur niedriger, sondern es tritt auch später ein, d. h. in einem Augenblick, wo der Abstand der Kontaktstücke schon so groß geworden ist, daß die Kontaktstrecke nicht mehr durchschlagen wird.

Aus verschiedenen Gründen empfiehlt es sich, dem Kondensator einen Widerstand beizugeben.

Ist der Kontakt von einem Funken überbrückt worden, so tritt zu dem Widerstand R der inkonstante Widerstand des Funkenwegs. Hierdurch kann bei kleinem R die Dauer des Stromabfalls stark verkürzt werden.

§ 143. Schaltvorgänge in zweimaschigen Systemen. Die Theorie des unverzweigten Kreises mit Widerstand, Induktivität und Kapazität ist auch für die Vorgänge in den einfacheren zweimaschigen Schaltungen grundlegend.

Bei der Schaltung Abb. 143. 1 z. B. kann der zeitliche Verlauf wenigstens des Kondensatorstroms und der Kondensatorspannung ohne weiteres hingeschrieben werden. Denn der Zweig R_3, C wird durch einen Generator aus reinen Widerständen betrieben, dessen Leerlaufspannung, die der elektromotorischen Kraft E des § 134 entspricht, durch

$$U^l = \frac{R_2}{R_1 + R_2} E, \qquad (143.1)$$

dessen innerer Widerstand durch

$$R_i = \frac{R_1 R_2}{R_1 + R_2} \qquad (143.2)$$

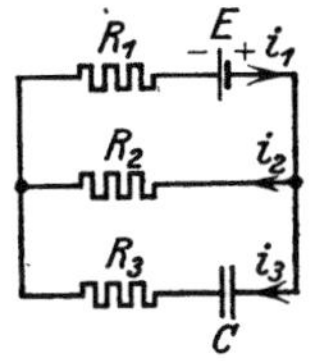

Abb. 143. 1.

dargestellt wird. An Stelle des früheren R ist daher

$$R_i + R_3 = \frac{R_1 R_2}{R_1 + R_2} + R_3 = \frac{S}{R_1 + R_2} \qquad (143.3)$$

zu setzen, wo S eine Abkürzung für den Ausdruck $R_1 R_2 + R_2 R_3 + R_3 R_1$ ist, und es ergeben sich für den Ladestrom und die Spannung des Kondensators die Ausdrücke:

$$i_3 = \frac{R_1 + R_2}{S} \frac{R_2}{R_1 + R_2} E \, e^{-\frac{t}{\tau_2}} = \frac{R_2}{S} E \, e^{-\frac{t}{\tau_2}} \qquad (143.4)$$

und

$$u = \frac{R_2}{R_1 + R_2} E \left(1 - e^{-\frac{t}{\tau_2}}\right). \qquad (143.5)$$

Wieder wirkt der Kondensator im ersten Augenblick wie ein Kurzschluß; denn der Anfangswert $R_2 E/S$ von i_3 ist gleich dem im § 14 abgeleiteten Wert. Die Spannung u steigt exponentiell auf den Leerlaufwert.

Die Zeitkonstante des Ladevorgangs ist

$$\tau_2 = (R_i + R_3)\, C = \frac{S C}{R_1 + R_2}. \qquad (143.6)$$

Für den Strom i_2 folgt aus der Maschenregel:

$$\left.\begin{aligned} i_2 &= \frac{R_3}{R_2} i_3 + \frac{u}{R_2} \\ &= \frac{R_3}{S} E \, e^{-\frac{t}{\tau_2}} + \frac{E}{R_1 + R_2}\left(1 - e^{-\frac{t}{\tau_2}}\right) \\ &= \frac{E}{R_1 + R_2} - \frac{R_i}{S} E \, e^{-\frac{t}{\tau_2}}. \end{aligned}\right\} \qquad (143.7)$$

Auch der Strom durch den Querschluß R_2 beginnt also mit dem Werte

$$\frac{E}{R_1 + R_2} - \frac{R_i}{S} E = \frac{E}{S} \frac{S - R_1 R_2}{R_1 + R_2} = \frac{R_3}{S} E, \qquad (143.8)$$

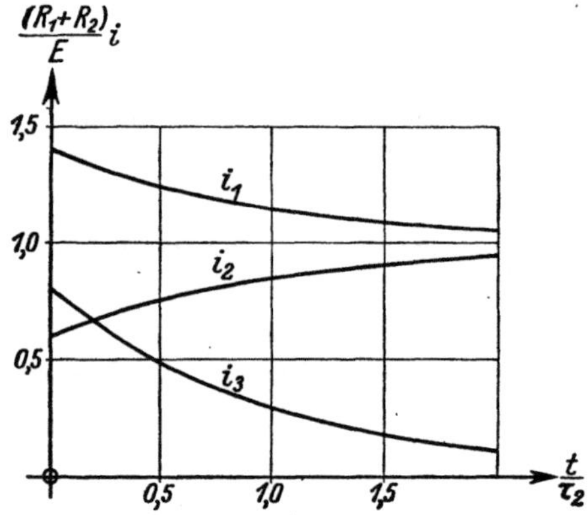

Abb. 143. 2.

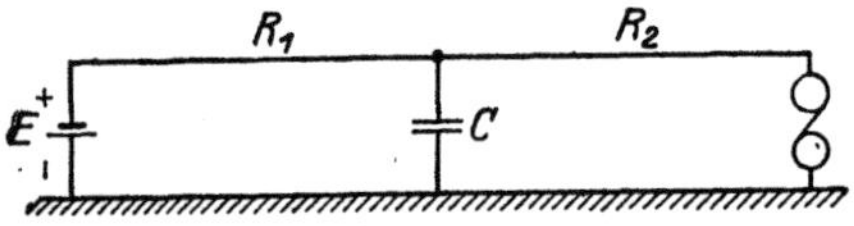

Abb. 144. 1.

der sich bei kurzgeschlossenem Kondensator ergäbe, und steigt erst allmählich mit der gleichen Zeitkonstante auf den Endwert $E/(R_1 + R_2)$: Eine parallel geschaltete Kapazität wirkt verzögernd wie eine in Reihe geschaltete Induktivität (§ 134). Abb. 143. 2 stellt den zeitlichen Verlauf der drei Ströme dar; es ist gesetzt: $R_1 = R_2$, $R_3 = 0{,}75\, R_1$.

§ 144. Einschaltvorgang beim Telegraphenkabel.

Bei einem einadrigen Telegraphenkabel fließen während jedes Schaltvorgangs durch die Isolation Verschiebungsströme nach der Erde ab. Es ähnelt also (Abb. 144. 1) in groben Zügen der soeben betrachteten Schaltung für $R_3 = 0$: C ist die Kabelkapazität, R_1 der Widerstand der Sendeapparate und der ersten Hälfte der Leitung, R_2 der der zweiten Hälfte der Leitung und der Empfangsapparate. Beim Einschalten wächst daher der Sendestrom i_1 noch über seinen Endwert $E/(R_1 + R_2)$ hinaus; der Empfangsstrom i_2 dagegen steigt erst allmählich auf seinen Endwert. Für die Geschwindigkeit, mit der dies geschieht, ist maßgebend die weite Zeitkonstante:

$$\tau_2 \approx C R_i = C \frac{R_1 R_2}{R_1 + R_2} \approx C \frac{R_1}{2} \approx C \frac{R_1 + R_2}{4}. \qquad (144.1)$$

Sie ist dem Produkt aus der Gesamtkapazität und dem Gesamtwiderstand des Kabels, also bei gegebener Kabelart dem Quadrate der Kabellänge proportional.

Die Zeitkonstante τ_2 ist nach § 127 nahezu gleich der Zeit, die der Strom am Kabelende braucht, um von einem sehr niedrigen Wert auf 63,2% seines Höchstwerts anzusteigen. Wenn bekannt ist, wie dieser Strom nach der plötzlichen Anschaltung einer konstanten elektromotorischen Kraft verläuft, kann sein Anstieg für eine beliebige Aufeinanderfolge von Zeichen nach § 130

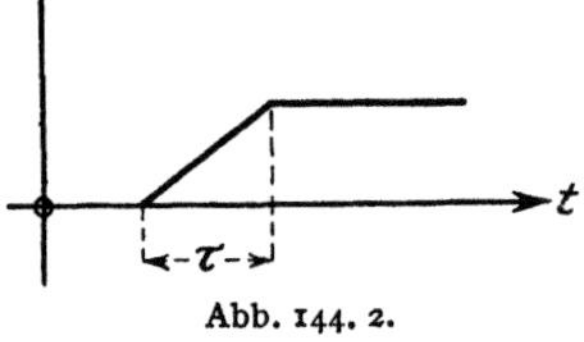

Abb. 144. 2.

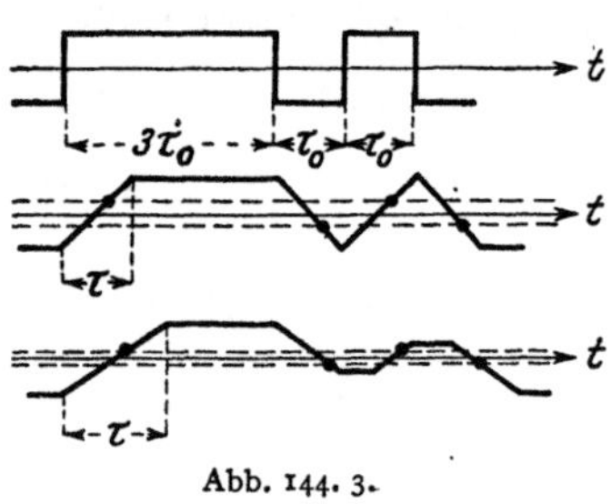

Abb. 144. 3.

konstruiert werden. Bei langen Kabeln werden die Zeichen abgeflacht oder verwaschen, also „verzerrt". Sind die Verzerrungen sehr stark, so ist es unmöglich, Relais so einzustellen, daß sie die Zeichen sicher übertragen. Man kann dann u. U. noch mit der „Kabelschrift“ (§ 132) und mit dem Heberschreiber arbeiten, der eine Kurve aufzeichnet, deren Entzifferung wenigstens dem Geübten auch bei stärkerer Verzerrung gelingt.

Aus der genaueren Theorie der Einschaltvorgänge auf Leitungen (16. Abschnitt) wird hervorgehen, daß der Endstrom auch beim stark idealisierten Kabel nach einer komplizierten Funktion ansteigt. Ein grobes Bild von der Verzerrung der Telegraphierzeichen erhält man, wenn man annimmt, daß der durch den Empfänger fließende Strom mit einer gewissen Einschaltdauer τ linear auf den Gleichstromwert ansteigt (Abb. 144. 2). Abb. 144. 3 zeigt, wie unter dieser Annahme das Morsezeichen *n* für $\tau = \tau_0$ und für $\tau = 1{,}5\,\tau_0$ verzerrt wird. Man sieht (vgl. § 130), daß es in beiden Fällen noch erkennbar ist, daß man aber die Schrittgeschwindigkeit $1/\tau_0$ praktisch nicht über $1/\tau$ erhöhen darf[1].

§ 145. **Telegraphische Hilfsschaltungen.** Beim Telegraphenkabel (Abb. 144. 1) rührt der langsame Anstieg des Endstroms von der „Vorspannwirkung“ der Kapazität und der hemmenden Wirkung des induktiven Endapparates her. Man kann den Anstieg des Endstroms versteilern durch Zufügung eines Reihenkondensators etwa am Ende der Leitung; eine Maßnahme, die schon von Varley (1862) angewendet worden ist. Ohne Kondensator verläuft der Strom am Ende etwa wie in Abb. 145. 1 Kurve *a*, mit Kondensator wie Kurve *b*.

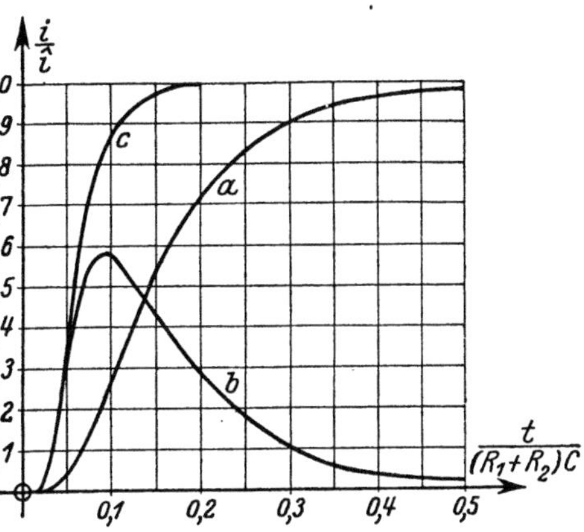

Abb. 145. 1.

Ein Dauerstrom ist mit diesen Abschlußkondensatoren natürlich nicht möglich. Auch ist der erreichbare Höchststrom gegenüber der Schaltung ohne Kondensator herabgesetzt. Man muß daher mit höherer Spannung telegraphieren und sich mit Stromstößen begnügen.

Die Kapazität der Kondensatoren wählt man gewöhnlich etwa gleich $^1/_{10}$ der gesamten Kabelkapazität.

Will man längere Zeichen senden, so muß man dem Strom durch einen zum Abschlußkondensator C_m parallelen Widerstand R_m die Möglichkeit geben, seinen Gleichstromwert zu erreichen (Abb. 145. 2). Diese Schaltung heißt in Deutschland „Maxwell-Erde“. Der Widerstand muß ziemlich groß (etwa 4 mal so groß wie der ganze Kabelwiderstand) genommen werden, damit der Kondensator im ersten Augenblick möglichst viel Strom in sich aufnimmt. Der stationäre Strom wird durch den Widerstand R_m verkleinert; man erhöht daher gleichzeitig die Telegraphierspannung.

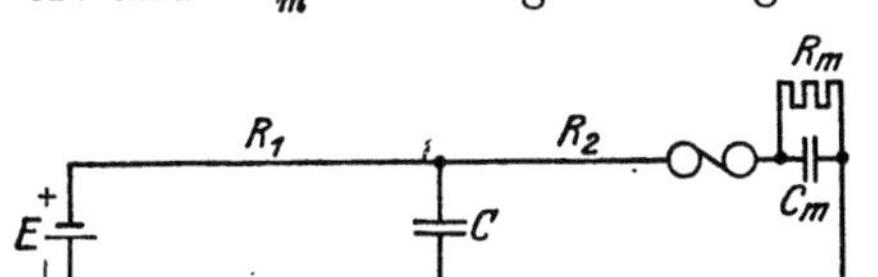

Abb. 145. 2.

Kurve *c* der Abb. 145. 1 veranschaulicht die durch die Schaltung der Maxwell-Erde erreichbare Versteilerung der Kurve des am Ende eines Kabels eintreffenden Stroms. Die Schrittgeschwindigkeit kann um etwa 50% erhöht werden.

§ 146. **Verwickeltere Schaltungen.** Das im § 143 angewandte Verfahren versagt bereits, wenn wir feststellen wollen, wie sich bei der Schaltung Abb. 146. 1 nach einer plötzlichen Anschaltung der Stromquelle der Ladestrom und die

[1] Lüschen, F., u. Küpfmüller, K.: Elektr. Nachr.-Techn. 4 (1927) S. 168.

Spannung des Kondensators und der die Spule durchfließende Strom zeitlich ändern. Man muß dann nach den Kirchhoffschen Regeln rechnen, und zwar in dem vorliegenden Falle einmal die Knoten- und zweimal die Maschenregel ansetzen; bei geeigneter Kombination ergeben sich wieder Differentialgleichungen zweiter Ordnung für die genannten Veränderlichen.

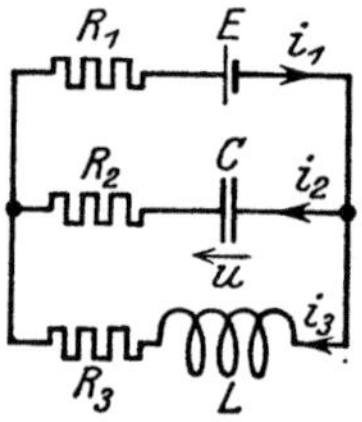

Abb. 146. 1.

Auf die Einzelheiten der Rechnung gehen wir nicht ein, wollen aber das Folgende hervorheben. Wenn die Widerstände R_2 und R_3 gleich groß sind, überwiegt im ersten Augenblick bei weitem der Strom i_2 über den Strom i_3. In dem Maße jedoch, wie sich der Kondensator lädt, sinkt sein Ladestrom; dafür steigt der Spulenstrom, bis er schließlich den Gleichstromwert $E/(R_1 + R_3)$ erreicht.

Wenn der wie im § 110 definierte Dämpfungswinkel der beiden parallelen Zweige gleich 90^0 ist, kompensieren sich die Induktivität und die Kapazität. Der Strom i_1 springt dann schon im ersten Augenblick auf seinen konstanten Endwert. Im Anfang fließt er nur durch die Kapazität, zum Schluß nur durch die Induktivität.

6. Abschnitt.

Vierpole.

§ 147. Der Begriff des Vierpols. In der Fernmeldetechnik liegen im allgemeinen zwischen dem Energieerzeuger und dem Energieverbraucher Leitungen, Übertrager, Verstärker, Siebe, Entzerrer usw. Diese Schaltungsteile haben zwei Eingangs- und zwei Ausgangsklemmen; man nennt sie daher „Vierpole“[1].

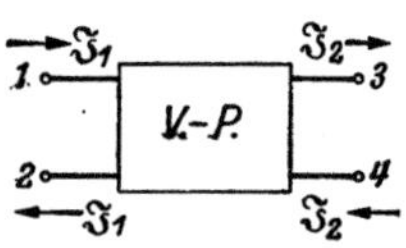

Abb. 147. 1.

Ein Vierpol ist hiernach nicht etwa ein aus einer Schaltung herausgelöst gedachtes Gebilde mit vier gleichberechtigten Polen. Bei einem solchen wären nach § 9 drei Ströme voneinander unabhängig. Im Gegensatz hierzu ist bei einem Vierpol (Abb. 147. 1) der Strom, der in seine eine Eingangsklemme *1* hineinfließt, ebenso groß wie der Strom, der seine andere Eingangsklemme *2* verläßt; und für die Ausgangsklemmen *3, 4* gilt das Entsprechende. Es gibt daher bei Vierpolen nur zwei unabhängige Ströme, den Strom $\mathfrak{J}_1$ durch die Eingangs- und den Strom $\mathfrak{J}_2$ durch die Ausgangsklemmen.

Unter „Vierpoltheorie“[2] versteht man den Inbegriff der Beziehungen, die man für Vierpole und ihre Zusammenschaltungen mit andern Vierpolen, Zweipolen und Zweipolquellen aufstellen kann, ohne zu wissen, wie sich diese Gebilde im einzelnen aus Widerständen, Induktivitäten, Gegeninduktivitäten, Kapazitäten usw. zusammensetzen.

Außer den beiden „Klemmenströmen“ des Vierpols pflegt man in der Vierpoltheorie vorzugsweise seine beiden „Klemmenspannungen“ $\mathfrak{U}_{12} = \mathfrak{U}_1$ und $\mathfrak{U}_{34} = \mathfrak{U}_2$ zu betrachten.

„Lineare“ Vierpole sind Vierpole, deren Klemmenspannungen und Klemmenströme durch lineare Gleichungen miteinander verknüpft sind. Zu ihnen

[1] Die Benennung stammt von F. Breisig: Elektrotechn. Z. 42 (1921) S. 933. Zur Aufstellung einer „Vierpoltheorie“ hat die Verwendung leitungstheoretischer Begriffe in der „Kettenleitertheorie“ [Wagner, K. W.: Arch. Elektrotechn. 3 (1915) S. 315] den Anstoß gegeben. Vgl. Wallot, J.: Z. techn. Physik 5 (1924) S. 488; Wiss. Veröff. Siemens-Konz. 8 (1929) H. 2 S. 45.

[2] R. Feldtkeller hat eine Sonderdarstellung der Vierpoltheorie gegeben: Einführung in die Vierpoltheorie der elektrischen Nachrichtentechnik. 2. Aufl. Leipzig 1942.

zählen als Untergruppe die Vierpole, deren Elemente den Kirchhoffschen Regeln gehorchen.

Im folgenden wird überall vorausgesetzt, daß die betrachteten Vierpole keine elektromotorischen Kräfte enthalten.

Außer den Klemmenspannungen, deren Integrationswege quer zur Fortpflanzungsrichtung der Energie verlaufen, gibt es bei jedem Vierpol noch zwei Längsklemmenspannungen $\mathfrak{U}_{13}$ und $\mathfrak{U}_{42}$. Da $\mathfrak{U}_{12} = \mathfrak{U}_{13} + \mathfrak{U}_{34} + \mathfrak{U}_{42}$, kann eine von ihnen, z. B. $\mathfrak{U}_{13}$, unabhängig von den andern Spannungen beliebig gewählt werden. Die Vierpole der Nachrichtentechnik sind in der Regel — bezogen auf eine Längsmittellinie — symmetrisch aufgebaut, und sie werden auch symmetrisch betrieben. In diesem wichtigen Sonderfall ist $\mathfrak{U}_{13} = \mathfrak{U}_{42}$ und daher $\mathfrak{U}_{13} = (\mathfrak{U}_{12} - \mathfrak{U}_{34})/2 = (\mathfrak{U}_1 - \mathfrak{U}_2)/2$. Im allgemeinen jedoch müssen die Längsspannungen besonders berechnet werden; die Vierpoltheorie gibt unmittelbar über sie keine Auskunft.

§ 148. Grundgleichungen des linearen Vierpols.

Wir denken uns einen beliebigen linearen Vierpol (Abb. 148. 1); an seinem Ausgang *2* liege eine Stromquelle verschwindenden inneren Widerstands, an seinem Eingang *1* ein Abschlußwiderstand $\mathfrak{R}_a$. Dann fließt durch das Klemmenpaar *1* ein Strom $\mathfrak{J}_1$, der nur durch die elektromotorische Kraft $\mathfrak{E}$ der Stromquelle und durch die Eigenschaften des Vierpols und des Abschlußwiderstands $\mathfrak{R}_a$ bestimmt ist. Nun ist aber $\mathfrak{E} = \mathfrak{U}_2$ und nach § 10 $\mathfrak{R}_a = -\mathfrak{U}_1/\mathfrak{J}_1$. Es gilt also, da der Vierpol linear ist und keine elektromotorischen Kräfte enthält,

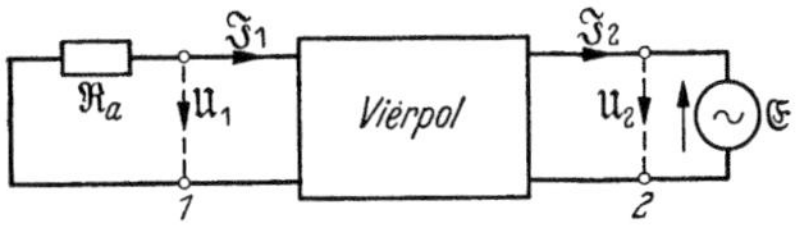

Abb. 148. 1.

$$\mathfrak{J}_1 = \mathfrak{L}_{11}\,\mathfrak{U}_1 + \mathfrak{L}_{12}\,\mathfrak{U}_2. \tag{148. 1}$$

Die Koeffizienten („Parameter") $\mathfrak{L}_{11}$ und $\mathfrak{L}_{12}$, die die Dimension von Leitwerten haben, hängen nur noch von den Eigenschaften des Vierpols ab.

Denkt man sich an den Eingang *1* des Vierpols eine Stromquelle, an den Ausgang *2* dagegen einen Abschlußwiderstand $\mathfrak{R}_e$ geschaltet, so kann man die entsprechende Überlegung anstellen; sie führt auf eine zweite Gleichung

$$\mathfrak{J}_2 = \mathfrak{L}_{21}\,\mathfrak{U}_1 + \mathfrak{L}_{22}\,\mathfrak{U}_2, \tag{148. 2}$$

wo die Leitwerte $\mathfrak{L}_{21}$ und $\mathfrak{L}_{22}$ ebenfalls Vierpolparameter sind.

Das System der Gleichungen (. 1) und (. 2) stellt die „Grundgleichungen" des linearen Vierpols „in Leitwertform" oder „in Leitwertparametern" dar.

Löst man es nach den Spannungen auf:

$$\left.\begin{aligned} \mathfrak{U}_1 &= \mathfrak{W}_{11}\,\mathfrak{J}_1 + \mathfrak{W}_{12}\,\mathfrak{J}_2, \\ \mathfrak{U}_2 &= \mathfrak{W}_{21}\,\mathfrak{J}_1 + \mathfrak{W}_{22}\,\mathfrak{J}_2, \end{aligned}\right\} \tag{148. 3}$$

wo die $\mathfrak{W}$ der Dimension nach Widerstände sind, so erhält man die Grundgleichungen des linearen Vierpols „in Widerstandsform" oder „in Widerstandsparametern". Von ihnen werden wir im folgenden vorzugsweise ausgehen.

§ 149. Leerlaufschein- und -kernwiderstände, Kurzschlußschein- und -kernleitwerte.

Setzt man in den Gleichungen (148. 3) $\mathfrak{J}_2 = 0$, d. h. nimmt man an, daß der Vierpol auf der Seite *2* leerläuft, so wird

$$\left(\frac{\mathfrak{U}_1}{\mathfrak{J}_1}\right)_{\mathfrak{J}_2=0} = \mathfrak{W}_{11} = \mathfrak{W}_1^l, \qquad \left(\frac{\mathfrak{U}_2}{\mathfrak{J}_1}\right)_{\mathfrak{J}_2=0} = \mathfrak{W}_{21} = \mathfrak{M}_1^l. \tag{149. 1}$$

Der Koeffizient $\mathfrak{W}_{11}$ hat also die physikalische Bedeutung des Leerlaufscheinwiderstands $\mathfrak{W}_1^l$ von der Seite *1*; der ebenfalls unmittelbar meßbare Koeffizient $\mathfrak{W}_{21}$ heißt „Leerlaufkernwiderstand $\mathfrak{M}_1^l$ von der Seite *1*". Entsprechend folgt für den Fall des Leerlaufs auf der Seite *1* ($\mathfrak{J}_1 = 0$) aus denselben beiden Gleichungen, daß die Koeffizienten $\mathfrak{W}_{22}$ und $\mathfrak{W}_{12}$ — von den Vorzeichen abgesehen — als der Leerlaufscheinwiderstand $\mathfrak{W}_2^l$ und entsprechend als der Leerlaufkernwiderstand $\mathfrak{M}_2^l$ von der Seite *2* gedeutet werden können. Man kann den Grundgleichungen des linearen Vierpols in Widerstandsform daher auch die folgende, physikalisch unmittelbarer verständliche Form geben:

$$\left.\begin{aligned} \mathfrak{U}_1 &= \mathfrak{W}_1^l \mathfrak{J}_1 - \mathfrak{M}_2^l \mathfrak{J}_2, \\ \mathfrak{U}_2 &= \mathfrak{M}_1^l \mathfrak{J}_1 - \mathfrak{W}_2^l \mathfrak{J}_2. \end{aligned}\right\} \qquad (149.2)$$

(Durch Umkehr des Zählpfeils für $\mathfrak{J}_2$ könnten die Minuszeichen natürlich zum Verschwinden gebracht werden.)

Entsprechend kann man schließen, daß die Leitwertparameter der Gleichungen (148. 1) und (148. 2) Kurzschlußleitwerte sind. Löst man die Gleichungen (. 2) nach den Strömen auf, so erhält man

$$\left.\begin{aligned} \mathfrak{J}_1 &= \frac{\mathfrak{W}_2^l}{\mathfrak{Z}^2} \mathfrak{U}_1 - \frac{\mathfrak{M}_2^l}{\mathfrak{Z}^2} \mathfrak{U}_2, \\ \mathfrak{J}_2 &= \frac{\mathfrak{M}_1^l}{\mathfrak{Z}^2} \mathfrak{U}_1 - \frac{\mathfrak{W}_1^l}{\mathfrak{Z}^2} \mathfrak{U}_2 \end{aligned}\right\} \qquad (149.3)$$

mit der wichtigen Abkürzung

$$\mathfrak{Z} = \sqrt{\mathfrak{W}_1^l \mathfrak{W}_2^l - \mathfrak{M}_1^l \mathfrak{M}_2^l}. \qquad (149.4)$$

Die komplexe Größe $\mathfrak{Z}$ heißt „Wellenwiderstand" des Vierpols — aus Gründen, die erst im § 223 auseinandergesetzt werden können. Wir ziehen die Wurzel so aus, das $\mathfrak{Z}$ im 1. oder 4. Quadranten liegt.

Da die Kurzschlußleitwerte die Kehrwerte der Kurzschlußwiderstände sind, folgen aus (. 3) die Gleichungen

$$\left.\begin{aligned} \mathfrak{L}_{11} &= \frac{1}{\mathfrak{W}_1^k} = \frac{\mathfrak{W}_2^l}{\mathfrak{Z}^2}, & \mathfrak{L}_{12} &= -\frac{1}{\mathfrak{M}_2^k} = -\frac{\mathfrak{M}_2^l}{\mathfrak{Z}^2}, \\ \mathfrak{L}_{21} &= \frac{1}{\mathfrak{M}_1^k} = \frac{\mathfrak{M}_1^l}{\mathfrak{Z}^2}, & \mathfrak{L}_{22} &= -\frac{1}{\mathfrak{W}_2^k} = -\frac{\mathfrak{W}_1^l}{\mathfrak{Z}^2}. \end{aligned}\right\} \qquad (149.5)$$

Hierin drückt sich der wichtige Satz aus: Die Kurzschlußwiderstände sind zu den Leerlaufwiderständen invers mit dem Wellenwiderstand als Potenz (§ 116). In diese Beziehungen sind die Scheinwiderstände mit verschiedenem, die Kernwiderstände mit gleichem Ziffernindex einzusetzen.

Nach den Gleichungen (. 5) ist der Wellenwiderstand auch gleich dem geometrischen Mittel aus dem Kurzschlußwiderstand von der einen und dem Leerlaufwiderstand von der anderen Seite:

$$\mathfrak{Z} = \sqrt{\mathfrak{W}_1^k \mathfrak{W}_2^l} = \sqrt{\mathfrak{W}_2^k \mathfrak{W}_1^l}. \qquad (149.6)$$

Diese Gleichungen liefern ein bequemes Verfahren zur Messung des Wellenwiderstands. Sie zeigen zugleich, daß bei jedem Vierpol die Beziehung

$$\frac{\mathfrak{W}_1^k}{\mathfrak{W}_2^k} = \frac{\mathfrak{W}_1^l}{\mathfrak{W}_2^l} \qquad (149.7)$$

richtig ist[1].

Die Kernwiderstände $\mathfrak{M}_1^l$, $\mathfrak{M}_2^l$, $\mathfrak{M}_1^k$, $\mathfrak{M}_2^k$ sind charakteristisch für die vierpolmäßige Betrachtung von Schaltungen. Da zwischen der Spannung an einem Klemmenpaar und dem ein ganz anderes Klemmenpaar durchfließenden Strom jede Phasenverschiebung möglich ist, können die Winkel der Kernwiderstände in allen vier Quadranten liegen. Für die Kernwiderstände verlustloser Vierpole gilt deshalb auch kein Reaktanztheorem (§ 109). Sie verhalten sich in dieser Hinsicht anders als die Scheinwiderstände verlustloser Zweipole. Wir werden hierauf in den Paragraphen 167 und 191 zurückkommen.

Der Wellenwiderstand $\mathfrak{Z}$ läßt sich auch aus den Kernwiderständen bestimmen; es gelten die Gleichungen

$$\mathfrak{Z} = \sqrt{\mathfrak{M}_1^k \mathfrak{M}_1^l} = \sqrt{\mathfrak{M}_2^k \mathfrak{M}_2^l} \quad \text{und} \quad \frac{\mathfrak{M}_1^k}{\mathfrak{M}_2^k} = \frac{\mathfrak{M}_2^l}{\mathfrak{M}_1^l}. \qquad (149.8)$$

[1] Aus (. 7) folgt, daß ein allgemeiner Vierpol durch die Angabe seiner vier Kurzschluß- und Leerlaufwiderstände nicht vollständig beschrieben werden kann.

§ 150. Der Umkehrungssatz. Ein Vierpol, für den die Kirchhoffschen Regeln gelten, hat nur einen einzigen Leerlaufkernwiderstand und nur einen einzigen Kurzschlußkernleitwert: „Umkehrungssatz der Vierpoltheorie".

Der Umkehrungssatz folgt aus einer für jedes Netzwerk gültigen allgemeinen Gleichung, die wir im folgenden im Anschluß an Wilberforce[1] ableiten werden. Wir betrachten (Abb. 150.1) ein Netzwerk aus n Knoten; diese seien miteinander verbunden durch $n(n-1)/2$ Zweige, deren Widerstände die fest gegebenen komplexen Werte $\mathfrak{R}_{ik}$ haben mögen. Das Netzwerk werde durch $n(n-1)/2$ in die Zweige eingeschaltete elektromotorische Kräfte $\mathfrak{E}_{ik}$ gespeist; außerdem sollen von außen n Ströme $\mathfrak{J}_i$ einströmen. Unter der Einwirkung der $\mathfrak{E}_{ik}$ und $\mathfrak{J}_i$ entstehen dann in den Zweigen $n(n-1)/2$ Ströme $\mathfrak{J}_{ik}$ und an ihnen $n(n-1)/2$ Spannungen $\mathfrak{U}_{ik}$; und die Kirchhoffschen Regeln reichen hin, diese $\mathfrak{J}_{ik}$ und $\mathfrak{U}_{ik}$ zu berechnen.

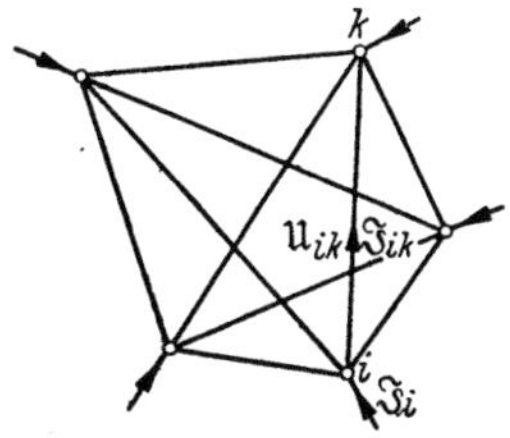

Abb. 150. 1.

Aus der Knotenregel folgt zunächst (vgl. § 9 am Schluß)

$$\mathfrak{J}_i = \sum_{k=1}^{n} \mathfrak{J}_{ik} \qquad (150.1)$$

($n-1$ unabhängige Gleichungen; $i = 1, 2, \ldots, n$; $k \neq i$, da innere Ströme $\mathfrak{J}_{ii}$ natürlich nicht vorkommen).

Zwischen den Strömen $\mathfrak{J}_{ik}$ und den Spannungen $\mathfrak{U}_{ik}$ bestehen die folgenden $n(n-1)/2$ Beziehungen (vgl. Abb. 150.2):

$$\mathfrak{U}_{ki} = \mathfrak{E}_{ik} - \mathfrak{R}_{ik}\mathfrak{J}_{ik}$$

oder

$$\mathfrak{R}_{ik}\mathfrak{J}_{ik} = \mathfrak{E}_{ik} + \mathfrak{U}_{ik}. \qquad (150.2)$$

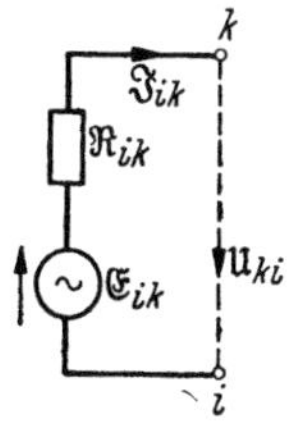

Abb. 150. 2.

Man vergleicht nun zwei Betriebszustände miteinander, bei denen die Ursachen $\mathfrak{E}_{ik}$ und $\mathfrak{J}_i$ verschieden gewählt sind, so daß auch verschiedene Ströme $\mathfrak{J}_{ik}$ und Spannungen $\mathfrak{U}_{ik}$ in den Zweigen entstehen. Wir wollen die zu dem zweiten Betriebszustand gehörenden Werte mit Strichen versehen. Außer (. 1) und (. 2) gelten dann auch die Gleichungen

$$\mathfrak{J}'_i = \sum_{k=1}^{n} \mathfrak{J}'_{ik} \qquad (k \neq i) \qquad (150.3)$$

und

$$\mathfrak{R}_{ik}\mathfrak{J}'_{ik} = \mathfrak{E}'_{ik} + \mathfrak{U}'_{ik}. \qquad (150.4)$$

($\mathfrak{R}_{ik}$ hat keinen Strich erhalten.) Multipliziert man nun (. 2) mit $\mathfrak{J}'_{ik}$, (. 4) mit $\mathfrak{J}_{ik}$, so werden die linken Seiten dieser beiden Gleichungen gleich; also sind es auch die rechten:

$$\mathfrak{E}_{ik}\mathfrak{J}'_{ik} + \mathfrak{U}_{ik}\mathfrak{J}'_{ik} = \mathfrak{E}'_{ik}\mathfrak{J}_{ik} + \mathfrak{U}'_{ik}\mathfrak{J}_{ik}. \qquad (150.5)$$

Diese $n(n-1)/2$ Gleichungen addieren wir. Die eine Hälfte der Glieder enthält je eine „Urspannung" (§ 9) und einen inneren Strom; die andere wollen wir unter Benutzung der Maschenregel und der Gleichungen (. 1) und (. 3) so umformen, daß in ihnen neben inneren Spannungen die „Urströme" (§ 24) $\mathfrak{J}_i$ auftreten. Wir zeigen die Umformung für die zweiten Glieder der linken Seiten und für $n = 4$:

$$\left.\begin{matrix} \mathfrak{U}_{12}\mathfrak{J}'_{12} \\ +\,\mathfrak{U}_{13}\mathfrak{J}'_{13} \\ +\,\mathfrak{U}_{14}\mathfrak{J}'_{14} \\ +\,\mathfrak{U}_{23}\mathfrak{J}'_{23} \\ +\,\mathfrak{U}_{24}\mathfrak{J}'_{24} \\ +\,\mathfrak{U}_{34}\mathfrak{J}'_{34} \end{matrix}\right\} = \left\{\begin{matrix} \mathfrak{U}_{14}\mathfrak{J}'_{12} + \mathfrak{U}_{24}\mathfrak{J}'_{21} \\ +\,\mathfrak{U}_{14}\mathfrak{J}'_{13} + \mathfrak{U}_{34}\mathfrak{J}'_{31} \\ +\,\mathfrak{U}_{14}\mathfrak{J}'_{14} \\ +\,\mathfrak{U}_{24}\mathfrak{J}'_{23} + \mathfrak{U}_{34}\mathfrak{J}'_{32} \\ +\,\mathfrak{U}_{24}\mathfrak{J}'_{24} \\ +\,\mathfrak{U}_{34}\mathfrak{J}'_{34} \end{matrix}\right\} = \mathfrak{U}_{14}\mathfrak{J}'_1 + \mathfrak{U}_{24}\mathfrak{J}'_2 + \mathfrak{U}_{34}\mathfrak{J}'_3. \qquad (150.6)$$

D. h. es erscheinen jedesmal die Spannungen aller Knoten gegen den vierten, multipliziert nach (. 3) mit den von außen auf die Knoten zufließenden Strömen. Da wir statt des vierten ebensogut jeden anderen Knoten hätte nehmen können und da $\mathfrak{U}_{ii} = 0$ ist, ergibt sich schließ-

[1] Wilberforce, L. R.: Phil. Mag. (6) 5 (1903) S. 489. In anderer Form hat schon Kirchhoff den Umkehrungssatz abgeleitet.

lich die folgende für jedes Netzwerk gültige Gleichung:

$$\sum_{i,k} \mathfrak{E}_{ik}\,\mathfrak{J}'_{ik} + \sum_{i} \mathfrak{U}_{ik}\,\mathfrak{J}'_{i} = \sum_{i,k} \mathfrak{E}'_{ik}\,\mathfrak{J}_{ik} + \sum_{i} \mathfrak{U}'_{ik'}\,\mathfrak{J}_{i}\,. \tag{150.7}$$

In den zweiten Summen links und rechts bedeuten k und k' also beliebig herausgegriffene Knotennummern.

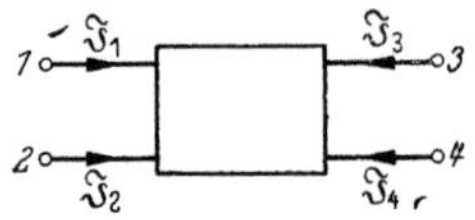

Abb. 150. 3.

Wir wenden die gefundene Beziehung jetzt auf einen Vierpol ohne elektromotorische Kräfte mit den Klemmen *1*, *2*, *3*, *4* an (Abb. 150. 3). Dabei setzen wir folgende Betriebsfälle voraus:

1. $\mathfrak{J}_1 = -\mathfrak{J}_2$; $\mathfrak{J}_3 = \mathfrak{J}_4 = 0$ (Leerlauf sekundär);
2. $\mathfrak{J}'_1 = \mathfrak{J}'_2 = 0$; $\mathfrak{J}'_3 = -\mathfrak{J}'_4$ (Leerlauf primär).

Dann folgt aus (. 7):

$$\mathfrak{U}_{3k}\,\mathfrak{J}'_3 + \mathfrak{U}_{4k}\,\mathfrak{J}'_4 = \mathfrak{U}'_{1k'}\,\mathfrak{J}_1 + \mathfrak{U}'_{2k'}\,\mathfrak{J}_2\,.$$

Wählt man $k = 4$, $k' = 2$, so ergibt sich

$$\mathfrak{U}_{34}\,\mathfrak{J}'_3 = \mathfrak{U}'_{12}\,\mathfrak{J}_1$$

oder

$$\frac{\mathfrak{U}_{34}}{\mathfrak{J}_1} = \mathfrak{M}^l_1 = \frac{\mathfrak{U}'_{12}}{\mathfrak{J}'_3} = \mathfrak{M}^l_2 = \mathfrak{M}^l \tag{150.8}$$

Damit ist der Umkehrungssatz bewiesen.

Wir werden im folgenden den Leerlaufkernwiderstand der Vierpole, die den Kirchhoffschen Regeln gehorchen, kurz als ihren „Kernwiderstand" bezeichnen. Die Leerlauf**schein**widerstände werden wir, wenn keine Verwechslung möglich ist, einfach „Leerlaufwiderstände" nennen.

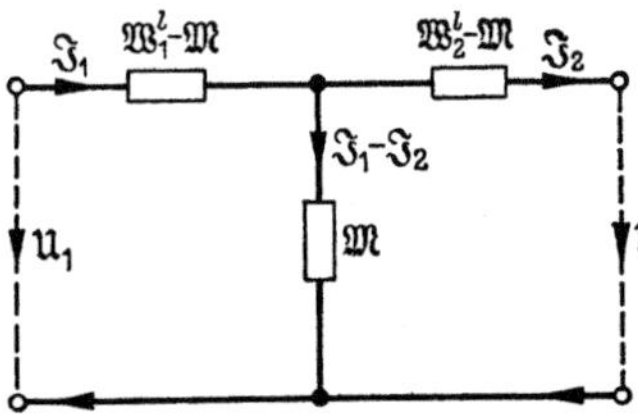

Abb. 150. 4.

Die einfachste Ersatzschaltung[1] für einen Vierpol, der den Kirchhoffschen Regeln gehorcht, ist die „Sternschaltung" (Abb. 150. 4). Bei Leerlauf sind in der Tat die Scheinwiderstände dieser Schaltung gleich $\mathfrak{W}^l_1$ und $\mathfrak{W}^l_2$; ihr Leerlaufkernwiderstand ist nach den im § 149 gegebenen Definitionen gleich dem Querwiderstand, einerlei, von welcher Seite aus man mißt.

Es gibt Vierpole (z. B. Röhrenschaltungen), die den Kirchhoffschen Regeln nicht gehorchen, bei denen aber trotzdem die beiden Leerlaufkernwiderstände einander gleich sind. Solche Vierpole verhalten sich nach außen hin so, als ob sie den Kirchhoffschen Regeln gehorchten.

§ 151. Grundgleichungen des Vierpols in Kettenform. Zur Berechnung von Vierpolketten eignet sich besonders eine dritte Form der Grundgleichungen, die man erhält, wenn man nach den primären (oder sekundären) Größen $\mathfrak{U}_1$, $\mathfrak{J}_1$ (oder $\mathfrak{U}_2$, $\mathfrak{J}_2$) auflöst. Nach den primären Größen aufgelöst ergibt sich:

$$\left.\begin{aligned} \mathfrak{U}_1 &= \frac{\mathfrak{W}^l_1}{\mathfrak{M}^l_1}\,\mathfrak{U}_2 + \frac{\mathfrak{Z}^2}{\mathfrak{M}^l_1}\,\mathfrak{J}_2\,,\\ \mathfrak{J}_1 &= \frac{1}{\mathfrak{M}^l_1}\,\mathfrak{U}_2 + \frac{\mathfrak{W}^l_2}{\mathfrak{M}^l_1}\,\mathfrak{J}_2\,, \end{aligned}\right\} \tag{151.1}$$

nach den sekundären

$$\left.\begin{aligned} \mathfrak{U}_2 &= \frac{\mathfrak{W}^l_2}{\mathfrak{M}^l_2}\,\mathfrak{U}_1 - \frac{\mathfrak{Z}^2}{\mathfrak{M}^l_2}\,\mathfrak{J}_1\,,\\ -\mathfrak{J}_2 &= \frac{1}{\mathfrak{M}^l_2}\,\mathfrak{U}_1 - \frac{\mathfrak{W}^l_1}{\mathfrak{M}^l_2}\,\mathfrak{J}_1\,. \end{aligned}\right\} \tag{151.2}$$

Wie man sieht, vertauschen bei der Umkehr der Gleichungen $\mathfrak{W}^l_1$ und $\mathfrak{W}^l_2$ und ebenso $\mathfrak{M}^l_1$ und $\mathfrak{M}^l_2$ ihre Plätze; $\mathfrak{Z}^2$ dagegen bleibt an Ort und Stelle.

Gehorcht der Vierpol den Kirchhoffschen Regeln, so bleibt auch der Leerlaufkernwiderstand an Ort und Stelle; er hat seinen Namen wegen dieser Eigenschaft erhalten.

[1] Im § 167 wird diese Behauptung etwas eingeschränkt werden.

Die Determinante der Kettengleichungen (. 1) ist gleich $\mathfrak{M}_2^l/\mathfrak{M}_1^l = \mathfrak{M}_1^k/\mathfrak{M}_2^k$. Gehorcht also ein Vierpol den Kirchhoffschen Regeln, so ist die Determinante der nach seinen primären Klemmengrößen aufgelösten Kettengleichungen gleich 1: „Determinantenbeziehung der Vierpoltheorie“.

„Symmetrisch“ (im Sinne der Vierpoltheorie) heißt ein Vierpol, bei dem nicht nur $\mathfrak{M}_1^l = \mathfrak{M}_2^l$, sondern auch $\mathfrak{W}_1^l = \mathfrak{W}_2^l$ ist.

Die Symmetrie, um die es sich hier handelt, hat natürlich nichts zu tun mit der Symmetrie des Vierpols bezogen auf eine in der Längsrichtung gedachte Mittellinie.

Eine zu einer quer gezogenen Mittellinie symmetrisch aufgebaute Vierpolschaltung ist immer auch vierpoltheoretisch symmetrisch. Das Umgekehrte braucht aber nicht zuzutreffen.

Die Kettengleichungen stehen gewissermaßen zwischen den Widerstands- und Leitwertgleichungen[1]. Das zeigt sich z. B. darin, daß sie sich selbst dual entsprechen. Vertauscht man nämlich in (. 1) die Ströme mit den Spannungen, die Leerlaufwiderstände $\mathfrak{W}_1^l$ und $\mathfrak{W}_2^l$ mit den Kurzschlußleitwerten $\mathfrak{W}_2^l/\mathfrak{Z}^2$ und $\mathfrak{W}_1^l/\mathfrak{Z}^2$, den Leerlaufkernwiderstand $\mathfrak{M}_1^l$ mit dem von derselben Seite gemessenen Kurzschlußkernleitwert $\mathfrak{M}_1^l/\mathfrak{Z}^2$ und den Wellenwiderstand mit seinem Kehrwert, so erhält man das System

$$\mathfrak{J}_1 = \frac{\mathfrak{W}_2^l/\mathfrak{Z}^2}{\mathfrak{M}_1^l/\mathfrak{Z}^2}\,\mathfrak{J}_2 + \frac{1}{\mathfrak{Z}^2\cdot\mathfrak{M}_1^l/\mathfrak{Z}^2}\,\mathfrak{U}_2,$$

$$\mathfrak{U}_1 = \frac{\mathfrak{Z}^2}{\mathfrak{M}_1^l}\,\mathfrak{J}_2 + \frac{\mathfrak{W}_1^l/\mathfrak{Z}^2}{\mathfrak{M}_1^l/\mathfrak{Z}^2}\,\mathfrak{U}_2,$$

das völlig mit dem Ausgangssystem (. 1) übereinstimmt.

Die vier Koeffizienten der Gleichungen (. 1) sind früher meist der Reihe nach mit $\mathfrak{A}_1$, $\mathfrak{B}$, $\mathfrak{C}$ und $\mathfrak{A}_2$ bezeichnet worden.

§ 152. Messung der Grundparameter.

§ 152. Messung der Grundparameter. Unmittelbar nach ihrer Definition lassen sich die Scheinwiderstände und Scheinleitwerte für Leerlauf und Kurzschluß messen. Abb. 152. 1. deutet an, wie man beispielsweise den Widerstand $\mathfrak{W}_1^l$ nach § 124 mit der Frankeschen Maschine und einem Kompensationsapparat K bestimmt.

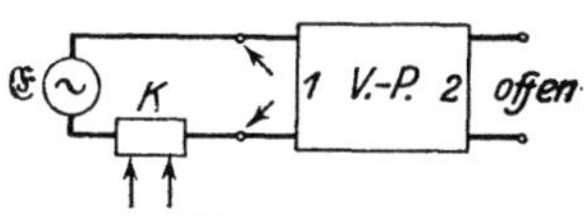

Abb. 152. 1.

Zur Bestimmung der Kerngrößen muß man jedesmal eine Klemmenspannung auf einer Seite des Vierpols mit einem Klemmenstrom auf der andern Seite vergleichen. Im allgemeinen ist es bequemer, zur Bestimmung der Kerngrößen das Verhältnis zweier gleichartiger Klemmengrößen zu messen. Zur Bestimmung von $\mathfrak{M}_1^l$ und $\mathfrak{M}_2^l$ mißt man z. B. das Verhältnis der beiden Klemmenspannungen bei sekundärem und primärem Leerlauf [vgl. Gl. (149. 2)]

$$\left(\frac{\mathfrak{U}_1}{\mathfrak{U}_2}\right)_{\mathfrak{J}_2=0} = \frac{\mathfrak{W}_1^l}{\mathfrak{M}_1^l}, \qquad \left(\frac{\mathfrak{U}_2}{\mathfrak{U}_1}\right)_{\mathfrak{J}_1=0} = \frac{\mathfrak{W}_2^l}{\mathfrak{M}_2^l}. \qquad (152.\ 1)$$

Da $\mathfrak{W}_1^l$ und $\mathfrak{W}_2^l$ ohnehin gemessen werden müssen, findet man $\mathfrak{M}_1^l$ und $\mathfrak{M}_2^l$ sofort durch eine einfache Rechnung. Bei einem Vierpol, der den Kirchhoffschen Regeln genügt, stimmen die gemessenen Werte $\mathfrak{M}_1^l$ und $\mathfrak{M}_2^l$ in den Grenzen der Meßunsicherheit überein.

§ 153. Zusammenschaltung eines Vierpols mit einem Verbraucher; Stromübersetzung. Legt man an den Ausgang eines Vierpols einen beliebigen Zwei-

[1] Systeme linearer Gleichungen lassen sich durch „Matrizen“ darstellen. Man kann daher bei Vierpolen eine Ketten-, eine Widerstands- und eine Leitwertmatrix definieren und die Vierpoltheorie nach den Regeln der Matrizenrechnung aufbauen. Näheres in dem Lehrbuch von Feldtkeller (siehe die Fußnote im § 147) oder in der Abhandlung von F. Strecker und R. Feldtkeller: Elektr. Nachr.-Techn. 6 (1929) S. 93.

pol $\mathfrak{R}_e$ (Abb. 153. 1), so tritt die Zweipolgleichung

$$\mathfrak{U}_2 = \mathfrak{R}_e \mathfrak{J}_2$$

zu den Grundgleichungen. Aus (149. 2) erhält man

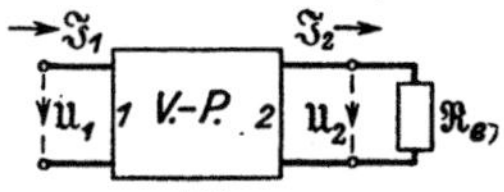

Abb. 153. 1.

$$\mathfrak{U}_2 = \mathfrak{R}_e \mathfrak{J}_2 = \mathfrak{M}_1^l \mathfrak{J}_1 - \mathfrak{W}_2^l \mathfrak{J}_2$$

oder

$$\frac{\mathfrak{J}_2}{\mathfrak{J}_1} = \frac{\mathfrak{M}_1^l}{\mathfrak{R}_e + \mathfrak{W}_2^l} = \mathfrak{u}_2. \tag{153. 1}$$

Wir nennen dieses Verhältnis die „Stromübersetzung“. Gehorcht der Vierpol den Kirchhoffschen Regeln, so kann man (. 1) aus dem Ersatzbild Abb. 150. 4 nach § 14 unmittelbar ablesen.

Die der Stromübersetzung dual entsprechende Spannungsübersetzung[1] werden wir im § 157, den Eingangsscheinwiderstand der Zusammenschaltung im § 156 behandeln.

§ 154. **Zusammenschaltung eines Vierpols mit einer Zweipolquelle.** Ein Vierpol werde durch eine beliebige Zweipolquelle betrieben (Abb. 154. 1); wir denken diese durch ihre Leerlaufspannung $\mathfrak{E}$ und ihren inneren Widerstand $\mathfrak{R}_a$ ersetzt.

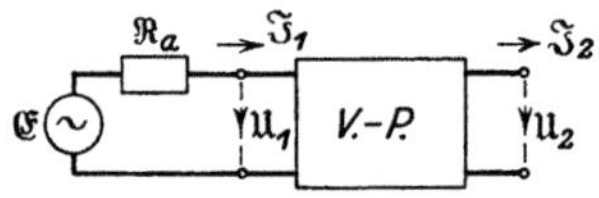

Abb. 154. 1.

Die so entstehende Schaltung kann wieder als Zweipolquelle aufgefaßt werden; wir fragen daher nach ihrer Leerlaufspannung und ihrem inneren Widerstand. Zunächst können wir mit Hilfe der Gleichung

$$\mathfrak{U}_1 = \mathfrak{E} - \mathfrak{R}_a \mathfrak{J}_1$$

in der ersten Gleichung (149. 2) die primäre Größe $\mathfrak{U}_1$ durch die primäre Größe $\mathfrak{J}_1$ ersetzen:

$$\mathfrak{E} = (\mathfrak{R}_a + \mathfrak{W}_1^l)\,\mathfrak{J}_1 - \mathfrak{M}_2^l \mathfrak{J}_2.$$

Nehmen wir die zweite Gleichung (149. 2) hinzu:

$$\mathfrak{U}_2 = \mathfrak{M}_1^l \mathfrak{J}_1 - \mathfrak{W}_2^l \mathfrak{J}_2,$$

so läßt sich auch die zweite primäre Größe $\mathfrak{J}_1$ entfernen; wir erhalten:

$$\mathfrak{U}_2 - \frac{\mathfrak{M}_1^l}{\mathfrak{R}_a + \mathfrak{W}_1^l}\,\mathfrak{E} = -\left(\mathfrak{W}_2^l - \frac{\mathfrak{M}_1^l \mathfrak{M}_2^l}{\mathfrak{R}_a + \mathfrak{W}_1^l}\right)\mathfrak{J}_2$$

oder mit der Abkürzung

$$\frac{\mathfrak{M}_1^l}{\mathfrak{R}_a + \mathfrak{W}_1^l} = \mathfrak{u}_1 \tag{154. 1}$$

$$\mathfrak{U}_2 = \mathfrak{u}_1 \mathfrak{E} - (\mathfrak{W}_2^l - \mathfrak{u}_1 \mathfrak{M}_2^l)\,\mathfrak{J}_2. \tag{154. 2}$$

Die Zusammenschaltung verhält sich also so, als ob sie eine Leerlaufspannung $\mathfrak{u}_1 \mathfrak{E}$ und einen inneren Widerstand

$$\mathfrak{W}_2 = \mathfrak{W}_2^l - \mathfrak{u}_1 \mathfrak{M}_2^l = \mathfrak{W}_2^l - \frac{\mathfrak{M}_1^l \mathfrak{M}_2^l}{\mathfrak{R}_a + \mathfrak{W}_1^l} \tag{154. 3}$$

hätte. Wir nennen die Größe $\mathfrak{u}_1$, die aus der Stromübersetzung $\mathfrak{u}_2$ durch Vertauschung von $\mathfrak{W}_2^l$ mit $\mathfrak{W}_1^l$ und von $\mathfrak{R}_e$ mit $\mathfrak{R}_a$ hervorgeht, die „Übersetzung der Leerlaufspannung“.

Der innere Widerstand der aus Quelle und Vierpol gebildeten Schaltung ist nach (. 3) gleich dem auf der Ausgangsseite gemessenen Leerlaufwiderstand

[1] Die Stromübersetzung und die ihr dual entsprechende Spannungsübersetzung (§ 157) sind schon zur Zeit der ersten Begründung einer Vierpoltheorie (1924) als wichtige Vierpolbestimmungsstücke eingeführt worden. Ihre reziproken Werte werden von H. Piloty: Telegr.- u. Fernspr.-Techn. **28** (1939) S. 291, als „Strom“- und „Spannungsübertragungsfaktoren“ bezeichnet.

vermindert um den mit $\mathfrak{u}_1$ übersetzten von derselben Seite gemessenen Kernwiderstand $\mathfrak{M}_2^l$

§ 155. Zusammenschaltung einer Stromquelle, eines Vierpols und eines Verbrauchers. Die im vorigen Paragraphen abgeleiteten Gleichungen erlauben, die beiden Klemmenströme eines Vierpols als Funktionen seiner Parameter und der Parameter der Stromquelle und des Verbrauchers unmittelbar hinzuschreiben.

Nach dem Helmholtzschen Satz (16. 2) und nach (154. 3) ist zunächst allgemein:

$$\mathfrak{J}_2 = \frac{\mathfrak{u}_1 \mathfrak{E}}{\mathfrak{R}_e + \mathfrak{W}_2} = \frac{\mathfrak{u}_1 \mathfrak{E}}{\mathfrak{R}_e + \mathfrak{W}_2^l - \mathfrak{u}_1 \mathfrak{M}_2^l} = \frac{\mathfrak{u}_1 \mathfrak{E}}{\frac{\mathfrak{M}_1^l}{\mathfrak{u}_2} - \mathfrak{u}_1 \mathfrak{M}_2^l} = \frac{\mathfrak{M}_1^l \mathfrak{E}}{(\mathfrak{R}_a + \mathfrak{W}_1^l)(\mathfrak{R}_e + \mathfrak{W}_2^l) - \mathfrak{M}_1^l \mathfrak{M}_2^l}. \quad (155.\ 1)$$

Gelten im besondern die Kirchhoffschen Regeln, was wir von jetzt ab voraussetzen wollen, so wird (wir lassen bei $\mathfrak{M}^l$ den Index weg)

$$\mathfrak{J}_2 = \frac{\mathfrak{E}}{\mathfrak{M}} \frac{\mathfrak{u}_1 \mathfrak{u}_2}{1 - \mathfrak{u}_1 \mathfrak{u}_2}. \quad (155.\ 2)$$

Die in den Verbraucher fließende Stromstärke $\mathfrak{J}_2$ hängt dann also nur von der elektromotorischen Kraft der Quelle, dem Kernwiderstand $\mathfrak{M}$ des Vierpols und dem Mittelwert $\sqrt{\mathfrak{u}_1 \mathfrak{u}_2}$ ab, der als eine Art „komplexer Kopplung" des Verbrauchers mit dem Generator aufgefaßt werden kann.

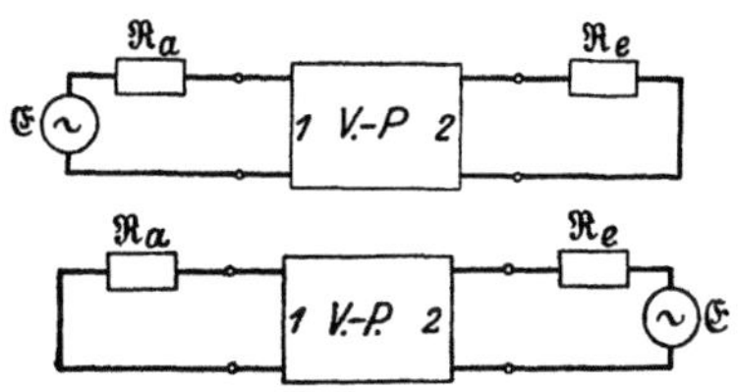

Abb. 155. 1 und . 2.

Sowohl $\mathfrak{M}$ wie $\sqrt{\mathfrak{u}_1 \mathfrak{u}_2}$ ändern ihren Wert nicht, wenn man den Vierpol umdreht und die Widerstände $\mathfrak{R}_a$ und $\mathfrak{R}_e$ miteinander vertauscht; der Strom $\mathfrak{J}_2$ durch die Klemmen *2* ist also ebenso groß wie der Strom $\mathfrak{J}_1$, der durch die Klemmen *1* flösse, wenn man die elektromotorische Kraft in den Verbraucher einschaltete (vgl. Abb. 155. 1 und 2).

Dieser Satz[1] ist eine andere Form des Umkehrungssatzes. Die Gleichung von Wilberforce erlaubt, auch ihn ohne weiteres abzuleiten. Man setzt bei dem im § 150 betrachteten Netzwerk alle Einströmungen gleich Null und unterscheidet die beiden Betriebsfälle, wo einmal nur der Zweig *12*, das andere Mal nur der Zweig *34* eine elektromotorische Kraft enthält. Dann folgt aus (150. 7) unmittelbar

$$\mathfrak{E}_{12} \mathfrak{J}'_{12} = \mathfrak{E}'_{34} \mathfrak{J}_{34} \quad \text{oder} \quad \frac{\mathfrak{J}_{34}}{\mathfrak{E}_{21}} = \frac{\mathfrak{J}'_{12}}{\mathfrak{E}'_{43}}.$$

Beachtet man die Gleichung (153. 1), so findet man leicht für $\mathfrak{J}_2$ die andere Form:

$$\mathfrak{J}_2 = \frac{\mathfrak{u}_1 \mathfrak{E}}{\mathfrak{R}_e + \mathfrak{W}_2^l} \frac{1}{1 - \mathfrak{u}_1 \mathfrak{u}_2}. \quad (155.\ 3)$$

Entsprechend ergibt sich für den primären Strom

$$\mathfrak{J}_1 = \frac{\mathfrak{u}_1 \mathfrak{E}}{\mathfrak{M}} \frac{1}{1 - \mathfrak{u}_1 \mathfrak{u}_2} = \frac{\mathfrak{E}}{\mathfrak{R}_a + \mathfrak{W}_1^l} \frac{1}{1 - \mathfrak{u}_1 \mathfrak{u}_2}. \quad (155.\ 4)$$

Die Gleichungen (. 3) und (. 4) können als Weiterbildungen der Helmholtzschen Gleichung (16. 2) aufgefaßt werden: Der primäre Klemmenstrom läßt sich berechnen, als ob der Vierpol ein Zweipol mit dem inneren Widerstand $\mathfrak{W}_1^l$ wäre; nur muß noch durch $1 - \mathfrak{u}_1 \mathfrak{u}_2$ geteilt werden. Ebenso ergibt sich der sekundäre Strom aus der „übersetzten" Leerlaufspannung, dem scheinbaren inneren Widerstand $\mathfrak{W}_2^l$ und dem Verbraucherwiderstand $\mathfrak{R}_e$, wenn man auch hier noch durch $1 - \mathfrak{u}_1 \mathfrak{u}_2$ teilt.

Wie man sieht, gilt für den primären Strom kein Umkehrungssatz.

[1] Kirchhoff, G.: Poggendorffs Ann. 72 (1847) S. 497.

Da man

$$\mathfrak{J}_1 = \frac{\mathfrak{E}}{\mathfrak{R}_a + \mathfrak{W}_1^l}\left(1 + \frac{\mathfrak{u}_1 \mathfrak{u}_2}{1 - \mathfrak{u}_1 \mathfrak{u}_2}\right) = \frac{\mathfrak{E}}{\mathfrak{R}_a + \mathfrak{W}_1^l} + \mathfrak{u}_1 \mathfrak{J}_2 \qquad (155.5)$$

schreiben kann, setzt sich der primäre Strom vektorisch aus dem Leerlaufstrom und dem übersetzten (und zwar mit $\mathfrak{u}_1$ übersetzten) sekundären Strom zusammen.

Wenn $\mathfrak{u}_1 \mathfrak{u}_2$ neben 1 vernachlässigt werden kann, erhält man die Gleichungen

$$\mathfrak{J}_1 = \frac{\mathfrak{E}}{\mathfrak{R}_a + \mathfrak{W}_1^l}, \qquad \mathfrak{J}_2 = \frac{\mathfrak{u}_1 \mathfrak{E}}{\mathfrak{R}_e + \mathfrak{W}_2^l}. \qquad (155.6)$$

Bei „loser Kopplung" berechnet sich also $\mathfrak{J}_1$ so, als wäre der Vierpol am sekundären Ende offen; $\mathfrak{J}_2$ wird zwar nicht gleich Null, darf aber ebenfalls mit Hilfe des Wertes $\mathfrak{W}_2^l$ an Stelle des Wertes $\mathfrak{W}_2$ berechnet werden. Die primäre Seite wirkt demnach bei loser Kopplung auf die sekundäre; die Rückwirkung der sekundären auf die primäre ist jedoch zu vernachlässigen. Die langen Leitungen gehören zu den lose koppelnden Vierpolen.

§ 156. **Der von dem primären Klemmenpaar aus gemessene Scheinwiderstand eines durch einen Verbraucher $\mathfrak{R}_e$ abgeschlossenen Vierpols** läßt sich nach (149. 2) folgendermaßen berechnen:

$$\mathfrak{W}_1 = \frac{\mathfrak{U}_1}{\mathfrak{J}_1} = \mathfrak{W}_1^l - \mathfrak{M}_2^l \frac{\mathfrak{J}_2}{\mathfrak{J}_1} = \mathfrak{W}_1^l - \mathfrak{u}_2 \mathfrak{M}_2^l = \mathfrak{W}_1^l - \frac{\mathfrak{M}_1^l \mathfrak{M}_2^l}{\mathfrak{R}_e + \mathfrak{W}_2^l}. \qquad (156.1)$$

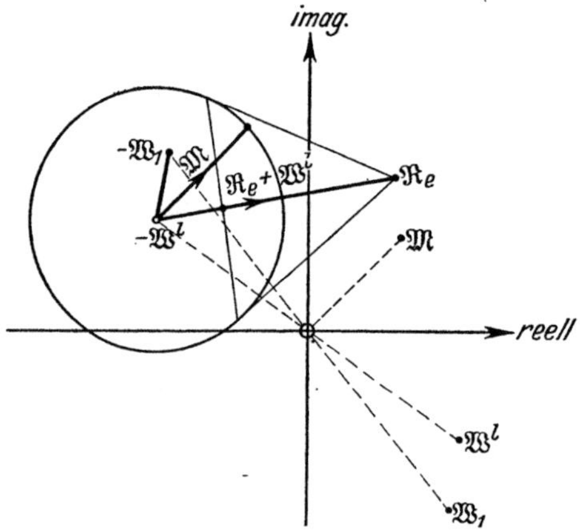

Abb. 156. 1.

Hiernach und nach (154. 3) hängen die Scheinwiderstände $\mathfrak{W}_1$ und $\mathfrak{W}_2$ eines Vierpols nur von dem Produkt der beiden Kernwiderstände $\mathfrak{M}_1^l$ und $\mathfrak{M}_2^l$ ab[1].

Für Leerlauf ($\mathfrak{R}_e \to \infty$) erhält man wieder den Widerstand $\mathfrak{W}_1^l$; für Kurzschluß ($\mathfrak{R}_e = 0$) ergibt sich

$$\mathfrak{W}_1^k = \mathfrak{W}_1^l - \frac{\mathfrak{M}_1^l \mathfrak{M}_2^l}{\mathfrak{W}_2^l} = \frac{\mathfrak{Z}^2}{\mathfrak{W}_2^l} \qquad (156.2)$$

in Übereinstimmung mit (149. 5).

Abb. 156. 1 zeigt, wie man den Eingangswiderstand $\mathfrak{W}_1$ eines symmetrischen Vierpols nach § 116 und Gleichung (. 1) leicht konstruieren kann; sie dürfte ohne Erklärung verständlich sein. Der Kernwiderstand $\mathfrak{M}$ spielt dabei die Rolle einer Inversionspotenz[2].

§ 157. **Die Spannungsübersetzung.** Für die Spannungsübersetzung $\mathfrak{v}_2 = \mathfrak{U}_2/\mathfrak{U}_1$ ergibt sich unmittelbar

$$\mathfrak{v}_2 = \frac{\mathfrak{U}_2}{\mathfrak{U}_1} = \frac{\mathfrak{J}_2 \mathfrak{R}_e}{\mathfrak{J}_1 \mathfrak{W}_1} = \frac{\mathfrak{M}_1^l}{\mathfrak{R}_e + \mathfrak{W}_2^l} \frac{\mathfrak{R}_e}{\mathfrak{W}_1^l - \frac{\mathfrak{M}_1^l \mathfrak{M}_2^l}{\mathfrak{R}_e + \mathfrak{W}_2^l}}$$

$$= \frac{\mathfrak{M}_1^l}{\frac{\mathfrak{W}_1^l \mathfrak{W}_2^l - \mathfrak{M}_1^l \mathfrak{M}_2^l}{\mathfrak{R}_e} + \mathfrak{W}_1^l} = \frac{\mathfrak{M}_1^l}{\frac{\mathfrak{Z}^2}{\mathfrak{R}_e} + \mathfrak{W}_1^l}, \qquad (157.1)$$

wenn wir wieder $\mathfrak{Z}^2$ einsetzen (149. 4).

[1] Deshalb ist es auch unmöglich, einen allgemeinen Vierpol ($\mathfrak{M}_1^l \neq \mathfrak{M}_2^l$) durch Scheinwiderstände vollständig zu kennzeichnen.

[2] Nur die ausgezogenen Linien sind für die Konstruktion wesentlich. Für einen durch einen reellen Widerstand abgeschlossenen Vierpol aus reinen Blindwiderständen findet man eine besonders einfache Konstruktion bei R. Feldtkeller: Elektr. Nachr.-Techn. 5 (1928) S. 155.

Auch die Spannungsübersetzung läßt sich demnach als das Verhältnis des Kernwiderstands $\mathfrak{M}_1^l$ zu der Summe zweier Widerstände darstellen. Diese beiden Widerstände sind aber diesmal der zu dem Abschlußwiderstand $\mathfrak{R}_e$ mit der Potenz $\mathfrak{Z}$ inverse Widerstand und der Leerlaufwiderstand von vorn.

Wenn der Ausdruck für die Spannungsübersetzung weniger einfach erscheint als der Ausdruck für die Stromübersetzung, so liegt dies daran, daß die hier wiedergegebene Theorie eine Widerstandstheorie ist. Schreibt man die Vierpoltheorie in Leitwertparametern, so vertauschen die beiden Übersetzungen ihre Rollen[1].

Die Spannungsübersetzung hängt nach (. 1) wie die Stromübersetzung wesentlich von dem Abschlußwiderstand $\mathfrak{R}_e$ ab. Nur bei sehr kleinem Wellenwiderstand ist sie von ihm nahezu unabhängig; ein sehr bekanntes Beispiel ist der vollkommene Übertrager (§ 191).

§ 158. Anpassung eines symmetrischen Vierpols an seinen Verbraucher. In der Fernsprechtechnik wird häufig eine große Zahl von Vierpolen „in Kette" geschaltet wie in Abb. 158. 1. Der Einfachheit halber wollen wir zunächst voraussetzen, daß die Glieder einer solchen Kette sämtlich symmetrisch seien ($\mathfrak{W}_1^l = \mathfrak{W}_2^l$, $\mathfrak{M}_1^l = \mathfrak{M}_2^l$).

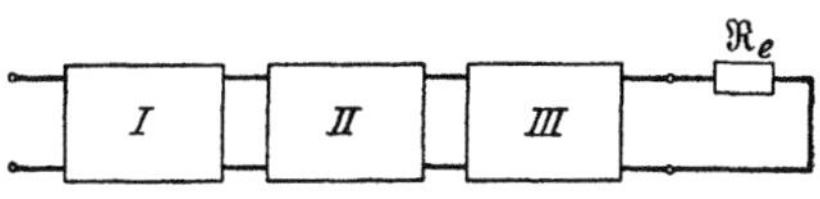

Abb. 158. 1.

Denkt man sich eine solche Kette an einem der Klemmenpaare aufgeschnitten und den Scheinwiderstand des hinter der Schnittstelle liegenden Zweipols gemessen, so wird er im allgemeinen von Klemmenpaar zu Klemmenpaar verschieden ausfallen. Es ist aber denkbar, daß (bei einer gegebenen Frequenz) der Endwiderstand $\mathfrak{R}_e$ und die Parameter der Vierpole so aufeinander abgestimmt sind, daß alle Scheinwiderstände gleich dem letzten Scheinwiderstand, d. h. gleich $\mathfrak{R}_e$ sind. Ist diese besondere Bedingung erfüllt, ist also

$$\frac{\mathfrak{U}_1}{\mathfrak{J}_1} = \frac{\mathfrak{U}_2}{\mathfrak{J}_2} = \frac{\mathfrak{U}_3}{\mathfrak{J}_3} = \cdots = \mathfrak{R}_e, \tag{158. 1}$$

so arbeitet offenbar jeder einzelne Vierpol und auch die vor der Vierpolkette liegende Stromquelle scheinbar auf den gleichen Verbraucher; für die Stromquelle — aber natürlich nicht für den Verbraucher! — ist es so, als ob die Vierpole gar nicht da wären.

Man nennt die wichtige Bedingung (. 1) die „Anpassungsbedingung" (genauer die Bedingung der „Kettenanpassung"). Ist sie erfüllt, so sind die Vierpole aneinander und an den Verbraucher „angepaßt".

Da man (. 1) in der Form

$$\frac{\mathfrak{U}_2}{\mathfrak{U}_1} = \frac{\mathfrak{J}_2}{\mathfrak{J}_1}, \qquad \frac{\mathfrak{U}_3}{\mathfrak{U}_2} = \frac{\mathfrak{J}_3}{\mathfrak{J}_2}, \ldots \tag{158. 2}$$

schreiben kann, besagt die Bedingung (. 1) auch, daß bei jedem Vierpol einer angepaßten Kette aus symmetrischen Vierpolen die Spannungsübersetzung $\mathfrak{v}_2$ nach Betrag und Winkel gleich der Stromübersetzung $\mathfrak{u}_2$ ist.

Betrachten wir von jetzt ab nur einen einzigen symmetrischen Vierpol und bezeichnen wir den Eingangsscheinwiderstand der hinter ihm liegenden Schaltung mit $\mathfrak{R}_e$, so ist er nach (153. 1) und (157. 1) an diese angepaßt, wenn

$$\frac{\mathfrak{M}}{\mathfrak{R}_e + \mathfrak{W}^l} = \frac{\mathfrak{M}}{\frac{\mathfrak{Z}^2}{\mathfrak{R}_e} + \mathfrak{W}^l},$$

[1] Wallot, J.: Vortrag 10. Dez. 1924 (Wiss. Veröff. Siemens-Konz. 8 (1929) H. 2 S. 49). Dort wird auch eine vierte Übersetzung $\mathfrak{v}_1$ definiert.

d. h. (nach der für den Winkel von $\mathfrak{Z}$ im § 149 getroffenen Festsetzung) wenn

$$\mathfrak{Z} = \mathfrak{R}_e \tag{158. 3}$$

ist. Gewöhnlich definiert man die „Anpassung" durch diese Bedingung und nennt sie daher auch „Anpassung nach dem Wellenwiderstand".

Die beiden Übersetzungen $\mathfrak{u}_2$ und $\mathfrak{v}_2$ lassen sich im Falle der Anpassung besonders einfach mit Hilfe einer für die Theorie der Schwachstromtechnik äußerst wichtigen neuen Größe $\mathfrak{g}$ berechnen, die man als „Vierpolübertragungsmaß" oder „Wellenübertragungsmaß" bezeichnet und für symmetrische Vierpole durch die Gleichung

$$\mathfrak{Cof}\,\mathfrak{g} = \frac{\mathfrak{W}^l}{\mathfrak{M}} \tag{158. 4}$$

definiert. Denn bei Anpassung ist

$$\mathfrak{u}_2 = \mathfrak{v}_2 = \frac{\mathfrak{M}}{\mathfrak{Z} + \mathfrak{W}^l} = \frac{\mathfrak{M}}{\mathfrak{W}^l + \sqrt{\mathfrak{W}^{l\,2} - \mathfrak{M}^2}} = \frac{1}{\mathfrak{Cof}\,\mathfrak{g} + \sqrt{\mathfrak{Cof}^2\mathfrak{g} - 1}}$$

$$= \frac{1}{\mathfrak{Cof}\,\mathfrak{g} + \mathfrak{Sin}\,\mathfrak{g}} = \frac{1}{e^{\mathfrak{g}}} = e^{-\mathfrak{g}} \tag{158. 5}$$

oder umgekehrt:

$$\mathfrak{g} = \ln\frac{\mathfrak{U}_1}{\mathfrak{U}_2} = \ln\frac{\mathfrak{J}_1}{\mathfrak{J}_2}. \tag{158. 6}$$

Das durch (. 4) eingeführte Übertragungsmaß ist also bei Anpassung ein logarithmisches Maß für die durch den Vierpol verursachte Verkürzung und Drehung der Vektoren der Klemmengrößen $\mathfrak{U}$ und $\mathfrak{J}$.

Man setzt

$$\mathfrak{g} = b + \mathrm{j}\,a \tag{158. 7}$$

und nennt b das „(Vierpol- oder Wellen-)Dämpfungsmaß", a das „(Vierpol- oder Wellen-)Winkelmaß. Genügt ein Wert $\mathfrak{g}$ der Gleichung (. 4), so genügt ihr auch der Wert $-\mathfrak{g}$. Wir setzen daher fest, daß das Dämpfungsmaß b eines aus komplexen Widerständen aufgebauten Vierpols immer positiv ist. Das Winkelmaß a ist nach (. 4) um ein Vielfaches von 360^0 unbestimmt; da Drehungen der Vektoren jedoch nur bei Wechselstrom möglich sind, setzen wir fest, daß es für $\omega = 0$ den Wert Null annehmen soll.

Nach (. 6) und dem Anhang 7 ist bei Anpassung das Dämpfungsmaß ein logarithmisches Maß für die Schwächung der Spannung und des Stroms; das Winkelmaß dagegen ist gleich dem Winkel, um den der Vierpol die Vektoren dieser beiden Größen dreht.

Beide Größen sind reine Zahlen. Es ist üblich, den Dämpfungsangaben das Zeichen N („Neper") zuzufügen. Vgl. § 179.

Der Begriff der Anpassung nach dem Wellenwiderstand tritt (wie der des Kernwiderstands) in der Theorie der Vierpole neu auf. Er hat nichts zu tun mit dem Begriff der Anpassung von Zweipolen nach dem Scheinwiderstand oder nach der Leistung (§ 107).

§ 159. **Wellentheorie des Vierpols.** Die Bedeutung der sog. „Anpassungsbedingung" für die Fernmeldetechnik liegt nur zum kleineren Teile darin, daß, wenn sie erfüllt ist, die an den Klemmenpaaren einer Kette nach dem Verbraucher hin gemessenen Scheinwiderstände nach Betrag und Winkel die gleichen sind, oder darin, daß dann bei allen Gliedern der Kette die Stromübersetzung gleich der Spannungsübersetzung ist. Die Fernmeldetechnik paßt vielmehr hauptsächlich deshalb an, weil dann, wie wir im § 158 bereits an einem Beispiel gesehen haben, alle Abhängigkeiten besonders einfach werden. Nur einfache Abhängigkeiten lassen sich aber durch Schaltmittel ohne allzu großen

Aufwand so beeinflussen, daß die technische Aufgabe möglichst vollkommen gelöst wird.

Die Wirkung der Anpassungsbedingung auf die Abhängigkeiten läßt sich ohne weiteres prüfen, wenn man die Vierpole durch ihre „Wellenparameter" beschreibt. Unter diesen versteht man beim symmetrischen Vierpol den Wellenwiderstand und das Wellenübertragungsmaß.

Der allgemeine Vierpol muß durch vier Wellenparameter beschrieben werden.

Man kann daran denken, die Bedingung der „Kettenanpassung" auch beim allgemeinen Vierpol zur Definition zunächst eines „Kettenwiderstandes $\mathfrak{Z}_k$" und eines „Kettenübertragungsmaßes $\mathfrak{g}_k$" zu verwenden. Man erhält dann aus (153. 1) und (157. 1) die Bedingung

$$\mathfrak{R}_e + \mathfrak{W}_2^l = \frac{\mathfrak{Z}^2}{\mathfrak{R}_e} + \mathfrak{W}_1^l, \tag{159. 1}$$

aus der sich für den erforderlichen Abschlußwiderstand eine quadratische Gleichung ergibt, deren allein brauchbare[1] Lösung die Form

$$\begin{aligned}\mathfrak{R}_e &= -\frac{\mathfrak{W}_2^l - \mathfrak{W}_1^l}{2} + \sqrt{\left(\frac{\mathfrak{W}_2^l - \mathfrak{W}_1^l}{2}\right)^2 + \mathfrak{Z}^2} \\ &= -\frac{\mathfrak{W}_2^l - \mathfrak{W}_1^l}{2} + \sqrt{\left(\frac{\mathfrak{W}_1^l + \mathfrak{W}_2^l}{2}\right)^2 - \mathfrak{M}_1^l \mathfrak{M}_2^l}\end{aligned} \tag{159. 2}$$

annimmt. In Anlehnung hieran hat man den „Kettenwiderstand" und das „Kettenübertragungsmaß" durch die Ausdrücke

$$\left.\begin{aligned}\mathfrak{Z}_k &= \sqrt{\left(\frac{\mathfrak{W}_1^l + \mathfrak{W}_2^l}{2}\right)^2 - \mathfrak{M}_1^l \mathfrak{M}_2^l}, \\ \mathfrak{Cof}\, \mathfrak{g}_k &= \frac{\mathfrak{W}_1^l + \mathfrak{W}_2^l}{2\sqrt{\mathfrak{M}_1^l \mathfrak{M}_2^l}}\end{aligned}\right\} \tag{159. 3}$$

definiert.

Nun hat aber der Wellenwiderstand $\mathfrak{Z}$, der sich von $\mathfrak{Z}_k$ nur dadurch unterscheidet, daß bei ihm das arithmetische Mittel der Leerlaufscheinwiderstände durch ihr geometrisches Mittel ersetzt ist, zweifellos für jeden Vierpol grundlegende Bedeutung. Es verspricht daher mehr Erfolg, für unsymmetrische Vierpole die im § 158 benutzte Bedingung der Kettenanpassung fallen zu lassen und als ersten Wellenparameter den im § 149 definierten Wellenwiderstand $\mathfrak{Z}$ selbst zu wählen.

Die Unzulänglichkeit der Kettenanpassung bei unsymmetrischen Vierpolen läßt sich auch in anderer Weise zeigen. Sie versagt z. B. schon beim idealen Übertrager, dessen Windungsverhältnis von 1 verschieden ist (§ 191). Bei ihm wird die Spannung, weil der Energiesatz erfüllt sein muß, im gleichen Verhältnis nach oben transformiert wie der Strom nach unten und umgekehrt. Beim idealen Übertrager läßt sich die Kettenanpassung also überhaupt nur beim Windungsverhältnis 1 verwirklichen, also wenn er symmetrisch ist. Aber auch bei Ketten aus gleichen Verstärkerröhren ist die Bedingung der Kettenanpassung künstlich, da bei der Elektronenröhre, wie wir sehen werden, die Stromübersetzung und die Spannungsübersetzung nichts miteinander zu tun haben.

Wir wählen daher als ersten Wellenparameter $\mathfrak{Z}$, als zweiten definieren wir das Wellenübertragungsmaß $\mathfrak{g}$ durch

$$\mathfrak{Cof}\, \mathfrak{g} = \sqrt{\frac{\mathfrak{W}_1^l \mathfrak{W}_2^l}{\mathfrak{M}_1^l \mathfrak{M}_2^l}}. \tag{159. 4}$$

Dann ist

$$\mathfrak{Sin}\, \mathfrak{g} = \sqrt{\frac{\mathfrak{W}_1^l \mathfrak{W}_2^l}{\mathfrak{M}_1^l \mathfrak{M}_2^l} - 1} = \frac{\mathfrak{Z}}{\sqrt{\mathfrak{M}_1^l \mathfrak{M}_2^l}},$$

$$\sqrt{\mathfrak{M}_1^l \mathfrak{M}_2^l} = \frac{\mathfrak{Z}}{\mathfrak{Sin}\, \mathfrak{g}}, \qquad \sqrt{\mathfrak{W}_1^l \mathfrak{W}_2^l} = \mathfrak{Z}\, \mathfrak{Ctg}\, \mathfrak{g}, \tag{159. 5}$$

[1] Die Lösung mit dem Minuszeichen vor der Wurzel ist nicht brauchbar, da für $\mathfrak{W}_1^l = \mathfrak{W}_2^l$ wieder die frühere Bedingung (158. 3) herauskommen muß.

und daher

$$\left.\begin{aligned}\mathfrak{W}_1^l &= \sqrt{\frac{\mathfrak{W}_1^l}{\mathfrak{W}_2^l}}\,\mathfrak{Z}\,\mathfrak{Ctg}\,\mathfrak{g}\,, & \mathfrak{M}_1^l &= \sqrt{\frac{\mathfrak{M}_1^l}{\mathfrak{M}_2^l}}\,\frac{\mathfrak{Z}}{\mathfrak{Sin}\,\mathfrak{g}}\,,\\ \mathfrak{W}_2^l &= \sqrt{\frac{\mathfrak{W}_2^l}{\mathfrak{W}_1^l}}\,\mathfrak{Z}\,\mathfrak{Ctg}\,\mathfrak{g}\,, & \mathfrak{M}_2^l &= \sqrt{\frac{\mathfrak{M}_2^l}{\mathfrak{M}_1^l}}\,\frac{\mathfrak{Z}}{\mathfrak{Sin}\,\mathfrak{g}}\,.\end{aligned}\right\} \tag{159.6}$$

Setzen wir noch

$$\sqrt{\frac{\mathfrak{W}_2^l}{\mathfrak{W}_1^l}} = \mathfrak{s}\,, \qquad \sqrt{\frac{\mathfrak{M}_2^l}{\mathfrak{M}_1^l}} = \mathfrak{s}_L\,, \tag{159.7}$$

so haben wir in den Parametern $\mathfrak{Z}$, $\mathfrak{g}$, $\mathfrak{s}$, $\mathfrak{s}_L$ vier Wellenparameter, durch die man jeden allgemeinen linearen Vierpol beschreiben kann. Das System der Kettengleichungen (151. 1) nimmt damit die folgende Form an:

$$\left.\begin{aligned}\mathfrak{U}_1 &= \mathfrak{s}_L\left(\frac{1}{\mathfrak{s}}\,\mathfrak{Cof}\,\mathfrak{g}\cdot\mathfrak{U}_2 + \mathfrak{Z}\,\mathfrak{Sin}\,\mathfrak{g}\cdot\mathfrak{J}_2\right),\\ \mathfrak{J}_1 &= \mathfrak{s}_L\left(\frac{\mathfrak{Sin}\,\mathfrak{g}}{\mathfrak{Z}}\,\mathfrak{U}_2 + \mathfrak{s}\,\mathfrak{Cof}\,\mathfrak{g}\cdot\mathfrak{J}_2\right).\end{aligned}\right\} \tag{159.8}$$

Seine Determinante ist gleich $\mathfrak{s}_L^2$; wenn die Kirchhoffschen Regeln gelten, wird $\mathfrak{s}_L^2$ gleich 1.

§ 160. **Die Übersetzungen** nehmen in der Wellentheorie des Vierpols die folgenden Formen an:

$$\mathfrak{u}_1 = \frac{\mathfrak{M}_1^l}{\mathfrak{R}_a + \mathfrak{W}_1^l} = \frac{\mathfrak{Z}/(\mathfrak{s}_L\,\mathfrak{Sin}\,\mathfrak{g})}{\frac{\mathfrak{Z}}{\mathfrak{s}}\,\mathfrak{Ctg}\,\mathfrak{g} + \mathfrak{R}_a} = \frac{\mathfrak{s}}{\mathfrak{s}_L}\,\frac{1}{\mathfrak{Cof}\,\mathfrak{g} + \frac{\mathfrak{R}_a}{\mathfrak{Z}_1}\,\mathfrak{Sin}\,\mathfrak{g}}\,, \tag{160.1}$$

$$\mathfrak{u}_2 = \frac{\mathfrak{M}_1^l}{\mathfrak{R}_e + \mathfrak{W}_2^l} = \frac{\mathfrak{Z}/(\mathfrak{s}_L\,\mathfrak{Sin}\,\mathfrak{g})}{\mathfrak{s}\,\mathfrak{Z}\,\mathfrak{Ctg}\,\mathfrak{g} + \mathfrak{R}_e} = \frac{1}{\mathfrak{s}\,\mathfrak{s}_L}\,\frac{1}{\mathfrak{Cof}\,\mathfrak{g} + \frac{\mathfrak{R}_e}{\mathfrak{Z}_2}\,\mathfrak{Sin}\,\mathfrak{g}}\,, \tag{160.2}$$

$$\mathfrak{v}_2 = \frac{\mathfrak{M}_1^l}{\frac{\mathfrak{Z}^2}{\mathfrak{R}_e} + \mathfrak{W}_1^l} = \frac{\mathfrak{Z}/(\mathfrak{s}_L\,\mathfrak{Sin}\,\mathfrak{g})}{\frac{\mathfrak{Z}}{\mathfrak{s}}\,\mathfrak{Ctg}\,\mathfrak{g} + \frac{\mathfrak{Z}^2}{\mathfrak{R}_e}} = \frac{\mathfrak{s}}{\mathfrak{s}_L}\,\frac{1}{\mathfrak{Cof}\,\mathfrak{g} + \frac{\mathfrak{Z}_2}{\mathfrak{R}_e}\,\mathfrak{Sin}\,\mathfrak{g}}\,. \tag{160.3}$$

Dabei haben wir die von den Klemmen *1* und entsprechend *2* aus gemessenen „äußeren Wellenwiderstände“

$$\mathfrak{Z}_1 = \frac{\mathfrak{Z}}{\mathfrak{s}} = \sqrt{\mathfrak{W}_1^l\,\mathfrak{W}_1^k}\,, \qquad \mathfrak{Z}_2 = \mathfrak{s}\,\mathfrak{Z} = \sqrt{\mathfrak{W}_2^l\,\mathfrak{W}_2^k} \tag{160.4}$$

eingeführt.

Die Gleichungen (. 1) bis (. 3) zeigen uns nun, daß der Begriff der „Anpassung“ bei einem beliebigen Vierpol am zweckmäßigsten durch die folgende Festsetzung erklärt wird: Ein Vierpol ist an seine Stromquelle angepaßt, wenn $\mathfrak{R}_a = \mathfrak{Z}_1$, an seinen Verbraucher, wenn $\mathfrak{R}_e = \mathfrak{Z}_2$. Unter „Anpassung nach dem Wellenwiderstand“ verstehen wir von nun an immer diese Art der Anpassung.

Sind die Bedingungen $\mathfrak{R}_a = \mathfrak{Z}_1$ und $\mathfrak{R}_e = \mathfrak{Z}_2$ erfüllt, so wird:

$$\mathfrak{u}_1 = \mathfrak{v}_2 = \frac{\mathfrak{s}}{\mathfrak{s}_L}\,e^{-\mathfrak{g}}\,, \qquad \mathfrak{u}_2 = \frac{1}{\mathfrak{s}\,\mathfrak{s}_L}\,e^{-\mathfrak{g}}\,, \tag{160.5}$$

$$\mathfrak{u}_2\,\mathfrak{v}_2 = \frac{1}{\mathfrak{s}_L^2}\,e^{-2\mathfrak{g}}\,. \tag{160.6}$$

Beim Durchgang von Wechselströmen durch einen auf beiden Seiten angepaßten Vierpol nehmen also die Spannung, der Strom und die komplexe Scheinleistung exponentiell gemäß einem Wellenübertragungsmaß $\mathfrak{g}$ ab; zugleich aber werden sie gemäß den beiden Faktoren $\mathfrak{s}$ und $\mathfrak{s}_L$ transformiert („gewandelt“). Da die Transformation der komplexen Scheinleistung $1/\mathfrak{s}_L^2$ bei Umkehr des Vierpols in ihren Kehrwert übergeht, muß bei einem „passiven" Vierpol, d. h. einem Vierpol, der keine Energiequellen enthält, $\ddot{\mathfrak{u}}_L = 1$ sein, wie es der Umkehrungssatz fordert (§ 150). Dieser ist also im Grunde ein Ausdruck für den Energiesatz.

Nach (. 2) und (. 3) ist bei Anpassung am sekundären Klemmenpaar

$$\mathfrak{u}_2 = \mathfrak{v}_2/\ddot{\mathfrak{u}}^2 . \qquad (160.\ 7)$$

Diese Bedingung stimmt mit der Bedingung für die Kettenanpassung ($\mathfrak{u}_2 = \mathfrak{v}_2$) nur bei symmetrischen Vierpolen überein.

§ 161. Die Scheinwiderstände lassen sich ebenfalls leicht allgemein in Wellenparametern ausdrücken. Nach (156. 1) und (154. 3) ergibt sich

$$\mathfrak{W}_1 = \mathfrak{W}_1^l - \frac{\mathfrak{M}_1^l \mathfrak{M}_2^l}{\mathfrak{R}_e + \mathfrak{W}_2^l} = \mathfrak{Z}_1 \,\mathfrak{Ctg}\, \mathfrak{g} - \frac{\mathfrak{Z}_1 \mathfrak{Z}_2/\mathfrak{Sin}^2 \mathfrak{g}}{\mathfrak{R}_e + \mathfrak{Z}_2 \,\mathfrak{Ctg}\, \mathfrak{g}}$$

$$= \frac{\mathfrak{Z}_1}{\mathfrak{Sin}\, \mathfrak{g}} \left\{ \mathfrak{Cof}\, \mathfrak{g} - \frac{\mathfrak{Z}_2}{\mathfrak{R}_e \,\mathfrak{Sin}\, \mathfrak{g} + \mathfrak{Z}_2 \,\mathfrak{Cof}\, \mathfrak{g}} \right\} = \frac{\mathfrak{Sin}\, \mathfrak{g} + \frac{\mathfrak{R}_e}{\mathfrak{Z}_2} \mathfrak{Cof}\, \mathfrak{g}}{\mathfrak{Cof}\, \mathfrak{g} + \frac{\mathfrak{R}_e}{\mathfrak{Z}_2} \mathfrak{Sin}\, \mathfrak{g}} \mathfrak{Z}_1 \qquad (161.\ 1)$$

und entsprechend

$$\mathfrak{W}_2 = \frac{\mathfrak{Sin}\, \mathfrak{g} + \frac{\mathfrak{R}_a}{\mathfrak{Z}_1} \mathfrak{Cof}\, \mathfrak{g}}{\mathfrak{Cof}\, \mathfrak{g} + \frac{\mathfrak{R}_a}{\mathfrak{Z}_1} \mathfrak{Sin}\, \mathfrak{g}} \mathfrak{Z}_2 . \qquad (161.\ 2)$$

Diese Gleichungen, in denen $\ddot{\mathfrak{u}}_L$ nicht vorkommt, zeigen besonders deutlich, daß die in § 160 eingeführten Bedingungen für die Anpassung zu einer außerordentlichen Vereinfachung der gleichungsmäßigen Zusammenhänge führen. Setzt man nämlich $\mathfrak{R}_e = \mathfrak{Z}_2$, so wird $\mathfrak{W}_1 = \mathfrak{Z}_1$; setzt man $\mathfrak{R}_a = \mathfrak{Z}_1$, so wird $\mathfrak{W}_2 = \mathfrak{Z}_2$.

Bei beiderseitiger Anpassung ($\mathfrak{R}_e = \mathfrak{Z}_2$ und $\mathfrak{R}_a = \mathfrak{Z}_1$) mißt man also an jedem Klemmenpaar in beiden Richtungen den gleichen Scheinwiderstand[1]. In Abb. 161. 1 sind die beiden Arten der Anpassung einander gegenübergestellt.

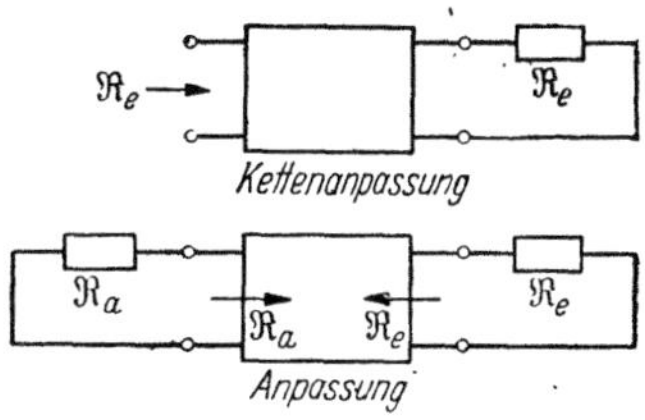

Abb. 161. 1.

Bei hohem Dämpfungsmaß vereinfachen sich (. 1) und (. 2) ebensosehr wie bei Anpassung. Dann ist nämlich, da $b > 0$,

$$\mathfrak{Cof}\, \mathfrak{g} = \mathfrak{Cof}\, b \cos a + \mathrm{j}\, \mathfrak{Sin}\, b \sin a \approx \mathfrak{Sin}\, b \cos a + \mathrm{j}\, \mathfrak{Cof}\, b \sin a = \mathfrak{Sin}\, \mathfrak{g} . \qquad (161.\ 3)$$

Setzt man dies in (. 1) und (. 2) ein, so erhält man wieder $\mathfrak{W}_1 = \mathfrak{Z}_1$ und $\mathfrak{W}_2 = \mathfrak{Z}_2$, diesmal jedoch bei beliebigem $\mathfrak{R}_a$ und $\mathfrak{R}_e$ und nur angenähert.

Die Bedingungen $\mathfrak{R}_a = \mathfrak{Z}_1$ und $\mathfrak{R}_e = \mathfrak{Z}_2$ lassen sich durch

$$\sqrt{\mathfrak{R}_a \mathfrak{R}_e} = \mathfrak{Z} \quad \text{und} \quad \mathfrak{R}_a : \mathfrak{R}_e = \mathfrak{Z}_1 : \mathfrak{Z}_2 \qquad (161.\ 4)$$

ersetzen. Wir werden diese Bedingungen ab und zu als die erste und zweite Anpassungsbedingung unterscheiden.

Für die Kurzschlußwiderstände ergibt sich aus (. 1) und (. 2)

$$\mathfrak{W}_1^k = \mathfrak{Z}_1 \,\mathfrak{Tg}\, \mathfrak{g} , \qquad \mathfrak{W}_2^k = \mathfrak{Z}_2 \,\mathfrak{Tg}\, \mathfrak{g} . \qquad (161.\ 5)$$

[1] Deshalb heißt im Französischen und Englischen der Wellenwiderstand $\mathfrak{Z}$ impédance image und image impedance.

§ 162. Messung der Wellenparameter. Die Wellenwiderstände $\mathfrak{Z}$, $\mathfrak{Z}_1$ und $\mathfrak{Z}_2$ lassen sich nach (149. 6) und (160. 4) ohne weiteres bestimmen. Mit ihnen ist nach (160. 4) zugleich der Faktor $\mathfrak{s}$ gegeben.

Zur Bestimmung des Übertragungsmaßes eines symmetrischen Vierpols kann man diesen mit einem angepaßten Widerstand abschließen und dann die Spannungs- oder Stromübersetzung messen. Der natürliche Logarithmus ihres Kehrwerts ist nach (158. 6) gleich dem Übertragungsmaß des Vierpols.

Bei unsymmetrischen Vierpolen wiederholt man die Messung mit umgekehrtem Vierpol und nimmt nach (160. 5) vor dem Logarithmieren das geometrische Mittel aus den beiden gemessenen Übersetzungen. Denn $\mathfrak{s}$ und $\mathfrak{s}_L$ gehen bei der Umkehr des Vierpols in ihre Kehrwerte über.

Ein anderes Verfahren beruht auf der Messung der Spannungsübersetzung bei Leerlauf:

$$(\mathfrak{v}_2)_{\mathfrak{R}_e \to \infty} = \frac{\mathfrak{s}}{\mathfrak{s}_L} \frac{1}{\operatorname{Cos} \mathfrak{g}}. \qquad (162. 1)$$

Beim symmetrischen Vierpol ist dieses $\mathfrak{v}_2$ unmittelbar gleich dem Kehrwert von $\operatorname{Cos} \mathfrak{g}$. Beim unsymmetrischen mißt man $\mathfrak{v}_2$ von beiden Seiten aus und nimmt das geometrische Mittel.

Ein drittes Verfahren zur Bestimmung des Übertragungsmaßes beruht auf den aus (159. 5) und (159. 4) folgenden Gleichungen

$$\operatorname{Sin} \mathfrak{g} = \frac{\mathfrak{Z}}{\sqrt{\mathfrak{M}_1^l \mathfrak{M}_2^l}} = \sqrt{\frac{\mathfrak{W}_1^k \mathfrak{W}_2^l}{\mathfrak{M}_1^l \mathfrak{M}_2^l}} \quad \text{und} \quad \operatorname{Cos} \mathfrak{g} = \sqrt{\frac{\mathfrak{W}_1^l \mathfrak{W}_2^l}{\mathfrak{M}_1^l \mathfrak{M}_2^l}}.$$

Aus ihnen folgt

$$\operatorname{Tg} \mathfrak{g} = \sqrt{\frac{\mathfrak{W}_1^k}{\mathfrak{W}_1^l}} = \sqrt{\frac{\mathfrak{W}_2^k}{\mathfrak{W}_2^l}}. \qquad (162. 2)$$

Diese Doppelbeziehung liefert jedoch nur dann einen genauen Wert für $\operatorname{Tg} \mathfrak{g}$, wenn der Leerlauf- und der Kurzschlußwiderstand hinreichend voneinander verschieden sind, d. h. nur bei verhältnismäßig *geringer* Dämpfung.

Das zweite und das dritte Verfahren ergeben unmittelbar nur den $\operatorname{Cos} \mathfrak{g}$ und den $\operatorname{Tg} \mathfrak{g}$. Zu diesen Funktionen muß man nach Beendigung der Messung noch das Argument $\mathfrak{g}$ bestimmen. Hierzu dienen Tafeln der Hyperbelfunktionen komplexen Arguments, z. B. die von Hawelka[1].

Stehen keine Tafeln zur Verfügung, so verfährt man folgendermaßen:

1. *Bestimmung von* $\mathfrak{g}$ *aus gegebenem* $\operatorname{Cos} \mathfrak{g} = C \angle \varkappa$.

Aus

$$\left.\begin{aligned} \operatorname{Cos} b \cos a &= C \cos \varkappa, \\ \operatorname{Sin} b \sin a &= C \sin \varkappa \end{aligned}\right\} \qquad (162. 3)$$

erhält man unmittelbar eine Gleichung für b:

$$C^2 \left(\frac{\cos^2 \varkappa}{\operatorname{Cos}^2 b} + \frac{\sin^2 \varkappa}{\operatorname{Sin}^2 b} \right) = 1 \qquad (162. 4)$$

und eine für a:

$$C^2 \left(\frac{\cos^2 \varkappa}{\cos^2 a} - \frac{\sin^2 \varkappa}{\sin^2 a} \right) = 1. \qquad (162. 5)$$

Führt man hier die Argumente $2b$ und $2a$ ein, so erhält man nach einfacher Umformung quadratische Gleichungen mit den Lösungen:

$$\operatorname{Cos} 2b = C^2 + \sqrt{C^4 - 2C^2 \cos 2\varkappa + 1}, \qquad (162. 6)$$

$$\cos 2a = C^2 - \sqrt{C^4 - 2C^2 \cos 2\varkappa + 1}. \qquad (162. 7)$$

Den Quadranten von a bestimmt man am sichersten mit Hilfe des Kosinusnetzes (§ 181).

[1] Hawelka, R.: Vierstellige Tafeln der Kreis- und Hyperbelfunktionen sowie ihrer Umkehrfunktionen im Komplexen. Herausgegeben von F. Emde. Braunschweig: Vieweg 1931. Den Tafeln ist eine ausführliche dreisprachige Gebrauchsanweisung beigegeben.

Bei geringer Dämpfung kann man unmittelbar die Gleichungen (. 3) benutzen, indem man der Reihe nach berechnet: aus der 1. Gleichung ein angenähertes a mit der Annahme $b = 0$, aus der 2. Gleichung ein angenähertes b mit dem vorher gefundenen a, aus der 1. Gleichung eine bessere Näherung für a mit dem gefundenen b und so fort (Verfahren der allmählichen Annäherung).

2. Bestimmung von $\mathfrak{g}$ aus gegebenem $\mathfrak{Tg}\,\mathfrak{g} = T\underline{/\tau}$: Hier berechnet[1] man die Dämpfung entweder nach

$$\mathfrak{Tg}\,2b = \frac{\cos\tau}{\mathfrak{Cof}\ln T} \tag{162. 8}$$

oder nach

$$b = 0{,}576\,\lg\frac{1 + T^2 + 2T\cos\tau}{1 + T^2 - 2T\cos\tau}, \tag{162. 9}$$

das Winkelmaß nach

$$\operatorname{tg} 2a = \frac{2T\sin\tau}{1 - T^2}. \tag{162. 10}$$

Da der Tangens mit 180° periodisch ist, bleibt das Winkelmaß bei diesem zweiten Bestimmungsverfahren um 180° unbestimmt.

Zur Bestimmung des Faktors $\mathfrak{Z}_L$ kann man z. B. die Spannungsübersetzung $\mathfrak{v}_2$ des Vierpols bei Leerlauf von beiden Seiten messen. Das Verhältnis der beiden Ergebnisse ist nach (. 1) gleich $\mathfrak{Z}^2/\mathfrak{Z}_L^2$.

§ 163. Symmetrische Sternschaltung.

Sehen wir von einem bloßen Längswiderstand oder einem bloßen Querwiderstand ab, so stellt der symmetrische Stern (Abb. 163. 1; auch T-Schaltung oder Kettenleiter 2. Art genannt) die einfachste denkbare Vierpolschaltung dar. Man liest unmittelbar am Schaltbild ab, daß definitionsgemäß

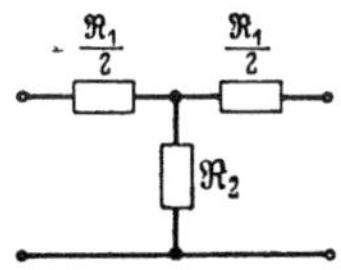

Abb. 163. 1.

$$\mathfrak{W}^l = \frac{\mathfrak{R}_1}{2} + \mathfrak{R}_2, \tag{163. 1}$$

$$\mathfrak{M} = \mathfrak{R}_2 \tag{163. 2}$$

und deshalb

$$\mathfrak{Cof}\,\mathfrak{g} = \frac{\frac{\mathfrak{R}_1}{2} + \mathfrak{R}_2}{\mathfrak{R}_2} = 1 + \frac{\mathfrak{R}_1}{2\mathfrak{R}_2}, \tag{163. 3}$$

$$\mathfrak{Z} = \sqrt{\mathfrak{W}^{l2} - \mathfrak{M}^2} = \sqrt{\frac{\mathfrak{R}_1^2}{4} + \mathfrak{R}_1\mathfrak{R}_2} = \sqrt{\mathfrak{R}_1\mathfrak{R}_2}\sqrt{1 + \frac{\mathfrak{R}_1}{4\mathfrak{R}_2}}. \tag{163. 4}$$

Diese Gleichungen bilden die vierpoltheoretische Grundlage der Theorie der gleichmäßigen und Pupinleitungen, sowie zahlreicher anderer Schaltungen.

Führt man das halbe Übertragungsmaß ein, so kann man noch einfacher schreiben:

$$\mathfrak{Sin}\frac{\mathfrak{g}}{2} = \frac{1}{2}\sqrt{\frac{\mathfrak{R}_1}{\mathfrak{R}_2}}, \qquad \mathfrak{Z} = \sqrt{\mathfrak{R}_1\mathfrak{R}_2}\,\mathfrak{Cof}\frac{\mathfrak{g}}{2}. \tag{163. 5}$$

Physikalisch ist die Sternschaltung nichts anderes als ein komplexer Spannungsteiler.

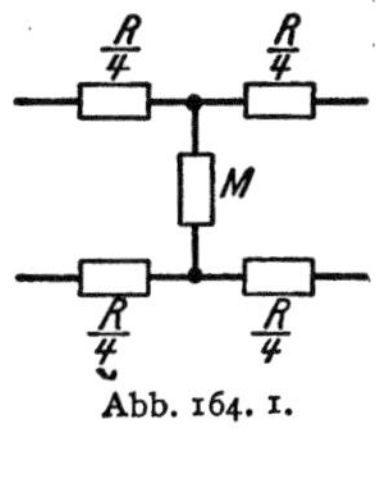

Abb. 164. 1.

§ 164. Veränderbare Dämpfungen,

wie sie z. B. beim Vergleich von Lautstärken viel verwendet werden, sind in der Regel Sternschaltungen aus reinen Widerständen (Abb. 164. 1). Ist ihr Wellenwiderstand Z vorgeschrieben, so ergibt sich zunächst der Querwiderstand M, mit dem eine gewünschte Dämpfung b erzeugt werden kann, aus (159. 5) zu

$$M = \frac{Z}{\mathfrak{Sin}\,b}. \tag{164. 1}$$

[1] Die Gleichungen sind in der 1. Auflage dieses Buchs auf S. 115 abgeleitet.

Der Längswiderstand R folgt dann nach (163. 5) und (. 1) aus

$$R = 4M\,\mathrm{Sin}^2\frac{b}{2} = 2Z\,\mathrm{Tg}\frac{b}{2}. \qquad (164.2)$$

Soll z. B. $Z = 600\,\Omega$ sein, so gehört zu

	$b =$	1	2	3	4	5
	$M =$	511	165	60	22	8,1 Ω
und daher	$R =$	555	915	1086	1158	1184 Ω.

§ 165. Symmetrische Dreiecksschaltung.

Diese ebenfalls sehr wichtige Schaltung (Abb. 165. 1; auch Π-Schaltung oder Kettenleiter 1. Art genannt) entspricht nach § 24 der symmetrischen Sternschaltung dual. Man kann daher die den Gleichungen (163. 1), (163. 2) und (163. 3) entsprechenden Gleichungen ableiten, indem man gemäß den in den Abb. 163. 1 und 165. 1 verwendeten Bezeichnungen $\mathfrak{R}_1/2$ durch $1/(2\mathfrak{R}_2)$, $\mathfrak{R}_2$ durch $1/\mathfrak{R}_1$ und $\mathfrak{Z}$ durch $1/\mathfrak{Z}$ ersetzt. Auf diese Weise ergibt sich

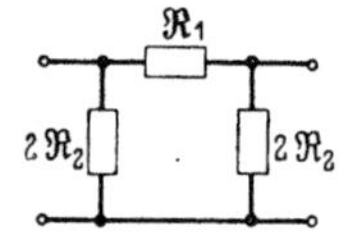

Abb. 165. 1.

$$\mathrm{Cof}\,\mathfrak{g} = 1 + \frac{\mathfrak{R}_1}{2\mathfrak{R}_2}, \qquad (165.1)$$

$$\frac{1}{\mathfrak{Z}} = \frac{1}{\sqrt{\mathfrak{R}_1\mathfrak{R}_2}}\sqrt{1 + \frac{\mathfrak{R}_1}{4\mathfrak{R}_2}},$$

also

$$\mathfrak{Z} = \frac{\sqrt{\mathfrak{R}_1\mathfrak{R}_2}}{\sqrt{1 + \frac{\mathfrak{R}_1}{4\mathfrak{R}_2}}}, \qquad (165.2)$$

ferner

$$\mathrm{Sin}\frac{\mathfrak{g}}{2} = \frac{1}{2}\sqrt{\frac{\mathfrak{R}_1}{\mathfrak{R}_2}}, \qquad \mathfrak{Z} = \frac{\sqrt{\mathfrak{R}_1\mathfrak{R}_2}}{\mathrm{Cof}\,(\mathfrak{g}/2)}. \qquad (165.3)$$

Die Gleichung für $\mathfrak{g}$ lautet demnach beim Dreieck wie beim Stern; die Gleichungen für den Wellenwiderstand dagegen unterscheiden sich voneinander.

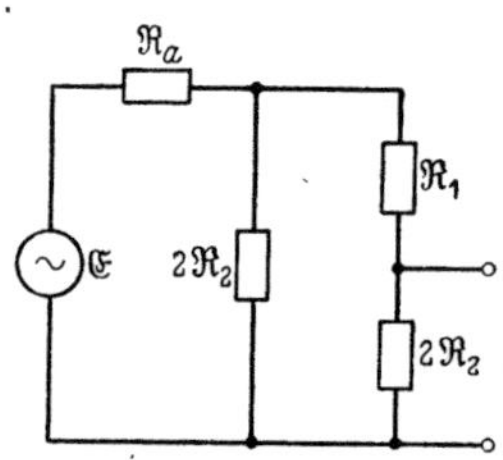

Abb. 165. 2.

Vom Standpunkt des Prinzips der Dualität aus wäre es richtiger, bei den Dreieckswiderständen $\mathfrak{R}_1$ und $\mathfrak{R}_2$ die Indizes zu vertauschen. Dadurch entstünden jedoch in der Theorie der Leitungen Unbequemlichkeiten, so daß man es vorzieht, die Längs- und Querwiderstände überall wie beim Stern zu bezeichnen. Früher waren $\mathfrak{R}$ und $\mathfrak{G}$ an Stelle von $\mathfrak{R}_1$ und $1/\mathfrak{R}_2$ üblich.

Die Gleichungen (. 1), (. 2) und (. 3) können natürlich auch nach § 23 durch Umwandlung des Dreiecks in einen Stern abgeleitet werden.

Zeichnet man die Dreiecksschaltung zusammen mit einer Stromquelle $\mathfrak{E}$, $\mathfrak{R}_a$ wie in Abb. 165. 2, so erkennt man, daß sie mit $\mathfrak{R}_a$ physikalisch wie ein doppelter komplexer Spannungsteiler wirkt.

Man faßt den Stern und das Dreieck auch als „Abzweigschaltungen" zusammen.

§ 166. Symmetrische Kreuzschaltung.

Die in Abb. 166. 1 dargestellte symmetrische Kreuzschaltung (auch Brückenschaltung, X-Schaltung oder Kettenleiter 3. Art genannt) besteht im Falle des Leerlaufs ($\mathfrak{J}_2 = 0$) aus zwei parallelen gleichen Widerständen $\frac{\mathfrak{R}_1}{2} + \frac{\mathfrak{R}_2}{2}$; ihr Leerlaufwiderstand ist daher

$$\mathfrak{W}^l = \frac{1}{2}\left(\frac{\mathfrak{R}_1}{2} + \frac{\mathfrak{R}_2}{2}\right) = \frac{\mathfrak{R}_1 + \mathfrak{R}_2}{4}. \qquad (166.1)$$

Da in jedem der parallelen Zweige bei Leerlauf der Strom $\mathfrak{J}_1/2$ fließt, gilt für den Kernwiderstand nach seiner Definition:

$$\mathfrak{M} = \frac{1}{\mathfrak{J}_1}\left(-\frac{\mathfrak{R}_1}{2}\frac{\mathfrak{J}_1}{2} + \frac{\mathfrak{R}_2}{2}\frac{\mathfrak{J}_1}{2}\right) = \frac{\mathfrak{R}_2 - \mathfrak{R}_1}{4}. \tag{166. 2}$$

Demnach ist

$$\mathfrak{Cof}\,\mathfrak{g} = \frac{\mathfrak{W}^l}{\mathfrak{M}} = \frac{\mathfrak{R}_1 + \mathfrak{R}_2}{\mathfrak{R}_2 - \mathfrak{R}_1}, \tag{166. 3}$$

$$\mathfrak{Z} = \sqrt{\mathfrak{W}^{l2} - \mathfrak{M}^2} = \frac{1}{2}\sqrt{\mathfrak{R}_1\,\mathfrak{R}_2}. \tag{166. 4}$$

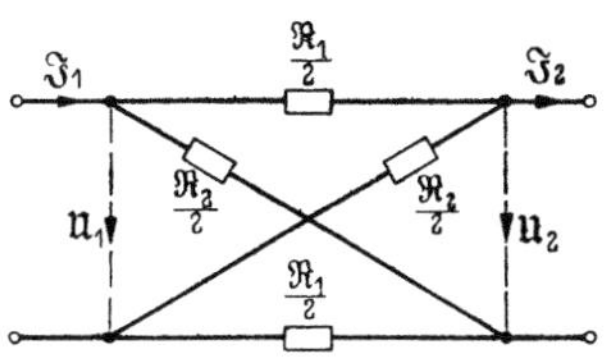

Abb. 166. 1.

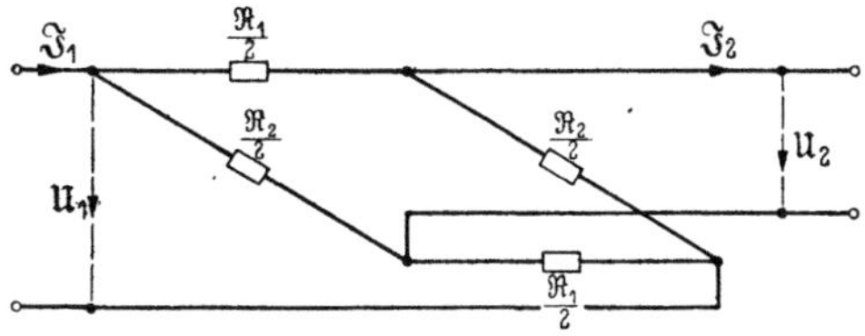

Abb. 166. 2.

Die Formel für das Übertragungsmaß läßt sich auch in diesem Falle durch Einführung von $\mathfrak{g}/2$ stark vereinfachen:

$$\mathfrak{Cof}^2\frac{\mathfrak{g}}{2} = \frac{\mathfrak{Cof}\,\mathfrak{g} + 1}{2} = \frac{\mathfrak{R}_2}{\mathfrak{R}_2 - \mathfrak{R}_1},$$

$$\mathfrak{Sin}^2\frac{\mathfrak{g}}{2} = \frac{\mathfrak{Cof}\,\mathfrak{g} - 1}{2} = \frac{\mathfrak{R}_1}{\mathfrak{R}_2 - \mathfrak{R}_1},$$

also

$$\mathfrak{Tg}\frac{\mathfrak{g}}{2} = \sqrt{\frac{\mathfrak{R}_1}{\mathfrak{R}_2}}. \tag{166. 5}$$

Physikalisch ist die Kreuzschaltung eine Wheatstonesche Brücke. Man erkennt dies sofort, wenn man das Schaltbild etwas umzeichnet (Abb. 166. 2). Ist die Brücke abgeglichen ($\mathfrak{R}_1 = \mathfrak{R}_2$), so ist ihr Kernwiderstand gleich Null, ihre Dämpfung unendlich groß und ihr Wellenwiderstand gleich ihrem Scheinwiderstand.

Häufig wählt man die Widerstände $\mathfrak{R}_1$ und $\mathfrak{R}_2$ so, daß ihr geometrisches Mittel unabhängig ist von der Frequenz ($\sqrt{\mathfrak{R}_1\mathfrak{R}_2} = k$). Dann erhält man die besonders einfachen Gleichungen:

$$\mathfrak{Tg}\frac{\mathfrak{g}}{2} = \frac{\mathfrak{R}_1}{k} \quad \text{und} \quad \mathfrak{Z} = \frac{k}{2}. \tag{166. 6}$$

Der Wellenwiderstand solcher Schaltungen hängt überhaupt nicht von der Frequenz ab, während der Frequenzgang von $\mathfrak{Tg}\,(\mathfrak{g}/2)$ in rationaler Form (d. i. ohne Wurzel) durch den Frequenzgang von $\mathfrak{R}_1$ (oder $\mathfrak{R}_2$) gegeben wird.

Die Gleichungen (. 6) gelten z. B. für eine Kreuzschaltung, bei der $\mathfrak{R}_1 = j\omega L$, $\mathfrak{R}_2 = 1/(j\omega C)$, also $k = \sqrt{L/C}$ ist.

Nach Abb. 166. 2 oder nach den Gleichungen (. 1), (. 4) und (149. 5) gilt für den Kurzschlußwiderstand der symmetrischen Kreuzschaltung:

$$\mathfrak{W}^k = \frac{\mathfrak{R}_1\,\mathfrak{R}_2}{\mathfrak{R}_1 + \mathfrak{R}_2}. \tag{166. 7}$$

§ 167. Vergleich der Brückenschaltung mit einer Abzweigschaltung. Ersetzt man einen der vier Widerstände der Kreuzschaltung durch eine Unterbrechungsstelle oder durch einen Kurzschluß, so wird aus der Brückenschaltung eine Abzweigschaltung. Die Kreuzschaltung enthält daher notwendig vier komplexe Widerstände und nicht nur drei wie die Abzweigschaltungen.

Wir haben im § 150 behauptet, daß sich jeder Vierpol, der den Kirchhoffschen Regeln gehorcht, durch eine im allgemeinen unsymmetrische Sternschaltung ersetzen lasse. Wir hätten uns schon damals sagen können, daß es sich hierbei nur um einen Ersatz auf dem Papier handelt. Denn der Kernwiderstand wird bei der Sternschaltung durch den Scheinwiderstand eines Zweipols (des Querwiderstands) dargestellt; sein reeller Teil ist deshalb positiv, und es gilt für seinen Blindteil der Zobelsche Reaktanzsatz (§ 109). Im Gegensatz dazu kann nach § 149 der Kernwiderstand eines beliebigen Vierpols jeden beliebigen Winkel haben und unterliegt keiner Beschränkung durch einen Reaktanzsatz.

Erst die Kreuzschaltung, die einen Widerstand mehr enthält als die Abzweigschaltungen, ist die einfachste wirklich herstellbare Ersatzschaltung für beliebige Vierpole. Sie kann im allgemeinen nicht durch eine Abzweigschaltung ersetzt werden, weil ein Zweipol, dessen Scheinwiderstand bei allen Frequenzen nach (166. 2) gleich der Differenz zweier komplexer Widerstände wäre, nicht hergestellt werden kann.

Ist z. B. $\mathfrak{R}_1 = j\omega L$, $\mathfrak{R}_2 = 1/(j\omega C)$, so wird $\mathfrak{M} = -j\,(1 + \omega^2 LC)/(4\,\omega C)$; dieser Blindwiderstand beginnt aber bei $\omega = 0$ mit $-\infty$, erreicht bei $\omega = 1/\sqrt{LC}$ das Maximum $-\sqrt{L/C}/2$ und sinkt dann wieder auf negative Werte unendlich hohen Betrags. Er kann also sowohl wachsen wie abnehmen.

In den Paragraphen 204 und 206 werden wir Differentialschaltungen kennen lernen, die der Kreuzschaltung gleichwertig, konstruktiv aber einfacher sind.

Zu einer gegebenen symmetrischen Abzweigschaltung $\mathfrak{R}_1'$, $\mathfrak{R}_2'$ läßt sich immer eine gleichwertige Brückenschaltung $\mathfrak{R}_1$, $\mathfrak{R}_2$ finden, die man auch herstellen kann. Beim Stern lauten die Umwandlungsgleichungen:

$$\mathfrak{R}_1 = \mathfrak{R}_1', \qquad \mathfrak{R}_2 = \mathfrak{R}_1' + 4\,\mathfrak{R}_2'; \tag{167. 1}$$

wendet man hierauf nämlich die Gleichungen (166. 1) und (166. 2) für die Parameter der Kreuzschaltung an, so wird man zu (163. 1) und (163. 2) zurückgeführt. Beim Dreieck muß man

$$\mathfrak{R}_1 = \frac{\mathfrak{R}_1' \cdot 4\,\mathfrak{R}_2'}{\mathfrak{R}_1' + 4\,\mathfrak{R}_2'}, \qquad \mathfrak{R}_2 = 4\,\mathfrak{R}_2' \tag{167. 2}$$

wählen. Denn hier ist

$$\mathfrak{W}^l = \frac{\mathfrak{R}_1 + \mathfrak{R}_2}{4} = \frac{2\,\mathfrak{R}_2'\,(\mathfrak{R}_1' + 2\,\mathfrak{R}_2')}{\mathfrak{R}_1' + 4\,\mathfrak{R}_2'} \tag{167. 3}$$

$$\mathfrak{M} = \frac{\mathfrak{R}_2 - \mathfrak{R}_1}{4} = 2\,\mathfrak{R}_2' \frac{2\,\mathfrak{R}_2'}{\mathfrak{R}_1' + 4\,\mathfrak{R}_2'}. \tag{167. 4}$$

Diese Gleichungen liest man aber auch an Abb. 165. 1 ab.

Ist die Abzweigschaltung durch ihre Wellenparameter $\mathfrak{Z}'$, $\mathfrak{g}'$ gegeben, so macht man nach Bartlett[1]

$$\mathfrak{R}_1 = 2\,\mathfrak{Z}'\,\mathfrak{Tg}\,\frac{\mathfrak{g}'}{2}, \qquad \mathfrak{R}_2 = 2\,\mathfrak{Z}'\,\mathfrak{Ctg}\,\frac{\mathfrak{g}'}{2}. \tag{167. 5}$$

[1] Bartlett, A. C.: The Theory of electrical artificial Lines and Filters. London: Chapman & Hall 1930.

Nach (166. 1) und (166. 2) ist dann

$$\mathfrak{W}^l = \frac{\mathfrak{R}_1 + \mathfrak{R}_2}{4} = \mathfrak{Z}'\,\mathfrak{Ctg}\,\mathfrak{g}', \qquad \mathfrak{M} = \frac{\mathfrak{R}_2 - \mathfrak{R}_1}{4} = \frac{\mathfrak{Z}'}{\mathfrak{Sin}\,\mathfrak{g}'} \qquad (167.\ 6)$$

in Übereinstimmung mit (159. 6).

§ 168. Symmetrische Brückensternschaltung (Brükken-T-Schaltung)[1].

So nennt man die Schaltung Abb. 168. 1; sie besteht aus einem symmetrischen Stern $\mathfrak{R}_0$, $\mathfrak{R}_0$, $\mathfrak{R}_2$, dessen Längswiderstände noch einmal durch einen Widerstand $\mathfrak{R}_1$ überbrückt sind, so daß ein Dreieck $\mathfrak{R}_0$, $\mathfrak{R}_0$, $\mathfrak{R}_1$ entsteht. Ersetzen wir dieses nach § 23 durch einen Stern, so erhalten wir wieder einen Stern mit den folgenden Parametern:

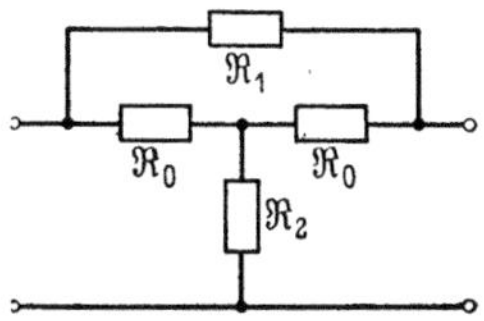

Abb. 168. 1.

$$\mathfrak{W}^l = \frac{\mathfrak{R}_0(\mathfrak{R}_0 + \mathfrak{R}_1)}{2\,\mathfrak{R}_0 + \mathfrak{R}_1} + \mathfrak{R}_2, \qquad \mathfrak{M} = \frac{\mathfrak{R}_0^2}{2\,\mathfrak{R}_0 + \mathfrak{R}_1} + \mathfrak{R}_2. \qquad (168.\ 1)$$

Um diese Gleichungen zu vereinfachen, nehmen wir an, $\mathfrak{R}_0$ sei gleich dem geometrischen Mittel von $\mathfrak{R}_1$ und $\mathfrak{R}_2$ gewählt. Dann wird mit der Abkürzung $\mathfrak{R}_0 + \mathfrak{R}_1 = \mathfrak{S}$

$$\mathfrak{W}^l = \frac{\mathfrak{R}_0\,\mathfrak{S}}{\mathfrak{R}_0 + \mathfrak{S}} + \frac{\mathfrak{R}_0^2}{\mathfrak{S} - \mathfrak{R}_0} = \frac{\mathfrak{S}^2 + \mathfrak{R}_0^2}{\mathfrak{S}^2 - \mathfrak{R}_0^2}\,\mathfrak{R}_0, \qquad (168.\ 2)$$

$$\mathfrak{M} = \frac{\mathfrak{R}_0^2}{\mathfrak{R}_0 + \mathfrak{S}} + \frac{\mathfrak{R}_0^2}{\mathfrak{S} - \mathfrak{R}_0} = \frac{2\,\mathfrak{S}\,\mathfrak{R}_0}{\mathfrak{S}^2 - \mathfrak{R}_0^2}\,\mathfrak{R}_0, \qquad (168.\ 3)$$

und daher

$$\mathfrak{Cof}\,\mathfrak{g} = \frac{\mathfrak{S}^2 + \mathfrak{R}_0^2}{2\,\mathfrak{S}\,\mathfrak{R}_0} = \frac{\dfrac{\mathfrak{S}}{\mathfrak{R}_0} + \dfrac{\mathfrak{R}_0}{\mathfrak{S}}}{2}, \qquad \mathfrak{Z} = \mathfrak{R}_0, \qquad (168.\ 4)$$

$$e^{\mathfrak{g}} = \frac{\mathfrak{S}}{\mathfrak{R}_0}, \qquad b = \ln\left|\frac{\mathfrak{S}}{\mathfrak{R}_0}\right| = \ln\left|1 + \frac{\mathfrak{R}_1}{\mathfrak{R}_0}\right|. \qquad (168.\ 5)$$

Wählt man insbesondere als Widerstand $\mathfrak{R}_0$ einen frequenzunabhängigen reinen Widerstand, so ist auch der Wellenwiderstand der ganzen Schaltung unabhängig von der Frequenz, und die Frequenzabhängigkeit ihres Übertragungsmaßes ist nur durch den Frequenzgang von $\mathfrak{R}_1$ bestimmt.

Mit der Brückensternschaltung lassen sich demnach besonders leicht Vierpole konstanten Wellenwiderstands und vorgeschriebener Frequenzabhängigkeit des Übertragungsmaßes herstellen. Darin liegt ihre besondere Bedeutung.

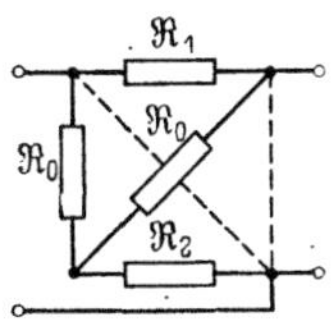

Abb. 168. 2.

Der Brückenstern läßt sich wie das Dreieck und das Kreuz aus dem „vollständigen Viereck" durch Streichung zweier Zweige herleiten (Abb. 168. 2). Da er aus einem Stern und einem Dreieck besteht, entspricht er sich selbst dual.

Schließt man die Schaltung durch einen (frequenzabhängigen) angepaßten Verbraucher $\mathfrak{R}_0 = \mathfrak{Z} = \sqrt{\mathfrak{R}_1\,\mathfrak{R}_2}$ ab, so entsteht eine bei der Anpassungsfrequenz abgeglichene Wheatstonesche Brücke; denn es ist $\mathfrak{R}_0 : \mathfrak{R}_1 = \mathfrak{R}_2 : \mathfrak{R}_0$. Der eine der beiden Widerstände $\mathfrak{R}_0$ ist dann der „überbrückende". Da er stromlos ist, kann man die Gleichung (. 5) unmittelbar aus der Spannungsteilergleichung ableiten:

$$e^{-\mathfrak{g}} = \frac{\mathfrak{U}_2}{\mathfrak{U}_1} = \frac{\mathfrak{R}_0}{\mathfrak{R}_0 + \mathfrak{R}_1} = \frac{\mathfrak{R}_2}{\mathfrak{R}_0 + \mathfrak{R}_2}.$$

Ist $\mathfrak{R}_0$ frequenzunabhängig, so ist die Brücke bei allen Frequenzen abgeglichen.

---

[1] Stevenson, G. H.: Amer. Pat. 1606817 vom 16. 11. 26.

§ 169. Abzweigschaltungen konstanten Wellenwiderstandes. Die Gleichungen (163. 4) und (165. 2) für die Wellenwiderstände der Abzweigschaltungen enthalten außer dem Produkt $\mathfrak{R}_1\mathfrak{R}_2$ auch das Verhältnis $\mathfrak{R}_1/\mathfrak{R}_2$. Man kann deshalb den Wellenwiderstand dieser Schaltungen nicht dadurch konstant machen, daß man ein frequenzunabhängiges Produkt $\mathfrak{R}_1\mathfrak{R}_2$ wählt.

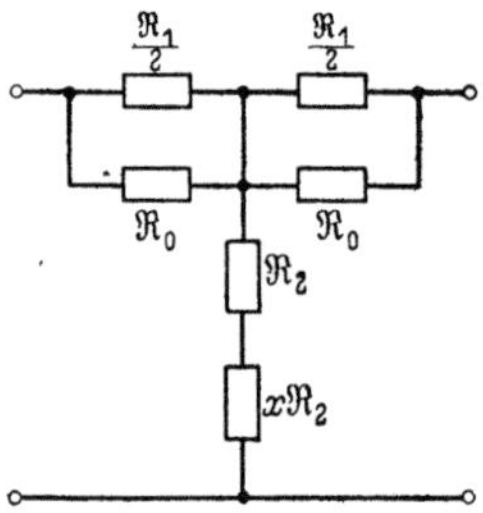

Abb. 169. 1.

Es gibt aber den Ausweg (Abb. 169. 1), zu den $\mathfrak{R}_1/2$ Widerstände $\mathfrak{R}_0 = \sqrt{\mathfrak{R}_1\mathfrak{R}_2}$ parallel und zu $\mathfrak{R}_2$ einen Widerstand $x\mathfrak{R}_2$ in Reihe zu schalten und x so zu bestimmen, daß $\mathfrak{Z} = \mathfrak{R}_0$ wird. Dann ist nämlich nach (163. 4)

$$\mathfrak{Z}^2 = \frac{\mathfrak{R}_0^2\mathfrak{R}_1^2}{(2\mathfrak{R}_0 + \mathfrak{R}_1)^2} + \frac{2\mathfrak{R}_0\mathfrak{R}_1}{2\mathfrak{R}_0 + \mathfrak{R}_1}\mathfrak{R}_2(1 + x)$$
$$= \frac{\mathfrak{R}_0^2}{(2\mathfrak{R}_0 + \mathfrak{R}_1)^2}(\mathfrak{R}_1^2 + 2\mathfrak{R}_0(2\mathfrak{R}_0 + \mathfrak{R}_1)(1 + x)),$$

und es muß

$$\mathfrak{R}_1^2 + 4\mathfrak{R}_0^2 + 2\mathfrak{R}_0\mathfrak{R}_1 + 2x\mathfrak{R}_0(2\mathfrak{R}_0 + \mathfrak{R}_1) = (2\mathfrak{R}_0 + \mathfrak{R}_1)^2$$

gewählt werden. Dies liefert die Bedingung

$$x = \frac{\mathfrak{R}_1}{2\mathfrak{R}_0 + \mathfrak{R}_1} \quad \text{oder} \quad \frac{1}{x\mathfrak{R}_2} = \frac{2\mathfrak{R}_0 + \mathfrak{R}_1}{\mathfrak{R}_1\mathfrak{R}_2} = \frac{2}{\mathfrak{R}_0} + \frac{1}{\mathfrak{R}_2}. \tag{169.1}$$

Man muß daher in Reihe zu $\mathfrak{R}_2$ eine Parallelschaltung aus $\mathfrak{R}_0/2$ und $\mathfrak{R}_2$ schalten; dann hat der Wellenwiderstand die Frequenzabhängigkeit von $\mathfrak{R}_0$, ist also — unabhängig von $\mathfrak{R}_1$ — konstant, wenn $\mathfrak{R}_0$ konstant ist.

§ 170. Entartete Vierpole nennt man die Vierpole, die aus der Sternschaltung hervorgehen, wenn man entweder $\mathfrak{R}_2 = \infty$ oder $\mathfrak{R}_1 = 0$ setzt. Für einen Vierpol, dessen Klemmenpaare nur durch zwei Längswiderstände des Gesamtwerts $\mathfrak{R}_1$ verbunden sind, gelten die Kettengleichungen $\mathfrak{U}_1 = \mathfrak{U}_2 + \mathfrak{R}_1\mathfrak{J}_2$ und $\mathfrak{J}_1 = \mathfrak{J}_2$; für einen reinen Querwiderstand $\mathfrak{R}_2$ dagegen $\mathfrak{U}_1 = \mathfrak{U}_2$ und $\mathfrak{J}_1 = \mathfrak{U}_2/\mathfrak{R}_2 + \mathfrak{J}_2$. Beide Vierpole haben nach (159. 8) das Übertragungsmaß Null; der Wellenwiderstand ist bei dem ersten unendlich groß, bei dem zweiten gleich Null.

Auf entartete Vierpole läßt sich demnach nur ein Teil der Gleichungen der Vierpoltheorie anwenden; diese bringt keine Vorteile.

§ 171. In Kette geschaltete Vierpole. Bei den Anwendungen der Vierpoltheorie hat man es meist mit Zusammenschaltungen von Vierpolen zu tun, bei denen jedesmal das primäre Klemmenpaar des folgenden Vierpols an dem sekundären des vorhergehenden liegt. Wir wollen im folgenden untersuchen, welches die „resultierenden“ Wellenparameter des zusammengesetzten Vierpols sind, der durch eine solche Schaltung zweier Vierpole *I* und *II* „in Kette“ entsteht (Abb. 171. 1). Mit den Abkürzungen

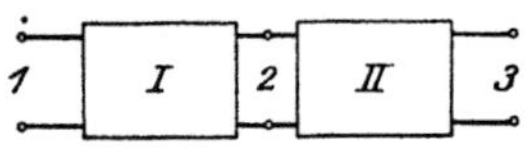

Abb. 171. 1.

$$\mathfrak{Cof}\, g_I = \mathfrak{C}_I, \quad \mathfrak{Sin}\, g_I = \mathfrak{S}_I, \quad \mathfrak{Cof}\, g_{II} = \mathfrak{C}_{II}, \quad \mathfrak{Sin}\, g_{II} = \mathfrak{S}_{II} \tag{171.1}$$

und mit $\mathfrak{z}_L = 1$ erhalten wir nach (159. 8) für den ersten Vierpol

$$\mathfrak{U}_1 = \frac{1}{\mathfrak{z}_I}\mathfrak{C}_I\mathfrak{U}_2 + \mathfrak{Z}_I\mathfrak{S}_I\mathfrak{J}_2, \quad \mathfrak{J}_1 = \frac{1}{\mathfrak{Z}_I}\mathfrak{S}_I\mathfrak{U}_2 + \mathfrak{z}_I\mathfrak{C}_I\mathfrak{J}_2, \tag{171.2}$$

für den zweiten

$$\mathfrak{U}_2 = \frac{1}{\mathfrak{z}_{II}}\mathfrak{C}_{II}\mathfrak{U}_3 + \mathfrak{Z}_{II}\mathfrak{S}_{II}\mathfrak{J}_3, \quad \mathfrak{J}_2 = \frac{1}{\mathfrak{Z}_{II}}\mathfrak{S}_{II}\mathfrak{U}_3 + \mathfrak{z}_{II}\mathfrak{C}_{II}\mathfrak{J}_3. \tag{171.3}$$

Scheidet man hier $\mathfrak{U}_2$ und $\mathfrak{J}_2$ aus, so folgen die „resultierenden“ Grundgleichungen in Kettenform:

$$\left.\begin{aligned} \mathfrak{U}_1 &= \left(\frac{1}{\mathfrak{z}_I \mathfrak{z}_{II}} \mathfrak{C}_I \mathfrak{C}_{II} + \frac{\mathfrak{Z}_I}{\mathfrak{Z}_{II}} \mathfrak{S}_I \mathfrak{S}_{II}\right) \mathfrak{U}_3 + \left(\mathfrak{z}_{II} \mathfrak{Z}_I \mathfrak{S}_I \mathfrak{C}_{II} + \frac{\mathfrak{Z}_{II}}{\mathfrak{z}_I} \mathfrak{C}_I \mathfrak{S}_{II}\right) \mathfrak{J}_3, \\ \mathfrak{J}_1 &= \left(\frac{1}{\mathfrak{z}_{II} \mathfrak{Z}_I} \mathfrak{S}_I \mathfrak{C}_{II} + \frac{\mathfrak{z}_I}{\mathfrak{Z}_{II}} \mathfrak{C}_I \mathfrak{S}_{II}\right) \mathfrak{U}_3 + \left(\mathfrak{z}_I \mathfrak{z}_{II} \mathfrak{C}_I \mathfrak{C}_{II} + \frac{\mathfrak{Z}_{II}}{\mathfrak{Z}_I} \mathfrak{S}_I \mathfrak{S}_{II}\right) \mathfrak{J}_3. \end{aligned}\right\} \tag{171.4}$$

Wir bezeichnen die Parameter des resultierenden Vierpols mit $\mathfrak{Z}$, $\mathfrak{g}$ und $\mathfrak{z}$, unterscheiden wie im § 160 die Wellenwiderstände von den beiden Seiten $\mathfrak{Z}_{1I}$, $\mathfrak{Z}_{2I}$, $\mathfrak{Z}_{1II}$, $\mathfrak{Z}_{2II}$ und erhalten:

$$\mathfrak{Z}^2 = \frac{\mathfrak{Z}_{2I} \mathfrak{S}_I \mathfrak{C}_{II} + \mathfrak{Z}_{1II} \mathfrak{C}_I \mathfrak{S}_{II}}{\mathfrak{Z}_{1II} \mathfrak{S}_I \mathfrak{C}_{II} + \mathfrak{Z}_{2I} \mathfrak{C}_I \mathfrak{S}_{II}} \mathfrak{Z}_{1I} \mathfrak{Z}_{2II}, \tag{171.5}$$

$$\mathfrak{Cof}^2 \mathfrak{g} = \mathfrak{C}_I^2 \mathfrak{C}_{II}^2 + \left(\frac{\mathfrak{Z}_{2I}}{\mathfrak{Z}_{1II}} + \frac{\mathfrak{Z}_{1II}}{\mathfrak{Z}_{2I}}\right) \mathfrak{S}_I \mathfrak{C}_I \mathfrak{S}_{II} \mathfrak{C}_{II} + \mathfrak{S}_I^2 \mathfrak{S}_{II}^2, \tag{171.6}$$

$$\mathfrak{z}^2 = \frac{\mathfrak{Z}_{2I} \mathfrak{C}_I \mathfrak{C}_{II} + \mathfrak{Z}_{1II} \mathfrak{S}_I \mathfrak{S}_{II}}{\mathfrak{Z}_{1II} \mathfrak{C}_I \mathfrak{C}_{II} + \mathfrak{Z}_{2I} \mathfrak{S}_I \mathfrak{S}_{II}} \frac{\mathfrak{Z}_{2II}}{\mathfrak{Z}_{1I}}. \tag{171.7}$$

Der resultierende Vierpol ist also im allgemeinen auch dann unsymmetrisch, wenn die Einzelvierpole symmetrisch waren; seine Parameter hängen von den Einzelparametern in recht verwickelter Weise ab[1].

§ 172. Angepaßte Vierpole. Ist $\mathfrak{Z}_{2I} = \mathfrak{Z}_{1II}$, d. h. sind die beiden Vierpole *I* und *II* „nach dem Wellenwiderstand aneinander angepaßt“, so vereinfachen sich die Gleichungen des § 171 sehr stark. Dann wird nämlich

$$\mathfrak{Z}^2 = \mathfrak{Z}_{1I} \mathfrak{Z}_{2II}, \qquad \mathfrak{z}^2 = \frac{\mathfrak{Z}_{2II}}{\mathfrak{Z}_{1I}}, \tag{172.1}$$

$$\mathfrak{Cof}^2 \mathfrak{g} = (\mathfrak{C}_I \mathfrak{C}_{II} + \mathfrak{S}_I \mathfrak{S}_{II})^2,$$

also

$$\mathfrak{Z}_1 = \mathfrak{Z}_{1I}, \qquad \mathfrak{Z}_2 = \mathfrak{Z}_{2II}, \tag{172.2}$$

$$\mathfrak{g} = \mathfrak{g}_I + \mathfrak{g}_{II} \tag{172.3}$$

oder ausführlicher

$$b = b_I + b_{II}, \qquad a = a_I + a_{II}. \tag{172.4}$$

Schaltet man also zwei angepaßte Vierpole „in Kette“, so entsteht ein Vierpol, dessen äußere Wellenwiderstände gleich den entsprechenden äußeren Wellenwiderständen der Teilvierpole und dessen Übertragungsmaß gleich der Summe der Einzelübertragungsmaße ist.

Von besonderer Wichtigkeit ist der Fall, daß eine große Zahl, z. B. n gleiche symmetrische Teilvierpole kettenartig aneinandergereiht sind. Solche Teilvierpole sind notwendig aneinander angepaßt. Für eine solche Kette gelten daher die folgenden Sätze:

1. Sie ist als Ganzes wie ihre Glieder symmetrisch.
2. Ihr Wellenwiderstand ist unabhängig von der Zahl der Glieder gleich dem Wellenwiderstand des einzelnen Gliedes.
3. Ihr Vierpolübertragungsmaß ist n mal so groß wie das Vierpolübertragungsmaß jedes ihrer n Glieder.

Gleichmäßige Leitungen können aufgefaßt werden als Ketten der hier hervorgehobenen Art; ihr Wellenwiderstand ist daher unabhängig von ihrer Länge, ihr Dämpfungs- und ihr Winkelmaß dagegen proportional ihrer Länge. Man setzt bei ihnen

$$\mathfrak{g} = \gamma l, \qquad b = \beta l, \qquad a = \alpha l \tag{172.5}$$

[1] Zur Lösung der in diesem Paragraphen behandelten Aufgabe und ähnlicher Aufgaben eignet sich besonders die Matrizenrechnung (§ 151).

und nennt die Proportionalitätskonstanten γ, β, α die „auf die Längeneinheit bezogenen“ oder kürzer die „bezogenen“ Maße.

Läßt man bei einer Leitung vom bezogenen Dämpfungsmaß β eine Gesamtdämpfung von z. B. 2 Neper zu, so darf der Empfänger nach (. 4) vom Sender die Entfernung $l = 2/\beta$ haben. Je geringer die Dämpfung je Längeneinheit, um so größer die „Reichweite“. Es sei besonders betont, daß die Ergebnisse dieses Paragraphen richtig sind unabhängig davon, mit welchen Widerständen $\mathfrak{R}_a$ und $\mathfrak{R}_e$ man die Vierpolkette an den beiden Enden abschließt.

Ist $\mathfrak{Z}_{1II} \neq \mathfrak{Z}_{2I}$, so gelten die einfachen Gleichungen (. 1), (. 2) und (. 3) im allgemeinen nicht mehr. Wenn jedoch der Unterschied zwischen $\mathfrak{Z}_{1II}$ und $\mathfrak{Z}_{2I}$ so klein ist, daß man das Quadrat von $\zeta = (\mathfrak{Z}_{1II} - \mathfrak{Z}_{2I})/\mathfrak{Z}_{2I}$ neben der Zahl 2 vernachlässigen darf, so addieren sich nach (171. 6) die Übertragungsmaße noch immer. Für $\mathfrak{Z}_1$ und $\mathfrak{Z}_2$ dagegen erhält man einfache Ausdrücke nur dann, wenn außerdem noch entweder $\mathfrak{g}_I$ oder $\mathfrak{g}_{II}$ von derselben Größenordnung ist wie ζ. Und zwar wird nach (171. 5) und (171. 7):

$$\left.\begin{array}{lll} \text{bei kleinem } \mathfrak{g}_I: & \mathfrak{Z}_1 = \dfrac{\mathfrak{Z}_{1II}}{\mathfrak{Z}_{2I}}\mathfrak{Z}_{1I} = \dfrac{\mathfrak{Z}_{1II}}{\mathfrak{s}_I^2} & \mathfrak{Z}_2 = \mathfrak{Z}_{2II}, \\ \text{bei kleinem } \mathfrak{g}_{II}: & \mathfrak{Z}_1 = \mathfrak{Z}_{1I}, & \mathfrak{Z}_2 = \dfrac{\mathfrak{Z}_{2I}}{\mathfrak{Z}_{1II}}\mathfrak{Z}_{2II} = \mathfrak{s}_{II}^2\mathfrak{Z}_{2I}. \end{array}\right\} \qquad (172.\ 6)$$

Hiervon kann man häufig Gebrauch machen.

§ 173. **Die halbe Abzweigschaltung (das „Halbglied“).** Durchschneidet man einen symmetrischen Stern oder ein symmetrisches Dreieck, wie es in Abb. 173. 1 durch unterbrochene Linien angedeutet ist, so entstehen jedesmal zwei „Halbglieder“, die aneinander angepaßt sind. Hieraus und aus Gleichung (172. 2) folgt, daß das Halbglied von seiner „Sternseite“ aus gemessen den Wellenwiderstand des Vollsterns, von seiner „Dreiecksseite“ aus gemessen den des Volldreiecks hat. Ist die Sternseite die Seite *1*, die Dreiecksseite die Seite *2*, so gelten die Gleichungen

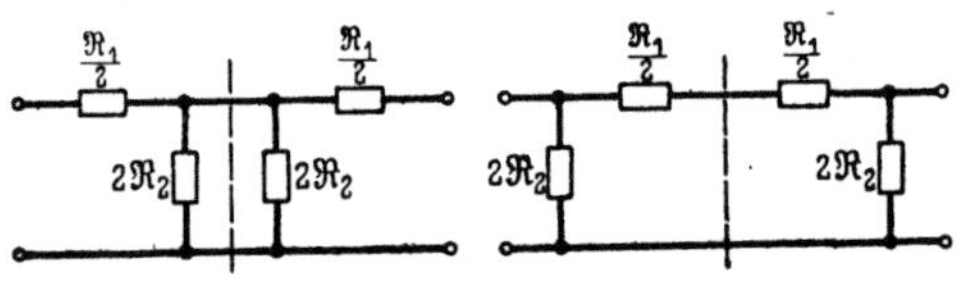

Abb. 173. 1.

$$\mathfrak{Z}_1 = \mathfrak{Z}_\lambda, \qquad \mathfrak{Z}_2 = \mathfrak{Z}_\Delta, \qquad \mathfrak{Z} = \sqrt{\mathfrak{R}_1\mathfrak{R}_2}, \qquad \mathfrak{g} = \frac{\mathfrak{g}_\lambda}{2} = \frac{\mathfrak{g}_\Delta}{2}, \qquad (173.\ 1)$$

$$\mathfrak{Sin}\,\mathfrak{g} = \frac{1}{2}\sqrt{\frac{\mathfrak{R}_1}{\mathfrak{R}_2}}, \qquad \mathfrak{s} = \sqrt{\frac{\mathfrak{Z}_\Delta}{\mathfrak{Z}_\lambda}} = \frac{1}{\sqrt{1 + \dfrac{\mathfrak{R}_1}{4\,\mathfrak{R}_2}}}. \qquad (173.\ 2)$$

Bemißt man die Widerstände $\mathfrak{R}_1$ und $\mathfrak{R}_2$ eines Halbgliedes so, daß z. B. $\mathfrak{Z}_1$ unabhängig ist von der Frequenz, so wird die Frequenzabhängigkeit von $\mathfrak{Z}_2$ durch den Kehrwert von $1 + \mathfrak{R}_1/(4\,\mathfrak{R}_2)$ gegeben. Umgekehrt: Ist $\mathfrak{Z}_2$ konstant, so ändert sich $\mathfrak{Z}_1$ proportional der Frequenzfunktion $1 + \mathfrak{R}_1/(4\,\mathfrak{R}_2)$ selbst. Wegen dieser Eigenschaft werden Halbglieder häufig als „Zwischenvierpole“ verwendet, d. h. dann, wenn ein Vierpol konstanten Wellenwiderstands mit einem Vierpol veränderlichen Wellenwiderstands angepaßt verbunden werden soll (§ 347).

Wir haben hier die Grundgleichungen der Halbglieder aus denen der Vollglieder hergeleitet. Ebensogut kann man den umgekehrten Weg gehen, also die Theorie der Vollglieder auf der der Halbglieder aufbauen. Tut man das, so liegt es sehr nahe, die Widerstände der Halbglieder einfach mit $\mathfrak{R}_1$ und $\mathfrak{R}_2$ zu bezeichnen. Läßt man auch noch bei den Widerständen der Kreuzschaltung (Abb. 166. 1) die Faktoren ½ weg, so verschwinden aus einer Reihe viel verwendeter Gleichungen die Faktoren 2 und 4. Da diese dann aber an andern Stellen neu auftreten und da der Gebrauch zweier voneinander abweichender Bezeichnungsweisen im Schrifttum der Nachrichtentechnik zu Verwechslungen führen kann, ist in diesem Buch die herkömmliche Bezeichnungsweise beibehalten worden.

§ 174. **Vierpole hohen Dämpfungsmaßes in Kette.** Sind die im § 171 betrachteten Vierpole auch nicht annähernd aneinander angepaßt, so muß man ihre resultierenden Parameter nach den unbequemen Gleichungen des § 171 berechnen. Wenn jedoch die Dämpfungen b_I und b_{II} so groß sind, daß man den Hyperbelsinus durch den Hyperbelkosinus ersetzen darf, kann man wenigstens die Formel für das Übertragungsmaß sehr vereinfachen. Nach (171. 6) ist

$$\mathfrak{Cof}^2\,\mathfrak{g} \approx \mathfrak{Cof}^2\,\mathfrak{g}_I\,\mathfrak{Cof}^2\,\mathfrak{g}_{II}\left(1 + \frac{\mathfrak{Z}_{2I}}{\mathfrak{Z}_{1II}} + \frac{\mathfrak{Z}_{1II}}{\mathfrak{Z}_{2I}} + 1\right)$$

$$= \mathfrak{Cof}^2\,\mathfrak{g}_I\,\mathfrak{Cof}^2\,\mathfrak{g}_{II}\,\frac{(\mathfrak{Z}_{2I} + \mathfrak{Z}_{1II})^2}{\mathfrak{Z}_{2I}\,\mathfrak{Z}_{1II}}. \qquad (174.\ 1)$$

Ist nun der Einfluß der „Stoßstelle" nur gering im Vergleich zur dämpfenden Wirkung des Vierpols, so kann man dafür auch

$$\frac{e^{\mathfrak{g}}}{2} = \frac{e^{\mathfrak{g}_I}}{2}\,\frac{e^{\mathfrak{g}_{II}}}{2}\,\frac{\mathfrak{Z}_{2I} + \mathfrak{Z}_{1II}}{\sqrt{\mathfrak{Z}_{2I}\,\mathfrak{Z}_{1II}}}$$

und daher

$$\mathfrak{g} = \mathfrak{g}_I + \mathfrak{g}_{II} + \ln\frac{\mathfrak{Z}_{2I} + \mathfrak{Z}_{1II}}{2\sqrt{\mathfrak{Z}_{2I}\,\mathfrak{Z}_{1II}}} \qquad (174.\ 2)$$

schreiben: Die Stoßstelle ruft eine „zusätzliche Stoßdämpfung" hervor:

$$b_{st} = \ln\left|\frac{\mathfrak{Z}_{2I} + \mathfrak{Z}_{1II}}{2\sqrt{\mathfrak{Z}_{2I}\,\mathfrak{Z}_{1II}}}\right|; \qquad (174.\ 3)$$

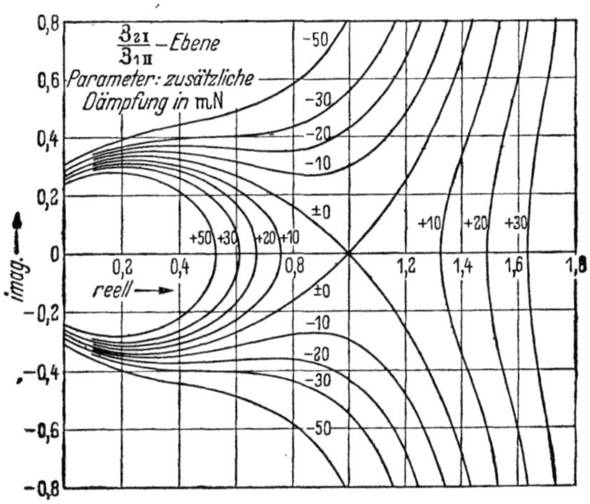

Abb. 174. 1

diese ist gleich dem natürlichen Logarithmus des Verhältnisses des Betrags des arithmetischen Mittels der „zusammenstoßenden" Wellenwiderstände zu dem Betrag ihres geometrischen Mittels.

Da eine Dämpfung der Form (. 3) öfter vorkommt, untersuchen wir die Bedeutung des Ausdrucks. Mit der Abkürzung $\mathfrak{Z}_{2I}/\mathfrak{Z}_{1II} = r\angle\varphi$ kann man (. 3) leicht in die Form

$$r^2 - 2\,(2\,e^{2\,b_{st}} - \cos\varphi)\,r + 1 = 0 \qquad (174.\ 4)$$

bringen. Nach dieser Gleichung ist in Abb. 174. 1 eine Schar von Linien konstanter Stoßdämpfung[1] in der komplexen Ebene des Verhältnisses $\mathfrak{Z}_{2I}/\mathfrak{Z}_{1II}$ gezeichnet. Man erkennt, daß die Anpassung nach Betrag und Winkel ziemlich mangelhaft sein darf, ohne daß eine wesentliche Stoßdämpfung entsteht. Diese ist positiv, wenn sich die Wellenwiderstände $\mathfrak{Z}_{2I}$ und $\mathfrak{Z}_{1II}$ nur nach ihrem Betrag, negativ, wenn sie sich nur nach ihrem Winkel unterscheiden. Wir werden später sehen, daß auch geringe Anpassungsmängel u. U. zu starken und unregelmäßigen Frequenzgängen Anlaß geben können (§ 246).

§ 175. **Wirkdämpfung, Betriebsdämpfung, Einfügungsdämpfung.** Die Vierpol- oder Wellendämpfung gibt bei einer Kette angepaßter Vierpole, die durch eine angepaßte Stromquelle betrieben wird und auf einen angepaßten Verbraucher arbeitet, ein Bild von der „Übertragungsfähigkeit" der einzelnen Vierpole. In der Praxis ist jedoch die Voraussetzung vollkommener Anpassung selten genau erfüllt; daher kann die Betrachtung allein der Wellendämpfungen zu einer Täuschung über die Übertragungsfähigkeit einer Vierpolkette führen. Daran wird auch nicht viel geändert, wenn man nach § 171 eine „resultierende" Wellen-

[1] Die Darstellung ist eine Erweiterung der Abb. 205 der 1. Auflage. Sie findet sich auch bei R. Führer: Telegr.- u. Fernspr.-Techn. **21** (1932) S. 267.

dämpfung berechnet; denn die Übertragungsfähigkeit hängt auch von den Eigenschaften der Stromquelle und des Verbrauchers ab.

Es ist daher wünschenswert, ein Maß für die Übertragungsfähigkeit einer zwischen eine gegebene Stromquelle $\mathfrak{E}$, $\mathfrak{R}_a$ und einen gegebenen Verbraucher $\mathfrak{R}_e$ geschalteten Vierpolkette einzuführen. Als dieses Maß wird man zweckmäßigerweise eine reine Zahl wählen, die bei allseitiger Anpassung in die Summe der Wellendämpfungen der Kette übergeht.

Wir definieren als Maß für die Übertragungsfähigkeit zunächst die „Wirkdämpfung" durch den Ansatz

$$b_w = \ln \sqrt{N_0/N}. \tag{175. 1}$$

Dabei ist N die in den Verbraucher übergehende Wirkleistung, N_0 eine noch festzusetzende Vergleichsleistung. Diese Definition hat etwas sehr Einleuchtendes, weil es sicher auf die Leistung N ankommt. Ihre Brauchbarkeit hängt aber wesentlich von der Wahl von N_0 ab.

N_0 darf nicht gleich der in die Vierpolkette wandernden Leistung gesetzt werden. Denn dann wäre die zu definierende Wirkdämpfung ein Maß lediglich für die in der Vierpolkette entstehenden Verluste; bei einer verlustfreien Vierpolkette kann aber, wie wir im § 184 sehen werden, schon die Wellendämpfung durchaus endlich sein. Es ist offenbar nötig, eine Vergleichsleistung N_0 zu wählen, die nur von den Eigenschaften der gegebenen Stromquelle und des Verbrauchers, aber nicht (wie die in die Kette einströmende Leistung) von denen der zu kennzeichnenden Vierpolkette abhängt. Außerdem muß eine recht große Vergleichsleistung genommen werden, damit in jedem Falle $N_0 \geq N$ und damit die Wirkdämpfung positiv bleibt.

Diese Überlegungen führen dazu, nach (107. 5)

$$N_0 = \frac{|\mathfrak{E}|^2}{4 R_a} \tag{175. 2}$$

zu setzen. Für die Wirkdämpfung ergibt sich damit

$$b_w = \ln \sqrt{\frac{|\mathfrak{E}|^2}{4 R_a |\mathfrak{J}_n|^2 R_e}} = \ln \frac{|\mathfrak{E}|}{2 |\mathfrak{J}_n| \sqrt{R_a R_e}}, \tag{175. 3}$$

wo $\mathfrak{J}_n$ den in den Verbraucher fließenden Strom bedeutet.

Die hiermit definierte immer positive Wirkdämpfung b_w ist zwar ein einwandfreies Maß für die durch die Vierpolkette verursachte energiemäßige Schwächung. Sie steht jedoch in einem weniger einfachen Zusammenhange mit der Wellendämpfung als die „Betriebsdämpfung", die deshalb vorwiegend benutzt wird. Die Definition der „Betriebsdämpfung" $\boldsymbol{b}$ unterscheidet sich von der der Wirkdämpfung nur dadurch, daß an die Stelle des Produkts der reellen Teile $R_a R_e$ das Produkt der Beträge $|\mathfrak{R}_a \mathfrak{R}_e|$ tritt:

$$\boldsymbol{b} = \ln \frac{|\mathfrak{E}|}{2 |\mathfrak{J}_n| \sqrt{|\mathfrak{R}_a \mathfrak{R}_e|}}. \tag{175. 4}$$

Offenbar werden hier nicht Wirk-, sondern Scheinleistungen verglichen; und die Vergleichsleistung N_0 ist gleich der Scheinleistung, die aus der gegebenen Stromquelle unmittelbar in einen Verbraucher vom Scheinwiderstand $\mathfrak{R}_a$ überginge:

$$N_0 = \left| \frac{\mathfrak{E}^2}{4 \mathfrak{R}_a} \right|, \qquad N = |\mathfrak{J}_n|^2 |\mathfrak{R}_e|. \tag{175. 5}$$

Die Betriebsdämpfung kann — besonders wenn Resonanzen im Spiele sind — negativ werden.

Ein drittes Maß, die „Einfügungsdämpfung“ b_e, unterscheidet sich von der Betriebsdämpfung dadurch, daß die Vergleichsleistung N_0 gleich der Scheinleistung ist, die aus der gegebenen Stromquelle $\mathfrak{E}$, $\mathfrak{R}_a$ unmittelbar in einen Verbraucher $\mathfrak{R}_e$ überginge:

$$N_0 = \left| \frac{\mathfrak{R}_e \mathfrak{E}^2}{(\mathfrak{R}_a + \mathfrak{R}_e)^2} \right|, \qquad N = |\mathfrak{J}_n|^2 |\mathfrak{R}_e|, \tag{175.6}$$

also

$$b_e = \ln \frac{|\mathfrak{E}|}{|\mathfrak{J}_n| \cdot |\mathfrak{R}_a + \mathfrak{R}_e|}. \tag{175.7}$$

Diese am wenigsten benutzte Dämpfung hat den Nachteil, daß im Vergleichsfalle verschiedene Widerstände $\mathfrak{R}_a$ und $\mathfrak{R}_e$ aneinander stoßen, die bei Einfügung des Vierpols an diesen angepaßt sein können. Es gibt daher Vierpole, die sicher nicht „verstärken“, deren Einfügungsdämpfung aber negativ ist. Zu ihnen gehört z. B. schon der ideale Übersetzer (§ 191), wenn sein Windungsverhältnis von 1 verschieden ist (§ 194).

Sind $\mathfrak{R}_a$ und $\mathfrak{R}_e$ reell und gleich groß, so verschwinden die Unterschiede zwischen den Dämpfungen b_w, $\boldsymbol{b}$ und b_e. „Restdämpfung“ heißt bei einem Vier-

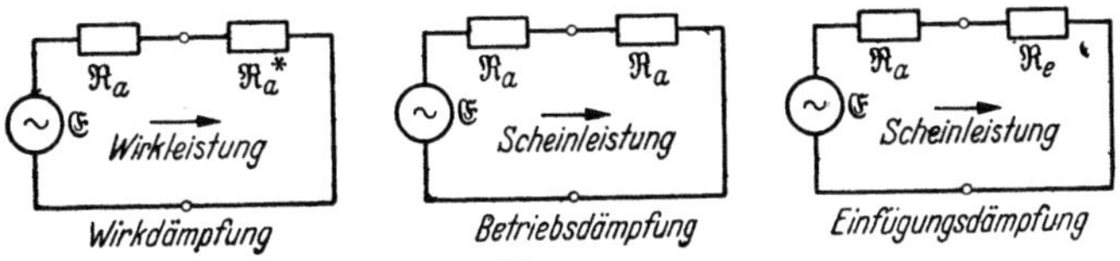

Abb. 175. 1.

pol, der zugleich dämpfende Glieder und Verstärker enthält, der Wert einer der drei Dämpfungen für $\mathfrak{R}_a = \mathfrak{R}_e = 600\ \Omega \angle 0^0$. In Abb. 175. 1 sind zu den drei Definitionen die Schaltungen gezeichnet, bei denen der Verbraucher die Vergleichsleistungen N_0 aufnimmt.

Unter dem „Betriebsübertragungsmaß“ $\mathfrak{g}$ versteht man den Ausdruck

$$\mathfrak{g} = \ln \frac{\mathfrak{E}}{2\, \mathfrak{J}_e \sqrt{\mathfrak{R}_a \mathfrak{R}_e}}; \tag{175.8}$$

er liefert nach der Rechenregel 7 des Anhangs unmittelbar die Betriebsdämpfung und das Betriebswinkelmaß.

§ 176. Berechnung der Betriebsdämpfung einer Vierpolkette.

Ebenso wie die Betriebsdämpfung einer Vierpolkette läßt sich natürlich die Betriebsdämpfung jedes ihrer Teilvierpole definieren. Man hat dabei die Stromquelle samt dem vor dem Vierpol liegenden Teil der Kette als Stromquelle $\mathfrak{E}$, $\mathfrak{R}_a$, den Rest der Kette samt dem Verbraucher als den Verbraucher $\mathfrak{R}_e$ anzusehen. Es wäre jedoch sehr unzweckmäßig, bei einer gegebenen Kette zuerst die Einzelbetriebsdämpfungen zu berechnen und aus ihnen dann die Gesamtbetriebsdämpfung zusammenzusetzen, schon weil diese Zusammensetzung nicht in einer einfachen Addition bestehen könnte.

Man formt vielmehr die Definitionsgleichung (175. 4) unter Benutzung der Beziehung

$$\mathfrak{E} = \frac{\mathfrak{R}_a + \mathfrak{W}_1}{\mathfrak{W}_1} \mathfrak{U}_1 \tag{176.1}$$

etwa folgendermaßen um[1]:

$$\begin{aligned} \boldsymbol{b} &= \ln \left| \frac{\mathfrak{R}_a + \mathfrak{W}_1}{2\sqrt{\mathfrak{W}_1^2}} \frac{\sqrt{\mathfrak{U}_1^2}}{\sqrt{\mathfrak{R}_a \mathfrak{J}_n^2 \mathfrak{R}_e}} \right| = \ln \left| \frac{\mathfrak{R}_a + \mathfrak{W}_1}{2\sqrt{\mathfrak{R}_a \mathfrak{W}_1}} \sqrt{\frac{\mathfrak{U}_1 \mathfrak{J}_1}{\mathfrak{U}_n \mathfrak{J}_n}} \right| \\ &= \ln \left| \frac{\mathfrak{R}_a + \mathfrak{W}_1}{2\sqrt{\mathfrak{R}_a \mathfrak{W}_1}} \right| + \frac{1}{2} \ln \left| \frac{\mathfrak{U}_1 \mathfrak{J}_1}{\mathfrak{U}_2 \mathfrak{J}_2} \right| + \cdots + \frac{1}{2} \ln \left| \frac{\mathfrak{U}_{n-1} \mathfrak{J}_{n-1}}{\mathfrak{U}_n \mathfrak{J}_n} \right|. \end{aligned} \tag{176.2}$$

[1] Hoecke, G.: Telegr.- u. Fernspr.-Techn. 21 (1932) S. 1, 77.

Hiernach setzt sich die Betriebsdämpfung einer Kette von $n - 1$ Vierpolen (also mit n Klemmenpaaren) additiv zusammen aus einer „Stoßdämpfung" (§ 174), die von dem Unterschied zwischen den Widerständen $\mathfrak{R}_a$ und $\mathfrak{W}_1$ herrührt, und aus $n - 1$ Dämpfungen, die den Vierpolen der Kette zugeordnet werden können und von denen jede einzelne ein logarithmisches Maß ist für die durch den zugehörigen Vierpol verursachte Übersetzung der Scheinleistung.

Die Gesamtbetriebsdämpfung läßt sich nach (176. 2) verhältnismäßig leicht ausrechnen, wenn z. B. die Widerstandsparameter der Teilvierpole bekannt sind. Natürlich muß dieser Rechnung die Bestimmung der „Verbraucherwiderstände $\mathfrak{R}_e$" der einzelnen Vierpole vorausgehen. Sie sind nichts anderes als die Eingangswiderstände $\mathfrak{W}_1$ der in der Kette jeweils folgenden Vierpole; zu ihrer Bestimmung können daher die Gleichungen (154. 3) und (156. 1) dienen.

§ 177. Das Betriebsübertragungsmaß als Funktion der Vierpolparameter und der Widerstände $\mathfrak{R}_a$ und $\mathfrak{R}_e$. Für einen beliebigen Vierpol erhält man nach (155. 1)

$$\mathfrak{g} = \ln \frac{(\mathfrak{R}_a + \mathfrak{W}_1^l)(\mathfrak{R}_e + \mathfrak{W}_2^l) - \mathfrak{M}_1^l \mathfrak{M}_2^l}{2\,\mathfrak{M}_1^l \sqrt{\mathfrak{R}_a \mathfrak{R}_e}} \qquad (177.\ 1)$$

oder, wenn man durchdividiert:

$$\mathfrak{g} = \ln\left(\frac{1}{2}\left(\frac{\sqrt{\mathfrak{R}_a \mathfrak{R}_e}}{\mathfrak{M}_1^l} + \frac{\mathfrak{W}_1^l}{\mathfrak{M}_1^l}\sqrt{\frac{\mathfrak{R}_e}{\mathfrak{R}_a}} + \frac{\mathfrak{W}_2^l}{\mathfrak{M}_1^l}\sqrt{\frac{\mathfrak{R}_a}{\mathfrak{R}_e}} + \frac{\mathfrak{Z}^2}{\mathfrak{M}_1^l \sqrt{\mathfrak{R}_a \mathfrak{R}_e}}\right)\right). \qquad (177.\ 2)$$

Ist der Vierpol symmetrisch und symmetrisch beschaltet ($\mathfrak{R}_a = \mathfrak{R}_e = \mathfrak{R}$), so kann man den Zähler von (. 1) in zwei Faktoren zerlegen. Führt man dann noch nach (166. 1) und (166. 2) die Widerstände $\mathfrak{R}_1$ und $\mathfrak{R}_2$ der gleichwertigen Kreuzschaltung ein, so erhält man

$$\begin{aligned} \boldsymbol{b} &= \ln\left|\frac{(\mathfrak{R} + \mathfrak{W}^l)^2 - \mathfrak{M}^2}{2\,\mathfrak{M}\mathfrak{R}}\right| = \ln\left|\frac{(\mathfrak{R} + \mathfrak{W}^l - \mathfrak{M})(\mathfrak{R} + \mathfrak{W}^l + \mathfrak{M})}{2\,\mathfrak{M}\mathfrak{R}}\right| \\ &= \ln\left|\frac{\left(\mathfrak{R} + \frac{\mathfrak{R}_1}{2}\right)\left(\mathfrak{R} + \frac{\mathfrak{R}_2}{2}\right)}{\frac{\mathfrak{R}_2 - \mathfrak{R}_1}{2}\,\mathfrak{R}}\right| = \ln\left|\frac{\left(1 + \frac{\mathfrak{R}_1}{2\,\mathfrak{R}}\right)\left(1 + \frac{\mathfrak{R}_2}{2\,\mathfrak{R}}\right)}{\frac{\mathfrak{R}_2 - \mathfrak{R}_1}{2\,\mathfrak{R}}}\right|. \end{aligned} \qquad (177.\ 3)$$

Die Betriebsdämpfung einer völlig symmetrischen Vierpolschaltung hängt hiernach in sehr einfacher Weise von den Verhältnissen $\mathfrak{R}_1/\mathfrak{R}$ und $\mathfrak{R}_2/\mathfrak{R}$ ab.

Führt man Wellenparameter ein, so erhält man nach (159. 4) und (159. 5)

$$\mathfrak{g} = \ln\left(\frac{\mathfrak{Z}_L}{2}\left\{\left(\frac{1}{\mathfrak{s}}\sqrt{\frac{\mathfrak{R}_e}{\mathfrak{R}_a}} + \mathfrak{s}\sqrt{\frac{\mathfrak{R}_a}{\mathfrak{R}_e}}\right)\mathfrak{Cof}\,\mathfrak{g} + \left(\frac{\sqrt{\mathfrak{R}_a \mathfrak{R}_e}}{\mathfrak{Z}} + \frac{\mathfrak{Z}}{\sqrt{\mathfrak{R}_a \mathfrak{R}_e}}\right)\mathfrak{Sin}\,\mathfrak{g}\right\}\right). \qquad (177.\ 4)$$

Ist der Vierpol wieder symmetrisch und symmetrisch beschaltet, so wird

$$\boldsymbol{b} = \ln\left|\mathfrak{Cof}\,\mathfrak{g} + \frac{1}{2}\left(\frac{\mathfrak{R}}{\mathfrak{Z}} + \frac{\mathfrak{Z}}{\mathfrak{R}}\right)\mathfrak{Sin}\,\mathfrak{g}\right|. \qquad (177.\ 5)$$

Die Gleichung (. 4) zeigt, wie die Anpassung auf die Betriebsdämpfung wirkt. Das Glied mit $\mathfrak{Sin}\,\mathfrak{g}$ vereinfacht sich, wenn die erste Anpassungsbedingung (§ 161), das Glied mit $\mathfrak{Cof}\,\mathfrak{g}$, wenn die zweite Anpassungsbedingung erfüllt ist. Erfüllt man beide Bedingungen zugleich, so geht die Betriebsdämpfung der Vierpole, die den Kirchhoffschen Regeln gehorchen, wie man sofort sieht und wie es in § 175 gefordert war, in die Wellendämpfung über.

§ 178. Messung der Betriebsdämpfung. Die Betriebsdämpfung läßt sich nach ihrer Definition unmittelbar messen. Man schaltet die zu untersuchende Vierpolkette (oder den zu untersuchenden Vierpol) zwischen die gegebenen im Betriebe tatsächlich vorhandenen Widerstände $\mathfrak{R}_a$ und $\mathfrak{R}_e$ (Abb. 178. 1), legt quer vor $\mathfrak{R}_a$ zwischen die Klemmen 0 einen Kompensationsapparat K und sucht mit Hilfe eines Spannungsmessers von hohem Scheinwiderstand den Teil ϱ von ihm, an dem die gleiche Spannung liegt wie an den Klemmen 2. Dann entspricht die Spannung $\mathfrak{U}_0$ der elektromotorischen Kraft $\mathfrak{E}$, und es ist

$$\left|\frac{\mathfrak{U}_0}{\mathfrak{U}_2}\right| = \frac{K}{\varrho} = \left|\frac{\mathfrak{E}}{\mathfrak{R}_e \mathfrak{Z}_2}\right| = 2\sqrt{\left|\frac{\mathfrak{R}_a}{\mathfrak{R}_e}\right|}\, e^{\boldsymbol{b}},$$

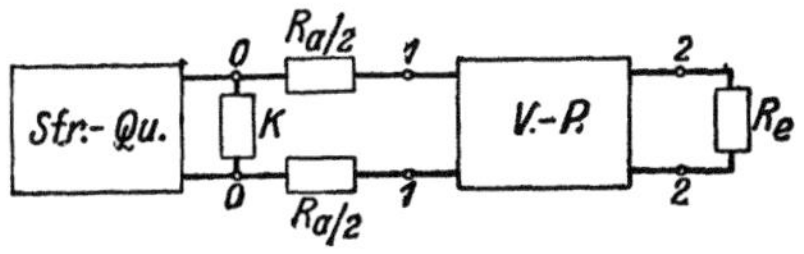

Abb. 178. 1.

also

$$\boldsymbol{b} = \ln\left(\frac{K}{2\varrho}\sqrt{\left|\frac{\mathfrak{R}_e}{\mathfrak{R}_a}\right|}\right). \qquad (178.\ 1)$$

Aus dem abgelesenen ϱ und den bekannten K, $\mathfrak{R}_a$, $\mathfrak{R}_e$ berechnet man die Betriebsdämpfung.

§ 179. **Neper- und Dezibelmaß.** Wenn man die Betriebsdämpfung von Vierpolketten oft zu messen oder zu berechnen hat, empfindet man es als lästig, daß sie als der natürliche Logarithmus der Wurzel aus einem Leistungsverhältnis definiert ist. Nimmt man den gewöhnlichen Logarithmus des Leistungsverhältnisses selbst, so erhält man eine Größe, die sich von der Betriebsdämpfung nur um einen konstanten Faktor unterscheidet, also ebensogut als Maß für die Übertragungsfähigkeit der Kette verwendet werden kann.

Es ist nun zweckmäßig und üblich, sich vorzustellen, daß die mit dem Zehner-Logarithmus berechnete Zahl ebenfalls die Betriebsdämpfung darstellt, jedoch bezogen auf das Zehnfache einer (dimensionslosen) „Einheit" „Dezibel" (db)[1], die sich aus der Gleichung

$$\boldsymbol{b} = \ln\sqrt{\frac{N_0}{N}} = \lg\frac{N_0}{N}\cdot 10\,\text{db}, \qquad (179.\ 1)$$

also

$$\text{db} = \frac{2{,}3}{2\cdot 10} = 0{,}115 = 0{,}115\ \text{N} \qquad (179.\ 2)$$

ergibt. Den Buchstaben N = Neper setzt man hinzu, um die Angabe der Betriebsdämpfung nach ihrer Definition (175. 4) von der Angabe in db leicht unterscheiden zu können. Das Neper ist nach (. 2) 8,7 mal so groß wie das Dezibel; Zahlenwerte der Betriebsdämpfung in db sind also 8,7 mal so groß wie solche in N.

Wird die Leistung durch eine Vierpolkette im Verhältnis $10^6:1$ geschwächt, so beträgt die Betriebsdämpfung nach (. 1) $(\lg 10^6)\cdot 10\,\text{db} = 60\,\text{db} = 60\cdot 0{,}115 \approx 7$ Neper.

Wenn man Betriebsdämpfungen in db angibt, so hat das den Vorteil, daß die Rechnung bequemer wird und daß man leichter einen Begriff von der entsprechenden Leistungsschwächung erhält. Gibt man die Betriebsdämpfung dagegen in Neper an, so läßt sie sich ohne Umrechnung mit der Wellendämpfung vergleichen. Zwar kann man natürlich auch Wellendämpfungen in db angeben; man muß dann jedoch die etwa nach § 162 bestimmten Werte b erst mit Hilfe der Gleichung (. 2) umrechnen. Bei geringen Dämpfungen hat das Nepermaß weiter den Vorteil, daß man an Stelle von $\ln(1+\delta)$ einfach δ angeben kann (Anhang 2. 2); einer Abnahme der Spannung z. B. um 5% entspricht daher eine Dämpfung um $\approx 0{,}05$ N, aber um 0,45 db.

§ 180. **Veranschaulichung der komplexen Hyperbelfunktionen durch Ortskurven in der Ebene der komplexen Zahlen.** Die Handhabung der Wellentheorie

[1] Der Name „Bel" soll an den Erfinder des Telephons Graham Bell erinnern. Die Einheit db ist vor allem in England und Nordamerika in Gebrauch. Sie ist nur wenig verschieden von den früher dort verwendeten Einheiten „Meilen englischen Standardkabels" (= 0,92 db) und „Meilen amerikanischen Standardkabels" (= 0,95 db).

des Vierpols wird sehr erleichtert, wenn man nach Brown[1] und Emde[2] Kurvennetze der Hyperbelfunktionen benutzt.

Es sei z. B. der Hyperbelkosinus

$$\mathfrak{Cof}\,(u + \mathrm{j}\,v) = C\,\underline{/\varkappa} \qquad (180.\,1)$$

darzustellen. Denken wir uns seinen Betrag konstant gehalten auf einem festen Wert C_1, so durchläuft der Punkt u, v in der komplexen Ebene bei verändertem Winkel $\varkappa$ eine bestimmte Kurve, an die man den Wert C_1 des Betrags anschreiben kann. Die Gleichung dieser Kurve in den Koordinaten u und v ergibt sich, wenn man aus den beiden reellen Gleichungen, in die die komplexe Gleichung (. 1) zerfällt, den veränderlichen Parameter $\varkappa$ ausscheidet. Durch Wahl anderer Werte für den Betrag C erhält man eine Schar von Kurven konstanten Betrages C.

Entsprechend kann man eine Schar von Kurven konstanten Winkels $\varkappa$ in die u-v-Ebene einzeichnen.

Man erhält damit ein „Netz krummliniger Koordinaten" in der Ebene der u und v. An ihm kann man zu jedem Paar u, v das zugehörige Paar $C, \varkappa$ ablesen. Umgekehrt findet man zu einem im krummlinigen Netz auffindbaren Wertepaar $C, \varkappa$ des komplexen Hyperbelkosinus das Paar u, v als die zugehörigen rechtwinkligen Koordinaten seines Arguments.

Die Netze der komplexen Hyperbelfunktionen geben einen vorzüglichen Überblick über den Verlauf dieser Funktionen; außerdem können sie bei nicht zu hohen Ansprüchen an die Genauigkeit die im § 162 erwähnten Tafeln von Hawelka ersetzen[3].

Die Netzkurven der Hyperbelfunktionen können im Sinne des § 119 als Ortskurven aufgefaßt werden. Die des Kosinusnetzes z. B. stellen die Abhängigkeit der komplexen Funktion

$$u + \mathrm{j}\,v = \mathfrak{Ar}\,\mathfrak{Cof}\,(C\,\underline{/\varkappa}) \qquad (180.\,2)$$

von den beiden reellen Veränderlichen C und $\varkappa$ dar. Ist C die Veränderliche, so entsteht eine Kurve, die üblicherweise durch den zugehörigen Wert des konstant gehaltenen Parameters $\varkappa$ gekennzeichnet wird, und umgekehrt.

§ 181. **Das Kosinusnetz** ist in Abb. 181. 1 dargestellt. Daß die Kurven in großen Zügen so wie in dieser Abbildung verlaufen müssen, davon kann man sich wie folgt leicht überzeugen.

Für die u-Achse zunächst ($v = 0$) gilt:

$$C\,\underline{/\varkappa} = \mathfrak{Cof}\,u\,\underline{/0^0} = \mathfrak{Cof}\,(-u)\,\underline{/0^0}\,; \qquad (181.\,1)$$

auf ihr schneiden die Linien konstanten Betrags also den Hyperbelkosinus reellen Argumentes ab.

Für die gerade Linie „u beliebig, $v = 90^0$" dagegen wird

$$C\,\underline{/\varkappa} = \mathfrak{Cof}\,(u + \mathrm{j}\cdot 90^0) = \mathfrak{Cof}\,u\cos 90^0 + \mathrm{j}\,\mathfrak{Sin}\,u \sin 90^0$$
$$= \mathfrak{Sin}\,u\cdot\underline{/90^0} = \mathfrak{Sin}\,(-u)\,\underline{/-90^0}\,; \qquad (181.\,2)$$

auf ihr findet man also den Hyperbelsinus reellen Arguments. So kann man fortfahren; man erkennt, daß die Linien konstanten Betrags C auf waagerechten Geraden, die man durch die Punkte $v = 0^0, 90^0, 180^0 \ldots$ zieht, immer abwechselnd den Kosinus und den Sinus reellen Argumentes abschneiden.

---

[1] Brown, R. S.: J. Amer. Inst. electr. Engrs. 40 (1921) S. 854.

[2] Emde, F.: Sinusrelief und Tangensrelief in der Elektrotechnik. Braunschweig: Vieweg 1924.

[3] Zweifarbige Drucke der Netze können zum Preise von 20 Rpf. das Stück vom Elektrotechnischen Institut der Technischen Hochschule Stuttgart bezogen werden.

Für die imaginäre Achse ($u = 0$) ergibt sich

$$C \underline{\angle \varkappa} = \mathfrak{Cof}\, j\, v = \cos v \cdot \underline{\angle 0^0} = -\cos v \cdot \underline{\angle \pm 180^0}\,; \qquad (181.3)$$

auf ihr findet man also den trigonometrischen Kosinus reellen Arguments.

Denkt man sich in jedem Punkt der Zeichenebene senkrecht zu dieser den zugehörigen Betrag C aufgetragen, so erhält man das „Kosinusrelief", d. h. ein tief eingeschnittenes Tal im Zuge der v-Achse, dessen Wände mit wachsender Entfernung von der v-Achse immer steiler werden. Auf der Talsohle liegen in gleichen Abständen Sättel (S) von der Höhe 1 und Trichter (Tr), in denen der Betrag des Kosinus bis zu dem Werte Null sinkt. Die Linien konstanten Betrags sind „Linien gleicher Höhe".

Die Linien konstanten Winkels $\varkappa$ verlaufen in dem Netz rechtwinklig zu den Linien konstanten Betrags. In dem Relief sind sie daher Linien des steilsten Abfalls. Bei großem positivem[1] u ist

$$C \underline{\angle \varkappa} \approx \mathfrak{Cof}\, u\, (\cos v + j \sin v)$$
$$= \mathfrak{Cof}\, u \cdot \underline{\angle v}\,; \qquad (181.4)$$

d. h. in großer Entfernung von der imaginären Achse stimmt der Winkel $\varkappa$, wie Abb. 181. 1 zeigt, nahezu mit v überein. Die Linien konstanten Winkels $\varkappa$ verlaufen dort fast wie waagerechte Geraden gleichen Abstandes; erst bei kleinerem $|u|$ wenden sie sich den Trichtern zu.

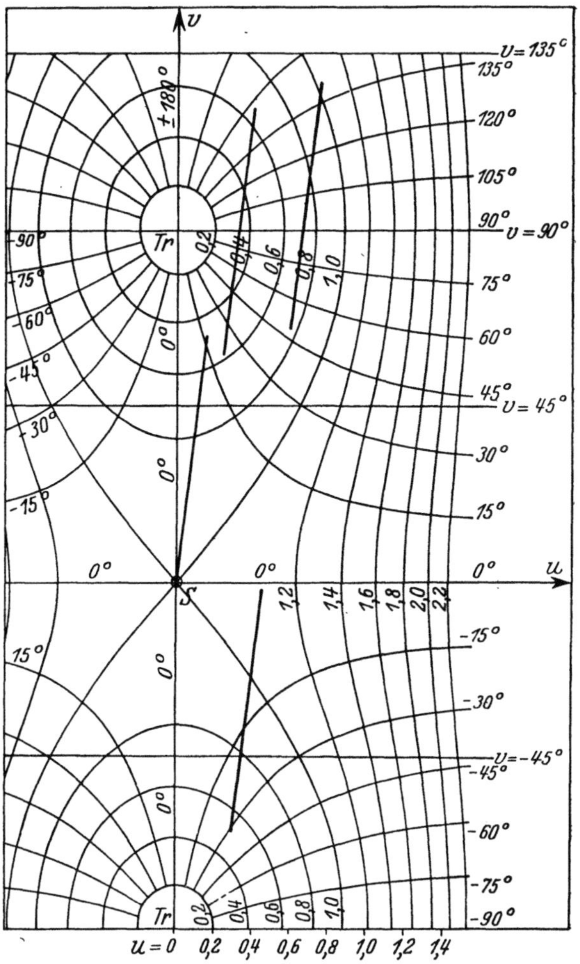

Abb. 181. 1.

Besonders wichtig ist die Feststellung, daß über den Sätteln der Darstellung „Kreuze konstanten Winkels $\varkappa$" liegen; und zwar hat $\varkappa$ auf diesen Kreuzen abwechselnd die Werte $\pm 0^0$ und $\pm 180^0$.

§ 182. Das Sinusnetz kann auf das Kosinusnetz **zurückgeführt** werden. Denn es ist allgemein:

$$\mathfrak{Sin}\,(u + j\,v) = S \underline{\angle \sigma} = \mathfrak{Sin}\, u \cos v + j\, \mathfrak{Cof}\, u \sin v$$
$$= j\,\{\mathfrak{Cof}\, u \cos (90^0 - v) - j\, \mathfrak{Sin}\, u \sin (90^0 - v)\}$$
$$= \mathfrak{Cof}\,(u + j\,(v - 90^0)) \underline{\angle 90^0}\,. \qquad (182.1)$$

[1] Bei großem negativem u ist $C \underline{\angle \varkappa} \approx \mathfrak{Cof}\,(-u)\ \underline{\angle -v}$.

Man braucht also, um das Kosinusnetz der Abb. 181. 1 auch für den Sinus benutzen zu können, den Nullpunkt des Systems nur um 90⁰ tiefer zu legen, so daß der untere Trichterpunkt zum Nullpunkt wird. Außerdem ist die Bezifferung der Linien konstanten Winkels, falls sie (wie in Abb. 181. 1) in großer positiver[1] Entfernung u von der imaginären Achse angebracht ist, ebenfalls um 90⁰ nach unten zu schieben [vgl. (181. 4)].

Auch über den Sätteln des Sinusnetzes liegen daher „Kreuze konstanten Winkels"; nur haben die konstanten Winkel σ abwechselnd die Werte $+90^0$ und -90^0.

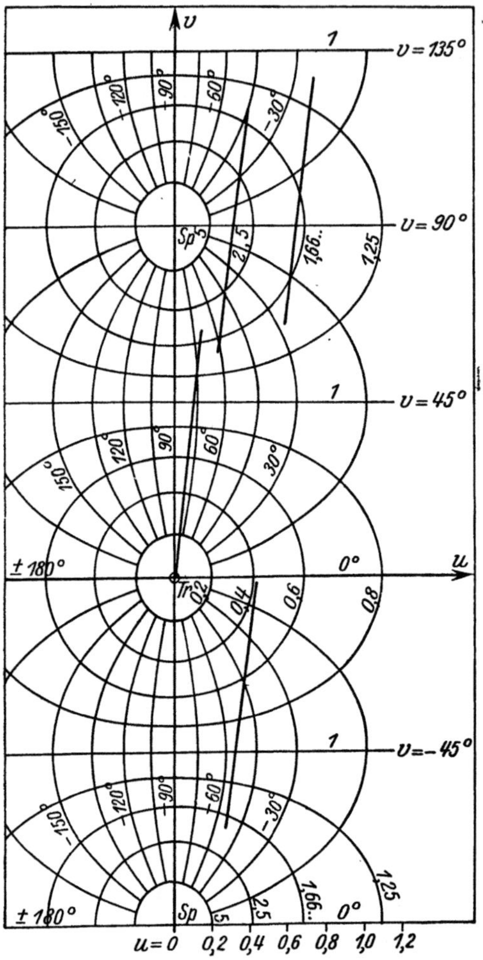

Abb. 183. 1.

§ 183. Das Tangensnetz ist in Abb. 183. 1 wiedergegeben. Betrachten wir auch hier wieder einige ausgezeichnete Achsen und Linien:

Mit der Abkürzung

$$\mathfrak{Tg}\,(u + \mathrm{j}\,v) = T\underline{/\,\tau}$$

ist zunächst auf der u-Achse ($v = 0$):

$$T\underline{/\,\tau} = \mathfrak{Tg}\,u\underline{/\,0^0} = \mathfrak{Tg}\,(-u)\underline{/\,\pm 180^0}\,. \qquad (183.\,1)$$

Auf der positiven u-Achse ist demnach τ konstant gleich 0^0, auf der negativen konstant gleich $\pm 180^0$; die Linien konstanten Betrags schneiden auf der u-Achse den Hyperbeltangens reellen Arguments aus.

Für eine Linie „u beliebig, $v = 45^0$" ist nach 8. 4 des Anhangs

$$T\underline{/\,\tau} = \frac{\mathfrak{Sin}\,2\,u + \mathrm{j}\sin 90^0}{\mathfrak{Cof}\,2\,u + \cos 90^0} = \frac{\mathfrak{Sin}\,2\,u + \mathrm{j}}{\mathfrak{Cof}\,2\,u} = \underline{/\,\mathrm{arctg}\,\mathfrak{Sin}\,2\,u}\,; \qquad (183.\,2)$$

sie ist also eine Linie des konstanten Betrags 1, auf der der **Winkel** τ von rechts nach links alle Werte von 0^0 über 90^0 bis zu $\pm 180^0$ durchläuft.

Eine Linie „u beliebig, $v = 90^0$" trägt nach

$$\mathfrak{Tg}\,(u + \mathrm{j}\cdot 90^0) = \frac{\mathfrak{Sin}\,2\,u + \mathrm{j}\sin 180^0}{\mathfrak{Cof}\,2\,u + \cos 180^0} = \frac{\mathfrak{Sin}\,2\,u}{\mathfrak{Cof}\,2\,u - 1}$$
$$= \mathfrak{Ctg}\,u\cdot\underline{/\,0^0} = \mathfrak{Ctg}\,(-u)\underline{/\,\pm 180^0} \qquad (183.\,3)$$

wieder die **Winkel** 0^0 und $\pm 180^0$, während auf der Linie „u beliebig, $v = 135^0$" der Betrag konstant gleich 1 ist und die **Winkel** von rechts nach links alle Werte von 0^0 über -90^0 bis zu $\pm 180^0$ durchlaufen.

[1] Bei großem negativem u ist $S\underline{/\,\sigma} \approx \mathfrak{Sin}\,(-u)\underline{/\,180^0 - v}$.

Auf der imaginären Achse endlich ($u = 0$) ist

$$T \angle \tau = \mathfrak{Tg}\, \mathrm{j}\, v = \mathrm{j}\, \mathrm{tg}\, v = \mathrm{tg}\, v \angle 90^0 = -\mathrm{tg}\, v \angle -90^0. \qquad (183.4)$$

Das Tangensrelief sieht danach so aus: In einer unendlich ausgedehnten Ebene von der Höhe 1 sind im Zuge der v-Achse abwechselnd in gleichen Abständen von jedesmal 90^0 Trichter eingearbeitet und Spitzen aufgesetzt. Die Trichter senken sich bis zu den Werten Null, die Spitzen steigen auf unendlich hohe Werte. Der Winkel τ ist für unendlich große positive u für alle v gleich 0^0, für unendlich große negative u für alle v gleich $\pm 180^0$; in horizontalen unendlich langen Streifen von der Höhe 90^0 ist er abwechselnd positiv und negativ. Reell ist der Hyperbeltangens auf allen horizontalen Linien, die man durch Trichter und Spitzen ziehen kann und — unabhängig von v — für unendlich große $|u|$. Imaginär ist er auf der v-Achse und nur dort.

§ 184. Verlustlose Vierpole. Besteht ein Vierpol aus lauter Blindwiderständen, so braucht seine Vierpoldämpfung keineswegs gleich Null zu sein. Denn sie ist nicht gleich seinem „Wirkungsgrad", sondern ein Maß für die Höhe der (bei Anpassung) in den Verbraucher wandernden Leistung, die auch von den Blindbestandteilen abhängt. Ob die Vierpoldämpfung eines verlustlosen Vierpols gleich Null ist oder nicht, darüber geben in sehr einfacher Weise die Vorzeichen seiner Leerlauf- und Kurzschlußwiderstände Aufschluß.

Für jeden verlustlosen Vierpol gilt nämlich nach (162. 2)

$$\mathfrak{Tg}\, \mathfrak{g} = \sqrt{\frac{\mathfrak{W}_1^k}{\mathfrak{W}_1^l}} = \sqrt{\frac{\mathfrak{W}_2^k}{\mathfrak{W}_2^l}} = \sqrt{\frac{X_1^k}{X_1^l}} = \sqrt{\frac{X_2^k}{X_2^l}}, \qquad (184.1)$$

wenn wir die Blindbestandteile mit X bezeichnen. Da nun der Hyperbeltangens auf der imaginären Achse des Netzes (Abb. 183. 1) und nur dort rein imaginär ist, ist das Dämpfungsmaß eines verlustlosen Vierpols dann und nur dann gleich Null, wenn sein Kurzschluß- und sein Leerlaufwiderstand, beide von derselben Seite gemessen, verschiedenes Vorzeichen haben.

Haben sie gleiches Vorzeichen (und ist der Betrag ihres Verhältnisses weder Null noch unendlich groß), so haben sie eine endliche (oder auch unendlich große) Dämpfung.

Gewöhnlich unterscheidet man „Durchlaßbereiche", in denen die Dämpfung gleich Null, und „Dämpfungsbereiche" oder „Sperrbereiche", in denen sie endlich ist. In den Durchlaßbereichen der verlustlosen Vierpole haben demnach die Kurzschluß- und Leerlaufwiderstände verschiedenen, in den Sperrbereichen dagegen den gleichen „Charakter".

Man kann in der Ebene des komplexen Übertragungsmaßes eines verlustlosen Vierpols eine Ortskurve mit der Frequenz als Parameter zeichnen. Diese Ortskurve besteht aus geraden Stücken, die entweder mit Parallelen zur b-Achse durch Trichter oder Spitzen des Tangensreliefs oder mit der imaginären (a-) Achse zusammenfallen. Die Parallelen zur b-Achse entsprechen Dämpfungs-, die Geradenstücke auf der a-Achse Durchlaßbereichen.

Aus den Gleichungen [vgl. (160. 4)]

$$\mathfrak{Z}_1 = \sqrt{-X_1^l X_1^k} \quad \text{und} \quad \mathfrak{Z}_2 = \sqrt{-X_2^l X_2^k} \qquad (184.2)$$

geht hervor, daß die beiden „äußeren" Wellenwiderstände in allen Durchlaßbereichen reell, in allen Sperrbereichen dagegen rein imaginär sind.

Das Winkelmaß ist nach dem Tangensnetz in allen Sperrbereichen gleich einem ganzzahligen Vielfachen von 90^0. Bei symmetrischen verlustlosen Vierpolen sind die Werte 90^0, 270^0, $\cdots$ ausgeschlossen, da sonst der Kernwiderstand in den zu diesen Werten gehörigen Sperrbereichen nach (159. 5), (. 2) und dem

Sinusnetz reell wäre, was bei Vierpolen aus Blindwiderständen nicht möglich ist.

Bei unsymmetrischen Vierpolen können in den Sperrbereichen die rein imaginären Wellenwiderstände $\mathfrak{Z}_1$ und $\mathfrak{Z}_2$ verschiedenen Charakter haben, so daß der mittlere Wellenwiderstand $\mathfrak{Z}$ reell wird. Dann gibt es Sperrbereiche, in denen das Winkelmaß konstant gleich 90^0, $270^0 \cdots$ ist.

Ist für irgend eine Frequenz $X_1^k = X_1^l$ und daher nach (149. 7) auch $X_2^k = X_2^l$, so ist die Dämpfung unendlich groß, das Winkelmaß unbestimmt.

Man erkennt, daß ein verlustloser Vierpol immer dann scharfe Durchlaß- und Sperrbereiche hat, wenn seine Leerlauf- und Kurzschlußwiderstände hinreichend stark von der Frequenz abhängen.

§ 185. **Die verlustlose symmetrische Abzweigschaltung.** Für sie gilt nach § 163 und 165 die Gleichung

$$\mathfrak{Sin}\,\frac{\mathfrak{g}}{2} = \frac{1}{2}\sqrt{\frac{\mathfrak{R}_1}{\mathfrak{R}_2}} = \frac{1}{2}\sqrt{\frac{X_1}{X_2}}, \qquad (185.\ 1)$$

wenn wir $\mathfrak{R}_1 = \mathrm{j}X_1$, $\mathfrak{R}_2 = \mathrm{j}X_2$ setzen. Ist bei einer Abzweigschaltung das Vorzeichen von X_1 das gleiche wie das von X_2, so liegt nach dem Sinusnetz das halbe Übertragungsmaß $\mathfrak{g}/2$ auf der $b/2$-Achse oder auf einer Parallelen zu ihr durch einen Trichter, die Abzweigschaltung dämpft (Abb. 185. 1). Haben X_1 und X_2 dagegen verschiedenes Vorzeichen (verschiedenen Charakter), so liegt $\mathfrak{g}/2$ auf einem „Kreuz konstanten Winkels $\sigma = \pm 90^0$"; d. h. die Dämpfung ist entweder gleich Null — wenn nämlich $\mathfrak{g}/2$ auf der imaginären Achse liegt —, oder endlich, wenn nämlich $\mathfrak{g}/2$ auf einer Parallelen zur $b/2$-Achse durch einen Sattel liegt. Im Durchlaßbereich einer Abzweigschaltung haben demnach die Blindwiderstände X_1 und X_2 sicher verschiedenen Charakter (ist z. B. X_1 induktiv, so ist X_2 sicher eine Kapazität). Dieser Schluß läßt sich jedoch nicht umkehren; die Schaltung kann, wenn X_1 und X_2 verschiedenen Charakter haben, auch sperren. $|X_1/(4X_2)|$ muß dann aber nach dem Sinusnetz größer sein als 1.

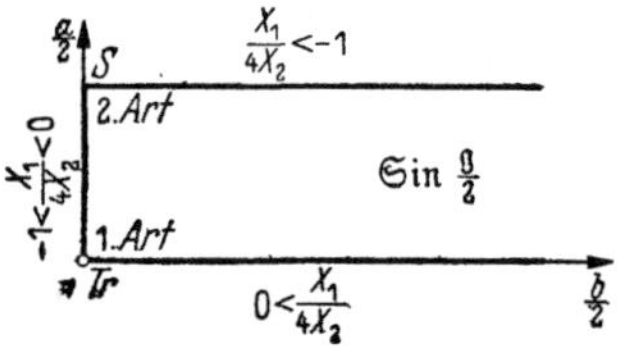

Abb. 185. 1.

Sind die Bereiche, innerhalb deren die Abzweigschaltung durchläßt oder sperrt, Frequenzbereiche und nennt man die Frequenzen, bei denen Durchlaßbereiche in Sperrbereiche übergehen oder umgekehrt, „Grenzfrequenzen", so ergibt sich aus dem Gesagten, daß es bei den Abzweigschaltungen zwei Arten von Grenzfrequenzen gibt: bei der „Grenzfrequenz 1. Art" liegt das halbe Übertragungsmaß in einem Trichter des Sinusnetzes, und der eine der beiden Blindwiderstände X_1 und X_2 ändert seinen Charakter; bei der „Grenzfrequenz 2. Art" dagegen liegt $\mathfrak{g}/2$ in einem Sattel des Sinusnetzes, X_1 und X_2 behalten ihren Charakter bei, und $|X_1|$ ist gleich $4\,|X_2|$. Die an Grenzfrequenzen 1. und 2. Art anschließenden Sperrbereiche kann man ebenfalls als Sperrbereiche 1. oder 2. Art unterscheiden (vgl. Abb. 185. 1).

Das halbe Winkelmaß ist in allen Sperrbereichen konstant gleich 0, $90^0, \cdots$, das ganze also gleich 0^0, $180^0, \cdots$.

Der Wellenwiderstand der verlustlosen Abzweigschaltung ist nach (163. 5) und (165. 3)

$$\mathfrak{Z} = \sqrt{\mathfrak{R}_1\,\mathfrak{R}_2}\left(\mathfrak{Cof}\,\frac{\mathfrak{g}}{2}\right)^{\pm 1} = \sqrt{-X_1\,X_2}\left(\mathfrak{Cof}\,\frac{\mathfrak{g}}{2}\right)^{\pm 1}. \qquad (185.\ 2)$$

Da einer Waagerechten durch einen Trichter (Sattel) im Sinusnetz für das gleiche $\mathfrak{g}/2$ eine Waagerechte durch einen Sattel (Trichter) im Kosinusnetz entspricht, und da im Kosinusnetz über den Sätteln Kreuze des konstanten Winkels 0^0 oder 180^0 liegen, ist bei einem

	$\sqrt{-X_1 X_2}$	$\mathfrak{Cof}\,\frac{\mathfrak{g}}{2}$	$\mathfrak{Z}$
Sperrbereich 1. Art	imaginär	reell	imaginär
Durchlaßbereich	reell	reell	reell
Sperrbereich 2. Art	reell	imaginär	imaginär

Es bestätigt sich also, daß der Wellenwiderstand der symmetrischen Schaltung in den Durchlaßbereichen reell, in den Sperrbereichen imaginär ist.

§ 186. **Die verlustlose symmetrische Kreuzschaltung** hat nach den Entwicklungen des § 184, die ohne weiteres übernommen werden können, und nach der Gleichung

$$\mathfrak{Tg}\,\frac{\mathfrak{g}}{2} = \sqrt{\frac{\mathfrak{R}_1}{\mathfrak{R}_2}} = \sqrt{\frac{X_1}{X_2}} \tag{186. 1}$$

immer dann die Dämpfung Null, wenn X_1 und X_2 verschiedenen Charakter haben, während die Bereiche, in denen X_1 und X_2 den gleichen Charakter haben, als Sperrbereiche anzusprechen sind. Das volle Winkelmaß a hat in den Sperrbereichen die Werte 0^0, 180^0, ..., der Wellenwiderstand ist in den Durchlaßbereichen reell, in den Sperrbereichen rein imaginär, für $X_1 = X_2$ (Gleichgewicht der „Brücke") wird die Dämpfung unendlich groß (sie hat einen „Pol").

Die Tatsache, daß sich die Kreuzschaltung einfacher verhält als die Abzweigschaltung, ist erst verhältnismäßig spät erkannt worden. Bei ihr hängt das Übertragungsmaß nur von dem Verhältnis $\mathfrak{R}_1/\mathfrak{R}_2$, der Wellenwiderstand nur von dem Produkt $\mathfrak{R}_1\,\mathfrak{R}_2$ ab, während die Ausdrücke für die Wellenwiderstände der beiden Abzweigschaltungen auch das Verhältnis $\mathfrak{R}_1/\mathfrak{R}_2$ enthalten. Bei der Kreuzschaltung kann man daher $\mathfrak{g}$ und $\mathfrak{Z}$ unabhängig voneinander ändern; denn vergrößert man z. B. $\mathfrak{R}_1$ und $\mathfrak{R}_2$ beide im Verhältnis α, so nimmt $\mathfrak{Z}$ im Verhältnis α zu, während $\mathfrak{g}$ ungeändert bleibt. Abgesehen hiervon besteht die größere Einfachheit der Kreuzschaltung, um es zusammenzufassen, hauptsächlich in Folgendem:

1. Bei der verlustlosen Kreuzschaltung entscheidet lediglich der Charakter der beiden Widerstände X_1 und X_2, ob sie durchläßt oder sperrt.

2. Es gibt bei ihr nur Grenzfrequenzen einer Art.

3. Es gibt bei ihr „Dämpfungspole", die nicht auf dem Null- oder Unendlichwerden der Widerstände X_1 und X_2, sondern auf ihrem Gleichwerden beruhen, d. h. auf dem Abgleich der von ihr dargestellten Wheatstoneschen Brücke.

§ 187. **Hyperbolische Anpassungsmaße.** Das Rechnen mit den Gleichungen der Wellentheorie des Vierpols kann in manchen Fällen viel bequemer gemacht werden durch Einführung von „Anpassungsmaßen". Deren Definition[1] drängt sich am unmittelbarsten auf bei den Gleichungen (161. 1) und (161. 2) für die beiden Scheinwiderstände $\mathfrak{W}_1$ und $\mathfrak{W}_2$. Setzt man nämlich

$$\frac{\mathfrak{R}_a}{\mathfrak{Z}_1} = \mathfrak{Tg}\,\mathfrak{r}_a, \qquad \frac{\mathfrak{R}_e}{\mathfrak{Z}_2} = \mathfrak{Tg}\,\mathfrak{r}_e, \tag{187. 1}$$

so wird

$$\left.\begin{aligned} \mathfrak{W}_1 &= \mathfrak{Z}_1 \frac{\mathfrak{Sin}\,\mathfrak{g} + \mathfrak{Tg}\,\mathfrak{r}_e\,\mathfrak{Cof}\,\mathfrak{g}}{\mathfrak{Cof}\,\mathfrak{g} + \mathfrak{Tg}\,\mathfrak{r}_e\,\mathfrak{Sin}\,\mathfrak{g}} = \mathfrak{Z}_1\,\mathfrak{Tg}\,(\mathfrak{g} + \mathfrak{r}_e)\,, \\ \mathfrak{W}_2 &= \mathfrak{Z}_2 \frac{\mathfrak{Sin}\,\mathfrak{g} + \mathfrak{Tg}\,\mathfrak{r}_a\,\mathfrak{Cof}\,\mathfrak{g}}{\mathfrak{Cof}\,\mathfrak{g} + \mathfrak{Tg}\,\mathfrak{r}_a\,\mathfrak{Sin}\,\mathfrak{g}} = \mathfrak{Z}_2\,\mathfrak{Tg}\,(\mathfrak{g} + \mathfrak{r}_a)\,. \end{aligned}\right\} \tag{187. 2}$$

[1] Vgl. Kennelly, A. E.: The application of hyperbolic functions to electrical engineering problems. London 1912. S. 23ff.

Zur Berechnung z. B. von $\mathfrak{W}_1$ sind dann nur noch folgende Rechenschritte nötig: Man berechnet $\mathfrak{Tg}\,\mathfrak{r}_e$ aus $\mathfrak{R}_e$ und $\mathfrak{Z}_2$, sucht in der Tafel oder im Tangensnetz das Maß $\mathfrak{r}_e$ auf, addiert zu ihm geometrisch das Übertragungsmaß $\mathfrak{g}$, sucht zu der Summe wieder den Tangens auf und berechnet schließlich $\mathfrak{W}_1$ nach (. 2).

Das Anpassungsmaß $\mathfrak{r}_e$ stellt gewissermaßen das dem Abschlußwiderstand $\mathfrak{R}_e$ „entsprechende" (oder „gleichwertige") Übertragungsmaß dar; und etwas Ähnliches gilt für $\mathfrak{r}_a$. Da $\mathfrak{r}_a$ und $\mathfrak{r}_e$ um so größer sind, je mehr sich $\mathfrak{R}_a$ und $\mathfrak{R}_e$ nach Betrag und **Winkel** den Wellenwiderständen $\mathfrak{Z}_1$ und entsprechend $\mathfrak{Z}_2$ nähern, haben sie tatsächlich die Bedeutung von Anpassungsmaßen.

§ 188. **Der Fehlersatz.** Setzen wir

$$\mathfrak{g} + \mathfrak{r}_e = \mathfrak{r}_1, \qquad \mathfrak{g} + \mathfrak{r}_a = \mathfrak{r}_2, \tag{188.1}$$

so gilt

$$\mathfrak{W}_1 = \mathfrak{Z}_1\,\mathfrak{Tg}\,\mathfrak{r}_1, \qquad \mathfrak{W}_2 = \mathfrak{Z}_2\,\mathfrak{Tg}\,\mathfrak{r}_2; \tag{188.2}$$

$\mathfrak{r}_1$ und $\mathfrak{r}_2$ sind also Maße für die Güte der Übereinstimmung zwischen Vierpol-Schein- und -Wellenwiderstand.

Als Maße für die Abweichungen der Scheinwiderstände wollen wir die Verhältnisse

$$\vartheta_1 = \frac{\mathfrak{W}_1 - \mathfrak{Z}_1}{\mathfrak{W}_1 + \mathfrak{Z}_1}, \qquad \vartheta_2 = \frac{\mathfrak{W}_2 - \mathfrak{Z}_2}{\mathfrak{W}_2 + \mathfrak{Z}_2}, \tag{188.3}$$

als Maße für die Anpassungsfehler die Verhältnisse

$$\vartheta_a = \frac{\mathfrak{R}_a - \mathfrak{Z}_1}{\mathfrak{R}_a + \mathfrak{Z}_1}, \qquad \vartheta_e = \frac{\mathfrak{R}_e - \mathfrak{Z}_2}{\mathfrak{R}_e + \mathfrak{Z}_2} \tag{188.4}$$

verwenden. Drücken wir die ϑ durch die entsprechenden Maße $\mathfrak{r}_1$, $\mathfrak{r}_2$, $\mathfrak{r}_a$ und $\mathfrak{r}_e$ aus, so wird

$$\vartheta_1 = -e^{-2\mathfrak{r}_1}, \qquad \vartheta_2 = -e^{-2\mathfrak{r}_2}, \qquad \vartheta_a = -e^{-2\mathfrak{r}_a}, \qquad \vartheta_e = -e^{-2\mathfrak{r}_e}, \tag{188.5}$$

und aus (. 1) folgt

$$\vartheta_1 = e^{-2\mathfrak{g}}\vartheta_e \quad \text{und} \quad \vartheta_2 = e^{-2\mathfrak{g}}\vartheta_a. \tag{188.6}$$

Ein Anpassungsfehler auf der sekundären Seite eines Vierpols (ϑ_e) ruft demnach eine ihm proportionale Abweichung des auf der primären Seite gemessenen Eingangsscheinwiderstands gegen den Wellenwiderstand hervor. Der Proportionalitätsfaktor ist $e^{-2\mathfrak{g}}$; d. h. das Maß für die Abweichung des Scheinwiderstands ist entsprechend dem doppelten Übertragungsmaß des Vierpols umgebildet. Das Entsprechende gilt für den von den sekundären Klemmen aus nach vorn gemessenen Scheinwiderstand.

Den Inhalt der Gleichungen (. 6) nennt man „Fehlersatz". Sie können zur Berechnung der Scheinwiderstände dienen (vgl. § 190).

Schaltet man dem betrachteten Vierpol, dem wir jetzt die Nummer *II* zuordnen, einen Vierpol *I* vor, so bildet für diesen der Scheinwiderstand $\mathfrak{W}_{1\,II}$ den Abschlußwiderstand. Ist also der Vierpol *II* an den Verbraucher $\mathfrak{R}_e$ angepaßt ($\mathfrak{r}_e \to \infty$), so ist

$$\mathfrak{W}_{1\,I} = \mathfrak{Z}_{1\,I}\,\mathfrak{Tg}\left(\mathfrak{g}_I + \mathfrak{ArTg}\,\frac{\mathfrak{W}_{1\,II}}{\mathfrak{Z}_{2\,I}}\right) = \mathfrak{Z}_{1\,I}\,\mathfrak{Tg}\left(\mathfrak{g}_I + \mathfrak{ArTg}\,\frac{\mathfrak{Z}_{1\,II}}{\mathfrak{Z}_{2\,I}}\right) \tag{188.7}$$

oder, wenn wir

$$\frac{\mathfrak{Z}_{1\,II}}{\mathfrak{Z}_{2\,I}} = \mathfrak{Tg}\,\mathfrak{z}_{I\,II}, \qquad -e^{-2\mathfrak{z}_{I\,II}} = \vartheta_{I\,II} = \frac{\mathfrak{Z}_{1\,II} - \mathfrak{Z}_{2\,I}}{\mathfrak{Z}_{1\,II} + \mathfrak{Z}_{2\,I}} \tag{188.8}$$

setzen,

$$\mathfrak{r}_{1\,I} = \mathfrak{g}_I + \mathfrak{z}_{I\,II} \tag{188.9}$$

und

$$\vartheta_{1\,I} = e^{-2\mathfrak{g}_I}\,\vartheta_{I\,II}. \tag{188.10}$$

Ist $\mathfrak{r}_e$ n i c h t unendlich groß, so gilt eine verwickeltere Beziehung. Man kann aber annehmen, daß sich dann kleine Fehlermaße am Ende von I und am Ende von II näherungsweise addieren, und daher den möglichen Höchstwert des Gesamtfehlermaßes gleich

$$|\vartheta_{1I}| = |\vartheta_{II}|\, e^{-2b_I} + |\vartheta_e|\, e^{-2(b_I + b_{II})} \qquad (188.11)$$

setzen[1].

Das Maß ϑ_e des Anpassungsfehlers am Ende eines Vierpols kann wie im § 107 auch energetisch gedeutet werden. Setzt man nämlich voraus, daß die Stromquelle an den Vierpol angepaßt ist, so nimmt ein angepaßter Verbraucher die komplexe Scheinleistung $\mathfrak{u}_1^2\mathfrak{E}^2/(4\,\mathfrak{Z}_2)$, ein nicht angepaßter dagegen die komplexe Scheinleistung $\mathfrak{u}_1^2\,\mathfrak{E}^2\,\mathfrak{R}_e/(\mathfrak{Z}_2 + \mathfrak{R}_e)^2$ auf. Die durch die mangelhafte Anpassung hervorgebrachte relative Änderung der komplexen Scheinleistung ist daher gleich dem Quadrat des Fehlermaßes ϑ_e:

$$1 - \frac{4\,\mathfrak{Z}_2\,\mathfrak{R}_e}{(\mathfrak{Z}_2 + \mathfrak{R}_e)^2} = \left(\frac{\mathfrak{R}_e - \mathfrak{Z}_2}{\mathfrak{Z}_2 + \mathfrak{R}_e}\right)^2 = \left(\frac{1 - \mathfrak{Tg}\,\mathfrak{r}_e}{1 + \mathfrak{Tg}\,\mathfrak{r}_e}\right)^2 = e^{-4\mathfrak{r}_e} = \vartheta_e^2. \qquad (188.12)$$

Als „Fehlerdämpfungen" bezeichnet man die Werte $\ln|1/\vartheta_1|$, $\ln|1/\vartheta_2|$, $\ln|1/\vartheta_a|$ und $\ln|1/\vartheta_e|$. Setzt man $\mathfrak{r}_1 = r_1 + j r_1'$, so ist die Fehlerdämpfung z. B. am Eingang eines Vierpols nach (. 5)

$$\ln\left|\frac{1}{\vartheta_1}\right| = \ln\left|e^{2r_1} \angle 2r_1'\right| = 2r_1. \qquad (188.13)$$

Das Fehlermaß ϑ_e ist nach (. 4) bei Anpassung am Ende gleich Null, bei Leerlauf gleich 1, bei Kurzschluß gleich -1. Die entsprechenden Fehlerdämpfungen sind unendlich, null und null. Die dem Fehlermaß ϑ_1 zugeordnete Fehlerdämpfung $\ln|1/\vartheta_1|$ ist nach (. 6) um $2b$ höher als die Fehlerdämpfung $\ln|1/\vartheta_e|$.

§ 189. **Zerlegung der Betriebsdämpfung.** Setzt man in der Gleichung (177. 4) die Exponentialfunktionen ein an Stelle der Hyperbelfunktionen, so wird

$$\begin{aligned} b &= \ln\left|\frac{\mathfrak{s}_L}{4}\left\{\left(\sqrt{\frac{\mathfrak{R}_a}{\mathfrak{Z}_1}} + \sqrt{\frac{\mathfrak{Z}_1}{\mathfrak{R}_a}}\right)\left(\sqrt{\frac{\mathfrak{R}_e}{\mathfrak{Z}_2}} + \sqrt{\frac{\mathfrak{Z}_2}{\mathfrak{R}_e}}\right)e^{\mathfrak{g}} - \left(\sqrt{\frac{\mathfrak{R}_a}{\mathfrak{Z}_1}} - \sqrt{\frac{\mathfrak{Z}_1}{\mathfrak{R}_a}}\right)\left(\sqrt{\frac{\mathfrak{R}_e}{\mathfrak{Z}_2}} - \sqrt{\frac{\mathfrak{Z}_2}{\mathfrak{R}_e}}\right)e^{-\mathfrak{g}}\right\}\right| \\ &= \ln\left|\mathfrak{s}_L\, e^{\mathfrak{g}}\, \frac{\mathfrak{R}_a + \mathfrak{Z}_1}{2\sqrt{\mathfrak{R}_a\mathfrak{Z}_1}}\, \frac{\mathfrak{R}_e + \mathfrak{Z}_2}{2\sqrt{\mathfrak{R}_e\mathfrak{Z}_2}}\left(1 - \frac{\mathfrak{R}_a - \mathfrak{Z}_1}{\mathfrak{R}_a + \mathfrak{Z}_1}\,\frac{\mathfrak{R}_e - \mathfrak{Z}_2}{\mathfrak{R}_e + \mathfrak{Z}_2}\, e^{-2\mathfrak{g}}\right)\right| \\ &= \ln|\mathfrak{s}_L| + b + \ln\left|\frac{\mathfrak{R}_a + \mathfrak{Z}_1}{2\sqrt{\mathfrak{R}_a\mathfrak{Z}_1}}\right| + \ln\left|\frac{\mathfrak{R}_e + \mathfrak{Z}_2}{2\sqrt{\mathfrak{R}_e\mathfrak{Z}_2}}\right| + \ln\left|1 - \vartheta_a\vartheta_e\, e^{-2\mathfrak{g}}\right|. \qquad (189.1) \end{aligned}$$

Die Betriebsdämpfung läßt sich also in mehrere Teildämpfungen zerlegen. Wenn wir von der Dämpfung $\ln|\mathfrak{s}_L|$ absehen, ist das erste Glied die Vierpoldämpfung. Dazu kommen 2 „Stoßdämpfungen", die aus Abb. 174. 1 entnommen werden können, und eine weitere Dämpfung, die von dem primären und dem sekundären Anpassungsfehler (ϑ_a, ϑ_e) abhängt. Die Stoßdämpfungen sind nicht mit dem Schein-, sondern mit dem Wellenwiderstand zu bilden. Das 3. Glied, von Zobel[2] „Wechselwirkungsglied" genannt, ist bei „passiven" Vierpolen im allgemeinen klein, kann aber bei „aktiven" Vierpolen, z. B. bei Röhrenschaltungen, den Ausschlag geben.

§ 190. **Berechnung der Betriebsdämpfung von Vierpolketten.** Die Anpassungsmaße können auch bei der Vorausberechnung von Vierpolketten nach (176. 2) mit Vorteil verwendet werden. Wie schon im § 176 auseinandergesetzt, muß jede solche Berechnung mit der Ermittlung der Eingangsscheinwiderstände $\mathfrak{W}_1$ sämtlicher Vierpole der Kette beginnen. Hierbei muß man natürlich von dem letzten Vierpol ausgehen; erst am Schluß ergibt sich der Eingangswiderstand der ganzen Kette.

---

[1] Vgl. Feldtkeller, R.: Telegr.- u. Fernspr.-Techn. 14 (1925) S. 274.

[2] Zobel, O. J.: Bell Syst. techn. J. 3 (1924) S. 575. Dort findet man auch Kurventafeln zur bequemeren Berechnung der einzelnen Glieder.

Ist ein Teilvierpol, der den Kirchhoffschen Regeln gehorcht (z. B. eine Kunstschaltung), durch seine Leerlaufwiderstände $\mathfrak{W}_1^l$, $\mathfrak{W}_2^l$, $\mathfrak{M}$ gegeben, so berechnet man den Eingangswiderstand am besten nach (156. 1).

Kennt man (wie z. B. bei Leitungen) von vornherein die Wellenparameter $\mathfrak{Z}_1$, $\mathfrak{Z}_2$, $\mathfrak{g}$, so rechnet man am bequemsten nach (187. 2) unter Benutzung eines Tangensnetzes oder einer Tafel. Man kann aber auch den Fehlersatz benutzen. Hoecke[1] hat Tafeln angegeben, die zu gegebenem $\mathfrak{W}_1/\mathfrak{Z}_1$ und $\mathfrak{R}_e/\mathfrak{Z}_2$ unmittelbar ϑ_1 und entsprechend ϑ_e abzulesen gestatten.

Die in (176. 2) vorkommenden Übersetzungen der Scheinleistung wird man, wenn die Leerlaufwiderstände gegeben sind, wieder nach den Gleichungen (153. 1) und (157. 1) berechnen. Sind die Wellenparameter gegeben, so kann man in die beiden letztgenannten Gleichungen Anpassungsmaße einführen:

$$\frac{\mathfrak{U}_2\,\mathfrak{J}_2}{\mathfrak{U}_1\,\mathfrak{J}_1}=\frac{\mathfrak{s}\,\mathfrak{Sin}\,\mathfrak{r}_e}{\mathfrak{Sin}\,(\mathfrak{g}+\mathfrak{r}_e)}\;\frac{\mathfrak{Cof}\,\mathfrak{r}_e}{\mathfrak{s}\,\mathfrak{Cof}\,(\mathfrak{g}+\mathfrak{r}_e)}=\frac{\mathfrak{Sin}\,2\,\mathfrak{r}_e}{\mathfrak{Sin}\,(2\,(\mathfrak{g}+\mathfrak{r}_e))} \qquad (190.\ 1)$$

und erhält daher

$$\ln\sqrt{\left|\frac{\mathfrak{U}_1\,\mathfrak{J}_1}{\mathfrak{U}_2\,\mathfrak{J}_2}\right|}=\frac{1}{2}\ln\left|\,\mathfrak{Sin}(2\,(\mathfrak{g}+\mathfrak{r}_e))\right|-\frac{1}{2}\ln\left|\,\mathfrak{Sin}\,2\,\mathfrak{r}_e\right|. \qquad (190.\ 2)$$

Behrend[2] hat eine (dem Sinusnetz ähnliche) Darstellung der Funktion

$$\frac{1}{2}\ln\left|\frac{\mathfrak{Sin}\,(2\,(u+\mathrm{j}\,v))}{2}\right|=\frac{1}{2}\ln\left|\,\mathfrak{Cof}\,(u+\mathrm{j}\,v)\;\mathfrak{Sin}\,(u+\mathrm{j}\,v)\right|$$

gegeben, aus der man zu $\mathfrak{g}+\mathfrak{r}_e$ und $\mathfrak{r}_e$ unmittelbar die auf der rechten Seite von (. 2) stehenden Dämpfungen entnehmen kann, ein besonders bequemes Verfahren.

Man kann aber auch wie im § 189, ohne Anpassungsmaße einzuführen, $\mathfrak{Cof}\,\mathfrak{g}$ und $\mathfrak{Sin}\,\mathfrak{g}$ durch Exponentialfunktionen ersetzen. Dann ergibt sich[3]

$$\begin{aligned}\ln\sqrt{\left|\frac{\mathfrak{U}_1\,\mathfrak{J}_1}{\mathfrak{U}_2\,\mathfrak{J}_2}\right|}&=\frac{1}{2}\ln\left|\left(\mathfrak{Cof}\,\mathfrak{g}+\frac{\mathfrak{R}_e}{\mathfrak{Z}_2}\,\mathfrak{Sin}\,\mathfrak{g}\right)\left(\mathfrak{Cof}\,\mathfrak{g}+\frac{\mathfrak{Z}_2}{\mathfrak{R}_e}\,\mathfrak{Sin}\,\mathfrak{g}\right)\right|\\&=\frac{1}{2}\ln\left|\,\mathfrak{Cof}\,2\,\mathfrak{g}+\frac{1}{2}\left(\frac{\mathfrak{R}_e}{\mathfrak{Z}_2}+\frac{\mathfrak{Z}_2}{\mathfrak{R}_e}\right)\mathfrak{Sin}\,2\,\mathfrak{g}\right|\\&=\frac{1}{2}\ln\left|\,e^{2\mathfrak{g}}\,\frac{(\mathfrak{R}_e+\mathfrak{Z}_2)^2}{4\,\mathfrak{R}_e\,\mathfrak{Z}_2}-e^{-2\mathfrak{g}}\,\frac{(\mathfrak{R}_e-\mathfrak{Z}_2)^2}{4\,\mathfrak{R}_e\,\mathfrak{Z}_2}\right|\\&=b+\ln\left|\frac{\mathfrak{R}_e+\mathfrak{Z}_2}{2\sqrt{\mathfrak{R}_e\,\mathfrak{Z}_2}}\right|+\frac{1}{2}\ln\left|1-\left(e^{-2\mathfrak{g}}\,\frac{\mathfrak{R}_e-\mathfrak{Z}_2}{\mathfrak{R}_e+\mathfrak{Z}_2}\right)^2\right|\end{aligned} \qquad (190.\ 3)$$

und nach dem Fehlersatz:

$$\begin{aligned}\ln\sqrt{\left|\frac{\mathfrak{U}_1\,\mathfrak{J}_1}{\mathfrak{U}_2\,\mathfrak{J}_2}\right|}&=b+\ln\left|\frac{\mathfrak{R}_e+\mathfrak{Z}_2}{2\sqrt{\mathfrak{R}_e\,\mathfrak{Z}_2}}\right|+\frac{1}{2}\ln\left|1-\left(\frac{\mathfrak{W}_1-\mathfrak{Z}_1}{\mathfrak{W}_1+\mathfrak{Z}_1}\right)^2\right|\\&=b-\ln\left|\frac{\mathfrak{W}_1+\mathfrak{Z}_1}{2\sqrt{\mathfrak{W}_1\,\mathfrak{Z}_1}}\right|+\ln\left|\frac{\mathfrak{R}_e+\mathfrak{Z}_2}{2\sqrt{\mathfrak{R}_e\,\mathfrak{Z}_2}}\right|.\end{aligned} \qquad (190.\ 4)$$

Die Betriebsdämpfung der ganzen Kette ist daher gleich der Summe der Vierpoldämpfungen, vermehrt um die Summe der Stoßdämpfungen (N = Zahl der Vierpole)

$$(\mathfrak{R}_a,\ \mathfrak{W}_{1I}),\ (\mathfrak{Z}_{2I},\ \mathfrak{W}_{1II}),\ (\mathfrak{Z}_{2II},\ \mathfrak{W}_{1III}),\ \ldots,\ (\mathfrak{Z}_{2N},\ \mathfrak{R}_e)$$

und vermindert um die Summe der Stoßdämpfungen

$$(\mathfrak{W}_{1I},\ \mathfrak{Z}_{1I}),\ (\mathfrak{W}_{1II},\ \mathfrak{Z}_{1II}),\ (\mathfrak{W}_{1III}),\ \mathfrak{Z}_{1III}),\ \ldots,\ (\mathfrak{W}_{1N},\ \mathfrak{Z}_{1N}).$$

Man kommt hierbei mit einer Hilfstafel für Stoßdämpfungen aus (z. B. mit Abb. 174. 1).

[1] Hoecke, G.: Telegr.- u. Fernspr.-Techn. 21 (1932) S. 1, 77.
[2] Behrend, P.: Tel. u. Fernspr.-Techn. 23 (1934) S. 159.
[3] Hoecke, G.: a. a. O.

7. Abschnitt.

Übertrager.

§ 191. Der verlust- und streuungsfreie Übertrager (Transformator). Das magnetische Feld im Kern eines Übertragers (§ 81) rührt nach dem Durchflutungssatz von den Strömen in den beiden Wicklungen her und wirkt nach dem Induktionsgesetz auf die beiden Wicklungen induzierend. Die im Kern aufgespeicherte magnetische Energie ist daher den beiden Wicklungen gemeinsam; Leistung, die auf der primären Seite aufgenommen ist, wird über das Kernfeld auf die sekundäre Seite „übertragen".

Wir haben im § 81 abgeleitet, daß bei einem streuungslosen Übertrager die Induktivitäten dargestellt werden können durch

$$L_1 = w_1^2 G\,, \qquad L_2 = w_2^2 G\,, \qquad L_{12} = w_1 w_2 G\,, \qquad (191.\,1)$$

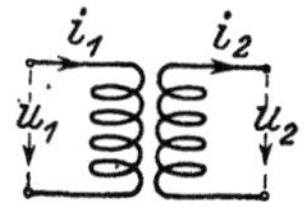

Abb. 191. 1.

wenn wir den magnetischen Leitwert des Kerns mit G bezeichnen. Sind außer der Streuung auch die Verluste der beiden Wicklungen zu vernachlässigen und bedeuten mit den Bezugspfeilen der Abb. 191. 1 u_1 die an die Primärwicklung angelegte, u_2 die an der Sekundärwicklung mit irgend einem Verbraucher abgenommene Spannung, i_1 und i_2 die Klemmenströme, so gelten die Gleichungen

$$\left.\begin{aligned} u_1 &= L_1 \frac{\mathrm{d}i_1}{\mathrm{d}t} \pm L_{12} \frac{\mathrm{d}i_2}{\mathrm{d}t}\,, \\ -u_2 &= \pm L_{12} \frac{\mathrm{d}i_1}{\mathrm{d}t} + L_2 \frac{\mathrm{d}i_2}{\mathrm{d}t} \end{aligned}\right\} \qquad (191.\,2)$$

oder, komplex geschrieben:

$$\left.\begin{aligned} \mathfrak{U}_1 &= \mathrm{j}\,\omega\,(L_1 \mathfrak{J}_1 \pm L_{12} \mathfrak{J}_2) = \mathrm{j}\,\omega\, w_1 G\,(w_1 \mathfrak{J}_1 \pm w_2 \mathfrak{J}_2)\,, \\ -\mathfrak{U}_2 &= \mathrm{j}\,\omega\,(\pm L_{12} \mathfrak{J}_1 + L_2 \mathfrak{J}_2) = \pm \mathrm{j}\,\omega\, w_2 G\,(w_1 \mathfrak{J}_1 \pm w_2 \mathfrak{J}_2)\,. \end{aligned}\right\} \qquad (191.\,3)$$

Wir haben den Gliedern mit L_{12} vorläufig beide Vorzeichen gegeben und behalten uns vor, im nächsten Paragraphen darauf zurückzukommen.

Durch Division folgt aus (. 3) die Spannungsübersetzung:

$$\mathfrak{v}_2 = \frac{\mathfrak{U}_2}{\mathfrak{U}_1} = \mp \frac{w_2}{w_1} = \mp \frac{L_{12}}{L_1} = \mp \frac{L_2}{L_{12}}\,. \qquad (191.\,4)$$

Der Übertrager erlaubt demnach die Spannung eines Wechselstroms hinauf- oder herunterzutransformieren, er ist ein „Spannungswandler". Das Umspannungsverhältnis ist bei dem streuungs- und verlustfreien Übertrager gleich dem Verhältnis der Windungszahlen, dem „Windungsverhältnis". Da bei der Bildung der Spannungsübersetzung die in dem Faktor $w_1 \mathfrak{J}_1 \pm w_2 \mathfrak{J}_2$ enthaltenen Ströme mit diesem weggefallen sind, ist die sekundäre Spannung $\mathfrak{U}_2$ bei festgehaltener primärer Spannung $\mathfrak{U}_1$ unabhängig von der Größe des angeschalteten Abschlußwiderstandes $\mathfrak{R}_e$, also unabhängig von der Belastung.

Für die Ströme $\mathfrak{J}_1$ und $\mathfrak{J}_2$ und die Stromübersetzung $\mathfrak{u}_2$ gilt keineswegs etwas ebenso Einfaches. Da $\mathfrak{U}_2 = \mathfrak{R}_e \mathfrak{J}_2$ ist, wird

$$\mathfrak{J}_2 = \mp \frac{\frac{w_2}{w_1}\mathfrak{U}_1}{\mathfrak{R}_e}\,; \qquad (191.\,5)$$

$\mathfrak{J}_1$ folgt aus der ersten Gleichung (. 3)

$$\mathfrak{J}_1 = \frac{\mathfrak{U}_1}{\mathrm{j}\,\omega\, w_1^2 G} \mp \frac{w_2}{w_1} \mathfrak{J}_2 = \frac{\mathfrak{U}_1}{\mathrm{j}\,\omega\, L_1} \mp \frac{w_2}{w_1} \mathfrak{J}_2\,. \qquad (191.\,6)$$

Der primäre Strom setzt sich also aus zwei Teilen zusammen: aus dem Leerlaufstrom $\mathfrak{U}_1/(j\omega L_1)$, der gegen die primäre Spannung um 90^0 verzögert ist, und aus dem „übersetzten" sekundären Strom $\mp (w_2/w_1)\,\mathfrak{J}_2$. Infolge der magnetischen Kopplung der beiden Kreise bewirkt, wie man sieht, jede Erhöhung der sekundären Stromentnahme von selbst eine entsprechende Erhöhung des primären Stromes. Die Gleichung (. 6) ist ein besonderer Fall der allgemein für Vierpole abgeleiteten Beziehung (155. 5).

Die Stromübersetzung ist [vgl. (153. 1)]:

$$\mathfrak{u}_2 = \frac{\mathfrak{J}_2}{\mathfrak{J}_1} = \mp \frac{\dfrac{w_2}{w_1}\dfrac{\mathfrak{U}_1}{\mathfrak{R}_e}}{\dfrac{\mathfrak{U}_1}{j\,\omega L_1} \mp \dfrac{w_2}{w_1}\mathfrak{J}_2} = \mp \frac{j\,\omega L_{12}}{\mathfrak{R}_e + j\,\omega L_2}; \tag{191.7}$$

sie hängt also im Gegensatz zur Spannungsübersetzung von der Belastung ab. Nur bei Kurzschluß ist

$$\left(\frac{\mathfrak{J}_2}{\mathfrak{J}_1}\right)^k = \mp \frac{w_1}{w_2}; \tag{191.8}$$

dann transformieren sich also die Ströme im gleichen Verhältnis nach unten wie die Spannungen nach oben und umgekehrt.

Die meisten der hier für den streuungs- und verlustfreien Übertrager abgeleiteten Beziehungen lassen sich unmittelbar aus den Grundgleichungen ablesen, denen er als Vierpol gehorcht. Die Kettengleichungen z. B. haben nach (. 4) und (. 6) die einfache Gestalt

$$\left.\begin{aligned} \mathfrak{U}_1 &= \mp \frac{w_1}{w_2}\mathfrak{U}_2, \\ \mathfrak{J}_1 &= \mp \frac{\mathfrak{U}_2}{j\,\omega\, w_1 w_2 G} \mp \frac{w_2}{w_1}\mathfrak{J}_2. \end{aligned}\right\} \tag{191.9}$$

Nach (151. 1) ist also der Kernwiderstand des verlust- und streuungsfreien Übertragers gleich $\mp j\omega L_{12}$, während sein Wellenwiderstand gleich Null ist. Mit der Bedingung $\mathfrak{Z} = 0$ lassen sich die Gleichungen (. 4) und (. 7) für die Übersetzungen auch aus (157. 1) und (153. 1) ableiten; man erkennt unmittelbar, weshalb $\mathfrak{u}_2$ von $\mathfrak{R}_e$ abhängt, $\mathfrak{v}_2$ dagegen nicht.

Der Kernwiderstand, der ja ein Blindwiderstand, aber kein Blindscheinwiderstand ist, kann, wie schon im § 149 betont, mit steigender Frequenz auch fallen: Für ihn gilt kein „Reaktanztheorem" (§ 109).

Ist auch noch L_{12} sehr groß, so wird der Übertrager zum „idealen Übersetzer" (die Benennung stammt von H. Schulz), d. h. zu einem Gebilde, das nur noch transformiert nach den Gleichungen:

$$\mathfrak{U}_1 = \mp \frac{w_1}{w_2}\mathfrak{U}_2, \qquad \mathfrak{J}_1 = \mp \frac{w_2}{w_1}\mathfrak{J}_2, \tag{191.10}$$

$$\mathfrak{W}_1 = \frac{w_1^2}{w_2^2}\mathfrak{R}_e, \qquad \mathfrak{W}_2 = \frac{w_2^2}{w_1^2}\mathfrak{R}_a. \tag{191.11}$$

§ 192. Gegenseitiger Wicklungssinn. Bei zwei oder mehr Wicklungen, die auf demselben Kern sitzen, die also mehr oder weniger fest miteinander gekoppelt sind, lassen sich die Wicklungssinne in der folgenden Weise berücksichtigen.

Die Induktionswirkung in einer Wicklung rührt nach dem Induktionsgesetz her von Schwankungen des mit ihr verketteten magnetischen Flusses, der nach dem Durchflutungssatz teils von dem Strom in der betrachteten Wicklung, teils von Strömen in anderen mit ihr magnetisch gekoppelten Wicklungen erzeugt wird.

Die Vorzeichen der den Selbstinduktivitäten entsprechenden Spannungen $L\,\mathrm{d}i/\mathrm{d}t$ sind allein durch die beiden maßgebenden Gesetze gegeben; sie stimmen immer mit den Vorzeichen der zugehörigen „Widerstandsspannungen" Ri überein. Dagegen hängen die Vorzeichen der den Gegeninduktivitäten entsprechenden Spannungen außerdem noch von der Art ab, wie die Wicklungen gewickelt und gepolt sind. Maßgebend dafür ist der Durchflutungssatz; nach ihm addieren sich die Durchflutungen der Ströme, die tatsächlich im gleichen Sinne um den gemeinsamen Kern kreisen. Wenn wir also erreichen wollen, daß die wahren Richtungen der Ströme richtig berücksichtigt werden, müssen wir wieder den Begriff des Bezugspfeils zu Hilfe nehmen und etwa folgendes festsetzen (vgl. Abb. 192. 1):

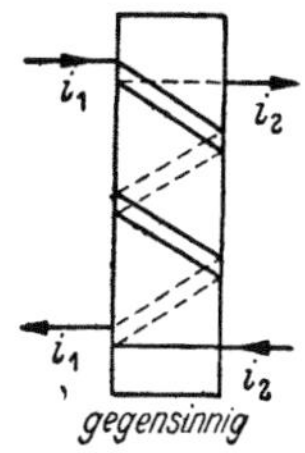

Abb. 192. 1.

„Zwei Wicklungen heißen $\begin{Bmatrix}\text{gleich}\\ \text{gegen}\end{Bmatrix}$ sinnig (oder $\begin{Bmatrix}\text{gleich}\\ \text{gegen}\end{Bmatrix}$ sinnig gekoppelt), wenn zwei in ihnen im Sinne ihrer Bezugspfeile fließende (also positive) Ströme den gemeinsamen magnetischen Fluß im $\begin{Bmatrix}\text{gleichen}\\ \text{entgegengesetzten}\end{Bmatrix}$ Sinne umkreisen."

Die Regel für die Vorzeichen der Spannungen lautet dann einfach so: Ist die Induktionswirkung in der Wicklung *1* zu berechnen, während auf demselben Kern noch die Wicklungen *2*, *3*, ... sitzen, so sind die Glieder

$$\pm\left(L_1\frac{\mathrm{d}i_1}{\mathrm{d}t} \pm L_{12}\frac{\mathrm{d}i_2}{\mathrm{d}t} \pm L_{13}\frac{\mathrm{d}i_3}{\mathrm{d}t} \pm \cdots\right) \tag{192. 1}$$

anzusetzen; das Vorzeichen vor der Klammer richtet sich in der soeben angegebenen Weise nach dem Bezugspfeil des Stromes i_1, während in der Klammer für gleichsinnige Wicklungen das obere, für gegensinnige das untere Vorzeichen gilt.

Man überzeugt sich leicht, daß man bei Befolgung dieser Regel von selbst den Durchflutungssatz erfüllt. Sind z. B. die Wicklungen *1* und *3* gegensinnig, so daß das Glied mit L_{13} in der Klammer das negative Vorzeichen erhält, und ist in irgend einem Augenblick i_1 positiv, i_3 negativ, so addieren sich offenbar rechnerisch die von i_1 und i_3 erzeugten Durchflutungen. Das ist aber auch physikalisch nötig. Denn i_3 fließt entgegengesetzt seinem Bezugspfeil, also wegen der Gegensinnigkeit der Wicklungen im gleichen Sinne wie i_1 um den gemeinsamen Kern.

Da sich die Definition der Gleich- und Gegensinnigkeit, des „gegenseitigen Wicklungssinns". jedesmal auf zwei Wicklungen bezieht, bedarf es besonders dann, wenn eine größere Zahl von Wicklungen auf demselben gemeinsamen Kern sitzt, einer für Schaltbilder geeigneten Bezeichnungsweise. In diesem Buch werden Kreise an die gekoppelten Wicklungen gesetzt und die Gleich- oder Gegensinnigkeit durch Drehpfeile auf den Kreisen ausgedrückt. Fehlen Drehpfeile, so werden durch Doppelvorzeichen die beiden gegenseitigen Wicklungssinne berücksichtigt; das obere Vorzeichen gehört immer zum Gleichsinn, das untere zum Gegensinn. Sind mehrere koppelnde Kerne vorhanden, so können sie durch Buchstaben oder Ziffern, die man in die Kreise setzt, unterschieden werden.

Wir wenden das Gesagte nun auf die Gleichungen des vorhergehenden Paragraphen an. Vergleicht man (191. 3) mit (. 1), so erkennt man, daß das obere Vorzeichen tatsächlich dem Falle gleichsinniger, das untere dem Falle gegensinniger Wicklungen entspricht. Aus (191. 4) folgt daher z. B., daß die elektrischen Felder auf der primären und der sekundären Seite bei gleichsinnigen Wicklungen in jedem Augenblicke entgegengesetzte Richtungen haben.

Bei Kurzschluß fließen der primäre und der sekundäre Strom nach (191. 8) immer im entgegengesetzten Sinne um den Kern. Denn wenn z. B. in irgend einem Augenblicke der Strom i_1 positiv ist, fließt der Strom i_2 bei gleichsinnigen Wicklungen entgegengesetzt seinem Bezugspfeil, bei gegensinnigen Wicklungen wie sein Bezugspfeil; beides bedeutet aber: „entgegengesetzt dem Strom i_1 um den gemeinsamen Kern".

Aus dem Gesagten ergibt sich, daß die Rechts- oder Linksgängigkeit der Spulenwendeln für ihren gegenseitigen Wicklungssinn keineswegs allein entscheidend ist. Bei mehrlagigen Spulen z. B. werden die einzelnen Lagen häufig abwechselnd rechts- und linksgängig gewickelt; der vom Kern aus beurteilte Wicklungssinn ist aber für jede Lage der gleiche. Ebenso wesentlich wie die Rechts- oder Linksgängigkeit einer Wicklung ist die Art ihrer Verbindung mit den übrigen Teilen der betrachteten Schaltung (ihre „Polung").

Es ist zu beachten, daß die Vorzeichen in den Gleichungen des § 191 zunächst nur für die Bezugspfeilzuordnungen der Abb. 191. 1 richtig sind, **d. h. für den Fall, daß auf der primären Seite Verbraucherpfeile, auf der sekundären Erzeugerpfeile benutzt werden (oder umgekehrt).**

Ändert man an dem Übertrager nichts, kehrt aber den Bezugspfeil des sekundären Stromes um, so ändern sich zwei Dinge: erstens schlägt der Wicklungssinn in den entgegengesetzten um, zweitens werden aus den Erzeugerpfeilen der sekundären Seite Verbraucherpfeile. Infolgedessen ändert sich an dem Vorzeichen z. B. von $\mathfrak{U}_1/\mathfrak{U}_2$ nichts, wie es sein muß.

Um ohne Rücksicht auf die Zählpfeile der Ströme die Vorzeichen der Spannungen richtig zu berücksichtigen, setzt man an die Klemmen, von denen die Spannungspfeile ausgehen, Pluszeichen und prüft, ob Ströme, die von ihnen aus in die Wicklungen hineinfließen, im entgegengesetzten oder gleichen Sinn den gemeinsamen Fluß umkreisen. Im ersten Falle ist die Spannungsübersetzung gleich $-w_2/w_1$, im zweiten gleich $+ w_2/w_1$.

Häufig setzt man durchweg Gleichsinnigkeit oder Gegensinnigkeit aller Wicklungen voraus und bringt in den Schaltbildern die Unterschiede im gegenseitigen Wicklungssinn nur durch die Polung zum Ausdruck. Dieses Verfahren ist jedoch weniger empfehlenswert, da bei ihm die Schaltbilder durch die notwendigen Überkreuzungen leicht unübersichtlich werden.

§ 193. Der Sparübertrager.

Unter einem Sparübertrager[1] versteht man eine Wicklung auf einem Eisenkern (Abb. 193. 1), an der man wie beim Spannungsteiler einen Teilwert abgreifen kann. Der Sparübertrager wirkt ebenso wie ein Übertrager mit zwei gegeneinander isolierten Wicklungen; die höhere Spannung liegt an der vollen Wicklung (w_2), die niedrigere an dem Stück, an dem man abgreift (w_1). Daß der Sparübertrager auch nach oben transformieren kann, liegt wesentlich daran, daß seine beiden Teilwicklungen L_m und L_2 auf demselben Kern sitzen, also durch eine Gegeninduktivität L_{m2} miteinander gekoppelt sind.

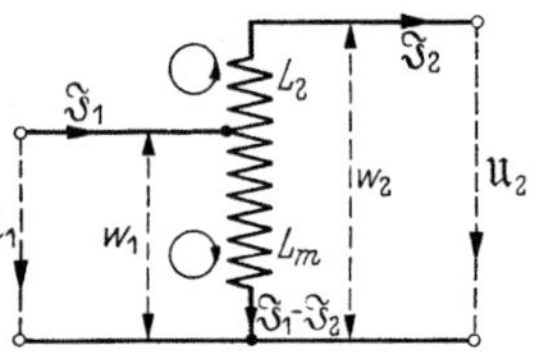

Abb. 193. 1.

Da der Sparübertrager immer so gewickelt wird, daß die Gegeninduktivität L_{m2} bei den gewählten Bezugspfeilen einer gegensinnigen Kopplung entspricht, findet man bei Vernachlässigung der Nebeneinflüsse ohne weiteres:

$$\mathfrak{U}_1 = \mathrm{j}\,\omega\,L_m(\mathfrak{J}_1 - \mathfrak{J}_2) - \mathrm{j}\,\omega\,L_{m2}\mathfrak{J}_2 = \mathrm{j}\,\omega\,L_m\mathfrak{J}_1 - \mathrm{j}\,\omega\,(L_m + L_{m2})\,\mathfrak{J}_2\,, \qquad (193.\,1)$$

$$\begin{aligned}\mathfrak{U}_2 &= \mathrm{j}\,\omega\,L_m(\mathfrak{J}_1 - \mathfrak{J}_2) - \mathrm{j}\,\omega\,L_{m2}\mathfrak{J}_2 - \mathrm{j}\,\omega\,L_2\mathfrak{J}_2 + \mathrm{j}\,\omega\,L_{m2}(\mathfrak{J}_1 - \mathfrak{J}_2)\\ &= \mathrm{j}\,\omega\,(L_m + L_{m2})\,\mathfrak{J}_1 - \mathrm{j}\,\omega\,(L_m + 2\,L_{m2} + L_2)\,\mathfrak{J}_2\end{aligned} \qquad (193.\,2)$$

oder mit

$$L_m = w_1^2 G\,, \qquad L_{m2} = w_1(w_2 - w_1)\,G\,, \qquad L_2 = (w_2 - w_1)^2 G \qquad (193.\,3)$$

$$\left.\begin{aligned}\mathfrak{U}_1 &= \mathrm{j}\,\omega\,w_1 G\,(w_1\mathfrak{J}_1 - w_2\mathfrak{J}_2)\,,\\ \mathfrak{U}_2 &= \mathrm{j}\,\omega\,w_2 G\,(w_1\mathfrak{J}_1 - w_2\mathfrak{J}_2)\,.\end{aligned}\right\} \qquad (193.\,4)$$

[1] Auch „Autotransformator" genannt, weil die Spule, aus der er besteht, „selbst" schon ein Transformator ist.

Der verlust- und streuungslose Sparübertrager wirkt demnach genau wie der nach Abb. 191. 1 gegensinnig gekoppelte Übertrager mit getrennten Wicklungen.

Man kann das auch ausdrücken, ohne das Wort „gegensinnig" zu benutzen: Durch Spaltung des Drahtes eines Sparübertragers in zwei voneinander isolierte Wicklungen (Abb. 192. 1) entsteht immer ein gleichwertiger gewöhnlicher Übertrager. Denn die auf diese Weise gebildeten getrennten Wicklungen sind bei den üblichen Bezugspfeilen „gegensinnig".

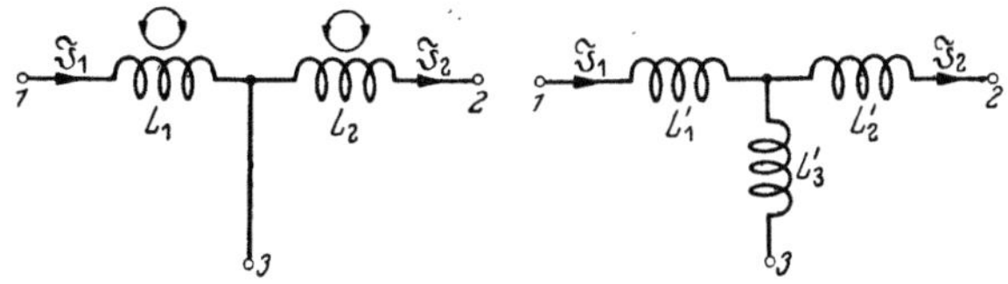

Abb. 193. 2 und . 3.

Um ein Ersatzbild für den Sparübertrager zu finden, stellen wir uns noch die allgemeine Aufgabe, den Dreipol L_1, L_2, L_{12} Abb. 193. 2 mit Berücksichtigung der beiden möglichen Wicklungssinne durch den Dreipol L'_1, L'_2, L'_3 Abb. 193. 3 zu ersetzen. Die Dreipole sind offenbar gleichwertig, wenn sich bei gleichen Klemmenströmen gleiche Klemmenspannungen ergeben. Aus dieser Forderung folgen die Gleichungen:

$$\left.\begin{aligned} j\omega L_1 \mathfrak{J}_1 \pm j\omega L_{12}\mathfrak{J}_2 &\equiv j\omega L'_1\mathfrak{J}_1 + j\omega L'_3(\mathfrak{J}_1 - \mathfrak{J}_2), \\ \pm j\omega L_{12}\mathfrak{J}_1 + j\omega L_2\mathfrak{J}_2 &\equiv -j\omega L'_3(\mathfrak{J}_1 - \mathfrak{J}_2) + j\omega L'_2\mathfrak{J}_2\,; \end{aligned}\right\} \tag{193.5}$$

sie sind für alle Stromstärken erfüllt, wenn man

$$L'_1 = L_1 \pm L_{12}, \qquad L'_2 = L_2 \pm L_{12}, \qquad L'_3 = \mp L_{12} \tag{193.6}$$

macht.

Ist spezieller $L_{12} = L_1 = L_2 = L$, so ist $L'_1 = L'_2 = 2\,L$, $L'_3 = -L$, wenn der Dreipol Abb. 193. 2 durch Anzapfung in der Mitte einer in einheitlichem Sinne gewickelten Spule entsteht. Sind dagegen die beiden Halbspulen in entgegengesetztem Sinne gewickelt, so ist $L'_1 = L'_2 = 0$ und $L'_3 = L$.

Für den Sparübertrager der Abb. 193. 1 gilt, da in (. 6) das obere Vorzeichen zu nehmen ist, die Ersatzschaltung Abb. 193. 4. Sie ist völlig gleichwertig, da die Leerlaufparameter übereinstimmen, kann aber nicht verwirklicht werden, weil es keine negativen Induktivitäten gibt.

Man erkennt, daß Vierpole mit Gegeninduktivitäten ein Verhalten zeigen können, das sich mit Vierpolen, die nur aus Selbstinduktivitäten bestehen, nicht erreichen läßt.

Auch bei gegensinniger Wicklung wird in dem Ersatzbild (wenn $L_1 \neq L_2$) eine der Induktivitäten L'_1 und L'_2 negativ.

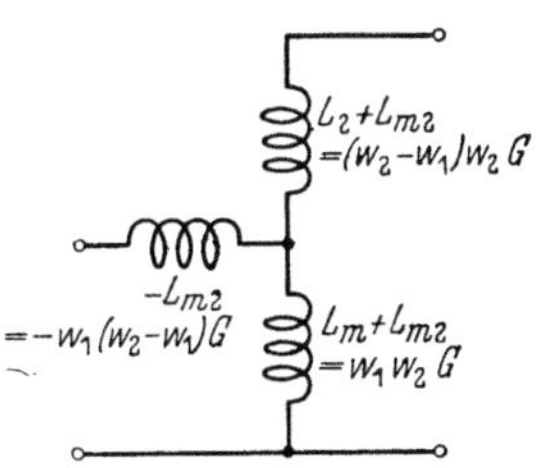

Abb. 193. 4.

§ 194. **Das Betriebsübertragungsmaß des verlust- und streuungsarmen Übertragers** kann nach (177. 2) berechnet werden. Bedeuten R_a und R_e die Widerstände der Stromquelle und des Verbrauchers, so ergibt sich, da der Wellenwiderstand gegen ωL_{12} klein ist:

$$\mathfrak{g} \approx \ln\left[\frac{1}{2}\left(\mp\frac{\sqrt{R_a R_e}}{j\omega L_{12}} + \frac{w_1}{w_2}\sqrt{\frac{R_e}{R_a}} + \frac{w_2}{w_1}\sqrt{\frac{R_a}{R_e}}\right)\right]. \tag{194.1}$$

Nun wird man den Übertrager immer möglichst gut an R_a und R_e anpassen, d. h. man wird nach (161. 4) dafür sorgen, daß auch $\sqrt{R_a R_e}$ klein ist gegen ωL_{12} und daß die Proportion $R_a : R_e = L_1 : L_2 = w_1^2/w_2^2$ besteht (§ 197). Damit wird

$$b = \ln\left|1 \pm j\frac{\sqrt{R_a R_e}}{2\omega L_{12}}\right| \approx \frac{\sqrt{R_a R_e}}{2\omega L_{12}}. \tag{194.2}$$

Die Betriebsdämpfung des nahezu vollkommenen Übertragers ist hiernach sehr klein.

Für die Einfügungsdämpfung findet man nach (175. 7):

$$b_e = \ln\left|\frac{\mathfrak{E}}{\mathfrak{J}_2 (R_a + R_e)}\right| = \ln\left|\frac{\mathfrak{E}}{2\,\mathfrak{J}_2 \sqrt{R_a R_e}}\,\frac{2\sqrt{R_a R_e}}{R_a + R_e}\right| = \boldsymbol{b} - \ln\frac{\frac{w_1}{w_2} + \frac{w_2}{w_1}}{2}. \qquad (194.\,3)$$

Da $w_1/w_2 + w_2/w_1$ immer größer als 2 ist, ist die Einfügungsdämpfung kleiner als die Betriebsdämpfung; beim transformierenden idealen Übersetzer wird sie daher sogar negativ (§ 175).

§ 195. Streuung und Verluste. Die vereinfachenden Voraussetzungen, die wir bisher gemacht haben, treffen bei den wirklichen Übertragern nicht zu.

Zunächst ist die Gegeninduktivität L_{12} zwischen der primären und der sekundären Wicklung nicht gleich dem geometrischen Mittel der beiden Selbstinduktivitäten L_1 und L_2, sondern kleiner. Wir setzen wie im § 82

$$L_{12} = \varkappa \sqrt{L_1 L_2} = \sqrt{(1 - \sigma) L_1 L_2}\,. \qquad (195.\,1)$$

$\varkappa$ ist der Kopplungs-, σ der Streugrad. Der Streugrad beträgt bei Ringübertragern aus gutem Eisen meist wenige Prozent; bei Übertragern mit ungeschlossenem magnetischem Kreis ist er größer.

Weiter treten beim wirklichen Übertrager Verluste auf, die von einer Umwandlung elektromagnetischer Energie in Wärme herrühren. Sie können verschiedene Ursachen haben. Schon den Wicklungen als solchen kommt ein Widerstand R zu. Zu diesem treten aber noch weitere durch den Eisenkern verursachte Verlustwiderstände.

Besonders wesentlich sind die Hystereseverluste, die durch die Ummagnetisierung des Eisens entstehen. Wir haben im § 73 gesehen, daß der ihnen entsprechende Verlustwiderstand wie der induktive Widerstand ωL der Frequenz und außerdem der magnetisierenden Stromstärke proportional ist. (Näheres im § 249.) Um die Frequenzabhängigkeit zu berücksichtigen, setzen wir den Hystereseswiderstand dem induktiven Widerstand ωL proportional. Wir erreichen dies in einfachster Weise, wenn wir zum Ausdruck bringen, daß die magnetische Induktion $\mathfrak{B}$ hinter der magnetischen Feldstärke $\mathfrak{H}$ zurückbleibt, d. h. daß die Permeabilität μ komplex ist, was wir durch einen darübergesetzten Strich andeuten:

$$\overline{\mu} = |\overline{\mu}| \angle{-\delta}\,. \qquad (195.\,2)$$

Setzen wir nämlich ein solches komplexes $\overline{\mu}$ in die Gleichung für die Induktivität beispielsweise einer Ringspule ein, so erhalten wir für deren komplexen Widerstand bei kleinem δ:

$$\mathfrak{R} = R + \mathrm{j}\,\omega\,\overline{\mu}\,w^2 \frac{F}{l} \approx R + \mathrm{j}\,\omega\,|\overline{\mu}|\,(1 - \mathrm{j}\,\delta)\,w^2 \frac{F}{l}$$

$$= R + \omega\,\delta\,|\overline{\mu}|\,w^2 \frac{F}{l} + \mathrm{j}\,\omega\,|\overline{\mu}|\,w^2 \frac{F}{l} \approx R + \delta\,\omega L + \mathrm{j}\,\omega L\,, \qquad (195.\,3)$$

wenn wir unter L die Induktivität verstehen, die die Spule bei reeller Permeabilität hätte. Zu dem Gleichstromwiderstand tritt also bei Annahme einer komplexen Permeabilität tatsächlich ein Zusatzwiderstand $\delta\omega L$, der der Frequenz proportional ist.

Auch der Wirbelstromwärme entspricht ein Zusatzwiderstand; er ist, wie die Theorie und die Erfahrung zeigen (vgl. § 84), bei den gewöhnlich benutzten Frequenzen dem Quadrate der Frequenz proportional.

Die bei Wechselstrom auftretenden Verluste können daher in erster Näherung dadurch berücksichtigt werden, daß man für den komplexen Widerstand jeder Wicklung

$$\mathfrak{R} = R + (\delta + \omega\,\vartheta)\,\omega L + \mathrm{j}\,\omega L = R + R_m + \mathrm{j}\,\omega L \qquad (195.\,4)$$

ansetzt, wo der Faktor ϑ ein Wirbelstrombeiwert ist. Die Koeffizienten δ und ϑ, von denen der Dimension nach δ eine reine Zahl, ϑ eine Zeit ist, sind von Werkstoff zu Werkstoff ziemlich verschieden. ϑ kann durch Unterteilung des Kerns herabgesetzt werden.

Für den Leerlauf-Kernwiderstand des Übertragers findet man in derselben Weise, daß er nicht rein imaginär sein kann, sondern ebenfalls einen merklichen reellen Anteil haben muß.

Man erhält daher schließlich, wenn man noch Verlustgrößen ε einführt:

$$\left.\begin{aligned} \mathfrak{R}_1 &= R_1 + (\delta + \omega\vartheta)\,\omega L_1 + \mathrm{j}\,\omega L_1 = \mathrm{j}\,\omega L_1 (1 - \mathrm{j}\,\varepsilon_1)\,, \\ \mathfrak{R}_2 &= R_2 + (\delta + \omega\vartheta)\,\omega L_2 + \mathrm{j}\,\omega L_2 = \mathrm{j}\,\omega L_2 (1 - \mathrm{j}\,\varepsilon_2)\,, \\ \mp \mathfrak{M} &= (\delta + \omega\vartheta)\,\omega L_{12} + \mathrm{j}\,\omega L_{12} = \mathrm{j}\,\omega \sqrt{1-\sigma}\,\sqrt{L_1 L_2}(1 - \mathrm{j}\,\varepsilon_m)\,. \end{aligned}\right\} \quad (195.\,5)$$

Das obere Vorzeichen gilt hier wieder für gleichsinnige, das untere für gegensinnige Wicklungen.

Nimmt man an, daß die Zeitkonstanten $\tau_1 = L_1/R_1$ und $\tau_2 = L_2/R_2$ der beiden Wicklungen gleich groß sind ($= \tau$), so hat man

$$\left.\begin{aligned} \varepsilon &= \frac{1}{\omega\tau} + \delta + \omega\vartheta\,, \\ \varepsilon_m &= \delta + \omega\vartheta\,, \end{aligned}\right\} \text{ also } \varepsilon - \varepsilon_m = \frac{1}{\omega\tau}\,. \quad (195.\,6)$$

Der Anteil $\varepsilon - \varepsilon_m$ entspricht dem „Kupfer-", der Anteil ε_m dem „Eisenverlust".

§ 196. Grundgleichungen und Ersatzbilder. Wir bezeichnen im folgenden wie bisher die komplexen Widerstände der beiden Wicklungen, d. h. die Leerlauf-Scheinwiderstände des Übertragers, mit $\mathfrak{R}_1$ und $\mathfrak{R}_2$, den Leerlauf-Kernwiderstand, für den die dritte Gleichung (195. 5) maßgebend ist, mit $\mathfrak{M}$. Dann gelten nach (149. 2) bei Vernachlässigung dielektrischer Nebenschlüsse zwischen den Wicklungen oder zwischen ihren Windungen die Grundgleichungen:

$$\left.\begin{aligned} \mathfrak{U}_1 &= \mathfrak{R}_1 \mathfrak{J}_1 - \mathfrak{M}\mathfrak{J}_2\,, \\ \mathfrak{U}_2 &= \mathfrak{M}\mathfrak{J}_1 - \mathfrak{R}_2 \mathfrak{J}_2\,. \end{aligned}\right\} \quad (196.\,1)$$

Aus Abb. 150. 4 geht nun hervor, daß man den Übertrager, wenn man sich nur für seine Klemmengrößen $\mathfrak{U}_1$, $\mathfrak{U}_2$, $\mathfrak{J}_1$, $\mathfrak{J}_2$ interessiert, durch eine unsymmetrische Sternschaltung mit den komplexen Längswiderständen $\mathfrak{R}_1 - \mathfrak{M}$ und $\mathfrak{R}_2 - \mathfrak{M}$ und dem komplexen Querwiderstand $\mathfrak{M}$ ersetzen kann. Denn für diese Ersatzschaltung gilt, wie man sofort sieht, dasselbe Gleichungspaar (. 1). Das Verhalten der Sternschaltung ist leichter zu durchschauen als das Verhalten des wirklichen Übertragers, weil in ihr keine Gegeninduktivität vorkommt.

Bei gleichsinnigen Wicklungen wird nach (195. 5) die Querinduktivität der Ersatzschaltung Abb. 150. 4 negativ. Bei der Ersatzschaltung Abb. 196. 1 mit gekreuzten Anschlußdrähten ist dieser Nachteil vermieden. Man überzeuge sich, daß auch für sie die Grundgleichungen (. 1) erfüllt sind.

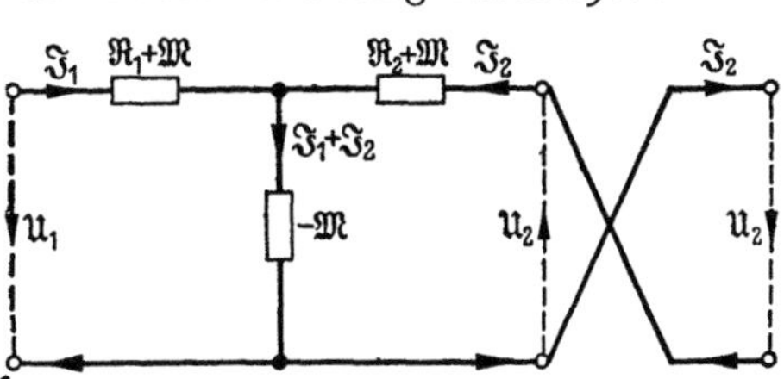

Abb. 196. 1.

Das Ersatzbild des Übertragers wird besonders anschaulich, wenn man die in der Unsymmetrie der Sternschaltung liegende „Transformation" herauslöst und in einen davor- oder dahinterzuschaltenden idealen Übersetzer verweist. Die Schaltelemente der eigentlichen Sternschaltung werden dann zweckmäßig mit Hilfe eines Faktors n, über den wir sofort verfügen werden, „ins Sekundäre" oder „ins Primäre" übersetzt, je nachdem ob man den idealen Übersetzer vor oder hinter die Sternschaltung schaltet[1]. Die so entstehende Gesamtschaltung ist in Abb. 196. 2 für den Fall des Übertragers mit gegensinnigen Wicklungen dargestellt. In der Tat gelten für die Sternschaltung die Gleichungen

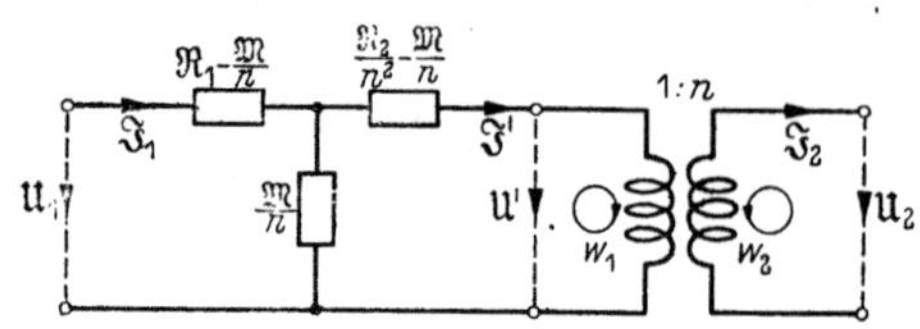

Abb. 196. 2.

$$\left.\begin{aligned} \mathfrak{U}_1 &= \mathfrak{R}_1 \mathfrak{J}_1 - \frac{\mathfrak{M}}{n} \mathfrak{J}', \\ \mathfrak{U}' &= \frac{\mathfrak{M}}{n} \mathfrak{J}_1 - \frac{\mathfrak{R}_2}{n^2} \mathfrak{J}', \end{aligned}\right\} \tag{196. 2}$$

für den gegensinnig gewickelten Übersetzer nach (191. 10) die Gleichungen

$$\mathfrak{U}_2 = n\,\mathfrak{U}', \qquad \mathfrak{J}' = n\,\mathfrak{J}_2, \tag{196. 3}$$

für die ganze Schaltung daher wieder die Grundgleichungen (. 1).

Der ideale Übersetzer in dem Ersatzbild für den Übertrager mit gleichsinnigen Wicklungen muß natürlich ebenfalls gleichsinnig gewickelt sein; er ersetzt dann zugleich die Kreuzung der Zuführungsdrähte in Abb. 196. 1.

Bei geringem Streugrad σ kann man das Ersatzbild noch wesentlich vereinfachen. Dann ist nämlich, wenn man $n = w_2/w_1$ wählt,

$$\begin{aligned} \mp \frac{\mathfrak{M}}{n} &= \mathrm{j}\,\omega \sqrt{1 - \sigma}\, L_1 (1 - \mathrm{j}\,\varepsilon_m) \\ &\approx \varepsilon_m\, \omega L_1 + \mathrm{j}\,\omega L_1 = R_{m1} + \mathrm{j}\,\omega L_1, \end{aligned} \tag{196. 4}$$

$$\begin{aligned} \mathfrak{R}_1 \pm \frac{\mathfrak{M}}{n} &= \mathrm{j}\,\omega L_1 \left\{ (1 - \mathrm{j}\,\varepsilon) - \left(1 - \frac{\sigma}{2}\right)(1 - \mathrm{j}\,\varepsilon_m) \right\} \\ &\approx \mathrm{j}\,\omega L_1 \left\{ \frac{\sigma}{2} - \mathrm{j}\,(\varepsilon - \varepsilon_m) \right\} = \omega L_1 (\varepsilon - \varepsilon_m) + \mathrm{j}\,\omega \frac{\sigma}{2} L_1 \\ &= R_1 + \mathrm{j}\,\omega \frac{\sigma}{2} L_1, \end{aligned} \tag{196. 5}$$

$$\frac{\mathfrak{R}_2}{n^2} \pm \frac{\mathfrak{M}}{n} = \mathfrak{R}_1 - \frac{w_1}{w_2} \mathfrak{M} = R_1 + \mathrm{j}\,\omega \frac{\sigma}{2} L_1, \tag{196. 6}$$

und man erhält, vom idealen Übersetzer abgesehen, das bei geringer Streuung vierpolmäßig noch immer nahezu gleichwertige Ersatzbild Abb. 196. 3. Man beachte, daß bei geringer Streuung in den Längszweigen nur der Kupferverlust, im Querzweig nur der Eisenverlust liegt.

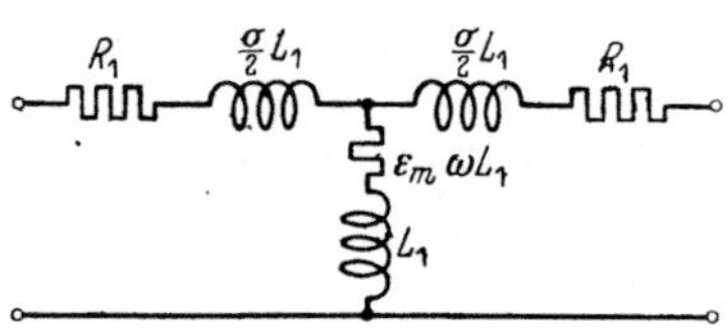

Abb. 196. 3.

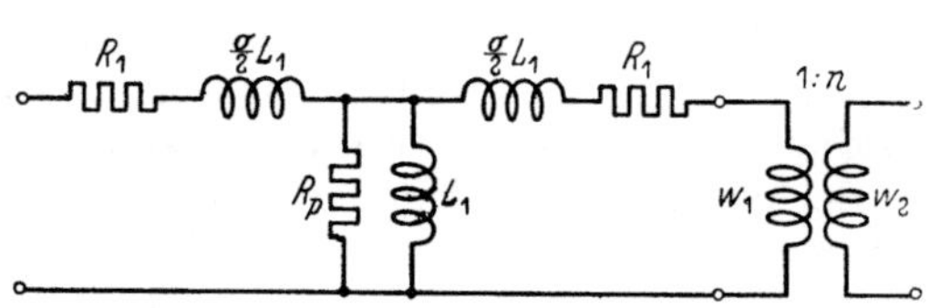

Abb. 196. 4.

Es ist im allgemeinen bequemer, in dem Ersatzbild zur Berücksichtigung der Eisenverluste einen Widerstand R_p parallel zur Induktivität L_1 anzuordnen. Nach (115. 3) und (195. 6) muß man dann

$$R_p \approx \frac{\omega^2 L_1^2}{\varepsilon_m\, \omega L_1} = \frac{\omega L_1}{\varepsilon_m} = \frac{\omega L_1}{\delta + \omega \vartheta} \tag{196. 7}$$

wählen. Damit erhält man die Schaltung Abb. 196. 4. Diese ist dem wirklichen Übertrager bei geringer Streuung und nicht zu hohen Verlusten bei allen

[1] Ein Übersetzer $1:n$ hat nach der hier benutzten Definition das „Windungsverhältnis" n (nicht etwa $1/n$!).

Frequenzen gleichwertig. Sie enthält neben gewöhnlichen Widerständen und Induktivitäten einen frequenzabhängigen reinen Widerstand R_p und einen idealen Übersetzer.

Die Frequenzabhängigkeit des Querwiderstands R_p ist nach (. 7) sehr einfach: Er steigt bei niedriger Frequenz dieser proportional; bei hoher Frequenz nähert er sich dem (bei niedrigem ϑ hohen) Wert

$$\frac{L_1}{\vartheta} = \frac{L_1/\mathrm{H}}{\vartheta/\mu\mathrm{s}}\,\mathrm{M}\Omega\,. \tag{196. 8}$$

Die Ersatzschaltung Abb. 196. 2 bleibt nach (. 2) und (. 3) auch dann richtig, wenn n nicht wie bisher das Windungsverhältnis w_2/w_1, sondern einen beliebigen Faktor bedeutet. Wählt man $1/n = (w_1/w_2)\sqrt{1-\sigma} = L_{12}/L_2$, so hat man nur auf der primären Seite der Sternschaltung Abb. 196. 4 eine Streuinduktivität einzuschalten und zwar den vollen Wert σL_1; und das Umgekehrte gilt für den Fall $1/n = (w_1/w_2)/\sqrt{1-\sigma} = L_1/L_{12}$. Diese vereinfachten Ersatzbilder sind bei geringem R_1 häufig bequemer, das zweite z. B. dann, wenn der Übertrager durch eine Stromquelle geringen inneren Widerstands betrieben wird.

Die Ersatzschaltung Abb. 196. 4 hat nicht die gleiche Bedeutung wie die im § 193 betrachtete Dreipol-Ersatzschaltung. Ob man zwischen die drei Pole der Bilder 193. 2 und 193. 3 den einen oder den andern Dreipol schaltet, ist für die Wirkung nach außen gleichgültig. Im Gegensatz hierzu sind der Übertrager und die Sternschaltung Abb. 150. 4 nur „vierpolmäßig" gleichwertig, d. h. nur dann, wenn die linken Klemmen Eingangs-, die rechten Ausgangsklemmen sind. Sind dagegen beispielsweise die oberen Klemmen Eingangs-, die untern Ausgangsklemmen, dann wird aus dem Übertrager wieder ein Vierpol, aus der Sternschaltung aber ein Zweipol. Selbst dann, wenn beide Schaltungen von links nach rechts betrieben werden, sind sie nach dem letzten Absatz des § 147 nur dann völlig gleichwertig, wenn die Sternschaltung symmetrisch zu einer Längsmittellinie aufgebaut ist.

§ 197. Die Bemessung des Übertragers; Übertragungsmaß und Wellenwiderstand. Ein Übertrager werde durch eine Energiequelle von der Leerlaufspannung $\mathfrak{E}$ und dem reellen inneren Widerstand R_a betrieben und arbeite auf einen Verbraucher von dem reellen Widerstand R_e. Beide Widerstände seien frequenzunabhängig.

Aus den Gleichungen (195. 5) folgt dann zunächst:

$$\mathfrak{Cof}\,\mathfrak{g} = \frac{\sqrt{\mathfrak{W}_1^l\,\mathfrak{W}_2^l}}{\mathfrak{M}} = \frac{1-\mathrm{j}\,\varepsilon}{\sqrt{1-\sigma}\,(1-\mathrm{j}\,\varepsilon_m)} \approx \left(1+\frac{\sigma}{2}\right)\left(1+\frac{\varepsilon_m}{\omega\tau}-\mathrm{j}\,\frac{1}{\omega\tau}\right)$$

$$\approx 1+\frac{\sigma}{2}-\mathrm{j}\,\frac{1}{\omega\tau}\,. \tag{197. 1}$$

Es sei z. B. $\sigma = 0{,}02$; $f = 800$ Hz; $\tau = 100$ ms. Dann wird

$$\mathfrak{Cof}\,\mathfrak{g} = 1 + 0{,}01 - \mathrm{j}\cdot 0{,}002;$$

also (z. B. nach § 162) $b = 0{,}14$, $a = -0{,}8^0$.

Die gebräuchlichen Übertrager haben demnach in einem weiten Frequenzbereich eine nur geringe frequenzunabhängige Vierpoldämpfung, die im wesentlichen von der Streuung herrührt. Denn da $\cos a \approx 1$, ist $\mathfrak{Cof}\, b \approx 1+\sigma/2$; $b \approx \sqrt{\sigma}$.

Der zweite Wellenparameter des Übertragers, der mittlere Wellenwiderstand $\mathfrak{Z}$, ist nach der Definition (149. 4)

$$\mathfrak{Z} = \mathrm{j}\,\omega\sqrt{L_1 L_2}\sqrt{(1-\mathrm{j}\,\varepsilon)^2-(1-\sigma)(1-\mathrm{j}\,\varepsilon_m)^2}$$

$$= \mathrm{j}\,\omega\sqrt{L_1 L_2}\sqrt{\sigma - \frac{\varepsilon+\varepsilon_m}{\omega\tau} - 2\,\mathrm{j}\left(\frac{1}{\omega\tau}+\sigma\,\varepsilon_m\right)}$$

$$\approx \mathrm{j}\,\omega\sqrt{L_1 L_2}\sqrt{\sigma - \mathrm{j}\,\frac{2}{\omega\tau}}\,; \tag{197. 2}$$

auch er ist also bei geringer Streuung und hoher Zeitkonstante zwar nicht Null, aber doch klein.

Für $\sigma = 0{,}02$, $f = 800$ Hz, $\tau = 100$ ms wird

$$\mathfrak{Z} = \mathrm{j}\,\omega\sqrt{L_1 L_2}\sqrt{0{,}02 - \mathrm{j}\cdot 0{,}004} = 0{,}143\,\omega\sqrt{L_1 L_2}\,\angle 84{,}4^\circ .$$

Da der Winkel von $\mathfrak{Z}$ im allgemeinen nur wenig kleiner ist als 90°, kann man reelle Abschlußwiderstände nur dem Betrage nach anpassen. Wir wollen daher für die wichtigste zu übertragende („mittlere") Frequenz, die wir f_m nennen, die erste Anpassungsbedingung wenigstens zur Hälfte erfüllen:

$$|\mathfrak{Z}| = \sqrt{R_a R_e} \tag{197. 3}$$

und dabei auch noch in dem Ausdruck (. 2) für den Wellenwiderstand $4/(\omega^2\tau^2)$ neben σ^2 vernachlässigen. Was für Folgen die Nichtanpassung des Winkels von $\mathfrak{Z}$ hat, wird sich bei der weiteren Untersuchung herausstellen. Wir wählen also

$$\omega\sqrt{\sigma L_1 L_2} = \sqrt{R_a R_e}\,, \tag{197. 4}$$

außerdem entsprechend der zweiten Anpassungsbedingung

$$L_2 : L_1 = R_e : R_a\,. \tag{197. 5}$$

Beide Gleichungen zusammen liefern die folgenden Vorschriften[1] für die Bemessung des Übertragers:

$$L_1 = \frac{R_a}{\omega_m\sqrt{\sigma}} \qquad \text{und} \qquad L_2 = \frac{R_e}{\omega_m\sqrt{\sigma}}\,. \tag{197. 6}$$

Es sei z. B. $f_m = 800$ Hz, $R_a = 600\,\Omega$, $R_e = 1600\,\Omega$, $\sigma = 2\%$. Dann folgt aus (. 6)

$$L_1 = 0{,}84\,\mathrm{H}\,, \qquad L_2 = 2{,}25\,\mathrm{H}\,.$$

Der magnetische Leitwert G des Kerns sei bei der betrachteten Übertragergattung gleich 1,3 µH. Setzen wir diesen Wert in die Gleichungen $L_1 = w_1^2 G$ und $L_2 = w_2^2 G$ ein, so erhalten wir die Bemessungsgleichungen

$$w_1 = \sqrt{\frac{0{,}84\,\mathrm{H}}{1{,}3\,\mu\mathrm{H}}} = 800\,, \qquad w_2 = \sqrt{\frac{2{,}25\,\mathrm{H}}{1{,}3\,\mu\mathrm{H}}} = 1300\,.$$

Von jetzt ab wollen wir durchweg voraussetzen, daß der Übertrager nach (. 6) bemessen sei. Mit der Abkürzung $\omega/\omega_m = \eta$ legen wir also die folgenden Gleichungen zugrunde:

$$\left.\begin{aligned} \mathfrak{W}_1^l &= \mathrm{j}\,\eta R_a \frac{1 - \mathrm{j}\,\varepsilon}{\sqrt{\sigma}}\,, & \mathfrak{W}_2^l &= \mathrm{j}\,\eta R_e \frac{1 - \mathrm{j}\,\varepsilon}{\sqrt{\sigma}}\,, \\ \mathfrak{M} &= \mathrm{j}\,\eta\sqrt{R_a R_e}\,\frac{(1 - \mathrm{j}\,\varepsilon_m)\sqrt{1-\sigma}}{\sqrt{\sigma}}\,, & \mathfrak{Z} &= \mathrm{j}\,\eta\sqrt{R_a R_e}\sqrt{1 - \mathrm{j}\frac{2}{\sigma\,\eta\,\omega_m\tau}}\,. \end{aligned}\right\} \tag{197. 7}$$

§ 198. **Die Betriebsdämpfung des Übertragers bei der Frequenz f_m.** Die allgemeine Gleichung (177. 2) für die Betriebsdämpfung ergibt nach (197. 7), (197. 1) und (197. 2)

$$\begin{aligned} b = \ln\Bigg|\frac{1}{2}\Bigg\{&-\mathrm{j}\frac{\sqrt{\sigma}}{\eta\sqrt{1-\sigma}\,(1-\mathrm{j}\,\varepsilon_m)} + 2\left(1 + \frac{\sigma}{2} - \mathrm{j}\frac{1}{\eta\,\omega_m\tau}\right) \\ &+ \mathrm{j}\,\eta\,\frac{\sigma - \mathrm{j}\dfrac{2}{\eta\,\omega_m\tau}}{\sqrt{\sigma}\sqrt{1-\sigma}\,(1-\mathrm{j}\,\varepsilon_m)}\Bigg\}\Bigg|\,. \end{aligned} \tag{198. 1}$$

---

[1] Feldtkeller, R., u. Bartels, H.: Elektr. Nachr.-Techn. 5 (1928) S. 247. Gleichung (10a).

Setzt man $\eta = 1$, so streicht sich das erste gegen das vorletzte Glied, und wir erhalten unter Vernachlässigung kleiner Glieder höherer Ordnung:

$$\boldsymbol{b} \approx \ln\left|1 + \frac{\sigma}{2} + \frac{1}{\omega_m \tau \sqrt{\sigma}} - j\frac{1}{\omega_m \tau}\right| \approx \ln\left(1 + \frac{\sigma}{2} + \frac{1}{\omega_m \tau \sqrt{\sigma}}\right)$$

$$\approx \frac{\sigma}{2} + \frac{1}{\omega_m \tau \sqrt{\sigma}}. \qquad (198.2)$$

Bei dem von uns gewählten Beispiel ist

$$\frac{\sigma}{2} = 0{,}01; \qquad \frac{1}{\omega_m \tau \sqrt{\sigma}} = 0{,}014; \qquad \frac{1}{\omega_m \tau} = 0{,}002;$$

wir erhalten daher $\boldsymbol{b} = 24$ mN, d. h. einen Wert, der unter der Vierpoldämpfung liegt. Das ist nicht verwunderlich; denn wir haben im § 174 gesehen, daß auch die dort abgeleiteten „Stoßdämpfungen" negativ werden, wenn sie von einer Nichtanpassung nach dem Winkel (bei Anpassung nach dem Betrag) herrühren.

Bei noch geringerer Streuung ist[1]

$$\boldsymbol{b} \approx \frac{1}{\omega_m \tau \sqrt{\sigma}} = \frac{R_1}{R_a} = \frac{R_2}{R_e}. \qquad (198.3)$$

(Man beachte, daß für $\sigma = 0$ nach (197.6) $\tau\sqrt{\sigma}$ endlich bleibt.)

§ 199. Frequenzabhängigkeiten der Spannungs- und Stromübersetzung und der Betriebsdämpfung. Vernachlässigen wir die Verlustgrößen ε und ε_m, so erhalten wir nach (197.7) mit $\sqrt{R_e/R_a} = n$ für die Übersetzungen der Spannung und des Stroms:

$$\frac{\mathfrak{U}_2}{\mathfrak{U}_1} = \frac{\mathfrak{M}}{\frac{\mathfrak{Z}^2}{\mathfrak{R}_e} + \mathfrak{W}_1^l} \approx \frac{j\eta\sqrt{R_a R_e}}{j^2\eta^2 R_a\sqrt{\sigma} + j\eta R_a} = n\frac{1}{1 + j\eta\sqrt{\sigma}}, \qquad (199.1)$$

$$\frac{\mathfrak{J}_2}{\mathfrak{J}_1} = \frac{\mathfrak{M}}{\mathfrak{R}_e + \mathfrak{W}_2^l} \approx \frac{j\eta\sqrt{R_a R_e}}{R_e\sqrt{\sigma} + j\eta R_e} = \frac{1}{n}\frac{j\eta}{j\eta + \sqrt{\sigma}} = \frac{1}{n}\frac{1}{1 - j\frac{\sqrt{\sigma}}{\eta}}. \qquad (199.2)$$

Abb. 199.1 stellt die Brüche, mit denen die Faktoren n und $1/n$ multipliziert sind, als Ortskurven in der Ebene der komplexen Zahlen dar. Man sieht, daß bei geringer Streuung die Spannungsübersetzung unterhalb von f_m sehr nahe gleich dem Windungsverhältnis n, die Stromübersetzung oberhalb von f_m sehr nahe gleich seinem Kehrwert ist. (Je geringer die Streuung, um so näher liegen die Punkte „$\eta = 1$" der reellen Achse.) Bei einigermaßen beträchtlicher Streuung nehmen die Spannungsübersetzung bei Frequenzen oberhalb von f_m und die Stromübersetzung bei Frequenzen unterhalb von f_m immer stärker ab. Beides ist eine Folge davon, daß wir bei der Frequenz f_m nach dem Betrage angepaßt haben. In der Ersatzschaltung Abb. 196.4 nimmt die Querinduktivität bei sinkender Frequenz immer mehr Strom auf, während bei steigender Frequenz die von den längs liegenden Streuinduktivitäten aufgenommenen Spannungen immer wesentlicher werden und die Querinduktivität immer weniger in Betracht kommt.

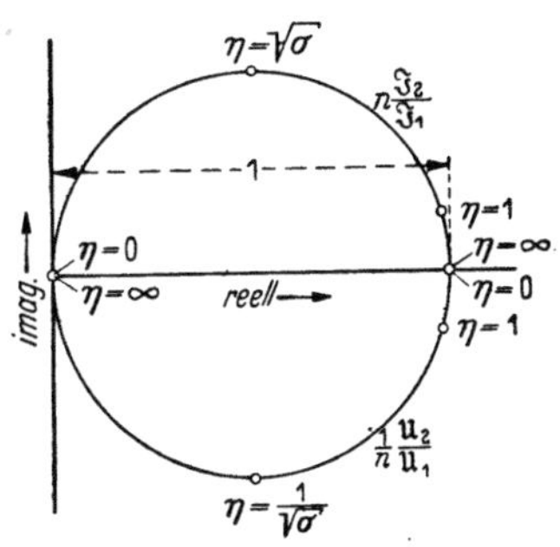

Abb. 199.1.

Ein entsprechender Verlauf ergibt sich aus (198.1) für die Betriebsdämpfung; und zwar erhalten wir, wenn wir die Verluste berücksichtigen, aber kleine

[1] Feldtkeller, R., u. Bartels, H.: a. a. O.

Glieder höherer Ordnung vernachlässigen:

$$\boldsymbol{b} = \ln\left|1 + \frac{\sigma}{2} + \frac{1}{\omega_m \tau \sqrt{\sigma}} + \mathrm{j}\frac{\sqrt{\sigma}}{2}\left(\eta - \frac{1}{\eta}\right)\right|. \tag{199. 3}$$

$\boldsymbol{b}$ steigt bei endlicher Streuung auf beiden Seiten[1] von f_m allmählich an.

Bei den Frequenzen $\eta_1 = \sqrt{\sigma}/2$ und $\eta_2 = 2/\sqrt{\sigma}$ (d. h. $\eta_2/\eta_1 = 4/\sigma$) erreicht die Betriebsdämpfung annähernd den Wert $\ln|1 \mp \mathrm{j}| = \ln\sqrt{2} = 0{,}35$ N. Ist dieser zulässig, so darf man den Bereich zwischen $\omega_1 = \eta_1\omega_m$ und $\omega_2 = \eta_2\omega_m$, den „Halbwertsbereich" (§ 111), ausnutzen. Mit streuungsarmen Übertragern kann man demnach sehr breite Frequenzbänder übertragen.

Für $\sigma = 0{,}02$ ist $4/\sigma = 200$. Ist also $f_m = 800$ Hz, so ist die Betriebsdämpfung in dem Bereich zwischen 57 und 11000 Hz kleiner als 0,35 N. Musikalisch (vgl. § 285) bedeutet dies einen Bereich von mehr als 7 Oktaven (nämlich $^2\log 200 = 7{,}64$).

§ 200. Der Scheinwiderstand des Übertragers. Der Scheinwiderstand eines nach (197. 6) bemessenen Übertragers läßt sich bei Vernachlässigung der Verlustgrößen ε und ε_m nach (156. 1) leicht berechnen[2]:

$$\mathfrak{W}_1 = \mathfrak{W}_1^l - \frac{\mathfrak{M}^2}{\mathfrak{R}_e + \mathfrak{W}_2^l} = \frac{\mathfrak{W}_1^l R_e + \mathfrak{Z}^2}{R_e + \mathfrak{W}_2^l}$$

$$= \frac{\mathrm{j}\,\eta\, R_a R_e/\sqrt{\sigma} - \eta^2 R_a R_e}{R_e + \mathrm{j}\,\eta\, R_e/\sqrt{\sigma}} = \frac{1 + \mathrm{j}\,\eta\sqrt{\sigma}}{1 - \mathrm{j}\dfrac{\sqrt{\sigma}}{\eta}} R_a. \tag{200. 1}$$

Seine Frequenzkurve[3] wird daher durch Abb. 200. 1 wiedergegeben (statt η/η_m lese man η). Für $\eta \ll 1$ ist nämlich

$$\mathfrak{W}_1 \approx \frac{1}{1 - \mathrm{j}\dfrac{\sqrt{\sigma}}{\eta}} R_a; \tag{200. 2}$$

bei Variation des reellen Parameters $1/\eta$ durchläuft $\mathfrak{W}_1$ also in diesem Frequenzgebiet nach § 119 einen Halbkreis vom Durchmesser R_a, der von der Ordinatenachse berührt wird und dessen Mittelpunkt auf der reellen Achse liegt. Für $\eta = 1$ dagegen wird

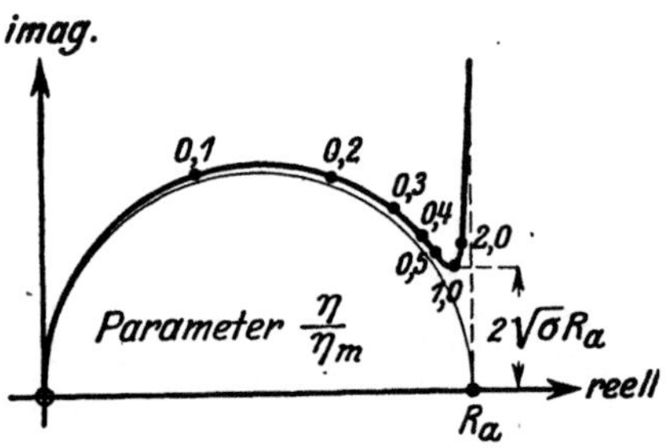

Abb. 200. 1.

$$\mathfrak{W}_1 = \frac{1 + \mathrm{j}\sqrt{\sigma}}{1 - \mathrm{j}\sqrt{\sigma}} R_a \approx (1 + 2\,\mathrm{j}\sqrt{\sigma})\, R_a \tag{200. 3}$$

und für hohe Frequenzen ($\eta \gg 1$)

$$\mathfrak{W}_1 = (1 + \mathrm{j}\,\eta\sqrt{\sigma})\, R_a. \tag{200. 4}$$

Der Halbkreis geht also mit steigender Frequenz in eine zur imaginären Achse parallele Gerade über.

Man erkennt, daß der Übertrager in der Nähe der mittleren Frequenz f_m mit einer besonders hinsichtlich des Betrags sehr guten Annäherung den Scheinwiderstand des „idealen Übersetzers" $R_a = R_e/n^2$ hat. Nur bei niedrigen Frequenzen und dann wieder bei Frequenzen oberhalb der mitteren nimmt der Scheinwiderstand ausgesprochen induktiven Charakter an. Das Entsprechende gilt für den Scheinwiderstand $\mathfrak{W}_2$ von der sekundären Seite.

---

[1] Casper, W. L.: Electr. Commun. 2 (1923) S. 262; Feldtkeller, R., u. Bartels, H.: a. a. O.

[2] Noch unmittelbarer ergibt er sich aus (199. 1) und (199. 2).

[3] Feldtkeller, R., u. Bartels, H.: Elektr. Nachr.-Techn. 5 (1928) S. 247. Bild 6.

In der Nähe der mittleren Frequenz ist daher ein nach dem Betrage des Wellenwiderstands angepaßter Übertrager mit guter Näherung auch nach dem Betrage des Scheinwiderstands angepaßt.

§ 201. Das Ersatzbild des Übertragers bei Berücksichtigung der Wicklungskapazitäten. Legt man an die Enden einer Spule eine Wechselspannung, so schließen sich die Stromlinien nicht nur durch den Windungsdraht, sondern zum Teil auch als Linien von Verschiebungsströmen durch das Dielektrikum. Die dielektrischen Stromwege und die ihnen entsprechenden Teilkapazitäten kommen neben dem galvanischen Stromweg um so mehr in Betracht, je höher die Frequenz und je höher der galvanische Widerstand der Spule ist und je höhere Spannungen an den einzelnen dielektrischen Teilleitwerten liegen. Bei einlagigen Spulen bestehen zwischen benachbarten Windungen, verglichen mit der Gesamtspannung, nur geringe Spannungen; daher laufen bei ihnen die Verschiebungsströme hauptsächlich vom einen Spulenende zum anderen, vorausgesetzt, daß sich nicht etwa in Gestalt benachbarter Leiter (z. B. des Kerns oder einer Spulenhülle) besser leitende Stromwege darbieten. Bei mehrlagigen Spulen kommen, falls sie nicht in besonderer Weise („kapazitätsarm") gewickelt werden, ähnlich wie bei den Zylinderkondensatoren hauptsächlich die dielektrischen Leitwerte zwischen den einzelnen Lagen und die Leitwerte über benachbarte Leiter in Betracht.

Erfahrungsgemäß liegt die Kapazität der in der Fernmeldetechnik verwendeten Spulen etwa in der Größenordnung von 50 pF.

Im Ersatzbild (Abb. 196. 4) denkt man sich die Kapazitäten bei den tieferen Frequenzen meist parallel zu der Querinduktivität. Man faßt sie dort zu einer einzigen Kapazität $C_1 + \frac{w_2^2}{w_1^2} C_2$ zusammen. Wir wollen voraussetzen, daß $w_2 \gg w_1$, also $C_1 + (w_2^2/w_1^2)\, C_2 \approx (w_2^2/w_1^2)\, C_2$ ist. Dann tritt nach dem Ersatzbild bei der Frequenz

$$\omega_0 = \frac{1}{\sqrt{L_1 \cdot \frac{w_2^2}{w_1^2} C_2}} = \frac{1}{\sqrt{L_2 C_2}} \qquad (201.\ 1)$$

„Parallelresonanz" ein. Wenig unterhalb von dieser Frequenz ω_0 hat der Leerlaufwiderstand des Übertragers von der Seite *1* $\mathfrak{W}_1^l$ eine nur geringe Blindkomponente $W_1^{l\prime}$, während seine reelle Komponente W_1^l den verhältnismäßig hohen Wert

$$R_1 + \frac{\omega_0 L_1}{\varepsilon_{m0}} = R_1 + R_{p0} \approx R_{p0} \qquad (201.\ 2)$$

annimmt, der in der Hauptsache durch die Eisenverluste gegeben ist (vgl. Abb. 201. 1; η bedeutet ausnahmsweise ω/ω_0, nicht ω/ω_m).

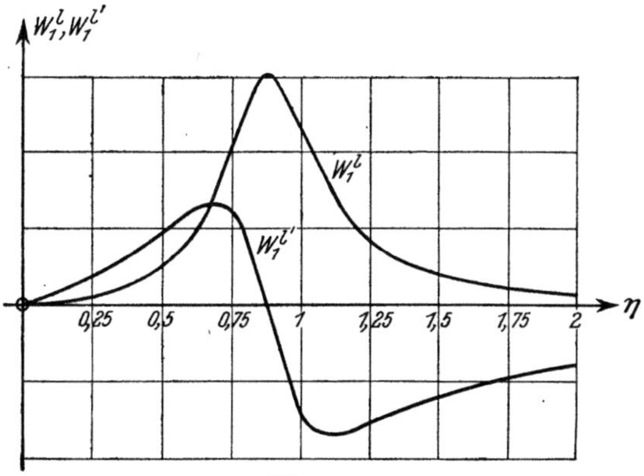

Abb. 201. 1.

Wird die Frequenz noch sehr viel weiter erhöht, so fließt durch die Querinduktivität L_1 des Ersatzbildes immer weniger Strom, so daß man sie ebenso wie den hohen Widerstand R_p schließlich weglassen kann. Denkt man sich dann die Kapazität $(w_2^2/w_1^2)\, C_2$ unmittelbar vor den idealen Übersetzer gelegt, so erkennt man, daß der Blindbestandteil des Leerlaufwiderstandes $W_1^{l\prime}$ zum zweiten Male sehr klein wird, wenn

$$2 \cdot \mathrm{j}\,\omega \frac{\sigma}{2} L_1 + \frac{1}{\mathrm{j}\,\omega \frac{w_2^2}{w_1^2} C_2} = 0 \tag{201.3}$$

ist. Offenbar hat man jetzt Reihenresonanz. Die zugehörige Frequenz („Streufrequenz") ist

$$\omega_\sigma = \frac{1}{\sqrt{\sigma L_2 C_2}}. \tag{201.4}$$

Der Kurzschlußwiderstand des Übertragers von der Seite *1* ist nach seinem Ersatzbild auch dann, wenn man die Kapazität berücksichtigt, bei allen in Betracht kommenden Frequenzen

$$\mathfrak{W}_1^k \approx 2 R_1 + \mathrm{j}\,\omega\,\sigma L_1. \tag{201.5}$$

Er hängt also nur von dem Gleichstromverlust und der Streuinduktivität ab und läßt sich in der Ebene der komplexen Zahlen durch eine zur imaginären Achse parallele Gerade darstellen.

§ 202. Die Übersetzung der Leerlaufspannung. Die Zweipolquelle $\mathfrak{E}$, $\mathfrak{R}_a$, die wir uns dem Übertrager vorgeschaltet denken, bildet mit diesem zusammen nach § 15 wieder eine Zweipolquelle, die ebenfalls durch eine gewisse Leerlaufspannung $\mathfrak{u}_1 \mathfrak{E}$ und einen inneren Widerstand $\mathfrak{W}_2$ beschrieben werden kann.

Wir wollen uns hier nur mit der Leerlaufspannung $\mathfrak{u}_1 \mathfrak{E}$ beschäftigen. Ihr Verhalten läßt sich aus dem Ersatzbild Abb. 196.4 ablesen. Bei sehr tiefen Frequenzen bedeuten der Widerstand R_p und die Querinduktivität Kurzschlüsse, die Kapazität einen unendlich großen Widerstand. $\mathfrak{u}_1$ beginnt daher bei steigender Frequenz mit geringen Werten, nimmt dann aber zu, da R_p wächst und auch $\mathrm{j}\,\omega L_1$ immer größer wird. Ist R_a reell und ist bei der Frequenz ω_1 der induktive Widerstand ωL_1 gleich R_a geworden, so wird nach der Spannungsteilergleichung

$$\mathfrak{u}_1 \approx n \frac{\mathrm{j}\,\omega_1 L_1}{R_a + \mathrm{j}\,\omega_1 L_1} = n \frac{\mathrm{j}}{1 + \mathrm{j}} = n \frac{\angle 90^0}{\sqrt{2}\,\angle 45^0} = \frac{n}{\sqrt{2}} \angle 45^0; \tag{202.1}$$

d. h. die Leerlaufspannung am Ausgang des Übertragers beträgt bereits etwa 71% der mit dem Windungsverhältnis n transformierten Urspannung $\mathfrak{E}$. Bei der „Eigenfrequenz" ω_0 ist sie, wieder nach dem Ersatzbild, annähernd auf die mit n transformierte Urspannung $\mathfrak{E}$ gestiegen. Bei noch höheren Frequenzen wird die Wirkung der Querinduktivität immer geringer, während die Streuinduktivität und die Kapazität an Einfluß gewinnen. Die Leerlaufspannung bleibt daher oberhalb der Eigenfrequenz zunächst nahezu konstant, steigt dann aber in der Nähe der Streufrequenz $\omega_\sigma = \omega_0/\sqrt{\sigma}$ nochmals zu einem ziemlich spitzen Maximum an, wie man erkennt, wenn man die Kapazität in der Ersatzschaltung wieder unmittelbar vor den Übersetzer legt. Oberhalb der Streufrequenz sinkt $|\mathfrak{u}_1|$ stark ab.

Dieselben Schlüsse lassen sich aus den Gleichungen ziehen. Ist der Übertrager nach (197.6) an R_a angepaßt, so gilt ($\eta = \omega/\omega_m$, $\eta_0 = \omega_0/\omega_m$):

$$R_1 = \frac{R_a}{\omega_m \tau \sqrt{\sigma}}, \quad R_p = \frac{\eta R_a}{\varepsilon_m \sqrt{\sigma}}, \quad \mathrm{j}\,\omega L_1 = \frac{\mathrm{j}\,\eta R_a}{\sqrt{\sigma}}, \quad \mathrm{j}\,\omega \frac{\sigma}{2} L_1 = \frac{\mathrm{j}\,\eta \sqrt{\sigma} R_a}{2}. \tag{202.2}$$

Es wird also [vgl. (196. 7)]

$$\mathfrak{M} = \frac{n}{\frac{1}{R_p} + \frac{1}{j\,\omega L_1} + j\,\omega \frac{w_2^2}{w_1^2} C_2} = n \frac{j\,\omega L_1}{1 - \omega^2 L_2 C_2 + \frac{j\,\omega L_1}{R_p}}$$

$$= \frac{j\,\eta}{1 - \frac{\eta^2}{\eta_0^2} + j\,\varepsilon_m} \frac{R_a}{\sqrt{\sigma}} \qquad (202.\,3)$$

und

$$\mathfrak{u}_1 = n \frac{\frac{\mathfrak{M}}{n}}{R_a + R_1 + j\,\omega \frac{\sigma}{2} L_1 + \frac{\mathfrak{M}}{n}} = n \frac{1}{1 + \frac{R_a + R_1 + j\,\omega\,\sigma L_1/2}{\mathfrak{M}/n}}$$

$$= n \frac{1}{1 + \left(\frac{\sigma}{2} + \frac{\sqrt{\sigma} + 1/(\omega_m \tau)}{j\,\eta}\right)\left(1 - \frac{\eta^2}{\eta_0^2} + j\,\varepsilon_m\right)}. \qquad (202.\,4)$$

In der ersten Klammer des Nenners dürfen wir immer $1/(\omega_m \tau)$ neben $\sqrt{\sigma}$ vernachlässigen; außerdem wollen wir zunächst voraussetzen, daß η so klein sei, daß $\sigma/2$ neben $\sqrt{\sigma}/(j\eta)$ und $j\varepsilon_m$ neben $1 - \eta^2/\eta_0^2$ weggelassen werden dürfen. Dann ist

$$|\mathfrak{u}_1| \approx \frac{n}{\sqrt{1 + \sigma\left(\frac{1}{\eta} - \frac{\eta}{\eta_0^2}\right)^2}}, \qquad (202.\,5)$$

d. h. der Betrag der Übersetzung $\mathfrak{u}_1$ steigt langsam so an, als ob er bei der Frequenz ω_0 das Maximum n hätte. Dieses Maximum erreicht er jedoch in Wirklichkeit bei keiner Frequenz. Für $\omega = \omega_1 = L_1/R_a$ nämlich, d. h. für $\eta = \eta_1 = \sqrt{\sigma}$ [vgl. (197. 6)] ist $|\mathfrak{u}_1|$ nach (. 5) bereits annähernd gleich $n/\sqrt{2}$; aber auch bei der Bemessungsfrequenz ω_m und [wie sich aus (. 4) leicht ableiten läßt] bei der Scheinfrequenz ω_0 bleibt $|\mathfrak{u}_1|$ unter n.

Für $\eta = \eta_0$ ist nach (. 4)

$$|\mathfrak{u}_1| \approx \frac{n}{1 + \varepsilon_m \sqrt{\sigma}\,\omega/\omega_0}. \qquad (202.\,6)$$

Nun ist aber $\omega_m/\omega_0 = \omega_m \sqrt{L_2 C_2} = n\,\omega_m \sqrt{L_1 C_2} = n \sqrt{\omega_m R_a C_2/\sqrt{\sigma}}$;

also ist auch

$$|\mathfrak{u}_1| \approx \frac{n}{1 + n\,\varepsilon_m \sqrt{\omega_m R_a C_2 \sqrt{\sigma}}}. \qquad (202.\,7)$$

Der bei der Scheinfrequenz ω_0 erreichte Betrag der Übersetzung $\mathfrak{u}_1$ kann demnach durch Erhöhung des Windungsverhältnisses unter keinen Umständen über den Wert $1/(\varepsilon_m \sqrt{\omega_m R_a C_2 \sqrt{\sigma}})$ hinaus gesteigert werden. Dieser ist nur dann beliebig hoch, wenn ε_m oder C_2 oder σ gleich Null sind.

Bei ganz hohen Frequenzen denkt man sich die Kapazität wieder vor dem idealen Übersetzer. Dann ist (von dem Glied R_1 abgesehen) in (. 4) der Summand $\sigma/2$ durch σ zu ersetzen (vgl. § 196). Für $\eta = \eta_\sigma = \eta_0/\sqrt{\sigma}$ wird also:

$$|\mathfrak{u}_1| = n \left| \frac{1}{1 + \sigma\left(1 + \frac{1}{j\,\eta_0}\right)\left(1 - \frac{1}{\sigma} + j\,\varepsilon_m\right)} \right| \approx n\,\eta_0. \qquad (202.\,8)$$

Die Spitze von $|\mathfrak{U}_1|$ bei der Resonanzfrequenz ω_σ ist demnach um so höher, so höher die Scheinfrequenz ω_0 über der Anpassungsfrequenz ω_m liegt.

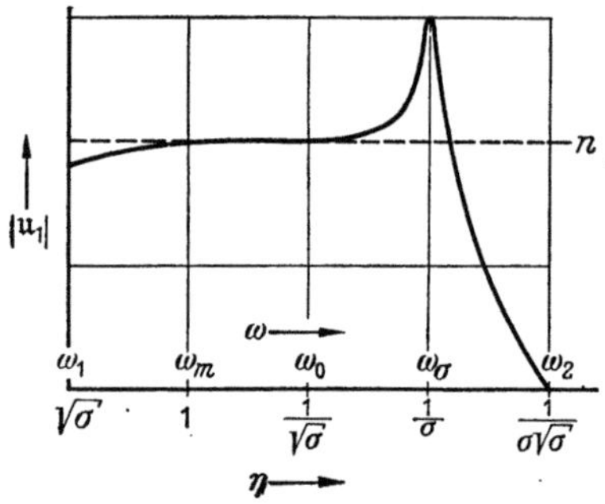

Abb. 202. 1.

Definiert man noch eine Frequenz ω_2 durch $R_a = 1/(\omega_2 n^2 C_2)$, so läßt sich leicht nachweisen, daß $\eta_2 = \eta_0 \eta_\sigma$. Die Überhöhung von $\mathfrak{U}_1$ über n bei der Frequenz ω_σ ist daher auch gleich η_2/η_σ. Bei der Frequenz ω_2 ist $\mathfrak{U}_1$ bereits auf $n/\eta_0{}^2$ gesunken; man kann dies aus (. 4) ableiten, wenn man wieder $\sigma/2$ durch σ ersetzt.

Ist bei einem Übertrager $\eta_0 = 1/\sqrt{\sigma}$ und teilt man die beiden Achsen eines Koordinatensystems logarithmisch, so erhält man die besonders einfache schematische Kurve Abb. 202. 1, bei der die Seitenlänge der Quadrate proportional $\lg(1/\sqrt{\sigma})$ ist.

§ 203. Der Differentialübertrager. Unter einem Differentialübertrager (auch Ausgleichsübertrager) versteht man einen Übertrager, dessen primäre Wicklung an irgend einer Stelle eine (5.) Klemme trägt (Abb. 203. 1). Werden die durch die Zusatzklemme entstehenden beiden Teile der primären Wicklung von entgegengesetzt gerichteten Strömen durchflossen, so ist die Wirkung in der sekundären Wicklung der Differenz der von den beiden Strömen hervorgerufenen Durchflutungen proportional.

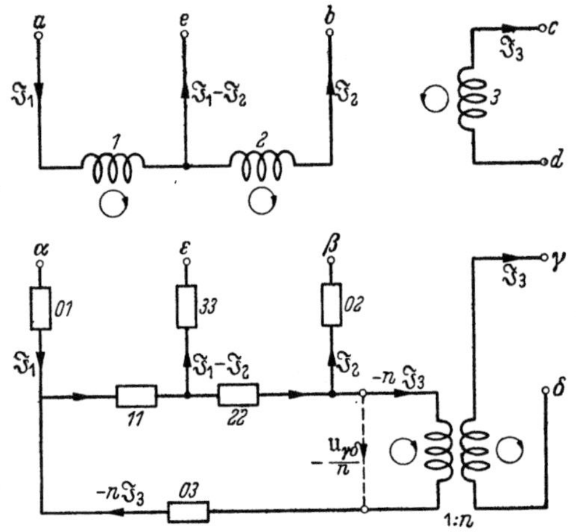

Abb. 203. 1 und . 2.

Es empfiehlt sich, auch den Differentialübertrager durch eine Schaltung ohne Gegeninduktivitäten zu ersetzen. Diese muß natürlich eine der Klemme e entsprechende Klemme ε tragen (Abb. 203. 2); sie enthält daher im allgemeinsten Falle die komplexen Widerstände *11, 22, 33, 01, 02* und *03*. Über das Windungsverhältnis n des an die Sternschaltung anzuschließenden idealen Übersetzers werden wir so verfügen, daß die Ersatzschaltung möglichst einfach wird.

Die beiden Schaltungen sind gleichwertig, wenn bei gleichen Strömen auch die Spannungen übereinstimmen:

$$\mathfrak{U}_{ae} = \mathfrak{U}_{\alpha\varepsilon}, \qquad \mathfrak{U}_{eb} = \mathfrak{U}_{\varepsilon\beta}, \qquad \mathfrak{U}_{dc} = \mathfrak{U}_{\delta\gamma}. \tag{203. 1}$$

Diese drei Forderungen liefern, wenn man jeden der komplexen Widerstände durch den Buchstaben $\mathfrak{R}$ mit entsprechendem Index bezeichnet, in Verbindung mit (191. 10) die folgenden drei Bedingungen (Identitäten):

$$\left.\begin{aligned}
&\mathfrak{R}_1\mathfrak{J}_1 + \mathfrak{R}_{12}\mathfrak{J}_2 - \mathfrak{R}_{13}\mathfrak{J}_3 \equiv \mathfrak{R}_{01}\mathfrak{J}_1 + \mathfrak{R}_{11}(\mathfrak{J}_1 - n\mathfrak{J}_3) + \mathfrak{R}_{33}(\mathfrak{J}_1 - \mathfrak{J}_2),\\
&\mathfrak{R}_{12}\mathfrak{J}_1 + \mathfrak{R}_2\mathfrak{J}_2 - \mathfrak{R}_{23}\mathfrak{J}_3 \equiv -\mathfrak{R}_{33}(\mathfrak{J}_1 - \mathfrak{J}_2) + \mathfrak{R}_{22}(\mathfrak{J}_2 - n\mathfrak{J}_3) + \mathfrak{R}_{02}\mathfrak{J}_2,\\
&-\mathfrak{R}_{13}\mathfrak{J}_1 - \mathfrak{R}_{23}\mathfrak{J}_2 + \mathfrak{R}_3\mathfrak{J}_3 \equiv\\
&\qquad -n\{-\mathfrak{R}_{03}\,n\mathfrak{J}_3 + \mathfrak{R}_{11}(\mathfrak{J}_1 - n\mathfrak{J}_3) + \mathfrak{R}_{22}(\mathfrak{J}_2 - n\mathfrak{J}_3)\}.
\end{aligned}\right\} \tag{203. 2}$$

Aus ihnen folgen 9 Beziehungen, von denen jedoch nur die folgenden 6 voneinander verschieden sind:

$$\left.\begin{aligned}\mathfrak{R}_1 &= \mathfrak{R}_{01} + \mathfrak{R}_{11} + \mathfrak{R}_{33}, & \mathfrak{R}_{12} &= -\mathfrak{R}_{33},\\ \mathfrak{R}_2 &= \mathfrak{R}_{02} + \mathfrak{R}_{22} + \mathfrak{R}_{33}, & \mathfrak{R}_{13} &= n\,\mathfrak{R}_{11},\\ \mathfrak{R}_3 &= n^2(\mathfrak{R}_{03} + \mathfrak{R}_{11} + \mathfrak{R}_{22}), & \mathfrak{R}_{23} &= n\,\mathfrak{R}_{22}.\end{aligned}\right\} \tag{203. 3}$$

Die gesuchten Werte ergeben sich also nach

$$\left.\begin{aligned}\mathfrak{R}_{01} &= \mathfrak{R}_1 + \mathfrak{R}_{12} - \frac{\mathfrak{R}_{13}}{n}, & \mathfrak{R}_{33} &= -\mathfrak{R}_{12},\\ \mathfrak{R}_{02} &= \mathfrak{R}_2 + \mathfrak{R}_{12} - \frac{\mathfrak{R}_{23}}{n}, & \mathfrak{R}_{11} &= \frac{\mathfrak{R}_{13}}{n},\\ \mathfrak{R}_{03} &= -\frac{1}{n}\left(\mathfrak{R}_{13} + \mathfrak{R}_{23} - \frac{\mathfrak{R}_3}{n}\right), & \mathfrak{R}_{22} &= \frac{\mathfrak{R}_{23}}{n}.\end{aligned}\right\} \tag{203. 4}$$

Um das Windungsverhältnis n festzulegen, fordern wir, daß für einen verlust- und streuungsfreien Differentialübertrager die Widerstände $\mathfrak{R}_{01}$, $\mathfrak{R}_{02}$ und $\mathfrak{R}_{03}$ verschwinden. Das ergibt die 3 Gleichungen

$$w_1 G\left(w_1 + w_2 - \frac{w_3}{n}\right) = w_2 G\left(w_1 + w_2 - \frac{w_3}{n}\right) = -\frac{w_3}{n} G\left(w_1 + w_2 - \frac{w_3}{n}\right) = 0,$$

die durch die eine Bedingung

$$n = \frac{w_3}{w_1 + w_2} \tag{203. 5}$$

erfüllt werden können. Man wählt also zweckmäßig das Windungsverhältnis des idealen Übersetzers gleich dem des ursprünglichen gewöhnlichen Übertragers.

Die Umwandlungsgleichungen (. 4) werden einfacher, wenn man

$$\alpha_1 = \frac{2\,w_1}{w_1 + w_2}, \qquad \alpha_2 = \frac{2\,w_2}{w_1 + w_2}, \text{ also } \alpha_1 + \alpha_2 = 2 \tag{203. 6}$$

und — ähnlich wie in den Paragraphen 195 und 196 —

$$\frac{\mathfrak{R}_1}{\alpha_1^2} = \frac{\mathfrak{R}_2}{\alpha_2^2} = \frac{\mathfrak{R}_3}{4\,n^2} = R + R_m + \mathrm{j}\,\omega\,L, \tag{203. 7}$$

$$\frac{\mathfrak{R}_{12}}{\alpha_1\,\alpha_2} = \frac{\mathfrak{R}_{13}}{2\,\alpha_1\,n} = \frac{\mathfrak{R}_{23}}{2\,\alpha_2\,n} \approx R_m + \mathrm{j}\,\omega\left(1 - \frac{\sigma}{2}\right)L \tag{203. 8}$$

setzt[1]. Aus (. 4) erhält man dann die folgenden Bemessungsvorschriften für die Ersatzschaltung:

$$\frac{\mathfrak{R}_{01}}{\alpha_1^2} = \frac{\mathfrak{R}_{02}}{\alpha_2^2} = \frac{\mathfrak{R}_{03}}{4} = R + \mathrm{j}\,\omega\,\frac{\sigma}{2}\,L, \tag{203. 9}$$

$$\frac{\mathfrak{R}_{11}}{2\,\alpha_1} = \frac{\mathfrak{R}_{22}}{2\,\alpha_2} = -\frac{\mathfrak{R}_{33}}{\alpha_1\,\alpha_2} \approx R_m + \mathrm{j}\,\omega\,L. \tag{203. 10}$$

Häufig führt man die Abkürzung $w_2/w_1 = ü$ und die Größen R_1, R_{m1}, L_1 ein, die aus R, R_m, L durch Multiplikation mit α_1^2 hervorgehen. Dann wird

$$\mathfrak{R}_{01} = \frac{\mathfrak{R}_{02}}{ü^2} = \frac{\mathfrak{R}_{03}}{(1 + ü)^2} = R_1 + \mathrm{j}\,\omega\,\frac{\sigma}{2}L_1, \tag{203. 11}$$

$$\frac{\mathfrak{R}_{11}}{1 + ü} = \frac{\mathfrak{R}_{22}}{ü\,(1 + ü)} = -\frac{\mathfrak{R}_{33}}{ü} \approx R_{m1} + \mathrm{j}\,\omega\,L_1. \tag{203. 12}$$

Sitzt die 5. Klemme genau in der Mitte der primären Wicklung, so daß $\alpha_1 = \alpha_2 = 1$ ist, und vernachlässigt man die Verluste und die Streuung, so enthält das Ersatzbild nur noch die drei Widerstände:

$$\mathfrak{R}_{11} = \mathfrak{R}_{22} = 2\,\mathrm{j}\,\omega\,L \qquad \text{und} \qquad \mathfrak{R}_{33} = -\mathrm{j}\,\omega\,L. \tag{203. 13}$$

Dieses vereinfachte Ersatzbild folgt auch aus den Ersatzbildern des gewöhnlichen Übertragers und des im § 194 betrachteten Dreipols [Gleichung (194. 2) mit den oberen Vorzeichen].

[1] Hiernach ist $L = [(w_1 + w_2)/2]^2\,G$, $R = (\varepsilon - \varepsilon_m)\,\omega\,L$, $R_m = \varepsilon_m\,\omega\,L$; G bedeute den magnetischen Leitwert des Übertragerkerns.

§ 204. Die Differentialschaltung. Im 6. Abschnitt haben wir außer der Stern- und der Dreiecksschaltung die symmetrische Kreuz- oder Brückenschaltung betrachtet. Sehr nahe mit dieser verwandt ist die einfacher aufgebaute Wechselstrom-Differentialschaltung Abb. 204. 1, bei der ein Differentialübertrager dafür sorgt, daß die Differenz der in den parallelen Zweigen fließenden Ströme (§ 18) zur Wirkung kommt. Wir werden sehen, daß sich die Differentialschaltung in erster Näherung ebenso verhält wie die Brückenschaltung.

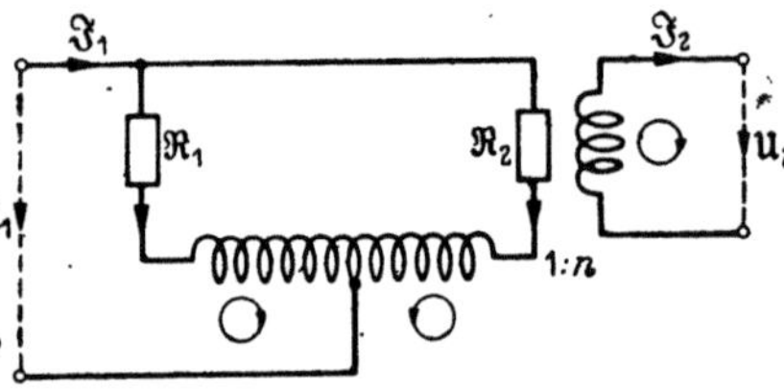

Abb. 204. 1.

Nach dem im § 203 abgeleiteten Ersatzbild des Differentialübertragers sind die Vierpolparameter der Differentialschaltung leicht zu berechnen. Man findet nach Abb. 204. 2, wenn man die Verluste und die Streuung des Übertragers vernachlässigt, zunächst für die Scheinwiderstände unmittelbar:

$$\mathfrak{W}_1^l = \frac{(\mathfrak{R}_1 + 2\,j\,\omega L)(\mathfrak{R}_2 + 2\,j\,\omega L)}{\mathfrak{R}_1 + \mathfrak{R}_2 + 4\,j\,\omega L} - j\,\omega L = \frac{\mathfrak{R}_1 + \mathfrak{R}_2 + \dfrac{\mathfrak{R}_1\mathfrak{R}_2}{j\,\omega L}}{4 + \dfrac{\mathfrak{R}_1 + \mathfrak{R}_2}{j\,\omega L}}, \qquad (204.\ 1)$$

$$\mathfrak{W}_2^l = n^2 \frac{(\mathfrak{R}_1 + \mathfrak{R}_2)\,4\,j\,\omega L}{\mathfrak{R}_1 + \mathfrak{R}_2 + 4\,j\,\omega L} = 4\,n^2 \frac{\mathfrak{R}_1 + \mathfrak{R}_2}{4 + \dfrac{\mathfrak{R}_1 + \mathfrak{R}_2}{j\,\omega L}}. \qquad (204.\ 2)$$

Den Kernwiderstand $\mathfrak{M}$ berechnet man am einfachsten von links:

$$\mathfrak{M} = -n \cdot 2 j \omega L \frac{\mathfrak{J}'' - \mathfrak{J}'}{\mathfrak{J}_1} = 2\,n\,j\,\omega L \frac{\mathfrak{R}_2 - \mathfrak{R}_1}{\mathfrak{R}_1 + \mathfrak{R}_2 + 4\,j\,\omega L} = 2\,n \frac{\mathfrak{R}_2 - \mathfrak{R}_1}{4 + \dfrac{\mathfrak{R}_1 + \mathfrak{R}_2}{j\,\omega L}}. \qquad (204.\ 3)$$

Weiter ergibt sich:

$$\mathfrak{s} = 2\,n \sqrt{\frac{\mathfrak{R}_1 + \mathfrak{R}_2}{\mathfrak{R}_1 + \mathfrak{R}_2 + \dfrac{\mathfrak{R}_1\mathfrak{R}_2}{j\,\omega L}}}, \qquad \mathfrak{Z} = 2\,n \sqrt{\frac{\mathfrak{R}_1\mathfrak{R}_2}{4 + \dfrac{\mathfrak{R}_1 + \mathfrak{R}_2}{j\,\omega L}}}. \qquad (204.\ 4)$$

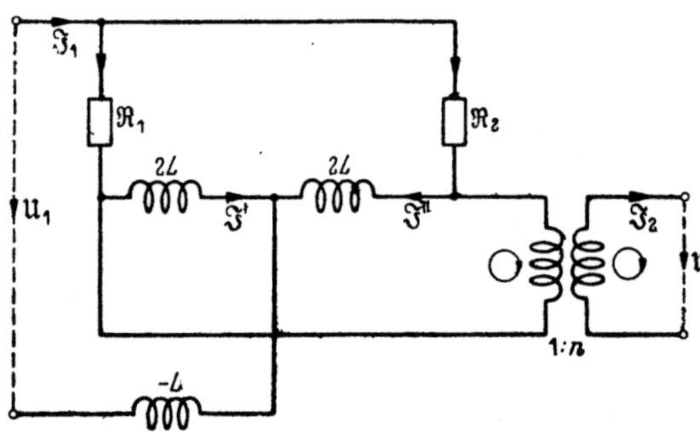

Abb. 204. 2.

Meist rechnet man so, als ob der Differentialübertrager ein idealer Übersetzer wäre: man vernachlässigt[1] die Beträge $|\mathfrak{R}_1 + \mathfrak{R}_2|/4$ und $|\mathfrak{R}_1\mathfrak{R}_2/(\mathfrak{R}_1 + \mathfrak{R}_2)|$

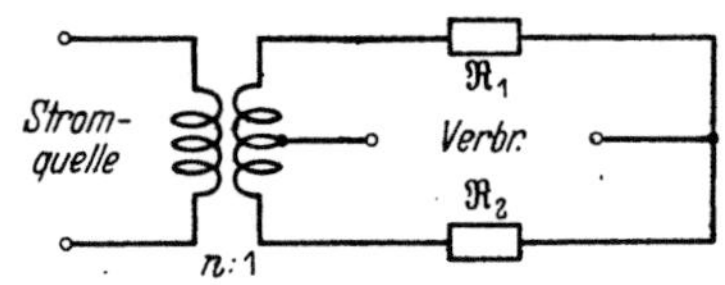

Abb. 204. 3.

neben ωL. Dann ergeben sich die folgenden Grundgleichungen der Differentialschaltung:

$$\mathfrak{W}_1^l = \frac{\mathfrak{R}_1 + \mathfrak{R}_2}{4}, \qquad \mathfrak{W}_2^l = 4\,n^2 \frac{\mathfrak{R}_1 + \mathfrak{R}_2}{4}, \qquad \mathfrak{M} = 2\,n \frac{\mathfrak{R}_2 - \mathfrak{R}_1}{4}. \qquad (204.\ 5)$$

[1] Wenn die Vektoren $\mathfrak{R}_1$ und $\mathfrak{R}_2$ gleich oder entgegengesetzt gerichtet sind, ist der zweite Betrag höchstens gleich dem ersten.

Ist dann noch die primäre Gesamtwindungszahl des Differentialübertragers doppelt so groß wie die sekundäre ($n = \frac{1}{2}$), so gehen die Vierpolparameter der Differentialschaltung in die der Brückenschaltung über, und deren Theorie ist zugleich die Theorie der Differentialschaltung.

Häufig sind in Abb. 204. 1 die Stromquelle und der Verbraucher miteinander vertauscht. Man hat dann die Schaltung Abb. 204. 3. Für diese gelten ebenfalls die Gleichungen (. 1) bis (. 5); nur muß man $\mathfrak{W}_1^l$ und $\mathfrak{W}_2^l$ miteinander vertauschen.

Legt man bei der Brückenschaltung die am Schlusse des § 173 erwähnte Bezeichnungsweise zugrunde, so muß man die Widerstände der Differentialschaltung mit $2\,\mathfrak{R}_1$ und $2\,\mathfrak{R}_2$ bezeichnen, wenn für Brücken- und Differentialschaltung dieselben Gleichungen gelten sollen.

§ 205. Die nahezu abgeglichene Differentialschaltung. Wenn $\mathfrak{R}_1 \approx \mathfrak{R}_2$ ist, dämpft die Schaltung sehr stark; nach (204. 5) kann man daher bei beliebigem n

$$\mathfrak{Cof}\,\mathfrak{g} = \frac{\sqrt{\mathfrak{W}_1^l\,\mathfrak{W}_2^l}}{\mathfrak{M}} = \frac{\mathfrak{R}_1 + \mathfrak{R}_2}{\mathfrak{R}_2 - \mathfrak{R}_1} \approx \frac{e^{\mathfrak{g}}}{2} \tag{205. 1}$$

und daher

$$b = \ln 2 + \ln\left|\frac{\mathfrak{R}_1 + \mathfrak{R}_2}{\mathfrak{R}_2 - \mathfrak{R}_1}\right| \tag{205. 2}$$

schreiben. Sollen also bei einer Differentialschaltung die Widerstände $\mathfrak{R}_1$ und $\mathfrak{R}_2$ gleich gemacht werden und ist dieser Abgleich noch nicht völlig gelungen, so daß noch ein Fehler vom Maße $\vartheta = (\mathfrak{R}_2 - \mathfrak{R}_1)/(\mathfrak{R}_1 + \mathfrak{R}_2)$ besteht, so ist die durch die Differentialschaltung bewirkte Vierpoldämpfung um 0,69 N höher als die Fehlerdämpfung (§ 188). Erst wenn der Fehler gleich Null geworden ist, dämpft die Differentialschaltung unendlich stark.

Für die Betriebsdämpfung gilt nahezu das gleiche.

Für die Strom- und die Spannungsübersetzung ergeben sich aus (160. 5), (204. 5) und (. 2) bei Anpassung die Gleichungen:

$$|\ln|\mathfrak{u}_2|| = \ln(4n) + |\ln|\vartheta||, \tag{205. 3}$$

$$|\ln|\mathfrak{v}_2|| = -\ln n + |\ln|\vartheta||. \tag{205. 4}$$

§ 206. Differential-Brückensternschaltung. Bestehen die komplexen Widerstände $\mathfrak{R}_0$ der Schaltung Abb. 168. 1 aus hohen verlustfreien Induktivitäten L,

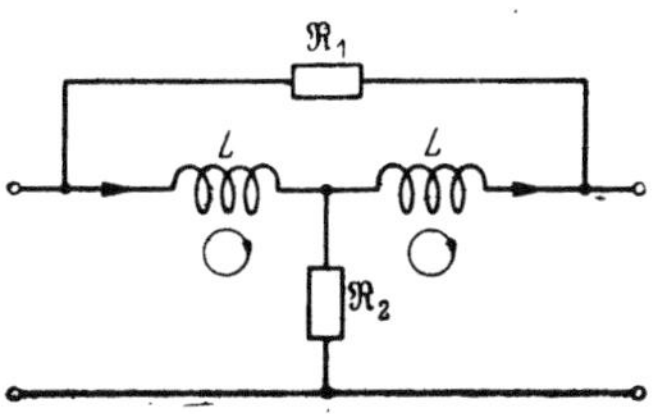

Abb. 206. 1.

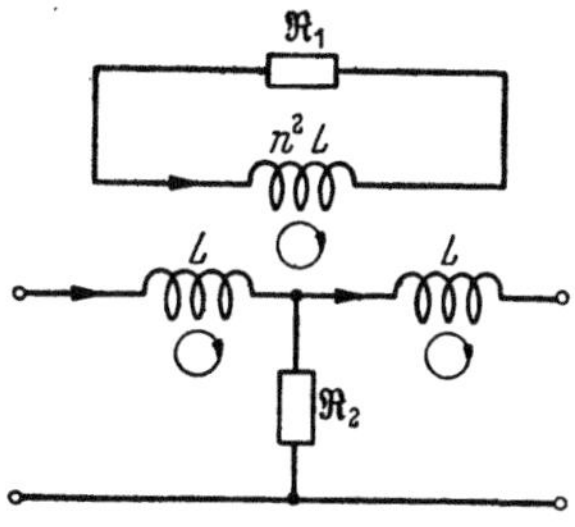

Abb. 206. 2.

die streuungsfrei auf demselben Kern sitzen (Abb. 206. 1), so ist nach dem Ersatzbild des § 193 und nach (168. 1)

$$\mathfrak{W}^l = \frac{2\,j\,\omega L(2\,j\,\omega L + \mathfrak{R}_1)}{4\,j\,\omega L + \mathfrak{R}_1} - j\,\omega L + \mathfrak{R}_2 \approx \frac{\mathfrak{R}_1}{4} + \mathfrak{R}_2, \tag{206. 1}$$

$$\mathfrak{M} = \frac{(2\,j\,\omega L)^2}{4\,j\,\omega L + \mathfrak{R}_1} - j\,\omega L + \mathfrak{R}_2 \approx \mathfrak{R}_2 - \frac{\mathfrak{R}_1}{4}. \tag{206. 2}$$

Eine so aufgebaute Brückensternschaltung wirkt also auf einen an ihrer sekundären Seite angeschalteten Verbraucher wie eine Differentialschaltung mit den Widerständen $\mathfrak{R}_1$ und $4\,\mathfrak{R}_2$.

Für die Schaltung Abb. 206. 2 gilt nach § 203 dasselbe; nur ist $\mathfrak{R}_1$ in (. 1) und (. 2) durch $\mathfrak{R}_1/n^2$ zu ersetzen, wo n wie in § 203 definiert ist.

Die Schaltung Abb. 206. 1 wird u. a. benutzt[1], wenn Teilnehmerstationen gegen Knallgeräusche geschützt werden sollen. Macht man $\mathfrak{R}_2$ sehr klein und bildet $\mathfrak{R}_1$ als Glimmlampe aus, so verschwindet der Strom im Verbraucher, sobald die Lampe anspricht. Ähnliche Schaltungen können zur Begrenzung der Amplituden von Fernsprechströmen verwendet werden.

§ 207. Der Einschaltvorgang beim Übertrager. Wird an einen Übertrager mit gegensinnigen Wicklungen plötzlich eine konstante Spannung E gelegt, so entsteht ein Einschaltvorgang, für den die Gleichungen

$$E = R_1 i_1 + L_1 \frac{d i_1}{d t} - L_{12} \frac{d i_2}{d t}, \tag{207. 1}$$

$$0 = -L_{12} \frac{d i_1}{d t} + R_2 i_2 + L_2 \frac{d i_2}{d t} \tag{207. 2}$$

maßgebend sind. Widerstand und Induktivität der Stromquelle und des Verbrauchers seien dabei in R_1, L_1, R_2 und L_2 enthalten.

Man macht zunächst die Gleichung (. 1) durch die Einführung $R_1 i_1 = E + R_1 i_1'$ homogen. Dann entfernt man die Ableitung $d i_2/d t$, indem man (. 1) mit L_2, (. 2) mit L_{12} multipliziert und addiert:

$$0 = R_1 L_2 i_1' + (L_1 L_2 - L_{12}^2) \frac{d i_1'}{d t} + R_2 L_{12} i_2. \tag{207. 3}$$

Hieraus entnimmt man $L_{12} i_2$, setzt es in (. 1) ein und erhält mit der Abkürzung $L_1 L_2 - L_{12}^2 = \sigma L_1 L_2$:

$$0 = R_1 i_1' + L_1 \frac{d i_1'}{d t} + \frac{1}{R_2}\left(R_1 L_2 \frac{d i_1'}{d t} + \sigma L_1 L_2 \frac{d^2 i_1'}{d t^2}\right)$$

oder

$$\frac{d^2 i_1'}{d t^2} + \frac{1}{\sigma}\left(\frac{R_1}{L_1} + \frac{R_2}{L_2}\right)\frac{d i_1'}{d t} + \frac{R_1 R_2}{\sigma L_1 L_2} i_1' = 0. \tag{207. 4}$$

Nach § 135 folgt hieraus unmittelbar, daß

$$\tau_1 = \sigma \frac{L_1 L_2}{R_1 L_2 + R_2 L_1}, \qquad \tau_2 = \frac{L_1}{R_1} + \frac{L_2}{R_2}. \tag{207. 5}$$

Bei geringer Streuung σ schaltet sich der Übertrager demnach schwingungsfrei ein; und zwar ist für die Dauer der flüchtigen Vorgänge maßgebend die Summe der Verhältnisse L/R der beiden Kreise. Der sekundäre Kreis wirkt verzögernd, und zwar um so mehr, je kleiner sein Widerstand ist, ganz besonders daher bei Kurzschluß.

Von dieser Verzögerung macht man u. a. bei Relais Gebrauch. Man bringt als sekundären Kreis meist eine besondere Wicklung oder auch ein massives Kupferrohr auf dem Relaiskern an. Doch ist zu beachten, daß bei den Relais wegen der Bewegung des Ankers die Induktivitäten nicht als konstant angesehen werden dürfen. Die hier gegebene Theorie kann daher nur als erster Anhalt dienen[2].

8. Abschnitt.

Gleichmäßige Leitungen.

§ 208. Grunddefinitionen. Unter einer gleichmäßigen (homogenen) Leitung verstehen wir eine Leitung, deren Leiter überall die gleiche Beschaffenheit haben: das Metall, aus dem sie bestehen, ihre Querabmessungen, ihre Abstände voneinander, von der Erde oder von einer etwaigen Hülle, die Art ihrer Isolation, die Temperatur, alles dies soll an allen Stellen übereinstimmen.

[1] Nach einem Vorschlag von K. Küpfmüller. Siehe Wild, W.: Siemens-Z. 14 (1934) S. 379.

[2] Vgl. Timme, A.: Z. Fernm.-Techn. 2 (1921) S. 101, 131. Schulze, E.: Ebenda 5 (1924) S. 28, 36, 41, 51, 87; Elektr. Nachr.-Techn. 3 (1926) S. 382, 450.

Bei einer solchen Leitung sind nach (7. 1) der Drahtwiderstand, nach (92. 2) und (92. 3) die Induktivität, nach § 8 der Leitwert des Dielektrikums, endlich nach (57. 2) die Kapazität proportional der Leitungslänge. Die Proportionalitätskonstanten, mit denen man die Länge multiplizieren muß, um die angegebenen vier Leitungskennwerte zu erhalten, seien der Reihe nach mit R, L, G, C bezeichnet; wir nennen sie den „bezogenen" (nämlich auf die Längeneinheit bezogenen) Widerstand, die bezogene Induktivität, die bezogene Ableitung und die bezogene Kapazität. Nach ihrer Definition erhält man die bezogenen Kennwerte, wenn man die Gesamtwerte eines Stückes gleichmäßiger Leitung durch seine Länge dividiert.

Eine ungleichmäßige Leitung wäre eine solche, bei der die Eigenschaften von Stelle zu Stelle variieren, so daß die Zusammenhänge zwischen den Gesamtwerten und der Leitungslänge durch kompliziertere Funktionen gegeben werden. Eine Leitung, die aus gleichmäßigen Stücken verschiedener Eigenschaften zusammengesetzt ist, darf natürlich als Ganzes nicht mehr zu den gleichmäßigen Leitungen gerechnet werden.

Zu den gleichmäßigen Leitungen zählen die Freileitungen, d. h. die an Gestängen geführten Leitungen mit blanken (hüllenfreien) Leitern, und die (nicht pupinisierten) Kabelleitungen, deren Leiter von Isoliermänteln und meist noch anderen Hüllen umgeben sind und in der Regel in die Erde eingebettet werden.

§ 209. Übertragungsmaß und Wellenwiderstand der gleichmäßigen Leitung. Die Theorie der gleichmäßigen Leitung läßt sich am einfachsten ableiten, wenn man sich diese zusammengesetzt denkt aus lauter gleichen sehr kurzen Vierpolen, die in Form von Sternen oder Dreiecken[1] je aus einem Längswiderstand $\mathfrak{R}_1 = (R + j\omega L)\,dx$ und einem Querleitwert $1/\mathfrak{R}_2 = (G + j\omega C)\,dx$ bestehen. Der Widerstand und die Induktivität der Rückleitung seien in dem Längswiderstand $\mathfrak{R}_1$ einbegriffen.

Setzt man die angegebenen Werte in die Gleichungen (163. 5) und (165. 3) ein, so erhält man für einen solchen Vierpol

$$\mathfrak{Sin}\,\frac{\mathfrak{g}}{2} = \frac{1}{2}\sqrt{(R + j\omega L)(G + j\omega C)}\,dx\,, \tag{209. 1}$$

$$\mathfrak{Z} = \sqrt{\frac{R + j\omega L}{G + j\omega C}}\left(\mathfrak{Cof}\,\frac{\mathfrak{g}}{2}\right)^{\pm 1}, \tag{209. 2}$$

wo das obere Vorzeichen für die Stern-, das untere für die Dreiecksschaltung gilt. Ist dx klein, so kann man dafür schreiben:

$$\frac{\mathfrak{g}}{dx} = \gamma = \sqrt{(R + j\omega L)(G + j\omega C)}\,, \tag{209. 3}$$

$$\mathfrak{Z} = \sqrt{\frac{R + j\omega L}{G + j\omega C}}\,. \tag{209. 4}$$

Nach Voraussetzung sind die symmetrischen Vierpole, aus denen wir uns die Leitung zusammengesetzt denken, aneinander angepaßt. Daher gelten die Gleichung (. 3) für γ und die Gleichung (. 4) auch für Leitungen beliebiger Länge. Die Wurzeln sind entsprechend den Festsetzungen in § 158 und 149 auszuziehen.

Nach (. 3) ergibt sich bei der gleichmäßigen Leitung von selbst ein eindeutiges Winkelmaß. Es ist also nicht nötig, nach § 158 auf seinen Wert erst aus seiner Frequenzabhängigkeit zu schließen.

§ 210. Messung der bezogenen Werte *R, L, G, C*. Diese können nach den im 1., 2. und 3. Abschnitt abgeleiteten Formeln zum Teil nur ungenau berechnet werden; besonders bei Kabelleitungen kennt man die Abmessungen und die

[1] Nimmt man Kreuzschaltungen (Abb. 166. 1), so muß man deren Schrägwiderstände $2\,\mathfrak{R}_2$ nennen (wie beim Dreieck die Querwiderstände).

Stoffkonstanten nicht genau genug. Die bezogenen Werte werden daher fast immer gemessen.

Man bestimmt nach einem der im § 162 besprochenen Verfahren den Wellenwiderstand und das Übertragungsmaß und berechnet aus diesen die Werte R, L, G, C nach den Gleichungen

$$R + \mathrm{j}\,\omega L = \gamma\,\mathfrak{Z}, \tag{210.1}$$

$$G + \mathrm{j}\,\omega C = \frac{\gamma}{\mathfrak{Z}}, \tag{210.2}$$

die aus (209. 3) und (209. 4) folgen. Das zunächst vieldeutige Winkelmaß muß durch Probieren gefunden werden.

Mißt man bei verschiedenen Frequenzen, so erhält man zugleich die Frequenzabhängigkeit der bezogenen Werte. Hierauf hat man besonders zu achten beim Widerstand R [wegen der Stromverdrängung (§ 84)] und bei der Ableitung G, die erfahrungsgemäß bei den gebräuchlichen Isolierstoffen annähernd proportional der Frequenz wächst.

Nach (84. 9) nimmt der Widerstand der Leitungen infolge der Stromverdrängung erst bei höheren Frequenzen sehr merklich zu. Der Widerstand einer 4-mm-Freileitung z. B. ist bei 1100 Hz etwa um 2%, bei 2500 Hz etwa um 10% höher als bei Gleichstrom. Bei 100 kHz aber hat er sich bereits verfünffacht.

Bei kurzen Leitungsstücken (z. B. Fabrikationslängen) kann man sich mit der Bestimmung des Leerlauf- und des Kurzschlußwiderstandes begnügen; denn es ist nach (159. 6) und (161. 5)

$$\mathfrak{W}^l = \mathfrak{Z}\,\mathfrak{Ctg}\,\mathfrak{g} \approx \frac{\mathfrak{Z}}{\gamma l} = \frac{1}{(G + \mathrm{j}\,\omega C)\,l}, \tag{210.3}$$

$$\mathfrak{W}^k = \mathfrak{Z}\,\mathfrak{Tg}\,\mathfrak{g} \approx \gamma l\,\mathfrak{Z} = (R + \mathrm{j}\,\omega L)\,l. \tag{210.4}$$

Besonders wichtig ist die Bestimmung von G und C nach (. 3).

Wenn die Länge l nicht sehr klein ist, bringt man eine Berichtigung an[1]. Nach 5. 5 des Anhangs ist nämlich

$$\frac{1}{(G + \mathrm{j}\,\omega C)\,l} = \frac{\mathfrak{Z}}{\gamma l} = \frac{\mathfrak{W}^l\,\mathfrak{Tg}\,\mathfrak{g}}{\gamma l} \approx \mathfrak{W}^l\left(1 - \frac{\gamma^2 l^2}{3}\right) \approx \mathfrak{W}^l\left(1 - \mathrm{j}\,\frac{\omega R C l^2}{3}\right). \tag{210.5}$$

Vergleicht man, etwa in einer Wechselstrombrücke, den Leerlaufwiderstand $\mathfrak{W}^l$ mit einer Reihenschaltung eines Widerstands R_0 und einer Kapazität C_0, so ist nach (. 5)

$$\frac{1}{(G + \mathrm{j}\,\omega C)\,l} \approx \frac{G}{\omega^2 C^2 l} - \mathrm{j}\,\frac{1}{\omega C l} = \left(R_0 + \frac{1}{\mathrm{j}\,\omega C_0}\right)\left(1 - \mathrm{j}\,\frac{\omega R C l^2}{3}\right)$$

und daher

$$G l = (\omega C l)^2 \left(R_0 - \frac{C l}{C_0}\,\frac{R l}{3}\right), \tag{210.6}$$

$$C l = C_0 \left(1 - R_0\,\frac{R l}{3}\,\omega^2 C_0 C l\right). \tag{210.7}$$

Mit der Abkürzung $g = (Rl/3)\,\omega^2 C_0^2$ kann man auch folgendermaßen schreiben:

$$C l \approx C_0 (1 - R_0 g), \qquad G l \approx (\omega C l)^2 \left(R_0 - \frac{R l}{3}\right) = R_0 (\omega C l)^2 - g. \tag{210.8}$$

$R_0 g$ ist meist sehr klein gegen 1.

§ 211. Dämpfungsmaß und Winkelmaß der gleichmäßigen Leitung. Die Zerlegung des bezogenen Übertragungsmaßes

$$\gamma = \sqrt{(R + \mathrm{j}\,\omega L)(G + \mathrm{j}\,\omega C)} \tag{211.1}$$

---

[1] Über ein Näherungsverfahren von H. Kaden siehe Sommer, F.: Elektr. Nachr.-Techn. 16 (1939) S. 127.

in das bezogene Dämpfungsmaß β und das bezogene Winkelmaß α gestaltet sich am einfachsten, wenn man die komplexen Größen durch ihre Beträge und Winkel darstellt. Man führt durch

$$\operatorname{tg}\varepsilon = \frac{R}{\omega L}, \qquad \operatorname{tg}\delta = \frac{G}{\omega C} \tag{211.2}$$

zwei frequenzabhängige „Verlustwinkel" ε und δ ein (vgl. § 54), setzt also wie in (101. 3)

$$R + \mathrm{j}\omega L = \frac{\omega L}{\cos\varepsilon} \angle \underline{90^0 - \varepsilon}, \qquad G + \mathrm{j}\omega C = \frac{\omega C}{\cos\delta} \angle \underline{90^0 - \delta}; \tag{211.3}$$

d. h. man sieht den häufig vorliegenden Fall, daß die Blindbestandteile überwiegen, zunächst als den Normalfall an. Damit wird:

$$\gamma = \frac{\omega\sqrt{LC}}{\sqrt{\cos\varepsilon\cos\delta}} \angle \underline{90^0 - (\varepsilon + \delta)/2}, \tag{211.4}$$

also

$$\beta = \frac{\omega\sqrt{LC}}{\sqrt{\cos\varepsilon\cos\delta}} \sin\frac{\varepsilon+\delta}{2}, \tag{211.5}$$

$$\alpha = \frac{\omega\sqrt{LC}}{\sqrt{\cos\varepsilon\cos\delta}} \cos\frac{\varepsilon+\delta}{2}. \tag{211.6}$$

Diese Gleichungen gelten **allgemein** für **jede gleichmäßige Leitung** und eignen sich zur genauen zahlenmäßigen Berechnung.

In den Winkeln ε und δ steckt, wie schon bemerkt, die Frequenz ω. Aus den Formeln ist daher noch nicht zu ersehen, wie β und α von der Frequenz abhängen.

Multipliziert man α und β miteinander, so erhält man

$$\alpha\beta = \frac{\omega^2 LC}{\cos\varepsilon\cos\delta}\sin\frac{\varepsilon+\delta}{2}\cos\frac{\varepsilon+\delta}{2} = \frac{\omega^2 LC}{\cos\varepsilon\cos\delta}\,\frac{1}{2}\sin(\varepsilon+\delta)$$

$$= \omega^2 LC\cdot\frac{1}{2}\left(\frac{\sin\varepsilon}{\cos\varepsilon} + \frac{\sin\delta}{\cos\delta}\right) = \omega^2 LC\cdot\frac{1}{2}\left(\frac{R}{\omega L} + \frac{G}{\omega C}\right),$$

also

$$\alpha\beta = \omega\sqrt{LC}\left(\frac{R}{2}\sqrt{\frac{C}{L}} + \frac{G}{2}\sqrt{\frac{L}{C}}\right). \tag{211.7}$$

Diese ebenfalls allgemeingültige Gleichung erlaubt, die eine der beiden Größen β und α hinzuschreiben, wenn die andere bekannt ist.

§ 212. Verlustarme Leitung. Ein wichtiger Grenzfall ist der Fall der verlustarmen Leitung. Wenn die Verlustwinkel ε und δ klein sind, kann man sie gleich ihrem Sinus, ihre Kosinus dagegen gleich 1 setzen (vgl. Anhang 2. 3 und 2. 4). Dann folgt aus (211. 6)

$$\alpha = \omega\sqrt{LC} \tag{212.1}$$

und aus (211. 7)

$$\beta = \frac{R}{2}\sqrt{\frac{C}{L}} + \frac{G}{2}\sqrt{\frac{L}{C}}. \tag{212.2}$$

Bei einer verlustarmen Leitung ist also das Dämpfungsmaß, soweit R, L, G, C als konstant angesehen werden dürfen, von der Frequenz unabhängig, das Winkelmaß dagegen der Frequenz proportional. Hohe Töne werden nahezu ebenso stark gedämpft wie tiefe. Bei kleiner Ableitung G — dies ist der wichtigste Fall der Praxis — ist das Dämpfungsmaß um so höher, je größer der Widerstand und die Kapazität und je kleiner die Induktivität ist. Durch Erhöhung der Induktivität kann man also die Dämpfung verringern.

Merkwürdigerweise gibt es noch eine zweite Bedingung, unter der die Gleichungen (. 1) und (. 2) sogar genau richtig werden: die Bedingung $\varepsilon = \delta$. Führt man sie ein, so geht die Gleichung (211. 6) in die Gleichung (. 1) und damit nach (211. 7) auch die Gleichung (211. 5) in die Gleichung (. 2) über. Eine Leitung, bei der die beiden Verlustwinkel einander gleich sind, heißt auch „verzerrungsfrei". Da ε und δ jedoch nichts miteinander zu tun haben (ε ist in der Regel viel größer als δ), ist der Begriff der verzerrungsfreien Leitung praktisch ohne Bedeutung.

Zahlenbeispiel. Bei einer Freileitung von 4 mm Drahtstärke sei für 800 Hz:

$$R = 2{,}9\ \Omega/\mathrm{km}, \qquad G = 0{,}5\ \mu\mathrm{S/km},$$
$$L = 1{,}9\ \mathrm{mH/km}, \qquad C = 6{,}0\ \mathrm{nF/km}.$$

Also ist

$$\operatorname{tg}\varepsilon = \frac{R}{2\pi f L} = \frac{2{,}9}{2\pi \cdot 0{,}8 \cdot 1{,}9} = 0{,}304,$$
$$\operatorname{tg}\delta = \frac{G}{2\pi f C} = \frac{0{,}5}{2\pi \cdot 0{,}8 \cdot 6{,}0} = 0{,}017$$

und

$$\varepsilon = 16{,}9^0, \qquad \cos\varepsilon = 0{,}96,$$
$$\delta = 0{,}95^0, \qquad \cos\delta = 1{,}00.$$

Die bezogenen Maße einer solchen Freileitung können demnach — und zwar um so genauer, je höher die Frequenz ist — nach den Gleichungen (. 1) und (. 2) berechnet werden. Für die betrachtete Freileitung findet man[1]:

$$\beta = \left(\frac{2{,}9}{2}\sqrt{\frac{6{,}0}{1{,}9}} + \frac{0{,}5}{2}\sqrt{\frac{1{,}9}{6{,}0}}\right)\frac{10^{-3}}{\mathrm{km}} = (2{,}58 + 0{,}14)\frac{\mathrm{mN}}{\mathrm{km}} = 2{,}72\,\frac{\mathrm{mN}}{\mathrm{km}}, \qquad (212.\ 3)$$

$$\alpha = \omega\sqrt{1{,}9 \cdot 6{,}0}\,\frac{10^{-6}\,\mathrm{s}}{\mathrm{km}} = \frac{0{,}0212}{\mathrm{km}}\,\frac{f}{\mathrm{kHz}}\,57{,}3^0 = \frac{1{,}22^0}{\mathrm{km}}\,\frac{f}{\mathrm{kHz}}. \qquad (212.\ 4)$$

Für 800 Hz ist $\alpha = 0{,}97^0/\mathrm{km}$. Die genauen Gleichungen (211. 5) und (211. 6) liefern für dieselbe Frequenz die um $\approx 1\%$ abweichenden Werte $\beta = 2{,}69\ \mathrm{mN/km}$, $\alpha = 0{,}98^0/\mathrm{km}$.

Bei hinreichend hohen Frequenzen verhalten sich nach (211. 2) alle Leitungen (Frei- und Kabelleitungen) wie verlustarme Leitungen. Die Werte R und G sind zwar nicht mehr unabhängig von der Frequenz. Der bezogene Widerstand R steigt jedoch nach (84. 10) wegen der Stromverdrängung nur proportional $\sqrt{f}$, so daß $\operatorname{tg}\varepsilon$ noch immer abnimmt; die bezogene Ableitung G dagegen nimmt nach § 54 wenigstens bei Kabelleitungen so zu, daß der Verlustwinkel $\operatorname{tg}\delta$ annähernd konstant bleibt oder nur langsam zunimmt. Im allgemeinen ist daher die Gleichung (. 2), selbst wenn sie für tiefe Frequenzen durch eine andere ersetzt werden muß, für hohe Frequenzen gültig.

Ist das Ableitungsglied in (. 2) auch bei hohen Frequenzen unbeträchtlich (wie z. B. bei Benutzung des Isolierstoffs Styroflex), so steigt die bezogene Dämpfung nach (84. 10) proportional der Wurzel aus der Frequenz. Nach derselben Gleichung läßt sie sich auch bei Hochfrequenz durch Vergrößerung der Leiterquerschnitte herabsetzen.

Wenn auf einer Leitung die Leistung auf die Hälfte oder ein Tausendstel sinkt, so entspricht das einer Leitungsdämpfung um $\ln\sqrt{2} = 0{,}347$ N und entsprechend um $\ln\sqrt{1000} = 3{,}45$ N. Bei der vorhin betrachteten Freileitung ist demnach die Halbwertsentfernung gleich $0{,}347/(2{,}69\ \mathrm{mN/km}) = 129$ km, die Tausendstelentfernung gleich 1280 km. Diesen beiden Entfernungen entsprechen bei 800 Hz die Vektordrehungen $a = 0{,}35 \cdot 360^0$ und $a = 3{,}5 \cdot 360^0$. Auf einer Leitung der betrachteten Art von 367 km Länge laufen die Vektoren $\mathfrak{U}$ und $\mathfrak{J}$ gerade einmal vollständig um; dabei sinkt die Leistung aber bereits auf 13,9% ihres Wertes am Eingang der Leitung. Das folgt aus $N = N_0 e^{-2\beta l}$.

[1] Der Vollwinkel 360^0 ist gleich dem Verhältnis des Kreisumfangs $2\pi r$ zum Halbmesser r: $360^0 = 2\pi r/r = 2\pi$. Also gilt

$$\frac{360^0}{2\pi} = 57{,}3^0 = 1.$$

Von dieser Beziehung wird bei der Berechnung von α Gebrauch gemacht.

§ 213. Genauere Berechnung des Dämpfungs- und des Winkelmaßes. Je dünner die Drähte einer Freileitung sind, um so größer wird ihr bezogener Widerstand R im Vergleich zu ihrem bezogenen induktiven Blindwiderstand ωL.

So gilt für 2-mm-Drähte und 800 Hz bereits

$$R = 11{,}6\ \Omega/\text{km}, \qquad G = 0{,}5\ \mu\text{S/km},$$
$$L = 2{,}2\ \text{mH/km}, \qquad C = 5{,}2\ \text{nF/km},$$

also

$$\left.\begin{aligned} \operatorname{tg}\varepsilon &= \frac{11{,}6}{2\pi\cdot 0{,}8\cdot 2{,}2} = 1{,}05; \quad & \varepsilon &= 45{,}4^0 = 0{,}81; \quad & \cos\varepsilon &= 0{,}69, \\ \operatorname{tg}\delta &= \frac{0{,}5}{2\pi\cdot 0{,}8\cdot 5{,}2} = 0{,}019; \quad & \delta &= 1{,}1^0 = 0{,}02; \quad & \cos\delta &= 1{,}00. \end{aligned}\right\} \tag{213.1}$$

Wir wollen daher untersuchen, wie sich das Ergebnis des § 212 ändert, wenn man bei den Kosinusfunktionen noch die Glieder mit ε^2 und δ^2 berücksichtigt:

$$\cos\varepsilon \approx 1 - \frac{\varepsilon^2}{2}, \qquad \cos\delta \approx 1 - \frac{\delta^2}{2}, \tag{213.2}$$

$$\cos\frac{\varepsilon+\delta}{2} \approx 1 - \frac{(\varepsilon+\delta)^2}{8} = 1 - \frac{\varepsilon^2}{8} - \frac{\varepsilon\,\delta}{4} - \frac{\delta^2}{8}. \tag{213.3}$$

Mit diesen Näherungen erhält man

$$\begin{aligned} \alpha &\approx \omega\sqrt{LC}\left(1 - \frac{\varepsilon^2}{8} - \frac{\varepsilon\,\delta}{4} - \frac{\delta^2}{8} + \frac{\varepsilon^2}{4} + \frac{\delta^2}{4}\right) \\ &= \omega\sqrt{LC}\left(1 + \frac{(\varepsilon-\delta)^2}{8}\right) \end{aligned} \tag{213.4}$$

und nach (211. 7)

$$\beta = \left(\frac{R}{2}\sqrt{\frac{C}{L}} + \frac{G}{2}\sqrt{\frac{L}{C}}\right)\left(1 - \frac{(\varepsilon-\delta)^2}{8}\right). \tag{213.5}$$

Es müssen also Korrektionen zugefügt werden, die dem Quadrat der Differenz $\varepsilon - \delta$ proportional sind. Da $\varepsilon - \delta$ mit steigender Frequenz abnimmt, werden die hohen Töne genau genommen etwas stärker gedämpft als die tiefen: Der Klang der übermittelten Sprache wird, wenn auch kaum merklich, „verzerrt" (Abb. 213. 1). Man nennt die hier auftretende Verzerrung zur Unterscheidung von anderen Arten der Verzerrung „Dämpfungsverzerrung".

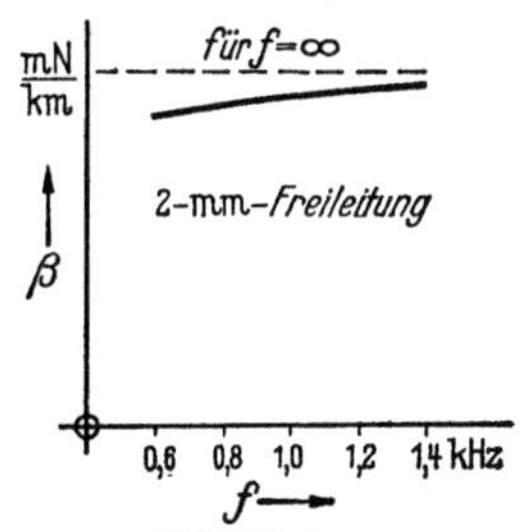

Abb. 213. 1.

Bei der vorhin betrachteten 2-mm-Freileitung ergibt sich aus (. 5) und (. 4) für 800 Hz

$$\beta = (8{,}92 + 0{,}16)\,(1 - 0{,}078)\,\frac{10^{-3}}{\text{km}} = 9{,}08\cdot 0{,}922\,\frac{\text{mN}}{\text{km}} = 8{,}37\,\frac{\text{mN}}{\text{km}},$$

$$\alpha = \frac{0{,}974^0}{\text{km}}\,(1 + 0{,}078) = \frac{1{,}050^0}{\text{km}}.$$

Die genauen Gleichungen (211. 5) und (211. 6) liefern

$$\beta = 8{,}24\ \text{mN/km}, \qquad \alpha = 1{,}074^0/\text{km}.$$

Nach (. 5) und (. 4) ergeben die Näherungsgleichungen (212. 1) und (212. 2) für die 4-mm-Leitung ($\varepsilon = 16{,}9/57{,}3 = 0{,}295$, $\delta = 0{,}95/57{,}3 = 0{,}017$) bei 800 Hz ein um etwa 1 % zu großes Dämpfungsmaß und ein um ebensoviel zu kleines Winkelmaß. Wir haben das im § 212 schon an Hand der Gleichungen (211. 5) und (211. 6) festgestellt.

Die Tausendstelreichweite der hier betrachteten 2-mm-Freileitung beträgt $(2{,}3\cdot 1{,}5/8{,}24)\ 10^3$ km = 419 km.

§ 214. Kabelleitung. Während bei der Freileitung im allgemeinen nur das Korrektionsglied des Dämpfungsmaßes von der Frequenz abhängt, ist bei der Niederfrequenzkabelleitung die Frequenzabhängigkeit des Hauptgliedes ziemlich beträchtlich. Da der reine Widerstand R wegen des geringen Durchmessers und des geringen Abstandes der Drähte wesentlich größer ist als der induktive Widerstand ωL, ist jetzt der Verlustwinkel ε groß.

So mißt man z. B. beim 0,9-mm-Kabel für 800 Hz

$$R = 54\ \Omega/\text{km}, \qquad G = 0{,}6\ \mu\text{S/km},$$
$$L = 0{,}7\ \text{mH/km}, \qquad C = 33{,}5\ \text{nF/km},$$

also

$$\operatorname{tg}\varepsilon = \frac{54}{2\pi \cdot 0{,}8 \cdot 0{,}7} = 15{,}4 \quad \text{und} \quad \varepsilon = 86{,}27^0. \tag{214. 1}$$

In diesem Falle führt man statt des kleinen induktiven Widerstands ωL besser den großen reinen Widerstand R nach der Gleichung $\omega L = R/\operatorname{tg}\varepsilon$ und statt des Verlustwinkels ε seinen Komplementwinkel $\varphi = 90^0 - \varepsilon$ ein. Dann erhält man

$$\gamma = \sqrt{\frac{\omega R C}{\cos\varphi \cos\delta}}\ \underline{/ 45^0 + \frac{\varphi - \delta}{2}}, \tag{214. 2}$$

also bei kleinem φ und δ

$$\beta = \sqrt{\frac{\omega R C}{\cos\varphi \cos\delta}} \cos\left(45^0 + \frac{\varphi - \delta}{2}\right) \approx \sqrt{\frac{\omega R C}{2}}\left(1 - \frac{\varphi - \delta}{2}\right), \tag{214. 3}$$

$$\alpha = \sqrt{\frac{\omega R C}{\cos\varphi \cos\delta}} \sin\left(45^0 + \frac{\varphi - \delta}{2}\right) \approx \sqrt{\frac{\omega R C}{2}}\left(1 + \frac{\varphi - \delta}{2}\right). \tag{214. 4}$$

In erster Näherung ist demnach bei den Kabelleitungen im Gebiet der Sprechfrequenzen das Dämpfungsmaß **gleich dem** Winkelmaß. Während bei den verlustarmen Freileitungen die Dämpfung frequenzunabhängig, das Winkelmaß der Frequenz proportional war, wachsen bei den Kabelleitungen beide Maße proportional der Wurzel aus der Frequenz (Abb. 214. 1): die hohen Töne werden merklich stärker gedämpft als die tiefen, die Kabelsprache hat einen etwas dumpfen oder dunklen Klang.

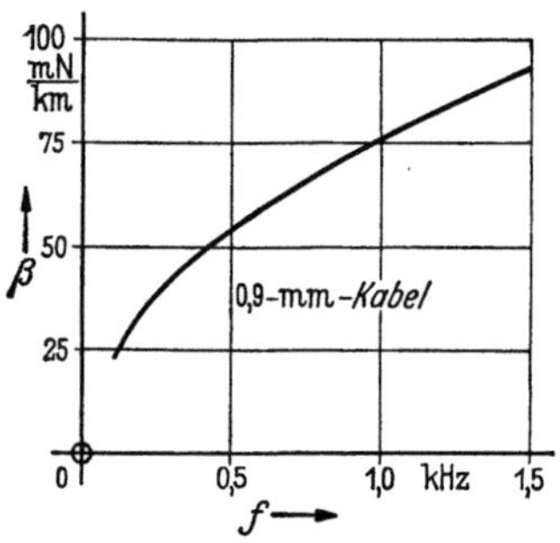

Abb. 214. 1.

Bei der 0,9-mm-Kabelleitung ergibt sich aus den Näherungsgleichungen (. 3) und (. 4)

$$\beta = 75{,}4\,(1 - 0{,}032)\sqrt{\frac{f}{\text{kHz}}}\,\frac{\text{mN}}{\text{km}} = 73{,}0\sqrt{\frac{f}{\text{kHz}}}\,\frac{\text{mN}}{\text{km}}, \tag{214. 5}$$

$$\alpha = 4{,}32^0\,(1 + 0{,}032)\sqrt{\frac{f}{\text{kHz}}} = 4{,}46^0\sqrt{\frac{f}{\text{kHz}}}. \tag{214. 6}$$

Für 800 Hz folgen hieraus die Werte $\beta = 65{,}2$ mN/km und $\alpha = 3{,}99^0$/km. Die Gleichungen (211. 5) und (211. 6) liefern $\beta = 65{,}4$ mN/km, $\alpha = 3{,}98^0$/km, also fast dasselbe.

§ 215. Trägerfrequenzbetrieb. Nach den Ergebnissen der vorhergehenden Paragraphen übertragen Freileitungen und Kabelleitungen ein Frequenzband, das viel breiter ist als das Band der in der Sprache oder in der Musik enthaltenen Frequenzen. Man kann daher in dem breiten Band noch weitere Nachrichten unterbringen; dadurch verringern sich die auf den einzelnen Sprechkreis fallenden Leitungskosten, insbesondere kann man an Kupfer sparen.

Die technische Voraussetzung hierfür ist die, daß es gelingt, das Frequenzband einer Nachricht beliebig nach oben oder unten zu verschieben, eine große Zahl solcher sich nicht überlappender Frequenzbänder gemeinsam zu übertragen und dann jedem einzelnen Empfänger allein das für ihn bestimmte Frequenzband wieder zuzuführen. Wie und mit welchen Hilfsmitteln diese Aufgabe gelöst worden ist, werden wir im 17. Abschnitt sehen.

Da man bei der Verschiebung oder „Umsetzung" von Frequenzbändern eine „Trägerschwingung" benutzt, spricht man von Trägerfrequenz-, Trägerstrom- oder kurz Trägerbetrieb.

Die neuere Entwicklung der Technik erlaubt, auf einer einzigen Hochfrequenz-Kabelleitung etwa zweihundert Gespräche und außerdem noch Fernsehsendungen zu übertragen, die ein besonders breites Frequenzband beanspruchen.

§ 216. Das Übertragungsmaß der gleichmäßigen Leitung bei hohen Frequenzen. Wie schon aus § 212 zu erkennen, hört bei den Kabelleitungen mit steigender Frequenz die Gleichung (214. 3) zu gelten auf, da die Winkel ε und δ immer kleiner werden; die Gleichung (212. 2) wird schließlich für alle Leitungen maßgebend. Unabhängig davon tritt aber die ebenfalls im § 212 schon erwähnte neue Frequenzabhängigkeit auf, die davon herrührt, daß sich der Strom immer mehr in einer Außenhaut zusammendrängt. Nach § 84 nimmt infolgedessen der bezogene Widerstand R bei hinreichend hohen Frequenzen proportional der Wurzel aus der Frequenz zu. Mit steigender Frequenz wächst daher die Dämpfung der Kabelleitungen zunächst nach (214. 3) proportional $\sqrt{f}$, dann in geringerem Maße, dann wieder proportional $\sqrt{f}$.

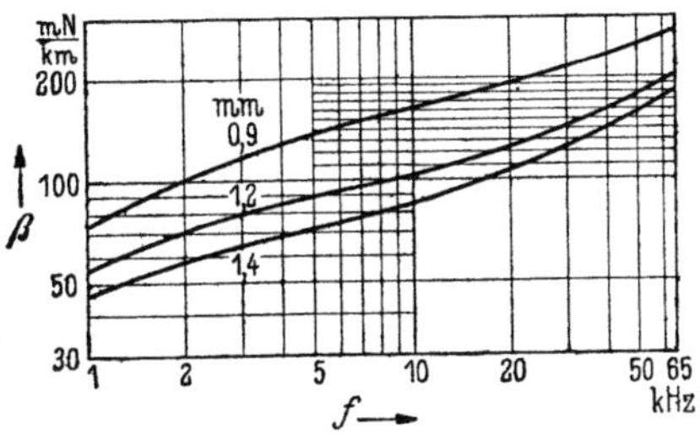

Abb. 216. 1

Abb. 216. 1 zeigt (in doppeltlogarithmischer Teilung) den Anstieg der Dämpfung eines 1,2-mm-Sternviererkabels (§ 220) mit Kupferleitern in dem Frequenzbereich zwischen 1 kHz und 65 kHz.

Bei hohen Frequenzen macht sich bei den Kabelleitungen, deren Leiter mit den in der Niederfrequenztechnik üblichen Stoffen isoliert sind, ein weiterer wichtiger Einfluß geltend. Diese Isolierstoffe haben einen so hohen Verlustwinkel δ und daher einen so starken Anstieg der bezogenen Ableitung $G = \omega C \cdot \operatorname{tg} \delta$ mit der Frequenz, daß bei hohen Frequenzen das erste Glied der rechten Seite von (212. 2) gegen das zweite nicht mehr in Betracht kommt.

Wir wollen dies für den Fall des koaxialen Hochfrequenzkabels näher untersuchen[1]. Unter Benutzung von (50. 2) und (89. 2) erhalten wir aus (212. 2):

$$\beta = \frac{\pi R}{\ln \frac{r_a}{r_i}} \sqrt{\frac{\varepsilon}{\mu_0}} + \pi f \sqrt{L C} \cdot \operatorname{tg} \delta. \qquad (216.\ 1)$$

Nun ist aber nach (84. 12), da der Strom beim Außenleiter eine Innen-, beim Innenleiter eine Außenhaut bildet:

$$R = \frac{1}{2 r_a} \sqrt{\frac{\mu_0 f}{\pi \varkappa_a}} + \frac{1}{2 r_i} \sqrt{\frac{\mu_0 f}{\pi \varkappa_i}}; \qquad (216.\ 2)$$

also wird

$$\beta = \frac{\sqrt{\pi \varepsilon f}}{2 r_a \sqrt{\varkappa_i}} \, \frac{\frac{r_a}{r_i} + \sqrt{\frac{\varkappa_i}{\varkappa_a}}}{\ln \frac{r_a}{r_i}} + \pi \sqrt{\varepsilon \mu_0} f \cdot \operatorname{tg} \delta. \qquad (216.\ 3)$$

Das erste Glied der rechten Seite, das im Gegensatz zu dem zweiten von den Abmessungen (r_a und r_a/r_i) abhängt, hat, wie man durch Differenzieren nach der Rechenregel 4. 3 des Anhangs findet, ein Minimum für ein Verhältnis r_a/r_i, das der transzendenten Gleichung

$$\frac{r_a}{r_i} + \sqrt{\frac{\varkappa_i}{\varkappa_a}} = \frac{r_a}{r_i} \ln \frac{r_a}{r_i} \qquad (216.\ 4)$$

[1] Kaden, H.: Arch. Elektrotechn. 30, (1936) S. 691. Über ummantelte Drahtpaarleitungen siehe Wuckel, G.: Europ. Fernsprechdienst 47 (1937) S. 209.

genügt. Dieser günstigste Wert von r_a/r_i ist gleich 3,6, wenn der Außenleiter aus demselben Werkstoff gefertigt ist wie der Innenleiter ($\varkappa_a = \varkappa_i$); gleich 5,2, wenn der Innenleiter aus Kupfer, der Außenleiter aus Blei besteht. Setzt man günstigste Bemessung nach (. 4) voraus, so wird

$$\beta = \frac{\sqrt{\pi \varepsilon f}}{2 r_i \sqrt{\varkappa_i}} + \pi \sqrt{\varepsilon \mu_0} f \cdot \operatorname{tg} \delta \qquad (216.5)$$

oder, wenn der Innenleiter aus Kupfer besteht,

$$\beta = \sqrt{\frac{\varepsilon}{\varepsilon_0}} \left(\frac{0{,}35}{r_i/\mathrm{mm}} \sqrt{\frac{f}{\mathrm{MHz}}} + 1{,}05 \cdot 10^{-3} \frac{\operatorname{tg}\delta}{10^{-4}} \frac{f}{\mathrm{MHz}} \right) \frac{\mathrm{N}}{\mathrm{km}}. \qquad (216.6)$$

Diese Gleichungen zeigen, daß mit steigender Frequenz auch bei konstantem Verlustwinkel δ das von den Abmessungen der Leiter unabhängige Ableitungsglied immer mehr den Ausschlag gibt. Nähme man beim koaxialen Hochfrequenzkabel wie beim Niederfrequenzkabel zur Isolierung Papier, so wäre die bezogene Dämpfung, da $\operatorname{tg}\delta \approx 300 \cdot 10^{-4}$, auch bei Wahl beliebig dicker Leiter bei 1 MHz größer als 0,3 N/km. Erst die in den letzten Jahren entwickelten Isolierstoffe mit sehr kleinen Verlustwinkeln (für „Styroflex“ z. B. ist $\operatorname{tg}\delta \approx 2 \cdot 10^{-4}$ bei $\varepsilon \approx 2\varepsilon_0$) erlauben, koaxiale Kabel für fast beliebig hohe Frequenzen zu benutzen. Der Zwischenraum zwischen den Leitern wird übrigens immer zu einem beträchtlichen Teil durch Luft ausgefüllt.

Wenn δ so klein ist, daß in (. 6) das erste Glied den Ausschlag gibt, kann man offenbar durch Verdoppelung des Leiterdurchmessers den ausnutzbaren Frequenzbereich vervierfachen.

Für Drahtpaarleitungen erhält man bei hohen Frequenzen nach (84. 12), (57. 2) und (92. 2)

$$\beta = \frac{1}{2 \varrho \ln (a/\varrho)} \sqrt{\frac{\pi \varepsilon f}{\varkappa}} + \pi f \sqrt{L C} \cdot \operatorname{tg}\delta. \qquad (216.7)$$

In diesem Frequenzgebiet läßt sich die bezogene Dämpfung nur noch bei **Freileitungen** ($a/\varrho \gg e$) durch Wahl dickerer Drähte wirksam verringern. Bei **Kabelleitungen** hängt sie nur wenig von der Drahtdicke ab; für $a/\varrho < e$ wird $d\beta/d\varrho$ sogar positiv, da dann der Einfluß der Kapazitätserhöhung und Induktivitätsverminderung überwiegt.

§ 217. Der Wellenwiderstand der gleichmäßigen Leitung. Führt man auch beim Wellenwiderstand (209. 4) die Verlustwinkel ε und δ ein, so erhält man allgemein

$$\mathfrak{Z} = \sqrt{\frac{L}{C}} \sqrt{\frac{\cos\delta}{\cos\varepsilon}} \angle -(\varepsilon - \delta)/2. \qquad (217.1)$$

Bei einer verlustarmen Leitung (z. B. einer dickdrähtigen Freileitung, bei der ε und δ für Sprechfrequenzen kleine Größen sind) ist hiernach der Betrag des Wellenwiderstands annähernd unabhängig von der Frequenz gleich $\sqrt{L/C}$. Der Rest von Frequenzabhängigkeit liegt in dem Faktor

$$\sqrt{\frac{\cos\delta}{\cos\varepsilon}} \approx 1 + \frac{\varepsilon^2}{4} \approx 1 + \frac{R^2}{4\omega^2 L^2}. \qquad (217.2)$$

Er ist bei kleinem ε ziemlich gering und besteht in einem Kleinerwerden des Betrags mit steigender Frequenz.

Bei der 4-mm-Freileitung z. B. wird für 800 Hz

$$|\mathfrak{Z}| = \sqrt{\frac{1{,}9\ \mathrm{mH}}{6{,}0\ \mathrm{nF}}} \left(1 + \frac{0{,}29^2}{4}\right) = 563 \cdot 1{,}021\ \Omega = 575\ \Omega; \qquad (217.3)$$

für 1600 Hz ergibt sich dagegen der Wert 566 Ω, der nur wenig größer ist als der Grenzwert für unendlich hohe Frequenz 563 Ω.

Beträchtlicher ist die Frequenzabhängigkeit des Winkels des Wellenwiderstands:

$$-\frac{\varepsilon-\delta}{2}\approx-\frac{R}{2\,\omega L}. \tag{217.4}$$

Für niedrige Frequenzen hat der Wellenwiderstand einer Freileitung hiernach den Charakter einer Kapazität (vgl. die Tabelle im § 218). Je dickdrähtiger sie ist, um so mehr wird sie zu einem reinen Widerstand, und zwar besonders bei hohen Frequenzen.

Bei der 4-mm-Freileitung ist der Winkel für 800 Hz gleich $-8{,}0^0$, für 1600 Hz gleich $-4{,}1^0$.

Bei den Kabelleitungen ist im Bereich der Sprechfrequenzen $\varphi = 90^0 - \varepsilon$ klein. Wir führen daher in die Gleichung (. 1) statt des kleinen induktiven Widerstands ωL wieder den viel größeren reinen Widerstand R nach der Gleichung $L = R/(\omega \operatorname{tg} \varepsilon)$ ein und erhalten

$$\mathfrak{Z}=\sqrt{\frac{R}{\omega C}}\sqrt{\frac{\cos\delta}{\sin\varepsilon}}\;\underline{\angle\,-(\varepsilon-\delta)/2}=\sqrt{\frac{R}{\omega C}}\sqrt{\frac{\cos\delta}{\cos\varphi}}\;\underline{\angle\,-45^0+(\varphi+\delta)/2}. \tag{217.5}$$

Der Wellenwiderstand der Kabelleitungen nimmt demnach in stärkerem Maße als der der Freileitungen mit steigender Frequenz ab. Sein Winkel liegt bei kleinem ε etwas oberhalb von -45^0. Die Kabelleitungen haben also ausgeprägter als die Freileitungen den Charakter von Kapazitäten, daher auch die stärkere Abnahme ihres Wellenwiderstandes mit steigender Frequenz.

Für die 0,9-mm-Kabelleitung wird

$$|\mathfrak{Z}|\approx\sqrt{\frac{54\,\Omega}{2\,\pi f\cdot 33{,}5\ \mathrm{nF}}}=507\sqrt{\frac{\mathrm{kHz}}{f}}\,\Omega. \tag{217.6}$$

In Abb. 217.1 ist der Frequenzgang des Wellenwiderstands einer solchen Kabelleitung durch eine „Ortskurve" in der komplexen Ebene dargestellt (vgl. § 119).

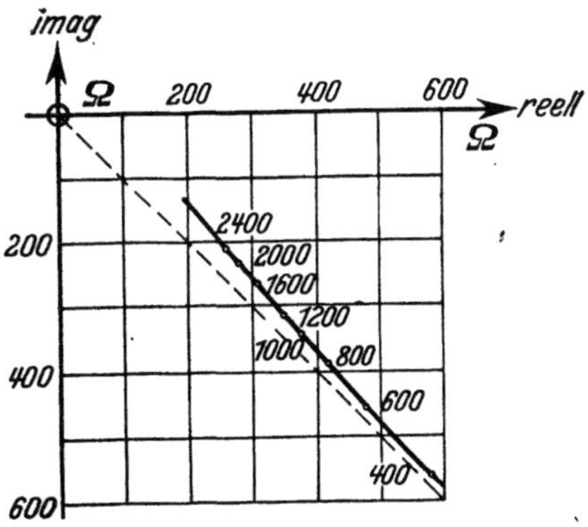

Abb. 217.1.

Setzt man die früher gefundenen Werte für die Kapazitäten und Induktivitäten der Leitungen ein, so ergibt sich[1] für die Drahtpaar-Freileitung und für die Drahtpaar-Kabelleitung bei höheren Frequenzen nach (57. 2) und (92. 2)

$$\mathfrak{Z}=\sqrt{\frac{L}{C}}=\frac{\ln\frac{a}{\varrho}}{\pi}\sqrt{\frac{\mu_0}{\varepsilon}}$$

$$=276\lg\frac{a}{\varrho}\sqrt{\frac{\varepsilon_0}{\varepsilon}}\,\Omega. \tag{217.7}$$

Für die koaxiale Hochfrequenzkabelleitung findet man unter der Voraussetzung $r_a = 3{,}6\, r_i$ (vgl. § 216) nach (50. 2) und (89. 2)

$$\mathfrak{Z}=\sqrt{\frac{L}{C}}=\frac{\ln\frac{r_a}{r_i}}{2\pi}\sqrt{\frac{\mu_0}{\varepsilon}}=77\sqrt{\frac{\varepsilon_0}{\varepsilon}}\,\Omega. \tag{217.8}$$

Die universelle Konstante $\sqrt{\mu_0/\varepsilon_0} = 377\ \Omega$ heißt „Wellenwiderstand des leeren Raums".

Der Wellenwiderstand der verlustarmen Leitungen ändert sich demnach nicht, wenn man ihre Querabmessungen im gleichen Verhältnis vergrößert oder verkleinert.

[1] ε ist jetzt die elektrische Durchlässigkeit.

§ 218. Werte des Dämpfungsmaßes und des Wellenwiderstands von Frei- und Kabelleitungen sind in der folgenden Tabelle angegeben (sie gilt für 800 Hz):

Freileitungen aus Kupfer (20 cm Abstand)			Kabelleitungen aus Kupfer (Papier-Luft-Isolation)		
Drahtdicke mm	Bezogene Dämpfung $\frac{\text{mN}}{\text{km}}$	Wellenwiderstand Ω	Drahtdicke mm	Bezogene Dämpfung $\frac{\text{mN}}{\text{km}}$	Wellenwiderstand Ω
2,0	8,4	$774 \angle -22{,}7^0$	0,6	103	$853 \angle -44{,}1^0$
3,0	4,3	$635 \angle -12{,}7^0$	0,8	75	$640 \angle -43{,}4^0$
4,0	2,7	$575 \angle -8{,}0^0$	1,0	59	$512 \angle -42{,}5^0$
5,0	1,9	$546 \angle -5{,}3^0$	1,4	42	$358 \angle -40{,}2^0$

Sie zeigt zunächst, wie viel geringer die Reichweiten der Kabel sind als die der Freileitungen. Die einer Dämpfung von 103 Neper (0,6-mm-Kabelleitung von 1000 km Länge) entsprechende Leistungsübersetzung könnte nur durch eine Zahl mit 89 Nullen hinter dem Dezimalkomma ausgedrückt werden.

Da man bei einer Gesamtleitungsdämpfung von 3,5 N am Endapparat noch etwas versteht, ist auf Freileitungen Fernverkehr möglich. Dagegen kann man sich über gewöhnliche gleichmäßige Kabelleitungen (ohne Verstärker) nur auf geringe Entfernungen, z. B. im Ortsverkehr, verständigen. Beim Fernsprechen auf nur wenig größere Entfernungen müssen besondere Hilfsmittel, vor allem Pupinspulen oder Verstärker oder beides zugleich, in die Kabelleitungen eingebaut werden.

Wie die Tabelle weiter erkennen läßt, stimmen bei allen Leitungen die Beträge der Wellenwiderstände wenigstens der Größenordnung nach miteinander überein. Das rührt natürlich davon her, daß für diese Größenordnung in jedem Falle der Wellenwiderstand des leeren Raums $(\sqrt{\mu_0/\varepsilon_0})$ maßgebend ist. Man kann sich das auch so klarmachen: Der Wellenwiderstand ist, wie wir im § 223 sehen werden, gleich dem Verhältnis der Spannung zum Strom, wenn man diese Größen für eine fortschreitende Welle berechnet; nach der Definition der Spannung und nach dem Durchflutungssatz ist er daher auch proportional dem Verhältnis der elektrischen Feldstärke zur magnetischen. Nun ist aber nach (51. 4) und (85. 5) bei gegebener Leistung die elektrische Feldstärke umgekehrt proportional $\sqrt{\varepsilon_0}$, die magnetische umgekehrt proportional $\sqrt{\mu_0}$; also ist der Wellenwiderstand proportional $\sqrt{\mu_0/\varepsilon_0}$.

§ 219. Krarupleitungen[1]. Man kann zeigen, daß der Differentialquotient $d\beta/dL$, gebildet nach (211. 5) und (211. 2) unter der Voraussetzung $\delta = 0$, für alle Verlustwinkel ε negativ ist. Die Übertragungsfähigkeit jeder gleichmäßigen Leitung muß daher steigen, wenn man ihre bezogene Induktivität vergrößert. Auf dieser Überlegung, die von Heaviside herrührt, beruhen die von Krarup und Pupin angegebenen Maßnahmen, die in einer Umhüllung der stromführenden Kupferleiter mit einer ferromagnetischen Schicht und in der Einschaltung von Spulen in die Leitungen bestehen.

Da die elektrische Eigenschaft der Induktivität der mechanischen Eigenschaft der Trägheit entspricht (vgl. § 87) und die „Last" dem Trägheitsmaß „Masse" proportional ist, bezeichnet man die Leitungen mit erhöhter Induktivität auch als stetig (Krarup) oder unstetig (Pupin) „belastete" Leitungen.

Wir betrachten in diesem Abschnitt nur die Krarupleitungen, da die Pupinleitungen nicht zu den gleichmäßigen Leitungen gehören.

[1] Benannt nach dem dänischen Telegrapheningenieur C. E. Krarup [Elektrotechn. Z. **23** (1902) S. 344].

Bei den Krarupleitungen wird der Kupferdraht mit dünnem Eisendraht von 0,2 bis 0,3 mm Durchmesser oder Eisenband umsponnen oder umwickelt. Ob man damit Erfolg hat, hängt von der Güte des zur Umhüllung verwendeten Eisens und von der Höhe der zu übertragenden Frequenzen ab. Da der Preis eines Kabels mit der Dicke seiner Leiter steigt, vergleicht man den eisenumsponnenen Draht mit einem Reinkupferdraht gleichen Außendurchmessers; man prüft, ob der Wegfall der äußeren gut leitenden Kupferschicht nicht etwa mehr schadet als die Eisenhülle nützt.

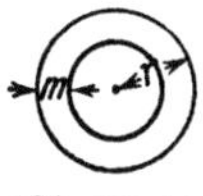

Abb. 219. 1.

Eine Überschlagsrechnung soll dies erläutern. Wir bezeichnen (Abb. 219. 1) die Gesamtleiterdicke mit $2r$, die Dicke des Eisenmantels mit m, die Leitfähigkeit des Kupfers mit $\varkappa$, den bezogenen Widerstand und die bezogene Induktivität des nicht umhüllten Kupferdrahts mit R_0 und L_0. Dann ist bei kleinem m der hauptsächlich in Betracht kommende Widerstand des Kupferkerns, wenn wir zunächst von Hysterese- und Wirbelstromverlusten absehen, gleich

$$R = \frac{2}{\varkappa} \frac{1}{(r-m)^2 \pi} \approx \frac{2}{\varkappa r^2 \pi \left(1 - \frac{2m}{r}\right)} \approx R_0 \left(1 + \frac{2m}{r}\right). \tag{219. 1}$$

Anderseits ist die magnetische Feldstärke im Eisen annähernd gleich $|\mathfrak{J}|/(2\pi r)$; der bezogene magnetische Fluß nimmt daher wegen der Eisenhülle um $(\mu - \mu_0)\,|\mathfrak{J}|\,m/(2\pi r)$ zu, und die bezogene Induktivität ist daher nach § 92 — für Hin- und Rückleitung zusammen — gleich

$$L = \frac{\mu_0}{\pi}\left(\ln\frac{a}{r} + \frac{1}{4}\right) + (\mu - \mu_0)\frac{m}{\pi r} \approx L_0 + \frac{\mu m}{\pi r}. \tag{219. 2}$$

Nun gilt nach (214. 3) für die bezogene Dämpfung

$$\beta = \sqrt{\frac{\omega R C}{2}(1 - \varphi)} = \sqrt{\frac{\omega C}{2}(R - \omega L)}$$

$$= \sqrt{\frac{\omega C}{2}(R_0 - \omega L_0) + \frac{1}{r}\left(2 R_0 - \frac{\omega \mu}{\pi}\right) m}. \tag{219. 3}$$

Sie nimmt daher durch die Aufbringung der Eisenhülle ab, wenn

$$f \mu > R_0. \tag{219. 4}$$

Für eine Frequenz von 800 Hz und eine Drahtstärke von 1 mm ($R_0 = 44\ \Omega$/km) bedarf es z. B. einer Anfangspermeabilität von mindestens 55 mH/km $= 44\,\mu_0$. Die Hysterese- und Wirbelstromverluste machen das Ergebnis noch ungünstiger.

Die Umhüllung mit Eisen bringt daher nur bei höheren Frequenzen Erfolg oder dann, wenn ein Eisen mit besonders hoher Anfangspermeabilität zur Verfügung steht.

Krarupfernsprechkabel werden hauptsächlich als unterseeische Kabel verwendet. Bei dem 1923 gelegten 13,6 km langen Kabel zwischen Friedrichshafen und Romanshorn[1] z. B. sind die 1,6 mm dicken (zusammengesetzten) Leiter mit ausgeglühtem Weicheisendraht von 0,3 mm Durchmesser besponnen. Für eine herausgegriffene Doppelleitung und 800 Hz gelten z. B. die folgenden Werte:

$$\left.\begin{aligned} R &= 17{,}38\,\frac{\Omega}{\text{km}}, & G &= 2{,}2\,\frac{\mu\text{S}}{\text{km}},\\ L &= 14{,}7\,\frac{\text{mH}}{\text{km}}, & C &= 48{,}6\,\frac{\text{nF}}{\text{km}}, \end{aligned}\right\} \tag{219. 5}$$

$$\gamma = (16{,}0 + \text{j} \cdot 133{,}7)\,\frac{\text{mN}}{\text{km}}, \qquad \mathfrak{Z} = 563\,\Omega\,\angle{-6{,}4^0}. \tag{219. 6}$$

Die Induktivität ist also etwa auf das 25-fache der Induktivität der gewöhnlichen Kabelleitung erhöht. Die Permeabilität der Eisenhülle beträgt rund $170\,\mu_0$.

Der bezogene Widerstand R ist bei den Krarupkabeln wegen der Hysterese- und Wirbelstromverluste besonders stark frequenzabhängig[2].

---

[1] Nach Feist, R.: Telegr.- u. Fernspr.-Techn. **13** (1924) S. 105.

[2] Zur Theorie der Krarupkabel vgl. Meyer, U.: Elektr. Nachr.-Techn. **1** (1924) S. 152, 169. Wagner, K. W.: ebenda S. 157. Auwers, O. v.: Wiss. Veröff. Siemenswerke **19** H. 2 (1940) S. 32, 48.

Auch für telegraphische Verbindungen werden Krarupkabel verwendet. Da selbst bei den höchsten Schreibgeschwindigkeiten, wie wir im § 387 sehen werden, verhältnismäßig niedrige Frequenzen (um 25 Hz herum) übertragen werden, stellt das Telegraphieren noch höhere Anforderungen an die Güte des zur Umhüllung verwendeten Eisens als das Fernsprechen. Für eine Drahtstärke von 1 mm und 25 Hz ergibt sich z. B. nach (. 4) $\mu = 1760$ mH/km. Daher lohnt sich die Umhüllung der Drähte mit Eisen erst seit der Entdeckung von Legierungen besonders hoher Anfangspermeabilität, insbesondere der Legierung „Permalloy“[1] (ursprünglich 78½% Ni, 21½% Fe).

1924 · · · 26 ist zwischen New York und den Azoren mit Anschluß nach Italien und Emden das erste Permalloykabel ausgelegt worden; auf ihm sind Schrittgeschwindigkeiten (§ 131) von etwa 150 Baud möglich. Die bei ihm praktisch erreichte Anfangspermeabilität beträgt etwa 2000 μ_0.

§ 220. Kreuzen und Verseilen.

Ist eine größere Zahl von Leitungen (z. B. von Fernsprechleitungen) auf Gestängen oder in einem vielpaarigen Kabel oder auch an einem Gestell in einem Amt miteinander vereinigt, so können Gespräche, die in einer Leitung geführt werden, häufig auch in benachbarten Leitungen wahrgenommen werden. Die Sprechströme erzeugen nämlich elektromagnetische Felder, aus denen in der Regel auch die Nachbarleitungen Energie entnehmen. Insbesondere gehen zwischen den Leitungen Verschiebungsströme über, und durch die in ihnen fließenden Wechselströme werden in den Nachbarleitungen Spannungen induziert. Man bezeichnet diese Erscheinung allgemein mit dem Ausdruck „Nebensprechen“ (§ 252ff.).

Um bei den langen Freileitungen das Nebensprechen zu verringern, „kreuzt“ man ihre Drähte, wie es in der Abb. 220. 1 angedeutet ist (§ 268); dann induziert z. B. ein von einer anderen Leitung herrührendes magnetisches Wechselfeld in den durch ungerade Zahlen gekennzeichneten Bereichen die entgegengesetzte elektromotorische Kraft wie in den durch gerade Zahlen gekennzeichneten — vorausgesetzt, daß die induzierende Leitung nicht in derselben Weise gekreuzt ist wie die beeinflußte.

Abb. 220. 1.

Bei den Kabelleitungen ist die Gefahr einer Beeinflussung durch Nachbarleitungen wegen der geringen Abstände der Leiter voneinander noch größer als bei den Freileitungen. Wird z. B. in der Leitung *1* (Abb. 220. 2)[2] gesprochen, und hat in einem Augenblick der Leiter *1a* ein höheres Potential als der Leiter *1b*, so nimmt durch den Übergang von Verschiebungsströmen auch der Leiter *2a*

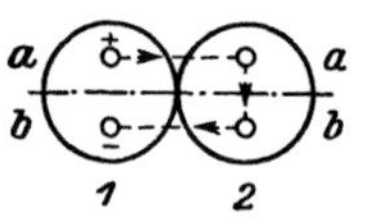

Abb. 220. 2.

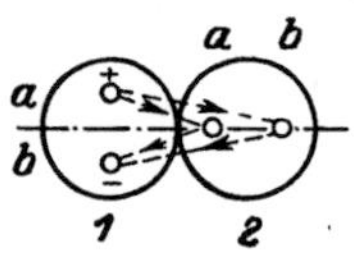

Abb. 220. 3.

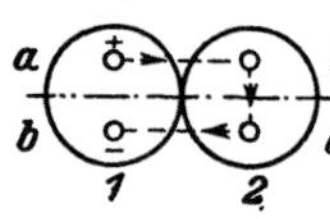

Abb. 220. 4.

ein höheres Potential an als der Leiter *2b*. Außerdem tritt ein großer Teil der magnetischen Kraftlinien der Leitung *1* auch durch die Leitung *2*. Durch „elektrische“ und „magnetische Kopplung“ entsteht die Erscheinung, die wir „Nebensprechen“ genannt haben.

Die Stärke dieses Nebensprechens hängt von der Anordnung der Leitungsdrähte ab. Das ist auch ohne Kenntnis der genaueren Theorie (§ 262ff.) leicht einzusehen. Bei der Anordnung Abb. 220. 3 z. B. ist das Nebensprechen offenbar

[1] Arnold, H. D., u. Elmen, G. W.: Electr. Rev. 92 (1923) S. 928.
[2] Die Bilder sind schematisch.

besonders gering; bei der Anordnung Abb. 220. 4 dagegen ist es ebenso groß wie bei der Anordnung Abb. 220. 2, nur erhält jetzt der Leiter *2b* durch die Verschiebungsströme das höhere Potential, und das Entsprechende gilt für den Umlaufsinn des induzierten Stroms. Könnte man die Drähte einer Kabelleitung an ebenso vielen Stellen nach Abb. 220. 2 wie nach Abb. 220. 4 anordnen, so höbe sich das Nebensprechen auf, soweit es von dielektrischen Überbrückungen und Induktionswirkungen an diesen Stellen herrührt.

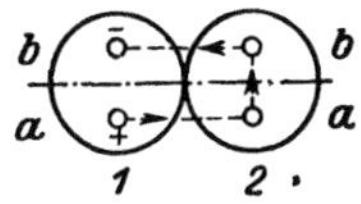

Abb. 220. 5.

Man sucht die in den Kabeln untergebrachten Leitungen immer möglichst sorgfältig zu verdrillen. Dabei ist jedoch Folgendes zu beachten: Nähme man für alle Leitungen die gleiche „Drallänge" („Schlaglänge", „Ganghöhe"), so ginge beispielsweise die Anordnung der Abb. 220. 2 nicht in die der Abb. 220. 4, sondern in die der Abb. 220. 5 über, bei der die Einwirkung dem Betrage nach ungeändert ist. Für die Wirksamkeit der Verdrillung ist es also wesentlich, daß sie mit w e c h s e l n d e m Drall (wechselnder Schlaglänge) ausgeführt wird.

Werden bei einem Kabel die einzelnen Leitungen einer „Lage" nur in sich verdrillt, so spricht man von „Paarverseilung". Die verdrillten Leitungen werden dann in den einzelnen Lagen als Ganzes wieder verdrillt. Die Dralle der Leitungen und die Lagendralle wählt man im allgemeinen verschieden.

Bei der „Viererverseilung" bildet man die Lagen aus Elementargruppen von jedesmal v i e r in sich verdrillten Adern. In der Hauptsache gibt es zwei Verfahren der Viererverseilung. Beim „Sternvierer" Abb. 220. 6 werden die vier Adern jeder Gruppe unmittelbar mit gemeinsamem Drall verdrillt. Die Adern jeder Leitung ordnet man dabei einander diagonal gegenüber an. Beim „DM-Vierer" dagegen (dem D i e s e l h o r s t - M a r t i n -Vierer) bildet man die Vierer nach der schematischen Abb. 220. 7 durch nochmalige Verdrillung zweier in sich bereits verdrillter Doppeladern; und zwar wählt man zwei verschiedene Paardralle und einen davon wieder verschiedenen Viererdrall. Der DM-Vierer ist hiernach ziemlich unregelmäßig aufgebaut: Schneidet man ihn durch, so können die Querschnittsmittelpunkte der Adern wie beim Sternvierer annähernd in den Ecken eines Quadrates sitzen; sie können aber auch ganz anders angeordnet sein, z. B. in einer geraden Linie liegen.

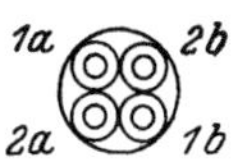

Abb. 220. 6.

Abb. 220. 7.

Bei der Paarverseilung und den beiden genannten Viererverseilungen wird der im Kabel zur Verfügung stehende Raum verschieden gut ausgenutzt. Wie die Erfahrung gezeigt hat, verhalten sich die Kabelquerschnitte, die bei gleicher bezogener Kapazität zu der Unterbringung der gleichen Zahl von Adern ausreichen, bei der Paar-, Stern- und DM-Verseilung etwa wie 0,96:0,75:1. Bei der Sternverseilung wird also der Raum am besten ausgenutzt. Ein weiterer Vorzug liegt in dem ziemlich gleichmäßig zylindrischen Querschnitt der Sternvierer, der allerdings im Kabel unter dem Druck der Nachbarvierer nicht erhalten bleibt. Für Seekabel, die einen hohen Wasserdruck auszuhalten haben, werden besonders häufig Sternvierer verwendet.

Das innere Nebensprechen zwischen den beiden Leitungen des DM-Vierers kann durch Wahl geeigneter Dralle ziemlich klein gemacht werden. Beim Sternvierer ist etwas Entsprechendes nicht möglich. Bei ihm ist jedoch das innere Nebensprechen infolge der schon erwähnten diagonalen Anordnung der beiden Paare (nach der der Sternvierer seinen Namen erhalten hat) an sich gering. Denn bei völlig genauer Herstellung könnte nach Abb. 220. 6 ein Gespräch in der Leitung *1* die Leitung *2* weder elektrisch noch magnetisch beeinflussen.

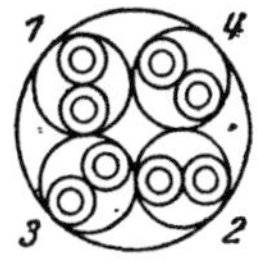

Abb. 220. 8.

Seltener verwendet man die Achter- oder Doppelsternverseilung (Abb. 220. 8): Vier in sich verdrillte Leitungen werden zu einem „Doppelstern" verseilt. Die so entstehenden Achter nutzen den Kabelquerschnitt gut aus; der Aufbau der Doppelsternkabel ist regelmäßiger als der der DM-Kabel. Die Größe der Elementargruppen erschwert jedoch die Kabelplanung.

§ 221. Phantomschaltung. Um die Leitungen besser auszunutzen, kann man je zwei Leiterpaare, die „Stammleitungen" oder „Stämme" als Hin- und Rückleitung eines dritten Sprechkreises, des sogenannten „Phantomkreises" (= „Trugkreises")[1] verwenden. Dienen die beiden Leitungen unmittelbar zur Verbindung von Sprechstellen, so zeigt Abb. 221. 1, wie diese anzuschalten sind. Jede Sprechstelle des Phantomsprechkreises muß an die Anzapfpunkte je zweier in den Stammkreisen liegender Differentialübertrager (§ 203) angeschlossen werden. Sind diese genau abgeglichen und die Leitungen völlig symmetrisch, so kann weder ein Gespräch in einer der Stammleitungen den Phantomkreis, noch ein Gespräch im Phantomkreis eine der Stammleitungen beeinflussen.

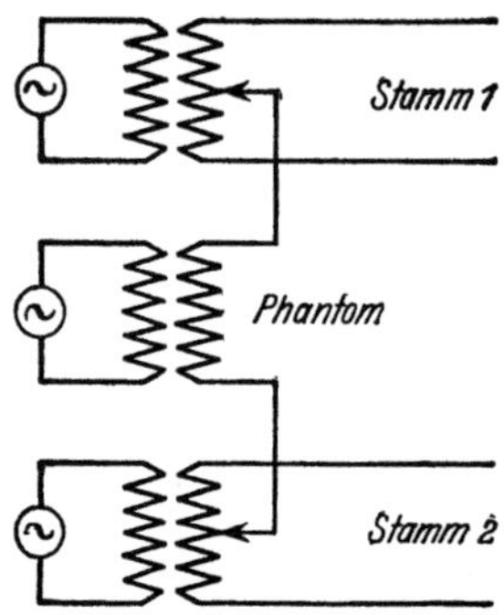

Abb. 221. 1.

Den Phantomströmen steht der doppelte Kupferquerschnitt zur Verfügung; der bezogene Widerstand der Stämme ist daher doppelt so groß wie der der Phantomkreise.

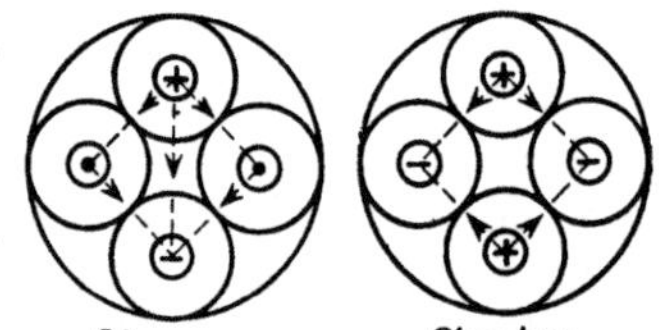

Abb. 221. 2.

Das Verhältnis der wirksamen bezogenen Kapazitäten der Stamm- und Phantomkreise hängt von der Lage der Leiter in der Elementargruppe und damit von der Art der Verseilung ab. Bei Paarverseilung können überhaupt keine Phantomkreise gebildet werden; denn zwei Doppeladern derselben Lage, von denen die eine als Hin-, die andere als Rückleitung eines Phantomkreises dient, sind überhaupt nicht gegeneinander verdrillt, so daß zwischen zwei benachbarten Phantomkreisen starkes Nebensprechen wahrzunehmen wäre.

Bei Vierer- und Achterverseilung ist Phantomschaltung möglich. Nach dem Ergebnis von Messungen ist das Verhältnis der Phantomkapazität zur Stammkapazität

bei der Sternverseilung	$\approx 2{,}7$
bei der DM-Verseilung	$\approx 1{,}5 \cdots 1{,}8$
bei der Doppelstern-(Achter-)Verseilung	$\approx 1{,}0 \cdots 1{,}3$

Abb. 221. 2 soll erläutern, weshalb dieses Verhältnis gerade bei der Sternverseilung so groß ist. Während bei den Stämmen die Teilkapazitäten zwischen den Adern teils parallel, teils in Reihe geschaltet sind, addieren sie sich beim Phantomkreis. Setzt man die Teilkapazität zwischen den Adern eines Stamms gleich 1, so ist nach Messungen die Teilkapazität zwischen einer Ader des Stammes *1* und einer Ader des Stammes *2* etwa gleich 5, die Teilkapazität zwischen einer Ader und dem Mantel etwa gleich 10. Daraus ergeben sich folgende Betriebskapazitäten: für den Stammkreis $1 + (5/2) \cdot 2 + 10/2 = 11$, für den Phantomkreis $4 \cdot 5 + 2 \cdot 10/2 = 30$. Das Verhältnis ist in der Tat 2,7. Bei der DM-Verseilung sind dieselben Teilkapazitäten der Reihe nach 0,5 und 2. Daraus ergibt sich als Betriebskapazität für den Stammkreis $1 + (0{,}5/2) \cdot 2 + 2/2 = 2{,}5$, für den Phantomkreis $4 \cdot 0{,}5 + 2 \cdot 2/2 = 4$. Das Verhältnis ist 1,6.

§ 222. Verteilung der Spannung und des Stroms auf einer Leitung. Die gleichmäßigen Leitungen sind Gebilde mit verteiltem Widerstand, verteilter Induktivität, Ableitung und Kapazität. Deshalb sind auch die Spannung und

[1] Die Benennung „Viererkreis" ist in diesem Buche ganz vermieden.

der Strom auf ihnen in besonderer Weise, nämlich wellenartig, verteilt, und es ist eine Aufgabe der Leitungstheorie, diese Verteilung zu untersuchen.

Wir bezeichnen die Entfernung eines beliebigen Punktes auf einer Leitung von dem zugehörigen Anfangspunkt *1* mit x, die Spannung und den Strom an derselben Stelle mit $\mathfrak{U}$ und $\mathfrak{J}$. Dann können wir nach § 172 für das Übertragungsmaß $\mathfrak{g}$ des Vierpols von der Länge x das Produkt γx setzen, während sein Wellenwiderstand $\mathfrak{Z}$ von x unabhängig ist, und erhalten daher durch Umkehrung der Vierpolgleichungen (159. 8) die beiden Grundgleichungen

$$\left.\begin{aligned} \mathfrak{U} &= \mathfrak{Cof}\,\gamma x \cdot \mathfrak{U}_1 - \mathfrak{Z}\,\mathfrak{Sin}\,\gamma x \cdot \mathfrak{J}_1\,, \\ -\mathfrak{J} &= \frac{1}{\mathfrak{Z}}\,\mathfrak{Sin}\,\gamma x \cdot \mathfrak{U}_1 - \mathfrak{Cof}\,\gamma x \cdot \mathfrak{J}_1\,, \end{aligned}\right\} \tag{222. 1}$$

aus denen man die komplexe Spannung und den komplexen Strom als Funktion der Entfernung x berechnen kann.

Die Gleichungen (. 1) sind ursprünglich durch Integration der Differentialgleichungen

$$-\frac{d\mathfrak{U}}{dx} = (R + j\,\omega L)\,\mathfrak{J}, \qquad -\frac{d\mathfrak{J}}{dx} = (G + j\,\omega C)\,\mathfrak{U} \tag{222. 2}$$

gefunden worden, von denen die erste unmittelbar aus der Maschen-, die zweite unmittelbar aus der Knotenregel folgt. Man überzeugt sich leicht, daß die Gleichungen (. 2) durch die Lösungen (. 1) erfüllt werden.

Aus (. 2) ergibt sich unmittelbar

$$\frac{d^2\mathfrak{U}}{dx^2} = (R + j\,\omega L)\,(G + j\,\omega C)\,\mathfrak{U} \tag{222. 3}$$

oder in nichtsymbolischer Form:

$$\frac{\partial^2 u}{\partial x^2} = R\,G\,u + (G\,L + R\,C)\,\frac{\partial u}{\partial t} + L\,C\,\frac{\partial^2 u}{\partial t^2}\,. \tag{222. 4}$$

Man nennt diese partielle Differentialgleichung „Telegraphengleichung“.

§ 223. Zerlegung in Teilwellen; Phasengeschwindigkeit, Wellenwiderstand. Will man den räumlich-zeitlichen Verlauf der Spannung und des Stroms untersuchen, so muß man von den komplexen zu den Augenblickswerten u und i übergehen. Wir führen die Exponentialfunktionen ein:

$$\left.\begin{aligned} \mathfrak{U} &= (\mathfrak{U}_1 - \mathfrak{Z}\,\mathfrak{J}_1)\,\frac{e^{\gamma x}}{2} + (\mathfrak{U}_1 + \mathfrak{Z}\,\mathfrak{J}_1)\,\frac{e^{-\gamma x}}{2}\,, \\ \mathfrak{J} &= -\frac{1}{\mathfrak{Z}}\,(\mathfrak{U}_1 - \mathfrak{Z}\,\mathfrak{J}_1)\,\frac{e^{\gamma x}}{2} + \frac{1}{\mathfrak{Z}}\,(\mathfrak{U}_1 + \mathfrak{Z}\,\mathfrak{J}_1)\,\frac{e^{-\gamma x}}{2} \end{aligned}\right\} \tag{223. 1}$$

und setzen

$$\left.\begin{aligned} \mathfrak{U}_1 + \mathfrak{Z}\,\mathfrak{J}_1 &= A\,\sqrt{2}\,\underline{/\varphi_1}\,, \\ \mathfrak{U}_1 - \mathfrak{Z}\,\mathfrak{J}_1 &= B\,\sqrt{2}\,\underline{/\varphi_2}\,, \end{aligned}\right\} \quad \mathfrak{Z} = |\mathfrak{Z}|\,\underline{/\zeta}\,. \tag{223. 2}$$

Dann wird nach § 100, da $e^{\pm\gamma x} = e^{\pm\beta x}\,\underline{/\pm\alpha x}$,

$$\left.\begin{aligned} u &= A\,e^{-\beta x}\cos(\omega t - \alpha x + \varphi_1) + B\,e^{\beta x}\cos(\omega t + \alpha x + \varphi_2)\,, \\ i &= \frac{A}{|\mathfrak{Z}|}\,e^{-\beta x}\cos(\omega t - \alpha x + \varphi_1 - \zeta) - \frac{B}{|\mathfrak{Z}|}\,e^{\beta x}\cos(\omega t + \alpha x + \varphi_2 - \zeta)\,. \end{aligned}\right\} \tag{223. 3}$$

Was lehren diese Gleichungen? Betrachten wir zunächst die einfachere Beziehung:

$$y = A\cos(\omega t - \alpha x + \varphi)\,. \tag{223. 4}$$

Diese stellt in jedem herausgegriffenen Zeitpunkt (Augenblicksaufnahme!) eine räumliche Sinuslinie von der Amplitude A dar; mit wachsendem t (Laufbildaufnahme!) verschiebt sich diese Sinuslinie längs der x-Achse. Eine solche sich im Raum verschiebende Sinuslinie nennt man eine „fortschreitende Sinuswelle".

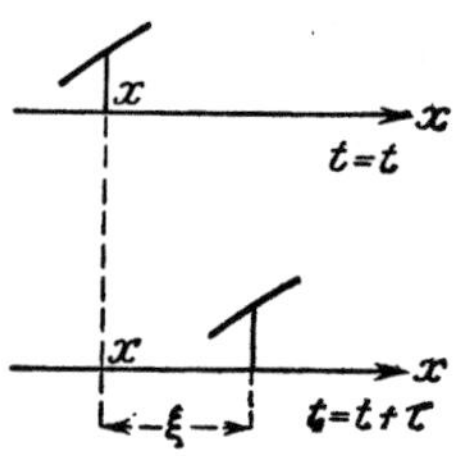

Abb. 223. 1.

Um die Fortschreitungsgeschwindigkeit dieser Welle zu finden, nehmen wir an, die Größe y sei in einem Punkte x zur Zeit t die gleiche wie nach Ablauf der beliebigen Zeit τ im Punkte $x + \xi$ (Abb. 223. 1):

$$\omega t - \alpha x + \varphi = \omega(t + \tau) - \alpha(x + \xi) + \varphi. \qquad (223.5)$$

Daraus folgt $\xi = (\omega/\alpha)\tau$; in der Zeit τ hat also der herausgegriffene Wert von y die Strecke $(\omega/\alpha)\tau$ zurückgelegt. Die durch die Gleichung (. 4) dargestellte Sinuswelle wandert demnach unverzerrt in der Richtung der wachsenden x mit einer Geschwindigkeit v, die nach der allgemeinen Definition der Geschwindigkeit gleich ω/α ist:

$$v = \frac{\omega}{\alpha}. \qquad (223.6)$$

v heißt „Phasengeschwindigkeit". Denkt man sich nämlich den betrachteten Ort x um $\mathrm{d}x$ und den betrachteten Zeitpunkt t um $\mathrm{d}t$ so variiert, daß der Phasenwinkel ungeändert bleibt:

$$\mathrm{d}(\omega t - \alpha x + \varphi) = \omega\,\mathrm{d}t - \alpha\,\mathrm{d}x = 0, \qquad (223.7)$$

so erhält man die Phasengeschwindigkeit als $\mathrm{d}x/\mathrm{d}t$.

Entsprechend bedeutet ein Ausdruck

$$y = B\cos(\omega t + \alpha x + \varphi) \qquad (223.8)$$

eine in der Richtung der abnehmenden x mit der Phasengeschwindigkeit ω/α laufende Welle.

Der Faktor $e^{-\beta x}$ in (. 3) stellt eine exponentielle Schwächung mit wachsendem x dar. Für den Faktor $e^{\beta x}$ kann man $e^{\beta l} \cdot e^{-\beta(l-x)}$ setzen, wo l die Länge der Leitung ist; er stellt also eine exponentielle Schwächung mit wachsendem $l - x$ dar.

Die Gleichungen (. 3) sagen also, daß die Spannung und der Strom als Übereinanderlagerungen von je zwei Teilspannungen und Teilströmen aufgefaßt werden können, die die Form von fortschreitenden gedämpften Sinuswellen haben. Die eine der beiden Wellen läuft jedesmal der anderen entgegen; beide sind in der Richtung ihrer Fortschreitung gedämpft.

Die Amplituden A und B der beiden Teilwellen hängen nicht nur von den Eigenschaften der Leitung, sondern auch von denen der Stromquelle und des Verbrauchers ab. Wir werden sie im § 227 bestimmen. Aus (. 2) läßt sich jedoch schon erkennen, daß B und damit die rückwärtslaufende Welle verschwindet, wenn $\mathfrak{U}_1/\mathfrak{J}_1 = \mathfrak{W}_1 = \mathfrak{Z}$ ist, also nach § 161: wenn man den Verbraucher an die Leitung anpaßt.

In jeder Teilwelle ist das Verhältnis der komplexen Spannung zum komplexen Strom gleich dem Wellenwiderstand $\mathfrak{Z}$. Dieser ist also der Scheinwiderstand für die Teilwelle; daher sein Name.

Diese leichtverständliche Definition des Begriffes Wellenwiderstand erlaubt besonders einfach zu erklären, warum es günstig ist, bei einer Leitung die Induktivität zu erhöhen. Hierdurch steigt nämlich nach (209. 4) der Wellenwiderstand; man überträgt die Energie also mit höherer Spannung und geringerem Strom. Nun hängen aber die Drahtverluste von der Stromstärke, die Isolationsverluste von der Spannung zwischen den Leitern ab; bei überwiegenden Drahtverlusten ($\varepsilon \gg \delta$) muß daher die Dämpfung mit wachsender Induktivität abnehmen.

§ 224. Die Phasengeschwindigkeit bei den verschiedenen Leitungsarten. Bei der dickdrähtigen Freileitung ist $\alpha = \omega \sqrt{LC}$; für sie ergibt sich also die Phasengeschwindigkeit

$$v = \frac{\omega}{\alpha} = \frac{1}{\sqrt{LC}} \tag{224. 1}$$

als sehr nahe frequenzunabhängig.

Für die 4-mm-Freileitung erhält man z. B. (für 800 Hz)

$$v = \frac{\text{km}}{\sqrt{1{,}9\ \text{mH} \cdot 6{,}0\ \text{nF}}} = 296\,\frac{\text{km}}{\text{ms}}.$$

Nach einer Laufzeit von 1 ms ist demnach [vgl. (212. 3)] das Dämpfungsmaß βx auf $2{,}72 \cdot 296$ mN $= 0{,}81$ N gestiegen.

Nach (92. 2), (57. 2), (89. 2) und (50. 2) ist bei hohen Frequenzen (also vollkommener Stromverdrängung) für eine Drahtpaarleitung

$$L = \frac{\mu_0}{\pi}\ln\frac{a}{\varrho}, \qquad C = \frac{\pi\varepsilon}{\ln\frac{a}{\varrho}}, \tag{224. 2}$$

für eine koaxiale

$$L = \frac{\mu_0}{2\pi}\ln\frac{r_a}{r_i}, \qquad C = \frac{2\pi\varepsilon}{\ln\frac{r_a}{r_i}}, \tag{224. 3}$$

also für beide Leitungsarten

$$v = \frac{1}{\sqrt{\varepsilon\mu_0}} = \sqrt{\frac{\varepsilon_0}{\varepsilon}}\,\frac{1}{\sqrt{\varepsilon_0\mu_0}} = \sqrt{\frac{\varepsilon_0}{\varepsilon}}\,\frac{\text{km}}{\sqrt{1{,}256\ \text{mH} \cdot 8{,}86\ \text{nF}}} = \sqrt{\frac{\varepsilon_0}{\varepsilon}}\,300\,\frac{\text{km}}{\text{ms}}. \tag{224. 4}$$

Auf der dickdrähtigen Freileitung ($\varepsilon = \varepsilon_0$) pflanzen sich demnach die Wellen aller Frequenzen — um so genauer, je höher die Frequenz — mit der Geschwindigkeit des Lichts im leeren Raum fort. In der Optik entspricht der Frequenz die „Farbe"; man nennt dort die Erscheinung, daß sich Wellen verschiedener Farbe verschieden rasch fortpflanzen, „Farbenzerstreuung" oder „Dispersion". Eine Freileitung verhält sich also wie ein nahezu dispersionsfreies Medium. Bei der koaxialen Leitung ist die Phasengeschwindigkeit entsprechend dem Wert von ε etwas geringer.

Vollkommen dispersionsfrei ist nur der leere Raum. Schon bei den durch eine Freileitung „geführten" Wellen ist nach (213. 4) genauer

$$v = \frac{1}{\sqrt{LC}}\left(1 - \frac{(\varepsilon - \delta)^2}{8}\right). \tag{224. 5}$$

Da ε und δ der Frequenz annähernd umgekehrt proportional sind, ist die Phasengeschwindigkeit bei niedrigen Frequenzen kleiner als die Lichtgeschwindigkeit im leeren Raume und steigt erst mit zunehmender Frequenz auf diesen Wert.

Bei Kabelleitungen ist nach (214. 4)

$$v = \sqrt{\frac{2\omega}{RC}}. \tag{224. 6}$$

D. h. die Phasengeschwindigkeit der auf ihnen laufenden Wellen steigt, solange der Verlustwinkel ε hoch ist, mit zunehmender Frequenz langsam an.

Bei der 0,9-mm-Kabelleitung z. B. (§ 214) ist für Sprechfrequenzen

$$v = 2\sqrt{\frac{\pi f}{54\ \Omega/\text{km} \cdot 33{,}5\ \text{nF/km}}} = 83{,}4\sqrt{\frac{f}{\text{kHz}}}\,\frac{\text{km}}{\text{ms}}. \tag{224. 7}$$

Für hohe Frequenzen ist (. 6) nicht mehr brauchbar, da dann auch bei Kabeln ε klein ist, so daß (. 5) maßgebend wird. Der Grenzwert für unendlich hohe Frequenz ist nicht gleich 300 km/ms, sondern nach (. 4) entsprechend der elektrischen Durchlässigkeit der Isolation kleiner.

§ **225. Wellenlänge.** Unter der Wellenlänge λ versteht man den Abstand zweier Punkte, in denen sich der Phasenwinkel in demselben Augenblick um 360^0 unterscheidet:

$$\omega t - \alpha x + \varphi = \omega t - \alpha(x + \lambda) + \varphi + 2\pi;$$

für sie gilt also die Gleichung:

$$\lambda = \frac{2\pi}{\alpha} = \frac{2\pi v}{\omega} = \frac{v}{f}. \qquad (225.1)$$

Hiernach kann man die Gleichung einer ungedämpften Sinuswelle auch in der Form

$$y = A\cos\left(2\pi\left(\frac{t}{T} - \frac{x}{\lambda}\right) + \varphi\right) \qquad (225.2)$$

schreiben. Da das bezogene Winkelmaß α gleich $\mp \partial(\omega t \mp \alpha x + \varphi)/\partial x$ ist, dreht sich der Vektor der Größe y beim Fortschreiten in der x-Richtung bei kleiner Wellenlänge rasch, bei großer langsam. α heißt daher auch „Wellenlängenkonstante".

Bei der 4-mm-Freileitung ergibt sich nach § 212 für 800 Hz eine Wellenlänge von $360^0/(0{,}98^0/\text{km}) = 367$ km, was mit dem dort am Schlusse Gesagten in Einklang ist.

Die Dämpfung einer Welle auf der Strecke einer Wellenlänge ist gleich $\beta\lambda = 2\pi\beta/\alpha$ oder nach den allgemeinen Gleichungen (211. 5) und (211. 6) gleich $2\pi\,\mathrm{tg}((\varepsilon + \delta)/2)$. Bei der dickdrähtigen Freileitung, wo δ verschwindend klein ist und für ε die Näherung $R/(\omega L)$ gesetzt werden darf, ist daher die Dämpfung auf der Länge einer Welle gleich $\pi R/(\omega L) = R/(2fL)$. Bei der 4-mm-Freileitung ergibt sich hieraus z. B. für 800 Hz eine Dämpfung von 0,95 Neper. Bei der Kabelleitung ist $\beta = \alpha$; also ist die Dämpfung je Wellenlänge bei ihr gleich $2\pi = 6{,}3$ N.

Selbst wenn die Dämpfung nur in der Leitung läge, könnte man sich daher auf einer verlustarmen Leitung nur auf eine Entfernung von wenigen Wellenlängen, bei einer Kabelleitung sogar nur auf eine Entfernung von etwa einer halben Wellenlänge verständigen. Man macht sich also ein falsches Bild, wenn man sich die Wellen auf einem Kabel wie die Lichtwellen in einer Glasschicht vorstellt.

Da die Geschwindigkeit v konstant ist oder höchstens proportional der Wurzel aus der Frequenz wächst [vgl. (224. 6)], machen bei allen Leitungsarten nach (. 1) die hohen Frequenzen kleinere „Schritte" als die niedrigen.

§ **226. Gruppengeschwindigkeit.** Wir werden im 16. Abschnitt sehen, daß Sinusschwingungen einer einzigen Frequenz nur etwas Gedachtes sind; da jede wirkliche Schwingung einmal begonnen hat, sind in ihr immer die Frequenzen eines ganzen (wenn auch sehr schmalen) Frequenzbandes enthalten. Die Phasengeschwindigkeit, die für eine einzige Welle von einer einzigen Frequenz ω definiert ist, hat daher eine mehr formale Bedeutung. Maßgebend für die Fortpflanzung von Wellen ist eine anders definierte Geschwindigkeit, die „Gruppengeschwindigkeit"[1].

Wir nehmen an, daß sich in der x-Richtung gleichzeitig 2 Sinuswellen gleicher Amplitude mit den nur wenig verschiedenen Frequenzen ω_1 und ω_2 fortpflanzen. Es mögen ihnen die Wellenlängenkonstanten α_1 und α_2 und die Nullphasenwinkel φ_1 und φ_2 zugeordnet sein. Die resultierende Welle ist dann

$$\begin{aligned} y &= A(\cos(\omega_1 t - \alpha_1 x + \varphi_1) + \cos(\omega_2 t - \alpha_2 x + \varphi_2)) \\ &= 2A\cos\left(\frac{\omega_1-\omega_2}{2}t - \frac{\alpha_1-\alpha_2}{2}x + \frac{\varphi_1-\varphi_2}{2}\right)\cos\left(\frac{\omega_1+\omega_2}{2}t - \frac{\alpha_1+\alpha_2}{2}x + \frac{\varphi_1+\varphi_2}{2}\right). \qquad (226.1)\end{aligned}$$

[1] Lord Rayleigh: Proc. Lond. math. Soc. 9 (1877) S. 21.

Die von den beiden Wellen gebildete „Wellengruppe" (Abb. 226. 1) besteht also aus einer Welle von der hohen Frequenz $(\omega_1 + \omega_2)/2$ und der kurzen Wellenlänge $4\pi/(\alpha_1 + \alpha_2)$, deren Amplitude sich in einer solchen Weise zeitlich-räumlich ändert, daß der Eindruck entsteht, als ob die kurze und hochfrequente Welle ihrerseits wieder eine längere Welle der niedrigen Frequenz $(\omega_1 - \omega_2)/2$ bildete, deren Wellenlänge gleich $4\pi/(\alpha_1 - \alpha_2)$ ist. Diese längere Welle, die gewissermaßen eine „räumliche Schwebung" darstellt, verschiebt sich mit „Gruppengeschwindigkeit"

Abb. 226. 1.

$$\bar{v} = \frac{\omega_1 - \omega_2}{\alpha_1 - \alpha_2} \tag{226. 2}$$

und zwar, falls man nur auf ihren Umriß, ihre Einhüllende, achtet, ohne wesentliche Formänderung; die kleinen hochfrequenten Wellen jedoch laufen innerhalb der Einhüllenden mit der von $\bar{v}$ abweichenden Phasengeschwindigkeit

$$v = \frac{\omega_1 + \omega_2}{\alpha_1 + \alpha_2}. \tag{226. 3}$$

über die eingehüllte Fläche hin. Da die Knoten der räumlichen Schwebung dauernd energiefrei sind, ist die Annahme einleuchtend, daß sich die Energie ebenso schnell fortpflanzt wie die Knoten oder die Bäuche der Schwebung; deshalb spricht man die Gruppengeschwindigkeit und nicht die Phasengeschwindigkeit als die Geschwindigkeit der „Wellengruppe" an.

Geht man zur Grenze $\omega_1 = \omega_2$ über, so erhält man die allgemeine Definition für die Gruppengeschwindigkeit einer Sinuswelle von der Frequenz ω:

$$\bar{v} = \frac{d\omega}{d\alpha}. \tag{226. 4}$$

Meist rechnet man mit der Gruppenlaufzeit t_0, d. h. mit der Zeit, die irgend eine Frequenz zum Durchlaufen z. B. einer Leitung von der Länge l braucht. Sie ist

$$t_0 = \frac{l}{\bar{v}} = l\frac{d\alpha}{d\omega} = \frac{da}{d\omega}, \tag{226. 5}$$

also gleich der Ableitung des Winkelmaßes nach der Frequenz.

Aus $v = f\lambda$ folgt $df/d\lambda = (1/\lambda)\,dv/d\lambda - v/\lambda^2$ und $d\lambda/df = (1/f)\,dv/df - v/f^2$. Man kann daher den Zusammenhang zwischen den Geschwindigkeiten $\bar{v}$ und v nach (225. 1) in den folgenden beiden Formen ausdrücken:

$$\bar{v} = \frac{df}{d(1/\lambda)} = -\lambda^2\frac{df}{d\lambda} = v - \lambda\frac{dv}{d\lambda} = \frac{v}{1 - \dfrac{dv/v}{df/f}}. \tag{226. 6}$$

Aus ihnen geht hervor, daß bei allen „dispergierenden" Medien und Leitungen, in denen die Phasengeschwindigkeit eine Funktion der Frequenz (oder der Wellenlänge) ist, zwischen $\bar{v}$ und v unterschieden werden muß.

Bei der dünndrähtigen Freileitung z. B. ist nach (224. 5)

$$\frac{dv}{v} = d\ln\left(1 - \frac{(\varepsilon-\delta)^2}{8}\right) \approx -\frac{\varepsilon-\delta}{4}\,d(\varepsilon-\delta).$$

Nun ist aber nach (211. 2):

$$\frac{d(\varepsilon-\delta)}{\varepsilon-\delta} \approx d\ln\frac{1}{\omega} = -\frac{d\omega}{\omega};$$

nach (. 6) gilt für sie also

$$\bar{v} = \frac{v}{1 - \left(\dfrac{\varepsilon-\delta}{2}\right)^2} \approx v\left[1 + \left(\frac{\varepsilon-\delta}{2}\right)^2\right] = \frac{1}{\sqrt{LC}}\left(1 + \frac{(\varepsilon-\delta)^2}{8}\right). \tag{226. 7}$$

Die Erfahrung zeigt, daß die Gruppengeschwindigkeit und die Gruppenlaufzeit tatsächlich die für die Fortpflanzung von Wellen beliebiger Art maßgebenden Größen sind.

§ 227. Zusammenschaltung einer Leitung mit einer gegebenen Stromquelle und einem gegebenen Verbraucher. Im allgemeinen sind nicht (wie im § 222) die Werte der Spannung und des Stroms am Anfang einer Leitung gegeben, sondern die Leerlaufspannung $\mathfrak{E}$ der Stromquelle und die Widerstände $\mathfrak{R}_a$ und $\mathfrak{R}_e$, mit denen die Leitung abgeschlossen ist. Dann hat man zu den Gleichungen (222. 1)

$$\left.\begin{aligned}\mathfrak{U} &= \mathfrak{U}_1 \mathfrak{Cof}\,\gamma x - \mathfrak{Z}\,\mathfrak{J}_1 \mathfrak{Sin}\,\gamma x\,,\\ \mathfrak{J} &= \mathfrak{J}_1 \mathfrak{Cof}\,\gamma x - \frac{\mathfrak{U}_1}{\mathfrak{Z}} \mathfrak{Sin}\,\gamma x\end{aligned}\right\} \qquad (227.\ 1)$$

die Bedingungen für die Stromquelle und den Verbraucher

$$\mathfrak{U}_1 = \mathfrak{E} - \mathfrak{R}_a \mathfrak{J}_1 = \mathfrak{E} - \mathfrak{Z}\,\mathfrak{Tg}\,\mathfrak{r}_a \cdot \mathfrak{J}_1\,, \qquad \mathfrak{U}_2 = \mathfrak{R}_e \mathfrak{J}_2 = \mathfrak{Z}\,\mathfrak{Tg}\,\mathfrak{r}_e \cdot \mathfrak{J}_2 \qquad (227.\ 2)$$

hinzuzunehmen (vgl. § 187), von denen man die zweite mit der Abkürzung $\gamma l = \mathfrak{g}$ auch in der Form

$$\mathfrak{U}_1 \mathfrak{Cof}\,\mathfrak{g} - \mathfrak{Z}\,\mathfrak{J}_1 \mathfrak{Sin}\,\mathfrak{g} = \mathfrak{Tg}\,\mathfrak{r}_e (\mathfrak{Z}\,\mathfrak{J}_1 \mathfrak{Cof}\,\mathfrak{g} - \mathfrak{U}_1 \mathfrak{Sin}\,\mathfrak{g}) \qquad (227.\ 3)$$

schreiben kann. Für die Unbekannten $\mathfrak{U}_1$ und $\mathfrak{J}_1$ ergeben sich so die beiden linearen Gleichungen

$$\left.\begin{aligned}\mathfrak{Cof}\,\mathfrak{r}_a \cdot \mathfrak{U}_1 + \mathfrak{Z}\,\mathfrak{Sin}\,\mathfrak{r}_a \cdot \mathfrak{J}_1 &= \mathfrak{E}\,\mathfrak{Cof}\,\mathfrak{r}_a\,,\\ -\mathfrak{Cof}\,(\mathfrak{g} + \mathfrak{r}_e) \cdot \mathfrak{U}_1 + \mathfrak{Z}\,\mathfrak{Sin}\,(\mathfrak{g} + \mathfrak{r}_e) \cdot \mathfrak{J}_1 &= 0\,,\end{aligned}\right\} \qquad (227.\ 4)$$

aus denen für $\mathfrak{U}_1$ und $\mathfrak{J}_1$ die Werte

$$\left.\begin{aligned}\mathfrak{U}_1 &= \frac{\mathfrak{Cof}\,\mathfrak{r}_a\,\mathfrak{Sin}\,(\mathfrak{g} + \mathfrak{r}_e)}{\mathfrak{Sin}\,(\mathfrak{g} + \mathfrak{r}_a + \mathfrak{r}_e)}\,\mathfrak{E}\,,\\ \mathfrak{J}_1 &= \frac{\mathfrak{Cof}\,\mathfrak{r}_a\,\mathfrak{Cof}\,(\mathfrak{g} + \mathfrak{r}_e)}{\mathfrak{Sin}\,(\mathfrak{g} + \mathfrak{r}_a + \mathfrak{r}_e)}\,\frac{\mathfrak{E}}{\mathfrak{Z}}\end{aligned}\right\} \qquad (227.\ 5)$$

folgen. Die Spannung und der Strom lassen sich daher nach (. 1) schließlich mit der Abkürzung $\gamma x = \mathfrak{g}\,\frac{x}{l} = \mathfrak{g}\,\xi$ in der sehr allgemeinen Form

$$\mathfrak{U} = \frac{\mathfrak{Cof}\,\mathfrak{r}_a\,\mathfrak{Sin}\,(\mathfrak{g}\,(1 - \xi) + \mathfrak{r}_e)}{\mathfrak{Sin}\,(\mathfrak{g} + \mathfrak{r}_a + \mathfrak{r}_e)}\,\mathfrak{E}\,, \qquad (227.\ 6)$$

$$\mathfrak{J} = \frac{\mathfrak{Cof}\,\mathfrak{r}_a\,\mathfrak{Cof}\,(\mathfrak{g}\,(1 - \xi) + \mathfrak{r}_e)}{\mathfrak{Sin}\,(\mathfrak{g} + \mathfrak{r}_a + \mathfrak{r}_e)}\,\frac{\mathfrak{E}}{\mathfrak{Z}} \qquad (227.\ 7)$$

darstellen $(0 < \xi < 1)$.

Einige Sonderformen dieser Gleichungen werden häufig benutzt: Setzt man in (. 7) zuerst $\xi = 0$, dann $\xi = 1$, so erhält man die bei allen symmetrischen Vierpolen an Stelle von (155. 5) und (155. 2) oder (155. 3) verwendbaren Gleichungen

$$\mathfrak{J}_1 = \frac{\mathfrak{Cof}\,\mathfrak{r}_a\,\mathfrak{Cof}\,(\mathfrak{g} + \mathfrak{r}_e)}{\mathfrak{Sin}\,(\mathfrak{g} + \mathfrak{r}_a + \mathfrak{r}_e)}\,\frac{\mathfrak{E}}{\mathfrak{Z}}\,, \qquad \mathfrak{J}_2 = \frac{\mathfrak{Cof}\,\mathfrak{r}_a\,\mathfrak{Cof}\,\mathfrak{r}_e}{\mathfrak{Sin}\,(\mathfrak{g} + \mathfrak{r}_a + \mathfrak{r}_e)}\,\frac{\mathfrak{E}}{\mathfrak{Z}}\,. \qquad (227.\ 8)$$

Setzt man $\mathfrak{r}_a = 0$, so geht $\mathfrak{E}$ in $\mathfrak{U}_1$ über, und man erhält die spezielleren Gleichungen

$$\mathfrak{U} = \frac{\mathfrak{Sin}\,(\mathfrak{g}\,(1 - \xi) + \mathfrak{r}_e)}{\mathfrak{Sin}\,(\mathfrak{g} + \mathfrak{r}_e)}\,\mathfrak{U}_1\,, \qquad \mathfrak{J} = \frac{\mathfrak{Cof}\,(\mathfrak{g}\,(1 - \xi) + \mathfrak{r}_e)}{\mathfrak{Sin}\,(\mathfrak{g} + \mathfrak{r}_e)}\,\frac{\mathfrak{U}_1}{\mathfrak{Z}}\,. \qquad (227.\ 9)$$

§ 228. Berechnung der Teilwellen aus gegebenen Werten $\mathfrak{r}_a$ und $\mathfrak{r}_e$. Wir formen die Gleichungen (227. 6) und (227. 7) folgendermaßen um:

$$\left.\begin{aligned}\mathfrak{U} &= \frac{\mathfrak{Cof}\,\mathfrak{r}_a}{2\,\mathfrak{Sin}\,(\mathfrak{g} + \mathfrak{r}_a + \mathfrak{r}_e)}\,(e^{\mathfrak{g} + \mathfrak{r}_e} e^{-\mathfrak{g}\xi} - e^{-(\mathfrak{g} + \mathfrak{r}_e)} e^{\mathfrak{g}\xi})\,\mathfrak{E}\,,\\ \mathfrak{J} &= \frac{\mathfrak{Cof}\,\mathfrak{r}_a}{2\,\mathfrak{Sin}\,(\mathfrak{g} + \mathfrak{r}_a + \mathfrak{r}_e)}\,(e^{\mathfrak{g} + \mathfrak{r}_e} e^{-\mathfrak{g}\xi} + e^{-(\mathfrak{g} + \mathfrak{r}_e)} e^{\mathfrak{g}\xi})\,\frac{\mathfrak{E}}{\mathfrak{Z}}\,.\end{aligned}\right\} \qquad (228.\ 1)$$

Die Spannung und der Strom können demnach wie im § 223 in je zwei „Teilwellen" zerlegt werden. Deren Verhältnis ist

$$\vartheta = \mp \frac{e^{-(\mathfrak{g}(1-\xi)+\mathfrak{r}_e)}}{e^{\mathfrak{g}(1-\xi)+\mathfrak{r}_e}} = \mp e^{-2\mathfrak{g}(1-\xi)} e^{-2\mathfrak{r}_e} = \pm e^{-2\mathfrak{g}(1-\xi)} \vartheta_e, \qquad (228.\ 2)$$

wobei das obere Vorzeichen für die Spannung, das untere für den Strom gilt. Die zu der reflektierten Welle gehörende Schwingung in irgend einem Punkte ξ ist also verschieden von der zu der vorwärtslaufenden Welle gehörenden Schwingung, und zwar erstens, weil die reflektierte Welle auf einem um das Stück $2(1-\xi)\,l$ längeren Wege zu dem Punkte ξ gelangt ist und zweitens, weil der Verbraucher im allgemeinen an die Leitung nicht vollkommen angepaßt ist. Vergleicht man (. 2) mit (188. 6), so erkennt man, daß das berechnete Verhältnis ϑ der Spannungsteilwellen übereinstimmt mit dem Maß der Scheinwiderstandsabweichung an der Stelle ξ. Beim Strom ergeben sich die gleichen Größen ϑ und ϑ_1, nur mit entgegengesetztem Vorzeichen.

Da die reflektierten Wellen mit ϑ_e verschwinden, heißt das Maß ϑ_e des Anpassungsfehlers auch „Reflexionsfaktor".

Für $\xi = 0$ wird

$$\vartheta = \pm \vartheta_1 = \pm \frac{\mathfrak{W}_1 - \mathfrak{Z}_1}{\mathfrak{W}_1 + \mathfrak{Z}_1}. \qquad (228.\ 3)$$

Sind die Fehlerdämpfungen $\ln|1/\vartheta_1| = 2\,\mathfrak{r}_1$ und $\ln|1/\vartheta_e| = 2\,\mathfrak{r}_e$ hoch, so sind die reflektierten Wellen ebenso wie die Scheinwiderstandsabweichungen gewissermaßen „abgedämpft", also klein[1].

Wenn auf einer angepaßt abgeschlossenen Leitung in irgend einem Punkte die Gleichmäßigkeit des Aufbaus gestört ist, kann der Rest der Leitung samt dem angepaßten Verbraucher als nicht angepaßter Verbraucher angesehen werden, und es entsteht daher am Eingang der Leitung eine Abweichung ϑ_1. Sind in anderen Punkten weitere Ungleichmäßigkeiten vorhanden, so treten weitere Abweichungen ϑ_1 hinzu, die sich im ungünstigsten Falle addieren (vgl. § 188). Der am Eingang der Leitung meßbare Scheinwiderstand weicht daher von ihrem Wellenwiderstand ab (d. h. von seinem aus den mittleren R, L, G, C berechneten Wert); das dieser Abweichung entsprechende Maß ϑ_1 heißt „Rückflußfaktor", die ihm entsprechende Dämpfung „Rückflußdämpfung".

§ 229. Hintereinanderschaltung mehrerer Leitungen verschiedener Eigenschaften. Nach Gleichung (228. 2) verschwindet auf jeder gleichmäßigen Leitung die „reflektierte" Welle, wenn $\mathfrak{r}_e = \infty$, d. h. wenn der Verbraucher an die Leitung nach dem Wellenwiderstand vollkommen angepaßt ist[2].

Diese Schlußfolgerung hat zu einer anschaulichen Vorstellung geführt. Man sieht nicht nur bei den Leitungen, sondern auch bei beliebigen Vierpolen die Stellen, an denen die Anpassungsbedingungen der §§ 160 und 161 nicht erfüllt sind, als „Stoßstellen" an und deutet die Schwächungen, die meist durch solche Stoßstellen hervorgerufen werden, als „Reflexionen", ähnlich der aus der Optik bekannten Erscheinung. Nach dieser Auffassung werden die über einen Vierpol oder eine Vierpolkette wandernden Wechselströme, z. B. Fernsprechströme, aus zwei Gründen geschwächt: erstens durch Dämpfung innerhalb der Vierpole — ihr entspricht die Vierpol- oder Wellendämpfung — zweitens aber auch durch zusätzliche Dämpfungen durch „Reflexion" an den Stoßstellen. Solche Stoßstellen sind z. B. die Punkte, wo ein Teilnehmerkabel in ein Amt eingeführt wird, wo es das Amt verläßt, wo die Ströme von einem Kabel auf eine Frei-

[1] Die Fehlerdämpfungen $2\,r_1$, $2\,r_e$, $2\,r_2$, $2\,r_a$ dürfen nicht mit der im § 174 definierten durch einen „Stoß" verursachten (zusätzlichen) „Stoßdämpfung" verwechselt werden. Diese nimmt mit Verringerung des „Stoßes" ab.

[2] Auch bei endlichem Anpassungsmaß ist die reflektierte Welle sehr schwach, wenn das Gesamtdämpfungsmaß $\mathfrak{g}$ hoch ist. Nur für Punkte in der Nähe des Endes der Leitung gilt dies nicht, da hier $\xi \approx 1$ ist.

leitung übergehen usw. Erst die Betriebsdämpfung begreift beide Arten der Schwächung in sich.

Diese nützliche Vorstellung muß mit einer gewissen Vorsicht angewendet werden. Abgesehen davon, daß die Dämpfung nach § 174 durch Stoßstellen gar nicht in jedem Falle erhöht wird, ist zu beachten, daß es sich bei der Anwendung des Begriffs der „Reflexion" auf Vierpole um eine Vermengung zweier verschiedener Betrachtungsweisen handelt, der formal-vierpoltheoretischen und der physikalischen. Wir dürfen annehmen, daß jede Störung in der Gleichmäßigkeit einer Leitung oder einer Vierpolkette eine Störung des elektromagnetischen Wellenvorgangs nach sich zieht; die Vierpoltheorie jedoch erfaßt nur die Stoßstellen, die an den willkürlich gewählten Vierpolklemmen liegen. Die vierpoltheoretische Betrachtung gibt daher nur dann ein richtiges Bild, wenn wir die Grenzen der Vierpole sozusagen an die physikalisch richtige Stelle legen; woran dies zu erkennen ist, darüber ist im allgemeinen nur bei Zusammenschaltungen von Leitungen kein Zweifel möglich.

Ist z. B. eine gleichmäßige Leitung mit einem nicht angepaßten Widerstand abgeschlossen, so pflanzt sich auf ihr nach § 228 eine rückwärtslaufende Welle fort. Fassen wir nun aber in Gedanken die zweite Hälfte der Leitung mit dem wirklichen Verbraucher zusammen als einen Ersatzverbraucher auf, so haben wir jetzt vierpoltheoretisch eine „Stoßstelle" in der Mitte der Leitung, obgleich dort physikalisch gar nichts reflektiert wird. Trotzdem sind natürlich alle Rechnungen richtig. Die reflektierte Welle ist vierpoltheoretisch eine Folge der „Stoßstelle" in der Mitte der Leitung; physikalisch rührt sie aber natürlich nach wie vor von dem Stoß am Ende der Leitung her, der bei der angenommenen vierpoltheoretischen Behandlung keine Rolle spielen kann.

§ 230. Die Leitungsstrecke[1]. Das Argument $u + jv$ (vgl. § 180) der in den Gleichungen (227. 6) und (227. 7) vorkommenden Funktionen $\mathfrak{Sin}\,(\mathfrak{g}(1-\xi) + \mathfrak{r}_e)$ und $\mathfrak{Cof}\,(\mathfrak{g}(1-\xi) + \mathfrak{r}_e)$ ist eine lineare komplexe Funktion der reellen Veränderlichen ξ und kann daher in einer u-v-Ebene durch ein Stück einer Geraden, die „Leitungsstrecke" dargestellt werden. Dieses beginnt, da ξ zwischen 0 und 1 liegt, im Punkte $\mathfrak{g} + \mathfrak{r}_e$ (für $\xi = 0$) und endigt im Punkte $\mathfrak{r}_e$ (für $\xi = 1$, Abb. 230. 1). Da der veränderliche Teil von $u + jv$ gleich $-\mathfrak{g}\xi = -\gamma x$ ist, hat die Leitungsstrecke die Länge $|\mathfrak{g}|$; ihre Richtung ist der des Vektors $\mathfrak{g}$ entgegengesetzt. Mit der reellen Achse bildet sie demnach, wenn für beide Achsen der gleiche Maßstab verwendet ist[2], nach (211. 4) den Winkel $\pm 180^0 + 90^0 - (\varepsilon + \delta)/2 = -90^0 - (\varepsilon + \delta)/2$.

Man stellt sich die in der u-v-Ebene liegende Leitungsstrecke am besten als ein „Bild" der Leitung vor. Versieht man sie mit einer Ortsteilung, so kann man zu jeder Entfernung x das Argument $u + jv$ an den Achsen ablesen. Entspricht der Abstand zweier benachbarter Teilstriche bei allen Leitungen der gleichen Entfernung, so ist er offenbar proportional der bezogenen Dämpfung.

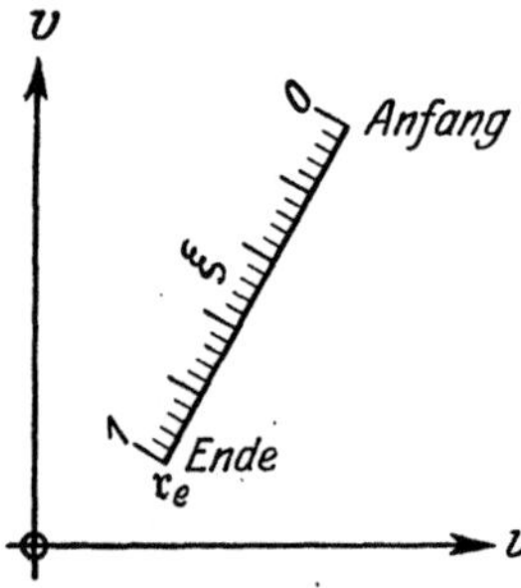

Abb. 230. 1.

Bei der verlustlosen Leitung ($\varepsilon = \delta = 0$) läuft die Leitungsstrecke parallel zu der imaginären Achse von oben nach unten. Bei der Kabelleitung dagegen ist bei Sprechfrequenzen $\varepsilon \approx 90^0$, δ klein; die Leitungsstrecke läuft also in der Winkelhalbierenden zwischen den Achsen von rechts oben nach links unten.

Mit zunehmender Frequenz werden $\varepsilon = \operatorname{arctg}(R/(\omega L))$ und $\delta = \operatorname{arctg}(G/(\omega C))$ immer kleiner: Die Leitungsstrecke dreht sich immer mehr in die Richtung der

[1] Emde, F.: Siehe die Fußnote im § 180.

[2] Entspricht wie bei manchen Darstellungen 1 cm auf der u-Achse der Zahl 0,2, auf der v-Achse einem Winkel von 10^0, so gilt für den Winkel φ der Leitungsstrecke $\operatorname{tg}\varphi = 1{,}146/\operatorname{tg}((\varepsilon + \delta)/2)$.

imaginären Achse. Bei ganz niedrigen (Telegraphier-) Frequenzen nähern sich sowohl ε wie δ dem Winkel 90^0, die Leitungsstrecke stellt sich also senkrecht zur imaginären Achse.

Soviel über die Richtung der Strecke. Ihre Lage hängt von dem Anpassungsmaß $\mathfrak{r}_e$ ab. Da $\mathfrak{Tg}\,\mathfrak{r}_e = \mathfrak{R}_e/\mathfrak{Z}$ ist, der Winkel von $\mathfrak{Z}$ aber immer zwischen 0^0 und -45^0 liegt, kann $\mathfrak{r}_e$ und damit das Ende der Leitungsstrecke nur in den Gebieten der u-v-Ebene liegen, wo der Winkel τ des Hyperbeltangens größer als -90^0 und kleiner als $+135^0$ ist. Bei Kurzschluß liegt $\mathfrak{r}_e$ in einem Trichterpunkt, bei Leerlauf in einem Spitzenpunkt des Tangensnetzes; bei Anpassung am Leitungsende ist der reelle Teil von $\mathfrak{r}_e$ unendlich groß, d. h. die Leitungsstrecke liegt (Abb. 183. 1) in großer Entfernung u von der imaginären Achse. $u = 3$ gilt schon als „groß", da sich $\mathfrak{Tg}\,u$ und $\mathfrak{Ctg}\,u$ für $u = 3$ nur noch um $5\,‰$ von 1 unterscheiden.

Aus den Gleichungen (227. 6) und (227. 7) geht daher in Verbindung mit dem Sinus- und Kosinusnetz hervor, daß die Effektivwerte der Spannung und des Stroms auf einer mit Verlusten behafteten Leitung bei Anpassung an ihrem Ende exponentiell abfallen. Bei Kurzschluß und Leerlauf dagegen verlaufen sie räumlich schwankend, d. h. sie haben an gewissen Stellen Höchstwerte, „Bäuche". Stehende Wellen mit Bäuchen und mit Knoten, in denen die Effektivwerte völlig auf Null sinken, sind nach dem Netz nur möglich, wenn erstens die Leitung verlustlos ($b = 0$) und zweitens $\mathfrak{R}_e/\mathfrak{Z}$ entweder gleich Null oder unendlich groß oder rein imaginär ist. Nach (227. 6) und (227. 7) fallen bei stehenden Wellen die Knoten der Spannung mit den Bäuchen des Stroms zusammen und umgekehrt. Knoten und Bäuche haben Abstände von jedesmal einer Viertelwellenlänge, der ja eine Änderung des Winkelmaßes um 90^0 entspricht.

Anhand des Tangensnetzes kann auch der Verlauf des Scheinwiderstandes in Abhängigkeit von der Entfernung x verfolgt werden, und zwar in besonders einfacher Weise, da die Gleichung

$$\mathfrak{W}_1 = \mathfrak{Z}\,\mathfrak{Tg}(\mathfrak{g}(1 - \xi) + \mathfrak{r}_e) \qquad (230.\ 1)$$

nur eine einzige Hyperbelfunktion enthält.

In Abb. 183. 1 sind vier Leitungsstrecken eingetragen, deren Längen und Neigungen dem Übertragungsmaß etwa einer 4-mm-Freileitung von 50 km Länge entsprechen. Die im Koordinatenanfang endigende Strecke stellt den Kurzschlußwiderstand einer solchen Leitung dar; er ist (für $\xi = 0$) viel größer als ihr Wellenwiderstand und hat auch einen stark abweichenden Winkel.

Bei der am weitesten oben rechts liegenden Strecke dagegen ist $\mathfrak{R}_e/\mathfrak{Z} = \mathfrak{Tg}\,\mathfrak{r}_e \approx 1{,}4\angle 28^0$. Bei dieser Art der Beschaltung am Leitungsende ist für $\xi = 0$ annähernd angepaßt — allerdings nur dem Betrage nach. Bei wachsendem ξ steigt die Abweichung des Scheinwiderstands vom Wellenwiderstand auf ein Maximum, das bei $\xi \approx 0{,}63$ erreicht wird; bei noch größerem ξ sinkt sie wieder. Wäre die Leitung doppelt so lang, so läge ihr Anfang in einem Trichterbereich des Tangensreliefs; dann wäre ihr Eingangsscheinwiderstand kleiner als ihr Wellenwiderstand.

§ 231. Die Frequenzabhängigkeit des Scheinwiderstands. Die Netze der Hyperbelfunktionen können auch dann verwendet werden, wenn nicht die Entfernung x, sondern z. B. die Kreisfrequenz ω die reelle unabhängige Veränderliche ist.

Es sei eine verlustarme Freileitung gegeben, die an ihrem Ende mit einem frequenzunabhängigen Widerstande beschaltet ist. Dann ist

$$\mathfrak{g} + \mathfrak{r}_e = b + \mathrm{j}\,\omega\,\sqrt{LC} + r_e + \mathrm{j}\,x_e,$$

wobei b, r_e und x_e nicht von der Frequenz abhängen. Die Ortskurve von $\mathfrak{g} + \mathfrak{r}_e$ ist also eine gerade Linie parallel zur imaginären Achse mit einer gleichmäßigen

Frequenzteilung. Der Scheinwiderstand einer solchen Freileitung wird daher als Funktion der Frequenz durch eine wellige Kurve dargestellt. Seine „Wellung" verschwindet nach dem Tangensnetz um so mehr, je größer die Dämpfung b und der reelle Teil r_e des Anpassungsmaßes sind; wächst eine dieser Größen über alle Grenzen, so geht $\mathfrak{W}_1$ in den konstanten Wellenwiderstand $\mathfrak{Z}$ über.

Bei der Kabelleitung wird $\mathfrak{g}$ nach (214. 2) als Funktion der Frequenz durch eine unter 45^0 geneigte Gerade mit ungleichmäßiger Teilung dargestellt. r_e ist dann jedoch wegen der Gleichung (217. 5) im allgemeinen frequenzabhängig. Die Ortskurve für $\mathfrak{g} + \mathfrak{r}_e$ hat daher einen weniger einfachen Verlauf; an ihr kann man aber im Tangensnetz ebenso wie bei der Freileitung den Frequenzgang des Scheinwiderstands ablesen.

9. Abschnitt.

Pupinleitungen.

§ 232. Geschichtliches. Schon im Jahre 1893 hat O. Heaviside[1] vorgeschlagen, zur Erhöhung der Übertragungsfähigkeit von Leitungen in gleichen Abständen Spulen in sie einzuschalten.

Pupin hat das Verdienst, den Gedanken Heavisides in brauchbarer Form in die Praxis des Fernsprechens eingeführt zu haben[2]. Er hat auch als erster eine Regel angegeben, nach der die Induktivität der Spulen bemessen werden kann.

Sowohl Freileitungen wie Kabelleitungen lassen sich pupinisieren. Bei den pupinisierten Freileitungen machen sich jedoch die Nachteile der Freileitungen in verstärktem Maße geltend; außerdem gehen ihre Vorteile zum Teil verloren. Man hat sich daher schon vor längerer Zeit entschlossen, Freileitungen nicht mehr zu bespulen; Pupinleitungen sind daher heute immer Kabelleitungen.

§ 233. Pupinleitungen und Spulenleitungen. Die Pupinleitungen gehören nicht zu den gleichmäßigen Leitungen; denn sie bestehen aus gleich langen Stücken gleichmäßiger Leitung, die durch jedesmal zwei auf denselben Kern gewickelte Längsspulen (Abb. 233. 1) voneinander getrennt sind. Die Stücke gleichmäßiger Leitung nennt man auch „Spulenfelder".

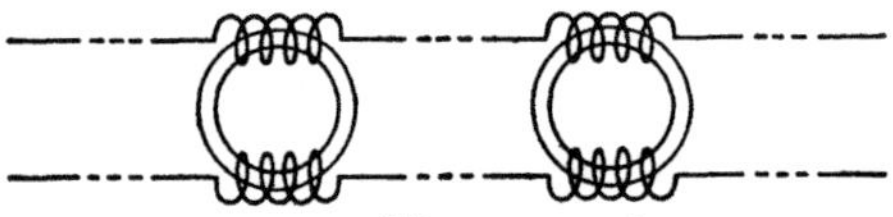

Abb. 233. 1.

Die Theorie solcher Zusammenschaltungen ist wesentlich verwickelter als die der gleichmäßigen Leitungen. Wir bekommen aber eine für viele Zwecke ausreichende Näherung, wenn wir uns die Pupinleitungen durch „Spulenleitungen" ersetzt denken, d. h. durch Ketten, die aus Querkondensatoren und Längsspulen zusammengebaut sind (Abb. 233. 2 oder 233. 3). Die Ableitung und die Kapazität der ersetzenden Kondensatoren und den Wirkwiderstand und die Induktivität der ersetzenden Spulen denkt man sich ebenso groß wie jedesmal die entsprechenden Größen eines Spulenfeldes und einer Spule zusammengenommen.

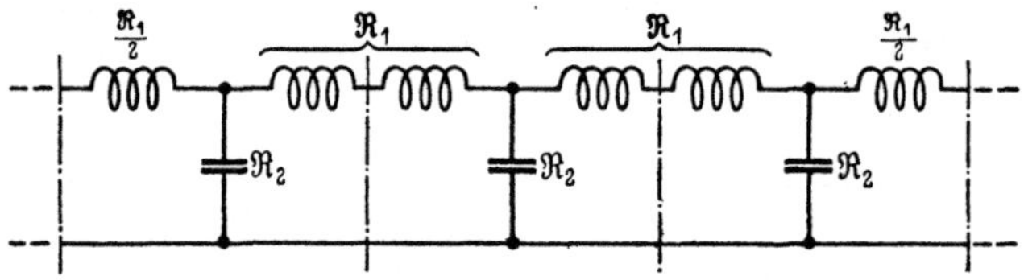

Abb. 233. 2.

[1] Heaviside, O.: Electromagnetic Theory. London 1893, 1 S. 445.
[2] Pupin, M. J.: Trans. Amer. Inst. electr. Engrs. (1900) S. 245.

Um die Vierpoltheorie in einfacher Form anwenden zu können, denken wir uns die Spulenleitung zunächst so aufgebaut, daß sie je mit einer halben Spule $\mathfrak{R}_1/2$ beginnt und endigt, während die inneren Spulen den komplexen Widerstand $\mathfrak{R}_1$, die Kondensatoren den komplexen Widerstand $\mathfrak{R}_2$ haben. Wir können dann (Abb. 233. 2) die ganze Kette durch Schnitte mitten durch die inneren Spulen in gleiche symmetrische und deshalb aneinander angepaßte „Sternschaltungen" zerlegen (§ 163).

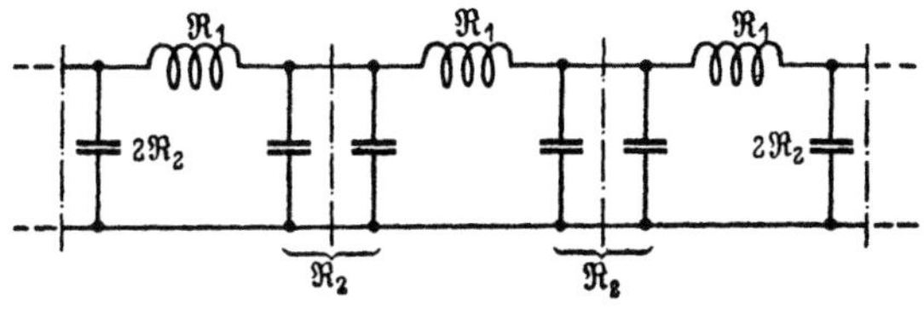

Abb. 233. 3.

Wir können uns die Spulenleitung aber auch so aufgebaut denken, daß sie mit je einem halben Kondensator, also je einem halben Spulenfeld, beginnt und endigt. Dann können wir (Abb. 233. 3) die ganze Leitung durch Schnitte mitten durch die Spulenfelder in lauter gleiche symmetrische angepaßte „Dreiecksschaltungen" $\mathfrak{R}_1$, $\mathfrak{R}_2$ zerlegen (§ 165).

Die Zerlegung in Dreiecksschaltungen entspricht der in Deutschland üblichen Bauart.

§ 234. Das Übertragungsmaß der verlustlosen Spulenleitung. Ist s der Spulenabstand und gibt man den auf die Spulen bezüglichen Größen den Index s, den auf die Leitungsstücke bezüglichen den Index 0, so ist nach den Voraussetzungen des vorigen Paragraphen

$$\left.\begin{aligned}\mathfrak{R}_1 &= s R_0 + R_s + j\omega(s L_0 + L_s) = s(R + j\omega L),\\ \frac{1}{\mathfrak{R}_2} &= s G_0 + G_s + j\omega(s C_0 + C_s) = s(G + j\omega C).\end{aligned}\right\} \quad (234.1)$$

Wir vernachlässigen der Einfachheit wegen zunächst die sämtlichen (an sich nicht etwa unwesentlichen) Widerstände, die sehr kleine Kapazität C_s der Spule und die meist ebenfalls sehr kleine Induktivität sL_0 der Leitung. Damit erhalten wir nach (163. 5) und (165. 3) als erste Näherung

$$\mathfrak{Sin}\frac{\mathfrak{g}}{2} = \frac{\omega}{2}\sqrt{-s C_0 L_s}. \quad (234.2)$$

Da hiernach der Hyperbelsinus des halben Übertragungsmaßes rein imaginär ist, liegt dieses im Sinusnetz entweder auf der imaginären Achse — wenn $\left|\mathfrak{Sin}\frac{\mathfrak{g}}{2}\right| < 1$ ist — oder auf einer Parallelen zur reellen Achse durch einen Sattelpunkt — wenn $\left|\mathfrak{Sin}\frac{\mathfrak{g}}{2}\right| > 1$ ist —. Die verlustlose Spulenleitung läßt daher durch, wenn

$$0 < \omega \leqq \frac{2}{\sqrt{s C_0 L_s}} = \omega_0, \quad (234.3)$$

sie dämpft dagegen für alle Frequenzen oberhalb dieser „Grenzfrequenz" ω_0. Man sagt auch: sie ist ein „Tiefpaß".

Im Durchlaßbereich gilt für das Winkelmaß

$$\sin\frac{a}{2} = \frac{\omega}{2}\sqrt{s C_0 L_s} = \frac{\omega}{\omega_0} = \eta. \quad (234.4)$$

Im Dämpfungsbereich ist nach dem Sinusnetz $a/2 = 90^0$; also ist dort

$$\mathfrak{Cof}\frac{b}{2} = \mathfrak{Cof}\left(\frac{\mathfrak{g}}{2} - j\,90^0\right) = -j\,\mathfrak{Sin}\frac{\mathfrak{g}}{2} = \frac{\omega}{2}\sqrt{s C_0 L_s} = \eta. \quad (234.5)$$

Die Frequenzabhängigkeiten des Dämpfungsmaßes und des Winkelmaßes eines Gliedes einer Spulenleitung werden daher durch die Abbildungen 234. 1 und

234. 2 dargestellt. Das Winkelmaß beginnt nach § 158 für $\eta = 0$ eindeutig mit dem Werte 0^0.

Betrachtet man diese beiden Kurven von der Rückseite des Papiers aus gegen das Licht und zwar so, daß die η-Achsen nach oben weisen, so stellt sich die Kurve Abb. 234. 1 für $\eta > 1$ als halbe Kettenlinie, die Kurve Abb. 234. 2 für $\eta < 1$ als Viertelsinuslinie dar.

Für kleine η, also niedrige Frequenzen, ist $a \approx \omega \sqrt{s\, C_0 L_s}$, also wie bei gleichmäßigen Leitungen der Frequenz proportional. Der steile Anstieg des Winkelmaßes in der Nähe der Grenzfrequenz bedeutet nach (226. 5) eine erhebliche Laufzeitverzerrung (vgl. § 241).

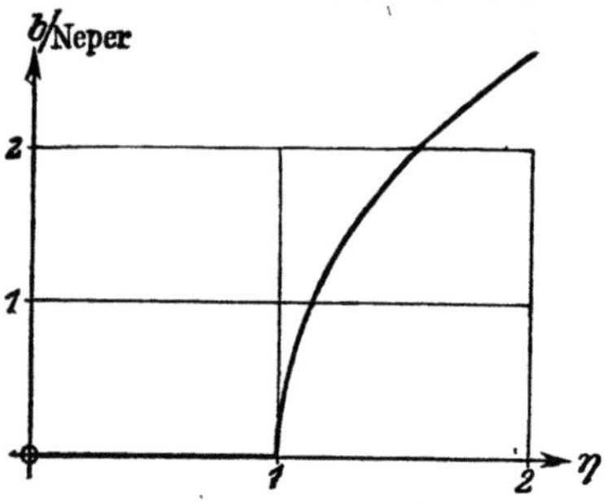

Abb. 234. 1.

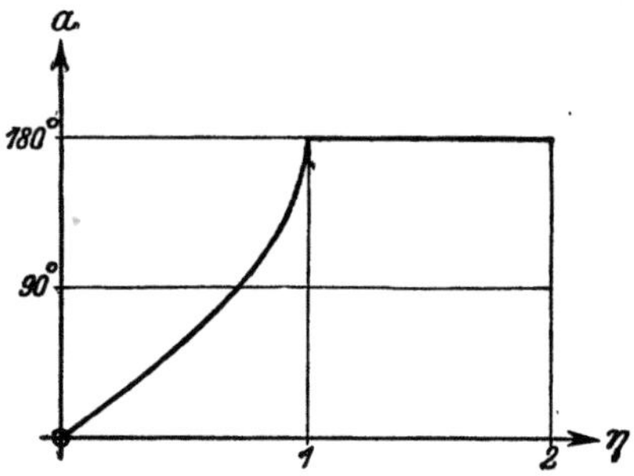

Abb. 234. 2.

Besteht die Pupinleitung aus n Gliedern, so ist ihre Gesamtdämpfung n mal so groß wie die eines einzelnen Gliedes. Dadurch wird auch die Steilheit des Dämpfungsanstiegs (definiert als die Ableitung der Dämpfung nach der Frequenz) n mal größer.

Für $\eta = 1{,}2$ z. B. ergibt sich nach (. 5) bereits eine Dämpfung von 1,24 N je Glied. Bei einer Leitung von 40 Gliedern macht das rund 50 N aus.

§ 235. Dämpfungs- und Winkelmaß einer Stern- oder Dreiecksschaltung bei Berücksichtigung der Verluste. Wenn $\mathfrak{R}_1$ und $\mathfrak{R}_2$ komplex sind, setzen wir

$$\frac{\mathfrak{R}_1}{4\,\mathfrak{R}_2} = r \,\underline{/\varphi} \,. \tag{235. 1}$$

Dann wird nach (163. 5) und (165. 3)

$$\left.\begin{aligned} \mathfrak{Sin}\,\frac{b}{2}\cos\frac{a}{2} &= \sqrt{r}\cos\frac{\varphi}{2}\,, \\ \mathfrak{Cos}\,\frac{b}{2}\sin\frac{a}{2} &= \sqrt{r}\sin\frac{\varphi}{2}\,. \end{aligned}\right\} \tag{235. 2}$$

Wie im § 162 folgt hieraus zunächst

$$r\left(\frac{\sin^2\frac{\varphi}{2}}{\mathfrak{Cos}^2\frac{b}{2}} + \frac{\cos^2\frac{\varphi}{2}}{\mathfrak{Sin}^2\frac{b}{2}}\right) = r\left(\frac{1-\cos\varphi}{\mathfrak{Cos}\,b+1} + \frac{1+\cos\varphi}{\mathfrak{Cos}\,b-1}\right) = 1$$

oder, als quadratische Gleichung geschrieben:

$$\mathfrak{Cos}^2 b - 2r\,\mathfrak{Cos}\,b - 2r\cos\varphi - 1 = 0 \tag{235. 3}$$

mit der Lösung

$$\mathfrak{Cos}\,b = r \pm \sqrt{r^2 + 2r\cos\varphi + 1}\,. \tag{235. 4}$$

Ebenso ergibt sich

$$\cos a = -r \pm \sqrt{r^2 + 2r\cos\varphi + 1}\,. \tag{235. 5}$$

Die Gleichungen (. 4) und (. 5) gelten für jeden Stern und jedes Dreieck.

§ 236. **Anwendung auf das Glied einer Spulenleitung.** Wir wollen von jetzt ab mit den durch (234. 1) eingeführten Werten R, L, G und C rechnen, die sozusagen den bezogenen Widerstand, die bezogene Induktivität, Ableitung und Kapazität der Spulenleitung darstellen. Bei einigermaßen stark belasteten Leitungen ($L_s \gg s L_0$) ist annähernd:

$$L = \frac{L_s}{s}, \qquad G = G_0, \qquad C = C_0, \tag{236. 1}$$

während die beiden Glieder R_0 und R_s/s, aus denen sich R zusammensetzt, von derselben Größenordnung sind. R_s nimmt mit der Frequenz zu (vgl. § 248).

Wir setzen weiter [vgl. (234. 3)]

$$\omega = \omega_0 \eta = \frac{2\eta}{s\sqrt{LC}} \tag{236. 2}$$

und

$$b_1 = \frac{sR}{2}\sqrt{\frac{C}{L}} + \frac{sG}{2}\sqrt{\frac{L}{C}} = b_r + b_g. \tag{236. 3}$$

Der Wert b_1 ist gleich der Dämpfung, die einem Stück gleichmäßiger Leitung von der Länge s und den Eigenschaften R, L, G, C bei der betrachteten Frequenz zukäme; er ist klein, weil er sich auf eine — nicht herstellbare — gleichmäßige Leitung von der hohen Induktivität L und ein nur kurzes Stück von ihr bezieht. Größenordnungsmäßig kann man b_1 bei nicht allzu leicht belasteten Kabelleitungen etwa gleich 0,05 setzen; b_g ist praktisch immer klein gegen b_r.

Mit (. 2) und (. 3) wird

$$\frac{\mathfrak{R}_1}{4\,\mathfrak{R}_2} = r\,\underline{/\varphi} = \frac{s^2}{4}(R + j\omega L)(G + j\omega C) = (b_r + j\eta)(b_g + j\eta), \tag{236. 4}$$

also

$$\left.\begin{aligned} r &= \sqrt{(b_r b_g - \eta^2)^2 + b_1^2 \eta^2} \\ 2r\cos\varphi &= 2(b_r b_g - \eta^2) \end{aligned}\right\} \tag{236. 5}$$

und daher

$$\begin{aligned}\mathfrak{Cof}\, b = {} & \sqrt{(b_r b_g - \eta^2)^2 + b_1^2 \eta^2} \\ & \pm \sqrt{(1 - \eta^2)^2 + (b_1^2 - 2 b_r b_g)\eta^2 + 2 b_r b_g + b_r^2 b_g^2}. \end{aligned} \tag{236. 6}$$

§ 237. **Diskussion des Frequenzgangs der Dämpfung**[1]. Für ganz niedrige Frequenzen zunächst wird

$$\mathfrak{Cof}\, b \approx 1 + \frac{b^2}{2} \approx b_r b_g + (1 + b_r b_g) \tag{237. 1}$$

(das untere Vorzeichen der zweiten Wurzel ist nicht zu gebrauchen), also

$$b \approx 2\sqrt{b_r b_g} = s\sqrt{RG}. \tag{237. 2}$$

D. h. die Kurve des Dämpfungsmaßes beginnt bei einem niedrigen Wert, der von der Höhe des bezogenen Widerstands und der bezogenen Ableitung abhängt und auch unmittelbar aus (209. 3) entnommen werden könnte.

Bei höheren Frequenzen erschwert die Ableitungsdämpfung b_g die Diskussion. Da sie im allgemeinen gering ist, vernachlässigen wir sie und erhalten

[1] Es ist üblich und auch weitaus das Einfachste, bei der Diskussion „Frequenzbereiche" zu unterscheiden, wie es im folgenden geschieht.

unter der Voraussetzung, daß das Glied $b_1^2\eta^2$ neben $(1-\eta^2)^2$ als klein angesehen werden kann:

$$\operatorname{Cof} b = \eta\sqrt{\eta^2+b_1^2} \pm \sqrt{(1-\eta^2)^2+b_1^2\eta^2}$$
$$\approx \eta\sqrt{\eta^2+b_1^2} + (1-\eta^2)\left(1+\frac{b_1^2\eta^2}{2(1-\eta^2)^2}\right). \qquad (237.3)$$

Führen wir die Abkürzung

$$\eta = b_1 \operatorname{Sin} x \qquad (237.4)$$

ein, so ergibt sich

$$\frac{b^2}{2} = b_1^2\left(\operatorname{Sin} x \operatorname{Cof} x - \operatorname{Sin}^2 x + \frac{\eta^2}{2(1-\eta^2)}\right)$$
$$= \frac{b_1^2}{2}\left(1-e^{-2x}+\frac{\eta^2}{1-\eta^2}\right)$$

oder endlich

$$b = b_1\sqrt{\frac{1}{1-\eta^2}-e^{-2x}}. \qquad (237.5)$$

Hier kann man, wenn man zunächst von der Frequenzabhängigkeit von b_1 absieht (§ 248), drei Frequenzbereiche unterscheiden:

a) Die Frequenz sei so niedrig, daß man nicht nur η^2 neben 1 vernachlässigen, sondern auch e^{-2x} durch $1-2x$ und $\operatorname{Sin} x$ durch x ersetzen kann ($\eta \ll b_1$). Dann wird

$$b = b_1\sqrt{2x} \approx b_r\sqrt{\frac{2\eta}{b_r}} = s\sqrt{\frac{\omega RC}{2}}; \qquad (237.6)$$

in diesem Bereich verhält sich also nach § 214 die Pupinkabelleitung wie eine unpupinisierte; ihre Spulen sind noch nicht wirksam.

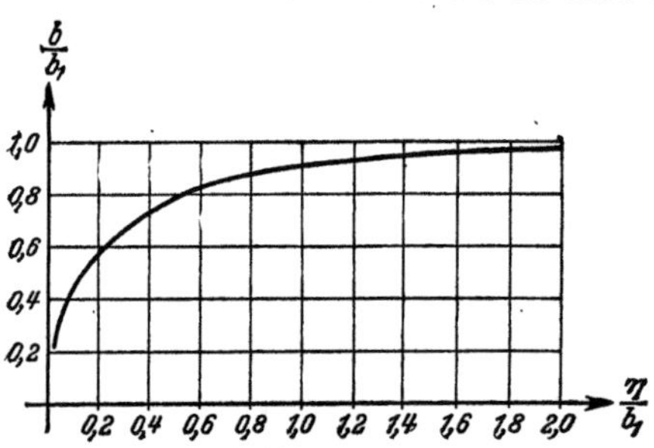

Abb. 237. 1.

b) Die Frequenz sei so hoch, daß nur noch η^2, aber nicht mehr x als klein angesehen werden kann. Dann gilt[1]:

$$\frac{b}{b_1} = \sqrt{1-e^{-2x}}. \qquad (237.7)$$

In diesem Bereich empfiehlt es sich, sowohl b wie η auf b_1 als Einheit zu beziehen; dann besteht zwischen b und η eine von physikalischen Konstanten freie, also für alle Pupinleitungen gleiche Beziehung, die durch die Kurve Abb. 237. 1 veranschaulicht wird. Bei Leitungen höherer Grenzfrequenz fällt dieser Bereich in das Gebiet der tieferen Sprechfrequenzen.

c) Die Frequenz sei so hoch, daß in (. 5) die Exponentialfunktion ganz weggelassen werden kann. Dann gilt[2]

$$b = \frac{b_1}{\sqrt{1-\eta^2}} = \frac{b_1}{\cos(\arcsin\eta)}. \qquad (237.8)$$

Abb. 237. 2 zeigt, wie die Dämpfung in diesem Gebiet bei wachsender Frequenz erst langsam, dann rascher ansteigt. n ist die Zahl der Pupinglieder (Spulenfelder).

[1] Die Formel deckt sich mit der Rechenvorschrift bei H. F. Mayer: Telegr.- u. Fernspr.-Techn. 16 (1927) S. 163.

[2] Der cos (arc sin η) läßt sich aus einer Tafel der trigonometrischen Funktionen unmittelbar ablesen.

Die Kurve der Dämpfung b geht nach (. 5) gerade im wichtigsten Frequenzbereich durch den Wert b_1 hindurch, z. B. für $b_1 = 0{,}05$ bei dem Frequenzmaß $\eta = 0{,}155$, für $b_1 = 0{,}08$ (leichte Belastung) bei dem Frequenzmaß $\eta = 0{,}194$. Unterhalb dieser Frequenzmaße kann man nach (. 7), oberhalb nach (. 8) rechnen. Der Fehler, den man dabei macht, wächst jedoch mit b_1; bei großem b_1 rechnet man daher in der Nähe von $\eta = 0{,}2$ besser nach der allgemeinen Gleichung (. 5).

Die Gleichung (. 8) gilt bis in die nächste Nähe der Grenzfrequenz. Für $\eta = 0{,}95$ und $b_1 = 0{,}05$ z. B. ergäbe die genaue Formel (236. 6) $b/b_1 = 3{,}122$, d. h. einen Wert, der nur um 2,5% unter dem Wert 3,202 liegt, der aus (. 8) folgt.

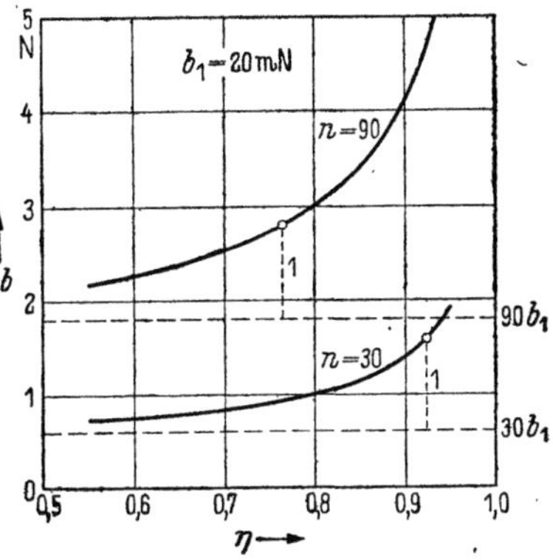

Abb. 237. 2.

Bei der Grenzfrequenz selbst muß man auf (236. 6) zurückgehen. Man erhält

$$\mathfrak{Cof}\, b = 1 + b_1 \quad \text{oder} \quad b \approx \sqrt{2\, b_1}, \qquad (237.\,9)$$

also z. B. für $b_1 = 0{,}05$ $b = 0{,}315 = 6{,}3\, b_1$.

Oberhalb der Grenzfrequenz ist, wie eine einfache Rechnung ergibt, nur das **untere** Vorzeichen vor der zweiten Wurzel von (236. 6) zu gebrauchen; man erhält

$$\mathfrak{Cof}\, b \approx \eta^2 + \frac{b_1^2}{2} + (\eta^2 - 1) + \frac{b_1^2\,\eta^2}{2\,(\eta^2 - 1)} = (2\,\eta^2 - 1)\left(1 + \frac{b_1^2}{2}\,\frac{1}{\eta^2 - 1}\right). \qquad (237.\,10)$$

Dies stimmt annähernd mit dem im § 234 Abgeleiteten überein.

Bei einer genauen Diskussion der Frequenzabhängigkeit der Dämpfung muß berücksichtigt werden, daß schon die bisher als Konstante behandelte Größe b_1 von der Frequenz abhängt (§ 248).

Zur überschläglichen Kennzeichnung einer Pupinleitung dient in erster Linie die bezogene Dämpfung $\beta_1 = b_1/s$ oder die Glieddämpfung b_1 selbst. Das Dämpfungsmaß einer Pupinleitung aus n Gliedern ist n-mal so groß wie das Dämpfungsmaß eines einzelnen Gliedes:

$$n\, b_1 = \beta_1\, l = \frac{n\, s\, R}{2}\sqrt{\frac{C}{L}} = \frac{l\, R}{2}\sqrt{\frac{C}{L}}. \qquad (237.\,11)$$

Für eine 1,4-mm-Kabelleitung z. B. mit $s = 1{,}7$ km, $s R_0 = 40{,}5\ \Omega$, $R_s = 8{,}6\ \Omega$ (für 800 Hz), $s L_0 = 1{,}2$ mH, $L_s = 140$ mH, $s C = 60{,}5$ nF ergibt sich $f_0 = 3440$ Hz, $b_1 = 16{,}07$ mN und daher $\beta_1 = 9{,}5$ mN/km.

§ 238. Grenzfrequenz und Verzerrungsfreiheit.

Da die Dämpfung nach (237. 8) bei Annäherung an die Grenzfrequenz immer stärker wächst, muß diese beträchtlich höher gewählt werden als die höchste für die Übertragung wesentliche Frequenz. Auf Grund von Untersuchungen, auf die wir im § 284 eingehen werden, sieht man für die Übertragung von Sprache die Frequenzen zwischen 300 und 2400 ··· 2700 Hz als wesentlich an. Die Frequenzen an den Grenzen des wesentlichen Bereiches heißen auch „untere" und „obere Eckfrequenz".

Das CCIF[1] fordert nun, daß die „Restdämpfung" (§ 175), d. h. die zwischen einem Sender von 600 $\Omega\,\angle\,0^0$ und einem Empfänger von 600 $\Omega\,\angle\,0^0$ gemessene Betriebsdämpfung, bei den Eckfrequenzen höchstens um 1 N höher ist als die Restdämpfung bei 800 Hz. Ist diese Forderung erfüllt, dann wird der ganze Bereich zwischen den Eckfrequenzen „wirksam übertragen". Die Vorschrift legt also die Dämpfungsverzerrung (§ 213) im wesentlichen Bereich auf den gerade noch zulässigen Höchstwert von 1 N fest.

[1] CCIF: Weißbuch III S. 81.

Die Abb. 237. 2 zeigt anschaulich[1], daß nach der Vorschrift des CCIF die Grenzfrequenz um so höher gelegt werden muß, je länger die Leitung ist. Eine Überschlagsrechnung ergibt dasselbe: Aus den Gleichungen (234. 3) und (237. 11)

$$\omega_0 = \frac{2}{s\sqrt{LC}} \quad \text{und} \quad \beta_1 = \frac{R}{2}\sqrt{\frac{C}{L}} \tag{238. 1}$$

folgt die besonders wichtige Beziehung

$$\beta_1 = \frac{sRC}{4}\omega_0 . \tag{238. 2}$$

Soll nun irgend eine Frequenz f, z. B. die obere Eckfrequenz, gerade mit $n b_1 + 1$ Neper gedämpft werden[2], so besagt dies nach (237. 8)

$$\frac{n b_1}{\sqrt{1 - \frac{f^2}{f_0^2}}} = n b_1 + 1 \tag{238. 3}$$

oder nach (. 2)

$$\frac{\frac{\pi}{2} n \cdot s^2 RC \cdot f_0}{1 + \frac{\pi}{2} n \cdot s^2 RC \cdot f_0} = \sqrt{1 - \frac{f^2}{f_0^2}} . \tag{238. 4}$$

Hieraus läßt sich aber (z. B. durch Probieren) die Grenzfrequenz f_0 zu gegebenen Werten n, s, R, C, f berechnen. Man erhält z. B. für $f = 2400$ Hz mit

$$\frac{\pi}{2} n \cdot s^2 RC = 0{,}25 \quad 0{,}50 \quad 0{,}75 \text{ ms}$$

$$f_0 = 2{,}61 \quad 3{,}00 \quad 3{,}47 \text{ kHz} .$$

Es bestätigt sich also, daß bei festem Spulenabstand mit Rücksicht auf die Dämpfungsverzerrung die Grenzfrequenz um so höher gelegt werden muß, je größer n ist. Ebenso wirkt nach (. 4) eine Vergrößerung von R oder C.

Bei der im § 237 am Schluß betrachteten Leitung ist bei 80 Gliedern $\frac{\pi}{2} n \cdot s^2 RC = 0{,}37$ ms. Dies führt auf $f_0 = 2790$ Hz; die dort gewählte Belastung ($f_0 = 3440$ Hz) ergäbe also auch bei einer mehr als $80 \cdot 1{,}7 = 136$ km langen Leitung noch eine hinreichend geringe Dämpfungsverzerrung.

Bei Fernsprechweitverbindungen hängt die Höhe der zu wählenden Grenzfrequenz keineswegs allein von der Höhe der zulässigen Dämpfungsverzerrung ab.

Für Rundfunkdarbietungen stellt das CCIF strengere Anforderungen. Bei ihnen darf die Restdämpfung in dem ganzen Bereich zwischen 50 Hz und 6400 Hz nirgends um 0,5 N höher sein als für 800 Hz.

§ 239. Wahl der Spuleninduktivität. Die Entwicklungen im § 238 haben gezeigt, daß eine Pupinleitung um so klangtreuer überträgt, je höher ihre Grenzfrequenz liegt. Mit der Klangtreue wächst jedoch auch ihr Preis. Man erkennt dies aus der Gleichung (238. 2). Nach ihr sinkt die Reichweite auf die Hälfte, wenn man s, R und C konstant hält, die Grenzfrequenz aber verdoppelt. Soll die Reichweite durch die Erhöhung der Grenzfrequenz nicht beeinträchtigt werden, so muß man den Spulenabstand oder den bezogenen Widerstand R verringern;

[1] Wir denken dabei an eine Übertragung in natürlicher Frequenzlage, also nicht mit Trägerfrequenzen (§ 215), und an eine verstärkerlose Pupinleitung.

[2] Wir nehmen also vereinfachend an, daß b_1 für 800 Hz gelte und daß die Restdämpfung durch die Vierpoldämpfung ersetzt werden könne. Außerdem sehen wir darüber hinweg, daß der Widerstand R nur angenähert bekannt ist, da sein Anteil R_s/s von der erst zu wählenden Grenzfrequenz ein wenig abhängt (§ 240).

eine wesentliche Änderung der Kapazität ist ja nicht möglich. Verkleinerung des Spulenabstands bedeutet aber Erhöhung der Spulendichte, also Erhöhung der Kosten der Bespulung; Verkleinerung des bezogenen Widerstands bedeutet Vergrößerung der Leiterquerschnitte, also Erhöhung der Kosten für die Kabelstücke und des Kupferverbrauchs.

Praktisch sucht man einen möglichst günstigen Mittelweg zwischen hoher Übertragungsgüte und geringem Kupferverbrauch. Für den Spulenabstand dagegen wählt man ohne Rücksicht auf die Grenzfrequenz einheitlich einen bestimmten Wert — in Deutschland früher 2 km, jetzt 1,7 km. Soll die obere Eckfrequenz für einige Sprechkreise, z. B. die Rundfunkkreise, höher liegen, so wählt man für sie einen geringeren bezogenen Leiterwiderstand, also dickere Drähte.

Da die Reichweite der Sprechkreise höherer Grenzfrequenz (der „leichter belasteten" Sprechkreise) geringer ist, muß man in diese bei Weitverbindungen mehr Verstärker einbauen. Verdoppelung der Grenzfrequenz bei ungeänderter Leiterdicke zieht nach (238. 2) eine Verringerung des Verstärkerabstands auf die Hälfte nach sich.

Bei der Berechnung der Pupinleitungen geht man von der Grenzfrequenz aus. Es sei z. B. bei einem 0,9-mm-Kabel ($sC = 58{,}7$ nF) der Spulenabstand auf 1,7 km und die Grenzfrequenz auf 7500 Hz festgelegt. Dann ist die folgende Belastung zu wählen:

$$L_s = \frac{1}{\pi^2 f_0^2 \cdot s\,C} - s\,L_0 = 30{,}7 - 1{,}0\ \text{mH} = 29{,}7\ \text{mH}.$$

Mit $s\,R = s\,R_0 + R_s = (98{,}5 + 4{,}3)\ \Omega$ (für 800 Hz) erhält man

$$\beta_1 = \frac{\pi}{2}\,s\,R\,C\,f_0 = 41{,}8\ \frac{\text{mN}}{\text{km}}$$

und daher nach (237. 5) für 800 Hz:

$$\beta = 40{,}1\ \frac{\text{mN}}{\text{km}}.$$

Da die bezogene Kapazität nur wenig von den Abmessungen abhängt, ist die Stärke der Belastung (L_s) nach (238. 1) dem Quadrate der Grenzfrequenz annähernd umgekehrt proportional und bei gegebener Grenzfrequenz ein fester Wert. Die bezogene Dämpfung dagegen ist nach (238. 2) dem Widerstand sR und der Grenzfrequenz annähernd proportional.

Die Frage der Bemessung von Pupinleitungen, die mit Trägerfrequenzen betrieben werden, wird im § 423 behandelt werden

§ 240. Obere Grenze für die Spuleninduktivität. Die Gleichung (236. 3) zeigt, daß bei erhöhter Spuleninduktivität die Ableitungsdämpfung b_g wächst. Man könnte daraus schließen, daß die Stärke der Pupinisierung durch den Ableitungsverlust begrenzt sei. Das trifft jedoch nicht zu. Die Erhöhung der Spuleninduktivität wird vielmehr schließlich deshalb unwirksam, weil mit ihr zugleich der Spulenwiderstand und damit die Widerstandsdämpfung steigt.

Um dies näher zu untersuchen, setzen wir

$$R = R_0 + \frac{R_s}{s} = R_0 + \frac{L_s}{s\,\tau} = R_0 + \frac{L}{\tau}; \qquad (240.\ 1)$$

die „Zeitkonstante" τ der Spulen kann dabei als ein annähernd fester Wert angesehen werden (vgl. § 78). Bezeichnen wir nun die Differentiation nach L durch einen Punkt, so finden wir nach der Regel für die logarithmische Differentiation und nach (236. 3) und (. 1)

$$\frac{\dot b_r}{b_r} = \frac{\dot R}{R} - \frac{1}{2}\frac{\dot L}{L} = \frac{1}{\tau R} - \frac{1}{2L},$$

$$\frac{\dot b_g}{b_g} = \frac{1}{2}\frac{\dot L}{L} = \frac{1}{2L}.$$

Das Minimum der Dämpfung b_1 ergibt sich daher aus der Bedingung

$$\dot{b}_1 = \dot{b}_r + \dot{b}_g = \left(\frac{1}{\tau R} - \frac{1}{2L}\right)\frac{R}{2}\sqrt{\frac{C}{L}} + \frac{1}{2L}\frac{G}{2}\sqrt{\frac{L}{C}} = 0 \tag{240.2}$$

oder nach Multiplikation mit $2\sqrt{L/C}$

$$\frac{1}{\tau} - \frac{R_0 + \frac{L}{\tau}}{2L} + \frac{G}{2C} = 0; \tag{240.3}$$

d. h. b_1 ist am niedrigsten bei der bezogenen Induktivität

$$\overline{L} = \frac{\overline{L}_s}{s} = \frac{\tau R_0 C}{C + \tau G}. \tag{240.4}$$

Da die Dämpfungskurve in der Nähe ihres Minimums flach verläuft, muß man schon aus wirtschaftlichen Gründen eine Spuleninduktivität wählen, die wesentlich kleiner ist als der hier ausgerechnete Grenzwert $\overline{L}_s$. Die Ableitungsdämpfung wäre jedoch selbst dann, wenn man mit $\overline{L}_s$ pupinisierte, noch immer kleiner als die Widerstandsdämpfung. Denn mit (. 4) wird

$$b_g = \frac{GL}{RC} b_r = \frac{GL}{(R_0 + L/\tau)C} b_r = \frac{\tau G}{2C + \tau G} b_r; \tag{240.5}$$

praktisch ist aber immer $\tau G \ll 2C$.

Bei dem am Ende des § 237 betrachteten 1,4-mm-Kabel ($\tau = L_s/R_s = 16{,}28$ ms, $sG = 0{,}9$ µS, $s\tau G = 14{,}65$ nF) berechnet man nach (. 4) die außerordentlich hohe Induktivität $\overline{L}_s = 531$ mH. Die mit Rücksicht auf die Dämpfungsverzerrung und andere Einflüsse tatsächlich gewählte Induktivität $L_s = 140$ mH ist also nicht zu hoch. Selbst mit der Induktivität $\overline{L}_s = 531$ mH wäre jedoch b_r nach (. 5) noch etwa 9 mal so groß wie b_g.

Da nach (. 4) $\overline{L}_s < \tau s R_0$ ist, bleibt der Widerstand R_s selbst bei starker Pupinisierung unter dem Widerstand $s R_0$.

§ 241. Die Laufzeitverzerrung bei der Pupinleitung. Nach (234. 4) ist die Gruppenlaufzeit (§ 226) nur bei Frequenzen, die weit unterhalb der Grenzfrequenz liegen, von der Frequenz nahezu unabhängig. Bei Annäherung an die Grenzfrequenz beobachtet man eine beträchtliche Laufzeitverzerrung; und zwar laufen die hohen Frequenzen langsamer als die tiefen.

Man erkennt dies durch Differentiation von (234. 4). Bezeichnet man das Winkelmaß der ganzen Leitung mit a, die Zahl der Pupinglieder mit n, so erhält man

$$\frac{1}{2n}\left(\cos\frac{a}{2n}\right)\frac{\mathrm{d}a}{\mathrm{d}\eta} = 1;$$

d. h. die auf die n Glieder fallende Gruppenlaufzeit ist

$$\frac{\mathrm{d}a}{\mathrm{d}\omega} = \frac{\mathrm{d}a}{\mathrm{d}\eta}\frac{1}{\omega_0} = \frac{2n}{\omega_0 \cos\frac{a}{2n}} = \frac{l\sqrt{LC}}{\sqrt{1-\eta^2}} = \frac{l\sqrt{LC}}{\cos(\arcsin\eta)}. \tag{241.1}$$

Für die Phasenlaufzeit dagegen erhält man, ebenfalls nach (234. 4),

$$\frac{a}{\omega} = l\sqrt{LC}\,\frac{\arcsin\eta}{\eta}. \tag{241.2}$$

Abb. 241. 1 zeigt die Frequenzgänge von (. 1) und (. 2). Man sieht, daß die Verzerrung der Gruppenlaufzeit viel stärker ist als die der Phasenlaufzeit.

Daß für die Fortpflanzung der Fernmeldeenergie die Gruppengeschwindigkeit maßgebend ist, hat man zuerst aus Laufzeitmessungen an Pupinleitungen geschlossen[1].

Mißt man die auf eine Pupinleitung fallende Laufzeitverzerrung τ durch den Unterschied der Laufzeiten bei der Frequenz ω und bei der Frequenz Null, so erhält man

$$\tau = \frac{2n}{\omega_0\sqrt{1-\eta^2}} - \frac{2n}{\omega_0} \approx \frac{2n}{\omega_0}\left(1+\frac{\eta^2}{2}-1\right) = \frac{2n}{\omega_0}\,\frac{\omega^2}{2\,\omega_0^2} = \frac{n\,\omega^2}{\omega_0^3}. \qquad (241.3)$$

Sie wächst also proportional dem Quadrate der Frequenz, aber umgekehrt proportional der dritten Potenz der Grenzfrequenz. Bei den leicht belasteten Leitungen spielt sie also eine viel geringere Rolle als bei den stärker belasteten.

Da es hauptsächlich darauf ankommt, wie groß die Laufzeitverzerrung τ bei der oberen Eckfrequenz f_1 ist, wollen wir den Zusammenhang

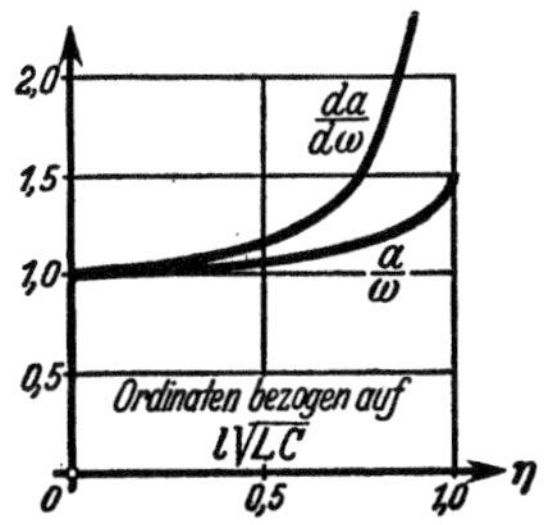

Abb. 241. 1.

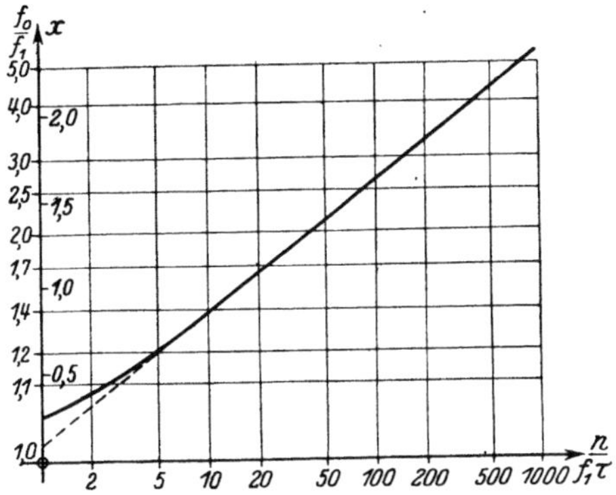

Abb. 241. 2.

von τ mit f_1, f_0 und n noch etwas genauer untersuchen. Wir setzen $f_0 = f_1\,\mathfrak{Cof}\,x$ und formen folgendermaßen um:

$$\tau = \frac{n}{\pi f_1\,\mathfrak{Cof}\,x}\left(\frac{\mathfrak{Cof}\,x}{\mathfrak{Sin}\,x} - 1\right) = \frac{2n}{\pi f_1}\,\frac{e^{-x}}{\mathfrak{Sin}\,2x}.$$

Danach wird

$$\frac{n}{f_1\tau} = \frac{\pi}{2}\,e^{x}\,\mathfrak{Sin}\,2x \approx \frac{\pi}{4}\,e^{3x}. \qquad (241.4)$$

Für einigermaßen große $2x$ läßt sich dieser Zusammenhang, wenn man die Abszisse logarithmisch teilt, durch die gerade Linie

$$x = \frac{\ln 10}{3}\left(\lg\frac{n}{f_1\tau} - \lg\frac{\pi}{4}\right) = 0{,}768\,\lg\frac{n}{f_1\tau} + 0{,}08 \qquad (241.5)$$

darstellen. Aus Abb. 241. 2 können als Funktion der logarithmisch aufgetragenen Abszisse $n/(f_1\tau)$ der Parameter x und das zugehörige Verhältnis f_0/f_1 abgelesen werden.

Es werde z. B. $\tau = 10$ ms gefordert. Dann entnimmt man der Darstellung zu $n = 300$, $f_1 = 2400$ Hz, also $n/(f_1\tau) = 12{,}5$ die Werte $f_0/f_1 = 1{,}47$, $f_0 = 3500$ Hz. Bei der 10fachen Länge ($n = 3000$) ergäbe sich $x = 0{,}768 \cdot 2{,}097 + 0{,}08 = 1{,}69$, also $f_0/f_1 = 2{,}80$, $f_0 = 6700$ Hz.

Zu der Laufzeitverzerrung der Leitung addieren sich die Laufzeitverzerrungen der übrigen Teile des Systems, insbesondere der Verstärker.

§ 242. Genauere Theorie des Übertragungsmaßes einer Pupinleitung. Wir lassen jetzt die bei Aufstellung von (234. 1) eingeführte Voraussetzung fallen, daß es erlaubt sei, die Querleitwerte eines Spulenfelds durch eine einzige Kapazität zu ersetzen und ihre Längswiderstände zu dem komplexen Widerstand der Spule einfach zu addieren. D. h. wir betrachten jetzt das in Abb. 242. 1 dargestellte wirkliche Pupinglied, das dem Dreiecksglied einer Spulenleitung entspricht. Für seine linke Hälfte gelten, wenn wir den Parametern des Spulenfeldes den Index 0 geben, die Gleichungen

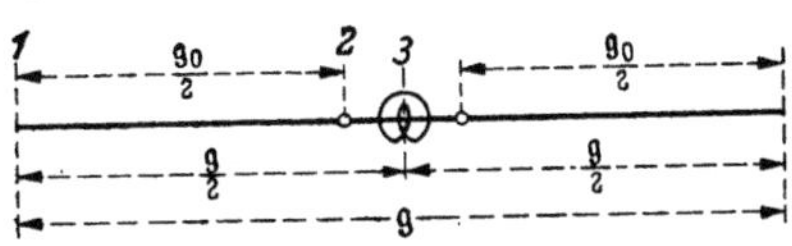

Abb. 242. 1.

[1] Küpfmüller, K., u. Mayer, H. F.: Wiss. Veröff. Siemens-Konz. 5 H. 1 (1926) S. 51.

($\mathfrak{R}_s$ ist der komplexe Widerstand der Spule)

$$\left.\begin{aligned} \mathfrak{U}_1 &= \mathfrak{Cof}\,\frac{\mathfrak{g}_0}{2}\,\mathfrak{U}_2 + \mathfrak{Z}_0\,\mathfrak{Sin}\,\frac{\mathfrak{g}_0}{2}\,\mathfrak{J}_2\,,\\ \mathfrak{J}_1 &= \frac{1}{\mathfrak{Z}_0}\,\mathfrak{Sin}\,\frac{\mathfrak{g}_0}{2}\,\mathfrak{U}_2 + \mathfrak{Cof}\,\frac{\mathfrak{g}_0}{2}\,\mathfrak{J}_2\,,\\ \mathfrak{U}_2 &= \mathfrak{U}_3 + \frac{\mathfrak{R}_s}{2}\,\mathfrak{J}_3\,, \qquad \mathfrak{J}_2 = \mathfrak{J}_3\,, \end{aligned}\right\} \tag{242. 1}$$

also auch

$$\left.\begin{aligned} \mathfrak{U}_1 &= \mathfrak{Cof}\,\frac{\mathfrak{g}_0}{2}\,\mathfrak{U}_3 + \left(\mathfrak{Z}_0\,\mathfrak{Sin}\,\frac{\mathfrak{g}_0}{2} + \frac{\mathfrak{R}_s}{2}\,\mathfrak{Cof}\,\frac{\mathfrak{g}_0}{2}\right)\mathfrak{J}_3\,,\\ \mathfrak{J}_1 &= \frac{1}{\mathfrak{Z}_0}\,\mathfrak{Sin}\,\frac{\mathfrak{g}_0}{2}\,\mathfrak{U}_3 + \left(\mathfrak{Cof}\,\frac{\mathfrak{g}_0}{2} + \frac{\mathfrak{R}_s}{2\,\mathfrak{Z}_0}\,\mathfrak{Sin}\,\frac{\mathfrak{g}_0}{2}\right)\mathfrak{J}_3\,. \end{aligned}\right\} \tag{242. 2}$$

Hieraus können wir, da die Hälften aneinander angepaßt sind, nach (159. 4) und (151. 1) oder nach (159. 8) die folgende Gleichung für das Übertragungsmaß des ganzen Pupinglieds herauslesen:

$$\begin{aligned} \mathfrak{Cof}\,\mathfrak{g} &= -1 + 2\,\mathfrak{Cof}^2\,\frac{\mathfrak{g}}{2} = -1 + 2\,\mathfrak{Cof}\,\frac{\mathfrak{g}_0}{2}\left(\mathfrak{Cof}\,\frac{\mathfrak{g}_0}{2} + \frac{\mathfrak{R}_s}{2\,\mathfrak{Z}_0}\,\mathfrak{Sin}\,\frac{\mathfrak{g}_0}{2}\right)\\ &= \mathfrak{Cof}\,\mathfrak{g}_0 + \frac{\mathfrak{R}_s}{2\,\mathfrak{Z}_0}\,\mathfrak{Sin}\,\mathfrak{g}_0\,. \end{aligned} \tag{242. 3}$$

Um zu erkennen, wie stark sich das Übertragungsmaß der wirklichen Pupinleitung von dem der Spulenleitung unterscheidet, entwickeln wir die Hyperbelfunktionen auf der rechten Seite von (. 3) nach Potenzen ihres Arguments. Der Betrag von $\mathfrak{g}_0$ ist kleiner als 1; nach (211. 1) ist (mit $G_0 = L_0 = 0$)

$$|\mathfrak{g}_0| = |\gamma_0|\,s = \sqrt{2\,\pi\,f\cdot s\,R_0\cdot s\,C_0}\,, \tag{242. 4}$$

z. B. für eine 0,9-mm-Kabelleitung und für 2400 Hz:

$$|\mathfrak{g}_0| = \sqrt{2\,\pi\cdot 2400\ \mathrm{Hz}\cdot 98{,}5\ \Omega\cdot 58{,}7\ \mathrm{nF}} = 0{,}30\,.$$

Wir versuchen es daher mit einer Entwicklung bis zu den Gliedern 4. Grads:

$$\begin{aligned} \mathfrak{Cof}\,\mathfrak{g} &= 1 + \frac{\mathfrak{g}_0^2}{2!} + \frac{\mathfrak{g}_0^4}{4!} + \frac{\mathfrak{R}_s}{2\,\mathfrak{Z}_0}\left(\mathfrak{g}_0 + \frac{\mathfrak{g}_0^3}{3!}\right)\\ &= 1 + \frac{\mathfrak{g}_0}{2\,\mathfrak{Z}_0}\,(\mathfrak{g}_0\,\mathfrak{Z}_0 + \mathfrak{R}_s) + \frac{\mathfrak{g}_0^2}{6}\,\frac{\mathfrak{g}_0}{2\,\mathfrak{Z}_0}\left(\frac{\mathfrak{g}_0\,\mathfrak{Z}_0}{2} + \mathfrak{R}_s\right). \end{aligned} \tag{242. 5}$$

Nun ist aber nach (210. 1) und (210. 2)

$$\frac{\mathfrak{g}_0}{\mathfrak{Z}_0} = s\,(G_0 + j\,\omega\,C_0)\,, \qquad \mathfrak{g}_0\,\mathfrak{Z}_0 = s\,(R_0 + j\,\omega\,L_0)\,. \tag{242. 6}$$

$\mathfrak{g}_0\,(\mathfrak{g}_0\mathfrak{Z}_0 + \mathfrak{R}_s)/(2\,\mathfrak{Z}_0)$ ist also nichts anderes als $\mathfrak{g}_1^2/2$, wenn wir mit $\mathfrak{g}_1$ das Übertragungsmaß einer gleichmäßigen Leitung der Kennwerte R, L, G, C bezeichnen. Aber auch für den Faktor $\mathfrak{g}_0\,(\mathfrak{g}_0\mathfrak{Z}_0/2 + \mathfrak{R}_s)/(2\,\mathfrak{Z}_0)$ dürfen wir $\mathfrak{g}_1^2/2$ setzen; denn das Glied mit $\mathfrak{g}_0^2/6$ ist klein von höherer Ordnung, und der Längswiderstand $\mathfrak{g}_0\,\mathfrak{Z}_0$ der Spulenfelder ist viel kleiner als der komplexe Widerstand $\mathfrak{R}_s$ der Spulen. Wir erhalten daher:

$$\mathfrak{Cof}\,\mathfrak{g} \approx 1 + \frac{\mathfrak{g}_1^2}{2}\left(1 + \frac{\mathfrak{g}_0^2}{6}\right). \tag{242. 7}$$

Für das Übertragungsmaß $\mathfrak{g}$ eines wirklichen Pupingliedes ist hiernach nicht das im § 236 verwendete Übertragungsmaß $\mathfrak{g}_1$, sondern das korrigierte Übertragungsmaß

$$\bar{\mathfrak{g}}_1 = \mathfrak{g}_1\sqrt{1 + \frac{\mathfrak{g}_0^2}{6}} \approx \mathfrak{g}_1 + \frac{\mathfrak{g}_0^2}{12}\,\mathfrak{g}_1$$

maßgebend.

In das Korrektionsglied $(\mathfrak{g}_0^2/12)\,\mathfrak{g}_1$ darf man Näherungswerte einsetzen. Es ist nach (212. 1) und nach (211. 1)

$$\mathfrak{g}_1 = b_1 + j\,a_1 \approx j\,a_1 = j\,\omega\,s\,\sqrt{L\,C} = j\cdot 2\,\eta\,, \tag{242. 8}$$

$$\mathfrak{g}_0^2 = (s\,\sqrt{R_0\cdot j\,\omega\,C_0})^2 = j\,s^2\,\eta\,\omega_0\,R_0\,C_0 = j\cdot 2\,\eta\,s\,R_0\sqrt{\frac{C}{L}} \tag{242. 9}$$

Wir erhalten daher für die korrigierte Größe $\bar{\mathfrak{g}}_1$

$$\bar{\mathfrak{g}}_1 = b_1 + \mathrm{j}\, a_1 + \frac{\mathfrak{g}_0^2}{12}\mathrm{j}\cdot 2\,\eta = b_1 - \frac{2}{3}\eta^2\cdot\frac{s R_0}{2}\sqrt{\frac{C}{L}} + \mathrm{j}\, a_1 \qquad (242.\ 10)$$

und für das korrigierte Dämpfungsmaß des Pupinglieds:

$$b = \frac{\frac{s R}{2}\sqrt{\frac{C}{L}} - \frac{2}{3}\eta^2\frac{s R_0}{2}\sqrt{\frac{C}{L}}}{\sqrt{1-\eta^2}} = \frac{s R_0\left(1-\frac{2}{3}\eta^2\right) + R_s}{2\sqrt{1-\eta^2}}\sqrt{\frac{C}{L}}. \qquad (242.\ 11)$$

Diese zuerst von Pleijel abgeleitete Formel zeigt, daß das Dämpfungsmaß einer wirklichen Pupinleitung in der Nähe der Grenzfrequenz nicht ganz so stark ansteigt wie das Dämpfungsmaß einer Spulenleitung.

Im vorstehenden haben wir stillschweigend vorausgesetzt, daß die Grenzfrequenz der Pupinleitung mit der der verlustlosen Spulenleitung zusammenfalle. Bei Sprechfrequenzen liefert jedoch die genaue Gleichung (. 3) keine scharfe Grenzfrequenz, da der Verlustwinkel ε der Kabelstücke groß und daher $\mathfrak{Cof}\,\mathfrak{g}$ bei allen Frequenzen komplex ist. Nur bei hohen Frequenzen, also z. B. bei leicht belasteten Pupinleitungen, die mit Trägerfrequenzen betrieben werden, ist der Verlustwinkel ε der Kabelstücke niedriger, so daß man mit den für verlustarme Leitungen geltenden Gleichungen

$$\mathfrak{g}_0 = \mathrm{j}\,\omega\, s\sqrt{L_0 C_0} \quad\text{und}\quad \mathfrak{Z}_0 = \sqrt{\frac{L_0}{C_0}}$$

rechnen darf. Dann wird nach (. 3) $\mathfrak{Cof}\,\mathfrak{g}$ rein reell:

$$\mathfrak{Cof}\,\mathfrak{g} = \cos\left(\omega\, s\sqrt{L_0 C_0}\right) - \frac{\omega L_s}{2}\sqrt{\frac{C_0}{L_0}}\sin\left(\omega\, s\sqrt{L_0 C_0}\right), \qquad (242.\ 12)$$

so daß man scharfe Durchlaß- und Dämpfungsbereiche unterscheiden kann. Die „Grenzfrequenzen“ sind die Sattelfrequenzen; bei ihnen muß also $\mathfrak{Cof}\,\mathfrak{g}$ entweder gleich $+1$ oder gleich -1, d. h. es muß entweder

$$\sin\frac{\omega s\sqrt{L_0 C_0}}{2}\left(\sin\frac{\omega s\sqrt{L_0 C_0}}{2} + \frac{\omega L_s}{2}\sqrt{\frac{C_0}{L_0}}\cos\frac{\omega s\sqrt{L_0 C_0}}{2}\right) = 0 \qquad (242.\ 13)$$

oder

$$\cos\frac{\omega s\sqrt{L_0 C_0}}{2}\left(\cos\frac{\omega s\sqrt{L_0 C_0}}{2} - \frac{\omega L_s}{2}\sqrt{\frac{C_0}{L_0}}\sin\frac{\omega s\sqrt{L_0 C_0}}{2}\right) = 0 \qquad (242.\ 14)$$

sein. Hieraus ersieht man zunächst, daß $\omega = 0$ eine Grenzfrequenz ist. Da $L_0 \ll L$ ist und der 2. Faktor der 1. Gleichung jedenfalls nicht verschwinden kann, solange $\omega s\sqrt{L_0 C_0}/2$ im 1. Quadranten liegt, ergibt sich die für die Pupinleitung wesentliche Grenzfrequenz ω_0 aus dem Verschwinden des 2. Faktors der 2. Gleichung:

$$\mathrm{tg}\,\frac{\omega_0 s\sqrt{L_0 C_0}}{2} = \frac{2}{\omega_0 L_s}\sqrt{\frac{L_0}{C_0}}. \qquad (242.\ 15)$$

Ersetzt man hier den Tangens durch sein Argument, so erhält man die Grenzfrequenz der Spulenleitung (234. 3). Entwickelt man ihn dagegen nach Anhang 2. 5, so ergibt sich

$$\omega_0 = \frac{2}{\sqrt{s C_0 L_s}}\left(1 - \frac{1}{6}\frac{s L_0}{L_s}\right). \qquad (242.\ 16)$$

Nach dieser Gleichung kann bei leichter Belastung die in § 234 vernachlässigte Induktivität der Kabelleitung berücksichtigt werden[1].

Häufig rechnet man auch nach der Gleichung

$$\omega_0 = \frac{2}{\sqrt{s C_0 (s L_0 + L_s)}}\left(1 + \frac{1}{3}\frac{s L_0}{L_s}\right), \qquad (242.\ 17)$$

die in den hier eingehaltenen Genauigkeitsgrenzen mit (. 16) übereinstimmt.

§ 243. Der Frequenzgang des Wellenwiderstands einer verlustfreien Spulenleitung. Nach (163. 5) und (165. 3) gilt für den Wellenwiderstand einer Spulenleitung die Gleichung

$$\mathfrak{Z} = \sqrt{\mathfrak{R}_1\mathfrak{R}_2}\left(\mathfrak{Cof}\,\frac{\mathfrak{g}}{2}\right)^{\pm 1}, \qquad (243.\ 1)$$

[1] Die Gleichung (. 17) geht aus der Formel (33) bei W. Weinitschke [Telegr.- u. Fernspr.-Techn. **24** (1935) S. 252] hervor, wenn man die in ihr vorkommende Wurzel bis zum quadratischen Glied (einschließlich) entwickelt. Sie stimmt auch mit der letzten Formel (42) bei H. Jordan überein [ebenda **28** (1939) S. 188].

wo das obere Zeichen für den Stern, das untere für das Dreieck zu nehmen ist.

Bei der verlustfreien Spulenleitung ist daher nach (234. 2)

$$\left.\begin{aligned} \mathfrak{Z}_\lambda &= \sqrt{\frac{L}{C}}\sqrt{1-\eta^2}, \\ \mathfrak{Z}_\Delta &= \sqrt{\frac{L}{C}}\frac{1}{\sqrt{1-\eta^2}}. \end{aligned}\right\} \tag{243. 2}$$

Für $\eta < 1$, also für Frequenzen unterhalb der Grenzfrequenz, sind diese beiden Ausdrücke, wie es nach § 184 sein muß, reell: Im Durchlaßbereich hat die Spulenleitung den Charakter eines reinen Widerstands. Ihr Wellenwiderstand beginnt bei $\omega = 0$ mit dem Werte $\sqrt{L/C}$; er sinkt bei der Sternschaltung bis zu dem Werte Null, er steigt bei der Dreiecksschaltung über alle Grenzen (Abb. 243. 1 und 243. 2).

Man überzeugt sich leicht, daß bei der Grenzfrequenz der Kurzschlußwiderstand der Sternschaltung gleich Null, der Leerlaufwiderstand der Dreiecksschaltung unendlich groß ist (vgl. § 184).

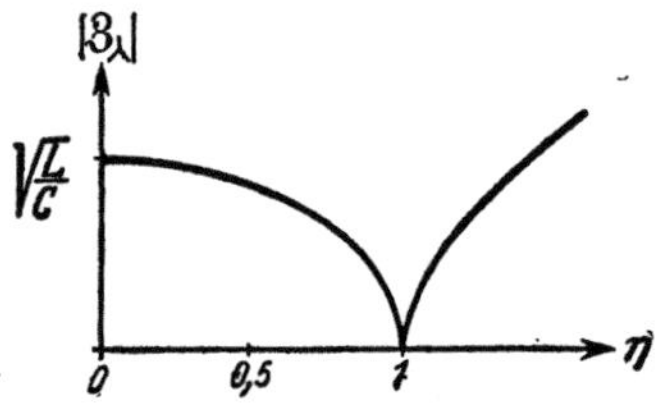

Abb. 243. 1.

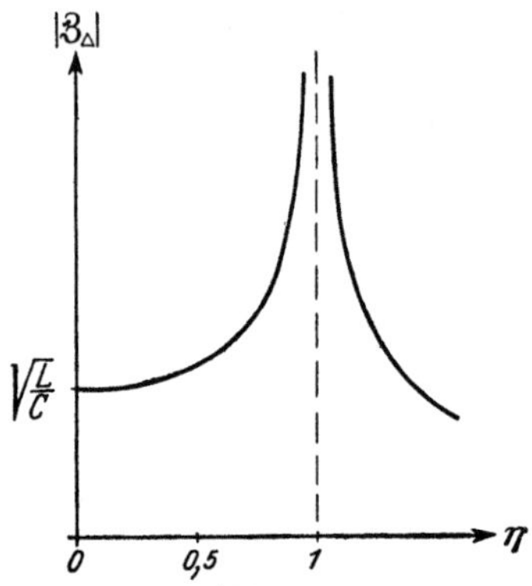

Abb. 243. 2.

Oberhalb der Grenzfrequenz ist der Wellenwiderstand (wegen $\eta > 1$) rein imaginär, und zwar hat er bei der Sternschaltung den Charakter einer Induktivität, bei der Dreiecksschaltung den einer Kapazität. Bei hohen Frequenzen gibt nämlich bei der Sternschaltung die vorgeschaltete halbe Spule, bei der Dreiecksschaltung die parallelgeschaltete Kapazität des halben Spulenfelds den Ausschlag.

Der „Nennwert" $\mathfrak{Z}_0 = \sqrt{L/C}$ des Wellenwiderstands der Pupinleitung ist wesentlich größer als der Wellenwiderstand der unpupinisierten Leitung.

Bei der am Ende des § 237 betrachteten Pupinleitung z. B. ist $s L_0 + L_s = 141{,}2$ mH, $s C_0 = 60{,}5$ nF, also

$$\mathfrak{Z}_0 = \sqrt{\frac{141{,}2 \text{ mH}}{60{,}5 \text{ nF}}} = 1528\,\Omega.$$

§ 244. Der Frequenzgang des Wellenwiderstands einer Spulenleitung bei Berücksichtigung der Verluste. Wir führen unter Vernachlässigung der Ableitung außer dem Frequenzmaß η wieder das Dämpfungsmaß b_1 und den durch (237. 4) definierten Parameter x ein. Dann wird

$$\mathfrak{R}_1\mathfrak{R}_2 = \mathfrak{Z}_0^2 = \frac{R + \mathrm{j}\,\omega L}{\mathrm{j}\,\omega C} = \frac{L}{C}\left(1 - \mathrm{j}\,\frac{b_1}{\eta}\right) = \frac{L}{C}\left(1 - \mathrm{j}\,\frac{1}{\mathfrak{Sin}\,x}\right), \tag{244. 1}$$

$$1 + \frac{\mathfrak{R}_1}{4\,\mathfrak{R}_2} = 1 - \frac{\omega^2 s^2 L C}{4} + \mathrm{j}\,\frac{\omega s^2 R C}{4} = 1 - \eta^2 + \mathrm{j}\,b_1\eta. \tag{244. 2}$$

Die Frequenz sei zunächst so tief, daß $1 + \mathfrak{R}_1/(4\,\mathfrak{R}_2) \approx 1$. Dann wird

$$\mathfrak{Z} \approx \mathfrak{Z}_0 = \sqrt{\frac{L}{C}}\sqrt{1 - \mathrm{j}\,\frac{1}{\mathfrak{Sin}\,x}} = Z_0 + \mathrm{j}\,Z_0'. \tag{244. 3}$$

Quadriert man, so erhält man zur Bestimmung der Komponenten Z_0 und Z_0' die Gleichungen

$$Z_0^2 - Z_0'^2 = \frac{L}{C} \quad \text{und} \quad 2\,Z_0 Z_0' = -\frac{L}{C\,\mathfrak{Sin}\,x}. \tag{244. 4}$$

Man überzeugt sich leicht, daß diesen Bedingungen die Werte

$$Z_0 = \frac{1}{\sqrt{1 - e^{-2x}}}\sqrt{\frac{L}{C}}, \qquad Z_0' = -\frac{1}{\sqrt{e^{2x} - 1}}\sqrt{\frac{L}{C}} \tag{244.5}$$

genügen. Bezieht man also die Komponenten von $\mathfrak{Z}$ auf den Wert $\sqrt{L/C}$, η auf den Wert b_1 als Einheiten, so erhält man wieder (vgl. § 237) eine von physikalischen Konstanten freie, für alle Pupinleitungen gleiche Darstellung des Frequenzgangs in dem angenommenen Bereich; sie ist in Abb. 244. 1 wiedergegeben.

Für sehr kleine x wird wie bei der gleichmäßigen Kabelleitung

$$\mathfrak{Z}_0 = \sqrt{\frac{L}{C}}\frac{1}{\sqrt{2x}}(1 - \mathrm{j}) = \sqrt{\frac{L}{xC}}\,\underline{\angle -45^0} = \sqrt{\frac{R}{\omega C}}\,\underline{\angle -45^0}; \tag{244.6}$$

für große x nach (. 3)

$$Z_0 = \sqrt{\frac{L}{C}}, \quad Z_0' \approx -\frac{1}{2\,\mathfrak{Sin}\,x}\sqrt{\frac{L}{C}} = -\frac{sR}{4\eta} = -\frac{R}{2\omega\sqrt{LC}}. \tag{244.7}$$

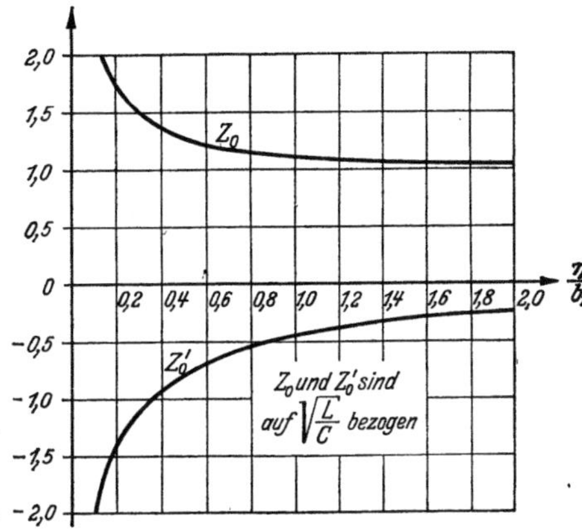

Abb. 244. 1.

Ist die Frequenz zwar noch immer wesentlich kleiner als ω_0, aber doch so hoch, daß das Glied $\sqrt{1 + \mathfrak{R}_1/(4\,\mathfrak{R}_2)}$ berücksichtigt werden muß, so schreibt man nach (. 1) und (. 2)

$$\left.\begin{aligned} \mathfrak{Z}_0 &= \sqrt{\mathfrak{R}_1\mathfrak{R}_2} \approx \sqrt{\frac{L}{C}}\left(1 - \mathrm{j}\frac{b_1}{2\eta}\right), \\ \sqrt{1 + \frac{\mathfrak{R}_1}{4\,\mathfrak{R}_2}} &\approx \sqrt{1 - \eta^2}\left(1 + \mathrm{j}\frac{b_1\eta}{2(1 - \eta^2)}\right) \end{aligned}\right\} \tag{244.8}$$

und erhält nach 1. 2 und 1. 3 des Anhangs:

$$\mathfrak{Z}_\lambda \approx \sqrt{\frac{L}{C}}\sqrt{1 - \eta^2} - \mathrm{j}\frac{sR}{4}\left(\frac{\sqrt{1 - \eta^2}}{\eta} - \frac{\eta}{\sqrt{1 - \eta^2}}\right) = \sqrt{\frac{L}{C}}\sqrt{1 - \eta^2} - \mathrm{j}\frac{sR}{4}\frac{1 - 2\eta^2}{\eta\sqrt{1 - \eta^2}}, \tag{244.9}$$

$$\mathfrak{Z}_\Delta \approx \sqrt{\frac{L}{C}}\frac{1}{\sqrt{1 - \eta^2}} - \mathrm{j}\frac{sR}{4}\frac{1}{\sqrt{1 - \eta^2}}\left(\frac{1}{\eta} + \frac{\eta}{1 - \eta^2}\right) = \sqrt{\frac{L}{C}}\frac{1}{\sqrt{1 - \eta^2}} - \mathrm{j}\frac{sR}{4}\frac{1}{\eta(1 - \eta^2)^{\frac{3}{2}}}. \tag{244.10}$$

Der Wirkwiderstand sR bleibt also ohne Einfluß auf den reellen Teil des Wellenwiderstands; er ruft nur einen frequenzabhängigen Blindbestandteil hervor.

Dieser hat bei der Sternschaltung für Frequenzmaße unterhalb von $\eta = 1/\sqrt{2}$ den Charakter einer Kapazität; oberhalb davon ist er induktiv. Der Wellenwiderstand wird demnach für $\eta = 1/\sqrt{2}$ reell.

Bei der Dreiecksschaltung bewahrt der imaginäre Bestandteil seinen Charakter als Kapazität. Sein Betrag nimmt zunächst bis zu einem Minimum ab; dann steigt er wieder an. Die Abszisse des Minimums ergibt sich aus der logarithmischen Differentiation von $\eta(1-\eta^2)^{\frac{3}{2}}$ zu $\eta = 0{,}5$; der zugehörige Minimalwert ist $(4/(3\sqrt{3}))\,sR = 0{,}77\,sR$.

Bei der Grenzfrequenz selbst wird:

$$\left.\begin{aligned} \sqrt{\mathfrak{R}_1\mathfrak{R}_2} &= \sqrt{\frac{L}{C}}\left(1 - \mathrm{j}\,\frac{b_1}{2}\right) \approx \sqrt{\frac{L}{C}}, \\ \sqrt{1+\frac{\mathfrak{R}_1}{4\,\mathfrak{R}_2}} &= \sqrt{\mathrm{j}\,b_1}, \end{aligned}\right\} \qquad (244.\,11)$$

und daher mit den Abkürzungen $\sqrt{L/C} = z$, $sR/2 = r$:

$$\mathfrak{Z}_\lambda \approx \sqrt{b_1\frac{L}{C}}\,\underline{/\,45^0} = \sqrt{r\,z}\,\underline{/\,45^0}, \qquad (244.\,12)$$

$$\mathfrak{Z}_\Delta \approx \sqrt{\frac{L}{b_1 C}}\,\underline{/\,{-45^0}} = \sqrt{\frac{z^2}{r}\,z}\,\underline{/\,{-45^0}}. \qquad (244.\,13)$$

$|\mathfrak{Z}_\lambda|$ ist also gleich dem geometrischen Mittel aus z und r, $|\mathfrak{Z}_\Delta|$ gleich dem geometrischen Mittel aus z und dem mit der Potenz z zu r inversen Widerstand.

Oberhalb der Grenzfrequenz vertauschen Z_0 und Z_0', da jetzt $1-\eta^2 = \mathrm{j}\sqrt{\eta^2-1}$ zu setzen ist, ihre Rollen:

$$\mathfrak{Z}_\lambda = \frac{sR}{4}\,\frac{2\eta^2-1}{\eta\sqrt{\eta^2-1}} + \mathrm{j}\sqrt{\frac{L}{C}}\sqrt{\eta^2-1} \approx \frac{sR}{2} + \mathrm{j}\sqrt{\frac{L}{C}}\,\eta, \qquad (244.\,14)$$

$$\mathfrak{Z}_\Delta = \frac{sR}{4}\,\frac{1}{\eta(\eta^2-1)^{\frac{3}{2}}} - \mathrm{j}\sqrt{\frac{L}{C}}\,\frac{1}{\sqrt{\eta^2-1}} \approx \frac{sR}{4\eta^4} - \mathrm{j}\sqrt{\frac{L}{C}}\,\frac{1}{\eta}, \qquad (244.\,15)$$

wobei die zuletzt angegebenen Näherungswerte jedesmal für große η gelten.

Der Gesamtfrequenzgang des Wellenwiderstands der beiden Schaltungen wird für $b_1 = 0{,}05$ durch die beiden Ortskurven der Abb. 244. 2 dargestellt.

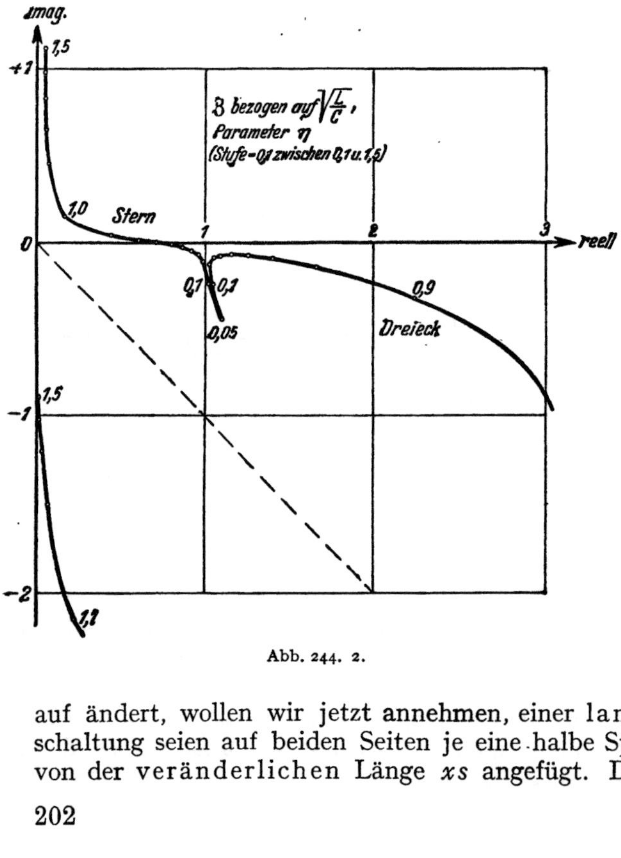

Abb. 244. 2.

§ 245. Einfluß der Anlaufstrecke.

Da sich die Frequenzabhängigkeit des Wellenwiderstands, wie wir soeben gesehen haben, beim Übergang von der Stern- zur Dreiecksschaltung von Grund auf ändert, wollen wir jetzt annehmen, einer langen Pupinleitung in Sternschaltung seien auf beiden Seiten je eine halbe Spule und je ein Stück Leitung von der veränderlichen Länge xs angefügt. Der Scheinwiderstand $\mathfrak{W}$ des

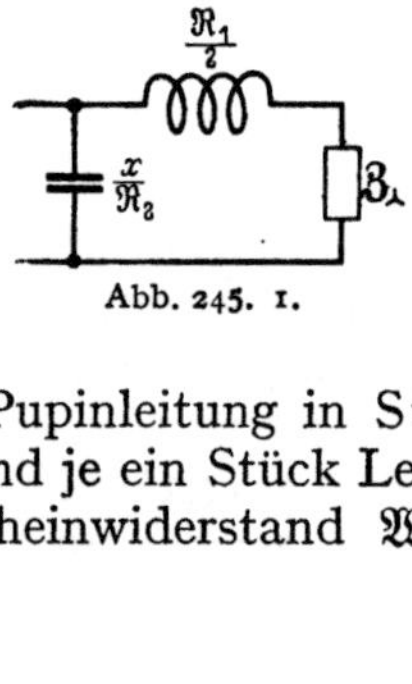

Abb. 245. 1.

auf diese Weise entstehenden Gebildes kann offenbar in guter Näherung nach dem Ersatzbild Abb. 245. 1 berechnet werden. Vernachlässigt man die Verluste, so daß $\mathfrak{Z}_\lambda$ ein reeller Widerstand ist, so erhält man nach § 13

$$\mathfrak{W} = \frac{\frac{\mathfrak{R}_1}{2} + \mathfrak{Z}_\lambda}{1 + \left(\frac{\mathfrak{R}_1}{2} + \mathfrak{Z}_\lambda\right)\frac{x}{\mathfrak{R}_2}} = \frac{j\omega\frac{sL}{2} + \sqrt{\frac{L}{C}}\sqrt{1-\eta^2}}{1 + \left(j\omega\frac{sL}{2} + \sqrt{\frac{L}{C}}\sqrt{1-\eta^2}\right)x\cdot j\omega sC}$$

$$= \frac{j\eta + \sqrt{1-\eta^2}}{1 + (j\eta + \sqrt{1-\eta^2})\,2x\cdot j\eta}\sqrt{\frac{L}{C}} = \frac{\sqrt{1-\eta^2} + j\eta}{1 - 2x\eta^2 + j\cdot 2x\eta\sqrt{1-\eta^2}}\sqrt{\frac{L}{C}}$$

oder

$$\mathfrak{W} = \frac{\sqrt{1-\eta^2} + j(1-2x)\eta}{1 - 4x(1-x)\eta^2}\sqrt{\frac{L}{C}}. \qquad (245.1)$$

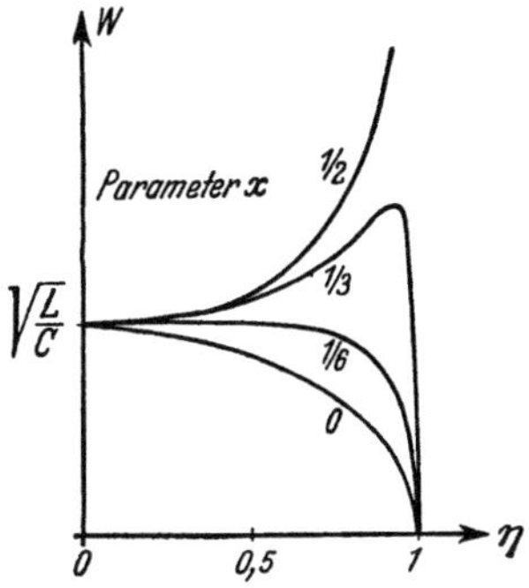

Abb. 245. 2.

Zeichnet man den reellen Teil W von $\mathfrak{W}$ als Funktion von η für verschiedene x (Abb. 245. 2), so erkennt man, daß es Werte von x gibt, für die W nur wenig von der Frequenz abhängt. Da dies für die Theorie der Leitungsnachbildungen von Bedeutung ist, wollen wir einen möglichst günstigen Wert von x ermitteln. Am besten erscheint es, den Zahlenwert von W, bezogen auf $\sqrt{L/C}$, bei niedrigen Frequenzen ein wenig über, bei hohen dafür ein wenig unter 1 zu legen. Da die Frequenzen in der Nähe der Grenzfrequenz überhaupt nicht benutzt werden, wollen wir fordern, daß der Zahlenwert von W gerade bei $\eta = \frac{3}{5}$ wieder durch den Wert 1 hindurchgeht. Diese Forderung führt nach (. 1) auf die quadratische Gleichung

$$\sqrt{1 - \frac{9}{25}} = 1 - 4x(1-x)\frac{9}{25}, \qquad (245.2)$$

die die beiden Wurzeln $x = \frac{1}{6}$ und $x = \frac{5}{6}$ hat, ein Ergebnis, von dem wir im 14. Abschnitt Gebrauch machen werden.

Der imaginäre Teil W' des Scheinwiderstands ist nach (. 1) im allgemeinen auch bei der verlustlosen Pupinleitung von Null verschieden. Er ist für niedrige und mittlere Frequenzen annähernd der Frequenz proportional; bei der Grenzfrequenz nimmt er den Wert $\sqrt{\mathfrak{R}_1\mathfrak{R}_2}\cdot 1/(1-2x)$ an. Nur für $x = \frac{1}{2}$ ist er für alle Frequenzen unterhalb der Grenzfrequenz gleich Null.

Das Maximum der mit $x = \frac{1}{6}$ gezeichneten Kurve ist nur um 6‰ höher als der Wert $\sqrt{L/C}$ und liegt bei $\eta = 0{,}45$.

Durchschneidet man ein Spulenfeld an irgendeiner Stelle, so sind die von den Schnittflächen aus gemessenen Scheinwiderstände zueinander konjugiert; und zwar hat das Stück mit der kürzeren Anlaufstrecke den Charakter einer Induktivität, das mit der längeren den Charakter einer Kapazität.

§ 246. Aufbaufehler. Der Wellenwiderstand einer Pupinleitung hat als Funktion der Frequenz nur dann den in den Paragraphen 243 bis 245 abgeleiteten glatten Verlauf, wenn die Leitung gleichmäßig aufgebaut ist, d. h. wenn alle Spulen die gleiche Induktivität, alle Spulenfelder die gleiche Kapazität und Länge haben usw. Ist diese Bedingung nicht erfüllt, so kann unter ungünstigen Umständen ein unregelmäßiger Frequenzgang des Wellenwiderstands die Folge sein.

Da darunter die Nachbildbarkeit der Leitungen leidet (vgl. § 322), betrachten wir die auch physikalisch interessante Theorie der Erscheinung etwas näher.

Wir denken uns die Pupinleitung durch eine Spulenleitung ersetzt, die aus Dreiecksgliedern aufgebaut sei, und nehmen zunächst an, ein Glied habe andere Eigenschaften als die übrigen (Abb. 246. 1). Den normalen Stücken der Leitung geben wir die Indizes I und III, dem fehlerhaften den Index II. Die Parameter eines normalen Glieds seien $\mathfrak{Z}_0$ und $\mathfrak{g}_0$; diese Werte seien bei dem Glied II auf $\mathfrak{Z}_{II} = \mathfrak{Z}_0(1+\zeta)$ und $\mathfrak{g}_{II} = \mathfrak{g}_0 + \gamma$ erhöht.

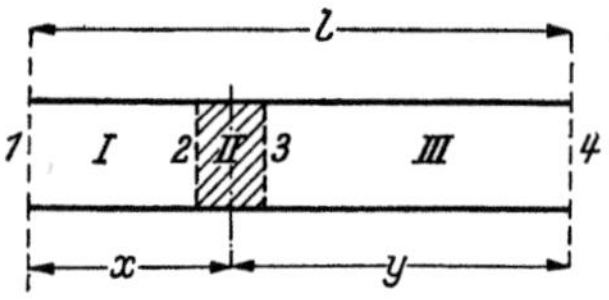

Abb. 246. 1.

Die relativen Fehler ζ und γ seien so klein, daß man ihre Quadrate neben 1 vernachlässigen darf.

Dann kann man unter Berücksichtigung der Umformungen

$$\left.\begin{aligned} \mathfrak{Z}_{II}\,\mathfrak{Sin}\,\mathfrak{g}_{II} &= \mathfrak{Z}_0(1+\zeta)\,\mathfrak{Sin}\,\mathfrak{g}_{II} \approx \mathfrak{Z}_0(\mathfrak{Sin}\,\mathfrak{g}_{II}+\zeta\,\mathfrak{Sin}\,\mathfrak{g}_0),\\ \frac{1}{\mathfrak{Z}_{II}}\,\mathfrak{Sin}\,\mathfrak{g}_{II} &= \frac{1}{\mathfrak{Z}_0}(1-\zeta)\,\mathfrak{Sin}\,\mathfrak{g}_{II} \approx \frac{1}{\mathfrak{Z}_0}(\mathfrak{Sin}\,\mathfrak{g}_{II}-\zeta\,\mathfrak{Sin}\,\mathfrak{g}_0)\end{aligned}\right\}\qquad(246.\,1)$$

die folgenden Ansätze machen:

$$\left.\begin{aligned} \mathfrak{U}_2 &= \mathfrak{Cof}\,\mathfrak{g}_I\,\mathfrak{U}_1 - \mathfrak{Z}_0\,\mathfrak{Sin}\,\mathfrak{g}_I\,\mathfrak{J}_1 = \mathfrak{Cof}\,\mathfrak{g}_{II}(\mathfrak{Cof}\,\mathfrak{g}_{III}\,\mathfrak{U}_4 + \mathfrak{Z}_0\,\mathfrak{Sin}\,\mathfrak{g}_{III}\,\mathfrak{J}_4)\\ &\quad + \mathfrak{Z}_0(\mathfrak{Sin}\,\mathfrak{g}_{II}+\zeta\,\mathfrak{Sin}\,\mathfrak{g}_0)\left(\frac{1}{\mathfrak{Z}_0}\,\mathfrak{Sin}\,\mathfrak{g}_{III}\,\mathfrak{U}_4 + \mathfrak{Cof}\,\mathfrak{g}_{III}\,\mathfrak{J}_4\right)\\ &= [\mathfrak{Cof}(\mathfrak{g}_{II}+\mathfrak{g}_{III}) + \zeta\,\mathfrak{Sin}\,\mathfrak{g}_0\,\mathfrak{Sin}\,\mathfrak{g}_{III}]\,\mathfrak{U}_4\\ &\quad + \mathfrak{Z}_0[\mathfrak{Sin}(\mathfrak{g}_{II}+\mathfrak{g}_{III}) + \zeta\,\mathfrak{Sin}\,\mathfrak{g}_0\,\mathfrak{Cof}\,\mathfrak{g}_{III}]\,\mathfrak{J}_4,\\ \mathfrak{J}_2 &= -\frac{\mathfrak{Sin}\,\mathfrak{g}_I}{\mathfrak{Z}_0}\,\mathfrak{U}_1 + \mathfrak{Cof}\,\mathfrak{g}_I\,\mathfrak{J}_1 = \frac{1}{\mathfrak{Z}_0}(\mathfrak{Sin}\,\mathfrak{g}_{II}-\zeta\,\mathfrak{Sin}\,\mathfrak{g}_0)(\mathfrak{Cof}\,\mathfrak{g}_{III}\,\mathfrak{U}_4 + \mathfrak{Z}_0\,\mathfrak{Sin}\,\mathfrak{g}_{III}\,\mathfrak{J}_4)\\ &\quad + \mathfrak{Cof}\,\mathfrak{g}_{II}\left(\frac{1}{\mathfrak{Z}_0}\,\mathfrak{Sin}\,\mathfrak{g}_{III}\,\mathfrak{U}_4 + \mathfrak{Cof}\,\mathfrak{g}_{III}\,\mathfrak{J}_4\right)\\ &= \frac{1}{\mathfrak{Z}_0}[\mathfrak{Sin}(\mathfrak{g}_{II}+\mathfrak{g}_{III}) - \zeta\,\mathfrak{Sin}\,\mathfrak{g}_0\,\mathfrak{Cof}\,\mathfrak{g}_{III}]\,\mathfrak{U}_4\\ &\quad + [\mathfrak{Cof}(\mathfrak{g}_{II}+\mathfrak{g}_{III}) - \zeta\,\mathfrak{Sin}\,\mathfrak{g}_0\,\mathfrak{Sin}\,\mathfrak{g}_{III}]\,\mathfrak{J}_4.\end{aligned}\right\}\qquad(246.\,2)$$

Längen und Abstände seien auf die Länge des einzelnen Glieds als Einheit bezogen. Zahlenwertmäßig sei l die ganze Leitungslänge; x und y seien die Abstände der Mitte des fehlerhaften Glieds vom Anfang und vom Ende der Leitung. Multipliziert man dann die Gleichungen (. 2) zuerst mit $\mathfrak{Cof}\,\mathfrak{g}_I$ und $\mathfrak{Z}_0\,\mathfrak{Sin}\,\mathfrak{g}_I$, dann mit $\mathfrak{Sin}\,\mathfrak{g}_I/\mathfrak{Z}_0$ und $\mathfrak{Cof}\,\mathfrak{g}_I$ und addiert, so erhält man:

$$\left.\begin{aligned} \mathfrak{U}_1 &= [\mathfrak{Cof}(l\,\mathfrak{g}_0+\gamma) + \zeta\,\mathfrak{Sin}\,\mathfrak{g}_0\,\mathfrak{Sin}(y-x)\,\mathfrak{g}_0]\,\mathfrak{U}_4\\ &\quad + \mathfrak{Z}_0[\mathfrak{Sin}(l\,\mathfrak{g}_0+\gamma) + \zeta\,\mathfrak{Sin}\,\mathfrak{g}_0\,\mathfrak{Cof}(y-x)\,\mathfrak{g}_0]\,\mathfrak{J}_4,\\ \mathfrak{J}_1 &= \frac{1}{\mathfrak{Z}_0}[\mathfrak{Sin}(l\,\mathfrak{g}_0+\gamma) - \zeta\,\mathfrak{Sin}\,\mathfrak{g}_0\,\mathfrak{Cof}(y-x)\,\mathfrak{g}_0]\,\mathfrak{U}_4\\ &\quad + [\mathfrak{Cof}(l\,\mathfrak{g}_0+\gamma) - \zeta\,\mathfrak{Sin}\,\mathfrak{g}_0\,\mathfrak{Sin}(y-x)\,\mathfrak{g}_0]\,\mathfrak{J}_4.\end{aligned}\right\}\qquad(246.\,3)$$

Daraus liest man die folgenden resultierenden Parameter der ganzen Leitung ab:

$$\mathfrak{Cof}\,\mathfrak{g} = \mathfrak{Cof}(l\,\mathfrak{g}_0+\gamma),\qquad \mathfrak{Z} \approx \mathfrak{Z}_0\left(1+\zeta\,\mathfrak{Sin}\,\mathfrak{g}_0\,\frac{\mathfrak{Cof}(y-x)\,\mathfrak{g}_0}{\mathfrak{Cof}\,l\,\mathfrak{g}_0}\right),\qquad(246.\,4)$$

$$\mathfrak{Z}_{1,2} = \mathfrak{Z}_0\left[1+\zeta\,\mathfrak{Sin}\,\mathfrak{g}_0\left(\frac{\mathfrak{Cof}(y-x)\,\mathfrak{g}_0}{\mathfrak{Sin}\,l\,\mathfrak{g}_0} \pm \frac{\mathfrak{Sin}(y-x)\,\mathfrak{g}_0}{\mathfrak{Cof}\,l\,\mathfrak{g}_0}\right)\right].\qquad(246.\,5)$$

Die erste Gleichung (. 4) bestätigt das Ergebnis des § 172, daß sich die Übertragungsmaße, obgleich der Fehler ζ endlich ist, einfach addieren. Die Gleichung (. 5) für die äußeren Wellenwiderstände jedoch ist verwickelter. Ist die Seite 1 die Eingangsseite, so ist der Eingangswellenwiderstand der ganzen Leitung:

$$\mathfrak{Z}_1 = \mathfrak{Z}_0\left(1+2\,\zeta\,\mathfrak{Sin}\,\mathfrak{g}_0\,\frac{\mathfrak{Cof}\,2\,y\,\mathfrak{g}_0}{\mathfrak{Sin}\,2\,l\,\mathfrak{g}_0}\right).\qquad(246.\,6)$$

Man kann nun entweder annehmen, die beiden halben Spulenfelder des (als symmetrisch vorausgesetzten) Gliedes II seien gleich fehlerhaft, oder der Fehler ζ rühre von einer relativen Abweichung λ seiner Induktivität L_s her. Da der erste Fall keine praktische

Bedeutung hat[1], beschäftigen wir uns nur mit dem zweiten. Nach § 165 ist

$$\mathfrak{Z}_0 = \sqrt{\frac{L_s}{sC}}\,\frac{1}{\mathfrak{Cof}\,(\mathfrak{g}_0/2)}, \qquad \mathfrak{Sin}\,\frac{\mathfrak{g}_0}{2} = \frac{j\,\omega\sqrt{L_s\cdot sC}}{2}. \tag{246.7}$$

Daraus ergibt sich durch logarithmische Differentiation

$$\zeta = \frac{\lambda}{2} - \left(\mathfrak{Tg}\,\frac{\mathfrak{g}_0}{2}\right)\frac{d\,\mathfrak{g}_0}{2}, \qquad \frac{d\,\mathfrak{g}_0}{2} = \left(\mathfrak{Tg}\,\frac{\mathfrak{g}_0}{2}\right)\frac{\lambda}{2}, \tag{246.8}$$

$$\zeta = \frac{\lambda}{2\,\mathfrak{Cof}^2\,(\mathfrak{g}_0/2)}, \tag{246.9}$$

und es ist daher schließlich

$$\mathfrak{Z}_1 = \mathfrak{Z}_0\left(1 + 2\,\lambda\,\mathfrak{Tg}\,\frac{\mathfrak{g}_0}{2}\,\frac{\mathfrak{Cof}\,2\,y\,\mathfrak{g}_0}{\mathfrak{Sin}\,2\,l\,\mathfrak{g}_0}\right). \tag{246.10}$$

Besteht der Fehler der Leitung darin, daß im Abstand x von ihrem Eingang in der Mitte eines Spulenfeldes eine kleine Zusatzkapazität $\varkappa\cdot sC$ liegt, so braucht man (mit $y = \zeta = 0$) nur zu berücksichtigen, daß der Strom hinter der Fehlerstelle um $j\,\omega\,\varkappa\,s\,C\,\mathfrak{U}$ kleiner ist als vor ihr, wo $\mathfrak{U}$ die Spannung an der Fehlerstelle bedeutet. Man erhält dann ebenso wie vorher, aber unmittelbarer, das Ergebnis

$$\mathfrak{Z}_1 = \mathfrak{Z}_0\left(1 - 2\,\varkappa\,\mathfrak{Tg}\,\frac{\mathfrak{g}_0}{2}\,\frac{\mathfrak{Cof}\,2\,y\,\mathfrak{g}_0}{\mathfrak{Sin}\,2\,l\,\mathfrak{g}_0}\right), \tag{246.11}$$

wo wieder $y = l - x$ gesetzt ist.

Nach (. 10) und (. 11) kommt zu dem normalen Anstieg des Wellenwiderstands, wie er im § 243 dargestellt ist, eine den relativen Fehlern λ und $\varkappa$ proportionale Schwankung hinzu, die in verwickelter Weise von $\mathfrak{g}_0$ und damit von der Frequenz abhängt. Der wichtigste Faktor ist $\mathfrak{Tg}\,(\mathfrak{g}_0/2)$; er zeigt, daß der Einfluß mit der Annäherung an die Grenzfrequenz wächst.

Im übrigen wird die Frequenzabhängigkeit von $\mathfrak{Z}_1$ hauptsächlich durch das Nennerglied $\mathfrak{Sin}\,2\,l\,\mathfrak{g}_0$ bestimmt. Dieses wird als Funktion der Frequenz in der Ebene des Sinusnetzes in erster Näherung durch eine bei niedrigen Frequenzen zur imaginären Achse nahezu parallel laufende Kurve dargestellt, deren Abstand von der Achse mit wachsenden Verlusten zunimmt. Daraus folgt, daß der Einfluß des Korrekturglieds in der Nähe der Frequenzen, für die $2\,l\,a_0$ gleich einem ganzzahligen Vielfachen von 180^0 ist, besonders stark wachsen kann, und zwar vor allem bei geringen Verlusten. Solche unerwartet hohe Schwankungen des Wellenwiderstands sind in der Tat von Lüschen beobachtet worden, Wagner und Küpfmüller haben sie theoretisch untersucht[2].

In der Praxis sind l und y meist so groß, daß man die Funktionen Hyperbelkosinus und Hyperbelsinus in (. 10) und (. 11) durch die halben Exponentialfunktionen ersetzen darf. Kürzt man dann das Fehlermaß $(\mathfrak{Z}_1 - \mathfrak{Z}_0)/(\mathfrak{Z}_1 + \mathfrak{Z}_0)$ durch ϑ ab und faßt man $\lambda\,\mathfrak{Tg}\,(\mathfrak{g}_0/2)$ und $-\varkappa\,\mathfrak{Tg}\,(\mathfrak{g}_0/2)$ durch die Abkürzung ϑ_e zusammen, so erhält man die Gleichung

$$\vartheta \approx e^{-2x\mathfrak{g}_0}\,\vartheta_e, \tag{246.12}$$

die wir schon von § 188 her kennen. Unter x ist der Abstand des Zusatzelementes $\lambda\,L_s$ oder $\varkappa\cdot sC$ von der „Beobachtungsstelle" ($x = 0$) zu verstehen. ϑ_e hat demnach die Bedeutung des der Fehlerstelle zuzuordnenden „Reflexionsfaktors"; $|\vartheta|$ ist nach § 228 das Verhältnis des Effektivwerts des Rückflusses zu dem des Hinflusses.

Man kann die Gleichungen $|\vartheta_e| = |\lambda|\,|\mathfrak{Tg}\,(\mathfrak{g}_0/2)| \approx |\lambda|\,\mathrm{tg}\,(a_0/2)$ und $|\vartheta_e| = |\varkappa|\,|\mathfrak{Tg}\,(\mathfrak{g}_0/2)| \approx |\varkappa|\,\mathrm{tg}\,(a_0/2)$ auch unmittelbar herleiten. Ist z. B. eine Induktivität fehlerhaft, so ist nach (188. 4)

$$|\vartheta_e| = \left|\frac{\mathfrak{R}_e - \mathfrak{Z}}{\mathfrak{R}_e + \mathfrak{Z}}\right| = \frac{\omega\,|\lambda|\,L_s}{2\,\mathfrak{Z}_\lambda} = |\lambda|\,\frac{\eta}{\sqrt{1-\eta^2}} = |\lambda|\,\mathrm{tg}\,\frac{a_0}{2}. \tag{246.13}$$

Bei einem fehlerhaften Kabelstück rechnet man so:

$$|\vartheta_e| = \left|\frac{\dfrac{1}{\mathfrak{Z}} - \dfrac{1}{\mathfrak{R}_e}}{\dfrac{1}{\mathfrak{Z}} + \dfrac{1}{\mathfrak{R}_e}}\right| = \frac{\omega\,|\varkappa|\cdot sC}{2/\mathfrak{Z}_\triangle} = |\varkappa|\,\frac{\eta}{\sqrt{1-\eta^2}} = |\varkappa|\,\mathrm{tg}\,\frac{a_0}{2}. \tag{246.14}$$

---

[1] Er ist in den früheren Auflagen weiter verfolgt worden.

[2] Wagner, K. W., u. Küpfmüller, K.: Arch. Elektrotechn. 9 (1921) S. 461. Dort wird auch der Einfluß der von y abhängigen Faktoren untersucht.

Sind bei einer Pupinleitung alle Spulen mehr oder weniger fehlerhaft, so kann man nur eine gewisse „Streuung σ" des Wertes ϑ an der Beobachtungsstelle nach den Regeln der Statistik ermitteln, d. h. man muß die einzelnen Rückflüsse mit einem quadratisch gebildeten Mittelwert σ_e berechnen und sie dann ebenfalls quadratisch summieren. Setzt man voraus, daß sich die Winkel der Teilrückflüsse über den Vollwinkel 360° gleichmäßig verteilen, so kann man die Streuung σ der Werte ϑ bei einer langen Leitung nach

$$\sigma = \sigma_e \sqrt{1 + e^{-4b_0} + e^{-8b_0} + \dots} \approx \frac{\sigma_e}{\sqrt{1 - e^{-4b_0}}} \tag{246.15}$$

berechnen.

Setzt man voraus, daß die tatsächlich am Eingang einer Leitung beobachteten Werte ϑ nach einer „normalen (Gaußschen) Kurve" verteilt sind, so kann man nach Crisson[1] die Wahrscheinlichkeit W, daß $|\vartheta|$ größer ist als ein vorgegebener Wert ϑ_W, nach der Gleichung

$$W = e^{-\frac{\vartheta_W^2}{\sigma^2}} \tag{246.16}$$

berechnen.

Zahlenbeispiel. Es sei bei einer 0,9-mm-Leitung f_0 = 2810 Hz und $|\varkappa| = 1{,}5\%$; in $|\varkappa|$ seien die Fehler der Induktivitäten und Kapazitäten sowie die Fehler im Spulenabstand enthalten. Dann ist für 1000 Hz nach (234. 4) $\sin(a_0/2) = 0{,}356$; $\operatorname{tg}(a_0/2) = 0{,}381$. Ist weiter für 1000 Hz $\beta_0 = 19{,}6$ mN/km, also für einen Spulenabstand von 1,829 km (amerikanische Technik!) $b_0 = 35{,}9$ mN, $e^{-4b_0} = 0{,}866$, so wird

$$\sigma = \frac{1{,}5\% \cdot 0{,}381}{0{,}366} = 1{,}56\%.$$

Das zu erwartende $|\vartheta|$ ist daher in 90% der Fälle ($W = 0{,}1$) kleiner als $\vartheta_W = \sigma\sqrt{\ln(1/0{,}1)} = 2{,}37\%$ entsprechend einer Fehlerdämpfung (§ 188) von 3,7 N oder 32,5 db.

Die hier wiedergegebene Theorie zeigt, daß man, wenn die Pupinleitungen leicht nachbildbar sein sollen, für größte Gleichmäßigkeit der Induktivitäten, Kapazitäten und Spulenabstände Sorge tragen muß. Dabei ist zu beachten, daß auf den Leitungen der Effektivwert des Stroms im allgemeinen allmählich absinkt; damit variiert aber von Glied zu Glied die Permeabilität und die Induktivität. Man muß also für die Spulenkerne eine Eisensorte von möglichst stromunabhängiger Permeabilität wählen (vgl. § 248).

Zu den Unregelmäßigkeiten, die die Nachbildbarkeit beeinträchtigen, gehören alle Stoßstellen. Man verbindet daher Leitungen verschiedenen Wellenwiderstands auch zur Sicherung der Nachbildbarkeit durch angepaßte Übertrager.

Schließt man die Pupinleitung der Abb. 246. 1 mit einem komplexen Widerstand ab, der für alle Frequenzen gleich $\mathfrak{Z}_0$ ist, so beobachtet man an ihrem Eingang Scheinwiderstandsabweichungen. Die ihnen entsprechenden Fehlerdämpfungen (§ 188) heißen „Rückflußdämpfungen" (§ 228).

§ 247. Die Pupinisierung der in Phantomschaltung betriebenen Vierer. Da nach § 221 die Eigenschaften der Phantomkreise von denen der Stammkreise abweichen, müssen die Phantomkreise mit Spulen andrer Induktivität pupinisiert werden als die Stammkreise. Nun fließt aber in den beiden Drähten eines Stammes der Stammstrom im entgegengesetzten, der Phantomstrom im gleichen Sinne; man kann daher durch richtige Polung und genauen Abgleich der Wicklungshälften erreichen, daß die Stammspulen nur auf die Stammkreise, die Phantomspulen nur auf die Phantomkreise wirken. Bei dem Vierspulenverfahren (nach Ebeling) erhält jedes der zu Vierern verseilten Paare eine Stammspule

[1] Crisson, G.: Bell Syst. techn. J. 4 (1925) S. 561. Das oben folgende Zahlenbeispiel ist dieser Arbeit entnommen (S. 579).

und eine Phantomspule. Man polt die Spulen so, daß die Durchflutungen der beiden Wicklungshälften der Stammspulen sich für die Stammströme addieren, für die Phantomströme subtrahieren und daß für die Phantomspulen das Umgekehrte zutrifft. Bei dem Dreispulenverfahren (nach Campbell und Shaw) wird dem Phantomkreis nur ein einziger Spulenkern mit vier Teilwicklungen zugeordnet; durch richtige Verbindung dieser Wicklungen mit den Leitungen wird auch hier dafür gesorgt, daß die zugefügte Induktivität nur im Phantomkreis wirksam wird.

Die Belastungen der Stämme und der Phantomkreise können im allgemeinen nicht unabhängig voneinander gewählt werden, da man die Phantomspulen an denselben Stellen einbaut wie die Stammspulen und da man außerdem in der Regel für alle Sprechkreise die gleiche Dämpfung fordert. Nach (238. 2) ist demnach das Produkt $RC\omega_0$ im allgemeinen für alle Kreise gleich groß und das Produkt $C\omega_0$ für die Phantomkreise doppelt so groß wie für die Stammkreise. Die Phantomkreise haben daher die gleiche Grenzfrequenz wie die Stammkreise, wenn ihre bezogene Kapazität gerade doppelt so groß ist wie die der Stammkreise.

Diese Bedingung ist jedoch bei keiner Verseilungsart erfüllt. Bei der DM-Verseilung ist die Phantomkapazität nach § 221 kleiner als doppelt so groß; bei ihr liegt die Grenzfrequenz der Phantomkreise daher höher als die der Stämme. Das bedeutet, daß die Phantomkreise bei gleicher bezogener Dämpfung „besser" sind als die Stammkreise.

Bei der Sternverseilung dagegen ist die Kapazität der Phantomkreise etwa 2,7 mal so groß wie die der Stämme. Bei gleicher bezogener Dämpfung liegt daher die Grenzfrequenz der Phantomkreise tiefer als die der Stammkreise. Die Phantomkreise müssen so bemessen werden, daß ihre Grenzfrequenz hoch genug liegt; das führt aber bei ihrer großen Kapazität zu einer bezogenen Dämpfung, die wesentlich größer ist als die der DM-Kreise, vorausgesetzt, daß die elektrischen Eigenschaften der Stämme bei beiden Verseilungsarten die gleichen sind. Man bemißt daher bei Sternverseilung die Stammkreise ohne Rücksicht auf Gleichheit der Dämpfungen β_1 so, daß ihre Grenzfrequenz ebenso tief liegt wie die der Phantomkreise. Dann hat man wenigstens bei ihnen, d. h. bei zwei Dritteln der Sprechkreise, eine ebenso geringe bezogene Dämpfung wie bei der DM-Verseilung.

Sternverseilung ist vor allem bei unbelasteten Kabeln üblich. Sie wird ferner verwendet bei belasteten Kabeln ohne Phantomausnutzung. In diesem Falle hat man zwar weniger Sprechkreise; dafür nehmen aber die Sternvierer im Kabel weniger Raum ein, abgesehen von sonstigen Vorteilen. Durch Phantombildung kann man auch bei Sternverseilung die Zahl der Sprechkreise auf das Anderthalbfache bringen, muß dann aber für die hinzukommenden Kreise mit einer etwas höheren Dämpfung, also geringerer Reichweite vorlieb nehmen[1].

Zahlenbeispiel. Das am Ende des § 237 betrachtete 1,4-mm-Kabel sei ein DM-Kabel, und es werde gefordert, daß die bezogene Dämpfung seiner Phantomkreise ($sR = 24{,}4\ \Omega$, $sC = 98$ nF) ebenso groß sei wie die seiner Stammkreise ($\beta_1 = 9{,}5$ mN/km). Dann muß man nach (238. 1) $sL = (sR)^2 sC/(4s^2\beta_1^2) = 56{,}4$ mH wählen und erhält nach (238. 2) für die Phantomkreise eine Grenzfrequenz $f_0 = 2\,\beta_1/(\pi s RC) = 4280$ Hz.

Ist das Kabel bei gleichen Eigenschaften der Stämme im Stern verseilt, so ist für die Phantomkreise $sC \approx 164$ nF. Dann ergibt sich für die im § 237 gewählte Grenzfrequenz 3440 Hz eine Induktivität der Phantomspulen $sL = 52{,}1$ mH und mit $sR = 24{,}4\ \Omega$ eine bezogene Dämpfung der Phantomkreise von 12,7 mN/km. Das ist wesentlich mehr als die bezogene Dämpfung der Stämme; dafür nimmt der Sternvierer weniger Platz ein als der DM-Vierer.

---

[1] Vgl. Jordan, H., u. Wolff, W.: Europ. Fernsprechdienst H. 39 (1935) S. 85.

Die frequenzunabhängigen Faktoren $\sqrt{L/C} = Z$ der Wellenwiderstände der Phantomkreise sind immer viel kleiner als die der Stammkreise. Unterscheiden wir die Eigenschaften der Phantomkreise durch den Index φ von denen der Stämme und ist $C_\varphi/C = \alpha$, so gilt $L/L_\varphi = \alpha \cdot (\omega_{0\varphi}/\omega_0)^1$ und daher $Z/Z_\varphi = \alpha \cdot \omega_{0\varphi}/\omega_0$. Macht man noch für alle Kreise die bezogene Dämpfung gleich groß, so ist nach (238. 2) $\omega_{0\varphi}/\omega_0 \approx 2/\alpha$, also $Z/Z_\varphi \approx 2$ unabhängig von α.

§ 248. Spulenverluste. Schon im § 195 haben wir versucht, die Verluste, die bei Spulen mit ferromagnetischen Kernen auftreten, zu unterteilen. Wir wollen uns jetzt etwas sorgfältiger mit dieser Aufgabe beschäftigen und uns dabei hauptsächlich auf Ringspulen mit Massekernen beziehen, wie sie heute nicht nur in der Übertrager- und Pupintechnik, sondern in großer Zahl auch auf vielen anderen Gebieten der Nachrichtentechnik verwendet werden.

Jede Wicklung hat zunächst einen „Gleichstromwiderstand" R_0, der sich z. B. mit einer gewöhnlichen Gleichstrombrücke messen läßt. Zu ihm tritt bei der Messung mit Wechselstrom bekannter Frequenz f ein zusätzlicher Wechselstromwidertsand R_f, der häufig (nicht sehr logisch) „Verlustwiderstand" genannt wird. Bildet man wie im § 195 eine Verlustgröße $\varepsilon = R_f/(\omega L_0)$, wo L_0 etwa die Induktivität für 800 Hz und bei schwachen magnetisierenden Strömen bedeutet, so zeigt die Messung[1], daß diese Verlustgröße für Ströme von der Stärke der Nachrichtenströme (falls wir zunächst kapazitätsfreie Wicklung und ausgezeichnete Isolierung voraussetzen) als l i n e a r e Funktion des Effektivwerts $|\mathfrak{H}|$ des in dem Kern der Wicklung entstehenden magnetischen Wechselfeldes und als ebenfalls l i n e a r e Funktion der Frequenz dargestellt werden kann:

$$\frac{R_f}{\omega L_0} = n + h|\mathfrak{H}| + w\omega. \tag{248. 1}$$

Der erste der drei Anteile von R_f:

$$R_n = n \cdot \omega L_0 = 6{,}28\, n \frac{f}{\text{kHz}} \frac{L_0}{\text{mH}}\, \Omega \tag{248. 2}$$

entspricht der im § 195 allein betrachteten V e r z ö g e r u n g der magnetischen Induktion gegen die magnetische Feldstärke und heißt „Nachwirkungswiderstand". Ist bei einer Spule der Induktivität 100 mH der „Nachwirkungsbeiwert" n des Kernwerkstoffs gleich 1 Promille, so beträgt ihr Nachwirkungswiderstand bei 1000 Hz 0,628 Ω. n ist fast unabhängig von der Frequenz und verschwindet erst bei sehr tiefen Frequenzen von der Größenordnung einiger Hz.

Der zweite Anteil

$$\begin{aligned} R_h = h|\mathfrak{H}| \cdot \omega L_0 &= 6{,}28 \frac{h}{\text{cm/A}} \frac{|\mathfrak{H}|}{\text{A/cm}} \frac{f}{\text{kHz}} \frac{L_0}{\text{mH}}\, \Omega \\ &= 5{,}00 \frac{h}{\text{cm/A}} \frac{|\mathfrak{H}|}{\text{Ö}} \frac{f}{\text{kHz}} \frac{L_0}{\text{mH}}\, \Omega \end{aligned} \tag{248. 3}$$

ist nach § 73, da er der magnetischen Feldstärke proportional ist, nichts anderes als der durch Hysterese verursachte zusätzliche Widerstand. Hat bei einer Spule von 100 mH das Ferromagnetikum einen „Hysteresebeiwert" h von 10^{-3} cm/A = 1 cm/kA, so beträgt ihr Hysteresewiderstand bei 2 Ö und 1000 Hz nahezu 1 Ω.

In dem dritten Bestandteil

$$R_w = w\omega^2 L_0 = 39{,}8 \frac{w}{\text{ms}} \left(\frac{f}{\text{kHz}}\right)^2 \frac{L_0}{\text{mH}}\, \Omega \tag{248. 4}$$

---

[1] Vgl. J o r d a n, H.: Elektr. Nachr.-Techn. 1 (1924) S. 7. K e r s t e n, M.: Elektrot. Z. 58 (1937) S. 1335, 1364. Die Koeffizienten n, h, w werden verschieden definiert. Vgl. § 249, Tafel.

sind nach § 84[1] die Wirbelstromverluste enthalten, und zwar die in der Wicklung (w_w) und die im Eisen selbst (w_e). Die beiden „Wirbelstrombeiwerte" w_w und w_e hängen außer von Stoffkonstanten von der Unterteilung der Leiter ab, in denen die Wirbelströme entstehen. Sie sind nach (84. 3) um so kleiner, je weiter man die Unterteilung treibt.

Für mehrlagige Ringspulen mit Volldraht- oder Litzenbewicklung ist z. B.

$$R_{ww} = \frac{1}{48} (\mu_0 \varkappa \varphi h d \omega)^2 R_0. \qquad (248.5)$$

Hier bedeuten: μ_0 die Induktionskonstante, $\varkappa$ die Leitfähigkeit des Kupfers, φ den Füllfaktor (§ 78), h die „Wickelhöhe" (den mittleren Abstand der Wicklungsoberfläche von der Kernoberfläche, d den Durchmesser des Volldrahtes oder des für die Litze verwendeten Feindrahts und R_0 den Gleichstromwiderstand. [Die Litze muß so hergestellt werden, daß alle Feindrähte gleich oft an den einzelnen Stellen des Querschnitts liegen (Hochfrequenzlitze nach Dolezalek)].

w_e hängt bei Massekernen von der Kleinheit der Teilchen ab, aus denen sie bestehen, und von der Wirksamkeit, mit der die Teilchen gegeneinander isoliert sind. Deren Durchmesser d beträgt bei dem oft verwendeten durch Zersetzung von Eisenkarbonyl gewonnenen Pulver etwa 5 μm. Annähernd ist $w_e = \mu \varkappa d^2/(2\pi)$.

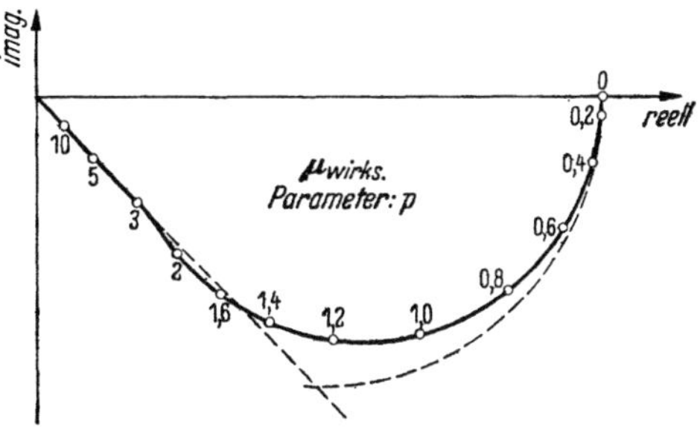

Abb. 248. 1.

Hat die Spule eine kleine, aber merkliche Kapazität C und sind die verwendeten Isolierstoffe mit Verlusten behaftet, so treten zu (. 1) weitere Glieder hinzu. Denkt man sich die Kapazität parallel zu der Spule geschaltet, so ist der Scheinwiderstand des Ganzen, wenn R_f den Wirkwiderstand der Gleichung (. 1) bedeutet, wegen der Kleinheit von C

$$\frac{R_f + \mathrm{j}\omega L_0}{1 + \mathrm{j}\omega C(R_f + \mathrm{j}\omega L_0)} \approx (R_f + \mathrm{j}\omega L_0)(1 + \omega^2 L_0 C - \mathrm{j}\omega R_f C)$$
$$\approx R_f(1 + 2\omega^2 L_0 C) + \mathrm{j}\omega L_0(1 + \omega^2 L_0 C); \qquad (248.6)$$

d. h. die Kapazität vergrößert die Induktivität scheinbar mit dem Faktor $1 + \omega^2 LC$, den Wirkwiderstand mit dem Faktor $1 + 2\omega^2 LC$. Zu dem Wirbelstrombeiwert w tritt also noch ein von der Kapazität herrührender Betrag.

Sind mit der Kapazität dielektrische Verluste verbunden, die nach § 54 erfahrungsgemäß etwa der Frequenz proportional wachsen, so erhält man in der Gleichung (. 1) noch ein quadratisches Glied, das bei weniger hochwertigen Isolierstoffen sogar sehr wesentlich sein kann.

Bei Spulen, deren Kerne aus Blechen bestehen, nimmt infolge der magnetischen Hautwirkung in diesen Blechen (§ 84) die „wirksame" Permeabilität mit steigender Frequenz schließlich stark ab; außerdem wird sie komplex (vgl. § 266). Abb. 248. 1 zeigt nach Wolman[2] ihre Ortskurve; Parameter ist

$$p = \frac{d}{2} \sqrt{\pi \varkappa f \mu}. \qquad (248.7)$$

Bei Frequenzen unterhalb der kritischen Frequenz $f = 4/(d^2 \pi \varkappa \mu)$ wirkt die Flußverdrängung ähnlich wie die Parallelschaltung eines Widerstands zu der Induktivität (vgl. § 120; das dortige $\mathfrak{R}$ ist $\mathrm{j} L_0$).

[1] Wir setzen voraus, daß f unter der kritischen Frequenz des Wicklungsdrahtes liegt, was bei der Feinheit des benutzten Drahtes bis zu etwa 1 MHz hinauf tatsächlich der Fall ist (vgl. 84. 11).

[2] Wolman, W.: Z. techn. Phys. (1929) S. 595. Die dort angegebene Gleichung (7) ist auf absolute elektromagnetische Einheiten bezogen.

§ 249. Der Hysteresewiderstand nimmt unter den Spulenverlusten eine besondere Stellung ein, weil er der magnetischen Feldstärke und damit der Stärke $|\mathfrak{J}|$ des magnetisierenden Stroms proportional ist, also zu „nichtlinearer Verzerrung" Anlaß gibt (§ 307, 421).

Der Hysteresebeiwert h steht in einem einfachen **Zusammenhang mit dem Verhältnis** der Rayleighschen Konstante ν (§ 73) **zur** Anfangspermeabilität. Denn nach (73. 3) muß sein:

$$\tfrac{8}{3}\nu f V \hat{\mathfrak{H}}^3 = R_h |\mathfrak{J}|^2 = h |\mathfrak{H}| \omega L_0 |\mathfrak{J}|^2. \qquad (249.\ 1)$$

Nun ist aber bei der Ringspule

$$|\mathfrak{H}| = N |\mathfrak{J}|, \qquad (249.\ 2)$$

wenn N die Zahl der Windungen je Längeneinheit bedeutet; wir erhalten also, da nach (80. 1) $L_0 = \mu_A N^2 V$:

$$h = \frac{8}{3}\,\frac{N^2 V}{\omega L_0}\left(\frac{\hat{\mathfrak{H}}}{|\mathfrak{H}|}\right)^3 \nu = \frac{8}{6\pi}\,\frac{1}{\mu_A}\,2\sqrt{2}\,\nu = \frac{8\sqrt{2}}{3\pi}\,\frac{\nu}{\mu_A} = 1{,}200\,\frac{\nu}{\mu_A} \approx 1{,}2\,\frac{\nu}{\mu_A}. \qquad (249.\ 3)$$

Der Hysteresebeiwert ist eine Stoffkonstante.

In dem Ausdruck für den Hysteresewiderstand

$$R_h = h N |\mathfrak{J}| \omega L_0 = K_h \omega |\mathfrak{J}| \qquad (249.\ 4)$$

nennt man

$$K_h = \frac{R_h}{\omega |\mathfrak{J}|} = \frac{R_h/\Omega}{2\pi f/\mathrm{kHz} \cdot |\mathfrak{J}|/\mathrm{A}}\,\frac{\mathrm{mH}}{\mathrm{A}} = h N L_0 \qquad (249.\ 5)$$

die „Hysteresekonstante" der Spule[1]. Führt man $N = \sqrt{L_0/(\mu_A V)}$ ein, so wird

$$K_h = \frac{h}{\sqrt{\mu_A V}}\,L_0^{\frac{3}{2}}. \qquad (249.\ 6)$$

Diese besonders wichtige Formel zeigt, wie die Hysteresekonstante einer Spule von den Stoffeigenschaften und dem Volum ihres Kerns und von ihrer Induktivität abhängt. Das CCIF läßt für die gewöhnlichen, nicht mit Trägerfrequenzen betriebenen Leitungen höchstens den Faktor

$$\frac{h}{\sqrt{\mu_A V}} = 2{,}4\,\frac{1}{\mathrm{A}\sqrt{\mathrm{H}}} \qquad (249.\ 7)$$

zu. Nach dieser Vorschrift soll also

$$K_h \leqq 2400 \left(\frac{L_0}{\mathrm{H}}\right)^{\frac{3}{2}} \frac{\mathrm{mH}}{\mathrm{A}} \qquad (249.\ 8)$$

sein. Für Rundfunk- und Trägerfrequenzleitungen sind nur halb so große Hysteresekonstanten zulässig.

Mit (. 8) ist für 800 Hz und 1 mA nach (. 4)

$$\left(\frac{R_h}{L_0}\right)_{\substack{800\,\mathrm{Hz}\\ 1\,\mathrm{mA}}} = K_h \cdot 2\pi \cdot 800\,\mathrm{Hz}\,\frac{1\,\mathrm{mA}}{L_0} \leqq 12\sqrt{\frac{L_0}{\mathrm{H}}}\,\frac{\Omega}{\mathrm{H}}. \qquad (249.\ 9)$$

In dieser Form wird die Vorschrift des CCIF gewöhnlich angegeben.

Jordan[2] hat an Stelle der z. T. mit Dimensionen behafteten Größen n, h, w durch seine Gleichung (65) drei reine Zahlen n, h, w definiert. Setzt man für seine allgemeinen Einheiten ω_1 und $(\zeta i)_1$ die Werte 5000/s und 1 A/cm, so gelten die in der folgenden Tafel enthaltenen Beziehungen. Die untereinander stehenden Werte sind jedesmal einander gleich; in jeder Waagerechten entsprechen die gewählten Formelzeichen den Definitionen der rechts genannten Verfasser.

---

[1] Früher sprach man von ihrem „Hysteresefaktor F_h".

[2] Jordan, H.: Elektr. Nachr.-Techn. 1 (1924) S. 7.

n	h	w	K_h	(248. 1), (249. 5)
$\frac{n}{5}$ ‰	$\frac{h}{5}\frac{\text{cm}}{\text{kA}}$	$\frac{w}{25}$ µs	—	Jordan[1]
$\frac{n}{2\pi}$	$\frac{h}{2\pi}$	$\frac{w}{4\pi^2}$	$\frac{F_h}{2\pi}$	Deutschmann[2], Kersten, Hesse[3]
$\frac{A_n}{2\pi}$	$\frac{A_h}{2\pi N}$	$\frac{A_w}{4\pi^2}$	$\frac{A_h L}{2\pi}$	1. Auflage dieses Buches

Zahlenwerte. Kersten und Hesse haben an Spulen mit Kernen aus einer bestimmten Art Karbonyleisen die folgenden Werte gemessen:

$\mu_A = 13\,\mu_0$, $h = 0{,}25$ cm/kA, $V = 60$ cm³, $w_e = 0{,}3$ ns, $n = 0{,}13$ ‰.

Bei diesen Spulen liegt also

$$\frac{h}{\sqrt{\mu_A V}} = \frac{0{,}25 \cdot 10^{-3}\,\text{cm}}{\text{A}\sqrt{13 \cdot 1{,}256 \cdot 10^{-8}\,\text{H} \cdot 60\,\text{cm}^2}} = \frac{0{,}080}{\text{A}\sqrt{\text{H}}} \qquad (249.\,10)$$

weit unter der vom CCIF für die gewöhnliche Niederfrequenztelephonie zugelassenen Grenze.

Nach (73. 1) ist auch die Spuleninduktivität L stromabhängig, also von L_0 verschieden; und zwar ist

$$L = \frac{L_0}{\mu_A}(\mu_A + 2\nu\hat{\mathfrak{H}}) = L_0 + \frac{3\pi}{4} h L_0 |\mathfrak{H}| = L_0 + 2{,}4 K_h |\mathfrak{J}|. \qquad (249.\,11)$$

Der hier aus der Rayleighschen Beziehung hergeleitete Faktor $3\pi/4$ stimmt nur der Größenordnung nach mit den Meßergebnissen überein. Man findet tatsächlich[4] Faktoren zwischen etwa 2,5 und 5.

§ 250. Einfluß des Hystereseverlustes auf die Dämpfung. Bei der Berechnung der Dämpfung einer Pupinleitung unter Berücksichtigung der Spulenhysterese ist zu beachten, daß der Strom $|\mathfrak{J}|$, dem R_h proportional ist, mit wachsendem Abstand vom Kabelanfang allmählich kleiner wird. Hat die Leitung n Glieder, wo n eine große Zahl sei, ist ferner die beim ersten Gliede durch Hysterese hervorgerufene Dämpfung gleich b_{h1}, die Dämpfung für verschwindend kleinen Strom, ebenfalls je Glied, gleich b, so ist die Dämpfung der ganzen Leitung in erster Näherung gleich

$$n b + b_{h1} + b_{h1} e^{-b} + b_{h1} \cdot e^{-2b} + \cdots \approx n b + b_{h1} \frac{1}{1 - e^{-b}}$$

$$\approx n b + \frac{b_{h1}}{b} = n b + \frac{R_{h1}}{sR}; \qquad (250.\,1)$$

d. h. der Dämpfungszuwachs durch Hysterese ist annähernd gleich dem Verhältnis des Hysteresewiderstands des ersten Gliedes zu dem Widerstande desselben Gliedes für unendlich schwachen Strom.

Zur Veranschaulichung berechnen wir in Anlehnung an Deutschmann[5] die Dämpfung eines Seekabels von 300 km Länge, das in Abständen von je 2 km mit Spulen von je 54 mH Induktivität belastet sei. Die Wicklungen mögen aus je 690 Windungen bestehen bei einem Gesamtkraftlinienweg von rund 14,6 cm; der Querschnitt des Kerns sei gleich 4,4 cm².

[1] Jordan, H.: Elektr. Nachr.-Techn. 1 (1924) S. 7.
[2] Deutschmann, W.: Elektr. Nachr.-Techn. 9 (1932) S. 421.
[3] Kersten, M., u. Hesse, H.: Ebenda 14 (1937) S. 66. Kersten, M.: Elektrot. Z. 58 (1937) S. 1335, 1364.
[4] Vgl. Peterson, E.: Bell Syst. techn. J. 7 (1928) S. 762.
[5] Deutschmann, W.: Elektr. Nachr.-Techn. 6 (1929) S. 82.

Für das Kernmaterial gelte $\mu_A = 30\,\mu_0$ und $\nu = 0{,}24\,\mu_0/\text{Ö}$. Der Effektivwert der Stromstärke betrage im ersten Glied der Leitung 150 mA. Dann ist für 800 Hz nach (249. 3) und (249. 5)

$$h = 1{,}2 \cdot \frac{0{,}24\,\mu_0}{0{,}796\,\text{A/cm} \cdot 30\,\mu_0} = 12{,}1\,\frac{\text{cm}}{\text{kA}},$$

$$K_h = 12{,}1\,\frac{\text{cm}}{\text{kA}} \cdot \frac{690}{14{,}6\,\text{cm}} \cdot 54\,\text{mH} = 31\,\frac{\text{mH}}{\text{A}}$$

und daher für die erste Spule nach (249. 4)

$$R_{h_1} = 31\,\frac{\text{mH}}{\text{A}} \cdot 2\,\pi \cdot 800\,\text{Hz} \cdot 150\,\text{mA} = 23\,\Omega.$$

Ist also bei diesem Kabel $s R = 60\,\Omega$, so beträgt der durch die Hysterese verursachte Gesamtzuwachs der Leitungsdämpfung nach (. 1) $R_{h_1}/R = 23/60 = 0{,}39$ N. Setzen wir $s C = 96$ nF, $n = 150$, so ergibt sich aus (237. 11)

$$n\,b = 150 \cdot \frac{60\,\Omega}{2} \sqrt{\frac{96\,\text{nF}}{54\,\text{mH}}} = 6{,}0\,\text{N};$$

der durch Hysterese verursachte Dämpfungszuwachs ist also schon bei 800 Hz nicht unbeträchtlich.

Die Induktivität der vordersten Spule des betrachteten Seekabels ist nach (249. 11) um

$$2{,}4 \cdot 31\,\frac{\text{mH}}{\text{A}} \cdot 150\,\text{mA} = 10{,}9\,\text{mH}$$

größer als L_0; das sind etwa 20%.

§ 251. **Die Permeabilität der Massekernspulen** ist auch bei Verwendung besten ferromagnetischen Werkstoffs wegen der mit Isolierstoff ausgefüllten Zwischenräume zwischen den Eisenkörnern nach § 74 ziemlich niedrig. Das schadet jedoch nicht viel. Zwar kann bei höherer wirksamer Permeabilität des Kerns, wenn die Spuleninduktivität L_0 vorgeschrieben ist, der Gleichstromwiderstand nach (78. 3) und (78. 5) kleiner gemacht werden; dabei nimmt aber ein Teil der zusätzlichen Verlustgrößen zu (z. B. der Beiwert w). Man geht daher nur bei tiefen Frequenzen (unter 10 kHz) auf Permeabilitäten in der Größenordnung von $50 \cdots 100\,\mu_0$ hinauf. Bei höheren Frequenzen (über 100 kHz) sind niedrigere Permeabilitäten (z. B. $20\,\mu_0$ und weniger) günstiger.

Nach § 74 ist die wirksame Permeabilität μ_A des Massekerns berechenbar nach

$$\mu_A = \frac{\mu_{A_0}}{1 + p\,\mu_{A_0}}, \tag{251. 1}$$

wo μ_{A_0} die Permeabilität der Körner selbst ist. Der Faktor p hängt von der Form der Körner und von dem Isolierstoffgehalt α ab. Sind die Körner kugelförmig wie bei den Kernen aus Karbonyleisen, so ist $p \approx \alpha/(3\,\mu_0)$. Bei sehr hohem μ_{A_0} wird dann

$$\mu_A \approx \frac{1}{p} = \frac{3}{\alpha}\,\mu_0. \tag{251. 2}$$

Da die Zwischenschichten isolieren und dem hohen Druck beim Pressen der Kerne widerstehen müssen, ist α mindestens gleich $\approx 2\%$; μ_A kann also kaum über $150\,\mu_0$ gesteigert werden.

Durch die Scherung wird der Hysteresebeiwert noch mehr heruntergedrückt als die Permeabilität[1]. Um dies zu zeigen, gehen wir der Einfachheit halber von dem ursprünglichen Rayleighschen Ansatz

$$\mathfrak{B}_E = \mu_A\,\mathfrak{H}_E + \nu\,\mathfrak{H}_E^2 \tag{251. 3}$$

aus, wo die Bezeichnungen wie in den Paragraphen 73 und 74 gewählt sind. Nach (74. 4) und (74. 5) kann man dafür setzen (μ_{A_0} und ν_0 sind die „wahren" Werte):

$$\mathfrak{B}_E = \mu_{A_0}(\mathfrak{H}' - p\,\mathfrak{B}_E) + \nu_0(\mathfrak{H}' - p\,\mathfrak{B}_E)^2. \tag{251. 4}$$

$\mathfrak{H}'$ ist die aus Windungsdichte und Stromstärke roh berechnete Feldstärke. (. 4) ist eine quadratische Gleichung für die Induktion $\mathfrak{B}_E$; aus ihr folgt:

$$\mathfrak{B}_E = \frac{1}{2\,\nu_0\,p^2}\left(1 + p\,\mu_{A_0} + 2\,\nu_0\,p\,\mathfrak{H}' \pm \sqrt{(1 + p\,\mu_{A_0})^2 + 4\,\nu_0\,p\,\mathfrak{H}'}\right). \tag{251. 5}$$

[1] Deutschmann, W.: Elektr. Nachr.-Techn. 9 (1932) S. 421.

Entwickelt man die Quadratwurzel bis zur zweiten Potenz von $4 v_0 p \mathfrak{H}'/(1 + p\mu_{A_0})^2$ und nimmt man das untere Zeichen, so heben sich einige Glieder weg, und es bleibt

$$\mathfrak{B}_E \approx \frac{\mu_{A_0}}{1 + p\,\mu_{A_0}}\,\mathfrak{H}' + \frac{v_0}{(1 + p\,\mu_{A_0})^3}\,\mathfrak{H}'^2 = \mu_A\,\mathfrak{H}' + v\,\mathfrak{H}'^2. \qquad (251.\,6)$$

Es ist also nach (249. 3)

$$h = 1{,}2\,\frac{v}{\mu_A} = \frac{1{,}2}{(1 + p\,\mu_{A_0})^2}\,\frac{v_0}{\mu_{A_0}} = \frac{h_0}{(1 + p\,\mu_{A_0})^2}. \qquad (251.\,7)$$

Ist demnach die gescherte Permeabilität halb so groß wie die wahre, so wird der Hysteresebeiwert durch die Scherung auf den vierten Teil herabgesetzt.

Da die Gleichung (. 7) auf der Beziehung (74. 4) beruht, die genau genommen nur für einen Kern mit engem Schlitz gilt, wird die errechnete Verringerung des Hysteresebeiwerts, besonders bei Pulverkernen, in Wirklichkeit nicht ganz erreicht.

10. Abschnitt.

Einfluß benachbarter Leitungen.

§ 252. Allgemeines. Verläuft eine stromführende Leitung in der Nähe einer Nachrichtenleitung, so überträgt sie auf diese im allgemeinen eine gewisse wenn auch nur geringe Energiemenge.

Die gröbste Art einer solchen „Kopplung" zwischen zwei Leitungen besteht darin, daß von der beeinflussenden auf die beeinflußte Leitung unmittelbar Strom übergeht. Diese Kopplung, die man früher als die „galvanische" bezeichnet hat, kommt bei ordnungsmäßig hergestellten Anlagen nur dann vor, wenn bei beiden Leitungen die Erde als Rückleiter verwendet wird und die Erdungsstellen nahe beieinander liegen. Sie kann vor allem dort von Bedeutung werden, wo die Erdrückströme infolge der geologischen Verhältnisse nur in geringer Tiefe unter der Erdoberfläche fließen.

Wichtiger ist die elektromagnetische Kopplung. Jede stromführende Leitung erzeugt um sich herum ein elektromagnetisches Feld, das auf benachbarte Nachrichtenleitungen einwirkt. Aufgabe der Technik ist es, diese Einwirkung auf ein unschädliches Maß herabzusetzen.

Die beeinflussende Leitung kann eine Starkstromleitung sein. Dann können die in der beeinflußten Nachrichtenleitung entstehenden Spannungen und Ströme die Personen, die die Anlage bedienen oder benutzen, unter Umständen gefährden. Außerdem rufen die Oberschwingungen des Starkstroms, besonders soweit ihre Frequenzen in das Gebiet hoher Ohrempfindlichkeit fallen (§ 285), in der Nachrichtenleitung Geräusche hervor.

Sind beide Leitungen Nachrichtenleitungen, so entstehen in der beeinflußten Leitung „Nebensprech"-Ströme. Durch das Nebensprechen werden die in der beeinflußten Leitung sprechenden Teilnehmer gestört; bei sehr starkem Nebensprechen können sie sich überhaupt nicht mehr verständigen. Außerdem kann das in der beeinflussenden Leitung geführte Gespräch in der beeinflußten Leitung abgehört werden. Durch besondere Maßnahmen kann man das Nebensprechen unverständlich machen; aber auch dann wirkt es noch als ein Geräusch, das sich mindestens in den Gesprächspausen unangenehm bemerkbar macht.

Man spricht von Nebensprechen auch dann, wenn zwei oder mehr Gespräche, die auf einer einzigen Leitung gleichzeitig übertragen werden, sich gegenseitig beeinflussen. Das Nebensprechen rührt dann davon her, daß die Schaltmittel, die die Gespräche voneinander trennen sollen, ihre Aufgabe nur unvollständig erfüllen.

Was die Größenordnung der Einflüsse angeht, so ist zu beachten, daß in Starkstromleitungen unter Umständen so hohe Leistungen übertragen werden, daß die Einheit Gigawatt (10^9 W) für sie eine zweckmäßige Einheit ist. Fernsprech- und Telegraphierleistungen dagegen zählen nach Milliwatt und Mikrowatt; in einem Fernhörer können sogar noch Leistungen von der Größenordnung eines Nanowatt (10^{-9} W) wahrgenommen werden.

Die Grenze zwischen gefährdenden und störenden Geräuschen ist nicht scharf. Stärkere Störgeräusche („Knallgeräusche") können die Gesundheit der Beamten und Teilnehmer schädigen. Außerdem können Störungen *mittelbar* gefährdend wirken, z. B. Störungen in den Signalleitungen der Bahnen.

§ 253. **Grundlagen einer Theorie der gekoppelten Leitungen.** Wir wollen voraussetzen, daß zwei einander parallel verlaufende Leitungen *1* und *2* miteinander elektromagnetisch gekoppelt seien (Abb. 253. 1). Die Kopplung lasse sich in einen elektrischen und einen magnetischen Anteil zerlegen.

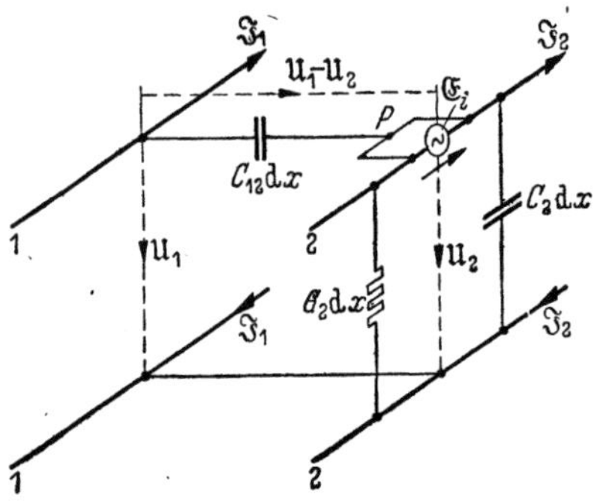

Abb. 253. 1.

Der elektrische Anteil komme dadurch zustande, daß die beeinflussende Leitung *1* in einem Punkte mit der Koordinate x über einen unendlich kleinen koppelnden Kondensator $C_{12}\,dx$ einen unendlich schwachen Verschiebungsstrom in die beeinflußte Leitung *2* schickt, der magnetische dadurch, daß die beeinflußte Leitung *2* mit der beeinflussenden *1* durch einen unendlich kleinen magnetischen Fluß verkettet ist, der in ihr eine unendlich kleine elektromotorische Kraft $\mathfrak{E}_i = -L_{12}\,dx\cdot d\mathfrak{J}_1/dt$ erzeugt. Die beiden Größen C_{12} und L_{12} stellen dabei nicht etwa *Teilkapazitäten* oder *Teilinduktivitäten* dar, sondern sind „Ersatzgrößen" für die *resultierende* auf der Längeneinheit vorhandene elektrische und magnetische Kopplung. Wie sie im einzelnen aus den Teilgrößen zu berechnen sind, darauf werden wir später eingehen. Es ist besonders zu beachten, daß die zwischen den beiden oberen Drähten gezeichnete Kapazität $C_{12}\,dx$ *nicht* die die beiden Drähte verbindende *Teilkapazität* darstellt und im allgemeinen sehr viel kleiner ist als diese[1].

Durch die Kapazität $C_{12}\,dx$ treibt die Spannung $\mathfrak{U}_1 - \mathfrak{U}_2$ einen Verschiebungsstrom. Nach der Knotenregel, angewandt auf den Knoten P, ist daher

$$j\omega C_{12}\,dx\,(\mathfrak{U}_1 - \mathfrak{U}_2) + \mathfrak{J}_2 = \mathfrak{J}_2 + \frac{d\mathfrak{J}_2}{dx}\,dx + (G_2 + j\omega C_2)\,dx\,\mathfrak{U}_2$$

oder

$$-\frac{d\mathfrak{J}_2}{dx} = (G_2 + j\omega C_2)\,\mathfrak{U}_2 - j\omega C_{12}\,\mathfrak{U}_1, \qquad (253.1)$$

da $C_{12} \ll C_2$.

Nach der Maschenregel findet man für den magnetischen Einfluß eine entsprechende zweite Differentialgleichung

$$-\frac{d\mathfrak{U}_2}{dx} = (R_2 + j\omega L_2)\,\mathfrak{J}_2 + j\omega L_{12}\,\mathfrak{J}_1. \qquad (253.2)$$

[1] Die beiden unteren Drähte sind natürlich in Wirklichkeit nicht kurzgeschlossen.

(Bei dem letzten Glied steht das Pluszeichen, weil die Leitungen „gleichsinnig“ verkettet sind [§ 192].)

(. 1) und (. 2) beschreiben den Einfluß der Leitung *1* auf die Leitung *2*.

Die „Rückwirkung“ der Leitung *2* auf die Leitung *1* wird im allgemeinen nur schwach sein. Will man sie berücksichtigen, so hat man zwei weitere Differentialgleichungen anzusetzen:

$$-\frac{d\mathfrak{J}_1}{dx} = (G_1 + j\omega C_1)\,\mathfrak{U}_1 - j\omega C_{12}\,\mathfrak{U}_2, \qquad (253.\,3)$$

$$-\frac{d\mathfrak{U}_1}{dx} = (R_1 + j\omega L_1)\,\mathfrak{J}_1 + j\omega L_{12}\,\mathfrak{J}_2. \qquad (253.\,4)$$

Aus den vier Gleichungen (. 1) bis (. 4) kann man, wie hier nicht gezeigt werden soll, vier Differentialgleichungen 4. Ordnung ableiten (für $\mathfrak{U}_1$, $\mathfrak{U}_2$, $\mathfrak{J}_1$ und $\mathfrak{J}_2$ je eine), die dann unter Berücksichtigung bestimmter Anfangsbedingungen zu integrieren sind.

Bei der Berechnung des Starkstromeinflusses ist es meist zulässig, die beeinflussende Leitung als elektrisch kurz anzusehen, so daß $\mathfrak{U}_1$ und $\mathfrak{J}_1$ ortsunabhängig werden. Dann vereinfacht sich die Theorie ganz wesentlich; sie kann, wenn C_{12} und L_{12} als konstant angesehen werden dürfen, durch Einführung neuer Veränderlicher (wie im § 127) auf die gewöhnliche Leitungstheorie zurückgeführt werden.

Der Wert solcher Rechnungen entspricht leider nicht der aufgewandten Rechenmühe. Man kommt auf einem einfacheren Weg zu einer fast immer ausreichenden Theorie, wenn man unter Vernachlässigung der Rückwirkung auf Grund der Ergebnisse der Leitungstheorie zunächst die von unendlich kleinen Kopplungen $C_{12}\,dx$ und $L_{12}\,dx$ an irgendeiner Stelle x herrührenden Einflüsse berechnet und diese dann über die ganzen Längen der Leitungen summiert oder integriert. Man kann dann auch in verhältnismäßig einfacher Weise der Tatsache Rechnung tragen, daß die Koeffizienten C_{12} und L_{12} meist höchstens abschnittsweise konstant sind. Im folgenden werden wir überall diesen Weg einschlagen[1].

§ 254. Berechnung des von einer elektrischen Kopplung an einer Stelle hervorgerufenen Einflusses. Die beeinflussende Leitung werde wieder durch den Index 1, die beeinflußte durch den Index 2 gekennzeichnet, und es sei wieder vorausgesetzt, daß sich der zunächst zu betrachtende elektrische Einfluß von dem magnetischen völlig trennen lasse.

Wir denken uns das betrachtete Stück der beeinflußten Leitung *2*, in das der sehr schwache Strom $j\omega C_{12}\,dx\cdot\mathfrak{U}_1$ einströmt [vgl. (253. 1)] vorn und hinten durch den Wellenwiderstand abgeschlossen[2] (Abb. 254. 1). Dann folgt aus den Kirchhoffschen Regeln:

$$\mathfrak{U}_2 = \mathfrak{Z}_2\,\mathfrak{J}_{2v} = \mathfrak{Z}_2\,\mathfrak{J}_{2h} = \mathfrak{Z}_2\,\mathfrak{J}_2, \qquad (254.\,1)$$

$$j\omega C_{12}\,dx\cdot\mathfrak{U}_1 = 2\,\frac{\mathfrak{U}_2}{\mathfrak{Z}_2}, \qquad (254.\,2)$$

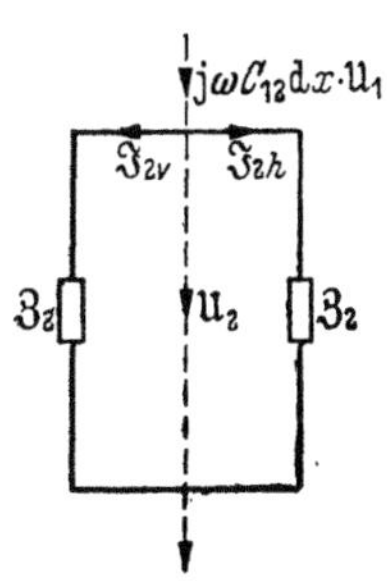

Abb. 254. 1.

und es ergeben sich daher die wichtigen Grundgleichungen:

$$\frac{\mathfrak{U}_2}{\mathfrak{U}_1} = j\omega C_{12}\,dx\,\frac{\mathfrak{Z}_2}{2}, \qquad (254.\,3)$$

$$\frac{\mathfrak{J}_2}{\mathfrak{U}_1} = j\omega C_{12}\,\frac{dx}{2}. \qquad (254.\,4)$$

[1] Vgl. hierzu Küpfmüller, K.: Elektr. Nachr.-Techn. 5 (1928) S. 459.

[2] Nach § 245 ist diese Voraussetzung bei Berechnung des Nebensprechens zwischen zwei beliebigen Punkten eines Pupinspulenfelds streng genommen nicht zulässig.

Man kann sich vorstellen (Abb. 254. 2), daß die Leitungen *1* und *2* durch eine unsymmetrische Dreiecksschaltung miteinander gekoppelt seien, deren Längsleitwert gleich $j\omega C_{12}\,dx$, deren Querwiderstände gleich $\mathfrak{Z}_1$ und $\mathfrak{Z}_2$ sind. Da dieser die Kopplung veranschaulichende Vierpol eine sehr hohe Dämpfung hat, fallen bei ihm die Schein- und Wellenwiderstände zusammen. Außerdem ist sein Längsleitwert $j\omega C_{12}\,dx$ der „Kurzschluß-Kernleitwert" des § 149; sein „Leerlaufkernwiderstand" ist daher:

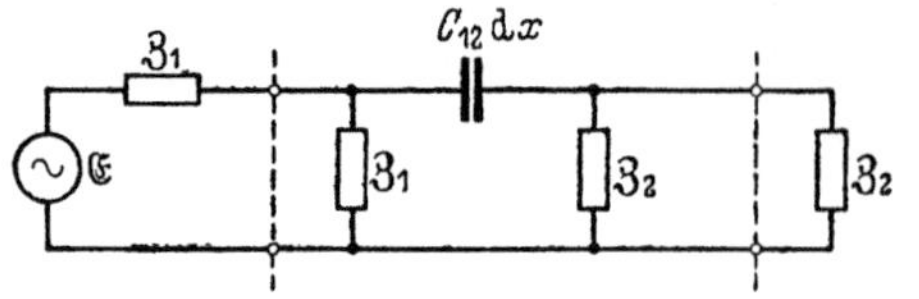

Abb. 254. 2.

$$\mathfrak{M} = j\,\omega\, C_{12}\,dx \cdot \mathfrak{Z}_1\,\mathfrak{Z}_2\,. \tag{254. 5}$$

In der Tat ist bei diesem Vierpol nach (157. 1)

$$\mathfrak{v}_2 = \frac{\mathfrak{U}_2}{\mathfrak{U}_1} = \frac{j\,\omega\, C_{12}\,dx \cdot \mathfrak{Z}_1\,\mathfrak{Z}_2}{\dfrac{\mathfrak{Z}_1\,\mathfrak{Z}_2}{\mathfrak{Z}_2} + \mathfrak{Z}_1} = j\,\omega\, C_{12}\,dx\,\frac{\mathfrak{Z}_2}{2}$$

in Übereinstimmung mit (. 3).

§ 255. **Berechnung des von einer magnetischen Kopplung an einer Stelle hervorgerufenen Einflusses.** Ähnlich wie bei der elektrischen Kopplung denken wir uns an einer Stelle x der induktiv beeinflußten Leitung eine sehr kleine elektromotorische Kraft $-j\omega L_{12}\,dx\cdot\mathfrak{J}_1$; auf beiden Seiten sei wieder der Widerstand $\mathfrak{Z}_2$ angeschaltet (Abb. 255. 1). Dann ist nach den Kirchhoffschen Regeln:

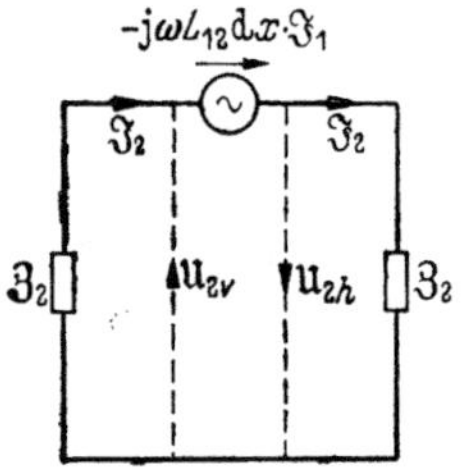

Abb. 255. 1.

$$\mathfrak{J}_2 = \frac{\mathfrak{U}_{2v}}{\mathfrak{Z}_2} = \frac{\mathfrak{U}_{2h}}{\mathfrak{Z}_2} = \frac{\mathfrak{U}_2}{\mathfrak{Z}_2}, \tag{255. 1}$$

$$-j\,\omega\, L_{12}\,dx \cdot \mathfrak{J}_1 = 2\,\mathfrak{Z}_2\,\mathfrak{J}_2\,, \tag{255. 2}$$

da die beiden Leitungen als „gleichsinnig" angesehen werden müssen. Es gelten jetzt also die Grundgleichungen ($\mathfrak{U}_1 = \mathfrak{Z}_1\mathfrak{J}_1$):

$$\frac{\mathfrak{J}_2}{\mathfrak{J}_1} = -\frac{j\,\omega\, L_{12}}{2\,\mathfrak{Z}_2}\,dx\,, \qquad \frac{\mathfrak{J}_2}{\mathfrak{U}_1} = -\frac{j\,\omega\, L_{12}}{2\,\mathfrak{Z}_1\,\mathfrak{Z}_2}\,dx\,, \tag{255. 3}$$

$$\frac{\mathfrak{U}_2}{\mathfrak{U}_1} = -\frac{j\,\omega\, L_{12}}{2\,\mathfrak{Z}_1}\,dx\,. \tag{255. 4}$$

Hier kann man sich als Ersatzbild (Abb. 255. 2) eine unsymmetrische Sternschaltung denken, die als Längswiderstände die Wellenwiderstände der beiden Leitungen, als Querwiderstand den sehr kleinen induktiven Widerstand $j\omega L_{12}\,dx$ enthält:

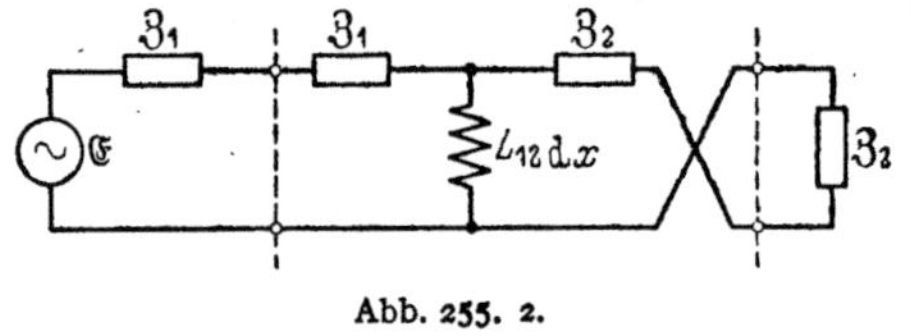

Abb. 255. 2.

$$\mathfrak{M} = j\,\omega\, L_{12}\,dx\,. \tag{255. 5}$$

Überkreuzt man noch die Zuführungsdrähte auf der einen Seite, so erhält man nach (153. 1)

$$\mathfrak{u}_2 = \frac{\mathfrak{J}_2}{\mathfrak{J}_1} = -\frac{j\,\omega\, L_{12}\,dx}{\mathfrak{Z}_2 + \mathfrak{Z}_2} = -\frac{j\,\omega\, L_{12}}{2\,\mathfrak{Z}_2}\,dx$$

in Übereinstimmung mit (. 3). (Auch beim Ersatzbild des Übertragers mit gleichsinniger Wicklung müssen die Drähte gekreuzt werden, vgl. Abb. 196. 1.)

§ 256. **Elektrische und magnetische Kopplung.** Wir wollen bei der über eine Kopplungskapazität und über eine Gegeninduktivität beeinflußten Leitung die Bezugspfeile von jetzt ab wieder wie in der Leitungstheorie ziehen. Dann müssen wir auf der nahen Seite der beeinflußten Leitung beim elektrischen Einfluß

(Abb. 254. 1) den Strompfeil, beim magnetischen (Abb. 255. 1) den Spannungspfeil umkehren. Mit Doppelvorzeichen, von denen das obere für den Naheinfluß, das „eigentliche" Nebensprechen", das untere für den Ferneinfluß, das „Gegennebensprechen", gelten soll, erhalten wir daher die beiden Grundgleichungen:

$$\frac{\mathfrak{U}_2}{\mathfrak{U}_1} = \frac{j\omega}{2}\left(C_{12} \pm \frac{L_{12}}{\mathfrak{Z}_1\mathfrak{Z}_2}\right) dx \cdot \mathfrak{Z}_2, \tag{256. 1}$$

$$\frac{\mathfrak{I}_2}{\mathfrak{U}_1} = \mp \frac{j\omega}{2}\left(C_{12} \pm \frac{L_{12}}{\mathfrak{Z}_1\mathfrak{Z}_2}\right) dx. \tag{256. 2}$$

Man erkennt, daß sich die beiden Einflüsse, der elektrische und der magnetische, in ihrer Wirkung auf das nahe Ende immer addieren, auf das ferne Ende immer subtrahieren.

Dies ergibt sich auch aus einer Betrachtung der Abbildungen 254. 1 und 255. 1 ohne Rechnung.

Als koppelnden Ersatzvierpol kann man sich nach (254. 5) und (255. 5) eine Sternschaltung denken mit dem Querwiderstand

$$\mathfrak{M} = j\omega\left(C_{12} \pm \frac{L_{12}}{\mathfrak{Z}_1\mathfrak{Z}_2}\right) dx \cdot \mathfrak{Z}_1\mathfrak{Z}_2, \tag{256. 3}$$

wo wieder das obere Vorzeichen für den Naheinfluß, das untere für den Ferneinfluß gilt. $\mathfrak{M}$ heißt auch „Kopplungswiderstand".

Nicht immer läßt sich die Kopplung zwischen zwei Leitungen in einen elektrischen und einen magnetischen Anteil spalten. Dann ist es zweckmäßig, nur mit dem Kernwiderstand $\mathfrak{M}$ des koppelnden Ersatzsterns zu rechnen. Dieser Kernwiderstand läßt sich dann nur aus dem zeitlich-räumlichen Verlauf des gesamten elektromagnetischen Feldes erschließen (vgl. § 266).

§ 257. Das dem Einfluß einer benachbarten Leitung entsprechende Dämpfungsmaß folgt aus (159. 4):

$$\mathfrak{Cof}\,\mathfrak{g} \approx \frac{e^{\mathfrak{g}}}{2} = \frac{\sqrt{\mathfrak{W}_1^i\,\mathfrak{W}_2^i}}{\mathfrak{M}} = \frac{\sqrt{\mathfrak{Z}_1\mathfrak{Z}_2}}{j\omega C_{12}\,dx \cdot \mathfrak{Z}_1\mathfrak{Z}_2 \pm j\omega L_{12}\,dx},$$

also

$$b = \ln 2 - \ln\left|\omega\left(C_{12}\sqrt{\mathfrak{Z}_1\mathfrak{Z}_2} \pm \frac{L_{12}}{\sqrt{\mathfrak{Z}_1\mathfrak{Z}_2}}\right) dx\right|. \tag{257. 1}$$

Da der Logarithmus einer sehr kleinen positiven Zahl negativ und sein Betrag sehr groß ist, entspricht dem sehr kleinen Einfluß an einer einzigen Stelle (auf der Länge dx) eine sehr große Dämpfung.

Ist bei zwei Leitungen

$$C_{12} = \frac{L_{12}}{\mathfrak{Z}_1\mathfrak{Z}_2}, \tag{257. 2}$$

so entspricht dem Einfluß am fernen Ende (auch bei endlichem dx) eine unendlich große Dämpfung; d. h. am fernen Empfänger kann überhaupt kein Einfluß festgestellt werden. Zum Einfluß am nahen Ende dagegen tragen die elektrische und die magnetische Kopplung in gleichem Maße bei.

Das heißt natürlich nicht, daß sich die entsprechenden Dämpfungen addieren. Beträgt z. B., wenn (. 2) erfüllt ist, die Dämpfung des dielektrischen Einflusses 12 N, so wird sie durch den magnetischen auf 11,3 N verringert; und dasselbe gilt für die Verringerung der Dämpfung des magnetischen Einflusses durch den dielektrischen.

§ 258. Elektrische Kopplung zwischen einer Starkstrom- und einer Nachrichtenleitung. Wir betrachten den Fall, daß auf einer Länge l eine überall gleiche bezogene elektrische Kopplung C_{12} besteht. Um vorsichtig zu rechnen, denken wir uns die Nachrichtenleitung bei Berechnung der in ihr influenzierten gefährdenden Fremdspannung an beiden Enden isoliert, bei Berechnung des störenden Fremdstroms dagegen am einen Ende isoliert, am andern kurzgeschlossen[1].

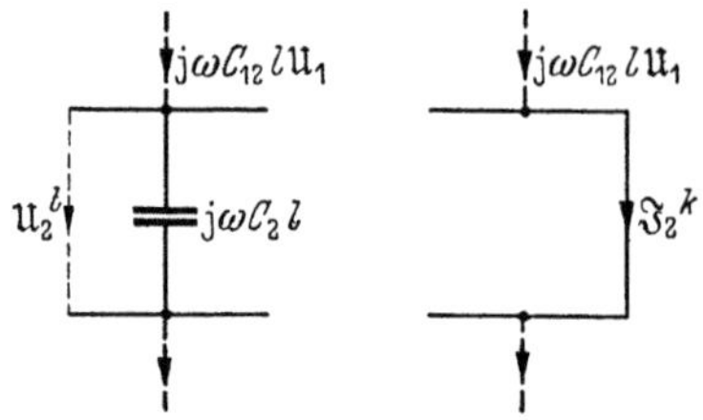

Abb. 258. 1.

Wir erhalten dann für die „Leerlaufspannung $\mathfrak{U}_2^l$" und für den „Kurzschlußstrom $\mathfrak{J}_2^k$" nach Abb. 258. 1 [oder auch nach (256. 1) und (256. 2)] die einfachen Gleichungen:

$$\frac{\mathfrak{U}_2^l}{\mathfrak{U}_1} = \frac{C_{12}}{C_2}, \qquad \frac{\mathfrak{J}_2^k}{\mathfrak{U}_1} = j\,\omega\, C_{12}\, l. \qquad (258.1)$$

Eine Spannung U_2^l wird hiernach auch durch eine Gleichspannung U_1 influenziert; ein Strom $\mathfrak{J}_2^k$ entsteht dagegen in der Nachrichtenleitung natürlich nur durch eine Wechselspannung $\mathfrak{U}_1$.

Die koppelnde Kapazität C_{12} ist weitaus am größten, wenn beide Leitungen, die beeinflussende und die beeinflußte, die Erde als Rückleiter benutzen. Der wichtigste Fall ist der einer eindrähtigen Telegraphen-, Fernsprech- oder Signalleitung, die oberirdisch parallel zu dem Fahrdraht oder zu der Stromschiene einer elektrischen Bahn verläuft. In diesem „Dreileiterfalle" fällt die Kapazität C_{12} mit einer Teilkapazität zusammen und läßt sich leicht aus den geometrischen Bestimmungsstücken berechnen.

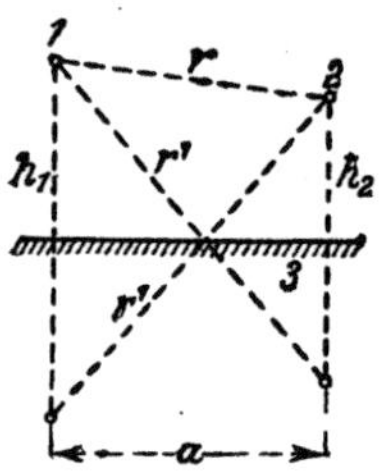

Abb. 258. 2.

Geben wir der beeinflussenden Leitung, der beeinflußten Leitung und der Erde (Abb. 258. 2) der Reihe nach die Indizes 1, 2 und 3, so gilt nach (56. 4) und (56. 5)

$$\left.\begin{aligned} 2\pi\varepsilon l U_{13} &= Q_1 \ln\frac{2h_1}{\varrho_1} + Q_2 \ln\frac{r'}{r}, \\ 2\pi\varepsilon l U_{23} &= Q_1 \ln\frac{r'}{r} + Q_2 \ln\frac{2h_2}{\varrho_2}. \end{aligned}\right\} \qquad (258.2)$$

Dabei haben wir die Abstände r' und r stehen lassen müssen, da jetzt a^2 nicht mehr klein ist verglichen mit $4h_1^2$ oder $4h_2^2$ (vgl. § 56).

Die in (. 2) vorkommenden Logarithmanden sind von verschiedener Größenordnung. So erhält man für $h_1 = h_2 = 6$ m, $\varrho_1 = 4$ mm, $\varrho_2 = 2$ mm

$$\ln\frac{2h_1}{\varrho_1} = \ln(3\cdot 10^3) = 8{,}0, \qquad \ln\frac{2h_2}{\varrho_2} = \ln(6\cdot 10^3) = 8{,}7. \qquad (258.3)$$

Dagegen ist selbst für $a = h_1 = h_2$

$$\ln\frac{r'}{r} = \ln\frac{\sqrt{a^2+(2h)^2}}{a} = \ln\sqrt{5} = 0{,}8, \qquad (258.4)$$

und dieser Wert wird mit wachsendem Abstand a immer kleiner. Wir bekommen daher eine ausreichende Näherung, wenn wir $\ln(2h_1/\varrho_1) = 8$, $\ln(2h_2/\varrho_2) = 9$ setzen und in der Nennerdeterminante der Gleichungen (. 2) das Quadrat von $\ln(r'/r)$ neben dem Produkt $8\cdot 9$ weglassen. Damit wird

$$Q_2 = \frac{\pi\varepsilon l}{36}\left(-U_{13}\ln\frac{r'}{r} + 8U_{23}\right)$$

oder, wenn wir noch $U_{13} = U_{12} + U_{23}$ setzen und $\ln\frac{r'}{r}$ neben 8 vernachlässigen:

$$\frac{Q_2}{l} \approx -\left(\frac{\pi\varepsilon}{36}\ln\frac{r'}{r}\right)U_{12} + \frac{2\pi\varepsilon}{9}U_{23}. \qquad (258.5)$$

[1] Wäre an beiden Enden kurzgeschlossen, so wäre jeder Strom nur halb so groß.

Der Klammerinhalt ist nach (55. 2)[1] die gesuchte koppelnde Kapazität C_{12}, der Faktor vor U_{23} die Betriebskapazität C_2 der Fernmeldeleitung (weil die Kapazität C_{12} zu ihr nicht merklich beiträgt). Es ergibt sich also

$$|\mathfrak{U}_2^l| = \frac{C_{12}}{C_2}|\mathfrak{U}_1| = \frac{|\mathfrak{U}_1|}{8}\ln\frac{r'}{r} = 0{,}29\,|\mathfrak{U}_1|\lg\frac{r'}{r}, \tag{258.6}$$

$$|\mathfrak{J}_2^k| = \omega C_{12}\,l\,|\mathfrak{U}_1| = \omega\frac{\pi\varepsilon l}{36}|\mathfrak{U}_1|\ln\frac{r'}{r} = 11{,}2\,\frac{f}{\mathrm{Hz}}\,\frac{l}{\mathrm{km}}\,\frac{|\mathfrak{U}_{13}|}{\mathrm{kV}}\lg\frac{r}{r}\,\mu\mathrm{A}. \tag{258.7}$$

Es sei z. B. $a = h_1 = h_2$; $|\mathfrak{U}_1| = 15$ kV, $f = 16\frac{2}{3}$ Hz, $l = 25$ km. Dann ist

$$|\mathfrak{U}_2^l| = 0{,}29\cdot 15\lg\sqrt{5}\,\mathrm{kV} = 1{,}5\,\mathrm{kV},$$

$$|\mathfrak{J}_2^k| = 11{,}2\cdot 16{,}7\cdot 25\cdot 15\cdot\lg\sqrt{5}\,\mu\mathrm{A} = 24\,\mathrm{mA}.$$

Die influenzierte Wechselspannung von 1500 V ist so hoch, daß die Berührung der isolierten Fernmeldeleitung mit Lebensgefahr verbunden wäre. Anderseits ist ein Wechselfremdstrom vom Effektivwert 24 mA in den meisten Fällen unzulässig.

Das Verhältnis r'/r greift man am bequemsten auf einer maßstäblichen Skizze ab. Bei großem Abstand a darf man setzen[2]:

$$\ln\frac{r'}{r} = \frac{1}{2}\ln\frac{a^2 + (h_1 + h_2)^2}{a^2 + (h_1 - h_2)^2} = \frac{1}{2}\ln\frac{1 + \left(\frac{h_1 + h_2}{a}\right)^2}{1 + \left(\frac{h_1 - h_2}{a}\right)^2} \approx \frac{2 h_1 h_2}{a^2}. \tag{258.8}$$

Die influenzierte Spannung und der influenzierte Strom nehmen also bei größerer Entfernung umgekehrt proportional dem Quadrate der Entfernung ab. Durch Vergrößerung des Abstands zwischen beeinflussender und beeinflußter Leitung kann demnach die elektrische Einwirkung herabgesetzt werden. Auch mit abnehmender Höhe der Leitungsdrähte über dem Erdboden wird sie immer geringer.

Der Einfluß von Starkstrom-**Drahtpaar**leitungen auf Nachrichten-Drahtpaarleitungen ist besonders dann gering, wenn die Nachrichtenleitungen gekreuzt oder verdrillt werden. Durch leitende Hüllen, also durch Verkabelung, können die Nachrichtenleitungen gegen Starkstromeinflüsse *elektrisch* so gut wie völlig abgeschirmt werden.

§ 259. Magnetische Kopplung zwischen einer Starkstrom- und einer Nachrichtenleitung. Die für den magnetischen Einfluß maßgebende bezogene Gegeninduktivität L_{12} kann nach der im § 90 abgeleiteten Gleichung für die bezogene Gegeninduktivität zwischen zwei Stromfäden der Länge l und des Abstands a

$$L_{12} = \frac{\mu_0}{2\pi}\left(\ln\frac{2l}{a} - 1\right) \tag{259.1}$$

leicht berechnet werden für Drahtpaar-Freileitungen, deren Drahtdicken klein sind gegen die Drahtabstände.

Wir wollen hier nur den Fall betrachten, daß die Starkstromleitung eine Einfachleitung ist (bestehend aus dem Draht *0* mit Erdrückleitung, Abb. 259. 1); die Nachrichtenleitung werde aus den Drähten *1* und *2* gebildet. Dann ist

$$L_{12} = \frac{\mu_0}{2\pi}\left(\ln\frac{2l}{a_{01}} - 1 - \ln\frac{2l}{a_{02}} + 1\right) = \frac{\mu_0}{2\pi}\ln\frac{a_{02}}{a_{01}}. \tag{259.2}$$

Abb. 259. 1.

[1] Das Vorzeichen von Q_2 in (55. 2) ist nach Abb. 55. 1 umzukehren.

[2] Die gewöhnlich angegebene Formel $\ln(r'/r) = 2\,h_1 h_2/(a^2 + h_1^2 + h_2^2)$ ist ein wenig genauer. Vgl. Lienemann, W.: Telegr.- u. Fernspr.-Techn. **8** (1920) S. 173.

L_{12} hängt daher von der Anordnung der Drähte ab, ist aber unabhängig von der Länge l. Im ungünstigsten Falle, wenn $a_{02} = a_{01} + a_{12}$ ist, kann man dafür

$$L_{12} \approx \frac{\mu_0}{2\pi} \frac{a_{12}}{a_{01}} = 0{,}2 \frac{a_{12}}{a_{01}} \frac{\text{mH}}{\text{km}} \qquad (259.3)$$

schreiben. L_{12} nimmt demnach (im Gegensatze zu C_{12}) nur umgekehrt proportional der ersten Potenz der Entfernung a_{01} ab.

Ist etwa $a_{01} = 10$ m, $a_{12} = 20$ cm, $f = 16\frac{2}{3}$ Hz, so ergibt sich nach (. 3)

$$L_{12} = 0{,}2 \cdot \frac{20\text{ cm}}{10\text{ m}} = 4 \frac{\mu\text{H}}{\text{km}}.$$

Der bezogene Kopplungswiderstand ist

$$\omega L_{12} = \frac{2\pi \cdot 16{,}7}{\text{s}} 4 \frac{\mu\text{H}}{\text{km}} = 420 \frac{\mu\Omega}{\text{km}} = \frac{42\text{ mV}}{100\text{ Akm}};$$

d. h. ein Starkstrom von 100 A induziert in einer Doppelleitung, die ihm auf 1 km Länge parallel geführt ist, eine Spannung von 42 mV.

Nach (. 2) ist L_{12} gleich der Differenz der nur wenig verschiedenen bezogenen Gegeninduktivitäten L_{01} und L_{02}. Der Rückstrom in dem Drahte *2* der Nachrichtenleitung hebt also gewissermaßen den Einfluß der Starkstromleitung *0* auf den Strom im Drahte *1* zum größten Teil wieder auf. Es ist nur eine andere Darstellung für dieselbe Tatsache, wenn wir sagen, daß durch die Nachrichtenleitung wegen des verglichen mit a_{01} geringen Abstandes a_{12} ihrer Drähte nur ein kleiner Teil des mit der Starkstromleitung verketteten magnetischen Flusses hindurchgeht.

Man muß hieraus schließen, daß der magnetische Einfluß (wie der elektrische) besonders stark ist, wenn beide Leitungen Einfachleitungen sind. Rückströme fließen zwar auch dann; sie können jedoch nur eine geringe kompensierende Wirkung ausüben, weil sie tief in der Erde verlaufen. Ihre Verteilung hängt nicht nur von der Anordnung der Drähte ab, sondern auch von den Eigenschaften der durchflossenen Erdschichten und vor allem von der Betriebsfrequenz. Bei höheren Frequenzen entsteht eine Stromverdrängung; die Fäden des Rückstroms drängen sich nach der Erdoberfläche hin zusammen, so daß ihre Kompensationswirkung zunimmt und die Gegeninduktivität geringer wird. Diese ist keine rein magnetische Größe mehr; sie läßt sich nur aus dem gesamten elektromagnetischen Feld ableiten.

Lindström[1] hat die rohe Annahme gemacht, daß der Rückstrom der Starkstromleitung in der (noch zu bestimmenden) Tiefe h verlaufe (Abb. 259. 2). Aus dieser Voraussetzung folgt nach (. 2)

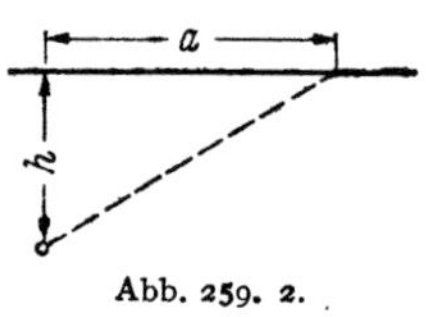

Abb. 259. 2.

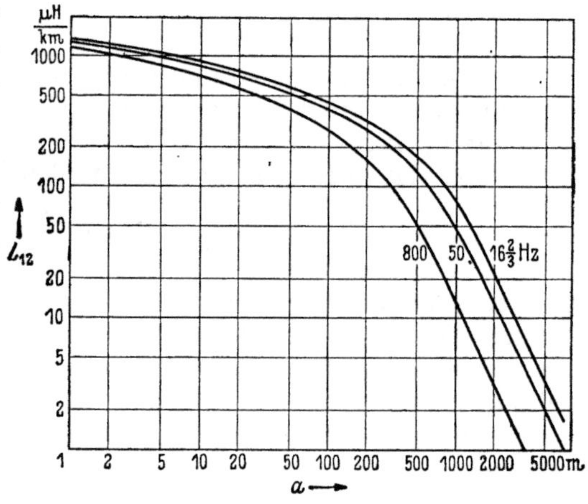

Abb. 259. 3.

$$L_{12} = \frac{\mu_0}{2\pi} \ln \frac{\sqrt{a^2 + h^2}}{a} = \frac{\mu_0}{4\pi} \ln\left(1 + \frac{h^2}{a^2}\right). \qquad (259.4)$$

[1] Lindström, A.: Elektr. Bahnen 3 (1927) S. 128.

h muß mit steigender Frequenz abnehmen; da nach § 84 bei der Erscheinung der Stromverdrängung immer die mathematische Zahl[1] $z = h^2 \varkappa \mu_0 f$ eine Rolle spielt, setzen wir $h^2 = z/(\varkappa \mu_0 f)$. Über die Abhängigkeit der Leitfähigkeit von der Tiefe h muß noch eine Annahme gemacht werden. Die Erfahrung zeigt, daß man für viele Gegenden näherungsweise $\varkappa = c_1 h^2$ setzen darf. Damit wird

$$h^2 = \frac{z}{c_1 h^2 \mu_0 f}, \quad \text{also} \quad h^2 = \sqrt{\frac{z}{c_1 \mu_0 f}} = \frac{c_2}{\sqrt{f}}, \quad \varkappa = \frac{c_1 c_2}{\sqrt{f}} \qquad (259.5)$$

und schließlich

$$L_{12} = \frac{\mu_0}{2\pi} \ln\left(1 + \frac{c_2}{a^2 \sqrt{f}}\right) = 0{,}23 \lg\left(1 + \frac{c_2}{a^2 \sqrt{f}}\right) \frac{\text{mH}}{\text{km}}. \qquad (259.6)$$

Für $\varkappa$ empfiehlt das CCIF den Wert[2]

$$\varkappa = \frac{c_1 c_2}{\sqrt{f}} = \frac{0{,}15}{\sqrt{f/\text{Hz}}} \frac{\mu\text{S m}}{\text{mm}^2}. \qquad (259.7)$$

c_2 kann aus Messungen entnommen werden; der Wert

$$c_2 = 4\ \text{km}^2 \sqrt{\text{Hz}} \qquad (259.8)$$

ist in guter Übereinstimmung mit der Erfahrung. Nach (. 5) ist dann $z = 7{,}5$.

Nach einer strengeren Theorie von Pollaczek[3] ist

$$\begin{aligned} \mathfrak{M} &= j\omega \frac{\mu_0}{4\pi} l \left(1 + 2 \ln \frac{2}{\gamma a \sqrt{\mu_0 \varkappa \omega}} - j \frac{\pi}{2}\right) \\ &= 62{,}8 \frac{f}{\text{Hz}} l \left\{\frac{\pi}{2} + j\left[8{,}4 - 4{,}6 \lg \frac{a}{\text{m}} - 2{,}3 \lg\left(\frac{\varkappa}{\text{S/cm}} \frac{f}{\text{Hz}}\right)\right] \frac{\text{mV}}{100\,\text{A km}}\right\}, \end{aligned} \qquad (259.9)$$

wo $\ln \gamma = C = 0{,}5772$ die Eulersche oder Mascheronische Konstante ist. In Abb. 259. 3 ist die nach (. 9) und (. 7) berechnete Abhängigkeit für 3 Frequenzen dargestellt. Der Winkel von $\mathfrak{M}$ ist etwas kleiner als 90^0.

§ 260. Kompensation der magnetischen Einwirkung.

Wenn der Strom im Fahrdraht einer Einphasenbahn eine benachbarte Nachrichtenleitung magnetisch viel stärker beeinflußt als der Strom in einer Drahtpaarleitung, so rührt das, wie wir gesehen haben, davon her, daß beim Fahrdraht der kompensierende Rückstrom nicht in einem nahen Parallelleiter zusammengedrängt ist. Der Strom fließt zwar im Belastungspunkt durch die Lokomotive zunächst in die Schienen, dann aber in der Regel weit ausgebreitet durch das Erdreich zum Speisepunkt zurück.

Wenn es gelingt, einen beträchtlichen Teil des Rückstroms in die Schienen zu zwingen, muß sich der Einfluß des Starkstroms auf die Nachrichtenleitung verringern. Um dies in Gleichungen auszudrücken, geben wir dem Fahrdraht den Index 0, der Fernmeldeleitung den Index 1, den Schienen den Index s und beziehen alle Widerstände und Induktivitäten auf die Längeneinheit. Dann gilt zunächst für den Stromkreis der Schienen

$$-j\omega L_{0s} \cdot \mathfrak{J}_0 = (R_s + j\omega L_s)\, \mathfrak{J}_s;$$

also ist

$$\mathfrak{J}_s = -\frac{j\omega L_{0s}}{R_s + j\omega L_s} \mathfrak{J}_0. \qquad (260.1)$$

[1] „Mathematisch" soll heißen: z enthält keine weitere physikalische Eigenschaft.
[2] In den „Directives concernant les mesures à prendre pour protéger les lignes téléphoniques contre les influences perturbatrices des installations d'énergie à courant fort ou à haute tension" (Paris 1930, S. 18).
[3] Pollaczek, F.: Elektr. Nachr.-Techn. 3 (1926) S. 339; 4 (1927) S. 18.

Auf die Längeneinheit der Nachrichtenleitung (Index 1) fällt daher, von dem Fahrdraht und den Schienen herrührend, die induzierte elektromotorische Kraft

$$-\mathrm{j}\,\omega\,L_{01}\,\mathfrak{J}_0 - \mathrm{j}\,\omega\,L_{s1}\,\mathfrak{J}_s = -\mathrm{j}\,\omega\,L_{01}\,\mathfrak{J}_0\left(1 - \mathrm{j}\,\omega\,L_{s1}\,\frac{L_{0s}}{L_{01}\,(R_s + \mathrm{j}\,\omega\,L_s)}\right)$$
$$= -\mathrm{j}\,\omega\,L'_{01}\cdot\mathfrak{J}_0. \qquad (260.2)$$

L'_{01} ist, wenn R_s (etwa durch „Schienenverbinder") klein gemacht wird gegen ωL_s, im allgemeinen wesentlich kleiner als L_{01}. Abb. 260. 1 veranschaulicht die Phasenverhältnisse unter der (nach § 259 allerdings nicht genau zutreffenden) Voraussetzung, daß die Gegeninduktivitäten rein reell seien.

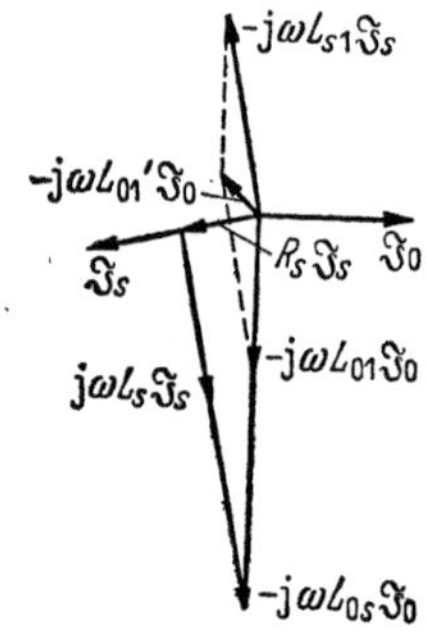

Abb. 260. 1.

Um den Rückstrom in die Schienen „hineinzusaugen", sucht man die Gegeninduktivität L_{0s} zwischen dem Fahrdraht und den Schienen zu vergrößern, z. B. durch „Saugtransformatoren". Das sind Transformatoren, durch die man den Fahrdraht in gewissen Abständen (z. B. in Pupinspulenabständen) mit den Schienen induktiv koppelt. Durch diese und ähnliche Maßnahmen ist es gelungen, den Schienenstrom auf 96% des Fahrstroms zu erhöhen und dadurch den wirksamen Kopplungswiderstand $\omega L'_{01}$ zwischen einer Starkstrom- und einer Nachrichten-Einfachleitung bei einem Abstand von etwa 50 m und bei 16⅔ Hz auf 20 mV/(100 Akm) herabzudrücken: $L'_{01} \approx 1{,}9\,\mu$H/km. Nach Abb. 259. 3 müßte man, um die gleiche Wirkung ohne Saugtransformatoren zu erzielen, den Abstand auf einige Kilometer vergrößern.

Bei Schwachstromkabeln wird auch im Kabelmantel ein kompensierender Strom induziert[1]. Nennen wir $\mathfrak{J}'_0$ den Teil des Starkstroms, der nicht durch den Schienenstrom oder durch andere Maßnahmen auf der Starkstromseite aufgehoben ist, und geben wir dem Mantel den Index *m*, so wirkt in einer Nachrichten-Einfachleitung ähnlich wie vorher die elektromotorische Kraft

$$-\mathrm{j}\,\omega\,L_{01}\,\mathfrak{J}'_0 - \mathrm{j}\,\omega\,L_{m1}\,\mathfrak{J}_m = -\mathrm{j}\,\omega\,L_{01}\left(1 - \mathrm{j}\,\omega\,L_{m1}\,\frac{L_{0m}}{L_{01}\,(R_m + \mathrm{j}\,\omega\,L_m)}\right)\mathfrak{J}'_0. \qquad (260.3)$$

Nun ist aber $L_{01} \approx L_{0m}$: außerdem kann man $L_{m1} \approx L_m$ setzen, da für die Induktivität des Mantels annähernd der gleiche mittlere Stromfadenabstand maßgebend ist wie für die Gegeninduktivität zwischen Mantel und Ader (vgl. § 91). Daher ist die resultierende elektromotroische Kraft gleich

$$-\mathrm{j}\,\omega\,L_{01}\,\mathfrak{J}'_0\left(1 - \frac{\mathrm{j}\,\omega\,L_m}{R_m + \mathrm{j}\,\omega\,L_m}\right) = -\mathrm{j}\,\omega\,L_{01}\,\mathfrak{J}'_0\,\frac{R_m}{R_m + \mathrm{j}\,\omega\,L_m}; \qquad (260.4)$$

sie ist um so kleiner, je größer die Zeitkonstante L_m/R_m ist. Deshalb verbindet man die Kabelmäntel an den Spleiß- und Einführungsstellen durch besondere Leiter oder legt noch eine dicke Kupferschicht zwischen Mantel und Adern oder einen dicken Kupferleiter zwischen die Adern. Auch geeignete Ausbildung der Bewehrung (Eisenband statt Eisendraht) und Wahl hochpermeablen Eisens (z. B. Siliziumeisens) für sie ist nach Gleichung (. 4) günstig. Durch solche Maßnahmen gelingt es, die Störungen für Sprechfrequenzen auf ≈ 1 · · · 2% ihrer ursprünglichen Stärke herabzusetzen[2].

Der Mantel muß an den Enden geerdet werden, damit der in ihm fließende kompensierende Strom nicht zu sehr absinkt.

Das Verhältnis $R_m/|\mathfrak{R}_m|$ heißt auch „Mantelschutzfaktor". Ein Mantel schützt also um so besser, je kleiner sein Mantelschutzfaktor ist. R_m ist der Gleichstromwiderstand; der an L_{m1} und L_m geknüpfte Eisenwiderstand hebt sich bei der Ableitung von (.4) mit heraus (vgl. § 195).

[1] Zastrow, A.: Siemens-Z. 4 (1924) S. 296, 344.
[2] Zastrow, A.: Siemens-Jb. 1929 S. 473.

Die störenden Ströme nehmen besonders dann gefährliche Stärken an, wenn in den Starkstromsystemen Kurzschlüsse auftreten. Man muß dann mit Stromstärken von über 1000 A, die in Bruchteilen von Sekunden entstehen, und mit induzierten Spannungen von über 1000 V rechnen. Gegen solche Ströme und Spannungen ist mit den erwähnten Schutzmaßnahmen auf der Schwachstromseite nichts auszurichten; man schaltet also wenigstens die Betriebsapparate nicht unmittelbar, sondern durch Übertrager oder Relais an die Leitungen an. Die Kurzschlußströme dauern meist nur kurze Zeit (< 1 s), da sich die Starkstromleitungen selbsttätig abschalten.

§ 261. **Einfluß der Unsymmetrie der Nachrichtenleitungen.** Die Stärke der Störungen, die durch einen Störer in ein Nachrichtenkabel hineingetragen werden, hängt nicht nur von der Höhe der störenden Spannungen und Ströme ab, von ihrem Frequenzspektrum, von dem Abstand des Störers und von den etwa getroffenen Schutzmaßnahmen (§ 260), sondern auch von der Symmetrie der Kabelleitungen selbst.

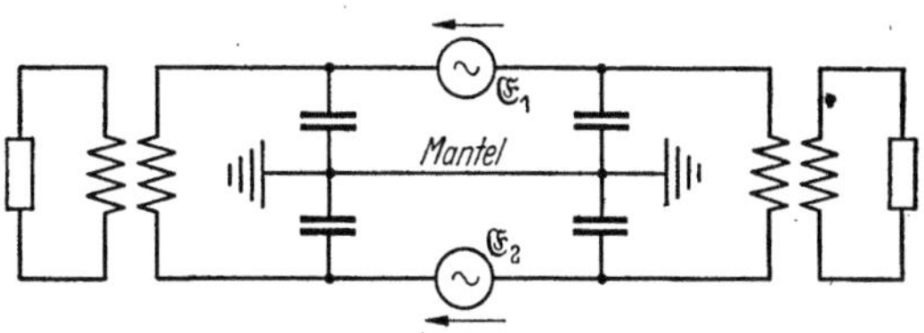

Abb. 261. 1.

Wir nehmen zunächst an, daß sich der magnetische Einfluß eines Störers auf ein Stück einer Kabelleitung durch zwei gegeneinandergeschaltete gleich große elektromotorische Kräfte darstellen lasse. Nach (27. 6) ist deren Wirkung im allgemeinen gleich Null. Für die in der äußersten Lage eines Kabels liegenden Adern kann sie aber von Null verschieden sein, weil für diese der Kabelmantel im Sinne des § 27 eine Überbrückung bedeutet (Abb. 261. 1). Der in der Nachrichtenleitung auftretende Störstrom ist dann nach (27. 7) oder (27. 9) der „Unsymmetrie" der beiden Teilkapazitäten zwischen den beiden Adern und dem Kabelmantel proportional. Durch Ausgleich dieser Unsymmetrie (z. B. durch Einschaltung kleiner Kondensatoren zwischen die Adern der äußersten Lage und den Mantel) kann man die von äußeren Störern herrührenden und durch andere Maßnahmen noch nicht völlig unterdrückten Störgeräusche in sehr vollkommener Weise beseitigen[1]. Die Adern der inneren Lagen sind gegen den Mantel durch die mehr außen liegenden Leitungen abgeschirmt; ein Ausgleich ist daher bei ihnen unnötig.

Zur Bestimmung der Unsymmetrie einer Leitung der äußersten Lage kann die Wagnersche Brücke (Abb. 122. 3) verwendet werden. Man legt die Adern, deren Unsymmetrie gegen den Mantel („Erdunsymmetrie") gemessen werden soll, an die Punkte C und D, den Mantel an den Punkt B. Dann liegen die Teilkapazitäten, auf die es ankommt, parallel den Zweigen CB und DB; man kann also mit Hilfe eines veränderbaren Kondensators die Brücke ins Gleichgewicht bringen und so die gesuchte Differenz bestimmen. Um zu erreichen, daß bei dieser Messung die untersuchten Adern spannungslos sind gegen alle anderen Adern des Kabels, verbindet man diese anderen Adern mit dem Punkt E und verstellt einen zwischen A_1 und E liegenden Widerstand r so lange, bis das Telephon T_2 in Ruhe bleibt. Man kann den erforderlichen Widerstand r auch berechnen. Enthält die äußerste Lage n Vierer und ist die Kapazität einer Ader gegen den Mantel im Mittel gleich C, so liegt zwischen C und B die Kapazität C, zwischen E und B_1 (oder B) die Kapazität $(4n - 2)\,C$; r muß sich also zu dem Widerstand zwischen A und C verhalten wie $C:((4n-2)\,C) = 1:(2\,(2n-1))$.

Sind die in den beiden Drähten einer Leitung von außen induzierten elektromotorischen Kräfte $|\mathfrak{E}_1|$ und $|\mathfrak{E}_2|$ verschieden groß (z. B. $|\mathfrak{E}_2| < |\mathfrak{E}_1|$), so kann man sie immer zerlegen in zwei gegeneinander geschaltete von den Beträgen $(|\mathfrak{E}_1| + |\mathfrak{E}_2|)/2$ und zwei miteinander

[1] Collard, J.: Brit. Pat. Nr. 304367 v. 20. Okt. 1927; Electr. Commun. 11 (1932) S. 59. Jordan, H.: Elektr. Nachr.-Techn. 8 (1931) S. 421. Geise, H., u. Plathner, W.: Elektr. Bahnen 7 (1931) S. 161.

geschaltete von den Beträgen $(|\mathfrak{E}_1| - |\mathfrak{E}_2|)/2$. Das erste Paar ist das im vorstehenden betrachtete; die Wirkung des zweiten ist in erster Näherung (§ 27) unabhängig von der Erdunsymmetrie und muß durch andere Maßnahmen, z. B. Verdrillung, aufgehoben werden.

§ 262. Elektrische Kopplung zwischen zwei Drahtpaarleitungen. Die Kopplungskapazität C_{12} läßt sich auch bei zwei Drahtpaarleitungen verhältnismäßig leicht aus der Anordnung der Drähte und ihren Dicken berechnen, und zwar annähernd sogar dann, wenn die Abstände der Drähte von derselben Größenordnung sind wie ihre Durchmesser. Man braucht dabei den Weg nicht über die Teilkapazitäten zu nehmen, sondern erhält die für den Betrieb maßgebenden Größen unmittelbar aus den Dielektrizitätskonstanten der Medien und aus den geometrischen Bestimmungsstücken[1].

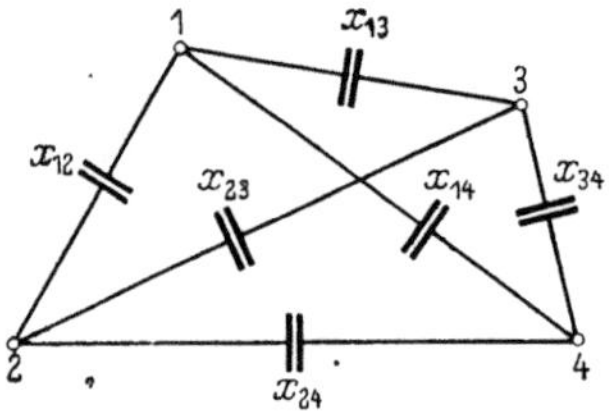

Abb. 262. 1.

Wir wollen im folgenden, ohne auf diese Rechnungen einzugehen, zeigen, daß sich C_{12} immer als eine Differenz von Teilkapazitäten darstellen läßt[2].

Zunächst sei vorausgesetzt, daß die aus den Drähten *1* und *2* bestehende Leitung *1* die beeinflussende sei, die aus den Drähten *3* und *4* bestehende *2* dagegen die beeinflußte. Wir betrachten also, wenn beide Leitungen Nachrichtenleitungen sind, zuerst den Fall des Nebensprechens zwischen zwei Stämmen (des „Übersprechens").

In Abb. 262. 1 sind die 6 auf die Längeneinheit bezogenen Teilkapazitäten x zwischen den vier Leitern gezeichnet. Zwischen den Drähten *1* und *2* liege die beeinflussende Spannung $\mathfrak{U}_1$.

Wie im § 166 erkennt man, daß die Schaltung nichts anderes ist als eine durch $\mathfrak{U}_1$ gespeiste Wheatstonesche Brücke. Die Spannung am Brückenzweig *34* ist nach (21. 4)

$$\mathfrak{U}_2 = \frac{\mathfrak{U}_1}{x_{13} + x_{14} + x_{23} + x_{24}} \, \frac{x_{13}\,x_{24} - x_{14}\,x_{23}}{x_{34} + \dfrac{(x_{13} + x_{23})\,(x_{14} + x_{24})}{x_{13} + x_{23} + x_{14} + x_{24}}}. \tag{262. 1}$$

Hier wollen wir die Betriebskapazität C_2 der unbeeinflußten Leitung *2* einführen. Bei ihrer Berechnung dürfen wir voraussetzen, daß eine Spannung in der Leitung *2* keine Spannung in der Leitung *1* hervorruft, daß also das in *3* und *4* gespeiste und zwischen *1* und *2* überbrückte Wheatstonesche Viereck im Gleichgewicht ist. Nach § 23 (am Schluß) ist dann C_2 gleich dem Nenner des zweiten Bruchs, und wir erhalten mit den Abkürzungen

$$x_{13} + x_{14} + x_{23} + x_{24} = 4\,x, \qquad \frac{x_{13}\,x_{24} - x_{14}\,x_{23}}{4\,x} = k_{12} \tag{262. 2}$$

die einfache Beziehung

$$\frac{\mathfrak{U}_2}{\mathfrak{U}_1} = \frac{k_{12}}{C_2}. \tag{262. 3}$$

Ein Vergleich mit Abb. 253. 1 zeigt, daß die hier eingeführte Größe k_{12} nichts anderes ist als die gesuchte Kapazität der Längeneinheit C_{12}.

Sind die 4 Teilkapazitäten x_{13}, x_{24}, x_{14}, x_{23} nur wenig von ihrem Mittelwert x verschieden ($x_{ik} = x(1 + \delta_{ik})$, wo $\delta_{ik} \ll 1$), so kann man, wie eine einfache Rechnung zeigt,

$$k_{12} \approx \frac{x_{13} + x_{24} - x_{14} - x_{23}}{4} \tag{262. 4}$$

---

[1] Kaden, H.: Arch. Elektrotechn. **29** (1935) S. 636.

[2] Küpfmüller, K.: Arch. Elektrotechn. **12** (1923) S. 160.

setzen. Die auf die Längeneinheit bezogene Kapazität k_{12} heißt auch „Übersprechkopplung"[1].

Bezeichnet man die Abstände der Drähte mit a_{ik}, ihre Durchmesser mit 2ϱ, so ist[2] angenähert

$$k_{12} = \frac{\pi\varepsilon}{2}\,\frac{\ln\frac{a_{14}\,a_{23}}{a_{13}\,a_{24}}}{\ln\frac{a_{12}}{\varrho}\,\ln\frac{a_{34}}{\varrho}} = 6{,}04\,\frac{\varepsilon}{\varepsilon_0}\,\frac{\lg Q_{12}}{\left(\lg\frac{a}{\varrho}\right)^2}\,\frac{\mathrm{nF}}{\mathrm{km}}, \qquad (262.5)$$

wenn wir $a_{12} = a_{34} = a$ annehmen und den Bruch im Zähler gleich Q_{12} setzen.

Zahlenbeispiele. Zwei Leitungen (Drahtstärke 0,4 cm) seien wie in Abb. 262. 2 übereinander angeordnet: $a_{12} = a_{34} = 20$ cm, $a_{13} = a_{24} = 60$ cm, $a_{14} = a_{23} = 20\sqrt{10}$ cm. Dann ist

$$k_{12} = 6{,}04\,\frac{\lg\frac{10}{9}}{4}\,\frac{\mathrm{nF}}{\mathrm{km}} = 69\,\frac{\mathrm{pF}}{\mathrm{km}}.$$

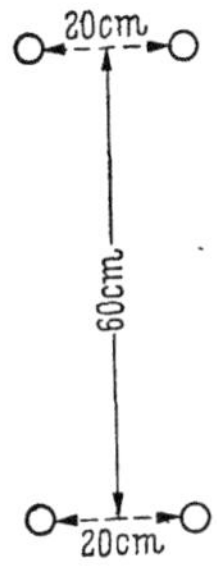

Abb. 262. 2.

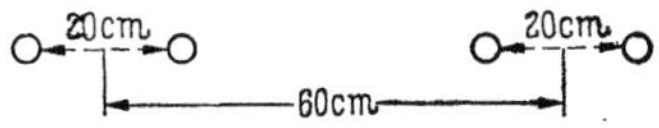

Abb. 262. 3.

Ordnet man dieselben Leitungen bei gleichen Abständen wie in Abb. 262. 3 in der gleichen Höhe an, so wird

$$k_{12} = 6{,}04\,\frac{\lg\frac{8}{9}}{4}\,\frac{\mathrm{nF}}{\mathrm{km}} = -77\,\frac{\mathrm{pF}}{\mathrm{km}}.$$

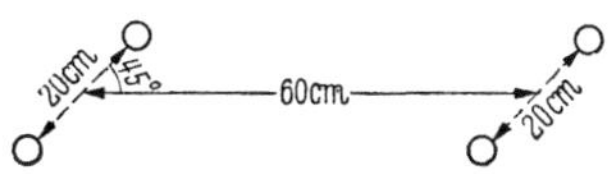

Abb. 262. 4.

Man kann aus den Zahlenwerten 69 und — 77 schließen, daß k_{12} bei der Anordnung nach Abb. 262. 4 besonders gering sein muß. In der Tat wird dann

$$k_{12} = 6{,}04\,\frac{\lg\frac{\sqrt{82}}{9}}{4}\,\frac{\mathrm{nF}}{\mathrm{km}} = 4\,\frac{\mathrm{pF}}{\mathrm{km}}.$$

Ähnliche Anordnungen (jedoch mit kleinerem Leitungsabstand) sind wegen der mit ihnen verbundenen geringen elektrischen Kopplung tatsächlich viel gebraucht worden.

Die Betriebskapazitäten der beiden Leitungen betragen nach (57. 2) 6,05 nF/km.

§ 263. Elektrische Kopplung zwischen dem einen Stammkreis eines Vierers und dem aus dem Vierer gebildeten Phantomkreis. Die Drähte *1* und *2* sollen jetzt die Hinleitung, die Drähte *3* und *4* die Rückleitung eines Phantomkreises bilden. Im Stamme *1* werde gesprochen. Wir setzen voraus, daß die Kopplung zwischen den beiden Stämmen Null, daß also die im vorigen Paragraphen betrachtete Brückenschaltung abgeglichen sei. Dann dürfen wir nach § 23 (am Schluß) die Schaltung der Abb. 263. 1 zugrunde legen. Die im Phantomkreis entstehende Spannung $\mathfrak{U}_\varphi$ liegt zwischen den Punkten m und *3, 4*. Es ist

$$\mathfrak{U}_\varphi = \mathfrak{U}_{m1} + \mathfrak{U}_{13} = -\frac{\mathfrak{U}_1}{2} + \frac{x_{23}+x_{24}}{(x_{13}+x_{14})+(x_{23}+x_{24})}\,\mathfrak{U}_1$$
$$= \frac{1}{2}\,\frac{x_{23}+x_{24}-x_{13}-x_{14}}{x_{13}+x_{14}+x_{23}+x_{24}}\,\mathfrak{U}_1. \qquad (263.1)$$

Wir setzen

$$x_{13}+x_{14}+x_{23}+x_{24} = 4x = C_\varphi, \qquad k_{1\varphi} = \frac{x_{23}+x_{24}-x_{13}-x_{14}}{2} \qquad (263.2)$$

und erhalten:

$$\frac{\mathfrak{U}_\varphi}{\mathfrak{U}_1} = \frac{k_{1\varphi}}{C_\varphi}. \qquad (263.3)$$

[1] Sie wird in der Literatur meist $k_1/4$ genannt.

[2] Nach Kaden, a. a. O. — Man beachte, daß die Teilkapazitäten x mit wachsenden Abständen a abnehmen.

Jetzt ist also $k_{1\varphi}$ die gesuchte bezogene Kapazität C_{12}. C_φ ist die Betriebskapazität des Phantomkreises.

Wird im Phantomkreis gesprochen, so gilt nach demselben Schaltbild

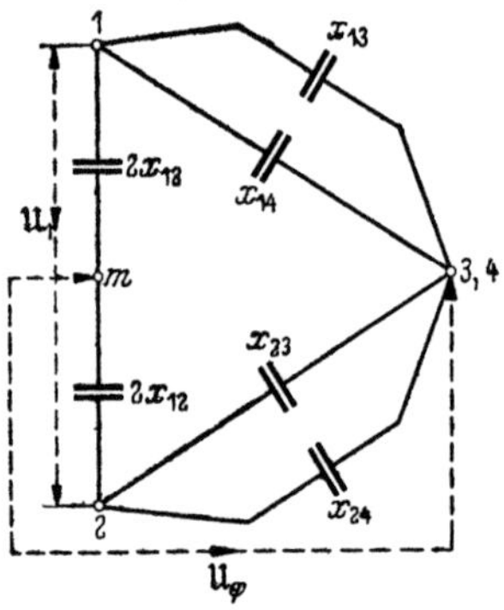

Abb. 263. 1.

$$\mathfrak{U}_{1m} = -\mathfrak{U}_{m1} = -\frac{x_{13}+x_{14}}{2\,x_{12}+x_{13}+x_{14}}\,\mathfrak{U}_\varphi\,,$$

$$\mathfrak{U}_{m2} = \frac{x_{23}+x_{24}}{2\,x_{12}+x_{23}+x_{24}}\,\mathfrak{U}_\varphi$$

oder, da $x_{13}+x_{14} \approx x_{23}+x_{24} = 2\,x$,

$$\mathfrak{U}_1 = \mathfrak{U}_{1m}+\mathfrak{U}_{m2} = \frac{x_{23}+x_{24}-x_{13}-x_{14}}{2\,(x_{12}+x)}\,\mathfrak{U}_\varphi = \frac{k_{1\varphi}}{C_1}\,\mathfrak{U}_\varphi$$

in Übereinstimmung mit dem Umkehrungssatz (§ 150).

Für die elektrische Kopplung zwischen der Leitung 2 und dem Phantomkreis ist eine weitere Kopplung

$$k_{2\varphi} = \frac{x_{14}+x_{24}-x_{13}-x_{23}}{2} \tag{263.4}$$

maßgebend.

Die Kopplungen $k_{1\varphi}$ und $k_{2\varphi}$ heißen auch „Mitsprechkopplungen"[1].

Nennt man die Teilkapazitäten x_{13}, x_{14}, x_{23}, x_{24} „Seitenkapazitäten", und unterscheidet man unter ihnen wieder die Querkapazitäten x_{13} und x_{24} von den Schrägkapazitäten x_{14} und x_{23}, so gilt: Das Vierfache der Kopplung k_{12} ist gleich der Summe der Querkapazitäten vermindert um die Summe der Schrägkapazitäten; das Doppelte der Kopplungen $k_{1\varphi}$ und $k_{2\varphi}$ ist gleich der Summe der von dem 2. Draht des Stammes ausgehenden Seitenkapazitäten vermindert um die von dem 1. Draht des Stammes ausgehenden.

Für die Mitsprechkopplung $k_{1\varphi}$ gilt angenähert:

$$k_{1\varphi} = \frac{\pi\,\varepsilon}{\ln\dfrac{a_{12}}{\varrho}}\;\frac{\ln\dfrac{a_{23}\,a_{24}}{a_{13}\,a_{14}}}{\ln\dfrac{a_{13}\,a_{14}\,a_{23}\,a_{24}}{a_{12}\,a_{34}\,\varrho^2}} = \frac{12{,}09}{\lg\dfrac{a_{12}}{\varrho}}\;\frac{\lg Q_{1\varphi}}{\lg Q_n}\;\frac{\text{nF}}{\text{km}}\,. \tag{263.5}$$

Die Formel für $k_{2\varphi}$ lautet entsprechend.

Zahlenbeispiel. Bei der Anordnung Abb. 262. 2 sind hiernach beide Kopplungen $k_{1\varphi}$ und $k_{2\varphi}$ gleich Null. Bei der Anordnung Abb. 262. 3 dagegen wird

$$k_{1\varphi} = -k_{2\varphi} = \frac{12{,}09}{\lg 100}\;\frac{\lg\dfrac{40\cdot 60}{60\cdot 80}}{\lg\dfrac{60\cdot 80\cdot 40\cdot 60}{20\cdot 20\cdot 0{,}2^2}}\;\frac{\text{nF}}{\text{km}} = -311\,\frac{\text{pF}}{\text{km}}\,.$$

$k_{1\varphi}$ und $k_{2\varphi}$ sind im allgemeinen wesentlich größer als k_{12}. Für Abb. 262. 4 wird $k_{1\varphi} = -k_{2\varphi} = -201$ pF/km; auch dieser Wert liegt also zwischen den für die Anordnungen 262. 2 und 262. 3 geltenden.

§ 264. **Magnetische und Gesamtkopplung.** Die Gegeninduktivität m_{12} zwischen zwei Drahtpaarleitungen der Länge l läßt sich, wenn die Abstände a groß sind gegen den Drahtradius ϱ, wie im § 92 leicht durch Summierung finden. Man erhält:

$$m_{12} = \frac{\mu_0}{2\pi}\ln\frac{a_{14}\,a_{23}}{a_{13}\,a_{24}} = \frac{\mu_0}{2\pi}\ln Q_{12} = 0{,}460\lg Q_{12}\,\frac{\text{mH}}{\text{km}}\,. \tag{264.1}$$

Entsprechend ergibt sich für die magnetische Kopplung zwischen den beiden Stämmen und dem Phantomkreis

[1] Meist werden sie $k_2/2$ und $k_3/2$ genannt.

$$\left.\begin{aligned} m_{1\varphi} &= \frac{\mu_0}{2\pi}\ln Q_{1\varphi} = 0{,}460\,\lg Q_{1\varphi}\,\frac{\mathrm{mH}}{\mathrm{km}}\,,\\ m_{2\varphi} &= \frac{\mu_0}{2\pi}\ln Q_{2\varphi} = 0{,}460\,\lg Q_{2\varphi}\,\frac{\mathrm{mH}}{\mathrm{km}}\,.\end{aligned}\right\} \qquad (264.\ 2)$$

Für die Gesamtkopplung ist nach § 256 die Größe

$$C_{12} \pm \frac{L_{12}}{\mathfrak{Z}_1\mathfrak{Z}_2} \qquad (264.\ 3)$$

maßgebend; das obere Zeichen gilt für das Nah-, das untere für das Fernnebensprechen. Nun ist bei unpupinisierten verlustarmen Leitungen

$$\left.\begin{aligned} \mathfrak{Z}_1 &= \sqrt{\frac{L_1}{C_1}} = \sqrt{\frac{\mu_0}{\pi}\ln\frac{a_{12}}{\varrho}\,\frac{\ln\frac{a_{12}}{\varrho}}{\pi\varepsilon}} = \sqrt{\frac{\mu_0}{\varepsilon}}\,\frac{\ln\frac{a_{12}}{\varrho}}{\pi}\,,\\ \mathfrak{Z}_2 &= \sqrt{\frac{L_2}{C_2}} = \sqrt{\frac{\mu_0}{\pi}\ln\frac{a_{34}}{\varrho}\,\frac{\ln\frac{a_{34}}{\varrho}}{\pi\varepsilon}} = \sqrt{\frac{\mu_0}{\varepsilon}}\,\frac{\ln\frac{a_{34}}{\varrho}}{\pi}\,.\end{aligned}\right\} \qquad (264.\ 4)$$

Es wird also

$$\frac{m_{12}}{\mathfrak{Z}_1\mathfrak{Z}_2} = \frac{\mu_0}{2\pi}\,\frac{\varepsilon}{\mu_0}\,\frac{\pi^2}{\ln\frac{a_{12}}{\varrho}\,\ln\frac{a_{34}}{\varrho}}\ln Q_{12} = k_{12}\,. \qquad (264.\ 5)$$

Ebenso leitet man ab, daß

$$\frac{m_{1\varphi}}{\mathfrak{Z}_1\mathfrak{Z}_\varphi} = k_{1\varphi} \quad \text{und} \quad \frac{m_{2\varphi}}{\mathfrak{Z}_2\mathfrak{Z}_\varphi} = k_{2\varphi}\,; \qquad (264.\ 6)$$

man muß dabei beachten, daß[1]

$$C_\varphi = \frac{4\pi\varepsilon}{\ln\frac{a_{13}\,a_{14}\,a_{23}\,a_{24}}{a_{12}\,a_{34}\,\varrho^2}}\,, \qquad L_\varphi = \frac{\mu_0}{\pi}\ln\frac{a_{13}\,a_{14}\,a_{23}\,a_{24}}{a_{12}\,a_{34}\,\varrho^2}\,. \qquad (264.\ 7)$$

Der im § 257 gezogene Schluß, daß sich der elektrische und der magnetische Einfluß für das ferne Ende einer Leitung kompensieren können, trifft demnach für unbelastete verlustarme Leitungen, d. h. für Freileitungen, zu.

§ 265. Nebensprechen bei Pupinleitungen. Bei Pupinleitungen hängt die Höhe des Wellenwiderstands nach (243. 2) und (236. 1) wesentlich von der Induktivität der Spulen ab. Deshalb besteht bei ihnen kein einfacher Zusammenhang zwischen den Anteilen C_{12} und $L_{12}/(\mathfrak{Z}_1\mathfrak{Z}_2)$ der Gesamtkopplung. Für zwei pupinisierte Freileitungen z. B. ergäbe sich aus (262. 5) und (264. 1) die Beziehung

$$k_{12} \pm \frac{m_{12}}{\mathfrak{Z}_1\mathfrak{Z}_2} = k_{12}\left(1 \pm \frac{m_{12}/k_{12}}{\mathfrak{Z}_1\mathfrak{Z}_2}\right) = k_{12}\left(1 \pm \frac{\mu_0}{\pi^2\varepsilon}\,\frac{(\ln(a/\varrho)^2)}{\mathfrak{Z}_1\mathfrak{Z}_2}\right); \qquad (265.\ 1)$$

bei einer solchen Leitung wäre also bei hinreichend großen Wellenwiderständen $\mathfrak{Z}_1$ und $\mathfrak{Z}_2$ der magnetische Einfluß nur gering neben dem elektrischen.

Bei Kabelleitungen setzt sich die elektrische Kopplung k_{12} aus den die Leitungen miteinander koppelnden Teilkapazitäten zusammen, die magnetische m_{12} dagegen hängt im wesentlichen nur von dem Quotienten Q_{12} der Gleichung (264. 1) ab, der auch in k_{12} auftritt [Gleichung (262. 5)]. Das Verhältnis m_{12}/k_{12} hängt deshalb stark von der absoluten Größe der koppelnden Teilkapazitäten und damit nach dem letzten Absatz des § 221 von der Art der

[1] Kaden, H.: Arch. Elektrotechn. **29** (1935) S. 636.

Verseilung ab. So haben Messungen[1] an Kabelleitungen von 35 nF/km Betriebskapazität bei DM-Verseilung $m_{12}/k_{12} \approx (105\,\Omega)^2$, bei Sternverseilung $m_{12}/k_{12} \approx (68\,\Omega)^2$ ergeben. Dieser Unterschied rührt davon her, daß beim Sternvierer die koppelnden Teilkapazitäten mehr zur Betriebskapazität beitragen als beim DM-Vierer; man kann das an Hand der am Schlusse des § 221 angegebenen Werte sogar ziemlich genau nachrechnen.

Da das Verhältnis m_{12}/k_{12} bei stärkerer Pupinisierung wesentlich kleiner ist als das Produkt $\mathfrak{Z}_1\mathfrak{Z}_2$, spielt der magnetische Einfluß auch bei pupinisierten Kabelleitungen nur bei leichter Pupinisierung eine Rolle, vor allem dann, wenn bei Trägersystemen der elektrische Einfluß durch Schirmung beseitigt wird.

Für die andern Arten des Nebensprechens gelten ähnliche Überlegungen wie für die Kopplungen k_{12} und m_{12}.

Bei hohen Frequenzen können die magnetischen Kopplungen komplex und frequenzabhängig werden (§ 427).

Außer der bis jetzt allein betrachteten gibt es bei Pupinleitungen noch eine weitere Kopplung magnetischen Ursprungs; sie tritt zwischen den Stämmen und dem Phantomkreis auf, wenn die Pupinspulen unsymmetrisch sind. Wir wollen sie im folgenden berechnen.

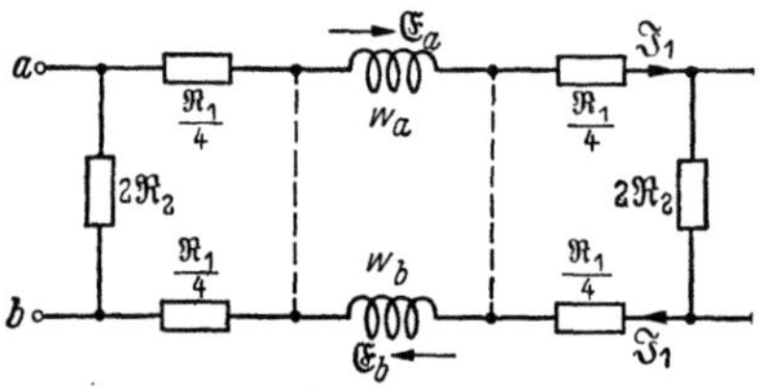

Abb. 265. 1.

Abb. 265. 1 stelle ein Glied des Stammes *1* dar. Im Längszweig ist außer dem Widerstand $\mathfrak{R}_1$ des Stammkreises noch eine Phantomspule gezeichnet, deren beide Hälften die nicht ganz gleichen Windungszahlen w_a und w_b haben mögen. Der magnetische Leitwert des Kerns sei G, w_a sei größer als w_b. Da die Phantomwicklungen, bezogen auf die Stammbezugspfeile, gegensinnig sind, entstehen in den Hälften *a* und *b* die induzierten elektromotorischen Kräfte

$$\mathfrak{E}_a = -\mathrm{j}\,\omega\, w_a G (w_a \mathfrak{J}_1 - w_b \mathfrak{J}_1) \approx -\mathrm{j}\,\omega \frac{w_a^2 - w_b^2}{2} G \mathfrak{J}_1, \qquad (265.2)$$

$$\mathfrak{E}_b = -\mathrm{j}\,\omega\, w_b G (w_b \mathfrak{J}_1 - w_a \mathfrak{J}_1) \approx \mathrm{j}\,\omega \frac{w_a^2 - w_b^2}{2} G \mathfrak{J}_1. \qquad (265.3)$$

$\mathfrak{E}_a$ und $\mathfrak{E}_b$ heben sich also, abgesehen von kleinen Größen höherer Ordnung für den Stammkreis auf. In dem Phantomkreis dagegen bilden die Leiter *a* und *b* zusammen die Hinleitung; läßt man also in ihnen die Bezugspfeile einheitlich von links nach rechts laufen, so hat man in ihm zwei einander parallel geschaltete gleich große elektromotorische Kräfte $\mathfrak{E}_a$ und $-\mathfrak{E}_b$, die nach § 27 einer einzigen elektromotorischen Kraft von der Größe $\mathfrak{E}_a$ gleichwertig sind. Die Gegeninduktivität zwischen Stamm- und Phantomkreis ist daher

$$m_{1\varphi} = \frac{w_a^2 - w_b^2}{2} G, \qquad (265.4)$$

also gleich der halben Differenz der Induktivitäten der Wicklungshälften. Zu der elektrischen Kopplung $k_{1\varphi}$ tritt also bei Pupinleitungen additiv das Glied

$$\pm \frac{m_{1\varphi}}{\mathfrak{Z}_{1\lambda}\mathfrak{Z}_{2\lambda}}. \qquad (265.5)$$

Hier sind nach § 173 die Wellenwiderstände des Stammsterns und des Phantomsterns eingesetzt, weil der Pupinleitung nach Abb. 265. 1 in dem Stamm wie in dem Phantomkreis ein Halbglied vorgeschaltet ist, das der Phantomspule seine Sternseite zukehrt.

[1] Wuckel, G.: Europ. Fernsprechdienst 34 (1934) S. 18.

§ 266. Kopplungen zwischen benachbarten koaxialen Leitungen. Legt man zwischen die beiden Leiter einer koaxialen Leitung *1* (Abb. 266. 1) eine Wechselspannung sehr hoher Frequenz, so entsteht ein Wechselstrom, der axial gerichtet in einer Außenhaut des Innenleiters und in einer Innenhaut des Außenleiters verläuft und sich durch den angeschlossenen Endapparat und quer durch das Dielektrikum hindurch schließt. Der Außenraum der Leitung wird dabei so gut wie überhaupt nicht beeinflußt. Das Entsprechende gilt für den Fall, daß an die koaxiale Leitung *2* eine hochfrequente Wechselspannung gelegt wird.

Legt man dagegen zwischen die Außenleiter der beiden koaxialen Leitungen *1* und *2* eine Wechselspannung sehr hoher Frequenz, so spielt sich der Vorgang völlig im Außenraum ab. Es fließt ein Wechselstrom in Außenhäuten der Außenleiter, während die beiden Innenräume an dem Vorgang überhaupt nicht beteiligt sind. Für diesen sind lediglich die Eigenschaften der aus den beiden Außenleitern gebildeten Doppelleitung maßgebend[1].

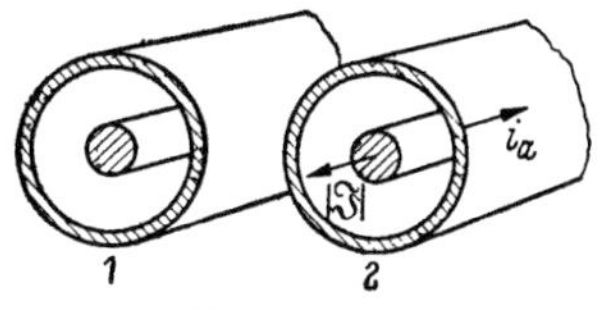

Abb. 266. 1.

Die fast vollkommene „Schirmwirkung", die die Außenleiter nach dem Vorstehenden im einen Fall gegen den Außenraum, im anderen gegen den Innenraum ausüben, ist eine Folge der Voraussetzung, daß eine Spannung sehr hoher Frequenz angelegt werde, so daß das Innere der Leiter stromfrei ist. Da es in Wirklichkeit keine vollkommene Stromverdrängung gibt, hängen die Felder der Innenräume bei beliebiger Frequenz mit dem Feld des Außenraums zusammen, so daß zwei koaxiale Leitungen sich in jedem Falle beeinflussen, wenn auch bei sehr hoher Frequenz nur wenig.

Wir wollen im folgenden zeigen, daß auf der äußeren Oberfläche des Außenleiters einer mit Wechselstrom beschickten koaxialen Leitung von der Länge l infolge des „Hindurchwachsens" der Stromlinien bei beliebiger Frequenz eine Wechselspannung entsteht, die auf den Außenraum wirkt. Als Maß dieser Wirkung, die sich nicht mehr nach den Gesetzen der Elektrostatik berechnen läßt, sehen wir wie im § 256 den Kernwiderstand des koppelnden Vierpols an, d. h. das Verhältnis der auf der äußeren Oberfläche des Außenleiters entstehenden Wechselspannung zu dem in der koaxialen Leitung fließenden Wechselstrom[2].

Wir stellen uns die Aufgabe, die parallel zur Achse gerichtete elektrische Feldstärke E_a auf der äußeren Oberfläche des Außenleiters zu berechnen. Der Gesamtstrom $|\mathfrak{J}|$ fließe im Innenleiter in der einen, im Außenleiter in der anderen Richtung. Dann ist nach dem Durchflutungssatz das magnetische Feld und damit jeder magnetische Einfluß im Außenraum gleich Null. Im Innenraum sind die magnetischen Induktionslinien Kreise um die gemeinsame Achse; der Betrag der magnetischen Induktion an der Innenfläche des Außenleiters sei gleich B_i. Das Gesetz, nach dem die magnetische Induktion B im Außenleiter von innen nach außen auf Null abfällt, muß sich aus dem Durchflutungssatz und dem Induktionsgesetz herleiten lassen. Mit der Ortsabhängigkeit von B wird sich zugleich die Ortsabhängigkeit der elektrischen Feldstärke E und der Stromdichte i ergeben.

r sei der Abstand eines Aufpunkts im Innern des Außenleiters von der Achse. Wir betrachten einen koaxialen körperlichen, aber unendlich dünnen Zylinder durch den Aufpunkt; seine Dicke sei dr, sein Durchmesser $2r$. Wenn die Induktion B auf seiner äußeren Fläche kleiner ist als auf seiner inneren, so rührt dies weit überwiegend davon her, daß auch die axial gerichtete Stromdichte i von innen nach außen stark abfällt. Es ist daher nach dem Durchflutungssatz

$$i \cdot 2\pi r\, dr = d(H \cdot 2\pi r) \approx 2\pi r \cdot dH \tag{266. 1}$$

oder nach (29. 3)

$$\frac{\partial B}{\partial r} = \mu_0 i = \varkappa \mu_0 E, \tag{266. 2}$$

wo E die axial gerichtete Komponente der elektrischen Feldstärke bedeutet. Anderseits ist nach dem Induktionsgesetz

$$-\frac{\partial B}{\partial t} \cdot l\, dr = d(E\, l)$$

oder

$$\frac{\partial E}{\partial r} = -\frac{\partial B}{\partial t}. \tag{266. 3}$$

---

[1] In den Innenräumen und gleichzeitig in dem Außenraum entstehen bei Hochfrequenz nur dann elektromagnetische Wechselfelder, wenn man zwischen die beiden Innenleiter eine Wechselspannung legt.

[2] Ochem, H.: Hochfrequenztechn. 48 (1936) S. 182.

Differenziert man (. 3) nach r, (. 2) nach t, so kann man B eliminieren: es folgt die Differentialgleichung[1]

$$\frac{\partial^2 E}{\partial r^2} = -\varkappa\,\mu_0\,\frac{\partial E}{\partial t} \qquad (266.\,4)$$

oder, wenn man, genau wie im § 99, eine **komplexe** elektrische Feldstärke $\mathfrak{E}$ einführt und $-\mathrm{j}\,\varkappa\,\mu_0\,\omega$ durch $\mathfrak{k}^2$ abkürzt:

$$\frac{\partial^2 \mathfrak{E}}{\partial r^2} = \frac{\mathrm{d}^2 \mathfrak{E}}{\mathrm{d} r^2} = -\mathrm{j}\,\varkappa\,\mu_0\,\omega\,\mathfrak{E} = \mathfrak{k}^2\,\mathfrak{E}. \qquad (266.\,5)$$

Sie kann mit dem Ansatz

$$\mathfrak{E} = \mathfrak{A}_1\,\mathfrak{Cof}\,\mathfrak{k}\,r + \mathfrak{A}_2\,\mathfrak{Sin}\,\mathfrak{k}\,r \qquad (266.\,6)$$

gelöst werden; man überzeugt sich davon durch Einsetzen.

Aus der axialen Komponente der komplexen elektrischen Feldstärke erlaubt die Gleichung (. 2) ohne weiteres die zirkulare Komponente der komplexen magnetischen Induktion $\mathfrak{B}$ zu berechnen: Aus (. 2) folgt:

$$\mathfrak{B} = \varkappa\,\mu_0 \int \mathfrak{E}\,\mathrm{d}r = \frac{\varkappa\,\mu_0}{\mathfrak{k}}\,(\mathfrak{A}_1\,\mathfrak{Sin}\,\mathfrak{k}\,r + \mathfrak{A}_2\,\mathfrak{Cof}\,\mathfrak{k}\,r)\,. \qquad (266.\,7)$$

Hier sind noch die Konstanten $\mathfrak{A}_1$ und $\mathfrak{A}_2$ zu bestimmen. Geben wir allen Größen, die sich auf die innere und die äußere Oberfläche des Außenleiters beziehen, entsprechend die Indizes i und a, so muß

$$\mathfrak{B}_i = \frac{\mu_0\,\mathfrak{J}}{2\,\pi\,r_i}, \qquad \mathfrak{H}_a = 0 \qquad (266.\,8)$$

sein; daraus folgt aber

$$\mathfrak{A}_1\,\mathfrak{Sin}\,\mathfrak{k}\,r_i + \mathfrak{A}_2\,\mathfrak{Cof}\,\mathfrak{k}\,r_i = \frac{\mathfrak{k}}{\varkappa}\,\frac{\mathfrak{J}}{2\,\pi\,r_i},$$

$$\mathfrak{A}_1\,\mathfrak{Sin}\,\mathfrak{k}\,r_a + \mathfrak{A}_2\,\mathfrak{Cof}\,\mathfrak{k}\,r_a = 0$$

und daher mit $r_a - r_i = d$:

$$\mathfrak{A}_1 = -\frac{\mathfrak{Cof}\,\mathfrak{k}\,r_a}{\mathfrak{Sin}\,\mathfrak{k}\,d}\,\frac{\mathfrak{k}\,d\cdot\mathfrak{J}}{2\,\pi\,\varkappa\,r_i\,d}, \qquad \mathfrak{A}_2 = \frac{\mathfrak{Sin}\,\mathfrak{k}\,r_a}{\mathfrak{Sin}\,\mathfrak{k}\,d}\,\frac{\mathfrak{k}\,d\cdot\mathfrak{J}}{2\,\pi\,\varkappa\,r_i\,d}, \qquad (266.\,9)$$

also, da $2\,\pi\,r_i\cdot d$ sehr nahe gleich dem Querschnitt F ist:

$$\mathfrak{E} = -\frac{\mathfrak{k}\,d}{\mathfrak{Sin}\,\mathfrak{k}\,d}\,\frac{\mathfrak{J}}{\varkappa F}\,\mathfrak{Cof}\,(\mathfrak{k}\,(r_a - r))\,, \qquad (266.\,10)$$

$$\mathfrak{B} = \frac{\mu_0}{\mathfrak{Sin}\,\mathfrak{k}\,d}\,\frac{\mathfrak{J}}{2\,\pi\,r_i}\,\mathfrak{Sin}\,(\mathfrak{k}\,(r_a - r))\,. \qquad (266.\,11)$$

Während also die magnetische Induktion im Außenleiter von dem Werte $\mu_0\,|\mathfrak{J}|/(2\,\pi\,r_i)$ auf den Wert **Null** abfällt, ist die elektrische Feldstärke auf der Außenfläche

$$\mathfrak{E}_a = -\frac{\mathfrak{k}\,d}{\mathfrak{Sin}\,\mathfrak{k}\,d}\,\frac{\mathfrak{J}}{\varkappa F} \qquad (266.\,12)$$

endlich, wenn ihr Betrag auch gegen den für geringe Leiterdicke geltenden Wert $|\mathfrak{J}|/(\varkappa F)$ durch die Stromverdrängung geschwächt ist.

Aus diesen Ergebnissen folgt aber, daß der Außenleiter für den Innenleiter kein **vollkommener** Schirm ist. Ein Strom $\mathfrak{J}$ ruft zwischen zwei Punkten der äußeren Oberfläche, deren Abstand gleich l ist, die Spannung

$$\mathfrak{U} = \mathfrak{E}_a\,l = \frac{\mathfrak{k}\,d}{\mathfrak{Sin}\,\mathfrak{k}\,d}\,\frac{l}{\varkappa F}\,\mathfrak{J} \qquad (266.\,13)$$

hervor; der Kernwiderstand (§ 149) ist daher

$$\mathfrak{M} = \frac{\mathfrak{U}}{\mathfrak{J}} = \frac{\mathfrak{k}\,d}{\mathfrak{Sin}\,\mathfrak{k}\,d}\,\frac{l}{\varkappa F}, \qquad (266.\,14)$$

wobei nach § 84

$$\mathfrak{k}\,d = d\sqrt{-\mathrm{j}\,\varkappa\,\mu\,\omega} = |\,\mathfrak{k}\,|\,d\,\angle{-45^0} = \frac{d}{\vartheta}\,\sqrt{2}\,\angle{-45^0} = \frac{d}{\vartheta}\,(1 - \mathrm{j})\,. \qquad (266.\,15)$$

[1] Sie gilt auch für B. Berücksichtigt man in (. 1) auch noch das Glied $2\,\pi\,H\cdot\mathrm{d}r$, so wird man auf „Zylinderfunktionen" geführt.

Bei kleinem $|\mathfrak{k}|\,d$, also dünnem Außenleiter und niedrigen Frequenzen, ist demnach der koppelnde Kernwiderstand annähernd reell und nur wenig kleiner als der Gleichstromwiderstand $l/(\varkappa F)$ des Außenleiters. Selbst für $d = \vartheta$ (d. h. $|\mathfrak{k}|\,d = \sqrt{2}$) beträgt er noch 97,8% des Gleichstromwiderstands; sein Charakter hat sich allerdings schon wesentlich geändert, da sein Winkel gleich $18{,}9^0$ geworden ist. Bei sehr großem $|\mathfrak{k}|\,d$ (dickem Außenleiter und hohen Frequenzen) ist annähernd

$$\mathfrak{M} = 2\,|\mathfrak{k}|\,d\,e^{-\frac{d}{\vartheta}}\,\frac{l}{\varkappa F}\angle\underline{-45^0 + d/\vartheta}; \tag{266. 16}$$

d. h. die Kopplung nimmt mit steigendem d/ϑ exponentiell außerordentlich steil ab; die Schirmwirkung des Außenleiters ist dann praktisch vollkommen.

Bei kleineren Werten von d/ϑ kann offenbar in einer benachbarten koaxialen Leitung *2* Nebensprechen entstehen. Wir wollen zur Vereinfachung voraussetzen, daß die beiden koaxialen Leitungen gleiche Eigenschaften haben und daß sich die Außenleiter berühren. Dann erzeugt die in (. 13) berechnete Wechselspannung $\mathfrak{U}$ in dem Außenleiter der Leitung *2* einen Wechselstrom $|\mathfrak{U}|/|\mathfrak{R}_a|$, wo $\mathfrak{R}_a$ den komplexen Widerstand des Außenleiters *2* bedeutet; und mit diesem Strom $|\mathfrak{U}|/|\mathfrak{R}_a|$ ist nun wieder eine Leerlaufspannung auf der inneren Oberfläche des Außenleiters *2* verbunden, für die nach dem Umkehrungssatz derselbe Kernwiderstand $\mathfrak{M}$ maßgebend ist.

Bei einem kurzen Leitungsstück von der Länge l ist daher die Dämpfung des in der Leitung *2* entstehenden Nebensprechens

$$b_n = \ln\frac{2\,|\mathfrak{Z}|\,|\mathfrak{R}_a|}{|\mathfrak{M}|^2}. \tag{266. 17}$$

Bei großem d/ϑ ist dies eine sehr große Neperzahl.

Die Gleichung (. 16) stellt zugleich die räumliche Abnahme der Stromdichte in einem zylindrischen Leiter infolge der Stromverdrängung dar (§ 84). Auf den „Eindringvorgang" kann man die Begriffe der Leitungstheorie (§ 225) anwenden; d. h. man kann nach (. 15) und (. 16) $1/\vartheta = \beta = \alpha = 2\pi/\lambda$ setzen. Die „Eindringtiefe" $2\pi\vartheta$ (§ 84) ist dann gleichbedeutend mit der „Eindringwellenlänge". Nach § 225 ist die Stromdichte in der Eindringtiefe um 2πN gedämpft, d. h. auf $\approx 2^0/_{00}$ ihres Oberflächenwerts gesunken.

§ 267. Das Zusammenwirken der Nebensprechkopplungen bei längeren Leitungen. In den §§ 262 bis 265 haben wir die elementaren Kopplungsgrößen $C_{12}\mathrm{d}x$ und $L_{12}\mathrm{d}x$ aus den Abmessungen oder wenigstens aus Teilkapazitäten und -induktivitäten berechnet. Sind sie als Funktionen der Ortskoordinate $\xi = x/l$ bekannt (vgl. § 227), so erhält man[1] die in das Telephon eindringende störende Nebensprechleistung durch eine Integration über ξ.

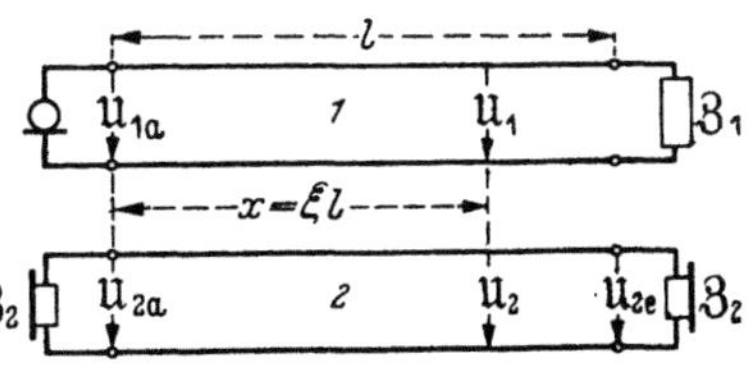

Abb. 267. 1.

Wir setzen zunächst der Einfachheit halber voraus, daß die beiden Leitungen überall mit angepaßten Widerständen (also „reflexionsfrei") abgeschlossen seien (Abb. 267. 1). Mit dem Index *a* deuten wir den Anfang, mit dem Index *e* das Ende der störenden (*1*) oder gestörten (*2*) Leitung an. Dann sind für das Nahnebensprechen maßgebend die Größen $\mathfrak{U}_{2a}$ und $\mathfrak{Z}_{2a}$, für das Fernnebensprechen die Größen $\mathfrak{U}_{2e}$ und $\mathfrak{Z}_{2e}$.

Eine an den Eingang der störenden Leitung gelegte Spannung $\mathfrak{U}_{1a}$ erzeugt an der Stelle ξ zunächst eine Spannung

$$\mathfrak{U}_1 = \mathfrak{U}_{1a}\,e^{-\mathfrak{g}_1\xi}. \tag{267. 1}$$

Durch sie entsteht, wenn wir

$$C_{12} \pm \frac{L_{12}}{\mathfrak{Z}_1\mathfrak{Z}_2} = k(\xi) = k \tag{267. 2}$$

setzen, nach (256. 1) an derselben Stelle ξ in der benachbarten Leitung die elementare Spannung

$$\mathfrak{U}_2 = \mathrm{j}\,\omega\,k\,l\,\mathrm{d}\xi\,\frac{\mathfrak{Z}_2}{2}\,\mathfrak{U}_{1a}\,e^{-\mathfrak{g}_1\xi}. \tag{267. 3}$$

[1] Küpfmüller, K.: Arch. Elektrotechn. 12 (1923) S. 160.

Durch Integration über ξ ergibt sich hieraus mit der Abkürzung $\mathfrak{g}_1 + \mathfrak{g}_2 = 2\mathfrak{g}$ die endliche Spannung am nahen Empfänger *2*:

$$\mathfrak{U}_{2a} = \mathrm{j}\,\omega\, l \frac{\mathfrak{U}_{1a}}{2} \mathfrak{Z}_2 \int\limits_{\xi=0}^{1} e^{-2\mathfrak{g}\xi} k(\xi)\, d\xi \tag{267.4}$$

und entsprechend die endliche Spannung am fernen Empfänger *2*:

$$\mathfrak{U}_{2e} = \mathrm{j}\,\omega\, l \frac{\mathfrak{U}_{1a}}{2} \mathfrak{Z}_2 \int\limits_{\xi=0}^{1} e^{-\mathfrak{g}_1\xi - \mathfrak{g}_2(1-\xi)} k(\xi)\, d\xi$$

$$= \mathrm{j}\,\omega\, l \frac{\mathfrak{U}_{1a}}{2} \mathfrak{Z}_2 \int\limits_{\xi=0}^{1} e^{-\mathfrak{g}_2 - (\mathfrak{g}_1 - \mathfrak{g}_2)\xi} k(\xi)\, d\xi. \tag{267.5}$$

Auf das Nahnebensprechen wirken also in voller Stärke nur die k an den Eingängen der beiden Leitungen ($\xi \approx 0$). Zum Fernnebensprechen dagegen tragen, wenn $\mathfrak{g}_1 = \mathfrak{g}_2$ ist, alle k in gleichem Maße bei.

Wir wollen die Gleichungen (. 4) und (. 5) zunächst auf zwei **Frei**leitungen anwenden und voraussetzen, ihre Drähte seien gegeneinander nicht gekreuzt. Durch diese Voraussetzung wird nicht ausgeschlossen, daß beide Leitungen in sich gekreuzt sind; die Kreuzungspunkte müssen dann aber zusammenfallen, so daß die Kreuzung zwar Störungen, die von außen kommen, unwirksam machen kann, auf das Nebensprechen zwischen den Leitungen jedoch keinen Einfluß hat. Die Leitungen seien so genau gefertigt und aufgebaut, daß die Kopplung k als räumlich konstant angesehen werden kann. Für das Fernnebensprechen nehmen wir weiter zur Vereinfachung zunächst an, daß die beiden Leitungen gleiche Eigenschaften haben ($\mathfrak{g}_1 = \mathfrak{g}_2$, $\mathfrak{Z}_1 = \mathfrak{Z}_2$). Dann erhalten wir

$$\mathfrak{U}_{2a} = \mathrm{j}\,\omega k l \mathfrak{Z}_2 \frac{\mathfrak{U}_{1a}}{2} \int\limits_{0}^{1} e^{-2\mathfrak{g}\xi} d\xi = \mathrm{j}\,\omega k l \mathfrak{Z}_2 \frac{\mathfrak{U}_{1a}}{2} \left| \frac{e^{-2\mathfrak{g}\xi}}{2\mathfrak{g}} \right|_1^0$$

$$= \mathrm{j}\,\omega k l \mathfrak{Z}_2 \frac{\mathfrak{U}_{1a}}{2} \frac{1 - e^{-2\mathfrak{g}}}{2\mathfrak{g}} = \mathrm{j}\,\omega k l \mathfrak{Z}_2 \frac{\mathfrak{U}_{1a}}{2} e^{-\mathfrak{g}} \frac{\mathfrak{Sin}\,\mathfrak{g}}{\mathfrak{g}}, \tag{267.6}$$

$$\mathfrak{U}_{2e} = \mathrm{j}\,\omega k l \mathfrak{Z}_2 \frac{\mathfrak{U}_{1a}}{2} e^{-\mathfrak{g}}. \tag{267.7}$$

Die Dämpfung des Nahnebensprechens ist daher [vgl. (160. 5)]

$$b_n = \ln \left| \frac{\mathfrak{U}_{1a}}{\mathfrak{U}_{2a}} \sqrt{\frac{\mathfrak{Z}_2}{\mathfrak{Z}_1}} \right| = \ln \left| \frac{2}{\omega k l \sqrt{\mathfrak{Z}_1 \mathfrak{Z}_2}} \right| + b + \ln \left| \frac{\mathfrak{g}}{\mathfrak{Sin}\,\mathfrak{g}} \right|, \tag{267.8}$$

die des Fernnebensprechens (mit $\mathfrak{g}_1 = \mathfrak{g}_2$, $\mathfrak{Z}_1 = \mathfrak{Z}_2 = \mathfrak{Z}$)

$$b_n = \ln \left| \frac{2}{\omega k l \mathfrak{Z}} \right| + b. \tag{267.9}$$

Wir haben nun im § 264 gesehen, daß für das Fernnebensprechen bei verlustarmen Leitungen die Kopplung k sehr gering ist, da sich der elektrische und der magnetische Einfluß annähernd gegeneinander aufheben. Beim Nahnebensprechen dagegen addieren sich die Einflüsse; dafür tritt nach (. 8) eine Zusatzdämpfung $\ln|\mathfrak{g}/\mathfrak{Sin}\,\mathfrak{g}|$ auf. Sie beruht darauf, daß die elementaren Wirkungen, über die wir in (. 4) und (. 5) integriert haben und die gewissermaßen über die Leitungen laufen, am Eingang der gestörten Leitung mit verschiedener Phase ankommen, so daß sie sich wenigstens teilweise kompensieren. Diese günstige

Phasenkompensation fehlt beim Fernnebensprechen; denn die elementaren Wirkungen haben, wenn sie am fernen Ende eintreffen, alle denselben Weg zurückgelegt; sie kommen daher, wenn $\mathfrak{g}_1 = \mathfrak{g}_2$ ist, in Phase an, so daß sie sich nicht kompensieren können, auch nicht teilweise.

In der Tat fällt im Sinusnetz[1] (Abb. 181. 1) die krumme Linie, auf der $|\mathfrak{g}| = |\mathfrak{Sin}\,\mathfrak{g}|$, also die Zusatzdämpfung gleich Null ist, annähernd mit der Geraden zusammen, die den Winkel zwischen den Achsen halbiert. Das letzte Glied von (. 8) stellt daher bei allen Fernsprechleitungen eine Zusatzdämpfung dar, die mit dem Winkelmaß a und damit mit der Frequenz wächst, so daß sie das Absinken des ersten Glieds der rechten Seite bis zu einem gewissen Grade zu kompensieren vermag.

Sind die Gesamtdämpfungen b_1 und b_2 der beiden Leitungen gering, so kann man für das Nahnebensprechen mit der nach (210. 2) für alle gleichmäßigen Leitungen geltenden Näherungsgleichung $\mathfrak{g}/(l\,\mathfrak{Z}) \approx j\omega C$ auch

$$b_n = \ln\left|\frac{2\,\mathfrak{g}}{\omega k l \sqrt{\mathfrak{Z}_1 \mathfrak{Z}_2}}\right| + b + \ln\left|\frac{1}{\mathfrak{Sin}\,\mathfrak{g}}\right| \approx \ln\left|\frac{C_1 \mathfrak{Z}_1 + C_2 \mathfrak{Z}_2}{k \sqrt{\mathfrak{Z}_1 \mathfrak{Z}_2}}\right| + \ln\left|\frac{1}{\sin a}\right| \qquad (267.10)$$

setzen. Mit $C_1 = C(1-\varkappa)$, $C_2 = C(1+\varkappa)$, $\mathfrak{Z}_1 = \mathfrak{Z}(1-\zeta)$, $\mathfrak{Z}_2 = \mathfrak{Z}(1+\zeta)$ kann man auch

$$b_n = \ln\frac{2C}{|k|} + \ln\left|\frac{1+\varkappa\zeta}{\sqrt{1-\zeta^2}}\right| + \ln\left|\frac{1}{\sin a}\right| \approx \ln\frac{2C}{|k|} + \ln\left|\frac{1}{\sin a}\right| \qquad (267.11)$$

schreiben. Die Dämpfung des Nahnebensprechens hat demnach als Funktion der Frequenz einen periodischen Verlauf mit hohen Werten bei den Frequenzen, für die $a = 180^0, 360^0 \ldots$ ist; in der Mitte dazwischen liegen Minima vom Betrage $\ln(2C/|k|)$.

Bei sehr hoher Gesamtdämpfung beider Leitungen dagegen wird $|\mathfrak{Sin}\,\mathfrak{g}| \approx e^b/2$ und daher nach (. 8) und (. 10)

$$b_n = \ln\left|\frac{2\,\mathfrak{g}}{\omega k l \sqrt{\mathfrak{Z}_1 \mathfrak{Z}_2}}\right| + b + \ln(2\cdot e^{-b}) \approx \ln\frac{4C}{|k|}. \qquad (267.12)$$

D. h. die Dämpfung des Nahnebensprechens liegt dann unabhängig von der Frequenz um 0,7 N über dem vorher erwähnten Kleinstwert und ist nur noch abhängig von dem Verhältnis der mittleren bezogenen Leitungskapazität zu dem Betrag der Kopplung k.

Man beachte besonders, daß bei dem ersten Glied der rechten Seite von (. 11) und bei (. 12) die Länge l herausgefallen ist.

Wenn $\mathfrak{g}_1$ und $\mathfrak{g}_2$ verschieden sind, erhält man aus (. 5) für das Fernnebensprechen (soweit k endlich ist)

$$\mathfrak{U}_{2e} = j\omega k l\,\mathfrak{Z}_2 \frac{\mathfrak{U}_{1a}}{2} e^{-\mathfrak{g}} \frac{\mathfrak{Sin}\frac{\mathfrak{g}_2 - \mathfrak{g}_1}{2}}{\frac{\mathfrak{g}_2 - \mathfrak{g}_1}{2}}; \qquad (267.13)$$

dann ist also auch bei ihm eine Phasenkompensation möglich.

Zahlenbeispiel. Für die Anordnung Abb. 262. 2 gilt, wenn die Drähte der Freileitungen 4 mm dick sind,

$$C = 6{,}04\,\frac{\text{nF}}{\text{km}}, \qquad |k_{12}| = 69\,\frac{\text{pF}}{\text{km}}.$$

Zu diesem k_{12} tritt für das Nahnebensprechen noch einmal die gleiche Kopplung, herrührend von der magnetischen Wirkung. Die Dämpfung des Nahnebensprechens zwischen den beiden

[1] Bei gleichen Maßstäben auf beiden Achsen (vgl. die zweite Fußnote im § 230).

Leitungen ist daher gleich

$$\ln \frac{2C}{|k|} = \ln \frac{C}{|k_{12}|} = \ln\left(\frac{6{,}04}{69} \cdot 10^3\right) = \ln 87 = 4{,}5\ \mathrm{N}$$

und höher, bei sehr langen Leitungen konstant gleich

$$\ln \frac{4C}{|k|} = \ln \frac{2C}{|k_{12}|} = \ln 175 = 5{,}2\ \mathrm{N}.$$

Wenn wir bisher damit gerechnet haben, daß das Fernnebensprechen bei Freileitungen sehr klein sei, so haben wir dabei stillschweigend vorausgesetzt, daß z. B. von der Sprechstelle A_1 der Doppelleitung $A_1 B_1$ (Abb. 267. 2) nach der Sprechstelle B_2 der benachbarten Doppelleitung $A_2 B_2$ Energie nur unmittelbar über die Kopplungen gelangen könne. Diese Voraussetzung trifft aber nur bei reflexionsfreien Abschlüssen zu. Wird wie in dem Bild der über k in der Richtung auf A_2 laufende Nebensprechstrom nachträglich in A_2 teilweise reflektiert, so entsteht nicht nur Nahnebensprechen in A_2, sondern unter Addition der elektrischen und der magnetischen Einwirkung auch Fernnebensprechen in B_2. Umgekehrt kann ein zunächst am Ende B_1 reflektierter Strom über k nach B_2 gelangen. Der Reflexionsfaktor an den Enden der Leitungen darf deshalb einen gewissen Höchstwert nicht überschreiten.

Abb. 267. 2.

Natürlich kann auch das Nahnebensprechen durch Reflexionen verstärkt werden.

§ 268. **Das Kreuzen der Freileitungen** soll die bei ungekreuzten Leitungen bis zu einem gewissen Grade bereits wirksame natürliche Phasenkompensation künstlich verstärken. An den Kreuzungsstellen werden die Leiter der störenden oder der gestörten Leitung miteinander vertauscht („Platzwechsel"); infolgedessen werden dort der Richtungssinn des koppelnden Verschiebungsstroms und der „Wicklungssinn" der Induktionswirkung umgekehrt. Kreuzt man die Leiter sowohl der störenden wie der gestörten Leitung, so bleibt die Kreuzung natürlich wirkungslos.

Mathematisch bedeutet jede Kreuzung eine Umkehr des Vorzeichens der resultierenden bezogenen Kopplung k. Dabei darf man aber nicht das eine Vorzeichen von k bevorzugen. Man muß daher grundsätzlich die Kreuzungsstellen so anordnen, daß das Integral $\int k\,d\xi$, genommen über die ganze Beeinflussungslänge, für jedes herausgegriffene Paar von Leitungen gleich Null ist. Im folgenden setzen wir voraus, daß diese Bedingung erfüllt ist[1].

Wir betrachten den Fall, daß zwei Leitungen in gleichen Abschnitten der Länge $s = \sigma l = l/n$ gegeneinander gekreuzt sind. Dann ist $n = 1/\sigma$ notwendig eine gerade Zahl, und wir erhalten nach (267. 4)

$$\mathfrak{U}_{2a} = j\omega\,|k|\,l\,\frac{\mathfrak{U}_{1a}}{2}\,\mathfrak{Z}_2\left\{\int_{\xi=0}^{\sigma} e^{-2\mathfrak{g}\xi}\,d\xi - \int_{\xi=\sigma}^{2\sigma} e^{-2\mathfrak{g}\xi}\,d\xi + \cdots - \int_{\xi=1-\sigma}^{1} e^{-2\mathfrak{g}\xi}\,d\xi\right\}. \qquad (268.\ 1)$$

Setzen wir in diesen Integralen der Reihe nach $\xi = \xi'$, $\xi = \xi' + \sigma, \ldots \xi = \xi' + 1 - \sigma$, so erhalten wir

$$\mathfrak{U}_{2a} = j\omega\,|k|\,l\,\frac{\mathfrak{U}_{1a}}{2}\,\mathfrak{Z}_2 \int_{\xi'=0}^{\sigma} e^{-2\mathfrak{g}\xi'}\,d\xi'\,(1 - e^{-2\mathfrak{g}\sigma} + \cdots - e^{-2\mathfrak{g}(1-\sigma)})$$

$$= j\omega\,|k|\,l\,\frac{\mathfrak{U}_{1a}}{2}\,\mathfrak{Z}_2\,\frac{1 - e^{-2\mathfrak{g}\sigma}}{2\mathfrak{g}}\,\frac{1 - e^{-2\mathfrak{g}}}{1 + e^{-2\mathfrak{g}\sigma}}$$

[1] Leitungen, bei denen $\int k\,d\xi = 0$ ist, heißen auch „ausgekreuzt".

oder mit $l\mathfrak{Z}/\mathfrak{g} \approx 1/(j\omega C)$ wie im § 267 bei hohem $\mathfrak{g}$

$$b_n \approx \ln \frac{4C}{|k|} + \ln |\mathfrak{Ctg}(\mathfrak{g}\sigma)|. \qquad (268.\ 2)$$

Das zweite Glied b_{ns} drückt den Einfluß der Kreuzung aus. Soll es eine Zusatzdämpfung darstellen, so darf der Vektor $\mathfrak{g}\sigma$ im Kotangensnetz nicht über die zu der reellen Achse parallele Linie mit der Ordinate $v = 45^0$ hinausgehen (Abb. 183. 1). Das heißt aber: Bei verlustarmen Leitungen ($\mathfrak{g} \approx j a$) muß $a\sigma = \alpha s = 360^0 s/\lambda < 45^0$ oder $s < \lambda/8$ sein. Führen wir für λ den Wert v/f ein, so erhalten wir die Bedingung

$$f < \frac{45^0}{2\pi} \frac{v}{s} = \frac{v}{8s} = \frac{37{,}5}{s/\text{km}} \text{kHz}. \qquad (268.\ 3)$$

Bei einem Kreuzungsabstand von 1 km hilft das Kreuzen daher nur bei Frequenzen unter 37,5 kHz. Die doppelte Frequenz 75 kHz liegt in der Nähe eines Trichters des Kotangensreliefs; für sie erhält man $b_{ns} = \ln \mathfrak{Tg}\beta s \approx \ln \beta s$, also eine hohe negative Nebensprechdämpfung. Bei dieser Frequenz, die man auch als eine „Absorptionsfrequenz" bezeichnet, ist die Beeinflussung so stark, daß die Theorie nicht mehr gültig bleibt.

Die Bedingung $s < \lambda/8$ besagt, daß das Kreuzen auch dann, wenn $\int k\,d\xi = 0$ ist, nur bei den Frequenzen eine Verbesserung bringt, bei denen die Wellenlänge mehr als 8 Kreuzungsabschnitte überdeckt.

Ist auf demselben Gestänge eine größere Zahl von Doppelleitungen untergebracht, so muß man nach einem bestimmten Plan kreuzen[1].

§ 269. Das Zusammenwirken der Kopplungen bei Kabeln. Die in einigen Gleichungen der §§ 262, 263 und 264 vorkommenden Abstände a_{ik} der Leiter können bei Kabelleitungen nicht mehr als groß angesehen werden im Vergleich zur Leiterdicke. Deshalb sind die dort gegebenen Gleichungen nicht mehr anwendbar. Außerdem muß bei der Berechnung der Nebensprechkopplungen auch auf den Einfluß der im Kabel benachbarten Leitungen und des Kabelmantels Rücksicht genommen werden[2].

Da die Kopplungen zwischen Kabelleitungen wesentlich höher sind als die Kopplungen zwischen Freileitungen, müssen die Leiter der einzelnen Sprechkreise gegeneinander verdrillt werden. Bei DM-Verseilung wählt man, wie schon im § 220 bemerkt, zwei verschiedene Paardralle und einen von den Paardrallen wieder verschiedenen Viererdrall. Bei Sternverseilung dagegen sind die beiden Leitungen der Vierer gemeinsam verdrillt, sie lassen sich also nicht gegeneinander verdrillen; das ist aber auch nicht nötig, da bei ihnen, wenn sie völlig genau hergestellt werden könnten, alle drei Quotienten Q_{12}, $Q_{1\varphi}$ und $Q_{2\varphi}$ gleich 1 wären.

Für das trotz der Verdrillung noch übrigbleibende Nebensprechen läßt sich nur noch ein wahrscheinlicher Wert berechnen, da es von den Unvollkommenheiten der Werkstoffe und von den Ungenauigkeiten der Fertigung und der Verlegung herrührt.

Um diesen wahrscheinlichen Wert zu finden, bestimmt man zunächst eine mittlere Kopplung, indem man sich die ganze Leitung in n gleich lange Abschnitte (z. B. Fabrikationslängen) von der Länge $s = l/n$ unterteilt denkt, für jeden dieser Abschnitte die Kopplung ks mißt und das Mittel $\overline{ks}$ der Beträge $|ks|$ bildet. Je eine solche Kopplung $\overline{ks}$ denkt man sich in der Mitte jedes Abschnitts; das Gesamtnebensprechen ergibt sich dann durch Summation der Wirkungen dieser n Kopplungen $\overline{ks}$.

[1] Näheres darüber bei Kaden, H., u. Kaufmann, H.: Telegr.- u. Fernspr.-Techn. **27** (1938) S. 567 (dort auch weiteres Schrifttum).

[2] Meyer, Ulfilas: Europ. Fernsprechdienst **58** (1941) S. 181.

Wir betrachten zuerst das Nahnebensprechen. Summiert man nach (267. 4) ohne Rücksicht auf die Vorzeichen und Phasen, also unter alleiniger Berücksichtigung der Dämpfungen, so erhält man mit den auch früher benutzten Abkürzungen $\beta = (\beta_1 + \beta_2)/2$, $\beta l = b$:

$$\mathfrak{U}_{2a} = \mathrm{j}\,\omega\,\overline{k\,s}\,\mathfrak{Z}_2 \frac{\mathfrak{U}_{1a}}{2}\left(e^{-\beta s} + e^{-3\beta s} + \cdots + e^{-(2n-1)\beta s}\right)$$

$$= \mathrm{j}\,\omega\,\overline{k\,s}\,\mathfrak{Z}_2 \frac{\mathfrak{U}_{1a}}{2} e^{-\beta s}\frac{1 - e^{-2\beta l}}{1 - e^{-2\beta s}} = \mathrm{j}\,\omega\,\overline{k\,s}\,\mathfrak{Z}_2 \frac{\mathfrak{U}_{1a}}{2} e^{-b}\frac{\mathfrak{Sin}\,\beta l}{\mathfrak{Sin}\,\beta s}. \qquad (269.\ 1)$$

Hiernach ist die Nebensprechdämpfung b_n, wenn die Leitungsdämpfung βl und damit auch die Abschnittsdämpfung βs gering sind, um die Dämpfung $\ln n - b$ geringer als die aus $\overline{ks}$ berechnete Nebensprechdämpfung. Ist dagegen zwar βs klein, aber βl groß, so ist b_n um $\ln(1/(2\beta s)) = \ln n - \ln 2b$ kleiner als der aus $\overline{ks}$ berechnete Wert.

Nach Gleichung (1) erhält man jedoch im allgemeinen zu niedrige (zu ungünstige) Nebensprechdämpfungen. Denn die Kopplungen ks wirken in zufälliger Verteilung mit ganz verschiedenen Phasen; darum kompensieren sich die in den einzelnen Abschnitten entstehenden Wirkungen wenigstens teilweise. Nach den Grundsätzen der Wahrscheinlichkeitstheorie erhält man einen richtigeren Wert, wenn man die Beträge der einzelnen Wirkungen quadratisch summiert:

$$\mathfrak{U}_{2a} = \mathrm{j}\,\omega\,\overline{k\,s}\,\mathfrak{Z}_2 \frac{\mathfrak{U}_{1a}}{2}\sqrt{e^{-2\beta s} + e^{-6\beta s} + \cdots + e^{-2(2n-1)\beta s}}$$

$$= \mathrm{j}\,\omega\,\overline{k\,s}\,\mathfrak{Z}_2 \frac{\mathfrak{U}_{1a}}{2} e^{-\beta s}\sqrt{\frac{1 - e^{-4\beta l}}{1 - e^{-4\beta s}}}$$

$$= \mathrm{j}\,\omega\,\overline{k\,s}\,\mathfrak{Z}_2 \frac{\mathfrak{U}_{1a}}{2} e^{-b}\sqrt{\frac{\mathfrak{Sin}\,2\beta l}{\mathfrak{Sin}\,2\beta s}}. \qquad (269.\ 2)$$

Nach dieser — in der Regel benutzten — Gleichung ist die Dämpfung des Nahnebensprechens bei geringer Leitungsdämpfung b um $\ln\sqrt{n} - b$, bei hoher Leitungsdämpfung und kleinem βs dagegen um $\ln(1/(2\sqrt{\beta s})) = \ln\sqrt{n} - \ln(2\sqrt{b})$ geringer als die aus $\overline{ks}$ berechnete Nebensprechdämpfung. Bei quadratischer Summierung und hohem n wird also

$$b_n = \ln\left|\frac{\mathfrak{U}_{1a}}{\mathfrak{U}_{2a}}\sqrt{\frac{\mathfrak{Z}_2}{\mathfrak{Z}_1}}\right| = \ln\frac{2}{\omega\,\overline{k\,s}\,\sqrt{|\mathfrak{Z}_1\mathfrak{Z}_2|}} - \ln\sqrt{n} + \ln(2\sqrt{b}). \qquad (269.\ 3)$$

Es sei z. B. bei zwei benachbarten 1,4-mm-Kabelleitungen $s = 250$ m (entsprechend etwa einer Werklänge), $\beta = 9{,}5$ mN/km, $l = 140$ km, also $n = 560$. Dann ist die resultierende Nebensprechdämpfung um die Dämpfung $\ln\sqrt{560} - \ln(2\sqrt{1{,}33}) = 3{,}16 - 0{,}73 = 2{,}44$ N kleiner als die aus $\overline{ks}$ berechnete. Die Kopplungen am Ende der Leitungen machen sich demnach zwar weniger bemerkbar als die Kopplungen an ihrem Anfang, die Nebensprechdämpfung wird aber dadurch trotz der hohen Gesamtdämpfung $b = 1{,}33$ N nur um 0,73 N gehoben.

Rechnet man mit linearer Summation, also nach (. 1), so erhält man eine Verminderung der Nebensprechdämpfung um den viel höheren Betrag $\ln n - \ln 2b = 6{,}33 - 0{,}98 = 5{,}35$ N.

Da bei (. 2) vorausgesetzt wird, daß die Verteilung der einzelnen Kopplungen eine „zufällige" sei, darf die Gleichung nicht verwendet werden, wenn die Kopplungen infolge systematischer Unregelmäßigkeiten entstehen.

Fordert man für die wirksame Dämpfung des Nahnebensprechens einen Mindestwert b_n, so muß

$$\overline{k\,s} \leq \frac{2\sqrt{\beta s}\,e^{-b_n}}{\pi f\sqrt{|\mathfrak{Z}_1\mathfrak{Z}_2|}} \qquad (269.4)$$

sein. Dieser höchste zulässige Wert $\overline{ks}$ ist, wie man sieht, der Wurzel aus der Länge des Abschnitts proportional[1].

Die als Beispiel betrachteten 1,4-mm-Leitungen seien Pupinleitungen mit $\sqrt{|\mathfrak{Z}_1\mathfrak{Z}_2|} = 1550\,\Omega$, und es sei für 800 Hz eine Dämpfung des Nahnebensprechens von 7,5 N gefordert. Dann ergibt sich aus (. 4), daß die mittlere Kopplung in einem Abschnitt von 250 m Länge den Wert

$$\overline{ks} = \frac{2\sqrt{9{,}5\cdot 10^{-6}\cdot 250}\,e^{-7{,}5}}{\pi\cdot 800\,\mathrm{Hz}\cdot 1550\,\Omega} = 13{,}8\,\mathrm{pF}$$

nicht übersteigen darf. Nach (. 1) müßte man einen wesentlich kleineren Höchstwert fordern, nämlich den Wert $13{,}8\,\mathrm{pF}\,\sqrt{2\,\beta s} = 0{,}67\,\mathrm{pF}$; dieser ließe sich erfahrungsgemäß nicht erreichen.

Führt man dieselbe Rechnung für ein Spulenfeld von 1,7 km Länge durch, so erhält man als höchste zulässige mittlere Kopplung $\overline{ks}$ je Spulenfeld das $\sqrt{1{,}7/0{,}25}$ fache, nämlich 36 pF.

Die Dämpfung des Fernnebensprechens muß nach (267. 5) berechnet werden. Setzt man $\beta_1 - \beta_1 = \delta$, $\beta_2 l = b_2$, so wird bei quadratischer Summierung

$$\begin{aligned}\mathfrak{U}_{2e} &= j\,\omega\,\overline{ks}\,\mathfrak{Z}_2\,\frac{\mathfrak{U}_{1a}}{2}\,e^{-b_2}\sqrt{e^{-\delta s} + e^{-3\delta s} + \cdots + e^{-(2n-1)\delta s}}\\ &= j\,\omega\,\overline{ks}\,\mathfrak{Z}_2\,\frac{\mathfrak{U}_{1a}}{2}\,e^{-b_2}\sqrt{e^{-\delta s}\,\frac{1 - e^{-2\delta l}}{1 - e^{-2\delta s}}}\\ &= j\,\omega\,\overline{ks}\,\mathfrak{Z}_2\,\frac{\mathfrak{U}_{1a}}{2}\,e^{-b}\sqrt{\frac{\mathfrak{Sin}\,\delta l}{\mathfrak{Sin}\,\delta s}}\,. \qquad (269.\ 5)\end{aligned}$$

Bei kleinem δ folgt daraus — unabhängig von der Höhe der Gesamtdämpfung b — als Dämpfung des Fernnebensprechens

$$b_n = \ln\frac{2}{\omega\,\overline{ks}\sqrt{|\mathfrak{Z}_1\mathfrak{Z}_2|}} - \ln\sqrt{n} + b\,. \qquad (269.\ 6)$$

Ein Vergleich der Formeln (. 3) und (. 6) zeigt, daß die Dämpfung des Fernnebensprechens bei hohem n um

$$b - \ln\left(2\sqrt{b}\right) \qquad (269.\ 7)$$

größer ist als die Dämpfung des Nahnebensprechens. Der Wert (. 7) nähert sich um so mehr der Gesamtdämpfung b, je größer diese ist; bei $b = 2{,}2$ N beträgt er bereits 50,6% von b. Bei geringer Gesamtdämpfung unterscheiden sich die Dämpfungen des Fern- und des Nahnebensprechens nicht.

Soll bei den vorher betrachteten Pupinleitungen b_n mindestens gleich 7,5 N sein und ist $s = 250$ m, so ergibt sich die Bedingung

$$\overline{ks} \leqq \frac{e^{b - b_n}}{\pi f\sqrt{n}\sqrt{|\mathfrak{Z}_1\mathfrak{Z}_2|}} = 22{,}7\,\mathrm{pF}.$$

§ 270. Kreuzungsausgleich und Kondensatorausgleich. Selbst bei sorgfältig verdrillten Paaren und Vierern ist in der Regel das Nebensprechen noch so stark, daß es sich empfiehlt, die Nebensprechdämpfung durch besondere Maßnahmen zu vergrößern.

Hierzu gibt es im wesentlichen zwei Verfahren. Sie beruhen beide auf Messungen der in geeignet gewählten Teillängen der Leitungen nach der Verdrillung noch übrig bleibenden Kopplungen. Man kann entweder die Leiter an den Verbindungsstellen der Fabrikationslängen kreuzen oder — z. B. in jedem Spulenfeld — kleine Kondensatoren zufügen, deren Kapazitäten die gemessenen Kopplungen gerade aufheben.

[1] Bei Pupinleitungen wird dafür gesorgt, daß die Spulenkopplungen neben den Leitungskopplungen keine Rolle spielen.

Wir betrachten zuerst das Kreuzen der Leiter in Pupinkabeln[1]. Bestehen die Spulenfelder z. B. aus acht Fabrikationslängen, so beginnt man etwa mit der Kreuzung des ersten Achtels gegen das zweite. Es kommt dann darauf an, Vierer der beiden Achtel miteinander zu verbinden, deren Kopplungen annähernd gleich groß, aber von verschiedenem Vorzeichen sind. In vielpaarigen Kabeln wird man ohne Schwierigkeiten die Vierer so gruppieren können, daß sie der Größe ihrer Kopplungen nach zueinander annähernd passen; nur durch Kreuzungen ist es dagegen zu erreichen, daß alle drei Kopplungen k_{12}, $k_{1\varphi}$ und $k_{2\varphi}$ bei den beiden Achteln das entgegengesetzte Vorzeichen erhalten. Um die Übersicht nicht zu verlieren, kreuzt man im allgemeinen nur innerhalb der miteinander verbundenen Vierer.

Es seien z. B. die folgenden Kopplungen gemessen (in pF/km)

im ersten Achtel	$k_{12} = 10$,	$k_{1\varphi} = 340$,	$k_{2\varphi} = 130$,
im zweiten Achtel	$k_{12} = -20$,	$k_{1\varphi} = 280$,	$k_{2\varphi} = 160$.

Vertauscht man hier die Stämme im zweiten Achtel, was auf eine Vertauschung der Leiter *1*, *2* gegen *3*, *4* hinausläuft, so bleibt im zweiten Achtel nach (262. 4) k_{12} ungeändert, während nach (263. 2) und (263. 4) $k_{1\varphi}$ und $k_{2\varphi}$ ihre Plätze vertauschen. Das wäre eine Verschlechterung, da sich $k_{1\varphi}$ und $k_{2\varphi}$ dann offensichtlich nur noch etwa zu 50% aufheben ließen. Kreuzt man dagegen im Stamme *1* des zweiten Achtels (*1*, *2* werden vertauscht), so wechseln nach denselben Gleichungen die Vorzeichen von k_{12} und $k_{1\varphi}$, kreuzt man im Stamme *2* (*3*, *4* werden vertauscht), so wechseln die Vorzeichen von k_{12} und $k_{2\varphi}$. Offenbar muß man bei dem gewählten Beispiel in beiden Stämmen des zweiten Achtels kreuzen; dann erhält man beim Zusammenschalten $k_{12} = -10$, $k_{1\varphi} = 60$, $k_{2\varphi} = -30$, was eine wesentliche Verbesserung bedeutet.

Wäre im zweiten Achtel $k_{12} = +20$, so wäre das Ergebnis des Kreuzens eine Verschlechterung von k_{12}. Dann muß man prüfen, ob man nicht besser den Vierer des ersten Achtels mit einem anderen Vierer des zweiten Achtels verbindet.

Nachdem alle Leiter der beiden ersten Achtel gegeneinander gekreuzt sind, kreuzt man in den übrigen drei Vierteln, dann in den beiden Hälften und endlich im ganzen Spulenfeld.

Da beim Kreuzungsverfahren immer wieder andere Vierer zu Nachbarn werden, ist das Nebensprechen zwischen Nachbarvierern unverständlich.

Der Kondensatorausgleich beruht ebenfalls auf den Gleichungen (262. 4), (263. 2) und (263. 4). Vergrößert man bei positivem k_{12} $(x_{13} + x_{24} > x_{14} + x_{23})$ x_{14} und x_{23} um das gleiche Maß $2\,k_{12}$, so wird das neue $4\,k_{12}$ um $4\,k_{12}$ kleiner als das alte, d. h. es wird gleich Null. $k_{1\varphi}$ und $k_{2\varphi}$ werden aber durch die Zuschaltung überhaupt nicht berührt. Bei negativem k_{12} $(x_{13} + x_{24} < x_{14} + x_{23})$ muß man entsprechend x_{13} und x_{24} um das gleiche Maß $2\,k_{12}$ vergrößern. Ähnlich verfährt man bei $k_{1\varphi}$ und $k_{2\varphi}$.

Zahlenbeispiel. Es sei in irgendeiner Einheit

x_{13}	x_{23}	x_{14}	x_{24}
13,82	13,55	15,31	14,07

Dann mißt man

$$4\,k_{12} = 13{,}82 + 14{,}07 - 15{,}31 - 13{,}55 = -0{,}96$$
$$2\,k_{1\varphi} = 13{,}55 + 14{,}07 - 13{,}82 - 15{,}31 = -1{,}51$$
$$2\,k_{2\varphi} = 15{,}31 + 14{,}07 - 13{,}82 - 13{,}55 = +2{,}02$$

und vergrößert daher

x_{13}	x_{23}	x_{14} um	x_{24}	auf Grund der Messung von
0,48	—	—	0,48	k_{12}
—	0,75	—	0,76	$k_{1\varphi}$
1,01	1,01	—	—	$k_{2\varphi}$

Man überzeugt sich leicht, daß damit die Kapazitäten x alle vier gleich 15,31 werden, so daß das Nebensprechen verschwindet.

[1] Pollock, S. A.: Post Off. electr. Engrs. J. **7** (1914) S. 41; (1915) S. 357.

Die Abschnitte, innerhalb deren das Nebensprechen durch Kondensatoren ausgeglichen wird, müssen klein sein gegen die Wellenlänge. Denn wenn man z. B. am Eingang eines solchen Abschnitts von der Länge $s = \sigma l$ einen Kondensator einschaltet, so kommt nach § 267 z. B. für das Nahnebensprechen im Mittel etwa der Faktor $e^{-2\mathfrak{g}\sigma/2} \approx 1 - \mathfrak{g}\sigma = 1 - b\sigma - \mathrm{j}a\sigma = 1 - \beta s - \mathrm{j}\cdot 2\pi s/\lambda$ hinzu; dieser Faktor ist aber komplex. Es ist daher günstiger, die Ausgleichskondensatoren in der Mitte der Ausgleichsabschnitte einzuschalten; dann ist bei der vorher benutzten Annäherung überhaupt kein Korrekturfaktor mehr zuzufügen. Man nimmt als Ausgleichsabschnitte in der Regel die Spulenfelder.

Durch die Ausgleichskondensatoren wird die Dämpfung der Pupinkabel nicht nennenswert vergrößert. Da ihre Kapazität sich im allgemeinen mit der Temperatur in anderer Weise ändert als die Kapazität der Kabel, kann der Ausgleich ein wenig temperaturabhängig werden.

Wir wollen noch untersuchen, ob man die nach § 265 in einer Spule mit ungleichen Wicklungshälften auftretende elektromotorische Kraft durch einen etwa in der Mitte des vorhergehenden Spulenfelds einzuschaltenden Kondensator wieder aufheben kann. Nach (255. 4) ist die Spannung unmittelbar vor der induzierten elektromotorischen Kraft

$$\mathfrak{U}_2 = \mathrm{j}\,\omega\, m_{1\varphi} \frac{\mathfrak{U}_1}{2\,\mathfrak{Z}_{1\lambda}}. \tag{270. 1}$$

(Wir haben ihren Zählpfeil entgegengesetzt dem der Abb. 255. 1 vorausgesetzt.) Nach § 173 ist aber, wenn wir die Größen in der Mitte des vorhergehenden Feldes durch Striche unterscheiden und wie früher Anpassung voraussetzen:

$$\frac{\mathfrak{U}_1}{\mathfrak{U}_1'} = \sqrt{\frac{\mathfrak{Z}_{1\lambda}}{\mathfrak{Z}_{1\Delta}}}\, e^{-\frac{\mathfrak{g}_1}{2}}, \qquad \frac{\mathfrak{U}_2'}{\mathfrak{U}_2} = \sqrt{\frac{\mathfrak{Z}_{2\Delta}}{\mathfrak{Z}_{2\lambda}}}\, e^{-\frac{\mathfrak{g}_2}{2}},$$

also

$$\frac{\mathfrak{U}_2'}{\mathfrak{U}_1'}\sqrt{\frac{\mathfrak{Z}_{1\Delta}}{\mathfrak{Z}_{2\Delta}}} = \frac{\mathfrak{U}_2'\,\mathfrak{U}_2\,\mathfrak{U}_1}{\mathfrak{U}_2\,\mathfrak{U}_1\,\mathfrak{U}_1'}\sqrt{\frac{\mathfrak{Z}_{1\Delta}}{\mathfrak{Z}_{2\Delta}}} = \frac{\mathrm{j}\,\omega\, m_{1\varphi}}{2\sqrt{\mathfrak{Z}_{1\lambda}\,\mathfrak{Z}_{2\lambda}}}\, e^{-\frac{\mathfrak{g}_1 + \mathfrak{g}_2}{2}}. \tag{270. 2}$$

Die Kompensation ist also möglich, soweit der Einfluß des Exponentialglieds zu vernachlässigen ist.

11. Abschnitt.

Grundbegriffe der Elektroakustik[1].

§ 271. **Allgemeines.** Die Fernsprechsysteme[2] sollen Klänge und Geräusche übertragen. In den „Schallquellen", zu denen insbesondere die menschliche Stimme und die Musikinstrumente zu rechnen sind, werden mechanische Schwingungen eines gewissen Frequenzbereichs erzeugt. Diese rufen in der Regel in dem umgebenden „Medium" (meist Luft) ein primäres „Schallfeld" hervor, das auf einen Schallempfänger (z. B. ein Mikrophon) einwirkt, in dem die Schallleistung in elektrische Leistung umgewandelt wird. Am fernen Ende des Übertragungssystems wird die übertragene elektrische Leistung in Schalleistung zurückverwandelt, und das entstehende sekundäre Schallfeld wirkt dann auf die menschlichen Hörorgane.

Das Übertragungssystem, zu dem auch der primäre Schallempfänger und der sekundäre Schallgeber gezählt werden müssen, hat an sich die Aufgabe,

[1] Trendelenburg, F.: Einführung in die Akustik. Berlin 1939.

[2] Als erster hat Philipp Reis die menschliche Stimme auf elektrischem Wege übertragen. Vgl. Feyerabend, E.: 50 Jahre Fernsprecher. Berlin 1927.

ein sekundäres Schallfeld zu erzeugen, das dem primären ähnlich ist. Praktisch geht diese Aufgabenstellung jedoch selbst dann zu weit, wenn an der Übertragung auf der primären und der sekundären Seite wirklich ausgedehntere Schallfelder beteiligt sind; denn es brauchen immer nur räumlich begrenzte Schallfelder und auch von diesen nur die wesentlichen Elemente „abgebildet" zu werden. Beim gewöhnlichen Fernsprechen kommt es überhaupt nur darauf an, daß der zeitliche Verlauf des Schalldrucks vor dem Trommelfell den zeitlichen Verlauf des Schalldrucks vor der Einsprache des Mikrophons hinreichend genau wiedergibt.

§ 272. **Schalldruck.** Ebenso wie wir das elektromagnetische Feld durch elektrische und magnetische Feldgrößen ($\mathfrak{E}$, $\mathfrak{D}$, $\mathfrak{B}$, $\mathfrak{H}$) beschrieben haben, müssen wir auch das Schallfeld durch Schallfeldgrößen kennzeichnen. Die Schallempfindung kommt dadurch zustande, daß das Trommelfell in Bewegung gesetzt wird durch Kräfte, die auf seine Oberfläche wirken. Es liegt daher nahe, in erster Linie den in den einzelnen Punkten des Schallfelds in bestimmter Weise wechselnden „Druck" als kennzeichnende Feldgröße anzusehen.

Druckfelder sind keine Vektorfelder. Wenn wir irgend einem Punkte eines gasförmigen Schallmediums einen „Druck p" zuordnen, so soll dies heißen: Bringen wir an den Punkt ein unendlich dünnes Scheibchen von der sehr kleinen Flächengröße $\mathrm{d}F$, so wirken auf die beiden Flächen dieses Scheibchens im allgemeinen mechanische Kräfte $\mathrm{d}P$; diese sind senkrecht auf das Scheibchen hin gerichtet und der Flächengröße $\mathrm{d}F$ proportional: $\mathrm{d}P = p\,\mathrm{d}F$. Der Faktor p ist, wie die Erfahrung zeigt, unabhängig von der Orientierung des Scheibchens, also von der Richtung seiner Normale, und heißt „Druck an der betrachteten Stelle".

Der Druck p in einem Punkte des Mediums läßt sich daher geometrisch darstellen durch eine Kugel vom Radius p. Denn die beiden einander entgegengesetzten Richtungen der mechanischen Kräfte, die auf die Flächen eines an den Punkt gebrachten Scheibchens wirken und die natürlich Vektoren sind, sind erst bestimmt, wenn die Orientierung des Scheibchens gegeben ist.

Drücke, die durch Kugeln dargestellt werden können, heißen „hydrostatische" Drücke. Die Drücke in ruhenden Flüssigkeiten und in Gasen gehören immer zur Klasse der „hydrostatischen"[1].

Da durch die Multiplikation des Drucks mit einer Fläche eine mechanische Kraft entsteht, hat der Druck die Dimension[2] einer Kraft dividiert durch eine Fläche. Der Ausschuß für Einheiten und Formelgrößen hat die folgenden Druckeinheiten festgesetzt:

1. Das „Bar" (b); $1\,\mathrm{b} = 10^6\,\mathrm{dyn/cm^2}$; $1\,\mu\mathrm{b} = 1\,\mathrm{dyn/cm^2}$. Da der atmosphärische Druck in Meereshöhe annähernd gleich $10^6\,\mathrm{dyn/cm^2}$ ist, stellt das „Bar" die „absolute Atmosphäre" dar. Das Bar hat sich vor etwa 40 Jahren in der Meteorologie, neuerdings auch in der Akustik eingeführt.

2. Die „technischen" Druckeinheiten $\mathrm{kg_p/m^2}$ und $\mathrm{kg_p/cm^2}$. Das $\mathrm{kg_p/m^2}$ ist fast genau gleich dem Druck einer Wassersäule von 1 mm Höhe bei 4^0 C und normaler Fallbeschleunigung. Die „technische Atmosphäre" $\mathrm{kg_p/cm^2}$ ist 10^4 mal so groß. In der Akustik werden die technischen Einheiten seltener verwendet.

3. Das Torr[3]. Darunter versteht man den Druck einer Quecksilbersäule von 1 mm Höhe bei 0^0 C und normaler Fallbeschleunigung.

---

[1] Die Drücke in festen Körpern und in bewegten zähen Flüssigkeiten können durch Ellipsoide dargestellt werden.

[2] Man sieht, daß der so wichtige Wesensunterschied zwischen dem Druck und der auf eine „Fläche 1" drückenden Kraft — entgegen einem weitverbreiteten Vorurteil — in den Dimensionen der beiden Größen in keiner Weise zum Ausdruck kommt.

[3] Die Benennung leitet sich von dem Namen des Forschers Torricelli her.

Bezeichnet man die Dichte und die Normwichte des Quecksilbers bei 0° C mit ϱ und γ_n, die normale Fallbeschleunigung mit g_n und das Massengramm[1] mit g_1:

$$\varrho = 13{,}5951\,\frac{g_1}{cm^3}, \qquad \gamma_n = \varrho\, g_n, \qquad g_1 = \frac{g_p}{g_n}, \tag{272. 1}$$

so ergibt sich

$$1\ \text{Torr} = \gamma_n \cdot \text{mm} = \varrho\, g_n \cdot \text{mm} = 13{,}5951\,\frac{g_p}{cm^3}\,\text{mm} = 13{,}5951\,\frac{kg_p}{m^2}$$

$$= 1{,}35951 \cdot 980{,}665\,\frac{g_1}{cm\,s^2} = 1{,}33322\,\frac{kdyn}{cm^2} = 1{,}33322\ \text{mb}. \tag{272. 2}$$

Also ist

$$1\ \text{mb} \approx \tfrac{3}{4}\ \text{Torr}. \tag{272. 3}$$

§ 273. Druck und Dichte. Ändert sich in einem Gase der Druck p, so ändert sich im allgemeinen zugleich seine Dichte ϱ; und zwar ist nach dem Gesetz der (idealen) Gase

$$p = \frac{R}{M}\varrho T. \tag{273. 1}$$

Darin ist R die „allgemeine Gaskonstante" ($R = 83{,}14$ bar cm³/grd), M die Masse eines „Mols" des Gases (das Mol bedeutet eine Menge von so viel Gramm, wie das Molekulargewicht angibt) und T die absolute Temperatur.

Nach (. 1) hängt die Dichte eines Gases nicht nur von seinem Druck, sondern auch von seiner Temperatur ab. Diese darf bei der Schallbewegung nicht gleich der mittleren Temperatur im Schallfeld gesetzt werden. Denn die Schallschwingungen gehen so rasch vor sich, daß die entstehenden Temperaturdifferenzen sich nicht ausgleichen können. Daher wird das Gas dort, wo es sich ausdehnt, kälter; wo es sich zusammenzieht, wird es wärmer. Mit anderen Worten: Die Schallvorgänge sind in der Regel nicht „isotherm" ($T = \text{const}$), sondern „adiabatisch"; es gilt für sie die „Poissonsche Gleichung"

$$p = \left(\frac{\varrho}{\varrho_0}\right)^{\varkappa} p_0 = \left(\frac{T}{T_0}\right)^{\frac{\varkappa}{\varkappa-1}} p_0, \tag{273. 2}$$

die in der Thermodynamik aus dem Energiesatz abgeleitet wird. $\varkappa$ ist das Verhältnis der spezifischen Wärme bei konstantem Druck zu der bei konstantem Volum ($\varkappa > 1$); ϱ_0, p_0 und T_0 beziehen sich auf den schallfreien Zustand.

Zahlenbeispiel. Im Schallfeld herrsche im Mittel die Temperatur $t_0 = 20°$ C und der Druck $p_0 = 760$ Torr $= 1{,}01325$ b. Dann ist die Dichte des Schallmediums Luft ($M = 28{,}98\ g_1$) im Mittel

$$\varrho_0 = \frac{28{,}98\,g_1 \cdot 1{,}01325\ \text{bar} \cdot \text{grd}}{83{,}14\ \text{bar} \cdot cm^3 \cdot 293{,}2\ \text{grd}} = 1{,}2043\,\frac{mg_1}{cm^3}.$$

Die Druck-, Dichte- und Temperaturschwankungen, die bei Sprache vorkommen, sind sehr klein im Vergleich zu den mittleren Werten p_0, ϱ_0 und T_0. „Schalldruck" nennen wir den Wechseldruck, der dem mittleren Druck p_0 überlagert ist. Sein Effektivwert beträgt bei gewöhnlichem Sprechen in einem Abstand von 1 m vom Sprecher nur etwa 1 μb, also etwa ein Millionstel der Gleichkomponente des Gesamtdrucks. Die relativen Dichte- und Temperaturschwankungen sind nach (. 2) noch etwas geringer.

§ 274. Die Differentialgleichungen des eindimensionalen Schallfelds. Mit dem Schalldruckfeld im Schallmedium ist nach dem Grundgesetz der Mechanik ein Bewegungsfeld verknüpft. Zur Vereinfachung nehmen wir an, der Schallvorgang sei in Ebenen, die senkrecht zu einer Richtung x stehen, überall der gleiche, d. h. er hänge nur von der einen räumlichen Koordinate x und von der Zeit t ab.

[1] Der Index i ist gewählt, weil die Masse ein Maß für die Trägheit (inertia) ist.

Da in Gasen nur Längswellen möglich sind, haben die auftretenden Bewegungen der Teilchen des Mediums ebenfalls die Richtung der x.

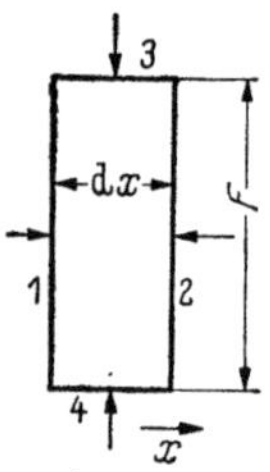

Abb. 274. 1.

Wir denken uns eine „Luftscheibe" der Dicke dx (Abb. 274. 1). Auf ihre beiden Oberflächen *1* und *2* wirken in dem Druckfeld Kräfte. Wären diese gleich groß (wie nach Voraussetzung die Kräfte auf die Flächen *3* und *4*), so wäre ihre Resultierende gleich Null. Der Druck auf die Fläche *2* ist jedoch bei positivem $\partial p/\partial x$ um $(\partial p/\partial x)\,dx$ größer als der auf die Fläche *1*; die Teilchen der Luftscheibe werden daher in der Richtung der zunehmenden x durch die negative Resultierende $(-\partial p/\partial x)\,dx\cdot F$ beschleunigt. Bezeichnen wir die „Schnelle"[1], d. h. die Wechselgeschwindigkeit, die sich der ungeordneten Wärmegeschwindigkeit der Teilchen überlagert, mit u, so ist die Beschleunigung der in der Luftscheibe enthaltenen Teilchen gleich du/dt. Das Bewegungsgesetz liefert also die Beziehung

$$-\frac{\partial p}{\partial x}\,dx\cdot F = \varrho\cdot F\,dx\cdot\frac{du}{dt}$$

oder

$$-\frac{\partial p}{\partial x} = \varrho\,\frac{\partial u}{\partial t}\,. \tag{274. 1}$$

Wir haben $\partial u/\partial t$ geschrieben, obgleich eigentlich

$$\frac{du}{dt} = \frac{\partial u}{\partial t} + \frac{\partial u}{\partial x}\,\frac{dx}{dt} = \frac{\partial u}{\partial t} + u\,\frac{\partial u}{\partial x}\,. \tag{274. 2}$$

einzusetzen ist. Die Beschleunigung rührt nämlich nicht nur davon her, daß u an der Stelle x zunimmt, sondern auch davon, daß sich die Luftteilchen an eine Stelle verschieben, wo eine andere Geschwindigkeit herrscht. Beim Schall ist jedoch das zweite Glied immer klein gegen das erste (vgl. § 275).

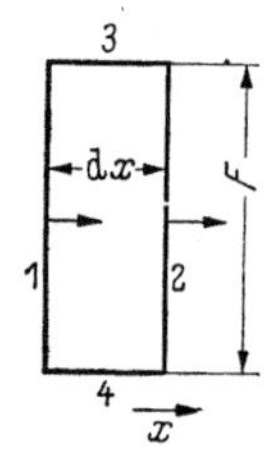

Abb. 274. 2.

Für den Faktor ϱ in (. 1) darf man den mittleren Wert ϱ_0 setzen.

Zwischen den Größen des Schallfelds besteht noch eine zweite Beziehung. Da nämlich die Geschwindigkeit u im allgemeinen ortsabhängig ist, strömt (Abb. 274. 2) in der Zeit dt durch die Fläche *1* eines scheibenförmigen Raumteils der Dicke dx die Menge $\varrho\cdot F u\,dt$, durch die Fläche *2* jedoch eine um $\varrho\cdot F\,(\partial u/\partial x)\,dx\cdot dt$ größere Menge. Dadurch verringert sich die in dem Raumteil enthaltene Gasmenge:

$$\varrho\cdot F\cdot\frac{\partial u}{\partial x}\,dx\cdot dt = -\frac{\partial}{\partial t}(\varrho F\,dx)\,dt = -F\,dx\cdot\frac{\partial\varrho}{\partial t}\,dt\,,$$

und es ist daher [vgl. (273. 2)]

$$-\varrho_0\,\frac{\partial u}{\partial x} \approx \frac{\partial\varrho}{\partial t} = \left(\frac{\partial\varrho}{\partial p}\right)_{\text{adiab.}}\cdot\frac{\partial p}{\partial t} = \frac{\varrho_0}{\varkappa p_0}\,\frac{\partial p}{\partial t}\,. \tag{274. 3}$$

Nach (. 1) und (. 3) bestehen also nebeneinander die beiden Gleichungen

$$-\frac{\partial p}{\partial x} = \varrho_0\,\frac{\partial u}{\partial t} \quad\text{und}\quad -\frac{\partial p}{\partial t} = \varkappa p_0\,\frac{\partial u}{\partial x}\,. \tag{274. 4}$$

§ 275. Ebene Schallwellen.

Differenziert man die eine der Gleichungen (274. 4) nach x, die andere nach t, so lassen sich die beiden Veränderlichen p und u voneinander trennen. Man erhält die beiden Differentialgleichungen 2. Ordnung:

$$\frac{\partial^2 p}{\partial t^2} = \frac{\varkappa p_0}{\varrho_0}\,\frac{\partial^2 p}{\partial x^2} \quad\text{und}\quad \frac{\partial^2 u}{\partial t^2} = \frac{\varkappa p_0}{\varrho_0}\,\frac{\partial^2 u}{\partial x^2}\,. \tag{275. 1}$$

---

[1] „Schnelle" bedeutet nach akustischem Sprachgebrauch immer die Geschwindigkeit der Teilchen, nicht der Schallwelle.

Sie haben die Form der Gleichung (222. 4), wenn man dort die Größen R und G streicht.

Aus dem früher Abgeleiteten können wir daher schließen, daß sich in der x-Richtung ungedämpfte Wellen des Drucks und der Schnelle fortpflanzen, die nach (274. 4) durch die Gleichungen

$$p = p_0 + \hat{p} \cos\left(\frac{2\pi f}{c}(x - c t)\right), \tag{275. 2}$$

$$u = \frac{\hat{p}}{c\varrho_0} \cos\left(\frac{2\pi f}{c}(x - c t)\right) = \frac{c\hat{p}}{\varkappa p_0} \cos\left(\frac{2\pi f}{c}(x - c t)\right) \tag{275. 3}$$

dargestellt werden. Ihre Geschwindigkeit ist nach (. 1)

$$c = \sqrt{\frac{\varkappa p_0}{\varrho_0}} = \sqrt{\frac{\varkappa R T_0}{M}}. \tag{275. 4}$$

Für Luft ist $\varkappa = 1{,}40$, $M = 29{,}0\ \mathrm{g_1}$; also wird

$$c = 20{,}1 \sqrt{\frac{T_0}{\mathrm{grd}}}\ \frac{\mathrm{m}}{\mathrm{s}}. \tag{275. 5}$$

Für 20^0 C liefert das $c = 344$ m/s.

Vergleicht man den Druck in einer Schallwelle mit der Spannung bei den im § 223 betrachteten elektrischen Wellen, die Schnelle in der Schallwelle mit der Stromstärke im elektrischen Falle, so erkennt man, daß nach (274. 4) die Dichte ϱ_0 der magnetischen (μ), der Kehrwert von $\varkappa p_0$ der elektrischen Durchlässigkeit (ε) entspricht.

Man nennt deshalb auch das Verhältnis des Scheitelwerts $\hat{p}$ des Schalldrucks zu dem Scheitelwert $\hat{p}/(c\varrho_0)$ der Schnelle den „Schallwellenwiderstand" $\mathfrak{Z}$ des Mediums. Er ergibt sich, dem elektrischen Wellenwiderstand des leeren Raums $\sqrt{\mu_0/\varepsilon_0}$ (§ 217) entsprechend, zu

$$\mathfrak{Z} = c\varrho_0 = \sqrt{\varkappa p_0 \varrho_0} = p_0 \sqrt{\frac{\varkappa M}{R T_0}}; \tag{275. 6}$$

er hängt also nur von den Eigenschaften und dem Zustand des Mediums ab.

Für Luft ist

$$\mathfrak{Z} = 700 \frac{p_0/\mathrm{bar}}{\sqrt{T_0/\mathrm{grd}}}\ \frac{\mu\mathrm{b}}{\mathrm{cm/s}}; \tag{275. 7}$$

hieraus ergibt sich z. B. für 20^0 C und 760 Torr $\mathfrak{Z} = 41{,}4\ \mu$b s/cm. Schwankt also der Druck um 1 μb, so schwankt nach (. 3) die Teilchenschnelle um 0,0242 cm/s. Die entsprechende „Auslenkung" der Teilchen beträgt bei 800 Hz demnach (0,242 mm/s)/(2 $\pi \cdot$ 800 Hz) = 48 nm.

Die zusätzliche Geschwindigkeitskomponente, die die Teilchen des Mediums durch die Schallbewegung erhalten, ist, wie man sieht, sehr klein. Deshalb haben wir auch das zweite Glied der rechten Seite von (274. 2) vernachlässigen dürfen. Sein Verhältnis zu dem ersten ist gleich $\hat{p}/(\varkappa p_0)$, also von der Größenordnung eines Millionstels.

Bei einem beliebigen Medium hat man [vgl. (274. 3)] an die Stelle von $\varkappa p_0/\varrho_0$ den Differentialquotienten $(\partial p/\partial \varrho)_{\mathrm{adiab.}}$ zu setzen. Die Dichte des Wassers z. B. steigt, wenn man den Druck um 1 bar erhöht, um etwa $50 \cdot 10^{-6}\ \mathrm{g_1/cm^3}$. Daher ist für Wasser, bei dem zwischen adiabatischen und isothermen Vorgängen nicht unterschieden zu werden braucht,

$$c = \sqrt{\frac{1\ \mathrm{bar}}{50 \cdot 10^{-6} \cdot 1\ \mathrm{g_1/cm^3}}} = 1{,}42\ \frac{\mathrm{km}}{\mathrm{s}}, \tag{275. 8}$$

$$\mathfrak{Z} = c\varrho_0 = 142\ \frac{\mathrm{mb}}{\mathrm{cm/s}}. \tag{275. 9}$$

Der Schallwellenwiderstand des Wassers ist also 3420 mal so groß wie der der Luft.

Druck und Schnelle sind bei ebenen fortschreitenden Wellen in Phase; bei ebenen stehenden Wellen haben sie eine Phasendifferenz von 90^0.

Kugelwellen verhalten sich nicht so einfach wie ebene. Bei ihnen hängt, wie die Theorie ergibt, der Schallwellenwiderstand von der Entfernung des betrachteten Punktes von der Schallquelle (dem Mittelpunkt der Kugel) ab; er ist außerdem wegen der Divergenz der „Schallstrahlen" komplex, zwischen Druck und Schnelle besteht eine abstandsabhängige Phasenverschiebung. Für den Winkel φ des Wellenwiderstands gilt

$$\operatorname{tg}\varphi = \frac{\lambda}{2\pi r}, \tag{275.10}$$

wo λ die Wellenlänge und r der Abstand des betrachteten Punktes von der Quelle ist. Der Betrag des Wellenwiderstands ist $c\varrho_0 \cos\varphi$; er ist also nur für hohe Frequenzen (kleine λ) oder in großer Entfernung r von der Quelle eine Eigenschaft des Schallmediums und seines Zustands allein. Sein imaginärer Teil beträgt jedoch bereits in der Entfernung $r = 1{,}6\,\lambda$ nur noch etwa 10% seines Gesamtbetrags; man kann daher bei Kugelwellen meist so rechnen, als ob sie eben wären.

§ 276. Schalleistung und Schallstärke. Die im Mittel durch eine beliebige Fläche F je Zeiteinheit strömende Schallenergie, d. i. „die Schalleistung", kann, wie ein Vergleich mit den entsprechenden Gleichungen der Leitungstheorie zeigt, nach einer der folgenden Gleichungen berechnet werden:

$$N = \frac{\hat{p}\,F\cdot\hat{u}}{2} = \frac{\hat{p}^2}{2\,c\,\varrho_0}\,F = c\,\varrho_0\,\frac{\hat{u}^2}{2}\,F. \tag{276.1}$$

Unter der „Schallstärke" versteht man die Schalleistung je Flächeneinheit $(|\mathfrak{p}| = \hat{p}/\sqrt{2})$:

$$\text{Schallstärke} = |\mathfrak{p}|\,|\mathfrak{u}| = \frac{|\mathfrak{p}|^2}{c\,\varrho_0} = \frac{|\mathfrak{p}|^2}{|\mathfrak{Z}|} = c\,\varrho_0\,|\mathfrak{u}|^2. \tag{276.2}$$

Die Schallstärke ist demnach eine objektive, physikalisch meßbare Größe. Sie muß von der Stärke der Schallempfindung unterschieden werden.

In Luft von 20° C und 760 Torr entspricht einem Schalldruck $|\mathfrak{p}| = 1\,\mu\text{b}$ die Schallstärke:

$$\frac{(\mu\text{b})^2\cdot\text{cm}}{41{,}4\,\mu\text{b}\cdot\text{s}} = \frac{\text{dyn cm}}{41{,}4\cdot\text{cm}^2\cdot\text{s}} = 0{,}0242\,\frac{\text{erg}}{\text{cm}^2\,\text{s}} = 2{,}42\,\frac{\text{nW}}{\text{cm}^2}. \tag{276.3}$$

Selbst durch eine Fläche von 1 m² geht demnach nur eine Schalleistung von 24,2 μW.

§ 277. Schallquellen. In ihnen kommt der Schall zustande durch mechanische Schwingungen eines Körpers (z. B. einer Saite, einer Membran, der menschlichen Stimmbänder oder in Hohlräumen eingeschlossener Luftmengen). Der zeitliche Ablauf dieser Schwingungen ist verschieden je nach der Art der Schallquelle; er kann nach Fourier zerlegt gedacht werden in eine große Zahl rein sinusförmiger „Teilschwingungen", die, übereinandergelagert, das gleiche (zeitliche) Schwingungsbild ergeben wie der wirkliche Schall.

Eine rein sinusförmige Schwingung heißt — als Schall betrachtet — „Ton". Sind einem „Grundton" der Frequenz f „Obertöne" der Frequenzen $2f$, $3f$ ... also sogenannte „harmonische" Obertöne, überlagert, so spricht man in der physikalischen Akustik von einem „Klang". Tongemische sind Zusammensetzungen von Tönen beliebiger Frequenzen, Klanggemische Zusammensetzungen von Klängen mit Grundtönen beliebiger Frequenzen.

Eine besondere Rolle spielen in der Nachrichtentechnik die Geräusche. Ob ein Schall unter die Geräusche zu rechnen ist, läßt sich in vielen Fällen subjektiv leicht, durch eine Analyse jedoch überhaupt nicht entscheiden. Man kann nur sagen, daß einerseits Tongemische mit kontinuierlichem Frequenzspektrum[1] (z. B. ein Hammerschlag auf eine Holzplatte), anderseits Tongemische mit sehr vielen zueinander unharmonischen Einzeltönen den Eindruck von Geräuschen machen.

[1] Vgl. hierzu den 16. Abschnitt.

Geräusche sind teils Bestandteile der zu übertragenden Nachricht — zu ihnen zählen vor allem die Konsonanten der Sprache —, teils geraten sie gegen unsern Willen aus einer Reihe von Gründen als Störgeräusche in die Nachrichtensysteme und damit in die Empfangsapparate.

Die Benennungen der Akustiker stimmen nicht in allen Punkten mit denen der Musiker überein. Subjektiv unterscheiden sich Töne und Klänge ebenso wie die Klänge untereinander bei gleicher Grundfrequenz und Schallstärke nur durch die „Klangfarbe" (§ 283). Der Musiker faßt daher Töne und Klänge unter dem Namen „Töne" zusammen. Unter einem „Klang" (z. B. dem C-Dur-Dreiklang) versteht er ein Klanggemisch im Sinne der Akustik. Zur Vermeidung von Mißverständnissen kann man in der Akustik von einfachen Tönen und einfachen Klängen sprechen.

§ 278. **Rechnerische Klanganalyse.** Die Aufgabe der Zerlegung eines beliebig verwickelten, aber periodischen zeitlichen Ablaufs $y = f(t)$ in reine Sinusschwingungen ist, wie schon gesagt, zuerst von J.-B. Fourier gelöst worden[1]. Ist T die „Grundperiode" des periodischen Ablaufs, d. h. ist $f(t + nT) = f(t)$, wo n eine positive oder negative ganze Zahl ist, so ergeben sich harmonische Teilschwingungen, d. h. Teilschwingungen der Frequenzen $f = 1/T,\ 2f,\ 3f, \cdots$.

Wir setzen

$$y = A_0 + a_1 \cos(\omega t + \varphi_1) + a_2 \cos(2\omega t + \varphi_2) + a_3 \cos(3\omega t + \varphi_3) + \cdots, \tag{278.1}$$

wo $\omega = 2\pi f = 2\pi/T$ sein soll. Die Scheitelwerte a und die Nullphasenwinkel φ müssen nun so bestimmt werden, daß die unendliche trigonometrische Reihe mit der gegebenen Funktion $y = f(t)$ übereinstimmt. Da

$$a_p \cos(p\omega t + \varphi_p) = a_p (\cos p\omega t \cos\varphi_p - \sin p\omega t \sin\varphi_p),$$

kann man auch die Koeffizienten

$$A_p = a_p \cos\varphi_p, \qquad B_p = -a_p \sin\varphi_p \tag{278.2}$$

einführen; dann hat man die Form

$$\begin{aligned} y = A_0 &+ A_1 \cos\omega t + A_2 \cos 2\omega t + \cdots + A_p \cos p\omega t + \cdots \\ &+ B_1 \sin\omega t + B_2 \sin 2\omega t + \cdots + B_p \sin p\omega t + \cdots \end{aligned} \tag{278.3}$$

Zur Bestimmung zunächst irgend eines Koeffizienten A_q multipliziert man die ganze Gleichung mit $\cos q\omega t\,\mathrm{d}t$ und integriert von 0 bis T. Dann wird

$$\left.\begin{aligned} &\int_0^T y \cos q\omega t\,\mathrm{d}t = A_0 \int_0^T \cos q\omega t\,\mathrm{d}t + A_1 \int_0^T \cos\omega t \cos q\omega t\,\mathrm{d}t \\ &+ \cdots + A_p \int_0^T \cos p\omega t \cos q\omega t\,\mathrm{d}t + \cdots + B_1 \int_0^T \sin\omega t \cos q\omega t\,\mathrm{d}t \\ &+ \cdots + B_p \int_0^T \sin p\omega t \cos q\omega t\,\mathrm{d}t + \cdots. \end{aligned}\right\} \tag{278.4}$$

Das erste Integral der rechten Seite ist offenbar gleich Null, da $\omega T = 2\pi f T = 2\pi$ und q eine ganze Zahl ist.

Für das allgemeine Glied in (.4) mit dem Koeffizienten A_p schreiben wir

$$\frac{A_p}{2}\left\{\int_0^T \cos\left((p+q)\frac{2\pi t}{T}\right)\mathrm{d}t + \int_0^T \cos\left((p-q)\frac{2\pi t}{T}\right)\mathrm{d}t\right\}, \tag{278.5}$$

[1] Fourier hat die Lösung bereits im Jahre 1811 gefunden, aber erst in seiner „Théorie analytique de la chaleur" (Paris 1822, Kap. III) veröffentlicht.

für das allgemeine Glied mit dem Koeffizienten B_p

$$\frac{B_p}{2}\left\{\int_0^T \sin\left((p+q)\frac{2\pi t}{T}\right)\mathrm{d}t+\int_0^T \sin\left((p-q)\frac{2\pi t}{T}\right)\mathrm{d}t\right\}. \qquad (278.\ 6)$$

Da p und q ganze Zahlen sind, verschwinden alle Glieder mit Ausnahme des Glieds

$$\frac{A_q}{2}\int_0^T \cos\left((q-q)\frac{2\pi t}{T}\right)\mathrm{d}t=\frac{A_q}{2}\int_0^T \mathrm{d}t=\frac{A_q T}{2}. \qquad (278.\ 7)$$

Es bleibt also[1] nach (. 4)

$$A_q=\frac{2}{T}\int_0^T y\cos q\,\omega\,t\,\mathrm{d}t. \qquad (278.\ 8)$$

Demnach hat man, um A_q zu finden, die Ordinaten der gegebenen Kurve $y = f(t)$ Punkt für Punkt mit $\cos q\omega t$ zu multiplizieren, eine neue Kurve $f(t)\cos q\omega t$ zu zeichnen und deren Flächeninhalt zwischen den Abszissen o und T festzustellen. Dieser Inhalt, durch $T/2$ dividiert, ist der Koeffizient A_q.

Zur Bestimmung des Koeffizienten B_q multipliziert man mit $\sin q\omega t\,\mathrm{d}t$ und integriert wieder zwischen o und T. Dann treten die allgemeinen Glieder

$$\frac{A_p}{2}\left\{\int_0^T \sin\left((p+q)\frac{2\pi t}{T}\right)\mathrm{d}t-\int_0^T \sin\left((p-q)\frac{2\pi t}{T}\right)\mathrm{d}t\right\} \qquad (278.\ 9)$$

und

$$\frac{B_p}{2}\left\{\int_0^T \cos\left((p-q)\frac{2\pi t}{T}\right)\mathrm{d}t-\int_0^T \cos\left((p+q)\frac{2\pi t}{T}\right)\mathrm{d}t\right\} \qquad (278.\ 10)$$

auf, und es bleibt als einziges Glied

$$\frac{B_p}{2}\int_0^T \cos\left((q-q)\frac{2\pi t}{T}\right)\mathrm{d}t=\frac{B_q}{2}\int_0^T \mathrm{d}t=\frac{B_q T}{2}. \qquad (278.\ 11)$$

B_q ergibt sich also nach

$$B_q=\frac{2}{T}\int_0^T y\sin q\,\omega\,t\,\mathrm{d}t. \qquad (278.\ 12)$$

Den Koeffizienten A_0 erhält man, wenn man (. 3) mit $\mathrm{d}t$ multipliziert und integriert. Dann bleibt

$$\int y\,\mathrm{d}t=A_0\int_0^T \mathrm{d}t=A_0 T. \qquad (278.\ 13)$$

Der Koeffizient A_0 ist also gleich dem Mittelwert der Funktion $f(t)$ innerhalb des Zeitraums T.

Aus den Koeffizienten A_q und B_q können nach (. 2) die Scheitelwerte a und Nullphasenwinkel φ der Teilschwingungen berechnet werden.

Die in dieser Weise zu analysierenden Kurven $y = f(t)$ dürfen keine unendlich großen Werte haben und nirgends mehrwertig sein. Da die Koeffizienten

[1] In dem 2. Glied von (. 6) verschwindet für $p = q$ bereits die zu integrierende Funktion.

der Reihenentwicklungen durch Integrationen gefunden werden, können die Kurven abschnittsweise durch Gleichungen gegeben sein.

Wir bringen in den folgenden drei Paragraphen einige Beispiele für die harmonische Analyse.

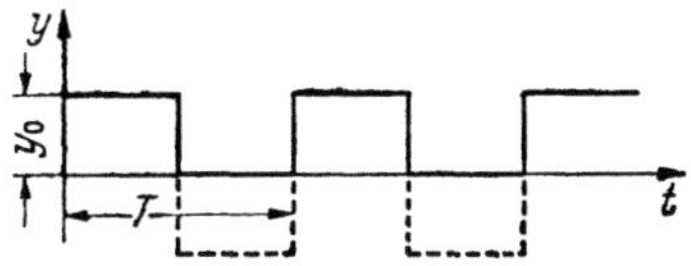

Abb. 279. 1.

§ 279. **Rechteckiger Linienzug.** Die zu analysierende Kurve werde durch Abb. 279. 1 dargestellt; d. h. y sei zwischen $t = 0$ und $t = T/2$, ebenso zwischen $t = T$ und $t = 3\,T/2$ usw. gleich y_0, im übrigen gleich Null. Dann ist

$$A_0 = \frac{1}{T}\int_0^{T/2} y_0 \,\mathrm{d}\,t = \frac{y_0}{T}\frac{T}{2} = \frac{y_0}{2}, \tag{279. 1}$$

$$A_q = \frac{2}{T}\,y_0 \int_0^{T/2} \cos q\,\omega\,t \,\mathrm{d}\,t = \frac{y_0}{\pi\,q}\left[\sin\frac{2\,\pi\,q\,t}{T}\right]_0^{T/2} = 0\,, \tag{279. 2}$$

$$B_q = \frac{2}{T}\,y_0 \int_0^{T/2} \sin q\,\omega\,t \,\mathrm{d}\,t = \frac{y_0}{\pi\,q}\left[\cos\frac{2\,\pi\,q\,t}{T}\right]_{T/2}^{0} = \begin{cases} 0 \text{ für gerade } q, \\ \dfrac{2\,y_0}{\pi\,q} \text{ für ungerade } q\,, \end{cases} \tag{279. 3}$$

so daß man so zusammenfassen kann:

$$y = y_0\left\{\frac{1}{2} + \frac{2}{\pi}\left(\sin\omega\,t + \frac{1}{3}\sin 3\,\omega\,t + \frac{1}{5}\sin 5\,\omega\,t + \cdots\right)\right\}. \tag{279. 4}$$

Nimmt y in den Zeiträumen von $T/2$ bis T, $3\,T/2$ bis $2\,T$ usw. den Wert $-y_0$ an, so erhält man die Entwicklung:

$$y = \frac{4}{\pi}\,y_0\left(\sin\omega\,t + \frac{1}{3}\sin 3\,\omega\,t + \frac{1}{5}\sin 5\,\omega\,t + \cdots\right). \tag{279. 5}$$

§ 280. **Kommutierte (doppelt gleichgerichtete) und einfach gleichgerichtete Sinuslinie.** Für einen Vorgang, der aus dauernd wiederholten halben Sinusschwingungen besteht

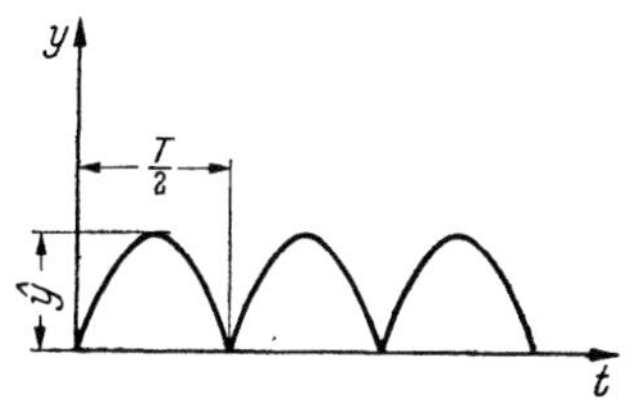

Abb. 280. 1.

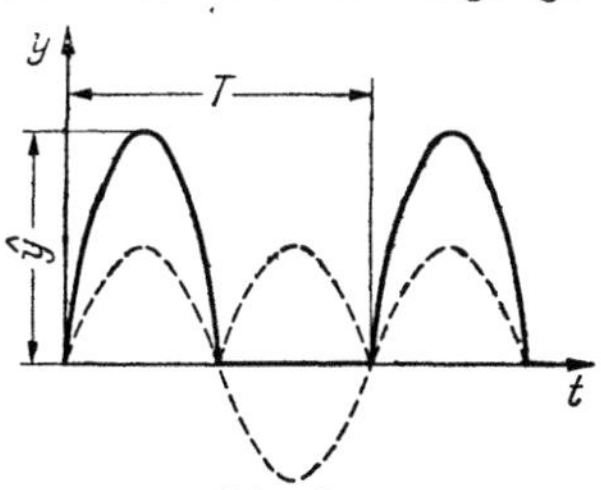

Abb. 280. 2.

(Abb. 280. 1), ergibt die Analyse, wenn man die Grundperiode ausnahmsweise $T/2$ nennt, das Folgende:

$$A_0 = \frac{1}{T/2}\int_0^{T/2} \hat{y}\sin\frac{2\,\pi\,t}{T}\,\mathrm{d}\,t = \frac{\hat{y}}{\pi}\left[\cos\frac{2\,\pi\,t}{T}\right]_{T/2}^{0} = \frac{2}{\pi}\,\hat{y} = 0{,}637\,\hat{y}\,; \tag{280. 1}$$

$$A_q = \frac{2}{T/2}\int_0^{T/2} \hat{y}\sin\frac{2\,\pi\,t}{T}\cos\frac{2\,\pi\,q\,t}{T/2}\,\mathrm{d}\,t$$

$$= \frac{2\,\hat{y}}{T}\left\{\int_0^{T/2} \sin\left((2\,q+1)\,\frac{2\,\pi\,t}{T}\right)\mathrm{d}\,t - \int_0^{T/2} \sin\left((2\,q-1)\,\frac{2\,\pi\,t}{T}\right)\mathrm{d}\,t\right\}$$

$$= \frac{\hat{y}}{\pi}\left\{\left[\frac{\cos\left((2\,q+1)\,\frac{2\,\pi\,t}{T}\right)}{2\,q+1}\right]_{T/2}^{0} - \left[\frac{\cos\left((2\,q-1)\,\frac{2\,\pi\,t}{T}\right)}{2\,q-1}\right]_{T/2}^{0}\right\}$$

$$= \frac{2\,\hat{y}}{\pi}\left(\frac{1}{2\,q+1} - \frac{1}{2\,q-1}\right) = -\frac{4}{\pi\,(2\,q-1)\,(2\,q+1)}\,\hat{y}\,; \tag{280. 2}$$

$$B_q = \frac{2}{T/2}\int\limits_0^{T/2} \hat{y}\sin\frac{2\pi t}{T}\sin\frac{2\pi q t}{T/2}\,dt$$

$$= \frac{2\hat{y}}{T}\left\{\int\limits_0^{T/2}\cos\left((2q-1)\frac{2\pi t}{T}\right)dt - \int\limits_0^{T/2}\cos\left((2q+1)\frac{2\pi t}{T}\right)dt\right\}$$

$$= \frac{\hat{y}}{\pi}\left\{\left[\frac{\sin\left((2q-1)\frac{2\pi t}{T}\right)}{2q-1}\right]_0^{T/2} - \left[\frac{\sin\left((2q+1)\frac{2\pi t}{T}\right)}{2q+1}\right]_0^{T/2}\right\} = 0. \qquad (280.3)$$

Die doppelt gleichgerichtete Sinusschwingung ist also mit $\omega = 2\pi/T$ darstellbar durch

$$y = \frac{2}{\pi}\hat{y}\left(1 - \frac{2}{3}\cos 2\omega t - \frac{2}{15}\cos 4\omega t - \frac{2}{35}\cos 6\omega t - \cdots\right). \qquad (280.4)$$

Hieraus läßt sich leicht die Fouriersche Reihe für die Schwingungsform Abb. 280. 2 herleiten, die aus halben Sinusschwingungen besteht, zwischen denen jedesmal eine Pause von einer halben Schwingungsdauer liegt (einfach gleichgerichtete Sinusschwingung). Man braucht nach dem Bild nämlich nur den Scheitelwert $\hat{y}$ der Gleichung (. 4) auf $\hat{y}/2$ zu verringern und eine Sinusschwingung der Frequenz ω mit dem Scheitelwert $\hat{y}/2$ zuzufügen:

$$y = \frac{\hat{y}}{\pi}\left(1 - \frac{2}{3}\cos 2\omega t - \frac{2}{15}\cos 4\omega t - \frac{2}{35}\cos 6\omega t - \cdots\right) + \frac{\hat{y}}{2}\sin\omega t. \qquad (280.5)$$

Von den Entwicklungen (. 4) und (. 5) wird oft Gebrauch gemacht. Sie folgen übrigens auch unmittelbar aus den Ergebnissen des § 279: Die Ordinate y der Gleichung (. 4) ist gleich $\hat{y}\sin\omega t$ multipliziert mit dem Verhältnis y/y_0 der Gleichung (279. 5); und genau ebenso kann man die Gleichung (. 5) aus (279. 4) herleiten.

§ **281. Durch Hysterese verzerrte Sinuslinie.** Wir haben im § 73 gesehen, daß bei schwachen Feldern zwischen $\mathfrak{B}$ und $\mathfrak{H}$ mit guter Annäherung die Rayleighsche Parabelbeziehung (73. 1) besteht. Ändert sich $\mathfrak{H} = \hat{\mathfrak{H}}\cos\omega t$ sinusförmig, so gilt jedesmal während der ersten Halbperiode (von $t = 0$ bis $t = T/2$)

$$\mathfrak{B} = (\mu_A + 2\nu\hat{\mathfrak{H}})\,\hat{\mathfrak{H}}\cos\omega t + \nu\hat{\mathfrak{H}}^2\sin^2\omega t, \qquad (281.1)$$

während der zweiten (von $t = T/2$ bis $t = T$)

$$\mathfrak{B} = (\mu_A + 2\nu\hat{\mathfrak{H}})\,\hat{\mathfrak{H}}\cos\omega t - \nu\hat{\mathfrak{H}}^2\sin^2\omega t. \qquad (281.2)$$

Die ersten Glieder der rechten Seiten sind für beide Halbperioden gleich; sie liefern daher, ohne daß eine Zerlegung nötig wäre, die von der Hysterese unabhängige Grundschwingung $(\mu_A + 2\nu\hat{\mathfrak{H}})\,\hat{\mathfrak{H}}\cos\omega t$.

Die zweiten Glieder enthalten den Einfluß der Hysterese. Da sich die ihnen entsprechenden Integrale $(A_q)_{\mathrm{Hyst.}}$ und $(B_q)_{\mathrm{Hyst.}}$ nur durch die Vorzeichen und die Integralgrenzen unterscheiden, ist es leicht, sie zu jedesmal einem einzigen Integral zusammenzufassen, das sich nur von Null bis $T/2$ erstreckt. Zu diesem Zwecke setzt man in den von $T/2$ bis T zu erstreckenden Integralen $t = t' + T/2$ und beachtet, daß

$$\cos\left(q\omega\left(t' + \frac{T}{2}\right)\right) = \pm\cos q\omega t', \qquad \sin\left(q\omega\left(t' + \frac{T}{2}\right)\right) = \pm\sin q\omega t', \qquad (281.3)$$

wobei das obere Vorzeichen für gerade, das untere für ungerade q gilt. Es zeigt sich, daß die über die beiden Halbperioden zu erstreckenden Integrale $(A_q)_{\mathrm{Hyst.}}$ und $(B_q)_{\mathrm{Hyst.}}$ für gerade q einander entgegengesetzt gleich, für ungerade dagegen einander gleich sind[1]. Demnach liefert die Entwicklung der Hysteresglieder nach Fourier überhaupt keine Oberschwingungen mit geradem q, während sich die Koeffizienten mit ungeradem q in den beiden Integralen

[1] Da es sich um bestimmte Integrale handelt, ist es gleichgültig, ob die „Integrationsveränderliche" mit t oder t' bezeichnet wird.

$$(A_q)_{\text{Hyst.}} = \frac{4\nu\hat{\mathfrak{H}}^2}{T}\int\limits_0^{T/2}\sin^2\omega t\cos q\,\omega t\,\mathrm{d}t \tag{281. 4}$$

und

$$(B_q)_{\text{Hyst.}} = \frac{4\nu\hat{\mathfrak{H}}^2}{T}\int\limits_0^{T/2}\sin^2\omega t\sin q\,\omega t\,\mathrm{d}t \tag{281. 5}$$

zusammenfassen lassen. Die unbestimmte Integration ergibt:

$$\int\sin^2\omega t\cos q\,\omega t\,\mathrm{d}t = \frac{1}{2}\int(1-\cos 2\,\omega t)\cos q\,\omega t\,\mathrm{d}t$$

$$= \frac{\sin q\,\omega t}{2q\,\omega} - \frac{\sin((2+q)\,\omega t)}{4\,(2+q)\,\omega} - \frac{\sin((2-q)\,\omega t)}{4\,(2-q)\,\omega}, \tag{281. 6}$$

$$\int\sin^2\omega t\sin q\,\omega t\,\mathrm{d}t = \frac{1}{2}\int(1-\cos 2\,\omega t)\sin q\,\omega t\,\mathrm{d}t$$

$$= -\frac{\cos q\,\omega t}{2\,q\,\omega} + \frac{\cos((2+q)\,\omega t)}{4\,(2+q)\,\omega} - \frac{\cos((2-q)\,\omega t)}{4\,(2-q)\,\omega}. \tag{281. 7}$$

Die Glieder von (. 6) verschwinden an beiden Grenzen, während die Zähler der Glieder von (. 7), da q ungerade ist, an der unteren Grenze den Wert $+1$, an der oberen den Wert -1 annehmen. Demnach wird für ungerade q

$$A_q = 0, \tag{281. 8}$$

$$B_q = \frac{2\nu\hat{\mathfrak{H}}^2}{\omega T}\left(\frac{2}{q} - \frac{1}{q+2} - \frac{1}{q-2}\right) = -\frac{8\nu\hat{\mathfrak{H}}^2}{\pi\,(q-2)\,q\,(q+2)}. \tag{281. 9}$$

Das Endergebnis der Analyse ist daher[1]:

$$\mathfrak{B} = (\mu_A + 2\nu\hat{\mathfrak{H}})\,\hat{\mathfrak{H}}\cos\omega t + \frac{8}{3\pi}\nu\hat{\mathfrak{H}}^2\sin\omega t$$

$$-\frac{8}{15\pi}\nu\hat{\mathfrak{H}}^2\sin 3\,\omega t - \frac{8}{105\pi}\nu\hat{\mathfrak{H}}^2\sin 5\,\omega t - \cdots. \tag{281. 10}$$

Durch die Hysterese wird demnach die Grundschwingung der magnetischen Induktion nach Betrag und Phase beeinflußt; $\mathfrak{B}$ ist gegen $\mathfrak{H}$ verzögert um einen positiven Winkel δ, für den

$$\operatorname{tg}\delta = \frac{8\nu\hat{\mathfrak{H}}}{3\pi\,(\mu_A + 2\nu\hat{\mathfrak{H}})} \tag{281. 11}$$

gilt. Außerdem treten Teilschwingungen ungeradzahliger Ordnung auf.

Setzen wir wie im § 195 $R_h = \delta\omega L_0$, so erhalten wir bei kleinem δ und kleinem $\nu\hat{\mathfrak{H}}$:

$$R_h = \frac{8\nu\hat{\mathfrak{H}}}{3\pi\mu_A}\,\omega L_0 = \frac{8}{3\pi}\frac{\nu}{\mu_A}\,|\,\mathfrak{H}\,|\,\sqrt{2}\cdot\omega L_0 \tag{281. 12}$$

in voller Übereinstimmung mit (248. 3) und (249. 3).

§ 282. Praktische Analyse von Schwingungskurven. Die zu analysierenden periodischen Funktionen sind selten (wie in den vorhergehenden drei Paragraphen) abschnittsweise durch Gleichungen gegeben; sie liegen vielmehr in der Regel als experimentell, z. B. mit einem Oszillographen, aufgenommene Kurven vor.

Dann kann man die Periode T in eine bequeme Anzahl (z. B. 24) gleich lange Teile zerlegen und über die zugehörigen Mittelordinaten ebenso summieren, wie in den Gleichungen (278. 8) und (278. 12) über die veränderliche Ordinate y integriert wird. Dieses Verfahren ist um so genauer, aber auch um so umständlicher, je mehr Ordinaten man nimmt; wenn sehr hohe Oberfrequenzen in der zu analysierenden Schwingung enthalten sind, aber doch nur eine beschränkte Zahl von Ordinaten verwendet wird, kann es ein falsches Bild geben.

---

[1] Lord Rayleigh: Phil. Mag. (5) **23** (1887) S. 240.

Um die Auswertung der Summen und Integrale bequemer zu machen, hat man Tafeln[1] und Rechenschemata angegeben und Apparate[2] konstruiert, auf die wir nicht im einzelnen eingehen können.

Es gibt auch Meßverfahren, die unmittelbar die Oberschwingungen einer zusammengesetzten Schwingung liefern.

§ 283. **Frequenzspektren der zu übertragenden Schallvorgänge.** Durch viele mühevolle Untersuchungen ist festgestellt worden[3], welche Frequenzen in der Sprache, in den zu übertragenden Signalen und in den wiederzugebenden musikalischen Darbietungen enthalten sind, welche Frequenzen also von den Nachrichtensystemen übertragen werden müssen.

Die Vokale der Sprache sind, wenn sie längere Zeit angehalten werden, mit guter Annäherung „Klänge", d. h. sie setzen sich aus Schwingungen zusammen, deren Frequenzen ganzzahlige Vielfache einer gewissen Grundfrequenz sind. Die einzelnen Vokale a, e, i ... unterscheiden sich nach Helmholtz dadurch voneinander, daß unter ihren Obertönen diejenigen, die in einem bestimmten absoluten Tonhöhenbereich (dem „Formantbereich") liegen, besonders stark vertreten sind.

Die Konsonanten können als nichtstationäre Geräusche aufgefaßt werden; sie entsprechen gewissermaßen Ein- oder Ausschaltvorgängen der Vokale. Angehaltene Konsonanten enthalten harmonische und unharmonische Oberschwingungen; deren Lage charakterisiert die einzelnen Konsonanten.

Die Verschiedenheit der „Klangfarbe" bei den einzelnen Musikinstrumenten rührt davon her, daß die Töne bei ihnen in verschiedener Weise erzeugt werden, so daß die Form der Schwingungen oder, anders ausgedrückt, ihr Gehalt an harmonischen Oberschwingungen verschieden ist. Fordert man also klanggetreue Übertragung von Musik, so muß man dafür sorgen, daß sämtliche wesentlichen Oberschwingungen auf der Empfangsseite im Verhältnis ebenso stark vorhanden sind wie auf der Sendeseite. Man muß daher bei der Wiedergabe von Musik ein breiteres Frequenzband verzerrungsfrei übertragen als bei der Wiedergabe von Sprache.

Sehr obertonreich sind z. B. die Klänge der Streichinstrumente, sehr obertonarm die der Flöten[4].

§ 284. **Verständlichkeit.** Beim Fernsprecher verlangt man in erster Linie Verständlichkeit, erst in zweiter Linie Klangtreue, d. h. richtige Wiedergabe auch der Klangfarbe und damit „Natürlichkeit". Nur ein Teil der von einem Sprecher erzeugten Frequenzen ist daher für eine verständliche Fernsprechübertragung wesentlich. Über die Breite des wesentlichen Frequenzbereichs kann man durch Messung der sogenannten „Silbenverständlichkeit" ein Urteil gewinnen[5].

Zur Messung der Silbenverständlichkeit bei einem gegebenen Übertragungssystem spricht man eine gewisse Zahl zusammenhangloser Silben („Sprachatome", „Logatome") in das Übertragungssystem hinein: der Prozentsatz der am Ausgange des Systems verstandenen Silben heißt dann „Silbenverständlichkeit". Da die Laute, aus denen sich die Sprache zusammensetzt, nicht gleich

[1] Z. B. Zipperer, L.: Tafeln zur harmonischen Analyse. Berlin 1922. Pollak, L. W.: Rechentafeln zur harmonischen Analyse. Leipzig 1926.

[2] Z. B. Mader, O.: Elektrot. Z. 30 (1909) S. 847.

[3] Grundlegend ist noch immer das Buch von H. v. Helmholtz: Die Lehre von den Tonempfindungen. 6. Aufl. Braunschweig 1913. (1. Aufl.: 1862.) Ferner Stumpf, C.: Die Sprachlaute. Berlin 1926.

[4] Miller, D. C.: The science of musical sounds. New York 1916.

[5] Fletcher, H.: J. Franklin Inst. 193 (1922) S. 729. Mayer, H. F.: Elektr. Nachr.-Techn. 4 (1927) S. 184.

leicht verständlich sind, müssen die Silben möglichst genau in der gleichen Weise aus Lauten gemischt werden wie die gewöhnliche Sprache.

Benutzt man eine hinreichende Menge Silben (z. B. 500 Silben in zeitlichen Abständen von 2 bis 3 Sekunden), so erhält man Verständlichkeiten, die bei verschiedenen Beobachtern nur um wenige Prozent schwanken.

Abb. 284. 1 zeigt die Abhängigkeit der so gemessenen Silbenverständlichkeit von der oberen Grenze des benutzten Frequenzbandes. Bei der Aufnahme dieser Schaulinie wurde zwischen zwei gewöhnlichen Zentralbatteriestationen über eine von Dämpfungsverzerrung freie künstliche Leitung, einen „Hochpaß", der alle Frequenzen über 300 Hz durchließ, und einen „Tiefpaß" mit veränderbarer Grenzfrequenz gesprochen (vgl. § 234). Man sieht, daß die Verständlichkeit, wenn man die Frequenzen oberhalb des Bereichs zwischen 300 und 2400 Hz mit überträgt, nur noch wenig steigt. Ebenso bringt, wie aus einer ähnlichen Untersuchung hervorgeht, die Hinzunahme von Frequenzen unter 300 Hz keine wesentliche Erhöhung der Verständlichkeit.

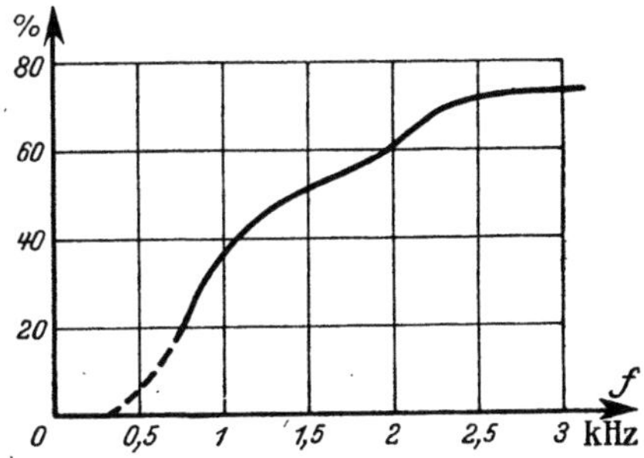

Abb. 284. 1.

Man hat daher lange Zeit die in der menschlichen Sprache enthaltenen Frequenzen unter 300 und über 2400 Hz für unwichtig gehalten und demgemäß bei der Ausgestaltung der Fernsprechsysteme die Aufmerksamkeit ohne Rücksicht auf die „Natürlichkeit" nur auf das Band zwischen 300 und 2400 Hz gerichtet. Je weiter indessen die Technik fortschreitet, um so höher werden die Anforderungen, die der Benutzer ihrer Erzeugnisse an deren Leistung stellt. Man ist heute nicht mehr zufrieden, wenn zwei Teilnehmer sich richtig verstehen, sondern wünscht einen ebenso angenehmen und mühelosen Gedankenaustausch wie bei der unmittelbaren Unterhaltung. Deshalb geht die neuere Entwicklung dahin, Systeme zu bauen, bei denen auch die Übertragung noch breiterer Frequenzbänder wirtschaftlich bleibt. Man strebt heute eine obere Übertragungsgrenze von etwa 3500 Hz an.

Die Erfahrung zeigt, daß mit der Silbenverständlichkeit die „Satzverständlichkeit" steigt; diese läßt sich schwerer einwandfrei messen, da sie zu sehr von nichtakustischen Einflüssen abhängt (z. B. von der Auffassungsgabe des Hörenden, von der Art und dem Inhalt des Gesprochenen, von der Mundart usw.)[1].

§ 285. Die Empfindlichkeit des menschlichen Ohrs.

Die Form der Schallschwingungen hängt nach § 278 von den Amplituden, Frequenzen und Nullphasenwinkeln der Teilschwingungen ab, in die man sie zerlegen kann. Es ist jedoch eine feststehende Tatsache, daß die Nullphasenwinkel bei normalen Schalldrücken auf die Klangfarbe überhaupt keinen Einfluß haben. Zwei Schwingungen können also verschiedene Form haben und doch den gleichen Klangeindruck hervorrufen, dann nämlich, wenn wenigstens die Amplituden und Frequenzen ihrer Teilschwingungen übereinstimmen.

Über die Schalldrücke, die in unserm Ohr eine Schallempfindung auszulösen vermögen, verschafft man sich gewöhnlich einen Überblick durch eine zeichnerische Darstellung, bei der man auf der Abszissenachse den Logarithmus des Zahlenwerts der Frequenz, auf der Ordinatenachse den Schalldruck (oder auch die Schallstärke) ebenfalls in logarithmischer Teilung aufträgt (Abb. 285. 1).

[1] Vgl. Collard, J.: Electr. Commun. 7 (1929) S. 175; 8 (1930) S. 141.

In ein solches System kann man zunächst eine Kurve a einzeichnen, die dem „Schwellenwert" des Reizes entspricht, d. h. dem Schalldruck, den ein Ton der Abszissenfrequenz haben muß, damit man überhaupt etwas hört[1]. Eine zweite Kurve b hebt die Schalldrücke hervor, bei denen die Empfindung schmerzhaft wird. Die zwischen den Kurven a und b liegende Fläche entspricht den Schalldrücken, die für das Hören überhaupt in Betracht kommen, sie heißt daher „Hörfläche"[2].

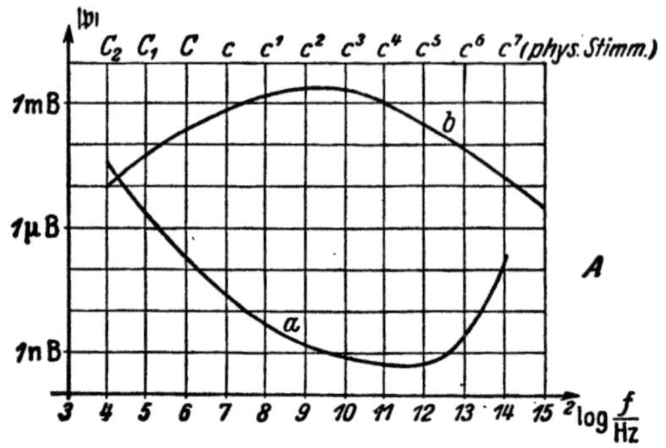

Abb. 285. 1.

Man erkennt, daß ganz tiefe Töne überhaupt nicht empfunden werden. Bei etwas höheren ist der Schwellendruck hoch; bei Steigerung des Schalldrucks wird die Empfindung bald schmerzhaft. Das dreigestrichene c (c^3) physikalischer Stimmung kann in dem Schalldruckbereich zwischen etwa 0,001 und 2000 µb ohne Schmerzempfindung wahrgenommen werden. Wie man sieht, empfindet das Ohr Schalldrücke und Schallstärken annähernd „logarithmisch" („Gesetz von Weber und Fechner").

Als Abszisse ist in Abb. 285. 1 der Logarithmus des Zahlenwerts der Frequenz in Hz gewählt, weil das Ohr auch Tonhöhen logarithmisch empfindet, und zwar sogar scharf. Wir haben z. B. den Eindruck, als ob die Töne a, a^1, a^2 usw. „gleich weit" auseinander lägen, obgleich sich ihre Frequenzen wie 1 : 2 : 4 usw. verhalten. Da die Oktave die doppelte Frequenz hat, benutzt man in der Musik zur Berechnung von Tonhöhen nach einem Vorschlag Eulers den Logarithmus zur Basis 2; man hat dann den Vorteil, daß die Töne c der sog. „physikalischen Stimmung" logarithmisch durch die ganzen Zahlen dargestellt werden. (In dieser Stimmung hat das eingestrichene c die Frequenz $2^8 = 256$ Hz, während man aus dem „Kammerton"[3] für dasselbe c bei „temperierter" Stimmung die Frequenz $440 \cdot (2)^{-\frac{3}{4}} = 262$ Hz berechnet.)

Die Schalldrücke der gewöhnlichen Sprache liegen natürlich weit über den Schwellendrücken. Wie schon im § 273 gesagt, rechnet man im Mittel mit etwa 1 µb Schalldruck in 1 m Abstand vom Munde eines Sprechenden. Die schwächsten und stärksten Schalldrücke, die bei Orchestermusik vorkommen, stehen in dem wichtigsten Frequenzbereich im Verhältnis von etwa $1 : 10^4$.

§ 286. Lautstärke und Lautheit. Um Lautstärken zu bestimmen, verwendet man nach Barkhausen[4] einen Bezugston der Frequenz 1000 Hz, dessen Lautstärke man nach der ihm entsprechenden Schallstärke, also objektiv, meßbar abstufen kann. Der veränderbaren Lautstärke dieses Bezugstons macht man dann subjektiv die Lautstärke des zu messenden Schalles gleich.

Ist p der Schalldruck des Bezugstons, wenn er die Lautstärke L hat, p_0 ein festgesetzter Vergleichsschalldruck, so setzt man zur Definition der Lautstärke L

$$L = 20 \lg \frac{p}{p_0}. \qquad (286.\ 1)$$

p_0 wählt man gleich 0,2 nb. Dieser Wert entspricht annähernd dem Schwellendruck. Man definiert auch

$$L = 10 \lg \frac{S}{S_0},$$

---

[1] Wien, M.: Pflügers Arch. 97 (1903) S. 1.

[2] Die Hörfläche ist natürlich bei den einzelnen Menschen verschieden begrenzt. Die Kurven sind auf Grund von Mittelwerten gezeichnet.

[3] Der Kammerton ist neuerdings auf 440 Hz festgelegt worden. Seinem bisherigen Wert (435 Hz) entsprach ein temperiertes c^1 von 259 Hz.

[4] Barkhausen, H.: Z. techn. Phys. 7 (1926) S. 599.

wo S die Schallstärke bedeutet und $S_0 = 10^{-16}$ W/cm² gewählt ist. Beide Definitionen unterscheiden sich nach (276. 2) ein wenig, weil der Schallwellenwiderstand $c\varrho_0$ der Luft von ihrem Zustand abhängt; praktisch kann man jedoch über den Unterschied hinwegsehen.

Der Angabe der Lautstärke nach Barkhausen pflegt man das Wort „phon" zuzufügen. L ist nach (. 1) ähnlich definiert wie die Dämpfung, wenn sie in Dezibel angegeben wird.

Vergleicht man nach diesen Definitionen Töne aller möglichen Schalldrücke und Frequenzen mit dem objektiv gestuften Bezugston, so kann man in die Hörfläche der Abb. 285. 1 Kurven gleicher Lautstärke einzeichnen[1].

Die Kurve b der Abb. 285. 1 ist keine Kurve gleicher Lautstärke.

Ein Lautstärkenunterschied von 1 phon ist eben wahrnehmbar. Die größten vorkommenden Lautstärken betragen etwa 130 phon.

Unter Lautheit versteht man die Stärke der Schallempfindung. Diese braucht der nach (. 1) bestimmten Lautstärke nicht genau parallel zu gehen[2].

Als psychische Erlebnisse entziehen sich Empfindungen grundsätzlich der quantitativen Messung. Man kann diese Lücke jedoch durch (an sich willkürliche) Definitionen überbrücken und auf diesen Definitionen quantitative Meßverfahren aufbauen. So hat man gelernt, auch Lautheiten quantitativ zu bestimmen. Aus der Tatsache, daß die auf verschiedenen Definitionen beruhenden Messungen zu übereinstimmenden oder annähernd übereinstimmenden Ergebnissen führen, geht zwar nicht die „Richtigkeit", wohl aber die Brauchbarkeit der Lautheitsmessungen hervor.

§ 287. Mikrophon. Ein Apparat, der dazu dient, Schalleistung in elektrische Leistung umzuwandeln, heißt „Mikrophon". Mikrophone sind also Schallempfänger und Sender elektrischer Leistung.

Bei dem von D. E. Hughes im Jahre 1878 erfundenen Mikrophon mit Kohlekontakten ändert der auftreffende Schall den Widerstand von Berührungsstellen, die in einem Gleichstromkreis liegen. Ist R dessen Gesamtwiderstand im unbetönten Zustand, L seine Induktivität, so gilt für den elektrischen Vorgang die Differentialgleichung

$$E = (R + \mathfrak{r})\, i + L \frac{d i}{d t}, \tag{287. 1}$$

wo die reelle Größe $\mathfrak{r}$ einen durch das Schallfeld hervorgerufenen zusätzlichen wechselnden Widerstand bedeutet. Schreiben wir entsprechend $i = I + \mathfrak{i}$, wo auch $\mathfrak{i}$ eine reelle Funktion der Zeit ist, so wird

$$E = (R + \mathfrak{r})\,(I + \mathfrak{i}) + L \frac{d\mathfrak{i}}{dt}. \tag{287. 2}$$

Da dies auch für den Ruhezustand richtig sein muß ($E = RI$), gilt für den veränderlichen Anteil

$$-\mathfrak{r} I = (R + \mathfrak{r})\,\mathfrak{i} + L \frac{d\mathfrak{i}}{dt}. \tag{287. 3}$$

Dies ist eine lineare Differentialgleichung erster Ordnung für $\mathfrak{i}$, die sich von den bisher betrachteten dadurch unterscheidet, daß einer ihrer Koeffizienten eine Funktion der Zeit ist. Ist jedoch $\mathfrak{r}$ klein gegen R, daher auch $\mathfrak{i}$ klein gegen I, so verhält sich das Mikrophon wie eine gewöhnliche Wechselquelle der elektromotorischen Kraft $-\mathfrak{r} I = -(\mathfrak{r}/R)E$. Diese ist also der konstanten elektromotorischen Kraft der das Mikrophon speisenden Batterie proportional. Die Leistung des entstehenden Wechselstroms entstammt der Gleichstromquelle, nicht etwa dem Schall; das Kontaktmikrophon ist wie die Verstärkerröhre ein Relais und bedarf deshalb, wenn keine sehr hohen Leistungen verlangt werden, keines Verstärkers.

[1] Kingsbury, B. A.: Phys. Rev. 29 (1927) S. 588.
[2] Fletcher, H., und Munson, W. A.: J. acoust. Soc. Amer. 5 (1933) S. 82.

Die verwendeten Speiseströme I schwanken zwischen 10 und 100 mA, die Widerstände R der Mikrophone zwischen 50 und 500 Ω.

Unter dem „Übertragungsmaß" eines Mikrophons versteht man das Verhältnis der an einem Belastungswiderstand von 600 Ω entstehenden Klemmenspannung zu dem Schalldruck auf die Membran.

Beim Kohlemikrophon gerät eine (0,2 ··· 0,3 mm dicke) Membran[1] aus Kohle[2] durch den Schalldruck in Schwingungen und drückt mehr oder weniger stark auf eine Schicht Kohlegrieß, der in eine Kapsel eingefüllt ist und einen Teil des Kreises der Mikrophonbatterie bildet. Das Übertragungsmaß ist frequenzabhängig und zeigt Maxima in der Nähe der Eigenfrequenzen der Membran. Deren Auslenkungen liegen in der Größenordnung von etwa 10 nm; deshalb werden die Kohlekörner auch nur elastisch verformt. Wenn die auf das einzelne Korn fallende Stromstärke zu groß ist oder wenn die Körner sich nicht nur verformen, sondern sich verschieben oder gar hin und her tanzen, entstehen starke Verzerrungen.

Beim Kondensatormikrophon[3] ruft der Schall Schwankungen einer zwischen einer (blattartigen) Membran und einer Gegenelektrode liegenden Kapazität hervor. Die in ihm erzeugte elektromotorische Kraft verhält sich zu der Ruhespannung an der Kapazität wie die zusätzliche Kapazität zur Ruhekapazität.

Beim Kondensatormikrophon beträgt der Abstand der Membran von der Gegenelektrode etwa 10 ··· 50 μm. Das das Dielektrikum bildende „Luftpolster" wirkt wie eine Versteifung der Membran; gibt man der Luft die Möglichkeit, auszuweichen, so steigt das Übertragungsmaß. Man erreicht etwa 3 mV/μb.

Das „elektrodynamische" Mikrophon beruht auf dem Induktionsgesetz: Befindet sich ein (z. B. bandartiger) Leiter[4] in einem Magnetfeld und wird er durch auftreffenden Schall bewegt, so wird in einem Stromkreis, von dem er ein Teil ist, ein Strom induziert. Statt des Leiters kann eine Tauchspule mit Membran verwendet werden[5]

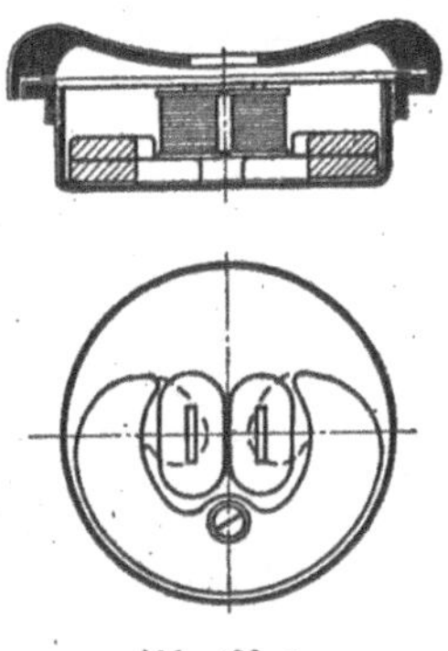

Abb. 288. 1.

§ 288. **Das Telephon**[6] hat die Aufgabe, den Fernsprechstrom wieder in Schall zu verwandeln. Es besteht in seiner älteren Form (Abb. 288. 1) aus einem Dauermagnet in Gestalt eines Hufeisens, weichen Polschuhen, auf denen die Wicklungen für den Fernsprechstrom sitzen, und einer der Anziehung der Pole ausgesetzten Membran ebenfalls aus weichem Eisen.

Wir wollen zunächst den Zusammenhang der Anzugskraft mit der Stärke des Fernsprechstroms und der Durchbiegung der Membran berechnen, jedoch unter der vereinfachenden Voraussetzung, daß die von den Fernsprechströmen herrührenden Durchbiegungen sehr klein sind; sie sind in der Tat von der Größenordnung einiger μm. Es ist dabei zu beachten, daß die Membran schon

[1] Hier und im folgenden ist mit Rücksicht auf den Sprachgebrauch der Praxis das Wort „Membran" beibehalten worden, obgleich es sich bei den Kontaktmikrophonen wie bei den Telephonen um Gebilde mit merklicher Eigensteifigkeit, also um „Platten", handelt. Vgl. Kalähne, A.: Grundzüge der mathematisch-physikalischen Akustik. Leipzig und Berlin 1913. II S. 141.

[2] Kohle eignet sich besser als Metall (z. B. Aluminium).

[3] Wente, E. C.: Phys. Rev. 10 (1917) S. 39.

[4] Schottky, W.: Phys. Z. 25 (1924) S. 672.

[5] Siemens, Werner v.: Wiss. u. techn. Arbeiten. Berlin 1891. 2 S. 353.

[6] Als sein Erfinder gilt A. Graham Bell (1876). Schon 1861 hat jedoch Ph. Reis über ein von ihm gebautes Telephon berichtet.

durch den Dauermagnetismus um ein gewisses Maß durchgebogen (vorgespannt) wird. Der Fernsprechstrom vergrößert diese Durchbiegung nur um einen kleinen zeitlich wechselnden Betrag.

Nehmen wir an, daß die beiden Luftspalte zwischen den Polschuhen und der Membran, wenn der Wechselstrom i fließt, je um den wechselnden Wert s verengert werden, dann können wir nach (71. 3)

$$w I_0 + w i = \Phi \cdot \Big(\sum_i \frac{l_i}{\mu_{\Delta i} F_i} - \frac{2s}{\mu_0 F} \Big) = \frac{2\Phi}{\mu_0 F}(l - s) \qquad (288.\ 1)$$

setzen, wo F den wirksamen Querschnitt des Flusses in jedem der beiden Luftspalte bedeuten soll; die Wirkung des Dauermagnets haben wir (statt durch eingeprägte Feldstärken wie im § 71) durch eine zusätzliche konstante Stromstärke I_0 berücksichtigt und die Länge $\Sigma\,(\mu_0 F/(\mu_{\Delta i} F_i))\,l_i$ durch $2l$ abgekürzt[1].

Die auf die Membran wirkende Anzugskraft ist daher nach (86. 1), da beide Polschuhe anziehen (F ist die Fläche eines Polschuhs):

$$P = \frac{1}{2\mu_0}\Big(\frac{\mu_0 w (I_0 + i)}{2(l - s)}\Big)^2 \cdot 2F \approx w^2 \frac{\mu_0 I_0^2 F}{4 l^2}\Big(1 + 2\frac{i}{I_0} + 2\frac{s}{l}\Big). \qquad (288.\ 2)$$

Sie besteht aus dem konstanten Anteil P_0 und einem Wechselanteil; dieser setzt sich aus zwei Komponenten zusammen, aus der dem Fernsprech-Wechselstrom i proportionalen Kraft mit dem Koeffizienten

$$M = w^2 \frac{\mu_0 I_0 F}{2 l^2} = \frac{2 P_0}{I_0} \qquad (288.\ 3)$$

und aus der der Wechselauslenkung s proportionalen Kraft mit dem Koeffizienten

$$D_m = w^2 \frac{\mu_0 I_0^2 F}{2 l^3} = \frac{2 P_0}{l}, \qquad (288.\ 4)$$

die davon herrührt, daß der Widerstand des magnetischen Kreises sinkt, wenn sich die Membran den Polen nähert.

Diesen beiden anziehenden Wechselkräften wirkt die Steifigkeit der Membran mit der ebenfalls wechselnden elastischen „Rückstellkraft" $D_e s$ entgegen. Setzt man $D_e - D_m = D$ und nimmt man noch eine Dämpfung der Bewegung mit dem Koeffizienten p an, so erhält man für die Membran die Differentialgleichung

$$m \frac{d^2 s}{dt^2} = M i + D_m s - D_e s - p \frac{ds}{dt} = M i - D s - p \frac{ds}{dt}. \qquad (288.\ 5)$$

Sie entspricht vollkommen der Gleichung (87. 5); Mi ist die auf die Membran wirkende „äußere Wechselkraft". Der durch (. 3) definierte Koeffizient M heißt „elektromechanischer Kopplungsfaktor".

Wäre die Membran nicht vorgespannt durch magnetische Kräfte, die auch im Ruhezustande wirken, so käme der Wechselstrom i in (. 2) in der 2. Potenz vor. Dann wäre der Fernhörer nicht mehr linear und daher unbrauchbar.

Die in (. 5) einzusetzende Masse m ist nur ein Teil der wahren Masse der Membran. Sie hängt von den Abmessungen der Membran und der an sie angrenzenden Lufträume ab; bei dem betrachteten Telephontyp setzt man m meist etwa gleich einem Fünftel der wahren Membranmasse. Durch das Mitschwingen der Luft wird die „scheinbare Masse" der Membran vergrößert. Das ist natürlich unvermeidlich; bliebe die Luft in Ruhe, so strahlte der Fernhörer auch keinen Schall aus. Die Reibung der Luft wirkt zugleich „dämpfend" auf die Membran; d. h. die hemmende Kraft $p\,ds/dt$ in (. 5) ist im wesentlichen ihr zuzuschreiben.

[1] $2l$ ist viel kleiner als $\sum_i l_i$.

§ 289. Induktionswirkung der bewegten Membran. Der elektrische Kreis des Telephons, der aus den Polschuhwicklungen und den äußeren Widerständen, Induktivitäten usw. besteht, ist durch den magnetischen Kreis mit der schwingenden Membran gekoppelt. Zwischen ihm und der Membran als mechanischem System besteht daher eine Wechselwirkung wie zwischen dem primären und sekundären Kreis eines Übertragers.

Die Rückwirkung der Membran auf den elektrischen Kreis rührt davon her, daß der für die Induktivität des Telephons maßgebende Leitwert des magnetischen Kreises im Takte der Membranschwingungen schwankt. Nach (288. 1) ist

$$\Psi = w\Phi = w^2 \frac{\mu_0 F}{2} \frac{I_0 + i}{l - s} \approx w^2 \frac{\mu_0 I_0 F}{2l}\left(1 + \frac{i}{I_0} + \frac{s}{l}\right)$$

$$= w^2 \frac{\mu_0 F}{2l}(I_0 + i) + w^2 \frac{\mu_0 I_0 F}{2l^2} s = L(I_0 + i) + Ms. \qquad (289.1)$$

Zu der Ruheinduktivität L tritt also eine scheinbare Gegeninduktivität, die in dem elektrischen Kreis eine elektromotorische Kraft $-M\,\mathrm{d}s/\mathrm{d}t$ hervorruft. Die Differentialgleichung für den elektrischen Kreis lautet daher

$$-M\frac{\mathrm{d}s}{\mathrm{d}t} = -u_1 + R + L\frac{\mathrm{d}i}{\mathrm{d}t}, \qquad (289.2)$$

wo u_1 die Spannung an den Klemmen des Fernhörers bedeutet. In R und L sollen auch die übrigen Widerstände und Induktivitäten des Kreises enthalten sein.

§ 290. Die Differentialgleichungen des Telephons lassen sich, wenn man von Einschaltvorgängen absieht, nach dem komplexen Verfahren behandeln. Wir erhalten ($\mathfrak{s}$ ist der komplexe Ausschlag der Membran):

$$M\mathfrak{J} = (D + \mathrm{j}\omega p - m\omega^2)\,\mathfrak{s}, \qquad (290.1)$$

$$\mathfrak{U}_1 = (R + \mathrm{j}\omega L)\,\mathfrak{J} + \mathrm{j}\omega M\mathfrak{s}. \qquad (290.2)$$

Setzt man für das mechanische System ähnlich wie früher für das elektrische

$$\omega_0 = \sqrt{\frac{D}{m}}, \qquad \eta = \frac{\omega}{\omega_0}, \qquad \sin\vartheta = \frac{p}{2\sqrt{mD}}, \qquad (290.3)$$

so ergibt sich aus (. 1)

$$\mathfrak{s} = \frac{M\mathfrak{J}}{D(1 - \eta^2 + \mathrm{j}\cdot 2\eta\sin\vartheta)}. \qquad (290.4)$$

Nach (. 2) ist also

$$\mathfrak{U}_1 = \left(R + \mathrm{j}\omega L + \mathrm{j}\eta\frac{\omega_0 M^2}{D(1 - \eta^2 + \mathrm{j}\cdot 2\eta\sin\vartheta)}\right)\mathfrak{J}; \qquad (290.5)$$

d. h. die schwingende Membran wirkt infolge ihrer Kopplung mit dem elektrischen Kreis auf diesen zurück: sein an sich schon frequenzabhängiger Widerstand $R + \mathrm{j}\omega L$ vergrößert sich um einen frequenzabhängigen Zusatzwiderstand

$$\mathfrak{W} = \frac{\omega_0 M^2/D}{2\sin\vartheta + \mathrm{j}\left(\eta - \frac{1}{\eta}\right)}, \qquad (290.6)$$

dessen Frequenzgang nach (110. 4) durch Abb. 110. 1 dargestellt wird. Bei der Scheinfrequenz ω_0 hat $\mathfrak{W}$ den reellen Wert

$$R_m = (\mathfrak{W})_{\eta=1} = \frac{\omega_0 M^2}{2D\sin\vartheta}. \qquad (290.7)$$

Die dem Telephon zugeführte Wirkleistung wird demnach nur zum Teil in Wärme verwandelt; der Rest erscheint als Schwingleistung der Membran.

Klemmt man die Membran fest, so verschwindet $\mathfrak{W}$.

Das Verhältnis des Ausschlags $\mathfrak{s}$ zu der Stromstärke $\mathfrak{I}$ hat nach (. 4) und nach (113. 1) nur bei geringer Dämpfung seinen Höchstwert ebenfalls bei der Scheinfrequenz ω_0. Für diese wird

$$\left|\frac{\mathfrak{s}}{\mathfrak{I}}\right|_{\eta=1} = \frac{M}{2\,D\sin\vartheta}. \tag{290. 8}$$

Die komplexe Schnelle $\mathfrak{u}$ ist

$$\mathfrak{u} = \mathrm{j}\,\omega\,\mathfrak{s} = \frac{\omega_0\,M\,\mathfrak{I}}{D\left(2\sin\vartheta + \mathrm{j}\left(\eta - \frac{1}{\eta}\right)\right)}. \tag{290. 9}$$

Das Verhältnis $\mathfrak{u}/\mathfrak{I}$ hat daher für alle Dämpfungswinkel bei der Scheinfrequenz ω_0 seinen Höchstwert

$$\left|\frac{\mathfrak{u}}{\mathfrak{I}}\right|_{\eta=1} = \frac{\omega_0\,M}{2\,D\sin\vartheta}. \tag{290. 10}$$

„Übertragungsmaß des Telephons" heißt das Verhältnis des an einem festgelegten akustischen Belastungswiderstand entstehenden Schalldrucks zu der halben elektromotorischen Kraft eines Stromerzeugers, dessen innerer Widerstand gleich 600 Ω ist.

§ **291. Zahlenwerte.** Für ein neueres Telephon mit koaxialer Anordnung des magnetischen Systems und besonders leichter Membran[1] ist die Kraft P_0, mit der der in der Mitte einer Aluminiummembran aufgenietete Eisenanker in der Ruhelage von den Polschuhen angezogen wird, etwa gleich 5 g_p. Setzt man die Länge des gleichwertigen Luftwegs l gleich 0,75 mm, die Windungszahl w gleich 700, die Polschuhfläche F gleich 42 mm², so ergibt sich nach (288. 2) die Ruhedurchflutung zu

$$w\,I_0 = 2\,l\sqrt{\frac{P_0}{\mu_0 F}} = 177\,\frac{l}{\mathrm{mm}}\sqrt{\frac{P_0/g_p}{F/\mathrm{mm}^2}}\,\mathrm{A} = 46\,\mathrm{A}. \tag{291. 1}$$

Der dem Ruhefeld entsprechende Strom I_0 ist daher gleich 65 mA.

Der elektromechanische Kopplungsfaktor folgt aus diesen Zahlen und aus (288. 3), wenn wir die leicht vorstellbare CGS-Einheit der Schnelle (1 cm/s) mit „cel" abkürzen, zu

$$M = \frac{2\,P_0}{I_0} = 196\,\frac{P_0/g_p}{I_0/\mathrm{mA}}\,\frac{\mathrm{mV}}{\mathrm{cel}} = 15{,}0\,\frac{\mathrm{mV}}{\mathrm{cel}}. \tag{291. 2}$$

Weiter ist

$$D_m = \frac{2\,P_0}{l} = 0{,}013\,\frac{g_p}{\mu\mathrm{m}}. \tag{291. 3}$$

Die schwingende Masse kann bei dem betrachteten Telephon etwa mit 0,25 g_l angesetzt werden. Die Masse des Ankers ist nämlich ≈ 0,15 g_l, die der Membran (ohne Anker) ≈ 0,3 g_l; von ihr wird nur etwa ⅓ wirksam. Soll die Eigenfrequenz bei 2200 Hz liegen, so ergibt sich nach (290. 3) die Steifigkeitskonstante (Rückstellkonstante)

$$D = m\,\omega_0^2 = 4{,}03\,\frac{m}{g_l}\left(\frac{f_0}{\mathrm{kHz}}\right)^2\frac{g_p}{\mu\mathrm{m}} = 4{,}9\,\frac{g_p}{\mu\mathrm{m}}; \tag{291. 4}$$

es ist also $D_e \gg D_m$. Weiter ist nach (290. 7) der Höchstwert des Zusatzwiderstandes

$$R_m = \frac{\omega_0\,M^2}{2\,D\sin\vartheta} = \frac{M^2}{2\,\omega_0\,m\sin\vartheta} = 0{,}80\,\frac{\left(\frac{M}{\mathrm{mV/cel}}\right)^2}{\frac{f_0}{\mathrm{kHz}}\cdot\frac{m}{\mathrm{mg}_l}\sin\vartheta}\,\Omega = \frac{0{,}33}{\sin\vartheta}\,\Omega; \tag{291. 5}$$

ferner nach (290. 8) der Betrag des Verhältnisses Ausschlag/Strom bei $\eta = 1$:

$$\left|\frac{\mathfrak{s}}{\mathfrak{I}}\right|_{\eta=1} = \frac{M}{2\,D\sin\vartheta} = 5{,}10\,\frac{\frac{M}{\mathrm{mV/cel}}}{\frac{D}{g_p/\mu\mathrm{m}}\sin\vartheta}\,\frac{\mathrm{nm}}{\mathrm{mA}} = \frac{16}{\sin\vartheta}\,\frac{\mathrm{nm}}{\mathrm{mA}}; \tag{291. 6}$$

---

[1] Jacoby, H., und Panzerbieter, H.: Elektr. Nachr.-Techn. **13** (1936) S. 75. Panzerbieter, H.: Europ. Fernsprechdienst **38** (1938) S. 550.

endlich nach (290. 10) der Höchstwert des Verhältnisses Schnelle : Strom:

$$\left|\frac{\mathfrak{u}}{\mathfrak{J}}\right|_{\eta=1} = \frac{\omega_0 M}{2\,D\sin\vartheta} = 3{,}20\cdot 10^{-3}\,\frac{\dfrac{f_0}{\text{kHz}}\;\dfrac{M}{\text{mV/cel}}}{\dfrac{D}{\text{g}_\text{p}/\mu\text{m}}\,\sin\vartheta}\,\frac{\text{cel}}{\text{mA}} = \frac{0{,}022}{\sin\vartheta}\,\frac{\text{cel}}{\text{mA}}\,. \qquad (291.\ 7)$$

Man erkennt hieraus die Größenordnung der vorkommenden Ausschläge und Schnellen. Der Dämpfungswinkel ϑ ist bei dem betrachteten Telephon etwa gleich 6^0.

12. Abschnitt.

Röhrenverstärker.

§ 292. Allgemeines. Der Röhrenverstärker[1] gehört wie das Relais und das Mikrophon zu den Auslösevorrichtungen. Er befähigt die schwachen am Ende eines Nachrichtensystems ankommenden Energiemengen, eine dort zur Verfügung stehende Energiequelle so zu „steuern", daß in einem anderen weiterführenden Nachrichtensystem ein Vorgang entsteht, der dem in dem ersten verlaufenden ähnlich ist.

Bei der Elektronenröhre steuert die zu verstärkende Energie ohne Kontakte unmittelbar durch das Feld einer besonderen „Steuerelektrode" den Elektronenstrom, der zwischen der Anode und der Kathode einer Hochvakuumröhre fließt.

Der Elektronenstrom im Hochvakuum befolgt andere Gesetze als der Strom in einem Metalldraht. Es empfiehlt sich, zunächst sein Zustandekommen in einer Röhre mit nur zwei Elektroden zu betrachten und dann erst zu der Röhre mit einer oder mehreren Zusatzelektroden überzugehen.

§ 293. Elektrizitätsträger. Der völlig leere Raum kann der Sitz elektromagnetischer Felder und daher auch von Verschiebungsströmen sein; ein Leitungsstrom (§ 29) dagegen kann in ihm nur dann zustande kommen, wenn Elektrizitätsträger in ihm vorhanden sind und durch irgend eine Ursache in Bewegung gesetzt werden. In der Schwachstromtechnik werden die Elektrizitätsträger meist durch elektrische, in manchen Fällen auch durch magnetische Felder bewegt. Sie können aber auch in anderer Weise beschleunigt werden, z. B. rein mechanisch oder durch heftige Wärmebewegung.

Positive Träger (positive Ionen) entstehen z. B. dann, wenn von neutralen Atomen oder Atomgruppen Elektronen abgetrennt werden. Negative Träger sind vor allem die Elektronen selbst, dann aber auch die negativen Ionen, d. h. Atome oder Atomgruppen, die sich ein Elektron oder mehrere angelagert haben.

In den Metallen wird der elektrische Strom, wie die Erfahrung lehrt (vgl. § 29), allein von den Elektronen getragen. Da diese ohne unser Zutun immer in der nötigen Menge vorhanden sind, nennt man eine Strömung wie die in den Metallen auch „selbständige Strömung".

Zu den selbständigen Strömungen gehört auch die Strömung in den Elektrolyten. Träger sind hier die Ionen, in die die Elektrolyte immer wenigstens teilweise zerfallen sind.

---

[1] Barkhausen, H.: Lehrbuch der Elektronenröhren und ihrer technischen Anwendungen. 4 Bände. Leipzig 1931 ··· 1937. Rothe, H., Schottky, W., und Simon, H., in: Handbuch der Experimentalphysik. Hrsg. v. W. Wien und F. Harms. Leipzig 1928. Bd. 13, 2. Teil. In dem an zweiter Stelle genannten Werk sind besonders ausführlich die physikalischen Grundlagen der Röhrentechnik behandelt.

In einem sich selbst überlassenen Gas sind im allgemeinen nur wenige Elektrizitätsträger vorhanden. Soll daher in Gasen ein elektrischer Strom zustande kommen, so ist es in den meisten Fällen nötig, die Zahl der Träger künstlich zu erhöhen. Dazu können ionisierende Strahlungen mannigfacher Art dienen; für die Technik ist vor allem von Bedeutung das „Herausdampfen" von Elektronen aus glühenden Körpern. Strömungen, die nur bei künstlicher Vermehrung der Träger zustande kommen, heißen „unselbständige Strömungen".

Sollen die erzeugten Träger durch ein elektrisches Feld in Bewegung gesetzt werden, so muß die Feldstärke die richtige Richtung haben. Elektronen z. B., die ja eine negative Ladung haben, werden dem Feld entgegen beschleunigt; der Vektor der Feldstärke muß daher, wenn eine dauernde Strömung zustande kommen soll, beständig auf die Elektronenquelle hin gerichtet sein.

§ 294. Durchgang der Elektrizität durch Gase. Im Innern eines Elektrolyts gilt das Ohmsche Gesetz, weil die Elektrizitätsträger dort einen so hohen Widerstand vorfinden, daß sie eine der Feldstärke proportionale konstante Geschwindigkeit erlangen. Ähnlich sinken Staubteilchen oder Wassertröpfchen unter dem Einfluß der Schwere mit gleichbleibender Geschwindigkeit (beschleunigungsfrei) zu Boden, wenn der Widerstand, den die Luft ihrer Bewegung entgegensetzt, infolge ihrer Kleinheit wesentlich größer ist als ihr Trägheitswiderstand.

Auch bei einem Gas gilt das Ohmsche Gesetz nur so lange, als der Widerstand groß ist, den die Elektrizitätsträger bei ihrer Wanderung erfahren. In den technisch verwendeten Elektronenröhren ist die „freie Weglänge" durch Auspumpen so sehr vergrößert, daß für die Strömung der Träger andere Gesetze gelten müssen.

Wäre es möglich, den Widerstand, den die Träger vorfinden, gleich Null zu machen, so würde ihr Weg von der einen Elektrode zu der anderen, da sie nicht trägheitslos sind, zwar eine gewisse Zeit beanspruchen; im Beharrungszustande kämen aber alle Träger, die während irgend einer Zeitspanne von der Trägerquelle ausgesandt worden sind, in einer Zeitspanne von derselben Länge, wenn auch ein wenig verspätet, auf der anderen Elektrode an. Dann wäre die erzeugte Gesamtstromstärke gleich der von der Trägerquelle in der Zeiteinheit gelieferten Elektrizitätsmenge, also von der Höhe der angelegten Spannung unabhängig. Wären die Träger Elektronen und würden von der Oberflächeneinheit der Elektronenquelle in der Zeiteinheit N Elektronen ausgesandt, so entstünde die Stromstärke

$$i_s = NeF, \qquad (294.1)$$

wo F die Oberfläche der Quelle bedeutet. Man nennt diesen Grenzstrom den „Sättigungsstrom".

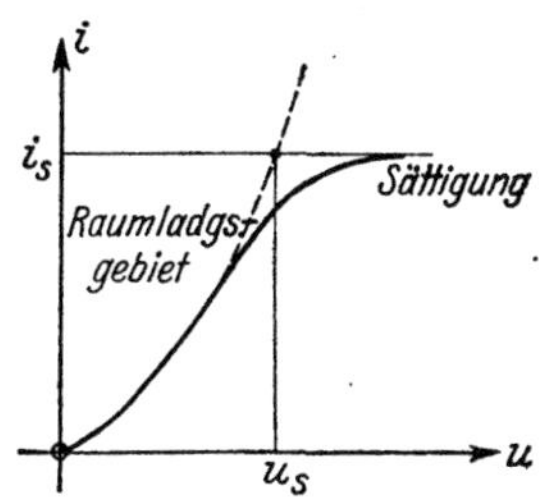

Abb. 294. 1.

Die Elektronen bewegen sich jedoch in den Verstärkerröhren nicht widerstandsfrei. Denn erstens enthält auch ein Hochvakuum, dem ein Luftdruck unter 1 μTorr (§ 272) entspricht, immer noch eine gewisse Zahl von Gasmolekeln, die den Elektronen den Weg versperren können; zweitens aber — und dies macht viel mehr aus — stoßen die in der Nähe der Elektronenquelle noch verhältnismäßig langsam fliegenden Elektronen die hinter ihnen her fliegenden Elektronen nach der Elektronenquelle zurück. Die mit endlicher (nicht unendlich großer) Geschwindigkeit fliegenden Elektronen stellen, wie man sagt, eine „Raumladung" dar, deren abstoßende Wirkung für ihre eigene Bewegung einen Widerstand bedeutet, so daß nur eine geringere Stromstärke zustande kommen kann.

Je langsamer die Elektronen fliegen, um so mehr macht sich diese Raumladung bemerkbar. Bei hohen Spannungen und damit hohen Elektronengeschwindigkeiten verschwindet ihr Einfluß; dann geht die Stromstärke in die Sättigungsstromstärke (. 1) über.

Abb. 294. 1 zeigt die Kennlinie einer solchen unselbständigen Strömung im Hochvakuum. Bei negativen Spannungen ist der Strom gleich Null; bei positiven steigt er allmählich an, um — nach Überwindung des Raumladungsgebiets — in die Sättigungshorizontale einzumünden.

§ 295. **Raumladungsgleichung.** Wir berechnen den Zusammenhang der Stärke eines zwischen den beiden Elektroden einer Hochvakuumröhre entstehenden Stroms mit der Spannung zwischen den Elektroden für einen besonders einfachen Fall. Dabei setzen wir zwei gleich große einander parallele ebene Elektroden voraus, deren Flächen je gleich F, deren Abstand gleich a sei (Abb. 295. 1). Die obere Elektrode sei die Anode, die untere die Kathode und zugleich die Elektronenquelle.

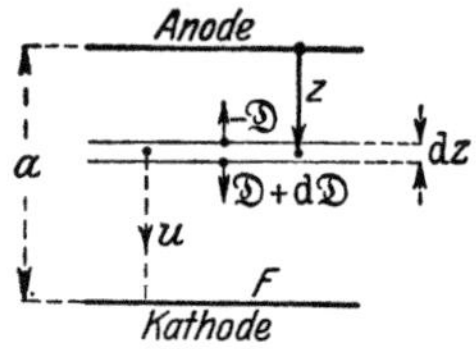

Abb. 295. 1.

u sei die positive Spannung zwischen dem Aufpunkt und der Kathode. Das elektrische Feld sei überall senkrecht zu den Elektroden gerichtet ($\mathfrak{E} = E_z = E$, $\mathfrak{D} = D_z = D$) und hänge nur von dem Abstand z des Aufpunkts von der Anode ab; für u und z wie für die Stromstärke i, die Feldstärke E, die Verschiebung D und die Elektronengeschwindigkeit v denken wir uns die Bezugspfeile von oben nach unten gerichtet. Dann ist zunächst nach (36. 1)

$$\frac{du}{dz} = -E. \qquad (295.1)$$

Das Vorzeichen ist richtig; denn da die Spannung u auf der Kathode gleich Null wird, muß sie mit steigendem z abnehmen. Wir setzen voraus, daß die Gegenwirkung der Raumladung so stark ist, daß unmittelbar vor der Kathode auch das Gefälle von u, die Feldstärke E, gleich Null wird[1].

Befindet sich weiter in einer Schicht von der Dicke dz an der Stelle z die Raumladung $\varrho F dz$, so folgt aus der Grundgleichung (43. 2):

$$(D + dD)F - DF = \varrho F\,dz$$

oder

$$\frac{dD}{dz} = \varepsilon_0 \frac{dE}{dz} = \varrho. \qquad (295.2)$$

Das Feld zwischen den beiden Elektroden nimmt also, da die Raumladungsdichte ϱ negativ ist, nach der Kathode hin ab; ohne Raumladung wäre es homogen.

Die Elektronen, die die Raumladung bilden, haben eine von unten nach oben gerichtete, also negative Geschwindigkeit v, die durch das Feld E selbst erzeugt wird. Fliegt ein Elektron von der Ladung $-e$ und der Masse m von der Kathode bis zum Aufpunkt, so leisten die elektrischen Kräfte die Arbeit:

$$\int_{z=a}^{z} (-e)E\,dz = e\int_{z}^{a} E\,dz = eu. \qquad (295.3)$$

Diese ist nach dem Energiesatz gleich der kinetischen Energie $(m/2)v^2$, die das Elektron bei seiner Ankunft im Aufpunkt gewonnen hat; d. h. wenn es die Kathode ohne Geschwindigkeit verlassen hat, gilt

$$v = -\sqrt{\frac{2e}{m}u}. \qquad (295.4)$$

[1] Eine genauere Untersuchung zeigt, daß diese Voraussetzung nur annähernd zutrifft.

Durch die Bewegung der Elektronen kommt ein elektrischer Strom i zustande, der im Beharrungszustande mit ihrer Geschwindigkeit durch die Gleichung

$$i = \varrho v F \qquad (295.5)$$

verbunden ist. Da ϱ und v negativ sind, ist i positiv.

Dieser Strom muß schließlich nach § 66, da keine Elektrizität verschwinden kann, in allen Querschnitten die gleiche Stärke haben:

$$\frac{\mathrm{d}i}{\mathrm{d}z} = 0. \qquad (295.6)$$

Scheidet man aus den Gleichungen (. 1), (. 2), (. 4) und (. 5) die Veränderlichen E, ϱ und v aus, so erhält man für die Spannung u die Differentialgleichung

$$\frac{\varepsilon_0 F}{i}\sqrt{\frac{2e}{m}}\,\frac{\mathrm{d}^2 u}{\mathrm{d}z^2} = k^2\frac{\mathrm{d}^2 u}{\mathrm{d}z^2} = \frac{1}{\sqrt{u}}. \qquad (295.7)$$

k ist eine Konstante, da i nach (. 6) nicht von z abhängt. Man multipliziert (. 7) mit $\mathrm{d}u$:

$$k^2\frac{\mathrm{d}u}{\mathrm{d}z}\,\mathrm{d}\,\frac{\mathrm{d}u}{\mathrm{d}z} = \frac{\mathrm{d}u}{\sqrt{u}} \qquad (295.8)$$

und integriert:

$$\frac{k^2}{2}\left(\frac{\mathrm{d}u}{\mathrm{d}z}\right)^2 = 2\sqrt{u} + c_1; \qquad (295.9)$$

die Integrationskonstante c_1 ist gleich Null zu setzen, da für $u = 0$ auch die Feldstärke gleich Null sein soll. Aus (. 9) folgt weiter, da $\mathrm{d}u/\mathrm{d}z$ bei positivem u negativ ist:

$$\frac{k}{2}\,\frac{\mathrm{d}u}{\sqrt[4]{u}} = -\mathrm{d}z, \qquad (295.10)$$

und, da u für $z = a$ gleich Null wird:

$$\frac{2}{3}\,k u^{\frac{3}{4}} = a - z. \qquad (295.11)$$

Das Gesetz, nach dem die Spannung in dem Raume zwischen den beiden Elektroden abfällt, wird also durch die Gleichung

$$u = \left(\frac{3}{2k}\right)^{\frac{4}{3}}(a-z)^{\frac{4}{3}} = u_a\left(\frac{a-z}{a}\right)^{\frac{4}{3}} \qquad (295.12)$$

dargestellt, wo u_a die Spannung u für $z = 0$, also die Spannung zwischen den Elektroden, bedeutet. Aus (. 12) ergibt sich der Zusammenhang des Stroms i mit der Spannung u_a nach der Definition der Konstante k (. 7) in der Form[1]:

$$i = \frac{4}{9}\varepsilon_0\sqrt{\frac{2e}{m}}\,\frac{F}{a^2}\,u_a^{\frac{3}{2}} = 2{,}34\,\frac{F}{a^2}\left(\frac{u_a}{\mathrm{V}}\right)^{\frac{3}{2}}\,\mu\mathrm{A} \qquad (295.13)$$

(„Raumladungsgleichung" von Langmuir und Schottky). Dabei ist die Elektronenkonstante e/m gleich $1{,}76\cdot 10^{15}\,\mathrm{cm}^2/(\mathrm{V\,s}^2)$ gesetzt.

Bezeichnet man die Geschwindigkeit, mit der die Elektronen auf die Anode auftreffen, mit $v_{\max}$ und nimmt man an, daß sie mit der durchschnittlichen Geschwindigkeit $4v_{\max}/9$ laufen und die Zeit τ brauchen, so folgt aus

$$v_{\max} = \sqrt{\frac{2e\,u_a}{m}} = 0{,}593\sqrt{\frac{u_a}{\mathrm{V}}}\,\frac{\mathrm{km}}{\mathrm{ms}} \quad \text{und} \quad \tau = \frac{9a}{4\,v_{\max}} \qquad (295.14)$$

die dem Ohmschen Gesetz ähnliche Gleichung

$$i = \frac{\varepsilon_0}{\tau}\,\frac{F}{a}\,u_a; \qquad (295.15)$$

[1] Langmuir, I.: Physik. Z. 15 (1914) S. 348. Schottky, W.: Ebenda S. 526 und 624.

d. h. der leere Raum zwischen den Elektroden wirkt wie ein Medium von der scheinbaren Leitfähigkeit

$$\frac{\varepsilon_0}{\tau} = \frac{4\,\varepsilon_0}{9\,a}\sqrt{\frac{2\,e\,u_a}{m}} = 2{,}34\,\frac{\sqrt{u_a/\mathrm{V}}}{a/\mathrm{mm}}\,\frac{\mathrm{nS\,m}}{\mathrm{mm}^2}, \qquad (295.\ 16)$$

die von der Höhe (und natürlich auch dem Vorzeichen) der angelegten Spannung abhängt. Die Zeit τ ist, wie eine einfache Rechnung zeigt, nur wenig kleiner als die Zeit, die die Elektronen unter den Voraussetzungen unserer Rechnung wirklich für ihren Weg brauchen.

Für $u_a = 100$ V und $a = 1$ cm wird z. B. $v_{\max} \approx 6$ km/ms, $\tau = 3{,}8$ ns, $\varepsilon_0/\tau = 2{,}3$ nS m/mm².

Häufiger als die ebene verwendet man eine zylindrische Anordnung der Elektroden (Abb. 295. 2). Man kann vermuten, daß bei ihr als Oberfläche F die mit einem Faktor β_1 multiplizierte Oberfläche $2\pi r l$ der zylindrischen Anode, als Elektrodenabstand a der mit einem Faktor β_2 multiplizierte Radius r zu nehmen ist. Mit der Abkürzung $\beta_2^2/\beta_1 = \beta^2$ erhält man auf diese Weise:

$$i = \frac{4}{9}\varepsilon_0\sqrt{\frac{2e}{m}}\,\frac{\beta_1\cdot 2\pi r l}{\beta_2^2\, r^2}\,u_a^{\frac{3}{2}} = \frac{8\pi}{9}\varepsilon_0\sqrt{\frac{2e}{m}}\,\frac{l}{\beta^2 r}\,u_a^{\frac{3}{2}} = 14{,}7\,\frac{l}{\beta^2 r}\left(\frac{u_a}{\mathrm{V}}\right)^{\frac{3}{2}}\mu\mathrm{A}. \qquad (295.\ 17)$$

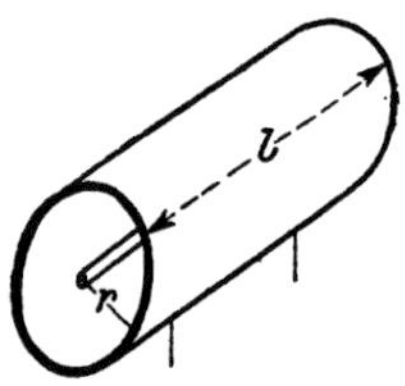

Abb. 295. 2.

Der Faktor β hängt von dem Verhältnis des Durchmessers der Anode zu dem Durchmesser der Kathode ab und ist, wie die Theorie zeigt[1], bei dünnen Glühfäden nur wenig größer als 1. Eine Glühkathode in Fadenform liefert also um so höhere Stromstärken, je länger sie ist und je enger der Anodenzylinder sie umschließt.

Durch die Raumladungsgleichungen (. 13) und (. 17) wird die Kennlinie der Röhre mit zwei Elektroden in erster Näherung dargestellt. Eingehende Untersuchungen haben gezeigt, daß ein Teil der gemachten Voraussetzungen genau genommen nicht zulässig ist und daß die Gestalt der Kennlinie noch von einer Reihe weiterer Einflüsse abhängt[2]. Man benutzt daher häufig empirische Gleichungen der Form

$$i = K\,u_a^{\gamma}; \qquad (295.\ 18)$$

dabei wählt man die Zahl γ so, daß die Gleichung sich möglichst gut der Erfahrung anschließt (γ liegt meist zwischen 1,5 und 2).

§ 296. **Eingitterröhre („Triode").** Bei ihr tritt zu der Anode und der Glühkathode eine durchlöcherte oder geschlitzte oder in anderer Weise durchbrochene dritte Elektrode, das „Steuergitter". Abb. 296. 1 zeigt eine übliche Anordnung der drei Elektroden; für Schaltbilder kann man sich z. B. der Darstellung Abb. 296. 2 bedienen. Soll der Heizkreis nicht angedeutet werden, so stellt man die Glühkathode durch einen ausgefüllten kleinen Kreis dar.

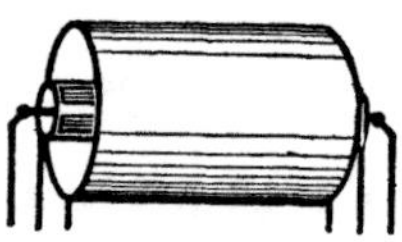

Abb. 296. 1.

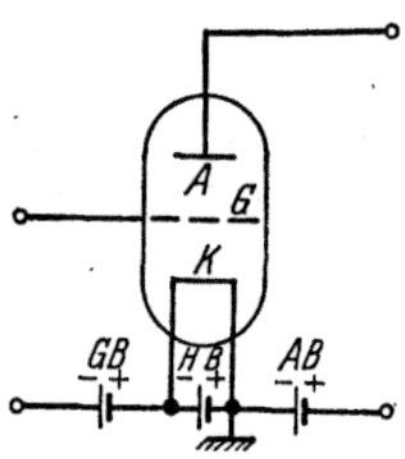

Abb. 296. 2.

Der dünne Glühfaden setzt bei direkter Heizung (wie in Abb. 296. 2) dem Heizstrom einen beträchtlichen Widerstand entgegen, so daß der Potentialfall auf ihm im allgemeinen nicht zu vernachlässigen ist. Man versteht daher unter der „Anodenspannung" u_a und der „Gitterspannung" u_g bei unmittelbarer Gleichstromheizung der Glühkathode die Spannungen der Anode und des Gitters gegen das negative Ende der Kathode.

Schaltungstechnisch bilden die drei Elektroden ein „Dreieck" (Abb. 296. 3); im Innern der Röhre sind also drei Ströme i_{ga}, i_{gk} und i_{ak} denkbar. Bezeichnen

[1] Langmuir, I., und Blodgett, K. B.: Phys. Rev. 22 (1923) S. 347. Zahlentafel III.
[2] Näheres in den ausführlichen Darstellungen (§ 292, Fußnote).

wir den von außen zum Gitter fließenden „Gitterstrom“ mit i_g, den von außen zur Anode fließenden „Anodenstrom“ mit i_a, den aus der Kathode nach außen fließenden „Kathodenstrom“ mit i_k, so ist

$$i_g = i_{ga} + i_{gk}, \qquad i_a = -i_{ga} + i_{ak}, \qquad i_k = i_{gk} + i_{ak}; \tag{296. 1}$$

es gilt also $i_k = i_g + i_a$, wogegen zwischen den drei inneren Strömen keine Beziehung besteht. Besonders wichtig ist der Fall, wo i_{ga} und i_{gk} beide gleich Null sind. Dann ist $i_a = i_k = i_{ak}$ und $i_g = 0$; es fließt nur ein einziger Strom, der Anodenstrom. Ist i_{ga} gleich Null, aber $i_{gk} = i_g$ von Null verschieden, so ist $i_k = i_{gk} + i_{ak} = i_g + i_a$. Ein endlicher positiver Strom i_{ga} kommt häufig zustande, z. B. bei positiver Gitterspannung durch sekundäre Elektronen, die durch die auf die Anode aufprallenden Elektronen freigemacht werden und zum Gitter fliegen. i_k heißt auch „Gesamtstrom“ (weniger treffend auch „Emissionsstrom“ i_e).

Zwischen den drei Elektroden der Eingitterröhre gibt es nach der Maschenregel nur zwei unabhängige Spannungen. Als solche wählt man in der Regel die Gitterspannung $u_g = u_{gk}$ und die Anodenspannung $u_a = u_{ak}$.

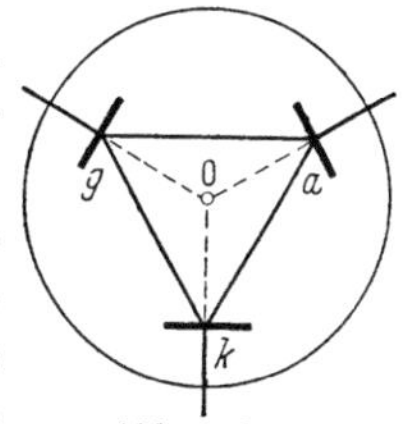

Abb. 296. 3.

Um den in der Gitterröhre fließenden Strom i_k einfach berechnen zu können, denken wir uns[1] nach § 23 das Dreieck der Röhre durch den gleichwertigen Stern ersetzt (Abb. 296. 3). Wir machen die Annahme, daß sich der entstehende Kathodenstrom $i_{0k} = i_k$ so berechnen läßt, als ob die Röhre gitterlos wäre und die Anode in dem „Sternpunkt“ 0 läge. Die dann maßgebende Spannung u_{0k} läßt sich nach den im 2. Abschnitt aufgestellten Grundsätzen „elektrostatisch“ aus den gegebenen Spannungen und den Kapazitäten berechnen. Bezeichnet man durch r und C mit passenden Indizes die dielektrischen Widerstände und Kapazitäten, so ist

$$\begin{aligned} u_{0k} &= r_{0k}\, i_{0k} = r_{0k}(i_{gk} + i_{ak}) \\ &= \frac{r_{gk}\, r_{ak}}{r_{gk} + r_{ak} + r_{ga}}\left(\frac{u_{gk}}{r_{gk}} + \frac{u_{ak}}{r_{ak}}\right) = \frac{1}{1 + \frac{r_{gk}}{r_{ak}} + \frac{r_{ga}}{r_{ak}}}\left(u_{gk} + \frac{r_{gk}}{r_{ak}}\, u_{ak}\right) \\ &= \frac{1}{1 + \frac{C_{ak}}{C_{gk}} + \frac{C_{ak}}{C_{ga}}}\left(u_g + \frac{C_{ak}}{C_{gk}}\, u_a\right). \end{aligned} \tag{296. 2}$$

Man nennt[2]

$$\frac{C_{ak}}{C_{gk}} = D = \text{Durchgriff}, \qquad \frac{C_{ak}}{C_{ga}} = D' \tag{296. 3}$$

und erhält aus (295. 17) mit $\beta = 1$:

$$i_k = \frac{8\pi}{9}\,\varepsilon_0 \sqrt{\frac{2e}{m}}\,\frac{l}{r}\left(\frac{u_g + D u_a}{1 + D + D'}\right)^{\frac{3}{2}} = K(u_g + D u_a)^{\frac{3}{2}}. \tag{296. 4}$$

Da nach der räumlichen Anordnung der Elektroden $C_{ak} < C_{gk} < C_{ga}$, ist $D' < D < 1$. D' wird daher gewöhnlich weggelassen.

Die Gleichung (. 4) ist durch die Erfahrung bestätigt. Sie gilt natürlich nur für den Fall $u_g + D u_a > 0$ und auch nur, solange der Gesamtstrom wesentlich kleiner ist als der Sättigungsstrom (294. 1). $u_g + D u_a = u_{st}$ heißt „Steuerspannung“.

Der Durchgriff D der Anode durch das Gitter ist nach (. 3) um so größer, je größer C_{ak}/C_{gk} ist, je weiter also die Löcher des Gitters sind und je enger die Anode das Gitter umschließt.

[1] Wallot, J.: Arch. Elektrot. **29** (1935) S. 781.
[2] Das Wort „Durchgriff“ ist von H. Barkhausen geprägt worden.

Da der Durchgriff als das Verhältnis zweier Vakuum-Teilkapazitäten eine rein geometrische Größe ist, spielt er in der Röhrentheorie eine andere Rolle als die übrigen Röhrenabmessungen, die in der Konstante K zusammengefaßt sind. Häufig denkt man sich allein den Durchgriff verändert. Dann darf nicht vergessen werden, daß sich die Konstante K, da sie nach (. 4) den Durchgriff enthält, bei höheren Durchgriffen genau genommen ebenfalls merklich ändert.

Der Abstand r in (. 4) ist nach unserer Ableitung der Abstand des „Sternpunktes" von der Kathode.

§ 297. Kennlinienschar. Da die in den Paragraphen 295 und 296 abgeleiteten Gleichungen Näherungen darstellen, geht man praktisch von einer Schar von Kennlinien aus, bei denen zwei der Größen u_g, u_a, i_k als Koordinaten, die dritte als „Parameter" gewählt wird. Man kann z. B. die Gitterspannung als Abszisse, den Anoden- (oder Kathoden-) Strom als Ordinate, die Anodenspannung als Parameter nehmen[1].

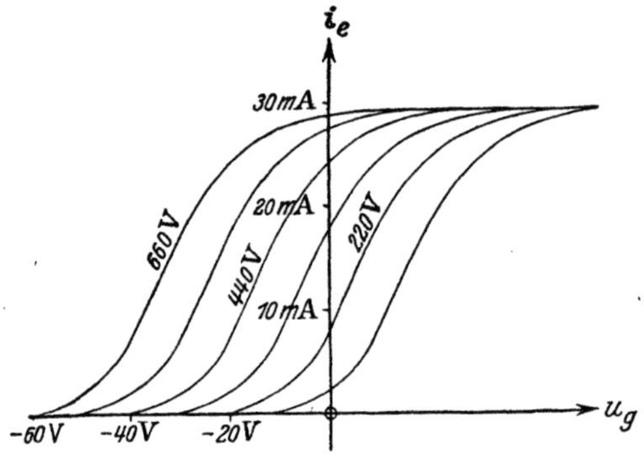

Abb. 297. 1.

Eine solche Kennlinienschar, wie sie in Abb. 297. 1 dargestellt ist (i_e ist der „Emissionsstrom" $= i_k$), läßt sich experimentell, etwa mit Hilfe von Spannungsteilern, leicht aufnehmen.

Zu jedem Punkt der Zeichenebene gehören bestimmte Werte der Größen u_g, u_a und i_k. Es ist jedoch sehr zu beachten, daß man nur u_g und i_k auf den Achsen entsprechend dem gewählten Maßstab abgreifen kann; u_a dagegen ist nicht abgreifbar, sondern ergibt sich nur aus der Beschriftung der Kennlinien unter Interpolation der Werte zwischen den Kennlinien.

Ändern sich beim Betrieb der Röhre zwei der Größen u_g, u_a und i_k, so ändert sich die dritte in bestimmter Weise mit, und der Punkt u_g, u_a, i_k durchläuft in der Zeichenebene eine Kurve, die für den Änderungsvorgang charakteristisch ist und gewöhnlich „Arbeitskurve" genannt wird.

Die Kennlinienschar zeigt eine Eigentümlichkeit: Die Kurven gehen durch eine Verschiebung in waagerechter Richtung auseinander hervor; und zwar gehören jedesmal zu gleichen Änderungen der Anodenspannung gleiche waagerechte Verschiebungen.

Es ist leicht einzusehen, daß diese Eigentümlichkeit auch aus der theoretisch abgeleiteten Gleichung (296. 4) folgt und ein Ausdruck für die Tatsache ist, daß die Spannungen u_g und u_a dort nur in der Verbindung $u_g + D u_a$ vorkommen. Denn vergrößert man u_a um Δu_a, so bleibt nach der Identität

$$u_g + D u_a = u_g - D \cdot \Delta u_a + D(u_a + \Delta u_a)$$

der Anodenstrom i_a der gleiche, wenn man die Gitterspannung um $D \cdot \Delta u_a$ kleiner macht. $D \cdot \Delta u_a$ ist die einem Zuwachs Δu_a entsprechende abgreifbare Verschiebung der Kurve. Die abgreifbare Gesamtverschiebung der „Kurve u_a" gegen die „Kurve o" ist $D u_a$; dieses Produkt heißt daher auch Verschiebungsspannung.

D ist hiernach gewissermaßen ein Maßstabsfaktor; er gestattet, die abgreifbare Verschiebung zu berechnen, die der nur ablesbaren Änderung der Anodenspannung entspricht.

Da ein „Gitterstrom" (§ 296) erst bei positivem Gitter, also rechts von der Ordinatenachse, auftritt, kann man links von dieser den Gesamtstrom i_k durch

[1] Ähnlich war z. B. in Abb. 110. 1 der Dämpfungswinkel Parameter einer Kurvenschar.

den Anodenstrom i_a ersetzen. Rechts von der Ordinatenachse werden die Elektronen durch das Feld der Anode und des Gitters beschleunigt. Wird die Gitterspannung größer als die Anodenspannung, so wird die Spannung u_{ga} positiv; dann kommen Elektronen, die durch die Löcher des Gitters hindurchgeflogen sind, in ein Bremsfeld, sie werden daher zum Gitter zurück beschleunigt. Für $u_g > u_a$ befindet sich die Röhre, wie man sagt, im „überspannten Zustand".

Die Kennlinienschar des Kathoden- oder Anodenstroms bildet die experimentelle Grundlage der Röhrentheorie. Sie ersetzt das Ohmsche Gesetz, das ja im Innern der Röhren ungültig ist.

§ 298. Durchgriff, Steilheit und innerer Widerstand. Betrachtet man nur die nächste Umgebung eines Punktes im Kennlinienfeld einer Röhre, so kann man deren Verhalten durch zwei dem Punkte zuzuordnende Größen vollständig beschreiben, durch den Durchgriff D und durch die Steilheit S. Diese beiden wichtigen Röhrenkenngrößen sind allgemein definiert durch die Gleichungen:

$$D = -\left(\frac{\partial u_g}{\partial u_a}\right)_{i_k} \quad \text{und} \quad S = \left(\frac{\partial i_k}{\partial u_g}\right)_{u_a}. \tag{298. 1}$$

Der Durchgriff D ist also allgemein so bestimmt, daß man aus einer gegebenen kleinen Änderung $\mathrm{d}u_a$ der Anodenspannung den Betrag der zugehörigen Linksverschiebung $|\mathrm{d}u_g|$ der Kennlinie nach der Gleichung

$$|\mathrm{d}u_g| = -\mathrm{d}u_g = D\,\mathrm{d}u_a \quad (\text{für konstantes } i_k) \tag{298. 2}$$

berechnen kann. Diese Definition ist allgemeiner als die des § 296, weil sie nicht die Gültigkeit der Gleichung (296. 3) voraussetzt, nach der die Größe D eine durch die Abmessungen bestimmte Röhrenkonstante ist.

Während für den Durchgriff auch die Messung zeigt, daß er wenigstens als nahezu konstant angesehen werden darf, ist nach Abb. 297. 1 die Steilheit auf ein und derselben Kennlinie sogar sehr stark veränderlich. Dies geht auch aus der Gleichung (296. 4) hervor; denn diese ergibt für das Raumladungsgebiet

$$S = \frac{3}{2} K (u_g + D u_a)^{\frac{1}{2}} = 22{,}1 \frac{l}{r} \left(\frac{u_g + D u_a}{(1 + D + D')\,\mathrm{V}}\right)^{\frac{1}{2}} \frac{\mu\mathrm{A}}{\mathrm{V}}. \tag{298. 3}$$

Die Steilheit steigt also mit wachsender Steuerspannung u_{st} wie eine gewöhnliche Parabel zunächst steil, später weniger steil an ($S^2 \sim u_{st}$). Doch ist zu beachten, daß die Gleichung (. 3) bei sehr geringen Steuerspannungen ungültig wird (§ 304). Mit steigender Steuerspannung nimmt die Steilheit nach Überschreitung eines Höchstwertes wieder ab; schließlich wird sie, wenn die Röhre Sättigung zeigt, gleich Null.

Macht man die Stufen der Anodenspannung bei zwei verschiedenen Röhren gleich groß, so liegen nach (. 2) die Kennlinien bei der Röhre mit dem kleineren Durchgriff näher beieinander als bei der mit dem größeren.

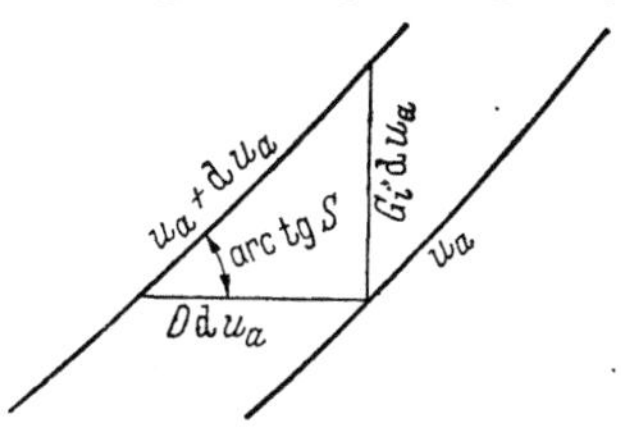

Abb. 298. 1.

Statt des waagerechten kann auch der senkrechte Abstand benachbarter Kennlinien zur Definition einer Kenngröße dienen. Nennen wir ihn $G_i\,\mathrm{d}u_a$, so ist nach Abb. 298. 1

$$G_i\,\mathrm{d}u_a = D\,\mathrm{d}u_a \cdot S\,, \quad \text{also} \quad G_i = DS. \tag{298. 4}$$

G_i, d. i. die Größe, mit der man $\mathrm{d}u_a$ multiplizieren muß, um den senkrechten

Abstand zu erhalten, heißt „innerer Leitwert", sein Kehrwert R_i „innerer Widerstand". Es ist also

$$DSR_i = 1. \tag{298.5}$$

Nach dem „Satz vom vollständigen Differential" ist allgemein

$$\left(\frac{\partial i_k}{\partial u_a}\right)_{u_g} = -\left(\frac{\partial i_k}{\partial u_g}\right)_{u_a}\left(\frac{\partial u_g}{\partial u_a}\right)_{i_k}, \quad \text{also auch} \quad G_i = \left(\frac{\partial i_k}{\partial u_a}\right)_{u_g}. \tag{298.6}$$

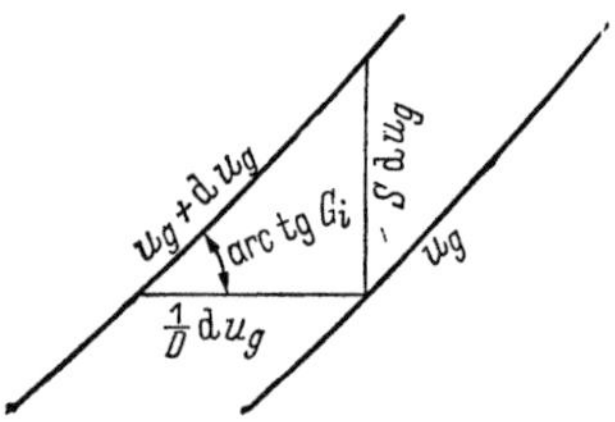

Abb. 298. 2.

Im Raumladungsgebiet ist

$$R_i \approx 45{,}3\,\frac{r}{l}\,\frac{1}{D}\,\frac{1}{\sqrt{(u_g + D u_a)/\mathrm{V}}}\,\mathrm{k\Omega}. \tag{298.7}$$

Der innere Widerstand ist erfahrungsgemäß (abgesehen von ganz hohen Frequenzen) rein reell.

Zeichnet man Kennlinien mit der Anodenspannung als Abszisse [sie sehen nach (296. 4) ähnlich aus wie die bisher betrachteten], so ist der innere Leitwert nach (. 6) gleich der Steilheit dieser ebenfalls häufig verwendeten Kennlinien (vgl. Abb. 298. 2).

§ 299. Wechselstromdurchflossene Röhre.

Ein reiner Wechselstrom kann in einer Hochvakuumröhre nicht fließen, wohl aber ein Gleichstrom I_a, dem ein Wechselstrom $\mathfrak{i}_a = \hat{\mathfrak{i}}_a \cos\omega t$ überlagert ist. Der Gleichstromanteil I_a (Abb. 299. 1) werde durch eine bestimmte Gittergleichspannung oder „Gittervorspannung" U_g und eine bestimmte Anodengleichspannung U_a erzeugt. Den Punkt U_g, U_a, I_a nennen wir „Arbeitspunkt" A. Er liege links von der Ordinatenachse, so daß der Anodenstrom gleich dem Kathodenstrom ist.

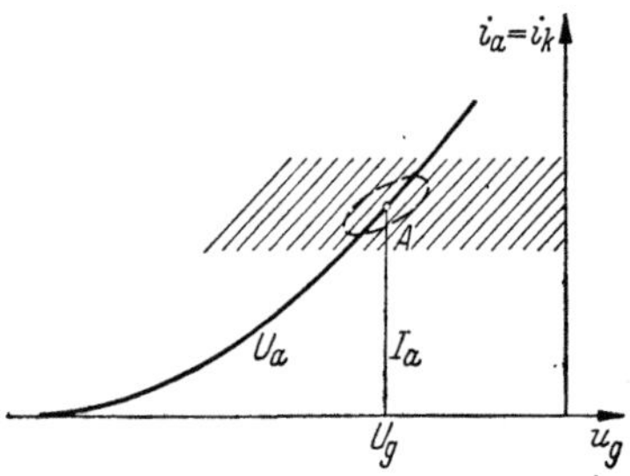

Abb. 299. 1.

Gleichstrom und Wechselstrom bilden zusammen den Mischstrom $i_a = I_a + \mathfrak{i}_a$. Seinem Wechselanteil $\mathfrak{i}_a$ entspricht die „Arbeitskurve" um den Arbeitspunkt; er sei so klein, daß die Kennlinienschar in dem Bereich der Arbeitskurve als eine Geradenschar angesehen werden kann. Dann darf für den Mischstrom der vereinfachte Ansatz

$$i_a = S(u_g + D u_a) + a \tag{299.1}$$

benutzt werden, wo S die (aus der Raumladungsgleichung zu ermittelnde) Steilheit im Arbeitspunkt und a eine Konstante bedeutet. Setzen wir $u_g = U_g + \mathfrak{u}_g$ und $u_a = U_a + \mathfrak{u}_a$, so ergibt sich für den Mischstrom

$$i_a = S(U_g + D U_a + \mathfrak{u}_g + D\mathfrak{u}_a) + a,$$

für den Gleichstrom allein

$$I_a = S(U_g + D U_a) + a,$$

also für den Augenblickswert des Wechselstroms:

$$\mathfrak{i}_a = S(\mathfrak{u}_g + D\mathfrak{u}_a) \tag{299.2}$$

und für den komplexen Anodenwechselstrom:

$$\mathfrak{J}_a = S(\mathfrak{U}_g + D\,\mathfrak{U}_a). \tag{299.3}$$

Der Wechselanteil des Anodenstroms genügt also unter den gemachten Voraussetzungen einer linearen Gleichung. Denkt man sich die Röhre auf der

Gitter- und auf der Anodenseite mit je einem Klemmenpaar versehen, so ist sie ein linearer Vierpol. Es gelten jedoch für sie die Kettengleichungen

$$\left.\begin{aligned} \mathfrak{U}_g &= -D\,\mathfrak{U}_a + \frac{\mathfrak{J}_a}{S}, \\ \mathfrak{J}_g &= 0, \end{aligned}\right\} \qquad (299.4)$$

deren Determinante nicht gleich 1, sondern gleich Null ist; die Röhre zählt also zu den linearen Vierpolen, die imstande sind, Leistung zu „transformieren" (§ 160).

§ 300. Abschluß der Röhre durch einen Verbraucher. Wir setzen nunmehr voraus, daß die Röhre auf ihrer Anodenseite durch ein induktives Gebilde abgeschlossen sei (Abb. 300. 1). R_0 sei der Wirkbestandteil dieses Gebildes für Gleichstrom, R für den betrachteten Wechselstrom, L die Induktivität. Dann gilt für den Mischstrom

$$E_a = u + u_a = R_0 I_a + U_a + R\,\mathrm{i}_a + L\frac{\mathrm{d}\mathrm{i}_a}{\mathrm{d}t} + \mathrm{u}_a, \qquad (300.1)$$

für den Gleichstrom

$$E_a = R_0 I_a + U_a, \qquad (300.2)$$

also für den Wechselstrom

$$0 = R\,\mathrm{i}_a + L\frac{\mathrm{d}\mathrm{i}_a}{\mathrm{d}t} + \mathrm{u}_a \qquad (300.3)$$

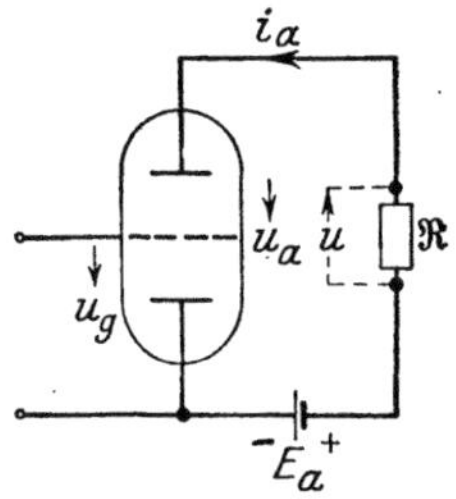

Abb. 300. 1.

oder komplex geschrieben:

$$(R + \mathrm{j}\,\omega L)\mathfrak{J}_a + \mathfrak{U}_a = \mathfrak{R}\mathfrak{J}_a + \mathfrak{U}_a = \mathfrak{U} + \mathfrak{U}_a = 0. \qquad (300.4)$$

Setzt man dies in (299. 3) ein, so erhält man

$$\mathfrak{J}_a = S(\mathfrak{U}_g - D\mathfrak{R}\mathfrak{J}_a), \qquad (300.5)$$

daher

$$\mathfrak{J}_a = \frac{S\,\mathfrak{U}_g}{1 + DS\mathfrak{R}} = \frac{S}{1 + \frac{\mathfrak{R}}{R_i}}\,\mathfrak{U}_g \qquad (300.6)$$

oder auch

$$\mathfrak{J}_a = \frac{\mathfrak{U}_g/D}{R_i + \mathfrak{R}}. \qquad (300.7)$$

Formal das gleiche ergibt sich offenbar, wenn sich der komplexe Widerstand $\mathfrak{R} = R + \mathrm{j}\,(\omega L - 1/\omega C)$ des Abschlußgebildes aus einem reinen Widerstand, einer Induktivität und einer Kapazität zusammensetzt.

Nach einer der wichtigen Gleichungen (. 6) und (. 7) kann man den Anodenwechselstrom $\mathfrak{J}_a$ berechnen, der in einem gegebenen äußeren komplexen Widerstande $\mathfrak{R}$ durch eine gegebene Gitterwechselspannung hervorgerufen wird. $\mathfrak{R}$ ist dabei der Widerstand für Wechselstrom.

Nach (. 7) wirkt die Röhre auf $\mathfrak{R}$ wie eine Zweipolquelle von der Leerlauf-Wechselspannung $\mathfrak{U}_g/D$ und dem inneren Widerstande R_i. Hierin liegt die Begründung für die Bezeichnung „innerer Widerstand". $1/D = \mu$ heißt auch „Verstärkungsfaktor".

Die Gleichung (. 7) erlaubt die Form der durchlaufenen Arbeitskurve zu bestimmen. Es sei z. B. $\mathfrak{R} = R + \mathrm{j}\omega L$; $R_i + \mathfrak{R} = R_i + R + \mathrm{j}\omega L = Z\,\underline{/\,\zeta}$, also

$$\mathfrak{J}_a = \frac{\mathfrak{U}_g}{DZ\,\underline{/\,\zeta}} = \frac{\mathfrak{U}_g}{DZ}\,\underline{/\,-\zeta}. \qquad (300.8)$$

Dann ist der durch eine Gitterwechselspannung $\mathfrak{u}_g = \hat{u}_g \cos \omega t$ erzeugte Augenblickswert des Anodenwechselstroms:

$$\mathfrak{i}_a = \frac{\hat{u}_g}{DZ} \cos(\omega t - \zeta) . \tag{300. 9}$$

Die beiden Koordinaten $\mathfrak{u}_g$ und $\mathfrak{i}_a$ der Arbeitskurve sind demnach gegeneinander phasenverschobene Sinusfunktionen der Zeit, d. h. die Arbeitskurve ist im allgemeinen eine Ellipse um den Arbeitspunkt. Setzt man[1] $\mathfrak{i}_a/\mathfrak{u}_g = \operatorname{tg} w$, so wird

$$\frac{d \operatorname{tg} w}{dt} = \frac{1}{\cos^2 w} \frac{dw}{dt} = \frac{\hat{i}_a}{\hat{u}_g} \frac{d}{dt} \frac{\cos(\omega t - \zeta)}{\cos \omega t} = \frac{\hat{i}_a}{\hat{u}_g} \frac{d}{dt} (\cos\zeta + \operatorname{tg}\omega t \sin\zeta) = \frac{\omega \hat{i}_a}{\hat{u}_g} \frac{\sin\zeta}{\cos^2 \omega t} . \tag{300. 10}$$

Die Ellipse wird also bei induktiver Belastung links herum durchlaufen; für eine Belastung mit einer Kapazität gilt der entgegengesetzte Umlaufsinn.

Ist $\mathfrak{R} = R$ reell, so wird die Arbeitskurve nach (. 7) zu einer Geraden mit dem Neigungswinkel arcctg $(D (R_i + R))$. Bei Kurzschluß ($\mathfrak{u}_a = 0$) nimmt der Tangens dieses Winkels nach (. 6) den Wert S, bei „Anpassung" ($R = R_i$) den Wert $S/2$ an. Es ist besonders wichtig, sich zu merken, daß sich die Arbeitsgerade, die bei Kurzschluß mit der Steilheit S verläuft, bei steigendem Abschlußwiderstand immer flacher einstellt, bis sie bei Leerlauf waagerecht liegt.

Man kann die Tatsache, daß der in dem Feld der drei Elektroden fließende Elektronenwechselstrom bei Vergrößerung des äußeren Widerstandes R kleiner wird, nach (. 5) auch als eine Verringerung der Wirkung des Gitters durch eine „Rückwirkung" der Anode deuten. Bei Kurzschluß ist die Anodenspannung gleich der Spannung der Stromquelle, also eine reine Gleichspannung; mit steigendem $\mathfrak{R}$ steigt nach (. 4) die Anoden*wechsel*spannung, die Arbeitslinie muß sich daher immer mehr quer zu den Kennlinien stellen, damit sinkt aber bei gegebener Gitterwechselspannung der Anodenwechselstrom.

Das Produkt $D\mathfrak{u}_a$ (nicht zu verwechseln mit der Verschiebungsspannung DU_a) heißt auch „Anodenrückwirkung".

Da aus (. 4) und (. 6) die Gleichung

$$\mathfrak{U} = \frac{S\,\mathfrak{u}_g}{\frac{1}{R_i} + \frac{1}{\mathfrak{R}}} \tag{300. 11}$$

folgt, kann jede Röhre auch durch ihren Kurzschlußstrom (Urstrom) $S\mathfrak{u}_g$ und ihren inneren Leitwert $1/R_i = G_i$ gekennzeichnet werden[2] [vgl. (24. 3)].

§ 301. **Die Spannungsverstärkung $\mathfrak{v}$ der Röhre** folgt unmittelbar aus dem Vorhergehenden:

$$\mathfrak{v} = \frac{\mathfrak{U}}{\mathfrak{U}_g} = -\frac{\mathfrak{U}_a}{\mathfrak{U}_g} = \frac{1}{D} \frac{\mathfrak{R}}{R_i + \mathfrak{R}} = \frac{\mathfrak{R}}{1/S + D\mathfrak{R}} . \tag{301. 1}$$

Je höher der Wechselstromwiderstand $\mathfrak{R}$ des Verbrauchers ist, um so größer ist die Spannungsverstärkung, die man erzielt. So ist nach (. 1)

bei Kurzschluß $\quad |\mathfrak{v}| \approx S|\mathfrak{R}|$, also sehr klein, $\quad$ (301. 2)

bei „Anpassung" $\quad |\mathfrak{v}| = \frac{1}{2D}$, $\quad$ (301. 3)

bei Leerlauf $\quad |\mathfrak{v}| = \frac{1}{D}$. $\quad$ (301. 4)

Man gibt die Spannungsverstärkung häufig (wie die Spannungsdämpfung) in logarithmischem Maße s an und schreibt: $s = \ln|\mathfrak{v}|$.

Wird eine *Kette* von Röhren benutzt, so kommt es auf hohe *Spannungs*verstärkung bei den *ersten* Röhren der Kette an. Denn wenn bei *allen* Röhren

[1] Genau genommen muß bei allen derartigen Gleichungen noch ein Maßstabsfaktor zugefügt werden (vgl. § 74).

[2] Mayer, H. F.: Tel.- u. Fernspr.-Techn. 15 (1926) S. 335.

der Gitterstrom (§ 296) dauernd gleich Null ist, was wir voraussetzen, so verstärken sie, ohne auf ihrer Gitterseite Wirkleistung aufzunehmen; die Vorröhren brauchen also auf ihrer Anodenseite keine Wechselwirkleistung zu liefern, es genügt, wenn sie an die Gitter der folgenden Röhren möglichst hohe Wechselspannungen legen[1].

Bei der Diskussion der Spannungsverstärkung empfiehlt es sich, in erster Linie die beiden „typischen" Fälle $R_0 = 0$ und $R_0 = R$ zu betrachten.

Der Fall $R_0 = 0$ ist annähernd bei der Übertragerkopplung verwirklicht, die in Abb. 301. 1 dargestellt ist. Bei ihr wird der Wechselstrom von Röhre zu Röhre über ein magnetisches Feld (induktiv) übertragen, und der Widerstand $\mathfrak{R}$, den er vorfindet, läßt sich durch das Windungsverhältnis n des Übertragers beeinflussen (§ 191). Dem Gleichstrom bietet der Übertrager nach § 200 nur einen

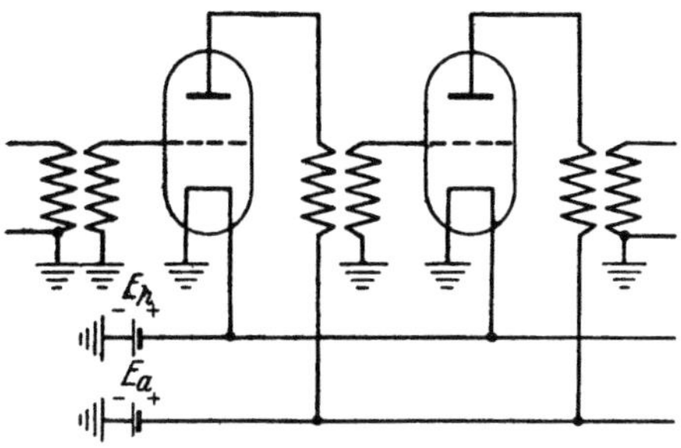

Abb. 301. 1.

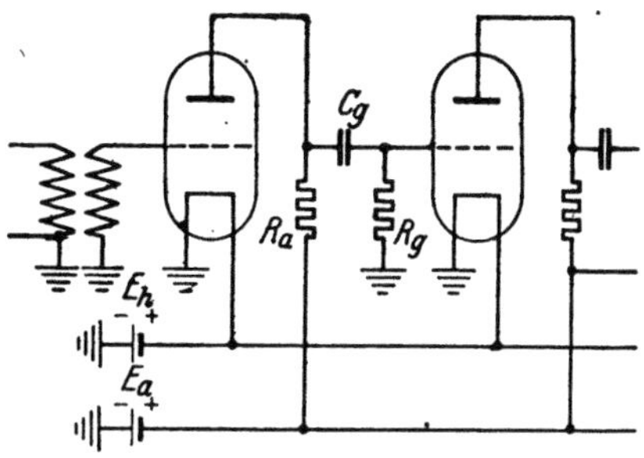

Abb. 301. 2.

geringen Widerstand, so daß man mit den vereinfachenden Voraussetzungen $R_0 = 0$, $\mathfrak{R} = R$ rechnen darf.

Der zweite Fall $R_0 = \mathfrak{R} = R$ ist annähernd verwirklicht bei der Kopplung über das elektrische Feld eines Kondensators nach Abb. 301. 2. Bei ihr fließt ein Teil des Anodenwechselstroms über den koppelnden Kondensator C_g zu der folgenden Röhre hinüber. Der Anodengleichstrom, für den C_g eine völlige Unterbrechung („Blockierung") bedeutet, schließt sich über einen hohen reinen Widerstand R_a. Das Gitter der folgenden Röhre wird über einen ebenfalls hohen „Gitterwiderstand" R_g mit ihrer Kathode verbunden. Für den Gleichstrom ist der Verbraucherwiderstand R_0 offenbar gleich R_a. Für den Wechselstrom[2] besteht der Verbraucherwiderstand $\mathfrak{R}$ aus der Parallelschaltung von R_a und $R_g + 1/(j\omega C_g)$; da man C_g so groß wählt, daß $1/(j\omega C_g)$ für den Wechselstrom neben R_g zu vernachlässigen ist, und da man R_g wesentlich größer macht als R_a, kann man in erster Näherung so rechnen, als ob auch der Wechselstromwiderstand gleich R_a wäre.

Man nennt die Verstärker nach Abb. 301. 2 meist „Widerstandsverstärker".

§ 302. Wahl des günstigsten Arbeitspunktes und Durchgriffs bei einer Vorröhre für den Fall $R_0 = 0$. Ist der Gleichstromwiderstand des Verbrauchers vernachlässigbar klein, so darf nach (300. 2) $U_a = E_a$ gesetzt werden; der Arbeitspunkt liegt notwendig auf der „Kennlinie E_a". Wir setzen zunächst voraus, daß die Konstante K und der Durchgriff D gegeben seien, und fragen nach den günstigsten Spannungen U_g und $U_a = E_a$.

Den Betrag $|U_g|$ der negativen Gittergleichspannung („Gittervorspannung") wählt man möglichst klein. Denn da die Kennlinien bei der hohen Emission der

[1] Bei hohen Frequenzen können die Röhren auch dann, wenn der Gitter-Elektronenstrom gleich Null ist, auf ihrer Gitterseite einen starken Blindstrom aufnehmen (vgl. § 318).

[2] Genaueres in § 317.

heutigen Glühkathoden mit steigendem Anodenstrom bis zur Ordinatenachse hin immer steiler ansteigen, hätte es keinen Sinn, die Gittervorspannung bei gegebener Anodengleichspannung $U_a = E_a$ weiter als unbedingt nötig ins Negative zu verschieben. Natürlich muß $|U_g| \geqq \hat{u}_g$ sein, weil sonst der Augenblickswert $u_g = -|U_g| + \mathfrak{u}_g$ wenigstens zeitweise positiv würde, was wir ausschließen wollen.

Um das Gitter vorzuspannen, legt man in der Regel in die Zuleitung zur Kathode einen reinen Widerstand. An diesem erzeugt die Gleichkomponente des Kathodenstroms die gewünschte Gleichspannung. Parallel zu dem Widerstand ist noch ein Kondensator zu schalten, der natürlich nur den Wechselstrom beeinflußt (vgl. § 336).

Ist die Gittervorspannung U_g festgelegt und steigern wir nun die Anodengleichspannung U_a, so nimmt die Steilheit nach (298. 3) zu, aber nur proportional zu $U_{st}^{\frac{1}{2}}$, während der Anodenstrom proportional zu $U_{st}^{\frac{3}{2}}$ wächst. Eine Verdoppelung der Steilheit müßte also durch eine Verachtfachung des Anodengleichstromes und annähernd durch eine Vervierfachung der Anodengleichspannung erkauft werden. Dies wäre ein sehr unwirtschaftlicher Weg zur Erhöhung der Verstärkung.

Man bemißt daher E_a in der Regel nach praktischen Gesichtspunkten, nimmt z. B. eine bequem zur Verfügung stehende Spannung aus der Reihe der genormten.

Ist der Durchgriff der Röhre noch wählbar, der reelle Abschlußwiderstand R aber fest gegeben, so erhebt sich die Frage, ob bei irgend einem Durchgriff der Ausdruck

$$|\mathfrak{v}| = \left|\frac{\mathfrak{u}}{\mathfrak{u}_g}\right| = \frac{R}{\frac{1}{S} + DR} \tag{302. 1}$$

einen Höchstwert hat. Die Röhrenkonstante K sehen wir dabei noch immer als fest an.

Solange der Durchgriff groß ist, überwiegt bei nicht zu kleinem R im Nenner das zweite Glied; wir können daher die Spannungsverstärkung steigern, indem wir den Durchgriff verkleinern. Je kleiner wir ihn aber machen, um so größer wird der Einfluß des ersten Gliedes $1/S$. Nun rücken nach § 298 bei Verringerung des Durchgriffs die Kennlinien, bei denen u_g Abszisse ist, näher zusammen; dies hat aber zur Folge, daß für eine gegebene Anodengleichspannung U_a der Arbeitspunkt, dessen Abszisse mit U_g festliegt, immer tiefer sinkt, so daß die Steilheit abnimmt. Es muß daher einen günstigsten Durchgriff geben, der hinreichend klein ist, aber nicht so klein, daß die Steilheit zu gering wird.

Er läßt sich berechnen aus der Bedingung $\mathrm{d}|\mathfrak{v}|/\mathrm{d}D = 0$, also, da R gegeben ist:

$$\frac{\mathrm{d}}{\mathrm{d}D}\left(\frac{1}{S}\right) + R = 0. \tag{302. 2}$$

Nun ist

$$\frac{\mathrm{d}}{\mathrm{d}D}\left(\frac{1}{S}\right) = \frac{\mathrm{d}}{\mathrm{d}D}\left(\frac{2(U_g + D\,U_a)^{-\frac{1}{2}}}{3K}\right) = -\frac{U_a(U_g + D\,U_a)^{-\frac{3}{2}}}{3K} = -\frac{U_a}{3\,I_a}. \tag{302. 3}$$

Man muß also

$$I_a = K(U_g + D\,U_a)^{\frac{3}{2}} = \frac{U_a}{3\,R} \tag{302. 4}$$

machen; daraus folgt aber

$$D = \frac{1}{U_a}\left\{|U_g| + \left(\frac{U_a}{3\,K\,R}\right)^{\frac{2}{3}}\right\} \tag{302. 5}$$

als günstigster Durchgriff.

Ist z. B. zahlenmäßig im Volt-Milliampere-System $K = 0{,}4$, $R = 30$, $|U_g| = 2$, $U_a = 220$, so hat man nach (. 5) $D = 0{,}024$, $DU_a = 5{,}3$, $S = 1{,}10$, $R_i = 37{,}6$ zu wählen und erhält damit $|\mathfrak{v}| = 18{,}3$, was einer logarithmischen Verstärkung von 2,9 N entspricht.

Macht man den Durchgriff der gegebenen Röhrenart um so viel größer, daß ihr innerer Widerstand gleich dem gegebenen äußeren wird (zu diesem Zwecke muß man $D = 0{,}028$, $S = 1{,}21$ wählen), so sinkt die Verstärkung nur sehr wenig; es wird $|\mathfrak{v}| = 18{,}1$.

Die durch die Gleichungen (. 4) und (. 5) festgelegte günstigste Bemessung gilt nur für den Fall, daß der Abschlußwiderstand R gegeben ist. Nimmt man sich vor, diesen — etwa durch geeignete Wahl des Windungsverhältnisses des Übertragers — an den inneren Widerstand R_i anzupassen, der für den (noch zu wählenden) Arbeitspunkt gilt ($R = R_i$), so lautet die Bedingung (. 4) einfacher

$$I_a = \frac{U_a}{3R_i} = \frac{S}{3} DU_a = \frac{I_a}{2(U_g + DU_a)} DU_a, \qquad (302.6)$$

also

$$DU_a = 2|U_g| \quad \text{und} \quad |\mathfrak{v}| = \frac{1}{2D} = \frac{U_a}{4|U_g|}. \qquad (302.7)$$

Das heißt: Soll für gegebenes K der Durchgriff D so gewählt werden, daß die Verstärkung für einen angepaßten Abschlußwiderstand einen Höchstwert annimmt, so muß man die Verschiebungsspannung doppelt so groß machen wie die Gittervorspannung, und die Verstärkung hängt dann nur noch von $U_a/|U_g|$ ab.

Bei der vorher betrachteten Röhre ($K = 0{,}4$) ergibt sich in diesem Fall mit den gleichen Gleichspannungen

$$D = 0{,}018, \quad S = 0{,}85, \quad R_i = R = 65 \quad \text{und} \quad |\mathfrak{v}| = 220/8 = 27{,}5$$

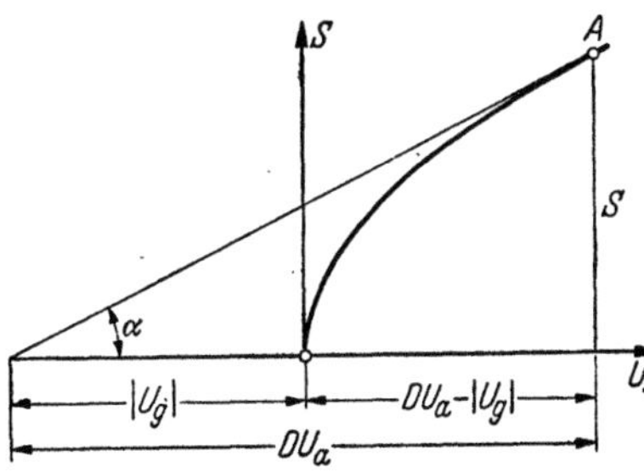

Abb. 302. 1.

(entsprechend 3,3 N). Paßt man also mit Hilfe eines Übertragers an und liegt hinter diesem wieder ein Verbraucher von 30 kΩ, so hat man mit $w_2 : w_1 = 0{,}68$ zu transformieren, und das Verhältnis der an dem Verbraucher liegenden Wechselspannung zu der Gitterspannung ist daher $0{,}68 \cdot 27{,}5 = 18{,}7$.

Ist die Steilheit als Funktion der Steuerspannung bekannt, so kann man die günstigste Verschiebungsspannung für den Fall $R = R_i$ auch durch eine Konstruktion[1] finden, die von der Raumladungsgleichung keinen Gebrauch macht: Man legt an die gemessene „Steilheitskurve" $S = f(U_{st})$ (Abb. 302. 1) von dem Punkte U_g aus die Tangente; dann ist die dem Berührungspunkt entsprechende Steuerspannung vermehrt um $|U_g|$ gleich der günstigsten Verschiebungsspannung. Beweis: Nach (. 2) ist für $R = R_i$

$$\frac{dS}{dD} = S^2 R = \frac{S}{D} \qquad (302.8)$$

oder, da $dU_{st} = U_a dD$

$$\frac{dS}{dU_{st}} = \operatorname{tg}\alpha = \frac{S}{DU_a}. \qquad (302.9)$$

Diese Beziehung liest man aber an der Zeichnung ab. Wenn die Raumladungsformel mit $\gamma = 3/2$ gilt, ist die Steilheitskurve eine gewöhnliche Parabel. Dann teilt der Nullpunkt die Strecke DU_a in Übereinstimmung mit (. 7) genau in der Mitte[2].

§ 303. Lage des Arbeitspunktes bei endlichem Gleichanteil des Verbraucherwiderstandes.

Ist der Gleichwiderstand R_0 des Verbrauchers endlich, so hängt die Lage des Arbeitspunktes bei gegebener Röhre, gegebener Gittervorspannung und gegebener elektromotorischer Kraft der Anodenstromquelle noch von R_0

[1] Barkhausen, H.: Lehrbuch der Elektronenröhren und ihrer technischen Anwendungen. Bd. 2, S. 25.

[2] Dies beruht auf einer bekannten Eigenschaft der Parabel.

ab. Ist außerdem wie beim Widerstandsverstärker $R = R_0$, so ist mit der Lage des Arbeitspunktes zugleich die erreichte Spannungsverstärkung bestimmt. Denn es gelten, wenn $R = R_0$, die drei Gleichungen

$$I_a = K(U_g + D U_a)^\gamma, \qquad (303.1)$$

$$U_a = E_a - R_0 I_a, \qquad (303.2)$$

$$|\mathfrak{v}| = \frac{R_0}{\frac{1}{S} + D R_0}. \qquad (303.3)$$

Die beiden Gleichungen (.1) und (.2) bestimmen U_a und I_a, also den Arbeitspunkt (zu gegebenem U_g); aus (.3) folgt dann die Verstärkung.

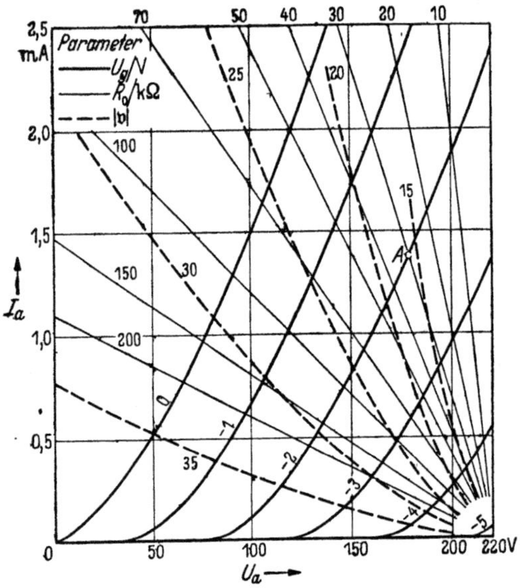

Abb. 303. 1.

Schon für $\gamma = 3/2$ führen die Gleichungen (.1) und (.2) auf zwei Gleichungen 3. Grades für I_a und U_a. Man zeichnet daher besser in einem U_a-I_a-System die Kurven (.1) und (.2). Ihr Schnittpunkt liefert die Koordinaten des gesuchten Arbeitspunktes.

Hat man diese Konstruktion mit verschiedenen Gitterspannungen und Abschlußwiderständen öfter auszuführen, so zeichnet man ein für allemal die den Gleichungen (.1) und (.2) entsprechenden Scharen (Abb. 303. 1, ausgezogene Linien). Die erste ist die Schar der am Schluß des § 298 erwähnten Anodenstrom-Anodenspannungs-Kennlinien, die zweite ist ein Büschel von geraden Linien, die alle durch den Punkt E_a der Abszissenachse gehen. Die Geraden des Büschels, an die man zweckmäßigerweise die zugehörigen Widerstandswerte anschreibt, heißen auch „Linien konstanten Abschlußwiderstands" oder, wenn $R = R_0$ ist, „Arbeitskennlinien"[1].

Der Abbildung liegen die folgenden auf das Volt-Milliampere-System bezogenen Werte zugrunde:

$$K = 0{,}4, \qquad D = 0{,}024, \qquad \gamma = \tfrac{3}{2}, \qquad E_a = 220. \qquad (303.4)$$

Die gerade Linie für $R_0 = 30\,\mathrm{k}\Omega$ z. B. schneidet die zur Gitterspannung $|U_g| = 2$ V gehörende Kennlinie in dem Arbeitspunkt A mit den Koordinaten $U_a = 179$ V und $I_a = 1{,}38$ mA.

Mit den Arbeitskennlinien fallen, wenn $R = R_0$ ist, die in § 297 eingeführten Arbeitskurven (Arbeitsgeraden) zusammen. In der i_a-u_a-Darstellung bilden die Arbeitskurven demnach mit der Abszissenachse stumpfe Winkel, die jeden Wert zwischen 90° und 180° annehmen können.

Zeichnet man nach (.3) als dritte Schar noch die in dem Bild gestrichelten „Linien konstanter Spannungsverstärkung", so kann man aus der Darstellung erkennen, welche Spannungsverstärkung man mit einem gegebenen Widerstands-

[1] Die Konstruktion entspricht der sogenannten „Kaufmannschen"; nur sind bei dieser die Achsen miteinander vertauscht. Jede einzelne Gerade verbindet die Leerlaufspannung und den Kurzschlußstrom der aus E_a und R_0 gebildeten Stromquelle.

verstärker bei gegebenen Abschlußwiderständen und Gittervorspannungen erzielen kann.

Für diese dritte Schar kann man wie folgt die Gleichung ableiten: Nach (. 3) und (. 2) ist mit $R = R_0$

$$\frac{|\mathfrak{v}|}{S} = R_0 (1 - |\mathfrak{v}| D) = \frac{E_a - U_a}{I_a} (1 - |\mathfrak{v}| D),$$

weiter

$$\frac{I_a}{S} = \frac{I_a (U_g + D U_a)}{\gamma I_a} = \frac{1}{\gamma} \left(\frac{I_a}{K}\right)^{\frac{1}{\gamma}}, \qquad (303.5)$$

also

$$I_a = K \left\{\gamma D (E_a - U_a) \left(\frac{1/D}{|\mathfrak{v}|} - 1\right)\right\}^{\gamma}. \qquad (303.6)$$

Man erkennt aus Abb. 303. 1, daß die Verstärkung im wesentlichen von der Höhe des Abschlußwiderstandes abhängt und mit ihm wächst. Auf die Gittervorspannung kommt es dagegen nur wenig an.

Linien konstanten Abschlußwiderstandes (Arbeitskennlinien) lassen sich natürlich auch mit der Gitterspannung als Abszisse zeichnen. Sie sind dann krumme Linien; ihre Gleichung lautet nach (. 1) und (. 2):

$$I_a = K (U_g + D (E_a - R_0 I_a))^{\gamma} \qquad (303.7)$$

oder auch

$$U_g = -D E_a + \left(\frac{I_a}{K}\right)^{\frac{1}{\gamma}} + D R_0 I_a\,; \qquad (303.8)$$

sie entstehen also (Abb. 303. 2) aus der zur Quellenspannung E_a gehörenden Kennlinie

$$I_a = K (U_g + D E_a)^{\gamma} \qquad (303.9)$$

durch eine „Scherung" mit $D R_0 I_a$ (vgl. § 74). Auch hier entsprechen die Arbeitskennlinien, wenn $R = R_0$ ist, den Arbeitskurven des § 297.

Dem Kurvenbild 303. 2 liegen die gleichen Werte (. 4) zugrunde wie dem Kurvenbild 303. 1.

Um mit einer möglichst geringen Zahl von Kurvenblättern auszukommen, kann man „spezifische Einheiten" einführen, d. h. U_a auf E_a, U_g auf $D E_a$, I_a auf $K (D E_a)^{\gamma}$ als Einheiten beziehen. Dann nehmen die zu (. 1) und (. 2) gehörenden „Zahlenwertgleichungen" (§ 4) die einfachen Formen $I_a = (U_g + U_a)^{\gamma}$ und $U_a = 1 - R_0 I_a$ an, so daß es bei gegebenem γ nur noch einer einzigen Darstellung bedarf, die für alle K, D, E_a, U_g, R_0 benutzt werden kann.

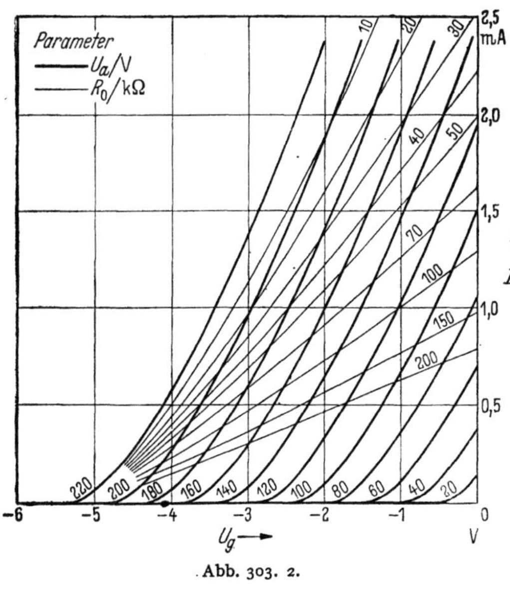

Abb. 303. 2.

§ 304. Die Spannungsverstärkung bei sehr hohen Abschlußwiderständen. Gelingt es, den Abschlußwiderstand $R_0 = R$ sehr groß zu machen (was gar nicht so leicht zu erreichen ist), so rückt der Arbeitspunkt auf der Kennlinie sehr tief nach unten. Wie vorher seien U_g, E_a, $R_0 = R$, K und D gegeben, und es werde zunächst angenommen, die Raumladungsgleichung gelte. Dann ergibt die Bestimmung von U_a und I_a nach § 303, daß im i_a-u_g-System der Fußpunkt der zu der berechneten Anodenspannung U_a gehörenden Kennlinie (Abb. 304. 1) gegen den Punkt U_g auf der Abszissenachse um eine nur sehr kleine Spannung $U_{st} = \delta = DU_a - |U_g|$ nach links verschoben ist. δ ist gegen $|U_g|$ um so kleiner, je höher der Abschlußwiderstand R_0 ist. Wir dürfen daher bei großem R_0 setzen:

$$I_a = \frac{E_a - U_a}{R_0} = \frac{1}{R_0}\left(E_a + \frac{U_g - \delta}{D}\right) \approx \frac{U_g + DE_a}{DR_0}. \tag{304. 1}$$

Daraus folgt aber

$$\frac{R_i}{R_0} = \frac{2}{3DK^{\frac{2}{3}} I_a^{\frac{1}{3}} R_0} \approx \frac{2}{3}\left(\frac{1}{DKR_0}\right)^{\frac{2}{3}} (U_g + DE_a)^{-\frac{1}{3}}. \tag{304. 2}$$

Die Spannungsverstärkung nähert sich daher nach (301. 1) mit zunehmendem Widerstand R_0 immer mehr dem Werte $1/D$.

δ ergibt sich näherungsweise aus

$$I_a = K\delta^{\frac{3}{2}} \approx \frac{U_g + DE_a}{DR_0} \quad \text{zu} \quad \delta \approx \left(\frac{U_g + DE_a}{DKR_0}\right)^{\frac{2}{3}}. \tag{304. 3}$$

Für $R_0 = 1000$ (im Volt-Milliampere-System) wird z. B. mit den Werten des Zahlenbeispiels in § 303 $\delta = 0{,}5$.

Man kann die Spannungsverstärkung aber nicht etwa durch Verkleinerung des Durchgriffs beliebig groß machen, und zwar deshalb, weil die Raumladungsgleichung für sehr hohe R_0 ($\gg 1\,\mathrm{M\Omega}$), also sehr schwache Anodenströme, ungültig wird, so daß R_i/R_0 mit wachsendem R_0 nicht mehr gegen Null geht. Selbst für $u_g = -Du_a$ (also $u_{st} = 0$) fließt noch immer ein endlicher Strom, der „Anlaufstrom", der erst bei negativer Steuerspannung exponentiell abfällt und davon herrührt, daß auch ohne Spannung aus der glühenden Kathode Elektronen herausfliegen. Man kann für diesen Anlaufstrom die Gleichung

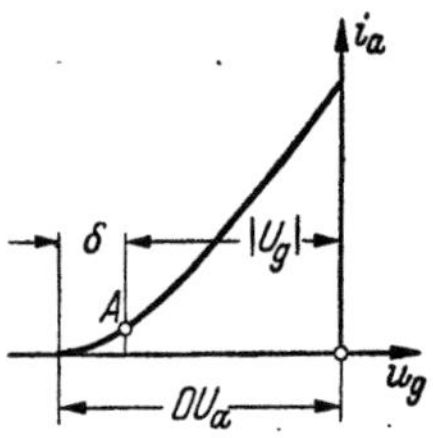

Abb. 304. 1.

$$I_a = \overline{I}_a\, e^{\frac{U_g + D\,U_a}{U_0}} \tag{304. 4}$$

ansetzen, wo U_0 eine positive Konstante[1] und $\overline{I}_a$ der Strom für verschwindende Steuerspannung ist. Nach dieser Gleichung und nach (. 1) ist aber

$$\frac{R_i}{R_0} = \frac{1}{R_0}\left(\frac{\partial U_a}{\partial I_a}\right)_{U_g} = \frac{1}{DR_0}\frac{\partial}{\partial I_a}\left(U_0 \ln\frac{I_a}{\overline{I}_a} - U_g\right) = \frac{U_0}{DR_0 I_a} = \frac{U_0}{U_g + DE_a}, \tag{304. 5}$$

also unabhängig von R_0. Die Spannungsverstärkung nimmt daher im Gebiet des Anlaufstroms den folgenden Wert an:

$$|\mathfrak{v}| = \frac{1}{D}\,\frac{1}{1 + \frac{U_0}{U_g + DE_a}}. \tag{304. 6}$$

Sie setzt sich aus zwei Faktoren zusammen, von denen der zweite, wie man leicht erkennt, mit abnehmendem Durchgriff unter allen Umständen kleiner wird.

Die Gleichung (. 6) zeigt, daß es einen günstigsten Durchgriff gibt[2]. Durch Differentiation erhält man für ihn

$$(U_g + DE_a)^2 = -U_0 U_g \tag{304. 7}$$

[1] eU_0 (e = Elektronenladung) ist gleich der Bewegungsenergie, die im Mittel ein einzelnes Elektron im Innern des glühenden Metalls hat.

[2] Barkhausen, H.: wie Fußnote im § 292. Bd. 2 S. 34.

und für die höchste überhaupt erreichbare Verstärkung:

$$|\mathfrak{v}|_{\max} = \frac{E_a}{(\sqrt{U_0} + \sqrt{|U_g|})^2}. \tag{304. 8}$$

Es sei z. B. $E_a = 220$ V, $|U_g| = 2$ V, $U_0 = 0{,}2$ V. Dann ergibt sich unabhängig von R_0 mit dem günstigsten $D = 1{,}2\%$ die Höchstverstärkung 63 (4,2 N), während $1/D = 84$ (4,4 N) ist.

Die Gleichung (. 8) zeigt von neuem, daß man um so höhere Verstärkungen erhält, je kleiner man die Gittervorspannung $|U_g|$ machen kann, ohne daß Gitterstrom zu fließen beginnt. Das Auftreten von Gitterstrom bei irgend einer Röhre ist ja gleichbedeutend mit einer starken Verringerung des für die vorhergehende Röhre maßgebenden Abschlußwiderstands R_0.

Im Gebiet des Anlaufstroms ist nach (. 4) die „relative Steilheit" $S/I_a = 1/U_0$ besonders groß[1].

§ 305. Die Energieströmung bei der Röhre. Wenn eine Röhre ohne Gitterstrom betrieben wird, nimmt sie auf ihrer Gitterseite keine Leistung auf. Trotzdem geht in den Verbraucher Leistung über; diese kann daher nur aus der Anodenstromquelle stammen. Wir untersuchen dies näher an Hand der Abb. 305. 1, in der die Bezugspfeile des Anodenstroms und der Spannungen wie in Abb. 300. 1, die der Leistungen so gewählt sind, daß eine positive Leistung von der Quelle abgegeben, von der Röhre und dem Verbraucher aber aufgenommen wird. Bei sinusförmigen Wechselgrößen ist dann im Mittel (vgl. die ähnlichen Betrachtungen in § 95)

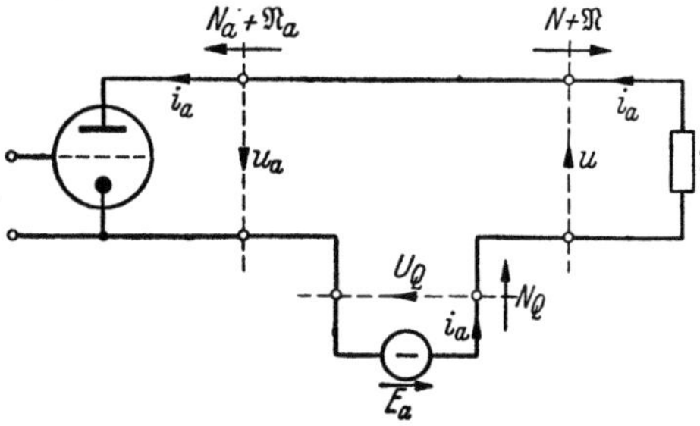

Abb. 305. 1.

$$N_Q = \frac{1}{T}\int_0^T U_Q(I_a + \mathfrak{i}_a)\,dt = E_a I_a, \tag{305. 1}$$

$$N_a + \mathfrak{N}_a = \frac{1}{T}\int_0^T (U_a + \mathfrak{u}_a)(I_a + \mathfrak{i}_a)\,dt = U_a I_a + |\mathfrak{U}_a||\mathfrak{J}_a|\cos\varphi_a, \tag{305. 2}$$

$$N + \mathfrak{N} = \frac{1}{T}\int_0^T (U + \mathfrak{u})(I_a + \mathfrak{i}_a)\,dt = U I_a + |\mathfrak{U}||\mathfrak{J}_a|\cos\varphi. \tag{305. 3}$$

Dabei ist φ_a der Winkel des Quotienten $\mathfrak{U}_a/\mathfrak{J}_a$, φ der des Quotienten $\mathfrak{U}/\mathfrak{J}_a$. Nun gilt nach (300. 4) $\mathfrak{U}_a = -\mathfrak{U}$; also $|\mathfrak{U}_a| = |\mathfrak{U}|$ und $\varphi_a = \varphi \pm 180^0$. Daraus folgt aber[2]

$$\mathfrak{N}_a = |\mathfrak{U}_a||\mathfrak{J}_a|\cos\varphi_a = |\mathfrak{U}||\mathfrak{J}_a|\cos(\varphi \pm 180^0) = -|\mathfrak{U}||\mathfrak{J}_a|\cos\varphi = -\mathfrak{N}. \tag{305. 4}$$

Die Stromquelle liefert also im zeitlichen Mittel die Leistung N_Q; hiervon erhält, solange kein Wechselstrom fließt, die Röhre den Anteil $(N_a)_0$, der Verbraucher den Anteil $(N)_0$. Setzt der Wechselstrom ein, so strömt in die Röhre der Anteil $N_a - \mathfrak{N}$, in den Verbraucher dagegen der Anteil $N + \mathfrak{N}$.

Wir wollen zur Vereinfachung wieder wie im § 302 voraussetzen, daß der Gleichstromwiderstand R_0 des Verbrauchers, also auch die Leistung N sehr

---

[1] Weiss, G., und Peter, O.: Z. techn. Phys. 19 (1938) S. 444.

[2] Hat man sich davon überzeugt, daß die Stromquelle im Mittel keine Wechselleistung hergibt, so folgt das Ergebnis auch unmittelbar aus dem Energiesatz.

klein sei. Dann ist N_a sehr nahe gleich der Leistung, die die Stromquelle während des Betriebes liefern muß; von ihr wandert der Anteil $N_a - \mathfrak{N}$ in die Röhre, nur der Rest $\mathfrak{N}$ in den Verbraucher.

Die der Leistung $N_a - \mathfrak{N}$ entsprechende Energie wird in der Röhre zuerst in Bewegungsenergie der Elektronen, dann — nach deren Aufprall auf die Anode — in Wärme umgewandelt. Die Leistung $N_a - \mathfrak{N}$ ist daher sehr unerwünscht und wird gewöhnlich „Anodenverlustleistung" oder „Anodenbelastung" genannt. Jede Röhre hält nur eine bestimmte Anodenbelastung aus.

Die Ruhegleichleistung $(N_a)_0$ kann annähernd ebenso groß sein wie die Gleichleistung N_a bei Entnahme von Wechselstrom. Dann wird jedoch die Anode in den Übertragungspausen am stärksten belastet, was bei hohen Leistungen sehr ungünstig ist. Wir werden im § 320 sehen, wie man erreichen kann, daß die Anodenbelastung im Zustand der Ruhe gering ist und erst mit zunehmender Wechselstromentnahme steigt.

§ 306. Schätzung der einer Röhre entnehmbaren Wechselleistung. Die Leistungsverhältnisse lassen sich im i_a-u_a-Diagramm besonders gut übersehen. Wir vernachlässigen die Krümmung der Kennlinien und setzen wieder voraus, daß R_0 verschwindend klein, also $U_a = E_a$ gegeben sei. Steuert man dann auf einer Arbeitsgeraden (§ 303) bis zu der Kennlinie $u_g = 0$ aus, und zwar so, daß der Strom im Arbeitspunkt A halb so groß ist wie der größte Strom (Abb. 306. 1), so sind die Scheitelwerte des Anodenstroms und der Anodenspannung bei gegebenem (reellem) Wechselstrom-Abschlußwiderstand R völlig bestimmt. Die entnehmbare Wechselleistung wird durch eines der schraffierten Dreiecke dargestellt und läßt sich berechnen nach

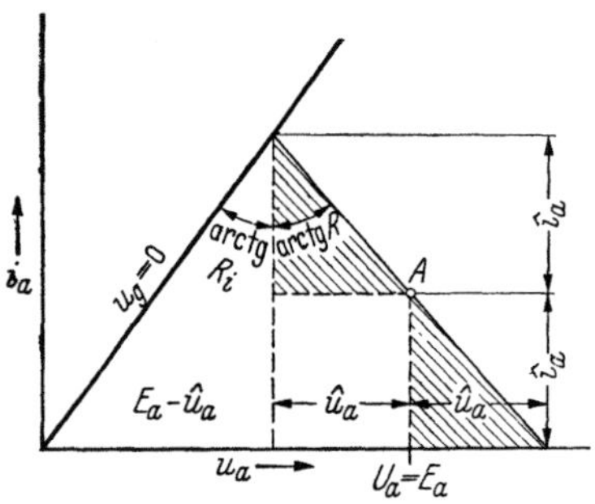

Abb. 306. 1.

$$\mathfrak{N} = \frac{\hat{u}_a \hat{\imath}_a}{2} = \frac{\hat{u}_a (E_a - \hat{u}_a)}{4 R_i}. \tag{306. 1}$$

Sie ist am größten für den Scheitelwert $\hat{u}_a = E_a/2$, also nach der Abbildung für $R = 2 R_i$ („Überanpassung"); ihr Höchstwert läßt sich daher roh schätzen nach

$$\mathfrak{N}_{\max} = \frac{E_a^2}{16 R_i}. \tag{306. 2}$$

Setzt man (willkürlich) voraus, daß die Amplitude der Gitterwechselspannung gleich 40% der Verschiebungsspannung gemacht werden darf ($\hat{u}_g = |\mathfrak{U}_g| \sqrt{2} = 0{,}4\, D U_a = 0{,}4\, D E_a$), so erhält man nach (300. 7) bei Anpassung ($R = R_i$) die Leistung $\mathfrak{N} = R \hat{\imath}_a^2/2 = \hat{u}_g^2/(8 D^2 R_i) = E_a^2/(50 R_i)$. Dieser Wert wird im Weißbuch des CCIF angegeben[1].

§ 307. Klirrverzerrung. Soll ein Verstärker, wie in der Schwachstromtechnik fast immer, einem Verbraucher möglichst viel unverzerrte Leistung zuführen, so muß die Röhre so weit ausgesteuert werden, wie es möglich ist, ohne daß die durch die Krümmung der Kennlinien verursachte Verzerrung unzulässig hoch wird. Wir untersuchen daher jetzt, wie bei einer gegebenen Kennlinienschar $i_a = f(u_g + D u_a)$ der Grad der Aussteuerung und die durch die Krümmung entstehende Verzerrung miteinander zusammenhängen. Was unter Aussteuerung und Verzerrung zu verstehen ist, wird sich im Laufe der Betrachtung ergeben.

Die Theorie der durch die Nichtlinearitäten eines Gebildes hervorgerufenen Verzerrungen ist sehr verwickelt. Wir wollen jedoch voraussetzen, daß die Nicht-

[1] CCIF: Weißbuch. S. 135.

linearitäten gering seien. Dann kann man die Rechnung wie folgt vereinfachen: Man setzt voraus, daß in das Gebilde eine sinusartige Schwingung der Kreisfrequenz ω eingeführt werde. Diese ruft in seinen nichtlinearen Teilen fiktive „Stromquellen" von neuen, von ω verschiedenen Frequenzen hervor; und die von diesen (nur gedachten) Stromquellen erzeugten Spannungen und Ströme überlagern sich dann der Grundschwingung von der Frequenz ω. Man stellt sich also vor, daß jede der in den nichtlinearen Teilen des Gebildes gedachten Stromquellen nur von der Grundschwingung erzeugt werde und daß sie dann auf das Gebilde so einwirke, als ob sie allein vorhanden und das ganze Gebilde linear wäre. Man vernachlässigt bei diesem Verfahren offenbar kleine Größen höherer Ordnung[1].

Wir gehen aus von der nichtlinearen Gleichung

$$i_a = I_a + \mathfrak{i}_a = f(u_g + D u_a) = f(U_g + D U_a + \mathfrak{u}_g + D \mathfrak{u}_a). \qquad (307.1)$$

U_g sei konstant, $\mathfrak{u}_g$ rein sinusförmig: $\mathfrak{u}_g = \hat{u}_g \cos \omega t$. Die Anodengrößen u_a und i_a sind dann verzerrt. Wir bestimmen zuerst die Zweipolparameter (§ 15) der in dem Gebilde gedachten die Oberschwingungen verursachenden Stromquellen. Nach § 24 kann man Stromquellen ebensogut durch Leerlaufspannungen wie durch Kurzschlußströme kennzeichnen. Die Kurzschlußströme lassen sich aber besonders leicht berechnen; denn sie müssen in (. 1) bereits enthalten sein, wenn wir für alle Oberschwingungen der Anodenspannung u_a die Kurzschlußbedingung einführen:

$$(\mathfrak{u}_a)_{2\omega} = (\mathfrak{u}_a)_{3\omega} = \cdots = 0. \qquad (307.2)$$

Da hiernach bei der Berechnung der Kurzschlußströme die Wechselspannung $\mathfrak{u}_a$ rein sinusförmig ist, schreiben wir unter Benutzung von (301. 1) mit $\mathfrak{R} = R$

$$\left.\begin{aligned} i_a &= f\left(U_g + D U_a + \mathfrak{u}_g \left(1 + D \frac{\mathfrak{u}_a}{\mathfrak{u}_g}\right)\right) \\ &= f\left(U_g + D U_a + \frac{R_i}{R_i + R}\, \mathfrak{u}_g\right) \end{aligned}\right\} \qquad (307.3)$$

oder mit der Abkürzung

$$\varrho = \frac{R_i}{R_i + R} \qquad (307.4)$$

$$i_a = f(U_g + D U_a + \varrho\, \mathfrak{u}_g). \qquad (307.5)$$

R und damit ϱ beziehen sich dabei auf die Grundfrequenz ω. $\varrho\mathfrak{u}_g$ ist gewissermaßen die „wirksame" (durch die Rückwirkung der Anode herabgedrückte) Gitterwechselspannung.

Um nun aus der Gleichung (. 5) die Kurzschlußströme der Stromquellen für die Frequenzen 2ω, $3\omega, \cdots$ herauslösen zu können, entwickeln wir in der Umgebung des Arbeitspunktes U_g, U_a, I_a in eine Taylorsche Reihe:

$$i_a = I_a + f' \varrho\, \hat{u}_g \cos \omega t + \frac{f''}{2} \varrho^2 \hat{u}_g^2 \cos^2 \omega t + \frac{f'''}{6} \varrho^3 \hat{u}_g^3 \cos^3 \omega t + \cdots. \qquad (307.6)$$

$f', f'', f''' \cdots$ bedeuten hierbei die Differentialquotienten der Funktion f nach ihrem Argument für den Arbeitspunkt. Nach den Gleichungen (9. 1) und (9. 2) des Anhangs kann man dafür aber auch

$$\begin{aligned} i_a = I_a &+ f' \varrho\, \hat{u}_g \cos \omega t + \frac{f''}{4} \varrho^2 \hat{u}_g^2 (1 + \cos 2\omega t) \\ &+ \frac{f'''}{24} \varrho^3 \hat{u}_g^3 (3 \cos \omega t + \cos 3\omega t) + \cdots \end{aligned} \qquad (307.7)$$

[1] Theorie der „fastlinearen Netzwerke".

schreiben. Man erkennt: Zu dem Ruhegleichstrom kommen erstens zusätzliche Gleichkomponenten hinzu; zweitens hängt der Scheitelwert der Grundschwingung nicht nur von der Steilheit (f'), sondern auch von den höheren Ableitungen (f'', · · ·) im Arbeitspunkt ab, und drittens treten Kurzschlußströme der Frequenzen $2\,\omega$, $3\,\omega$, · · · neu auf.

Wenn aber die Kurzschlußströme einmal gefunden sind, lassen sich die Klemmenspannung und der Klemmenstrom des nichtlinearen Gebildes, wenn seine Nichtlinearität gering ist, nach den Gleichungen (24. 3) berechnen; es ist nur zu beachten, daß jetzt die Leitwerte G und die Widerstände R für die Oberfrequenzen $2\,\omega$, $3\,\omega$, · · · zu nehmen sind; R_i hängt ja nicht von der Frequenz ab. So kommen wir zu den Ergebnissen:

$$(\hat{\imath}_a)_0 = I_a + \frac{f''}{4}\,\varrho^2\,\hat{u}_g^2 + \cdots, \tag{307. 8}$$

$$(\hat{\imath}_a)_\omega = f'\,\varrho\,\hat{u}_g + \frac{f'''}{8}\,\varrho^3\,\hat{u}_g^3 + \cdots, \tag{307. 9}$$

$$(\hat{\imath}_a)_{2\omega} = \frac{f''}{4}\,\varrho^2\,\hat{u}_g^2\cdot\varrho_{2\omega} + \cdots, \tag{307. 10}$$

$$(\hat{\imath}_a)_{3\omega} = \frac{f'''}{24}\,\varrho^3\,\hat{u}_g^3\cdot\varrho_{3\omega} + \cdots. \tag{307. 11}$$

Multipliziert man die rechten Seiten dieser Gleichungen mit den zugehörigen $R_{n\omega}$, so erhält man nach (24. 3) die entsprechenden Scheitelwerte der Spannungen.

„Gehalt" $(k)_{n\omega}$ einer Wechselgröße $\mathfrak{w}$ „an der Oberfrequenz $n\omega$" nennen wir das Verhältnis des Wertes $(\hat{\mathfrak{w}})_{n\omega}/\sqrt{2}$ zu ihrem Effektivwert. Für den Anodenstrom erhalten wir daher nach (. 9), (. 10) und (. 11):

$$(k)_{2\omega} \approx \frac{f''}{4f'}\,\varrho\,\hat{u}_g\cdot\varrho_{2\omega} \approx \frac{f''}{4f'^2}\,(\hat{\imath}_a)_\omega\cdot\varrho_{2\omega}, \tag{307. 12}$$

$$(k)_{3\omega} \approx \frac{f'''}{24f'}\,\varrho^2\,\hat{u}_g^2\cdot\varrho_{3\omega} \approx \frac{f'''}{24f'^3}\,(\hat{\imath}_a)_\omega^2\cdot\varrho_{3\omega}. \tag{307. 13}$$

„Klirrfaktor" oder „Oberschwingungsgehalt"[1] (schlechtweg) nennt man die Zahl

$$k = \sqrt{k_{2\omega}^2 + k_{3\omega}^2 + \cdots}, \tag{307. 14}$$

„Klirrdämpfung" den natürlichen Logarithmus des Kehrwerts des Klirrfaktors.

Für den Gehalt der Anodenspannung an der Frequenz 2ω ergibt sich entsprechend die Gleichung

$$(k)_{2\omega} \approx \frac{f''}{4f'}\,\varrho\,\hat{u}_g\cdot\varrho_{2\omega}\cdot\frac{R_{2\omega}}{R}. \tag{307. 15}$$

Aus (. 12), (. 13) und (. 14) geht hervor, daß der Klirrfaktor bei Leerlauf ($\varrho = 0$) verschwindet. Dies rührt davon her, daß die Arbeitskurve bei Leerlauf waagerecht liegt und das Kennlinienfeld sich wegen der Konstanz des Durchgriffs in waagerechter Richtung wie ein lineares verhält.

§ 308. Anwendung auf die Raumladungsgleichung.

Setzen wir im besonderen

$$I_a = f(U_g + D\,U_a) = K(U_g + D\,U_a)^\gamma,$$

so ist

$$f' = \gamma\,K(U_g + D\,U_a)^{\gamma-1} = \frac{\gamma\,I_a}{U_g + D\,U_a} = S, \tag{308. 1}$$

$$f'' = \gamma(\gamma - 1)\,K(U_g + D\,U_a)^{\gamma-2} = \frac{\gamma(\gamma-1)\,I_a}{(U_g + D\,U_a)^2}, \text{ usw.}, \tag{308. 2}$$

[1] Beide Bezeichnungen sind festgelegt in dem Normblatt DIN VDE 110, Wechselstromgrößen.

also nach (307. 12)

$$(k)_{2\omega} = \frac{\gamma - 1}{4\gamma}\, \varrho_{2\omega}\, \frac{(\hat{\imath}_a)_\omega}{I_a}. \tag{308. 3}$$

Der Gehalt des Anodenstroms an der Frequenz 2ω hängt demnach nur von γ, $\varrho_{2\omega}$ und dem Verhältnis

$$\alpha_i = \frac{(\hat{\imath}_a)_\omega}{I_a} \tag{308. 4}$$

ab. Sehen wir die „Stromaussteuerung" α_i als Maß der Aussteuerung an, so liefert die Gleichung (. 3) die gesuchte Beziehung zwischen der Aussteuerung und der Klirrverzerrung „2. Grades".

Im besonderen wird

$$\text{für } \gamma = \tfrac{3}{2}\colon\ (k)_{2\omega} = \frac{\varrho_{2\omega}}{12}\,\alpha_i, \qquad \text{für } \gamma = 2\colon\ (k)_{2\omega} = \frac{\varrho_{2\omega}}{8}\,\alpha_i. \tag{308. 5}$$

Nach (. 3) ist bei gegebenem α_i der Oberschwingungsgehalt $(k)_{2\omega}$ (wenn man von dem Faktor $\varrho_{2\omega}$ absieht) von der Lage des Arbeitspunkts unabhängig.

Mit $\alpha_i = 1$ wird für $\gamma = \frac{3}{2}$ und

$$\varrho_{2\omega} = 1 \text{ (Kurzschluß)} \quad (k)_{2\omega} = 8{,}3\,\%,$$

$$\varrho_{2\omega} = 0{,}5 \text{ (Anpassung)} \quad (k)_{2\omega} = 4{,}2\,\%.$$

Der Gesamt-Oberschwingungsgehalt k ist nach (307. 14) aus den Einzelgehalten $k_{2\omega}, \cdots$ zusammenzusetzen.

Man wird im allgemeinen die Aussteuerung α_i so groß wählen, daß der Gesamtklirrfaktor des Stromes (oder der Spannung) erträglich bleibt.

§ 309. Zeichnerische Bestimmung der Amplituden der Teilschwingungen aus der Form der Arbeitskennlinie und der Größe der Aussteuerung. Im vorvorigen Paragraphen haben wir durch Entwicklung in die Taylorsche Reihe (307. 6) die Aufgabe gelöst, die Koeffizienten Y und y_i der Fourierschen Reihe

$$y = Y + y_0 + y_1 \cos(\omega t + \varphi_1) + y_2 \cos(2\,\omega t + \varphi_2) + \cdots \tag{309. 1}$$

zu bestimmen, in die man eine Funktion

$$y = f(x) = f(X + \hat{x}\cos\omega t) = F(\omega t) \tag{309. 2}$$

entwickeln kann. Auch zeichnerisch[1] kann man diese Aufgabe sehr einfach lösen, wenn $f(x)$ eine eindeutige Funktion ist. Dann folgt nämlich aus

$$\cos\omega t - \cos(360^0 - \omega t) = 0$$

zunächst

$$F(\omega t) - F(360^0 - \omega t) = 0 \tag{309. 3}$$

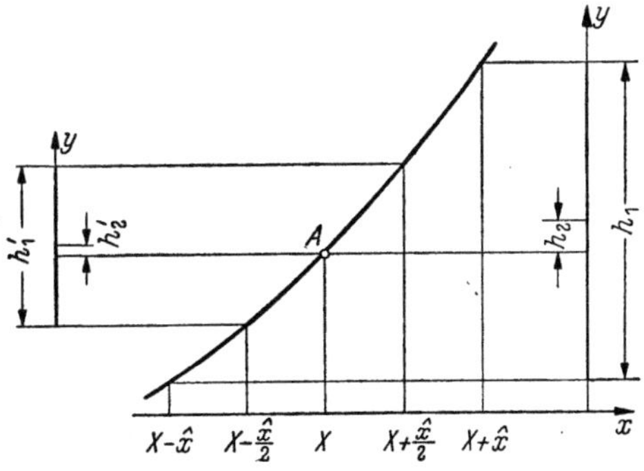

Abb. 309. 1.

und dann

$$\cos(k\,\omega t + \varphi_k) - \cos(k \cdot 360^0 - k\,\omega t + \varphi_k) = -2 \sin k\,\omega t \sin\varphi_k = 0;$$

d. h. die in (. 1) vorkommenden Nullphasenwinkel φ_k können nur die Werte 0^0 und 180^0 haben:

$$y = F(\omega t) = Y + y_0 \pm y_1 \cos\omega t \pm y_2 \cos 2\,\omega t \pm \cdots. \tag{309. 4}$$

(Die Vorzeichen können hier in beliebiger Weise miteinander gemischt vorkommen.)

Wir erzwingen nun (Abb. 309. 1) völliges Zusammenfallen der nach (. 4) berechneten Werte mit den zu den Abszissen

$$X + \hat{x}, \qquad X + \frac{\hat{x}}{2}, \qquad X, \qquad X - \frac{\hat{x}}{2}, \qquad X - \hat{x}$$

gehörenden Punkten, die wir uns etwa durch Messung gegeben denken, indem wir den Koeffi-

[1] Wallot, J.: Veröff. Nachr.-Techn. (Siemens) 5 (1935) 2. Folge. VIII, 1.

zienten die folgenden Bedingungen auferlegen (Teilschwingungen oberhalb der 4. sind weg gelassen):

$$F(0^0) = Y + y_0 \pm y_1 \pm y_2 \pm y_3 \pm y_4, \tag{309.5}$$

$$F(60^0) = Y + y_0 \pm \frac{y_1}{2} \mp \frac{y_2}{2} \mp y_3 \mp \frac{y_4}{2}, \tag{309.6}$$

$$F(90^0) = Y + y_0 \qquad \mp y_2 \qquad \pm y_4, \tag{309.7}$$

$$F(120^0) = Y + y_0 \mp \frac{y_1}{2} \mp \frac{y_2}{2} \pm y_3 \mp \frac{y_4}{2}, \tag{309.8}$$

$$F(180^0) = Y + y_0 \mp y_1 \pm y_2 \mp y_3 \pm y_4. \tag{309.9}$$

Wir wollen zunächst nur die Gleichungen (.5), (.7) und (.9) verwerten. Bezeichnen wir mit h_1 die Höhendifferenz zwischen den Punkten $F(0^0)$ und $F(180^0)$, mit h_2 den „Durchhang" der Kurve im Arbeitspunkt

$$h_2 = \frac{F(0^0) + F(180^0)}{2} - F(90^0), \tag{309.10}$$

so folgt aus (.5), (.7) und (.9) mit $y_3 = y_4 = 0$ unmittelbar, daß

$$h_1 = \pm 2\, y_1, \qquad h_2 = \pm 2\, y_2, \qquad y_0 = \pm y_2, \tag{309.11}$$

also[1]

$$y_0 = \frac{h_2}{2}, \qquad \pm y_1 = \frac{h_1}{2}, \qquad \pm y_2 = \frac{h_2}{2}, \tag{309.12}$$

ein sehr einleuchtendes Ergebnis. Die Scheitelwerte $y_1, y_2, \ldots$ müssen immer positiv sein; die Vorzeichen von h_1 und h_2 bestimmen hiernach die Nullphasenwinkel φ_1 und φ_2.

Beispiel: Es sei $F(0^0) = 8{,}30$ mA; $F(90^0) = 2{,}12$ mA; $F(180^0) = 0$ mA. Dann ist

$$y_0 = 1{,}02 \text{ mA}, \qquad y_1 = 4{,}15 \text{ mA}, \qquad y_2 = 1{,}02 \text{ mA}.$$

Um die Gleichungen (.6) und (.8) mitzubenutzen, bildet man aus ihnen die entsprechen den Differenzen und erhält:

$$h_1 = 2(\pm y_1 \pm y_3), \qquad h_2 = 2(\pm y_2), \tag{309.13}$$

$$h_1' = (\pm y_1) - 2(\pm y_3), \qquad h_2' = \tfrac{1}{2}(\pm y_2) - \tfrac{3}{2}(\pm y_4) \tag{309.14}$$

oder

$$\pm y_1 = \frac{1}{3}(h_1 + h_1'), \qquad \pm y_3 = \frac{1}{3}\left(\frac{h_1}{2} - h_1'\right), \tag{309.15}$$

$$y_0 = \tfrac{1}{3}(h_2 + 2\,h_2'), \qquad \pm y_2 = \tfrac{1}{2}\,h_2, \qquad \pm y_4 = \tfrac{1}{6}(h_2 - 4\,h_2'). \tag{309.16}$$

Beispiel: Ist noch $F(60^0) = 4{,}56$ mA, $F(120^0) = 0{,}40$ mA, so wird $h_1 = 8{,}30$, $h_1' = 4{,}16$, $h_2 = 2{,}03$, $h_2' = 0{,}36$ und

$$y_1 = 4{,}15 \text{ mA}, \qquad y_3 \approx 0,$$

$$y_0 = 0{,}92 \text{ mA}, \qquad y_2 = 1{,}02 \text{ mA}, \qquad y_4 = 0{,}10 \text{ mA}.$$

Die dem Zahlenbeispiel zugrunde gelegte Kennlinie ist also nahezu eine Parabel.

Selbst bei starken Klirrverzerrungen gibt dieses sehr bequeme Verfahren einen noch brauchbaren Anhalt.

§ 310. Höhe der bei vorgeschriebener Aussteuerung abgebbaren Wechselleistung.

Führen wir neben der Stromaussteuerung α_i die ihr entsprechende „Spannungsaussteuerung" (auch: „Spannungsausnutzung")

$$\alpha_u = \frac{(\hat{u}_a)_\omega}{U_a} \tag{310.1}$$

ein, so läßt sich die an einen Verbraucher vom reellen Widerstande R abgebbare Wechselleistung $\mathfrak{N}$ für die Grundfrequenz in der Form

$$\mathfrak{N} = \left(\frac{\hat{u}_a\,\hat{\imath}_a}{2}\right)_\omega = \frac{\alpha_u\,\alpha_i}{2} U_a I_a = \frac{\alpha_u\,\alpha_i}{2} K\, U_a (U_g + D U_a)^\gamma \tag{310.2}$$

[1] Kellogg, E. W.: J. Amer. Inst. electr. Engrs. 44 (1925) S. 490.

ausdrücken. Setzt man nun voraus, daß die Gitterspannung bis zur Ordinatenachse ausgesteuert wird ($U_g = -\hat{u}_g$), so folgt aus einer einfachen geometrischen Überlegung, daß man vorgeschriebene Aussteuerungen α_u und α_i bei gegebener Röhre (K, D, γ) und bei gegebener Anodengleichspannung (U_a) nur durch eine bestimmte Lage des Arbeitspunktes und durch einen bestimmten Widerstand des Verbrauchers verwirklichen kann.

Zur Berechnung[1] der Koordinaten des zu α_u und α_i gehörenden Arbeitspunkts U_g, U_{st}, I_a und des Abschlußwiderstandes R gehen wir von (307. 9) und (308. 1) aus; außerdem verwenden wir die zu (307. 5) führende Umformung. Wir erhalten so aus

$$(\hat{\imath}_a)_\omega \approx f' \cdot \varrho\, \hat{u}_g = f' \cdot (\hat{u}_g - D\,\hat{u}_a) = -\frac{\gamma I_a}{U_g + D U_a}(U_g + \alpha_u D U_a) \tag{310. 3}$$

unmittelbar

$$U_g = -\frac{\alpha_i + \gamma\alpha_u}{\alpha_i + \gamma} D U_a \tag{310. 4}$$

und

$$U_{st} = U_g + D U_a = \frac{\gamma(1 - \alpha_u)}{\alpha_i + \gamma} D U_a . \tag{310. 5}$$

Führt man die Stromstärke $\overline{I_a} = K(D U_a)^\gamma$ ein, die die „Kennlinie U_a" auf der Ordinatenachse ausschneidet, so wird weiter

$$I_a = \left(\frac{\gamma(1 - \alpha_u)}{\alpha_i + \gamma}\right)^\gamma \overline{I}_a . \tag{310. 6}$$

Damit ist die Lage des Arbeitspunkts bestimmt.

Der erforderliche Abschlußwiderstand R und das Verhältnis R/R_i ergeben sich aus den Gleichungen:

$$R = \left(\frac{\hat{u}_a}{\hat{\imath}_a}\right)_\omega = \frac{\alpha_u}{\alpha_i}\,\frac{U_a}{I_a}, \tag{310. 7}$$

$$\frac{R}{R_i} = \frac{\alpha_u}{\alpha_i}\,\frac{U_a}{I_a}\,\frac{\gamma D I_a}{U_g + D U_a} = \frac{\alpha_u}{1 - \alpha_u}\,\frac{\alpha_i + \gamma}{\alpha_i} . \tag{310. 8}$$

Hat man daher durch Wahl der Gittervorspannung nach (. 4) und des Abschlußwiderstandes R nach (. 7) die vorgeschriebenen Aussteuerungen α_u und α_i hergestellt, so liefert die Röhre die Wechselleistung

$$\mathfrak{N} = \frac{\alpha_u \alpha_i}{2}\left(\frac{\gamma(1 - \alpha_u)}{\alpha_i + \gamma}\right)^\gamma U_a \overline{I}_a . \tag{310. 9}$$

Diese verschwindet, wie man sieht, sowohl für $\alpha_u = 0$ wie für $\alpha_u = 1$; sie muß also bei einem bestimmten Wert der Spannungsaussteuerung einen Höchstwert annehmen.

Der „Wirkungsgrad" $\eta = \alpha_u \alpha_i / 2$ dagegen ist der Spannungsaussteuerung einfach proportional; er ist daher um so größer, je mehr sich die Spannungsaussteuerung ihrem Höchstwert 1 nähert, also je tiefer der Arbeitspunkt gelegt wird [vgl. (. 6)].

§ 311. Günstigste Spannungsaussteuerung. Die Wechselleistung $\mathfrak{N}$ ist nach (310. 9) am größten für die Spannungsaussteuerung α_u, die das Produkt $\alpha_u (1 - \alpha_u)^\gamma$ zu einem Höchstwert macht. Differentiation nach α_u liefert die Bedingung:

$$\alpha_u = \frac{1}{1 + \gamma} . \tag{311. 1}$$

[1] Die meisten der im folgenden abgeleiteten Gleichungen finden sich auch bei Barkhausen (siehe die Fußnote im § 292): Bd. 2 S. 83 Tafel V.

Wählt man mit der hiernach bemessenen Spannungsaussteuerung die Gittervorspannung nach (310. 4) und den Abschlußwiderstand nach (310. 7) und (310. 6), so erhält man die höchste überhaupt erzielbare Wechselleistung.

Bei dieser günstigsten Bemessung ist „überangepaßt". Denn es ist nach (310. 8)

$$\frac{R}{R_i} = \frac{\alpha_i + \gamma}{\gamma\,\alpha_i}. \tag{311. 2}$$

Dieser Bruch ist aber für $\alpha_i < \gamma/(\gamma - 1)$, d. h. immer, größer als 1. Für $\gamma = \frac{3}{2}$, $\alpha_i = 0{,}8$ wird $R = 1{,}9\,R_i$ (vgl. § 306).

Setzt man den aus $S = \gamma I_a / U_{st}$ folgenden Wert von I_a in (310. 2) ein, so erhält man mit (310. 5)

$$\mathfrak{N} = \frac{\alpha_u \alpha_i}{2} U_a \frac{U_{st}}{R_i \gamma D} = \frac{\alpha_u (1 - \alpha_u)}{2} \frac{\alpha_i}{\alpha_i + \gamma} \frac{U_a^2}{R_i}. \tag{311. 3}$$

Wählt man also α_u möglichst günstig und ist $\gamma = \frac{3}{2}$, so wird beispielsweise mit $\alpha_i = 0{,}8$ $\mathfrak{N}_{max} = U_a^2/(24\,R_i)$, mit $\alpha_i = 0{,}3$ dagegen $\mathfrak{N}_{max} = U_a^2/(50\,R_i)$. Mit einem „Nenn"-Widerstand R_i läßt sich also in der Tat nach derartigen Formeln die entnehmbare Leistung schätzen.

Zahlenbeispiel: Es sei im mA-V-System: $\alpha_i = 0{,}8$; $\gamma = \frac{3}{2}$, also nach (. 1) $\alpha_u = 0{,}4$; $K = 0{,}4$; $D = 0{,}05$; $U_a = 220$. Dann ist $D U_a = 11$; $\bar{I}_a = 14{,}59$. Weiter wird

$$U_g = -6{,}70; \quad U_g + D U_a = 4{,}30; \quad I_a = 3{,}57;$$
$$R = 30{,}8; \quad R_i = 16{,}06;$$
$$\mathfrak{N}_{max} = 126{,}6; \quad \eta = 16\,\%.$$

Da die Gittervorspannung und mit ihr der Scheitelwert der Gitterwechselspannung im günstigsten Falle nicht mehr klein sind gegen die Verschiebungsspannung, muß die Gitterspannung, wenn nötig, vorher verstärkt werden.

Aus (310. 9) in Verbindung mit (. 1) folgt, daß man bei gegebener Röhre (K, D, γ) und bei vorgeschriebener Klirrverzerrung (α_i) eine geforderte Leistung nur mit einer bestimmten Mindestspannung U_a erreichen kann.

Soll z. B. die vorher betrachtete Röhre ($D = 5\%$) mit $\alpha_i = 0{,}8$ mindestens 10 W hergeben, so muß die Spannung U_a nach (310. 9) mindestens gleich 1270 V gewählt werden. Erhöht man den Durchgriff auf 20%, so wird nach (296. 4)

$$K = 0{,}4 \cdot \left(\frac{1{,}05}{1{,}20}\right)^{1{,}5} = 0{,}327 \quad \text{und damit} \quad U_a = 597.$$

Eine Erhöhung des Durchgriffs ist also weniger wirksam als eine Erhöhung der Spannung, und zwar hauptsächlich deshalb, weil in (310. 9) D in der 1,5., U_a aber in der 2,5. Potenz vorkommt.

Bei höheren Leistungen muß man noch prüfen, ob die Anodenverlustleistung (§ 305) nicht zu hoch ist. Zeichnet man in dem Kennlinienfeld etwa der Abb. 303. 1 Kurven konstanter Gleichleistung $N_a = U_a I_a$ (gleichseitige Hyperbeln), so sieht man nach § 305 sofort, ob die Röhre bei dem gewählten Arbeitspunkt in den Übertragungspausen (vgl. § 305) überlastet wird oder nicht. Der Preis einer Röhre steigt natürlich stark mit der Anodenbelastung, die man ihr zumuten darf. Vgl. § 320.

Es sei z. B. $U_a = 600$ V, $D = 10\%$, $K = 0{,}4\,\text{mA/V}^{\frac{3}{2}}$, $\gamma = \frac{3}{2}$, $\alpha_i = 80\%$, also $\bar{I}_a = 186$ mA. Dann erhält man mit dem günstigsten $\alpha_u = 40\%$ nach (310. 9) eine Wechselleistung von 4,4 W. Mit dieser ist jedoch nach (310. 2) eine Gleichleistung $N_a = 4{,}4/0{,}16 = 27$ W verbunden. Hält die Röhre nur $N_a = 10$ W aus, so muß der Anodenstrom I_a, wenn die Anodenspannung beibehalten werden soll, von $27/600 = 46$ auf ≈ 16 mA gesenkt werden. Dann ist die Spannungsaussteuerung nach (310. 6) gleich 70%, man muß nach (310. 4) eine Gittervorspannung $U_g = -48$ V benutzen (vorher -37 V!), und die Wechselleistung $\mathfrak{N}$ sinkt nach (310. 9) auf 2,7 W bei einem erhöhten Wirkungsgrad von 28%.

§ 312. Genauere Theorie der durch die Krümmung der Kennlinie hervorgerufenen Klirrverzerrung. Das im § 307 angewandte Näherungsverfahren führt nur bei fast linearen

Systemen zu richtigen Ergebnissen. Bei stärkeren Verzerrungen kann man so rechnen[1]: Es sei

$$i_a = K(u_g + D\,u_a)^\gamma, \tag{312. 1}$$

$$u_g = U_g + \hat{u}_g \cos\omega t, \qquad u_a = U_a + \mathfrak{u}_a, \qquad i_a = I_a + \mathfrak{i}_a, \qquad R\,\mathfrak{i}_a = -\mathfrak{u}_a, \tag{312. 2}$$

und es sei die Aufgabe gestellt, den Wechselbestandteil des Stromes

$$i_a = K(U_g + D\,U_a + \mathfrak{u}_g - D\,R\,\mathfrak{i}_a)^\gamma \tag{312. 3}$$

als Funktion von $\mathfrak{u}_g$ und damit als Funktion der Zeit darzustellen.

Wir ziehen die γ. Wurzel, setzen $1/\gamma = \delta$ und entwickeln i_a^δ nach dem binomischen Lehrsatz in eine Reihe, die wir hinter dem Glied 3. Grades abbrechen. Dadurch erhalten wir mit den Abkürzungen $\binom{\delta}{2} = \delta'$ und $\binom{\delta}{3} = \delta''$:

$$(I_a + \mathfrak{i}_a)^\delta = I_a^\delta + \delta\,I_a^{\delta-1}\,\mathfrak{i}_a + \delta' I_a^{\delta-2}\,\mathfrak{i}_a^2 + \delta'' I_a^{\delta-3}\,\mathfrak{i}_a^3 = K^\delta(U_g + D\,U_a + \mathfrak{u}_g - D\,R\,\mathfrak{i}_a)\,. \tag{312. 4}$$

Wie in den §§ 299 und 300 schließen wir hieraus, daß für den Wechselanteil dieser Gleichung allein das Folgende gilt:

$$\mathfrak{u}_g = \left(D\,R + \frac{\delta\,I_a^{\delta-1}}{K^\delta}\right)\mathfrak{i}_a + \frac{\delta' I_a^{\delta-2}}{K^\delta}\,\mathfrak{i}_a^2 + \frac{\delta'' I_a^{\delta-3}}{K^\delta}\,\mathfrak{i}_a^3\,. \tag{312. 5}$$

Bevor wir dies nach $\mathfrak{i}_a$ auflösen, beachten wir, daß

$$\frac{\delta\,I_a^{\delta-1}}{K^\delta} = \frac{\delta\,K^{\delta-1}\,(U_g + D\,U_a)^{\frac{\delta-1}{\delta}}}{K^\delta} = \frac{1}{S} = D\,R_i \tag{312. 6}$$

ist, so daß man auch so schreiben kann:

$$\mathfrak{u}_g = D\,(R_i + R)\,\mathfrak{i}_a + \frac{\delta'}{\delta}\,\frac{D R_i}{I_a}\,\mathfrak{i}_a^2 + \frac{\delta''}{\delta}\,\frac{D R_i}{I_a^2}\,\mathfrak{i}_a^3. \tag{312. 7}$$

Nach 3 des Anhangs folgt aber hieraus mit der früheren Abkürzung ϱ:

$$\mathfrak{i}_a = S\,\mathfrak{u}_g\,\varrho - \frac{\delta'}{\delta}\,\frac{\varrho}{I_a}\,S^2\,\mathfrak{u}_g^2\,\varrho^2 + \left\{2\left(\frac{\delta'}{\delta}\,\frac{\varrho}{I_a}\right)^2 - \frac{\delta''}{\delta}\,\frac{\varrho}{I_a^2}\right\}S^3\,\mathfrak{u}_g^3\,\varrho^3. \tag{312. 8}$$

Aus dieser Gleichung kann man wie im § 307 auf die Amplituden der Oberschwingungen und auf den Gehalt des Anodenstroms an den Oberfrequenzen $2\,\omega$ und $3\,\omega$ schließen. Man erhält:

$$(\hat{i}_a)_\omega \approx S\,\hat{u}_g\,\varrho, \tag{312. 9}$$

$$k_{2\omega} = \frac{|\delta'|}{2\,\delta}\,\frac{S^2}{I_a}\,\frac{\hat{u}_g^2}{(\hat{i}_a)_\omega}\,\varrho^3 \approx \frac{1-\delta}{4}\,\frac{\varrho}{I_a}\,(\hat{i}_a)_\omega = \frac{\gamma-1}{4\,\gamma}\,\varrho\,\alpha_i, \tag{312. 10}$$

$$k_{3\omega} \approx \left|(1-\delta)\,\varrho - \frac{2-\delta}{3}\right|\frac{1-\delta}{8}\,\varrho\,\alpha_i^2 = \left(\frac{2\gamma-1}{3\gamma} - \frac{\gamma-1}{\gamma}\,\varrho\right)\frac{\gamma-1}{8\gamma}\,\varrho\,\alpha_i^2. \tag{312. 11}$$

Der Klirrfaktor zweiten Grades hat sich demnach nach dem Näherungsverfahren des § 307 ganz richtig ergeben [vgl. (308. 3)]. Dagegen läßt sich die Abhängigkeit des Klirrfaktors dritten Grades von dem Abschlußwiderstand R nicht einfach durch einen Faktor ϱ berücksichtigen. $k_{3\omega}$ nimmt[2] mit wachsendem R von dem Kurzschlußwert $(\gamma - 1)\,(\gamma - 2)\,\alpha_i^2/(24\,\gamma^2)$ aus zunächst zu bis zu einem Maximum (Abb. 312. 1), das für $R/R_i = (4\,\gamma - 5)/(2\,\gamma - 1)$ erreicht wird und die Höhe $(2\,\gamma - 1)^2\,\alpha_i^2/(288\,\gamma^2)$ hat; dann erst fällt $k_{3\omega}$ allmählich auf Null. Für $\gamma = \frac{3}{2}$ ist der Höchstwert gleich $\alpha_i^2/162$, d. i. $\frac{4}{3}$ mal so groß wie der Kurzschlußwert; für $\gamma = 2$ ist er bei Anpassung sogar gleich $\alpha_i^2/128$.

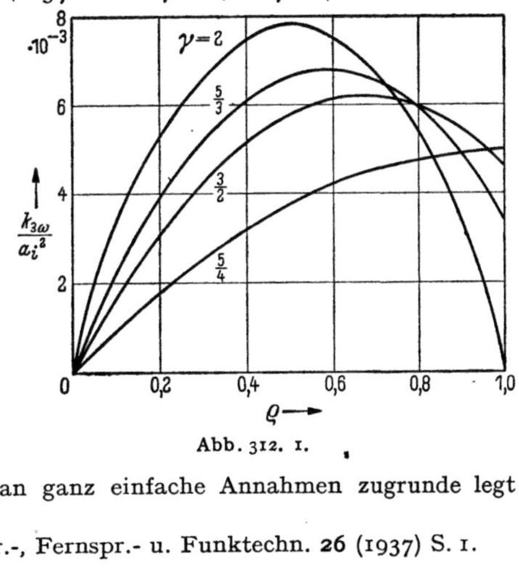

Abb. 312. 1.

Man sieht, wie verwickelt die exakte Theorie der Klirrverzerrung selbst dann ist, wenn man ganz einfache Annahmen zugrunde legt.

[1] Feldtkeller, R., und Thon, E.: Telegr.-, Fernspr.- u. Funktechn. **26** (1937) S. 1.
[2] Unter der Voraussetzung $\gamma > 1{,}25$.

§ 313. Durchgriffsverzerrung. Die bisher betrachtete Klirrverzerrung ist eine „Krümmungs-“ oder „Steilheitsverzerrung“; deshalb macht sie sich hauptsächlich bei kleinen Abschlußwiderständen geltend.

Genau genommen ist jedoch im Kennlinienfeld der Elektronenröhren auch der Durchgriff von Punkt zu Punkt ein wenig veränderlich; deshalb hängt die Anodenspannung auch für wechselstrommäßigen Leerlauf nach einer nichtlinearen Gleichung

$$(u_a)_{i_a = \mathrm{const}} = U_a + \left(\frac{\partial u_a}{\partial u_g}\right)_{i_a} \mathfrak{u}_g + \left(\frac{\partial^2 u_a}{\partial u_g^2}\right)_{i_a} \frac{\mathfrak{u}_g^2}{2} + \cdots \tag{313. 1}$$

von der Gitterspannung $\mathfrak{u}_g$ ab, wo die Ableitungen wieder für den Arbeitspunkt zu bilden sind.

Für die Abhängigkeit des Durchgriffs von der Lage des Arbeitspunkts gibt es keine theoretisch ableitbare Beziehung. Mit den Messungen scheint jedoch der einfache Ansatz[1]

$$\frac{1}{D} = \mu = \mu_0 + p\,\frac{u_g}{u_a} \tag{313. 2}$$

verträglich zu sein; μ_0 und p sind gemessene Konstanten. p ist bei den meist verwendeten Röhren positiv. Man kann daher schreiben:

$$-\left(\frac{\partial^2 u_a}{\partial u_g^2}\right)_{i_a} = \left(\frac{\partial \mu}{\partial u_g}\right)_{i_a} = \left(\frac{\partial \mu}{\partial u_g}\right)_{u_a} + \left(\frac{\partial \mu}{\partial u_a}\right)_{u_g}\left(\frac{\partial u_a}{\partial u_g}\right)_{i_a} = \left(\frac{\partial \mu}{\partial u_g}\right)_{u_a} - \mu\left(\frac{\partial \mu}{\partial u_a}\right)_{u_g}$$

$$= \frac{p}{U_a} + \mu p\,\frac{U_g}{U_a^2} = \frac{p\,(U_g + D\,U_a)}{D\,U_a^2}. \tag{313. 3}$$

Hieraus und aus (307. 15) folgt für den Gehalt der Anodenspannung an der Frequenz $2\,\omega$

$$k_{2\omega} = \frac{p\,(U_g + D\,U_a)}{4\,U_a^2}\,\hat{u}_g. \tag{313. 4}$$

$k_{2\omega}$ bleibt meist unter 1%. Die Durchgriffsverzerrung macht sich gerade dann geltend, wenn man die durch die Krümmung der Kennlinien hervorgerufene Verzerrung durch Überanpassung fast zum Verschwinden gebracht hat.

Durch Erhöhung der Spannung U_a läßt sich die Durchgriffsverzerrung nach (. 4) verringern.

Nach (. 2) nimmt $D = 1/\mu$ bei positivem p mit abnehmender Gitterspannung und mit wachsender Anodenspannung zu. Der Abstand der Kennlinien wird daher bei gewöhnlichen Röhren sowohl in der i_a-u_g-Darstellung wie in der i_a-u_a-Darstellung nach links oben hin größer. Man sieht leicht ein, daß es dann keine Linien konstanten Abschlußwiderstands gibt, für die sich das Feld wie ein lineares verhielte.

Besonders veränderlich ist der Durchgriff bei den „Exponentialröhren“[2], bei denen man die Größe des Verstärkungsfaktors μ durch Wahl der Gittervorspannung einstellen kann. Diese Röhren werden z. B. beim Rundfunk als „Regelröhren“ benutzt.

Nach Feldtkeller[3] gibt es einen bestimmten Arbeitspunkt, für den die Gesamtverzerrung bei vorgeschriebener Wechselleistung und vorgeschriebenem Abschlußwiderstand am kleinsten ist.

---

[1] Jobst, G.: Telefunkenztg. **12** H. 59 (1931) S. 29. Graffunder, W., Kleen, W., und Rothe, H.: Ebenda **18** H. 75 (1937) S. 42. Neuerdings wird ein linearer Ansatz für den Durchgriff $D = 1/\mu_0 - (p/\mu_0^2)\,(u_g/u_a)$ bevorzugt: Harnisch, M., u. Raudorf, W.: Elektr. Nachr.-Techn. **15** (1938) S. 65.

[2] „Variable mu tetrodes.“ Vgl. Ballantine, St., und Snow, H. A.: Proc. Inst. Radio Engrs., N. Y. **18** (1930) S. 2102. Bei diesen Röhren ändert sich der Durchgriff längs der Achse des Glühfadens. Jobst hat gezeigt (a. a. O.), daß bei solchen Röhren der Verstärkungsfaktor μ nur von dem Verhältnis u_g/u_a abhängen kann.

[3] Feldtkeller, R.: Elektr. Nachr.-Techn. **11** (1934) S. 403.

§ 314. Richardsonsche Formel. Nach (294. 1) ist die Sättigungsstromstärke einer Glühkathode der Anzahl N der Elektronen proportional, die die Einheit der Kathodenoberfläche in der Zeiteinheit aussendet. Für den Zusammenhang dieser Anzahl mit der absoluten Temperatur T des Fadens hat Richardson die beiden Gesetze

$$N = a\sqrt{T}\,e^{-\frac{b}{T}} \qquad \text{und} \qquad N = A\,T^2 e^{-\frac{B}{T}} \tag{314. 1}$$

aufgestellt[1]. a, b und B hängen von den Eigenschaften des Werkstoffs ab, aus dem die Glühkathode gefertigt ist; A dagegen ist (vor allem bei Fäden aus reinem Metall) eine universelle Konstante[2]: $A = 3{,}8 \cdot 10^{20}/(\text{cm}^2\ \text{s}\ \text{grd}^2)$. Nach beiden Formeln wächst die Elektronenemission bei höheren Temperaturen wegen des exponentiellen Faktors sehr stark mit der Temperatur. Die Geschwindigkeit dieses Anwachsens hängt in erster Linie von den „Temperaturen" b und B ab; je niedriger diese sind, um so steiler ist der Anstieg.

b und B sind proportional der „Austrittsarbeit" des Metalls der Glühkathode, d. h. der Arbeit, die das einzelne Elektron beim Austritt aus dem Metall zu leisten hat. Bei Fäden aus reinem Wolfram ist $b \approx 52500^0$, bei Oxydfäden $b \approx 20000^0$.

§ 315. Sekundärelektronen. Die Anode einer Verstärkerröhre wird durch die auf sie aufprallenden Elektronen nicht nur erhitzt; es werden aus ihr auch „sekundäre" Elektronen herausgeschlagen, vorausgesetzt, daß die kinetische Energie der aufprallenden Elektronen größer ist als etwa 10 bis 20 eV. Die Anzahl der aus einem Metall ausgelösten Sekundärelektronen ist der Anzahl der primären proportional. Sie kann sehr groß sein, bei Metallen mit einem Überzug aus Oxyden (z. B. der Erdalkalien oder der „seltenen Erden") und bei hohen Spannungen u. U. sogar einige Male (5 bis 10 mal) so groß wie die der Primärelektronen[3].

Die Geschwindigkeiten der Sekundärelektronen sind verschieden groß; im Mittel ist jedoch ihre kinetische Energie viel kleiner als die der Primärelektronen. Liegt das Potential des Steuergitters einer Eingitterröhre etwa um 20 bis 40 V oder mehr unter dem der Anode, so werden durch das Feld praktisch alle Sekundärelektronen zur Anode zurückgetrieben.

Senkrecht aufprallende Primärelektronen lösen aus einem Metall weniger Elektronen aus als Primärelektronen, die auf seine Oberfläche streifend auftreffen.

§ 316. Mehrgitterröhren[4]. Bei Röhren, die ohne Gitterstrom betrieben werden, soll nach § 311 die Verschiebungsspannung $D\,U_a$ groß, der Durchgriff aber klein sein. Diese beiden Forderungen sind bei Eingitterröhren miteinander unvereinbar, da man Wert darauf legt, U_a klein zu halten.

Hier hilft der Einbau eines „Schirmgitters" („Schutzgitters") zwischen Steuergitter und Anode[5]. Das Zusatzgitter wird gegen die Kathode auf eine konstante positive Spannung U_s gebracht ($U_s < U_a$). Dadurch beeinflußt es in ähnlicher Weise wie die Anode das die Elektronen beschleunigende Feld. An die

---

[1] Richardson, O. W.: The emission of electricity from hot bodies. London: Longmans, Green & Co. 1916.

[2] Sie läßt sich berechnen aus $A = 2\pi m k^2/h^3$. Dabei ist $m = 0{,}910 \cdot 10^{-27}$ g die Masse des Elektrons, $k = 1{,}380 \cdot 10^{-16}$ erg/grd die Boltzmannsche Konstante, $h = 6{,}61 \cdot 10^{-27}$ ergs das Plancksche Wirkungsquantum. Praktisch verwendet man meist das Produkt $eA = 60{,}3$ A/(cm² grd²).

[3] Darauf beruhen die mit Sekundärelektronen arbeitenden „Vervielfacher".

[4] Strutt, M. J. O.: Moderne Mehrgitter-Elektronenröhren. Berlin 1937. Kammerloher, J.: Hochfrequenztechnik. Bd. II: Elektronenröhren und Verstärker. Leipzig 1939.

[5] Schottky, W.: Arch. Elektrot. 8 (1919) S. 299.

Stelle der Gleichung (296. 4) tritt die Gleichung

$$i_a = K(u_g + D_s U_s + D_a u_a)^{\frac{3}{2}}. \tag{316. 1}$$

Sie zeigt, daß die Verschiebungsspannung bei der Schirmgitterröhre gleich

$$D_s U_s + D_a u_a$$

ist, während sich ihr Durchgriff nach § 298 zu

$$D = -\left(\frac{\partial u_g}{\partial u_a}\right)_{i_a} = D_a \tag{316. 2}$$

ergibt. Der Faktor D_a ist schon wegen der doppelten Abschirmung klein gegen den Faktor D_s; macht man außerdem noch die Löcher des Schirmgitters kleiner als die des Steuergitters, so ist $D_a \ll D_s$, und man kann daher den Durchgriff und den inneren Leitwert sehr klein machen, ohne damit die Verschiebungsspannung merklich zu verringern.

Der Augenblickswert der Anodenspannung muß freilich während des Betriebs dauernd merklich größer sein als die Spannung U_s des Schirmgitters, damit zwischen diesem und der Anode ein die Elektronen beschleunigendes Feld bestehen bleibt. Sinkt u_a, so fließt bei geringem Abstand der Anode vom Schirmgitter ein immer größerer Teil des Kathodenstroms zum Schirmgitter, besonders wenn dieses sehr enge Löcher hat, und der Anodenstrom nimmt entsprechend ab.

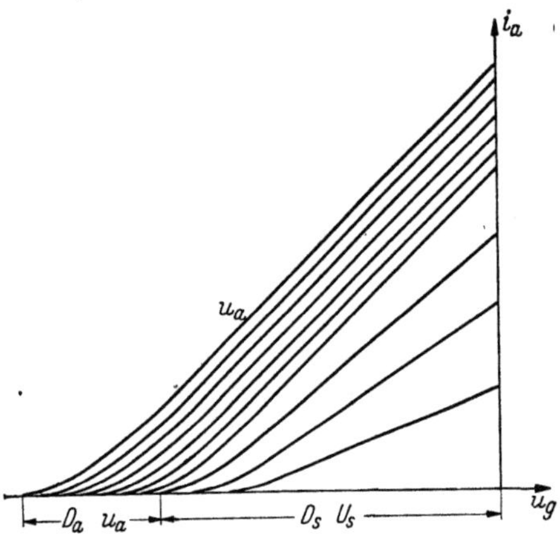

Abb. 316. 1.

Die Schar der Anodenstrom-Gitterspannungs-Kennlinien einer Schirmgitterröhre (Tetrode) sieht hiernach etwa wie in der nicht maßstäblichen Abbildung 316. 1 aus. Da der Anodenstrom durch die starke Abschirmung der Anode von deren Spannung nur wenig beeinflußt wird, liegen die zu den einzelnen Anodenspannungen gehörenden Kennlinien sehr nahe beieinander (kleines D!); die Schar als Ganzes jedoch ist durch die Spannung des Schirmgitters weit nach negativen Spannungen hin verschoben. Die Steilheit ist ungefähr die gleiche wie die einer Eingitterröhre, bei der die Anode etwa an der Stelle des Schirmgitters liegt. Dies gilt aber nur, solange die Anodenspannung größer ist als die Schirmgitterspannung U_s. Ist dies nicht mehr der Fall, so sinkt der Anodenstrom und mit ihm die Steilheit stark ab, da immer mehr Elektronen auf dem Schirmgitter landen[1]. Außerdem treten Unregelmäßigkeiten auf, die davon herrühren, daß die Anode sekundäre Elektronen aussendet, deren Geschwindigkeiten nach einem Wahrscheinlichkeitsgesetz verteilt sind und z. B. bei den Rundfunkröhren einer Spannung von etwa 5 bis 30 V entsprechen.

Der Einfluß der Sekundärelektronen läßt sich besonders deutlich im i_a-u_a-Diagramm verfolgen. Abb. 316. 2 zeigt, daß die verhältnismäßig hohe Spannung U_s des Schirmgitters schon bei niedrigen Anodenspannungen einen beträchtlichen Strom i_k aus der Kathode zieht, der mit steigender Spannung der abgeschirmten Anode nur wenig steigt und bei niedriger Anodenspannung überwiegend zum Schirmgitter fließt (i_s).

[1] Eine ähnliche Verformung des Kennlinienbilds beobachtet man bei der Eingitterröhre in dem Gebiet endlichen Gitterstroms rechts von der Ordinatenachse.

Links von der Abszisse $u_a = U_s$ und in deren Umgebung zeigen die Kennlinien des Anodenstroms i_a und des Schirmgitterstroms i_s bei vielen Röhren starke Ausbauchungen. Je höher nämlich die Anodenspannung steigt, um so mehr Sekundärelektronen werden freigemacht. Solange u_a wesentlich kleiner ist als U_s, werden die Sekundärelektronen durch das Feld zwischen Anode und Schirmgitter zu diesem hin beschleunigt, so daß der Schirmgitterstrom i_s statt abzunehmen zunimmt. Erst wenn das Feld zwischen Anode und Schirmgitter schwächer geworden ist oder sogar (für $u_a > U_s$) seine Richtung umgekehrt hat, sinkt der Schirmgitterstrom steil ab. Bei hoher Anodenspannung ($u_a \gg U_s$) kann die Aussendung von Sekundärelektronen nichts mehr schaden, weil diese wegen ihrer verhältnismäßig geringen Geschwindigkeit, wie wir im § 315 gesehen haben, durch das Feld zur Anode zurückgetrieben werden[1].

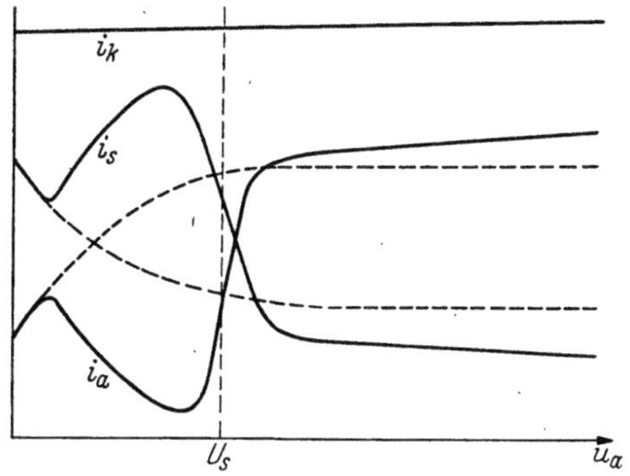

Abb. 316. 2.

Der innere Leitwert $G_i = DS$ der Schirmgitterröhre ist nach Abb. 316. 2 bei steigender Anodenspannung zuerst groß, dann negativ, dann wieder sehr groß und zuletzt erst klein; die Röhre arbeitet daher als Vorverstärker, bei dem es auf kleinen Durchgriff ankommt, nur dann günstig, wenn u_a hinreichend oberhalb von U_s liegt.

Ein negativer reeller Widerstand $R_i = 1/G_i$ kann einen positiven Abschlußwiderstand kompensieren oder sogar zur Selbsterregung führen.

Ist $R = R_0$ ein frequenzunabhängiger Widerstand wie bei den Widerstandsverstärkern, so muß man beachten, daß U_a noch um $R_0 I_a$ kleiner ist als E_a (vgl. § 303). In dem Kennlinienfeld der Abb. 316. 3 ist eine Linie konstanten Abschlußwiderstandes gezeichnet; sie liefert, wie man sieht, erst bei Wahl einer stark negativen Gittervorspannung einen Arbeitspunkt außerhalb des Gebiets, in dem das Schirmgitter zu viel Strom aufnimmt. Man kann daher mit Schirmgitterröhren hohe Spannungsverstärkungen bei hohem $|U_g|$ erzielen.

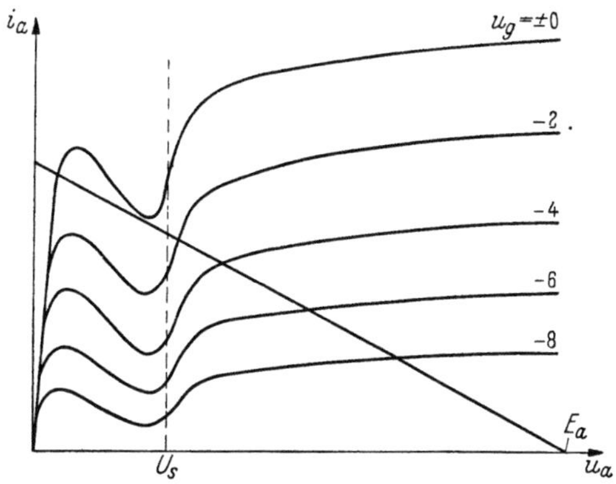

Abb. 316. 3.

Der schädliche Einfluß der sekundären Elektronen läßt sich beseitigen durch geeigneten Aufbau der Elektroden oder durch Einfügung eines weiteren, dritten, Gitters, des „Bremsgitters". Man verbindet es häufig innerhalb der Röhre mit der Kathode; das Potential in seinen Löchern, das ebenfalls eine lineare Funktion der Röhrenspannungen ist, ist dann immer so viel niedriger als das Anodenpotential, daß keine sekundären Elektronen mehr zum Schirmgitter gelangen. Die Kennlinien des Anodenstroms zeigen bei solchen „Penthoden"

[1] Außerdem machen gerade primäre Elektronen hoher Geschwindigkeit (> 500 V) weniger Elektronen frei, da sie zu tief eindringen: Lange, H.: Z. Hochfrequenztechn. **26** (1925) S. 38. Die gestrichelten Kurven der Abb. 316. 2 deuten die Ströme an, die ohne Sekundärelektronen fließen würden.

keine Ausbauchungen mehr[1]; den Dreigitterröhren kann man daher ohne weiteres hohe Leistungen entnehmen (vgl. § 320).

Zur Erhöhung der Steilheit kann man zwischen Kathode und Steuergitter der Ein- oder Mehrgitterröhren noch ein „Raumladegitter" schalten, das man auf ein beträchtliches positives Potential bringt. Dann kommen die Elektronen in dem Raum zwischen dem Zusatzgitter und dem Steuergitter bereits mit hohen Geschwindigkeiten an, so daß die Dichte der Raumladung gering ist. Da die Kennlinien der Röhren aber gerade durch die Raumladung abgeflacht werden, ist die Steilheit der Röhren mit Raumladegitter besonders hoch, ohne daß es nötig wäre, mit hohen Betriebsspannungen zu arbeiten.

§ 317. Verstärkerschaltungen. Eine Röhre, die ohne Gitterstrom betrieben wird, stellt auf ihrer Gitterseite einen hohen Widerstand dar. Der vor ihr liegende Teil der Schaltung wird daher nahezu „im Leerlauf" betrieben. Verbindet man ihn, um die Gitterwechselspannung zu erhöhen, über einen Eingangsübertrager („Vorübertrager") hohen Windungsverhältnisses mit der Röhre, so hat man eine Schaltung, deren Theorie bereits im § 202 enthalten ist. Das dort verwendete Formelzeichen $C_2 = C$ ist jedoch jetzt als das Zeichen für die Summe aller Kapazitäten anzusehen, die zwischen Gitter und Kathode liegen (vgl. § 318).

Wir wissen aus § 202, daß die Übersetzung $|\mathfrak{U}_g/\mathfrak{E}|$ bereits für die Frequenz $\omega_1 = R_a/L_1$ gleich $n/\sqrt{2}$ ist und dann langsam nahezu auf den Wert n steigt. Oberhalb der aus L_2 und C gebildeten Scheinfrequenz („Eigenfrequenz") ω_0 nimmt sie langsam ab; nur in der Nähe der Streuresonanz ω_σ (§ 201) ist ihrer Kurve eine Spitze aufgesetzt, die über den Wert n hinausragt.

Die an dem Gitter der Röhre liegende Wechselspannung ist demnach in einem weiten Bereich annähernd frequenzunabhängig, wenn das gleiche für die Leerlaufspannung der vor dem Vorübertrager liegenden Schaltung zutrifft; und zwar gilt dies um so genauer, je weniger der Übertrager streut und je geringer die Kapazität C ist. Bei hohen Frequenzen nimmt die Spannungsverstärkung steil ab, weil die zwischen Gitter und Kathode liegenden dielektrischen Leitwerte ωC immer mehr anwachsen.

Ist auch auf der sekundären Seite der Röhre ein „Nachübertrager" $n:1$ angeschaltet, so kann man den Verbraucher durch geeignete Wahl des Verhältnisses n anpassen, unteranpassen oder überanpassen. Das fast verzerrungsfrei übertragbare Frequenzband ist bei geringer Streuung sehr breit (§ 199).

Hängt der Scheinwiderstand des Verbrauchers von der Frequenz ab, so können weitere Frequenzgänge auftreten. Ist z. B. $\mathfrak{R} = j\omega L$, so wird

$$\mathfrak{J}_a = \frac{\mathfrak{U}_g}{D(R_i + n^2 \cdot j\omega L)}, \qquad \mathfrak{U}_a = \frac{\mathfrak{U}_g}{D} \frac{n^2 \cdot j\omega L}{R_i + n^2 \cdot j\omega L}. \tag{317.1}$$

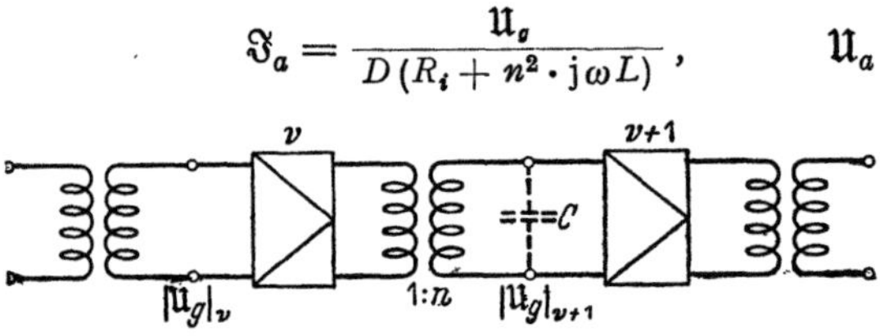

Abb. 317. 1.

Dann sinkt der Strom bei hohen, die Spannung bei tiefen Frequenzen; „angepaßt" ist nur bei der Frequenz $\omega = R_i/(n^2 L)$.

Hat man eine Kette von Vorröhren (Abb. 317. 1), so ist die bei der ν. Röhre erreichbare Leerlaufverstärkung $|\mathfrak{U}_g|_{\nu+1}/|\mathfrak{U}_g|_\nu$ in der Mitte des Übertragungsbereichs bei Vernachlässigung der Streuung gleich dem Windungsverhältnis n des zwischen die ν. und $(\nu + 1)$. Röhre geschalteten Übertragers multipliziert mit dem Verstärkungsfaktor $1/D$. Läßt man eine gewisse Verstärkungsverzerrung zu, d. h. fordert man bei der vorgeschriebenen Kreis-

[1] Es gibt Zweigitterröhren, die das gleiche leisten.

frequenz ω_2 (oberhalb von ω_0) noch den $\sqrt{2}$. Teil der Verstärkung n/D, so muß nach (301.1) der durch den Übertrager übersetzte innere Widerstand $n^2 R_i$ der ν. Röhre bei dieser Frequenz dem Betrage nach gleich dem dielektrischen Blindwiderstand $|\mathfrak{R}| = 1/(\omega_2 C)$ zwischen Gitter und Kathode der $(\nu + 1)$. Röhre sein. (Von der durch die Streuresonanz verursachten Spitze sehen wir also ab.) Es gilt daher die Gleichung $n^2 R_i = 1/(\omega_2 C)$, und die Leerlaufverstärkung in der Mitte des Übertragungsbereichs wird

$$\frac{|\mathfrak{U}_g|_{\nu+1}}{|\mathfrak{U}_g|_\nu} = \frac{n}{D} = \sqrt{\frac{S}{D\cdot\omega_2 C}}. \qquad (317.2)$$

Wählt man demnach bei zwei Ketten Röhren gleicher Steilheit, aber verschiedenen Durchgriffs (z. B. eine Eingitterröhre und eine Dreigitterröhre gleicher Steilheit), so dürfen, wenn man für die Frequenz ω_2 eine bestimmte Leerlaufverstärkung fordert, die störenden Kapazitäten C bei den Röhren kleineren Durchgriffs höher sein als bei den Röhren größeren Durchgriffs. Umgekehrt kann man bei gegebener Kapazität C mit Röhren δmal kleineren Durchgriffs nur eine $\sqrt{\delta}$mal höhere Verstärkung erzielen.

Zahlenbeispiel. Es sei im Milliampere-Volt-Millisekunden-System $S = 1$, $D = 0{,}01$, und es werde gefordert, daß die Verstärkung bei $f_2 = 10$ kHz erst auf 70% ihres Höchstwertes gesunken ist. Dann kann man nach (.2) mit $C = 30\cdot 10^{-6}$ (30 pF!) höchstens eine 230-fache Verstärkung (entsprechend 5,4 N) erreichen; und zwar bedarf es dazu eines Windungsverhältnisses 2,3. Macht man bei derselben Röhre (also bei gleicher Steilheit und gleichem Durchgriff) ohne Rücksicht auf (.2) $n = 23$, so ist die Verstärkung zwar in der Mitte des Übertragungsbereichs 10 mal so groß (= 7,7 N); dafür ist sie aber bei 10 kHz nach (301.1) bereits auf den 100. Teil (= 3,1 N) gesunken.

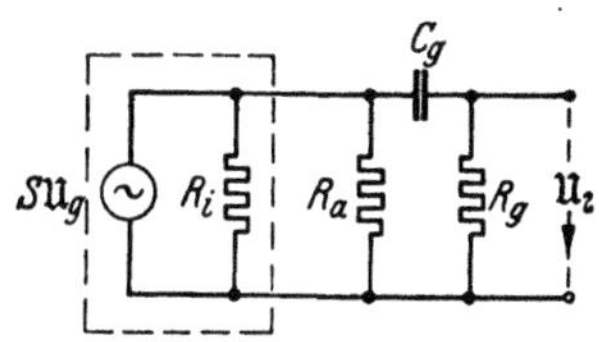

Abb. 317. 2.

Die Theorie des Verstärkers mit elektrischer Kopplung (des „Widerstandsverstärkers") leitet man am besten aus dem Ersatzbild der Abb. 317.2 her (vgl. § 300 am Schluß). Man macht die koppelnde Kapazität C_g so groß, daß sie in der Mitte des Übertragungsbereichs neben R_g als Kurzschluß angesehen werden kann. Dann ist für diese wichtigsten Frequenzen:

$$\frac{\mathfrak{U}_2}{\mathfrak{U}_g} = \frac{S}{\frac{1}{R_i} + \frac{1}{R_a} + \frac{1}{R_g}} = S R_s = \frac{R_s}{R_i}\,\frac{1}{D}. \qquad (317.3)$$

Damit die Verstärkung dort recht hoch ist, macht man das Verhältnis R_s/R_i, das immer unter 1 liegt, recht groß. Daraus folgt, daß der innere Widerstand R_i von den drei Widerständen R_i, R_a, R_g bei weitem der kleinste sein muß.

Bei tiefen Frequenzen kann man, da $R_i < R_a < R_g$ ist, nach der Spannungsteilergleichung

$$\frac{\mathfrak{U}_2}{\mathfrak{U}_g} = \frac{S}{\frac{1}{R_i} + \frac{1}{R_a} + \frac{1}{R_g + \frac{1}{j\omega C_g}}}\;\frac{R_g}{R_g + \frac{1}{j\omega C_g}} \approx S R_s \frac{R_g}{R_g + \frac{1}{j\omega C_g}} \qquad (317.4)$$

setzen. Bei der niedrigen Frequenz $\omega_1 = 1/(R_g C_g)$ ist die Verstärkung also bereits auf 70% von $S R_s$ gestiegen.

Für $C_g = 10$ nF, $R_g = 1$ MΩ ist z. B. $f_1 = 16$ Hz.

Bei hohen Frequenzen drücken die parallel zu R_s zu denkenden natürlichen Kapazitäten C die Verstärkung herab. Nach § 13 ist dann

$$\frac{\mathfrak{U}_2}{\mathfrak{U}_g} = \frac{S R_s}{1 + j\omega C R_s}; \qquad (317.5)$$

bei der Frequenz $\omega_2 = 1/(R_s C)$ ist daher die Verstärkung auf 70% von $S R_s$ gesunken.

Für $C = 50$ pF, $R_s = 200$ kΩ ist z. B. $f_2 = 16$ kHz.

Auch der Widerstandsverstärker liefert daher in einem weiten Bereich eine konstante Verstärkung.

Bei ganz hohen Frequenzen ist nach (. 5)

$$\left|\frac{\mathfrak{U}_2}{\mathfrak{U}_g}\right| \approx \frac{S}{\omega C}. \tag{317.6}$$

Mit $C = 30$ pF, $f = 1$ MHz, $S = 1$ mA/V ergibt sich danach nur eine Verstärkung $\approx 5{,}3$ (entsprechend 1,7 N); mit steigender Frequenz nimmt sie noch weiter nach einer Hyperbel ab. Man kann sie nur durch höhere Steilheit oder Verringerung der Kapazität C erhöhen.

Soll, wie in der Hochfrequenztechnik häufig, nur ein schmales Frequenzband verstärkt werden, so kann man R_a als Schwingkreis ausbilden, d. h. man legt zu den natürlichen Kapazitäten noch einen Drehkondensator und eine Spule parallel. Der Widerstand des Schwingkreises steigt nach § 114 um so spitzer an, je größer die parallel liegenden Widerstände R_i, R_a, R_g usw. sind. Die „Trennschärfe" ist also bei hohem R_i (z. B. bei Dreigitterröhren) größer. Legt man zwischen die Röhre und den Schwingkreis noch einen Übertrager, so muß, wenn die Trennschärfe hoch sein soll, wieder $n^2 R_i$ groß sein.

§ 318. Einfluß der Gitteranodenkapazität. Die auf der Gitterseite einer Röhre in Betracht kommende Kapazität C setzt sich aus einer Reihe von Kapazitäten zusammen, die teils im Innern der Zwischenschaltung, teils zwischen dem Gitter und der Kathode der Röhre[1] liegen. Von all diesen dielektrischen Überbrückungen ist weitaus die gefährlichste die Überbrückung, die vom Gitter der Röhre ausgeht und über deren Anodenseite führt. Bezeichnen wir den Verschiebungsstrom zwischen dem Gitter und der Anode (Abb. 318. 1) mit $\mathfrak{J}_c$, so ist nach (301. 1)

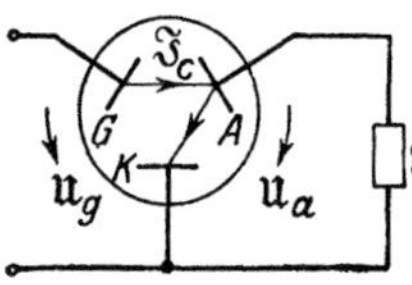

Abb. 318. 1.

$$\mathfrak{J}_c = j\omega C_{ga} \cdot \mathfrak{U}_{ga} = j\omega C_{ga}(\mathfrak{U}_g - \mathfrak{U}_a) = j\omega C_{ga}\mathfrak{U}_g\left(1 + \frac{1}{D}\,\frac{\mathfrak{R}}{R_i + \mathfrak{R}}\right). \tag{318.1}$$

Zwischen Gitter und Kathode liegt also, wenn wir den Abschlußwiderstand $\mathfrak{R}$ in Betrag $|\mathfrak{R}|$ und Winkel φ zerlegen, der Scheinleitwert

$$\begin{aligned}\mathfrak{L} &= j\omega C_{ga}\left(1 + \frac{1}{D}\,\frac{\mathfrak{R}}{R_i + \mathfrak{R}}\right)\\ &= \mathfrak{L}_c + \mathfrak{L}_a = j\omega C_{ga} + \frac{\omega C_{ga}}{D\left(j + \frac{R_i}{|\mathfrak{R}|}\,\underline{/90^0 + \varphi}\right)^*}.\end{aligned} \tag{318.2}$$

Man kann die Ortskurve des zusätzlichen Leitwerts $\mathfrak{L}_a$ nach § 119 mit der reellen Veränderlichen $R_i/|\mathfrak{R}|$ konstruieren, indem man die durch den Punkt $j \cdot 1$ zu ziehenden Geraden, die den Inhalt der Klammer im Nenner von (. 2) darstellen, ohne Spiegelung mit der Potenz 1 invertiert und das Ergebnis mit $\omega C_{ga}/D$ multipliziert. Die Konstruktion ist für den Bruch $D\mathfrak{L}_a/(\omega C_{ga})$ in Abb. 318. 2 ausgeführt[2]. Der Blindanteil des zu dem Leitwert $j\omega C_{ga}$ hinzukommenden komplexen Leitwerts $\mathfrak{L}_a$ liegt, wie man sieht, je nach dem Betrag und dem Winkel von $\mathfrak{R}$ zwischen Null („Kurzschluß") und $\omega C_{ga}/D$ („Leerlauf"), während sein Wirkteil zwischen $+\omega C_{ga}/(2D)$ und $-\omega C_{ga}/(2D)$ schwanken kann.

---

[1] Die Gitter-Kathoden-Kapazität ist durch die Raumladungswolke merklich vergrößert.

[2] Die Pfeilspitzen auf den Kurven deuten die Richtungen an, in denen $R_i/|\mathfrak{R}|$ wächst.

Die über die Anode rückgekoppelte[1] Gitteranodenkapazität ist also bei Leerlauf im Verhältnis $(1 + D)/D \approx 1/D$ höher als die für Kurzschluß ($\mathfrak{R} = 0$) geltende.

Der Winkel des zusätzlichen komplexen Leitwerts $\mathfrak{L}_a$, der parallel zu der Kapazität C_{ga} zu denken ist, hängt von dem Charakter des Abschlußwiderstands $\mathfrak{R}$ der betrachteten Röhre ab, also von dem Winkel φ. Bei Anpassung nach dem Betrag ($|\mathfrak{R}| = R_i$) ist

$$\frac{D\,\mathfrak{L}_a}{\omega C_{ga}} = \frac{1}{(\mathrm{j} + \angle 90^0 + \varphi)^*} = \frac{\mathrm{j}}{1 + \angle -\varphi}$$
$$= -\frac{\sin\varphi}{2(1 + \cos\varphi)} + \mathrm{j}\cdot\frac{1}{2}\,.$$

Dieser Bruch liegt also auf einer Parallelen zur reellen Achse in der Höhe $1/2$, und das Vorzeichen seines Wirkteils ist dem des Winkels φ entgegengesetzt.

Es sei z. B. $\mathfrak{R} = R + \mathrm{j}\omega L$ und $\omega L \gg R$. Dann ist

$$\mathfrak{L}_a = \mathrm{j}\frac{\omega C_{ga}}{D}\,\frac{R + \mathrm{j}\omega L}{R_i + R + \mathrm{j}\omega L}$$
$$= \mathrm{j}\frac{\omega C_{ga}}{D}\left(1 - \frac{R_i}{R_i + R + \mathrm{j}\omega L}\right)$$
$$= -\frac{\omega C_{ga}}{D}\,\frac{R_i\cdot\omega L}{(R_i + R)^2 + \omega^2 L^2} + \mathrm{j}\cdots\,. \quad (318.3)$$

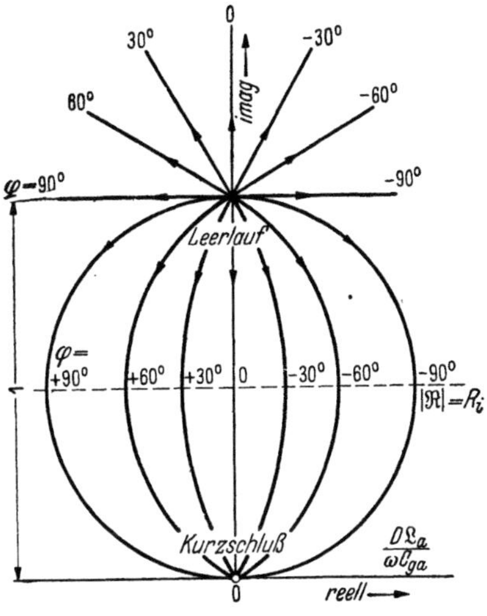

Abb. 318. 2.

Die Rückkopplung legt also parallel zu $\mathrm{j}\omega C_{ga}$ einen negativen Wirkwiderstand

$$R_a = -\frac{DL}{R_i C_{ga}}\left(1 + \left(\frac{R_i + R}{\omega L}\right)^2\right), \quad (318.4)$$

dessen Betrag bei Gleichstrom sehr groß (also einflußlos) ist und bei hohem ωL auf den Wert $DL/(R_i C_{ga})$ absinkt.

Ist z. B. $D = 0{,}05$, $R_i = 25\ \mathrm{k\Omega}$, $C_{ga} = 5\ \mathrm{pF}$, so ist

$$|R_a| \geqq 0{,}4\,\frac{L}{\mathrm{H}}\,\mathrm{M\Omega}\,.$$

Negative Wirkleitwerte oder Wirkwiderstände können positive kompensieren. Ist ihr Betrag so groß, daß der Gesamtwiderstand negativ wird, so pfeift der Verstärker (vgl. § 381).

Um den Einfluß der Rückkopplung über die Gitteranodenkapazität zu kompensieren, kann man mit Hilfe eines „neutralisierenden" Kondensators einen künstlichen Rückkopplungsweg schaffen und dafür sorgen, daß über diesen ein Verschiebungsstrom fließt, der die gleiche Größe, aber das entgegengesetzte Vorzeichen hat wie der Strom $\mathfrak{J}_c$ („Neutrodynschaltung").

Bei der Schirmgitterröhre ist die Teilkapazität zwischen dem Gitter und der abgeschirmten Anode so gering, daß die Verstärkung der vorhergehenden Röhre bis zu hohen Frequenzen nahezu konstant bleibt.

§ 319. Linearisierung der Verstärker[2]. Die durch die Klirrverzerrung erzeugten Oberschwingungen ändern die Klangfarbe der Sprache; die Verständlichkeit wird durch sie jedoch nur wenig beeinträchtigt. Klirrverzerrungen von

---

[1] Man sagt auch: die „dynamische" Gitteranodenkapazität.

[2] Werrmann, K.: Haus-Mitt. Telefunken 18 H. 77 (1937) S. 50 (mit ausführlichem Schrifttumsverzeichnis).

25 ··· 30% werden im gewöhnlichen Fernsprechverkehr ohne weiteres hingenommen.

Bei der Übertragung künstlerischer, insbesondere musikalischer Darbietungen dagegen sind die in den Systemen enthaltenen Nichtlinearitäten viel schädlicher, weil sie zur Entstehung nicht nur von Oberschwingungen, sondern auch von unharmonischen Kombinationsschwingungen Anlaß geben und weil man bei der Wiedergabe solcher Darbietungen viel mehr Wert auf Klangtreue legt als bei der Wiedergabe der gewöhnlichen Sprache. Bei hochwertigen Musikübertragungen darf der Klirrfaktor nicht wesentlich über 2% liegen (entsprechend 3,9 N).

Das CCIR[1] schreibt für Rundfunkleitungen eine Klirrdämpfung von mindestens 3,2 N vor. Nach einer Vorschrift des CCIF[2] darf der Klirrfaktor der Fernsprechverstärker bei 800 Hz nicht mehr als 5% betragen (entsprechend 3,0 N); und zwar gilt dies für eine Höchstleistung von 20 mW bei Zweidraht-, von 50 mW bei Vierdrahtbetrieb, gemessen jedesmal am Ausgang der Verstärker.

Bei Fernsprechsystemen, die mit Trägerfrequenzen arbeiten, kann die Klirrverzerrung besonders unangenehme Störungen hervorrufen. Werden z. B. zwei Übertragungskanäle *1* und *2* verwendet, so können die im Kanal *1* entstehenden Ober- und Kombinationsschwingungen in den Kanal *2* fallen und dort als Nebensprechgeräusch wahrgenommen werden. Gegen diese Erscheinung, das „nichtlineare Nebensprechen“, kann man mit Filtern nichts ausrichten; man muß vielmehr durch „Linearisierung“ dafür sorgen, daß die durch die Krümmung der Kennlinie entstehenden Schwingungen bei den übertragenen Leistungen von vornherein hinreichend schwach sind.

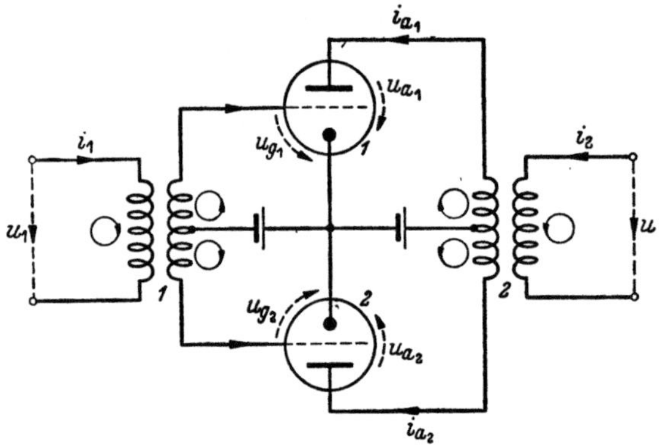

Abb. 319. 1.

Eine Linearisierung läßt sich bei den Röhrenverstärkern auf verschiedenen Wegen erreichen.

Bei Eingitterröhren liegt am nächsten das Verfahren der Überanpassung. Nach § 307 und § 312 ist der Klirrfaktor $(k)_{2\omega}$ dem Faktor ϱ proportional, der mit steigender Überanpassung ($R > R_i$) abnimmt. Nach § 313 tritt jedoch der durch Inkonstanz des Durchgriffs verursachte Klirrfaktor gerade dann hervor, wenn $R > R_i$ ist[3].

Andere Verfahren beruhen auf Kompensation. Man benutzt zwei Röhren und sorgt dafür, daß sich die von ihnen erzeugten Oberschwingungen wenigstens teilweise aufheben.

Wir besprechen hier von den Kompensationsschaltungen nur die Gegentaktschaltung Abb. 319. 1. Sie enthält[4] zwei Differentialübertrager, die wir als ideal und ideal genau abgeglichen voraussetzen. Das Windungsverhältnis des „ursprünglichen“ Übertragers (im Sinne des § 203) sei gleich 1. Bezeichnen wir die Gitterspannungen und Anodenspannungen der beiden Röhren mit u_{g1}, u_{g2}, u_{a1}, u_{a2}, so ist nach den gewählten Pfeilen und nach (191. 10)

$$\mathfrak{u}_1 = 2\mathfrak{u}_{g1} = -2\mathfrak{u}_{g2}, \qquad \mathfrak{u}_2 = 2\mathfrak{u}_{a1} = -2\mathfrak{u}_{a2}. \tag{319. 1}$$

[1] Comité Consultatif International des Radiocommunications.

[2] CCIF: Weißbuch Bd. I^bis S. 218 und 221.

[3] Feldtkeller, R., u. Jacobi, W.: Telegr.- u. Fernspr.-Techn. **22** (1933) S. 198.

[4] Man kann an Stelle der beiden Röhren auch eine einzige mit 2 Anoden, 2 Gittern und 1 Kathode verwenden. — In Abb. 319. 1 ersetze man u durch u_2.

Ferner muß nach dem Ohmschen Gesetz für den magnetischen Kreis die Durchflutung des auf der Anodenseite liegenden idealen Übertragers, dessen Kern einen endlichen magnetischen Fluß führt, diesem aber einen verschwindend geringen Widerstand entgegensetzt, verschwinden:

$$\mathfrak{i}_{a1} - \mathfrak{i}_{a2} = 2\,\mathfrak{i}_2 . \tag{319.2}$$

An die Stelle der Gleichung (300. 3) tritt daher bei der Gegentaktschaltung, wenn sie durch einen Widerstand R abgeschlossen ist, die Gleichung

$$R\,\mathfrak{i}_2 = \frac{R}{2}(\mathfrak{i}_{a1} - \mathfrak{i}_{a2}) = \mathfrak{u}_2 . \tag{319.3}$$

Für die Röhren *1* und *2* sind nun die folgenden Steuerspannungen maßgebend: $U_g + D\,U_a + (\mathfrak{u}_1 + D\,\mathfrak{u}_2)/2 = U_{st}\,(1 + \mathfrak{u}_{st}/(2\,U_{st}))$ und $U_g + D\,U_a - (\mathfrak{u}_1 + D\,\mathfrak{u}_2)/2 = U_{st}\,(1 - \mathfrak{u}_{st}/(2\,U_{st}))$; dabei haben wir $\mathfrak{u}_1 + D\,\mathfrak{u}_2$ durch $\mathfrak{u}_{st}$ abgekürzt. Sind die Röhren daher völlig gleich beschaffen, so gilt mit der Abkürzung $\mathfrak{u}_{st}/(2\,U_{st}) = x$ die Beziehung

$$\mathfrak{u}_2 = F(1 + x) - F(1 - x)\,, \tag{319.4}$$

wo die Funktion F durch die Gestalt der Kennlinie gegeben ist. Entwickelt man F nach Potenzen von x, so wird

$$\begin{aligned} \mathfrak{u}_2 &= a_0 + a_1 x + a_2 x^2 + a_3 x^3 + \cdots \\ &\quad - (a_0 - a_1 x + a_2 x^2 - a_3 x^3 + \cdots) \\ &= 2 a_1 x + 2 a_3 x^3 + \cdots . \end{aligned} \tag{319.5}$$

Die doppelte Differentialwirkung der beiden Differentialübertrager beseitigt demnach die geraden Potenzen und damit die Oberschwingungen $2f$, $4f$, $\cdots$; nur die Frequenzen f, $3f$, $\cdots$ bleiben übrig.

Leider läßt sich mit der Gegentaktschaltung nur eine mäßige Linearisierung erreichen, weil es wegen der unvermeidlichen Streuung der Röhreneigenschaften nicht möglich ist, die Schaltung völlig symmetrisch zu machen und diese Symmetrie auch im Betriebe aufrechtzuerhalten[1]. Man erzielt in der Klirrdämpfung tatsächlich nur eine Verbesserung um wenig mehr als 1 N. Außerdem ist die Schaltung zwecklos, wenn die Oberschwingungen $2f$, $4f$, ... bereits durch die Gestaltung des Frequenzplans unterdrückt sind oder wenn die sämtlichen Kanäle zusammen weniger als eine Oktave überdecken.

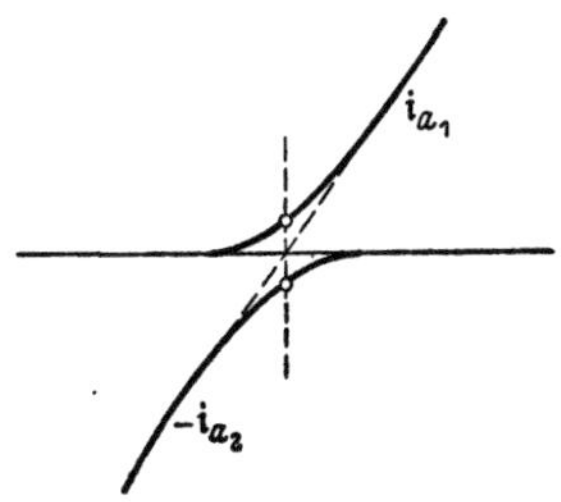

Abb. 319. 2.

Häufig legt man bei der Gegentaktschaltung den Arbeitspunkt ganz tief, so daß der Gleichstromanteil im Ruhezustand fast gleich Null ist[2]. Dann können die Anteile $\mathfrak{i}_{a1}$ und $\mathfrak{i}_{a2}$ nur positiv sein. Bei positiver Steuerspannung $\mathfrak{u}_{st}$ magnetisiert also nur der Strom $\mathfrak{i}_{a1}$, bei negativer nur der Strom $\mathfrak{i}_{a2}$ den Kern des Übertragers 2; beide Magnetisierungen haben aber den entgegengesetzten Sinn, so daß $\mathfrak{i}_2$ annähernd als Wechselstrom entsteht (Abb. 319. 2). Der die Batterien enthaltende mittlere Zweig erhält dann Stromstöße gleichbleibender Stromrichtung nach Abb. 280. 1, die als Überlagerung eines Gleichstroms und eines verzerrten Wechselstroms aufgefaßt werden können.

---

[1] Feldtkeller, R.: Telegr.-, Fernspr.- u. Funktechn. **26** (1937) S. 219.

[2] Man nennt den Verstärker dann „B-Verstärker" im Gegensatz zu dem vorher betrachteten „A-Verstärker" (vgl. § 320).

Nach (. 2) setzt sich die Kennlinie für $2\,i_2$ aus den Kennlinien für i_{a1} und $-\,i_{a2}$ als Resultierende zusammen. Man erkennt anschaulich, daß i_2 nur wenig verzerrt ist. Freilich darf man den Arbeitspunkt nicht zu tief legen; denn die Konstruktion zeigt, daß die Klirrverzerrung gerade bei kleinen Amplituden stark ist.

Sobald der Wechselstrom einsetzt, überlagert sich dem Strom in dem die Stromquelle enthaltenden Zweig nach (280. 4) ein zusätzlicher Gleichstrom $(2/\pi)\ \hat{i}_a$.

Auf ein wirksameres Verfahren der Linearisierung werden wir im § 335 eingehen[1].

§ 320. **Hohe Leistungen.** Verstärkerröhren, bei denen es hauptsächlich auf hohe Leistung ankommt und bei denen unerwünschte Frequenzen hinterher beseitigt werden können, werden ohne Rücksicht auf die entstehende Klirrverzerrung ausgesteuert. Bei ihnen muß in jedem Falle geprüft werden, ob bei der Höhe der im Betrieb abgegebenen Nutzleistung nicht etwa die Anode zu stark belastet (erwärmt) wird.

Bei solchen Verstärkern kann man einen gewissen Gitterstrom zulassen. Da jedoch alle Elektronen, die zum Gitter fliegen, für den Anodenstrom verloren sind, steuert man die Gitterspannung jedenfalls nur so weit aus, daß das Feld hinter dem Gitter in jedem Augenblicke ein die Elektronen beschleunigendes bleibt ($u_a - u_g > 0$); mit anderen Worten, man hält sich im i_k-u_g-Kennlinienfeld unter allen Umständen[2] links von der Grenzkurve für $u_a = u_g$:

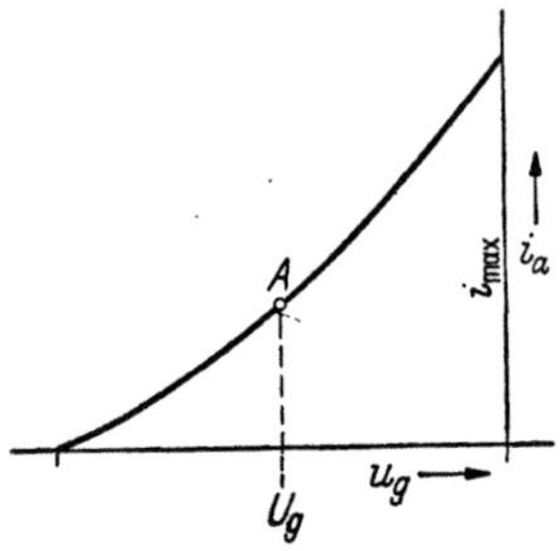

Abb. 320. 1.

$$i_k = K((1 + D)\, u_g)^\gamma\,. \tag{320. 1}$$

Soll unter Aufwand einer Gleichleistung $U_a I_a$ eine möglichst große Wechselleistung $\mathfrak{N}$ erzeugt werden, so muß man nach (310. 2) die beiden Aussteuerungen α_u und α_i recht groß machen. Während α_u immer kleiner als 1 ist, läßt sich α_i über den Wert 1 hinaus steigern[3]. Um dies einzusehen, greifen wir aus der Fülle der möglichen Fälle zwei besonders einfache und wichtige heraus:

1. Die Arbeitskennlinie (vgl. Abb. 303. 2) beginne irgendwo auf der Abszissenachse und endige bei einem Augenblickswert der Stromstärke i_{max} (Abb. 320. 1); ihre Gleichung lasse sich durch die Potenzfunktion

$$i_k = \left(\frac{1 + \cos\omega t}{2}\right)^\gamma i_{max} \tag{320. 2}$$

annähern. Dann liefert die Entwicklung nach dem binomischen Lehrsatz[4]:

$$i_k = \frac{i_{max}}{2^\gamma}\left(1 + \gamma\cos\omega t + \tbinom{\gamma}{2}\cos^2\omega t + \tbinom{\gamma}{3}\cos^3\omega t + \cdots\right)$$

$$\approx \frac{i_{max}}{2^\gamma}\left(1 + \tfrac{1}{2}\tbinom{\gamma}{2} + \left(\gamma + \tfrac{3}{4}\tbinom{\gamma}{3}\right)\cos\omega t + \tfrac{1}{2}\tbinom{\gamma}{2}\cos 2\omega t + \cdots\right), \tag{320. 3}$$

also nach den Definitionen von α_i und $(k)_{2\omega}$:

$$\alpha_i \approx \frac{\gamma + \frac{3}{4}\binom{\gamma}{3}}{1 + \frac{1}{2}\binom{\gamma}{2}}\,, \qquad (k)_{2\omega} \approx \frac{\frac{1}{2}\binom{\gamma}{2}}{\gamma + \frac{3}{4}\binom{\gamma}{3}}\,. \tag{320. 4}$$

Für $\gamma = 1{,}7$ z. B. ist hiernach $\alpha_i = 1{,}28$, $(k)_{2\omega} = 18\%$.

Man bezeichnet einen in dieser oder ähnlicher Weise ausgesteuerten Verstärker auch als „A-Verstärker".

2. Die Arbeitskennlinie bestehe nach Abb. 320. 2 aus zwei geradlinigen Stücken, die im Arbeitspunkt zusammentreffen. Dann besteht die Stromkurve aus halben Sinuswellen ge-

[1] Vgl. auch Kober, C. L.: Elektr. Nachr.-Techn. **13** (1936) S. 379. Wessels, H.: Ebenda S. 383.

[2] Wie schon im § 297 erwähnt, bezeichnet man die Röhre in dem Gebiet rechts von dieser Grenzkurve als „überspannt".

[3] Der höchste im Grenzfalle mögliche Wert ist $\alpha_i = 2$. Beweis bei Barkhausen, Bd. 2 § 20.

[4] Liegt die Arbeitskennlinie gezeichnet vor, so kann man auch nach § 309 verfahren.

mäß Abb. 280. 2, und nach (280. 5) ist daher[1]:

$$\left.\begin{aligned} \alpha_i &= \frac{\pi}{2} = 1{,}57\,, & k_{2\omega} &= \frac{4}{3\pi} = 42\,\%\,, \\ k_{3\omega} &= 0\,, & k_{4\omega} &= \frac{4}{15\pi} = 8{,}5\,\%\ \text{usw.} \end{aligned}\right\} \qquad (320.\,5)$$

Verstärker, die in dieser Weise mit dem Ruhegleichstrom $I_{a0} = 0$ betrieben werden, heißen „B-Verstärker". Sie haben den Vorteil, daß sie erst beim Einsetzen des Wechselstroms Leistung verbrauchen[2].

Die Leistungsverhältnisse lassen sich wieder am besten im i_a-u_a-Bild übersehen[3]. Man schließt dabei das Gebiet, das man — z. B. mit Rücksicht auf die Klirrverzerrung —

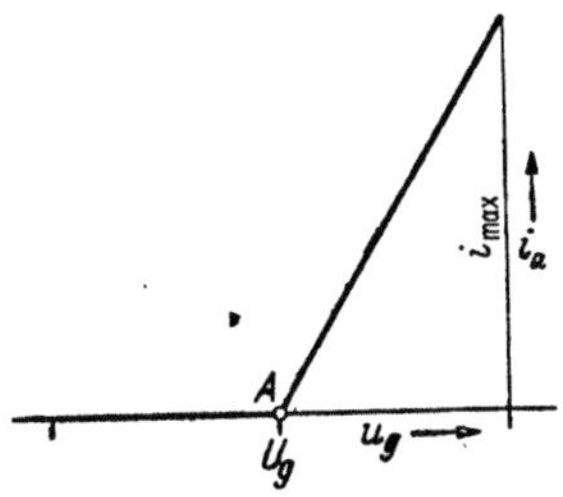

Abb. 320. 2.

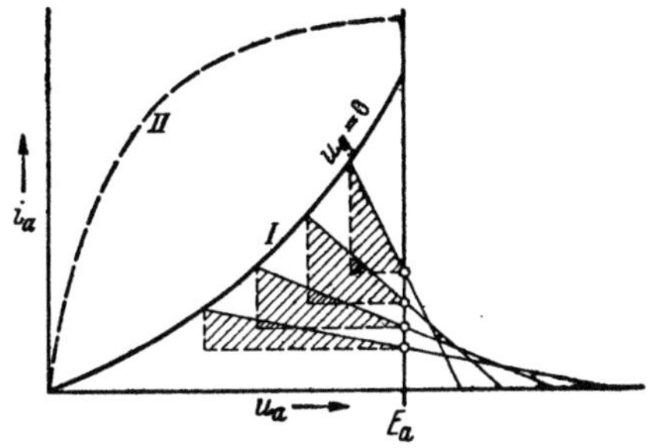

Abb. 320. 3.

nicht verlassen will, durch Grenzlinien ein. Ist z. B. die krumme Linie I der Abb. 320. 3 eine solche Grenzlinie und setzt man wie im § 306 $U_a = E_a$, so kann man ohne weiteres zeichnerisch die (den Abschlußwiderstand R bestimmende) Neigung der Arbeitsgeraden finden, für die die durch die schraffierten Dreiecke dargestellte Wechselstromleistung am größten ist.

Die Konstruktion mit der Linie I entspricht etwa dem Eingitter-A-Verstärker, der ohne Gitterstrom betrieben wird. Beim B-Verstärker, bei dem der Arbeitspunkt auf der Abszissenachse liegt (Abb. 320. 4), kann man ebenso verfahren; man muß jedoch bei der Bestimmung der Wechselleistung beachten, daß nach § 280 $(\hat{\imath}_a)_\omega = i_{max}/2$ ist.

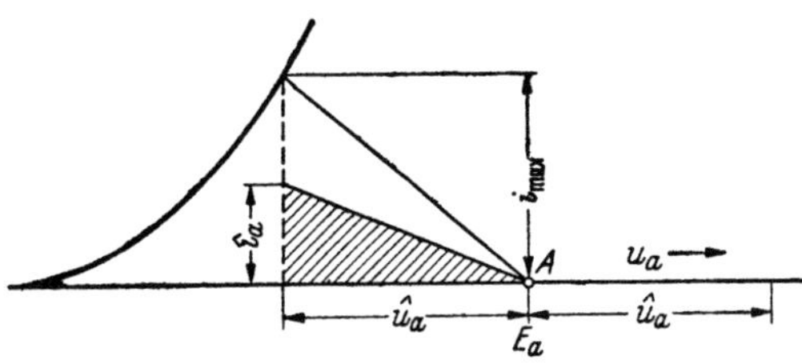

Abb. 320. 4.

Nach diesen Konstruktionen kann man einem Verstärker um so mehr Leistung entnehmen, je steiler die Kennlinien verlaufen, je geringer also der innere Widerstand ist.

Läßt man das Fließen von Gitterstrom zu (Abb. 320. 3, Kurve II), so kann man Spannung und Strom mehr aussteuern, man erhält also mehr Leistung. Dann ist aber bereits die Gitterspannung verzerrt; denn wenn zeitweilig Gitterstrom fließt, so bedeutet das, daß zeitweilig ein Leitwert zwischen Gitter und Kathode auftritt. Außerdem ist zu beachten, daß eine mit Gitterstrom ausgesteuerte Röhre auf ihrer Gitterseite Leistung aufnimmt.

Eine Schirmgitterröhre mit Bremsgitter läßt sich nach Abb. 316. 3 ohne Gitterstrom etwa so aussteuern wie eine Eingitterröhre mit Gitterstrom. Man erreicht bei ihr Spannungsaussteuerungen von 70 bis 90%.

Die beiden Typen des A- und B-Verstärkers unterscheiden sich (von der Klirrverzerrung abgesehen) hauptsächlich durch die mit einer gewissen Wechselleistung $\mathfrak{N} = \hat{u}_a\, \hat{\imath}_a/2$ und einem gewissen Aufwand an Gleichleistung $N_a = E_a I_a = U_a I_a$ verbundene Anodenverlust-

---

[1] Die Näherungsformeln des § 309 liefern:

$$\alpha_i = \tfrac{3}{2} = 1{,}5\,, \qquad (k)_{2\omega} = \tfrac{1}{2} = 50\,\%$$
$$(k)_{3\omega} = 0 \qquad (k)_{4\omega} = \tfrac{1}{6} = 17\,\%\,.$$

[2] C-Verstärker sind Verstärker, bei denen der Arbeitspunkt links von dem Knick der Arbeitskurve auf der Abszissenachse liegt.

[3] Bartels, H.: Telefunkenztg. **16** (1935) H. 70 S. 5.

leistung oder Anodenbelastung $N_a - \mathfrak{N}$ (§ 305). Wir stellen uns vor, daß die Amplitude i_a des Wechselstroms allmählich auf ihren Höchstwert $(\hat{\imath}_a)_{\max}$ gesteigert werde, so daß $\hat{u}_a = \varepsilon\,(\hat{u}_a)_{\max}$ und $\hat{\imath}_a = \varepsilon(\hat{\imath}_a)_{\max}$ ist $(0 < \varepsilon < 1)$.

Betrachten wir zunächst den A-Verstärker. Bei ihm ist, wenn wir den Höchstwert der Spannungsaussteuerung α_u gleich 100% setzen:

$$(\hat{\imath}_a)_{\max} = I_a = I_{a0} = \frac{i_{\max}}{2}, \quad \text{also}$$

$$N_a \approx U_a I_{a0}; \qquad \mathfrak{N} = \frac{\hat{u}_a \hat{\imath}_a}{2} = \frac{\varepsilon(\hat{u}_a)_{\max} \cdot \varepsilon(\hat{\imath}_a)_{\max}}{2} = \frac{\varepsilon^2}{2} U_a I_{a0} = \frac{\varepsilon^2}{2} N_a. \tag{320. 6}$$

Die hiernach gezeichneten ausgezogenen Linien der Abb. 320. 5 zeigen, daß die Belastung der Röhre gerade bei den geringsten Schwingungsweiten am größten ist, und daß man an Wechselleistung höchstens die Hälfte der überhaupt zulässigen Anodenbelastung (mit einem größten Wirkungsgrad von 50%) entnehmen kann.

Das ist sehr ungünstig. Man kann jedoch durch eine der Echosperre (§ 417) ähnliche Schaltung den Arbeitspunkt bei abnehmenden Schwingungsweiten nach unten schieben

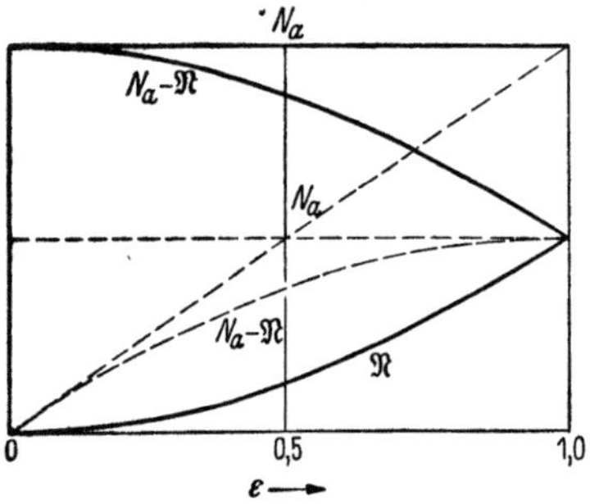

Abb. 320. 5.

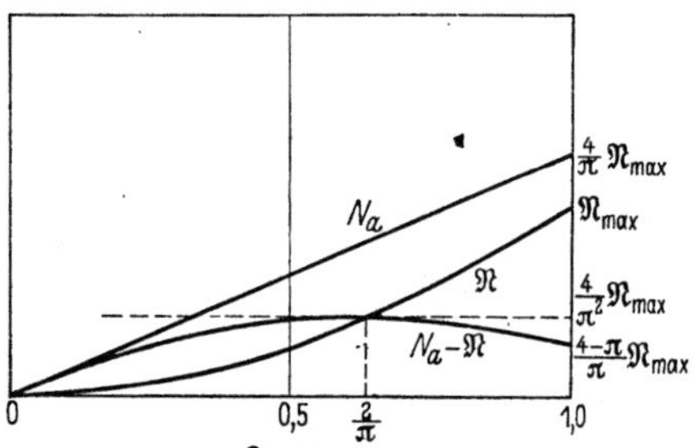

Abb. 320. 6.

Dann erhält man etwa die gestrichelten Verläufe; die Anodenbelastung bleibt für alle ε unter $(N_a)_{\max}/2$, und die höchste entnehmbare Wechselleistung ist immerhin gleich der zulässigen Anodenbelastung.

Viel günstiger ist der B-Verstärker. Bei ihm ist, wenn wieder $(\alpha_u)_{\max} = 100\%$ ist, nach (280. 5)

$$(\hat{\imath}_a)_{\max} = \frac{\pi}{2}(I_a)_{\max} = \frac{i_{\max}}{2},$$

also

$$N_a = U_a I_a = U_a \cdot \varepsilon(I_a)_{\max} = \frac{\varepsilon}{\pi} U_a i_{\max} = \varepsilon(N_a)_{\max}, \tag{320. 7}$$

$$\mathfrak{N} = \frac{\hat{u}_a \hat{\imath}_a}{2} = \frac{\varepsilon U_a \cdot \varepsilon(\hat{\imath}_a)_{\max}}{2} = \frac{\varepsilon^2}{4} U_a i_{\max} = \varepsilon^2 \mathfrak{N}_{\max}. \tag{320. 8}$$

Die Anodenbelastung

$$N_a - \mathfrak{N} = \mathfrak{N}_{\max}\left(\frac{4}{\pi}\varepsilon - \varepsilon^2\right) \tag{320. 9}$$

hat jetzt (Abb. 320. 6) ein Maximum für $\varepsilon = 2/\pi$ von der Höhe $(4/\pi^2)\,\mathfrak{N}_{\max} \approx 0{,}4\,\mathfrak{N}_{\max}$. Man kann dem B-Verstärker also eine Wechselleistung entnehmen, die zweieinhalbmal so groß ist wie die zulässige Anodenbelastung, also fünfmal so groß wie die beim A-Verstärker gleicher Belastbarkeit entnehmbare. Auch der Wirkungsgrad $\mathfrak{N}/N_a$ ist bei maximalem $\mathfrak{N}$ sehr hoch, nämlich für $\varepsilon = 1$ gleich $\pi/4 \approx 79\%$.

§ 321. Die Betriebsverstärkung des Röhrenverstärkers und ihre Messung. Da die Definition der Betriebsdämpfung (175. 4) nur die Größen $\mathfrak{E}$, $\mathfrak{J}_2$, $\mathfrak{R}_a$ und $\mathfrak{R}_e$ enthält, ist sie auf alle Vierpole anwendbar, also auch auf Vierpole mit Röhren („aktive" Vierpole). Man setzt die „Betriebsverstärkung" $\boldsymbol{s}$ gleich dem Entgegengesetzten der Betriebsdämpfung:

$$\boldsymbol{s} = \ln\left|\frac{2\,\mathfrak{J}_2\sqrt{\mathfrak{R}_a \mathfrak{R}_e}}{\mathfrak{E}}\right| = \ln\left|\frac{2\,\mathfrak{U}_2}{\mathfrak{E}}\sqrt{\frac{\mathfrak{R}_a}{\mathfrak{R}_e}}\right|. \tag{321. 1}$$

Die Betriebsverstärkung kann ähnlich wie die Betriebsdämpfung in der Schaltung der Abb. 321. 1 gemessen werden. Man kompensiert etwa zunächst an den Klemmen *0* und sucht dann den Teil des Widerstands $K = |\mathfrak{R}_e|$, an dem die gleiche Spannung $|\mathfrak{U}_0|$ liegt. Da diese mit der definitionsmäßigen elektromotorischen Kraft $|\mathfrak{E}|$ übereinstimmt, ist $|\mathfrak{U}_2/\mathfrak{U}_0| = |\mathfrak{U}_2/\mathfrak{E}| = K/\varrho$, also

$$s = \ln\left(\frac{2K}{\varrho}\sqrt{\left|\frac{\mathfrak{R}_a}{\mathfrak{R}_e}\right|}\right). \tag{321. 2}$$

Ein anderes Verfahren ist von Pohlmann[1] angegeben worden. Man benutzt die etwas umständlichere Schaltung Abb. 321. 2. Hier bedeutet K wieder einen Kompensationsapparat; $\mathfrak{R}$ und r sind Widerstände. Zur Messung der Verstärkung kompensiert man an den sekun-

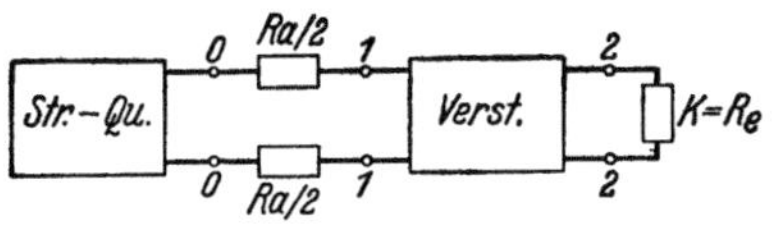

Abb. 321. 1.

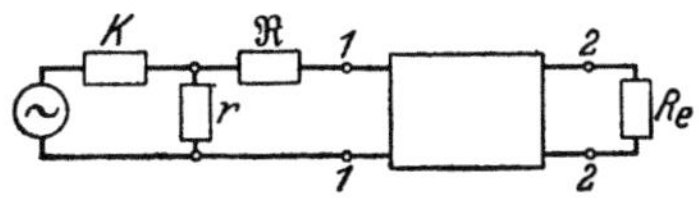

Abb. 321. 2.

dären Klemmen; dann sucht man den Teilwiderstand ϱ von K, an dem die gleiche Spannung liegt. Es ist also (unter Benutzung eines Ergebnisses des § 14), wenn wir mit $\mathfrak{J}_0$ den Strom bezeichnen, der durch K fließt:

$$\frac{\mathfrak{U}_2}{\mathfrak{U}_1} = \frac{\varrho\,\mathfrak{J}_0}{\mathfrak{W}_1\,\mathfrak{J}_1} = \frac{\varrho}{\mathfrak{W}_1}\,\frac{r + \mathfrak{R} + \mathfrak{W}_1}{r} \tag{321. 3}$$

und definitionsgemäß

$$s = \ln\left|\frac{2\,\mathfrak{U}_2}{\mathfrak{U}_1}\,\frac{\mathfrak{W}_1}{\mathfrak{R}_a + \mathfrak{W}_1}\sqrt{\frac{\mathfrak{R}_a}{\mathfrak{R}_e}}\right|$$
$$= \ln\left|\frac{2\varrho}{r}\,\frac{r + \mathfrak{R} + \mathfrak{W}_1}{\mathfrak{R}_a + \mathfrak{W}_1}\sqrt{\frac{\mathfrak{R}_a}{\mathfrak{R}_e}}\right| = \ln\left|\frac{2\varrho}{r}\sqrt{\frac{\mathfrak{R}_a}{\mathfrak{R}_e}}\right|, \tag{321. 4}$$

vorausgesetzt, daß man $\mathfrak{R} = \mathfrak{R}_a - r$ wählt. Für r nimmt man einen runden Wert, z. B. 10 Ω.

§ 322. Zweiwegverstärker.

Die Verstärkerröhren verstärken nur in einer Richtung. Deshalb ist ein Ferngespräch zwischen zwei Teilnehmern, die miteinander zwanglos (d. h. ohne Umschaltungen) sprechen wollen, mit einer einzigen Röhre nicht möglich.

Eine Schaltung mit zwei Verstärkern, bei der die Gespräche der beiden Richtungen über Differentialschaltungen selbsttätig aneinander vorbei geleitet werden, ist in Abb. 322. 1 dargestellt, die nur die zum Verständnis nötigen Schaltelemente enthält. Die Pfeile an den Röhren (Verstärkern) deuten die Richtungen an, in denen sie verstärken.

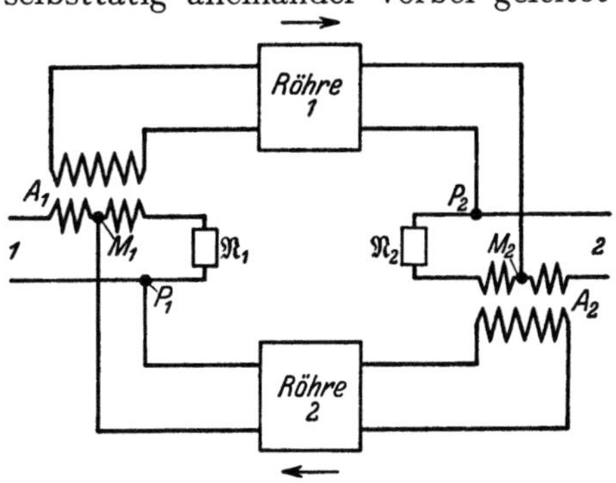

Abb. 322. 1.

Die auf der Seite *1* ankommenden Spannungswellen werden auf den Verstärker *1* übertragen und auf der Seite *2* verstärkt an die dort angeschlossene Leitung weitergegeben. Entsprechend nehmen die auf der Seite *2* ankommenden Spannungswellen ihren Weg nach der Seite *1* über den Verstärker *2*.

Bei dieser Schaltung muß verhütet werden, daß die in der einen Röhre bereits verstärkten Spannungen nachträglich auf die andere Röhre einwirken.

[1] Pohlmann, B., u. Deutschmann, W.: Elektr. Nachr.-Techn. 3 (1926) S. 8.

Sonst werden sie in der Röhre der Gegenrichtung von neuem verstärkt, und es können Schwingungen angeregt werden, die Schaltung kann „pfeifen".

Man vermeidet diese unerwünschte „Rückkopplung" über die Gegenröhre, indem man die Gabelschaltung als Differentialschaltung ausbildet. Stimmen die Scheinwiderstände der „Nachbildungen" $\mathfrak{N}_1$ und $\mathfrak{N}_2$ bei allen Frequenzen mit den Scheinwiderständen der bei *1* und *2* angeschlossenen Leitungen überein, so können nach § 205 auf keiner der Seiten *1* und *2* Spannungen oder Ströme rückgekoppelt werden; die Schaltung ist „stabil".

§ 323. Gabeldämpfung[1]. Durch die Differentialschaltungen wird auch die zu verstärkende Leistung ein wenig geschwächt.

In Abb. 323. 1 ist die Gabel *1* des Zweiwegverstärkers noch einmal gezeichnet. Wie bei Abb. 322. 1 nehmen wir an, daß das Gitter der Röhre *1*, die die bei *a* ankommende Leistung verstärken soll, bei *b* angeschlossen sei. Für den zu ver-

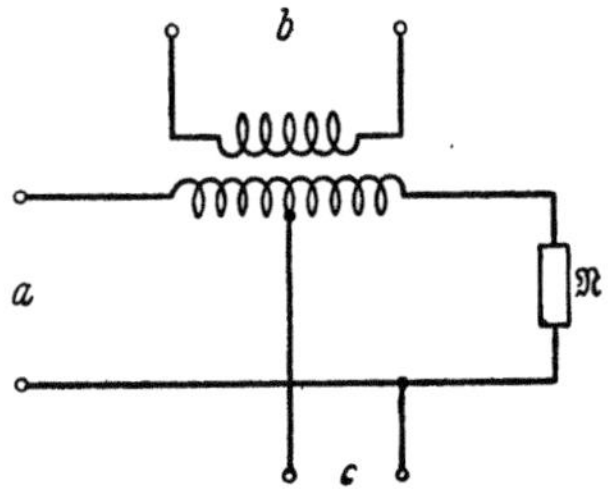

Abb. 323. 1.

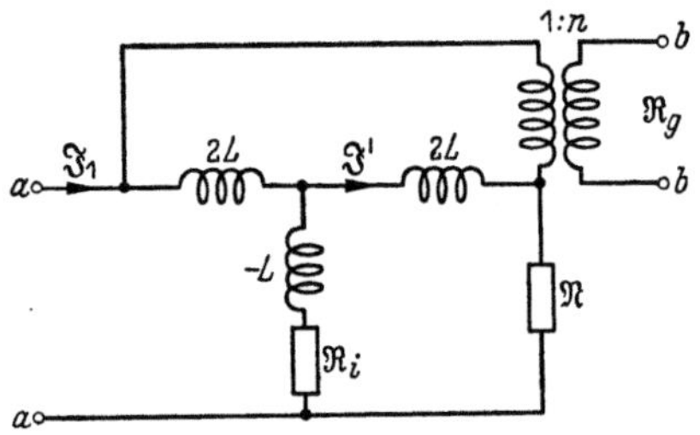

Abb. 323. 2.

stärkenden Strom wird demnach der Sechspol, den die Gabel darstellt, zu dem „Vierpol *ab*". Das Klemmenpaar *c* sei dabei durch den inneren Widerstand $\mathfrak{N}_i$ der Gegenröhre (samt Nachübertrager) abgeschlossen.

Diesen Vierpol *ab* betrachten wir zunächst. Nach § 203 können wir ihn durch die Schaltung 323. 2 ersetzen, in der der Scheinwiderstand der Röhre *1* (samt Vorübertrager) mit $\mathfrak{N}_g$ bezeichnet ist. Man liest unmittelbar das Folgende ab:

$$\mathfrak{W}_1^l = 2\,j\omega L + \frac{(\mathfrak{N}_i - j\omega L)(\mathfrak{N} + 2\,j\omega L)}{\mathfrak{N}_i + \mathfrak{N} + j\omega L} = \frac{(4\,\mathfrak{N}_i + \mathfrak{N})\,j\omega L + \mathfrak{N}_i\mathfrak{N}}{j\omega L + \mathfrak{N}_i + \mathfrak{N}} \approx 4\,\mathfrak{N}_i + \mathfrak{N}, \tag{323. 1}$$

$$\mathfrak{W}_2^l = n^2\left(2\,j\omega L + \frac{2\,j\omega L\,(\mathfrak{N}_i - j\omega L + \mathfrak{N})}{\mathfrak{N}_i + \mathfrak{N} + j\omega L}\right) = 4\,n^2\,\frac{(\mathfrak{N}_i + \mathfrak{N})\,j\omega L}{j\omega L + \mathfrak{N}_i + \mathfrak{N}} \approx 4\,n^2(\mathfrak{N}_i + \mathfrak{N}), \tag{323. 2}$$

$$\mathfrak{M} = n\,\frac{2\,j\omega L\,(\mathfrak{J}_1 + \mathfrak{J}')}{\mathfrak{J}_1} = 2\,n\cdot j\omega L\left(1 + \frac{\mathfrak{N}_i - j\omega L}{\mathfrak{N}_i + \mathfrak{N} + j\omega L}\right) = 2\,n\,\frac{(2\,\mathfrak{N}_i + \mathfrak{N})\,j\omega L}{j\omega L + \mathfrak{N}_i + \mathfrak{N}} \approx 2\,n(2\,\mathfrak{N}_i + \mathfrak{N}). \tag{323. 3}$$

Ist nun der komplexe Widerstand $\mathfrak{N}$ eine genaue Nachbildung des Widerstands der bei *a* angeschlossenen Leitung, so ergibt sich zunächst für die Übersetzung der Leerlaufspannung ganz allgemein:

$$\mathfrak{u}_1 = \frac{\mathfrak{M}}{\mathfrak{N} + \mathfrak{W}_1^l} = \frac{2\,n\,(2\,\mathfrak{N}_i + \mathfrak{N})}{\mathfrak{N} + 4\,\mathfrak{N}_i + \mathfrak{N}} = n. \tag{323. 4}$$

[1] Vgl. Kamphausen, G.: Telegr.- u. Fernspr.-Techn. **28** (1939) S. 220.

Sie ist also immer gleich der Übersetzung n, ganz einerlei, wie groß die Widerstände $\mathfrak{R}$, $\mathfrak{R}_g$ und $\mathfrak{R}_i$ sind.

Bei der Berechnung der Strom- und der Spannungsübersetzung müssen wir eine spezielle Voraussetzung einführen, wenn wir etwas Einfaches erhalten wollen. Wir nehmen an, daß für die Gabelschaltung die erste Anpassungsbedingung (161. 4) erfüllt sei:

$$\mathfrak{R}\,\mathfrak{R}_g = \mathfrak{Z}^2 = (4\,\mathfrak{R}_i + \mathfrak{R})\cdot 4\,n^2(\mathfrak{R}_i + \mathfrak{R}) - 4\,n^2(2\,\mathfrak{R}_i + \mathfrak{R})^2 = 4\,n^2\,\mathfrak{R}_i\,\mathfrak{R}\,, \tag{323. 5}$$

was offenbar auf die Bedingung

$$\mathfrak{R}_g = 4\,n^2\,\mathfrak{R}_i \tag{323. 6}$$

hinausläuft. Dann wird:

$$\mathfrak{u}_2 = \frac{\mathfrak{M}}{\mathfrak{R}_g + \mathfrak{W}_2'} = \frac{2\,n\,(2\,\mathfrak{R}_i + \mathfrak{R})}{4\,n^2\,\mathfrak{R}_i + 4\,n^2(\mathfrak{R}_i + \mathfrak{R})} = \frac{1}{2\,n}\,, \tag{323. 7}$$

$$\mathfrak{v}_2 = \frac{\mathfrak{M}}{\mathfrak{Z}^2/\mathfrak{R}_i + \mathfrak{W}_1'} = \frac{2\,n\,(2\,\mathfrak{R}_i + \mathfrak{R})}{\mathfrak{R} + 4\,\mathfrak{R}_i + \mathfrak{R}} = n\,. \tag{323. 8}$$

Ist demnach die Nachbildung $\mathfrak{R}$ vollkommen und die erste Anpassungsbedingung erfüllt, so ist die Übersetzung der Scheinleistung für alle n gleich $\frac{1}{2}$, die ihr entsprechende Dämpfung gleich $\ln\sqrt{2} = 0{,}35$ N.

Für die Betriebsdämpfung des in keiner Weise angepaßten Vierpols ab ergibt sich nach (177. 1) fast unmittelbar die besonders einfache Gleichung

$$\mathfrak{b} = \ln\sqrt{2} + \ln\left|\frac{2\,n^2\,\mathfrak{R} + \mathfrak{R}_g}{2\sqrt{2\,n^2\,\mathfrak{R}\cdot\mathfrak{R}_g}}\right|, \tag{323. 9}$$

die von $\mathfrak{R}_i$ überhaupt nicht abhängt. Die Betriebsdämpfung der Gabelschaltung ist demnach im wesentlichen gleich $\ln\sqrt{2} = 0{,}35$ N. Zu diesem Wert tritt als geringe Korrektion eine zusätzliche Stoßdämpfung, die sich aus Abb. 174. 1 entnehmen läßt, wenn man diese als eine Darstellung des komplexen Verhältnisses $2n^2\mathfrak{R}/\mathfrak{R}_g$ ansieht. Die Korrektion verschwindet völlig, wenn man $n = 1$ und den Eingangswiderstand $\mathfrak{R}_g$ der Röhre gleich dem doppelten Leitungswiderstand macht.

Wegen der Streuung und der Verluste des Differentialübertragers, die wir hier vernachlässigt haben, sind die berechneten Dämpfungen etwas höher.

Wir stellen noch fest, daß der Eingangswiderstand des Vierpols ab, vom Verstärker aus gesehen:

$$\mathfrak{W}_2 = \mathfrak{W}_2' - \mathfrak{u}_1\,\mathfrak{M} = 4\,n^2(\mathfrak{R}_i + \mathfrak{R}) - n\cdot 2\,n\,(2\,\mathfrak{R}_i + \mathfrak{R}) = 2\,n^2\,\mathfrak{R} \tag{323. 10}$$

für $n = 1$ gleich dem doppelten Eingangswiderstand der Leitung ist.

Die Stromstärke, die der zu verstärkende Strom in der Nachbildung hervorbringt, ist im allgemeinen sehr klein. Da nämlich die Gabelschaltung zusammen mit den beiden Röhren, aber ohne die Nachbildung, eine Differential-Brückensternschaltung darstellt, können wir aus (206. 2) entnehmen, daß die Nachbildung stromlos bleibt, wenn $\mathfrak{R}_g = 4n^2\,\mathfrak{R}_i$. Diese Bedingung ist aber identisch mit der ersten Anpassungsbedingung (. 6).

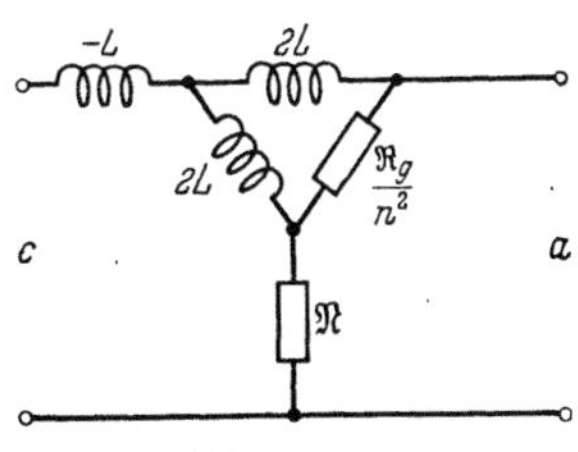

Abb. 324. 1.

§ 324. Die Dämpfung des verstärkten Stroms.

Für diesen ist der Vierpol ca maßgebend (Abb. 323. 1); das Klemmenpaar b ist dabei mit $\mathfrak{R}_g$ abgeschlossen. Nach § 203 kann der Vierpol ca durch die Brückensternschaltung Abb. 324. 1 ersetzt werden. Verwandelt man bei dieser noch das Dreieck in einen Stern und sieht man die Induktivitäten als sehr groß an, so erhält man die Grundgleichungen

$$\mathfrak{W}_1^l = \frac{\mathfrak{R}_g}{4n^2} + \mathfrak{N}, \qquad \mathfrak{W}_2^l = \frac{\mathfrak{R}_g}{n^2} + \mathfrak{N}, \qquad \mathfrak{M} = \frac{\mathfrak{R}_g}{2n^2} + \mathfrak{N}. \quad (324.1)$$

Aus ihnen folgt, wenn die Leitung genau nachgebildet ist, allgemein

$$\mathfrak{u}_2 = \tfrac{1}{2}, \qquad \mathfrak{v}_2 = 1, \quad (324.2)$$

was auch ohne Rechnung aus Abb. 322. 1 abgelesen werden kann[1]. Für die Betriebsdämpfung dagegen ergibt sich aus (177. 1) nach einfacher Umformung

$$\boldsymbol{b} = \ln\sqrt{2} + \ln\left|\frac{2\mathfrak{R}_i + \mathfrak{N}}{2\sqrt{2\mathfrak{R}_i\cdot\mathfrak{N}}}\right|. \quad (324.3)$$

Auch sie ist also bis auf eine geringe Korrektion gleich $\ln\sqrt{2}$. Die Korrektion verschwindet für $\mathfrak{R}_i = \mathfrak{N}/2 = \mathfrak{N}\cdot\mathfrak{N}/(\mathfrak{N}+\mathfrak{N})$.

Natürlich ist allgemein $\mathfrak{W}_1 = \mathfrak{N}/2$.

Die Bedingungen, unter denen sich bei den Vierpolen *ab* und *ca* besonders einfache Gleichungen ergeben haben, lassen sich in der Form

$$\mathfrak{R}_i = \frac{\mathfrak{N}}{2} = \frac{\mathfrak{R}_g}{4n^2} \quad (324.4)$$

zusammenfassen. Erfüllt man sie, so sind beide Vierpole auf beiden Seiten nach Schein- und Wellenwiderstand angepaßt, und es gilt für den Vierpol

$$ab: \quad \mathfrak{u}_1 = \mathfrak{v}_2 = n, \quad \mathfrak{u}_2 = \frac{1}{2n}; \quad \mathfrak{W}_1 = \mathfrak{Z}_1 = \mathfrak{N}; \quad \mathfrak{W}_2 = \mathfrak{Z}_2 = \mathfrak{R}_g; \quad (324.5)$$

$$ca: \quad \mathfrak{u}_1 = \mathfrak{v}_2 = 1, \quad \mathfrak{u}_2 = \frac{1}{2}, \quad \mathfrak{W}_1 = \mathfrak{Z}_1 = \frac{\mathfrak{N}}{2}, \quad \mathfrak{W}_2 = \mathfrak{Z}_2 = \mathfrak{N}. \quad (324.6)$$

Die Dämpfung ist dann bei beiden Vierpolen *ab* und *ca* die gleiche[2]:

$$\mathfrak{Cof}\, g = \frac{3}{2\sqrt{2}}, \qquad b = \boldsymbol{b} = \ln\sqrt{2} = 0{,}35.$$

Wählt man $n = 1/\sqrt{2} \approx 707/(2\cdot 500)$, so ist beim Vierpol *ab* noch einfacher $\mathfrak{u}_1 = \mathfrak{u}_2 = \mathfrak{v}_2 = 1/\sqrt{2}$. Beim Vierpol *ca* spielt das Windungsverhältnis des Übersetzers überhaupt keine Rolle.

Da die beiden Vierpole *ab* und *ca* die gleiche Dämpfung haben, können in den Verstärkerschaltungen die Klemmenpaare *b* und *c* miteinander vertauscht werden.

§ 325. **Die Selbsterregung des Zweiwegverstärkers.** Hat in der „Ringschaltung" der Abb. 322. 1 eine gewisse Spannung (oder ein Strom oder eine Leistung) einmal im Sinne des Uhrzeigers zu „kreisen" begonnen, so kann es sein, daß sie im Laufe der Zeit schwächer oder stärker wird oder auch konstant bleibt. Sie bleibt konstant, wenn bei einem vollen Umlauf die Summe der Verstärkungen gleich der Summe der Dämpfungen ist.

Verstärkungen wie Dämpfungen können wir aber nach den Paragraphen 301, 205, 323 und 324 berechnen. Wir wollen hier nur das Verhalten der Spannung untersuchen. Ihre Verstärkung in einem der beiden Verstärker (samt Übertragern) sei s_1 (in logarithmischem Maß). Dann ist die tatsächlich wirksam werdende Spannungsverstärkung s des ganzen Zweiwegverstärkers nach (323. 8) und (324. 2) um $\ln(1/n)$ geringer. Bei der Rückkopplung über die Gabeln *1* und *2*

[1] Der Kern des Übertragers wird nicht magnetisiert; $\mathfrak{R}_g$ kann also keine Rolle spielen.

[2] Es ist $\mathfrak{Cof}\ln\sqrt{2} = \left(e^{\ln\sqrt{2}} + e^{-\ln\sqrt{2}}\right)/2 = \left(\sqrt{2} + 1/\sqrt{2}\right)/2 = 3/\left(2\sqrt{2}\right)$.

hinweg (Vierpol bc!) hat man aber nach (205. 4) insgesamt die Dämpfung $-2\ln n + \ln|1/(\vartheta_a\vartheta_e)|$, wenn man die Maße für die Nachbildungsfehler auf beiden Seiten mit ϑ_a und ϑ_e bezeichnet. Die Spannung bleibt also in der Ringschaltung konstant, wenn

$$2s_1 = 2\left(s + \ln\frac{1}{n}\right) = -2\ln n + \ln\left|\frac{1}{\vartheta_a\vartheta_e}\right|, \tag{325.1}$$

d. h. wenn

$$s = \ln\left|\frac{1}{\sqrt{\vartheta_a\vartheta_e}}\right|. \tag{325.2}$$

Ist die Verstärkung s größer als diese von den Fehlern der Nachbildungen abhängige „Grenzverstärkung", so kann sich die Verstärkerschaltung erregen, und zwar bei einer Frequenz, für die die rückgekoppelte Spannung mit der ursprünglichen in Phase ist (vgl. den 13. Abschnitt).

Auffälligerweise erhält man dieselbe Bedingung, wenn man die Rechnung für die Dämpfungen und Verstärkungen des Stroms oder der Scheinleistung durchführt. Das läßt vermuten, daß die Gleichung (. 2) eine allgemeinere Bedeutung hat. In der Tat ist dies so[1]. Um dies zu erkennen, bezeichnen wir die Scheinwiderstände der beiden Leitungen, zwischen denen der Zweiwegverstärker liegt, mit $\mathfrak{R}_a$ und $\mathfrak{R}_e$, die Scheinwiderstände der beiden Nachbildungen mit $\mathfrak{Z}_1$ und $\mathfrak{Z}_2$, da sie nach (324. 5) und (324. 6) gleich den äußeren Wellenwiderständen des ganzen Zweiwegverstärkers sind. Dann läßt sich die Gleichung (189. 1) anwenden. Aus ihr geht hervor, daß die Betriebsdämpfung $\boldsymbol{b}$ negativ unendlich groß wird, wenn

$$-\mathfrak{g} = \ln\frac{1}{\sqrt{\vartheta_a\vartheta_e}} \tag{325.3}$$

ist. Nun bedeutet aber eine negative Dämpfung dasselbe wie eine positive Verstärkung; (. 3) kann daher als eine Verallgemeinerung von (. 2) aufgefaßt werden.

(. 3) läßt sich sogar unmittelbar aus (155. 3) herleiten. Führt man nämlich in (153. 1) und (154. 1) wie in § 190 Anpassungsmaße ein, so wird

$$\mathfrak{u}_1\mathfrak{u}_2 = \frac{\mathfrak{Cof}\,\mathfrak{r}_a\,\mathfrak{Cof}\,\mathfrak{r}_e}{\mathfrak{Cof}(\mathfrak{g}+\mathfrak{r}_a)\,\mathfrak{Cof}(\mathfrak{g}+\mathfrak{r}_e)}. \tag{325.4}$$

Dieser Bruch wird aber für $\mathfrak{g}+\mathfrak{r}_a = -\mathfrak{r}_e$ oder $\mathfrak{g}+\mathfrak{r}_e = -\mathfrak{r}_a$ gleich 1, so daß die Gleichung (155. 3) für den Strom $\mathfrak{J}_2$, wenn $\mathfrak{E} = 0$ ist, die unbestimmte Form 0/0 annimmt. Für $-\mathfrak{g} = \mathfrak{r}_a + \mathfrak{r}_e$ kann also auch ohne elektromotorische Wechselkraft ein endlicher Strom entstehen. Nach (188. 5) ist aber $\mathfrak{r}_a + \mathfrak{r}_e = \ln(1/\sqrt{\vartheta_a\vartheta_e})$. Die Betrachtung von (. 4) führt demnach ebenfalls auf die Bedingung (. 3).

Hier könnte eingewendet werden, daß $\mathfrak{u}_1\mathfrak{u}_2$ auch für $\mathfrak{g} = 0$ gleich 1 werde. Für $\mathfrak{g} = 0$ ist aber keine Selbsterregung möglich, da dann der Kernwiderstand nach (159. 5) über alle Grenzen wächst. Der sekundäre Strom nimmt, wie leicht zu sehen, für $\mathfrak{g} = 0$ den Wert $\mathfrak{E}/(\mathfrak{z}\mathfrak{R}_a + \mathfrak{R}_e/\mathfrak{z})$ an ($\mathfrak{z}$ = Symmetriefaktor).

Das letzte Glied der Gleichung (189. 1), das „Wechselwirkungsglied", ist bei „aktiven" Vierpolen im Gegensatz zu den gewöhnlichen („passiven") das Hauptglied. Nennen wir den reellen Teil von $-\mathfrak{g}$ „Betriebsverstärkung" $\boldsymbol{s}$, so ist

$$\boldsymbol{s} \approx s - \ln\left|1 - e^{-2(\mathfrak{g}+\mathfrak{r}_a+\mathfrak{r}_e)}\right|. \tag{325.5}$$

Setzt man $\mathfrak{g}+\mathfrak{r}_a+\mathfrak{r}_e = D + \mathrm{j}\,D'$, so wird

$$\boldsymbol{s} = s - \ln\left|1 - e^{-2D}\angle -2D'\right| = s - \tfrac{1}{2}\ln\left(1 - 2e^{-2D}\cos 2D' + e^{-4D}\right). \tag{325.6}$$

Ist z. B. bei irgend einer Frequenz $\mathfrak{g}+\mathfrak{r}_a+\mathfrak{r}_e = 0{,}5 + \mathrm{j}\cdot 0^0$, so ist die Betriebsverstärkung um 0,46 N größer als die Verstärkung, die bei ideal genauer Nachbildung (= Anpassung) zu beobachten wäre; ist dagegen bei irgend einer Frequenz

[1] Feldtkeller, R.: Telegr.- u. Fernspr.-Techn. 14 (1925) S. 274.

z. B. $\mathfrak{g} + \mathfrak{r}_a + \mathfrak{r}_e = 0{,}5 \pm \mathrm{j} \cdot 90^0$, so wird die Vierpolverstärkung nicht ganz erreicht, die tatsächlich erreichbare Betriebsverstärkung ist um 0,31 N kleiner[1].

Die Grenzverstärkung $\mathfrak{r}_a + \mathfrak{r}_e = \ln (1/\sqrt{\vartheta_a \vartheta_e})$, bei der D und D' verschwinden, heißt auch „Pfeifgrenze" oder „Pfeifpunkt". Sie liegt um so höher, je kleiner ϑ_a und ϑ_e sind. Die „Pfeifsicherheit" ist das Maß, um das das Mittel der in den beiden Gesprächsrichtungen tatsächlich beobachteten Verstärkungen unter der Pfeifgrenze bleibt. In der Regel genügt eine Pfeifsicherheit von 0,2 bis 0,3 N.

13. Abschnitt.

Rückkopplung.

§ 326. Allgemeines. Schon in den Paragraphen 318 und 325 haben wir erkannt, daß in Röhrenschaltungen unter gewissen Bedingungen infolge einer „Rückkopplung" von selbst Schwingungen entstehen können, und zwar auch dann, wenn nur unperiodische, konstante Energiequellen vorhanden sind.

Diese Erscheinung, die „Selbsterregung von Schwingungen", wird in den zuerst von A. Meißner angegebenen Röhrengeneratoren technisch ausgenutzt. Wir werden in diesem Abschnitt die Bedingungen ableiten, unter denen bei hinreichend starker Rückkopplung Schwingungen entstehen.

Schwächere Rückkopplungen wirken nur wie eine Verringerung der vorhandenen Wirkwiderstände, ohne daß die Schaltung ins Schwingen geriete.

Durch geeignete Rückkopplung kann man aber auch die Empfindlichkeit eines Verstärkers gegen alle möglichen Schwankungen und Störungen herabsetzen und zugleich die in ihm entstehenden Verzerrungen verringern. Diese Art der Rückkopplung führt nicht nur nicht zur Erregung, sondern sogar zu einer Einbuße an Verstärkung. Sie wird zur Unterscheidung von der unter geeigneten Umständen zur Selbsterregung führenden „Mitkopplung" auch als „Gegenkopplung" bezeichnet und ist im Laufe der letzten Jahre zu einem unentbehrlichen Hilfsmittel der Verstärkertechnik geworden.

§ 327. Selbsterregung eines induktiv rückgekoppelten Verstärkers[2]. Wir beginnen mit einer besonders einfachen Schaltung, für die man leicht und übersichtlich ableiten kann, daß sie unter bestimmten Bedingungen von selbst zu schwingen beginnt. Die in Abb. 327. 1 gezeichnete Verstärkerröhre arbeite auf eine schwingungsfähige Masche, deren Induktivität L mit einer im Gitterkreis liegenden Induktivität L_g magnetisch gekoppelt sei (Gegeninduktivität L_{12}). Man nennt diese Schaltung auch die „Meißnersche" Rückkopplungsschaltung.

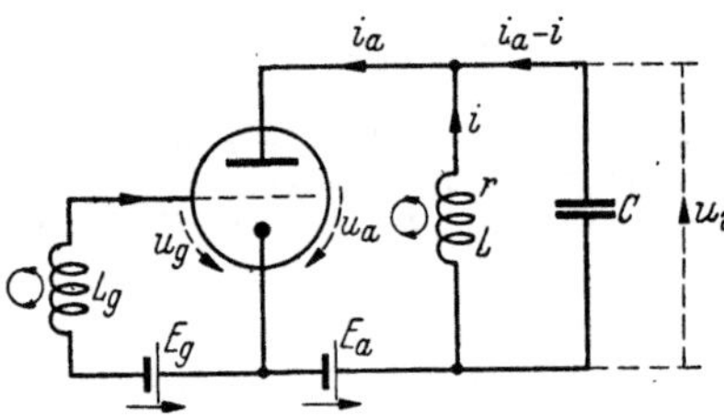

Abb. 327. 1.

Wenn die Gittervorspannung so weit im Negativen liegt, daß kein Gitterstrom fließt, gelten die Gleichungen:

$$r i + L \frac{\mathrm{d}i}{\mathrm{d}t} = u_2, \tag{327. 1}$$

$$u_g \pm L_{12} \frac{\mathrm{d}i}{\mathrm{d}t} = -E_g. \tag{327. 2}$$

---

[1] Wenn diese Zusatzverstärkungen frequenzabhängig sind, spricht man auch von „Rückkopplungsverzerrungen".

[2] Meißner, A.: Arch. Elektrot. 14 (1919) S. 5.

Dabei entspricht das obere Vorzeichen dem Fall gleichsinniger, das untere dem Fall gegensinniger Wicklungen (§ 192). Weiter ist nach der Knotenregel und nach (299. 1) und (300. 1)

$$\begin{aligned} i &= i_a - C\frac{\mathrm{d}u_2}{\mathrm{d}t} = S(u_g + D u_a) + a - C\frac{\mathrm{d}u_2}{\mathrm{d}t} \\ &= S\left(\mp L_{12}\frac{\mathrm{d}i}{\mathrm{d}t} - E_g + D(E_a - u_2)\right) + a - C\frac{\mathrm{d}u_2}{\mathrm{d}t} \\ &= \mp S L_{12}\frac{\mathrm{d}i}{\mathrm{d}t} - S E_g + \frac{1}{R_i}\left(E_a - r i - L\frac{\mathrm{d}i}{\mathrm{d}t}\right) + a - rC\frac{\mathrm{d}i}{\mathrm{d}t} - LC\frac{\mathrm{d}^2 i}{\mathrm{d}t^2} \end{aligned}$$

oder geordnet und mit $L_{12} = n\varkappa L$ (§ 195 und 196)

$$\frac{\mathrm{d}^2 i}{\mathrm{d}t^2} + \left(\frac{r}{L} + \frac{S}{C}(D \pm n\varkappa)\right)\frac{\mathrm{d}i}{\mathrm{d}t} + \left(1 + \frac{r}{R_i}\right)\frac{i}{LC} = \frac{1}{LC}\left(\frac{E_a}{R_i} + a - S E_g\right). \qquad (327.3)$$

Die Differentialgleichung (. 3) kann wie in den Paragraphen 135 bis 141 weiterbehandelt werden. Für das Abklingen einer etwaigen Stromschwingung ist die erste Zeitkonstante τ_1 maßgebend; für sie gilt nach § 135 und nach (. 3)

$$\frac{1}{\tau_1} = \frac{r}{L} + \frac{S}{C}(D \pm n\varkappa). \qquad (327.4)$$

Ein aus irgend einem Grunde in dem Schwingungskreis vorhandener, wenn auch äußerst kleiner Strom (vgl. § 420) schwillt exponentiell an, wenn τ_1 negativ ist. Ist also die Wicklung gegensinnig und ist

$$n\varkappa > D + \frac{1}{S}\frac{rC}{L}, \qquad (327.5)$$

so kann von selbst eine Schwingung entstehen. Ihre Kreisfrequenz[1] ω_e liegt, wenn r klein ist gegen R_i, nach (. 3) nur wenig oberhalb der Scheinfrequenz $1/\sqrt{LC}$:

$$\omega_e = \sqrt{\frac{1 + r/R_i}{LC}}. \qquad (327.6)$$

Da die schwingungsfähige Masche bei ihrer Scheinfrequenz nach (115. 6) den Scheinwiderstand $R = L/(rC)$ hat, kann man die Bedingung (. 5) auch folgendermaßen schreiben:

$$n\varkappa > D + \frac{1}{SR}. \qquad (327.7)$$

Hiernach bedarf es zur Selbsterregung der betrachteten Schaltung eines um so geringeren Rückkopplungsgrades $n\varkappa$, je kleiner der Durchgriff der benutzten Röhre, je größer ihre Steilheit und je höher der Resonanzwiderstand $L/(rC)$ ist.

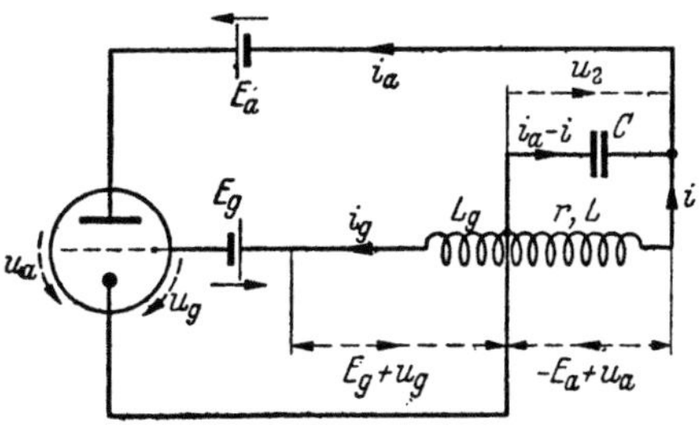

Abb. 327. 2.

Die Schaltung Abb. 327. 2 ist (abgesehen von der Lage der Stromquellen) mit der soeben betrachteten identisch; ihre Elemente sind nur in anderer Anordnung gezeichnet. Man ersieht aus dem „verformten" Bild, daß man auch eine einzige Spule auf einem Eisenkern nehmen und an ihr abzapfen kann, und daß man einen Generator auch erhält, wenn man den Kondensator parallel zu der Gitterspule oder auch parallel zu der ganzen Spule schaltet.

§ 328. Komplexe Form der Selbsterregungsbedingung. Das im vorigen Paragraphen benutzte Rechenverfahren gibt eine einleuchtende Erklärung für die Erregung von Schwingungen in der Schaltung Abb. 327. 1. Denn die „Er-

[1] Der Dämpfungswinkel ϑ ist nach (135. 6) klein, da im Augenblick der Erregung der Wert $1/\tau_1$ sein Zeichen wechselt, so daß $\tau_1 \gg \tau_2$ ist.

regung" ist ein Einschwingvorgang; ihre Theorie ist also ein Sonderfall der Theorie der Schaltvorgänge.

Die Gleichungen (327. 5) und (327. 6) lassen sich jedoch auch nach der komplexen Methode berechnen, und zwar auf Grund der folgenden Überlegung[1]. Durch eine in der Röhre zufällig vorhandene Gitterwechselspannung werde nach (301. 1) auf der Anodenseite eine Spannung

$$\mathfrak{U}_2 = \mathfrak{v}_0 \mathfrak{U}_g = \frac{\mathfrak{R}}{D(R_i + \mathfrak{R})} \mathfrak{U}_g \tag{328. 1}$$

hervorgerufen, und diese ziehe wieder infolge einer Rückkopplung zwangsläufig eine ihr proportionale Gitterwechselspannung $\overline{\mathfrak{U}}_g$ nach sich:

$$\overline{\mathfrak{U}}_g = \mathfrak{K}\,\mathfrak{U}_2 = \mathfrak{K}\,\mathfrak{v}_0 \mathfrak{U}_g = \frac{\mathfrak{K}\,\mathfrak{R}}{D(R_i + \mathfrak{R})} \mathfrak{U}_g . \tag{328. 2}$$

Der Rückkopplungsfaktor $\mathfrak{K}$ ist im allgemeinen komplex. Dann kann die Wechselspannung $\mathfrak{U}_g$ auch ohne Wechselstromquelle dauernd bestehen bleiben oder sogar anwachsen, wenn die durch Verstärkung und Rückkopplung entstandene Gitterspannung $\overline{\mathfrak{U}}_g$ mit der ursprünglichen Gitterspannung in Phase und ihr dem Betrage nach mindestens gleich ist:

$$\varphi(\overline{\mathfrak{U}}_g) = \varphi(\mathfrak{U}_g); \qquad |\overline{\mathfrak{U}}_g| \geqq |\mathfrak{U}_g| . \tag{328. 3}$$

Bei der betrachteten Schaltung ist nach (196. 1) und (195. 5)

$$\mathfrak{K} = \frac{\overline{\mathfrak{U}}_g}{\mathfrak{U}_2} = \mp \frac{j\omega L_{12}}{r + j\omega L}; \tag{328. 4}$$

die Bezugspfeile der Spannungen und Ströme sind ja in Abb. 327. 1 einander ebenso zugeordnet wie in Abb. 191. 1. Außerdem ist

$$\frac{1}{\mathfrak{R}} = \frac{1}{r + j\omega L} + j\omega C . \tag{328. 5}$$

Das Verhältnis der rückgekoppelten Gitterspannung zu der ursprünglichen ist daher

$$\frac{\overline{\mathfrak{U}}_g}{\mathfrak{U}_g} = \mathfrak{K}\,\mathfrak{v}_0 = \frac{\mathfrak{K}}{D\left(\frac{R_i}{\mathfrak{R}} + 1\right)} = \mp \frac{j\omega L_{12}}{D(R_i + (1 + j\omega R_i C)(r + j\omega L))}$$

$$= \mp \frac{\omega \frac{n\varkappa}{D}}{\omega\left(1 + \frac{R_i \cdot r C}{L}\right) - j\,\frac{r + R_i(1 - \omega^2 L C)}{L}} . \tag{328. 6}$$

$\overline{\mathfrak{U}}_g$ und $\mathfrak{U}_g$ sind in Phase, wenn die Wicklungen „gegensinnig" sind und der imaginäre Teil des Nenners verschwindet:

$$\omega_e = \sqrt{\frac{1 + r/R_i}{LC}} . \tag{328. 7}$$

Nur bei der hierdurch festgelegten Frequenz ω_e addiert sich die rückgekoppelte Gitterspannung zu der ursprünglichen vektorisch so, daß sich die beiden beständig verstärken.

---

[1] Barkhausen, H.: Elektronenröhren. 3. u. 4. Aufl. 3. Band: Rückkopplung. Leipzig 1935.

Die Betragsbedingung (. 3) dagegen ergibt die Ungleichung

$$\frac{n\varkappa}{D} \geqq 1 + \frac{R_i \cdot r C}{L}$$

oder

$$n\varkappa \geqq D + \frac{1}{S}\frac{r C}{L},$$

die mit (327. 5) völlig übereinstimmt.

Die beiden — scheinbar verschiedenen — Rechenverfahren führen demnach zu gleichen Ergebnissen.

Die sich erregende Spannung $\mathfrak{U}_g$ hat die Frequenz ω_e, ist also rein sinusförmig. Sie ruft einen Anodenstrom hervor, der infolge der Nichtlinearität der Kennlinie im allgemeinen Oberschwingungen enthält. Diese haben auf die an dem Widerstand $\mathfrak{R}$ liegende Spannung $\mathfrak{U}_2$ jedoch nur wenig Einfluß, weil $|\mathfrak{R}|$ nur in der Nähe der Frequenz ω_e groß ist.

Da sich die Bedingung (. 3) und die Überlegung, aus der sie hervorgegangen ist, bewährt haben, dürfen wir die aus (. 2) und (. 3) folgende hinreichende Bedingung für die Selbsterregung der Schaltung

$$\mathfrak{K} = \frac{1}{\mathfrak{v}_0} = D + \frac{1}{S\mathfrak{R}} \tag{328. 8}$$

als allgemein gültig ansehen. Sie heißt nach Barkhausen „Selbsterregungsformel". Unter $\mathfrak{R}$ ist der im allgemeinen komplexe und frequenzabhängige Widerstand zu verstehen, der die Röhre auf ihrer Anodenseite abschließt.

§ 329. Selbsterregung einer durch ein Dreieck aus komplexen Widerständen abgeschlossenen Röhre. Man kann die Spannung $\overline{\mathfrak{U}}_g$ dem Gitter auch unmittelbar (ohne gegeninduktive Kopplung) zuführen, z. B. durch die Schaltung Abb. 329. 1. Dann ergibt sich der Kopplungsfaktor, so lange das Gitter stromlos bleibt, aus der Spannungsteilergleichung:

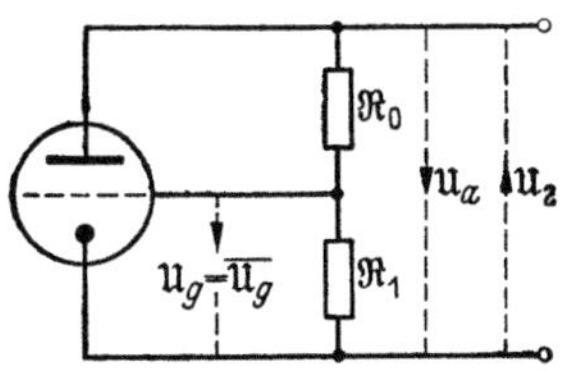

Abb. 329. 1.

$$\mathfrak{K} = \frac{\overline{\mathfrak{U}}_g}{\mathfrak{U}_2} = -\frac{\overline{\mathfrak{U}}_g}{\mathfrak{U}_a} = -\frac{\mathfrak{R}_1}{\mathfrak{R}_0 + \mathfrak{R}_1}. \tag{329. 1}$$

Da er nach (328. 8) gleich dem komplexen Wert $D + 1/(S\mathfrak{R})$ sein muß, der immer einen positiven reellen Anteil hat, dürfen die Widerstände $\mathfrak{R}_0$ und $\mathfrak{R}_1$ wegen des Minuszeichens in (. 1) bei der Frequenz ω, die sich erregen soll, nicht den gleichen Charakter haben. Auch bei Widerständen verschiedenen Charakters aber darf $|\mathfrak{R}_0|$ nicht klein sein gegen $|\mathfrak{R}_1|$, weil sonst der reelle Teil von $\mathfrak{K}$ bei der Frequenz ω immer noch negativ wäre.

Wir wollen nun spezieller annehmen, daß $\mathfrak{R}_0$ bei der Frequenz ω den Charakter einer Kapazität, $\mathfrak{R}_1$ den einer Induktivität habe. Der Winkel von $\mathfrak{R}_0$ werde dementsprechend gleich $-(90^0 - \varepsilon_0)$, der von $\mathfrak{R}_1$ gleich $90^0 - \varepsilon_1$ gesetzt. Dann ist nach 8. 1 des Anhangs

$$\mathfrak{K} = -\frac{1}{1 + \left|\frac{\mathfrak{R}_0}{\mathfrak{R}_1}\right| \underline{/ \varepsilon_0 + \varepsilon_1 - 180^0}} = a\left(-1 + \left|\frac{\mathfrak{R}_0}{\mathfrak{R}_1}\right| \underline{/ -(\varepsilon_0 + \varepsilon_1)}\right), \tag{329. 2}$$

wo a eine positive Zahl ist. Der Winkel des Kopplungsfaktors $\mathfrak{K}$ ist demnach (Abb. 329. 2) bei kleinen Abweichungen ε_0 und ε_1 für $|\mathfrak{R}_0/\mathfrak{R}_1| = 1$ nur wenig kleiner als -90^0; bei steigendem $|\mathfrak{R}_0/\mathfrak{R}_1|$ dreht sich $\mathfrak{K}$ aus dem dritten in den vierten Quadranten hinein.

Anderseits kann man für den Ausdruck $D + 1/(S\mathfrak{R})$ auch

$$D + \frac{1}{S(\mathfrak{R}_0 + \mathfrak{R}_1)} = D + \frac{a'}{S}\left(\angle - (90^0 - \varepsilon_1) + \left|\frac{\mathfrak{R}_0}{\mathfrak{R}_1}\right| \angle 90^0 - \varepsilon_0\right) \quad (329.3)$$

schreiben, wo a' wieder positiv ist. Diese komplexe Größe ist (Abb. 329. 3) für $|\mathfrak{R}_0/\mathfrak{R}_1| = 1$ annähernd reell und dreht sich bei steigendem $|\mathfrak{R}_0/\mathfrak{R}_1|$ aus dem vierten in den ersten Quadranten hinein.

Auch dann also, wenn $|\mathfrak{R}_0| \gg |\mathfrak{R}_1|$ ist, so daß $\mathfrak{K}$ bei der Frequenz ω sicher einen positiven reellen Teil hat, ist die Gleichung (328. 8) nicht erfüllbar, da die komplexen Werte ihrer beiden Seiten in verschiedenen Quadranten liegen.

Die Bedingung (328. 8) läßt sich erst er-

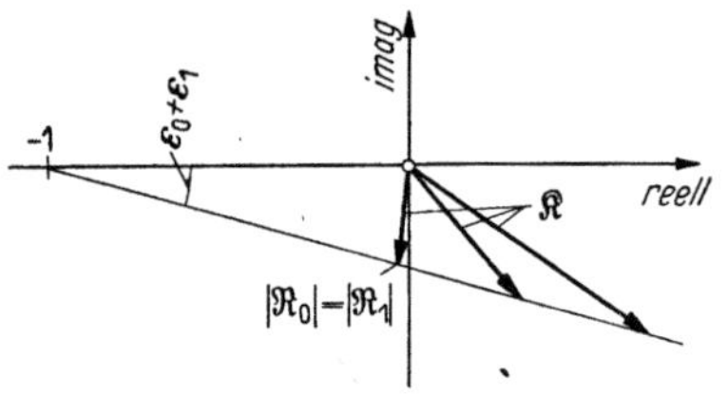

Abb. 329. 2.

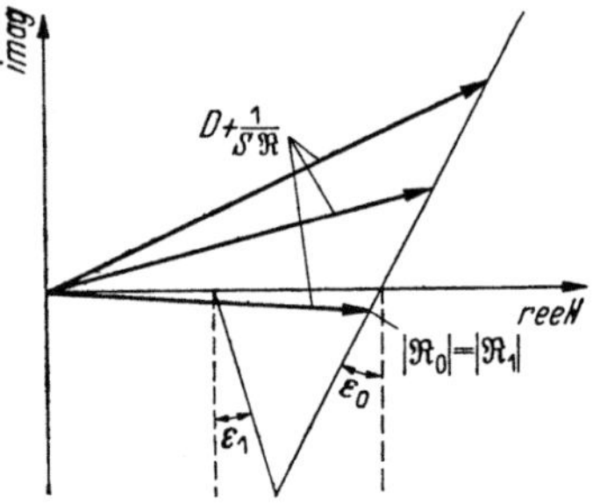

Abb. 329. 3.

füllen, wenn man parallel zu $\mathfrak{R}_0$ und $\mathfrak{R}_1$ noch einen dritten komplexen Widerstand $\mathfrak{R}_2$ schaltet, so daß ein Dreieck entsteht („Dreipunktschaltung"). $\mathfrak{R}_2$ muß bei der Frequenz ω induktiven Charakter haben. Denn durch Zufügung von $\mathfrak{R}_2$ ändert sich der Kopplungsfaktor $\mathfrak{K}$ nicht; der Winkel des Widerstands $\mathfrak{R}$ aber wird in den ersten Quadranten hinein gedreht, so daß $D + 1/(S\mathfrak{R})$ in den vierten Quadranten wandert.

Entsprechend läßt sich zeigen, daß $\mathfrak{R}_1$ und $\mathfrak{R}_2$ bei der Frequenz ω Kapazitäten darstellen müssen, wenn $\mathfrak{R}_0$ eine Induktivität ist.

Besonders wichtig ist der Fall, wo die drei komplexen Widerstände aus drei schwingungsfähigen Maschen mit den drei Scheinfrequenzen ω_0, ω_1 und ω_2 bestehen (Parallelresonanz). B_1 sei der Frequenzbereich von der tiefen Scheinfrequenz zu der mittleren, B_2 der Frequenzbereich von der mittleren zur hohen. Dann können sich Frequenzen außerhalb von B_1 und B_2 überhaupt nicht erregen, da alle Widerstände für sie den Charakter von Induktivitäten oder Kapazitäten haben. Aber auch Frequenzen innerhalb von B_1 und B_2 können sich nicht erregen, wenn die Scheinfrequenz ω_0 die mittlere ist; denn dann haben $\mathfrak{R}_1$ und $\mathfrak{R}_2$ in B_1 und in B_2 verschiedenen Charakter, was nicht zulässig ist.

	ω_1	ω_2	ω_0	
$\mathfrak{R}_0$	+	+	+	−
$\mathfrak{R}_1$	+	−	−	−
$\mathfrak{R}_2$	+	+	−	−

Abb. 329. 4.

Es können sich daher immer nur Frequenzen in einem Bereich erregen, an dessen äußerer Grenze die Scheinfrequenz ω_0 liegt. Abb. 329. 4 zeigt ein Beispiel. Die Vorzeichen drücken den Charakter der drei Widerstände aus; der Bereich, in dem eine Schwingung entstehen kann, ist hervorgehoben.

Bei der „Huth-Kühn-Schaltung" wird $\mathfrak{R}_0$ durch die Gitteranodenkapazität der Röhre selbst gebildet.

§ 330. Andere Form der Theorie. Die im § 329 behandelte Schaltung entsteht, wenn man die drei Elektroden einer Eingitterröhre mit den drei Eckpunkten eines aus komplexen Widerständen gebildeten Dreiecks verbindet. Man kann ihre Theorie daher auch in symmetrischer Form ohne Benutzung des Begriffs der Rückkopplung ableiten.

Wir setzen die Schaltung der Abb. 330. 1 voraus; im Gitterkathodenzweig liege die Wechselquelle $\mathfrak{E}$. Dann gilt nach (299. 3), solange kein Gitterstrom fließt, zunächst für die Röhre selbst:

$$S\mathfrak{U}_g = -SD\,\mathfrak{U}_a + \mathfrak{J}_a = -\frac{\mathfrak{U}_a}{R_i} + \mathfrak{J}_1 + \mathfrak{J}_2; \tag{330. 1}$$

ferner

$$\mathfrak{U}_g = \mathfrak{E} - \mathfrak{R}_1\mathfrak{J}_1, \qquad -\mathfrak{U}_a = \mathfrak{R}_2\mathfrak{J}_2. \tag{330. 2}$$

Also wird

$$S(\mathfrak{E} - \mathfrak{R}_1\mathfrak{J}_1) = \mathfrak{J}_1 + \left(1 + \frac{\mathfrak{R}_2}{R_i}\right)\mathfrak{J}_2. \tag{330. 3}$$

Außerdem gilt für das „Dreieck“

$$\mathfrak{E} = (\mathfrak{R}_0 + \mathfrak{R}_1)\,\mathfrak{J}_1 - \mathfrak{R}_2\mathfrak{J}_2. \tag{330. 4}$$

Die Gleichungen (. 3) und (. 4) stellen zwei lineare Gleichungen dar, aus denen sich die Unbekannten $\mathfrak{J}_1$ und $\mathfrak{J}_2$ leicht ausrechnen lassen. Man erhält mit der Abkürzung $S(1 + D) = S'$:

$$\mathfrak{J}_1 = \frac{1 + S'\mathfrak{R}_2}{\mathfrak{R}_0 + \mathfrak{R}_1 + \mathfrak{R}_2 + \mathfrak{R}_2\left(S'\mathfrak{R}_1 + \frac{\mathfrak{R}_0}{R_i}\right)}\,\mathfrak{E}, \tag{330. 5}$$

$$\mathfrak{J}_2 = \frac{S\mathfrak{R}_0 - 1}{\mathfrak{R}_0 + \mathfrak{R}_1 + \mathfrak{R}_2 + \mathfrak{R}_2\left(S'\mathfrak{R}_1 + \frac{\mathfrak{R}_0}{R_i}\right)}\,\mathfrak{E}. \tag{330. 6}$$

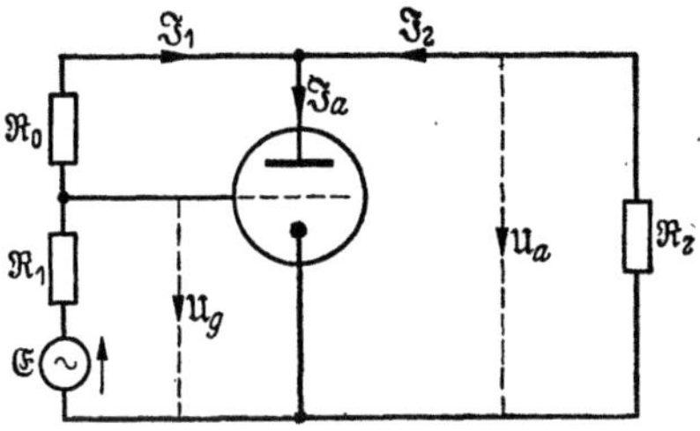

Abb. 330. 1.

Die beiden Ströme können auch bei verschwindender elektromotorischer Kraft $\mathfrak{E}$ endlich sein, wenn

$$\mathfrak{R}_0 + \mathfrak{R}_1 + \mathfrak{R}_2 + \mathfrak{R}_2\left(S'\mathfrak{R}_1 + \frac{\mathfrak{R}_0}{R_i}\right) = 0 \tag{330. 7}$$

ist. Diese Bedingung nimmt, wenn wir spezieller

$$\mathfrak{R}_0 = \frac{1}{j\omega C_0}, \qquad \mathfrak{R}_1 = j\omega L_1, \qquad \mathfrak{R}_2 = j\omega L_2 \tag{330. 8}$$

setzen, die Form an:

$$\begin{aligned}\frac{1}{j\omega C_0} &+ j\omega(L_1 + L_2) + j\omega L_2\left(S'\cdot j\omega L_1 + \frac{1}{R_i\cdot j\omega C_0}\right)\\ &= \frac{L_2}{R_i C_0} - \omega^2 S' L_1 L_2 + j\left(\omega(L_1 + L_2) - \frac{1}{\omega C_0}\right) = 0.\end{aligned} \tag{330. 9}$$

Es erregt sich also die Frequenz

$$\omega_e = \frac{1}{\sqrt{(L_1 + L_2)\,C_0}}, \tag{330. 10}$$

vorausgesetzt, daß

$$\frac{L_1}{L_1 + L_2} = \frac{1}{S' R_i} = \frac{D}{1 + D}, \quad \text{d. h.} \quad L_1 = D L_2 \tag{330. 11}$$

ist.

Da $\omega_e(L_1 + L_2) = 1/(\omega_e C_0)$, ist $1/(\omega_e C_0) > \omega_e L_1$, wie in § 329 gefordert.

Wählt man als $\mathfrak{R}_0$ einen reinen Widerstand und verändert diesen so lange, bis der Wechselstrom $\mathfrak{J}_2$ verschwindet, so ist $S = 1/R_0$. Nach diesem Verfahren kann man die Steilheit S messen[1].

Denkt man sich an Stelle der Röhre einen Widerstand von der Größe

$$\frac{1/S - \mathfrak{R}_0}{1 + D + \mathfrak{R}_0/\mathfrak{R}_2},$$

so kann man die Gleichungen (. 5) und (. 6) nach § 14 berechnen.

§ 331.

§ 331. Schwingkristalle, insbesondere Schwingquarze, werden in Schwingungserzeugern verwendet, deren Frequenz möglichst unveränderlich sein soll[2]. Sie werden in Form von Plättchen, wie in Abb. 331. 1 angedeutet, aus Kristallen

[1] Schottky, W.: Telegr.- u. Fernspr.-Techn. 4 (1920) S. 31.

[2] Cady, W. G.: Proc. Inst. Radio Engrs. 10 (1922) S. 83. Watanabe, Y.: Elektr. Nachr.-Techn. 5 (1928) S. 45. Über die Temperaturabhängigkeit der mechanischen Eigenschwingungen siehe Bechmann, R.: Hochfrequenztechn. 44 (1934) S. 145. Sie spielt bei den gewöhnlichen schwachstromtechnischen Anwendungen noch keine wesentliche Rolle.

herausgeschnitten und auf bestimmte Abmessungen geschliffen. Legt man die kristallographische Hauptachse eines Quarzes parallel zur z-Achse, eine kristallographische Nebenachse parallel zur x-Achse eines rechtwinkligen Systems und bringt man das Plättchen in ein elektrisches Feld, das parallel zur x-Achse gerichtet ist und mit einer Frequenz ω schwingt, so entstehen in ihm elastische Längsschwingungen in der x- und in der y-Richtung („longitudinaler" und „transversaler inverser Piezoeffekt"). Da diese Schwingungen wenig gedämpft sind, erregt sich das Plättchen merklich nur dann, wenn eine seiner elastischen Eigenfrequenzen sehr nahe mit der Frequenz ω des Wechselfeldes übereinstimmt.

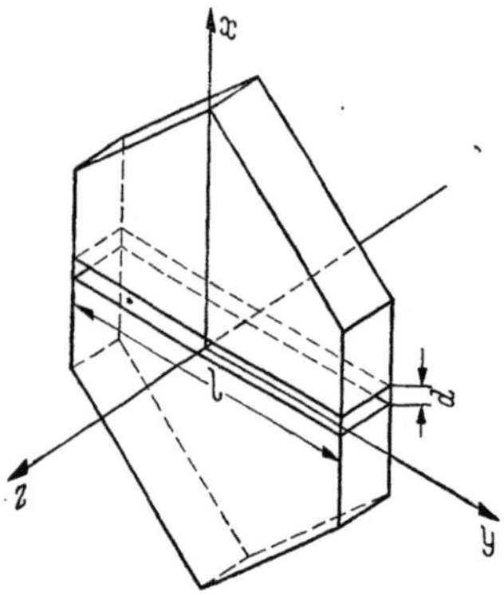

Abb. 331. 1.

Man verwendet in dem Kristallsender den transversalen Effekt. Bei ihm fällt auf die „Länge" l des Plättchens (d. h. seine Abmessung in der y-Richtung) eine halbe Wellenlänge der elastischen Grundschwingung; die tiefste erregbare Eigenfrequenz ist daher [vgl. (275. 4)]:

$$f_e = \frac{v}{\lambda} = \frac{1}{2l}\sqrt{\frac{E}{\varrho}} = \frac{2{,}725}{l/\text{mm}}\,\text{MHz}. \qquad (331.\,1)$$

$E = 8000\ \text{kg}_\text{p}/\text{mm}^2$ bedeutet den Elastizitätsmodul, $\varrho = 2{,}65\ \text{g}_\text{l}/\text{cm}^3$ die Dichte des Quarzes. Mit einem Plättchen von 27,25 mm Länge z. B. erhält man daher eine Frequenz von 100 kHz.

Der eigentliche Piezoeffekt ist die Umkehrung des „inversen": Auf den Flächen eines Schwingkristalls entstehen wechselnde elektrische Ladungen. Ein durch einen elektrischen Kreis erregter Kristall wirkt daher auf den erregenden Kreis zurück. Als elektrische Ersatzschaltung für ihn kann man[1] die Schaltung Abb. 331. 2 verwenden. Die Kapazität C_p ist etwa 140 mal so groß wie C_1.

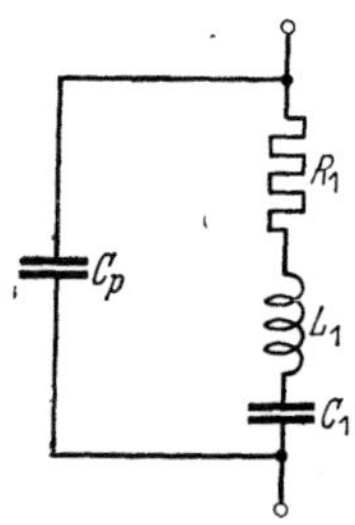

Abb. 331. 2.

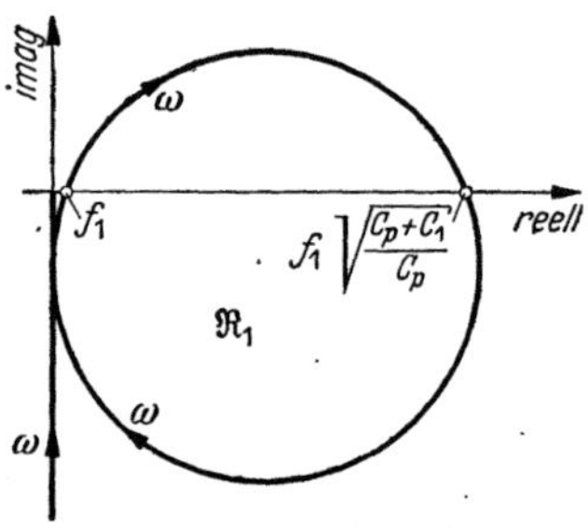

Abb. 331. 3.

Schaltet man einen Kondensator, zwischen dessen Belegungen ein Piezokristall gebracht ist, als Widerstand $\mathfrak{R}_1$ (im Sinne des § 329) in den Gitterzweig einer Röhre, so kann sich über die Gitteranodenkapazität $\mathfrak{R}_0$, deren „Scheinfrequenz" gleich Null ist, nur eine Frequenz f_e erregen, die unmittelbar über der Scheinfrequenz $f_1 = 1/(2\pi\sqrt{L_1 C_1})$ liegt. Denn nur für eine solche Frequenz ist der Scheinwiderstand der Reihenschaltung R_1, L_1, C_1 induktiv und so klein, daß er den Charakter der Gesamtschaltung $\mathfrak{R}_1$ bestimmt.

In den Anodenkreis des Quarzsenders legt man gewöhnlich ebenfalls eine Schwingmasche $\mathfrak{R}_2$; diese hat jedoch keinen Einfluß auf die Frequenz der Erregung.

Größenordnungsmäßig betragen: der Dämpfungswinkel ϑ_1 (§ 110) des Quarzes etwa $^1/_{10000}$ eines Winkelgrads, der Widerstand[2] $Z_1 = \sqrt{L_1/C_1}$ etwa $10^8\,\Omega$. Bei einem 2,7 cm langen Plättchen [vgl. (. 1)] ist daher[3] $C_p \approx 2{,}2$ pF, $R_1 \approx 500\,\Omega$, $L_1 \approx 160$ H, $C_1 \approx 0{,}016$ pF. Diese Werte liegen so sehr außerhalb des Rahmens des Gewohnten, daß es nicht möglich ist,

[1] Dye, D. W.: Proc. phys. Soc., Lond. 38 (1926) S. 399.

[2] Z_1 hängt noch von der Dicke und der Breite des Plättchens, also den Abmessungen des schwingenden Querschnitts, ab.

[3] C_p ist ein Mindestwert.

die Ortskurve des Scheinwiderstands $\mathfrak{R}_1$ maßstäblich zu zeichnen. Wir deuten daher in Abb. 331. 3 ihren Verlauf schematisch an. Die Schleife, auf der $\mathfrak{R}_1$ die imaginäre Achse verläßt, entspricht Frequenzen, deren Werte sich von f_1 nur um wenige Tausendstel unterscheiden.

§ 332. Entdämpfende und dämpfende Wirkung der Rückkopplung. Die Rückkopplung einer Spannung oder eines Stroms von der Anodenseite einer Röhre nach ihrer Gitterseite hin wird nicht nur zur Erregung von Schwingungen ausgenutzt, sondern auch zur Verbesserung der Verstärkungswirkung, wobei die Selbsterregung als eine Gefahr anzusehen ist, die bekämpft werden muß.

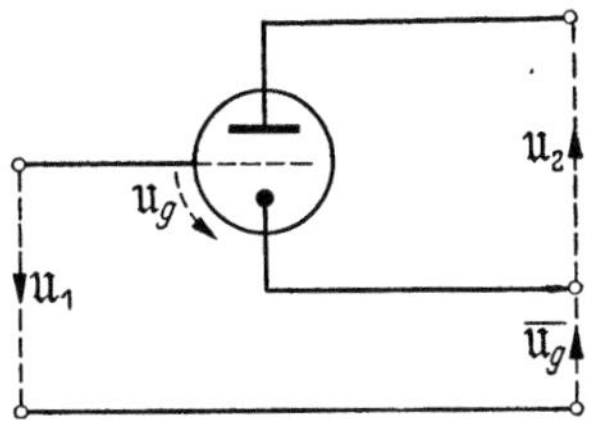

Abb. 332. 1.

Wir betrachten deshalb jetzt den (allgemeinen) Fall, daß der Schaltung einer Röhre mit Rückkopplung primär die zu verstärkende Spannung $\mathfrak{U}_1$ zugeführt werde. Auf das Gitter der Röhre wirkt dann nach Abb. 332. 1 die Summe aus der Spannung $\mathfrak{U}_1$ und der rückgekoppelten Spannung $\overline{\mathfrak{U}}_g$:

$$\mathfrak{U}_g = \mathfrak{U}_1 + \overline{\mathfrak{U}}_g = \mathfrak{U}_1 + \mathfrak{K}\,\mathfrak{U}_2\,. \tag{332. 1}$$

Die Verstärkung der Gesamtschaltung ist daher

$$\mathfrak{v} = \frac{\mathfrak{U}_2}{\mathfrak{U}_1} = \frac{\mathfrak{U}_2}{\mathfrak{U}_g - \mathfrak{K}\,\mathfrak{U}_2} = \frac{\dfrac{\mathfrak{U}_2}{\mathfrak{U}_g}}{1 - \mathfrak{K}\dfrac{\mathfrak{U}_2}{\mathfrak{U}_g}} = \frac{\mathfrak{v}_0}{1 - \mathfrak{K}\,\mathfrak{v}_0} = \frac{\mathfrak{v}_0}{1 - \mathfrak{P}}\,, \tag{332. 2}$$

wenn wir die Verstärkung der Röhre allein $(\mathfrak{U}_2/\mathfrak{U}_g)$ mit $\mathfrak{v}_0$ bezeichnen.

Zu der Leerlaufspannung der Röhre [vgl. (300. 7)] tritt infolge der Rückkopplung gewissermaßen eine zusätzliche Leerlaufspannung $\overline{\mathfrak{U}}_g/D$.

Setzen wir für $\mathfrak{v}_0$ den Wert der Gleichung (301. 1) ein, so erhalten wir

$$\mathfrak{v} = \frac{\dfrac{\mathfrak{R}}{1/S + D\mathfrak{R}}}{1 - \dfrac{\mathfrak{K}\,\mathfrak{R}}{1/S + D\mathfrak{R}}} = \frac{\mathfrak{R}}{\dfrac{1}{S} + (D - \mathfrak{K})\,\mathfrak{R}}\,. \tag{332. 3}$$

Der nach (328. 2) oder (. 1) definierte Rückkopplungsfaktor $\mathfrak{K}$ subtrahiert sich also geometrisch vom Durchgriff; dieser kann als eine in jeder Röhre von selbst vorhandene „negative Rückkopplung" angesehen werden.

Ein einfaches Ersatzbild für die rückgekoppelte Röhre erhalten wir, wenn wir die rechte Seite von (. 3) mit $S/\mathfrak{R}$ erweitern:

$$\mathfrak{U}_2 = \frac{S\,\mathfrak{U}_1}{S(D - \mathfrak{K}) + \dfrac{1}{\mathfrak{R}}} = \frac{S\,\mathfrak{U}_1}{\dfrac{1}{R_i} - S\,\mathfrak{K} + \dfrac{1}{\mathfrak{R}}}\,. \tag{332. 4}$$

Nach (24. 3) und Abb. 24. 1 verhält sich demnach die rückgekoppelte Röhre (Abb. 332. 2) wie ein Zweipol von dem Kurzschlußstrom („Urstrom") $S\,\mathfrak{U}_1$, der auf eine Parallelschaltung arbeitet, die aus ihrem inneren Widerstand R_i, aus dem komplexen Leitwert $-S\,\mathfrak{K} = -SK - \mathrm{j}SK'$ und aus dem Abschlußwiderstand $\mathfrak{R}$ besteht.

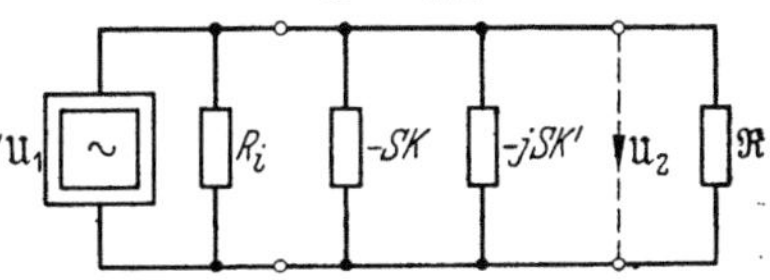

Abb. 332. 2.

Wir setzen zur Vereinfachung der Diskussion voraus, die Kopplung $\mathfrak{K} = K$ sei reell und positiv. Dann wirkt sie, wenn wir sie von Null aus wachsen lassen, zunächst nur durchgriffverringernd. Ist sie gleich D geworden, so heben sich die beiden parallelgeschalteten Widerstände R_i und $-1/(SK)$ gegeneinander auf, der „Urstrom" der Röhre arbeitet gewissermaßen unmittelbar auf den Abschlußwiderstand $\mathfrak{R}$, und die Spannungsverstärkung ist $S\mathfrak{R}$, da $\mathfrak{U}_2 = \mathfrak{R}\cdot S\mathfrak{U}_1$.

Wird der positive Kopplungsgrad K bei seinem weiteren Anwachsen größer als D, so wirkt die Parallelschaltung von R_i und $-1/(SK)$ wie ein negativer reeller Widerstand, der den Einfluß des reellen Teils von $\mathfrak{R}$ teilweise zu kompensieren vermag.

Wird schließlich bei reellem $\mathfrak{R} = R$

$$\frac{1}{R_i} - SK = -\frac{1}{R} \quad \text{oder} \quad K = D + \frac{1}{SR}, \tag{332.5}$$

so kann sich die Schaltung von selbst erregen. Das ist aber wieder die schon bekannte Selbsterregungsbedingung.

Eine positive Kopplung K wirkt also, so lange sie keine Schwingungen erzeugt, „entdämpfend". Die „Entdämpfung" ist eine Vorstufe der Schwingungsanfachung.

Die Entdämpfung durch Rückkopplung wird z. B. in der Rundfunktechnik angewandt. Mit ihr kann man eine hohe Verstärkung in einem schmalen Frequenzbereich erzielen.

Bei sehr starker Entdämpfung verursachen kleine Schwankungen (z. B. der elektromotorischen Kräfte der Stromquellen) starke Schwankungen der Stromstärken.

Eine negative Rückkopplung K wirkt wie eine Vergrößerung des Durchgriffs, also „dämpfend".

Der allgemeine Fall ist der Fall komplexer Rückkopplung. Ihre Wirkung wollen wir im folgenden Paragraphen untersuchen.

§ 333. Ortskurven der komplexen Rückkopplung. Nach Black[1]) kann man die Wirkung einer komplexen Rückkopplung am besten an Hand der Gleichung (332. 2) überblicken. Da bei deren Ableitung nichts über die Art vorausgesetzt ist, wie die Verstärkung $\mathfrak{v}_0$ und die Kopplung $\mathfrak{K}$ verwirklicht werden, sind die Überlegungen Blacks sehr allgemein und grundlegend.

Wir setzen daher jetzt das Produkt $\mathfrak{K}\mathfrak{v}_0 = \mathfrak{P} = |\mathfrak{P}|/\!\underline{\angle\,\varphi}$ als komplex voraus und untersuchen zunächst die Einwirkung der Rückkopplung auf den Betrag der Spannungsverstärkung s. Nach (332. 2) ist

$$s = \ln|\mathfrak{v}| = \ln|\mathfrak{v}_0| - \ln|1 - \mathfrak{K}\mathfrak{v}_0| = s_0 - \ln|1 - \mathfrak{K}\mathfrak{v}_0|; \tag{333.1}$$

also ist der durch die Rückkopplung bewirkte Zuwachs der Verstärkung

$$\begin{aligned} \Delta s = s - s_0 = -\ln|1 - \mathfrak{K}\mathfrak{v}_0| &= -\ln|1 - |\mathfrak{P}|\underline{/\varphi}| \\ &= -\tfrac{1}{2}\ln(1 - 2|\mathfrak{P}|\cos\varphi + |\mathfrak{P}|^2). \end{aligned} \tag{333.2}$$

Wir veranschaulichen diese Beziehung, indem wir in der Ebene des komplexen Rückkopplungsprodukts $\mathfrak{P} = x + jy$ Kurven konstanten Verstärkungszuwachses zeichnen (Abb. 333. 1). Setzen wir $x = x' + 1$, so wird

$$1 - 2(x' + 1) + (x' + 1)^2 + y^2 = x'^2 + y^2 = e^{-2\Delta s}. \tag{333.3}$$

Die zu zeichnenden Kurven sind also Kreise um den Punkt 1. Die Verstärkung nimmt zu auf Kreisen, deren Radius kleiner, ab auf Kreisen, deren Radius

---

[1] Black, H. S.: Bell Syst techn. J. 13 (1934) S. 1.

größer ist als 1 (ausgezogene Kreise). Im Punkte 1 selbst wird Δs unendlich groß.

Wir betrachten als Beispiel die Meißnersche Rückkopplungsschaltung Abb. 327. 1. Für sie ist der Faktor $\mathfrak{P}$ unmittelbar durch (328. 6) gegeben. Wir setzen:

$$1 + \frac{R_i \cdot r C}{L} = \frac{1}{\alpha}, \qquad \varkappa' = \alpha \varkappa, \qquad R_i' = \alpha \sqrt{R_i (R_i + r)}, \qquad \eta = \frac{\omega}{\omega_e}. \quad (333.4)$$

Dann ist mit gegensinnigen Wicklungen

$$\mathfrak{P} = \frac{n \varkappa'}{D\left(1 + \mathrm{j} R_i' \sqrt{\frac{C}{L}}\left(\eta - \frac{1}{\eta}\right)\right)}. \quad (333.5)$$

Dieser Ausdruck wird nach § 119 in der komplexen Ebene durch Kreise dargestellt, deren Mittelpunkte auf der reellen Achse liegen und deren Radien dem Verhältnis $n\varkappa'/D$ proportional sind (Abb. 333. 1). Die Frequenz ω_e entspricht den Schnittpunkten dieser Kreise mit der reellen Achse. Sie erregt sich daher nach § 327 immer dann, wenn die zu der angewandten Kopplung $\varkappa$ gehörende Ortskurve durch den Punkt 1 geht oder ihn umschlingt[1].

Ist die Kopplung so klein, daß die ihr entsprechende Kurve den Punkt nicht mehr umschlingt, so erregt sich der Schwingkreis nicht; die Verstärkung der Röhre ist aber bei gegensinnigen Wicklungen immer größer als ohne Rückkopplung.

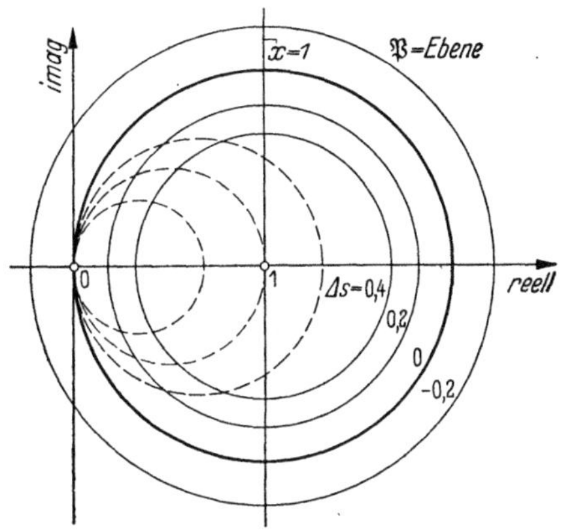

Abb. 333. 1.

§ 334. Gegenkopplung.

Von besonderer Bedeutung sind die Verstärker mit „negativer" Rückkopplung oder „Gegenkopplung". „Negativ" heißt eine Rückkopplung, wenn sie eine Verringerung der Verstärkung hervorruft, wenn also bei der betrachteten Frequenz der komplexe Wert $\mathfrak{P}$ außerhalb des Kreises mit dem Radius 1 um den Punkt 1 liegt.

Die Schaltung Abb. 327. 1 kann hiernach und nach Abb. 333. 1 nur bei gleichsinnigen Wicklungen zu einem negativ rückgekoppelten Verstärker gemacht werden.

Die negative Rückkopplung bringt, wie wir jetzt zeigen wollen, so große Vorteile, daß man die mit ihr verbundene Verringerung der Verstärkung in Kauf nehmen kann, vorausgesetzt natürlich, daß $\mathfrak{v}_0$ von vornherein hinreichend groß ist.

Der erste große Vorteil der negativen Rückkopplung ist der, daß die resultierende Verstärkung der ganzen Schaltung mit wachsendem Rückkopplungsprodukt $|\mathfrak{P}|$ immer unempfindlicher wird gegen die Unvollkommenheiten des eigentlichen Verstärkers[2]. Macht man $|\mathfrak{P}|$ immer größer, so nähert sich $\mathfrak{v}$ nach (332. 2) schließlich dem Werte

$$\mathfrak{v} \approx -\frac{1}{\mathfrak{K}}; \quad (334.1)$$

$\mathfrak{v}$ hängt also immer weniger von $\mathfrak{v}_0$ ab und wird schließlich eine Funktion allein von $\mathfrak{K}$.

Durch geschickte Wahl des Winkels φ (als Funktion der Frequenz) kann man aber auch bei endlicher Rückkopplung erreichen, daß die Höhe $|\mathfrak{v}|$ der resultierenden Verstärkung von $|\mathfrak{v}_0|$ fast gar nicht abhängt. Nach (333. 1) und (333. 2)

[1] Bei gleichsinnigen Wicklungen muß nach der Inversion an der imaginären Achse gespiegelt werden; die Kreise liegen im 2. und 3. Quadranten, können also den Punkt + 1 niemals treffen.

[2] Timmis, A. C.: Post Off. electr. Engrs. J. 29 (1936) S. 71 (Vergleich mit einer mechanischen Anordnung).

ist nämlich allgemein

$$\begin{aligned} ds &= d\ln|\mathfrak{v}_0| - \tfrac{1}{2}\,d\ln(1 - 2|\mathfrak{K}|\,|\mathfrak{v}_0|\cos\varphi + |\mathfrak{K}|^2|\mathfrak{v}_0|^2) \\ &= \frac{d|\mathfrak{v}_0|}{|\mathfrak{v}_0|} + \frac{(\cos\varphi - |\mathfrak{P}|)(|\mathfrak{K}|\,d|\mathfrak{v}_0| + |\mathfrak{v}_0|\,d|\mathfrak{K}|) - |\mathfrak{P}|\sin\varphi\,d\varphi}{|1-\mathfrak{P}|^2} \\ &= \frac{1}{|1-\mathfrak{P}|^2}\left\{(1-|\mathfrak{P}|\cos\varphi)\frac{d|\mathfrak{v}_0|}{|\mathfrak{v}_0|} + |\mathfrak{P}|(\cos\varphi - |\mathfrak{P}|)\frac{d|\mathfrak{K}|}{|\mathfrak{K}|} - |\mathfrak{P}|\sin\varphi\,d\varphi\right\}. \end{aligned} \qquad (334.2)$$

Wählt man also (bei endlichem $|\mathfrak{P}|$)

$$\cos\varphi = \frac{1}{|\mathfrak{P}|} \quad \text{oder} \quad |\mathfrak{P}|\cos\varphi = x = 1, \qquad (334.3)$$

so ändert sich die resultierende Verstärkung bei kleinen Schwankungen von $|\mathfrak{v}_0|$ überhaupt nicht. In der Ebene der komplexen $\mathfrak{P}$ wird die Bedingung $x = 1$ durch eine gerade Linie dargestellt (Abb. 333. 1), die parallel zu der imaginären Achse durch den Punkt 1 geht. Wählt man also $\mathfrak{P}$ so, daß es bei den wichtigsten Frequenzen in der Nähe dieser Geraden liegt, so ist die Schaltung unempfindlich gegen kleine Schwankungen von $|\mathfrak{v}_0|$.

Dieses wichtige Ergebnis gilt nach unserer Ableitung nicht nur für negative, sondern auch für positive, also entdämpfende Rückkopplungen.

Selbst dann, wenn $\mathfrak{P}$ nicht auf der Geraden (. 3) liegt, kann die Empfindlichkeit der resultierenden Verstärkung $|\mathfrak{v}|$ gegen Schwankungen von $|\mathfrak{v}_0|$ durch die Rückkopplung verringert sein, nämlich nach (. 2) immer dann, wenn[1]

$$1 - |\mathfrak{P}|\cos\varphi < |1-\mathfrak{P}|^2 = 1 - 2|\mathfrak{P}|\cos\varphi + |\mathfrak{P}|^2, \qquad (334.4)$$

d. h. wenn $|\mathfrak{P}| > \cos\varphi$ oder $x^2 + y^2 > x$ ist. Da durch die Bedingung $x^2 + y^2 = x$ ein Kreis definiert wird, dessen Mittelpunkt auf der reellen Achse liegt und der durch die Punkte mit den Abszissen 0 und 1 hindurchgeht, erhält man bei negativer Rückkopplung immer eine Verbesserung, bei positiver aber nur, wenn $\mathfrak{P}$ außerhalb dieses Kreises liegt.

Da bei der Schaltung Abb. 327. 1 das Produkt $\mathfrak{P}$, wenn die Wicklungen gegensinnig sind und Selbsterregung ausgeschlossen bleibt, immer innerhalb des Kreises $|\mathfrak{P}| = \cos\varphi$ liegt, ist ihre Empfindlichkeit gegen Schwankungen von $|\mathfrak{v}_0|$ durch die Rückkopplung nicht herabgesetzt, sondern sogar vergrößert.

Black[2] hat für die Ergebnisse dieses Paragraphen eine anschauliche Darstellung gegeben. Da nach der mit $\mathfrak{K}$ multiplizierten Gleichung (332. 2)

$$\frac{1}{\mathfrak{P}} = 1 + \frac{1}{\mathfrak{K}\mathfrak{v}} \qquad (334.5)$$

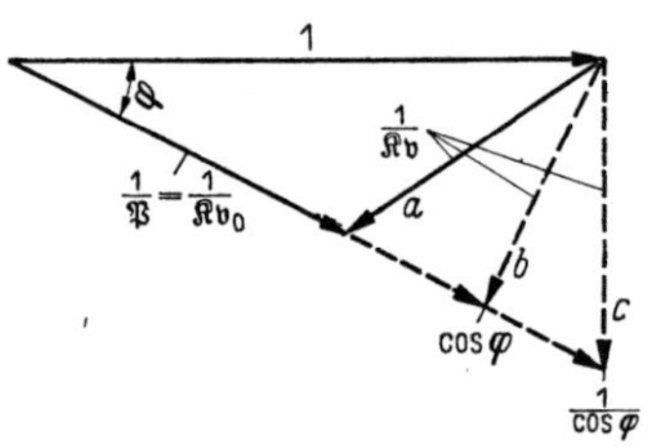

Abb. 334. 1.

ist, zeichnet er (Abb. 334. 1) ein Dreieck mit den Seiten $1/\mathfrak{P}$, 1 und $1/(\mathfrak{K}\mathfrak{v})$ (mit „a" bezeichnet). In diesem Dreieck ist der Winkel zwischen den Seiten $1/\mathfrak{P}$ und 1 offenbar gleich dem Winkel φ von $\mathfrak{P}$. Macht man nun $\mathfrak{P}$ sehr groß, so ist $1/\mathfrak{P}$ sehr klein, und man liest unmittelbar die Gleichung (. 1) ab.

Erfüllt man dagegen die Bedingung (. 3) ($1/|\mathfrak{P}| = \cos\varphi$), so hat der Vektor $1/(\mathfrak{K}\mathfrak{v})$ die Richtung b. Dann hat bei konstantem $|\mathfrak{K}|$ eine Änderung von $|\mathfrak{v}_0|$, also von $1/|\mathfrak{P}|$, nur einen sehr kleinen Einfluß auf $|\mathfrak{K}\mathfrak{v}|$, also auf $|\mathfrak{v}|$.

Hat der Vektor $1/(\mathfrak{K}\mathfrak{v})$ die Richtung c, so ist die resultierende Verstärkung $|\mathfrak{v}|$ nach (. 2) ($|\mathfrak{P}| = \cos\varphi$) unempfindlich gegen Änderungen von $|\mathfrak{K}|$ bei konstantem $|\mathfrak{v}_0|$. Dann ändert sich nämlich in erster Näherung, wie eine einfache geometrische Betrachtung zeigt, $1/|\mathfrak{K}\mathfrak{v}|$ mit $|\mathfrak{K}|$ um ebenso viele Prozent wie $1/|\mathfrak{K}\mathfrak{v}_0|$, also wie $|\mathfrak{K}|$ selbst.

---

[1] Black nennt $|1-\mathfrak{P}|^2/(1-|\mathfrak{P}|\cos\varphi)$ „stability index". Je größer er ist, um so unempfindlicher ist die Schaltung.

[2] Black, H. S.: Bell Labor. Rec. **12** (1934) S. 290.

Die Richtung c entspricht zugleich nach (. 4) dem Kreis $x^2 + y^2 = x$, bis zu dem hin die Empfindlichkeit des Verstärkers gegen Schwankungen von $|\mathfrak{v}_0|$ durch die Rückkopplung verringert wird.

Black führt als Beispiel einen Fall an, bei dem sich die resultierende Verstärkung $|\mathfrak{v}|$ einer Gruppe von rückgekoppelten Verstärkern bei einer Schwankung der Batteriespannung um 1 Volt nur um etwa 10^{-4} N änderte.

§ 335. Einfluß der Gegenkopplung auf den Oberschwingungsgehalt. Von besonders großer praktischer Wichtigkeit ist der günstige Einfluß, den die Gegenkopplung auf die Klirrverzerrung einer Röhre ausübt[1]. Um ihn zu berechnen, legen wir[2] die Gleichung (312. 7) zugrunde, nach der bei Berücksichtigung nur der Oberfrequenz 2ω

$$\mathfrak{u}_g = \frac{\mathfrak{i}_2}{S\varrho} - \frac{\gamma - 1}{2\gamma} \frac{\mathfrak{i}_2^2}{SI_a} \qquad (335.1)$$

gesetzt werden kann. ($\mathfrak{i}_2$ ist die Stromstärke am Ausgang der ganzen Schaltung.) Gilt nun nach (332. 1) zugleich

$$\mathfrak{u}_g = \mathfrak{u}_1 + K\mathfrak{u}_2 = \mathfrak{u}_1 + KR\,\mathfrak{i}_2, \qquad (335.2)$$

so wird mit der Abkürzung $S\varrho KR = K\mathfrak{v}_0 = P$

$$\mathfrak{u}_1 = \left(\frac{1}{S\varrho} - KR\right)\mathfrak{i}_2 - \frac{\gamma - 1}{2\gamma}\frac{\mathfrak{i}_2^2}{SI_a} = (1 - P)\frac{\mathfrak{i}_2}{S\varrho} - \frac{\gamma - 1}{2\gamma}\frac{\mathfrak{i}_2^2}{SI_a} \qquad (335.3)$$

und nach Umkehr der Entwicklung (Anhang 3)

$$\begin{aligned}\mathfrak{i}_2 &= \frac{S\varrho}{1 - P}\mathfrak{u}_1 + \frac{\gamma - 1}{2\gamma}\frac{\varrho}{(1 - P)I_a}\frac{S^2\varrho^2}{(1 - P)^2}\mathfrak{u}_1^2 \\ &= \frac{S\varrho}{1 - P}\mathfrak{u}_1 + \frac{\gamma - 1}{2\gamma}\frac{\varrho^3}{(1 - P)^3}\frac{S^2}{I_a}\mathfrak{u}_1^2 \\ &\approx (\mathfrak{i}_2)_\omega + \frac{\gamma - 1}{2\gamma}\frac{\varrho}{(1 - P)I_a}(\mathfrak{i}_2)_\omega^2. \end{aligned} \qquad (335.4)$$

Der Gehalt an der Teilschwingung der Frequenz 2ω ist daher nach (308. 4)

$$k_{2\omega} = \frac{\gamma - 1}{4\gamma}\frac{\varrho}{1 - P}\alpha_i. \qquad (335.5)$$

Man sieht, daß er durch die Gegenkopplung genau im gleichen Maße herabgesetzt wird wie die Verstärkung. Die Gegenkopplung ist eines der wirksamsten Linearisierungsmittel[3].

Für $\gamma = 3/2$ wird z. B.

$$k_{2\omega} = \frac{\varrho}{12(1 - P)}\alpha_i. \qquad (335.6)$$

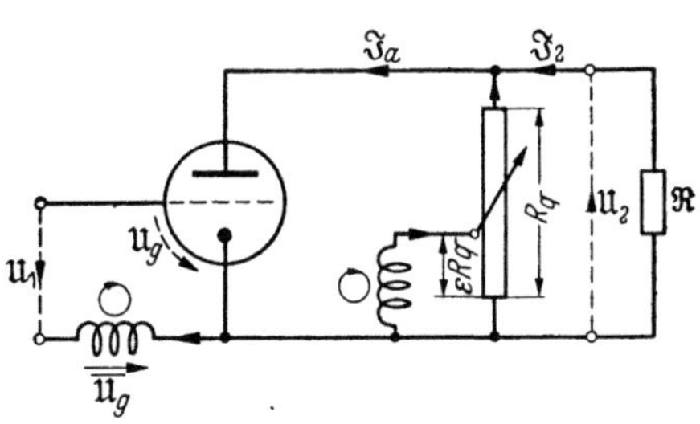

Abb. 336. 1.

§ 336. Schaltungen für Gegenkopplung können verschiedene Gestalt haben. Wir betrachten nur die einfachsten Formen. In Abb. 336. 1 ist parallel zum Verbraucher $\mathfrak{R}$ ein hoher Querwiderstand R_q geschaltet; an diesem kann man mit einem Übertrager, der mit dem Windungsverhältnis $1 : n$ auf den Gitterkreis wirkt, einen beliebigen Bruchteil εR_q abgreifen. Da die Primärwicklung

---

[1] Werrmann, H.: Haus-Mitt. Telefunken **18** (1937) H. 77 S. 50 (mit ausführlichem Schrifttumsverzeichnis).

[2] Feldtkeller, R., u. Thon, E.: Telegr.- u. Fernspr.-Techn. **26** (1937) S. 1.

[3] Der Klirrfaktor $k_{3\omega}$ verhält sich weniger einfach; vgl. die Arbeit von Feldtkeller und Thon.

des Übertragers sehr wenig Strom aufnimmt, ist bei den gezeichneten Bezugsdrehpfeilen

$$\overline{\mathfrak{U}}_g \approx -n\varepsilon\,\mathfrak{U}_2 \quad \text{und daher nach (332. 1)} \quad \mathfrak{K} = -n\varepsilon. \tag{336. 1}$$

Sind die Wicklungen also gleichsinnig, so ist die Kopplung eine Gegenkopplung. Aus (. 1) und (301. 1) folgt weiter

$$\mathfrak{P} = \mathfrak{K}\,\mathfrak{v}_0 = -n\frac{\varepsilon}{D}\,\frac{\mathfrak{R}}{R_i + \mathfrak{R}}. \tag{336. 2}$$

Man nennt diese Art der Rückkopplung „Spannungsrückkopplung".

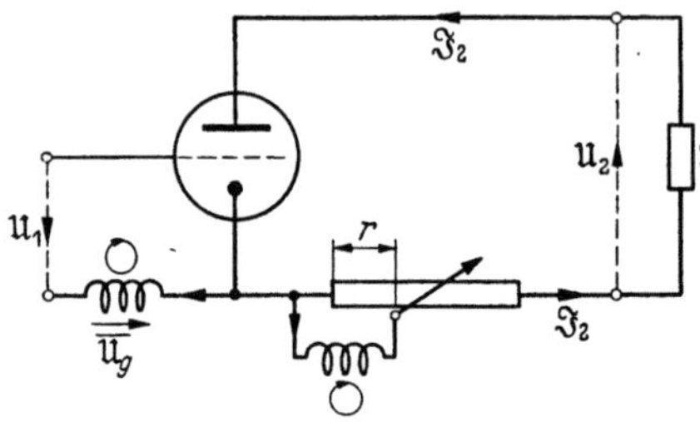

Abb. 336. 2.

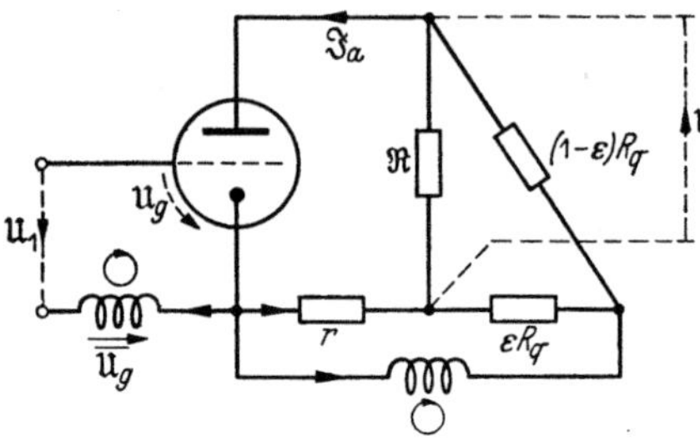

Abb. 336. 3.

Ein anderes Verfahren besteht darin, einen reinen Widerstand, an dem man einen beliebigen Teil r abgreifen kann, in Reihe mit dem Verbraucher zu legen: Abb. 336. 2. Dann ist bei den gezeichneten Bezugsdrehpfeilen

$$\overline{\mathfrak{U}}_g = -n\,r\,\mathfrak{J}_2 = -n\frac{r}{\mathfrak{R}}\,\mathfrak{U}_2, \tag{336. 3}$$

$$\mathfrak{K} = -n\frac{r}{\mathfrak{R}}, \qquad \mathfrak{P} = -n\frac{r}{D\,(R_i + \mathfrak{R})}. \tag{336. 4}$$

Man nennt dies das Verfahren der „Stromrückkopplung".

Auch der Widerstand r_g, den man zur Erzeugung der Gittervorspannung in die Zuleitung zur Kathode zu legen pflegt (§ 302), wirkt gegenkoppelnd. Denn es ist $\mathfrak{U}_1 = \mathfrak{U}_g + r_g\,\mathfrak{J}_2$, also nach (332. 1) $\mathfrak{K} = -r_g/\mathfrak{R}$. Deshalb läßt man den Wechselstrom über einen parallel geschalteten Kondensator laufen.

Besonders häufig wird die gemischte Rückkopplung oder Brückenrückkopplung verwendet: Abb. 336. 3. Sind R_q groß, ε und r klein, so ist

$$\overline{\mathfrak{U}}_g = -n\,(r\,\mathfrak{J}_a + \varepsilon\,\mathfrak{U}_2) = -n\left(\frac{r}{\mathfrak{R}} + \varepsilon\right)\mathfrak{U}_2. \tag{336. 5}$$

Demnach wird für diese Rückkopplung

$$\mathfrak{P} = -n\frac{r + \varepsilon\,\mathfrak{R}}{D\,(R_i + \mathfrak{R})}. \tag{336. 6}$$

(. 6) enthält (. 2) und (. 4) als besondere Fälle.

Bei der Brückengegenkopplung ist das Produkt $\mathfrak{P}$ nach (. 6) im allgemeinen von dem Abschlußwiderstand $\mathfrak{R}$ abhängig. Es gibt aber eine Bedingung, unter der es von ihm unabhängig ist. Die Rechenregel 4. 3 des Anhangs liefert für sie

$$\frac{r + \varepsilon\,\mathfrak{R}}{R_i + \mathfrak{R}} = \frac{\varepsilon}{1} \tag{336. 7}$$

oder

$$\frac{r}{R_i} = \varepsilon. \tag{336. 8}$$

Es ist ein Vorzug der Schaltung Abb. 336. 3, daß man durch Erfüllung dieser Bedingung, d. h. durch Abgleich der Brückenschaltung, den Einfluß der Rückkopplung unabhängig machen kann[1] von der Höhe des (im „Brückenzweig" liegenden) Abschlußwiderstands $\mathfrak{R}$.

Die Gegenkopplung ruft eine scheinbare Änderung der Röhrengrößen D, S und R_i hervor. Dies ergibt sich aus der folgenden Umformung: Nach (332. 2) ist

$$\mathfrak{J}_2 = \frac{\mathfrak{U}_1}{D(1-\mathfrak{P})(R_i+\mathfrak{R})}. \tag{336. 9}$$

Bei Brückengegenkopplung ist daher

$$\mathfrak{J}_2 = \frac{\mathfrak{U}_1}{D(R_i+\mathfrak{R}) + n(r+\varepsilon\mathfrak{R})} = \frac{\mathfrak{U}_1}{(D+n\varepsilon)\left(\frac{D+nr/R_i}{D+n\varepsilon}R_i+\mathfrak{R}\right)}. \tag{336. 10}$$

Spannungsgegenkopplung wirkt demnach wie Erniedrigung des inneren Widerstands, aber Erhöhung des Durchgriffs bei ungeänderter Steilheit, Stromgegenkopplung wie Erhöhung des inneren Widerstands, aber Erniedrigung der Steilheit bei ungeändertem Durchgriff. Bartels[2] hat gezeigt, wie man hiernach die „wirksamen" Kennlinien des rückgekoppelten Verstärkers aus denen des nicht rückgekoppelten konstruieren kann. Die Konstruktion zeigt anschaulich, daß die Verringerung des Klirrfaktors eine Folge einer Streckung („Linearisierung") der wirksamen Kennlinien ist.

Erfüllt man die Bedingung des Brückenabgleichs (. 8), so nimmt infolge der Gegenkopplung nach (. 10) der Durchgriff der Röhre zu, ihre Steilheit ab, während ihr innerer Widerstand ungeändert bleibt.

§ 337. **Notwendige Bedingung für die Selbsterregung.** Die Selbsterregungsbedingung (328. 8) ist nur eine hinreichende Bedingung. Ist sie nach Betrag und Winkel erfüllt, so kann sich jede noch so kleine Gitterwechselspannung, die aus irgendeinem Grunde vorhanden ist, zu beträchtlichen Werten aufschaukeln. Der Schluß jedoch, daß sich die betrachtete Röhrenschaltung erregt, wenn der Betrag der Kopplung größer ist als der aus (328. 8) folgende kritische Wert, war nur richtig, weil die Schaltung so einfach war.

Die im § 325 angewandte Schlußweise zeigt dies noch unmittelbarer. Bei jedem Vierpol nimmt nach (155. 3) die Gleichung für $\mathfrak{J}_2$, wenn $\mathfrak{u}_1\mathfrak{u}_2 = 1$ und $\mathfrak{E} = 0$ ist, die unbestimmte Form $0:0$ an, so daß eine Selbsterregung möglich ist. Ist jedoch $\mathfrak{u}_1\mathfrak{u}_2 \neq 1$, so sagt die Gleichung für $\mathfrak{J}_2$ überhaupt nichts mehr aus über die Stabilität des Vierpols. Es wäre z. B. durchaus willkürlich, anzunehmen, daß der Vierpol sich zu Schwingungen errege, wenn der Betrag oder wenn der reelle Teil von $\mathfrak{u}_1\mathfrak{u}_2$ größer ist als 1. Bei komplexem $\mathfrak{u}_1\mathfrak{u}_2$ gibt es keine so einfache Schlußweise.

In verwickelteren Fällen führt nur die Betrachtung des Einschaltvorgangs wie im § 327 zu einer Beantwortung der Frage, ob sich ein System erregt oder nicht. Wir werden im § 381 sehen, daß die am Ende des § 333 für ein einfaches Beispiel abgeleitete über die Erregung entscheidende Bedingung eine sehr allgemeine Bedeutung hat. Sie ist zugleich hinreichend und notwendig.

§ 338. **Begrenzung der erregten Schwingungen.** Verstärkt man, z. B. bei der Schaltung Abb. 327. 1, die Rückkopplung allmählich, so gerät das System bei Überschreitung der durch (328. 8) gegebenen kritischen Kopplung ins Schwingen. Unter D und S sind dabei der Durchgriff und die Steilheit in dem durch die elektromotorischen Kräfte der Stromquellen festgelegten Ruhepunkte zu verstehen.

[1] Black, H. S.: Bell. Labor. Rec. **12** (1934) S. 290.

[2] Bartels, H.: Elektr. Nachr.-Techn. **11** (1934) S. 319. B. denkt in dieser Arbeit allerdings in erster Linie an Mitkopplung.

Erhöht man den Rückkopplungsfaktor weiter, so müssen zwei Fälle unterschieden werden.

Es ist erstens möglich, daß bei wachsender Amplitude die Steilheit auf dem bestrichenen Stück der Kennlinie im Mittel abnimmt, so daß bei einer gewissen größeren Amplitude die Gleichung (328. 8) wieder erfüllt ist. Dann entsteht eine dauernde (stationäre) Schwingung mit dieser Amplitude. Durch allmähliche Vergrößerung der Rückkopplung kann man stetig und umkehrbar immer größere Amplituden erzeugen. Man spricht in diesem Falle von einem „weichen" Einsatz der Schwingungen.

Die Steilheit kann aber zweitens bei wachsender Amplitude im Mittel auch zunehmen. Dann ist die Bedingung (328. 8), sobald die kritische Kopplung überschritten ist, dauernd verletzt, und es entstehen daher Schwingungen, deren Amplituden exponentiell, d. h. sprungartig zunehmen. Die Schwingungen werden in diesem Falle erst stationär, wenn bei größeren Amplituden entweder die mittlere Steilheit doch wieder abnimmt oder wenn die Ströme oder Spannungen schließlich durch irgendeine andere Schranke begrenzt werden. In diesem zweiten Fall, dem Fall des „harten" Einsatzes, lassen sich also die Amplituden durch allmähliche Erhöhung der Rückkopplung nicht stetig vergrößern.

Im zweiten Falle tritt eine Art Hysterese ein. Verkleinert man nämlich nach dem Einsetzen der Schwingungen die Rückkopplung wieder, so findet sich, da die mittlere Steilheit zunimmt, zunächst immer eine Amplitude, für die (328. 8) erfüllt ist. Die Schwingung reißt sprunghaft erst ab, wenn schließlich, bei abnehmender Steilheit, die Rückkopplung unter einen kritischen Wert geunken ist.

Außer der Steilheit der Röhre kann auch z. B. der Widerstand $\mathfrak{R}$ des Verbrauchers von der Amplitude abhängen.

Man beurteilt das Verhalten der Schaltungen in der Regel an Hand graphischer Darstellungen[1].

14. Abschnitt.

Nachbildungen und verwandte Kunstschaltungen.

§ 339. Nachbildungen. Bei den in den Paragraphen 322 bis 325 behandelten Gabelschaltungen der Verstärkersysteme tritt die Aufgabe auf, einen Zweipol (die „Nachbildung" $\mathfrak{N}$) zu bauen, dessen Scheinwiderstand bei allen wirksam übertragenen Frequenzen möglichst genau mit dem einer gegebenen Fernsprechleitung übereinstimmt.

Der Bau von Schaltungen mit vorgeschriebenen Frequenzgängen ist eine in der Nachrichtentechnik häufig zu lösende Aufgabe. Die Frequenzgänge können durch einen vorhandenen Zweipol oder Vierpol vorgeschrieben sein wie bei der soeben erwähnten Nachbildung des Eingangswiderstands einer gegebenen gleichmäßigen oder Pupinleitung. Man bildet aber häufig auch unerwünschte Frequenzgänge, die man an einem Gebilde gemessen hat, mit dem entgegengesetzten Vorzeichen nach, um sie zu kompensieren. So kann man den unerwünschten Frequenzgang der Dämpfung eines Vierpols dadurch aufheben, daß man in Kette zu ihm einen Verstärker schaltet, dessen Verstärkung (= negative Dämpfung) ein genaues Bild der Dämpfung des Vierpols ist.

[1] Näheres z. B. im 3. Band des Lehrbuchs „Elektronenröhren" von H. Barkhausen.

Die Frequenzgänge der zu entwerfenden Kunstschaltungen können auch durch eine technische Aufgabe vorgeschrieben sein. So lösen die Wellenfilter die Aufgabe, eine Schaltung herzustellen, die möglichst nur in einem begrenzten Frequenzbereich durchläßt und deren Wellenwiderstand zugleich gewisse Bedingungen erfüllt. Wir werden die Filter erst im nächsten Abschnitt behandeln und in diesem Abschnitt mit der beim Bau der Gabelschaltungen auftretenden Aufgabe der Nachbildung des Scheinwiderstands einer Leitung beginnen.

Dabei führen wir sofort eine Vereinfachung ein: Wir setzen voraus, daß die Eingangswiderstände der nachzubildenden Leitungen gleich ihren Wellenwiderständen gesetzt werden dürfen, wie das für gut angepaßte längere Leitungen zutrifft. Die Frequenzgänge der Scheinwiderstände sind meist so verwickelt, daß ihre Nachbildung zwar möglich, aber zu kompliziert und daher zu teuer würde.

Selbst die Aufgabe der Nachbildung des Wellenwiderstands ist bei Pupinleitungen häufig mit erträglichem Aufwand kaum lösbar; denn der Frequenzgang des Wellenwiderstands der Pupinleitungen ist nach § 246 besonders in der Nähe der Grenzfrequenz sehr empfindlich gegen Ungleichmäßigkeiten im Aufbau. Das ist ja einer der Gründe, weshalb man die Grenzfrequenz recht hoch legt: Im Bereich der übertragenen Frequenzen sollen nur so geringe Schwankungen vorkommen, daß die Nachbildbarkeit nicht erheblich beeinträchtigt wird.

Jede Nachbildung hat einen frequenzabhängigen Fehler, den „Nachbildfehler", der nach (325. 2) die Verstärkung begrenzt, die man bei einem Zwischenverstärker zulassen darf.

§ 340. Nachbildung des Scheinwiderstands gleichmäßiger Leitungen. Bei den Freileitungen und bei den Krarup-Kabelleitungen, die sich in dieser Hinsicht ähnlich verhalten, hängt nach (217. 4) hauptsächlich der Blindteil des Wellenwiderstands von der Frequenz ab. Ist der Verlustwinkel δ zu vernachlässigen, der Verlustwinkel ε klein, so kann man bei ihnen

$$\mathfrak{Z} = \sqrt{\frac{L}{C}\left(1 + \frac{R}{j\omega L}\right)} \approx \sqrt{\frac{L}{C}} + \frac{R}{j \cdot 2\omega\sqrt{LC}} \qquad (340.\,1)$$

schreiben. Der hierdurch dargestellte Frequenzgang (Abb. 340. 1) stimmt genau mit dem einer Reihenschaltung von Widerstand und Kapazität überein (Abb. 340. 2):

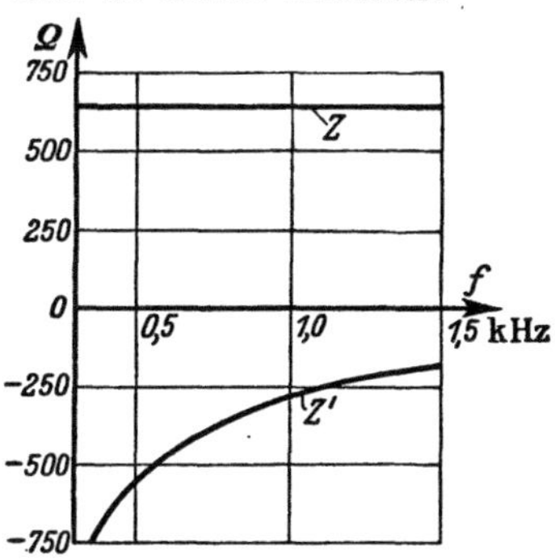

Abb. 340. 1.

$$R_0 + \frac{1}{j\omega C_0}. \qquad (340.\,2)$$

Eine Freileitung, deren Scheinwiderstand durch ihren Wellenwiderstand ersetzt werden darf, kann also durch eine solche Reihenschaltung nachgebildet werden, und zwar muß man

$$R_0 = \sqrt{\frac{L}{C}}, \qquad \frac{1}{C_0} = \frac{R}{2\sqrt{LC}} \qquad (340.\,3)$$

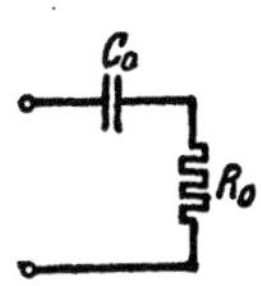

Abb. 340. 2.

wählen. Da ε mit steigender Frequenz sinkt, ist die Nachbildung bei den höheren Sprechfrequenzen genauer als bei den niedrigen. Die Bemessungsvorschrift (. 3) ist von Hoyt schon im Jahre 1913 angegeben worden[1].

[1] Hoyt, R. S.: Bell Syst. techn. J. 2 (1923) Nr. 2 S. 1.

Bei der in den Paragraphen 212 und 213 betrachteten 4-mm-Freileitung erhält man z. B. $R_0 = 545\ \Omega$, $C_0 = 2{,}2\ \mu$F.

Setzt sich eine Leitung aus Frei- und Kabelleitungen zusammen, so nimmt nach (217. 5) im allgemeinen auch der reelle Teil ihres Wellenwiderstands mit steigender Frequenz ab. Dann benutzt man als Nachbildung eine kompliziertere Schaltung, z. B. die „Treppenschaltung" Abb. 340. 3 und berechnet sie so, daß ihr Scheinwiderstand für bestimmte wichtige Frequenzen mit dem gemessenen Wellenwiderstand der nachzubildenden zusammengesetzten Leitung übereinstimmt[1]. Natürlich gelingt dies nur, wenn die Schaltung den gegebenen Frequenzgang überhaupt darstellen kann und aus genügend vielen Elementen besteht. Weitere Angaben über die Nachbildung gleichmäßiger Leitungen findet man bei Hoyt a. a. O.

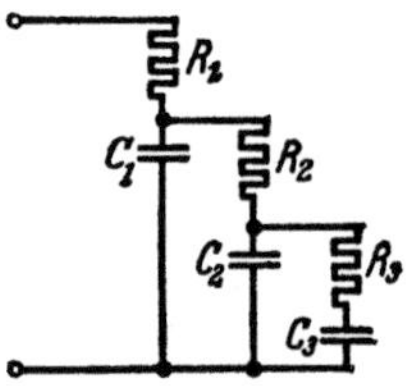

Abb. 340. 3.

§ 341. Umbildung des Scheinwiderstands von Pupinleitungen. Der im § 243 abgeleitete Frequenzgang des Wellenwiderstandes einer Pupinleitung, die mit einem halben Spulenfeld beginnt und endigt, ist schwerer nachzubilden als der des Wellenwiderstandes einer gleichmäßigen Leitung. Durch einen quergeschalteten Kondensator (Abb. 341. 1) kann man ihn jedoch zur Erhöhung seiner Nachbildbarkeit umbilden; denn der Widerstand des Zusatzkondensators fällt mit steigender Frequenz, er kompensiert also bis zu einem gewissen Grade den Anstieg des Wellenwiderstandes der Pupinleitung (Abb. 243. 2 und 244. 2).

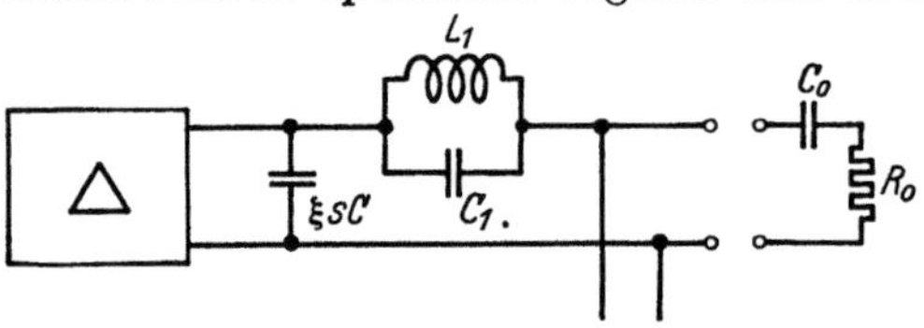

Abb. 341. 1.

Wir wollen die Gesamtkapazität, auf die das Endspulenfeld der Pupinleitung durch die Querschaltung des Kondensators gebracht wird, wie im § 245 xsC nennen ($x > \frac{1}{2}$) und zunächst $x < 1$ voraussetzen. Der Scheinwiderstand der ganzen nachzubildenden Schaltung ergibt sich dann nach (245. 1) zu

$$\mathfrak{W} = \frac{\sqrt{1-\eta^2} - \mathrm{j}\,(2x-1)\,\eta}{1 - 4x\,(1-x)\,\eta^2}\sqrt{\frac{L}{C}}. \tag{341. 1}$$

Wählt man nun wie im § 245 $x = \frac{5}{6}$, so wird $4x\,(1-x) = \frac{5}{9}$, $2x - 1 = \frac{2}{3}$ und daher:

$$\mathfrak{W} = \frac{\sqrt{1-\eta^2} - \mathrm{j}\,\frac{2}{3}\,\eta}{1 - \dfrac{5}{9}\eta^2}\sqrt{\frac{L}{C}} \approx \sqrt{\frac{L}{C}} - \frac{\mathrm{j}\,\frac{1}{3}\,\omega\, s\, L}{1 - \dfrac{5\,\omega^2 s^2 L\,C}{36}}. \tag{341. 2}$$

Schaltet man demnach der Kabelleitung einen Kondensator von der Kapazität $(\frac{5}{6} - \frac{1}{2})\, sC = \xi sC = sC/3$ quer, so kann man bis zu hohen Frequenzen hinauf den reellen Teil der Zusammenschaltung durch einen frequenzunabhängigen reinen Widerstand $R_0 = \sqrt{L/C}$ nachbilden (Abb. 341. 1; vgl. § 245). Der imaginäre Teil aber kann kompensiert werden [man beachte das Minuszeichen in Gl. (. 2)] durch eine längsliegende schwingungsfähige Masche L_1, C_1 (Abb. 341. 1); denn deren Widerstand ist

$$+\,\frac{\mathrm{j}\,\omega L_1}{1 - \omega^2 L_1 C_1}, \tag{341. 3}$$

man braucht also nur $L_1 = sL/3$, $C_1 = 5\,sC/12$ zu wählen.

[1] Eine Näherungskonstruktion bei Strecker, F.: Telegr.- u. Fernspr.-Techn. 17 (1928) S. 329.

Der Gedanke, die Querkapazität so groß zu nehmen, daß sie den reellen Teil des Wellenwiderstands zu einem nahezu frequenzunabhängigen Widerstand umbildet und den nach § 245 hinzukommenden Blindteil durch eine schwingungsfähige Masche wieder aufzuheben, liegt einem Patent von Küpfmüller zugrunde (1919).

Bei einer verlustbehafteten Pupinleitung bleibt nach der Umbildung noch ein schwacher, der Frequenz umgekehrt proportionaler dielektrischer Blindwiderstand zurück, der sich wie bei der Freileitung durch einen Kondensator C_0 in Reihe mit dem Widerstande R_0 nachbilden läßt (Abb. 341. 1).

Wählt man $x > 1$, also die zugeschaltete Kapazität $\xi s C$ größer als die Kapazität eines halben Spulenfelds, so nimmt die Pupinleitung immer mehr die Eigenschaften einer gewöhnlichen Kabelleitung an; man kann dann als Nachbildung wieder eine „Treppenschaltung" aus Widerständen und Kapazitäten nehmen (Abb. 340. 3)[1].

§ 342. Unmittelbare Nachbildung von Pupinleitungen nach Hoyt. Die Gleichung (341. 1) gilt auch für den Fall, daß man das Endspulenfeld verkürzt, also für $x < \frac{1}{2}$. Wir schreiben in diesem Fall für den Scheinwiderstand der nachzubildenden Schaltung, da $4\eta^2 = \omega^2 s^2 LC$:

$$\mathfrak{W} = \frac{\sqrt{1-\eta^2}}{1 - 4x(1-x)\eta^2}\sqrt{\frac{L}{C}} + \frac{j\omega\left(\frac{1}{2} - x\right) s L}{1 - x(1-x)\omega^2 s^2 L C}. \qquad (342.\ 1)$$

Auch jetzt kann man durch geeignete Verkürzung (Wahl des Faktors x) den reellen Teil von $\mathfrak{W}$ annähernd frequenzunabhängig machen; der imaginäre ist aber nicht wie vorher entgegengesetzt gleich, sondern gleich dem Scheinwiderstand einer Masche L_1, C_1. Die verkürzte Pupinleitung läßt sich also unmittelbar und genau nachbilden durch einen konstanten Widerstand R_0 und eine mit ihm in Reihe liegende schwingungsfähige Masche. Für die Bemessung gilt:

$$\left.\begin{aligned} R_0 &= \sqrt{\frac{L}{C}}, \qquad L_1 = \left(\tfrac{1}{2} - x\right) s L, \\ C_1 &= \frac{x(1-x)s^2 L C}{L_1} = \frac{x(1-x)}{\frac{1}{2} - x} s C. \end{aligned}\right\} \qquad (342.\ 2)$$

Wählt man mit Hoyt[2] $x = 0{,}2$ (also etwas größer als im § 341), so wird

$$L_1 = 0{,}3\, s L, \qquad C_1 = 0{,}533\, s C; \qquad (342.\ 3)$$

der Wirkteil des Scheinwiderstands $\mathfrak{W}$ ist nach (. 1)

für	$\eta = 0{,}5$	0,6	0,7	0,8	0,9
um	3,1	4,0	4,1	1,6	− 9,5%

größer als R_0, während die Nachbildung seines Blindteils nur wegen der immer vorhandenen Verluste unvollkommen ist.

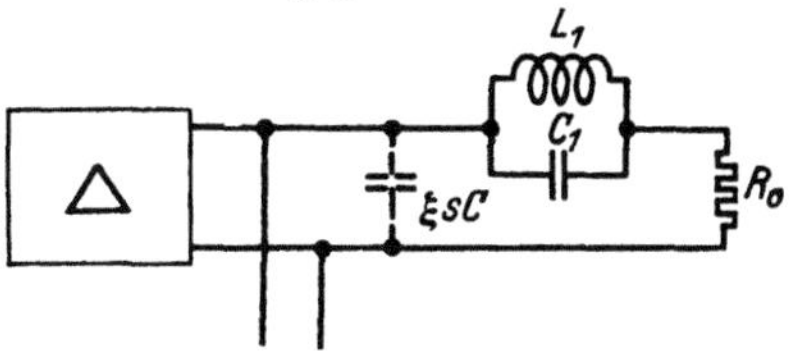

Abb. 342. 1.

Nach Hoyt, von dem diese Art der unmittelbaren Nachbildung herrührt, kann man, statt das letzte Spulenfeld zu verkürzen, auf der Nachbildungsseite einen Kondensator der Kapazität $C_2 = \left(\frac{1}{2} - x\right) sC$ quer schalten (Abb. 342. 1).

Die Scheinfrequenz der schwingungsfähigen Masche ist nach (. 1)

$$\omega' = \frac{\omega_0}{2\sqrt{x(1-x)}}; \qquad (342.\ 4)$$

sie liegt also immer oberhalb der Grenzfrequenz; für $x = 0{,}2$ ist sie z. B. gleich $1{,}25\,\omega_0$.

[1] Lüschen, F., u. Küpfmüller, K.: Wiss. Veröff. Siemens-Konz. 2 (1922) S. 401.
[2] Hoyt, R. S.: Bell Syst. techn. J. 3 (1924) S. 447.

§ 343. Allgemeinere Behandlung der Hoytschen Nachbildung. Die in § 342 betrachtete Hoytsche Schaltung besteht aus einem Wirkwiderstand und drei Blindwiderständen. Der Wirkwiderstand R_0 hat qualitativ die Frequenzabhängigkeit des Mittelwerts $\sqrt{\mathfrak{R}_1\mathfrak{R}_2} = k$ der verlustlosen Pupinleitung, der Blindwiderstand $j\omega L_1$ die des Blindwiderstands $\mathfrak{R}_1$, die Blindwiderstände $1/(j\omega C_1)$ und $1/(j\omega C_2)$ die des Blindwiderstands $\mathfrak{R}_2$. Es liegt daher nahe, die Nachbildung allgemeiner (Abb. 343. 1)[1] aus den Elementen $a_0 k$, $a_1\mathfrak{R}_1$, $a_2\mathfrak{R}_2$, $a_3\mathfrak{R}_2$ aufzubauen und die positiven Zahlen a_0, a_1, a_2, a_3 so zu bestimmen, daß der Scheinwiderstand der Nachbildung bei ausgewählten Frequenzen genau mit dem der nachzubildenden Pupinleitung in Dreiecksschaltung übereinstimmt. Wenn wir so rechnen, können wir die Nachbildungsfehler geringer halten; außerdem gelten die Gleichungen dann für jede Dreiecksschaltung, bei der der Mittelwert $\sqrt{\mathfrak{R}_1\mathfrak{R}_2} = k$ unabhängig ist von der Frequenz.

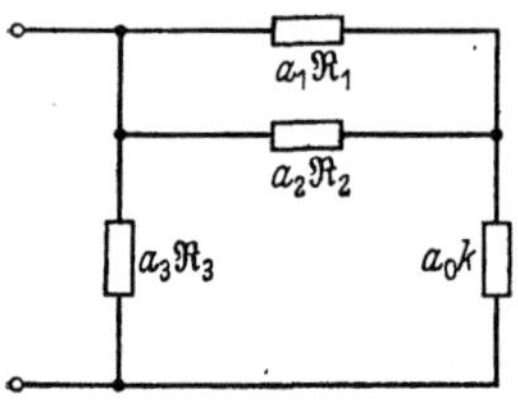

Abb. 343. 1.

Da nach (244. 10) der reelle Teil des Wellenwiderstands einer verlustarmen Pupinleitung so berechnet werden darf, wie wenn sie verlustfrei wäre, ist es kein Widerspruch, wenn wir im folgenden unter $\mathfrak{R}_1$ und $\mathfrak{R}_2$ reine Blindwiderstände verstehen, trotzdem aber voraussetzen, daß der nachzubildende Wellenwiderstand einen imaginären Anteil habe. Bezeichnen wir seinen komplexen Wert mit $\mathfrak{Z}_\triangle = \mathfrak{Z} = Z + jZ'$, so muß wenigstens für einige wichtige Frequenzen die folgende Bedingung erfüllt sein[2]:

$$\frac{1}{\mathfrak{Z}_\triangle} = \frac{1}{\mathfrak{Z}} = \frac{Z - jZ'}{|\mathfrak{Z}|^2} = \frac{1}{a_3\mathfrak{R}_2} + \frac{\dfrac{1}{a_1\mathfrak{R}_1} + \dfrac{1}{a_2\mathfrak{R}_2}}{1 + \left(\dfrac{1}{a_1\mathfrak{R}_1} + \dfrac{1}{a_2\mathfrak{R}_2}\right) a_0 k}. \qquad (343.\ 1)$$

Wir wollen sie zunächst für die Frequenzen erfüllen, für die sich $\mathfrak{Z}$, da $|\mathfrak{R}_1| \ll |\mathfrak{R}_2|$, dem Werte k nähert. (Bei der Pupinleitung sind dies die wichtigsten Sprechfrequenzen.) Dies führt auf die Bemessungsvorschrift $a_0 = 1$.

Die drei übrigen Zahlen a_1, a_2, a_3 bemessen wir so, daß die beiderseitigen reellen Teile der Gleichung (. 1) bei zwei Frequenzen f_1 und f_2, die beiderseitigen imaginären dagegen bei einer weiteren Freqűenz f_3 genau übereinstimmen.

Führen wir in die Gleichung (. 1) die Abkürzungen

$$\mathfrak{R}_1 = j\sqrt{p}\,k, \qquad \mathfrak{R}_2 = \frac{k^2}{\mathfrak{R}_1} = \frac{k}{j\sqrt{p}}, \qquad \frac{|\mathfrak{Z}|^2}{Z} = k\,(1+q) \qquad (343.\ 2)$$

ein, so wird

$$\frac{1}{k\,(1+q)} - j\,\frac{Z'}{|\mathfrak{Z}|^2} = j\,\frac{\sqrt{p}}{a_3 k} + \frac{\dfrac{1}{j\,a_1\sqrt{p}\,k} + j\,\dfrac{\sqrt{p}}{a_2 k}}{1 + \left(\dfrac{1}{j\,a_1\sqrt{p}\,k} + j\,\dfrac{\sqrt{p}}{a_2 k}\right) k}$$

$$= \frac{1}{k}\left(j\,\frac{\sqrt{p}}{a_3} + \frac{a_2 - a_1 p}{a_2 - a_1 p + j\,a_1 a_2 \sqrt{p}}\right)$$

$$= \frac{1}{k}\left(j\,\frac{\sqrt{p}}{a_3} + (a_2 - a_1 p)\,\frac{a_2 - a_1 p - j\,a_1 a_2\sqrt{p}}{(a_2 - a_1 p)^2 + a_1^2 a_2^2 p}\right) \qquad (343.\ 3)$$

oder, wenn wir die reellen Teile gleichsetzen:

$$\sqrt{q} = \frac{a_1 a_2 \sqrt{p}}{a_2 - a_1 p}, \qquad (343.\ 4)$$

wenn wir die imaginären gleichsetzen:

$$-\frac{Z' k}{|\mathfrak{Z}|^2} = \frac{\sqrt{p}}{a_3} - \frac{(a_2 - a_1 p)\,a_1 a_2 \sqrt{p}}{(a_2 - a_1 p)^2 + a_1^2 a_2^2 p} = \frac{\sqrt{p}}{a_3} - \frac{\sqrt{q}}{1+q}. \qquad (343.\ 5)$$

Hier sind die Konstante k und die frequenzabhängigen Größen p, q und $\mathfrak{Z}$ als vorgeschrieben, also gegeben, anzusehen; gesucht sind dagegen die Zahlen a_1, a_2 und a_3. Setzen wir vorübergehend $a_1 = u$, $a_2 = u/v$ und bezeichnen wir die zu den Frequenzen f_1, f_2 und f_3 gehörenden

[1] Statt $\mathfrak{R}_3$ lese man $\mathfrak{R}_2$.
[2] Man beachte, daß die zu (13. 1) duale Gleichung anwendbar ist.

Werte von p, q und $\mathfrak{Z}$ mit den entsprechenden Indizes, so ergeben sich zunächst aus (. 4) die Gleichungen

$$\left.\begin{aligned} \sqrt{\frac{p_1}{q_1}}\, u + p_1 v = 1\,, \\ \sqrt{\frac{p_2}{q_2}}\, u + p_2 v = 1\,, \end{aligned}\right\} \qquad (343.6)$$

aus denen sich u und v, also a_1 und a_2, berechnen lassen. a_3 ergibt sich dann nach (. 5) zu

$$\frac{1}{a_3} = -\frac{Z'_3 k}{|\mathfrak{Z}_3|^2 \sqrt{p_3}} + \sqrt{\frac{q_3}{p_3}}\,\frac{1}{1+q_3}\,. \qquad (343.7)$$

Zahlenbeispiel. Bei einer Pupinleitung der Grenzfrequenz $f_0 = 3400$ Hz sei gemessen für

$$\left.\begin{aligned} 800 \text{ Hz ein Scheinwiderstand von } & 1570\ \Omega, \\ f_1 = 2000 \text{ ,, ,, ,, ,, } & 1880\ \Omega, \\ f_2 = f_3 = 2600 \text{ ,, ,, ,, ,, } & 2400\ \Omega - \mathrm{j}\cdot 195\ \Omega. \end{aligned}\right\} \qquad (343.8)$$

Dann wählen wir zunächst etwa $k = R_0 = 1525\ \Omega$. Weiter wird, da $p = -\mathfrak{R}_1^2/k^2 = 4 f^2/f_0^2$ und $|\mathfrak{Z}| \approx Z$ ist:

$$\left.\begin{aligned} p_1 = 1{,}38, \qquad & q_1 = 0{,}233\,, \\ p_2 = 2{,}34, \qquad & q_2 = 0{,}574; \end{aligned}\right\} \qquad (343.9)$$

$$\left.\begin{aligned} u = a_1 \quad &= 0{,}329\,, \\ v = a_1/a_2 &= 0{,}144\,. \end{aligned}\right\} \quad \text{also} \quad 1/a_2 = 0{,}439\,, \qquad (343.10)$$

ferner

$$1/a_3 = 0{,}033 + 0{,}315 = 0{,}348\,. \qquad (343.11)$$

Die Nachbildung ist also so zu bemessen:

$$R_0 = \sqrt{\frac{L}{C}}\,, \qquad L_1 = 0{,}329\, s\, L\,, \qquad C_1 = 0{,}439\, s\, C\,, \qquad C_2 = 0{,}348\, s\, C\,. \qquad (343.12)$$

Wie man aus (. 11) ersieht, wird der Einfluß der Verluste bei hohen Frequenzen durch einen Zuschlag zu der Kapazität C_2 von etwa 10% berücksichtigt. Um den Verlusten bei tiefen Frequenzen Rechnung zu tragen, kann man wie bei der Freileitung vor den Widerstand R_0 [nach Gleichung (340. 3)] einen Reihenkondensator schalten[1].

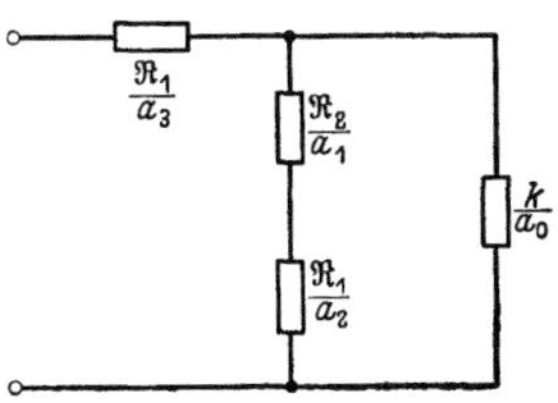

Abb. 343. 2.

Da die hier behandelte Dreiecksschaltung ihr duales Gegenstück in der Sternschaltung hat, kann man diese mit den gleichen Zahlen a_0, a_1, a_2, a_3 durch die Schaltung Abb. 343. 2 nachbilden. Denn einerseits ist der Scheinwiderstand dieser Schaltung gleich dem Scheinleitwert der Schaltung Abb. 343. 1 multipliziert mit k^2; anderseits ist allgemein $\mathfrak{Z}_\lambda \mathfrak{Z}_\Delta = \mathfrak{R}_1 \mathfrak{R}_2 = k^2$.

§ 344. Zeichnerische Bestimmung von Nachbildungen.

Die Werte der Schaltelemente, aus denen eine Nachbildung, z. B. die Hoytsche, zusammenzusetzen ist, können auch auf zeichnerischem Wege gefunden werden; man wählt sie zweckmäßigerweise wie im § 343 so, daß die Scheinwiderstandskurven der Pupinleitung und ihrer Nachbildung bei einigen herausgegriffenen wichtigen Frequenzen genau zusammenfallen.

Wie man das machen kann, zeigen wir in engem Anschluß an ein einfaches Beispiel von Strecker und Feldtkeller[2]. Wir verwenden dabei Zahlenwertgleichungen; als (spezifische) Einheiten nehmen wir für die Widerstände den Widerstand $\sqrt{L/C}$, für die Frequenzen die Frequenz ω_0 und daher für die In-

[1] Über verwickeltere Schaltungen zur Nachbildung verlustbehafteter Pupinleitungen und über die Berücksichtigung der Amtselemente vgl. Hoyt a. a. O.; Strecker, F., u. Feldtkeller, R.: Wiss. Veröff. Siemens-Konz. 5 H. 3 (1927) S. 143; Elektr. Nachr.-Techn. 4 (1927) S. 125.

[2] Strecker, F., u. Feldtkeller, R.: Wiss. Veröff. Siemens-Konz. 5 H. 3 (1927) S. 137.

duktivitäten die Induktivität $\sqrt{L/C}\cdot 1/\omega_0 = sL/2$ und für die Kapazitäten die Kapazität $\sqrt{C/L}\cdot 1/\omega_0 = sC/2$.

Wir suchen die Elemente der Nachbildung so zu bestimmen, daß ihr Scheinwiderstand $\mathfrak{W}_0$ für die beiden willkürlich herausgegriffenen Zahlenwerte der Frequenz 0,6 und 0,75 möglichst genau gleich $1/\sqrt{1-\omega^2}$ wird.

Nach Abb. 344. 1 müssen wir zunächst, um bei den wichtigsten Sprechfrequenzen Übereinstimmung zu erzielen, den Abschlußwiderstand R_0 gleich $\sqrt{L/C}$, seinen Zahlenwert also gleich 1 machen. Der aus R_0 und der schwingungsfähigen Masche bestehende Zweig $\mathfrak{R}_0 = R_0 + jX_0$ wird dann in der kom-

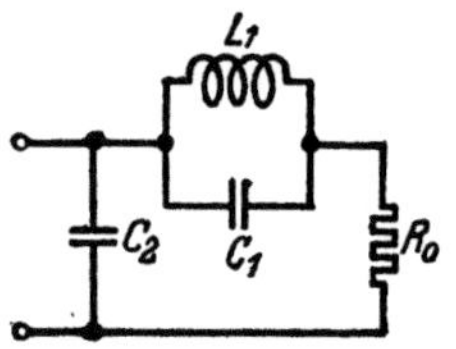

Abb. 344. 1.

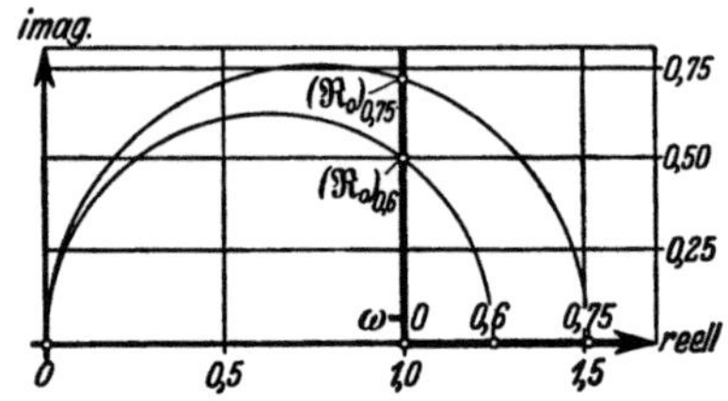

Abb. 344. 2.

plexen Ebene nach § 117 dargestellt durch eine zur imaginären Achse parallele Gerade im Abstand 1 (Abb. 344. 2). Die Frequenzteilung auf ihr hängt von der noch unbekannten Größe der Elemente L_1 und C_1 ab, die zusammen den Blindwiderstand X_0 bilden. Nun wandert nach § 120 der Scheinwiderstand $\mathfrak{W}_0$ bei Parallelschaltung eines Kondensators C_2 auf seinem Reaktanzkreis; X_0 muß daher für die Frequenzen 0,6 und 0,75 so gewählt werden, daß der zugehörige Reaktanzkreis durch die vorgeschriebenen (gegebenen) Punkte $1/\sqrt{1-\omega^2}$ auf der reellen Achse geht (d. h. durch die Punkte 1,25 und 1,511). Man schlägt also über $1/\sqrt{1-\omega^2}$ für jede der beiden Frequenzen einen Halbkreis; er schneidet jeweils auf der Senkrechten durch den reellen Wert 1 die zugehörige Strecke X_0 ab. Führt man diese Konstruktion aus (Abb. 344. 2), so erhält man für $\omega = 0{,}6$ $X_0 = 0{,}500$, für $\omega = 0{,}75$ $X_0 = 0{,}715$.

Es gelten also die beiden Bedingungsgleichungen

$$\left.\begin{aligned} \frac{0{,}6\,L_1}{1 - 0{,}36\,L_1 C_1} &= 0{,}500\,, \\ \frac{0{,}75\,L_1}{1 - 0{,}563\,L_1 C_1} &= 0{,}715\,, \end{aligned}\right\} \qquad (344.\,1)$$

aus denen die Bemessungsvorschriften

$$L_1 = 0{,}680\,, \qquad C_1 = 0{,}749$$

oder, mit Größen geschrieben,

$$L_1 = 0{,}340\,s\,L\,, \qquad C_1 = 0{,}375\,s\,C \qquad (344.\,2)$$

folgen.

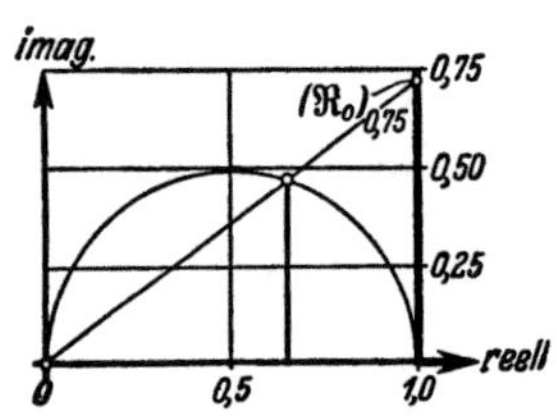

Abb. 344. 3.

Wir sind nun sicher, daß die durch die Punkte $(\mathfrak{R}_0)_{0,6}$ und $(\mathfrak{R}_0)_{0,75}$ gelegten Reaktanzkreise durch die vorgeschriebenen Werte des nachzubildenden Wellenwiderstands gehen. Der Scheinwiderstand $\mathfrak{W}_0$ muß aber auch wirklich bis auf die reelle Achse geschoben werden. Da nur noch das eine Element C_2 frei ist, wählen wir es so, daß es den Scheinwiderstand $\mathfrak{W}_0$ bei der Frequenz 0,75 nach dem Punkt 1,512 schiebt. Dazu ist nur nötig, daß der Blindteil des Leitwerts $1/\mathfrak{R}_0$ durch C_2 gerade kompensiert wird. Der Leitwert $1/\mathfrak{R}_0$ kann aber durch eine Inversion gefunden werden (Abb. 344. 3). Sein Blindteil ist nach Konstruktion gleich — 0,473; der Zahlenwert von C_2 ergibt sich daher nach:

$$C_2 = \frac{0{,}473}{0{,}75} = 0{,}631 \qquad (344.\,3)$$

oder in Form einer Größengleichung $C_2 = 0{,}316\, sC$.

In dem Frequenzbereich von $\omega = 0{,}1$ bis 0,8 beträgt der Fehler dieser Nachbildung bei Vernachlässigung der Verluste nur ungefähr 2,5%.

§ 345. **Nachbildungen in der Telegraphie.** Auch in der Telegraphie braucht man bei verschiedenen Schaltungen Nachbildungen, z. B. beim Gegenverkehr (der sogenannten Duplextelegraphie). Darunter versteht man ein Telegraphierverfahren, bei dem man gleichzeitig in verschiedenen Richtungen über dieselbe Leitung telegraphiert.

Bei der Differentialschaltung[1] gemäß Abb. 345. 1 werden die beiden Wicklungen des zum eigenen Amt gehörigen gepolten (polarisierten) Empfangsrelais von dem Sendestrom in entgegengesetztem Sinne durchlaufen, so daß sein Anker in Ruhe bleibt. Auf dem fernen Amte dagegen verzweigt sich der Empfangsstrom, nachdem er die eine Wicklung durchflossen hat: nur ein schwacher Teil von ihm geht — noch dazu im gleichen Sinn — durch die andere Wicklung, der Rest fließt über die Taste zur Erde ab, so daß das Relais betätigt wird. Gleichheit der Ströme, die durch die beiden Wicklungen auf der Sendeseite fließen, wird durch eine Nachbildung N_1 erreicht, deren Scheinwiderstand bei den in den Telegraphierzeichen enthaltenen Frequenzen mit ausreichender Genauigkeit gleich dem Widerstand des nach dem fernen Amte führenden Zweiges gemacht werden muß.

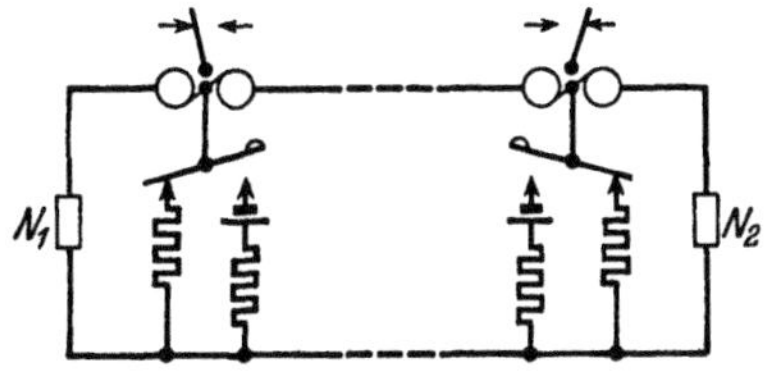

Abb. 345. 1.

Zur Nachbildung verwendet man Kombinationen aus Widerständen und Kapazitäten, „Treppenschaltungen" (Abb. 340. 3) oder Kettenleiter.

§ 346. **Nachbildung von Vierpolen.** Die bisher betrachteten Nachbildungen waren Nachbildungen von Zweipolen. Von ihnen wird nur gefordert, daß ihr Scheinwiderstand bei allen wesentlichen Frequenzen übereinstimmt mit dem Scheinwiderstand eines gegebenen Zweipols. Lediglich der Einfachheit halber haben wir statt der Scheinwiderstände Wellenwiderstände nachgebildet.

Von der Nachbildung eines Vierpols wird man grundsätzlich verlangen, daß ihre Vierpolparameter — das sind selbst im einfachsten Falle zwei komplexe Größen — bei allen wesentlichen Frequenzen mit denen des gegebenen Vierpols genau genug übereinstimmen.

Am häufigsten tritt die Aufgabe auf, gleichmäßige Leitungen oder Pupinleitungen vierpolmäßig nachzubilden. Dazu verwendet man in der Regel Kettenleiter. Die Nachbildung durch einen Kettenleiter ist um so vollkommener, je mehr Kettenglieder man nimmt; denn die gleichmäßige Leitung und die Pupinleitung sind ja selbst Kettenleiter.

Derartige „künstliche Leitungen" werden in den Laboratorien viel verwendet.

In England und Amerika hat man lange Zeit die Dämpfungen von Vierpolen mit den Dämpfungen künstlicher Leitungen veränderbarer Gliedzahl verglichen. Daher das alte Dämpfungsmaß: soundso viel „Meilen Standardkabel" (vgl. die Fußnote im § 179).

Sollen bei Fernsprechsystemen Spulen- oder Verstärkerfelder, die aus örtlichen Gründen zu kurz sind, künstlich verlängert werden, so begnügt man sich der Kosten wegen in der Regel mit der Nachbildung der Dämpfung und des

[1] Angegeben von C. Frischen und W. Siemens (1859). Eine andere Gegenverkehrschaltung beruht auf dem Prinzip der Wheatstoneschen Brücke (Maron, 1863).

Betrags des Wellenwiderstands durch ein einziges Glied. (Auf das Winkelmaß und den Winkel des Wellenwiderstands kommt es in der Regel weniger an.)

Eine unbespulte Kabelleitung kann beispielsweise durch die Kunstschaltung Abb. 346. 1 nachgebildet werden[1]. Da der Leitwert des Querkondensators mit wachsender Frequenz größer wird, nimmt die Dämpfung dieser Kunstschaltung mit steigender Frequenz zu, der Wellenwiderstand ab, wie es bei der wirklichen Kabelleitung der Fall ist.

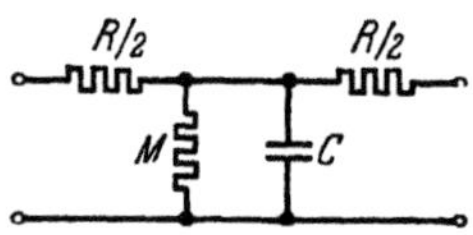

Abb. 346. 1.

Eine Pupinleitung, die aus Dreiecken besteht, kann in dieser Weise nicht nachgebildet werden, da ihre Dämpfung und der Betrag ihres Wellenwiderstandes im Durchlaßbereich mit steigender Frequenz zunehmen. Man kann jedoch z. B. den Querkondensator durch eine Längsspule ersetzen (Abb. 346. 2); diese drosselt, so daß die Dämpfung und der Wellenwiderstand mit wachsender Frequenz ansteigen. Man gleicht solche Schaltungen punktweise an; je mehr Elemente sie enthalten, um so genauer kann man sie angleichen, um so teurer werden sie aber, und um so umständlicher wird die Rechnung.

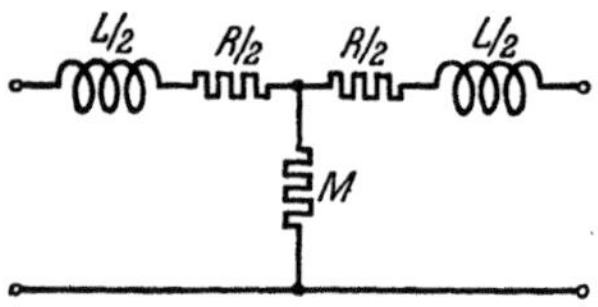

Abb. 346. 2.

Wir wollen, um ein Rechenbeispiel zu geben, die Schaltung Abb. 346. 2 etwas genauer untersuchen. Da sie aus drei Elementen R, M, L besteht, kann man drei Bedingungen vorschreiben. Wir fordern für die Kreisfrequenzen ω_1 und ω_2 bestimmte Dämpfungen b_1 und b_2, für die Kreisfrequenz ω_3 einen bestimmten Betrag des Wellenwiderstandes $|\mathfrak{Z}|_3$. Für das Übertragungsmaß zunächst gilt mit den Abkürzungen x und y

$$\mathfrak{Cof}\,\mathfrak{g} = 1 + \frac{R + \mathrm{j}\,\omega L}{2M} = x + \mathrm{j}\,\omega\, y\,. \tag{346. 1}$$

Hierin stecken nach (162. 4) und (162. 5) zwei Gleichungen; davon verwenden wir aber nur die folgende:

$$x^2\,\mathfrak{Sin}^2 b + 4\,\pi^2 \left(\frac{f}{\mathrm{kHz}}\right)^2 \left(\frac{y}{\mathrm{ms}}\right)^2 \mathfrak{Cof}^2 b = \mathfrak{Cof}^2 b\;\mathfrak{Sin}^2 b\,. \tag{346. 2}$$

Da sie für f_1 und f_2 erfüllt sein soll, haben wir zwei Bedingungen, aus denen wir die Unbekannten x und y berechnen können. Eine dritte Bedingung zur Bestimmung der dritten Unbekannten M steht uns dann in der Gleichung

$$|\mathfrak{Z}|_3 = \left|\sqrt{(R + \mathrm{j}\,\omega_3 L)\,M}\,\sqrt{1 + \frac{R + \mathrm{j}\,\omega_3 L}{4\,M}}\right| \tag{346. 3}$$

zur Verfügung.

Es sei z. B. die Aufgabe gestellt, eine 0,9-mm-Pupinleitung von 10 km Länge so nachzubilden, daß

für 800 Hz	$b_1 = 0{,}186$,	also $\mathfrak{Cof}\,b_1 = 1{,}017$,	$\mathfrak{Sin}\,b_1 = 0{,}187$,
für 1600 Hz	$b_2 = 0{,}210$,	also $\mathfrak{Cof}\,b_2 = 1{,}022$,	$\mathfrak{Sin}\,b_2 = 0{,}212$,
für 1100 Hz	$\lvert\mathfrak{Z}\rvert_3 = 1875\,\Omega$.		

Dann ergibt sich aus den beiden Gleichungen (. 2) $x = 1{,}015$, $y = 2{,}5\;\mu\mathrm{s}$, während (. 3) die Bedingung

$$1875\,\Omega = M\left|\sqrt{2\,(x - 1 + \mathrm{j}\,\omega_3 y)}\,\sqrt{1 + \frac{x - 1 + \mathrm{j}\,\omega_3 y}{2}}\right| = M\sqrt{0{,}0455\cdot 1{,}008}$$

liefert. Man erhält somit $M = 8{,}8\;\mathrm{k}\Omega$, $R = 265\;\Omega$, $L = 43\;\mathrm{mH}$. Natürlich ist die so bemessene Kunstschaltung im Gegensatz zu der nachgebildeten Pupinleitung ein induktives Gebilde (vgl. § 174); auch ihr Winkelmaß weicht bei den Kreisfrequenzen ω_1 und ω_2 völlig ab von dem Winkelmaß der Leitung.

Besonders vollkommen lassen sich Leitungen mit Hilfe der im § 349 zu besprechenden Schaltungen nachbilden.

[1] Breisig, F.: Verh. dtsch. phys. Ges. 12 (1910) S. 185.

§ 347. Ebnende Zwischenvierpole. Unter einem ebnenden Zwischenvierpol verstehen wir einen Vierpol, dessen Wellenwiderstand $\mathfrak{Z}_1$ den frequenzabhängigen Scheinwiderstand eines gegebenen Zweipols, dessen Wellenwiderstand $\mathfrak{Z}_2$ den konstanten („ebenen") Scheinwiderstand eines anderen gegebenen Zweipols nachbildet, der also die beiden Zweipole „stoßfrei" verbindet.

Solche umbildende Zwischenvierpole sind notwendig unsymmetrisch mit einem Symmetriefaktor, der Funktion der Frequenz ist.

Es sei z. B. die Aufgabe gestellt, eine Dreiecksschaltung $\mathfrak{R}_{10}$, $\mathfrak{R}_{20}$, bei der $\sqrt{\mathfrak{R}_{10}\mathfrak{R}_{20}} = k$ ist (z. B. ein Pupinleitungsglied oder ein Filter in Dreiecksform), in ihrem Durchlaßbereich stoßfrei mit einem frequenzunabhängigen Widerstand k zu verbinden. Dann liegt es ziemlich nahe, ein „Halbglied" derselben Dreiecksschaltung zwischenzuschalten, das dieser seinen Querwiderstand zuwendet; denn ein solches Halbglied ist nach § 173 bei allen Frequenzen mit seinem Wellenwiderstand $\mathfrak{Z}_1$ an die Dreiecksschaltung angepaßt. Von seiner anderen Seite aus gemessen zeigt es freilich den Wellenwiderstand $\mathfrak{Z}_2$ der zugehörigen Sternschaltung, also nicht den gewünschten konstanten (ebenen) Wellenwiderstand.

Man muß daher ein Halbglied nehmen, dessen Wellenwiderstand $\mathfrak{Z}_1$ in seinem Durchlaßbereich zwar die gleiche Frequenzabhängigkeit hat wie der Wellenwiderstand der nachzubildenden Dreiecksschaltung, das aber trotzdem nicht aus denselben Elementen aufgebaut ist wie diese. Wir wollen vereinfachend voraussetzen, daß sich wenigstens der Querwiderstand $\mathfrak{R}_2$ des zu bemessenden Halbglieds nur um einen konstanten (frequenzunabhängigen) Zahlenfaktor $1/m$ von dem Querwiderstand $\mathfrak{R}_{20}$ der Dreiecksschaltung unterscheide. $\mathfrak{R}_1 = \mathrm{j}X_1$ und $\mathfrak{R}_2 = \mathrm{j}X_2 = \mathrm{j}X_{20}/m$ seien die zu bestimmenden Widerstände des Halbglieds.

Um sie zu berechnen, fordern wir erstens, daß das Halbglied mit seinem Wellenwiderstand $\mathfrak{Z}_1$ an die Dreiecksschaltung angepaßt:

$$\frac{X_1 X_2}{1 + \frac{X_1}{4X_2}} = \frac{X_{10} X_{20}}{1 + \frac{X_{10}}{4X_{20}}} \tag{347.1}$$

und zweitens, daß der auf der anderen Seite gemessene Wellenwiderstand $\mathfrak{Z}_2$ möglichst konstant sei. Aus (.1) berechnet man zunächst das Verhältnis

$$\xi^2 = -\frac{X_1}{4X_2}. \tag{347.2}$$

(ξ ist im Durchlaßbereich offenbar reell.) Setzt man entsprechend

$$\xi_0^2 = -\frac{X_{10}}{4X_{20}} \tag{347.3}$$

und beachtet man, daß hiernach

$$X_1 = -\frac{4X_{20}}{m}\xi^2, \qquad X_2 = \frac{X_{20}}{m}, \qquad X_{10} = -4\xi_0^2 X_{20}, \tag{347.4}$$

so findet man aus (.1) nach einer elementaren Rechnung

$$\xi^2 = \frac{m^2\xi_0^2}{1-(1-m^2)\xi_0^2}, \qquad 1-\xi^2 = \frac{1-\xi_0^2}{1-(1-m^2)\xi_0^2} \tag{347.5}$$

und daher

$$\begin{aligned}\mathfrak{Z}_2 &= \sqrt{-X_1X_2}\sqrt{1+\frac{X_1}{4X_2}} = \frac{2X_{20}\xi}{m}\sqrt{1-\xi^2}\\ &= \frac{2X_{20}\xi_0\sqrt{1-\xi_0^2}}{1-(1-m^2)\xi_0^2} = \sqrt{-X_{10}X_{20}}\,\frac{\sqrt{1-\xi_0^2}}{1-(1-m^2)\xi_0^2} = k\,\frac{\sqrt{1-\xi_0^2}}{1-(1-m^2)\xi_0^2}.\end{aligned} \tag{347.6}$$

Demnach hat der von der Seite des konstanten Widerstandes k aus gemessene Wellenwiderstand $\mathfrak{Z}_2$ des Halbglieds genau die gleiche Abhängigkeit von dem

Parameter ξ_0 (der bei der Pupinleitung gleich $\omega/\omega_0 = \eta$ ist) wie der reelle Teil des Scheinwiderstands $\mathfrak{W}$ in (245. 1), nur heißt der frühere Koeffizient $4x(1-x)$ jetzt $1-m^2$. Wählt man, damit $\mathfrak{Z}_2$ möglichst konstant wird, den Hoytschen Wert $x = 0{,}2$, so erhält man $m = 0{,}6$.

Mit dem so bestimmten m findet man die gesuchten komplexen Widerstände $\mathfrak{R}_1$ und $\mathfrak{R}_2$ des ebnenden Halbglieds nach (. 4) und (. 5) aus:

$$\mathfrak{R}_1 = -\mathrm{j}\,\frac{4X_{20}}{m}\,\frac{m^2\xi_0^2}{1-(1-m^2)\xi_0^2} = \mathrm{j}\,X_{10}\,\frac{m}{1-(1-m^2)\xi_0^2}, \qquad \mathfrak{R}_2 = \mathrm{j}\,\frac{X_{20}}{m}. \tag{347.7}$$

Ebnende Zwischenvierpole der hier betrachteten Art sind zuerst von Zobel angegeben worden[1]. Sie werden auch als „m-Halbglieder" bezeichnet.

In dem besonderen Falle der Pupinleitung ist

$$X_{10} = \omega s L, \qquad X_{20} = -\frac{1}{\omega s C}, \qquad k = \sqrt{\frac{L}{C}}; \tag{347.8}$$

also wird

$$\mathfrak{R}_1 = \frac{\mathrm{j}\,\omega m s L}{1 - \dfrac{1-m^2}{4}\,\omega^2 s^2 L C}. \tag{347.9}$$

D. h. als Längswiderstand des Halbglieds ist eine Parallelschaltung aus einer Induktivität $msL/2$ und einer Kapazität $(1-m^2)/(2m)\cdot s\omega C$ zu nehmen. In den Querzweig des Halbglieds dagegen hat man die Kapazität $msC/2$ zu legen.

Ist die Aufgabe gestellt, eine Sternschaltung $\mathfrak{R}_{10}$, $\mathfrak{R}_{20}$, bei der $\sqrt{\mathfrak{R}_{10}\mathfrak{R}_{20}} = k$ ist, stoßfrei mit einem frequenzunabhängigen Widerstand k zu verbinden, so kann man genau entsprechend verfahren; nur muß das Halbglied der Sternschaltung seine „Sternseite" zukehren. An die Stelle der Gleichungen (. 6) und (. 7) treten mit derselben Abkürzung (. 3) die folgenden:

$$\mathfrak{Z}_2 = k\,\frac{1-(1-m^2)\xi_0^2}{\sqrt{1-\xi_0^2}}, \tag{347.10}$$

$$\mathfrak{R}_1 = \mathrm{j}\,m X_{10}, \qquad \mathfrak{R}_2 = \mathrm{j}\,X_{20}\,\frac{1-(1-m^2)\xi_0^2}{m}. \tag{347.11}$$

Man erkennt, daß der Blindvierpol, der in der Hoytschen Schaltung Abb. 342. 1 dem konstanten reellen Widerstand R_0 vorgeschaltet ist, ebenfalls als ebnender Zwischenvierpol aufgefaßt werden kann, der die Pupinleitung mit R_0 stoßfrei verbindet.

Die ebnenden Zwischenvierpole sind an die Schaltungen frequenzabhängigen Scheinwiderstands bei allen Frequenzen nach dem Wellenwiderstand angepaßt; die im § 342 betrachtete Nachbildung (d. h. der Zwischenvierpol zusammen mit R_0) ist jedoch an die Pupinleitung nach dem Scheinwiderstand genau genommen nur bei den Frequenzen angepaßt, für die am anderen Ende (R_0!) nach dem Wellenwiderstand angepaßt ist ($\mathfrak{Z}_2 = R_0$).

§ 348. Dämpfungsentzerrung.

Mit der Aufgabe der Dämpfungsnachbildung nahe verwandt ist die Aufgabe der Dämpfungsentzerrung. Daß man bei langen Verbindungen entzerren muß, sei noch einmal (vgl. § 238) am Beispiel der 1,4-mm-Pupinleitung gezeigt. Ihre bezogene Dämpfung beträgt bei niedrigen Frequenzen nach § 237 etwa 9,5 mN/km, bei der Frequenz $0{,}75\,f_0$ dagegen etwa 14,4 mN/km. Wollen wir auf einer solchen Leitung eine Nachricht, deren Frequenzband bis zu der Frequenz $0{,}75\,f_0$ reicht, auf eine Entfernung von nur 100 km übertragen, so ist der Frequenzgang der Dämpfung ohne Belang; diese zeigt eine Verzerrung (§ 238) von etwa 0,5 N. Wird aber auf 1000 km gesprochen und sind Verstärker eingebaut, die für alle Frequenzen gleichmäßig eine Dämpfung von 8,2 N wieder aufheben, so bleibt für die niedrigen Frequenzen

[1] Zobel, O. J.: Bell Syst. techn. J. 2, Nr. 1 (1923) S. 1.

eine Dämpfung von 1,3 N übrig, für die höheren dagegen von 6,2 N. Bei frequenzunabhängiger Verstärkung sind also im wesentlichen nur die tiefen Frequenzen wahrnehmbar; die Dämpfungsverzerrung ist viel zu groß.

Um derartige Dämpfungsverzerrungen wieder aufzuheben, schaltet man den Verstärkern entzerrende Vierpole zu, deren Dämpfung mit steigender Frequenz abnimmt.

Bei den gewöhnlichen Fernsprechverbindungen benutzt man in der Regel „Längsentzerrer". Das sind längsgeschaltete Zusätze zu den Vorübertragern der Röhren. Nach Abb. 202. 1 hat der Logarithmus der Übersetzung $\mathfrak{u}_1$ bei den Übertragern einen ähnlichen Frequenzgang wie die Dämpfung bei der Pupinleitung. Vor allem steigt $\ln \mathfrak{u}_1$ bei höheren Frequenzen ziemlich steil an infolge der „Streuresonanz". Hieran knüpft das Verfahren der Längsentzerrung an; die Schaltzusätze sollen den natürlichen Frequenzgang von $\mathfrak{u}_1$ der zu entzerrenden Dämpfungskurve angleichen und ihn nach Belieben einstellbar machen.

Durch eine veränderbare Längsinduktivität wird zunächst die natürliche Streuinduktivität künstlich vergrößert. Parallel dazu legt man einen Kondensator, so daß eine schwingungsfähige Längsmasche entsteht. Ist deren Scheinfrequenz etwas höher als die Frequenz ω_σ der durch die Streuresonanz verursachten „Spitze", so sinkt die Verstärkung unmittelbar oberhalb der Spitze steil ab. Vor diesen Schaltzusatz legt man gewöhnlich noch eine Parallelschaltung von Widerstand und Kapazität, die den induktiven Scheinwiderstand des Vorübertragers bei den tieferen Frequenzen teilweise kompensieren und dadurch die Verstärkungskurve in einstellbarer Weise anheben soll. Die Schaltung sieht etwa wie in Abb. 348. 1 aus.

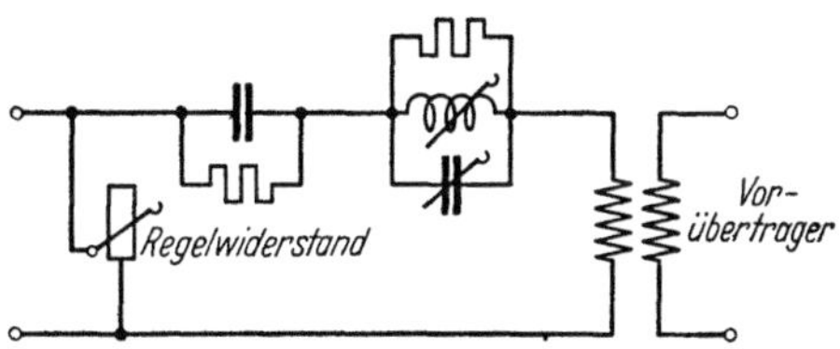

Abb. 348. 1.

Da die Schaltelemente auf den inneren Widerstand der Stromquelle abgestimmt sind, muß dafür gesorgt werden, daß dieser bei Betätigung des Regelwiderstandes ungeändert bleibt[1].

Die Eigenschaften der Übertragungssysteme sind zeitlich niemals völlig konstant. So schwankt z. B. bei Temperaturänderungen der bezogene Widerstand der Leitungen und damit ihre Dämpfung. Bei Freileitungen sind vor allem Feuchtigkeitsschwankungen, also Schwankungen der Ableitung G, von Einfluß. Deshalb baut man die Entzerrer veränderbar.

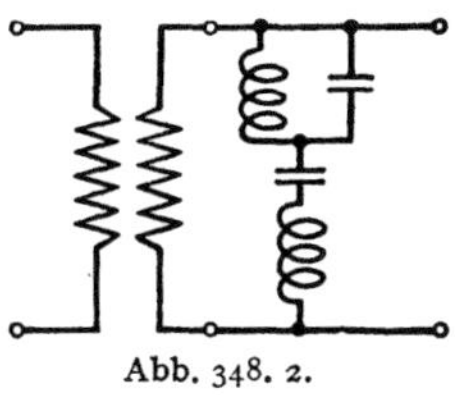

Abb. 348. 2.

Früher hat man Entzerrer auch an den Nachübertragern der Röhren angebracht. Man legte z. B. eine Querschaltung nach Abb. 348. 2 vor die weiterführende Leitung. Sie wurde so bemessen, daß in der Nähe von 1300 Hz Reihenresonanz, in der Nähe von 2450 Hz dagegen Parallelresonanz entstand[2]. Die Reihenresonanz machte die Verstärkungskurve konkav nach oben, die Parallelresonanz ergab den Anstieg der Verstärkung bei hohen Frequenzen. Ein Nachteil dieser Entzerrer lag in der mangelhaften Ausnutzung der Röhren.

§ 349. Vierpole konstanten Wellenwiderstands als Entzerrer. Wenn bei einem zwischen Vierpole konstanten Wellenwiderstands geschalteten entzerrenden Vierpol wirklich die Wellendämpfung maßgebend sein soll, muß man ihn so bauen, daß sein Wellenwiderstand ebenfalls frequenzunabhängig ist.

---

[1] Feldtkeller, R., und Bartels, H.: Wiss. Veröff. Siemens-Konz. 6 (1927) H. 1 S. 65; Elektr. Nachr.-Techn. 6 (1929) S. 87.

[2] Höpfner, K., und Lüschen, F.: Fernkabel 9 (1928) S. 35.

Zu den Vierpolen frequenzunabhängigen Wellenwiderstands gehören u. a. die im § 166 betrachteten Kreuzglieder, für die die Bedingung $\sqrt{\mathfrak{R}_1 \mathfrak{R}_2} = k$ erfüllt ist, wo k ein reeller frequenzunabhängiger Widerstand ist. Bestehen solche Kreuzglieder freilich aus reinen Blindwiderständen ($\mathfrak{R}_1 = k^2/\mathfrak{R}_2 = \mathrm{j}X_1$), so ist ihre Dämpfung nach (166. 6) und nach Abb. 183. 1 im ganzen Frequenzbereich gleich Null; als Entzerrer können sie daher nicht dienen. Man darf ihnen aber reelle Widerstände zuschalten, ohne daß sie aufhören, Vierpole konstanten Wellenwiderstands zu sein. Nach Zobel gilt nämlich der allgemeine Satz, daß man zu den Widerständen $\mathfrak{R}_1$ und $\mathfrak{R}_2$, aus denen ein solches Kreuzglied besteht, weitere reelle oder komplexe Widerstände $\mathfrak{R}_1'$ und $\mathfrak{R}_2'$ in Reihe und parallel oder parallel und in Reihe schalten darf, ohne daß der Wellenwiderstand des entstehenden zusammengesetzten Kreuzglieds frequenzabhängig würde, vorausgesetzt, daß man die Zusätze $\mathfrak{R}_1'$ und $\mathfrak{R}_2'$ so wählt, daß auch für sie die Gleichung $\sqrt{\mathfrak{R}_1' \mathfrak{R}_2'} = k$ gilt. Denn es ist z. B.

$$(\mathfrak{R}_1 + \mathfrak{R}_1') \frac{\mathfrak{R}_2 \mathfrak{R}_2'}{\mathfrak{R}_2 + \mathfrak{R}_2'} = (\mathfrak{R}_1 + \mathfrak{R}_1') \frac{\mathfrak{R}_1 \mathfrak{R}_2 \mathfrak{R}_1' \mathfrak{R}_2'}{\mathfrak{R}_1 \mathfrak{R}_2 \mathfrak{R}_1' + \mathfrak{R}_1 \mathfrak{R}_1' \mathfrak{R}_2'}$$
$$= (\mathfrak{R}_1 + \mathfrak{R}_1') \frac{k^4}{k^2 (\mathfrak{R}_1' + \mathfrak{R}_1)} = k^2. \qquad (349.\,1)$$

Enthalten $\mathfrak{R}_1'$ und $\mathfrak{R}_2'$ ebenfalls nur Blindbestandteile, so ist auch das zusammengesetzte Kreuzglied dämpfungsfrei. Macht man aber $\mathfrak{R}_1' = \mathfrak{R}_2' = k$, also gleich einem konstanten reellen Widerstand, so erhält man ein als Entzerrer brauchbares Kreuzglied mit frequenzabhängiger Dämpfung.

Zobel hat für eine große Zahl solcher Kreuzglieder die Frequenzgänge des Dämpfungsmaßes und des Winkelmaßes ausgerechnet und zusammengestellt[1]. Aus dieser Sammlung kann man sich im einzelnen Fall die Glieder heraussuchen, deren Übertragungsmaß den für die Entzerrung nötigen Frequenzgang zeigt. Da die Wellenwiderstände der Glieder nicht von der Frequenz abhängen und daher für alle Glieder gleich gewählt werden können, addieren sich ihre Übertragungsmaße.

Auch die Brückensternglieder (§ 168), bei denen $\mathfrak{R}_0 = \sqrt{\mathfrak{R}_1 \mathfrak{R}_2} = k$ ist, eignen sich als Entzerrer. Doch wird man im allgemeinen die Widerstände $\mathfrak{R}_1$ als komplex voraussetzen müssen; denn aus der Gleichung

$$b = \frac{1}{2} \ln\left(1 + \frac{X_1^2}{k^2}\right), \qquad (349.\,2)$$

die sich aus (168. 5) ergibt, und dem Reaktanztheorem (§ 109) folgt, daß die Dämpfung einer solchen Schaltung aus Blindwiderständen keine Maxima haben kann, wie man es von der Dämpfung eines Entzerrers fordern muß. Liegt z. B. im überbrückenden Zweig nur eine Kapazität, ist also $\mathfrak{R}_1 = 1/(\mathrm{j}\omega C)$, so folgt aus (. 2)

$$b = \frac{1}{2} \ln\left(1 + \frac{1}{\omega^2 k^2 C^2}\right). \qquad (349.\,3)$$

Die Dämpfung nimmt also mit abnehmender Frequenz beständig zu. Man mildert diese Zunahme daher durch einen quergeschalteten reinen Widerstand R gemäß Abb. 349. 1:

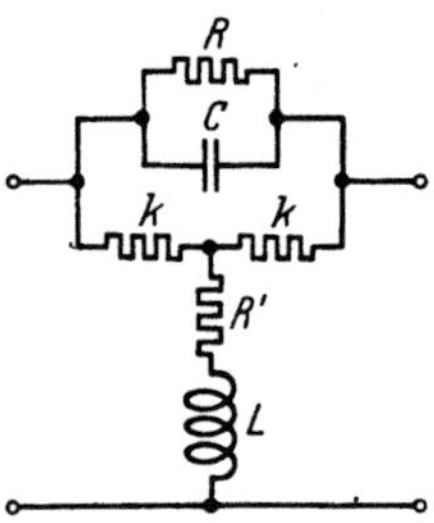

Abb. 349. 1.

$$b = \ln\left|1 + \frac{R}{k(1 + \mathrm{j}\omega RC)}\right|; \qquad (349.\,4)$$

denn dann nähert sich die Wellendämpfung für kleine ω dem Werte $\ln(1 + R/k)$, wird dort also nicht mehr unendlich groß. Schaltet man zu dem Kondensator C

[1] Zobel, O. J.: Bell Syst. techn. J. 7 (1928) S. 512 ff. Die Netzwerke 13 ··· 17 sind reine Blindnetzwerke, 1 ··· 12 enthalten Widerstände.

noch eine Induktivität L in Reihe, so wird nach der der Gleichung (13. 1) dual entsprechenden Gleichung

$$b = \ln \left| 1 + \frac{R}{k\left(1 + \frac{j\omega RC}{1-\omega^2 LC}\right)} \right|; \tag{349. 5}$$

d.h. der Verlauf wird für niedrige Frequenzen kaum geändert, bei der Scheinfrequenz $1/\sqrt{LC}$ erscheint jedoch eine Nullstelle im Endlichen.

Beispiel[1]. Es sei der in Abb. 349. 2 durch die Kurve *1* wiedergegebene Frequenzgang der Betriebsdämpfung einer nichtpupinisierten 0,8-mm-Kabelleitung von 15 km Länge zwischen 50 und 10000 Hz durch einen Entzerrer des Frequenzgangs der Kurve *2* zu entzerren. Der Wellenwiderstand soll konstant gleich 600 Ω sein. Wir verwenden die Gleichung (. 4) in der Form

$$b = \ln \left| 1 + \frac{R}{k\left(1 + j\frac{R}{k}\frac{f}{f_0}\right)} \right|, \tag{349. 6}$$

indem wir mit f_0 die Frequenz $f_0 = 1/(2\pi k C)$ bezeichnen. Fordern wir für niedrige Frequenzen entsprechend Kurve *2* eine Dämpfung von 3,6 N, so ergibt sich

$$\frac{R}{k} = e^{3,6} - 1 = 35{,}6. \tag{349. 7}$$

Da sich die Dämpfung bei sehr großem R/k für die Frequenz ω_0 dem Werte $\ln|1 - j| = 0{,}35$ N nähert, wollen wir $f_0 = 9000$ Hz setzen und erhalten damit

$$C = \frac{1}{2\pi \cdot 9000\,\text{Hz} \cdot 600\,\Omega} = 29\,\text{nF}. \tag{349. 8}$$

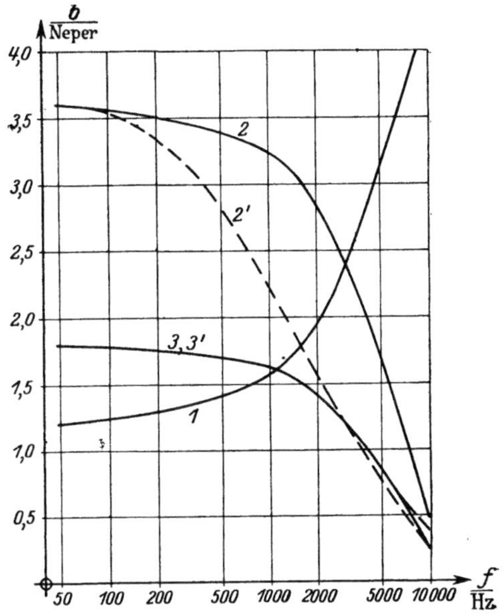

Abb. 349. 2.

So ergibt sich aber nach (. 6) die gestrichelte Kurve *2'*, die von der gewünschten Kurve noch stark abweicht. Die Übereinstimmung wird viel besser, wenn wir durch zwei Brückensternschaltungen in Kette je die halbe Dämpfung nachbilden. Wir erhalten dann (mit dem Ausgangswert 3,5 statt 3,6)

$$\frac{R}{k} = e^{1,75} - 1 = 4{,}75 \tag{349. 9}$$

und mit dem alten Wert f_0 die gestrichelte Kurve *3'*, die nur bei ganz hohen Frequenzen etwas von der Kurve *3* abweicht.

$\mathfrak{R}_2$ berechnet sich nach

$$\mathfrak{R}_2 = \frac{k^2}{\mathfrak{R}_1} = \frac{k^2}{R} + k^2 j\omega C = 126\,\Omega + j\omega \cdot 10{,}8\text{ mH}. \tag{349. 10}$$

Den Anschluß bei den hohen Frequenzen kann man noch verbessern durch Hinzunahme einer Induktivität in Reihe entsprechend Gleichung (. 5)[2].

§ 350. Laufzeitentzerrung (Phasenausgleich).

Ebenso wie man den Frequenzgang der Dämpfung eines Vierpols durch einen Entzerrer aufheben kann, dessen Dämpfung die gegebene zu einer frequenzunabhängigen Dämpfung ergänzt, ebenso kann man auch Laufzeitverzerrungen durch einen Vierpol „komplementärer" Laufzeitverzerrung wieder aufheben. Bei Pupinleitungen z. B. laufen

[1] Nach Gandtner, V., und Wohlgemuth, G.: Wiss. Veröff. Siemens-Konz. 7, H. 2 (1929) S. 67.

[2] Kompliziertere Entzerrerketten kann man mit Hilfe des von Gandtner und Wohlgemuth (a. a. O.) abgeleiteten „Additionstheorems" häufig nachträglich wieder vereinfachen.

nach § 241 die hohen Frequenzen langsamer als die niedrigen; zur Entzerrung können also Netzwerke dienen, bei denen die niedrigeren Frequenzen die langsameren sind.

Gewöhnlich verwendet man[1] zur Laufzeitentzerrung von Pupinleitungen Kreuzglieder (§ 166), bei denen das geometrische Mittel von $\mathfrak{R}_1$ und $\mathfrak{R}_2$ ein reeller frequenzunabhängiger Widerstand ist. Bestehen sie nur aus Blindwiderständen, so gilt nach (166. 6)

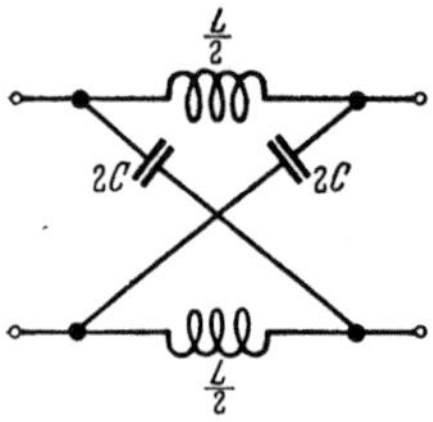

Abb. 350. 1.

$$\operatorname{tg}\frac{a}{2} = \frac{X_1}{k} \tag{350. 1}$$

und daher

$$\frac{\mathrm{d}a}{\mathrm{d}\omega} = \frac{2\cos^2\frac{a}{2}}{k}\,\frac{\mathrm{d}X_1}{\mathrm{d}\omega} = \frac{2}{1+\operatorname{tg}^2\frac{a}{2}}\,\frac{\mathrm{d}(X_1/k)}{\mathrm{d}\omega}. \tag{350. 2}$$

Bei geeigneter Wahl von X_1 erhält man Glieder, deren Laufzeit mit steigender Frequenz abnimmt. Daß ihre Dämpfung gleich Null oder wenigstens sehr klein ist, ist nur vorteilhaft.

Ein besonders einfaches Kreuzglied der hervorgehobenen besonderen Art ist das in Abb. 350. 1 dargestellte. Mit der Abkürzung $\omega^2 LC = \eta^2$ ist bei ihm

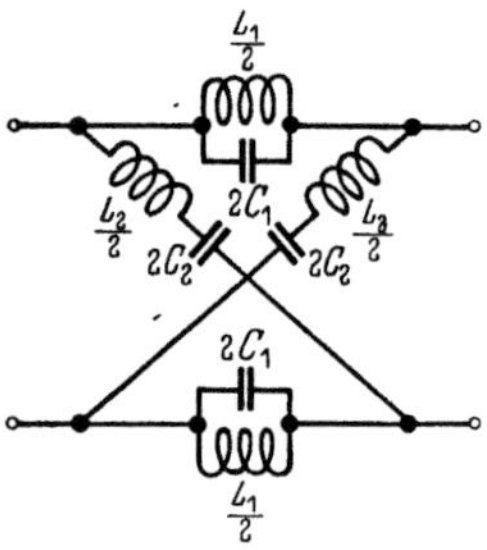

Abb. 350. 2.

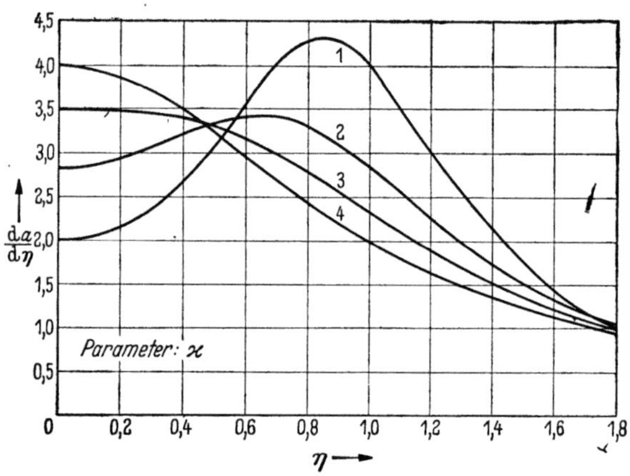

Abb. 350. 3.

$$\mathfrak{R}_1 = \mathrm{j}\omega L = \mathrm{j}\eta k, \qquad \mathfrak{R}_2 = \frac{1}{\mathrm{j}\omega C} = \frac{k}{\mathrm{j}\eta}, \qquad k = \sqrt{\frac{L}{C}}, \tag{350. 3}$$

also

$$\frac{\mathrm{d}a}{\mathrm{d}\omega} = \sqrt{LC}\,\frac{\mathrm{d}a}{\mathrm{d}\eta} = \frac{2\sqrt{LC}}{1+\eta^2}. \tag{350. 4}$$

Seine Laufzeit nimmt mit steigender Frequenz ab; ihre Kurve (Abb. 350. 3, Kurve „4") ist aber auch nicht annähernd komplementär zu der Laufzeitkurve der Pupinleitung (Abb. 241. 1).

Wir berechnen daher noch das etwas kompliziertere Kreuzglied Abb. 350. 2. Bei ihm ist mit den Abkürzungen

$$\left.\begin{aligned} &\omega^2 L_1 C_1 = \omega^2 L_2 C_2 = \eta^2 \quad \text{und} \quad \varkappa = C_2/C_1 \\ &X_1 = \frac{\omega L_1}{1-\omega^2 L_1 C_1} = \frac{\sqrt{\varkappa}\cdot\eta k}{1-\eta^2}, \qquad X_2 = \omega L_2 - \frac{1}{\omega C_2} = \frac{(\eta^2-1)k}{\sqrt{\varkappa}\cdot\eta}, \\ &k = \sqrt{\frac{L_1}{C_2}} = \sqrt{\frac{L_2}{C_1}} = \sqrt{\frac{L_1}{\varkappa C_1}} = \sqrt{\frac{\varkappa L_2}{C_2}}, \end{aligned}\right\} \tag{350. 5}$$

---

[1] Küpfmüller, K.: Elektr. Nachr.-Techn. 3 (1926) S. 82. Küpfmüller, K., und Mayer, H. F.: Wiss. Veröff. Siemens-Konz. 5 H. 1 (1926) S. 51.

also $$\frac{\mathrm{d}a}{\mathrm{d}\omega} = \sqrt{L_1 C_1}\frac{\mathrm{d}a}{\mathrm{d}\eta} = \frac{2\sqrt{L_1 C_1}}{1 + \frac{\varkappa\eta^2}{(1-\eta^2)^2}} \frac{\sqrt{\varkappa}(1+\eta^2)}{(1-\eta^2)^2} = \frac{2\sqrt{\varkappa}(1+\eta^2)\sqrt{L_1 C_1}}{(1-\eta^2)^2 + \varkappa\eta^2}. \tag{350.6}$$

In Abb. 350.3 ist dieser Frequenzgang für $\varkappa = 1$, 2 und 3 gezeichnet. (Für $\varkappa = 4$ und $LC = 4\,L_1 C_1$ geht (.6) in (.4) über.)

Durch Zusammenschalten solcher Glieder verschiedenen Frequenzgangs in Kette kann man die Laufzeitverzerrung der Pupinleitungen bis auf geringe zurückbleibende Schwankungen ausgleichen. Da man die Wellenwiderstände der Glieder, die ja unabhängig sind von der Frequenz, gleich groß machen kann, addieren sich die Laufzeiten[1].

Das Verfahren ist nicht anwendbar, wenn die Gesamtlaufzeit einer Verbindung nicht über ein bestimmtes Maß hinaus steigen darf (vgl. § 416).

15. Abschnitt.

Wellenfilter[2].

§ 351. **Allgemeines.** Unter einem Wellenfilter oder Wellensieb[3] verstehen wir einen Vierpol, der, primär durch eine Zweipolquelle betrieben, einem sekundär angeschalteten verbrauchenden Zweipol in gewissen Frequenzbereichen endlicher Breite sehr viel, in allen übrigen Frequenzbereichen dagegen sehr wenig Energie zuführt.

Wir haben schon im 4. Abschnitt Schaltungen mit starkem Frequenzgang der in den Verbraucher übergehenden Leistung kennengelernt. Das waren „Resonanzschaltungen", bei denen sich Blindwiderstände bei gewissen Frequenzen kompensierten. Resonanzschaltungen sind jedoch nur im weiteren Sinne Filter. Die Resonanzkurve eines Filters im engeren Sinne soll einigermaßen rechteckig verlaufen; oder, anders ausgedrückt, seine Betriebsdämpfung soll in einem endlichen Bereich gering sein und auf beiden Seiten dieses „Durchlaßbereichs" steil ansteigen.

Erste Aufgabe der Filtertheorie ist es, festzustellen, wie die Elemente eines Filters gewählt werden müssen, damit es einen ausgeprägten Durchlaßbereich hat, der im Frequenzspektrum an vorgeschriebener Stelle liegt und die vorgeschriebene Breite hat. Da auch die Filterwirkung auf Resonanz beruht, läßt sich die Theorie in den wesentlichsten Zügen unter Vernachlässigung der Verluste ableiten.

§ 352. **Lage des Durchlaßbereichs.** Bei einem gegebenen Filter ist es im allgemeinen leicht, ungefähr anzugeben, in welchem Frequenzbereich es durchlässig ist. Die Sternschaltung Abb. 352.1 z. B. ist sicher in der Nähe der Scheinfrequenz $1/\sqrt{L_1 C_1}$ durchlässig; denn für sie ist der Widerstand $\mathfrak{R}_1$ (§ 163) gleich Null. Ebenso liegt der Durchlaßbereich der Sternschaltung Abb. 352.2 in der Nähe der Scheinfrequenz $1/\sqrt{L_2 C_2}$; denn für diese wird der Scheinwiderstand der querliegenden Masche unendlich groß.

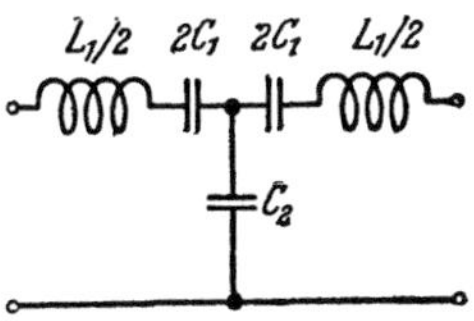

Abb. 352.1.

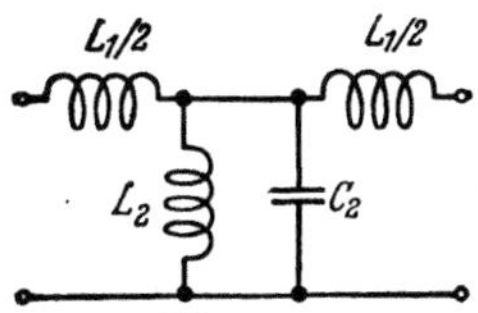

Abb. 352.2.

[1] Krambeer, K. H., und Erdniß, K.: Telegr.- u. Fernspr.-Techn. **28** (1939) S. 395.

[2] Feldtkeller, R.: Einführung in die Siebschaltungstheorie der elektrischen Nachrichtentechnik, 2. Aufl. Leipzig: Hirzel 1942.

[3] Der Erfinder der Wellenfilter ist K. W. Wagner (1915). Unabhängig von ihm hat G. A. Campbell im Juli 1915 ein Patent auf Wellenfilter angemeldet. Vgl. auch Wagner, K. W.: Arch. Elektrotechn. **8** (1919) S. 61; Elektr. Nachr.-Techn. **5** (1928) S. 1.

Mit solchen Feststellungen ist jedoch nicht viel gewonnen; denn die Praxis verlangt die Berechnung der Grenzen des Durchlaßbereichs.

Daß Blindvierpole scharf begrenzte „Durchlaßbereiche" haben können, haben wir schon in den Paragraphen 184 · · · 186 gesehen. In der Tat beruht die Erfindung der Filter und das übliche Bemessungsverfahren auf den dort angestellten Überlegungen. Es ist aber nützlich, von Anfang an zu beachten, daß aus dem Frequenzgang der Wellen-(Vierpol-)dämpfung eines verlustlosen Vierpols nicht ohne weiteres auf den Frequenzgang der Betriebsdämpfung eines Vierpols mit Verlusten geschlossen werden darf. Die früher abgeleitete Theorie, die wir der Darstellung zunächst zugrunde legen, kann daher nur ein mehr oder weniger idealisiertes Bild von dem Verhalten der Filter geben.

§ 353. **Grundfilter**[1]. Unter einem „Grundfilter" wollen wir ein verlustloses Abzweigfilter verstehen, bei dem das geometrische Mittel der beiden in den Paragraphen 163 und 165 eingeführten komplexen Widerstände $\mathfrak{R}_1$ und $\mathfrak{R}_2$ ein reeller frequenzunabhängiger Widerstand ist: $\sqrt{\mathfrak{R}_1 \mathfrak{R}_2} = k$.

Bei allen Grundfiltern ist demnach

$$\mathfrak{Sin}\,\frac{\mathfrak{g}}{2} = \frac{1}{2}\sqrt{\frac{\mathfrak{R}_1}{\mathfrak{R}_2}} = \frac{\mathfrak{R}_1}{2k} = \mathrm{j}\,\frac{X_1}{2k}, \tag{353.1}$$

$$\mathfrak{Z} = k\left(1 + \frac{\mathfrak{R}_1}{4\mathfrak{R}_2}\right)^{\pm\frac{1}{2}} = k\left(1 + \frac{\mathfrak{R}_1^2}{4k^2}\right)^{\pm\frac{1}{2}} = k\left(1 - \frac{|X_1|^2}{4k^2}\right)^{\pm\frac{1}{2}}. \tag{353.2}$$

Nach (. 1) und nach dem Sinusnetz ist die Wellendämpfung der Grundfilter gleich Null, solange

$$|X_1| \leqq 2k; \tag{353.3}$$

endlich und frequenzabhängig ist sie dagegen, wenn $|X_1| > 2k$. Das halbe Winkelmaß nimmt in den Durchlaßbereichen zu; in den Sperrbereichen ist es konstant und gleich 90^0, 270^0, · · ·.

Der Wellenwiderstand der Grundfilter ist bei den Frequenzen, für die $|X_1|$ verschwindet, gleich k, dagegen an den Grenzen der Durchlaßbereiche ($|X_1| = 2k$) beim Stern gleich Null, beim Dreieck unendlich groß. In den Sperrbereichen ist er imaginär.

Auch bei den verlustlosen Kreuz- und Differentialschaltungen (§ 166 und 204) kann man die Grundfilterbedingung einführen; wir haben dies z. B. im § 350 getan. Nach (166. 6) ist dann jedoch

$$\mathfrak{Tg}\,\frac{\mathfrak{g}}{2} = \mathrm{j}\,\frac{X_1}{k}; \tag{353.4}$$

d. h. die Brücken- und Differentialschaltungen lassen nach dem Tangensnetz bei allen Frequenzen durch. Verlustlose Brücken- oder Differentialgrundfilter gibt es nicht.

Trägt man bei einem Grundfilter den Blindwiderstand X_1 als Ordinate, die Frequenz als Abszisse auf, so kann man nach (. 3) mit Hilfe zweier Parallelen zur Abszissenachse im Abstande $2k$ ohne weiteres die Ausdehnung der Durchlaßbereiche feststellen (vgl. Abb. 355. 2).

§ 354. **Spulen- und Kondensatorleitungsglied (Tiefpaß und Hochpaß).** Eines der einfachsten Beispiele für einen Grund-Tiefpaß ist das schon im 9. Abschnitt eingehend untersuchte Glied der verlustlosen „Spulenleitung" oder „Spulenkette". Bei ihm ist $\sqrt{\mathfrak{R}_1\mathfrak{R}_2} = \sqrt{L/C}$; seine Grenzfrequenz ω_0 ist daher gegeben

[1] Zobel, O. J.: Bell Syst. techn. J. 2 Nr. 1 (1923) S. 1. Zobel nennt die Grundfilter „constant-k-filter".

durch die Bedingung

$$|X_1| = \omega_0 s L = 2k = 2\sqrt{\frac{L}{C}}. \tag{354.1}$$

Tiefpässe werden in der Technik viel verwendet. Man kann durch sie z. B. Wechselströme von ihren Oberschwingungen befreien, so daß nahezu sinusförmige Wechselströme entstehen. In der Unterlagerungstelegraphie (§ 433) halten sie die Fernsprechströme von den Telegraphenapparaten ab usw.

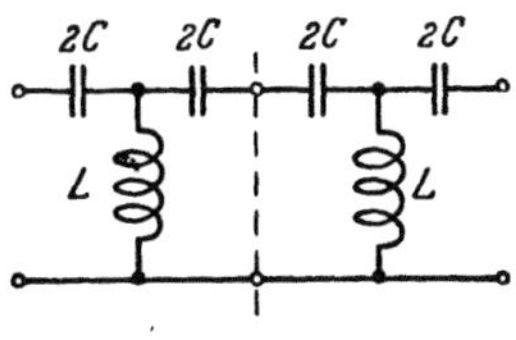

Abb. 354. 1.

Das Gegenstück zum Spulenleitungsglied ist das Glied der zu ihm „frequenzreziproken" (§ 105) „Kondensatorleitung" oder „Kondensatorkette" Abb. 354. 1. Bei ihm ist (wenn wir jetzt unter L und C die Gesamtwerte verstehen — früher sL und sC —):

$$\Re_1 = \frac{1}{j\omega C}, \qquad \Re_2 = j\omega L, \qquad \sqrt{\Re_1 \Re_2} = \sqrt{\frac{L}{C}}. \tag{354.2}$$

Also gilt

$$\mathfrak{Sin}\frac{\mathfrak{g}}{2} = -j\frac{1}{\omega C}\frac{1}{2}\sqrt{\frac{C}{L}} = -j\frac{1}{2\omega\sqrt{LC}}, \tag{354.3}$$

und die Grenzfrequenz ist

$$\omega_0 = \frac{1}{2\sqrt{LC}}. \tag{354.4}$$

Oberhalb von ω_0 ist die Schaltung durchlässig, unterhalb davon sperrt sie; sie ist also ein „Hochpaß".

Da X_1 jetzt bei sehr hohen Frequenzen verschwindet, ist k der Wellenwiderstand für diese (Abb. 354. 2).

Führen wir wie früher schon häufig $\omega = \eta\omega_0$ ein, so wird $\Re_1 = jX_1 = -j\cdot 2k/\eta$, also

$$\mathfrak{Sin}\frac{\mathfrak{g}}{2} = -j\frac{1}{\eta}, \qquad \mathfrak{Z} = k\left(1 - \frac{1}{\eta^2}\right)^{\pm\frac{1}{2}}. \tag{354.5}$$

Mit steigender Frequenz η wandert also das halbe Übertragungsmaß im Sinusnetz zunächst auf einer Parallelen zur Abszissenachse mit $a/2 = -90^0$ vom Unendlichen bis zur Ordinatenachse, die es bei $\eta = 1$ in einem Sattel erreicht. Dann wandert es auf der imaginären Achse bis zu dem nächsten Trichter mit $a/2 = 0^0$. Der Wellenwiderstand ist bei tiefen Frequenzmaßen η imaginär, für $\eta = 1$ wird er bei der Sternschaltung gleich Null, während er bei hohem η dem Werte k zustrebt.

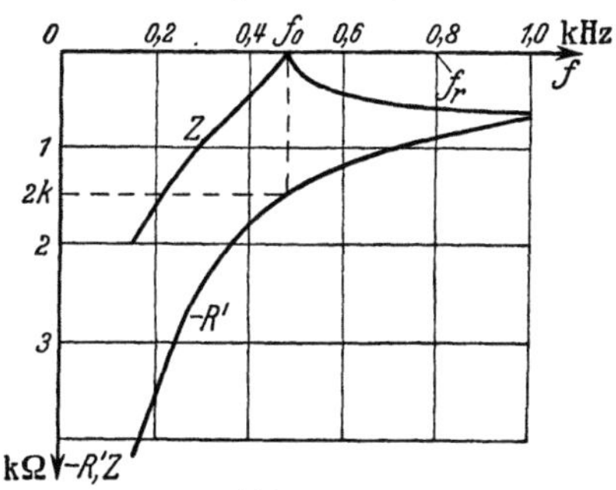

Abb. 354. 2.

Bemessungsbeispiel. Für den Abschlußwiderstand $R_e = 600\,\Omega\angle 0^0$ sei eine Kondensatorkette in Sternform zu berechnen, deren Grenzfrequenz bei 480 Hz liegt. Da der reelle Teil von $\mathfrak{Z} = Z + jZ'$ im Durchlaßbereich oberhalb der Grenzfrequenz zuerst rasch, dann langsamer steigt, schreiben wir vor, daß Z für $f = f_r = 800$ Hz gleich R_e sein soll. Das liefert nach (. 5) die Beziehung

$$k = \sqrt{\frac{L}{C}} = \frac{600\,\Omega}{\sqrt{1 - \left(\frac{480}{800}\right)^2}} = 750\,\Omega. \tag{354.6}$$

Weiter soll sein:

$$2\pi \cdot 480\,\mathrm{Hz} = \frac{1}{2\sqrt{LC}}. \qquad (354.\ 7)$$

Aus (. 6) und (. 7) folgt

$$L = 0{,}124\,\mathrm{H}, \qquad C = 0{,}221\,\mu\mathrm{F}.$$

Hochpässe können z. B. bei akustischen Versuchen verwendet werden, wenn die Obertöne eines Klangs ohne den Grundton erklingen sollen. Bei der Unterlagerungstelegraphie halten Hochpässe die Telegraphierströme von den Fernsprechapparaten ab.

Bezeichnet man bei der Spulenleitung das Frequenzmaß η, bei der Kondensatorleitung das Frequenzmaß $-1/\eta$ als „normierte" Frequenz, so kann man nach (234. 2), (243. 2) und (. 5) feststellen, daß für die beiden Gebilde in normierten Frequenzen formal die gleichen komplexen Gleichungen gelten.

§ 355. Das Doppelsieb und seine Bemessung. „Doppelsieb" nennt man den Vierpol Abb. 355. 1, wenn bei ihm die Scheinfrequenzen $\omega_1 = 1/\sqrt{L_1 C_1}$ und $\omega_2 = 1/\sqrt{L_2 C_2}$ miteinander übereinstimmen ($\omega_1 = \omega_2 = \omega_m$). Beim Doppelsieb ist

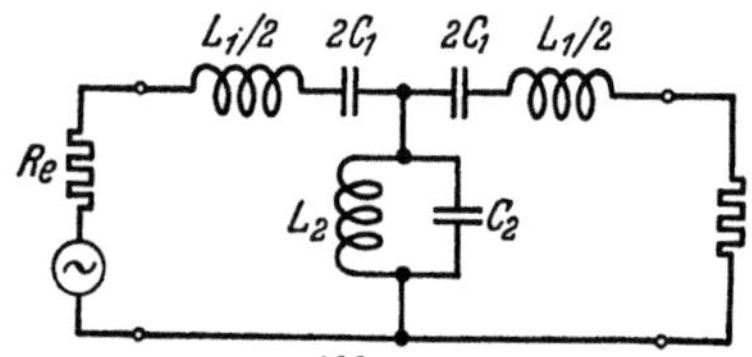

Abb. 355. 1.

$$\left.\begin{aligned} \mathfrak{R}_1 &= \frac{1}{\mathrm{j}\,\omega C_1}(1 - \omega^2 L_1 C_1), \\ \mathfrak{R}_2 &= \frac{\mathrm{j}\,\omega L_2}{1 - \omega^2 L_2 C_2}; \end{aligned}\right\} \qquad (355.\ 1)$$

es ist demnach ein Grundfilter mit

$$k = \sqrt{\frac{L_2}{C_1}} = \sqrt{\frac{L_1}{C_2}}. \qquad (355.\ 2)$$

Die Frequenzabhängigkeit des Längsblindwiderstands

$$X_1 = \omega L_1 - \frac{1}{\omega C_1} \qquad (355.\ 3)$$

ist bereits in Abb. 109. 1 dargestellt. Die am Schluß von § 353 angegebene Konstruktion ist daher leicht auszuführen (Abb. 355. 2). Sie zeigt, daß das Doppelsieb ein „Bandpaß" ist, d. h. ein Filter, das in einem endlichen Bereich zwischen den Frequenzen ω_0 und ω_3 durchläßt. Die

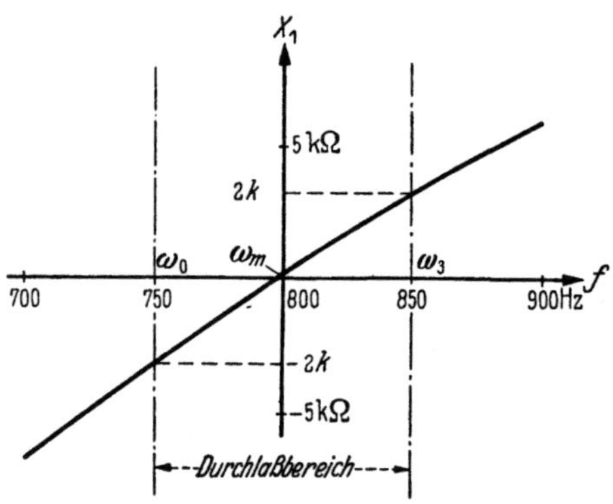

Abb. 355. 2.

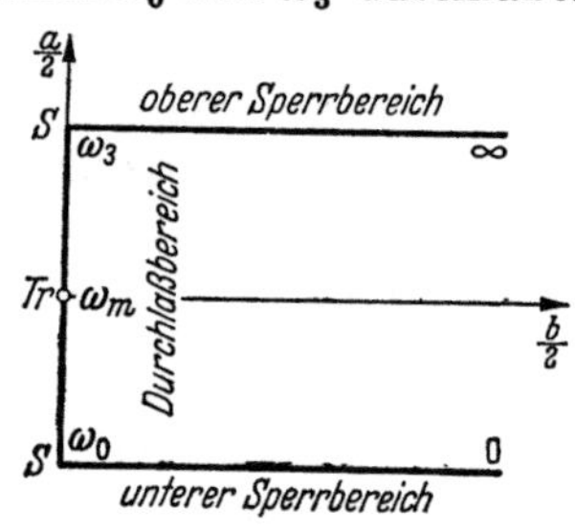

Abb. 355. 3.

durch die Bedingung $X_1 = 0$ (oder $X_2 = \infty$, da $X_1 X_2 = -k^2$) definierte Frequenz ist die gemeinsame Scheinfrequenz ω_m; für sie nimmt der Wellenwiderstand $\mathfrak{Z}$ nach (353. 2) den Wert k an.

Da $\mathfrak{Sin}(\mathfrak{g}/2)$, wie bei allen Grundfiltern, nach (353. 1) rein imaginär und X_1 für niedrige Frequenzen negativ ist, kann das halbe Übertragungsmaß $\mathfrak{g}/2$ als

Funktion der Frequenz in der Ebene des Sinusnetzes nur folgendermaßen verlaufen (Abb. 355. 3): Es fällt zunächst im unteren Sperrbereich mit steigender Frequenz auf einer Parallelen zur reellen Achse mit konstantem Winkelmaß und $a/2 = -90^0$ auf den zugehörigen Sattel, sinkt dann im Durchlaßbereich auf der imaginären Achse in den Trichter im Koordinatennullpunkt, dem die Frequenz ω_m entspricht, steigt weiter auf den nächsten Sattel und anschließend, wieder parallel zur reellen Achse, mit $a/2 = +90^0$ bis zu unendlich hohen Werten.

Die Konstante k muß so gewählt werden, daß der Wellenwiderstand $\mathfrak{Z}$ des Doppelsiebs bei den wichtigsten Frequenzen an die Widerstände der Stromquelle und des Verbrauchers annähernd angepaßt ist. Sehen wir k als durch diese Vorschrift festgelegt an, so ergeben sich die Elemente von $\mathfrak{R}_1$ aus den beiden Bedingungen (353. 3), $\mathfrak{R}_2$ aus $\mathfrak{R}_2 = k^2/\mathfrak{R}_1$.

Beispiel. Es sei ein Doppelsieb zu bemessen, für das $k = 1600\,\Omega$ ist und das zwischen 750 und 850 Hz durchläßt. Nach (353. 3) ist gleichzeitig

$$0{,}75 \cdot 2\pi\,\mathrm{kHz} \cdot L_1 - \frac{1}{0{,}75}\,\frac{1}{2\pi\,\mathrm{kHz} \cdot C_1} = -3{,}2\,\mathrm{k\Omega},$$

$$0{,}85 \cdot 2\pi\,\mathrm{kHz} \cdot L_1 - \frac{1}{0{,}85}\,\frac{1}{2\pi\,\mathrm{kHz} \cdot C_1} = +3{,}2\,\mathrm{k\Omega}.$$

Hier kann man $2\pi\,\mathrm{kHz}\cdot L_1$ und $1/(2\pi\,\mathrm{kHz}\cdot C_1)$ als die Unbekannten ansehen; die Nennerdeterminante ist dann

$$\Delta = \frac{0{,}85}{0{,}75} - \frac{0{,}75}{0{,}85} = 0{,}25,$$

und man erhält

$$L_1 = \frac{3{,}2\,\mathrm{k\Omega}}{0{,}25 \cdot 2\pi\,\mathrm{kHz}}\left(\frac{1}{0{,}85} + \frac{1}{0{,}75}\right) = 5{,}1\,\mathrm{H},$$

$$C_1 = \frac{0{,}25}{3{,}2\,\mathrm{k\Omega} \cdot 2\pi\,\mathrm{kHz}}\,\frac{1}{0{,}75 + 0{,}85} = 7{,}8\,\mathrm{nF}.$$

Weiter ist

$$\mathfrak{R}_2 = \frac{k^2}{\mathrm{j}\,\omega L_1 + \dfrac{1}{\mathrm{j}\,\omega C_1}} = \frac{\mathrm{j}\,\omega k^2 C_1}{1 - \omega^2 L_1 C_1} = \frac{\mathrm{j}\,\omega \cdot 20\,\mathrm{mH}}{1 - \omega^2 \cdot 40\,\mathrm{H}\cdot\mathrm{nF}},$$

also $L_2 = 20\,\mathrm{mH}$, $C_2 = 2{,}0\,\mu\mathrm{F}$.

Will man die Frequenzgänge von $\mathfrak{g}$ und $\mathfrak{Z}$ im einzelnen verfolgen, so benutzt man etwa die Abkürzungen

$$\eta = \frac{\omega}{\omega_m}, \qquad k = \sqrt{\frac{L_2}{C_1}}, \qquad \varkappa = 2\sqrt{\frac{L_2}{L_1}} = 2\sqrt{\frac{C_1}{C_2}}. \tag{355.4}$$

Damit wird

$$\mathfrak{Sin}\,\frac{\mathfrak{g}}{2} = \mathrm{j}\,\frac{X_1}{2k} = \mathrm{j}\,\frac{1}{2}\sqrt{\frac{C_1}{L_2}}\left(\omega L_1 - \frac{1}{\omega C_1}\right) = \mathrm{j}\,\frac{1}{\varkappa}\left(\eta - \frac{1}{\eta}\right), \tag{355.5}$$

$$\mathfrak{Z} = k\,\mathfrak{Cof}\,\frac{\mathfrak{g}}{2} = k\sqrt{1 - \frac{1}{\varkappa^2}\left(\eta - \frac{1}{\eta}\right)^2}. \tag{355.6}$$

Nach (. 5) sind die beiden „Grenzfrequenzen" ω_0 und ω_3 des Filters, zwischen denen der Durchlaßbereich liegt, gegeben durch die „Sattelbedingung"

$$\frac{1}{\varkappa}\left(\eta - \frac{1}{\eta}\right) = \pm 1 \tag{355.7}$$

oder

$$\eta^2 \mp \varkappa\eta - 1 = 0, \tag{355.8}$$

aus der, da η positiv sein muß, die beiden Lösungen

$$\eta_3 = \frac{\varkappa}{2} + \sqrt{\frac{\varkappa^2}{4} + 1} \quad \text{und} \quad \eta_0 = -\frac{\varkappa}{2} + \sqrt{\frac{\varkappa^2}{4} + 1} \tag{355.9}$$

folgen. Es ist also

$$\eta_3 - \eta_0 = \frac{\omega_3 - \omega_0}{\omega_m} = \varkappa, \tag{355.10}$$

$$\eta_3 \eta_0 = \frac{\omega_3 \omega_0}{\omega_m^2} = 1. \tag{355.11}$$

Der Koeffizient $\varkappa$ ist hiernach gleich der „relativen Lochbreite“, die Frequenz ω_m gleich dem geometrischen Mittel der beiden Grenzfrequenzen, das immer etwas kleiner ist als das arithmetische.

Trägt man die Frequenzen logarithmisch auf (vgl. § 285), so liegt f_m in der Mitte zwischen f_0 und f_3.

In unserm Zahlenbeispiel ist $\varkappa = 0{,}125$.

Nach (. 5) ist im Durchlaßbereich ($b = 0$)

$$\sin\frac{a}{2} = \frac{1}{\varkappa}\left(\eta - \frac{1}{\eta}\right), \tag{355.12}$$

in den Sperrbereichen ($a/2 = \pm 90^0$)

$$\mathfrak{Cof}\,\frac{b}{2} = \pm\frac{1}{\varkappa}\left(\eta - \frac{1}{\eta}\right), \tag{355.13}$$

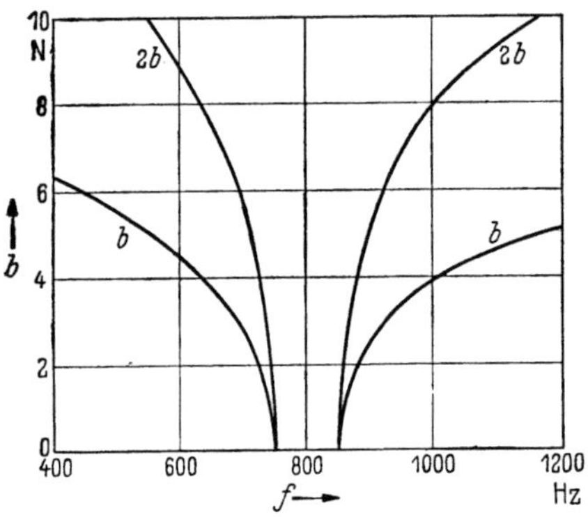

Abb. 355. 4.

wobei das obere Vorzeichen für den oberen Bereich gilt.

Die Steilheit des Dämpfungsanstiegs ist nach (. 13)

$$\frac{db}{d\eta} = \pm\frac{2}{\varkappa}\,\frac{1 + 1/\eta^2}{\mathfrak{Sin}\,(b/2)}. \tag{355.14}$$

Da die Dämpfung an beiden Grenzen verschwindet, steigt sie dort senkrecht an. Abb. 355. 4 zeigt ihren Verlauf bei dem oben betrachteten Doppelsieb.

Setzt man $\eta - 1/\eta = 2\xi$, so kann man (. 6) in die Form

$$\left(\frac{\mathfrak{Z}}{k}\right)^2 + \left(\frac{\xi}{\varkappa/2}\right)^2 = 1 \tag{355.15}$$

bringen. D. h. mit ξ als Abszisse ergibt sich für den Gang des Wellenwiderstands eine Ellipse mit den Halbachsen k und $\varkappa/2$. Der Höchstwert von $\mathfrak{Z}$ im Durchlaßbereich ist k. Da

$$2\xi = \eta - \frac{1}{\eta} = \frac{\eta^2 - 1}{\eta} \approx 2(\eta - 1), \tag{355.16}$$

ist ξ annähernd gleich der relativen Verstimmung gegen die Lochmitte, für die ja $\eta = 1$ gilt.

Für die Bemessung des Doppelsiebs ergeben sich mit den gewählten Abkürzungen aus den Gleichungen (. 2), (. 4) und (. 10) die allgemeinen Gleichungen

$$\left.\begin{aligned}
L_1 &= \frac{2k}{\varkappa\,\omega_m} = \frac{2k}{\omega_3 - \omega_0},\\
\frac{1}{C_1} &= \frac{2\omega_m k}{\varkappa} = \frac{2\omega_m^2 k}{\omega_3 - \omega_0},\\
L_2 &= \frac{\varkappa k}{2\omega_m} = \frac{(\omega_3 - \omega_0)\,k}{2\omega_m^2},\\
\frac{1}{C_2} &= \frac{\varkappa\,\omega_m k}{2} = \frac{(\omega_3 - \omega_0)\,k}{2},
\end{aligned}\right\} \tag{355.17}$$

aus denen im Falle unseres Beispiels natürlich wieder die schon oben gefundenen Bemessungswerte folgen.

Nach (. 17) hängen, wenn k gewählt ist, L_1 und C_2 nur von der Lochbreite, C_1 und L_2 aber außerdem von der Lage des Lochs ab. Soll also eine Reihe von Filtern gleichbreite Bänder in verschiedener Frequenzlage durchlassen, so wählt man bei ihnen gleiche L_1 und C_2, aber verschiedene C_1 und L_2.

Man nennt ein symmetrisches Filter „n-wertig", wenn $a/2$ in seinem Durchlaßbereich $n \cdot 90^0$ durchläuft. Das Doppelsieb ist demnach zweiwertig.

Nach unserm Zahlenbeispiel und nach (. 4) haben bei geringer relativer Lochbreite ($\varkappa \ll 2$) die beiden Spulen des Doppelsiebs und ebenso die beiden Kondensatoren sehr verschiedene Größen. Darin liegt ein praktischer Nachteil des Doppelsiebs; denn gleiche Güte läßt sich bei zwei Spulen oder Kondensatoren leichter einhalten, wenn ihre Induktivitäten oder Kapazitäten nicht zu sehr voneinander verschieden sind.

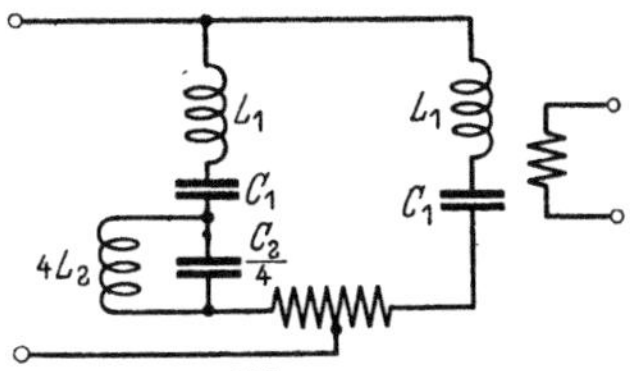

Abb. 355. 5.

Nach § 167 ist die in Abb. 355.5 gezeichnete Differentialschaltung dem Doppelsieb gleichwertig. Der linke Blindwiderstand ist gleich dem doppelten Leerlauf-, der rechte gleich dem doppelten Kurzschlußwiderstand des halben Doppelsiebs, beide Widerstände berechnet von der Sternseite aus.

Auch beim Doppelsieb kann man eine „normierte" Frequenz Ω (§ 354, Schluß) einführen. Nach (. 5) und (. 6) hat man offenbar

$$\Omega = \frac{1}{\varkappa}\left(\eta - \frac{1}{\eta}\right) = \frac{\eta^2 - 1}{\varkappa \eta} \tag{355.18}$$

zu setzen.

§ 356. Beliebiges Abzweigfilter.

Ist bei einem verlustlosen Abzweigfilter das Mittel $\sqrt{\Re_1 \Re_2} = j\sqrt{X_1 X_2}$ eine rein reelle oder rein imaginäre Funktion der Frequenz, so muß man mit den allgemeinen Gleichungen

$$\mathfrak{Sin}\frac{\mathfrak{g}}{2} = \frac{1}{2}\sqrt{\frac{X_1}{X_2}}, \qquad \mathfrak{Z} = j\sqrt{X_1 X_2}\left(\mathfrak{Cof}\frac{\mathfrak{g}}{2}\right)^{\pm 1} \tag{356.1}$$

rechnen.

Dann kann $\mathfrak{Sin}(\mathfrak{g}/2)$ auch reell sein, nämlich wenn X_1 und X_2 dasselbe Vorzeichen haben; nach dem Sinusnetz ist der zugehörige Frequenzbereich notwendig ein Sperrbereich. Es gibt also zwei Arten von Sperrbereichen, die Sperrbereiche der Grundfilter, denen im Sinusnetz eine Parallele zur reellen Achse durch einen Sattel entspricht, und die neuen Sperrbereiche, bei denen das Übertragungsmaß auf einer Waagerechten durch einen Trichter läuft.

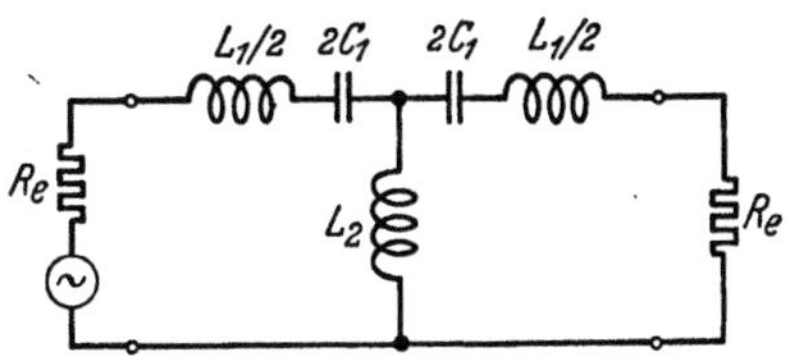

Abb. 356. 1.

Dementsprechend gibt es auch zwei Arten von Grenzfrequenzen, die sich dadurch voneinander unterscheiden, daß bei der einen Art der Betrag $|\mathfrak{Sin}(\mathfrak{g}/2)|$ gleich 1 ist, während er bei der anderen verschwindet.

Bei dem Wellenfilter mit drei Elementen Abb. 356. 1 z. B. ist mit den Abkürzungen

$$\sqrt{\frac{L_1}{C_1}} = z_1, \qquad \omega\sqrt{L_1 C_1} = \frac{\omega}{\omega_1} = \eta, \qquad \varkappa = \frac{L_2}{L_1/2}, \tag{356.2}$$

$$X_1 = \left(\eta - \frac{1}{\eta}\right) z_1, \qquad X_2 = \frac{\varkappa}{2}\eta z_1 \tag{356.3}$$

und daher

$$\mathfrak{Sin}\,\frac{\mathfrak{g}}{2} = \sqrt{\frac{1}{2\varkappa}\left(1 - \frac{1}{\eta^2}\right)}. \tag{356.4}$$

Da dieser Ausdruck für $\eta = 0$ imaginär wird, endet der untere Sperrbereich (Abb. 356. 2) für $\eta_0 = \omega_0/\omega_1 = 1/\sqrt{1 + 2\varkappa} \approx 1 - \varkappa$ auf einem Sattel (z. B. mit $a/2 = -90^0$). Daran schließt sich der Durchlaßbereich, der bis zum nächsten Trichter ($a/2 = 0$) und bis zur zweiten Grenzfrequenz $\eta_1 = \omega_1/\omega_1 = 1$ reicht. Während das Übertragungsmaß beim Doppelsieb nun auf der imaginären Achse noch weiter bis zum nächsten Sattel läuft, biegt es bei dem jetzt betrachteten Filter im Trichter rechtwinklig in den oberen Sperrbereich ein, der bei reellem $\mathfrak{Sin}\,(\mathfrak{g}/2)$ von $\eta = \eta_1 = 1$ bis $\eta = \infty$ reicht.

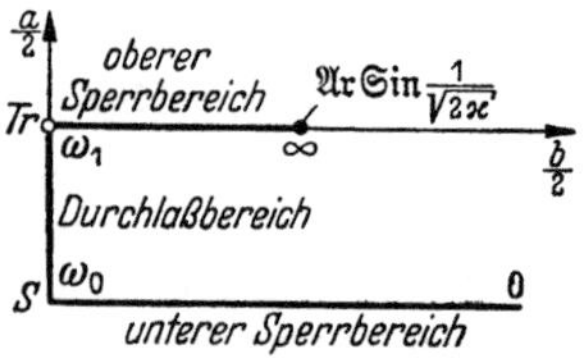

Abb. 356. 2.

Wie man sieht, sind die beiden Sperrbereiche nicht gleichwertig. Vor allem ist die Dämpfung zwar für $\eta = 0$ unendlich groß; für $\eta = \infty$ aber wird

$$\mathfrak{Sin}\,\frac{b}{2} = \frac{1}{\sqrt{2\varkappa}}, \tag{356.5}$$

d. h. die Dämpfung strebt einem endlichen Werte zu, dessen Höhe mit steigendem $\varkappa$ abnimmt.

Die relative Lochbreite ist auch bei dem hier betrachteten Filter annähernd gleich $\varkappa$ (genauer gleich $1 - 1/\sqrt{1 + 2\varkappa}$).

Der Wellenwiderstand ist

$$\mathfrak{Z} = \mathrm{j}\sqrt{X_1\left(X_2 + \frac{X_1}{4}\right)} = \frac{\omega_1 L_2}{\varkappa}\sqrt{(1 - \eta^2)\left(1 + 2\varkappa - \frac{1}{\eta^2}\right)}; \tag{356.6}$$

er wird also, wie beim Doppelsieb, an beiden Lochgrenzen gleich Null. Annähernd in der Mitte des Durchlaßbereichs, und zwar bei dem Frequenzmaß

$$\eta_m = \frac{\omega_m}{\omega_1} = \frac{1}{\sqrt[4]{1 + 2\varkappa}} = \frac{\sqrt{\omega_0\,\omega_1}}{\omega_1} \approx 1 - \frac{\varkappa}{2}, \tag{356.7}$$

hat er seinen höchsten Wert [mit $\varkappa = (\omega_1^2 - \omega_0^2)/(2\,\omega_0^2)$]

$$|\mathfrak{Z}|_{\max} = \frac{\omega_1 L_2}{\varkappa}\left(\sqrt{1 + 2\varkappa} - 1\right) = \omega_m L_2 \frac{2\,\omega_m}{\omega_0 + \omega_1} \approx \omega_m L_2 = \sqrt{\omega_0\omega_1}\,L_2; \tag{356.8}$$

er ist also für diese Frequenz sehr nahe gleich dem Querblindwiderstand[1].

$|\mathfrak{Z}|_{\max}$ muß wieder als vorgeschrieben angesehen werden. Es ergeben sich daher die Bemessungsvorschriften:

$$\left.\begin{aligned} L_1 &= \frac{2\omega_0}{\omega_1(\omega_1 - \omega_0)}\,|\mathfrak{Z}|_{\max}, \qquad \frac{1}{C_1} = \frac{2\,\omega_0\,\omega_1}{\omega_1 - \omega_0}\,|\mathfrak{Z}|_{\max}, \\ L_2 &= \frac{\omega_0 + \omega_1}{2\,\omega_m^2}\,|\mathfrak{Z}|_{\max} \approx \frac{|\mathfrak{Z}|_{\max}}{\omega_m}. \end{aligned}\right\} \tag{356.9}$$

Hieraus folgen z. B. für $f_0 = 750$ Hz, $f_1 = 850$ Hz, $|\mathfrak{Z}|_{\max} = 1600\ \Omega$ die Werte: $L_1 = 4{,}5$ H, $C_1 = 7{,}8$ nF, $L_2 = 0{,}32$ H.

Es gibt im ganzen acht Abzweigfilter mit drei Elementen, vier in Stern- und vier in Dreiecksform.

Ersetzt man in Abb. 356. 1 die Spule L_2 durch einen Kondensator C_2, so erhält man die „frequenzreziproke" Schaltung; für sie gelten ebenfalls die Gleichungen (. 3), (. 4) und (. 6);

[1] Man überzeugt sich leicht, daß bei der Frequenz ω_m der Leerlaufwiderstand $\mathfrak{W}^l$ des Filters verschwindend klein ist. Daraus und aus (149. 4) folgt aber, daß $\mathfrak{Z} \approx \sqrt{-\mathfrak{M}^2}$.

nur muß man $\varkappa$ als $2\,C_1/C_2$ definieren und η überall durch $-1/\eta$ ersetzen. Das Übertragungsmaß beginnt mit dem durch (. 5) gegebenen endlichen Wert, die „Trichterfrequenz" ω_1 ist die untere Grenzfrequenz, und $\mathfrak{Z}_{\max}$ ist annähernd gleich $1/(\omega_m C_2)$.

Schaltet man längs zwei Kondensatoren $2\,C_1$, quer eine schwingungsfähige Masche L_2, C_2, so erhält man mit $\eta = \omega\sqrt{L_2 C_2}$ und $\varkappa = 2\,C_1/C_2$ für das Übertragungsmaß wieder die Gleichung (. 4); jetzt ist aber die aus L_2 und C_2 gebildete Scheinfrequenz Bezugsfrequenz und obere Grenzfrequenz. Die Gleichung für den Wellenwiderstand lautet

$$\mathfrak{Z} = \frac{1}{\omega_2 \cdot 2\,C_1}\sqrt{\frac{1 + 2\varkappa - \dfrac{1}{\eta^2}}{1 - \eta^2}}\,; \tag{356.10}$$

er verschwindet also nur bei der unteren Grenzfrequenz, der „Sattelfrequenz"; bei der oberen, der „Trichterfrequenz", wird er unendlich groß. In der Mitte des Lochs ist sein Wert annähernd gleich $1/(\omega_m \cdot 2\,C_1)$.

Ersetzt man die Längskondensatoren durch Spulen, so erhält man wieder die zu der vorher besprochenen frequenzreziproke Schaltung. Man muß $\varkappa$ als $L_2/(L_1/2)$ definieren; die Trichterfrequenz $1/\sqrt{L_2 C_2}$ ist jetzt die untere Grenzfrequenz, und der Wellenwiderstand wird für sie unendlich groß.

Für die Übertragungsmaße der Dreiecksschaltungen gelten nach § 165 dieselben Gleichungen wie für die der Sternschaltungen. Dagegen wird der Wellenwiderstand der Dreiecksschaltungen bei den Sattelfrequenzen nicht gleich Null, sondern unendlich groß.

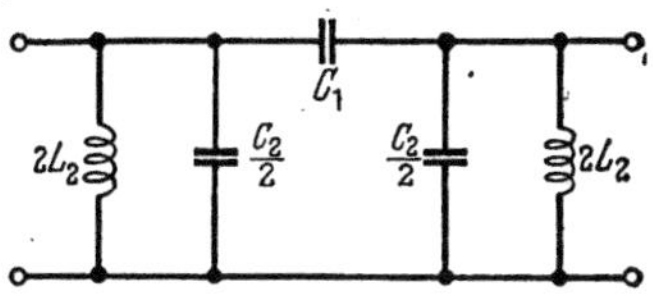

Abb. 356. 3.

Wir schreiben, um ein weiteres Beispiel zu geben, die Gleichungen für die Dreiecksschaltung der Abb. 356. 3 hin. Mit den Abkürzungen

$$\sqrt{\frac{L_2}{C_2}} = z_2\,, \qquad \omega\sqrt{L_2 C_2} = \frac{\omega}{\omega_2} = \eta\,, \qquad \varkappa = \frac{C_1}{C_2/2} \tag{356.11}$$

erhalten wir

$$X_1 = -\frac{2}{\varkappa\eta}\,z_2\,, \qquad X_2 = \frac{\eta}{1-\eta^2}\,z_2\,, \tag{356.12}$$

$$\mathfrak{Sin}\,\frac{g}{2} = \sqrt{\frac{1}{2\varkappa}\left(1 - \frac{1}{\eta^2}\right)}\,, \qquad \mathfrak{Z} = \frac{\varkappa}{\omega_2 C_1\sqrt{(1-\eta^2)\left(1 + 2\varkappa - \dfrac{1}{\eta^2}\right)}}\,. \tag{356.13}$$

Bei geringer relativer Lochbreite $\varkappa$ ist also bei diesem Filter C_1 klein gegen $C_2/2$

Man kann das letzte auch ohne Rechnung verstehen. C_1 ist gewissermaßen ein Kopplungskondensator (vgl. Abb. 254. 2). Ist seine Kapazität klein, so ist der Verbraucher mit der Stromquelle fast gar nicht gekoppelt; nur in der nächsten Nähe der Scheinfrequenz ω_2 ist der Widerstand der Quermasche höher als der des Kondensators C_1, so daß das Filter in einem schmalen Frequenzband durchläßt.

Der Wellenwiderstand wird bei dem Filter Abb. 356. 3 an beiden Grenzen unendlich groß. In der Mitte des Lochs ($\eta_m \approx 1 - \varkappa/2$) hat er ein Minimum von der Höhe $\approx 1/(\omega_m C_1)$.

§ 357. Verbesserung des Dämpfungsverlaufs im Sperrbereich. Die Dämpfung im Sperrbereich soll in der Regel, von den Lochgrenzen aus gerechnet, rasch auf einen hohen Wert ansteigen, dann aber einigermaßen konstant bleiben. Um dies zu erreichen, kann man ein bereits berechnetes Grundfilter, dessen Elemente nach den in den Paragraphen 353 ··· 355 besprochenen Gesichtspunkten gewählt sind, nachträglich durch Zufügung weiterer Elemente so abändern, daß es — allein oder in Kette geschaltet mit ähnlich bemessenen Filtern — einen befriedigenderen Gang der Dämpfung im Sperrbereich zeigt.

Wir erläutern das Verfahren an dem Beispiel des Spulenleitungsglieds in Anlehnung an Zobel[1]. Schaltet man nach Abb. 357. 1 in Reihe zu dem Querkondensator C_2 eine weitere Spule L_2 und legt man die aus L_2 und C_2 bildbare Scheinfrequenz in den Sperrbereich, so wird für diese Scheinfrequenz der Kernwiderstand des Vierpols gleich Null, seine Dämpfung also unendlich groß. Wählt man die Scheinfrequenz zweckmäßig, so kann man erreichen, daß die Dämpfung steiler ansteigt.

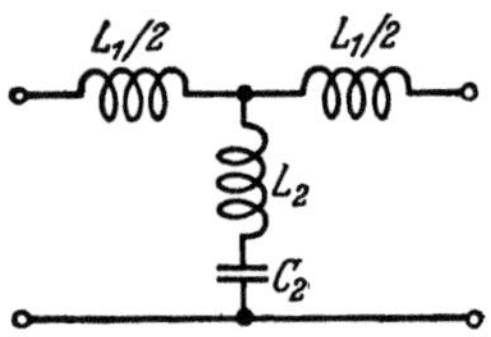

Abb. 357. 1.

Der Durchlaßbereich des abzuleitenden Filters muß sich natürlich decken mit dem des Filters, von dem man ausgegangen ist. Man gibt deshalb dem Wellenwiderstand des gesuchten Filters L_1, L_2, C_2 den gleichen Frequenzgang, wie ihn der Wellenwiderstand des Ausgangsfilters L_0, C_0 hat. Damit erreicht man erstens, daß die Grenzfrequenzen der beiden Filter zusammenfallen, zweitens, daß das neue Filter ebensogut angepaßt ist wie das alte, und drittens, daß sich bei Kettenschaltung mehrerer neuer Filter die Einzeldämpfungen einfach addieren. Man stellt also, da bei jedem verlustlosen Stern $\mathfrak{Z}^2 = -X_1X_2 - X_1^2/4$ ist, die folgende Forderung:

$$\omega L_1\left(\frac{1}{\omega C_2} - \omega L_2\right) - \frac{\omega^2 L_1^2}{4} = \frac{L_0}{C_0} - \frac{\omega^2 L_0^2}{4}. \tag{357.1}$$

Da sie für alle Frequenzen erfüllt werden muß, müssen die Koeffizienten der Potenzen von ω auf der linken Seite gleich den Koeffizienten der entsprechenden Potenzen auf der rechten Seite sein. Das liefert die Bedingungen:

$$\frac{L_1}{C_2} = \frac{L_0}{C_0} \qquad \text{und} \qquad L_1 L_2 + \frac{L_1^2}{4} = \frac{L_0^2}{4}. \tag{357.2}$$

Setzt man $L_1 = m L_0$ (vgl. § 347), so ergeben sich L_2 und C_2 aus:

$$L_2 = \frac{1}{4}\left(\frac{1}{m} - m\right) L_0 \qquad \text{und} \qquad C_2 = m\, C_0. \tag{357.3}$$

Man erhält daher mit den auch früher benutzten Abkürzungen $\omega_0 = 2/\sqrt{L_0 C_0}$ und $\eta = \omega/\omega_0$:

$$\left.\begin{aligned} X_1 &= m\,\eta \cdot \omega_0 L_0, \\ X_2 &= -\frac{1}{\omega C_2}(1 - \omega^2 L_2 C_2) = -\frac{1-(1-m^2)\,\eta^2}{m\,\eta}\,\frac{1}{\omega_0 C_0} \end{aligned}\right\} \tag{357.4}$$

und daher für das Übertragungsmaß und den Wellenwiderstand des abgeänderten Filters:

$$\mathfrak{Sin}\,\frac{\mathfrak{g}}{2} = \frac{1}{2}\sqrt{\frac{X_1}{X_2}} = \mathrm{j}\,\frac{m\,\eta}{\sqrt{1-(1-m^2)\,\eta^2}}, \tag{357.5}$$

$$\mathfrak{Z} = \sqrt{\frac{L_0}{C_0}}\,\sqrt{1-\eta^2}. \tag{357.6}$$

Aus (. 5) folgt, daß die Funktion $\mathfrak{Sin}(\mathfrak{g}/2)$ rein imaginär ist, solange

$$\eta < \frac{1}{\sqrt{1-m^2}} = \eta_\infty. \tag{357.7}$$

Wir sehen außerdem, daß $|\mathfrak{Sin}(\mathfrak{g}/2)|$, wie es nach der Ableitung sein muß, für $\eta = 1$ den Wert 1 annimmt. Der Frequenzgang von $\mathfrak{g}/2$ wird daher in der Ebene des Sinusnetzes, Abb. 357. 2, durch den hervorgehobenen Linienzug dargestellt.

[1] Zobel, O. J.: Bell Syst. techn. J. 2 Nr. 1 (1923) S. 11ff.

Bei dem Frequenzmaß η_∞, das nur für $m < 1$ reell ist, wird die Dämpfung unendlich groß. Dort hat sie, wie man dies auch ausdrückt, einen „Pol". Außerdem nimmt das halbe Winkelmaß, da $\mathfrak{Sin}(\mathfrak{g}/2)$ für $\eta > \eta_\infty$ reell wird, sprunghaft um 90° ab. (Wir werden im § 361 sehen, weshalb es eine Abnahme und keine Zunahme ist.) $\mathfrak{Sin}\,(b/2)$ sinkt, wenn η über alle Grenzen wächst, auf einen Kleinstwert $b_{\min}$; und es ist

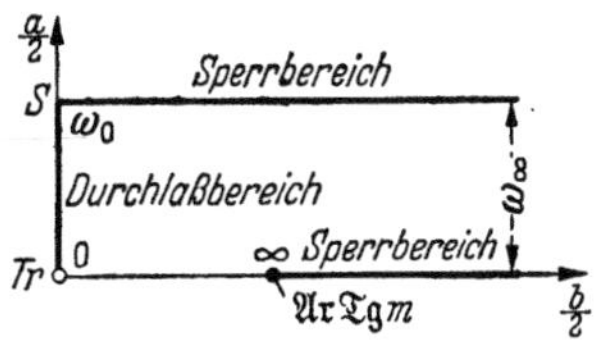

Abb. 357. 2.

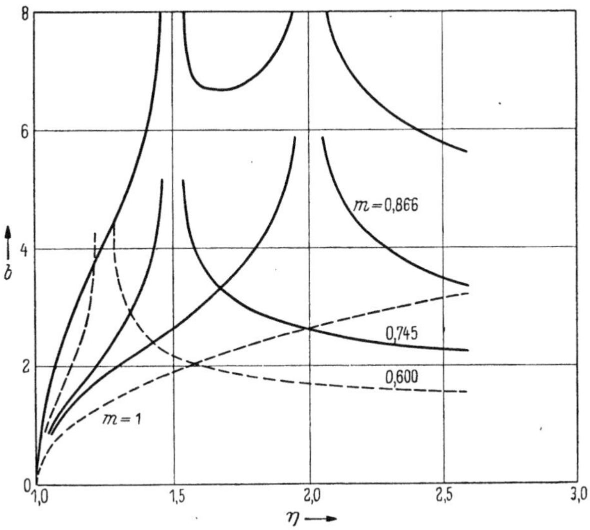

Abb. 357. 3.

$$\mathfrak{Sin}\,\frac{b_{\min}}{2} = \frac{m}{\sqrt{1-m^2}} \qquad \text{oder} \qquad \mathfrak{Tg}\,\frac{b_{\min}}{2} = m\,. \tag{357.8}$$

Durch Wahl eines geeigneten Parameters m (der ja die Scheinfrequenz L_2, C_2 bestimmt) kann man also den Anstieg der Dämpfung versteilern. Freilich darf man m nicht so klein wählen, daß die Dämpfung jenseits ihrer Unendlichkeitsstelle zu stark sinkt.

Man erhält z. B. mit

$m = 0$	0,2	0,4	0,6	0,8	1,0 ,
$\eta_\infty = 1$	1,02	1,09	1,25	1,67	∞ ,
$b_{\min} = 0$	0,41	0,85	1,39	2,2	∞ N.

Schaltet man zwei Glieder hintereinander mit $\eta_\infty = 1{,}5$ und $2{,}0$ ($m = 0{,}745$ und $0{,}866$), so liegt ihre Gesamtdämpfung für Kreisfrequenzen über $1{,}50\,\omega_0$ überall über 5 N. Abb. 357. 3 veranschaulicht dies.

Sind bei einem einzelnen Glied die Werte $k = \sqrt{L_0/C_0}$, f_0 und $b_{\min}$ vorgeschrieben, so bemißt man nach

$$\left.\begin{aligned} m &= \mathfrak{Tg}\,\frac{b_{\min}}{2}, & \eta_\infty &= \mathfrak{Cof}\,\frac{b_{\min}}{2}, & & \\ L_1 &= \frac{m\,k}{\pi f_0}, & L_2 &= \frac{k}{2\pi f_0\,\mathfrak{Sin}\,b_{\min}}, & \frac{1}{C_2} &= \frac{\pi f_0 k}{m}. \end{aligned}\right\} \tag{357.9}$$

Es sei z. B. $k = 750\,\Omega$, $f_0 = 60$ Hz, $b_{\min} = 2$ N. Dann sind zu wählen:

$$m = 0{,}76, \qquad \eta_\infty = 1{,}54,$$

$$L_1 = 3{,}0\text{ H}, \qquad L_2 = 0{,}55\text{ H}, \qquad C_2 = 5{,}4\,\mu\text{F}.$$

Das Zobelsche Rechenverfahren ist um so verwickelter, je mehr Elemente das Filter enthält. Will man z. B. vom Doppelsieb ausgehend einen Bandpaß mit steilerem Dämpfungsanstieg berechnen, so erhält man vier Gleichungen für die sechs Elemente des neuen Filters. Man kann also die Bedingung $\mathfrak{R}_2 = 0$ für zwei Frequenzen (in jedem Sperrbereich eine) vorschreiben[1].

[1] Zobel a. a. O. S. 41.

Die Theorie des hier betrachteten Filters läßt sich auch unmittelbar herleiten. Man ersetzt die Sternschaltung etwa nach (167. 1) durch die gleichwertige Brückenschaltung $\mathfrak{R}_1$, $\mathfrak{R}_2$ und führt die Parameter m, ω_0 und η durch $(L_1 + 4L_2)/L_1 = 1/m^2$, $2/\sqrt{(L_1 + 4L_2)C_2} = \omega_0$ und $\omega/\omega_0 = \eta$ ein. Dann wird

$$\mathfrak{R}_1 = 2\,\mathrm{j}\,m\,\eta\sqrt{\frac{L_1}{C_2}}, \qquad \mathfrak{R}_2 = \mathrm{j}\,\frac{2}{m}\left(\eta - \frac{1}{\eta}\right)\sqrt{\frac{L_1}{C_2}}, \tag{357.10}$$

$$\mathfrak{Tg}\,\frac{\mathfrak{g}}{2} = \frac{\mathrm{j}\,m\,\eta}{\sqrt{1-\eta^2}}, \qquad \mathfrak{Z} = \sqrt{\frac{L_1}{C_2}}\sqrt{1-\eta^2}\,. \tag{357.11}$$

Der Frequenzgang des Übertragungsmaßes läßt sich an Hand des Tangensnetzes sogar besonders bequem diskutieren. Bei der Frequenz η_∞ ist die gleichwertige „Brücke“ abgeglichen; die Grenzfrequenz ω_0 ist die Scheinfrequenz ihrer Schrägzweige ($\mathfrak{R}_2$).

§ 358. **Filterketten.** Nach § 172 ist das Übertragungsmaß $\mathfrak{g}$ einer Kette von n gleichen symmetrischen Filtern n-mal so groß wie das eines einzelnen Glieds. Die durch die Verluste hervorgerufene Dämpfung im Durchlaßbereich der Kette ist also n-mal so groß; dafür ist aber auch die Steilheit des Dämpfungsanstiegs in ihrem Sperrbereich auf das n-fache gesteigert. Die „Wertigkeit“ gibt ein Bild von dieser Überlegenheit der Filterketten; denn nach der Begriffserklärung im § 355 (S. 337) ist diese Kennzahl bei einer Kette aus n Filtern n-mal so hoch wie bei einem einzelnen Glied.

Auch bei Ketten aus ungleichen symmetrischen Gliedern können sich die Übertragungsmaße nach § 172 addieren, dann nämlich, wenn ihre Wellenwiderstände bei allen Frequenzen übereinstimmen. Eine solche Kette aus zwei Gliedern haben wir im § 357 betrachtet.

Wird eine Filterkette, bei der man die Übertragungsmaße addieren darf, vorn und hinten durch konstante reelle Widerstände R_a und R_e (z. B. durch dickdrähtige Freileitungen) abgeschlossen, so ist nicht mehr die Summe der Übertragungsmaße, sondern nach § 175 die Betriebsdämpfung für die in den Verbraucher übergehende Scheinleistung maßgebend. Auf die Berechnung der Betriebsdämpfung werden wir im § 363 eingehen. Wir werden dort sehen, daß sie selbst dann, wenn man die Verluste vernachlässigt, auch im „Durchlaßbereich“ recht beträchtliche Werte annehmen kann, weil die frequenzunabhängigen Abschlußwiderstände nur bei wenigen Frequenzen an die frequenzabhängigen Wellenwiderstände der Filterkette angepaßt sein können.

Will man das Ansteigen der Betriebsdämpfung im „Durchlaßbereich“ der verlustfreien Filter vermeiden, so kann man nach Zobel[1] zwischen die Filterkette und die sie abschließenden Widerstände „ebnende Zwischenvierpole“ schalten (§ 347). Nimmt man als solche zwei Halbglieder nach § 347 mit $m = 0{,}6$, so ist die ganze Filterkette samt den Halbgliedern nach Abb. 245. 2 bis in die Nähe der Lochgrenzen an ihre Abschlußwiderstände mit praktisch meist ausreichender Genauigkeit angepaßt, und die Betriebsdämpfung ist daher in diesem Bereich gleich der Wellendämpfung der eigentlichen Kette vermehrt um die Summe der Wellendämpfungen der beiden m-Halbglieder.

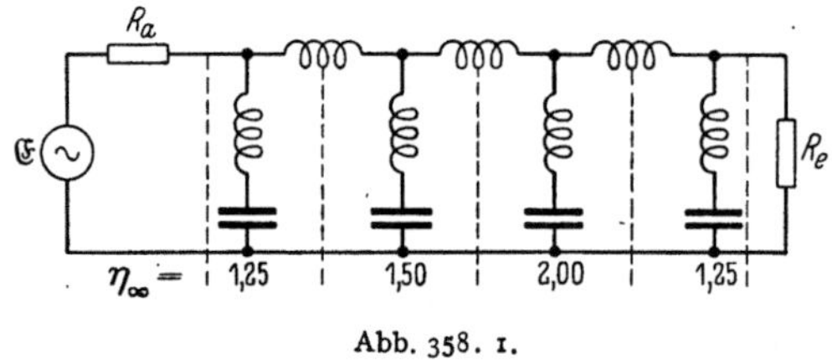

Abb. 358. 1.

Abb. 358. 1 zeigt eine solche Schaltung. Sie besteht aus vier Gliedern, die alle aus einem Spulenleitungsglied L_0, C_0 beispielsweise der Grenzfrequenz 60 Hz nach § 357 hergeleitet sind.

[1] Zobel, O. J.: Bell Syst. techn. J. 2 Nr. 1 (1923) S. 1.

Zwei der Glieder sind Vollglieder. Bezieht man alle Induktivitäten und Kapazitäten auf L_0 und C_0 als Einheiten, so gilt für sie:

$f_\infty = 90$ Hz; $m = L_1 = C_2 = 0{,}75$; $L_2 = 0{,}149$; $\eta_\infty = 1{,}50$;

$f_\infty = 120$ Hz; $m = L_1 = C_2 = 0{,}87$; $L_2 = 0{,}072$; $\eta_\infty = 2{,}00$.

Die Dämpfungen dieser beiden Glieder und ihre Summen sind bereits in Abb. 357. 3 dargestellt.

Zu diesen Dämpfungen treten die Dämpfungen der Halbglieder. Für diese gilt

$f_\infty = 75$ Hz; $m = 0{,}6$; $L_1/2 = C_2/2 = 0{,}30$; $2\,L_2 = 0{,}53$; $\eta_\infty = 1{,}25$.

Gestrichelt ist in Abb. 357. 3 auch die Summe der Dämpfungen der Halbglieder eingetragen.

Die m-Halbglieder sind natürlich nicht imstande, die Filterkette an ihre Abschlußwiderstände auch in den Sperrbereichen anzupassen. Dort können sich daher die Betriebs- und die Wellendämpfung beträchtlich voneinander unterscheiden.

§ 359. Differentialfilter. Schon im § 186 haben wir von den Filtereigenschaften der Kreuz- oder Brückenschaltungen und der ihnen gleichwertigen, aber einfacher aufgebauten Differentialschaltungen gesprochen. Wir wollen jetzt als weiteres Beispiel nach den bisher behandelten „Sinusfiltern" auch ein solches „Tangensfilter" durchrechnen[1].

Die Schaltung sei die der Abb. 359. 1. Bei ihr sind die im § 186 eingeführten Blindwiderstände X_1 und X_2 Parallelschaltungen aus Reihenschaltungen von Induktivität und Kapazität, und zwar sollen zu X_1 die Elemente L_1, C_1, L_3, C_3, zu X_2 die Elemente L_2, C_2, L_4, C_4 gehören.

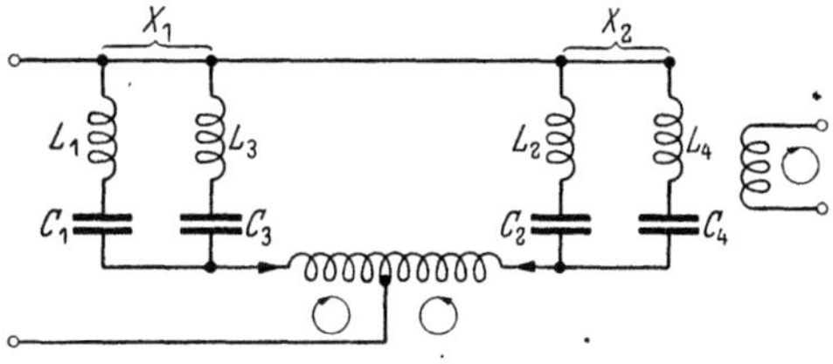

Abb. 359. 1.

Die Scheinfrequenzen der vier Reihenschaltungen seien ω_1, ω_2, ω_3, ω_4, und es sei

$$\omega_1 < \omega_2 < \omega_3 < \omega_4 . \qquad (359.1)$$

Mit ω_m bezeichnen wir einen Mittelwert aus den Frequenzen ω_1 und ω_4; den Elementen des Filters sei die Bedingung auferlegt, daß der entsprechend gebildete Mittelwert aus ω_2 und ω_3 mit ω_m zusammenfalle. Wir wählen als Mittelwert den quadratischen[2], definieren also

$$\omega_m = \sqrt{\frac{\omega_1^2 + \omega_4^2}{2}} \qquad (359.2)$$

und fordern:

$$\omega_2^2 + \omega_3^2 = 2\omega_m^2 . \qquad (359.3)$$

Es empfiehlt sich auch hier, statt der Frequenz ω ein dimensionsloses Frequenzmaß ξ einzuführen, das von der Mittelfrequenz ω_m aus gerechnet sei:

$$\omega = \omega_m \sqrt{1 + \xi} . \qquad (359.4)$$

Setzt man weiter (mit $\xi_0 > 0$, $\xi_1 > 0$)

$$\omega_1 = \omega_m \sqrt{1 - \xi_0}, \qquad \omega_4 = \omega_m \sqrt{1 + \xi_0}, \qquad (359.5)$$

$$\omega_2 = \omega_m \sqrt{1 - \xi_1}, \qquad \omega_3 = \omega_m \sqrt{1 + \xi_1}, \qquad (359.6)$$

so sind die Gleichungen (. 2) und (. 3) von selbst erfüllt. Es sei

$$\frac{\xi_1}{\xi_0} = \varkappa < 1 . \qquad (359.7)$$

Dann sind auch die Ungleichungen (. 1) erfüllt.

[1] Jaumann, A.: Elektr. Nachr.-Techn. 9 (1932) S. 243.

[2] Im § 355 haben wir das geometrische Mittel genommen.

Wir haben offenbar die durch die Bedingung (. 3) verknüpften fünf Größen ω, ω_1, ω_2, ω_3, ω_4 durch die vier neuen Größen ξ, ω_m, ξ_0, ξ_1 ersetzt.

ξ durchläuft nach (. 4) alle Werte zwischen -1 und Unendlich.

Wir berechnen zunächst den Blindwiderstand der Reihenschaltung L_1, C_1. Er ist

$$\omega L_1 - \frac{1}{\omega C_1} = L_1 \frac{\omega^2 - \omega_1^2}{\omega} = \omega_m L_1 \frac{\xi + \xi_0}{\sqrt{1+\xi}}. \qquad (359.8)$$

Die Ausdrücke für die drei anderen Blindwiderstände entsprechen diesem, nur hat man ξ_0 durch ξ_1, $-\xi_1$, $-\xi_0$ zu ersetzen. Man kann daher sofort die folgenden Ausdrücke für X_1 und X_2 hinschreiben:

$$\begin{aligned} X_1 &= \frac{\omega_m L_1 L_3}{\sqrt{1+\xi}} \frac{(\xi+\xi_0)(\xi-\xi_1)}{L_1(\xi+\xi_0)+L_3(\xi-\xi_1)}, \\ X_2 &= \frac{\omega_m L_2 L_4}{\sqrt{1+\xi}} \frac{(\xi-\xi_0)(\xi+\xi_1)}{L_2(\xi+\xi_1)+L_4(\xi-\xi_0)}. \end{aligned} \qquad (359.9)$$

Die Frequenzgänge von X_1 und X_2, die sich hierin ausdrücken, sind in der schematischen Abb. 359. 2 aufgetragen.

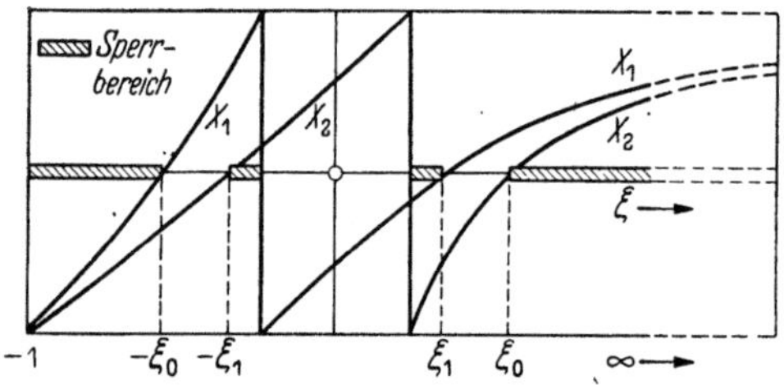

Abb. 359. 2.

Man erkennt sofort, daß das Filter im allgemeinen drei durch Sperrbereiche getrennte Durchlaßbereiche hat; denn nach § 186 sperrt jedes „Tangensfilter" bei den Frequenzen, für die X_1 und X_2 dasselbe Vorzeichen haben, während es im übrigen durchlässig ist.

Da wir nur einen Durchlaßbereich wünschen, müssen wir die Schaltelemente so wählen, daß die Frequenzen, für die X_1 und X_2 von $+\infty$ auf $-\infty$ springen, mit den Frequenzen ω_2 und ω_3 zusammenfallen. Das liefert die beiden Bedingungen

$$\begin{aligned} L_1(-\xi_1+\xi_0) + L_3(-\xi_1-\xi_1) &= 0 \\ L_2(\xi_1+\xi_1) \quad + L_4 \quad (\xi_1-\xi_0) &= 0 \end{aligned}$$

oder zusammengefaßt:

$$\frac{L_1}{L_3} = \frac{L_4}{L_2} = \frac{2\xi_1}{\xi_0-\xi_1} = \frac{2\varkappa}{1-\varkappa}. \qquad (359.10)$$

Führt man dies in (. 9) ein, so erhält man

$$\left.\begin{aligned} X_1 &= \frac{\omega_m L_1}{\sqrt{1+\xi}} \frac{(\xi_0-\xi_1)(\xi+\xi_0)(\xi-\xi_1)}{(\xi_0+\xi_1)(\xi+\xi_1)}, \\ X_2 &= \frac{\omega_m L_4}{\sqrt{1+\xi}} \frac{(\xi_0-\xi_1)(\xi-\xi_0)(\xi+\xi_1)}{(\xi_0+\xi_1)(\xi-\xi_1)}. \end{aligned}\right\} \qquad (359.11)$$

Die Gleichung für das halbe Übertragungsmaß lautet demnach

$$\mathfrak{Tg}\frac{\mathfrak{g}}{2} = \sqrt{\frac{L_1}{L_4}\frac{\xi-\xi_1}{\xi+\xi_1}}\sqrt{\frac{\xi+\xi_0}{\xi-\xi_0}} = \lambda\frac{\xi-\xi_1}{\xi+\xi_1}\sqrt{\frac{\xi+\xi_0}{\xi-\xi_0}}, \qquad (359.12)$$

wo wir $\sqrt{L_1/L_4} = \lambda$ gesetzt haben.

Wir wollen zuerst den **Durchlaßbereich** ($b = 0$) betrachten, der nach Abb. 359. 2 von $-\xi_0$ bis $+\xi_0$ reicht. Die Gleichung

$$\operatorname{tg}\frac{a}{2} = \lambda\frac{\xi-\xi_1}{\xi+\xi_1}\sqrt{\frac{\xi_0+\xi}{\xi_0-\xi}} \qquad (359.13)$$

zeigt, daß $\operatorname{tg}(a/2)$ für die Frequenzmaße $-\xi_0$ und $+\xi_1$ verschwindet, für die

Frequenzmaße $-\xi_1$ und $+\xi_0$ dagegen über alle Grenzen wächst (Abb. 359. 3). $a/2$ läuft also im Durchlaßbereich von 0^0 bis auf 270^0. Das Filter ist „dreiwertig".

Die beiden Sperrbereiche müssen zunächst getrennt behandelt werden:

Unmittelbar unterhalb von $-\xi_0$ ist $a/2 = 0$, also, da $\xi = -|\xi|$ negativ ist:

$$\mathfrak{Tg}\,\frac{b}{2} = \lambda\,\frac{\xi-\xi_1}{\xi+\xi_1}\sqrt{\frac{\xi+\xi_0}{\xi-\xi_0}} = \lambda\,\frac{|\xi|+\xi_1}{|\xi|-\xi_1}\sqrt{\frac{|\xi|-\xi_0}{|\xi|+\xi_0}}\,; \qquad (359.\,14)$$

unmittelbar oberhalb von ξ_0 ist $a/2 = 270^0$, also, da $\xi = |\xi|$ positiv ist:

$$\mathfrak{Tg}\,\frac{b}{2} = \frac{1}{\lambda}\,\frac{\xi+\xi_1}{\xi-\xi_1}\sqrt{\frac{\xi-\xi_0}{\xi+\xi_0}} = \frac{1}{\lambda}\,\frac{|\xi|+\xi_1}{|\xi|-\xi_1}\sqrt{\frac{|\xi|-\xi_0}{|\xi|+\xi_0}}\,. \qquad (359.\,15)$$

Man sieht, daß sich (. 14) und (. 15) nur dadurch unterscheiden, daß bei der ersten Gleichung λ, bei der zweiten $1/\lambda$ steht. Man hat λ deshalb „Symmetriefaktor" genannt. Wir setzen zur Vereinfachung $\lambda = 1$, so daß für beide Sperrbereiche dieselbe Gleichung gilt.

Auch bei dem hier untersuchten Filter gibt es in den Sperrbereichen bei geeigneter Bemessung je ein Frequenzmaß des Betrags $|\xi_\infty|$, für das die Dämpfung unendlich groß, also $\mathfrak{Tg}\,(b/2) = 1$ wird. Aus der Bedingung

$$\frac{|\xi|+\xi_1}{|\xi|-\xi_1}\sqrt{\frac{|\xi|-\xi_0}{|\xi|+\xi_0}} = 1$$

erhält man

$$|\xi_\infty| = \frac{\varkappa}{\sqrt{2\varkappa-1}}\,\xi_0\,. \qquad (359.\,16)$$

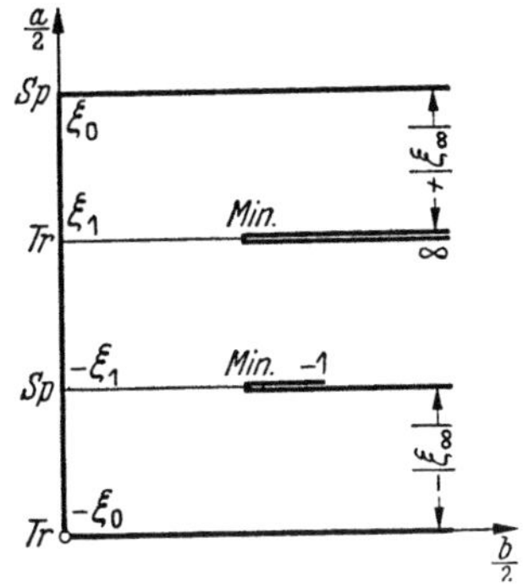

Abb. 359. 3.

Die Frequenzen $|\xi_\infty|$ und $-|\xi_\infty|$ sind jedoch nur dann reell, wenn $\varkappa > 0{,}5$ ist. Für den unteren Sperrbereich gilt außerdem nach (. 4) die Bedingung $|\xi_\infty| < 1$ oder $\xi_0 < \sqrt{2\varkappa-1}/\varkappa$; sonst wird die zugehörige Kreisfrequenz ω_∞ imaginär, d. h. es gibt im unteren Bereich keinen Dämpfungspol.

Der Dämpfungsanstieg auf beiden Seiten des Lochs ist offenbar um so steiler, je näher der Dämpfungspol an den Lochgrenzen liegt. Leider zeigen die Gleichungen (. 14) und (. 15), daß die Dämpfungskurve in noch größerer Entfernung vom Loch ein Minimum hat und daß dieses mit steigendem $\varkappa$ immer tiefer wird. Das Differentialfilter verhält sich also auch in dieser Beziehung ähnlich wie das im § 357 betrachtete.

Bei der Berechnung des Minimums ist zu beachten (vgl. die schematische Abb. 359. 3), daß $\mathfrak{Tg}\,(b/2)$, wenn ξ wächst, nach Überschreitung von $-|\xi_\infty|$ und von $+|\xi_\infty|$ zunächst weiter abnimmt. $a/2$ muß sich also nach dem Tangensnetz in den Punkten $\pm|\xi_\infty|$ sprungartig um 90^0 ändern. Für die Bereiche $-1 < \xi < -|\xi_\infty|$ und $|\xi_\infty| < \xi < \infty$ ist also in den Gleichungen (. 14) und (. 15) $\mathfrak{Tg}\,(b/2)$ durch $\mathfrak{Ctg}\,(b/2)$ zu ersetzen. Durch logarithmische Differentiation nach $|\xi|$ findet man für das Frequenzmaß des Minimums der Dämpfung leicht:

$$|\xi|_{\mathrm{Min.}} = \xi_0\sqrt{\frac{\varkappa(2-\varkappa)}{2\varkappa-1}}\,. \qquad (359.\,17)$$

Die folgende Tafel gibt zusammengehörige Werte für vier verschiedene $\varkappa$. Man sieht, daß man jede Erhöhung der Steilheit durch ein Sinken der Dämpfung im Sperrbereich erkaufen muß und daß man $\varkappa$ nicht wesentlich über den Wert 0,6 erhöhen darf.

$\varkappa$	Pol	Minimum	
	$\lvert\xi_\infty\rvert/\xi_0$	$\lvert\xi\rvert_{\mathrm{Min.}}/\xi_0$	$b_{\min}$
0,5	∞	—	—
0,6	1,341	2,05	3,36
0,7	1,107	1,508	2,27
0,8	1,033	1,265	1,58

Für die Frequenz Null ($\xi = -1$) bleibt die Dämpfung b endlich, für $\omega = \infty$ wächst sie über alle Grenzen.

Der Frequenzgang des Wellenwiderstands läßt sich nach

$$\mathfrak{Z} = \frac{1}{2}\sqrt{-X_1 X_2} = \frac{\omega_m \sqrt{L_1 L_4}}{2} \frac{\xi_0 - \xi_1}{\xi_0 + \xi_1} \sqrt{\frac{\xi_0^2 - \xi^2}{1+\xi}} \qquad (359.18)$$

berechnen. Setzt man

$$\mathfrak{Z}_0 = \frac{\omega_m \sqrt{L_1 L_4}}{2} \xi_0 \frac{1-\varkappa}{1+\varkappa}, \qquad (359.19)$$

so kann man auch schreiben:

$$\frac{\xi^2}{\xi_0^2} + \frac{\mathfrak{Z}^2}{\mathfrak{Z}_0^2}(1+\xi) = 1. \qquad (359.20)$$

Der Wellenwiderstand wird also als Funktion von ξ ähnlich wie der des Doppelsiebs im Durchlaßbereich durch eine ellipsenähnliche, zur Ordinatenachse ein wenig unsymmetrische Kurve dargestellt. $\mathfrak{Z}_0$ ist der Wert für $\xi = 0$.

Für die Bemessung eines solchen Filters gilt das Folgende. Vorgeschrieben sind ω_1 und ω_4. $\mathfrak{Z}_0$ paßt man möglichst gut an die gegebenen Abschlußwiderstände an, $\varkappa$ wählt man nach der verlangten Steilheit der Dämpfungskurve; λ setzt man gleich 1, wenn man Wert darauf legt, daß b als Funktion von ξ in beiden Sperrbereichen gleich verläuft.

Man verwendet der Reihe nach die Gleichungen (. 2), (. 5), (. 7), (. 19), (. 10). Sie liefern die folgenden Bemessungsvorschriften für die Induktivitäten:

$$\left.\begin{aligned} L_1 &= \frac{2\lambda\,\mathfrak{Z}_0}{\xi_0\,\omega_m}\frac{1+\varkappa}{1-\varkappa}, & L_4 &= \frac{2\,\mathfrak{Z}_0}{\lambda\,\xi_0\,\omega_m}\frac{1+\varkappa}{1-\varkappa}, \\ L_2 &= \frac{\mathfrak{Z}_0}{\lambda\,\xi_0\,\omega_m}\frac{1+\varkappa}{\varkappa}, & L_3 &= \frac{\lambda\,\mathfrak{Z}_0}{\xi_0\,\omega_m}\frac{1+\varkappa}{\varkappa}. \end{aligned}\right\} \qquad (359.21)$$

Man beachte, daß sämtliche Induktivitäten nur von dem Produkt

$$\xi_0\omega_m = \frac{\omega_m^2 - \omega_1^2}{\omega_m^2}\omega_m \approx 2(\omega_m - \omega_1), \qquad (359.22)$$

also vor allem von der Breite des Lochs abhängen, aber nur wenig von seiner Lage.

Die vier Kapazitäten berechnen sich aus den Induktivitäten und den Scheinfrequenzen. Z. B. ist

$$C_1 = \frac{1}{\omega_1^2 L_1} = \frac{\xi_0\,\omega_m}{(1-\xi_0)\,2\lambda\,\omega_m^2\,\mathfrak{Z}_0}\frac{1-\varkappa}{1+\varkappa}. \qquad (359.23)$$

Sie hängen also von der Breite und von der Lage des Lochs ab.

Wenn demnach die Aufgabe gestellt ist, Filter zu bauen, die in gleich breiten, aber gegeneinander verschobenen Bändern durchlässig sind, so brauchen von Filter zu Filter nur die Kapazitäten geändert werden.

Für $\xi_0 = 1$ wird das Bandfilter zum Tiefpaß.

Beispiel. Es sei ein Filter zu bemessen, das mit $\mathfrak{Z}_0 = 300\,\Omega$ zwischen $f_1 = 15{,}7$ kHz und $f_4 = 18{,}2$ kHz durchlässig ist. Man findet zunächst $f_m = 17{,}0$ kHz, $\xi_0 = 1 - f_1^2/f_m^2 = 0{,}147$. Wählt man weiter $\lambda = 1$, $\varkappa = 0{,}55$, so wird $\xi_1 = \varkappa\xi_0 = 0{,}081$ und $L_1 = L_4 = 132$ mH, $L_2 = L_3 = 54$ mH. Da $f_2 = 16{,}3$ kHz, $f_3 = 17{,}7$ kHz ist, bemessen sich die Kapazitäten nach:

$$C_1 = 0{,}78\,\text{nF}, \quad C_2 = 1{,}77\,\text{nF}, \quad C_3 = 1{,}50\,\text{nF}, \quad C_4 = 0{,}58\,\text{nF}.$$

Die Dämpfungspole liegen bei $\xi = \pm 0{,}255$, also bei 14,7 kHz und 19,0 kHz. Bei 13,0 und 20,2 kHz ist die Dämpfung auf ein Minimum von 4,5 N gesunken[1].

Man sieht, daß die Induktivitäten der Spulen und die Kapazitäten der Kondensatoren bei dem betrachteten Filter von derselben Größenordnung sind. Sie lassen sich ohne Beeinträchtigung der Wirtschaftlichkeit in gleicher hoher Güte herstellen.

[1] Graphische Darstellungen, durch die die Wahl zweckmäßiger Faktoren λ und $\varkappa$ erleichtert wird, bei Jaumann a. a. O.

§ 360. Frequenzabhängigkeit des Scheinwiderstandes eines beliebigen Zweipols mit geringen Verlusten. Es sei ein Netzwerk mit n Knoten gegeben; von diesen seien zwei mit Zuführungsdrähten versehen, so daß das Ganze einen Zweipol darstellt. Das Netzwerk sei aus Spulen $\mathfrak{R}_i = R_i + \mathrm{j}\omega L_i$ und Kondensatoren $\mathfrak{G}_i = G_i + \mathrm{j}\omega C_i$ aufgebaut. Seine Zweige mögen aus Reihen- und Parallelschaltungen solcher Spulen und Kondensatoren bestehen.

Dann sind die Widerstände der Reihenschaltungen $\sum\mathfrak{R}_i + \sum(1/\mathfrak{G}_k)$ und die Leitwerte der Parallelschaltungen $\sum\mathfrak{G}_i + \sum(1/\mathfrak{R}_k)$ im allgemeinen ziemlich verwickelte Funktionen der Frequenz. Man darf jedoch voraussetzen, daß die Verhältnisse $\varrho_i = R_i/L_i$ für alle $\mathfrak{R}_i$ und die Verhältnisse $\gamma_i = G_i/C_i$ für alle $\mathfrak{G}_i$ nahezu gleich groß sind; sie hängen ja von der Güte der verwendeten Spulen und Kondensatoren ab. Dann ist

$$\begin{aligned}\sum\mathfrak{R}_i + \sum\frac{1}{\mathfrak{G}_k} &= (\varrho + \mathrm{j}\,\omega)\sum L_i + \frac{\sum(1/C_k)}{\gamma + \mathrm{j}\,\omega}\\ &= \frac{(\varrho + \mathrm{j}\,\omega)(\gamma + \mathrm{j}\,\omega)\sum L_i + \sum(1/C_k)}{\gamma + \mathrm{j}\,\omega} = \frac{1 + p_1\varphi}{G + \mathrm{j}\,\omega\,C},\end{aligned} \qquad (360.1)$$

$$\begin{aligned}\sum\mathfrak{G}_i + \sum\frac{1}{\mathfrak{R}_k} &= (\gamma + \mathrm{j}\,\omega)\sum C_i + \frac{\sum(1/L_k)}{\varrho + \mathrm{j}\,\omega}\\ &= \frac{(\varrho + \mathrm{j}\,\omega)(\gamma + \mathrm{j}\,\omega)\sum C_i + \sum(1/L_k)}{\varrho + \mathrm{j}\,\omega} = \frac{1 + p_2\varphi}{R + \mathrm{j}\,\omega\,L}.\end{aligned} \qquad (360.2)$$

Dabei sind die p_1, p_2, R, L, G, C leicht verständliche Abkürzungen; φ ist die Funktion $(\varrho + \mathrm{j}\omega)(\gamma + \mathrm{j}\omega)$, die nur von der Güte der Schaltungselemente und von der Frequenz abhängt.

Das Netzwerk läßt sich nun nach dem am Schlusse des § 25 angedeuteten Verfahren durch einen einzigen komplexen Widerstand ersetzen; aus dem Bau der hierbei zu verwendenden Umwandlungsgleichungen (25. 8) folgt aber, daß sich dieser Ersatzwiderstand immer als ein komplexer Widerstand $R + \mathrm{j}\omega L$ oder $1/(G + \mathrm{j}\omega C)$ darstellen läßt, der mit einer gebrochenen rationalen Funktion von Binomen der Form $1 + p_i\,\varphi$ multipliziert ist. Die Koeffizienten dieser Funktion und die p_i enthalten die Induktivitäten und Kapazitäten des Netzwerks, aber nicht die Faktoren ϱ und γ und nicht die Frequenz.

Aus diesem Ergebnis werden wir in den Paragraphen 361 und 367 Schlüsse ziehen.

§ 361. Abhängigkeit des Übertragungsmaßes eines verlustarmen Vierpols von seinen Verlusten. Das Übertragungsmaß ist nach (162. 2) eine Funktion des Verhältnisses zweier Scheinwiderstände. Es läßt sich daher, da ϱ und γ klein sind, nach § 360 immer in der Form

$$\mathfrak{g} = f\{-(\varrho + \mathrm{j}\,\omega)(\gamma + \mathrm{j}\,\omega)\} \approx f\{\omega^2 - \mathrm{j}\,\omega(\varrho + \gamma)\} \qquad (361.1)$$

darstellen; dabei enthält die Funktion f die Verluste (ϱ und γ) und die Frequenz nur in ihrem Argument. Differenziert man $\mathfrak{g}$ partiell einmal nach ω und einmal nach $\varrho + \gamma = \sigma$:

$$\left(\frac{\partial\mathfrak{g}}{\partial\omega}\right)_\sigma = (2\,\omega - \mathrm{j}\,\sigma)\,f', \qquad \left(\frac{\partial\mathfrak{g}}{\partial\sigma}\right)_\omega = -\mathrm{j}\,\omega\cdot f',$$

so erhält man die allgemeine komplexe Beziehung

$$\left(\frac{\partial\mathfrak{g}}{\partial\omega}\right)_\sigma = \left(2\mathrm{j} + \frac{\sigma}{\omega}\right)\left(\frac{\partial\mathfrak{g}}{\partial\sigma}\right)_\omega. \qquad (361.2)$$

Hieraus kann man ohne weiteres die durch geringe Verluste verursachte Änderung des Übertragungsmaßes berechnen. Da nämlich nach dem Taylorschen Lehrsatz

$$\mathfrak{g} \approx (\mathfrak{g})_{\sigma=0} + \left(\frac{\partial\mathfrak{g}}{\partial\sigma}\right)_{\sigma=0}\cdot\sigma = (\mathfrak{g})_{\sigma=0} - \mathrm{j}\,\frac{\sigma}{2}\left(\frac{\partial\mathfrak{g}}{\partial\omega}\right)_{\sigma=0}, \qquad (361.3)$$

erhält man für einen Durchlaßbereich (da b für $\sigma = 0$ verschwindet):

$$b + \mathrm{j}\, a = (\mathrm{j}\, a)_{\sigma=0} + \frac{\sigma}{2}\left(\frac{\partial a}{\partial \omega}\right)_{\sigma=0}, \qquad (361.4)$$

für einen Sperrbereich (da a für $\sigma = 0$ unabhängig ist von der Frequenz):

$$b + \mathrm{j}\, a = (b + \mathrm{j}\, a)_{\sigma=0} - \mathrm{j}\, \frac{\sigma}{2}\left(\frac{\partial b}{\partial \omega}\right)_{\sigma=0}. \qquad (361.5)$$

(. 4) zerfällt in die beiden Gleichungen:

$$b = \frac{\sigma}{2}\left(\frac{\partial a}{\partial \omega}\right)_{\sigma=0}, \qquad a = (a)_{\sigma=0}; \qquad (361.6)$$

sie sind zuerst von H. F. Mayer[1] abgeleitet worden.

Mit (. 6) kann man z. B. die Gleichung (237. 8) für die Dämpfung einer Pupinleitung mit Verlusten unmittelbar aus (234. 4) ableiten; denn man erhält:

$$b = \frac{\varrho + \gamma}{2}\left(\frac{\partial a}{\partial \omega}\right)_{\sigma=0} = \frac{\varrho + \gamma}{2}\,\frac{2}{\omega_0 \cos(a/2)} = \left(\frac{R}{2}\sqrt{\frac{C}{L}} + \frac{G}{2}\sqrt{\frac{L}{C}}\right)\frac{1}{\sqrt{1-\eta^2}}. \qquad (361.7)$$

Will man die Gleichung (. 6) auf ein Filter anwenden, so muß man $(\partial a/\partial \omega)_{\sigma=0}$ aus der Theorie des gerade betrachteten verlustfreien Filters entnehmen.

H. F. Mayer hat eine Näherungsgleichung angegeben, die zur Berechnung der Dämpfung in der Lochmitte eines beliebigen Filters ausreicht. Da nämlich bei jedem symmetrischen verlustlosen Vierpol die Differenz der Winkelmaße a_1 und a_2 an den Lochgrenzen ω_1 und ω_2 gleich einem ganzzahligen (n) Vielfachen von 180° ist, gilt annähernd

$$\cos\frac{a - a_1}{n} = \frac{\omega_1 + \omega_2 - 2\,\omega}{\omega_2 - \omega_1}, \qquad (361.8)$$

$$-\frac{1}{n}\left(\sin\frac{a - a_1}{n}\right)\frac{d a}{d \omega} = -\frac{2}{\omega_2 - \omega_1}$$

und daher für die Mitte des Lochs $(\sin((a - a_1)/n) = 1)$

$$b = \frac{n\,\sigma}{\omega_2 - \omega_1}. \qquad (361.9)$$

Die Dämpfung eines Filters ist daher in seinem Durchlaßbereich um so niedriger, je breiter dieser ist; im übrigen ist sie verständlicherweise der „Wertigkeit" n und der Summe $\varrho + \gamma$ proportional.

Aus der Gleichung (. 5), die in die beiden Gleichungen

$$b = (b)_{\sigma=0}; \qquad a = (a)_{\sigma=0} - \frac{\sigma}{2}\left(\frac{\partial b}{\partial \omega}\right)_{\sigma=0} \qquad (361.10)$$

zerfällt, und aus dem Tangensnetz kann man den Schluß ziehen, daß das Winkelmaß an den Unendlichkeitsstellen der Dämpfung sprunghaft um ein ganzzahliges Vielfaches von 90° nicht zu-, sondern abnimmt.

Für das Winkelmaß gilt also ein ähnlicher Satz wie für Blindscheinwiderstände: es nimmt bei verlustlosen Vierpolen in keinem Frequenzbereich stetig ab.

Auf die Dämpfung im Sperrbereich haben die Verluste nach (. 10) in erster Näherung keinen Einfluß. Dies kommt schon in der Gleichung (237. 10) zum Ausdruck, die wir im 9. Abschnitt abgeleitet haben.

Der Durchlaßbereich eines Filters mit Verlusten ist ebensowenig physikalisch scharf definierbar wie der Durchlaßbereich einer verlustbehafteten Pupinleitung; wir haben im § 237 ja gesehen, daß die bei $\eta = 1$ liegende wohldefinierte Ecke der Dämpfungskurve Abb. 234. 1 durch die Verluste abgerundet wird.

Man kann daher den Durchlaßbereich eines Filters mit Verlusten nur durch Übereinkunft definieren. Ist die Kurve der Vierpoldämpfung — etwa auf Grund von Messungen — gegeben, so kann man z. B. festsetzen, daß der Durchlaßbereich durch die Frequenzen begrenzt sein soll, für die die Vierpoldämpfung um 0,5 N höher ist als in der Mitte des Lochs.

[1] Mayer, H. F.: Elektr. Nachr.-Techn. 2 (1925) S. 335.

Wenn bei der Beschreibung eines praktisch ausgeführten Systems von einem Durchlaßbereich die Rede ist, ist in der Regel ein solcher durch eine Vereinbarung definierter Durchlaßbereich gemeint.

Ähnlich kann man die Frequenzen, bei denen die Sperrbereiche eines Bandpasses auf beiden Seiten eines Durchlaßbereichs beginnen sollen, durch willkürliche Festlegung einer geforderten Mindest-Sperrdämpfung definieren.

§ 362. Die Betriebsdämpfung der Wellenfilter. Die bisher behandelte Theorie der Wellenfilter ist insofern noch unzulänglich, als wir nur die Frequenzabhängigkeiten der Vierpoldämpfung und des Wellenwiderstands untersucht haben, während es genau genommen auf die Betriebsdämpfung und die Scheinwiderstände ankommt; denn es ist ja nicht möglich, bei allen Frequenzen anzupassen.

Wir wollen diese Lücke jetzt für die Betriebsdämpfung schließen und damit beginnen, diese für ein einfaches Beispiel vollständig durchzurechnen[1]. Später werden wir an Hand der dabei gewonnenen Erkenntnisse über die Betriebsdämpfung der Wellenfilter einige allgemeinere Aussagen machen.

Wir wählen als Beispiel das Doppelsieb, weil wir im § 355 die Frequenzabhängigkeiten seiner Wellenparameter bereits ausführlich untersucht haben.

§ 363. Die Betriebsdämpfung des Doppelsiebs werde berechnet unter der Voraussetzung, daß es vorn und hinten durch den gleichen reellen Widerstand R_e abgeschlossen sei. Da nach den Entwicklungen des § 355 das Verhältnis m des Widerstands k zu dem Abschlußwiderstand R_e eine wesentliche Rolle spielen wird, wollen wir k überall durch $m R_e$ ersetzen. Wir erhalten dann

$$\mathfrak{R}_1 = \mathrm{j}\,\frac{2 m R_e}{\varkappa}\left(\eta - \frac{1}{\eta}\right), \qquad \mathfrak{R}_2 = \mathfrak{M} = -\mathrm{j}\,\frac{\varkappa m R_e}{2\left(\eta - \frac{1}{\eta}\right)}. \tag{363.1}$$

Kürzt man also

$$\frac{m}{\varkappa}\left(\eta - \frac{1}{\eta}\right) = U \tag{363.2}$$

ab, so wird

$$\mathfrak{R}_1 = \mathrm{j}\cdot 2 U R_e, \qquad \mathfrak{R}_2 = -\mathrm{j}\,\frac{m^2}{2U} R_e. \tag{363.3}$$

Die Funktion U ist dem in (355.15) und (355.16) benutzten ξ proportional und wie dieses ein Maß für die Verstimmung gegen die Frequenz ω_m.

Damit wird nach (177.1)

$$\begin{aligned} b &= \ln\left|\frac{\left(1 + \mathrm{j}\left(U - \frac{m^2}{2U}\right)\right)^2 + \frac{m^4}{4U^2}}{-\mathrm{j}\,\frac{m^2}{U}}\right| \\ &= \ln\left|1 - \frac{2U^2}{m^2} + \mathrm{j}\,\frac{U}{m^2}(1 - U^2 + m^2)\right| \\ &= \frac{1}{2}\ln\left(1 + \frac{U^2}{m^4}(1 + U^2 - m^2)^2\right). \end{aligned} \tag{363.4}$$

Diese Gleichung zeigt, daß die Betriebsdämpfung des Doppelsiebs für $U = 0$ und, falls $m > 1$ ist, außerdem für

$$U = \pm\sqrt{m^2 - 1} \tag{363.5}$$

gleich Null ist (Abb. 363.1). Da an den Lochgrenzen $U = \pm m$ ist, wie ein Vergleich von (.2) mit (355.7) zeigt, liegen die beiden äußeren Nullpunkte der Betriebsdämpfung immer innerhalb des Lochs.

---

[1] Vgl. die Arbeiten von H. Riegger und H. Backhaus: Wiss. Veröff. Siemens-Konz. 1, H. 3 (1921) S. 126; 3, H. 1 (1923) S. 190; H. 2 (1924) S. 101; 4, H. 1 (1925) S. 33.

An den Lochgrenzen ist

$$\mathfrak{b} = \frac{1}{2} \ln\left(1 + \frac{1}{m^2}\right). \tag{363.6}$$

Bei den durch (. 5) gegebenen Frequenzen ist das Filter an die Abschlußwiderstände R_e angepaßt. Aus (355. 6) folgt nämlich

$$\mathfrak{Z} = m R_e \sqrt{1 - \frac{U^2}{m^2}} = \sqrt{m^2 - U^2}\, R_e. \tag{363.7}$$

Dies geht aber für $U^2 = m^2 - 1$ in $\mathfrak{Z} = R_e$ über. Das Verschwinden der Betriebsdämpfung in der Lochmitte ($U = 0$) dagegen hat mit Anpassung nichts zu tun; dort ist $\mathfrak{Z} = k = m R_e$.

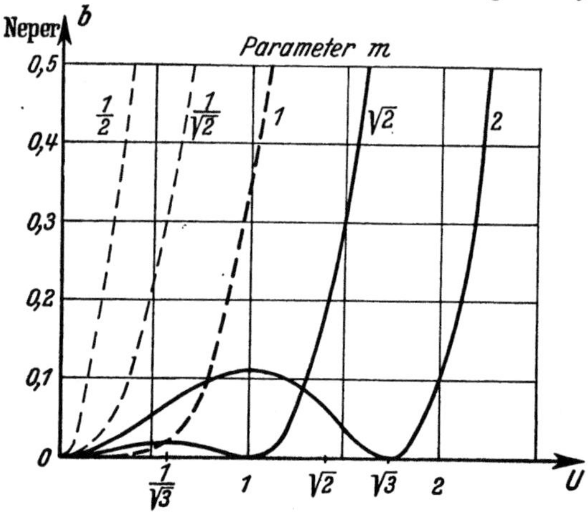

Abb. 363. 1.

Zwischen den äußeren Nullstellen der Betriebsdämpfung und der Lochmitte liegen Maxima. Durch Differentiation unter Streichung der schon berücksichtigten Faktoren U und $1 + U^2 - m^2$ findet man als ihren Ort

$$U = \pm \sqrt{\frac{m^2 - 1}{3}}, \tag{363.8}$$

als ihre Höhe

$$\mathfrak{b} = \frac{1}{2} \ln\left(1 + \frac{4}{27} \frac{(m^2 - 1)^3}{m^4}\right). \tag{363.9}$$

Besonders einfache Verhältnisse ergeben sich für den Fall $m = 1$. Dann fallen die äußeren Nullstellen und die Maxima mit der Lochmitte zusammen, und die Formel für die Betriebsdämpfung lautet

$$\mathfrak{b} = \tfrac{1}{2} \ln(1 + U^6). \tag{363.10}$$

Dies ist der Fall des im § 355 zahlenmäßig berechneten Doppelsiebs, wenn der Widerstand von 1600 Ω zugleich der Abschlußwiderstand ist. Dann ist (mit $f_m = \sqrt{750 \cdot 850} = 799$ Hz) für die Frequenzen

$f =$	820	840	850 Hz
$U =$	0,42	0,81	1,00,
$\mathfrak{b} =$	0,0029	0,125	0,345.

Diese Zahlen und die maßstäblich gezeichnete Abbildung zeigen, daß die Betriebsdämpfung in der Mitte des Lochs nahezu konstant ist, aber schon vor der Erreichung der Lochgrenzen immer steiler anwächst. Dies rührt natürlich von der Höhe der Potenz U^6 in (. 10) her.

Sinkt der Parameter m unter den Wert 1, so verliert die Betriebsdämpfung immer mehr den Charakter einer Filterdämpfung. Für $m = 1/\sqrt{2}$ und $m = \frac{1}{2}$ erhält man die beiden dünn gestrichelten Kurven der Abb. 363. 1. Die entsprechenden Resonanzkurven ähneln mehr der Kurve eines gewöhnlichen Resonanzkreises (z. B. Abb. 110. 1).

Ist m größer als 1, so nimmt die Betriebsdämpfung im Durchlaßbereich unter Umständen so hohe Werte an, daß das Filter seine Aufgabe nicht mehr erfüllt. Um einen Überblick zu bekommen, betrachten wir die Fälle $m = \sqrt{2}$ und $m = 2$.

a) Wenn $m = \sqrt{2}$ ist, ist das Filter nach (. 7) an den Abschlußwiderstand angepaßt für $U = \pm 1$. Die Maxima liegen bei $U = \pm 1/\sqrt{3} = 0{,}58$; ihre Beträge sind nach (. 9)

$$\mathfrak{b} = \tfrac{1}{2} \ln(1 + \tfrac{1}{27}) = 0{,}018\ \mathrm{N}.$$

Das Filter ist bei diesen Frequenzen also praktisch noch durchlässig. An den Lochgrenzen $U = \pm m = \pm \sqrt{2}$ ist nach (. 6) $\boldsymbol{b} = \frac{1}{2} \ln 1{,}5 = 0{,}20$ N.

Definiert man also (willkürlich) den praktischen Durchlaßbereich als den Bereich, innerhalb dessen die Betriebsdämpfung unter 0,1 N bleibt, so ist das Filter praktisch bis in die Nähe der theoretischen Lochgrenzen durchlässig (vgl. die Kurve mit der Anschrift $\sqrt{2}$).

b) Für $m = 2$ entsprechen die Anpassungsfrequenzen den Frequenzmaßen $U = \pm \sqrt{3} = \pm 1{,}73$. Die Maxima liegen bei $U = \pm 1$; ihre Höhe ist $\boldsymbol{b} = \frac{1}{2} \ln 1{,}25 = 0{,}112$ N.

An den Lochgrenzen ($U = 2$) ist die Betriebsdämpfung nach (. 6) auf den gleichen Wert gestiegen. Die praktische Lochbreite stimmt also nahezu mit der theoretischen überein (vgl. die Kurve mit der Anschrift 2).

Die hier abgeleitete Theorie der Betriebsdämpfung zeigt, daß die Wirksamkeit eines Doppelsiebs wesentlich von der Wahl des Parameters m abhängt. Hat man sich für ein bestimmtes m entschieden, so läßt sich der Widerstand k, der in § 355 gegeben war, aus dem gegebenen Abschlußwiderstand R_e berechnen. Man kann dann weiter wie im § 355 verfahren.

Man kann den Durchlaßbereich aber auch durch die Forderung festlegen, daß die Betriebsdämpfung an seinen Grenzen einen gewissen kleinen, willkürlich gewählten Neperwert nicht überschreitet, und dann nach (. 4) rechnen.

Beispiel. Wir wählen $m = \sqrt{2}$ und setzen den genannten Neperwert auf 0,2 N fest. U ist also so zu wählen, daß

$$0{,}2\,\mathrm{N} = \frac{1}{2} \ln\left(1 + \frac{U^2}{4}(U^2 - 1)^2\right).$$

Wir wissen schon, daß $U = \sqrt{2}$ eine Näherungslösung dieser Gleichung ist; genauer ist $U = 0{,}1412$. Setzt man dies in (. 2) ein, so erhält man mit $\eta = 850/799$

$$\varkappa = \frac{\sqrt{2}}{0{,}1412}\left(\frac{8{,}5}{7{,}99} - \frac{7{,}99}{8{,}5}\right) = 0{,}125.$$

Mit $R_e = 1600\,\Omega$ ergibt sich also

$$\sqrt{\frac{L_2}{C_1}} = 2260\,\Omega, \qquad 2\sqrt{\frac{L_2}{L_1}} = 0{,}1255,$$

$$\frac{1}{\sqrt{L_1 C_1}} = \frac{1}{\sqrt{L_2 C_2}} = 2\pi \cdot 799\,\mathrm{Hz}$$

und

$$L_1 = 7{,}2\,\mathrm{H}, \qquad L_2 = 28{,}3\,\mathrm{mH},$$

$$C_1 = 5{,}5\,\mathrm{nF}, \qquad C_2 = 1{,}41\,\mu\mathrm{F}.$$

Diese Werte weichen fast nur deshalb von den im § 355 gefundenen ab, weil k um den Faktor $\sqrt{2}$ größer ist.

§ 364. Die Betriebsdämpfung eines beliebigen symmetrischen verlustfreien Wellenfilters zwischen gleichen reinen Widerständen. Setzt man bei einem symmetrischen verlustfreien Wellenfilter voraus, daß $\mathfrak{R}_a = \mathfrak{R}_e = R_e$ ist, so folgt aus (177. 5), da der Wellenwiderstand $\mathfrak{Z} = Z$ nach § 184 im Durchlaßbereich reell ist (Z und a sind Funktionen der Frequenz):

$$\boldsymbol{b} = \ln\left|\cos a + \frac{j}{2}\left(\frac{R_e}{Z} + \frac{Z}{R_e}\right)\sin a\right|$$

$$= \frac{1}{2}\ln\left(\cos^2 a + \frac{1}{4}\left(\frac{R_e}{Z} + \frac{Z}{R_e}\right)^2 \sin^2 a\right) \qquad (364.\,1)$$

oder[1]

$$\boldsymbol{b} = \frac{1}{2}\ln\left(1 + \frac{1}{4}\left(\frac{R_e}{Z} - \frac{Z}{R_e}\right)^2 \sin^2 a\right)$$

$$= \frac{1}{2}\ln\left(1 + \left(\frac{R_e}{Z} - \frac{Z}{R_e}\right)^2 \sin^2\frac{a}{2}\cos^2\frac{a}{2}\right). \qquad (364.2)$$

Da $\boldsymbol{b}$ im Durchlaßbereich klein ist, genügt meist die Näherung:

$$\boldsymbol{b} = \frac{1}{8}\left(\frac{R_e}{Z} - \frac{Z}{R_e}\right)^2 \sin^2 a. \qquad (364.3)$$

Die Betriebsdämpfung symmetrischer, symmetrisch und reell abgeschlossener, verlustloser Wellenfilter ist demnach für zwei Gruppen von Frequenzen gleich Null. Die 1. Gruppe wird gebildet durch die Frequenzen, bei denen angepaßt ist ($Z = R_e$); ihre Lage hängt von der Höhe des Abschlußwiderstandes R_e ab. Bei den Frequenzen der 2. Gruppe ist $a/2$ gleich einem ganzen Vielfachen von 90^0; die Höhe des Abschlußwiderstandes ist bei ihnen gleichgültig. Dabei ist jedoch zu beachten, daß nach (184. 1) an den Grenzen des Durchlaßbereichs X^l und X^k entweder gleich Null oder unendlich groß sind. Obgleich also an diesen Grenzen $a/2$ ebenfalls gleich einem ganzen Vielfachen von 90^0 ist, liegen dort nach (. 2) im allgemeinen keine Nullstellen der Betriebsdämpfung.

Für Abzweig-Grundfilter ist $Z = k\left(\cos\frac{a}{2}\right)^{\pm 1}$, wo das obere Vorzeichen für den Stern, das untere für das Dreieck gilt. Da bei ihnen nach (353. 1) und (353. 3) an den Durchlaßgrenzen $\sin^2(a/2) = 1$ ist, ist dort

$$\left.\begin{aligned} &\text{beim Stern} \quad \boldsymbol{b} = \frac{1}{2}\ln\left(1 + \frac{R_e^2}{k^2}\right), \\ &\text{beim Dreieck} \quad \boldsymbol{b} = \frac{1}{2}\ln\left(1 + \frac{k^2}{R_e^2}\right). \end{aligned}\right\} \qquad (364.4)$$

Die Gleichung (363. 6) gilt also mit der Abkürzung $k = mR_e$ für alle Sternschaltungen der hier herausgegriffenen Art.

Bei dem im § 363 betrachteten Doppelsieb gehören die Frequenzen $U = \pm\sqrt{m^2 - 1}$ zur ersten, die Frequenz $U = 0$ zur zweiten Gruppe. n-wertige Filter haben innerhalb ihres Durchlaßbereichs $n - 1$ zur zweiten Gruppe gehörende Nullstellen der Betriebsdämpfung.

Auch für die Höhe der Maxima zwischen den Nullstellen der Betriebsdämpfung gibt (. 2) wenigstens einen Anhalt. Da nämlich $\sin^2 a$ höchstens gleich 1 werden kann, gilt für die Betriebsdämpfung[1] im Durchlaßbereich $\boldsymbol{b} \leqq \boldsymbol{b}'$, wo nach (. 1)

$$\boldsymbol{b}' = \ln\left(\frac{1}{2}\left(\frac{R_e}{Z} + \frac{Z}{R_e}\right)\right). \qquad (364.5)$$

Die Frequenzabhängigkeit von $\boldsymbol{b}'$ läßt sich aber nach der Wellenwiderstandskurve

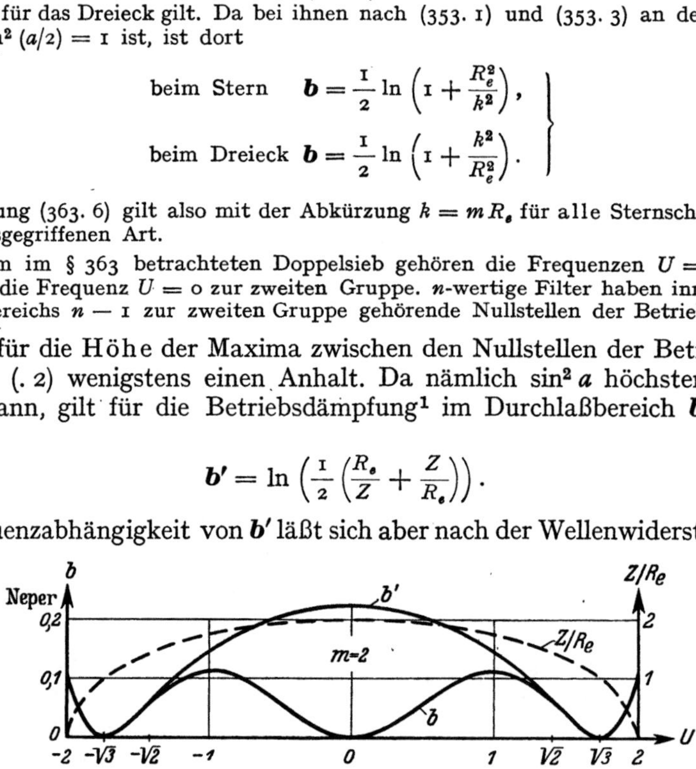

Abb. 364. 1.

leicht zeichnen; in Abb. 364. 1 ist dies für das Filter des § 363 geschehen. Für $a/2 = 45^0, 135^0, \cdots$ ist $\boldsymbol{b} = \boldsymbol{b}'$.

[1] Göring, H.: Arch. Elektrotechn. 17 (1926) S. 316; 19 (1928) S. 312.

In den Sperrbereichen der symmetrischen Wellenfilter kann man

$$\mathfrak{Cos}\,\mathfrak{g} = \mathfrak{Sin}\,\mathfrak{g} = \frac{e^{\mathfrak{g}}}{2} \quad \text{und} \quad \mathfrak{Z} = \mathrm{j}\,Z'$$

setzen. Damit wird nach (177. 5)

$$\boldsymbol{b} = b + \ln\left|\frac{1}{2}\left(1 + \frac{1}{2}\left(\frac{R_e}{\mathrm{j}Z'} + \frac{\mathrm{j}Z'}{R_e}\right)\right)\right| = b - \ln 2 + \frac{1}{2}\ln\left(1 + \frac{1}{4}\left(\frac{R_e}{Z'} - \frac{Z'}{R_e}\right)^2\right)$$

$$= b + \ln\left(\frac{1}{4}\left(\frac{R_e}{|Z'|} + \frac{|Z'|}{R_e}\right)\right). \qquad (364.6)$$

Die Betriebsdämpfung ist hiernach zwischen $|Z'| = (2 - \sqrt{3})\,R_e = 0{,}268\,R_e$ und $|Z'| = (2 + \sqrt{3})\,R_e = 3{,}73\,R_e$ kleiner als die Vierpoldämpfung, im übrigen jedoch größer als sie (vgl. § 174).

Aus dem hier Auseinandergesetzten geht hervor, daß zwar die in Abb. 356. 1 dargestellte Sternschaltung, nicht aber die entsprechende Dreiecksschaltung als Filter brauchbar ist, obgleich die Vierpoldämpfungen der beiden Schaltungen den gleichen Frequenzgang zeigen. Da nämlich $a/2$ nur von Null bis 90° läuft, gibt es im Innern des Durchlaßbereichs keine Frequenz, für die $\sin a$ verschwindet. Nullstellen der Betriebsdämpfung liegen daher nur bei Frequenzen, bei denen angepaßt ist. Nun ist aber der Wellenwiderstand des Sterns für η_0 und η_1 gleich Null, der des Dreiecks dagegen nur für η_1 gleich Null, für η_0 unendlich groß. Man kann daher beim Dreieck nur für eine Frequenz anpassen; es gibt nur eine Nullstelle der Betriebsdämpfung, d. h. das Dreieck verhält sich wie ein gewöhnlicher Resonanzkreis. In der Tat enthält es ja auch nur eine schwingungsfähige Masche, der Stern dagegen zwei.

§ 365. Graphische Darstellung des Frequenzgangs der Betriebsdämpfung. Die Gleichung (364. 2) für die Betriebsdämpfung eines symmetrischen verlustfreien Filters zwischen gleichen reinen Widerständen ist komplizierter, als sie aussieht. Sie liefert den Frequenzgang der Betriebsdämpfung erst dann, wenn man für Z und a die Frequenzfunktionen einsetzt, die sich aus der Theorie des gerade betrachteten besonderen Filters ergeben.

Immerhin gilt die Gleichung so allgemein, daß es sich lohnt, sie durch eine Kurvenschar darzustellen. In Abb. 365. 1 ist dies geschehen. Abszisse x ist die Funktion $\sin a$, Ordinate y das Verhältnis Z/R_e, Parameter der Schar die Betriebsdämpfung $\boldsymbol{b}$ in Millineper. Die „Kurven konstanter Betriebsdämpfung" sind ausgezogen; sie sind berechnet nach der Gleichung

$$x = \frac{2y}{1 - y^2}\sqrt{e^{2\boldsymbol{b}} - 1}, \qquad (365.1)$$

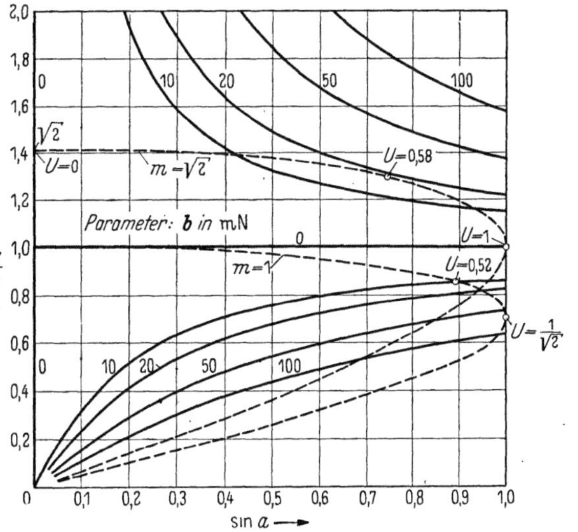

Abb. 365. 1.

die aus (364. 2) folgt. Man sieht, daß die Betriebsdämpfung auf zwei aufeinander senkrechten Geradenstücken gleich Null ist; die zugehörigen Frequenzen der „1. Gruppe" (§ 364), die „Anpassungsfrequenzen", bei denen $Z = R_e$ ist, liegen auf einer Waagerechten in der Höhe $y = 1$, die der 2. Gruppe ($\sin a = 0$) auf der Ordinatenachse.

Um mit dieser allgemeinen graphischen Darstellung im einzelnen Falle etwas anfangen zu können, muß man in sie eine weitere Kurve $y = \chi(x)$ oder $x = \psi(y)$

einzeichnen, die sich aus den Gleichungen $y = \varphi_1(\omega)$ und $x = \varphi_2(\omega)$ durch Elimination der Kreisfrequenz ω ergibt.

Ein Beispiel soll dies erläutern. Wir wollen den Frequenzgang der Betriebsdämpfung des in den Paragraphen 355 und 363 behandelten Doppelsiebs mit Hilfe der Darstellung Abb. 365. 1 untersuchen. Nach (355. 5), (363. 2) und (355. 6) ist im Durchlaßbereich

$$\sin\frac{a}{2} = \frac{U}{m}, \qquad \cos\frac{a}{2} = \sqrt{1 - \frac{U^2}{m^2}} = \frac{Z}{k} = \frac{Z}{m R_e} = \frac{y}{m}. \tag{365. 2}$$

Daraus folgt die Gleichung

$$x = \psi(y) = 2\sin\frac{a}{2}\cos\frac{a}{2} = 2\frac{U}{m}\sqrt{1 - \frac{U^2}{m^2}} = 2\sqrt{1 - \frac{y^2}{m^2}}\cdot\frac{y}{m}. \tag{365. 3}$$

Die ihr für $m = 1$ und $m = \sqrt{2}$ entsprechenden Kurven sind in Abb. 365. 1 gestrichelt eingetragen. Die an diese Kurven gesetzten Zahlen bedeuten die Werte des im § 363 eingeführten Frequenzmaßes U, berechnet nach der ersten Gleichung (. 2).

Man sieht, daß für $m = 1$ die Betriebsdämpfung, solange $U < \approx 0{,}52$ ist, unter 10 mN bleibt. Dann steigt sie immer rascher an; bei $U = 1/\sqrt{2}$ ($a/2 = 45^0$) hat sie bereits 59 mN erreicht. Der Punkt $U = 0$ liegt im Schnittpunkt der beiden Strecken, auf denen die Betriebsdämpfung verschwindet.

Für $m = \sqrt{2}$ dagegen schneidet die gestrichelte Kurve aus dem oberen flacheren „Dämpfungsberg" Dämpfungen heraus, die der Kurve für 20 mN nahekommen. Angepaßt ist für $a/2 = \pm 45^0$ ($U = 1$); erst für noch höhere U steigt die Dämpfung steiler an.

Da die in Abb. 365. 1 einzutragenden Kurven $y = \chi(x)$ oder $x = \psi(y)$ bei den einzelnen Filtern verschieden aussehen können, läßt sich die Betriebsdämpfung eines beliebigen Filters durch eine einzige Schar (ohne die gestrichelten Hilfskurven) nur für gewisse Gruppen von Filtern darstellen.

Bei den Grundfiltern z. B. sind im Durchlaßbereich nach (353. 1) und (353. 2) sowohl das Winkelmaß a wie der Quotient $\mathfrak{Z}/k$ bekannte Funktionen von X_1/k. Die Betriebsdämpfung ist bei ihnen daher eine für alle Grundfilter gleiche Funktion der Größen X_1/k und R_e/k und kann daher durch eine einfache Schar von Kurven dargestellt werden. Da R_e/k unabhängig ist von der Frequenz, bedarf es keiner Hilfskurven; man kann die Frequenzabhängigkeit der Betriebsdämpfung unmittelbar ablesen, wenn man für das gegebene besondere Filter die Frequenzabhängigkeit von X_1 kennt[1].

§ 366. **Allgemeine Theorie des Blindzweipols: Frequenzabhängigkeit seines Scheinwiderstands.** Sind bei einem Zweipol die Verlustgrößen ϱ und γ gleich Null, so wird $1 + p_i\varphi$ zu $1 - p_i\omega^2$. Dann lassen sich nach einem bekannten Satz der Algebra die ganzen rationalen Funktionen von ω^2, die den Zähler und den Nenner des Ausdrucks für einen beliebigen Scheinwiderstand bilden (§ 360), in Produkte aus Faktoren der Form $\omega_i^2 - \omega^2$ zerlegen, wo die ω_i „Scheinfrequenzen" sind. Man kann daher jeden Blindscheinwiderstand X in einer der Formen

$$X = P\omega\frac{(\omega_2^2 - \omega^2)(\omega_4^2 - \omega^2)\cdots}{(\omega_1^2 - \omega^2)(\omega_3^2 - \omega^2)\cdots} \tag{366. 1}$$

und

$$X = \frac{P}{\omega}\frac{(\omega_1^2 - \omega^2)(\omega_3^2 - \omega^2)\cdots}{(\omega_2^2 - \omega^2)(\omega_4^2 - \omega^2)\cdots} \tag{366. 2}$$

darstellen, wo die P nicht von der Frequenz abhängen[2] und $0 < \omega_1 < \omega_2 \cdots < \omega_n$ ist. Die Scheinfrequenzen $\omega_i (i = 1, 2, \cdots n)$ kommen in der Reihenfolge ihrer Größe abwechselnd im Zähler und Nenner vor; der Faktor ω ist als der erste der Reihe anzusehen. Daß dies so sein muß, folgt aus dem „Reaktanztheorem" (§ 109).

[1] Derartige Darstellungen findet man z. B. bei R. Feldtkeller: Elektr. Nachr.-Techn. 5 (1928) S. 145.

[2] Der Faktor P der Gleichung (. 1) ist der Dimension nach bei geradem n eine Induktivität, bei ungeradem eine reziproke Kapazität; für den Faktor P der anderen Gleichung gilt das Umgekehrte.

X verschwindet für $\omega = 0$, wenn (. 1) gilt; es verschwindet für $\omega = \infty$, wenn bei ungeradem n (. 1) oder bei geradem n (. 2) gilt. In allen anderen Fällen wächst X für $\omega = 0$ und $\omega = \infty$ über alle Grenzen.

Die Gleichungen (. 1) und (. 2) sind zuerst von Campbell[1] angegeben worden.

§ 367. **Allgemeine Theorie des Blindvierpols.** Wir haben im § 184 gesehen, daß sich die Parameter $\mathfrak{g}$, $\mathfrak{Z}_1$, $\mathfrak{Z}_2$ aller verlustlosen (Blind-) Vierpole durch Blindscheinwiderstände ausdrücken lassen.

Auf den Campbellschen Gleichungen (366. 1) und (366. 2) läßt sich daher auch eine allgemeine Theorie des Blindvierpols aufbauen. Wir wollen hierauf etwas näher eingehen, uns dabei aber im wesentlichen auf symmetrische Abzweig- und Brückenschaltungen beschränken.

Nach Jacoby und Schmid[2] empfiehlt es sich, die frequenzmäßige Aufeinanderfolge der Nullstellen (o) und Unendlichkeitsstellen (Pole) (×) von Scheinwiderständen in dem Schema der Abb. 367. 1 zusammenzustellen („Schema A"). Da nach § 184 die Scheinwiderstände X^k und X^l in den Durchlaßbereichen verschiedenes, in den Sperrbereichen gleiches Vorzeichen haben, müssen ihre Scheinfrequenzen innerhalb der Durchlaß- und Sperrbereiche zusammenfallen; an den Grenzen der Bereiche dagegen hat jedesmal nur der eine der beiden Scheinwiderstände eine Scheinfrequenz. In Abb. 367. 1 sind die Grenzfrequenzen mit □ bezeichnet; das Schema stellt offenbar einen Bandpaß dar.

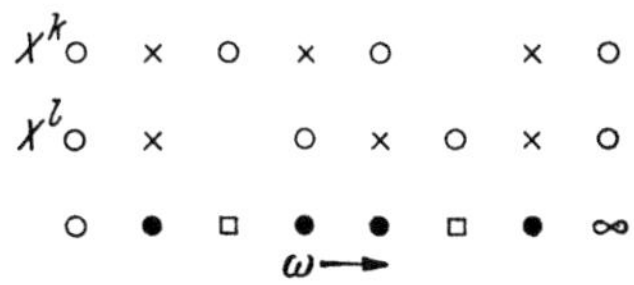

Abb. 367. 1.

Die Gleichungen (184. 1) und (184. 2) gelten für alle verlustlosen Vierpole. Bei den in diesem Abschnitt allein betrachteten symmetrischen Abzweig- und Brückenschaltungen ergeben sie jedoch eine zu komplizierte Darstellung, weil die Kennzeichnung dieser Vierpole durch ihre Kurzschluß- und Leerlaufwiderstände eine zu große Zahl von Scheinfrequenzen ω_i erfordern würde. Man müßte Scheinfrequenzen einführen, von denen das Verhalten der Vierpole in Wirklichkeit gar nicht abhängt.

Man kann sich davon an Hand eines einfachen Beispiels überzeugen. Als solches wählen wir den Hochpaß Abb. 354. 1. Sein Leerlaufwiderstand stellt eine Reihenschaltung der Elemente $2\,C$ und L dar, sein Kurzschlußwiderstand eine Reihenschaltung aus $2\,C$ und einer Parallelschaltung von $2\,C$ und L. Setzt man

$$\omega_0 = \frac{1}{2\sqrt{L\,C}}, \qquad \omega_m = \frac{1}{\sqrt{2\,L\,C}} = \omega_0\sqrt{2}, \tag{367. 1}$$

so findet man für diese Schaltung leicht

$$X^k = \frac{1}{C}\,\frac{\omega_0^2 - \omega^2}{\omega\,(\omega^2 - \omega_m^2)}, \qquad X^l = L\,\frac{\omega^2 - \omega_m^2}{\omega}. \tag{367. 2}$$

Das zugeordnete Schema A ist also das der Abb. 367. 2; für das Übertragungsmaß und den Wellenwiderstand ergeben sich aus (184. 1) und (184. 2) die Gleichungen:

$$\mathfrak{Tg}\,\mathfrak{g} = \frac{1}{\sqrt{L\,C}}\,\frac{\sqrt{\omega_0^2 - \omega^2}}{\omega_m^2 - \omega^2} = 2\,\omega_0\,\frac{\sqrt{\omega_0^2 - \omega^2}}{\omega_m^2 - \omega^2}, \tag{367. 3}$$

$$\mathfrak{Z} = \sqrt{\frac{L}{C}}\,\frac{\sqrt{\omega^2 - \omega_0^2}}{\omega}. \tag{367. 4}$$

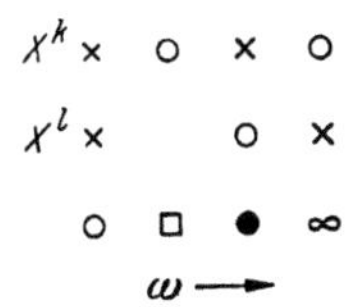

Abb. 367. 2.

---

[1] Campbell, G. A.: Bell Syst. techn. J. **1** (1922) H. 2 S. 1; Foster, R. M.: ebenda **3** (1924) S. 651.

[2] Jacoby, H., und Schmid, A.: Veröff. Nachr.-Techn. (Siemens) **2** (1932) S. 279.

Nun wissen wir aber aus § 354, daß die Scheinfrequenz ω_m bei dem betrachteten Hochpaß nicht nur für den Wellenwiderstand, sondern auch für das Übertragungsmaß ohne Bedeutung ist; denn in (354. 5) kommt ω_m überhaupt nicht vor. Das erklärt sich nicht etwa dadurch, daß wir in § 354 ω_m^2 durch $2\,\omega_0^2$ ersetzt hätten, sondern dadurch, daß wir eine Gleichung benutzt haben, die das halbe Übertragungsmaß enthält. Im Durchlaßbereich läuft nämlich nach § 354 das halbe Winkelmaß von -90^0 bis 0^0, das volle also von -180^0 bis 0^0. Während $\mathfrak{Tg}\,\mathfrak{g}$ für $a = -90^0$, d. i. für die Frequenz ω_m, auf einer Spitze des Tangensreliefs unendlich groß wird, gibt es für $a/2$ zwischen $a/2 = -90^0$ und $a/2 = 0^0$, d. i. zwischen den Frequenzen ω_0 und ∞ keinen singulären Punkt, dem eine Scheinfrequenz entsprechen könnte.

In der Tat: Aus (. 3) kann man mit $\omega_m = \omega_0\sqrt{2}$ die viel einfacheren Gleichungen

$$\mathfrak{Tg}\,\frac{\mathfrak{g}}{2} = \frac{\omega_0}{\sqrt{\omega_0^2 - \omega^2}} \quad \text{und} \quad \mathfrak{Tg}\,\frac{\mathfrak{g}}{2} = \frac{\sqrt{\omega_0^2 - \omega^2}}{\omega_0} \tag{367. 5}$$

ableiten, aus denen die Scheinfrequenz ω_m verschwunden ist[1].

Entsprechende Überlegungen lassen sich bei allen andern in diesem Abschnitt zu behandelnden Filtern anstellen.

Bei den symmetrischen Abzweig- und Brückenschaltungen ist es daher zweckmäßiger, die Theorie von vornherein auf Formeln aufzubauen, in denen eine Hyperbelfunktion des halben Übertragungsmaßes vorkommt.

Bei den symmetrischen Brückenschaltungen bedarf es hierzu keines besonderen Kunstgriffs; man braucht nur die Gleichung (166. 5) zu verwenden.

Bei den symmetrischen Abzweigschaltungen dagegen hilft die Zerlegung der Schaltungen in Halbglieder. Versteht man jetzt unter X^k und X^l wie im § 173 den von außen gemessenen Kurzschluß- und Leerlaufwiderstand des Halbglieds, so gelten für die symmetrische Abzweigschaltung nach (184. 1) und (184. 2) die Gleichungen

$$\mathfrak{Tg}\,\frac{\mathfrak{g}}{2} = \sqrt{\frac{X^k}{X^l}} \quad \text{und} \quad \mathfrak{Z} = \mathrm{j}\sqrt{X^k X^l}, \tag{367. 6}$$

die den Gleichungen (166. 4) und (166. 5) an Einfachheit nicht nachstehen.

Bei dem Hochpaß des § 354 besteht das Halbglied aus dem Längselement $2C$ und dem Querelement $2L$. Es ist daher

$$X^k = -\frac{1}{2C}\frac{1}{\omega}, \quad X^l = -\frac{1}{2\omega C} + 2\omega L = -\frac{1}{2\omega_0^2 C}\frac{\omega_0^2 - \omega^2}{\omega}, \tag{367. 7}$$

und man erhält, ohne eine Scheinfrequenz ω_m einführen zu müssen, unmittelbar

$$\mathfrak{Tg}\,\frac{\mathfrak{g}}{2} = \frac{\omega_0}{\sqrt{\omega_0^2 - \omega^2}}, \quad \mathfrak{Z} = \mathrm{j}\,\frac{\sqrt{\omega_0^2 - \omega^2}}{4\,\omega_0\,\omega\,C} = \sqrt{\frac{L}{C}}\sqrt{1 - \frac{\omega_0^2}{\omega^2}} \tag{367. 8}$$

in Übereinstimmung mit (. 5) und (354. 5).

Ersetzt man den Hochpaß nach (167. 1) durch die gleichwertige Brückenschaltung X_1, X_2, so erhält man

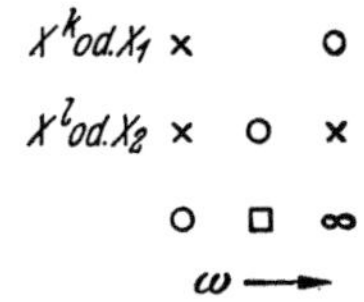

Abb. 367. 3.

$$X_1 = -\frac{1}{C}\frac{1}{\omega}, \quad X_2 = -\frac{1}{\omega C} + 4\omega L = -\frac{1}{\omega_0^2 C}\frac{\omega_0^2 - \omega^2}{\omega}. \tag{367. 9}$$

Daraus folgen aber nach (166. 4) und (166. 5) wieder die Gleichungen (. 8). Das zu komplizierte Schema Abb. 367. 2 ist also durch das einfachere Abb. 367. 3 zu ersetzen.

Wir wollen von jetzt ab voraussetzen, daß das zu untersuchende Filter durch ein möglichst einfaches Schema A charakterisiert sei. Um die Abzweig- und die

[1] Hier ergeben sich zwei Gleichungen, weil das halbe Winkelmaß aus $\mathfrak{Tg}\,\mathfrak{g}$ nach § 162 nur bis auf ein ganzzahliges Vielfaches von 90^0 bestimmt werden kann.

Brückenfilter zugleich zu umfassen, sehen wir das Schema als eine Darstellung der Nullstellen und Pole der Brückenblindwiderstände X_1 und X_2 an.

Aus (184. 1) und den Campbellschen Gleichungen folgt nun zunächst, daß die Frequenzabhängigkeit des Übertragungsmaßes (also des Dämpfungsmaßes in den Sperrbereichen und des Winkelmaßes im Durchlaßbereich) nur von den Grenzfrequenzen und den übrigen Scheinfrequenzen im Durchlaßbereich abhängt. In Abb. 367. 4 ist dies für die vier einfachsten Bandpässe, bei denen für die untere Grenzfrequenz X_1 verschwindet oder X_2 unendlich groß wird, durch „Schemata B" dargestellt. Die waagerechten Striche deuten den Bruchstrich der Gleichung für $\mathfrak{Tg}\,(\mathfrak{g}/2)$ an; $\sqrt{\omega_i^2-\omega^2}$ ist durch □, $\omega_i^2-\omega^2$ durch ● ausgedrückt. Rechts neben die Schemata B ist je eines der jedesmal zwei Schemata A gesetzt, die dem gezeichneten Schema B entsprechen. Zu jedem der gezeichneten Schemata B gibt es ein zweites Schema B, bei dem für die untere Grenzfrequenz X_1 unendlich groß oder X_2 gleich Null wird. Die links vor das Schema B gesetzte Zahl ist die Nummer der „Dämpfungsklasse", der man das betrachtete Filter nach Cauer[1] zuordnet[2]. Man erkennt, daß die Frequenzabhängigkeit von $\mathfrak{Tg}\,(\mathfrak{g}/2)$ oder $\mathfrak{Ctg}\,(\mathfrak{g}/2)$ für ungerade Klassen immer durch Gleichungen der Form:

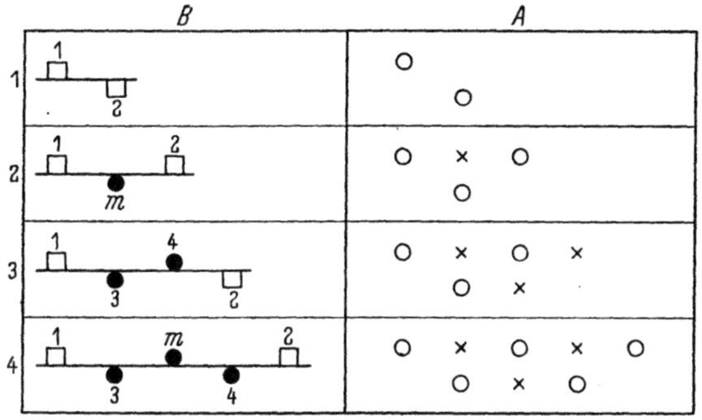

Abb. 367. 4.

$$t_1(\omega)=\sqrt{\frac{\omega_1^2-\omega^2}{\omega_2^2-\omega^2}}, \qquad t_3(\omega)=\sqrt{\frac{\omega_1^2-\omega^2}{\omega_2^2-\omega^2}\,\frac{\omega_4^2-\omega^2}{\omega_3^2-\omega^2}}, \ldots, \tag{367. 10}$$

für gerade Klassen immer durch Gleichungen der Form

$$t_2(\omega)=\frac{\sqrt{(\omega_1^2-\omega^2)(\omega_2^2-\omega^2)}}{\omega_m^2-\omega^2}, \qquad t_4(\omega)=\frac{\sqrt{(\omega_1^2-\omega^2)(\omega_2^2-\omega^2)}\,(\omega_m^2-\omega^2)}{(\omega_3^2-\omega^2)(\omega_4^2-\omega^2)}\cdots \tag{367. 11}$$

dargestellt werden kann[3].

Für die Frequenzabhängigkeit des Wellenwiderstandes symmetrischer Bandpässe gelten ähnliche Schemata B (Abb. 367. 5). Jetzt muß jedoch auch der Faktor ω der Gleichungen (366. 1) und (366. 2) als Kreischen ○ untergebracht werden; außerdem ist das Verhalten für $\omega\to\infty$ angedeutet[4]. Auch hier gibt es zu jedem Schema B noch ein „reziprokes". Wie das Bild zeigt, sind

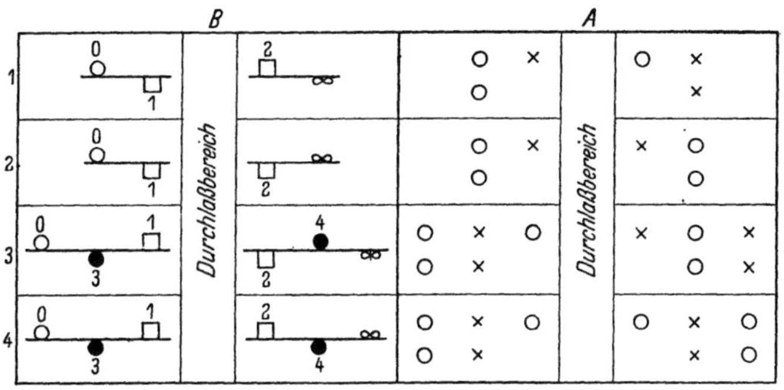

Abb. 367. 5.

[1] Cauer, W.: Z. angew. Math. Mech. **10** (1930) S. 425.
[2] Zu jeder Dämpfungsklasse gehören demnach zwei (zueinander „reziproke") Schemata B und vier Schemata A.
[3] Die Bezeichnungen der Scheinfrequenzen sind geändert; es ist nicht mehr $\omega_1<\omega_2<\omega_3\cdots$.
[4] Das Zeichen ∞ auf dem Bruchstrich bedeutet z. B.: $\mathfrak{Z}$ verschwindet für $\omega\to\infty$.

die Wellenwiderstände der ungeraden Klassen Frequenzfunktionen der Form

$$z_1(\omega) = \omega\sqrt{\frac{\omega_2^2-\omega^2}{\omega_1^2-\omega^2}}, \qquad z_3(\omega) = \omega\sqrt{\frac{\omega_1^2-\omega^2}{\omega_2^2-\omega^2}\,\frac{\omega_4^2-\omega^2}{\omega_3^2-\omega^2}}, \cdots, \qquad (367.12)$$

die der geraden Klassen Frequenzfunktionen der Form

$$z_2(\omega) = \frac{\omega}{\sqrt{(\omega_1^2-\omega^2)(\omega_2^2-\omega^2)}}, \quad z_4(\omega) = \frac{\omega\sqrt{(\omega_1^2-\omega^2)(\omega_2^2-\omega^2)}}{(\omega_3^2-\omega^2)(\omega_4^2-\omega^2)}, \cdots. \qquad (367.13)$$

Die Frequenzabhängigkeiten der Wellenwiderstände (im Durchlaßbereich wie in den Sperrbereichen) hängen also nur von den Grenzfrequenzen und von den Scheinfrequenzen in den Sperrbereichen ab.

Der Wert dieser Betrachtungen liegt darin, daß sie zeigen, welche Frequenzgänge sich mit Blindvierpolen überhaupt herstellen lassen.

Von den Nullstellen und Polen der Blindwiderstände X_1 und X_2 sind die Frequenzen zu unterscheiden, für die die Dämpfung unendlich groß wird. Diese „Dämpfungspole" sind die Lösungen der Gleichung $\mathfrak{Tg}\,(\mathfrak{g}/2) = 1$. Die Gleichungen (. 10) und (. 11) zeigen daß bei Bandpässen der Klasse n die Gleichung $\mathfrak{Tg}\,(\mathfrak{g}/2) = 1$ immer vom n. Grade in ω^2 ist. Ganz allgemein gibt die Nummer der Dämpfungsklasse die höchste mögliche Zahl der Dämpfungspole in den Sperrbereichen an[1].

§ 368. **Allgemeine Filtertheorie.** Nach den Ausführungen der vorhergehenden Paragraphen muß es möglich sein, die Scheinfrequenzen ω_i eines zu bemessenden Filters so festzulegen, daß die an die Frequenzgänge seines Übertragungsmaßes und seines Wellenwiderstands zu stellenden Forderungen befriedigt werden, ohne daß es zunächst nötig wäre, an die Schaltungen zu denken, durch die das theoretisch bemessene Filter schließlich in die Wirklichkeit übergeführt werden muß. Anweisungen für diese Art der Filterplanung sind zuerst von Cauer[2] gegeben worden.

Bei solchen allgemeinen Betrachtungen führt man meist „normierte" Frequenzen ein, wie wir sie schon kennengelernt haben. Setzt man spezialisierend voraus, daß sich die Scheinfrequenzen ω_i um ein gewisses geometrisches Mittel[3] ω_m symmetrisch gruppieren:

$$\eta = \omega/\omega_m, \qquad \eta_1\eta_2 = \eta_3\eta_4 = \eta_5\eta_6 = \cdots = 1 \qquad (368.1)$$

und führt man die folgenden Abkürzungen ein:

$$\eta_2 - \eta_1 = \varkappa, \qquad \eta_4 - \eta_3 = \varkappa_{43}\cdot\varkappa = -\varkappa_{34}\cdot\varkappa = \frac{\varkappa}{\varkappa_{43}} = -\frac{\varkappa}{\varkappa_{34}}, \cdots, \qquad (368.2)$$

also

$$\eta_3^2 + \eta_4^2 = (\eta_4 - \eta_3)^2 + 2\eta_3\eta_4 = \varkappa_{34}^2\varkappa^2 + 2, \qquad (368.3)$$

$$\frac{\eta_2-\eta_1}{\eta_1+\eta_2} = \varkappa', \qquad \frac{\eta_4-\eta_3}{\eta_3+\eta_4} = \frac{\varkappa'}{\varkappa'_{43}} = -\frac{\varkappa'}{\varkappa'_{34}}, \cdots, \qquad (368.4)$$

so lassen sich die Gleichungen des § 367 vereinfachen. Zunächst kann man das folgende immer wieder auftretende Produkt umformen:

$$(\omega_3^2-\omega^2)(\omega_4^2-\omega^2) = (\eta_3^2\eta_4^2 - (\eta_3^2+\eta_4^2)\eta^2 + \eta^4)\,\omega_m^4$$

$$= -\varkappa^2\eta^2\left(\varkappa_{34}^2 - \left(\frac{\eta^2-1}{\varkappa\eta}\right)^2\right)\omega_m^4 = \varkappa_{34}^2(1-\eta^2)^2\left(\overline{\varkappa_{34}}^2 - \left(\frac{\varkappa\eta}{\eta^2-1}\right)^2\right)\omega_m^4. \qquad (368.5)$$

Bei dem entsprechenden Quotient versuchen wir den Ansatz:

$$\frac{\omega_4^2-\omega^2}{\omega_3^2-\omega^2} = \frac{\eta_4^2-\eta^2}{\eta_3^2-\eta^2} = \frac{\eta_4}{\eta_3}\,\frac{1+\xi}{1-\xi}.$$

---

[1] Bei den Bandsperren ungerader Klasse n ist die Gleichung $\mathfrak{Tg}\,(\mathfrak{g}/2) = 1$ vom $(n+1)$. Grade.

[2] Cauer, W.: Siebschaltungen. Berlin: VDI-Verlag 1931. Glowatzki, E.: Elektr. Nachr.-Techn. **10** (1933) S. 377, 404. Bode, H. W.: Bell Syst. techn. J. **14** (1935) S. 211.

[3] Natürlich besteht kein Zwang, gerade das geometrische Mittel zu nehmen. Im § 359 haben wir z. B. quadratisch gemittelt.

Er läßt sich befriedigen mit

$$\xi = -\frac{\eta_4 - \eta_3}{\eta_3 + \eta_4}\,\frac{\eta^2 + 1}{\eta^2 - 1} = \frac{\varkappa'}{\varkappa'_{34}}\,\frac{\eta^2 + 1}{\eta^2 - 1},$$

und es ist daher (was freilich eine wesentlich geringere Vereinfachung bedeutet)

$$\frac{\omega_4^2 - \omega^2}{\omega_3^2 - \omega^2} = \frac{\eta_4}{\eta_3}\,\frac{\varkappa'_{34} + \varkappa'\,\dfrac{\eta^2 + 1}{\eta^2 - 1}}{\varkappa'_{34} - \varkappa'\,\dfrac{\eta^2 + 1}{\eta^2 - 1}}. \tag{368.6}$$

Mit (. 5) und (. 6) wird demnach, da $\omega = \omega_m \eta$ und $\omega_m^2 - \omega^2 = \omega_m^2 (1 - \eta^2)$:

$$t_3 = \sqrt{\frac{\eta_1}{\eta_2}\cdot\frac{\eta_4}{\eta_3}}\,\sqrt{\frac{1 - \varkappa'\,\dfrac{\eta^2 + 1}{\eta^2 - 1}}{1 + \varkappa'\,\dfrac{\eta^2 + 1}{\eta^2 - 1}}\;\frac{\varkappa'_{34} + \varkappa'\,\dfrac{\eta^2 + 1}{\eta^2 - 1}}{\varkappa'_{34} - \varkappa'\,\dfrac{\eta^2 + 1}{\eta^2 - 1}}}, \tag{368.7}$$

$$t_4 = \varkappa_{34}^{\,2}\,\frac{\sqrt{1 - \left(\dfrac{\varkappa\eta}{\eta^2 - 1}\right)^2}}{\varkappa_{34}^{\,2} - \left(\dfrac{\varkappa\eta}{\eta^2 - 1}\right)^2}, \tag{368.8}$$

$$z_4 = \frac{1}{j\,\omega_m \varkappa}\,\frac{\sqrt{1 - \left(\dfrac{\eta^2 - 1}{\varkappa\eta}\right)^2}}{\varkappa_{34}^2 - \left(\dfrac{\eta^2 - 1}{\varkappa\eta}\right)^2}. \tag{368.9}$$

(z_3 läßt sich überhaupt nicht vereinfachen wegen des störenden Faktors ω.) Für die Klassen 4 z. B. kann man also die Frequenzabhängigkeiten von $\mathfrak{Tg}\,(\mathfrak{g}/2)$ und $\mathfrak{Z}$ in den Formen

$$\mathfrak{Tg}\,\frac{\mathfrak{g}}{2} \sim \frac{\sqrt{1 - \Omega^2}}{\varkappa_{34}^{\,2} - \Omega^2}, \qquad \mathfrak{Z} \sim \frac{\sqrt{1 - \Omega^2}}{\varkappa_{34}^2 - \Omega^2} \tag{368.10}$$

schreiben, wenn man $\varkappa\eta/(\eta^2 - 1)$ und $(\eta^2 - 1)/(\varkappa\eta)$ als normierte Frequenzen Ω einführt.

Nachdem man die Gleichungen in dieser Weise vereinfacht hat, kann man die $\varkappa_{34}, \varkappa_{56}, \cdots$ so bestimmen, daß die folgenden Bedingungen erfüllt sind: $\mathfrak{Tg}\,\mathfrak{g}$ soll in einem möglichst großen Teil des Sperrbereichs möglichst wenig und höchstens um einen vorgeschriebenen Betrag von dem Wert 1, $\mathfrak{Z}$ soll in einem möglichst großen Teil des Durchlaßbereichs möglichst wenig und höchstens um einen vorgeschriebenen Betrag von dem Scheinwiderstand der angeschlossenen Schaltungen abweichen. Je größere Abweichungen man beim Wellenwiderstand zuläßt, um so breiter ist natürlich der nutzbare Durchlaßbereich.

Die Ergebnisse solcher Rechnungen sind z. B. in dem Buch „Siebschaltungen" von W. Cauer zusammengestellt[1].

§ 369. Filter, Sperren, Weichen.

§ 369. Filter, Sperren, Weichen. Im vorstehenden haben wir nur Filter im engeren Sinne betrachtet, d. h. Vierpole, die einen bestimmten Frequenzbereich durchlassen, allen anderen Frequenzen dagegen den Weg versperren. Es gibt aber auch Netzwerke, die die umgekehrte Aufgabe lösen sollen.

Die „Bandsperren" z. B. unterscheiden sich von den Bandpässen dadurch, daß sie die Frequenzen von Null bis zu einer unteren Grenzfrequenz ω_1 und dann wieder von einer oberen Grenzfrequenz ω_2 ab bis zu unendlich hohen Frequenzen durchlassen, während die Dämpfung für das Band zwischen ω_1 und ω_2 einen hinreichend hohen (und in vielen Fällen zugleich möglichst konstanten) Wert haben soll. Die Theorie der Bandsperren ähnelt der Theorie der Bandfilter.

---

[1] Vgl. auch Piloty, H.: Elektr. Nachr.-Techn. **14** (1937) S. 88; **15** (1938) S. 37; Telegr.- u. Fernspr.-Techn. **28** (1939) S. 363. Laurent, T.: Elektr. Nachr.-Techn. **13** (1936) S. 365 und Ericsson Technics 1934 ··· 39. Cauer, W.: Theorie der linearen Wechselstromschaltungen. Bd. 1. Leipzig: Akademische Verlagsgesellschaft 1941.

Die Tief- und Hochpässe könnten natürlich auch als Hoch- und Tiefsperren bezeichnet werden.

Die elektrische „Weiche“ löst eine verwickeltere Aufgabe[1]. Teilt man den gesamten z. B. von einer Leitung übertragenen Frequenzbereich in n Bänder, so führt die Weiche jedes dieser Bänder dem ihm zugeordneten Verbraucher zu. Die Weiche ist demnach kein Vierpol, sondern ein $(2n + 2)$-Pol (Abb. 369. 1; einpolige Darstellung). Man kommt jedoch in der Regel mit der Theorie des Filtervierpols aus, da die Wirkung der Weiche darauf beruht, daß in den Weg jedes Teilkanals ein Bandpaß geschaltet wird, der nur die erlaubten Frequenzen durchläßt.

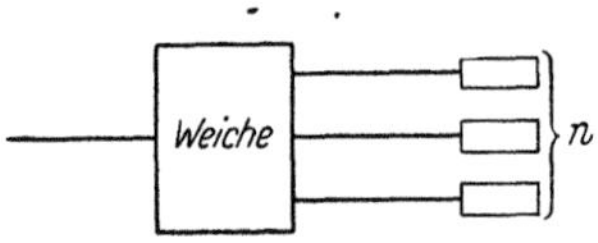

Abb. 369. 1.

Meist schaltet man die Teilkanäle einander parallel; man kann aber auch die Reihenschaltung wählen.

§ 370. Angenäherte Berechnung von Bandpässen unter Berücksichtigung der Verluste. Es gibt Filter, z. B. die Bandfilter der Rundfunktechnik, deren Verhalten wesentlich durch ihre Verluste bestimmt wird. Da bei ihnen die im vorstehenden auseinandergesetzten Verfahren nicht ausreichen, hat man für sie eine Näherungstheorie[2] abgeleitet, die auf der Voraussetzung beruht, daß sich eine für das Verhalten des Filters charakteristische Größe, z. B. der Kehrwert der Übersetzung der Leerlaufspannung $\mathfrak{u}_1$ (§ 154), durch eine ganze rationale Funktion der als klein angesehenen Differenz $\omega - \omega_0$ darstellen lasse, wo ω_0 die Scheinfrequenz der in dem Filter enthaltenen schwingungsfähigen Zweige oder Maschen ist.

In den Hochfrequenz-Verstärkerstufen der Rundfunkempfänger liegen die Bandfilter unmittelbar hinter Verstärkerröhren hohen inneren Widerstands. Sie werden also[3] durch Generatoren der Leerlaufspannung $-\mathfrak{U}_g/D$ und des inneren Widerstands R_i gespeist. Die Übersetzung $\mathfrak{u}_1$ ist in diesem besonderen Falle gleich dem Verhältnis der Leerlaufspannung $\mathfrak{U}_2^l$ am Ausgang des Filters zu der Leerlaufspannung $-\mathfrak{U}_g/D$ der Röhre. Ist $\mathfrak{U}_2^l/\mathfrak{U}_g$ die Spannungsverstärkung $\mathfrak{v}$ der ganzen Schaltung, so gilt nach (154. 1)

$$\frac{1}{\mathfrak{u}_1} = -\frac{\mathfrak{U}_g/D}{\mathfrak{U}_2^l} = -\frac{1}{D\,\mathfrak{v}} = \frac{R_i + \mathfrak{W}_1^l}{\mathfrak{M}} \approx \frac{R_i}{\mathfrak{M}}. \tag{370. 1}$$

Wir haben dabei vorausgesetzt, daß der Eingangswiderstand $\mathfrak{W}_1^l$ des Filters auch bei der Scheinfrequenz und in ihrer Nähe noch klein sei gegen den inneren Widerstand R_i der Röhre. Da D und R_i Röhrenkonstanten sind, kann man ebensogut $1/\mathfrak{u}_1$ wie $1/\mathfrak{v}$ oder $1/\mathfrak{M}$ untersuchen; wir beziehen uns meist auf $1/\mathfrak{M} = -S/\mathfrak{v}$.

Die Entwicklung von $1/\mathfrak{M}$ nach Potenzen von $\omega - \omega_0$ werde hinter dem quadratischen Gliede abgebrochen. Unsere Aufgabe ist demnach die, die komplexen Koeffizienten $\mathfrak{A}_0$, $\mathfrak{A}_1$ und $\mathfrak{A}_2$ in der Darstellung

$$\frac{1}{\mathfrak{M}} = \mathfrak{A}_0 + \mathfrak{A}_1(\omega - \omega_0) + \mathfrak{A}_2(\omega - \omega_0)^2 \tag{370. 2}$$

so zu bestimmen, daß sich ein gewünschter Frequenzgang von $1/\mathfrak{M}$ ergibt.

---

[1] Brandt, W.: Elektr. Nachr.-Techn. **13** (1936) S. 111. Piloty, H.: Ebenda **14** (1937) S. 197. Cauer, W.: Ebenda **16** (1939) S. 96.

[2] Mallett, E.: Experim. Wireless **5** (1928) S. 437. Kafka, H.: Hochfrequenztechn. **44** (1934) S. 125. Feldtkeller, R., und Tamm, R.: Elektr. Nachr.-Techn. **13** (1936) S. 123. Feldtkeller, R.: Einführung in die Theorie der Rundfunk-Siebschaltungen. Leipzig: Hirzel 1940.

[3] Nach § 300. Die Bezugspfeile der Spannungen seien wie in der Vierpoltheorie üblich gezogen.

Dieser Frequenzgang läßt sich anschaulich durch die Bestimmungsstücke einer Parabel beschreiben, die als die geometrische Darstellung[1] der komplexen Funktion (. 2) der reellen Veränderlichen $\omega - \omega_0$ in der Ebene der komplexen Zahlen angesehen werden kann. Es empfiehlt sich, die Gleichung (. 2) zu diesem Zweck in die Form

$$\frac{1}{\mathfrak{M}} = \mathfrak{K}\left\{x_s + j\,y_s + j\,\frac{\omega - \omega_s}{m} - \left(\frac{\omega - \omega_s}{m}\right)^2\right\} \qquad (370.\,3)$$

zu bringen; denkt man sich $\omega - \omega_s$ durch $\omega - \omega_0 - (\omega_s - \omega_0)$ ersetzt, so erkennt man, daß in (. 3) die drei komplexen Größen $\mathfrak{A}_0$, $\mathfrak{A}_1$ und $\mathfrak{A}_2$ durch die komplexe Größe $\mathfrak{K}$ und die vier reellen Größen x_s, y_s, ω_s und m ersetzt sind. Wir führen noch eine „normierte" Verstimmung

$$\Omega = \frac{\omega - \omega_s}{m} \qquad (370.\,4)$$

ein; damit nimmt (. 3) die einfache Gestalt

$$\frac{1}{\mathfrak{M}} = \mathfrak{K}\,(x_s + j\,y_s + j\,\Omega - \Omega^2) \qquad (370.\,5)$$

an.

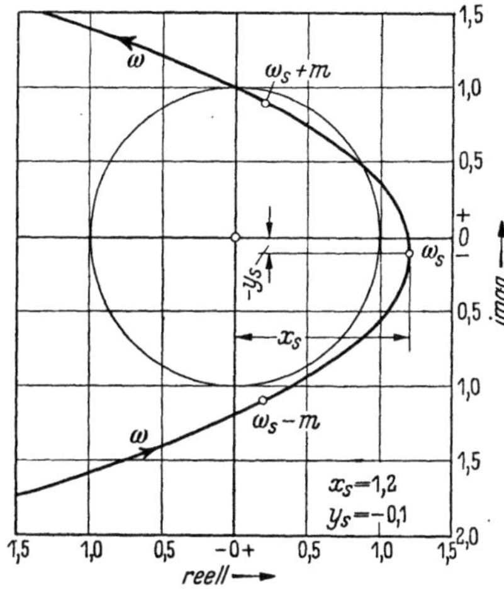

Abb. 370. 1.

Wir betrachten zuerst die den Inhalt der Klammer veranschaulichende speziellere Parabel Abb. 370. 1. Setzt man den reellen Teil des Klammerinhalts gleich x, den imaginären gleich y, so ist $x = x_s - \Omega^2$, $y = y_s + \Omega$; die Parabel der Abb. 370. 1 hat also die Gleichung

$$(y - y_s)^2 = x_s - x\,. \qquad (370.\,6)$$

Sie öffnet sich in der Richtung der negativen reellen Achse, die Konstanten x_s und y_s sind die Koordinaten ihres Scheitelpunkts, und der Abstand ihres Brennpunkts von dem Scheitelpunkt ist gleich 1/4. Zu ihrem Scheitelpunkt gehört die normierte Verstimmung $\Omega = 0$ und die Kreisfrequenz ω_s.

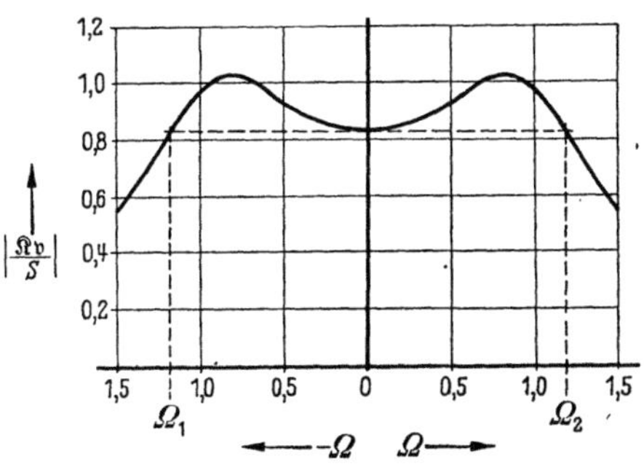

Abb. 370. 2.

Der Faktor m ist charakteristisch für die Dichte der Frequenzpunkte auf der Parabel; denn zu den normierten Verstimmungen $\Omega = \pm 1$ gehören die Kreisfrequenzen $\omega_s \pm m$; sie sind an die Punkte $x = x_s - 1$, $y = y_s \pm 1$ anzuschreiben. In Abb. 370. 1 sind es die Punkte $x = 0{,}2$, $y = 0{,}9$ und $-1{,}1$.

Um die Ortskurve von $1/\mathfrak{M}$ selbst zu erhalten, muß man die Parabel der Abb. 370. 1 noch um den Winkel von $\mathfrak{K}$ drehen und ihre Größe im Verhältnis $|\mathfrak{K}|$ ändern.

Man überzeugt sich an Hand der Abb. 370. 1 leicht davon, daß $|1/\mathfrak{M}|$ tatsächlich ähnlich wie die Betriebsdämpfung eines Filters mit zwei schwingungsfähigen Maschen verläuft.

Die Form der Verstärkungskurve $|\mathfrak{v}| = S\,|\mathfrak{M}|$ (Abb. 370. 2) hängt hauptsächlich von x_s, ihre Unsymmetrie von y_s ab. Da die Unsymmetrie unerwünscht ist, wollen wir y_s bei der Untersuchung der Kurvenform gleich Null setzen.

[1] Nach § 120 liefert eine gebrochene lineare Funktion eine Gerade oder einen Kreis. Bei der hier betrachteten quadratischen Funktion ergibt sich wenigstens noch ein Kegelschnitt.

Dann ist

$$|\mathfrak{v}| = \frac{S}{|\mathfrak{K}(x_s + j\Omega - \Omega^2)|} = \frac{S}{|\mathfrak{K}|\sqrt{x_s^2 - \Omega^2(2x_s - 1 - \Omega^2)}}, \qquad (370.7)$$

und man erkennt, daß die Verstärkung im Scheitelpunkt gleich $S/(|\mathfrak{K}|\cdot x_s) = |\mathfrak{v}|_s$ ist, daß sie auf beiden Seiten zuerst zu „Höckern" ansteigt und dann beständig sinkt. Der Wert $|\mathfrak{v}|_s$ wird noch zweimal erreicht bei den normierten Verstimmungen

$$\Omega_{1,2} = \mp\sqrt{2x_s - 1}; \qquad (370.8)$$

die Maxima (Höcker) liegen, wie man durch Differenzieren findet, bei den Frequenzen

$$(\Omega_{\max})_{1,2} = \mp\frac{\Omega_{1,2}}{\sqrt{2}}, \qquad (370.9)$$

und ihnen entspricht die Verstärkung

$$|\mathfrak{v}|_{\max} = \frac{2S}{|\mathfrak{K}|\sqrt{4x_s - 1}} = |\mathfrak{v}|_s \frac{2x_s}{\sqrt{4x_s - 1}}. \qquad (370.10)$$

Wählt man x_s, was nach der Parabeldarstellung empfehlenswert ist, in der Nähe von 1, so kann man mit der Abkürzung $x_s = 1 + \varepsilon$ bis auf Glieder der Ordnung ε^2

$$\Omega_{1,2} = \mp x_s, \qquad (370.11)$$

$$(\Omega_{\max})_{1,2} = \mp\frac{x_s}{\sqrt{2}} \qquad (370.12)$$

schreiben. Sieht man $\Omega_2 - \Omega_1$ als die normierte Lochbreite an, so erhält man nach (.11) für die wahre Lochbreite[1]

$$\omega_2 - \omega_1 \approx 2x_s m. \qquad (370.13)$$

Die Aufgabe ist nun, den Zusammenhang der zu berechnenden Koeffizienten $\mathfrak{A}$ mit den für die Lage und Gestalt der Verstärkungskurve charakteristischen Größen ω_s, $\omega_2 - \omega_1$ und x_s zu finden. Zu diesem Zwecke drückt man aus, daß (.2) für alle Frequenzen mit (.5) übereinstimmt:

$$\mathfrak{A}_0 + \mathfrak{A}_1 m(\Omega - \Omega_0) + \mathfrak{A}_2 m^2(\Omega - \Omega_0)^2 \equiv \mathfrak{K}(x_s + jy_s + j\Omega - \Omega^2). \qquad (370.14)$$

Dabei haben wir $\omega = \omega_s + m\Omega$, $\omega_0 = \omega_s + m\Omega_0$ gesetzt. Für $\Omega = \Omega_0$ wird zunächst

$$\mathfrak{A}_0 = \mathfrak{K}(x_s + jy_s + j\Omega_0 - \Omega_0^2). \qquad (370.15)$$

Zieht man (.15) von (.14) ab, so kann man durch $\Omega - \Omega_0$ dividieren und erhält

$$\mathfrak{A}_1 m + \mathfrak{A}_2 m^2(\Omega - \Omega_0) \equiv \mathfrak{K}(j - (\Omega + \Omega_0)),$$

also mit $\Omega = \Omega_0$

$$\mathfrak{A}_1 = \frac{\mathfrak{K}}{m}(j - 2\Omega_0) \qquad (370.16)$$

und schließlich

$$\mathfrak{A}_2 = -\frac{\mathfrak{K}}{m^2}. \qquad (370.17)$$

(.15), (.16) und (.17) sind die gesuchten Gleichungen zur Berechnung der Koeffizienten $\mathfrak{A}$.

[1] Feldtkeller u. Tamm ersetzen a. a. O. den Faktor 2 durch den Faktor 3.

§ 371. Anwendung auf ein Filter mit zwei schwingungsfähigen Maschen. Wir wollen die im vorigen Paragraphen gefundenen Gleichungen auf das schon früher betrachtete Filter Abb. 356. 3 anwenden. Da es zwei miteinander gekoppelte schwingungsfähige Maschen enthält, kann seine Resonanzkurve wie die Kurve Abb. 370. 2 zwei Höcker haben. Den koppelnden Kondensator C_1 bezeichden wir jetzt mit C_k; außerdem denken wir uns auf beiden Seiten des Filters Querleitwerte $g/2$. Nach den Definitionen des § 149 hat beim Dreieck der Längswiderstand $\mathfrak{R}_1$ die Bedeutung des Kurzschlußkernwiderstands $\mathfrak{M}^k$; ferner sind nach demselben Paragraphen die Leerlaufparameter zu den Kurzschlußparametern invers mit der Potenz $\mathfrak{Z}$. Es ist also

$$\frac{1}{\mathfrak{M}} = \frac{1}{\mathfrak{M}^l} = \frac{\mathfrak{M}^k}{\mathfrak{Z}^2} = \frac{\mathfrak{R}_1\left(1 + \frac{\mathfrak{R}_1}{4\,\mathfrak{R}_2}\right)}{\mathfrak{R}_1\,\mathfrak{R}_2} = \frac{1}{\mathfrak{R}_2} + \frac{\mathfrak{R}_1}{4\,\mathfrak{R}_2^2} \tag{371. 1}$$

oder, in Leitwerten geschrieben:

$$\frac{1}{\mathfrak{M}} = \mathfrak{G}_2 + \frac{\mathfrak{G}_2^2}{4\,\mathfrak{G}_1}. \tag{371. 2}$$

Da die Entwicklung von $1/\mathfrak{M}$ in der Gleichung (370. 2) nur bis zur zweiten Potenz der Differenz $\omega - \omega_0$ getrieben ist, müssen wir bei der Berechnung von $1/\mathfrak{M}$ aus den Schaltelementen ebenso verfahren. Wir erhalten

$$\begin{aligned}
\mathfrak{G}_2 &= g + \frac{1}{\mathrm{j}\,\omega L} + \mathrm{j}\,\omega C = g + \mathrm{j}\,C\left(\omega - \frac{1}{\omega L C}\right) \\
&= g + \mathrm{j}\,C\,\frac{\omega^2 - \omega_0^2}{\omega} = g + \mathrm{j}\,C\,(\omega - \omega_0)\,\frac{\omega + \omega_0}{\omega} \\
&= g + \mathrm{j}\,C\,(\omega - \omega_0)\left(2 - \frac{\omega - \omega_0}{\omega}\right) \\
&\approx g + 2\,\mathrm{j}\,C\,(\omega - \omega_0) - \mathrm{j}\,C\,\frac{(\omega - \omega_0)^2}{\omega_0} \\
&= g + 2\,\mathrm{j}\,m\,C\,(\Omega - \Omega_0) - \mathrm{j}\,\frac{m^2\,C}{\omega_0}\,(\Omega - \Omega_0)^2.
\end{aligned} \tag{371. 3}$$

Der Leitwert $\mathfrak{G}_1$ wird durch den Kondensator C_k gebildet; wir sehen ihn in dem schmalen Durchlaßbereich des Filters als konstant an: $\mathfrak{G}_1 = \mathrm{j}\,\omega_s\,C_k$. Dann ist

$$\begin{aligned}
\frac{1}{\mathfrak{M}} &= g + 2\,\mathrm{j}\,m\,C\,(\Omega - \Omega_0) - \mathrm{j}\,\frac{m^2\,C}{\omega_0}\,(\Omega - \Omega_0)^2 \\
&\quad + \frac{1}{4\,\mathrm{j}\,\omega_s\,C_k}\left(g^2 - 4\,m^2 C^2 (\Omega - \Omega_0)^2 + 4\,\mathrm{j}\,g\,m\,C\,(\Omega - \Omega_0) - 2\,\mathrm{j}\,\frac{g\,m^2\,C}{\omega_0}\,(\Omega - \Omega_0)^2\right) \\
&= g + \frac{g^2}{4\,\mathrm{j}\,\omega_s\,C_k} + 2\,\mathrm{j}\,m\,C\left(1 - \mathrm{j}\,\frac{g}{2\,\omega_s\,C_k}\right)(\Omega - \Omega_0) \\
&\quad - m^2\,C\left(\mathrm{j}\,\frac{1}{\omega_0} - \mathrm{j}\,\frac{C}{\omega_s\,C_k} + \frac{g}{2\,\omega_0\,\omega_s\,C_k}\right)(\Omega - \Omega_0)^2.
\end{aligned} \tag{371. 4}$$

Nun wissen wir schon aus § 356, daß bei geringer relativer Lochbreite $\omega_s\,C_k$ klein gewählt werden muß gegen $\omega_0\,C$, und auch g ist klein. Nach (370. 15), (370. 16) und (370. 17) können wir daher näherungsweise das Folgende schreiben:

$$g - \mathrm{j}\,\frac{g^2}{4\,\omega_s\,C_k} = \mathfrak{K}\,(x_s + \mathrm{j}\,y_s + \mathrm{j}\,\Omega_0 - \Omega_0^2), \tag{371. 5}$$

$$\mathrm{j}\,\frac{C}{2}\left(1 - \mathrm{j}\,\frac{g}{2\,\omega_s\,C_k}\right) = \frac{\mathfrak{K}}{4\,m}\,(\mathrm{j} - 2\,\Omega_0), \tag{371. 6}$$

$$\mathrm{j}\,\frac{C^2}{\omega_s\,C_k} = -\,\frac{\mathfrak{K}}{m^2}. \tag{371. 7}$$

Der Maßstabfaktor $\mathfrak{K}$ ist also rein imaginär. Wir setzen $\mathfrak{K} = -\mathrm{j}\,|\,\mathfrak{K}\,|$ und erhalten aus (. 7)

$$|\,\mathfrak{K}\,| = \frac{m^2 C^2}{\omega_s C_k} \tag{371. 8}$$

und aus (. 6)

$$g = m\,C, \qquad \omega_s C_k = g\,\Omega_0. \tag{371. 9}$$

Aus der ersten Gleichung (. 9) folgt nach (370. 13)

$$g = \frac{(\omega_2 - \omega_1)\,C}{2\,x_s}. \tag{371. 10}$$

Wählt man also den Kondensator C nach praktischen Gesichtspunkten, d. h. möglichst klein, aber nicht so klein, daß Schaltkapazitäten usw. eine wesentliche Rolle spielen, so ist g durch die Lochbreite und den Formwert x_s völlig bestimmt. Will man bei gegebener Welligkeit (gegebenem x_s) ein breites Loch haben, so muß man u. U. zu den Leitwerten der Spulen und Röhren weitere Parallelleitwerte zuschalten.

Beachtet man weiter, daß nach (. 8) und (. 9)

$$|\,\mathfrak{K}\,|\,\Omega_0 = g, \qquad |\,\mathfrak{K}\,|\,\Omega_0^2 = \omega_s C_k, \tag{371. 11}$$

so erhält man aus (. 5) zunächst

$$g = |\,\mathfrak{K}\,|\,y_s + g, \qquad \text{also } y_s = 0, \tag{371. 12}$$

ferner

$$\frac{g^2}{4\,\omega_s C_k} = |\,\mathfrak{K}\,|\,x_s - \omega_s C_k = \frac{g^2\,x_s}{\omega_s C_k} - \omega_s C_k,$$

also

$$C_k = \frac{g\sqrt{4\,x_s - 1}}{2\,\omega_s} = \frac{\sqrt{4\,x_s - 1}}{4\,x_s}\,\frac{\omega_2 - \omega_1}{\omega_s}\,C; \tag{371. 13}$$

d. h. C_k/C ist der relativen Lochbreite proportional. Endlich folgt aus (. 9)

$$\omega_0 = \omega_s + \frac{m\,\omega_s C_k}{g} = \omega_s\left(1 + \frac{C_k}{C}\right), \tag{371. 14}$$

aus (. 8)

$$|\,\mathfrak{K}\,| = \frac{g^2}{\omega_s C_k} = \frac{(\omega_2 - \omega_1)\,C}{x_s\sqrt{4\,x_s - 1}}, \tag{371. 15}$$

aus (370. 1), (370. 5) und (. 15)

$$\mathfrak{v}_s = -\frac{S}{\mathfrak{K}\,x_s} = -\mathrm{j}\,\frac{S}{|\,\mathfrak{K}\,|\,x_s} = -\mathrm{j}\,\frac{S}{(\omega_2 - \omega_1)\,C}\sqrt{4\,x_s - 1}. \tag{371. 16}$$

Nach (. 14) ist die Scheitelpunktsfrequenz sehr nahe gleich der aus $2\,L$ und $C/2 + C_k$ gebildeten Scheinfrequenz. Setzt man $C_k/(C/2) = \varkappa$, so erhält man

$$f_s = \frac{f_0}{1 + \varkappa/2} \approx \left(1 - \frac{\varkappa}{2}\right) f_0; \tag{371. 17}$$

f_s ist also die im § 356 mit f_m bezeichnete „mittlere" Frequenz, bei der der Wellenwiderstand, der ja an beiden Wellen-Lochgrenzen unendlich groß wird, seinen kleinsten Wert annimmt. Sie ist zugleich die Frequenz, bei der der Kurzschlußwiderstand der vollen verlustlosen Schaltung unendlich groß wird, während ihr Leerlaufwiderstand verschwindet.

Zahlenbeispiel[1]. Es sei $f_s = 475$ kHz, $f_2 - f_1 = 9{,}5$ kHz, $x_s = 1{,}20$, also $\Omega_{1,2} = \pm 1{,}183$, $(\Omega_{\max})_{1,2} = \pm 0{,}837$, $|\,\mathfrak{v}\,|_{\max} = 1{,}23\,|\,\mathfrak{v}\,|_s$. Wählen wir $C = 500$ pF, so wird

$$(\omega_2 - \omega_1)\,C = 2\,\pi \cdot 9{,}5\text{ kHz} \cdot 500\text{ pF} = 29{,}8\ \mu\text{S}, \qquad g = \frac{29{,}8\ \mu\text{S}}{2{,}4} = 12{,}4\ \mu\text{S},$$

$$m = \frac{12{,}5\ \mu\text{S}}{500\text{ pF}} = 24{,}9\text{ kHz}, \quad \tau = 40{,}2\ \mu\text{s}, \quad C_k = \frac{\sqrt{3{,}8}}{4{,}8}\,\frac{29{,}8\ \mu\text{S}}{2\,\pi \cdot 475\text{ kHz}} = 4{,}06\text{ pF},$$

$$f_0 = 475\text{ kHz} \cdot 1{,}0081 = 479\text{ kHz}, \qquad |\,\mathfrak{K}\,| = \frac{29{,}8\ \mu\text{S}}{1{,}2 \cdot \sqrt{3{,}8}} = 12{,}8\ \mu\text{S}.$$

---

[1] Nach dem Buch von R. Feldtkeller (S. 89/90).

Die Induktivität L ergibt sich zu

$$L = \frac{1}{\omega_0^2 C} = 0{,}221 \text{ mH};$$

im Scheitelpunkt der Parabel ist die Verstärkung

$$\mathfrak{v}_s = -\,\mathrm{j}\,\frac{S}{12{,}8\,\mu\text{S}\cdot 1{,}2} = -\,\mathrm{j}\,\frac{S}{15{,}3\,\mu\text{S}} = -\,\mathrm{j}\cdot 65\,\frac{S}{\text{mA/V}}.$$

Man kann eine einzelne solche Spule mit einem Wirkwiderstand von etwa 2,5 Ω herstellen. Das entspricht nach (115. 4) einem Leitwert

$$g_L = \frac{r\,C}{L} = \frac{2{,}5\,\Omega\cdot 500\text{ pF}}{0{,}22\text{ mH}} = 5{,}7\,\mu\text{S}.$$

Dazu kommen Anteile für die Röhren und Kondensatoren, die im allgemeinen weniger ausmachen. Man wird daher dem Filter noch weitere Leitwerte zufügen müssen.

Über den Einfluß etwaiger Unsymmetrien findet man in der Literatur Näheres.

16. Abschnitt.

Allgemeinere Theorie der Schaltvorgänge und der Verzerrungen in linearen Systemen.

§ 372. **Das benutzte Rechenverfahren.** Im 5. Abschnitt haben wir darauf hingewiesen, daß sich die so bequeme komplexe Rechenweise auf Schaltvorgänge nicht ohne weiteres anwenden läßt, da ihr die Voraussetzung zugrunde liegt, daß die wechselnden Größen für alle Zeiten (von $t = -\infty$ bis $t = +\infty$) durch einfache Sinusfunktionen der Zeit dargestellt werden können.

Die komplexe Rechenweise läßt sich jedoch erweitern. Seit Fourier weiß man, daß jeder zeitliche Ablauf durch Überlagerung andauernder Sinusschwingungen dargestellt werden kann; und zwar nicht nur jeder periodische Ablauf, sondern auch jeder unperiodische. Man kann daher jede Ursache, z. B. eine irgendwie zeitlich veränderliche elektromotorische Kraft, zunächst in andauernde sinusartige Teilursachen zerlegen. Zu jeder solchen Teilursache läßt sich dann, wenn das übertragende System (das Netzwerk, die Leitung, das Filter usw.) „linear“ ist, nach der komplexen Rechenweise ihre Teilfolge berechnen; und die einzelnen Teilfolgen lassen sich wieder zu einer Gesamtfolge zusammensetzen. Dieses in seinem Grundgedanken (weniger allerdings in seiner Durchführung) sehr einfache Rechenverfahren erweist sich gerade für die Theorie der Nachrichtentechnik als sehr fruchtbar.

Bei der Berechnung von Schaltvorgängen nach ihm tritt die mathematische Aufgabe auf, Integrale der Form

$$\int_0^\infty \varphi(\omega)\cos\omega t\,\mathrm{d}\omega, \qquad \int_0^\infty \varphi(\omega)\sin\omega t\,\mathrm{d}\omega, \qquad \int_0^\infty \varphi(\omega)\underline{/\omega t}\,\mathrm{d}\omega \tag{372. 1}$$

auszuwerten. Die Lösung solcher Aufgaben kann man sich sehr erleichtern, wenn man beachtet, daß bestimmte Integrale häufig auch dann leicht berechnet werden können, wenn die Auswertung der zugehörigen unbestimmten Integrale auf Schwierigkeiten stößt. Eine der wichtigsten Methoden zur Berechnung bestimmter Integrale ist die Integration in der komplexen Ebene. Der Ableitung dieser Methode sind die nächsten Paragraphen gewidmet.

§ 373. Funktionen einer komplexen Veränderlichen. $z = x + \mathrm{j}y$ sei eine komplexe Veränderliche. Stellt man sie durch einen Punkt in der komplexen Ebene dar, so durchläuft dieser bei Variation von x und y eine Kurve. Es sei weiter $u = f_1(x, y)$, $v = f_2(x, y)$, wo f_1 und f_2 beliebige eindeutige Funktionen sind, und es werde die Kombination $w = u + \mathrm{j}v$ gebildet; z. B. $u = x$, $v = ny$ und daher $w = x + \mathrm{j}ny$. Dann ist in der komplexen Ebene (oder wenigstens in einem gewissen Bereich von ihr) jedem Punkte z ein Punkt w zugeordnet. Im allgemeinen kann man aber nicht behaupten, daß w eine „Funktion von z" sei; denn in dem Ausdruck für w braucht, wie unser Beispiel zeigt, nicht notwendig gerade nur die Kombination $z = x + \mathrm{j}y$ vorzukommen. w ist im allgemeinen nur eine „komplexe Funktion der reellen Veränderlichen x und y".

Wir wollen nun zeigen, daß eine solche Funktion w immer dann und nur dann zugleich eine „Funktion von z" ist, wenn die Bedingung

$$\left(\frac{\partial w}{\partial y}\right)_x = \mathrm{j}\left(\frac{\partial w}{\partial x}\right)_y \tag{373.1}$$

erfüllt ist (was bei unserem Beispiel $w = x + \mathrm{j}ny = z + \mathrm{j}(n - 1)y$ nur für $n = 1$ zutrifft).

Zunächst ergibt sich durch partielle Differentiation nach x und y unmittelbar, daß die Gleichung (.1) eine notwendige Folge der Voraussetzung $w = f(z) = f(x + \mathrm{j}y)$ ist.

Sie ist aber auch eine hinreichende Bedingung. Da w eine Funktion von x und y ist, gilt zunächst

$$\mathrm{d}w = \left(\frac{\partial w}{\partial x}\right)_y \mathrm{d}x + \left(\frac{\partial w}{\partial y}\right)_x \mathrm{d}y. \tag{373.2}$$

Benutzt man hier die Beziehung (.1), die jetzt Voraussetzung ist, so erhält man

$$\mathrm{d}w = \left(\frac{\partial w}{\partial x}\right)_y (\mathrm{d}x + \mathrm{j}\,\mathrm{d}y) = \left(\frac{\partial w}{\partial x}\right)_y \mathrm{d}z. \tag{373.3}$$

Nun kann man aber w auch als Funktion von z und y ansehen (statt von x und y) und den gleichen Ansatz machen; dann erhält man

$$\mathrm{d}w = \left(\frac{\partial w}{\partial z}\right)_y \mathrm{d}z + \left(\frac{\partial w}{\partial y}\right)_z \mathrm{d}y \tag{373.4}$$

und durch Gleichsetzen der beiden Differentiale $\mathrm{d}w$ nach (.3) und (.4)

$$\left(\frac{\partial w}{\partial x}\right)_y \mathrm{d}z = \left(\frac{\partial w}{\partial z}\right)_y \mathrm{d}z + \left(\frac{\partial w}{\partial y}\right)_z \mathrm{d}y. \tag{373.5}$$

Hier sind $\mathrm{d}z$ und $\mathrm{d}y$ beliebige Änderungen; setzt man $\mathrm{d}z = 0$, so folgt

$$\left(\frac{\partial w}{\partial y}\right)_z = 0; \tag{373.6}$$

setzt man $\mathrm{d}y = 0$, so folgt

$$\left(\frac{\partial w}{\partial x}\right)_y = \left(\frac{\partial w}{\partial z}\right)_y. \tag{373.7}$$

Die Gleichung (.6) sagt aber aus, daß die Größe w, wenn man sie als Funktion von z und y ansieht, in Wirklichkeit überhaupt nicht von y abhängt, d. h., daß w eine Funktion der komplexen Veränderlichen z allein ist, was wir beweisen wollten[1].

Aus der Gleichung (.7) geht hervor, daß der partielle Differentialquotient $(\partial w/\partial z)_y$, der nach (.4) und (.6) gleich dem totalen Differentialquotienten $\mathrm{d}w/\mathrm{d}z$ ist, mit den partiellen Differentialquotienten von w nach den reellen

[1] Der Beweis kann natürlich auch so geführt werden, daß die Gleichung $(\partial w/\partial x)_z = 0$ herauskommt.

Veränderlichen x und y in den einfachen Zusammenhängen steht:

$$\frac{dw}{dz} = \frac{\partial w}{\partial x} = -j\frac{\partial w}{\partial y}. \tag{373.8}$$

Diese beiden Gleichungen bilden die Grundlage für die Theorie der Funktionen einer komplexen Veränderlichen.

Es sei z. B.

$$w = (x^2 - y^2) + j \cdot 2xy. \tag{373.9}$$

Dann ist

$$\left.\begin{aligned} \frac{\partial w}{\partial y} &= -2y + 2jx = j(2x + 2jy), \\ \frac{\partial w}{\partial x} &= 2x + 2jy; \end{aligned}\right\} \tag{373.10}$$

d. h. die Bedingung (. 1) ist erfüllt. In der Tat kann man für w auch

$$w = (x + jy)^2 = z^2 \tag{373.11}$$

schreiben.

Wenn die Funktion w eine Funktion der komplexen Veränderlichen z ist, nennt man sie auch eine „analytische" Funktion.

Aus (. 8) geht hervor, daß der Differentialquotient der Funktion w nach ihrem Argument z einen bestimmten Wert hat, unabhängig von der Richtung, in der sich der Punkt z in der Ebene der komplexen Zahlen verschiebt.

In der Tat berechnet sich z. B. aus (. 8) und (. 10) derselbe Differentialquotient $2z$, der sich auch aus (. 11) ergibt.

Man überzeugt sich leicht, daß der Differentialquotient dw/dz von dy/dx, also der Richtung der Änderung dz abhängt, sobald die Gleichung (. 1) nicht erfüllt ist.

Ersetzen wir in der Bedingung (. 1) w durch $u + jv$, so nimmt sie die Form

$$\frac{\partial u}{\partial y} + j\frac{\partial v}{\partial y} = j\left(\frac{\partial u}{\partial x} + j\frac{\partial v}{\partial x}\right) \tag{373.12}$$

an oder nach Trennung des Reellen und des Imaginären:

$$\frac{\partial u}{\partial y} = -\frac{\partial v}{\partial x}, \tag{373.13}$$

$$\frac{\partial v}{\partial y} = \frac{\partial u}{\partial x}. \tag{373.14}$$

§ 374. Randintegrale analytischer Funktionen. Wir betrachten die beiden Flächenintegrale:

$$I_1 = \iint\left(\frac{\partial u}{\partial y} + \frac{\partial v}{\partial x}\right) dx\, dy = I_{11} + I_{12}, \tag{374.1}$$

$$I_2 = \iint\left(\frac{\partial v}{\partial y} - \frac{\partial u}{\partial x}\right) dx\, dy = I_{21} + I_{22}. \tag{374.2}$$

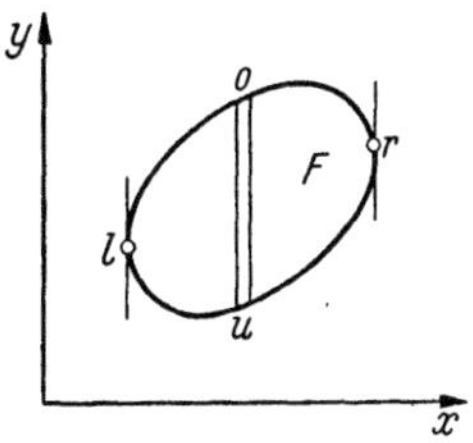

Abb. 374. 1.

In ihnen seien u und v zunächst beliebige Funktionen von x und y; die Integrale seien über die in Abb. 374. 1 hervorgehobene von einer geschlossenen Kurve umrandete einfach zusammenhängende Fläche F in der x-y-Ebene zu erstrecken.

Wir integrieren zunächst das erste Integral $I_{11} = \iint (\partial u/\partial y)\, dx dy$ nach y bei festgehaltenem x, also über einen senkrechten Streifen; das ergibt (die Bedeutung des Indizes geht aus der Abbildung hervor):

$$I_{11} = \int dx \int \frac{\partial u}{\partial y} dy = \int dx\, (u_o - u_u). \tag{374.3}$$

Hier sind u_o und u_u, da die Randkurven und damit der Zusammenhang der Koordinaten u_o und u_u mit x als gegeben vorausgesetzt werden müssen, bekannte Funktionen von x allein, und es ist daher

$$I_{11} = \int_{lr} (u_o - u_u)\,\mathrm{d}x = \int_{lor} u\,\mathrm{d}x - \int_{lur} u\,\mathrm{d}x = \int_{lor} u\,\mathrm{d}x + \int_{rul} u\,\mathrm{d}x$$
$$= \int_{lorul} u\,\mathrm{d}x = \int_{\circlearrowright} u\,\mathrm{d}x, \qquad (374.4)$$

wenn wir durch einen Umlaufpfeil die Integration über die geschlossene Randkurve andeuten.

Entsprechend kann man die anderen Integrale umformen. Bildet man dann $I_1 + \mathrm{j} I_2$, so erhält man

$$I_1 + \mathrm{j}\,I_2 = \int_{\circlearrowright} (u\,\mathrm{d}x - v\,\mathrm{d}y + \mathrm{j}(u\,\mathrm{d}y + v\,\mathrm{d}x))$$
$$= \int_{\circlearrowright} (u + \mathrm{j}\,v)\,(\mathrm{d}x + \mathrm{j}\,\mathrm{d}y) = \int_{\circlearrowright} w\,\mathrm{d}z. \qquad (374.5)$$

Jetzt führt man die Voraussetzung ein, daß w eine Funktion der komplexen Veränderlichen z sei. Dann verschwinden wegen der Gleichungen (373. 13) und (373. 14) I_1 und I_2, und man erhält das wichtige Ergebnis:

$$\int_{\circlearrowright} w\,\mathrm{d}z = \int_{\circlearrowleft} w\,\mathrm{d}z = 0\,. \qquad (374.6)$$

Das Integral einer analytischen Funktion über den geschlossenen Rand einer in der z-Ebene liegenden Fläche hat daher den Wert Null, vorausgesetzt, daß die angesetzten Integrationen Sinn haben, d. h. daß die Funktionen u und v samt ihren Differentialquotienten in dem Integrationsgebiet F endlich und stetig sind.

§ 375. **Unstetigkeitspunkte.** Wird die Funktion w nur in einem einzigen Punkte z_0 unstetig, so kann man diesen durch einen kleinen Kreis mit dem Radius r umgehen (Abb. 375. 1). Dadurch entsteht eine zweifach zusammenhängende ringartige Fläche. Um die Gleichung (374. 6) anwenden zu können, verwandeln wir sie durch einen Schnitt S in eine einfach zusammenhängende Fläche, die den Punkt z_0 nicht mehr enthält. Das Integral über deren Rand ist aber gleich Null; das Integral über den äußeren Rand, umlaufen entsprechend dem Pfeil *1*, ist daher, da sich die beiden Integrale über den Schnitt aufheben, gleich dem Integral über den Kreis um z_0, umlaufen entgegengesetzt dem Pfeil *2*.

Abb. 375. 1.

Wie man sieht, zieht sich das Integral über den äußeren Rand zusammen auf das Integral um den Unstetigkeitspunkt z_0, beide Integrale im gleichen Umlaufsinne genommen.

Man kann dieses Ergebnis erweitern auf den Fall, daß im Innern der Fläche, über die das Randintegral zu erstrecken ist, beliebig viele Unstetigkeitspunkte liegen. Dann ist das Integral gleich der Summe der Randintegrale über die kleinen Kreise, die man um die Unstetigkeitspunkte herum schlagen kann.

§ 376. **Berechnung eines besonders wichtigen Punktintegrals.** Wir wollen nun voraussetzen, die Unstetigkeit der Funktion $f(z)$ in einem Punkte z_0 rühre nur davon her, daß in ihrem Nenner die Differenz $z - z_0$ steht. Dann ist offenbar die Funktion

$$g(z) = f(z) \cdot (z - z_0) \qquad (376.1)$$

im Innern des Kreises um z_0 stetig, und es ist unsere Aufgabe, den Grenzwert des Integrals

$$I = \int\limits_{z_0} f(z)\,\mathrm{d}z = \int\limits_{z_0} \frac{g(z)}{z - z_0}\,\mathrm{d}z\,, \tag{376. 2}$$

erstreckt über den immer kleiner werdenden Kreis, zu bestimmen.

Die Veränderliche z läuft auf dem Kreis um z_0, wenn sie die Gleichung (vgl. Abb. 376. 1)

$$z = z_0 + r_{\angle\varphi} \tag{376. 3}$$

mit φ als einziger Veränderlicher befriedigt. Da hiernach

$$\mathrm{d}z = r\,\mathrm{d}_{\angle\varphi} = \mathrm{j}\, r_{\angle\varphi}\,\mathrm{d}\varphi \tag{376. 4}$$

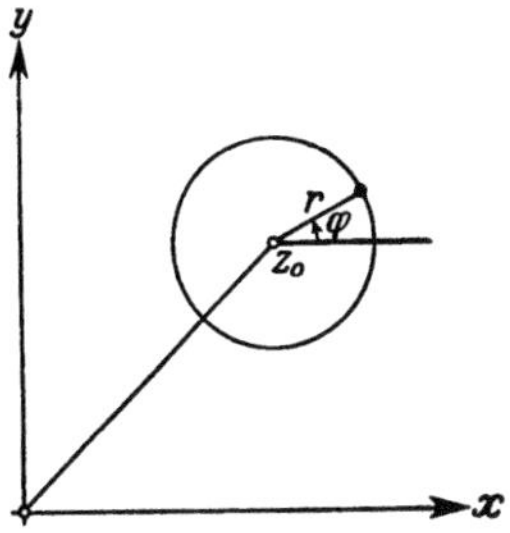

Abb. 376. 1.

ist, da ferner r gegen Null konvergiert und da g im Punkte z_0 endlich bleibt, folgt

$$I = \int\limits_{z_0} \frac{g(z_0 + r_{\angle\varphi})}{r_{\angle\varphi}}\,\mathrm{j}\, r_{\angle\varphi}\,\mathrm{d}\varphi$$

$$= \int\limits_0^{2\pi} \mathrm{j}\, g(z_0)\,\mathrm{d}\varphi = 2\pi\mathrm{j}\, g(z_0)\,. \tag{376. 5}$$

Das gesuchte Integral ist also einfach gleich $2\pi\mathrm{j}$ multipliziert mit dem Wert, den die Funktion $g(z)$ (nicht $f(z)$!) im Punkte z_0 annimmt. Den Faktor von $2\pi\mathrm{j}$ nennt man auch das zu dem „Pol" z_0 gehörige „Residuum".

§ 377. Darstellung der Einschaltung einer konstanten elektromotorischen Kraft durch ein bestimmtes Integral. Im 5. Abschnitt haben wir in erster Linie die Wirkung der plötzlichen Anschaltung einer konstanten elektromotorischen Kraft untersucht, und zwar unter der Voraussetzung, daß für negative Zeiten der Augenblickswert e der treibenden elektromotorischen Kraft gleich Null, für positive dagegen gleich dem konstanten Wert E sei. Diesen „Sprung" des Augenblickswerts von Null auf E im Augenblicke $t = 0$ („Schaltstoß") kann man nun, wie wir jetzt zeigen wollen, für alle, negative und positive, Zeiten durch einen einzigen Ausdruck darstellen, und zwar durch das „Fouriersche" Integral

$$e = \frac{E}{2\pi\mathrm{j}} \int\limits_{-\mathrm{j}\infty}^{+\mathrm{j}\infty} \frac{\mathrm{e}^{pt}}{p}\,\mathrm{d}p\,. \tag{377. 1}$$

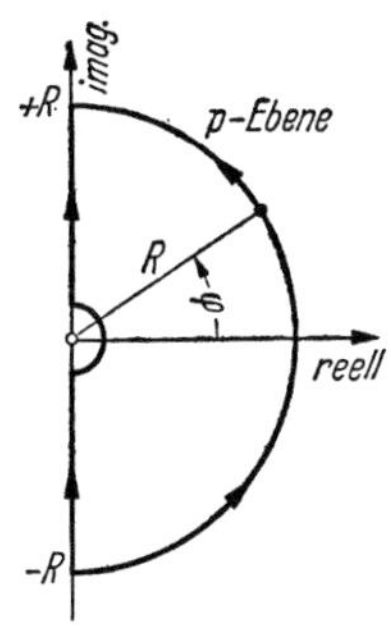

Abb. 377. 1.

Hier soll die Integrationsveränderliche p komplex sein; das Integral ist also als ein Kurvenintegral aufzufassen. Sein Integrationsweg (die Kurve) ist natürlich durch die Angabe der Grenzen $-\mathrm{j}\infty$ und $+\mathrm{j}\infty$ noch nicht bestimmt; wir legen daher jetzt genauer fest, daß es über die imaginäre Achse erstreckt werden soll, aber unter Umgehung des Nullpunktes durch einen im 4. und 1. Quadranten verlaufenden Halbkreis (vgl. Abb. 377. 1). Das Integral der Gleichung (. 1) heißt wegen der besonderen Gestalt seines Integrationswegs auch „Hakenintegral".

Um die Gleichung (. 1) zu beweisen, untersuchen wir zunächst den Wert des Kurvenintegrals im Zeitpunkt $t = 0$. Für ihn ist nach Abb. 377. 1

$$e = \lim_{R\to\infty} \frac{E}{2\pi\mathrm{j}} \int\limits_{-\mathrm{j}R}^{+\mathrm{j}R} \frac{\mathrm{d}p}{p}\,. \tag{377. 2}$$

Wir ergänzen den Integrationsweg durch einen im 4. und 1. Quadranten verlaufenden Halbkreis vom Radius R zu einem geschlossenen Weg, innerhalb dessen die Funktion $f(p) = 1/p$ natürlich stetig ist (sie wird ja nur für $p = 0$ unendlich groß). Dann folgt aus dem Lehrsatz (374. 6), daß der Grenzwert (. 2) ebenso groß ist wie der Grenzwert, dem das über den äußeren Halbkreis von $\varphi = -90^0$ bis $\varphi = +90^0$ erstreckte Integral zustrebt, wenn R über alle Grenzen wächst; d. h. es ist für $t = 0$

$$e = \lim_{R\to\infty} \frac{E}{2\pi j} \int_{\varphi=-90^0}^{+90^0} \frac{d(R\angle\varphi)}{R\angle\varphi} = \frac{E}{2\pi j}\, j\pi = \frac{E}{2}. \tag{377. 3}$$

Für negative Zeiten ergänzt man den Integrationsweg des Hakenintegrals wie vorher zu einem geschlossenen, setzt aber jetzt für den äußeren Halbkreis

$$f(p) = \frac{e^{pt}}{p} = \frac{e^{-R|t|\angle\varphi}}{R\angle\varphi} = \frac{e^{-R|t|\cos\varphi}\angle -R|t|\sin\varphi}{R\angle\varphi}. \tag{377. 4}$$

Da $\cos\varphi$ im 4. und 1. Quadranten positiv ist, konvergiert dieser Ausdruck bei unendlich wachsendem R gegen Null. Das Hakenintegral ist also, da $f(p)$ noch immer in der ganzen umrandeten Fläche stetig ist, für negative Zeiten gleich Null.

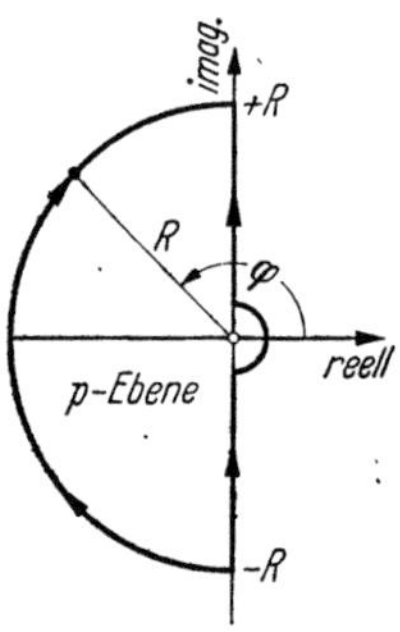

Abb. 377. 2.

Für positive Zeiten t ergänzt man die Kurve des Hakenintegrals durch einen im zweiten und dritten Quadranten verlaufenden Halbkreis zu einer geschlossenen (Abb. 377. 2). Da jetzt

$$f(p) = \frac{e^{pt}}{p} = \frac{e^{R|t|\angle\varphi}}{R\angle\varphi} = \frac{e^{R|t|\cos\varphi}\angle R|t|\sin\varphi}{R\angle\varphi} \tag{377. 5}$$

gilt, und da der $\cos\varphi$ im 2. und 3. Quadranten negativ ist, konvergiert das Integral über den äußeren Halbkreis wieder gegen Null. Das Integral über den „Haken" ist jetzt aber nicht gleich Null; denn die umrandete Fläche enthält den Pol $p = 0$. Der Augenblickswert e ist daher für positive Zeiten gleich $E/(2\pi j)$ mal $2\pi j$ mal dem Residuum in diesem Pol, d. h. es ist

$$e = E\,(e^{pt})_{p=0} = E. \tag{377. 6}$$

Die Gleichung (. 1) liefert demnach

$$\left.\begin{array}{lllll} \text{für } & t < 0 & \text{den Wert} & & 0, \\ \text{„} & t = 0 & \text{„} & \text{„} & E/2, \\ \text{„} & t > 0 & \text{„} & \text{„} & E, \end{array}\right\} \tag{377. 7}$$

kann also zur einheitlichen Darstellung der plötzlichen Einschaltung einer elektromotorischen Kraft E im Zeitpunkte $t = 0$ dienen.

Die Rechnung bleibt auch dann richtig, wenn t nicht die Zeit, sondern einen beliebigen anderen positiven oder negativen Parameter bedeutet.

§ 378. Berechnung eines Schaltvorganges mit Hilfe der Integraldarstellung des Schaltstoßes. Die komplexe Veränderliche $p = \delta + j\omega$ des Integrals (377. 1) läuft (abgesehen von dem kleinen Halbkreis um den Nullpunkt) beständig auf der imaginären Achse der p-Ebene. Auf dem Integrationsweg ist also im wesentlichen $\delta = 0$ und $e^{pt} = \angle\omega t$. Das Integral summiert demnach andauernde „komplexe Schwingungen", deren Frequenzen ω den Bereich zwischen $-\infty$

und $+\infty$ überdecken und deren Amplituden dem Parameter p und damit den zugehörigen Frequenzen umgekehrt proportional sind.

Man kann vermuten, daß es möglich sein wird, die Wirkungen dieser „komplexen Schwingungen" auf eine gegebene Schaltung nach dem komplexen Verfahren zu berechnen und sie dann mit Hilfe des Integrals (377. 1) zu der gesuchten Gesamtwirkung des Schaltstoßes zu summieren.

Wir wollen dieses Rechenverfahren durch den Nachweis rechtfertigen, daß es zu richtigen Ergebnissen führt, und betrachten daher jetzt einen Stromkreis mit Widerstand, Induktivität und Kapazität in Reihe, in den im Augenblicke $t = 0$ plötzlich eine konstante elektromotorische Kraft E geschaltet wird. Wir fragen nach dem zeitlichen Verlauf der Spannung u an dem Kondensator. Nach (113. 1) ist

$$\frac{\mathfrak{U}}{\mathfrak{E}} = \frac{1}{1 - \left(\frac{\omega}{\omega_0}\right)^2 + j \cdot 2 \frac{\omega}{\omega_0} \sin \vartheta} = \frac{1}{1 + \frac{p^2}{\omega_0^2} + 2 \frac{p}{\omega_0} \sin \vartheta}; \tag{378. 1}$$

wir versuchen daher den Ansatz

$$u = \frac{E}{2\pi j} \int_{-j\infty}^{+j\infty} \frac{\omega_0^2 e^{pt}}{p\,(p^2 + 2p\,\omega_0 \sin \vartheta + \omega_0^2)}\, dp. \tag{378. 2}$$

Das Integral soll wieder ein Hakenintegral sein. Die hinter dem Integralzeichen stehende Funktion $f(p)$ hat diesmal drei Pole, nämlich den Punkt $p = 0$ und die beiden Punkte, in denen

$$p^2 + 2p\,\omega_0 \sin \vartheta + \omega_0^2 = 0 \tag{378. 3}$$

ist. Löst man diese quadratische Gleichung nach p auf, so sieht man, daß man auch

$$u = \frac{E}{2\pi j} \int_{-j\infty}^{+j\infty} \frac{\omega_0^2 e^{pt}}{p\,(p - j\,\omega_0 \angle \vartheta)\,(p + j\,\omega_0 \angle -\vartheta)}\, dp \tag{378. 4}$$

schreiben kann. Man erhält daher (vgl. Abb. 378. 1) für das Residuum im Punkte $p = 0$

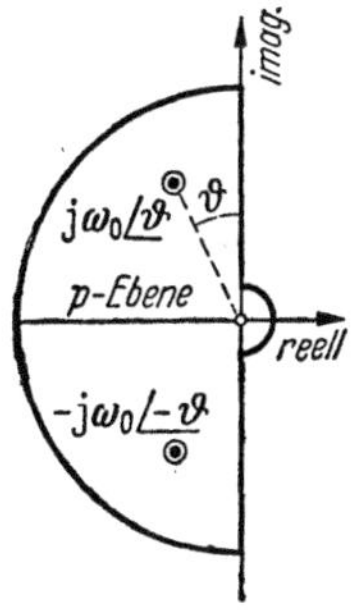

Abb. 378. 1.

$$\lim_{p=0} \frac{\omega_0^2 e^{pt}}{(p - j\,\omega_0 \angle \vartheta)\,(p + j\,\omega_0 \angle -\vartheta)} = 1, \tag{378. 5}$$

für die Residuen in den Punkten $p = \pm j\omega_0 \angle \pm \vartheta$

$$\lim_{p = \pm j\omega_0 \angle \pm\vartheta} \frac{\omega_0^2 e^{pt}}{p\,(p \pm j\,\omega_0 \angle \mp\vartheta)} = \frac{\omega_0^2 e^{\pm j\omega_0 t \angle \pm\vartheta}}{\pm j\,\omega_0 \angle \pm\vartheta\,(\pm j\,\omega_0 \angle \pm\vartheta \pm j\,\omega_0 \angle \mp\vartheta)}$$

$$= -\frac{e^{-\omega_0 t \sin\vartheta}}{2\cos\vartheta} \angle \pm \omega_0 t \cos\vartheta \mp \vartheta = -\frac{e^{-\frac{}{2\tau_1}}}{2\cos\vartheta} \angle \pm (\omega_e t - \vartheta), \tag{378. 6}$$

wenn man nach (135. 9) und (136. 2) τ_1 und ω_e einführt. Nach den Paragraphen 375 und 376 ist daher für positive Zeiten

$$u = E \left\{1 - \frac{e^{-\frac{t}{2\tau_1}}}{2\cos\vartheta} \left(\angle \omega_e t - \vartheta + \angle -(\omega_e t - \vartheta)\right)\right\}$$

$$= E \left\{1 - \frac{e^{-\frac{t}{2\tau_1}}}{\cos\vartheta} \cos(\omega_e t - \vartheta)\right\} \tag{378. 7}$$

in völliger Übereinstimmung mit (137. 5).

Das Rechenverfahren hat sich demnach bewährt.

§ 379. Die „Heavisidesche Regel". Heaviside hat gezeigt[1], daß man die im § 378 durchgeführte Integration im Komplexen ein für allemal ausführen kann. Wir wollen voraussetzen, daß für andauernden Wechselstrom die komplexe Wirkung $\mathfrak{J}$ mit der komplexen Ursache $\mathfrak{E}$ durch die komplexe Gleichung

$$\mathfrak{J} = \frac{\mathfrak{E}}{\mathfrak{W}} \tag{379.1}$$

verknüpft sei, wo $\mathfrak{W}$ irgend eine Funktion des Parameters $p = \mathrm{j}\omega$ ist, also nicht etwa der Dimension nach ein Widerstand zu sein braucht. $\mathfrak{W}$ heißt auch „Stammfunktion". Dann beruht die Heavisidesche Regel wieder auf der Annahme des § 378, daß man den Augenblickswert i in der Form

$$i = \frac{E}{2\pi\mathrm{j}} \int_{-\mathrm{j}\infty}^{+\mathrm{j}\infty} \frac{\mathrm{e}^{pt}}{p\,\mathfrak{W}(p)}\,\mathrm{d}p \tag{379.2}$$

berechnen könne, wo das Integral wieder ein Hakenintegral ist. Hieraus ergibt sich die Regel in der folgenden Weise.

Man ergänzt den Integrationsweg für positive Zeiten wie im § 377 durch einen Halbkreis im 2. und 3. Quadranten (Abb. 379.1) und berechnet die Residuen für die Pole im Innern der entstehenden geschlossenen Fläche. Pole von $f(p)$ sind aber der Punkt $p = 0$ und die sämtlichen Punkte $p = p_i$, in denen die Stammfunktion $\mathfrak{W}(p)$ gleich Null wird; man nennt die p_i „Eigenwerte". Das Residuum im Punkte $p = 0$ zunächst ist gleich

$$\left(\frac{\mathrm{e}^{pt}}{\mathfrak{W}(p)}\right)_{p=0} = \frac{1}{\mathfrak{W}(0)}. \tag{379.3}$$

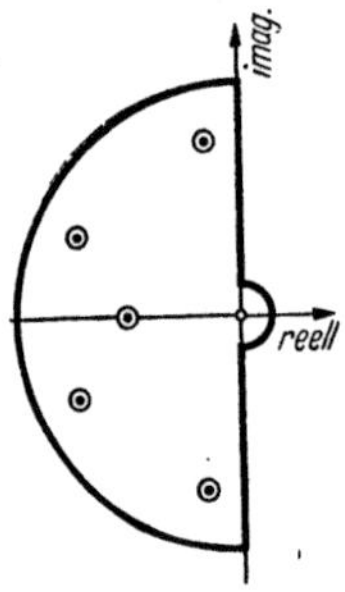

Abb. 379. 1.

Zur Berechnung der Residuen in den Punkten p_i beachten wir, daß mit der im § 376 eingeführten Bezeichnung

$$g(p) = (p - p_i)\,f(p) = \frac{(p - p_i)\,\mathrm{e}^{pt}}{p\,\mathfrak{W}(p)} \tag{379.4}$$

ist. Nach dem Taylorschen Lehrsatz gilt aber

$$\mathfrak{W}(p) = \left(\frac{\mathrm{d}\mathfrak{W}}{\mathrm{d}p}\right)_{p=p_i}(p - p_i) + \frac{1}{2!}\left(\frac{\mathrm{d}^2\mathfrak{W}}{\mathrm{d}p^2}\right)_{p=p_i}(p - p_i)^2 + \cdots, \tag{379.5}$$

da $\mathfrak{W}$ in den Punkten $p = p_i$ selbst ja verschwindet. Es ist daher

$$\frac{\mathfrak{W}(p)}{p - p_i} = \left(\frac{\mathrm{d}\mathfrak{W}}{\mathrm{d}p}\right)_{p=p_i} + \frac{1}{2}\left(\frac{\mathrm{d}^2\mathfrak{W}}{\mathrm{d}p^2}\right)_{p=p_i}(p - p_i) + \cdots; \tag{379.6}$$

hieraus folgt aber mit (376.5) und (.4) für positive Zeiten die Heavisidesche Regel

$$i = \frac{E}{\mathfrak{W}(0)} + E\sum_i \frac{\mathrm{e}^{p_i t}}{p_i\left(\frac{\mathrm{d}\mathfrak{W}}{\mathrm{d}p}\right)_{p_i}}. \tag{379.7}$$

Sie erlaubt, Einschaltvorgänge, ohne daß Integrationen nötig wären, nach der an sich nur für dauernde Wechselvorgänge gültigen komplexen Methode zu berechnen. Die einzige Schwierigkeit liegt in der Aufgabe, die Lösungen p_i der „Stammgleichung" $\mathfrak{W}(p) = 0$ zu finden.

Bei der Ableitung der Regel ist stillschweigend die folgende Voraussetzung gemacht worden: Die Stammfunktion darf mit unendlich wachsendem $|p|$ nicht

---

[1] Heaviside, O.: Phil. Mag. (5) **24** (1887) S. 479. Wagner, K. W.: Arch. Elektrotechn. 4 (1916) S. 159.

gegen Null gehen; denn nach den Überlegungen im § 377 muß der Integrand von (. 2) auf dem Halbkreis mit dem Radius R für unendlich wachsendes R verschwinden[1].

$\mathfrak{W}$ darf daher z. B. keiner reinen Kapazität entsprechen; denn $1/(\mathrm{j}\omega C) = 1/(pC)$ nähert sich mit unendlich wachsendem p der Null.

Liegen Pole der Stammfunktion im 1. oder 4. Quadranten, so gibt es auch für negative Zeiten Residuen, also für Zeiten vor der Einschaltung der Ursache. Wir wollen diese Erscheinung im § 381 im Zusammenhang betrachten.

§ 380. Beispiel für die Anwendung der Heavisideschen Regel. Wir berechnen den Einschaltstrom bei der Schaltung der Abb. 135. 1. Die Stammgleichung

$$\mathfrak{W} = R + \mathrm{j}\omega L + \frac{1}{\mathrm{j}\omega C} = \frac{1 + pRC + p^2LC}{pC} = 0 \tag{380. 1}$$

hat in diesem Falle die beiden Wurzeln

$$p_{1,2} = -\frac{R}{2L} \pm \sqrt{\frac{R^2}{4L^2} - \frac{1}{LC}} = -\frac{1}{2\tau_1} \pm \mathrm{j}\,\omega_0 \cos\vartheta = -\frac{1}{2\tau_1} \pm \mathrm{j}\,\omega_e . \tag{380. 2}$$

$\mathfrak{W}(0)$ ist unendlich groß; das erste Glied der rechten Seite von (379. 7) verschwindet daher. Ferner ist nach (. 1) und (. 2)

$$\left(p\frac{\mathrm{d}\mathfrak{W}}{\mathrm{d}p}\right)_{p_{1,2}} = \left(pL - \frac{1}{pC}\right)_{p_{1,2}} = (R + 2pL)_{p_{1,2}}$$
$$= R - \frac{L}{\tau_1} \pm \mathrm{j}\cdot 2 L\,\omega_0 \cos\vartheta = \pm\mathrm{j}\cdot 2\sqrt{\frac{L}{C}}\cos\vartheta . \tag{380. 3}$$

Wir erhalten daher für den Einschaltstrom

$$i = E\,\frac{\mathrm{e}^{-\frac{t}{2\tau_1}} \angle\,\omega_e t - \mathrm{e}^{-\frac{t}{2\tau_1}} \angle -\omega_e t}{\mathrm{j}\cdot 2\sqrt{L/C}\cos\vartheta} = E\sqrt{\frac{C}{L}}\,\frac{\mathrm{e}^{-\frac{t}{2\tau_1}}}{\cos\vartheta}\sin\omega_e t \tag{380. 4}$$

in völliger Übereinstimmung mit (137. 6). Da die Heavisidesche Regel gerade für den betrachteten Fall gilt (Einschaltung der elektromotorischen Kraft E zur Zeit $t = 0$), brauchen bei ihrer Anwendung keine Integrationskonstanten bestimmt zu werden.

§ 381. Selbsterregung. Der im § 380 berechnete Einschaltvorgang klingt im Laufe der Zeit exponentiell ab, und zwar offenbar deshalb, weil sich aus der Stammgleichung (380. 1) nach (380. 2) zwei Eigenwerte mit negativem reellem Anteil ergeben haben. Ist der reelle Anteil δ_i eines Eigenwerts $p_i = \delta_i + \mathrm{j}\,\omega_i$ gleich Null, der imaginäre endlich, so kann ein Wechselvorgang von der Frequenz ω_i dauernd bestehen bleiben, obgleich im Zeitpunkt $t = 0$ nur eine konstante Ursache angelegt worden ist. Ist endlich mindestens ein δ_i positiv, dann haben wir wieder einen Schaltvorgang; dieser schwillt aber nach einer Exponentialfunktion $\mathrm{e}^{\delta_i t}$ sehr rasch an, das System erregt sich von selbst.

Die Untersuchung der Stammgleichung und ihrer Wurzeln gestattet daher festzustellen, ob ein System „stabil", d. h. ob es gegen Selbsterregung gesichert ist oder nicht[2].

Zur Erläuterung betrachten wir die Schaltung Abb. 381. 1. Für ihren Klemmenstrom lautet die Stammgleichung:

$$\mathfrak{W} = R_1 + \frac{R_2\cdot\mathrm{j}\omega L}{R_2 + \mathrm{j}\omega L} = R_1 + \frac{pR_2L}{R_2 + pL} = 0\,; \tag{381. 1}$$

[1] Wie man zu verfahren hat, wenn die Stammgleichung mehrfache Wurzeln hat (das ist z. B. der Fall des § 140), wird in dem Aufsatz von K. W. Wagner a. a. O. auseinandergesetzt.

[2] Abweichend hiervon wird unter einem „stabilen" System häufig, besonders im Ausland, ein gegen Schwankungen unempfindliches System verstanden.

sie hat nur die eine Wurzel:

$$p = \delta + \mathrm{j}\omega = -\frac{R_1 R_2}{(R_1 + R_2) L}. \tag{381.2}$$

Diese ist immer dann negativ, wenn die Elemente der Schaltung positiv sind. Ist dagegen z. B. $R_1 = -|R_1|$ negativ, also

$$p = \delta + \mathrm{j}\omega = \frac{|R_1| R_2}{(R_2 - |R_1|) L}, \tag{381.3}$$

so erregt sich die Schaltung, wenn $R_2 > |R_1|$ ist.

Will man nur feststellen, ob sich die Schaltung erregt oder nicht, so braucht man die Eigenwerte gar nicht auszurechnen. Es genügt, in der komplexen Ebene der Stammfunktion $\mathfrak{W}$ das konforme Abbild C der imaginären Achse der p-Ebene zu zeichnen und zu prüfen, ob der Punkt $\mathfrak{W} = 0$ (der die Eigenwerte liefert) auf der einen oder anderen Seite des Abbilds C liegt. Liegt er auf der Seite, der die p mit negativem reellem Anteil entsprechen, so ist die Schaltung stabil.

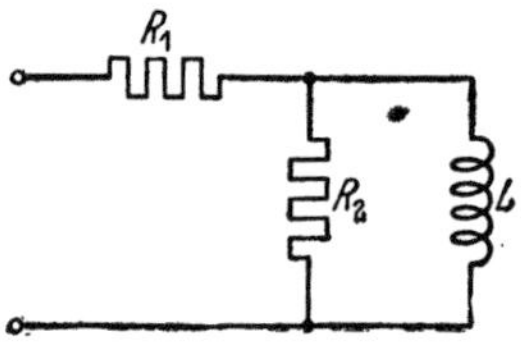

Abb. 381. 1.

Die Kurve C ist gewissermaßen die Ortskurve des stationären Schwingungsvorgangs ($\delta = 0$; $p = \mathrm{j}\omega$). Sie ergibt sich bei dem soeben betrachteten Beispiel nach § 119 oder nach

$$\mathfrak{W} = R_1 + R_2 + \frac{R_2^2}{-(R_2 + \mathrm{j}\omega L)} \tag{381.4}$$

als ein Kreis vom Durchmesser R_2, dessen Mittelpunkt auf der reellen Achse liegt und die Abszisse $R_1 + (R_2/2)$ hat (Abb. 381. 2). Offenbar gehören zu den Werten der Stammfunktion $\mathfrak{W}$ im Innern des Kreises positive δ; Eigenwerte mit positivem δ können daher nur auftreten, wenn der Punkt $\mathfrak{W} = 0$ im Innern des Kreises liegt, d. h. wenn

$$-R_2 < R_1 < 0 \tag{381.5}$$

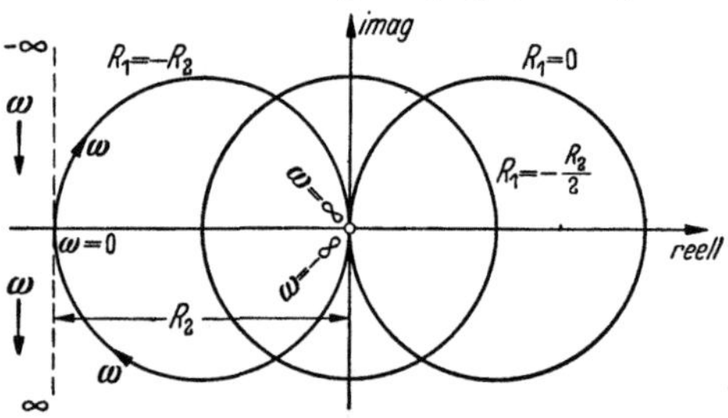

Abb. 381. 2.

ist. Dies ist die Bedingung für die Selbsterregung, die wir bereits aus der Betrachtung der Eigenwerte abgeleitet haben. Die Schaltung erregt sich, wenn die Ortskurve C, die für drei Werte von R_1 gezeichnet ist, den Punkt $\mathfrak{W} = 0$, d. h. den Nullpunkt, umschlingt.

Ein anderes Beispiel ist die Meißnersche Rückkopplungsschaltung Abb. 327. 1. Für sie sind die Ortskurven C schon in Abb. 333. 1 gezeichnet. Da $\mathfrak{W} = 1 - \mathfrak{P}$, kommt es jetzt auf die Lage des Punktes $\mathfrak{P} = 1$ an. Man sieht, daß die Kreise C sich mit wachsender Kopplung immer mehr vergrößern. Sobald sie den Punkt 1 erreichen oder umschlingen, beginnt die Selbsterregung.

Das Kriterium, daß die Kurve C den Punkt $\mathfrak{W} = 0$ nicht umschlingen darf, reicht in komplizierteren Fällen nicht aus. Dann prüft man besser, ob der vom Punkte $\mathfrak{W} = 0$ aus nach den einzelnen Punkten der Kurve C gezogene Radiusvektor, wenn ω von $-\infty$ bis $+\infty$ läuft, eine ganze Zahl von Umdrehungen macht oder ob sich bei ihm die Umdrehungen im positiven und im negativen Drehsinn die Waage halten. Nur im letzten Fall ist das System stabil[1].

[1] Strecker, F.: Unveröffentlichte Arbeit aus dem Jahre 1931. Nyquist, H.: Bell Syst. techn. J. 11 (1932) S. 126.

§ 382. Einschaltvorgang auf einer Kabelleitung; Thomsonkurve[1]. An den Eingang einer Telegraphen-Kabelleitung werde zur Zeit $t = 0$ eine konstante elektromotorische Kraft E gelegt. Wir fragen nach dem zeitlichen Verlauf des Stroms am Ende der Leitung. Zur Lösung dieser Aufgabe empfiehlt es sich, zunächst einen Kettenleiter zu betrachten und von ihm erst später zu der wirklichen gleichmäßigen Leitung überzugehen.

Der Kettenleiter bestehe aus n Gliedern in Dreiecksschaltung mit Längswiderstand $\mathfrak{R}_1 = R$ und Querkapazität C. Die Widerstände der Stromquelle und des Verbrauchers seien verschwindend gering. Dann ist in der zweiten Gleichung (227. 8) $\mathfrak{r}_a = \mathfrak{r}_e = 0$ zu setzen, und es wird, wenn wir das Übertragungsmaß des einzelnen Glieds mit $\mathfrak{g}$ bezeichnen:

$$\mathfrak{J}_2 = \frac{\mathfrak{E}}{\mathfrak{W}} = \frac{\mathfrak{E}}{\mathfrak{Z}\,\mathfrak{Sin}\, n\,\mathfrak{g}}. \tag{382. 1}$$

Die Stammgleichung lautet daher

$$\mathfrak{W} = \mathfrak{Z}\,\mathfrak{Sin}\, n\,\mathfrak{g} = 0 \tag{382. 2}$$

oder nach (149. 5) und (159. 5):

$$\mathfrak{W} = \frac{\mathfrak{M}^k}{\mathfrak{Sin}\,\mathfrak{g}}\,\mathfrak{Sin}\, n\,\mathfrak{g} = R\,\frac{\mathfrak{Sin}\, n\,\mathfrak{g}}{\mathfrak{Sin}\,\mathfrak{g}} = 0. \tag{382. 3}$$

Da

$$\mathfrak{Sin}\,\frac{\mathfrak{g}}{2} = \frac{1}{2}\sqrt{pRC}, \tag{382. 4}$$

wächst $\mathfrak{g}$ auf dem großen Halbkreis der Abb. 379. 1, wenn sein Halbmesser immer größer genommen wird, schließlich über alle Grenzen. Die Stammfunktion $\mathfrak{W} \approx R\,e^{(n-1)\mathfrak{g}}$ wird dort also nicht gleich Null; d. h. die am Ende von § 379 erwähnte Bedingung ist erfüllt. Da der Zähler der Stammfunktion mit unendlich wachsendem $\mathfrak{g}$ stärker unendlich wird als ihr Nenner, kann die Stammgleichung nur durch den Ansatz

$$\mathfrak{Sin}\, n\,\mathfrak{g} = \mathfrak{Sin}\, n b \cos n a + j\,\mathfrak{Cos}\, n b \sin n a = 0 \tag{382. 5}$$

oder

$$n b = 0, \qquad n a = k\pi \tag{382. 6}$$

befriedigt werden, wo k eine zunächst beliebige ganze Zahl ist. Setzt man (. 6) in (. 4) ein, so folgen aus

$$j \sin\frac{k\pi}{2n} = \frac{1}{2}\sqrt{p_k RC} \tag{382. 7}$$

die in diesem Falle negativ reellen Eigenwerte:

$$p_k = -\frac{4}{RC}\sin^2\left(\frac{k}{n}\,90^0\right). \tag{382. 8}$$

Hier erkennt man leicht das Folgende: Wenn k die Reihe der ganzen Zahlen durchläuft, so ergeben sich doch nur $n + 1$ verschiedene Eigenwerte, und von diesen sind außerdem noch die Werte p_0 und p_n zu streichen, da für $k = 0$ und für $k = n$ auch der Nenner der Gleichung (. 3) verschwindet. Für $n = 1$ beispielsweise gibt es überhaupt keinen Eigenwert; der Endstrom springt sofort auf den Wert E/R, ein Ergebnis, das man auch unmittelbar aus einem Bild der Schaltung ablesen kann.

Weiter findet man bei Beachtung von (. 3):

$$\left(p\,\frac{d\mathfrak{W}}{dp}\right)_{p_k} = \left(p\,\frac{d\mathfrak{W}}{d\mathfrak{g}}\,\frac{d\mathfrak{g}}{dp}\right)_{p_k} = \left(n p R\,\frac{\mathfrak{Cos}\, n\mathfrak{g}}{\mathfrak{Sin}\,\mathfrak{g}}\,\frac{d\mathfrak{g}}{dp}\right)_{p_k}. \tag{382. 9}$$

[1] Wagner, K. W.: Arch. Elektrotechn. 4 (1916) S. 159, insbesondere S. 172.

Nach (. 4) ist aber

$$\mathfrak{Sin}\frac{\mathfrak{g}}{2}\,\mathfrak{Cof}\frac{\mathfrak{g}}{2}\,\mathrm{d}\mathfrak{g} = \frac{RC}{4}\,\mathrm{d}p = \mathfrak{Sin}^2\frac{\mathfrak{g}}{2}\,\frac{\mathrm{d}p}{p}; \tag{382. 10}$$

also ist

$$\left(p\,\frac{\mathrm{d}\mathfrak{W}}{\mathrm{d}p}\right)_{p_k} = \frac{nR}{2}\left(\frac{\mathfrak{Cof}\,n\mathfrak{g}}{\mathfrak{Cof}^2\frac{\mathfrak{g}}{2}}\right)_{p_k} = \frac{nR}{2}\,\frac{(-1)^k}{\cos^2\left(\frac{k}{n}\,90^0\right)}. \tag{382. 11}$$

Unter Berücksichtigung des Gleichstromglieds ergibt sich daher schließlich

$$i_2 = \frac{E}{nR} + \frac{2E}{nR}\sum_{k=1}^{n-1}(-1)^k\cos^2\left(\frac{k}{n}\,90^0\right)\mathrm{e}^{-\frac{4t}{RC}\sin^2\left(\frac{k}{n}\,90^0\right)} \tag{382. 12}$$

oder in Form einer Zahlenwertgleichung

$$i_2 = 1 + 2\sum_{k=1}^{n-1}(-1)^k\cos^2\left(\frac{k}{n}\,90^0\right)\mathrm{e}^{-4n^2t\sin^2\left(\frac{k}{n}\,90^0\right)}, \tag{382. 13}$$

wenn für i_2 und t die Einheiten $E/(nR)$ und $nR\cdot nC$ gewählt werden. In Abb. 382. 1 ist dieser Verlauf für einen Kettenleiter von 2, 3 und 4 Gliedern dargestellt.

Die Gleichung für den Strom am Ende einer gleichmäßigen Kabelleitung erhält man, wenn man n über alle Grenzen wachsen und dafür R und C gegen Null konvergieren läßt. Es ist

$$\lim_{n\to\infty}\cos^2\left(\frac{k}{n}\,90^0\right) = 1, \qquad \lim_{n\to\infty}\sin^2\left(\frac{k}{n}\,90^0\right) = \frac{k^2}{n^2}\,\frac{\pi^2}{4}; \tag{382. 14}$$

also wird (Zahlenwertgleichung)

$$i_2 = 1 + 2\sum_{k=1}^{\infty}(-1)^k\,\mathrm{e}^{-k^2\pi^2 t}. \tag{382. 15}$$

Diese Formel ist zuerst von W. Thomson abgeleitet worden. nR ist der Gesamtwiderstand der Kabelleitung, nC ihre Gesamtkapazität. Auch die durch (. 15) dargestellte zeitliche Abhängigkeit des Endstroms ist in Abb. 382. 1 wiedergegeben. Die Reihe konvergiert für kleine t sehr langsam, für $t = 0$ divergiert sie sogar.

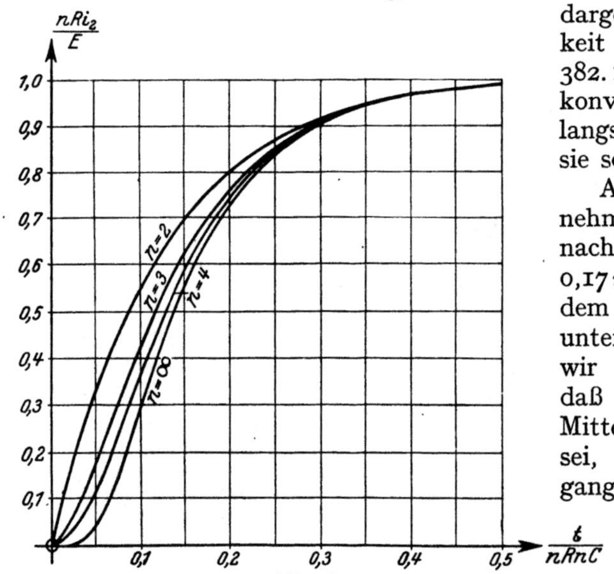

Abb. 382. 1.

Aus der Abbildung ist zu entnehmen, daß sich der Endstrom nach Ablauf etwa der Zeit $t = 0{,}17\,nR\cdot nC$ noch um 36,8% von dem Gleichstromwert $E/(nR)$ unterscheidet. Im § 144 haben wir unter der Voraussetzung, daß die Gesamtkapazität in der Mitte der Leitung konzentriert sei, die Zeitkonstante des Vorgangs zu $0{,}25\,nR\cdot nC$ berechnet[1].

[1] Bei der Kurve für $n = 2$ ist die Zeitkonstante gleich $0{,}125\,nR\cdot nC$; der zweigliedrige Kettenleiter entspricht nämlich völlig der Ersatzschaltung des § 144 mit dem einzigen Unterschied, daß bei ihm nur die halbe Leitungskapazität in der Mitte eingeschaltet ist.

Wenn der Strom am Kabelende in Wirklichkeit etwas rascher ansteigt, so kommt das daher, daß die Spannung auf der Leitung allmählich abfällt und die Leitungskapazität daher nur mit einem gewissen Prozentsatz wirksam wird.

Da die für den Aufbau eines Zeichens erforderliche Zeit dem Quadrat der Zahl n, also auch dem Quadrat der Leitungslänge proportional ist, sinkt die Schreibgeschwindigkeit bei Verdoppelung der Leitungslänge auf den vierten Teil[1].

§ 383. **Übertragung eines beliebigen Vorgangs.** In den letzten Paragraphen haben wir uns mit der Aufgabe beschäftigt, die Wirkung einer plötzlich einsetzenden konstanten Ursache zu berechnen. Wir wollen diese Aufgabe jetzt als gelöst voraussetzen; die Rechnung habe ergeben, daß eine konstante Ursache von der Größe 1, die zur Zeit $t = 0$ auftritt, im Zeitpunkt t eine Folge $\varphi(t)$ hervorruft. Die bekannte Funktion $\varphi(t)$ nennt man die „Übergangsfunktion".

Es sei nun die Aufgabe gestellt, die Folge einer im Augenblicke t_a plötzlich einsetzenden, dann aber beliebig weiterverlaufenden Ursache $e = f(t)$ zu berechnen. Schon im § 127 haben wir für einen einfachen Kreis mit Widerstand und Induktivität die Übergangsfunktion berechnet und dann im § 130 aus ihr auf die Wirkung eines Telegraphierzeichens geschlossen. Ebenso werden wir jetzt die Ursache $f(t)$ als Überlagerung unzählig vieler nacheinander plötzlich einsetzender konstanter Ursachen auffassen und dann wie im § 130 die Folge als die Summe der Teilfolgen dieser Teilursachen berechnen.

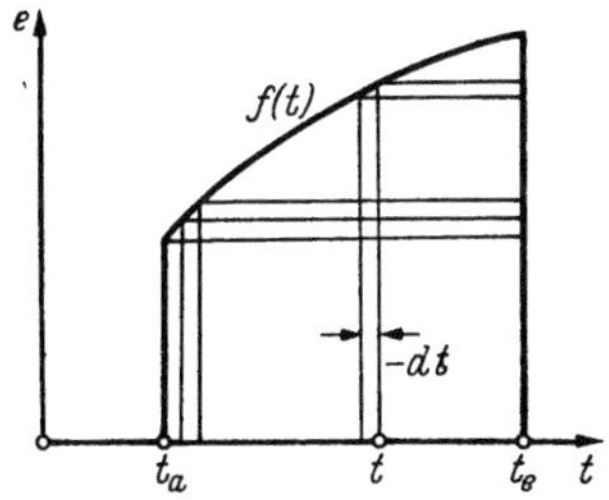

Abb. 383. 1.

Abb. 383. 1 zeigt, wie die Zerlegung der Ursache $f(t)$ gedacht ist. t_e sei der feste Zeitpunkt, für den die Folge i berechnet werden soll; der variable Zeitpunkt, in dem die einzelne Teilursache einsetzt, werde mit t bezeichnet. Zur Zeit t_a trete zunächst die endliche Ursache $f(t_a)$ auf; zu ihr geselle sich im Zeitpunkt $t_a + \mathrm{d}t$ die konstante sehr kleine Teilursache $f(t_a + \mathrm{d}t) - f(t_a)$, im Zeitpunkt $t_a + 2\,\mathrm{d}t$ die konstante Teilursache $f(t_a + 2\,\mathrm{d}t) - f(t_a + \mathrm{d}t)$, im Zeitpunkt t die konstante Teilursache $f(t) - f(t - \mathrm{d}t)$ usw. Für die Ursache $f(t_a)$ gilt nach § 128 die Übergangsfunktion $\varphi(t_e - t_a)$, für die Teilursache $f(t) - f(t - \mathrm{d}t)$ die Übergangsfunktion $\varphi(t_e - t)$. Die Gesamtfolge ist daher

$$i = f(t_a)\,\varphi(t_e - t_a) + \sum_{t_a}^{t_e} (f(t) - f(t - \mathrm{d}t))\,\varphi(t_e - t) \tag{383.1}$$

oder in Integralform

$$i = f(t_a)\,\varphi(t_e - t_a) + \int_{t_a}^{t_e} \frac{\mathrm{d}f(t)}{\mathrm{d}t}\,\varphi(t_e - t)\,\mathrm{d}t. \tag{383.2}$$

Damit ist die gesuchte Rechenvorschrift gefunden. Man kann ihr durch partielle Integration auch die folgenden beiden Formen geben[2]:

$$i = f(t_a)\,\varphi(t_e - t_a) + [f(t)\,\varphi(t_e - t)]_{t_a}^{t_e} - \int_{t_a}^{t_e} f(t)\,\frac{\mathrm{d}(\varphi(t_e - t))}{\mathrm{d}t}\,\mathrm{d}t$$

$$= f(t_e)\,\varphi(0) + \int_{t_a}^{t_e} f(t)\,\frac{\mathrm{d}(\varphi(t_e - t))}{\mathrm{d}t_e}\,\mathrm{d}t \tag{383.3}$$

[1] Über Seekabeltelegraphie siehe z. B. Wagner, K. W.: Elektr. Nachr.-Techn. 1 (1924) S. 114.

[2] Man beachte, daß $\mathrm{d}(\varphi(t_e - t))/\mathrm{d}t = -\mathrm{d}(\varphi(t_e - t))/\mathrm{d}t_e$.

und

$$i = \frac{\mathrm{d}}{\mathrm{d}t_e}\int_{t_a}^{t_e} f(t)\,\varphi(t_e - t)\,\mathrm{d}t. \tag{383.4}$$

(Bei der Ableitung dieser letzten Form ist zu beachten, daß t_e nicht nur in der Funktion $\varphi(t_e - t)$ steckt, sondern auch die obere Grenze bildet.)

Nach einer dieser drei Vorschriften[1] kann man die Wirkung einer beliebigen Ursache berechnen, wenn man die Übergangsfunktion, d. h. die Wirkung einer plötzlich einsetzenden konstanten Ursache von der Größe 1 kennt.

Beispiel. An eine Drosselspule werde im Augenblicke $t = 0$ eine reine Wechselspannung $f(t) = \hat{e}\sin\Omega t$ gelegt. Dann ist die Übergangsfunktion nach § 127:

$$\varphi(t) = \frac{1}{R}\left(1 - e^{-\frac{Rt}{L}}\right). \tag{383.5}$$

Da sie für $t = 0$ verschwindet, verwenden wir die Gleichung (.3) und erhalten

$$i = \hat{e}\int_0^{t_e} \sin\Omega t\,\frac{e^{-\frac{R(t_e - t)}{L}}}{L}\,\mathrm{d}t = \frac{\hat{e}}{L}\,e^{-\frac{Rt_e}{L}}\int_0^{t_e} e^{\frac{Rt}{L}}\sin\Omega t\,\mathrm{d}t. \tag{383.6}$$

Nach 11 des Anhangs folgt hieraus:

$$i = \frac{\hat{e}}{L}\,e^{-\frac{Rt_e}{L}}\,\frac{e^{\frac{Rt}{L}}}{\frac{R^2}{L^2} + \Omega^2}\left(\frac{R}{L}\sin\Omega t - \Omega\cos\Omega t\right)\Bigg|_0^{t_e}$$

$$= \frac{L\hat{e}}{R^2 + \Omega^2 L^2}\,e^{-\frac{Rt_e}{L}}\left(e^{\frac{Rt_e}{L}}\left(\frac{R}{L}\sin\Omega t_e - \Omega\cos\Omega t_e\right) + \Omega\right)$$

$$= \frac{\Omega L}{R^2 + \Omega^2 L^2}\,\hat{e}\,e^{-\frac{Rt_e}{L}} + \frac{R}{R^2 + \Omega^2 L^2}\,\hat{e}\left(\sin\Omega t_e - \frac{\Omega L}{R}\cos\Omega t_e\right)$$

$$= \frac{\Omega L}{R^2 + \Omega^2 L^2}\,\hat{e}\,e^{-\frac{Rt_e}{L}} + \frac{\hat{e}}{\sqrt{R^2 + \Omega^2 L^2}}\sin\left(\Omega t_e - \operatorname{arctg}\frac{\Omega L}{R}\right). \tag{383.7}$$

Über den im § 99 abgeleiteten stationären Vorgang lagert sich also ein mit der Zeitkonstante L/R abklingender flüchtiger Vorgang, der verhindert, daß der Strom im Augenblicke der Einschaltung plötzlich um einen endlichen Betrag springt.

§ 384. Näherungsverfahren zur Berechnung von Einschwingdauern.

Im allgemeinen werden die Teilschwingungen, die in dem „Spektrum" einer beliebigen zeitlich veränderlichen Ursache enthalten sind, durch das Übertragungssystem in verschiedener Weise umgebildet. Übernimmt man die umbildende, d. h. schwächende und verzerrende Wirkung des Übertragungssystems aus der Wechselstromtheorie, wie wir es bisher getan haben, so hat man häufig mathematische Schwierigkeiten zu überwinden, die in keinem rechten Verhältnis zu der physikalischen Einfachheit der Aufgabe stehen. Es kann zweckmäßiger sein, das Ergebnis der Wechselstromtheorie zu idealisieren; dann werden einfach und mit praktisch hinreichender Genauigkeit auch solche Aufgaben lösbar, bei denen die genaue Rechnung versagt.

Das Verfahren, die zeitlich veränderliche Ursache in ein Spektrum zu zerlegen, für die umbildende Wirkung des Übertragungssystems unter Berücksichtigung der Ergebnisse der Wechselstromtheorie angenäherte Ansätze zu machen und

---

[1] Carson, J. R.: Proc. Amer. Inst. electr. Engrs. 38 (1919) S. 407.

schließlich die umgewandelten Teilschwingungen zu der gesuchten Folge wieder zusammenzusetzen, hat in der Hand Küpfmüllers[1] zu wichtigen und auffallend einfachen Ergebnissen geführt.

Als Maß der umbildenden Wirkung eines Übertragungssystems verwenden wir von jetzt ab statt der Stammfunktion $\mathfrak{W}$ ihren Kehrwert $1/\mathfrak{W} = |\mathfrak{A}| \angle -a$. $\mathfrak{A}$ heißt „Übertragungsfaktor“, a „Übertragungswinkel“ des Systems. Wenn Ursache und Folge dieselbe Dimension haben, kann man den Übertragungsfaktor gleich e^{-b} setzen; b und a sind aber im allgemeinen nicht gleich den ebenso bezeichneten Vierpolgrößen.

Ist im besonderen der Übertragungsfaktor $|\mathfrak{A}|$ unabhängig von der Frequenz, der Übertragungswinkel a dagegen der Frequenz proportional: $a = t_0\omega$, und betrachten wir den Fall, daß eine konstante Ursache E zur Zeit $t = 0$ plötzlich zu wirken beginnt, so kann die Folge dieser Ursache nach § 378 mit $p = \mathrm{j}\omega$ dargestellt werden durch

$$i = \frac{E}{2\pi \mathrm{j}} \int_{-\mathrm{j}\infty}^{\mathrm{j}\infty} \frac{|\mathfrak{A}| \angle -a\, e^{pt}}{p}\, \mathrm{d}p = \frac{|\mathfrak{A}|\, E}{2\pi \mathrm{j}} \int_{-\mathrm{j}\infty}^{\mathrm{j}\infty} \frac{e^{p(t-t_0)}}{p}\, \mathrm{d}p. \tag{384.1}$$

Da sich dieser Ausdruck von dem gewöhnlichen Fourierschen Integral nur durch den vorgesetzten Faktor $|\mathfrak{A}|$ und durch die Zusatzzeit $-t_0$ unterscheidet, ist die „Folge“ zwar mit einem konstanten (dimensionslosen oder dimensionsbehafteten) Faktor multipliziert und nach § 128 um die „Laufzeit“ t_0 verzögert, aber in keiner Weise „verzerrt“. Wesentlich ist vor allem der Faktor $|\mathfrak{A}|$; er bedeutet meist eine Schwächung der Folge. Die Verzögerung um t_0 ist in vielen Fällen — aber durchaus nicht in allen — ohne Bedeutung (§ 416).

Nach (212. 1), (212. 2) und (217. 1) sind die hier gemachten Voraussetzungen bei den verlustarmen Leitungen nahezu erfüllt. Sind sie nicht erfüllt, so gehört das Übertragungssystem zu den verzerrenden Systemen.

Aus der Zerlegung des Faktors $\mathfrak{A}$ in den Übertragungsfaktor und den Übertragungswinkel ergeben sich sofort zwei Arten der Verzerrung: die Amplituden- oder Dämpfungsverzerrung (herrührend von einem Frequenzgang des Übertragungsfaktors) und die Phasenverzerrung (verursacht durch einen von der Proportionalität abweichenden Frequenzgang des Übertragungswinkels). Zu ihnen gesellt sich als dritte Verzerrung die durch Nichtlinearitäten hervorgerufene Verzerrung; sie tritt auf, wenn der Übertragungsfaktor oder der Übertragungswinkel vom Strom oder von der Spannung abhängen. In diesem Abschnitt sollen nur die Verzerrungen in linearen Systemen behandelt werden.

§ 385. Filterwirkung und Aufbauzeiten. Unsere Aufgabe soll es vor allem sein, den Einfluß eines Filters auf die flüchtigen Vorgänge festzustellen (§§ 389 und 390).

Eine reine Sinusschwingung hat ihrer Definition nach eine konstante Amplitude. Will man anschwellende oder abklingende Schwingungen durch Sinusschwingungen darstellen, so muß man Sinusschwingungen verschiedener Frequenzen einander überlagern.

Das einfachste Beispiel ist die „einfache Schwebung“ (Abb. 402. 1). Sie entsteht durch Überlagerung zweier Schwingungen gleicher Amplitude, aber etwas verschiedener Frequenz. Je weniger sich die beiden Frequenzen voneinander unterscheiden, um so langsamer schwankt die Amplitude, um so mehr Zeit beansprucht jedes Einschwingen und jedes Ausschwingen. Man kann hieraus schon schließen, daß jede Beschneidung der zur Übertragung benutzten Fre-

---

[1] Küpfmüller, K.: Elektr. Nachr.-Techn. 5 (1928) S. 18.

quenzen eine Verlängerung der Auf- und Abbauzeiten nach sich ziehen muß. Nach § 110 wird das benutzte Frequenzband besonders stark bei geringer zeitlicher Dämpfung (geringem Dämpfungswinkel ϑ) beschnitten; man hat dann die größte Trennschärfe (Selektivität). Hohe Trennschärfe (geringe zeitliche Dämpfung) und rasches Einschwingen sind daher zwei sich widersprechende Forderungen. Bei unendlich hoher Trennschärfe bleibt eine einzige reine Sinusschwingung übrig, bei der der Auf- und Abbau unendlich lange dauert.

In den folgenden Paragraphen werden wir im Anschluß an Küpfmüller theoretisch den Zusammenhang ableiten, der hiernach zwischen der Lochbreite eines Filters und der Aufbauzeit eines Zeichens bestehen muß.

§ 386. Eine zweite Integraldarstellung. Aus dem Fourierschen Integral läßt sich leicht ein Integral mit reellem Integranden ableiten, bei dem nur über reelle Frequenzen summiert wird. Wir haben im § 377 gefunden, daß für positive Zeiten, wenn wir $p = j\omega$, also $e^{pt} = \underline{/\omega t}$ setzen,

$$\int\limits_{\omega=-\infty}^{+\infty} \frac{\underline{/\omega t}}{\omega}\, d\omega = 2\pi j \qquad (t > 0) \qquad (386.1)$$

ist. Da $-t$ für positive Zeiten ein negativer Parameter ist, gilt weiter:

$$\int\limits_{\omega=-\infty}^{+\infty} \frac{\underline{/-\omega t}}{\omega}\, d\omega = 0 \qquad (t > 0)\,. \qquad (386.2)$$

Subtrahiert man nun die beiden letzten Gleichungen und dividiert zugleich durch $2j$, so erhält man

$$\int\limits_{\omega=-\infty}^{+\infty} \frac{\underline{/\omega t} - \underline{/-\omega t}}{2j\omega}\, d\omega = \int\limits_{\omega=-\infty}^{+\infty} \frac{\sin\omega t}{\omega}\, d\omega = \frac{2\pi j}{2j} = \pi\,. \qquad (386.3)$$

Da der Integrand $(\sin\omega t)/\omega$ für $\omega = 0$ den Wert t annimmt, also endlich bleibt, ist es bei diesem Integral nicht nötig, den Nullpunkt durch einen kleinen Halbkreis zu umgehen.

Für negative Zeiten verschwindet das Integral mit dem Faktor $\underline{/\omega t}$, während das Integral mit dem Faktor $\underline{/-\omega t}$ den Wert $2\pi j$ annimmt, da jetzt $-t$ positiv ist. Bildet man wieder die Differenz der Integrale und teilt durch $2j$, so erhält man den Wert $-\pi$.

Für $t = 0$ nehmen die Teilintegrale von (. 3) den gleichen Wert πj an, sie heben sich also bei der Differenzbildung zu Null auf.

Da[1]

$$\int\limits_{\omega=-\infty}^{+\infty} \frac{\sin\omega t}{\omega}\, d\omega = -\int\limits_{-\omega=\infty}^{0} \frac{\sin(-\omega t)}{(-\omega)}\, d(-\omega) + \int\limits_{\omega=0}^{\infty} \frac{\sin\omega t}{\omega}\, d\omega = 2\int\limits_{0}^{\infty} \frac{\sin\omega t}{\omega}\, d\omega\,, \qquad (386.4)$$

kann man das Ergebnis auch folgendermaßen aussprechen: Das Integral

$$\int\limits_{0}^{\infty} \frac{\sin\omega t}{\omega}\, d\omega$$

ist für positive Zeiten gleich $\pi/2$, für negative gleich $-\pi/2$, für die Zeit Null gleich Null.

[1] Man beachte, daß es bei bestimmten Integralen gleichgültig ist, ob man die Integrationsveränderliche x oder ω oder $-x$ oder $-\omega$ nennt.

Der Ausdruck

$$e = \frac{E}{2} + \frac{E}{\pi} \int\limits_0^\infty \frac{\sin \omega t}{\omega} \, d\omega \qquad (386.5)$$

nimmt für negative Zeiten den Wert Null, für $t = 0$ den Wert $E/2$ und für positive Zeiten den Wert E an; er kann also ebenso wie das Hakenintegral (377. 1) zur Darstellung der plötzlichen Einschaltung einer konstanten elektromotorischen Kraft E dienen. Der erste Summand $E/2$ in (. 5) ist als konstante elektromotorische Kraft aufzufassen, die für alle (also auch negative) Zeiten wirkt; er wird durch die unendlich vielen zusammenwirkenden Teilschwingungen des zweiten Glieds für negative Zeiten gerade kompensiert, für positive zu E ergänzt.

Das Ergebnis läßt sich auch so ausdrücken: Der Vorgang einer plötzlichen Einschaltung im Augenblicke $t = 0$ hat ein mit steigender Frequenz abklingendes kontinuierliches „Spektrum"; und zwar fällt auf den Gleichwert die Amplitude $E/2$, auf das Frequenzband zwischen ω und $\omega + d\omega$ die Amplitude $E\, d\omega/(\pi\omega)$.

§ 387. **Spektrum eines Telegraphierzeichens.** Bevor wir an die Lösung der im § 385 gestellten Aufgabe gehen, wollen wir ein vor allem für die Telegraphen- und Fernsehtechnik wichtiges Problem behandeln. Es werde wie im § 130 ein Telegraphierzeichen gegeben von der Dauer τ_0; zur Zeit t_1 werde die Taste heruntergedrückt, zur Zeit $t_2 = t_1 + \tau_0$ wieder losgelassen. Ist E die Betriebsspannung, so können wir uns vorstellen, daß zur Zeit t_1 eine andauernde elektromotorische Kraft $+E$, zur Zeit t_2 dazu noch eine andauernde elektromotorische Kraft $-E$ eingeschaltet werde. Nach (128. 1) und (386. 5) ist also

$$e = \frac{E}{2} + \frac{E}{\pi} \int\limits_0^\infty \frac{\sin(\omega(t - t_1))}{\omega} \, d\omega - \frac{E}{2} - \frac{E}{\pi} \int\limits_0^\infty \frac{\sin(\omega(t - t_2))}{\omega} \, d\omega$$

$$= \frac{E}{\pi} \int\limits_0^\infty \frac{\sin(\omega(t - t_1)) - \sin(\omega(t - t_2))}{\omega} \, d\omega . \qquad (387.1)$$

Wir setzen (Abb. 387. 1)

$$t - t_1 = t - t_m + \frac{\tau_0}{2}, \quad t - t_2 = t - t_m - \frac{\tau_0}{2}$$

und erhalten nach einer bekannten Regel

$$e = \frac{2E}{\pi} \int\limits_0^\infty \frac{\sin \frac{\omega \tau_0}{2} \cos(\omega(t - t_m))}{\omega} \, d\omega . \qquad (387.2)$$

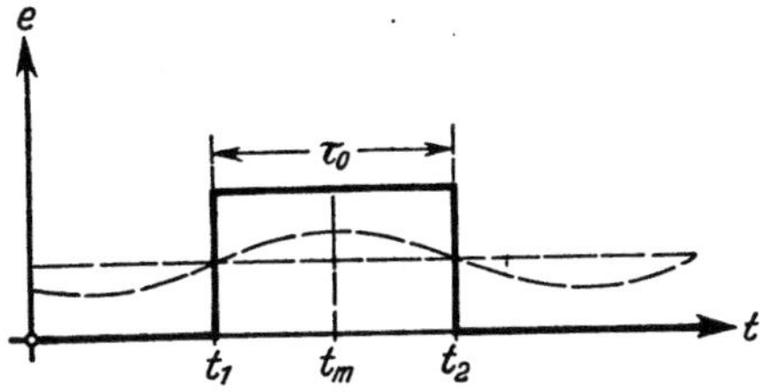

Abb. 387. 1.

Auch ein Zeichen von der Länge τ_0 kann demnach als eine Überlagerung von andauernden Teilschwingungen aufgefaßt werden. Die Amplituden dieser Teilschwingungen nehmen aber nicht nur mit steigender Frequenz ab, sondern wechseln noch dazu in Abhängigkeit von der Frequenz periodisch. Bezeichnen wir die Amplitude einer Teilschwingung mit $d\hat{e}$, so ist

$$\frac{d\hat{e}}{d\omega} = \frac{2E}{\pi\omega} \left| \sin \frac{\omega \tau_0}{2} \right| . \qquad (387.3)$$

Dieser Quotient gibt an, mit welchem Gewicht die einzelnen Teilschwingungen zu dem Telegraphierzeichen beitragen. Es ist anschaulich und üblich, die Frequenz f_0 einzuführen, die der Schwingungsdauer $T = 2\tau_0$ entspricht und „Schrittfrequenz" heißt:

$$f_0 = \frac{1}{2\tau_0} . \qquad (387.4)$$

Dann kann man für (. 3) auch

$$\frac{\mathrm{d}(\hat{e}/E)}{\mathrm{d}(f/f_0)} = \frac{|\sin(90^0 \cdot f/f_0)|}{90^0 \cdot f/f_0} \tag{387.5}$$

schreiben. Diese Abhängigkeit ist in Abb. 387. 2 aufgetragen. Man erkennt, daß in dem „Spektrum" eines elementaren Telegraphierzeichens (Punktes) im wesentlichen sehr niedrige Frequenzen in der Umgebung der Schrittfrequenz enthalten sind, daß dagegen die geraden Vielfachen von f_0 völlig fehlen, ein nach Abb. 387. 1 einleuchtendes Ergebnis.

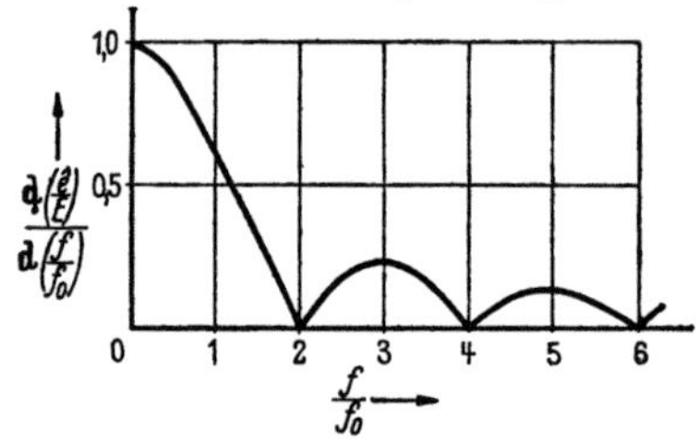

Abb. 387. 2.

Werden bei einer Fernschreibmaschine mit $z = 7$ (§ 132) entsprechend der Norm des CCIT (§ 131) in der Minute 429 Buchstaben übermittelt, so daß die Schrittgeschwindigkeit 50 Baud beträgt, so ist nach (131. 1)

$$f_0 = \frac{1}{2\tau_0} = \frac{n\,z}{2} = \frac{429 \cdot 7}{2\,\mathrm{min}} = 25\,\mathrm{Hz}. \tag{387.6}$$

Wiederholt man das Zeichen, so werden in dem Spektrum die Frequenzen f_0, $3f_0$, $5f_0$, $\cdots$ immer mehr bevorzugt; bei andauernder Wiederholung geht das Fouriersche Integral (. 2) schließlich in die Fouriersche Reihe (279. 4) über.

Ein vollständiges „Gleichstrom"-Telegramm enthält wieder ein „kontinuierliches" Frequenzspektrum von äußerst verwickeltem Aufbau.

Ist τ_0 sehr klein, handelt es sich also um einen sehr kurzen Spannungsstoß, so wird nach (. 3)

$$\frac{\mathrm{d}\hat{e}}{\mathrm{d}\omega} = \frac{\tau_0 E}{\pi}. \tag{387.7}$$

Dann sind also alle Frequenzen mit der gleichen sehr kleinen Amplitude $2\tau_0 E\,\mathrm{d}f$ vertreten.

§ 388. Spektrum der plötzlichen Einschaltung einer Sinusspannung.

Ist $\hat{e}$ der Scheitelwert, Ω die Frequenz einer sinusartigen elektromotorischen Kraft, die zur Zeit $t = t_1$ plötzlich angeschaltet wird, so ist ihr Augenblickswert für negative und positive Zeiten darstellbar durch

$$e = \frac{\hat{e}}{2}\sin(\Omega(t-t_1)) + \frac{\hat{e}}{\pi}\sin(\Omega(t-t_1))\int_0^\infty \frac{\sin(\omega(t-t_1))}{\omega}\,\mathrm{d}\omega; \tag{388.1}$$

denn der erste Summand e_1 auf der rechten Seite stellt eine Sinusschwingung vom halben Scheitelwerte dar, der zweite e_2 dagegen für positive Zeiten das Gleiche, für negative das Entgegengesetzte. Um die Amplituden der in e_2 steckenden Teilschwingungen zu erhalten, setzen wir zunächst nach einer bekannten Rechenregel

$$e_2 = \frac{\hat{e}}{2\pi}\left(\int_0^\infty \frac{\cos((\omega-\Omega)(t-t_1))}{\omega}\,\mathrm{d}\omega - \int_0^\infty \frac{\cos((\omega+\Omega)(t-t_1))}{\omega}\,\mathrm{d}\omega\right). \tag{388.2}$$

In die beiden Teilintegrale führen wir neue Veränderliche ein; und zwar setzen wir

bei dem ersten Integral in dem Bereich von	0 bis	Ω:	$\omega = -\omega'$,
„ „ „ „ „ „ „ „	Ω „	∞:	$\omega = \omega' + \Omega$,
„ „ zweiten „ „ „ „ „	0 „	$-\Omega$:	$\omega = \omega'$,
„ „ „ „ „ „ „ „	$-\Omega$ „	∞:	$\omega = \omega' - \Omega$.

Dann ergibt sich

$$e_2 = \frac{\hat{e}}{2\pi}\left(\int\limits_{\omega'=0}^{-\Omega} \frac{\cos((\omega'+\Omega)(t-t_1))}{\omega'}\,\mathrm{d}\omega' + \int\limits_{\omega'=0}^{\infty} \frac{\cos(\omega'(t-t_1))}{\omega'+\Omega}\,\mathrm{d}\omega'\right.$$

$$\left. - \int\limits_{\omega'=0}^{-\Omega} \frac{\cos((\omega'+\Omega)(t-t_1))}{\omega'}\,\mathrm{d}\omega' - \int\limits_{\omega'=0}^{\infty} \frac{\cos(\omega'(t-t_1))}{\omega'-\Omega}\,\mathrm{d}\omega'\right)$$

$$= \frac{\hat{e}}{2\pi}\int\limits_0^{\infty}\left(\frac{1}{\omega'+\Omega} - \frac{1}{\omega'-\Omega}\right)\cos(\omega'(t-t_1))\,\mathrm{d}\omega' = \frac{\Omega\,\hat{e}}{\pi}\int\limits_0^{\infty}\frac{\cos(\omega'(t-t_1))}{\Omega^2-\omega^2}\,\mathrm{d}\omega'. \quad (388.3)$$

Die Amplitude einer Teilschwingung, deren Frequenz zwischen ω und $\omega + \mathrm{d}\omega$ liegt, ist also in diesem Falle mit $\eta = \omega/\Omega$:

$$\mathrm{d}\hat{e}_2 = \frac{\hat{e}\,\Omega\,\mathrm{d}\omega}{\pi\,|\Omega^2-\omega^2|} = \frac{\hat{e}\,\mathrm{d}\eta}{\pi\,|1-\eta^2|}. \quad (388.4)$$

In Abb. 388. 1 ist die Kurve $(1/\hat{e})\,\mathrm{d}\hat{e}_2/\mathrm{d}\eta$ als Funktion des Frequenzmaßes η gezeichnet. Das Glied e_1 enthält die Frequenz Ω mit der Amplitude $\hat{e}/2$, das Glied e_2 alle anderen Frequenzen mit dem durch die Kurve dargestellten Gewicht.

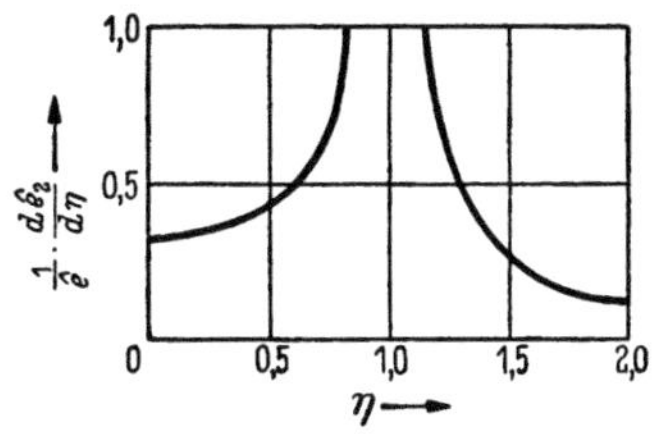

Abb. 388. 1.

In der plötzlichen Anschaltung der Frequenz 800 Hz ist nach (. 4) ein 10 Hz breiter Spektralbereich in der Nähe von 700 Hz mit dem Scheitelwert 0,0170 $\hat{e}$, in der Nähe von 300 Hz mit dem Scheitelwert 0,0046 $\hat{e}$ vertreten.

§ 389. **Plötzliche Anlegung einer konstanten elektromotorischen Kraft an einen Tiefpaß.** Nachdem wir in den beiden vorhergehenden Paragraphen die beiden praktisch wichtigsten Ursachen in ihre Teilursachen zerlegt haben, gehen wir jetzt zu einem besonders einfachen Beispiel für die Dämpfungsverzerrung über. Eine konstante elektromotorische Kraft E, die zur Zeit $t = t_1$ plötzlich einsetzt:

$$e = E\left\{\frac{1}{2} + \frac{1}{\pi}\int\limits_0^{\infty}\frac{\sin(\omega(t-t_1))}{\omega}\,\mathrm{d}\omega\right\} \quad (389.1)$$

werde an einen Tiefpaß (eine Spulen- oder Pupinleitung) gelegt. Dem Filter komme in dem Bereich von $\omega = 0$ bis $\omega = \omega_0$ der konstante Übertragungsfaktor $|\mathfrak{A}|$ zu; für alle anderen Frequenzen sei der Übertragungsfaktor gleich Null („rechteckiger" Frequenzgang des Übertragungsfaktors). Der Übertragungswinkel dagegen steige unterhalb von ω_0 proportional der Frequenz:

$$a = t_0\omega; \quad (389.2)$$

nach § 234 ist diese Voraussetzung mit einer gewissen Annäherung zulässig. Dann ist die Wirkung am Ende der Pupinleitung, also z. B. die Spannung u an ihrem Ausgang, darstellbar durch

$$u = |\mathfrak{A}|\,E\left\{\frac{1}{2} + \frac{1}{\pi}\int\limits_0^{\omega_0}\frac{\sin(\omega(t-t_1-t_0))}{\omega}\,\mathrm{d}\omega\right\}. \quad (389.3)$$

Das hier auftretende Integral unterscheidet sich von dem in § 386 betrachteten dadurch, daß es nicht zwischen 0 und ∞, sondern zwischen endlichen Grenzen zu nehmen ist.

Solche Integrale sind näher untersucht: Man nennt die transzendenten Funktionen

$$-\int_x^\infty \frac{\cos y}{y}\,\mathrm{d}y = \mathrm{Ci}(x) \quad \text{und} \quad \int_0^x \frac{\sin y}{y}\,\mathrm{d}y = \mathrm{Si}(x) \tag{389.4}$$

„Integralkosinus" und „Integralsinus". Sie können für reelle Argumente mit Hilfe von Reihenentwicklungen[1] leicht zahlenmäßig berechnet werden. Ihr Verlauf ist in Abb. 389.1 wiedergegeben. Ci konvergiert bei unendlich wachsendem x gegen Null, Si gegen $\pi/2$.

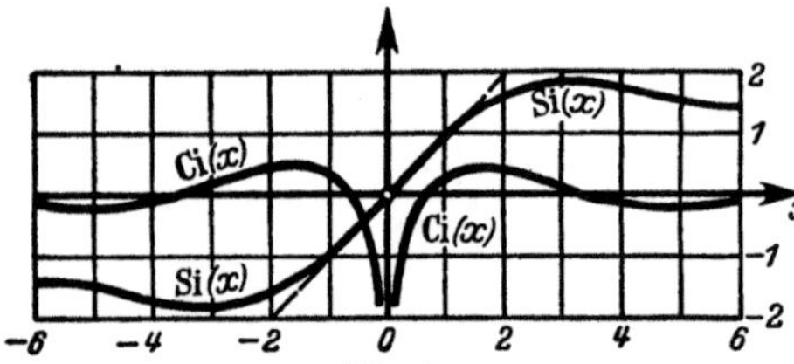

Abb. 389.1.

Aus den Definitionen (.4) lassen sich einige einfache Rechenregeln ableiten, die wir hier zusammenstellen. Zunächst ist

$$\int_{x_1}^{x_2} \frac{\cos y}{y}\,\mathrm{d}y = \mathrm{Ci}(x_2) - \mathrm{Ci}(x_1), \qquad \int_{x_1}^{x_2} \frac{\sin y}{y}\,\mathrm{d}y = \mathrm{Si}(x_2) - \mathrm{Si}(x_1) \tag{389.5}$$

und

$$\mathrm{Ci}(-x) = \mathrm{Ci}(x), \qquad \mathrm{Si}(-x) = -\mathrm{Si}(x) \tag{389.6}$$

wie bei den trigonometrischen Funktionen. Setzt man weiter $y = \omega t$, $x = \omega_0 t$, wo t eine beliebige Zeit, ω_0 eine ausgezeichnete Frequenz ist, so erhält man aus (.4)

$$-\int_{\omega=\omega_0}^\infty \frac{\cos\omega t}{\omega}\,\mathrm{d}\omega = \mathrm{Ci}(\omega_0 t), \qquad \int_{\omega=0}^{\omega_0} \frac{\sin\omega t}{\omega}\,\mathrm{d}\omega = \mathrm{Si}(\omega_0 t). \tag{389.7}$$

Endlich ist

$$\frac{\mathrm{d}}{\mathrm{d}x}\mathrm{Si}(x) = \frac{\sin x}{x}, \tag{389.8}$$

also

$$\frac{\mathrm{d}}{\mathrm{d}t}\mathrm{Si}(\omega_0 t) = \frac{\sin\omega_0 t}{\omega_0 t}\,\omega_0. \tag{389.9}$$

Wir wenden die Rechenregel (.7) auf die Gleichung (.3) an und erhalten

$$u = |\mathfrak{A}|\,E\left\{\frac{1}{2} + \frac{1}{\pi}\mathrm{Si}(\omega_0(t - t_1 - t_0))\right\}. \tag{389.10}$$

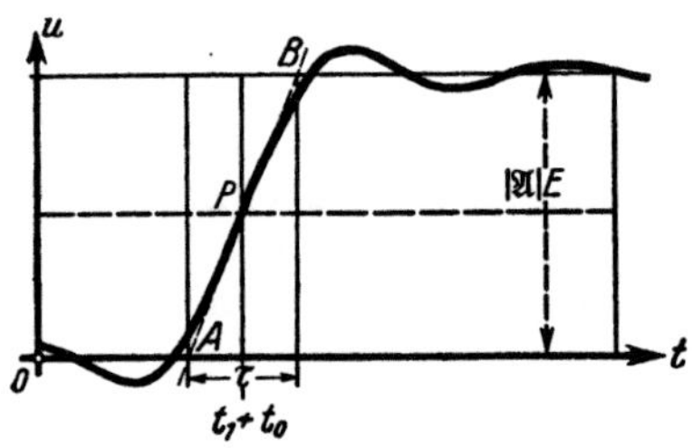

Abb. 389.2.

Die Endspannung strebt also (Abb. 389.2) mit wachsender Zeit dem Werte $|\mathfrak{A}|E$ zu. Den Wert $|\mathfrak{A}|E/2$ erreicht sie zur Zeit $t = t_1 + t_0$ (Punkt P); die Konstante t_0 der Gleichung (.2) kann daher wieder als „Laufzeit" gedeutet werden.

Die „Einschwingdauer" τ läßt sich, wenn sie zweckmäßig definiert wird, leicht berechnen. Wir denken uns im Punkte P die Berührende an die Kurve $u = f(t)$ gelegt. Sie schneide die Zeitachse im Punkt A, eine Horizontale in der Höhe $|\mathfrak{A}|E$ in B.

[1] Für den Integralsinus kann man die Reihe

$$\mathrm{Si}(x) = x - \frac{x^3}{3\cdot 3!} + \frac{x^5}{5\cdot 5!} - \cdots$$

leicht ableiten, indem man den Sinus entwickelt und Glied für Glied integriert. Näheres über den Integralkosinus und Integralsinus findet man in den Funktionentafeln von E. Jahnke u. F. Emde: 3. Aufl. Leipzig: B. G. Teubner 1938.

Dann sehen wir als Einschwingdauer τ den Abstand des Punktes A von der senkrechten Projektion des Punktes B auf die Abszissenachse an. Da nach (. 9)

$$\left(\frac{\mathrm{d}u}{\mathrm{d}t}\right)_{t=t_1+t_0} = \frac{|\mathfrak{A}|\,E}{\pi}\left(\frac{\sin(\omega_0(t-t_1-t_0))}{\omega_0(t-t_1-t_0)}\,\omega_0\right)_{t=t_1+t_0} = \frac{|\mathfrak{A}|\,E\,\omega_0}{\pi}, \qquad (389.\ 11)$$

ergibt sich sofort[1]

$$\tau = \left(\frac{|\mathfrak{A}|\,E}{\mathrm{d}u/\mathrm{d}t}\right)_{t=t_1+t_0} = \frac{\pi}{\omega_0} = \frac{1}{2f_0}. \qquad (389.\ 12)$$

Die Spannung am Ende einer Spulen- oder Pupinleitung, an deren Anfang man die konstante elektromotorische Kraft E legt, steigt also um so rascher auf den Wert $|\mathfrak{A}|E$, je höher die Grenzfrequenz liegt; und zwar ist die Aufbaudauer in s gleich dem reziproken Wert der doppelten Grenzfrequenz in Hz. Soll also z. B. bei der Unterlagerungstelegraphie (§ 433) der Auf- und Abbau der Zeichen nicht länger als 4 ms dauern, so muß die benutzte Spulenleitung mindestens die Frequenzen von 0 bis zu 1/(8 ms) = 125 Hz übertragen.

Wegen der starken Idealisierung des Problems liefert die Theorie auch schon für negative Zeiten eine Wirkung am Ausgang des Übertragungssystems. Genau genommen stimmt das Ergebnis (. 12) nur für hohe Laufzeiten t_0 mit der Erfahrung überein[1].

§ 390. Plötzliche Anlegung einer sinusförmigen elektromotorischen Kraft an ein Wellenfilter. Wird zur Zeit $t = t_1$ an ein Wellenfilter eine sinusartige elektromotorische Kraft $\hat{e}\sin(\Omega(t-t_1))$ plötzlich angeschaltet, so müssen wir nach (388. 1) von dem Ansatz

$$e = \hat{e}\left\{\frac{1}{2}\sin(\Omega(t-t_1)) + \frac{1}{2\pi}\int_0^\infty \frac{\cos((\omega-\Omega)(t-t_1))}{\omega}\,\mathrm{d}\omega - \frac{1}{2\pi}\int_0^\infty \frac{\cos((\omega+\Omega)(t-t_1))}{\omega}\,\mathrm{d}\omega\right\} \qquad (390.\ 1)$$

ausgehen.

Der Durchlaßbereich des Filters erstrecke sich von ω_1 bis ω_2. Für jede Teilschwingung zwischen ω_1 und ω_2 sei $\mathfrak{A} = |\mathfrak{A}|\,\underline{/-a}$; $|\mathfrak{A}|$ sei unabhängig von der Frequenz, a eine lineare Funktion der Frequenz:

$$a = a_0 + t_0\,\omega. \qquad (390.\ 2)$$

In seinen beiden Sperrbereichen lasse das Filter überhaupt nichts durch.

Dann ist mit dem Faktor $|\mathfrak{A}|$ und mit dem Phasenansatz (. 2) zu summieren:

im 1. Integral von $\omega - \Omega = \omega_1$ bis zu $\omega - \Omega = \omega_2$,

„ 2. „ „ $\omega + \Omega = \omega_1$ „ „ $\omega + \Omega = \omega_2$.

Dies ergibt mit der Abkürzung $t - t_1 - t_0 = t'$:

$$u = |\mathfrak{A}|\,\hat{e}\left\{\frac{1}{2}\sin(\Omega t' - a_0) + \frac{\cos(\Omega t' + a_0)}{2\pi}\int_{\omega_1+\Omega}^{\omega_2+\Omega}\frac{\cos\omega t'}{\omega}\,\mathrm{d}\omega - \frac{\cos(\Omega t' - a_0)}{2\pi}\int_{\omega_1-\Omega}^{\omega_2-\Omega}\frac{\cos\omega t'}{\omega}\,\mathrm{d}\omega + \frac{\sin(\Omega t' + a_0)}{2\pi}\int_{\omega_1+\Omega}^{\omega_2+\Omega}\frac{\sin\omega t'}{\omega}\,\mathrm{d}\omega + \frac{\sin(\Omega t' - a_0)}{2\pi}\int_{\omega_1-\Omega}^{\omega_2-\Omega}\frac{\sin\omega t'}{\omega}\,\mathrm{d}\omega\right\}$$

---

[1] Küpfmüller, K.: Elektr. Nachr.-Techn. 5 (1928) S. 18.

$$u = |\mathfrak{A}|\,\hat{e}\left\{\frac{1}{2}\sin(\Omega t' - a_0)\right.$$
$$+ \frac{\cos(\Omega t' + a_0)}{2\pi}\left(\mathrm{Ci}\left((\omega_2 + \Omega)t'\right) - \mathrm{Ci}\left((\Omega + \omega_1)t'\right)\right)$$
$$- \frac{\cos(\Omega t' - a_0)}{2\pi}\left(\mathrm{Ci}\left((\omega_2 - \Omega)t'\right) - \mathrm{Ci}\left((\Omega - \omega_1)t'\right)\right)$$
$$+ \frac{\sin(\Omega t' + a_0)}{2\pi}\left(\mathrm{Si}\left((\omega_2 + \Omega)t'\right) - \mathrm{Si}\left((\Omega + \omega_1)t'\right)\right)$$
$$\left. + \frac{\sin(\Omega t' - a_0)}{2\pi}\left(\mathrm{Si}\left((\omega_2 - \Omega)t'\right) + \mathrm{Si}\left((\Omega - \omega_1)t'\right)\right)\right\}. \qquad (390.3)$$

Mit Tafeln der Funktionen Ci und Si kann man dies ausrechnen.

Wir wollen jedoch nur zwei besondere Fälle näher betrachten. Zuerst setzen wir voraus, daß das Filter ein Tiefpaß sei mit der Grenzfrequenz ω_0. Dann wird $a_0 = 0$, $\omega_1 = 0$, $\omega_2 = \omega_0$, und es heben sich alle Glieder weg, in denen die Frequenz ω_1 vorkommt. Es bleibt nur das Folgende übrig:

$$u = |\mathfrak{A}|\,\hat{e}\left\{\frac{1}{2}\sin\Omega t'\right.$$
$$+ \frac{\cos\Omega t'}{2\pi}\left(\mathrm{Ci}\left((\omega_0 + \Omega)t'\right) - \mathrm{Ci}\left((\omega_0 - \Omega)t'\right)\right)$$
$$\left. + \frac{\sin\Omega t'}{2\pi}\left(\mathrm{Si}\left((\omega_0 + \Omega)t'\right) + \mathrm{Si}\left((\omega_0 - \Omega)t'\right)\right)\right\}. \qquad (390.4)$$

Nimmt man hier noch weiter vereinfachend an, daß Ω klein sei gegen ω_0, so heben sich die beiden Glieder mit dem Integralkosinus weg, die beiden Glieder mit dem Integralsinus dagegen werden annähernd gleich groß, und es folgt, wenn wir für die Zeit t' ihren Wert wieder einsetzen:

$$u = |\mathfrak{A}|\,\hat{e}\sin\left(\Omega(t - t_1 - t_0)\right)\left\{\frac{1}{2} + \frac{1}{\pi}\,\mathrm{Si}\left(\omega_0(t - t_1 - t_0)\right)\right\}. \qquad (390.5)$$

Diese Gleichung unterscheidet sich von (389. 10) nur dadurch, daß sie an Stelle von E die gegen die treibende elektromotorische Kraft um t_0 verzögerte Schwingung $\hat{e}\sin(\Omega(t - t_1 - t_0))$ enthält. Da die Einhüllende genau die gleiche ist, ist es auch die Aufbaudauer $\tau = 1/(2f_0)$.

Der Fehler, den wir mit der Annahme $\Omega \ll \omega_0$ gemacht haben, läßt sich leicht abschätzen, wenn es nur auf die Aufbaudauer, also auf die Umgebung des Zeitpunktes $t' = 0$ ankommt. Für kleine Argumente gibt es nämlich[1] die Näherungsformeln:

$$\mathrm{Ci}(x) \approx 0{,}5772 + \ln x \quad \text{und} \quad \mathrm{Si}(x) \approx x\,. \qquad (390.6)$$

Hiernach wird in der Nähe von $t = t_1 + t_0$:

$$u \approx |\mathfrak{A}|\,\hat{e}\left\{\sin\Omega t'\left(\frac{1}{2} + \frac{\omega_0 t'}{\pi}\right) + \frac{\cos\Omega t'}{2\pi}\ln\frac{\omega_0 + \Omega}{\omega_0 - \Omega}\right\}. \qquad (390.7)$$

Die Gleichung der Einhüllenden ist daher nach Anhang 12 in dem hervorgehobenen Bereich

$$\varphi(t) \approx \sqrt{\left(\frac{1}{2} + \frac{\omega_0 t'}{\pi}\right)^2 + \frac{1}{4\pi^2}\left(\ln\frac{\omega_0 + \Omega}{\omega_0 - \Omega}\right)^2}\,|\mathfrak{A}|\,\hat{e}, \qquad (390.8)$$

und die Aufbaudauer τ ergibt sich auf demselben Wege wie vorher zu:

$$\tau = \frac{1}{2f_0}\sqrt{1 + \left(\frac{1}{\pi}\ln\frac{\omega_0 + \Omega}{\omega_0 - \Omega}\right)^2}\,. \qquad (390.9)$$

Sie steigt also, wenn sich die zu übertragende Frequenz Ω der Grenzfrequenz nähert. Für $\Omega = 0{,}8\,\omega_0$ wird z. B. $\tau = 1{,}22/(2f_0)$, für $\Omega = 0{,}9\,\omega_0$ wird $\tau = 1{,}37/(2f_0)$.

[1] Jahnke, E., u. Emde, F.: Funktionentafeln. 3. Aufl. Leipzig und Berlin 1938. I. 1.

Besonders wichtig ist der Fall, daß die zu übertragende Frequenz genau in der Mitte des Durchlaßbereichs eines Bandpasses liegt und groß ist gegen die Durchlaßbreite $w = \omega_2 - \omega_1$. Dann kann man setzen:

$$\left.\begin{aligned} \omega_2 + \Omega \approx \Omega + \omega_1 \approx 2\Omega\,, \\ \omega_2 - \Omega = \Omega - \omega_1 = \frac{w}{2} \end{aligned}\right\} \qquad (390.\ 10)$$

und erhält mit guter Näherung:

$$u = |\mathfrak{A}|\,\hat{e}\sin\left(\Omega\,(t - t_1 - t_0) - a_0\right)\left\{\frac{1}{2} + \frac{1}{\pi}\,\mathrm{Si}\left(\frac{w}{2}\,(t - t_1 - t_0)\right)\right\}. \qquad (390.\ 11)$$

Bei einem solchen Filter gilt also für die Aufbaudauer[1]

$$\tau = \frac{1}{f_2 - f_1} = \frac{1000}{(f_2 - f_1)/\mathrm{Hz}}\ \mathrm{ms}\,. \qquad (390.\ 12)$$

D. h. teilt man die Zahl 1000 durch den Zahlenwert der Bandbreite in Hz, so erhält man den Zahlenwert der Aufbaudauer in ms. Umgekehrt erfordert eine Aufbaudauer τ unter allen Umständen ein Frequenzband von der Breite

$$f_2 - f_1 = \frac{1000}{\tau/\mathrm{ms}}\ \mathrm{Hz}\,. \qquad (390.\ 13)$$

Zu einer Aufbaudauer von 10 ms gehören z. B. 100 Hz.

Diese Beziehung ist besonders wichtig für die Wechselstromtelegraphie.

Läßt man die Voraussetzung $\Omega = (\omega_1 + \omega_2)/2$ fallen, so erhält man bei schmalem Durchlaßbereich [also bei Gültigkeit von (. 10)] auf demselben Wege wie bei der Ableitung von (. 9) die im allgemeinen nur wenig von (. 12) abweichende Gleichung

$$\tau = \frac{1}{f_2 - f_1}\sqrt{1 + \left(\frac{1}{\pi}\ln\frac{\omega_2 - \Omega}{\Omega - \omega_1}\right)^2}\,. \qquad (390.\ 14)$$

Wird an ein Wellenfilter plötzlich eine sinusförmige elektromotorische Kraft angeschaltet, deren Frequenz nicht in seinen Durchlaßbereich fällt, so kommt trotzdem ein Schaltstoß durch. Denn jede plötzlich einsetzende Sinusschwingung enthält ja, wie wir gesehen haben, ein kontinuierliches Spektrum von Frequenzen; aus diesem greift das Filter das Stück heraus, das seinem Durchlaßbereich entspricht. Der Schaltstoß ist merklich, wenn die geschaltete Frequenz nicht zu verschieden ist von den Frequenzen des Durchlaßbereichs.

Man beobachtet solche Schaltstöße z. B. bei der Wechselstromtelegraphie (§ 434), wenn die gesendeten Zeichen sehr scharf sind. Um die Störung zu beseitigen, kann man die Zeichen durch Sendefilter „erweichen", d. h. ihre Einschwingzeiten künstlich vergrößern.

§ 391. **Phasenverzerrende Systeme.** Wenn der Winkel a eines Übertragungssystems der Frequenz proportional ist, wenn also etwa $a = t_0\,\omega$ gilt, ist nach § 384 die „Folge" gegen die „Ursache" lediglich verzögert. Leider stellt die Voraussetzung $a = t_0\,\omega$ einen Ausnahmefall dar; die meisten Übertragungssysteme verursachen „Phasenverzerrung", weil bei ihnen der Übertragungswinkel irgend eine von Fall zu Fall wechselnde Funktion der Frequenz ist. Die Gleichung (112. 1) z. B. zeigt, daß schon in einem so einfachen Falle wie dem einer Reihenschaltung von Widerstand, Induktivität und Kapazität der Winkel, um den der Strom (als „Folge") gegen die elektromotorische Kraft (als „Ursache") gedreht ist, mit der Frequenz nach einer komplizierteren Gleichung zusammenhängt. Die hohe Laufzeit- und Phasenverzerrung, die die stark belastete Pupinleitung in der Nähe ihrer Grenzfrequenz zeigt, ist bereits in den Paragraphen 241 und 350 besprochen worden.

[1] Küpfmüller, K.: Elektr. Nachr.-Techn. 1 (1924) S. 141.

Es steht natürlich nichts im Wege, die durch die Eigenschaften des Übertragungssystems gegebene Funktion $a = \varphi(\omega)$ in eines der Fourierschen Integrale einzutragen. Dabei stößt man jedoch in den meisten Fällen auf mathematische Schwierigkeiten.

Man hat daher bis vor kurzem bei phasenverzerrenden Systemen die Aufbaudauer z. B. eines Wechselstromzeichens der Frequenz Ω in der Regel in derselben Weise berechnet, wie wir es im § 241 bereits für die Pupinleitung getan haben. Nach § 388 enthält ein solches Zeichen ein ganzes Spektrum von Frequenzen von Null bis Unendlich, darunter mit besonderer Stärke die Frequenzen in der Nähe von Ω. Ist das Übertragungssystem frei von Dämpfungsverzerrung, so trifft, wie ohne weiteres einleuchtet, die erste Spur einer Wirkung am Ausgang des Systems nach Ablauf der kleinsten Gruppenlaufzeit ein, die Hauptwirkung dagegen erst nach Ablauf der zur Sendefrequenz gehörenden Gruppenlaufzeit. Die Einschwingdauer kann daher in erster Näherung gleich

$$\tau = \left(\frac{\mathrm{d}a}{\mathrm{d}\,\omega}\right)_{\Omega} - \left(\frac{\mathrm{d}a}{\mathrm{d}\,\omega}\right)_{\min} \tag{391.1}$$

gesetzt werden. Durch Messung der Laufzeiten läßt sich zeigen, daß dieses — zunächst nur mangelhaft begründete — Rechenverfahren zulässig ist.

Die Laufzeitverzerrung ist von besonderer Bedeutung für alle Zweige der Nachrichtentechnik, bei denen es auf die Erhaltung der Form des zeitlichen Vorgangs ankommt, also für die gewöhnliche Telegraphie, die Bildtelegraphie und das Fernsehen. Deshalb hat in jüngster Zeit auf diesem Gebiet eine lebhafte Forschung und Entwicklung eingesetzt[1].

17. Abschnitt.

Frequenzumsetzung.

§ 392. Allgemeines. Im 12. Abschnitt (§ 307 und § 312) haben wir die durch die nichtlinearen Teile eines Systems hervorgerufenen unerwünschten Verzerrungen betrachtet, die darin bestehen, daß bei Übertragung einer Frequenz Oberfrequenzen, bei gleichzeitiger Übertragung zweier oder mehrerer Frequenzen außerdem Summen- und Differenzfrequenzen (Kombinationsfrequenzen) neu auftreten.

Schwingungen von Frequenzen, die ursprünglich nicht dagewesen sind, können auch durch plötzliches Ein- und Ausschalten („Tasten") und durch allmähliche Amplitudenänderungen hervorgebracht werden, wie sie z. B. bei schwankenden Widerständen auftreten.

Das einfachste Beispiel für die Entstehung neuer Frequenzen durch Tastung stellt das Gleichstromtelegramm dar. Dieses ist natürlich kein „Gleichstrom" — sonst wäre es inhaltlos —, sondern nach § 387 ein Strom, in dem alle möglichen Frequenzen zwischen Null und Unendlich in verschiedener Stärke vertreten sind.

Ein anderes technisch wichtiges Beispiel ist der getastete Wechselstrom. Auch er enthält, wie wir im § 388 gesehen haben, ein ganzes Frequenzspektrum.

Ein Gleich- oder Wechselstrom läßt sich aber nicht nur plötzlich (sprunghaft) ein- und ausschalten, sondern auch „plastisch verformen", „modulieren" („mo-

---

[1] Wheeler, H. A.: Proc. Inst. Radio Engrs., N. Y. **27** (1939) S. 359. Strecker, F.: Elektr. Nachr.-Techn. **17** (1940) S. 51 u. 93.

deln"[1]). Prägt man ihm[2] die in der menschlichen Sprache enthaltenen Schwingungen auf, so ist er imstande, diese in die Ferne zu „tragen". Im Teilnehmermikrophon z. B. wird modulierter Gleichstrom erzeugt; schaltet man ein Mikrophon in einen Wechselstromkreis, so entsteht modulierter Wechselstrom. Unter „Trägerfrequenz" versteht man die Frequenz eines eine Nachricht „tragenden" Wechselstroms.

Bei der Verwendung der Ausdrücke Träger, Trägerschwingung, Trägerfrequenz, Modulation ist das Folgende zu beachten. Eine Nachricht, die von einem Sender zu einem Empfänger wandern soll, bedarf dazu keines besonderen Trägers; denn sie ist durchaus befähigt, den Weg zum Empfänger „aus eigener Kraft" zurückzulegen. Die Benennung „Träger" wird demnach dem physikalischen Vorgang, so anschaulich sie ist, nicht ganz gerecht. Wir werden sehen, daß die Trägerschwingung nichts weiter ist als eine Hilfsschwingung, die man braucht, wenn man das Frequenzband einer Nachricht von einer Frequenzlage in eine andere verschieben will.

Der Zweck der Tastung und der Modulation ist diese „Frequenzumsetzung"[3]; von der Höhe der bei der Frequenzumsetzung benutzten Trägerfrequenz hängt der Betrag der Frequenzverschiebung ab.

Was ferner den Gebrauch des so anschaulichen Wortes „Modulation" angeht, so ist zu beachten, daß man auch solche Verfahren der Frequenzumsetzung als Modulationsverfahren anzusprechen pflegt, bei denen es sich gar nicht um die Tastung oder Verformung einer Gleich- oder Wechselspannung oder eines Gleich- oder Wechselstroms handelt. Insbesondere wird von Modulation auch dann gesprochen, wenn neue Frequenzen in einem nichtlinearen Gebilde entstehen. Nichtlineare Gebilde, die man mit Frequenzen „impft", sind gewissermaßen fruchtbare Nährböden für neue Frequenzen; die Erfahrung und die Theorie zeigen, daß in der näheren und weiteren Umgebung jeder „Keimfrequenz" oder „Mutterfrequenz" eine Flora von Tochterfrequenzen entsteht. Ist unter den Mutterfrequenzen die Nachricht, so ist unter den Tochterfrequenzen die verschobene Nachricht. Diesen Vorgang der Frequenzzeugung in nichtlinearen Gebilden nennt man in einem weiteren Sinn ebenfalls „Modulation", weil unter den Tochterfrequenzen auch die Frequenzen vertreten sind, in die man eine modulierte Schwingung zerlegen kann (vgl. § 398ff.). Zur Unterscheidung kann man die eigentliche Modulation, wenn nötig, als „Modulation im engeren Sinne" bezeichnen.

Die Rückumsetzung, d. h. die Zurückverschiebung eines Bandes in seine ursprüngliche, „natürliche" Lage, unterscheidet sich grundsätzlich nicht von der Umsetzung eines Bandes in hohe Frequenzlage.

Früher hat man die Rückumsetzung meist „Gleichrichtung" genannt; unter Gleichrichtung verstand man dabei die Unterdrückung aller Augenblickswerte eines Vorzeichens, also die Erzeugung eines (im allgemeinen schwankenden) Stromes gleichbleibender Richtung. Da damals in der Regel tatsächlich modulierte Schwingungen (im engeren Sinne) auf den Empfänger auftrafen, stellte man sich vor, daß die aufgeprägte Schwingung niedrigerer Frequenz infolge der „Ventilwirkung" des „Gleichrichters" auch in einem trägeren Empfangsinstrument wahrnehmbar werde.

---

[1] Die Wörter „modulieren" und „modellieren" sind sprachlich miteinander verwandt.
[2] D. h. seiner Kurve.
[3] Der Ausdruck „Frequenzwandlung" ist weniger geeignet, weil man von den Spannungs- und Stromwandlern her gewöhnt ist, sich unter „Wandlung" eine Multiplizierung mit einem Faktor vorzustellen. Die von der Frequenzumsetzung völlig verschiedene „Transponierung" im musikalischen Sinne ist in diesem Sinne eine „Frequenzwandlung" (§ 397).

Hierzu ist zunächst zu sagen, daß die niederfrequente Schwingung im Rückumsetzer erst erzeugt, also keineswegs nur wahrnehmbar gemacht wird. Ferner wirkt ein Rückumsetzer nicht nur auf modulierte Schwingungen, sondern auch auf Schwingungen, die sich in hoher Frequenzlage ohne Träger vom Sender bis zum Empfänger fortgepflanzt haben. Drittens ist zu beachten, daß die Rückumsetzer nach festgelegtem Sprachgebrauch gar nicht als „Gleichrichter" wirken, da ein Gleichrichter ein Apparat ist, der aus Wechselstrom Gleichstrom macht oder der wenigstens eine beträchtliche Gleichstromkomponente hervorruft. Der Rückumsetzer ist eher ein „Umrichter"; denn er erzeugt aus Wechselstrom hoher Frequenz Wechselstrom niedriger Frequenz.

Damit soll natürlich nichts gegen Benennungen wie „Trockengleichrichter" gesagt, sondern lediglich darauf hingewiesen werden, daß ein „Gleichrichter" nicht nur als solcher, sondern auch als Frequenzbandverschieber wirken kann und daß er in der Nachrichtentechnik sogar überwiegend diesem zweiten Zwecke dient.

Ein Gleichrichter ist „ideal", wenn er lediglich „schaltet", d. h. wie ein einseitig wirkendes Ventil den Strom der einen Richtung ungeschwächt durchläßt, den Strom der anderen Richtung sperrt. Die Nachrichtentechnik ist immer mehr dazu übergegangen, zur Frequenzumsetzung diese Ventil- oder Schaltwirkung der Gleichrichter zu benutzen. Wir werden daher in diesem Abschnitt mit einer kurzen Betrachtung des Trockengleichrichters beginnen, der der wichtigste Vertreter der modernen Gleichrichter der Nachrichtentechnik ist.

Auch in der Nachrichtentechnik liegt häufig die Aufgabe vor, Wechsel- in Gleichstrom zu verwandeln. Wir werden deshalb in den folgenden Paragraphen den Gleichrichter zunächst als solchen behandeln, d. h. als Wechselstrom-Gleichstrom-Umwandler. Viel verwendet werden Gleichrichtröhren oder Trockengleichrichter z. B. zur Verlagerung der Gittervorspannung von Verstärkerröhren.

Gleichrichter im starkstromtechnischen Sinne werden auch zur Versorgung der Schwachstromröhren aus dem Wechselstromnetz verwendet. Auf diese Gleichrichter gehen wir nicht ein, weil es sich bei ihnen nicht eigentlich um Geräte der Nachrichtentechnik handelt[1].

§ 393. **Kupferoxydulgleichrichter.** Der in vielen Geräten verwendete Kupferoxydul-Trockengleichrichter (das Gegenstück zum „Trocken"-Gleichrichter stellt der Elektrolytgleichrichter dar) ist von Grondahl[2] eingeführt worden. Er wird in seiner einfachsten Form in der folgenden Weise hergestellt: Man glüht eine Kupferscheibe oder -platte zunächst in Luft bei hoher Temperatur; dadurch bildet sich unmittelbar auf dem „Mutterkupfer" und in innigem (molekularem) Zusammenhang mit ihm eine Kupferoxydulschicht, darüber eine Kupferoxydschicht[3], die später wieder entfernt wird. Dann glüht man bei einer tieferen Temperatur weiter und kühlt plötzlich ab. Durch diese Behandlung entsteht zwischen dem gut leitenden Mutterkupfer und dem „halbleitenden" Cu_2O eine sehr dünne Schicht hohen spezifischen Widerstands von besonderen Eigenschaften, die „Sperrschicht". Eine solche auf der einen Fläche der Scheibe erzeugte Sperrschicht setzt einem in der Richtung $Cu_2O \rightarrow Cu$ fließenden Strom einen verhältnismäßig geringen, einem in der Richtung $Cu \rightarrow Cu_2O$ fließenden einen viel größeren Widerstand entgegen. Die Dicke der Schicht ist wahrscheinlich noch kleiner als die Wellenlänge des sichtbaren Lichts. Der gleichzurichtende Strom kann dem Oxydul über eine Bleiplatte und eine Graphitschicht zugeführt werden.

Die „unipolare" oder „unsymmetrische" Leitung der Sperrschicht kann wieder durch Kennlinien veranschaulicht werden. Eine solche Kennlinie ist in

[1] Maier, Karl: Trockengleichrichter. München, Berlin 1938.

[2] Grondahl, L. O.: Phys. Rev. **27** (1926) S. 813; Grondahl, L. O., und Geiger, P. H.: J. Amer. Inst. electr. Engrs. **46** (1927) S. 215.

[3] Kupferoxydul = Cu_2O, Kupferoxyd = CuO.

Abb. 393. 1 wiedergegeben; Abszisse ist die Spannung an einer Scheibe, Ordinate die Stromdichte. Legt man beispielsweise an die betrachtete Scheibe eine Spannung von + 0,18 V, so erhält man nach dem Bild eine Stromdichte von etwa 5,3 μA/mm². Bezeichnet man daher mit d die Dicke der Schicht, so entspricht der angelegten Spannung in der Durchlaßrichtung die äußerst geringe scheinbare Leitfähigkeit

$$\varkappa = (\text{Stromdichte/Spannung})\, d = \frac{5{,}3\ \mu\text{A/mm}^2}{0{,}18\ \text{V}}\, d = 3 \cdot 10^{-15} \frac{d}{\text{Å}} \frac{\text{Sm}}{\text{mm}^2}. \qquad (393.1)$$

Mit $d = 300$ Å (§ 396) erhält man hieraus $\varkappa \approx 1$ pS m/mm². In der Sperrichtung ist die scheinbare Leitfähigkeit noch 1000 bis 10000mal geringer.

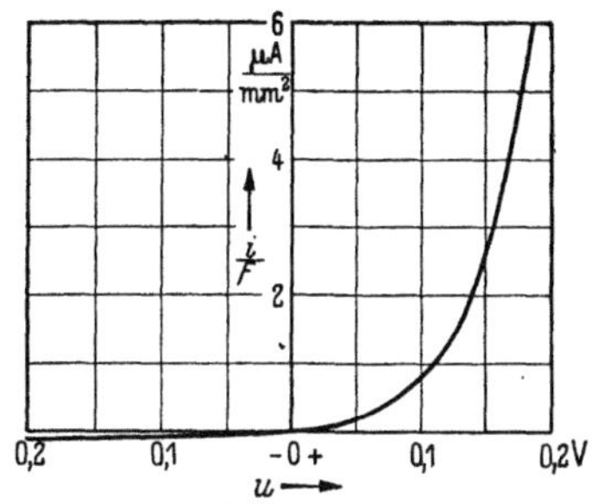

Abb. 393. 1.

Der Verlauf der Kennlinien hängt von der Temperatur ab.

Beim Selengleichrichter ist eine vernickelte Eisenscheibe mit „graukristallinem" Selen überzogen; die Gegenelektrode (aus einer besonderen Legierung) ist aufgespritzt oder angedrückt. Auch der Selengleichrichter muß in bestimmter Weise thermisch behandelt („formiert") werden. Er läßt in der Richtung vom Eisen zum Selen durch.

§ 394. **Gleichrichterschaltungen** lassen sich in ihrer Wirkung leicht beurteilen, wenn man die Gleichrichter in erster Näherung als „ideal" (§ 392), also ihren Widerstand in der Sperrichtung als sehr groß, in der Durchlaßrichtung als sehr gering ansieht. Dann wirkt jeder Richtungswechsel einer Spannung, die einen Strom durch einen Gleichrichter zu treiben „versucht", wie die Betätigung eines Ein- oder Ausschalters; damit hat man sofort ein Bild von dem Verhalten der Schaltungen.

Bei der einfachsten, nur aus einem Übertrager, einem Gleichrichter[1] *Gl* und einem Verbraucher *R* bestehenden Schaltung der Abb. 394. 1 entsteht hiernach, wenn man eine gewöhnliche (Einphasen-)Wechselspannung anlegt, in dem Verbraucher ein Strom im Uhrzeigersinne von der in Abb. 280. 2 dargestellten Form.

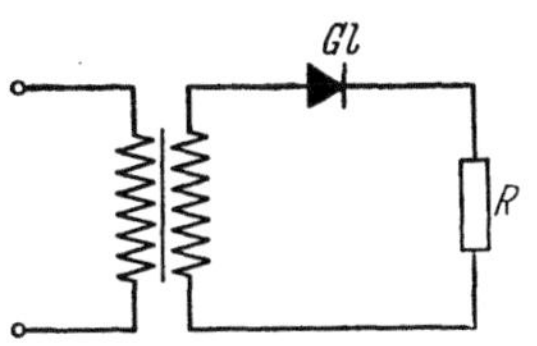

Abb. 394. 1.

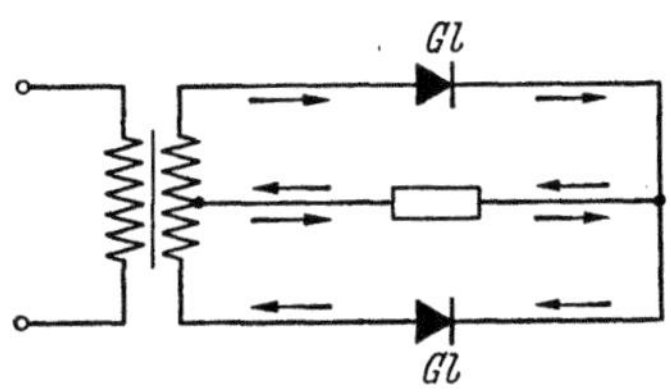

Abb. 394. 2.

Bei einigen anderen Schaltungen gilt beim Betrieb mit gewöhnlicher Wechselspannung für den Strom im Verbraucher das Bild 280. 1 der kommutierten Sinusschwingung. Abb. 394. 2 stellt eine Differentialschaltung mit zwei gleichen Gleichrichtern dar. Wenn sie symmetrisch ist, kann man sich vorstellen, daß die Stromquelle in den beiden Maschen gleichsinnig kreisende Ströme hervorzurufen sucht. Denkt man sich statt der Gleichrichter gleiche Widerstände, so heben sich die Ströme im Verbraucher auf; dieser ist stromlos („Differentialschaltung"). Die Gleichrichter bewirken, daß in jeder Halbperiode nur der eine der beiden Ströme fließen kann; der Verbraucher wird daher in der Richtung von rechts nach links von halben Sinusströmen nach Abb. 280. 1 durchflossen.

Auch die von L. Graetz[2] angegebene Gleichrichterbrücke (Abb. 394. 3) erzeugt im Verbraucher *R* einen Strom nach Abb. 280. 1. Für jede Treibrichtung

[1] Die Spitze des ausgefüllten Dreiecks gibt die Durchlaßrichtung an.
[2] Graetz, L.: S. B. Bayer. Akad. Wiss. **27** (1897) S. 227.

der angelegten Spannung sind zwei gegenüberliegende Arme durchlässig. Auch hier wäre der Verbraucher stromlos, wenn die Gleichrichter durch gleiche Widerstände ersetzt würden.

Man bezeichnet die Schaltung Abb. 394. 1 auch als „Einwegschaltung", die Schaltungen Abb. 394. 2 und 394. 3 als „Zweigweg-", „Doppelweg-" oder „Vollwegschaltungen". Die Differentialschaltung Abb. 394. 2 heißt auch „Mittelpunktschaltung".

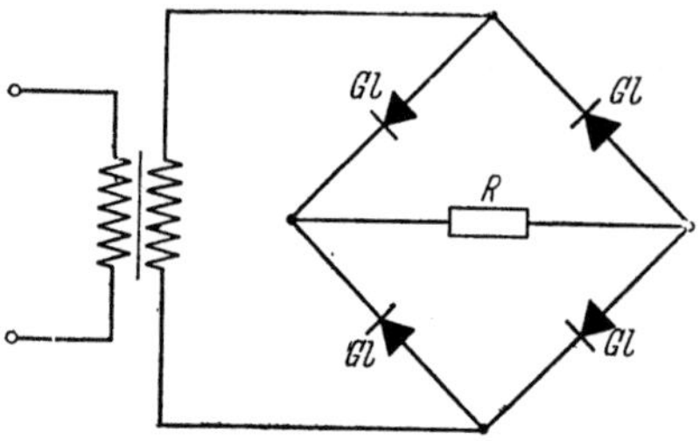

Abb. 394. 3.

Bei Betrieb mit Mehrphasenspannung ist zu beachten, daß jedesmal die stärkste in einer Durchlaßrichtung treibende elektromotorische Kraft alle anderen Gleichrichterwege sperrt. Deshalb fließt z. B. bei dreiphasiger Einwegschaltung jeder Teilstrom nur während eines Drittels, bei dreiphasiger Zweiwegschaltung nur während eines Sechstels der Periode.

§ 395. Gleichung für die Kennlinie des Kupferoxydulgleichrichters. Bei einer gegebenen Temperatur läßt sich der den Gleichrichter durchfließende Strom als Funktion der angelegten Wechselspannung u ziemlich gut durch eine Exponentiallinie annähern, die gegen die Richtung der Ordinatenachse so verschoben ist, daß sie durch den Nullpunkt geht (Abb. 393. 1):

$$i = \frac{S_0}{c_r}\left(e^{c_r u} - 1\right). \qquad (395.\ 1)$$

Die Steilheit S dieser Kennlinie ist

$$S = \frac{\mathrm{d}i}{\mathrm{d}u} = S_0 e^{c_r u}; \qquad (395.\ 2)$$

$S_0 = 1/R_0$ hat also die Bedeutung der Steilheit im Nullpunkt. Die Bedeutung der „Richtkonstante" c_r ergibt sich aus einer logarithmischen Differentiation:

$$\frac{\mathrm{d}S}{S} = c_r\,\mathrm{d}u; \qquad (395.\ 3)$$

sie ist also ein Maß für den relativen Zuwachs der Steilheit, der einem Zuwachs der Spannung um die (sehr kleine) Spannungseinheit entspricht.

Nach 2. 1 des Anhangs kann die Kennlinie in der Umgebung des Nullpunkts in die Reihe

$$i = S_0\left(u + \frac{c_r}{2}u^2 + \frac{c_r^2}{6}u^3 + \cdots\right) \qquad (395.\ 4)$$

entwickelt werden. Ist $u = \hat{u}\cos\omega t$, so lassen sich nach (. 4) wie im § 307 die in dem entstehenden Strom i enthaltenen Teilschwingungen bestimmen. Seine Gleichkomponente ist

$$(i)_0 = S_0 \cdot \frac{c_r}{2} \cdot \frac{\hat{u}^2}{2}. \qquad (395.\ 5)$$

Der Gleichrichter kann also als der Sitz einer einen Gleichstrom treibenden elektromotorischen Kraft $e_- = c_r \hat{u}^2/4$ angesehen werden. Wie im § 307 darf man so rechnen, als ob diese Stromquelle der Wechselstromquelle überlagert sei.

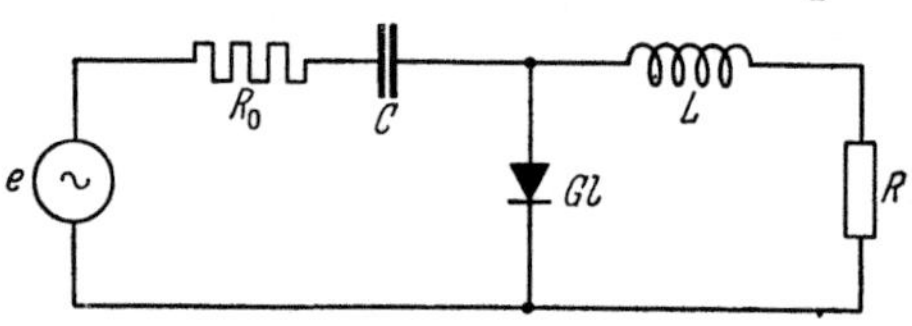

Abb. 395. 1.

Besonders übersichtlich werden Gleichrichterschaltungen, wenn man näherungsweise annehmen darf, daß ein Teil der Zweige nur vom Gleichstrom, ein andrer Teil nur vom Wechselstrom durchlaufen wird. Das ist der Fall, wenn in die Schaltung Spulen und Kondensatoren eingeschaltet werden, die wie Tief- und Hochpässe wirken. Abb. 395. 1 zeigt ein einfaches Beispiel. Ist ω die Frequenz der treibenden elektromotorischen Kraft e, so fließt nach (280. 5) in der linken Masche ein Wechselstrom, der die Grundfrequenz ω und die Oberfrequenzen $2\,\omega$, $4\,\omega$, $\cdots$ enthält; in der rechten Masche dagegen wirkt eine konstante elektromotorische Kraft. Mit einer solchen Schaltung läßt sich die Richtigkeit von (. 5) prüfen.

Von der Schaltwirkung der Gleichrichter wird häufig auch bei ausgesprochenen Schaltvorgängen Gebrauch gemacht. Man kann z. B. in einer Schaltung ohne bewegliche Teile ohne weiteres erreichen, daß für den Entladestrom eines Kondensators eine viel größere Zeitkonstante maßgebend ist als für den Ladestrom[1].

§ 396. **Die Kapazität des Kupferoxydulgleichrichters** beträgt je Flächeneinheit ungefähr 0,3 nF/mm², ist also beträchtlich. Wir denken uns einen bestimmten Arbeitspunkt I, U auf der Kennlinie eingestellt und einen schwachen Wechselstrom überlagert. Dann kommt man meist mit dem Ersatzbild Abb. 396. 1 aus. R_1 stellt den Widerstand des vorgeschalteten Kupferoxyduls dar, R_0 den reziproken Wert der Steilheit im Arbeitspunkt.

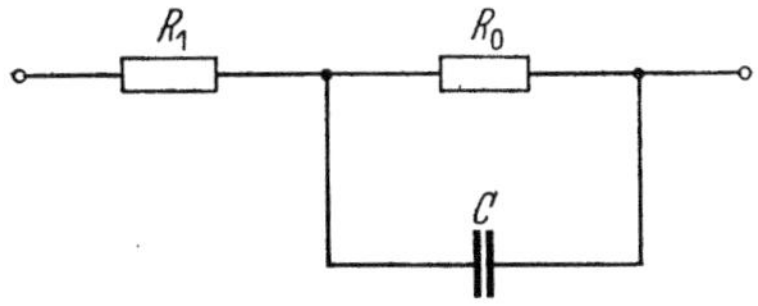

Abb. 396. 1.

Setzt man[2] die elektrische Durchlässigkeit der Sperrschicht gleich $10\,\varepsilon_0$, so ergibt sich ihre Dicke nach (48. 3) zu

$$d = \frac{\varepsilon F}{C} = \frac{10\,\varepsilon_0}{0{,}3\ \mathrm{nF/mm^2}} = 0{,}3\ \mu\mathrm{m}. \qquad (396.\ 1)$$

Da nicht anzunehmen ist, daß die Sperrschicht überall gleichmäßig fest auf dem Kupfer aufsitzt, haben wir im § 393 mit einer Dicke von nur 0,03 μm = 300 Å gerechnet.

§ 397. **Anforderungen an die Genauigkeit der Frequenzumsetzung.** Bei allen Trägerfrequenzsystemen wird ein gegebenes Niederfrequenzband zunächst nach hohen Frequenzen und dann wieder in seine ursprüngliche Lage zurückgeschoben. Es ist nicht ganz leicht zu erreichen, daß das Band nach dieser zweimaligen Verschiebung wieder genau dort liegt, wo es ursprünglich gelegen hat. Das ist aber nötig, weil die Verschiebung eines Frequenzbands, wie schon im § 392 bemerkt, keineswegs dieselbe Wirkung hat wie die „Transponierung" eines Musikstücks. Denn diese ist gleichbedeutend mit der Multiplikation aller Frequenzen des Bandes mit einem Faktor (z. B. mit $\sqrt[6]{2} = 1{,}123$ bei Höherlegung um eine temperierte Sekunde).

Liegt das wieder zurückgeschobene Frequenzband z. B. um 16 Hz zu hoch, so werden aus den ursprünglichen Frequenzen 130 und 260 Hz, die etwa den „Tönen" c und c¹ entsprechen, die Frequenzen 146 und 276 Hz; d. h. aus c wird d, aus c¹ aber cis¹. Ein um 16 Hz nach höheren Frequenzen hin verschobenes Frequenzband klingt daher nicht etwa nur höher, sondern es ist außerdem entstellt.

Man erkennt, wie wichtig es ist, die vorgeschriebenen Frequenzen der zur Frequenzumsetzung benutzten Trägergeneratoren genau einzuhalten.

Wird ein Frequenzband sehr stark nach hohen Frequenzen hin verschoben, so werden nach dem Gesagten die in ihm enthaltenen Frequenzen in einem ganz schmalen musikalischen Intervall zusammengedrängt. Bei den deutschen Breitbandkabeln z. B. (§ 428) wird eines der übertragenen Sprachbänder zwischen die Frequenzen 687 und 690 kHz geschoben. Da (vgl. § 285)

$$^{2}\log\frac{690}{687} = \frac{0{,}00189}{\lg 2} = 6{,}28\ \text{Millioktaven}$$

---

[1] Über gegeneinander geschaltete Gleichrichter (in Reihe oder parallel mit entgegengesetzter Durchlaßrichtung) und ihre Verwendung in Höchstwert- und Kleinstwertbegrenzern siehe Strecker, F.: Elektr. Nachr.-Techn. **13** (1936) S. 341.

[2] Schottky, W., u. Deutschmann, W.: Phys. Z. **30** (1929) S. 839.

ist und da einer „temperierten großen Sekunde" (im musikalischen Sinne), also einem „ganzen Ton" 1000/6 = 166,7 Millioktaven entsprechen, überdeckt das übertragene Band, das in natürlicher Lage mehr als 3 Oktaven umfaßt, nach der Umsetzung nur etwa den 26. Teil eines „ganzen Tons".

§ 398. **Die amplitudenmodulierte Schwingung.** Unter einer „sinusverwandten" Schwingung versteht man eine Sinusschwingung, bei der sich entweder die Amplitude oder die Frequenz oder der Nullphasenwinkel nach irgendeinem Gesetz ändert. Besteht die Änderung in einem Schwanken, so spricht man von einer „modulierten" oder „gemodelten" Sinusschwingung.

Wir betrachten zuerst die in ihrer Amplitude sinusförmig modulierte Schwingung

$$y = (A + a\cos(\omega t + \varphi))\cos\Omega t. \qquad (398.1)$$

Ω heißt „Trägerfrequenz", und es sei[1] $\omega \ll \Omega$; a ist der „Amplitudenhub", a/A der „Modulationsgrad" oder „Modelungsgrad". Der Nullpunkt der Zeit ist so gewählt, daß bei dem Argument Ωt kein Nullphasenwinkel zugefügt zu werden braucht.

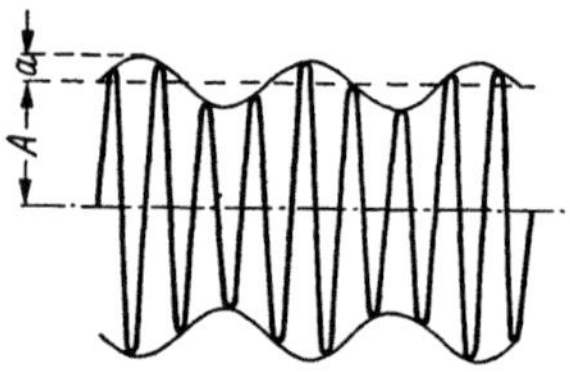

Abb. 398. 1.

Abb. 398. 1 zeigt eine solche „amplitudenmodulierte" Schwingung; ihr Modulationsgrad beträgt etwa 20%. Die modulierende oder Modulationsfrequenz (Modelfrequenz) ω kann diesem Bild als die Frequenz der Einhüllenden (der Hüllkurve) der Schwingungslinie $y = f(t)$ unmittelbar entnommen werden. Das kann zu der falschen Meinung verleiten, die modulierende Frequenz ω sei in der modulierten Schwingung enthalten. Aus (.1) folgt aber

$$y = A\cos\Omega t + \frac{a}{2}\cos((\Omega - \omega)t - \varphi) + \frac{a}{2}\cos((\Omega + \omega)t + \varphi). \qquad (398.2)$$

Die sinusförmig amplitudenmodulierte Schwingung enthält also **keine** Komponente von der Modulationsfrequenz ω. Sie besteht **nur** aus der Trägerschwingung von der Frequenz Ω und den beiden „Seitenschwingungen" von den Frequenzen $\Omega - \omega$ und $\Omega + \omega$, eine wichtige Erkenntnis.

Bei nicht sinusförmiger Modulation (z. B. durch Sprache oder Musik) tritt an die Stelle von ω ein Frequenz**band**, das sich von ω_1 bis ω_2 erstrecken möge.

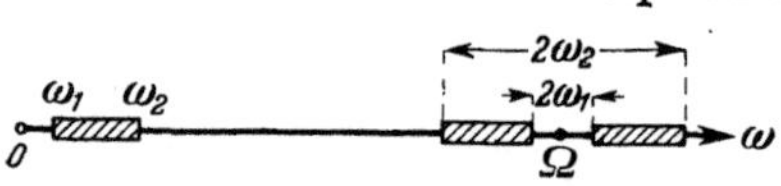

Abb. 398. 2.

Dann entstehen durch die Amplitudenmodulation die „Seitenbänder" der Abb. 398. 2; von diesen enthält nur das obere die Frequenzen des ursprünglichen Bandes in der natürlichen Reihenfolge (in „Regelfolge"), während die Reihenfolge bei dem unteren Band umgekehrt ist („Kehrfolge").

Die durch den Vorgang der Amplitudenmodulation neu entstehenden Seitenbänder können, jedes für sich, als das Ergebnis einer „Verschiebung" des ursprünglichen Frequenzbandes aufgefaßt werden. Das **Maß** der Verschiebung hängt dabei von der Höhe der Trägerfrequenz Ω ab.

Jeder Amplitudenmodulator löst demnach — und zwar doppelt — die Aufgabe der „Frequenzumsetzung".

Bei der Übertragung von Sprache oder Musik kann man den Modulationsgrad auf eine mittlere oder Spitzenamplitude beziehen.

Da es bei den Trägerfrequenzsystemen nur auf die Verschiebung des natürlichen Frequenzbandes ankommt, kann man entweder beide Seitenbänder über-

[1] Wir führen die Bedingung $\omega \ll \Omega$ nur zur Erleichterung des Verständnisses ein. In § 406 werden wir sehen, daß ω jede beliebige Größe haben, ja sogar größer als Ω sein darf.

tragen oder nur eines von ihnen. Die Trägerschwingung enthält die Nachricht überhaupt nicht; man darf sie daher ganz unterdrücken. Welche Vorteile und Nachteile diese Maßnahmen haben, werden wir im § 407 sehen.

Amplitudenmodulierte Schwingungen können ihrer Definition entsprechend hergestellt werden z. B. mit Hilfe eines Mikrophons, das man in einen mit der Frequenz Ω schwingenden elektrischen Kreis schaltet. Unter der Einwirkung der auf das Mikrophon treffenden Schallwellen schwankt der Widerstand des Mikrophonkreises und damit die Amplitude des Stroms mit Frequenzen, die in dem Bereich der Schallfrequenzen liegen. Es entstehen daher zwei verschobene Bänder auf beiden Seiten von Ω. Von der Schallstärke hängen der Amplitudenhub und der Modulationsgrad ab[1].

Der Amplitudenhub a der amplitudenmodulierten Schwingung muß kleiner sein als die Amplitude A der Trägerschwingung. Ist er größer, so wird der Faktor $A + a \cos(\omega t + \varphi)$ zeitweise negativ; das widerspricht aber sowohl der im § 53 gegebenen Definition des Begriffs der „Amplitude" als auch der anschaulichen Bedeutung des Wortes Amplitudenmodulation. Der Modulationsgrad einer amplitudenmodulierten Schwingung darf daher, wenn sie ihren Namen mit Recht tragen soll, nicht über 100% hinaus gesteigert werden[2].

§ 399. Die frequenzmodulierte Schwingung. Liegt ein Kondensatormikrophon (§ 287) zusammen mit einer Induktivität L in dem Schwingungskreis eines Röhrensenders und wird es sinusförmig betönt, so ändert sich die Eigenfrequenz Ω des Senders im Takte der Schallschwingungen (ω) und in einem Intervall (im musikalischen Sinne), das von der Stärke der Schallschwingungen abhängt[3].

Eine in dieser Weise erzeugte „sinusförmig frequenzmodulierte" Schwingung wird, wie wir behaupten[4], dargestellt durch

$$y = A \cos\left(\Omega t + \frac{q}{\omega} \sin(\omega t + \varphi)\right). \tag{399.1}$$

Um dies zu beweisen, ersetzen wir zuerst die im § 53 gegebene Definition der „Frequenz" durch eine allgemeinere, die für konstante Frequenz wieder in die des § 53 übergeht. Bedenkt man, daß eine konstante Kreisfrequenz der konstanten Winkelgeschwindigkeit entspricht, mit der bei der zeichnerischen Darstellung die „Vektoren" umlaufen, so erkennt man, daß man offenbar unter der Kreisfrequenz einer Schwingung mit veränderlicher Frequenz allgemein die veränderliche Winkelgeschwindigkeit des zugehörigen Vektors zu verstehen hat, d. h. die Ableitung ihres Phasenwinkels nach der Zeit. Bezeichnen wir die mit der Zeit veränderliche Kreisfrequenz bei der frequenzmodulierten Schwingung mit $\psi(t)$, so erhalten wir aus (.1)

$$\psi(t) = \Omega + \frac{q}{\omega} \omega \cos(\omega t + \varphi) = \Omega + q \cos(\omega t + \varphi). \tag{399.2}$$

Die Frequenz $\psi(t)$ hängt also — und dies wollten wir beweisen — bei der nach (.1) frequenzmodulierten Schwingung ebenso von der Zeit ab wie bei der amplitudenmodulierten die Amplitude.

Ein Vergleich mit (398.1) zeigt, daß dem Amplitudenhub a der „Frequenzhub" q entspricht. Dieser hängt nur von der Amplitude der Schallschwingungen ab. Als „Modulationsgrad" bezeichnet man[5] hier das Verhältnis q/Ω.

[1] Aigner, F., u. Kober, C. L.: Hochfr.-Techn. **48** (1936) H. 2 S. 59/67; H. 3 S. 99/107.
[2] Vgl. Ruprecht, H.: Elektr. Nachr.-Techn. **16** (1939) S. 43.
[3] Aigner, F., u. Kober, C. L.: a. a. O.
[4] Carson, J. R.: Proc. Inst. Radio Engrs., N. Y. **10** (1922) S. 57.
[5] Anders z. B. bei W. Runge: Telefunkenztg. **11** (1930) H. 55 S. 28.

Abb. 399. 1 stellt eine sinusförmig frequenzmodulierte Schwingung dar, bei der die Trägerfrequenz Ω achtmal so hoch ist wie die modulierende ω. Ihr Modulationsgrad stimmt nahezu mit dem der sinusförmig amplitudenmodulierten Schwingung Abb. 398. 1 überein: $q = 0{,}1875\,\Omega$.

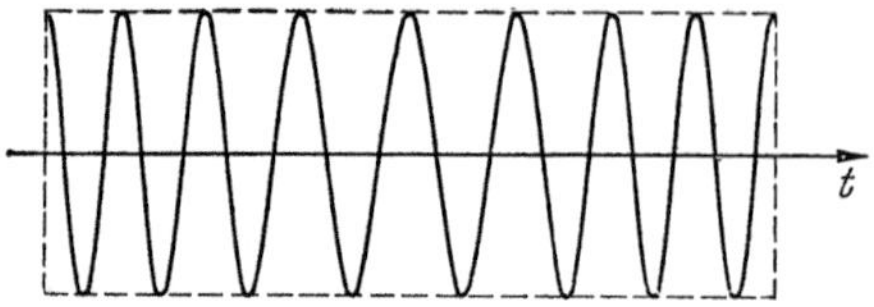

Abb. 399. 1.

Löst nun auch die Frequenzmodulation die Aufgabe der Frequenzumsetzung? Wir betrachten zuerst den Sonderfall geringen Frequenzhubs q:

$$y \approx A\left\{\cos\Omega t - \frac{q}{\omega}\sin(\omega t + \varphi)\sin\Omega t\right\}$$

$$= A\cos\Omega t - \frac{qA}{2\omega}\cos((\Omega - \omega)t - \varphi) + \frac{qA}{2\omega}\cos((\Omega + \omega)t + \varphi). \qquad (399.3)$$

Auch durch Frequenzmodulation geringen Modulationsgrades kann man demnach Frequenzbänder verschieben; die Grenzen der verschobenen Bänder liegen bei denselben Frequenzen wie im Falle der Amplitudenmodulation.

Bei größerem Frequenzhub q setzen wir nach (.1) mit der Abkürzung $\omega t + \varphi = \alpha$:

$$y = A\left\{\cos\Omega t\cos\left(\frac{q}{\omega}\sin\alpha\right) - \sin\Omega t\sin\left(\frac{q}{\omega}\sin\alpha\right)\right\} \qquad (399.4)$$

und entwickeln unter Benutzung der Regeln 2. 3, 2. 4 und 9 des Anhangs wie folgt[1]:

$$\cos\left(\frac{q}{\omega}\sin\alpha\right) = 1 - \frac{q^2}{2\,\omega^2}\sin^2\alpha + \frac{q^4}{4!\,\omega^4}\sin^4\alpha - \cdots$$

$$= 1 - \frac{q^2}{4\,\omega^2}(1 - \cos 2\alpha) + \frac{q^4}{192\,\omega^4}(3 - 4\cos 2\alpha + \cos 4\alpha) - \cdots, \qquad (399.5)$$

$$\sin\left(\frac{q}{\omega}\sin\alpha\right) = \frac{q}{\omega}\sin\alpha - \frac{q^3}{3!\,\omega^3}\sin^3\alpha + \cdots$$

$$= \frac{q}{\omega}\sin\alpha - \frac{q^3}{24\,\omega^3}(3\sin\alpha - \sin 3\alpha) + \cdots. \qquad (399.6)$$

Bei beliebig hohem Modulationsgrad entstehen hiernach unendlich viele Frequenzen $\Omega \pm n\,\omega$, wo n eine ganze Zahl ist, also weitere verschobene Bänder, deren Amplituden in ziemlich verwickelter Weise von n und q/ω abhängen.

Bei der sinusförmig frequenzmodulierten Schwingung Abb. 399. 1 ist z. B. $q = 1{,}5\,\omega = 0{,}1875\,\Omega$. Trotz diesem mäßigen Modulationsgrad aber haben[2] die beiden Seitenschwingungen von den Frequenzen $\Omega \pm \omega$ eine höhere Amplitude als die Trägerschwingung ($0{,}55\,A$ gegen $0{,}51\,A$); und die Frequenzen $\Omega \pm 2\,\omega$ und $\Omega \pm 3\,\omega$ sind immerhin noch mit den Amplituden $0{,}23\,A$ und $0{,}06\,A$ vertreten. Bei bestimmten noch höheren Werten des Verhältnisses q/ω kann die Trägerschwingung sogar völlig verschwinden, so für $q = 2{,}41\,\omega$, für $q = 5{,}52\,\omega$ usw.

---

[1] Nach R. Courant u. D. Hilbert: Methoden der mathematischen Physik, Berlin 1924, I, S. 393 ist allgemein

$$\cos\left(\frac{q}{\omega}\sin\alpha\right) = J_0\left(\frac{q}{\omega}\right) + 2\sum_{n=1}^{\infty} J_{2n}\left(\frac{q}{\omega}\right)\cos(2n\alpha),$$

$$\sin\left(\frac{q}{\omega}\sin\alpha\right) = 2\sum_{n=0}^{\infty} J_{2n+1}\left(\frac{q}{\omega}\right)\sin((2n+1)\alpha).$$

Entwickelt man hier die Besselschen Funktionen (etwa nach den Funktionentafeln von F. Emde, 3. Aufl., Leipzig und Berlin 1938, S. 128) in Reihen, so erhält man (.5) und (.6).

[2] Das Folgende entnimmt man z. B. den Emdeschen Funktionentafeln.

Wie man sieht, sind die Seitenbänder bei der Frequenzmodulation geringen Frequenzhubs ebenso breit wie bei der Amplitudenmodulation; der Frequenzhub hat auf ihre Breite überhaupt keinen Einfluß. Ist das Verhältnis q/ω höher, so treten zu den Bändern 1. Ordnung weitere Bänder höherer Ordnungen hinzu, die einen viel größeren Gesamtfrequenzbereich beanspruchen als die beiden Seitenbänder der Amplitudenmodulation.

Ein weiterer wichtiger Unterschied liegt in folgendem: Bei der sinusförmigen Amplitudenmodulation hängen die Amplituden der beiden Seitenschwingungen $\Omega \pm \omega$ nur von dem Amplitudenhub, aber gar nicht von der Modulationsfrequenz ω ab. Bei der sinusförmigen Frequenzmodulation dagegen ist die Verteilung der zu den Frequenzen $\Omega \pm n\,\omega$ gehörenden Amplituden eine verwickelte Funktion des Verhältnisses q/ω, also des Frequenzhubs und der Modulationsfrequenz. Soll z. B. das Band zwischen 300 und 3000 Hz übertragen werden und wählt man, um mit den Seitenbändern 1. Ordnung auszukommen, $q/(2\,\pi) = 0{,}5 \cdot 300$ Hz $= 150$ Hz, so sind nach (. 4) in den Seitenbändern die Frequenzen $\Omega \pm 2\pi \cdot 300$ Hz mit den Amplituden $A/4$, die Frequenzen $\Omega \pm 2\pi \cdot 3000$ Hz aber nur noch mit den Amplituden $A/40$ vertreten.

Die Überlagerung der Trägerschwingung mit den beiden Seitenschwingungen nach (. 4) ergibt eine ganz andere Schwingungsform (Abb. 399. 1) als die Überlagerung nach (398. 2) (Abb. 398. 1), weil das zweite Glied der rechten Seite in (. 4) das entgegengesetzte Vorzeichen hat wie das dritte. Bezeichnet man die zeitabhängigen Phasenwinkel (§ 53) der Seitenschwingungen mit α_1 und α_2, den Phasenwinkel der Trägerschwingung mit α, so ist

$$\left.\begin{array}{l}\text{bei der Amplitudenmodulation}\\ \text{bei der Frequenzmodulation}\end{array}\right\}\frac{\alpha_1+\alpha_2}{2}\left\{\begin{array}{l}=\alpha\,,\\ =\alpha\pm 90^0\,.\end{array}\right\} \qquad (399.\ 7)$$

§ **400. Amplituden- und Frequenzmodulation im Vektorbild.** Man kann die sinusförmige Amplitudenmodulation durch drei Vektoren darstellen, von denen der erste die Länge A, die beiden andern die Längen $a/2 \leqq A/2$ haben (Abb. 400. 1). Der längere Vektor dreht sich mit der großen Winkelgeschwindigkeit (hohen Kreisfrequenz) Ω; die kürzeren machen diese Drehung mit, drehen sich aber außerdem noch mit den kleinen Winkelgeschwindigkeiten $\pm\,\omega$, und zwar nach (399. 7) so, daß der resultierende Vektor aus den beiden kürzeren mit der Richtung des längeren beständig den Winkel 0^0 (oder 180^0) bildet. Man erkennt, daß dann der resultierende Vektor aus allen dreien mit der konstanten Geschwindigkeit Ω umläuft, während seine Länge zwischen $A - a$ und $A + a$ schwankt.

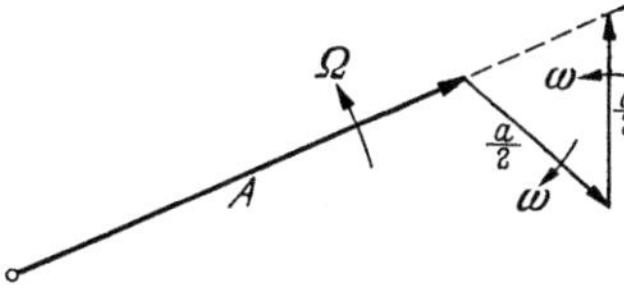

Abb. 400. 1.

Läßt man die Drehbewegung von der großen Geschwindigkeit Ω ganz wegfallen, so daß der Vektor A ruht, während sich die beiden kürzeren Vektoren relativ zu ihm noch mit ihren kleinen Geschwindigkeiten $\pm\,\omega$ drehen, so ist das Ganze ein Bild für eine der beiden „Einhüllenden" der modulierten Schwingung.

Bei der sinusförmigen Frequenzmodulation geringen Frequenzhubs läßt man drei Vektoren in der gleichen Weise umlaufen (Abb. 400. 2); die Resultierende der beiden kürzeren Vektoren muß jetzt aber nach (399. 7) senkrecht stehen zu dem längeren. Man erkennt, daß in diesem Falle ein resultierender Vektor annähernd konstanter Länge entsteht, der mit einer Winkelgeschwindigkeit umläuft, die mit einem gewissen „Frequenzhub" im Takte ω um Ω herum schwankt.

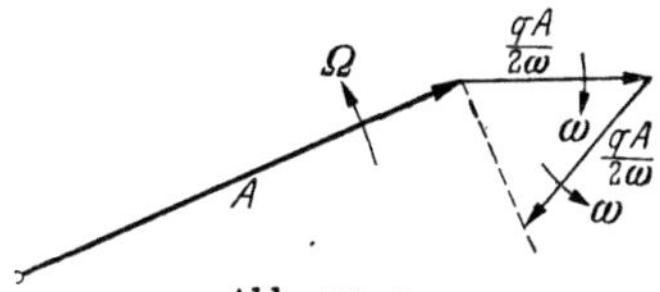

Abb. 400. 2.

Man kann bei der geometrischen Addition der sich drehenden Vektoren mit Vorteil die komplexe Rechnung anwenden. Bei der sinusförmigen Amplitudenmodulation setzt man die schwingende Größe nach Abb. 400. 1 gleich dem reellen Teil von

$$A\angle\underline{\Omega t} + \frac{a}{2}\angle\underline{(\Omega-\omega)t-\varphi} + \frac{a}{2}\angle\underline{(\Omega+\omega)t+\varphi}$$

$$= \left(A + \frac{a}{2}\angle\underline{-(\omega t+\varphi)} + \frac{a}{2}\angle\underline{\omega t+\varphi}\right)\angle\underline{\Omega t}$$

$$= (A + a\cos(\omega t+\varphi))\angle\underline{\Omega t}; \qquad (400.\ 1)$$

er stimmt tatsächlich genau mit (398. 1) überein.

Bei der sinusförmigen Frequenzmodulation dagegen hat man die schwingende Größe nach Abb. 400. 2 gleich dem reellen Teil der folgenden Summe zu setzen:

$$A\angle\underline{\Omega t} + \frac{qA}{2\omega}\angle\underline{(\Omega-\omega)t-\varphi\pm 180^0} + \frac{qA}{2\omega}\angle\underline{(\Omega+\omega)t+\varphi}$$

$$= \left(A - \frac{qA}{2\omega}\angle\underline{-(\omega t+\varphi)} + \frac{qA}{2\omega}\angle\underline{\omega t+\varphi}\right)\angle\underline{\Omega t}$$

$$= \left(A + \mathrm{j}\,\frac{qA}{\omega}\sin(\omega t+\varphi)\right)\angle\underline{\Omega t}$$

$$= A\sqrt{1+\frac{q^2}{\omega^2}\sin^2(\omega t+\varphi)}\;\angle\underline{\Omega t + \operatorname{arctg}\left(\frac{q}{\omega}\sin(\omega t+\varphi)\right)}. \qquad (400.\ 2)$$

Man erkennt, daß das Vektordiagramm in diesem Fall genau genommen eine schwach amplitudenmodulierte und zugleich nicht genau sinusförmig frequenzmodulierte Schwingung darstellt. Bei kleinem $\frac{q}{\omega}$ kann jedoch das zweite Glied unter der Wurzel vernachlässigt und der Arcustangens gleich seinem Argument gesetzt werden, so daß sich die frühere Gleichung (399. 1) ergibt.

Bei etwas größerem q/ω kann man für die zeitabhängige Amplitude

$$A\left(1+\frac{q^2}{2\omega^2}\sin^2(\omega t+\varphi)\right) = A\left(1+\frac{q^2}{4\omega^2}\right) - \frac{q^2 A}{4\omega^2}\cos(2\omega t+2\varphi), \qquad (400.\ 3)$$

für die zeitabhängige Frequenz

$$\Omega + \frac{q\cos(\omega t+\varphi)}{1+\frac{q^2}{\omega^2}\sin^2(\omega t+\varphi)}$$

$$\approx \Omega + q\left(1-\frac{q^2}{4\omega^2}\right)\cos(\omega t+\varphi) + \frac{q^3}{4\omega^2}\cos(3\omega t+3\varphi) \qquad (400.\ 4)$$

schreiben. Die durch Abb. 400. 2 dargestellte Schwingung ist also im Bereich unserer Näherung mit der Oktave der Modulationsfrequenz amplitudenmoduliert, und auch ihre Frequenzmodulation ist keineswegs genau sinusförmig.

Das hier verwendete Rechenverfahren unterscheidet sich wesentlich von den an andern Stellen dieses Buchs benutzten komplexen Verfahren (§ 99 ··· 104; § 106; 16. Abschnitt). Vor allem ist hier tatsächlich nur der reelle Teil der komplexen Ausdrücke von Bedeutung — im Gegensatz vor allem zu der „symbolischen“ Methode der Wechselstromtechnik, bei der die imaginären Komponenten ebenso wichtig sind wie die reellen.

§ 401. Die „phasenmodulierte“ Schwingung entsteht, wenn man bei einer Sinusschwingung den Nullphasenwinkel schwanken läßt. Eine sinusförmig mit dem „Phasenhub“ c und der Frequenz ω phasenmodulierte Schwingung wird demnach durch

$$y = A\cos(\Omega t + C + c\sin(\omega t+\varphi)) \qquad (401.\ 1)$$

dargestellt. Diese Gleichung unterscheidet sich von (399. 1) dadurch, daß der Phasenhub c nur von der Amplitude der gegebenen modulierenden Schwingung, aber nicht von deren Frequenz abhängt. Eine sinusförmig frequenzmodulierte Schwingung kann demnach als eine sinusförmig phasenmodulierte Schwingung aufgefaßt werden, deren Phasenhub umgekehrt proportional der Modulationsfrequenz ist. Umgekehrt ist eine sinusförmig phasenmodulierte Schwingung zugleich sinusförmig frequenzmoduliert mit einem der Frequenz proportionalen Frequenzhub.

Schwankungen des Nullphasenwinkels einer Schwingung ohne Änderung der Amplitude und der Frequenz lassen sich mit geeigneten Schaltungen hervorrufen, z. B. mit der „Phasenbrücke" (§ 125).

Abb. 399. 1 kann auch als die Darstellung einer beliebigen sinusförmig phasenmodulierten Schwingung angesehen werden. Ebenso gilt die Vektordarstellung des § 400 auch für die sinusförmig phasenmodulierte Schwingung geringen Phasenhubs.

Die Frequenzmodulation und die Phasenmodulation (genauer: Nullphasenwinkelmodulation) sind besondere Fälle der „Phasenwinkelmodulation". Wenn der Phasenwinkel eine beliebige Funktion der Zeit und der Modulationsfrequenz $f(t, \omega)$ ist, kann man mit gleichem Recht von einer Frequenz- wie von einer Phasenmodulation sprechen. Denn die Frequenz $f'(t, \omega)$ und die Differenz $f(t, \omega) - \Omega t$ hängen dann beide in mehr oder weniger verwickelter Weise von der Zeit und der Modulationsfrequenz ab. Die in den Paragraphen 398, 399 und 401 hervorgehobenen Schwingungsformen gestatten überhaupt keine Klassifizierung der möglichen modulierten Schwingungen, sondern stellen lediglich besondere einfache Grundformen dar.

§ 402. Die Schwebung. Durch Überlagerung zweier sinusförmiger Schwingungen von wenig verschiedenen[1] Frequenzen Ω_1, Ω_2 und von gleicher Amplitude $a/2$ entsteht die „einfache Schwebung". Für sie gilt demnach (wir gehen in diesem Falle nicht vom Schwingungsbild, sondern von den Komponenten aus):

$$y = \frac{a}{2}\cos(\Omega_1 t + \varphi_1) + \frac{a}{2}\cos(\Omega_2 t + \varphi_2)\,. \tag{402. 1}$$

Der Nullpunkt der Zeit sei so gewählt, daß $(\varphi_1 + \varphi_2)/2 = 0$ wird; außerdem setzen wir $(\varphi_2 - \varphi_1)/2 = \varphi$. Dann ist mit $\omega = (\Omega_2 - \Omega_1)/2$ auch

$$y = a\cos\left(\frac{\Omega_2 - \Omega_1}{2}t + \varphi\right)\cos\left(\frac{\Omega_1 + \Omega_2}{2}t\right)$$

$$= a\cos(\omega t + \varphi)\cos\Omega t\,. \tag{402. 2}$$

Das Schwingungsbild der einfachen Schwebung sieht demnach so aus, als ob sie aus Schwingungen der hohen Frequenz $\Omega = (\Omega_1 + \Omega_2)/2$ bestünde, deren Amplitude zwischen Null und einem Höchstwert a so schwankt, daß die beiderseitigen Hüllkurven kommutierte Sinuslinien der Frequenz ω nach Abb. 280. 1 sind (Abb. 402. 1). In jedem Schwebungsknoten springt die Phase der Schwingung Ω um 180^0, da das Vorzeichen des Faktors $a\cos(\omega t + \varphi)$ in (. 2) wechselt.

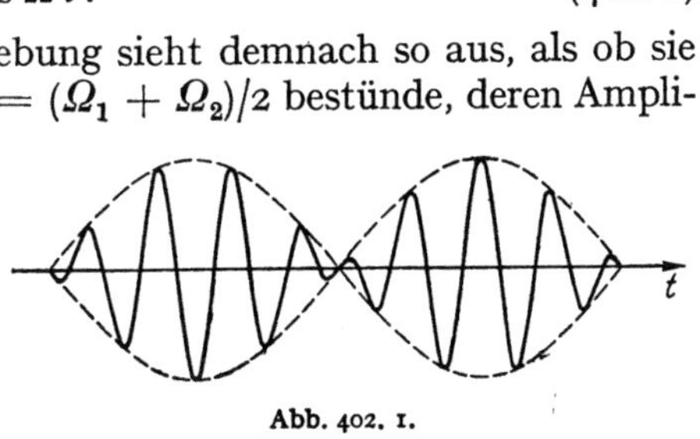

Abb. 402. 1.

Man muß also, wenn man das Bild der Schwebung in dieser Weise beschreiben will, genau genommen für negative Werte der Funktion $\cos(\omega t + \varphi)$ die Gleichung

$$y = a\,|\cos(\omega t + \varphi)|\cos(\Omega t \pm 180^0) \tag{402. 3}$$

ansetzen.

[1] Auch diese Voraussetzung (vgl. § 398, Fußnote) soll nur das Verständnis erleichtern.

Ein Vergleich der Gleichungen (398. 1) und (402. 2) zeigt, daß man die einfache Schwebung auch auffassen kann als eine sinusförmig amplitudenmodulierte Schwingung der Trägerfrequenz Ω, der Modulationsfrequenz ω und des Amplitudenhubs a, bei der die Trägerschwingung fehlt. In der Tat erhält man aus (. 1) durch Addition der Trägerkomponente $A \cos \Omega t$ die Gleichung (398. 2). So richtig diese Auffassung der Schwebung ist, so formal ist sie. Denn erstens darf man nur dann von sinusförmiger Amplitudenmodulation sprechen, wenn die beiderseitigen Hüllkurven unkommutierte Sinuslinien sind; zweitens hat die Schwingungsform, für die $a > A$ ist (mit Ausschluß der Grenzen), die also zwischen der sinusförmig mit dem Modulationsgrad 100% modulierten Schwingung ($a = A$) und der Schwebung ($A = 0$) liegt, überhaupt keine Ähnlichkeit mehr mit einer sinusförmig amplitudenmodulierten Schwingung.

Man überzeuge sich davon durch Konstruktion einer solchen Schwingung. Bei ihr treten in jeder Modulationsperiode zwei Nullstellen der Hüllkurven auf, deren Lage durch die Bedingung $\cos(\omega t + \varphi) = -A/a$ gegeben ist.

Es ist zweckmäßiger und natürlicher, die einfache Schwebung als eine Schwingungsform besonderer Prägung anzusehen, die mit der sinusförmig amplitudenmodulierten Schwingung nichts zu tun hat. Man stellt sich bei ihr am besten vor, daß nicht die Trägerschwingung durch die Nachricht, sondern umgekehrt die Nachricht durch die Trägerschwingung moduliert wird. Nur besteht hier die Modulation in einer fortgesetzten „sinusförmigen Umpolung" im Takte der Trägerfrequenz Ω: $a \cos(\omega t + \varphi)$ ist die Nachricht, $\cos \Omega t$ die Umpolfunktion.

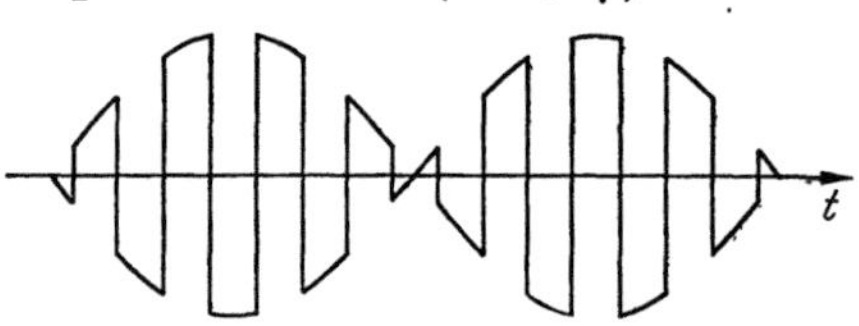

Abb. 402. 2.

Man erkennt dies noch deutlicher, wenn man sich diese Umpolungen der Nachricht sprunghaft denkt. Dann kommt man zu der Schwingungsform der Abb. 402. 2. Diese enthält natürlich nicht mehr (wie die einfache Schwebung) nur die beiden Frequenzen Ω_1 und Ω_2, sondern außerdem Schwingungen höherer Frequenzen; die Frequenzen Ω_1 und Ω_2 sind aber auch in der neuen Schwingungsform weitaus die wichtigsten von allen in ihr enthaltenen. Nach (279. 5) gilt nämlich für die sprunghaft umgepolte Sinusschwingung die Gleichung

$$\begin{aligned} y &= a \cos(\omega t + \varphi) \frac{4}{\pi}\left(\sin \Omega t + \frac{1}{3} \sin 3\,\Omega t + \cdots\right) \\ &= \frac{2}{\pi} a \Big\{ \sin((\Omega - \omega)t - \varphi) + \frac{1}{3} \sin((3\,\Omega - \omega)t - \varphi) + \cdots \\ &\quad + \sin((\Omega + \omega)t + \varphi) + \frac{1}{3} \sin((3\,\Omega + \omega)t + \varphi) + \cdots \Big\}. \qquad (402.\,4) \end{aligned}$$

Polt man also in andauernder Folge eine Schwingung von der niedrigen Frequenz ω im Takte einer hohen Frequenz Ω sprunghaft um, so entstehen wie bei der einfachen Schwebung die Seitenschwingungen $\Omega - \omega = \Omega_1$ und $\Omega + \omega = \Omega_2$, außerdem weitere Schwingungen der Kombinationsfrequenzen $(2n + 1)\,\Omega \pm \omega$ ($n = 1, 2 \cdots$). Da Ω als groß vorausgesetzt ist gegen ω, können die Schwingungen, die infolge des Sprungcharakters der Umpolungen hinzukommen, ohne weiteres weggesiebt werden.

Eine Komponente von der Frequenz Ω ist weder in der einfachen Schwebung, noch in der Schwingungsform der Abb. 402. 2 enthalten, ebensowenig natürlich eine Komponente von der Frequenz ω.

Die einfache Schwebung und die sprunghaft umgepolte Schwingung haben die gleichen Hüllkurven. Diese enthalten nach (280. 4) Komponenten der Frequenzen

$2\omega, 4\omega, \cdots$. Da $2\omega = \Omega_2 - \Omega_1$ ist, folgen demnach die „Schwebungsstöße"[1], die man bei akustischen Schwebungen auch unmittelbar wahrnehmen kann, im Takte der Differenzfrequenz $(\Omega_2 - \Omega_1)/(2\pi)$ aufeinander; diese ist gleich der Zahl der Stöße in der Zeiteinheit.

Die Schwingungsform Abb. 402. 2 wird in der Regel mit dem Ringmodulator oder einer ähnlich wirkenden Schaltung erzeugt (§ 404).

Haben die beiden eine Schwebung erzeugenden Schwingungen benachbarter Frequenz verschiedene Amplituden („allgemeine Schwebung")

$$y = \frac{a_1}{2}\cos(\Omega_1 t + \varphi_1) + \frac{a_2}{2}\cos(\Omega_2 t + \varphi_2), \tag{402. 5}$$

so erhält man mit den gleichen Abkürzungen wie vorher und unter Benutzung der Rechenregel 12 des Anhangs:

$$\begin{aligned} y &= \frac{a_1}{2}\cos(\Omega t - (\omega t + \varphi)) + \frac{a_2}{2}\cos(\Omega t + (\omega t + \varphi)) \\ &= \frac{a_1 + a_2}{2}\cos(\omega t + \varphi)\cos \Omega t \\ &\quad + \frac{a_1 - a_2}{2}\sin(\omega t + \varphi)\sin \Omega t \\ &= A\cos(\Omega t + \Phi), \end{aligned} \tag{402. 6}$$

wo

$$A = \frac{1}{2}\sqrt{a_1^2 + a_2^2 + 2\,a_1 a_2 \cos(2\omega t + 2\varphi)}, \tag{402. 7}$$

$$\operatorname{tg}\Phi = \frac{a_2 - a_1}{a_1 + a_2}\operatorname{tg}(\omega t + \varphi). \tag{402. 8}$$

Die durch die Überlagerung entstehende Schwingung verhält sich demnach, da A und Φ von der Zeit abhängen, wie eine zugleich nichtsinusförmig amplituden- und nichtsinusförmig phasenwinkelmodulierte Schwingung. Die Hüllkurven der allgemeinen Schwebung schwanken zwischen Werten $G = (a_1 + a_2)/2$ und Werten $T = |\,a_2 - a_1\,|/2$. Das Mittel $(G + T)/2$ ist gleich der halben größeren, die Gesamtschwankungsbreite $G - T$ gleich der kleineren der beiden Amplituden a_1 und a_2. In den Zeitpunkten, für die $\cos(2\omega t + 2\varphi) = 0$ ist, nimmt A den Wert $\sqrt{a_1^2 + a_2^2}/2$ an; da dieser größer ist als $a_1/2$ und als $a_2/2$, verlaufen die Hüllkurven in der Nähe der Werte T spitzer als in der Nähe der Werte G. Die Zahl der „Stöße" in der Zeiteinheit ist wie bei der einfachen Schwebung gleich $(\Omega_2 - \Omega_1)/(2\pi)$.

Abb. 402. 3 zeigt eine allgemeine Schwebung. Bei ihr ist $\Omega = 8\,\omega$ und $a_1/a_2 = 50\%$.

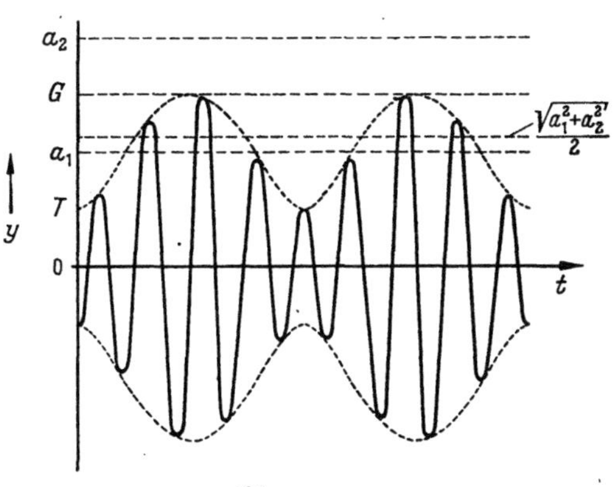

Abb. 402. 3.

Für die zeitabhängige Frequenz erhält man nach (. 6) und (. 8)

$$\psi(t) = \Omega + \frac{a_2^2 - a_1^2}{4A^2}\,\omega = \Omega + \frac{a_2^2 - a_1^2}{a_1^2 + a_2^2 + 2\,a_1 a_2 \cos(2\omega t + 2\varphi)}\,\omega. \tag{402. 9}$$

Sie schwankt, wie man sieht, um die Frequenz der stärkeren Teilschwingung mit einem Gesamtfrequenzhub $(4\,a_1 a_2/|\,a_2 - a_1\,|)\,\omega$.

[1] Nach diesen Stößen wird die „Schwebung" in den meisten Sprachen benannt: it. battimento, span. pulsación, franz. battement, engl. beat.

In Abb. 402. 4 ist die zur Abb. 402. 3 gehörende veränderliche Frequenz $\psi(t)$ als Funktion der Zeit aufgetragen, und zwar nicht nur für $a_1/a_2 = 0{,}5$ wie in Abb. 402. 3, sondern außerdem für $a_1/a_2 = 0{,}25$ und $a_1/a_2 = 0{,}75$. Die Frequenz der stärkeren Teilschwingung (Ω_2 in der Abbildung) wird in Zeitpunkten durchschritten, für die im Falle $a_2 > a_1$ die Gleichung $\cos(2\omega t + 2\varphi) = -a_1/a_2$, im Falle $a_1 > a_2$ die Gleichung $\cos(2\omega t + 2\varphi) = -a_2/a_1$ gilt. Da die Funktion $\psi(t)$ bei dem wiedergegebenen Schwingungsbild um Ω_2 herum schwankt, enthält es 9 und nicht 8 kurze „Wellen"; es ist ja $\Omega_2 = \Omega + \omega = 9\,\omega$.

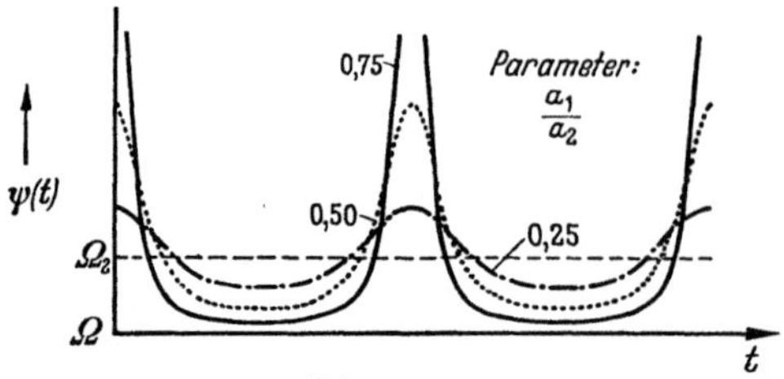

Abb. 402. 4.

Für $a_1 = a_2$ ergibt sich wieder die einfache Schwebung. $\psi(t)$ ist bei ihr gleich Ω, abgesehen von den Zeitpunkten, in denen $2\omega t + 2\varphi = \pm 180^0$ wird. Dort liegen Unstetigkeitspunkte von $\psi(t)$. Das hängt mit dem bei der einfachen Schwebung auftretenden Sprung der Schwingungsphase zusammen.

§ 403. Frequenzumsetzung durch Überlagerung in nichtlinearen Gebilden (Modulation im weiteren Sinne). Differenz- und Summenfrequenzen entstehen immer dann, wenn zwei verschiedene Frequenzen ω und Ω überlagert auf ein nichtlineares Gebilde gegeben werden. Wir zeigen dies an dem einfachsten Falle einer parabelartigen Kennlinie. Es sei (vgl. 307. 6):

$$y = c_0 + c_1 x + c_2 x^2. \tag{403. 1}$$

Dann ergibt sich mit $x = a_0 + a\cos(\omega t + \varphi) + A\cos\Omega t$

$$\begin{aligned} y = {} & c_0 + c_1(a_0 + a\cos(\omega t + \varphi) + A\cos\Omega t) \\ & + c_2\{a_0^2 + a^2\cos^2(\omega t + \varphi) + A^2\cos^2\Omega t \\ & \quad + 2a_0(a\cos(\omega t + \varphi) + A\cos\Omega t) \\ & \quad + 2Aa\cos(\omega t + \varphi)\cos\Omega t\}. \end{aligned} \tag{403. 2}$$

Setzt man

$$c_0 + c_1 a_0 + c_2 a_0^2 = y_0 \quad \text{und} \quad c_1 + 2c_2 a_0 = y',$$

so wird

$$\begin{aligned} y = {} & y_0 + y'(a\cos(\omega t + \varphi) + A\cos\Omega t) \\ & + \frac{c_2}{2}\{a^2 + A^2 + a^2\cos(2(\omega t + \varphi)) + A^2\cos 2\Omega t\} \\ & + c_2 A a\{\cos((\Omega - \omega)t - \varphi) + \cos((\Omega + \omega)t + \varphi)\}. \end{aligned} \tag{403. 3}$$

Führt man also einem nichtlinearen Gebilde 2. Grades die Summe zweier Sinusschwingungen mit den Frequenzen ω und Ω zu, so entstehen — abgesehen von den schon im § 307 behandelten Oberfrequenzen, deren Zahl jetzt größer ist — die Kombinationsfrequenzen $\Omega - \omega$ und $\Omega + \omega$, d. h. verschobene, umgesetzte Nachrichtenfrequenzen. Bei nichtlinearen Gebilden höheren Grads treten entsprechend Kombinationsfrequenzen der Form $|m\omega \pm n\Omega|$ auf, wo m und n ganze Zahlen sind.

Die technische Aufgabe der Frequenzumsetzung kann daher auch durch Überlagerung zweier Frequenzen in einem nichtlinearen Gebilde gelöst werden.

Die Amplituden der beiden umgesetzten Schwingungen sind dem Produkt der Amplituden der beiden ursprünglichen, überlagerten Schwingungen proportional.

Überlagert man in einem nichtlinearen Gebilde mehr als zwei Schwingungen verschiedener Frequenz, so entstehen noch viel mehr Tochterschwingungen, und zwar besonders dann, wenn sich die Kennlinie nur durch eine Reihenentwicklung höheren Grades annähern läßt (vgl. § 421).

Aus dem in einem nichtlinearen Gebilde entstandenen Schwingungsgemisch kann man mit Hilfe eines Filters eine Trägerschwingung und zwei zu ihr symmetrisch liegende Seitenschwingungen herauslösen. Es ist üblich, dann die ganze Anordnung (oder auch das nichtlineare Gebilde für sich) in einem weiteren Sinn als „Modulator" zu bezeichnen, obgleich in diesem „Modulator" weder die Amplitude noch der Phasenwinkel einer Trägerschwingung im eigentlichen Sinne „moduliert" wird.

Die Gleichung (. 3) zeigt, daß die in einem nichtlinearen Gebilde entstehende „modulierte" Schwingung amplitudenmoduliert (und nicht phasenwinkelmoduliert) ist.

Es empfiehlt sich, die den Koeffizienten c_2, c_3, $\cdots$ der benutzten Reihenentwicklung $c_0 + c_1 x + c_2 x^2 + \cdots$ proportionalen Ober- und Kombinationsschwingungen als Schwingungen 2., 3., $\cdots$ „Grades" zu bezeichnen. In dem Fall der Gleichung (. 3) gibt es also außer den beiden Grundschwingungen mit den Frequenzen ω und Ω zwei Oberschwingungen 2. Grades und zwei Kombinationsschwingungen 2. Grades.

§ 404. **Frequenzumsetzer.** Schaltungen zur Frequenzverschiebung durch Amplituden-, Frequenz- und Phasenmodulation (im engeren Sinne) sind schon in den Paragraphen 398, 399 und 401 besprochen worden.

Zur Frequenzverschiebung durch Umpolung kann z. B.

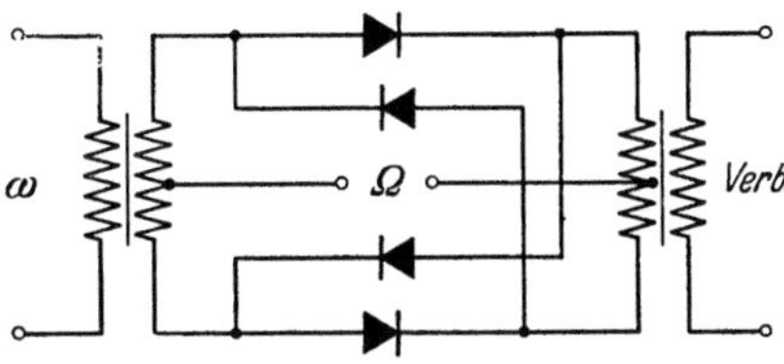

Abb. 404. 1.

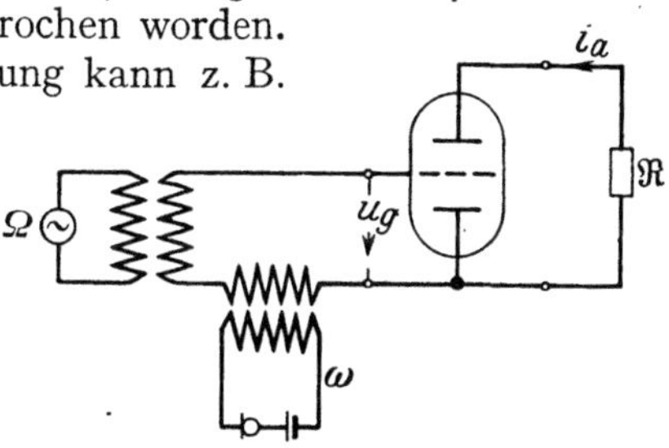

Abb. 404. 2.

der „Ringmodulator"[1] Abb. 404. 1 dienen. Wenn die vier gezeichneten Gleichrichter genau gleiche Eigenschaften haben, macht die „Trägerschwingung" von der Frequenz Ω abwechselnd die Längsgleichrichter und die Schräggleichrichter durchlässig. Der mittlere Teil der Schaltung stellt also einen „Umpoler" dar, der im Takte der Frequenz Ω abwechselnd „durchschaltet" und „kreuzt". Die Spannung von der Frequenz Ω muß natürlich so stark sein, daß von ihrer Richtung die Öffnung und Schließung der für den Strom von der Frequenz ω bestimmten Bahnen abhängt (vgl. § 394 am Schluß); wegen der Symmetrie der Schaltung kann sie selbst auf den Verbraucher nicht einwirken.

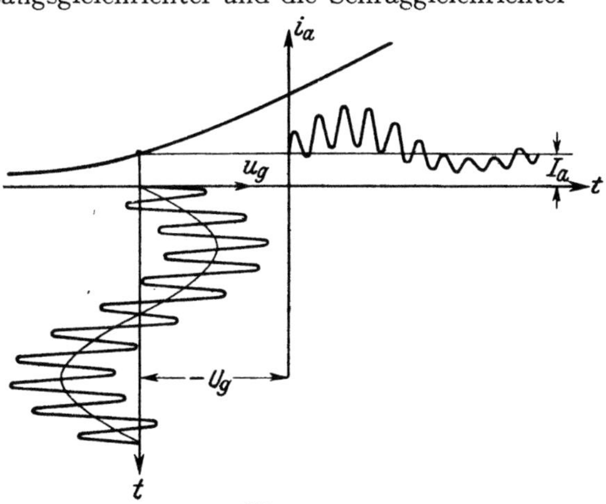

Abb. 404. 3.

Auf demselben Grundgedanken wie der Ringumsetzer beruht der „Sternmodulator" (oder Sternumsetzer). Bei ihm bilden die beiden Gleichrichterpaare, die durch die Trägerschwingung abwechselnd durchlässig gemacht werden, einen vierstrahligen

[1] Der Name rührt davon her, daß die vier Gleichrichter einen Ring bilden, in dem sie mit gleicher Durchlaßrichtung wirken. Vgl. Schmid, A.: Veröff. Nachr.-Techn. (Siemens) 6 (1936) S. 145.

Stern. Die Durchlaßrichtungen der vier Gleichrichter stimmen — auf den Sternpunkt bezogen — überein[1].

Oft wird ein Frequenzband auch durch Überlagerung mit einer Trägerfrequenz in einem nichtlinearen Gebilde verschoben. In der Schaltung Abb. 404. 2 werden dem Gitter einer Röhre gleichzeitig zwei induzierte elektromotorische Kräfte der Frequenzen ω und Ω aufgedrückt; die Nachricht ω wird in dem Mikrophon, die Trägerfrequenz Ω in einem besonderen Generator erzeugt. Die punktweise konstruierte Kurve oben rechts in der Abb. 404. 3 veranschaulicht den zeitlichen Verlauf des entstehenden Anodenstroms. Sie zeigt eine gewisse Ähnlichkeit mit der Kurve einer amplitudenmodulierten Schwingung. Das umgesetzte Band muß aus ihr durch ein Filter herausgelöst werden.

Da der Anodenstrom einer Röhre von der Steuerspannung abhängt, die sich aus Gitter- und Anodenspannung zusammensetzt, gibt es noch weitere Schaltungen zur Umsetzung durch Überlagerung; man kann z. B. auch mit der einen Frequenz den Gitter-, mit der anderen den Anodenkreis beeinflussen.

§ 405. Rückumsetzung (parabelartige Kennlinie). In den Empfängern der Trägerfrequenzsysteme müssen die im Frequenzumsetzer des Senders nach hohen Frequenzen verschobenen Frequenzbänder wieder in die ursprüngliche Lage zurückgeschoben werden. Dazu dienen nichtlineare Gebilde.

Wir beginnen mit dem Fall, daß die Kennlinie wie im § 403 Parabelcharakter hat und daß eine modulierte Schwingung Ω_1, Ω, Ω_2 zurückzuschieben ist. Sie sei gegeben durch die Gleichung

$$x = A\cos\Omega t \pm \frac{a}{2}\cos(\Omega_1 t - \varphi) + \frac{a}{2}\cos(\Omega_2 t + \varphi), \qquad (405.\ 1)$$

wo wieder $\Omega_2 - \Omega_1 = 2\omega$ ist. Das obere Zeichen gilt für eine amplituden-, das untere für eine mit kleinem Hub phasenwinkelmodulierte Schwingung; die Bedeutung von a ist aus den Gleichungen (398. 2), (399. 3) und (401. 1) zu entnehmen. Nach (403. 1) erzeugt der Rückumsetzer eine schwingende Größe

$$y = c_0 + c_1 x + c_2\left\{A\cos\Omega t \pm \frac{a}{2}\cos(\Omega_1 t - \varphi) + \frac{a}{2}\cos(\Omega_2 t + \varphi)\right\}^2. \qquad (405.\ 2)$$

Die Glieder c_0 und $c_1 x$ enthalten lediglich eine Gleichkomponente und Komponenten der hohen Frequenzen Ω, Ω_1 und Ω_2. Schwingungen der niedrigen Frequenz können daher nur in dem Glied mit dem Faktor c_2 enthalten sein. Führt man das Quadrat aus, so ergeben sich zunächst die rein quadratischen Glieder:

$$c_2\left\{A^2\cos^2\Omega t + \frac{a^2}{4}\cos^2(\Omega_1 t - \varphi) + \frac{a^2}{4}\cos^2(\Omega_2 t + \varphi)\right\};$$

auch sie enthalten außer Gleichkomponenten nur Komponenten hoher Frequenzen $(2\,\Omega,\ 2\,\Omega_1$ und $2\,\Omega_2)$. Niederfrequente Schwingungen können daher nur in den drei doppelten Produkten

$$c_2\left\{Aa\cos\Omega t\,(\pm\cos(\Omega_1 t - \varphi) + \cos(\Omega_2 t + \varphi)) \pm \frac{a^2}{2}\cos(\Omega_1 t - \varphi)\cos(\Omega_2 t + \varphi)\right\}$$

enthalten sein. Aber auch diese liefern zum Teil Komponenten hoher Frequenzen $(\Omega + \Omega_1,\ \Omega + \Omega_2$ und $\Omega_1 + \Omega_2)$; als niederfrequente Schwingungen bleiben daher schließlich nur übrig die Glieder

$$c_2\left\{\frac{A\,a}{2}(\pm\cos(\omega t + \varphi) + \cos(\omega t + \varphi)) \pm \frac{a^2}{4}\cos(2\,\omega t + 2\,\varphi)\right\}. \qquad (405.\ 3)$$

[1] USA-Pat. 1673002 v. 12. 6. 1928. Brit. Pat. 473944, angem. 5. 2. 1937 [Siemens & Halske (W. Hähnle)]. Aschoff, V.: Telegr.- u. Fernspr.-Techn. **27** (1938) S. 379.

Hier erkennt man einen wesentlichen Unterschied der drei Grundformen der Modulation: Wenn x sinusförmig amplitudenmoduliert war mit dem Modulationsgrad m, entstehen die beiden niederfrequenten Komponenten

$$c_2 A^2 \left(m \cos(\omega t + \varphi) + \frac{m^2}{4} \cos(2\omega t + 2\varphi) \right), \tag{405. 4}$$

von denen das erste Glied der ursprünglichen Schwingung $a \cos(\omega t + \varphi)$ durchaus proportional ist. War dagegen x mit geringem Hub sinusförmig frequenz- oder phasenmoduliert, so versagt das Verfahren vollständig; eine Schwingung der Niederfrequenz ω entsteht überhaupt nicht.

Aus einer sinusförmig amplitudenmodulierten Schwingung kann daher mit Hilfe eines Gebildes von parabelartiger Kennlinie die ursprüngliche niederfrequente Schwingung wiedergewonnen werden. Ihr Gehalt an der Frequenz 2ω ist gleich $m/4$.

Eine sinusförmig frequenzmodulierte Schwingung beliebigen Frequenzhubs dagegen muß vor der Umsetzung erst in eine amplitudenmodulierte umgewandelt werden. Dazu kann ein wenig gedämpfter Resonanzkreis dienen. Denn vor und hinter der Spitze einer Resonanzkurve (auf ihren „Flanken") ändert sich die Amplitude mit der Frequenz, und diese Änderung ist um so stärker, je weniger gedämpft der Resonanzkreis ist (§ 110).

Man kann den sinusförmig frequenzmodulierten Strom auch durch eine Induktivität L schicken; dann entsteht nach (399. 1) die induzierte elektromotorische Kraft

$$-L\frac{\mathrm{d}i}{\mathrm{d}t} = -L\frac{\mathrm{d}}{\mathrm{d}t}\left\{\hat{\imath} \cos\left(\Omega t + \frac{q}{\omega}\sin(\omega t + \varphi)\right)\right\}$$

$$= L\hat{\imath}\,(\Omega + q\cos(\omega t + \varphi)) \sin\left(\Omega t + \frac{q}{\omega}\sin(\omega t + \varphi)\right), \tag{405. 5}$$

die zwar noch frequenzmoduliert, außerdem aber sinusförmig amplitudenmoduliert ist mit dem Modulationsgrad q/Ω. Ein Rückumsetzer mit quadratischer Kennlinie liefert daher nach der Umwandlung aus der ursprünglich frequenzmodulierten Schwingung die niederfrequente Schwingung verzerrungsfrei zurück.

Bei der Umformung (. 5) ist es wesentlich, daß sich der Nenner ω von q bei der Differentiation herausgehoben hat. Das ist anders bei einer sinusförmig phasenmodulierten Schwingung. Diese zeigt, wenn sie nach (. 5) zurückgeschoben wird, eine starke Frequenzabhängigkeit der Amplitude; die Amplituden der hohen Frequenzen sind stärker als die der tiefen[1].

Die drei Schwingungen, aus denen jede sinusförmig amplitudenmodulierte und jede mit geringem Hub sinusförmig frequenz- oder phasenmodulierte Schwingung besteht, bilden ein Ganzes, an dessen Teilen man nichts ändern darf, wenn ihre Summe den Charakter einer modulierten Schwingung beibehalten soll. Unterdrückt man, wie es in vielen Fällen geschieht, das eine Seitenband, das ja die gleiche Nachricht enthält wie das andere, so entsteht eine allgemeine Schwebung (§ 402), die sich wesentlich von einer sinusförmig modulierten Schwingung unterscheidet[2].

Auch aus einer allgemeinen Schwebung jedoch, die aus dem einen Seitenband und der Trägerfrequenz besteht, läßt sich die Niederfrequenz mit Hilfe eines nichtlinearen Gebildes mit parabelartiger Kennlinie verzerrungsfrei wiedergewinnen. Legen wir nämlich den Gleichungen des § 402 die Bezeichnungen des § 398 unter[3], so entsteht ein Glied:

[1] Vgl. Runge, W.: Telefunkenztg. 11 (1930) H. 55 S. 33.

[2] Eine Schwebung entsteht auch, wenn man nach Übertragung nur des einen Seitenbands im Empfänger die Trägerschwingung zusetzt.

[3] Zwischen Amplituden- und Phasenwinkelmodulation kann, wenn alle Seitenschwingungen bis auf eine einzige unterdrückt sind, nicht mehr unterschieden werden.

$$c_2\left\{A^2+\frac{a^2}{4}+A\,a\cos(\omega t+\varphi)\right\}\cos^2\left(\left(\Omega-\frac{\omega}{2}\right)t+\Phi\right)$$
$$=\frac{c_2}{2}A^2\left\{1+\frac{m^2}{4}+m\cos(\omega t+\varphi)\right\}+F(t), \qquad (405.6)$$

wo Φ die im § 402 abgeleitete Zeitfunktion ist. $F(t)$ stellt, wenn das umzusetzende Seitenband das untere war, eine Überlagerung von Schwingungen dar, deren Frequenzen nach § 402 um $2\,\Omega-3\,\omega$ und $2\,\Omega-\omega$ herum schwanken. (. 6) enthält also an niederfrequenten Schwingungen nur eine sinusförmige Schwingung der Frequenz ω, deren Amplitude dem ursprünglichen Modulationsgrad m proportional ist.

Bei Benutzung einer parabelartigen Kennlinie macht also bei Amplitudenmodulation die Rückumsetzung keine Schwierigkeiten, einerlei ob man zwei Seitenbänder oder nur eines überträgt.

§ 406. **Rückumsetzung bei Verwendung einer geknickten Kennlinie.** Neben der „quadratischen" Rückumsetzung spielt auch die „lineare" eine große Rolle[1]. Diesen Namen pflegt man (nicht ganz logisch) einer Umsetzung zu geben, bei der eine Kennlinie verwendet wird, die aus zwei Geradenstücken besteht, die sich im Arbeitspunkt treffen und von denen das eine mit der Abszissenachse zusammenfällt. Gibt man auf einen solchen Rückumsetzer eine sinusförmig amplitudenmodulierte Schwingung, so wird von der Schwingungskurve Abb. 398. 1 die Hälfte unterhalb der Abszissenachse einfach weggeschnitten. Der übrigbleibende Vorgang kann nach (280. 5) dargestellt werden durch die Gleichung

$$(A+a\cos(\omega t+\varphi))\left\{\frac{1}{2}\sin\Omega t+\frac{1}{\pi}\left(1-\frac{2}{3}\cos 2\,\Omega t+\cdots\right)\right\}$$
$$=\frac{A}{2}\sin\Omega t+\frac{a}{4}\sin((\Omega-\omega)t-\varphi)+\frac{a}{4}\sin((\Omega+\omega)t+\varphi)$$
$$+\frac{1}{\pi}(A+a\cos(\omega t+\varphi))+\cdots. \qquad (406.1)$$

Auch in diesem Falle entsteht also als einzige niederfrequente Schwingung eine Schwingung von der Frequenz ω. Und zwar rührt dies im Grunde davon her, daß die Einhüllende auch nach der Gleichrichtung noch eine Sinuskurve ist.

Bei der vorstehenden Ableitung haben wir gewissermaßen die Amplitude der Schwingungsform Abb. 280. 2 sinusförmig moduliert gedacht. Man kann sich aber auch die Schwingungsform Abb. 398. 1 mit Hilfe der „Schaltkurve" Abb. 279. 1 periodisch unterbrochen denken. Das führt nach (279. 4) auf den Ansatz

$$y=(A+a\cos(\omega t+\varphi))\sin\Omega t\left\{\frac{1}{2}+\frac{2}{\pi}\left(\sin\omega t+\frac{1}{3}\sin 3\,\omega t+\frac{1}{5}\sin 5\,\omega t+\cdots\right)\right\}. \qquad (406.2)$$

Multipliziert man hier den Inhalt der geschweiften Klammer mit dem vor ihr stehenden Faktor $\sin\Omega t$, so erkennt man nach einfachen Umformungen, daß der zweite Ansatz mit dem ersten identisch ist.

Soll das eine Seitenband zusammen mit dem — etwa nachträglich zugesetzten — Träger in die ursprüngliche Lage zurückgeschoben werden, so ist nach § 402 bereits die Hüllkurve verzerrt. Diese Verzerrung wird zwar, wie wir im § 405 gesehen haben, durch die quadratische Rückumsetzung wieder aufgehoben, aber nicht durch die lineare. Um zu erkennen, wie groß diese Verzerrung ist, entwickeln wir die Amplitude y_e der Einhüllenden mit der Abkürzung $\omega t+\varphi=\alpha$

[1] Die „typischen" Umsetzerformen, die wir hier herausheben, entsprechen etwa den Verstärkertypen des § 320.

nach dem binomischen Lehrsatz in eine Reihe, die wir hinter dem Glied mit m^4 abbrechen:

$$y_e = A\sqrt{1 + m\cos\alpha + \frac{m^2}{4}}$$

$$= A\left\{1 + \frac{m}{2}\cos\alpha + \frac{m^2}{8} - \frac{1}{8}\left(m^2\cos^2\alpha + \frac{m^3}{2}\cos\alpha + \frac{m^4}{16}\right)\right.$$

$$\left. + \frac{1}{16}\left(m^3\cos^3\alpha + \frac{3}{4}m^4\cos^2\alpha\right) - \frac{5}{128}m^4\cos^4\alpha\right\}$$

$$= A\left\{\cdots + \left(\frac{m}{2} - \frac{m^3}{16} + \frac{3}{4}\frac{m^3}{16}\right)\cos\alpha\right.$$

$$\left. - \left(\frac{m^2}{16} - \frac{3}{128}m^4 + \frac{5}{256}m^4\right)\cos 2\alpha + \cdots\right\}$$

$$= A\left\{\cdots + \frac{m}{2}\left(1 - \frac{m^2}{32}\right)\cos(\omega t + \varphi) - \frac{m^2}{16}\left(1 - \frac{m^2}{16}\right)\cos(2\omega t + 2\varphi) + \cdots\right\}. \quad (406.3)$$

Die Amplitude der zurückgeschobenen Schwingung hängt also in etwas verwickelterer Weise als bei quadratischer Demodulation mit dem ursprünglichen Modulationsgrad zusammen, außerdem entsteht eine Schwingung von der Frequenz 2ω mit einem Gehalt $\approx m/8$.

Die dem Quadrat des Modulationsgrads m proportionalen Korrektionen in (. 3) sind nur gering[1].

Der bei Messungen mit breiten Frequenzbändern meist verwendete „Schwebungssummer" ist im Grunde ein Rückumsetzer. Bei ihm erzeugen die beiden hohen Frequenzen Ω und $\Omega - \omega$, von denen die eine veränderbar ist, die tiefe Frequenz ω. Die erzeugten Schwingungen der Frequenz ω sind nahezu sinusförmig.

§ 407. Übertragung oder Unterdrückung des einen Seitenbands und des Trägers.

Moduliert man die Amplitude, die Frequenz oder den Nullphasenwinkel einer Trägerschwingung von der Frequenz Ω mit einer Nachricht von der Frequenz ω, so entsteht eine modulierte Schwingung mit den drei Frequenzen $\Omega - \omega$, Ω und $\Omega + \omega$, von denen die mittlere, Ω, die Nachricht überhaupt nicht enthält. Da die Modulation in der Regel nur die Aufgabe hat, die Nachricht in einen anderen Frequenzbereich zu verschieben, können der Träger und eines der beiden Seitenbänder als überflüssig vollständig unterdrückt werden.

Wenn man nur ein Seitenband überträgt, kann man den Frequenzbereich des anderen mit einer weiteren Nachricht gleicher Frequenzbandbreite belegen. Das ist ein wesentlicher Vorteil, wenn die Frequenzen knapp sind, d. h. wenn in dem nur schmalen Übertragungsbereich eines Systems verhältnismäßig breite Bänder übertragen werden sollen, wie dies z. B. für die Fernsprechübertragung auf einer Leitung mit beschränktem Übertragungsbereich zutrifft. Das unnötige Seitenband gäbe außerdem nach (405. 4) bei der Rückumsetzung zum Auftreten der unerwünschten Frequenz 2ω Anlaß.

Überträgt man Frequenzbandgruppen (§ 409), so kann man bei einer Frequenzbandgruppe das untere, bei einer anderen das obere Band nehmen. Da die Frequenzen der Nachricht nur im oberen Band wie in der unverschobenen Nachricht aufeinander folgen, kann eine in einem Kanal der einen Gruppe übertragene Nachricht in den Kanälen der anderen Gruppe nur unverständliches Nebensprechen hervorrufen. Auch dies spricht dafür, nur ein Band zu übertragen. Besonders wichtig ist diese Überlegung für Freileitungen, bei denen sich die Nebensprechkopplungen, wie wir gesehen haben, nur in beschränktem Maße herabsetzen lassen.

[1] In der 2. Auflage dieses Buches und in der Literatur findet man um den Faktor 4 zu große Korrektionen.

Es empfiehlt sich im allgemeinen, auch die Trägerschwingung zu unterdrücken. Deren Amplitude ist nämlich praktisch wesentlich größer als die der Nachricht; die zu übertragende und von den Verstärkern unverzerrt zu liefernde Leistung richtet sich daher, wenn die Trägerschwingung mit übertragen wird, in der Hauptsache nach dieser und nur zum kleineren Teile nach der allein wertvollen Nachricht. Besonders wichtig ist dieser Gesichtspunkt, wenn Gruppen von Frequenzbändern gemeinsam verstärkt werden müssen.

Eine starke mitübertragene Trägerschwingung kann auch auf benachbarte Leitungen übergehen und dort unangenehme Kombinationstöne erzeugen. Dieser Fall tritt z. B. ein, wenn Bänder der gleichen Frequenzlage übertragen werden, das Band in der einen Leitung aber ein oberes, das in der anderen ein unteres Band ist.

Diese Überlegungen haben zu der Erkenntnis geführt, daß es in vielen Fällen besser ist, die Trägerschwingung auf den Übertragungsleitungen und in den Unterwegsverstärkern zu schwächen oder — noch besser — sie völlig zu unterdrücken; sie muß dann im Empfänger im einen Falle „selektiv" verstärkt, im andern neu zugesetzt werden. Die Verstärker haben nur die geringere Leistung des Seitenbands oder der Seitenbandgruppen aufzubringen.

Wenn der Träger im Empfänger neu zugesetzt wird, muß er genau (bei Sprache auf etwa 20 Hz, bei Telegraphie auf 2 bis 3 Hz) die gleiche Frequenz haben wie der im Sender benutzte Träger (§ 397).

Es ist nach dem Gesagten im wesentlichen eine wirtschaftliche Frage, ob man die beiden Bänder oder nur ein Band überträgt. Tatsächlich überträgt man nur ein Band bei den Fernsprechsystemen. Bei diesen lohnen sich die Zusatzeinrichtungen, die bei der Einseitenbandübertragung nötig sind; außerdem besteht immer eine gewisse Frequenzknappheit. Beispiele für die Übertragung des Trägers und beider Seitenbänder sind die Wechselstromtelegraphie und der „Drahtfunk".

Verwendet man zur Frequenzumsetzung Ring- oder Sternumsetzer, so spart man die Zusatzeinrichtungen zur Schwächung oder Unterdrückung des Trägers.

§ 408. Rückumsetzung bei Zweiseitenbandübertragung auf große Entfernungen. Schon im § 406 haben wir gesehen, daß bei der Rückumsetzung Verzerrungen der niederfrequenten Schwingungen entstehen können, wenn eine Seitenschwingung fehlt oder wenn wenigstens die Amplituden der Seitenschwingungen ungleich sind. Bei langen Leitungen können aber auch gleiche Amplituden ungleich werden, wenn die Dämpfung oder das Winkelmaß stark frequenzabhängig sind[1].

Der Einfluß einer Frequenzabhängigkeit der Dämpfung auf eine amplitudenmodulierte Schwingung ist leicht abzuschätzen. Denken wir uns die Amplitude $\alpha/2$ der einen Seitenschwingung veränderlich und von dem Wert, den die Amplitude $a/2$ der anderen Seitenschwingung dauernd beibehält, allmählich auf Null abnehmend. Dann läuft nach § 400 die Spitze des Hüllkurvenvektors für $\alpha = a$ auf einer Geraden in der Richtung des Trägervektors, für $\alpha = 0$ (Einseitenbandübertragung) auf einem Kreis. Wird also die eine Seitenschwingung auf dem Übertragungssystem mehr gedämpft als die andere ($0 < \alpha < a$), so durchläuft die Spitze des genannten Vektors eine Kurve, die zwischen Gerade und Kreis liegt, d. h. eine Ellipse. Daraus folgen ähnliche Verzerrungen, wie wir sie schon am Schluß des § 406 betrachtet haben.

Stärker frequenzabhängig als das Dämpfungsmaß ist bei verlustarmen Leitungen das Winkelmaß. Seine Frequenzabhängigkeit kann aber nur dann einen Einfluß haben, wenn die Laufzeiten für die beiden Bänder merklich verschieden

[1] Bartels, H.: Wiss. Veröff. Siemens-Konzern 7 (1928) H. 1 S. 260. B. bezeichnet $p_2\omega^2$ mit φ.

sind. Setzen wir das Winkelmaß für die Trägerfrequenz gleich p_0, für die Seitenfrequenzen gleich

$$p_0 + p_1(\pm\omega) + p_2(\pm\omega)^2 \tag{408.1}$$

und bezeichnen wir die Amplituden wieder mit A und a, so läßt sich die modulierte Schwingung am fernen Ende wie im § 400 durch den Vektor

$$A \angle \underline{\Omega t + p_0} + \frac{a}{2}\left(\angle \underline{(\Omega-\omega)t + p_0 - p_1\omega} + \angle \underline{(\Omega+\omega)t + p_0 + p_1\omega}\right) \angle \underline{p_2\omega^2}$$
$$= \angle \underline{\Omega t + p_0}\left\{A + a\cos(\omega(t+p_1)) \angle \underline{p_2\omega^2}\right\} \tag{408.2}$$

beschreiben. Die Spitze des durch die geschweifte Klammer dargestellten Vektors läuft aber als Funktion der Zeit auf einer Geraden von der Länge $2a$, die mit der Richtung des Trägervektors A einen frequenzabhängigen Winkel $p_2\omega^2$ bildet (Abb. 408. 1). Man sieht, daß die Schwingung am Ende der Leitung nicht mehr rein amplituden-, sondern bis zu einem gewissen Grade auch phasenwinkelmoduliert ist. Außerdem zeigt schon der Betrag dieses Vektors eine zusätzliche frequenzabhängige Dämpfung und zugleich eine Klirrverzerrung.

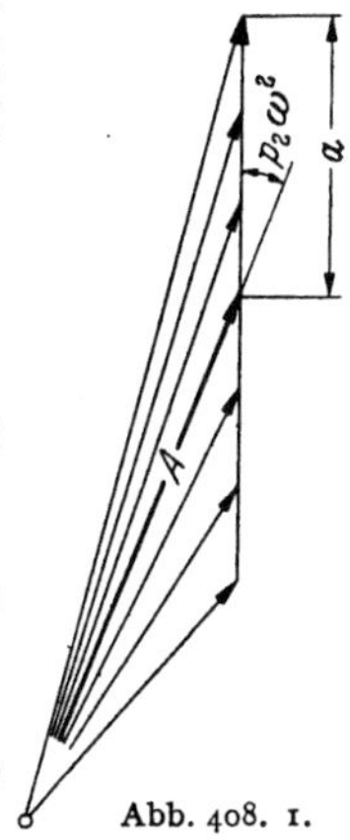

Abb. 408. 1.

Man findet für ihn

$$y = \sqrt{A^2 + a^2\cos^2(\omega(t+p_1)) + 2Aa\cos(\omega(t+p_1))\cos(p_2\omega^2)}$$
$$= \sqrt{\{A + a\cos(\omega(t+p_1))\}^2 - 4Aa\sin^2\frac{p_2\omega^2}{2}\cos(\omega(t+p_1))}. \tag{408.3}$$

Für $p_2 = 0$ ergibt sich daraus zwar wieder die Einhüllende des § 400:

$$A + a\cos(\omega(t+p_1)); \tag{408.4}$$

setzt man aber z. B. $p_2\omega^2 = 90^0$, so erhält man

$$y = \sqrt{A^2 + a^2\cos^2(\omega(t+p_1))} = \sqrt{A^2 + \frac{a^2}{2}\left(1 + \cos(2\omega(t+p_1))\right)}, \tag{408.5}$$

d. h. die Einhüllende ist, wie auch aus Abb. 408. 1 hervorgeht, eine mit der Oktave 2ω periodische verzerrte Linie; die Grundfrequenz ω ist ganz ausgelöscht.

Der hier betrachtete Einfluß ist nur bei großen Entfernungen von Bedeutung, da Zweiseitenbandübertragung in der Hauptsache nur bei der Telegraphie angewendet wird, bei der die übertragenen Frequenzspektren sehr schmal sind.

§ 409. Frequenzumsetzung in Stufen.

Es sei die Aufgabe gestellt, eine größere Anzahl von Sprachbändern so umzusetzen, daß sie sich nach ihrer Überlagerung in hoher Frequenzlage möglichst eng aneinander anschließen. Um dies möglichst vollkommen zu erreichen, verwendet man am besten einen Umsetzer, bei dem die Trägerschwingung gar nicht entsteht und überträgt nur das eine Seitenband, z. B. das obere. In Abb. 409. 1 sind schraffiert zwei solche benachbarte obere Seitenbänder gezeichnet, nicht schraffiert die unterdrückten unteren Seitenbänder. Die Lagen der nicht vorhandenen im Umsetzer benutzten Trägerfrequenzen sind durch gestrichelte Linien angedeutet[1]. Dann ist es klar, daß man zwischen den beiden Bändern, die getrennt umgesetzt, dann aber überlagert werden, eine Lücke a frei lassen muß (Abb. 409. 1); denn die Dämpfung der Bandpässe, die man unmittelbar hinter die Umsetzer schaltet, steigt in den Sperrbereichen nur allmählich an. Dabei ist zu beachten, daß es auf die Dämpfung des in die Lücke fallenden Teils des unteren Seitenbands der höheren Trägerfrequenz nicht so sehr ankommt. Der

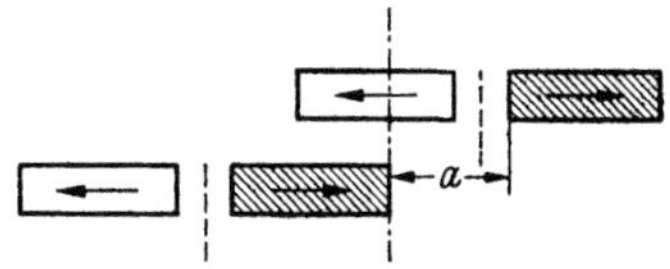

Abb. 409. 1.

[1] Die Pfeile geben die ursprüngliche Aufeinanderfolge der Frequenzen in der Nachricht an.

Rest dieses unteren Seitenbands jedoch — links von der strichpunktierten Linie — muß ebenso stark abgedämpft werden wie das gewöhnliche (unverständliche) Nebensprechen, also mindestens mit 6 N; sonst stören diese Frequenzen nach der Überlagerung die Übertragung im oberen Seitenband der tieferen Trägerfrequenz. Die Dämpfung der benutzten Bandpässe muß also in dem Frequenzabstand *a* von der Grenze des Durchlaßbereichs einen Wert von 6 N erreicht haben.

Durch diese Vorschrift wird bei gegebener Filtergüte eine kleinste zulässige Frequenzlücke oder bei geforderter Frequenzlücke eine Mindestgüte der Filter festgelegt. Der zur Verfügung stehende Gesamtfrequenzbereich wird also nur dann so gut wie möglich ausgenutzt, wenn man Filter mit hoher Steilheit des Dämpfungsanstiegs verwenden kann.

Leider sind die Induktivitäten und Kapazitäten der Wellenfilter zeitlich nicht ganz konstant. Verschieben sich aber die Scheinfrequenzen eines Filters auch nur um 2,5‰, so bedeutet das beispielsweise bei 60 kHz ein Wandern des Durchlaßbereichs um $60 \cdot 2,5 = 150$ Hz; dies darf aber nicht sein, es sei denn, daß man größere Frequenzlücken zuläßt. Will man die zu übertragenden Frequenzbänder mit nur engen Lücken bis zu ganz hohen Frequenzen (z. B. einigen MHz) verschieben, so muß man entweder Kristallfilter[1] verwenden, deren Verluste sich sehr niedrig und deren Eigenschaften sich leichter konstant halten lassen, oder die Frequenzen in Stufen umsetzen.

Die Frequenzumsetzung in Stufen beruht auf dem Gedanken, vor die Hauptumsetzung, durch die man die Bänder in die gewünschte Lage bringen will, noch eine Vorumsetzung mit einer niedrigen Trägerfrequenz zu legen.

Es seien z. B. *n* Sprachbänder zu übertragen. Dann genügt eine Vorumsetzung mit einer Trägerfrequenz von 8 kHz, und zwar unter Unterdrückung des Trägers und des oberen Seitenbands. Hierdurch werden die *n* Sprachbänder (Abb. 409. 2) — jedes für sich — in Kehrlage unter die Frequenz 8 kHz geschoben,

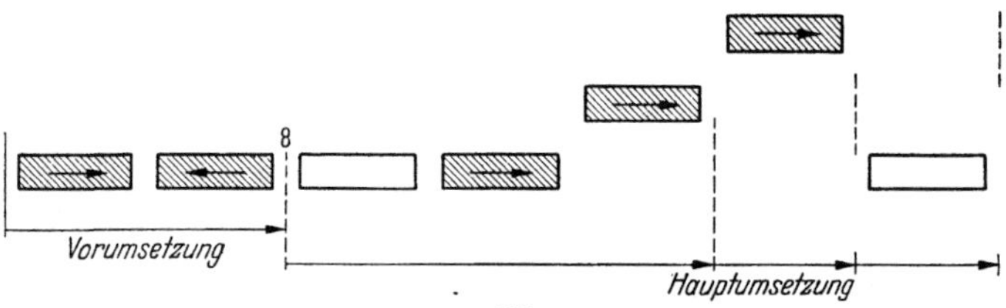

Abb. 409. 2.

so daß sie zwischen 4 und 8 kHz liegen; das ist ohne besonderen Aufwand für die *n* Bandpässe möglich. Jetzt hat aber keine der für die Übertragung wesentlichen Frequenzen von der Frequenz Null einen kleineren Abstand als 4 kHz gegen einen Abstand von höchstens 300 Hz bei den Sprachbändern. Wenn nun von neuem umgesetzt wird, beträgt der Abstand zusammengehöriger Seitenbänder mindestens 8 kHz (Abb. 409. 2), so daß man das eine Seitenband mit gewöhnlichen Bandpässen unterdrücken kann.

Mit *n* verschiedenen Trägerfrequenzen wird auf diese Weise eine Gruppe von *n* Bändern erzeugt. Sie wird zusammengeführt (überlagert), gemeinsam übertragen, im allgemeinen auch gemeinsam verstärkt und erst im Empfänger wieder aufgelöst. Hierzu dienen wieder Bandpässe, die jedem Rückumsetzer nur das Band zuführen, das er verschieben soll.

Eine Gruppe von *n* Bändern läßt sich als Ganzes noch einmal mit nur einer einzigen Trägerfrequenz verschieben. Mit *m* gegeneinander versetzten Träger-

[1] Mason, W. P.: Bell Syst. techn. J. 13 (1934) S. 405. Die Kristallfilter beruhen auf der Tatsache, daß für die Piezokristalle das Ersatzbild Abb. 331. 2 gilt.

frequenzen kann man auf diese Weise eine Kette von $n \cdot m$ Bändern erzeugen. Dieses Verfahren bringt bei größerer Bänderzahl eine erhebliche Ersparnis an Trägergeneratoren und Filtertypen.

Steht für die Übertragung nur ein beschränkter Frequenzbereich zur Verfügung, so kann es erwünscht sein, eine Gruppe von Frequenzbändern (z. B. 15 ··· 60 kHz) in eine Frequenzlage (z. B. 48 ··· 93 kHz) zu verschieben, in der sie sich mit der unverschobenen Gruppe überlappt. Dies läßt sich störungsfrei dadurch erreichen, daß man die Gruppe zuerst mit einem hohen Träger (z. B. 171 kHz) in eine hohe Frequenzlage (z. B. 111 ··· 156 kHz) und dann erst mit einem anderen Träger (z. B. 204 kHz) in der umgekehrten Richtung in die gewünschte Frequenzlage schiebt.

18. Abschnitt.

Die Übertragung von Nachrichten auf große Entfernungen.

§ 410. Allgemeines. Im letzten Abschnitt dieses Buches sollen die Übertragungssysteme der Schwachstromtechnik betrachtet werden. Die vorhergehenden Abschnitte haben sich mit der Theorie der Teile beschäftigt, aus denen die Systeme bestehen. Für ihr Zusammenwirken sind Überlegungen maßgebend, die nur zum Teil theoretischen Charakter haben; bei der Gestaltung der Systeme sind auch zahlreiche praktische, insbesondere wirtschaftliche Gesichtspunkte zu beachten.

Wir beginnen nach Erklärung einiger Begriffe mit einer kurzen Betrachtung der technischen Gesichtspunkte, die für die Übertragung von Nachrichten — vor allem auf große Entfernung — von Wichtigkeit sind. Wenn ein Teil dieser Gesichtspunkte auch schon früher erwähnt worden ist, so tritt ihre Bedeutung doch erst bei einer zusammenhängenden Darstellung hervor.

Es empfiehlt sich, bei Nachrichten-Übertragungssystemen in erster Linie an Fernsprech-Übertragungssysteme zu denken. So sehr sich nämlich die Sender und Empfänger bei der Telegraphie, der Telephonie und dem Fernsehen unterscheiden, so sehr ähneln sich die elektrischen Vorgänge in den Teilen der Übertragungssysteme, die die Verbindung zwischen den Sendern und Empfängern herstellen. In Deutschland gibt es z. B. zwar ein ausgedehntes Netz gewöhnlicher einfach ausgenutzter Kabelleitungen, die nur der Telegraphie dienen und seit vielen Jahrzehnten in der Erde liegen; neue Telegraphierkanäle werden jedoch als Gastkanäle in die Fernsprechkabel gelegt. Ebenso nimmt das auf Leitungen übertragene Fernsehen seinen Weg immer über Kabel, die auch dem Fernsprechen dienen oder wenigstens dienen können.

Bei den Fernsprechleitungen empfiehlt es sich, in erster Linie an Kabelleitungen zu denken. Ein in die Erde eingebettetes Kabel ist geschützt gegen Wind und Wetter, bis zu einem gewissen Grade auch gegen Außenstörungen, gegen Temperaturschwankungen usw.; seine Drähte haben keine großen mechanischen Beanspruchungen auszuhalten; seine elektrischen Eigenschaften lassen sich zu hoher Vollkommenheit entwickeln. Deshalb ist das Kabel heute mehr als je — wenigstens in den dichter besiedelten Ländern — der Träger des Nachrichtenverkehrs, besonders auf große Entfernungen. Die Freileitung ist deshalb nicht entbehrlich geworden; neue Freileitungen werden aber in der Regel nur in Ländern mit geringerer Verkehrsdichte gebaut, wo der Einsatz von Kabeln zu teuer wäre, oder dann, wenn Nachrichtenkanäle plötzlich oder nur vorübergehend geschaffen werden müssen. Wenn man bedenkt, daß noch um die Jahrhundertwende herum ein Fernsprechverkehr auf große Entfernungen überhaupt nur über dickdrähtige Freileitungen möglich war, so kann man die Größe und die Schnelligkeit des Fortschritts ermessen, der in den letzten Jahrzehnten — im wesentlichen dank der Pupinspule, dem Röhrenverstärker und den Vielfachverfahren — erzielt worden ist.

Für die Ausgestaltung der Fernverbindungen sind die Empfehlungen des Comité Consultatif International Téléphonique (CCIF) maßgebend. Im CCIF sind die Fernsprechverwaltungen der Staaten, die sich am zwischenstaatlichen Fernsprechverkehr beteiligen, zusammengeschlossen. Das CCIF regt Untersuchungen über Probleme der Drahtnachrichtentechnik an und wertet deren Ergebnisse für die von ihm aufzustellenden Empfehlungen aus. Es unterhält ein eigenes Laboratorium, das SFERT-Laboratorium in Paris (vgl. § 413).

§ 411. Zweidraht- und Vierdrahtverbindungen. Auf große Entfernungen können Nachrichten in befriedigender Weise nur mit Verstärkern übertragen werden. Wir werden daher in diesem Abschnitt vor allem untersuchen, welche neuen Aufgaben bei Nachrichtenverbindungen mit Verstärkern auftreten und wie man sie bewältigen kann.

Das erste Problem, das bei der Einführung des Verstärkers gelöst werden mußte, war das des Wechselgesprächs. Über eine verstärkerlose Leitung können sich zwei Teilnehmer ohne weiteres in Wechselrede unterhalten, weil die beiden Sprechstellen zugleich als Hörstellen ausgebildet sind und die Energie der Fernsprechströme ebenso gut in der einen wie in der anderen Richtung übertragen wird. Verstärkerröhren verstärken jedoch nur in einer Richtung. Ein Wechselgespräch zwischen zwei Teilnehmern ist daher (ohne beständiges Umschalten) nur möglich, wenn für jede Gesprächsrichtung ein besonderer Verstärker vorhanden ist und wenn dafür gesorgt wird, daß die Gespräche der beiden Richtungen einander ausweichen. Differential-Gabelschaltungen, durch die die beiden Gespräche über die ihnen zugeordneten Verstärker und aneinander vorbei geleitet werden können, sind schon in den Paragraphen 322 bis 325 behandelt worden.

Es ist nun wichtig zu erkennen, daß man die beiden Gespräche, aus denen sich ein auf einer Fernleitung geführtes Wechselgespräch zusammensetzt, grundsätzlich auf zwei Weisen aneinander vorbei leiten kann. Ebenso wie es bei den Eisenbahnen eingleisigen und zweigleisigen Betrieb gibt, ebenso kann man die beiden Gespräche entweder über dieselbe Leitung laufen lassen und nur in die Verstärkerämter Ausweichstellen legen oder ihnen auf dem ganzen Wege getrennte Leitungen zur Verfügung stellen. Man unterscheidet demgemäß bei den Fernverbindungen zwischen „Zweidrahtverbindungen" und „Vierdrahtverbindungen" (Abb. 411. 1 und 411. 2; die Leitungen für die Gespräche der beiden Richtungen sind mit verschiedener Strichdicke gezeichnet).

Abb. 411. 1.

Der Hauptnachteil der mit Differential-Gabelschaltungen nach § 322 ausgestatteten Zweidrahtverbindungen liegt darin, daß sie nicht „stabil" sind, d. h. leicht von selbst ins Schwingen geraten, weil die in den Gabelschaltungen verwendeten Nachbildungen nicht hinreichend fehlerfrei hergestellt werden können (§ 325). Diese Instabilität der Zweidrahtverbindungen mit Differential-Gabelschaltungen kann, wie wir im § 422 sehen werden,

Abb. 411. 2.

nur dadurch unschädlich gemacht werden, daß man bei ihnen niedrige Verstärkungen anwendet und die Zahl der Verstärker beschränkt; deshalb kann man mit ihnen nur verhältnismäßig geringe Entfernungen überbrücken.

Bei den Vierdrahtverbindungen sind die Leitungskosten bei gleicher Drahtdicke zwar doppelt so hoch wie bei den Zweidrahtverbindungen; dafür kann man aber ohne Pfeifgefahr höhere Verstärkungen anwenden, so daß die Verbindungen für die größten Entfernungen brauchbar sind.

Bei Zweidrahtverbindungen mit Verstärkern nach Abb. 411. 1 hat man so viele Gabeln wie Einzelverstärker, also doppelt so viele Gabeln wie Zwischenverstärker. Zu einer Vierdrahtverbindung dagegen gehören nur zwei Gabeln; sie liegen an ihren beiden Enden, also dort, wo ihre beiden Leitungen wieder zu einer einzigen Leitung zusammengeführt werden. In den Gabelschaltungen der Zweidrahtverbindungen werden die definierten Scheinwiderstände der anzuschließenden Leitungsstücke nachgebildet. Bei den Endgabeln der Vierdrahtverbindungen ist die Pfeifgefahr geringer; man kann in ihnen daher einen Durchschnittswert der Scheinwiderstände der anzuschließenden Teilnehmerleitungen nachbilden.

Beim Fernsprechen mit Trägerfrequenzen gibt es noch eine zweite Art von Zweidrahtverbindungen. Man kann, wenn genügend viele Kanäle zur Verfügung stehen, die Gespräche der beiden Richtungen in Kanälen verschiedener Frequenzlage laufen lassen. Solche Leitungen sind Zweidrahtleitungen; sie erfordern daher bei gleicher Drahtstärke nur halb so viel Kupfer wie die Vierdrahtleitungen. Sie ähneln diesen aber insofern, als die Gespräche der beiden Richtungen auf der ganzen Länge der Verbindung getrennt (nämlich jedesmal in zwei verschiedenen Kanälen) verlaufen; erst an den Enden der Verbindung werden sie mit Hilfe je einer Differential-Gabelschaltung zusammengeführt. In den Zwischenverstärkern werden die Gespräche der beiden Richtungen mit Hilfe elektrischer Weichen (§ 370) aneinander vorbeigeleitet. Diese Trägerfrequenz-Zweidrahtleitungen sind in der Regel ebenso „stabil" wie die Vierdrahtleitungen.

In allen Ämtern mit Verstärkern müssen, wie man sieht, bei den Zweidrahtleitungen der beiden Arten kurze Vierdrahtstrecken eingeschaltet werden; der

Abb. 411. 3.

Unterschied besteht nur darin, daß in allen Zwischenverstärkern die Differential-Gabelschaltungen des „Einband"-Betriebs beim „Zweiband"-Betrieb durch elektrische Weichen ersetzt werden. Abb. 411. 3 soll das Zweiband-Verfahren erläutern. Die in den Endämtern liegenden Frequenzumsetzer sind nicht mitgezeichnet; die gestrichelten Linien im Innern der Weichen deuten die „Wellensiebe" an.

Bei Mehrfachausnutzung von Zweidrahtverbindungen nach dem Zweibandverfahren gestaltet man den Frequenzplan in der Regel so, daß die Kanäle der beiden Gruppen zusammenhängende Kanalgruppen (Frequenzbandgruppen) bilden. Dann können die Frequenzbänder der Gruppen in „Gruppenverstärkern" gemeinsam verstärkt werden.

§ 412. Der Begriff des Pegels. In der Nachrichtentechnik will man häufig z. B. über die Höhe einer Spannung, die Stärke eines Stroms oder Schalldrucks etwas aussagen, dabei aber wie bei den Dämpfungen ein logarithmisches Maß verwenden. Man will dadurch den sprachlichen Ausdruck einheitlicher machen; außerdem wächst nach Weber und Fechner (§ 285) die Schallempfindung, auf die es wenigstens beim Fernsprechen ankommt, proportional dem Logarithmus des sie erregenden physikalischen Reizes.

Schon im § 285 ist z. B. erwähnt worden, daß bei Orchesterdarbietungen Schalldrucke vorkommen, die im Verhältnis 1 : 10000 stehen; die Schallempfindung ist aber bei Fortissimostellen sicher nicht 10^4mal oder sogar 10^8mal so stark wie bei Pianissimostellen[1].

Am nächsten liegt es, der Angabe z. B. des Betrags einer „komplexen Größe 1. Grads" $\mathfrak{A}$ einfach das logarithmische Maß

$$p = \ln |\mathfrak{A}| \qquad (412.1)$$

zuzuordnen. Dieses Maß möge „absoluter Pegel" der Größe $\mathfrak{A}$ heißen. Zu den Größen 1. Grades zählen wir dabei z. B. die Spannung, den Strom, den Schalldruck, zu den Größen 2. Grades z. B. die Leistung. Bei dieser (N) definieren wir

$$p = \ln \sqrt{N} = \tfrac{1}{2} \ln N. \qquad (412.2)$$

Versteht man, wie es das CCIF tut, unter $|\mathfrak{A}|$ den Zahlenwert des Betrages von $\mathfrak{A}$, bezogen auf eine ein für allemal festgelegte Einheit, so ist die Bedeutung von p ohne weiteres klar. Es ist aber auch hier zweckmäßiger, $|\mathfrak{A}|$ als den Betrag der komplexen „Größe" $\mathfrak{A}$ selbst aufzufassen; man hat dann alle Vorteile des Rechnens mit Größengleichungen.

Es sei z. B. $|\mathfrak{A}| = |\mathfrak{U}| = 0{,}2$ V. Dann ist

$$p = \ln (0{,}2\ \mathrm{V}) = \ln 0{,}2 + \ln \mathrm{V} = -1{,}61 + \ln \mathrm{V}$$
$$= -1{,}61 + \ln (10^3 \cdot \mathrm{mV}) = 5{,}30 + \ln \mathrm{mV}.$$

Der absolute Pegel einer Spannung von 0,2 V liegt also um 1,61 N unter dem absoluten Pegel, der einer Spannung von 1 V entspricht, aber um 5,30 N über dem absoluten Pegel, der einer Spannung von 1 mV entspricht.

Bei logarithmischen Angaben wie den Pegelangaben sind die Bezugswerte (z. B. ln V) additiv, nicht multiplikativ; nicht die Einheit, sondern der Nullpunkt muß festgelegt werden (vgl. § 286).

Häufiger als von absoluten spricht man von „relativen" Pegeln; sie hängen von den Eigenschaften der Systeme ab, aber nicht von der Höhe der in sie strömenden Leistungen. Der relative Pegel sagt aus, um wieviel Neper der absolute Pegel z. B. einer Spannung an irgend einer Stelle höher oder tiefer ist als an einer ein für allemal festgelegten „Bezugsstelle". Er ist daher gleich der Differenz der absoluten Pegel an der betrachteten Stelle und an der Bezugsstelle (Index 0):

$$p_{\mathrm{rel}} = \ln \frac{|\mathfrak{A}|}{|\mathfrak{A}|_0} = p - p_0. \qquad (412.3)$$

Als Bezugsstelle wird bei Fernverbindungen nach den Festsetzungen des CCIF der „betriebsmäßige Anfang" der Verbindung gewählt. Darunter ist die Klinke des Fernplatzes zu verstehen, an der die Ortsleitung (im weitesten Sinne) abzweigt.

In der Praxis verwendet man vor allem die Pegel der Wirk- oder Scheinleistung und der Spannung, seltener den des Stroms. Entsprechend der Gleichung (.2) definiert man den relativen Leistungspegel durch

$$p_{\mathrm{rel}} = \ln \sqrt{\frac{N}{N_0}} = \frac{1}{2} \ln \frac{N}{N_0} = p - p_0. \qquad (412.4)$$

Er ist positiv, wenn die Leistung an der betrachteten Stelle höher ist als am Anfang der Verbindung.

---

[1] Daß das Ohr auch Tonhöhen logarithmisch empfindet, ist ebenfalls im § 285 erwähnt worden.

Zwischen dem absoluten Spannungspegel p_u und dem absoluten Leistungspegel p an derselben Stelle besteht eine einfache Beziehung. Ist der hinter dem betrachteten Punkt liegende Scheinwiderstand gleich $\mathfrak{R}_e$ und verstehen wir unter der Leistung die Scheinleistung, so ist $N = |\mathfrak{U}|^2/|\mathfrak{R}_e|$ und

$$p = p_u - \ln\sqrt{|\mathfrak{R}_e|}. \qquad (412.5)$$

Dies ist die „allgemeine Größengleichung" für den Zusammenhang der absoluten Pegel p und p_u. Nach § 4 darf man in sie unmittelbar Zahlenwerte einsetzen, wenn man aufeinander abgestimmte Einheiten verwendet.

Das CCIF hat für alle Angaben absoluter Pegel ein bestimmtes System abgestimmter Einheiten vorgeschrieben. Die Grundeinheiten dieses „CCI-Systems" sind die Widerstandseinheit 600 Ohm und die Leistungseinheit Milliwatt; nach der Definition der „Abstimmung" (§ 4) ist daher

die Spannungseinheit $\sqrt{600\,\Omega \cdot \mathrm{mW}} = 0{,}775\ \mathrm{V}$,

die Stromstärkeneinheit $\sqrt{\mathrm{mW}/(600\,\Omega)} = 1{,}29\ \mathrm{mA}$.

Bezogen auf diese Einheiten gehört zu (. 5) die „zugeschnittene Größengleichung"

$$p = p_u - \ln(0{,}775\ \mathrm{V}) - \ln\sqrt{\frac{|\mathfrak{R}_e|}{600\,\Omega}} + \ln\sqrt{\mathrm{mW}}. \qquad (412.6)$$

Da bei der Übertragung von Sprache und Musik die Amplituden beständig wechseln, werden in der Regel mittlere Pegel angegeben, es sei denn, das größte Amplituden („Spitzenwerte", z. B. mit Rücksicht auf die Klirrverzerrungen) oder kleinste Amplituden (z. B. mit Rücksicht auf Störgeräusche) gekennzeichnet werden sollen.

Bei Messungen legt man an den Eingang einer Fernsprechverbindung eine Meßwechselspannung konstanten Effektivwerts, die man in der Regel einem „Normalgenerator" entnimmt (Abb. 412. 1). Bei diesem arbeitet eine Wechselstromquelle der elektromotorischen Kraft $\mathfrak{E}$ auf einen Übertrager, zu dessen primärer Wicklung ein regelbarer Widerstand R_0 parallel geschaltet ist. Hinter dem Übertrager liegt auf jeder Seite ein Widerstand $R_a/2$ von der halben Größe des Scheinwiderstands der zwischen E und F anzuschaltenden Fernsprechverbindung. Die Spannung zwischen den Punkten C und D wird durch ein geeichtes Thermogalvanometer (so in der Abbildung) oder durch ein ähnlich wirkendes Instrument angezeigt; man regelt nach internationaler Übereinkunft den Widerstand R_0 so ein, daß zwischen C und D eine Spannung von 1,55 V, zwischen E und F also bei Anpassung eine Spannung von 0,775 V liegt.

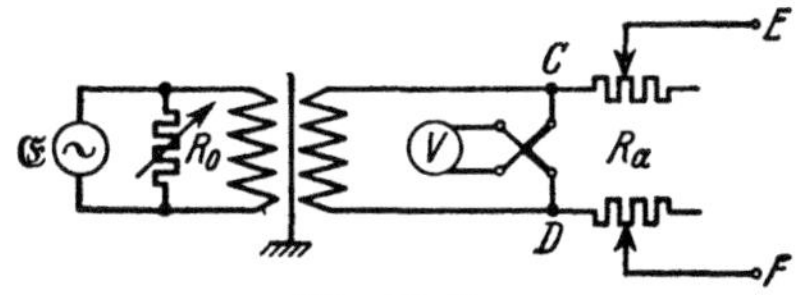

Abb. 412. 1.

Nach (. 3) ist daher bei dieser Art der Messung

$$p_{\mathrm{rel}} = p - p_0 = p - \ln(0{,}775\ \mathrm{V}); \qquad (412.7)$$

d. h. der relative Pegel an irgend einer Stelle der Verbindung stimmt mit dem auf die CCI-Einheit bezogenen Zahlenwert des absoluten Pegels an derselben Stelle überein. Mit einem Normalgenerator und einem Spannungsmesser, der Zahlenwerte $\ln(U/(0{,}775\ \mathrm{V}))$ zeigt, kann man hiernach ohne weiteres relative Spannungspegel messen.

Legt man an den Anfang der zu untersuchenden Fernsprechverbindung, deren Eingangswiderstand gleich $\mathfrak{W}_1$ sei, einen Normalgenerator, dessen innerer Widerstand unverändert gleich 600 Ohm ist, so heißt der an irgend einer Stelle gemessene absolute Spannungspegel „Meßpegel". Da

$$|\mathfrak{U}|_0 = \left|\frac{\mathfrak{W}_1 \mathfrak{E}}{R_a + \mathfrak{W}_1}\right| = \frac{|\mathfrak{W}_1|}{|600\,\Omega + \mathfrak{W}_1|}\,1{,}55\ \text{V} \qquad (412.\,8)$$

ist, gilt jetzt die etwas verwickeltere Beziehung

$$p_{\text{rel}} = \ln\frac{|\mathfrak{U}|}{|\mathfrak{U}|_0} = p_{\text{meß}} - \ln\left|\frac{\mathfrak{W}_1 \mathfrak{E}}{R_a + \mathfrak{W}_1}\right|$$

$$= p_{\text{meß}} - \ln(0{,}775\ \text{V}) - \ln\left|\frac{2\,\mathfrak{W}_1}{600\,\Omega + \mathfrak{W}_1}\right|. \qquad (412.\,9)$$

Der auf die CCI-Einheit bezogene Zahlenwert des Meßpegels ist demnach nur bei den Frequenzen, für die $\mathfrak{W}_1 = 600\,\Omega$ ist, gleich dem relativen Pegel.

Mit dem „Pegelschreiber" zeichnet man Frequenzabhängigkeiten des Meßpegels auf. Der der CCI-Einheit entsprechende Wert der elektromotorischen Kraft des Normalgenerators muß während der Messung konstant gehalten werden.

Der Normalgenerator heißt auch Milliwattsender, weil er bei einem inneren Widerstand R_a von 600 Ohm an einen angepaßten Verbraucher 1 mW abgibt.

Unter einem Pegeldiagramm versteht man ein Bild, das den Verlauf des Pegels längs einer Fernsprechverbindung veranschaulicht. Abb. 412. 2 stellt das Diagramm des relativen Leistungspegels einer Einband-Zweidrahtverbindung dar. Den Feldern zwischen den Verstärkern entspricht ein allmähliches Sinken des Pegels um 1,5 N. In jeder Gabel sinkt der Pegel weiter um 0,5 N; jeder Verstärker hebt ihn wieder um 2,5 N.

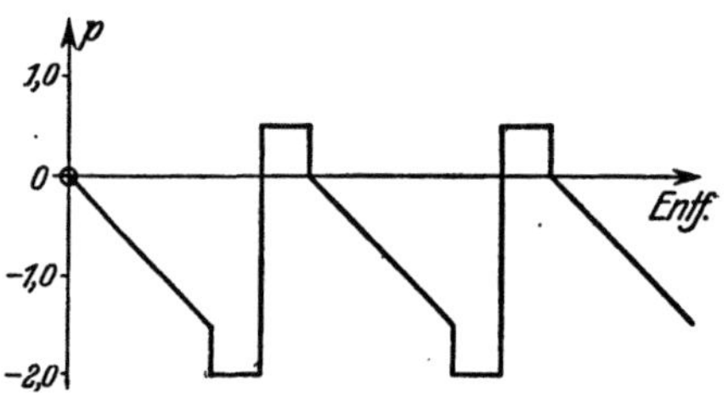

Abb. 412. 2.

§ 413. Der Begriff der Bezugsdämpfung.

Der erste (und noch vor wenigen Jahrzehnten fast einzige) Gesichtspunkt für die Beurteilung Güte einer der Fernsprechverbindung ist der der Lautstärke. D. h. man verlangt vor allem andern, daß der von einem Fernsprechsystem übertragene Sprachschall am Trommelfell des Hörenden „laut genug" ankommt. Die Lautheit, also die Stärke der Schallempfindung, hängt nun aber nicht nur von den Schwächungen und Verstärkungen ab, die die übertragene Energie in den Leitungen und Amtsschaltungen erleidet, sondern auch von den Eigenschaften der elektroakustischen Endapparate, des Mikrophons und des Telephons. Um alle diese Einflüsse quantitativ messen zu können, hat man einen „Ureichkreis" geschaffen, der im SFERT-Laboratorium aufgestellt ist[1]; die einzelnen Länder besitzen „Haupteichkreise", deren physikalische Eigenschaften die gleichen sind. Diese Eichkreise bestehen aus wohl definierten Endapparaten, deren Eigenschaften genau einstellbar sind, und aus einer einstellbaren frequenzunabhängigen Dämpfung (§ 164), die zwischen die Endapparate geschaltet werden kann.

Spricht man in den Sender des Ureichkreises, so ist die an seinem Empfänger wahrnehmbare Lautstärke, wenn seine Dämpfung auf den Wert Null eingestellt ist, im allgemeinen größer als die Lautstärke, die man am Ausgang des zu untersuchenden Systems wahrnimmt, wenn man auf seinen Sender die gleiche Sprache gibt. Der Dämpfungswert, der, im Ureichkreis eingeschaltet, die Lautstärken gleich macht, heißt „Bezugsdämpfung".

Die Bedingungen, unter denen am Ureichkreis gemessen werden soll, insbesondere die Übertragungsmaße des Senders und des Empfängers (§§ 287 und 290), sind genau vorgeschrieben.

[1] Das CCIF nennt ihn „système fondamental européen de référence pour la transmission téléphonique", abgekürzt SFERT.

Der Ureichkreis spielt für die Messungen an Fernsprechübertragungssystemen eine ähnliche Rolle wie die „Urmaße" der allgemeinen Meßkunde.

Die Bezugsdämpfung hängt von der Zusammensetzung der Sprache aus Schwingungen verschiedener Frequenz und von der Bewertung dieser Teilschwingungen durch das Ohr ab. Neuerdings ist es gelungen, diese Zusammenhänge aufzuklären. Unter Benutzung dieser Erkenntnisse hat man objektive Bezugsdämpfungsmesser gebaut, mit denen sich die Bezugsdämpfung weit bequemer messen läßt als mit Eichkreisen[1].

§ 414. Abhängigkeit der Verständlichkeit von der Bezugsdämpfung. Da die Lautstärke, die der am Empfänger einer Fernsprechverbindung Hörende wahrnimmt, von den Eigenschaften der elektroakustischen Apparate (des Mikrophons und des Telephons) abhängt, interessiert in erster Linie die Abhängigkeit der Verständlichkeit von der Bezugsdämpfung des Systems.

Zahlreiche Versuche haben in Übereinstimmung mit der täglichen Erfahrung gezeigt, daß man sich bei geringer Bezugsdämpfung, also hoher Lautstärke, nur schlecht verständigen kann, daß die Verständlichkeit bei zunehmender Bezugsdämpfung auf ein Maximum steigt und dann — wegen zu geringer Lautstärke — steil absinkt. Das Maximum wird natürlich in lärmerfüllten Räumen früher erreicht als in ruhigen. In Abb. 414. 1 sind die Ergebnisse von Messungen mit gewöhnlichen Apparaten dargestellt[2]. Ein Raumgeräusch von 55 phon (§ 286) entspricht etwa dem Durchschnitt; als durchschnittlich am günstigsten ist daher bei Verwendung der gewöhnlichen Apparate eine Bezugsdämpfung von 3,5 ··· 4 N anzusprechen. Als höchsten zulässigen Wert der Bezugsdämpfung einer ganzen Fernverbindung hat das CCIF einen Wert von 4,6 N festgesetzt. Nach neueren Untersuchungen[3] liegt jedoch der subjektiv beurteilte Bestwert der Bezugsdämpfung etwa zwischen 1 und 2 N.

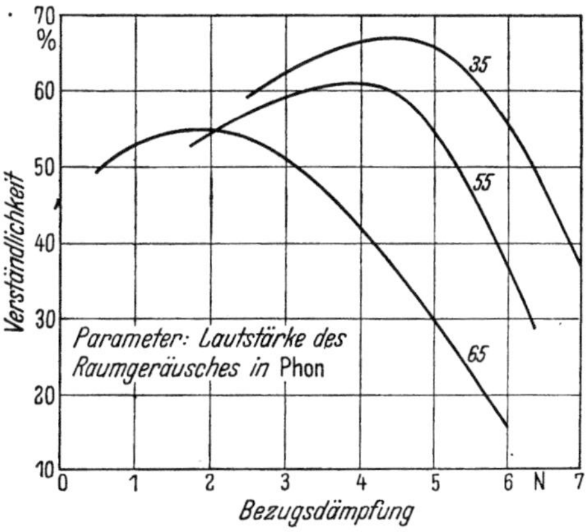

Abb. 414. 1.

§ 415. Dämpfungsverzerrung; Natürlichkeit. Beim Fernsprechen über gewöhnliche Verbindungen ist immer eine ziemlich starke Dämpfungsverzerrung zu beobachten. Das rührt nur zum kleineren Teile von den Leitungen, Verstärkern usw. her; denn die Dämpfungsverzerrung der Teilnehmerapparate, besonders der älteren, ist so groß, daß sie die aus anderen Quellen fließenden Dämpfungsverzerrungen durchaus überdeckt.

Mit Rücksicht hierauf schränkt man den zu übertragenden Frequenzbereich von vornherein stark ein. Daß die Verständlichkeit durch eine solche Einschränkung nur wenig beeinträchtigt wird, haben wir schon im § 284 gesehen. Eine Erweiterung des Frequenzbereichs verspricht daher erst bei Verwendung verbesserter Teilnehmerapparate mit geringerer Dämpfungsverzerrung Erfolg.

Erst dann kann auch ein zweiter Wunsch erfüllt werden, nämlich der Wunsch nach erhöhter „Natürlichkeit" der Wiedergabe nicht nur der Musik, sondern auch der Sprache. „Natürlichkeit" ist etwas Subjektives; es kann daher an sich

[1] Braun, K.: Telegr.- u. Fernspr.-Techn. **28** (1939) S. 311; **29** (1940) S. 31, 223; **30** (1941) S. 253; ferner DIN E 44012.

[2] Hartmann, C. A., u. Janovsky, W.: Z. techn. Physik. **16** (1935) S. 580. Lüschen, F., und Küpfmüller, K.: Jahrb. elektr. Fernmeldew. 1937 S. 1.

[3] Strecker, F., u. Susani, G. v.: Elektr. Nachr.-Techn. **19** (1942) S. 241.

nur festgestellt werden, ob eine Wiedergabe natürlicher ist als eine andere, aber nicht, wie viel mal natürlicher sie ist. Man kann jedoch auch hier weiterkommen durch eine Definition. Man setzt fest, daß die Natürlichkeit jedesmal um eine Stufe zugenommen habe, wenn sie gerade wahrnehmbar zugenommen hat. Man bildet sich also eine „Unterschiedsschwellenskale" der Natürlichkeit. Nur die Erfahrung kann zeigen, ob man auf diesem Wege zu brauchbaren Ergebnissen kommt[1].

In der Tat sind Versuche[2], bei denen der Klangcharakter der Sprache mit Hilfe z. B. eines Tiefpasses geändert wurde und bei denen die Änderungen der Grenzfrequenz des Passes festgestellt wurden, denen jedesmal die Unterschiedsschwelle entspricht, für die Übertragungstechnik aufschlußreich gewesen. Es hat sich gezeigt, daß es im ganzen etwas über 30 Frequenzstufen der Natürlichkeit gibt, von denen neun noch oberhalb von 4000 Hz liegen, und daß der Unterschiedsschwelle bei niedrigen Frequenzen eine wesentlich kleinere Frequenzstufe entspricht als bei hohen.

Es ist auffallend, wie stark die Natürlichkeit bei Hinzunahme höherer Frequenzen, die für die Verständlichkeit ganz unwesentlich sind, noch zunehmen kann. Beschränkt man die Übertragung auf die Frequenzen zwischen 300 und 2600 Hz, so büßt man etwa 16 Natürlichkeitsstufen ein!

§ 416. Laufzeit und Laufzeitverzerrung. Wird in einer Fernsprechverbindung nur in der einen Richtung gesprochen, so ist die Laufzeit der Nachricht nur in Ausnahmefällen von Bedeutung. Wird aber ein Wechselgespräch zwischen zwei Teilnehmern übertragen, dann wirkt, wie Versuche gezeigt haben, eine Laufzeit, die größer ist als etwa 250 ms, bereits außerordentlich störend auf den „Gesprächsfluß". Das CCIF hat daher festgesetzt, daß die Laufzeit bei allen internationalen Fernsprechverbindungen höchstens gleich 250 ms sein darf.

Diese Festsetzung ist von großem Einfluß auf die Bemessung der Verbindungen im Weitverkehr geworden. Mit Rücksicht auf sie können stärker pupinisierte Leitungen, auf denen die Gruppengeschwindigkeit gering ist, nur bei geringen Entfernungen verwendet werden. Soll auf große Entfernungen übertragen werden, so sind nur leicht pupinisierte oder unbelastete Leitungen zulässig.

Ist das Phasenmaß keine lineare Funktion der Frequenz, so ist die Gruppengeschwindigkeit von der Frequenz abhängig; die Systeme zeigen Laufzeitverzerrung. Im § 241 haben wir die Laufzeitverzerrung der Pupinleitungen berechnet; ebenso ist jedem Übertrager und jedem Filter eine gewisse Laufzeitverzerrung eigen. Das CCIF hat festgesetzt, daß bei einer vollständigen internationalen Verbindung die Laufzeit für die untere Eckfrequenz höchstens um 10 ms, die Laufzeit für die obere Eckfrequenz höchstens um 5 ms größer sein darf als die Laufzeit für 800 Hz. Bei dieser Verzerrung ist die Verständlichkeit noch nicht merklich geringer als bei einem System ohne Laufzeitverzerrung.

§ 417. Echowirkungen und Echosperren. Bei langen Vierdrahtverbindungen können die Wege, die die über die Endgabeln zurückfließenden Ströme durchmessen müssen (vgl. § 411), so groß sein, daß diese als Echos (d.h. mit deutlicher Verzögerung) wahrnehmbar werden. Echos erschweren die Verständigung und müssen daher bei langen Leitungen unterdrückt werden.

Gegen die eigentlichen Fernsprechströme (Nutzströme) sind die Echoströme gedämpft. Ihre Dämpfung ist aber nicht hoch, da man bei den Nachbildungen der Endgabeln aus wirtschaftlichen Gründen verhältnismäßig beträchtliche

[1] Auf ähnliche Weise hat man eine Unterschiedsschwellenskale der „Lautheit" aufgestellt (§ 286).

[2] Schäfer, E.: Elektr. Nachr.-Techn. 15 (1938) S. 237.

Fehler zulassen muß (vgl. § 411). Bezeichnet man die Fehlerdämpfung (Rückflußdämpfung) jeder der in den Gabeln liegenden Nachbildungen mit b_f und die Restdämpfung der gesamten Vierdrahtverbindung mit b_r, so ist die Dämpfung b_e des ersten Echos, das der Sprecher selbst wahrnimmt, gleich

$$b_e = 2\,b_r + b_f\,. \qquad (417.1)$$

Ein solches Echo stört erfahrungsgemäß um so mehr, je mehr es gegen die eigentliche Nachricht verzögert ist, je größer also seine gesamte Laufzeit ist. Abb. 417. 1 zeigt diesen Zusammenhang auf Grund von Versuchen.

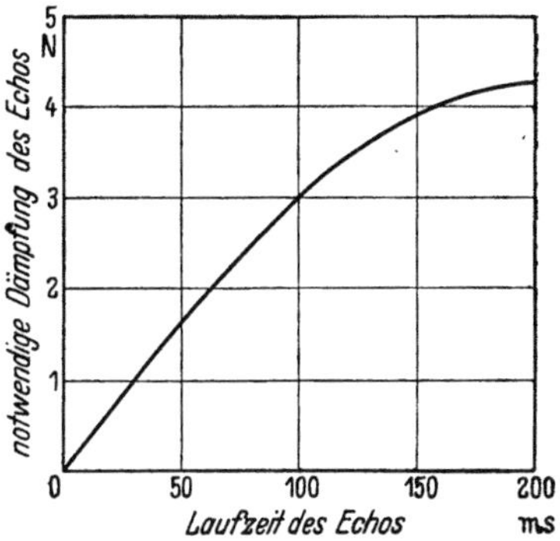

Abb. 417. 1.

Im Mittel fordert man für die Fehlerdämpfung einen Mindestwert von etwa 0,6 N. Es ist also praktisch

$$b_r \geqq \frac{b_e - 0{,}6}{2}\,; \qquad (417.2)$$

d. h. nach Abb. 417. 1 darf man bei einer Laufzeit der Nachricht von 100 ms, wie sie unter allen Umständen zugelassen werden muß (Laufzeit des Echos = 200 ms), die Restdämpfung mit Rücksicht auf das Echo nicht kleiner machen als etwa 1,8 N.

Da eine solche Restdämpfung zu hoch wäre, baut man in alle Verbindungen hoher Laufzeit „Echosperren" ein[1]. Durch diese wird der notwendige Wert b_e in (. 1) um eine ziemlich hohe „Sperrdämpfung" verringert, so daß b_r ohne Störung auf etwa 0,8 N und weniger herabgesetzt werden kann.

Bei den „Gabelechosperren" (Abb. 417. 2) zweigt man vor dem letzten Verstärker der einen Leitung von dem Sprechstrom (der allerdings an dieser Stelle nur schwach ist) einen Querstrom ab, der ein in der anderen Leitung liegendes Sperrglied *Sp* betätigt. Da der querfließende Sperrstrom einen annähernd ebenso langen Weg hat wie der über die unmittelbar benachbarte Endgabel laufende Sprechstrom, müssen die Sperren sehr rasch, z. B. bereits nach 1 ms, ansprechen. Tun sie das nicht, so kommt der Echostrom durch; er durchläuft die Leitung der Gegenrichtung und sperrt am Anfang der Verbindung den Sprechstrom, der ihn erzeugt hat. Durch sorgfältige Bemessung der Sperren kann man solche Selbstunterbrechungen vermeiden.

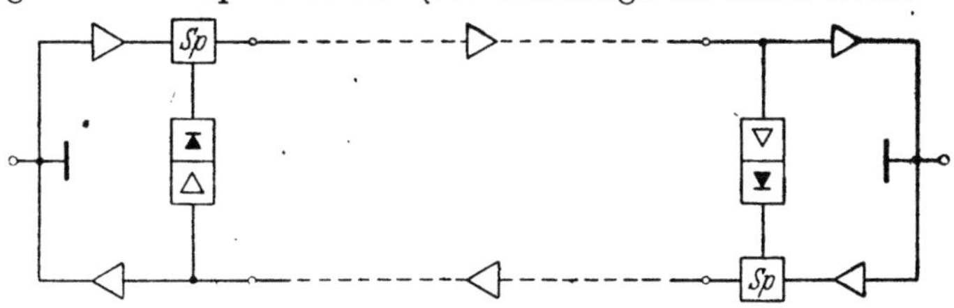

Abb. 417. 2.

Die gegenüberliegenden Verstärker lassen sich außer Tätigkeit setzen entweder durch Relais oder dadurch, daß man die Gittervorspannungen von Röhren ins Negative verlagert, oder durch besondere Sperrglieder, die mit gesteuerten Gleichrichtern[2] arbeiten.

Bei den „stetig" arbeitenden Verfahren wird der schwache Querstrom zunächst verstärkt und gleichgerichtet. Der gleichgerichtete Strom dient dann zur Verlagerung der Gittervorspannung oder zur Steuerung des Sperrglieds.

[1] Clark, A. B., u. Mathes, R. C.: J. Amer. Inst. electr. Engrs. **44** (1925) S. 618. Mayer, H. F.: Elektrotechn. Z. **47** (1926) S. 1379. Strecker, F.: Tel.- u. Fernspr.-Techn. **26** (1937) S. 171.

[2] Ähnlich dem Ringmodulator (§ 405).

Die Echosperren werden so bemessen, daß die von ihnen in der Gegenleitung erzeugte Zusatzdämpfung (Sperrdämpfung) schon bei den schwächsten Sprachamplituden beträchtlich ist. Ihre Wirkung ist frequenzabhängig und hat eine Spitze in der Nähe von 800 Hz. Durch einen bestimmten Frequenzgang der Verstärkung kann man erreichen, daß die Sperren für Störungen weniger empfindlich sind als für Sprache.

Hört ein Teilnehmer zu sprechen auf, so verschwindet die Sperrwirkung mit einer Nachwirkzeit von annähernd 100 ms. Eine Nachwirkzeit ist nötig, weil es möglich sein muß, Leitungen mit Sperren und sperrenlose Leitungen zusammenzuschalten; die Echos erhöhter Laufzeit, die bei solchen Zusammenschaltungen entstehen können, werden bei ausreichender Nachwirkzeit durch die Echosperren ebenfalls wirksam unterdrückt.

Auf den Sprechenden und auf den Hörenden wirken die Echos verschieden. Der Sprechende wird durch sie belästigt und zu unnötigen Zwischenfragen und dgl. veranlaßt. Der Hörende empfindet die empfangene Sprache als rauh; bei starken Echos wird sie unverständlich.

Früher wurden „Unterwegssperren“ benutzt. Diese lassen sich jedoch bei mehrfach ausgenutzten Leitungen nicht ohne weiteres verwenden, da die in der einen Leitung einer Vierdrahtverbindung fließenden Sprechströme die andere Leitung natürlich nur für dasselbe Gespräch sperren dürfen. Bei den Gabelsperren gibt es diese Schwierigkeit nicht, da man sie dort einschaltet, wo die einzelnen Gespräche der Vielfachverbindung getrennt verlaufen.

Beim Zusammenschalten mehrerer Vierdrahtleitungen mit Echosperren kann man die inneren Gabelsperren ausschalten.

Hat eine Vierdrahtverbindung so schlechte Nachbildungen, daß sie ohne Echosperren pfiffe, oder schwankt die Verstärkung bei ihr besonders stark — dies trifft z. B. dann zu, wenn Teilstrecken drahtlos überbrückt werden — so ist die Verbindung auch mit Echosperren nicht völlig stabil. Denn in den Gesprächspausen wirken die Echosperren erst, wenn bereits ein Pfeifton entstanden ist. Diese Störung kann beseitigt werden durch „Rückkopplungssperren“ oder, wie man sie besser nennt, „Pfeifsperren“. Diese sperren bereits im unbesprochenen Zustand mit einer Zusatzdämpfung von einigen Neper den einen der beiden Wege; erst durch die Sprechströme der beiden Teilnehmer werden die gesperrten Wege wieder geöffnet.

§ 418. Rückhören. Wird eine Fernsprechstelle nach Abb. 418. 1 geschaltet, so wirkt der im Mikrophon entstehende Wechselstrom auch auf das eigene

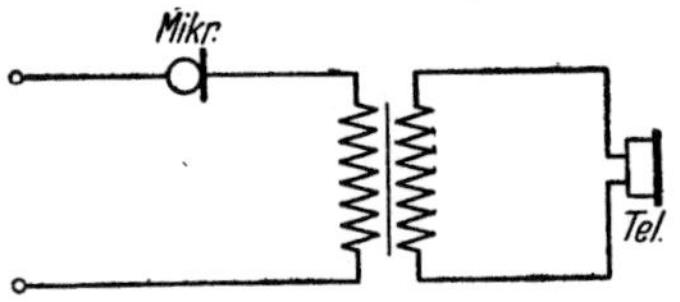

Abb. 418. 1.

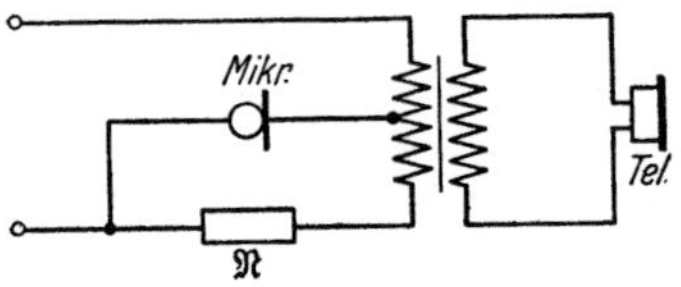

Abb. 418. 2.

Telephon. Der Sprecher hört seine eigene Sprache über den eigenen Fernhörer, so daß er unwillkürlich leiser spricht. Er hört außerdem die Raumgeräusche verstärkt im eigenen Fernhörer.

Dieses „Rückhören“ kann durch die Differentialschaltung Abb. 418. 2 herabgesetzt werden. Bei ihr schickt das Mikrophon einen wesentlich geschwächten Strom durch den Fernhörer, wenn man den komplexen Widerstand des Zweipols $\mathfrak{R}$ gleich dem durchschnittlichen Scheinwiderstand der (längeren) nach dem Amt führenden Anschlußleitungen macht. Eine Parallelschaltung von Widerstand und Kapazität (z. B. 600 Ω und 300 nF) ist praktisch ausreichend. Die Fehlerdämpfung der Nachbildung beträgt in der Regel ungefähr 1 N.

Die durch die Differentialschaltung erzeugte Bezugsdämpfung des aus Mikrophon und Fernhörer gebildeten Systems heißt „Rückhördämpfung".

Das Rückhören ist eine ähnliche Störung wie das Echo; nur ist es gegen die eigentliche Nachricht nicht verzögert.

§ 419. **Das Nebensprechen auf Fernsprechverbindungen mit Verstärkern.** Wenn das Nebensprechen nicht stören soll, muß sein Pegel am Empfänger hinreichend unter dem Pegel des Nutzgesprächs liegen. Diese Bedingung läßt sich aber um so schwerer erfüllen, je tiefer man auf der gestörten Leitung den Nutzpegel unter den Sendepegel sinken läßt.

Wir betrachten den Fall, daß eine (etwa zu irgend einer Vierdraht-Kabelleitung gehörende) Leitung *1* mit m Verstärkerfeldern auf eine benachbarte Leitung *2* der anderen Gesprächsrichtung wirke (Abb. 419. 1; die kleinen Kreise

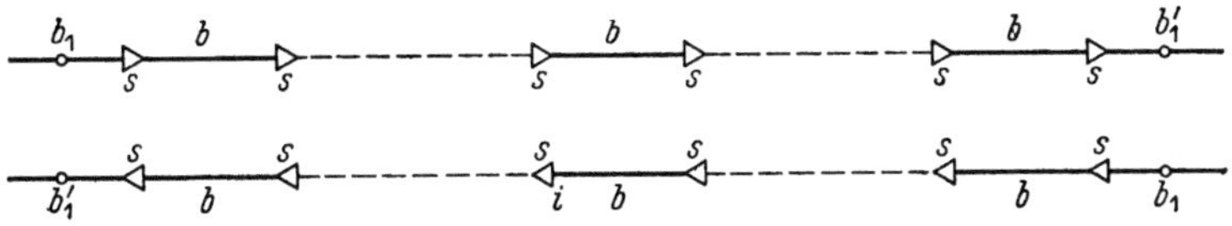

Abb. 419. 1.

deuten die Gabeln an). Die Verstärkerfelder mögen je aus n Abschnitten der Länge s und der mittleren Kopplung $\overline{ks}$ bestehen; die auf sie fallenden Dämpfungen seien je gleich $n \cdot \beta s = b$, und für die Verstärkungen s der $m+1$ Verstärker gelte $s = b$. Nebensprechkopplungen sollen nur auf den Feldern zwischen den Verstärkern vorhanden sein. Dann ergibt sich wie im § 269, da die Pegelverhältnisse in allen Verstärkerfeldern übereinstimmen, für die Spannung am Anfang[1] der gestörten Leitung *2* bei großem n:

$$\mathfrak{U}_{2a} = j\,\omega\,\overline{ks}\,\mathfrak{Z}_2\,\frac{\mathfrak{U}_{1a}}{2}\sqrt{e^{-2(b_1+b_1')+4s}\,m\,(e^{-2\beta s}+e^{-6\beta s}+\cdots+e^{-2(2n-1)\beta s})}$$

$$\approx j\,\omega\,\overline{ks}\,\mathfrak{Z}_2\,\frac{\mathfrak{U}_{1a}}{2}\,e^{-b_1-b_1'+2b}\,\frac{\sqrt{m\,n}}{2\sqrt{b}}. \qquad (419.\ 1)$$

Setzt man also

$$j\,\omega\,\frac{\overline{ks}}{2}\sqrt{|\mathfrak{Z}_1\,\mathfrak{Z}_2|}\,\sqrt{n} = e^{-b_n}, \qquad (419.\ 2)$$

so findet man für die Dämpfung b_n' des resultierenden Nebensprechens der ganzen Verbindung:

$$b_n' = b_n - \ln\sqrt{m} - 2b + \ln(2\sqrt{b}) + b_1 + b_1'. \qquad (419.\ 3)$$

Um diesen Betrag liegt der Pegel des am Empfänger der gestörten Leitung beobachteten Nebensprechens unter dem Pegel p_{1a} am Sender der störenden Leitung *1*.

Der Nutzpegel p_{2a} am Empfänger der Leitung *2* liegt um die Restdämpfung b_r der Verbindung *2* tiefer als der Nutzpegel p_{2e} an ihrem Sender. Nach Abb. 419. 1 ist:

$$b_r = b_1 - (m+1)\,s + m\,b + b_1' = -s + b_1 + b_1' = -b + b_1 + b_1'. \qquad (419.\ 4)$$

---

[1] Bei der Leitung *2* liegt also der Sender am „Ende" (Index e), der Empfänger am „Anfang" (Index a).

Daher gilt für den „Nebensprechabstand", d. h. den Unterschied zwischen dem Nutzpegel und dem Nebensprechpegel am Empfänger der Leitung *2* die Beziehung

$$\text{Nebensprechabstand} = (p_{2e} - b_r) - (p_{1a} - b'_n)$$
$$= b'_n - b_r - (p_{1a} - p_{2e})$$
$$= b_n - \ln\sqrt{m} - b + \ln(2\sqrt{b}) - (p_{1a} - p_{2e}). \qquad (419.5)$$

Den für ein einziges Verstärkerfeld ($m = 1$) zulässigen Wert des Nebensprechabstands nennt man den „Grundwert" des Nebensprechens; wir bezeichnen ihn mit b_{n0}. Allgemein ist demnach zu fordern:

$$b_n \geqq b_{n0} + b - \ln(2\sqrt{b}) + (p_{1a} - p_{2e}). \qquad (419.6)$$

Das Nahnebensprechen stellt hiernach bei langen Verbindungen mit Verstärkern, wenn die Verstärkerfelddämpfung b hoch ist, an die Entkopplung der Leitungen sehr scharfe Anforderungen.

Für verständliches Nebensprechen zwischen Sprechkreisen gilt z. B. ein Grundwert von 7 N je Verstärkerfeld[1].

Wirkt eine Leitung *1* auf eine Leitung *2* der gleichen Gesprächsrichtung (Abb. 419. 2), so hat man[2] wie in § 269 bei kleinem δ

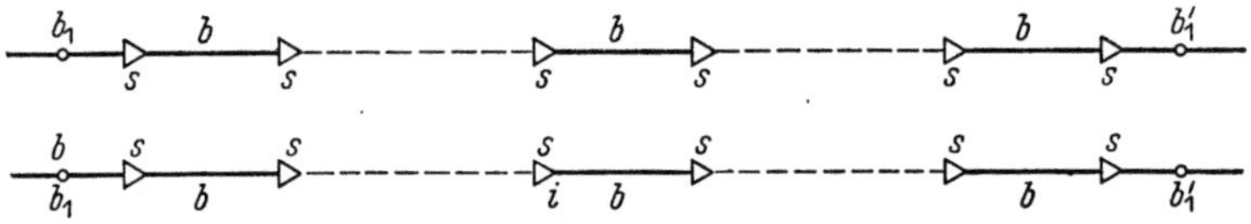

Abb. 419. 2.

$$\mathfrak{U}_{2e} = j\omega\overline{ks}\,\mathfrak{Z}_2 \frac{\mathfrak{U}_{1a}}{2} e^{-(b_1+b'_1)+(m+1)s-mb}\sqrt{m}\,(e^{-\delta s} + e^{-3\delta s} + \cdots)$$
$$\approx j\omega\overline{ks}\,\mathfrak{Z}_2 \frac{\mathfrak{U}_{1a}}{2} e^{-b_1-b'_1+b}\sqrt{mn}, \qquad (419.7)$$

und es gilt

$$b'_n = b_n - \ln\sqrt{m} - b + b_1 + b'_1. \qquad (419.8)$$

Für die Restdämpfung gilt nach wie vor (. 4); also ist

$$\text{Nebensprechabstand} = (b'_n - b_r) - (p_{1a} - p_{2a}) = b_n - \ln\sqrt{m} - (p_{1a} - p_{2a}). \quad (419.9)$$

Führt man auch hier für das Verstärkerfeld ($m = 1$) einen Grundwert b_{n0} ein, so erhält man die Bedingung für b_n:

$$b_n \geqq b_{n0} + (p_{1a} - p_{2a}). \qquad (419.10)$$

Wenn also bei einer langen Verbindung mit Verstärkern die Leitungen der beiden Gesprächsrichtungen vollkommen gegeneinander geschirmt sind, so daß nur Fernnebensprechen zwischen Leitungen der gleichen Gesprächsrichtung zu befürchten ist, braucht die Nebensprechdämpfung je Verstärkerfeld nur größer zu sein als der Grundwert je Verstärkerfeld, vorausgesetzt, daß die Sendepegel miteinander übereinstimmen.

Die Erfahrung zeigt, daß man bei Verbindungen mit vielen Verstärkerfeldern, wenn es mehr auf die Wahrung des Geheimnisses als auf die Störungsfreiheit ankommt, den für das Einzelfeld festgesetzten Grundwert des Nebensprechens nur um weniger als $\ln\sqrt{m}$ zu erhöhen braucht, und zwar deshalb, weil mit der Zahl der Verstärkerfelder auch die Leitungsgeräusche anwachsen und durch diese das Nebensprechen überdeckt wird.

[1] Vgl. Susani, G. v., u. Haselhorst, H.: Europ. Fernsprechdienst **54** (1940) S. 19.

[2] Bei der Leitung *2* liegt also jetzt der Sender am „Anfang" (Index a), der Empfänger am „Ende" (Index e).

Bei den leicht pupinisierten („L"-)Kabelleitungen (§ 425) muß die Dämpfung b_n des Nebensprechens je Verstärkerfeld bereits über 10 N betragen[1]. Man bemüht sich, die Leitungen schon bei der Fertigung so symmetrisch zu machen, daß die Kopplungen hinreichend klein sind. Die elektrischen Kopplungen zwischen den Stämmen der Kabel betragen heute für eine Fabrikationslänge im Durchschnitt nur noch wenige Pikofarad.

Bei Freileitungen lassen sich, wie wir im 10. Abschnitt gesehen haben, so niedrige Nebensprechkopplungen, zumal im Bereich höherer Frequenzen, auch nicht entfernt erreichen. Deshalb verwendet man beim Trägerfrequenzbetrieb auf Freileitungen das Zweibandverfahren. Und zwar weist man allen zweibandmäßig betriebenen Leitungen desselben Kabels oder desselben Gestänges die gleichen Frequenzbänder zu. Dann kann ein in einer Leitung geführtes Gespräch in einer benachbarten Leitung kein Nahnebensprechen hervorrufen, weil die Schaltungen am nahen Ende beim Zweibandverfahren für die durch Nebensprechkopplungen übertragenen Frequenzen durch Filter gesperrt sind. Die Kopplung des Fernnebensprechens aber ist bei Freileitungen nach § 264 von selbst viel geringer als die des Nahnebensprechens, wenn durch gute Anpassung dafür gesorgt wird, daß kein Fernnebensprechen infolge von Rückflüssen entstehen kann (§ 267). Außerdem braucht die Kopplung des Fernnebensprechens ja nach (. 2), (. 6) und (. 10) lange nicht so gering zu sein wie die des Nahnebensprechens.

Auch bei Kabelleitungen kann man die Gespräche der beiden Richtungen in verschiedenen Frequenzbändern laufen lassen (§ 426). Bei ihnen überwiegt jedoch weitaus der Einband-Vierdrahtbetrieb. Bei diesem kann man, um das Nahnebensprechen zu verringern, die für das Sprechen in der gleichen Richtung bestimmten Leitungen als Ganzes metallisch umhüllen (z. B. mit metallisiertem Papier) oder sie in den Kabeln mit einem gewissen gegenseitigen Abstand unterbringen. Bei unbespulten Kabelleitungen, die mit Trägerfrequenzen betrieben werden, und bei den Breitbandkabeln muß man sehr hohe Verstärkerfelddämpfungen zulassen; man verwendet daher bei ihnen für die Gespräche der beiden Richtungen in der Regel völlig getrennte Kabel.

Keines der hier angegebenen Mittel hilft gegen das durch Nichtlinearitäten verursachte Nebensprechen (§ 319). Dieses kann, wie schon früher erwähnt, nur an seinem Entstehungsort bekämpft werden.

§ 420. Störgeräusche. Die von benachbarten Starkstromleitungen herrührenden Störungen haben wir bereits im 10. Abschnitt behandelt. Sie sind hauptsächlich bei tiefen Frequenzen zu beachten, bei höheren kommen sie kaum in Betracht. Dagegen können die starken Langwellen-Funksender die Trägerfrequenzübertragung über Freileitungen empfindlich stören. Mit Trägerfrequenzen betriebene Kabelleitungen sind gegen diese Störung durch den Kabelmantel einigermaßen geschützt; eine schwache Einwirkung ist jedoch auch bei ihnen zu beobachten. Liegen die zu übertragenden Bänder ganz im Hochfrequenzgebiet, so brauchen praktisch überhaupt keine von außen eindringenden Störungen berücksichtigt zu werden.

Störgeräusche entstehen aber außerdem in allen Fernsprechsystemen durch die Wärmebewegung in den Leitern. Nach Nyquist[2] entsteht bei der absoluten Temperatur T, wenn über einen Leiter ein Frequenzband von der Breite Δf übertragen wird, eine elektrische Störleistung ($k = 1{,}380 \cdot 10^{-16}$ erg/grd ist die

[1] Herz, K., u. Pleuger, G.: Jb. elektr. Fernmeldewesen 1938 S. 87.

[2] Nyquist, H.: Phys. Rev. **32** (1928) S. 110. Küpfmüller, K.: Einführung in die theoretische Elektrotechnik. 3. Aufl. Berlin 1941. Abschn. 50.

Boltzmannsche Konstante)

$$N_s = 4kT\,\Delta f = 5{,}5\cdot 10^{-20}\,\frac{T}{\text{grd}}\cdot\frac{\Delta f}{\text{kHz}}\,\text{W}\,. \qquad (420.\,1)$$

Setzt man z. B. $T = 293^0$, $\Delta f = 3$ kHz, so wird $N_s = 4{,}9\cdot 10^{-17}$ W. Nimmt man demnach etwa eine Nutzleistung von 1 mW an, so liegt der Störpegel um $\frac{1}{2}\ln(10^{-3}/(4{,}9\cdot 10^{-17})) = 15{,}3$ N unter dem Pegel der Nachricht. Er ist so tief, daß das „Wärmerauschen" bei Frequenzen unter etwa 100 kHz durch die Außengeräusche verdeckt wird.

Das Wärmerauschen ist nach (. 1) bei gegebener Bandbreite unabhängig von der Frequenz.

Das gleiche gilt von einer weiteren Geräuschquelle, die in den Verstärkerröhren auftritt, dem „Schroteffekt"[1]. Er besteht in Schwankungen der Elektronenemission, die ebenfalls thermisch bedingt sind.

Wärme- und Röhrenrauschen[2] stellen Störgeräusche annähernd des gleichen Pegels dar. Es muß daher bei hohen Verstärkerfelddämpfungen darauf geachtet werden, daß der Pegel der Nachricht an allen Stellen einer Verbindung hinreichend höher liegt als der Pegel des Wärme- oder Röhrenrauschens. Da dieser sehr niedrig ist, kann man verhältnismäßig hohe Verstärkerfelddämpfungen und dementsprechend hohe Verstärkungen zulassen.

Die Stärke eines Störgeräusches wird nach einer Festsetzung des CCIF durch seine elektromotorische Kraft (die „Geräusch-EMK") gemessen. Darunter versteht man diejenige elektromotorische Kraft von der Frequenz 800 Hz, die einen durchschnittlichen Beobachter ebenso stark stört wie die tatsächlich vorhandenen störenden elektromotorischen Kräfte. Bei dem Vergleich ist ein Telephon von 600 Ω zu benutzen; außerdem muß der innere Widerstand der vor dem Telephon liegenden Schaltung bei den beiden Beobachtungen gleich 600 Ω sein oder mit Hilfe eines Übertragers gleich 600 Ω gemacht werden.

Neuerdings hat das CCIF für gewisse Fälle eine Definition der elektromotorischen Kraft eines Geräuschs gegeben, die sich an das übliche objektive Meßverfahren anlehnt.

Nach einer weiteren Festsetzung des CCIF darf an der Klinke des Fernplatzes, also dort, wo die Ortsleitung (im weitesten Sinne) abzweigt, eine Geräuschklemmenspannung von höchstens 2,5 mV bestehen.

§ 421. **Klirrverzerrung.** Bei gewöhnlichen Fernsprechverbindungen liegt die Hauptquelle von Klirrverzerrungen im Mikrophon. Eingehende Untersuchungen haben gezeigt, daß es bei ihm nicht nur auf den Klirrfaktor, sondern auch auf dessen zeitliche Konstanz ankommt. Bei neueren Kohlemikrophonen schwankt der Klirrfaktor nur noch um etwa 5%. Bei älteren sind die Mikrophonverzerrungen so stark, daß neben ihnen die übrigen Quellen von Klirrverzerrungen überhaupt nicht in Betracht kommen.

Die Leitungsverstärker als Quellen von Klirrverzerrungen sind schon im 12. Abschnitt behandelt worden.

Auch die Spulen, insbesondere die Pupinspulen, gehören zu den nichtlinearen Gebilden. Im § 281 haben wir gesehen, daß in ihnen die ungeraden Teilschwingungen $3f$, $5f\cdots$ entstehen. Berücksichtigen wir nur die 3. Teilschwingung (die „Duodezime"), so ist der Effektivwert der entstehenden elektromotorischen Kraft nach dem Induktionsgesetz und nach (281. 10) mit den Bezeichnungen des § 249

$$|\mathfrak{E}|_3 = \frac{Nl}{\sqrt{2}}\,\frac{8}{15\pi}\,\nu\,\hat{\mathfrak{H}}^2\cdot F\cdot 3\omega \qquad (421.\,1)$$

---

[1] Schottky, W.: Ann. Phys., Lpz. 57 (1918) S. 541.

[2] Dieses rührt zum Teil vom Schroteffekt, zum Teil vom „Funkeleffekt" her.

und nach (249. 2), (249. 3) und (249. 4)

$$|\mathfrak{E}|_3 = \frac{h}{5} N |\mathfrak{J}|^2 \cdot \mu_A N^2 V \cdot 3\omega = \frac{3}{5} R_h |\mathfrak{J}| = \frac{K_h}{5} |\mathfrak{J}|^2 \cdot 3\omega . \qquad (421.\ 2)$$

Die elektromotorische Kraft der in der Spule zu denkenden Stromquelle für die Frequenz $3\,\omega$ ist also der Hysteresekonstante K_h und dem Quadrate der Stromstärke proportional.

Will man den Klirrfaktor der Spannung am Ausgang einer Pupinleitung mit n Spulen berechnen, so muß man wie im § 250 beachten, daß die Stromstärke längs der Leitung allmählich abnimmt. Denkt man sich diese hinter ihrer ersten Spule durchschnitten, so erzeugt die fiktive Stromquelle $\mathfrak{E}_3$, $\mathfrak{Z}$ (Abb. 421. 1) an der Schnittstelle die Spannung $|\mathfrak{E}|_3/2$, am Leitungsende daher die Spannung $\approx (|\mathfrak{E}|_3/2)\,e^{-nb}$. Die in den folgenden Spulen entstehenden elektromotorischen Kräfte sind nach (. 2) jedesmal um den Faktor e^{-2b} schwächer als die vorhergehenden, erzeugen aber am Ende der Leitung, da sie ihm um einen Spulenabstand näher liegen, eine um e^{+b} stärkere Spannung. Die der Frequenz $3\,\omega$ entsprechende Gesamtspannung am Ende ist daher

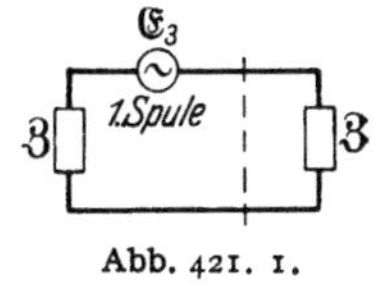

Abb. 421. 1.

$$|\mathfrak{U}_2|_3 = \frac{|\mathfrak{E}|_3}{2} e^{-nb} (1 + e^{-b} + e^{-2b} + \cdots + e^{-nb}) \approx \frac{|\mathfrak{E}|_3}{2b} e^{-nb}, \qquad (421.\ 3)$$

und der Klirrfaktor der Spannung ist

$$\frac{|\mathfrak{U}_2|_3}{|\mathfrak{U}_2|_1} = \frac{|\mathfrak{U}_2|_3}{|\mathfrak{Z}\mathfrak{J}_1|_1 e^{-nb}} = \frac{|\mathfrak{E}|_3}{2b\,|\mathfrak{Z}\mathfrak{J}_1|_1} = \frac{K_h}{10} \cdot 3\,\omega \cdot \frac{|\mathfrak{J}_1|_1}{b\,|\mathfrak{Z}|} = \frac{1{,}9}{b} \frac{K_h}{\text{mH/A}} \frac{f}{\text{kHz}} \frac{|\mathfrak{J}_1|_1/\text{A}}{|\mathfrak{Z}|/\Omega} . \qquad (421.\ 4)$$

Bei dem im § 250 betrachteten Seekabel ist die Hysteresekonstante der Spulen K_h gleich 30,8 mH/A, der Strom in der ersten Spule gleich 0,15 A, $b = 0{,}04$ N, $|\mathfrak{Z}| = 800\,\Omega$ und $f = 800$ Hz. Man erhält daher neben der im § 250 berechneten Erhöhung der Dämpfung um 0,39 N den hohen Klirrfaktor

$$\frac{1{,}9}{0{,}04} \cdot 30{,}8 \cdot 0{,}8 \cdot \frac{0{,}15}{800} = 22\ \%.$$

Die durch die Hysterese des Kernmaterials hervorgerufene Klirrverzerrung kann ebenso wie die Dämpfungserhöhung herabgesetzt werden durch Wahl eines Werkstoffs von geringem Hysteresebeiwert oder auch durch leichte Pupinisierung. Verdoppelt man nämlich die Grenzfrequenz, so muß die Induktivität nach (234. 3) nahezu auf den 4. Teil verringert werden; damit gehen aber nach (249. 6) die Hysteresekonstante und nach (. 4) der Klirrfaktor auf den 8. Teil herunter. Da bei leichter Belastung mehr Verstärker eingeschaltet werden müssen, kann dann freilich die durch die Röhren hervorgerufene Verzerrung, die bei normaler Belastung viel kleiner ist als die durch die Spulen hervorgerufene, an Einfluß gewinnen.

Eine Erscheinung besonderer Art, die mit der Hysterese eng zusammenhängt, ist das „Flattern". Wird auf einer Leitung gleichzeitig gesprochen und mit Gleichstrom telegraphiert (wie z. B. bei der Unterlagerungstelegraphie, § 433), so nimmt die Stärke der Fernsprechströme bei jeder Änderung der Stärke der Telegraphierströme ab. Die entstehenden Schwankungen der Lautstärke nennt man Flattern[1].

Nach Deutschmann rührt die Erscheinung davon her, daß bei Überlagerung von Sprach- und Telegraphierschwankungen in der $\mathfrak{B}$-$\mathfrak{H}$-Ebene kompliziertere Kurven durchlaufen werden, mit denen für die Fernsprechströme höhere Hystereseverluste verbunden sind. Das Flattern kann daher durch Wahl eines Werkstoffs mit niedrigem Hysteresebeiwert beseitigt werden.

Besonders schlimm ist das Nebensprechen, das in Trägerfrequenzsystemen durch die Entstehung neuer Frequenzen in nichtlinearen Gebilden hervorgerufen wird (§ 319). Man muß es durch Linearisierung der Verstärker, Wahl hysteresearmen Eisens, völligen Verzicht auf Bespulung oder andere Maßnahmen bekämpfen, die das Übel an der Wurzel treffen.

[1] Fondiller, W., u. Martin, W. H.: J. Amer. Inst. electr. Engrs. 40 (1921) S. 149. Deutschmann, W.: Wiss. Veröff. Siemens-Konzern 8 H. 2 (1929) S. 22.

Überträgt man (wie beim Drahtfunk, § 430) die beiden Seitenbänder und den Träger, so kann durch die Nichtlinearitäten z. B. der gemeinsamen Verstärker verständliches Nebensprechen entstehen; d. h. man kann z. B. beim Drahtfunk die mit der einen Trägerfrequenz gesandten Nachrichten in den anderen Kanälen empfangen. Man kann sich davon durch Berechnung der durch die Nichtlinearitäten erzeugten Frequenzen und der zugehörigen Amplituden überzeugen. Hat man z. B. einen Träger mit seinen Seitenbändern und einen zweiten unbesprochenen Träger [Abb. 421. 2 (oben)], so entsteht, da mindestens 4 Frequenzen auf das nichtlineare Gebilde gegeben werden, eine große Zahl neuer Frequenzen in der Umgebung der beiden Träger. Abb. 421. 2 (unten) zeigt amplitudengetreu[1] die allein von einem Glied 3. Grades herrührenden Kombinationsschwingungen, die aus dem unmodulierten Träger Ω' und dem mit ω modulierten Träger Ω entstehen. Das Bild zeigt besonders deutlich, daß jede auf das nichtlineare Gebilde gegebene Frequenz wie ein Keim wirkt, in dessen Umgebung Tochterfrequenzen aufschießen. Man sieht, daß sehr beträchtliche Störungen auftreten können.

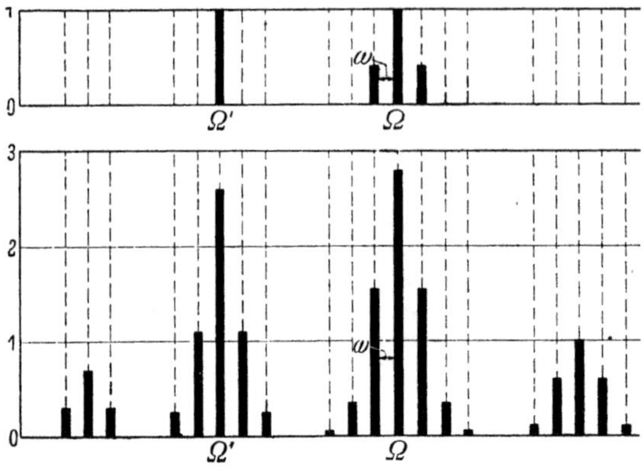

Abb. 421. 2.

§ **422. Pfeifgefahr.** Ein Sprechkreis, der sich selbst erregt, ist völlig unbrauchbar. Die Bedingung, daß die Verstärkungen genügend unterhalb der Pfeifgrenze liegen müssen, muß daher unter allen Umständen erfüllt werden.

Bei längeren **Einband-Zweidrahtverbindungen** (§ 411) steigt die Pfeifgefahr mit der Zahl der Verstärkerfelder.

Wir wollen für eine Kette aus m Verstärkerfeldern und $m - 1$ Zweiwegverstärkern [also $2(m - 1)$ Einzelverstärkern] die Verstärkung berechnen, bei der der i-te Zweiwegverstärker gerade zu pfeifen beginnt. Dabei setzen wir voraus, daß die Fehler aller Nachbildungen gleich groß seien und daß die Dämpfung jedes Verstärkerfeldes durch die Verstärkung des folgenden Verstärkers für alle Frequenzen vollständig aufgehoben werde, daß also ideal genau entzerrt sei.

Dann zeigt die Abb. 422. 1, daß die hinter dem i-ten Verstärker liegenden Verstärker für die Rückkopplung von Strömen nach seiner Röhre *2* hin sozusagen parallel geschaltet sind. Es fließt Strom nach der Röhre *2* des i-ten Verstärkers nicht nur an der sekundären Seite des i-ten, sondern auch an den sekundären Seiten aller folgenden Verstärker. Die Rückflüsse über die folgenden Verstärker sind aber nicht etwa schwächer als der Rückfluß über die Gabel des i-ten Verstärkers; denn sie werden zwar 2, 4, 6 ··· mal gedämpft, aber auch 2, 4, 6 ··· mal verstärkt. Bezeichnen wir also die Fehlerdämpfung der in der sekundären Gabel liegenden Nachbildung mit b_f, so fließt nach (205. 3) der Strom

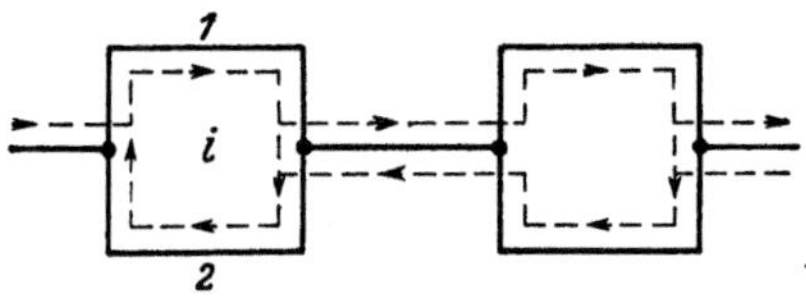

Abb. 422. 1.

$$(m - i)\,\frac{e^{-b_f}}{4n}\,\mathfrak{J} \tag{422. 1}$$

[1] Nach Strecker, F.: Hochfrequenztechn. **49** (1937) S. 165. Hölzler, E.: Ebenda **52** (1938) S. 137.

nach der Röhre 2 des i-ten Verstärkers hin. Denn hinter dem i-ten Verstärker liegen noch $(m-1)-i$ Verstärker; $\mathfrak{J}$ ist der verstärkte Strom der Röhre 1, n hat dieselbe Bedeutung wie im § 325. Entsprechend stehen auf der Primärseite des i-ten Verstärkers dem verstärkten Strom im ganzen i parallele Wege offen. Nach § 325 pfeift demnach der Verstärker, wenn

$$(m-i)\frac{e^{-b_f}}{4n}\cdot e^{s_1}\cdot i\frac{e^{-b_f}}{4n}\cdot e^{s_1}\cdot\mathfrak{J}=\mathfrak{J} \tag{422. 2}$$

ist. s_1 ist dabei wie im § 325 die Verstärkung einer Röhre für sich (mit Vor- und Nachübertrager). Nun ist aber nach (323. 7) und (324. 2)

$$e^s=\frac{1}{2n}e^{s_1}\cdot\frac{1}{2}=\frac{e^{s_1}}{4n}; \tag{422. 3}$$

also lautet die Pfeifbedingung

$$s=b_f-\tfrac{1}{2}\ln(i(m-i)). \tag{422. 4}$$

Mit steigender Zahl der Verstärker wird demnach die zulässige Verstärkung (die Pfeifgrenze) herabgesetzt: je mehr Verstärker, um so niedriger muß man — und zwar unabhängig von dem Nachbildungsfehler — die Verstärkung des einzelnen Verstärkers halten. Nach (. 4) pfeifen die mittleren Verstärker am leichtesten; und zwar ist die geringste Verstärkung zulässig bei dem Verstärker der Nummer $i=m/2$. Da kein einziger Verstärker sich erregen darf, wird die zulässige Verstärkung bei m Zwischenverstärkern um

$$\tfrac{1}{2}\ln\left(\frac{m}{2}\left(m-\frac{m}{2}\right)\right)=\ln\frac{m}{2} \tag{422. 5}$$

erniedrigt, z. B. bei

	2	3	4	5	6	7	8	9	Verstärkern
um	0,4	0,7	0,9	1,1	1,25	1,39	1,50	1,61	Neper.

Stimmt die Dämpfung der Verstärkerfelder nicht völlig mit der Verstärkung s überein, so wird die zulässige Verstärkung bei überwiegender Dämpfung um weniger, bei überwiegender Verstärkung um mehr herabgesetzt.

Wird die Verstärkerfelddämpfung mit Entzerrern in dem ganzen wesentlichen Frequenzbereich durch die Verstärkung genau nachgebildet, so besteht für die höheren Frequenzen wegen des Ansteigens der Verstärkung eine größere Pfeifgefahr als für die niedrigeren. Mit der Annäherung an die Grenzfrequenz sinkt nach § 246 zugleich die Nachbildbarkeit der Pupinleitungen; man hat daher bei den Einband-Zweidrahtverbindungen weitere triftige Gründe, den Abstand zwischen oberer Eckfrequenz und Grenzfrequenz recht groß zu machen. Es ist sogar nötig, die höchsten (für die Verständigung ohnehin nicht erforderlichen) Frequenzen durch Tiefpässe völlig abzuschneiden, damit sie die Pfeifsicherheit der Leitungen nicht beeinträchtigen.

Nach den Vorschriften des CCIF muß die Betriebsverstärkung einer im Endverkehr betriebenen internationalen Leitung bei offenen Enden mindestens um 0,2 N unterhalb der Pfeifgrenze liegen.

Bei besonders sorgfältig hergestellten und überwachten Einband-Zweidraht-Kabelleitungen hat man einen pfeifsicheren Betrieb mit etwa 10 Zwischenverstärkern auf etwa 1500 km erzielt[1]. Praktisch beschränkt man aber den Zweidrahtbetrieb auf Entfernungen unter 500 ··· 600 km (≈ 4 Verstärkerfelder).

Die hier behandelten Rückflüsse im Zwischenverstärker stellen nicht die einzige Ursache der Selbsterregung dar. Ein Verstärker kann auch z. B. infolge von Nichtlinearitäten instabil werden (vgl. § 426) oder durch Rückflüsse über benachbarte Leitungen[2].

---

[1] Lüschen, F., u. Mayer, H. F.: Elektr. Nachr.-Techn. 6 (1929) S. 149.

[2] Vgl. Graf, L., und Henkler, O.: Europ. Fernsprechdienst 52 (1939) S. 191.

§ 423. **Wirtschaftliche Gesichtspunkte** sind neben den technischen für die Wahl der Systeme maßgebend.

Bei den Niederfrequenzsystemen mit bespulten Leitungen ergibt sich die Lage der Grenzfrequenz und die zulässige bezogene Dämpfung aus technischen Erwägungen[1]. Der Zusammenhang zwischen ω_0, β und den übrigen Größen folgt aus (238. 2) und (240. 1):

$$\beta = \frac{s R_0 + R_s}{4} C \omega_0 = \frac{s R_0 C}{4} \omega_0 + \frac{1}{s \tau \omega_0}. \qquad (423.1)$$

Nach § 240 ist das zweite Glied immer kleiner als das erste; bei großem Spulenabstand ist es überhaupt zu vernachlässigen. Wenn also der Spulenabstand s schon groß ist, läßt sich eine weitere Vergrößerung des Faktors s durch eine entsprechende Verringerung des Faktors R_0 kompensieren. Nun wachsen aber die Kosten der Spulenfelder mit abnehmendem bezogenem Widerstand der Drähte, also zunehmender Drahtdicke, stärker, als die Kosten der Bespulung mit Vergrößerung des Spulenabstands, also Verkleinerung der Spulenzahl, sinken. Deshalb wäre es zu kostspielig, den Spulenabstand über ein gewisses Maß hinaus zu vergrößern; die Verteuerung der Kabelstücke würde durch die Verringerung des Aufwands für die Spulen nicht aufgewogen werden.

Macht man dagegen die Spulenfelder kürzer, so ist immer mehr das zweite Glied von (. 1) zu beachten. Der Widerstand R_0 darf dann nicht im gleichen Maße zunehmen, wie der Spulenabstand s abnimmt. Demnach ist sowohl eine starke Erhöhung als auch eine starke Verringerung des Spulenabstands unwirtschaftlich. Berechnungen und die Erfahrung haben gezeigt, daß bei Leitungen, die nur das natürliche Frequenzband übertragen, die tatsächlich eingehaltenen Spulenabstände (in den Vereinigten Staaten 6000 Fuß = 1,83 km, in Deutschland heute 1,7 km) auch wirtschaftlich günstig sind.

Beim Trägerfrequenzbetrieb ist zu beachten, daß bei Ausnutzung von n Sprechkreisen auf derselben Leitung die Kosten je Sprechkreis n mal geringer sind. Dafür kostet eine n-fach ausgenutzte Leitung wesentlich mehr als eine einfach ausgenutzte; denn erstens wächst nach (. 1) die bezogene Dämpfung mit der Grenzfrequenz, zweitens erfordert der Trägerfrequenzbetrieb Zusatzeinrichtungen. Aber nur bei Entfernungen unter etwa 150 km machen diese beiden Einflüsse so viel aus, daß der Betrieb mit n Sprechkreisen, auf den Sprechkreis umgerechnet, teurer wird als der Betrieb mit nur einem Sprechkreis auf derselben Leitung.

Bei ganz leichter Pupinisierung ist zu beachten, daß in (. 1) nur das Produkt aus Spulenabstand und Grenzfrequenz vorkommt. Je höher also die Grenzfrequenz, um so dichter muß man die Spulen setzen, um so teurer wird die Bespulung. Bei Vielfachsystemen mit Trägerfrequenzen verzichtet man daher gewöhnlich auf die Bespulung.

§ 424. **Einfach ausgenutzte Pupin-Fernsprechkabel.** Noch viele Jahre nach der Erfindung der Pupinleitungen wurde die Grenzfrequenz verhältnismäßig tief gewählt. Da man zunächst vor allem auf eine möglichst hohe Lautstärke Wert legte, ging man in manchen Ländern herunter bis zu $f_0 = 2200$ Hz. Noch bei dem kurz nach dem ersten Weltkrieg festgelegten „Deutschen Normal-Fernkabel"[2] war bei den Stammleitungen $f_0 \approx 2800$ Hz.

Seit etwa 1927 hat man erkannt, daß mit so tief liegender Grenzfrequenz

---

[1] Wir sehen davon ab, daß für die Wahl der Grenzfrequenz bis zu einem gewissen Grade auch wirtschaftliche Erwägungen maßgebend sind.

[2] Dohmen, K.: Das Fernsprechen im Weitverkehr. Berlin 1923. S. 40.

kein befriedigender Fernsprechbetrieb auf große Entfernungen möglich ist[1]. Man ist daher damals in Europa zu neuen Systemen übergegangen, deren Eigenschaften in der folgenden Tafel zusammengestellt sind ($d\alpha_1/d\omega$ ist die Gruppenlaufzeit je Längeneinheit für die wichtigsten Sprechfrequenzen):

Leiterdurchmesser	Stromkreis	C	L_s	f_0	β_1 (800 Hz)	$d\alpha_1/d\omega$
mm		nF/km	mH	kHz	mN/km	μs/km
0,9	Stamm	33,5	140	3,5	19,5	53
	Phantom	54	56	4,4	19	42
1,4	Stamm	35,5	140	3,4	9,5	56
	Phantom	57	56	4,3	9,5	43

Bei den 1,4-mm-Leitungen ist hiernach bei einem Abstand der Verstärkerämter von 140 km unmittelbar vor diesen der Pegel nur um 1,3 N gesunken. Bei dieser Verstärkerfelddämpfung ist der billige Einband-Zweidrahtbetrieb möglich, vorausgesetzt, daß die Leitungen aus nicht mehr als etwa 4 Verstärkerfeldern bestehen (§ 422).

Bei den 0,9-mm-Drähten beträgt die Verstärkerfelddämpfung bei dem gleichen Amtsabstand nach der Zahlentafel etwa 2,7 N. Eine so hohe Dämpfung läßt sich beim Einband-Zweidrahtbetrieb nicht mehr pfeifsicher aufheben. Die 0,9-mm-Leitungen werden deshalb, wenn die Verstärkerfelder 140 km lang sind, in Einband-Vierdrahtschaltung betrieben.

§ 425. Trägerfrequenzfernsprechen auf bespulten Vierdraht-Kabelleitungen. Wenn auf stärker belasteten Kabelleitungen über größere Entfernungen gesprochen werden soll, macht es sich störend bemerkbar, daß auf ihnen die Gruppengeschwindigkeit verhältnismäßig gering ist. Man hat daher ein Vierdrahtsystem entwickelt, dessen Grenzfrequenz so hoch liegt, daß erstens die Gruppenlaufzeit nur etwa halb so groß ist und daß zweitens in seinem Durchlaßbereich ein weiteres verschobenes Frequenzband untergebracht werden kann. Die Eigenschaften dieses „leicht" pupinisierten Zweifach-Systems[2], des „L-Systems", sind in der folgenden Tafel zusammengestellt:

Leiterdurchmesser	Stromkreis	C	L_s	f_0	β_1 (800 Hz)	$d\alpha_1/d\omega$
mm		nF/km	mH	kHz	mN/km	μs/km
0,9	Stamm	33,5	30	7,7	39	24
	Phantom	54	12	9,3	38,5	20
1,4	Stamm	35,5	30	7,25	16,6	26
	Phantom	57	12	9,0	16,4	21

In natürlicher Lage überträgt man bei diesem System die Frequenzen zwischen 0,3 und 2,7 kHz. Ein weiteres Band verschiebt man mit Hilfe einer Trägerfrequenz von 6 kHz nach höheren Frequenzen, so daß es in „Kehrfolge" zwischen 3,3 und 5,7 kHz liegt. Das obere Seitenband wird unterdrückt. Abb. 425. 1 zeigt die Schaltung.

Das L-System ist von einer Entfernung von etwa 200 km ab dem System mit normaler Pupinisierung überlegen. Bei modernen Kabeln sind daher die meisten Leitungen (z. B. 80%) „L-Leitungen".

[1] Lüschen, F., und Küpfmüller, K.: Europ. Fernsprechdienst 4 (1927) S. 14.
[2] Düll, H., u. Bayer, G.: Europ. Fernsprechdienst 52 (1939) S. 155.

Bei den 0,9-mm-Leitungen fiele auf ein Verstärkerfeld von 140 km Länge eine Dämpfung von ungefähr 5,4 N. Man verstärkt daher die in ihnen fließenden Ströme alle 70 km.

Für die Überbrückung ganz großer Entfernungen ist in Deutschland das „S-System" entwickelt worden, ein Vierfach-System, bei dem die Grenzfrequenz auf ≈ 20 kHz festliegt. Bei ihm verwendet man nur dickere Leiter von 1,4 mm Durchmesser ($C = 35{,}5$ nF/km); die Spuleninduktivität beträgt 3,2 mH. Es ist nach (242. 16)

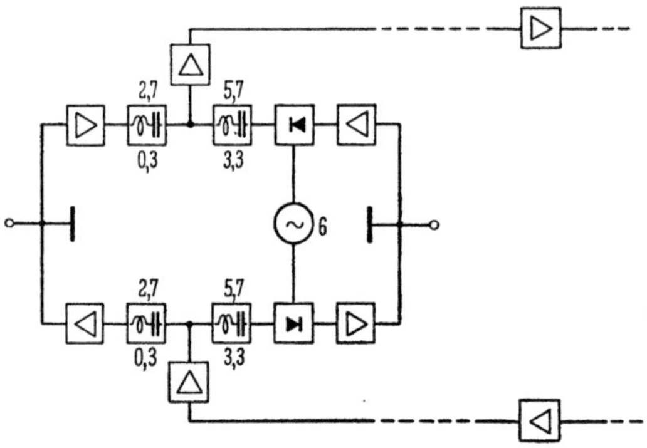

Abb. 425. 1.

$$f_0 = \frac{1}{\pi\sqrt{1{,}7 \cdot 3{,}2\,\text{mH} \cdot 35{,}5\,\text{nF}}}\left(1 - \frac{1{,}0}{6 \cdot 3{,}2}\right)$$

$$= 22{,}9 \cdot (1 - 0{,}053)\,\text{kHz} = 21{,}7\,\text{kHz}.$$

Der Verstärkerabstand muß natürlich auch beim S-System 70 km betragen. Phantomkreise werden nicht ausgenutzt.

Das S-System erlaubt, 4 Frequenzbänder unterzubringen, ein unverschobenes und drei mit den Trägerfrequenzen 4 kHz, 8 kHz und 12 kHz verschobene. Hier wird das obere Seitenband in „Regelfolge" benutzt.

Der Frequenzgang der Dämpfung im Durchlaßbereich kann, vor allem bei dem unverschobenen Band, nur nach (237. 7) und Abb. 237. 1 ermittelt werden. Man hat also teilweise mit beträchtlichen Dämpfungsverzerrungen zu rechnen.

Die Bänder der beiden Gesprächsrichtungen werden nach ihrer Umsetzung und Siebung (ebenso wie beim L-System) in der zugehörigen Leitung gemeinsam übertragen und in gemeinsamen End- und Zwischenverstärkern von breitem Verstärkungsbereich verstärkt.

§ 426. Trägerfrequenzfernsprechen auf bespulten Zweiband-Zweidraht-Kabelleitungen. Dem L-System ist ein Einfach-Trägerfrequenzsystem vorausgegangen, die „Zweibandtelephonie" im engeren Sinne[1]. In dem Seekabel zwischen Malmö und Stralsund, dessen Vierdrahtleitungen mit einer Grenzfrequenz von 5600 Hz leicht pupinisiert waren, sollten im Jahre 1930 neue Sprechkreise geschaffen werden. Um mit den vorhandenen Leitungen auszukommen, bildete man aus 6 Vierdrahtkreisen 12 Zweidrahtkreise und leitete die Gespräche der beiden Richtungen mit Hilfe von elektrischen Weichen aneinander vorbei (§ 411). Man benutzte also, was damals bei Kabelleitungen etwas Neues war, das Zweibandverfahren. Einband-Zweidrahtleitungen wären nicht stabil gewesen, da auf die 161 km lange Seekabelstrecke nach der Entzerrung eine Dämpfung von über 5 N fiel und diese hohe Dämpfung durch die Verstärker wieder aufgehoben werden mußte.

In den damals neu geschaffenen Zweidrahtleitungen werden die Gespräche der einen Richtung in dem Kanal zwischen 300 und 2400 Hz, die der anderen in dem Kanal zwischen 3100 und 5100 Hz übertragen (vgl. § 419). Zur Umsetzung wird eine Trägerfrequenz von 5400 Hz benutzt; die verschobenen Bänder sind demnach die unteren Seitenbänder.

Der Abstand von 700 Hz zwischen den beiden Kanälen ist so gering, daß bei der Zweibandtelephonie wie bei den Einband-Zweidrahtverbindungen eine gewisse Pfeifgefahr besteht. Die Frequenz 2750 z. B. liegt genau in der Mitte zwischen den Eckfrequenzen

[1] Mayer, H. F.: Telegr.- u. Fernspr.-Techn. 18 (1929) S. 312. Höpfner, K.: Europ. Fernsprechdienst 14 (1929) S. 229.

2400 und 3100 Hz. Sie kann daher, wenn die Frequenzweichen für sie noch etwas durchlässig sind, mit merklicher Energie zum Eingang zurückgelangen.

Außerdem können sich die Leitungen auch infolge von Nichtlinearitäten erregen. Entsteht nämlich z. B. in einer Pupinspule nach § 421 aus der von der einen Station gesandten unverschobenen Frequenz $f = (5400/4)$ Hz $= 1350$ Hz die Frequenz $3f = 4050$ Hz, so sind für sie die Trägerfrequenzfilter der anderen Gesprächsrichtung durchlässig; sie wird also im Rückumsetzer der Station, von der die Frequenz f ausgegangen ist, mit der Trägerfrequenz 5400 Hz zurückverschoben, und es kommt daher in deren Differentialgabelpunkt die ursprüngliche Frequenz 1350 Hz wieder an. Die Frequenz 1350 Hz ist sozusagen über das verschobene Band hinweg zurückgeflossen.

Die „Zweibandtelephonie" ist wirtschaftlich bei Seekabeln von 100 bis 300 km Länge. Für Landkabel eignet sie sich weniger[1].

§ 427. Trägerfrequenzfernsprechen auf unbespulten Vierdraht-Kabelleitungen[2]. Im § 423 haben wir gesehen, daß die Pupinleitungen um so dichter bespult werden müssen, je höher ihre Grenzfrequenz gewählt wird. Da der Aufwand für die Pupinisierung dabei steigt, ist man dazu übergegangen, für hochwertige Vielfachverbindungen unbelastete Kabelleitungen zu verwenden[3]. Die Fernsprechsysteme, bei denen unbespulte Drahtpaarleitungen mit Trägerfrequenzen unter 100 kHz betrieben werden, heißen auch „U-Systeme". Über die ebenfalls unbelasteten „Breitbandsysteme" wird eine noch viel größere Zahl von Gesprächen gleichzeitig übertragen; bei ihnen sind die Leitungen entweder ebenfalls Drahtpaarleitungen oder koaxiale Leitungen, d. h. Leitungen, die aus einem Draht und einer ihn umhüllenden zylindrischen Röhre derselben Achse bestehen. Wir betrachten in diesem Paragraphen zunächst die U-Systeme.

Unbelastete Leitungen haben vor den belasteten einen großen Vorteil voraus: ihre Reichweite wird praktisch durch die Laufzeit überhaupt nicht beschränkt. Die Fortpflanzungsgeschwindigkeit der Wellen beträgt nämlich für die Drahtpaarleitungen 245 km/ms, für die Leitungen mit koaxialen Leitern sogar 280 km/ms. Wird also eine Laufzeit von nur 100 ms zugelassen, so erhält man für die beiden Systeme immer noch Reichweiten von 24500 und 28000 km. Wegen der geringen Laufzeit spielen auch Echoerscheinungen keine wesentliche Rolle.

Trotz diesem wesentlichen Vorteil hat man erst verhältnismäßig spät die Verwendung unbelasteter Kabelleitungen ins Auge gefaßt, und zwar vor allem wegen der Gefahr des Nebensprechens. Bei hohen Frequenzen kann man den Wellenwiderstand nach der Formel $\mathfrak{Z} = \sqrt{L/C}$ berechnen; da die Induktivität der Kabelleitungen niedrig, ihre Kapazität hoch ist, haben sie bei hohen Frequenzen einen nahezu konstanten niedrigen Wellenwiderstand. Das hat aber nach § 265 zur Folge, daß die magnetische Einwirkung keinesfalls zu vernachlässigen ist neben der elektrischen. Man kann die magnetischen Kopplungen auch nicht wie die elektrischen durch einen Ausgleich beseitigen, da sie wegen der im massiven Bleimantel entstehenden Wirbelströme besonders bei gleichen Drallängen komplex sind und stark von der Frequenz abhängen[4].

Der durch (419. 6) für das Nahnebensprechen geforderte hohe Wert der Dämpfung b_n läßt sich daher beim Vierdrahtbetrieb nicht erreichen; man ist genötigt, die für die beiden Gesprächsrichtungen bestimmten Leitungen in getrennten Kabeln unterzubringen. Die für das Fernnebensprechen geltende

---

[1] Schmidt, K. O.: Telegr.- u. Fernspr.-Techn. **21** (1932) S. 68.

[2] Clark, A. B., u. Kendall, B. W.: Bell Syst. techn. J. **12** (1933) S. 251.

[3] Wenn der Einbau der Verstärkerämter auf Schwierigkeiten stößt, benutzt man, um ihre Zahl zu verringern, auch dichtbespulte Leitungen, deren Grenzfrequenz hoch genug liegt.

[4] Wuckel, G.: Elektr. Nachr.-Techn. **11** (1934) S. 157; Europ. Fernsprechdienst **47** (1937) S. 209. Hochgraf, L.: Bell Lab. Record **17** (1939) S. 185.

Bedingung ist weniger scharf als die für das Nahnebensprechen geltende; sie läßt sich daher auch bei den Systemen mit unbelasteten Leitungen erfüllen.

Um die Wirkung der magnetischen Kopplungen herabzudrücken, hat man sich bemüht, die Kapazität der Leitungen durch Verwendung dünnerer Drähte und dickerer Isolierschichten zu verringern. Dabei ist man jedoch über einen Wert des Wellenwiderstands von etwa 200 Ω nicht hinausgekommen.

Da die Kopplungen $k_{1\varphi}$ und $k_{2\varphi}$ in der Regel größer sind als die Kopplung k_{12} (§ 263), hat es keinen Zweck, Phantomkreise auszunützen. Deshalb kann man an Stelle der DM-Verseilung die Sternverseilung wählen; dabei gibt man den einzelnen in einem Kabel vereinigten Sternvierern verschiedene Dralle. Daß beim Sternvierer die Kopplungen k_{12} und m_{12} sehr gering sind, geht aus den Gleichungen (262. 5) und (264. 1) hervor.

Da die bezogene Dämpfung der Kabelleitungen mit der Frequenz stark ansteigt und da man die Zahl der Verstärkerämter aus wirtschaftlichen Gründen möglichst niedrig zu halten wünscht, läßt man verhältnismäßig hohe Verstärkerfelddämpfungen b zu. Die bezogene Dämpfung beträgt bei dem deutschen 1,2-mm-System nach Abb. 216. 1 bei der höchsten benutzten Frequenz 60 kHz etwa 170 mN/km. Verstärkt man demnach nur alle 35 km, so muß man unter Berücksichtigung der in den Leitungsentzerrern auftretenden Zusatzdämpfungen eine Verstärkerfelddämpfung von $5{,}9 + 0{,}3 = 6{,}2$ N durch Verstärkung wieder aufheben. Bei so hohen Verstärkungen bestehen zwei Gefahren: Legt man den Sendepegel zu hoch, so übersteuert man die Röhren der Verstärker, die ja die Gespräche sämtlicher Kanäle gemeinsam zu verstärken haben, außerdem erhält man starke nichtlineare Verzerrungen; legt man ihn zu tief, so nähert man sich dem Rauschpegel (§ 420). Da die Leistung der entstehenden Kombinationstöne ebenso wie die des Rauschens proportional der Anzahl m der eingeschalteten Verstärker wächst[1], darf man m nicht über ein gewisses Maß hinaus steigern. Die Reichweite nimmt daher mit steigender Verstärkerfelddämpfung ab.

Nach Mayer und Thierbach gelten beim U-System für den zulässigen Sende- und den zulässigen Empfangspegel[2] bei langen Verbindungen die Bedingungen

$$\begin{aligned} \text{Sendepegel} &= 2{,}7 - \ln \sqrt{m} \\ \text{Empfangspegel} &= -10 + \ln \sqrt{m}. \end{aligned} \qquad (427.\ 1)$$

Nehmen wir an, daß die zulässige Verstärkerfelddämpfung b gleich der Differenz dieser beiden Pegel ist, so erhalten wir für die zulässige Verstärkerzahl

$$m = e^{12{,}7 - b}. \qquad (427.\ 2)$$

Mit 35 km Verstärkerabstand, also 6,2 N Gesamtdämpfung je Verstärkerfeld, kann man nach (. 2) bis zu $e^{6{,}5} = 660$ Verstärker einschalten. Den Sendepegel hätte man dabei auf $2{,}7 - 3{,}25 = -0{,}6$ N, den Empfangspegel auf $-10 + 3{,}25 = -6{,}8$ N festzulegen. Eine solche U-Leitung hätte demnach theoretisch eine Reichweite von $660 \cdot 35 = 23100$ km. Ginge man mit dem Verstärkerabstand, um Anlagekosten zu sparen, auf 40 km, so daß die Verstärkerfelddämpfung auf $40 \cdot 0{,}17 + 0{,}3 = 7{,}1$ N stiege, so ergäbe sich aus (. 2) eine Reichweite von nur $e^{5{,}6} \cdot 40 = 270 \cdot 40 = 10800$ km, also weniger als die Hälfte.

Der Frequenzbereich des U-Systems unter 60 kHz wird nach den Empfehlungen des CCIF mit 12 vierdrahtmäßig betriebenen Kanälen ausgenutzt. Als untere Eckfrequenz fordert das CCIF 300 Hz, als obere 3400 Hz; in Deutschland hat man das Band der wirksam übertragenen Frequenzen jedoch auf den Bereich zwischen 200 und 3600 Hz erweitert.

---

[1] Mayer, H. F., u. Thierbach, D.: Europ. Fernsprechdienst 48 (1938) S. 6. Kluge, M.: Fachber. Verb. Dtsch. Elektrot. 10 (1938) S. 192.

[2] Der „Sendepegel“ ist der Pegel am Eingang der Leitung (beim U-System also am Ausgang des Sendeverstärkers), der „Empfangspegel“ entsprechend der Pegel an ihrem Ende.

Jedes der 12 Bänder wird (vgl. § 409) zunächst mit einer Trägerfrequenz von 8 kHz unter Benutzung des unteren Seitenbands in die Lage

$$4{,}4 \leftarrow 7{,}8\ \text{kHz}$$

(Kehrfolge) verschoben (Abb. 427. 1). Die Trägerfrequenz ist zugleich „Nullfrequenz“[1]. Dieses Band wird dann noch einmal verschoben mit den 12 Trägerfrequenzen

$$20,\ 24,\ 28 \cdots 64\ \text{kHz}$$

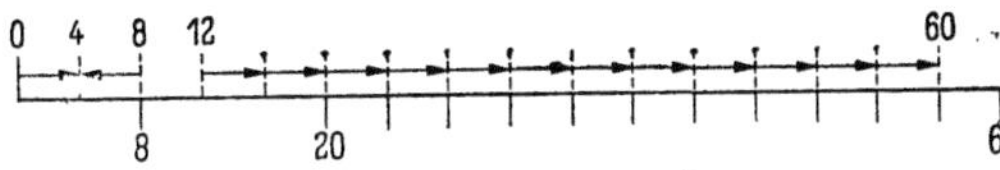

Abb. 427. 1.

wieder unter Benutzung des unteren Seitenbands. Damit entsteht eine Gruppe von Kanälen, bei denen die Kehrfolge wieder zur Regelfolge geworden ist. Für das unterste Band gilt

$$12{,}2 \rightarrow 15{,}6\ \text{kHz (Nullfrequenz 12 kHz)},$$

für das oberste

$$56{,}2 \rightarrow 59{,}6\ \text{kHz (Nullfrequenz 56 kHz)}.$$

Zwischen den 12 Trägerfrequenzen und den obersten Frequenzen der zugehörigen Bänder bestehen so große Lücken (4,4 kHz!), daß die oberen Seitenbänder mit geringem Aufwand beseitigt werden können.

Wegen der hohen Verstärkerzahl

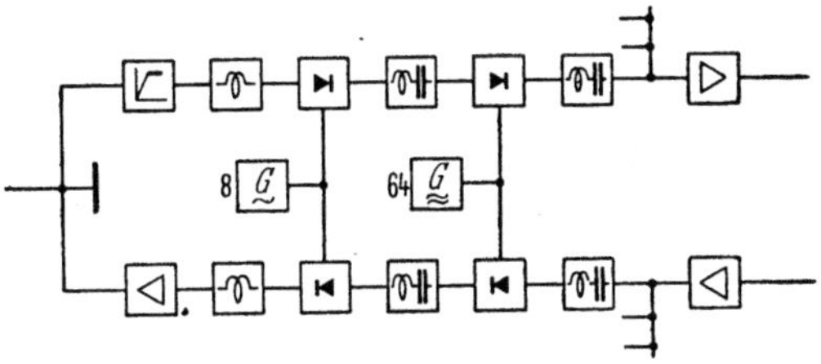

Abb. 427. 2.

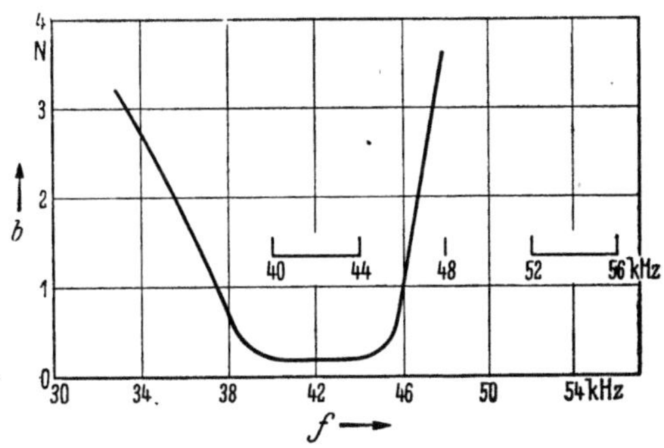

Abb. 427. 3.

schwankt die Restdämpfung der unbelasteten Leitungen, wenn auch nur langsam. Man muß den Pegel daher durch besondere Vorrichtungen konstant halten.

Die Laufzeitverzerrung des Systems ist sehr klein.

Abb. 427. 2 zeigt in einpoliger Darstellung den Aufbau des Systems[2]. Die Einrichtungen sind für die Trägerfrequenz 64 kHz gezeichnet. Die Verstärker am Ausgang verstärken die ganze Gruppe von 12 Gesprächen.

Abb. 427. 3 zeigt den Verlauf der Dämpfungskurve des Filters für den Kanal mit der Trägerfrequenz 48 kHz. Man sieht, daß an die Steilheit der Kurve keine besonders hohen Anforderungen gestellt zu werden brauchen.

Daß im Falle des Bildes die Frequenzbänder zwischen 36 und 40 kHz und zwischen 44 und 48 kHz noch teilweise in den Durchlaßbereich des Filters fallen, bedeutet eine gewisse Mehrbelastung der Rückumsetzer; es liegt jedoch darin kein Nachteil, da die einzelnen Nachrichtenbänder grundsätzlich bei der „Vorumsetzung“ scharf eingegrenzt werden.

Statt in Vierdrahtschaltung kann man die unbelasteten (oder belasteten) Kabelleitungen auch in Zweiband-Zweidrahtschaltung betreiben. Man teilt dann etwa das gesamte benutzte Frequenzband in zwei Hälften und weist die untere Hälfte der einen, die obere der anderen Gesprächsrichtung zu. Dann läßt sich

---

[1] Die Nullfrequenz eines verschobenen Bandes ist die Frequenz, die der Frequenz Null im unverschobenen Band entspricht.

[2] Düll, H.: Europ. Fernsprechdienst **51** (1939) S. 43. Thierbach, D., und Schmid, A.: Elektrot. Z. **60** (1939) S. 761. Ein einstufiges System bei Häßler, G.: Europ. Fernsprechdienst **49** (1938) S. 147. Amerikanische Literatur: Bell Syst. techn. J. **18** (1939) H. 1.

die nötige Freiheit von Nahnebensprechen ohne weiteres erreichen, und es ist nicht nötig, die Leitungen der beiden Gesprächsrichtungen in getrennten Kabeln unterzubringen[1].

§ 428. Breitbandkabel. Zur Entwicklung von Kabeln mit ganz breiten Übertragungsbereichen[2] hat im Grunde das Fernsehen den Anstoß gegeben, das die Übertragung eines Bandes von mindestens 500 kHz Breite erfordert.

Schon im § 216 haben wir gesehen, daß die Aufgabe der Breitbandübertragung nur gelöst werden kann, wenn zur Isolierung der Leiter Stoffe äußerst niedrigen Verlustwinkels verwendet werden. Nur dann läßt sich die bezogene Dämpfung durch Vergrößerung der Leiterquerschnitte so niedrig halten, daß große Entfernungen überbrückt werden können, ohne daß der Aufwand für die Zwischenverstärker zu groß wird.

Stoffe äußerst niedrigen Verlustwinkels sind z. B. „Frequenta" und „Styroflex". Styroflex ist ein nicht hygroskopisches Trolitul, dessen mechanische Eigenschaften durch eine besondere Behandlung wesentlich verbessert sind. Bei den genannten Stoffen ist $\operatorname{tg} \delta = 1$ bis $2 \cdot 10^{-4}$; die Ableitungsdämpfung steigt daher nach (216. 6) selbst für $f = 1$ MHz nur wenig über 1 mN/km.

Man kann die Breitband-Kabelleitungen sowohl mit koaxialen Leitern als auch mit Drahtpaaren in Hohlzylindern aufbauen. Die koaxiale Anordnung ist jedoch etwas günstiger. Mit zwei 4-mm-Drähten, die 11 mm voneinander entfernt in eine Hülle von 23 mm innerem Durchmesser eingeschlossen sind, erreicht man für 4 MHz $\beta \approx 400$ mN/km; eine koaxiale Leitung dagegen mit $r_i = 5$ mm, $r_a = 18$ mm hat bei 4 MHz eine bezogene Dämpfung von etwa 320 mN/km.

Das sind immer noch so hohe bezogene Dämpfungen, daß man wie bei den U-Leitungen mit den gewöhnlichen Verstärkerabständen nicht mehr auskommt. Nimmt man sich vor, unter eine Verstärkerfeldlänge von 17,5 km (= 140 km/8) nicht herunterzugehen, so hat man bei koaxialen Leitern für 4 MHz eine Verstärkerfelddämpfung von $320 \cdot 17{,}5$ mN = 5,6 N durch Verstärkung wieder aufzuheben.

Es ist zweckmäßig, den Frequenzbereich über 1 MHz in dieser Weise für das Fernsehen auszunutzen. In dem Frequenzband unter 1 MHz kann man dann beispielsweise 200 Fernsprechkanäle unterbringen. Da die bezogene Dämpfung bei 1 MHz nach (216. 6) nur halb so groß ist wie bei 4 MHz, genügen für das Breitbandfernsprechen Verstärkerämter in Abständen von 35 km. Fernsehen und Fernsprechen werden in den Ämtern mit Hilfe von Frequenzweichen auf getrennten Wegen geführt.

Nach § 266 sind die koaxialen Leitungen nur bei hohen Frequenzen durch die Stromverdrängung wirksam gegen äußere Felder abgeschirmt. Die Frequenzen unterhalb von etwa 100 kHz werden deshalb überhaupt nicht verwendet. Auch bei hohen Frequenzen ist es schwer, die durch (419. 6) geforderten hohen Werte von b_n zu erreichen. Man führt deshalb wie beim U-System die Gespräche der beiden Richtungen in getrennten Kabeln.

Die Breitbandkabel beanspruchen nur 1 kg Kupfer je Sprechkreis und Kilometer; das ist nur etwa der 15. Teil des Bedarfs bei einer einfach ausgenutzten bespulten 0,9-mm-Kabelleitung. Die Spulenkosten und die Kosten des Nebensprechausgleichs fallen bei den Breitbandleitungen ganz weg. Auch der Aufwand für die Verstärker hält sich in mäßigen Grenzen, da man z. B. am Ausgang des Sendeamts für die gesamten 200 Kanäle nur einen einzigen Verstärker braucht.

---

[1] Vgl. Kluge, M.: Elektrotechn. Z. **61** (1940) S. 141.

[2] Höpfner, K., u. Mayer, H. F.: Europ. Fernsprechdienst **46** (1937) S. 101. Wukkel, G.: AEG-Mitt. 1938 S. 195.

Voraussetzung ist freilich, daß der Fernsprechverkehr zwischen den durch ein Breitbandkabel zu verbindenden Ämtern so stark ist, daß es Sinn hat, ein „Bündel" von 200 Kanälen zu benutzen. Breitbandkabel werden daher nur zwischen großen Städten eingesetzt.

Außerdem ist zu beachten, daß in der Zahl der benutzten Kanäle, die wesentlich größer ist als beim U-System, eine besondere technische Aufgabe liegt, da die Zwischenverstärker die Leistung für sämtliche Kanäle aufzubringen haben. Wenn natürlich auch nicht zu erwarten ist, daß alle Kanäle gleichzeitig, und noch weniger, daß alle gleichzeitig mit den höchsten überhaupt vorkommenden Spitzenwerten belegt sind, so wächst doch sicher die von ihnen zu verstärkende Leistung mit der Zahl der Kanäle. Soll die Aussteuerung der Verstärker nicht über ein gewisses Maß hinausgehen, so muß der Sendepegel niedriger gehalten werden als z. B. bei den Leitungen eines U-Systems. Nach Mayer und Thierbach treten bei einem Breitbandsystem mit 200 Kanälen die folgenden Gleichungen an die Stelle von (427. 1):

$$\left.\begin{aligned}\text{Sendepegel} &= 1{,}3 - \ln\sqrt{m}\\ \text{Empfangspegel} &= -\,9{,}65 + \ln\sqrt{m}\end{aligned}\right\} \qquad (428.\ 1)$$

und daher

$$m = e^{10{,}95-b}\,. \qquad (428.\ 2)$$

Bei einem Verstärkerabstand von 35 km beträgt die Dämpfung der eigentlichen Leitung bei 690 kHz (der höchsten für das Fernsprechen benutzten Frequenz) $0{,}140 \cdot 35 = 4{,}9$ N. Dazu kommen für die das Fernsehen abtrennenden Weichen und für die Entzerrer 0,7 N. Mit 5,6 N erhält man aber nach (. 2)

$$m = e^{5{,}35} = 210\,.$$

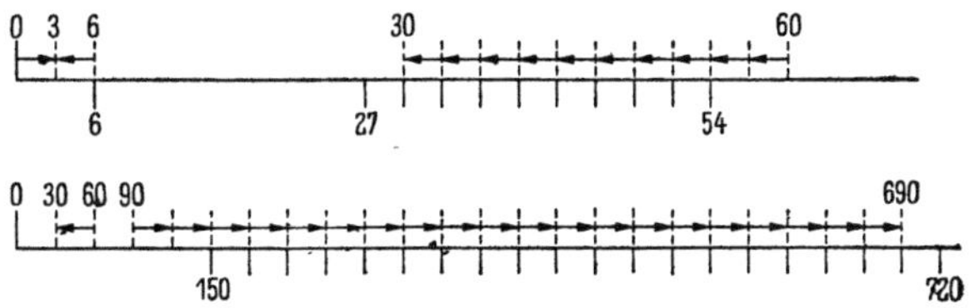

Abb. 428. 1.

Das ergäbe eine theoretische Reichweite von 7350 km. Die Breitbandkabel eignen sich also weniger als die U-Kabel zur Überbrückung der größten Entfernungen.

Beim deutschen Breitbandsystem werden die natürlichen Frequenzbänder im Sendeamt in drei Stufen in die Frequenzlagen verschoben, in denen sie über die eigentlichen Leitungen und die Unterwegsverstärker wandern sollen. Abb. 428. 1 zeigt in zwei Maßstäben, die sich wie 10 : 1 verhalten, das Verfahren. Die 200 natürlichen Bänder werden zunächst — jedes für sich — unter einen Träger von 6 kHz geschoben. Darauf werden aus ihnen 20 Gruppen zu je 10 Gesprächen gebildet. In jeder Gruppe werden die 10 Gespräche als obere Bänder mit den Trägerfrequenzen 27, 30, · · · 54 kHz in den Bereich von 30 bis 60 kHz verschoben. Zur Verschiebung der 20 Gruppen dienen dann die Trägerfrequenzen 150, 180, · · · 720 kHz. Die 200 Gespräche überdecken demnach schließlich den Bereich zwischen 90 und 690 kHz.

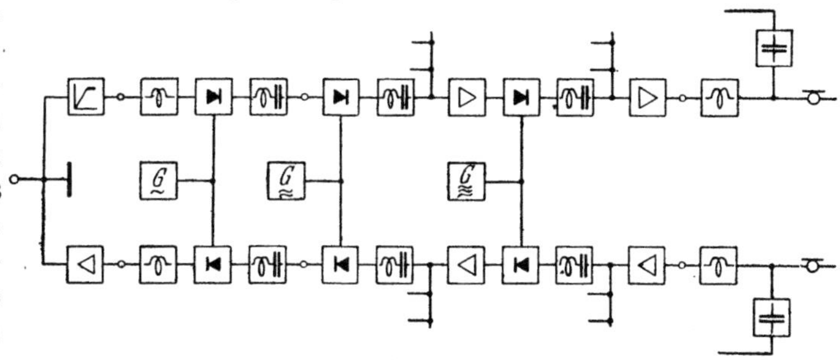
Abb. 428. 2.

Abb. 428. 2 zeigt das Grundsätzliche der Schaltung.

§ 429. Austausch von Rundfunkdarbietungen. Soll der Rundfunksender Berlin eine Darbietung des Senders Breslau ausstrahlen, so bedarf es einer Fernleitung besonders hoher Güte, die den Aufnahmeraum des Senders Breslau über die Fernämter in Breslau und Berlin mit dem Berliner Sender verbindet. Die deutschen Fernkabel enthalten zu diesem Zweck besondere Rundfunkleitungen; diese sind leicht pupinisiert ($f_0 \approx 11500$ Hz), so daß ein wesentlich breiteres Frequenzband wirksam übertragen wird als bei den gewöhnlichen Fernkabelleitungen. Das Band erstreckt sich etwa von 30 bis 8000 Hz. Meist bringt man die Rundfunkleitungen im Kern des Kabels unter, wo man sie mit einem besonderen Bleimantel umhüllt; auf jeden Fall schirmt man sie so gut wie möglich gegen Beeinflussung aus Nachbarleitungen.

Besonderer Wert muß auf möglichst vollkommene Entzerrung der Leitungen gelegt werden; man verwendet in der Regel Vierpole konstanten Wellenwiderstands (§ 349).

Es gibt zwei Entzerrungsverfahren. Man kann entweder dafür sorgen, daß die Spannungs-, oder daß die Leistungsübersetzung unabhängig ist von der Frequenz. Das ist nicht dasselbe, weil die Scheinwiderstände an den beiden Klemmenpaaren, deren Spannungen oder Leistungen man vergleicht, von der Frequenz abhängen. In Deutschland entzerrt man bei den Rundfunkleitungen die Spannungen, weil die gebräuchlichen Meßgeräte Spannungsmesser sind.

Die meist mehrstufigen Verstärker werden zweckmäßigerweise mit Gegenkopplung versehen, so daß sie auch bei den höchsten Amplituden, die bei den Darbietungen vorkommen können, noch linear arbeiten. Bei Musik wie bei Sprache verhalten sich die größten Amplituden zu den kleinsten etwa wie 10^4 zu 1 (§ 285). Man regelt die Darbietungen in den Aufnahmeräumen so, daß sich die Mittelwerte der Amplituden bei den Fortissimo- und Pianissimostellen etwa wie 100 : 1 verhalten. Es muß weiter darauf geachtet werden, daß der Pegel auch bei den geringsten Schallstärken noch hinreichend hoch über dem Störpegel liegt.

Die höchsten vorkommenden Pegel werden mit einem Stromstoßmesser („Impulsmesser") kurzer Integrationszeit (20 ms), die geringsten mit einem Stromstoßmesser langer Integrationszeit (200 ms) gemessen.

Da sehr sorgfältig entzerrt wird, dient ein beträchtlicher Teil der Verstärkung dazu, die durch den Entzerrer erzeugte Zusatzdämpfung wieder aufzuheben.

§ 430. Unmittelbare Übertragung von Darbietungen auf Rundfunkempfangsgeräte (Drahtfunk). Der gewöhnliche Rundfunk, bei dem sich die elektromagnetischen Wellen drahtlos fortpflanzen, hat gewisse Mängel. Er ist vor allem zahlreichen, u. U. starken Störungen ausgesetzt. Die Rundfunkwellen sind ferner, sobald sie ausgestrahlt sind, der Einwirkung des Sendenden entzogen, und jeder kann sie auffangen, der einen Empfänger besitzt. Endlich besteht schon seit längerer Zeit ein empfindlicher Wellenmangel im „Äther"; dieser ist „überlastet".

Übermittelt man die Darbietungen über Leitungen (statt durch den freien Raum), so ist es leichter, Störungen zu vermeiden. Außerdem können die Darbietungen nur von denen empfangen werden, deren Rundfunkempfänger an die Leitungen angeschlossen sind. Der Äther aber ist „entlastet". Wird zu der Rundsendung das bereits bestehende Fernsprechnetz benutzt, so kann sich jeder Drahtfunkteilnehmer ohne weiteres einschalten, ohne daß — bei Übertragung mit Trägerfrequenzen — der gewöhnliche Fernsprechverkehr beeinträchtigt würde.

In Deutschland soll im Laufe der Zeit eine große Zahl von Drahtfunksendeämtern eingerichtet werden. In jedem Amt sollen Sender stehen für z. B. drei

Trägerfrequenzen in dem Bereich zwischen 150 und 300 kHz. Der Aufwand für diese Sender ist verhältnismäßig gering. Die drei Darbietungen werden den Empfangsgeräten der Drahtfunkteilnehmer auf derselben Leitung über Weichen zugeführt.

Ist der Drahtfunkteilnehmer nicht zugleich Fernsprechteilnehmer, so muß er durch eine neue Leitung an eine in der Nähe endigende Teilnehmerleitung angeschlossen werden; die Starkstromleitungen sind dazu in der Regel nicht zu gebrauchen.

Die zu verwendenden Trägerfrequenzen sind durch die Forderung festgelegt, daß die gewöhnlichen Empfangsgeräte benutzbar sein müssen. Für hohe Frequenzen ist die bezogene Dämpfung der zu den Teilnehmern führenden unbelasteten Kabelleitungen bereits sehr hoch. Es müssen daher in die Drahtfunkleitungen, die die Sendeämter mit den Teilnehmern verbinden, in verhältnismäßig geringen Abständen (z. B. in Abständen von 3 ··· 5 km) Verstärker eingebaut werden.

Die drei Darbietungen können entweder in einem einzigen Breitbandverstärker oder in drei getrennten Verstärkern („Kanalverstärkern") einzeln verstärkt werden. Da wie beim Rundfunk beide Seitenbänder samt dem Träger, im ganzen also 6 Bänder und 3 Träger, übertragen werden, können bei gemeinsamer Verstärkung die Darbietungen des einen Kanals nach § 421 (am Schluß) bei nicht ausreichender Linearität in einem anderen Kanal wahrnehmbar werden („gegenseitige" oder „Kreuzmodulation"). Dafür entstehen bei getrennter Verstärkung Zusatzkosten für die nötigen Filter.

§ 431. **Trägerfrequenzfernsprechen über Freileitungen.** Die Drähte der Fernsprechfreileitungen sind dicker als die der meisten Fernsprechkabelleitungen, da sie auch im Winter, bei Rauhreif und stürmischem Wetter, nicht reißen dürfen; die üblichen Drahtstärken liegen etwa zwischen 2,5 und 5 mm. Deshalb ist das Widerstandsglied der bezogenen Dämpfung [vgl. (212. 2)] bei den Freileitungen immer wesentlich kleiner als bei den dünndrähtigen Kabelleitungen. Das Ableitungsglied dagegen kann bei den Freileitungen beträchtlich sein; vor allem aber hängt der (von der Frequenz nahezu unabhängige) Faktor tg δ der Gleichung (216. 7) außerordentlich stark von der Witterung ab[1]. Die bezogene Dämpfung beträgt z. B. für 30 kHz und 4-mm-Drähte bei trocknem Wetter 8,0 mN/km, bei Regen 12,5 mN/km, bei starkem Rauhreif gar 25 mN/km und mehr. Läßt man daher bei 30 kHz beispielsweise eine Gesamtdämpfung von 5 N zwischen zwei Verstärkerämtern zu, so kann man eine Verstärkerfeldlänge von 400 km nur unter durchschnittlichen Witterungsverhältnissen überbrücken, aber nicht mehr z. B. bei außergewöhnlichem Rauhreifbelag.

Aus den soeben angegebenen Dämpfungswerten geht hervor, daß die mit Trägerfrequenzen betriebenen Freileitungen auch im Weitverkehr mit Vorteil eingesetzt werden können. In dünnbesiedelten Ländern mit geringem Fernsprechverkehr sind sie als Weitverbindungen sogar wesentlich wirtschaftlicher als die Fernsprechkabelleitungen.

Je höhere Frequenzkanäle man ausnutzt, um so enger muß man natürlich wegen des Anstiegs der Dämpfung die Verstärkerämter setzen.

Ein Trägerfrequenzbetrieb höherer Frequenzlage nach dem Einband-Zweidrahtverfahren ist bei längeren Freileitungen nicht möglich. Da nämlich die Leitungsdämpfung bei der Verschiebung des übertragenen Bandes nach höheren Frequenzen hin stark ansteigt, müßte die Fehlerdämpfung b_f der in den Gabeln liegenden Nachbildungen nach (422. 4) auf hohe Werte gebracht werden; diese Forderung läßt sich aber wegen der starken Schwankungen der Scheinwiderstände der Leitungen nicht erfüllen.

[1] Vgl. Klein, W., Spang, W., u. Fritzsche, W.: Telegr.- u. Fernspr.-Techn. 31 (1942) S. 198.

Aber auch der Vierdrahtbetrieb muß ausscheiden, weil sich das Nahnebensprechen nicht hinreichend stark herabsetzen läßt. Man kann den bei hochwertigen Verbindungen zu fordernden Grundwert der Nebensprechdämpfung nur erreichen, wenn man die Gespräche der beiden Richtungen in verschiedene Frequenzbereiche verweist. Deshalb sind schon in den zwanziger Jahren, als die ersten Trägerfrequenzsysteme für Freileitungen entwickelt wurden, Zweiband-Zweidrahtleitungen verwendet worden.

Die Trägerschwingung ist früher meist mit übertragen worden, teils in voller Stärke, teils geschwächt. In neuerer Zeit arbeitet man beim Weitverkehr überwiegend mit reiner Frequenzbandverschiebung; d. h. der Träger und das eine Seitenband werden völlig unterdrückt.

In Abb. 431. 1 sind als Beispiele zwei Frequenzpläne eines Dreifach-Trägersystems dargestellt[1]. Sie zeigen außer dem natürlichen Nachrichtenkanal sechs verschobene Kanäle. Von diesen bilden die drei unteren und die drei oberen Gruppen gleicher Übertragungsrichtung. Über ihnen liegt häufig noch ein einzelner (nicht gezeichneter) Kanal für den Austausch von Darbietungen zwischen Rundfunksendern; beim Rundfunk kann ja umgeschaltet werden, wenn die Übertragungsrichtung wechselt.

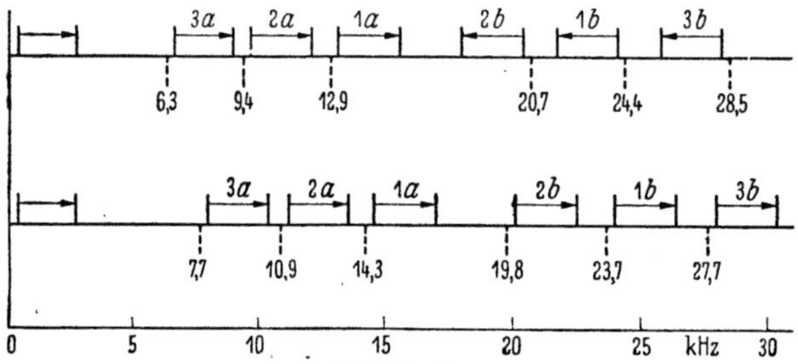

Abb. 431. 1.

Nützt man zwei Freileitungen desselben Gestänges mit Trägerfrequenzen aus, von denen die eine nach dem einen, die andere nach dem andern Frequenzplan betrieben wird, so kann nur unverständliches Nebensprechen entstehen, da es mit falscher Trägerfrequenz in den Tonbereich zurückverschoben wird. Bei unverständlichem Nebensprechen genügt aber ein geringerer Grundwert der Nebensprechdämpfung.

Abb. 431. 2 zeigt das Schaltbild eines Senders. Das natürliche Band wird zunächst verstärkt; seine Amplituden werden (z. B. mit einer Glimmlampe oder einer Gleichrichterschaltung) nach oben hin begrenzt. Dann wird es etwa mit der Trägerfrequenz 9,4 kHz (oberes Band 2*a* des Plans Abb. 431. 1) zwischen die Frequenzen 9,7 und 12,1 kHz geschoben. Ein Bandpaß sorgt für Unterdrückung unerwünschter Frequenzen. Das Band wird darauf mit den beiden anderen Bändern, die mit den Trägerfrequenzen 6,3 und 12,9 kHz verschoben worden sind, zu der unteren Gruppe (1*a*, 2*a*, 3*a*) vereinigt. Die Gruppe wird verstärkt und gelangt über eine „Gruppenweiche" und über „Leitungsweichen" auf die Fernleitung. Die Gruppenweiche hindert die untere Gruppe, deren Pegel ja hoch ist, am Eindringen in den Empfangsteil der Schaltung, der der oberen Gruppe (1*b*, 2*b*, 3*b*) zugewiesen ist. Über die gezeichneten Leitungsweichen werden das Niederfrequenzgespräch, d. h. das Gespräch in der natürlichen Frequenzlage, und die etwa zu übertragenden Mittelfrequenztelegramme (§ 435) zugeführt.

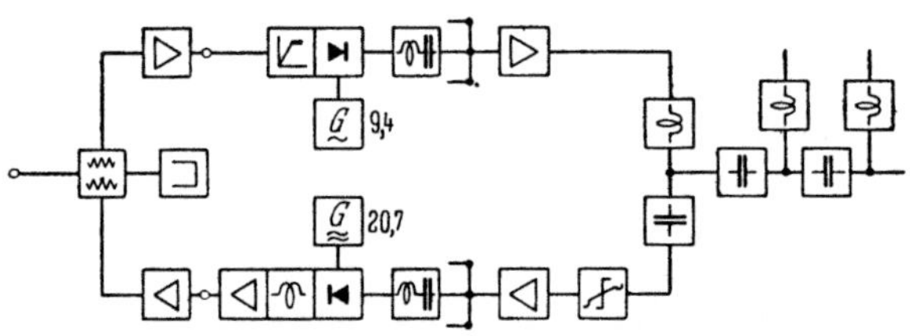

Abb. 431. 2.

Die obere Gruppe wird nach ihrem Eintreffen und nach dem Durchgang

[1] Nach Scherer, K., u. Meins, H.: Europ. Fernsprechdienst 47 (1937) S. 224.

durch die Gruppenweiche zuerst auf einen Entzerrer[1], dann auf den Empfangs-Gruppenverstärker geleitet. Die Bandfilter schneiden aus der Gruppe die nach dem Frequenzplan zugehörigen Bänder aus, in dem angenommenen Fall also das Band zwischen 18,0 und 20,4 kHz. Dieses wird mit einer Trägerschwingung von 20,7 kHz in die natürliche Lage zurückgeschoben, in einem Tiefpaß gereinigt und über die Gabel und die Vermittlung dem Teilnehmer zugeführt.

Mit Rücksicht auf die Störungen, denen die Freileitungen in höherem Maße ausgesetzt sind als die Kabelleitungen, arbeitet man mit hohem relativem Sendepegel. Man macht ihn beispielsweise gleich 2 N. Da dem eine hohe Leistung entspricht, besonders wenn in allen Kanälen gleichzeitig gesprochen wird, ist es zur Vermeidung nichtlinearen (meist unverständlichen) Nebensprechens zweckmäßig, die Höchstwerte vor der Umsetzung der Bänder zu begrenzen. Der relative Empfangspegel darf mit Rücksicht auf die Störungen in der Regel nicht wesentlich kleiner sein als — 3 N.

Die Entzerrer haben bei den Freileitungen nicht nur die Aufgabe, die Dämpfungsverzerrung wieder aufzuheben; sie müssen zugleich die zeitlichen Schwankungen der Dämpfung ausgleichen. Man unterscheidet daher bei manchen Ausführungen zwischen dem eigentlichen Entzerrer und dem „Dämpfungsausgleich". Dieser kann von Hand betätigt werden; selbsttätige Regelung mit Hilfe einer besonders zugesetzten „Pilotfrequenz" („Steuerfrequenz") ist jedoch vorzuziehen, da sich die Witterungsverhältnisse sehr rasch ändern können.

Neuerdings nutzt man[2] bei Freileitungen den vollen Bereich der Frequenzen unter 150 kHz aus. Bei einer solchen Leitung können z. B. die folgenden Nachrichten gleichzeitig übertragen werden: Unterlagerungstelegraphie (§ 433), Fernsprechen in natürlicher Frequenzlage, Mittelfrequenztelegraphie (§ 435), Dreifach-Trägerfrequenztelephonie wie hier beschrieben, Austausch von Rundfunkdarbietungen, Fünfzehnfach-Trägerfrequenztelephonie. Die Abstände der Verstärkerämter müssen für die Teilsysteme mit den höheren Frequenzlagen natürlich verkleinert werden, z. B. auf etwa 100 km.

Eine besondere Art des Trägerfrequenzfernsprechens über Freileitungen ist die „Hochfrequenz-Elektrizitätswerkstelephonie". Man verwendet für sie in der Regel die Starkstromleitungen der Elektrizitätswerke selbst. Zur Ankopplung benutzt man Hochspannungskondensatoren in Verbindung mit Koppelfiltern. Mit den Frequenzen geht man hinauf bis zu 300 kHz. Die Teilnehmer werden gegen die hohen Spannungen durch ein sorgfältig ausgedachtes System von Sicherungen geschützt[3].

§ 432. Telegraphie und Telephonie[4]. Das Fernschreiben hat vor dem Fernsprechen wesentliche Vorzüge. So kann das schriftlich niedergelegte (nicht nur abgehörte) Telegramm als Urkunde dienen; es erfüllt ferner auch dann noch seinen Zweck, wenn der Empfänger vorübergehend nicht zur Verfügung steht; es erlaubt endlich auch schwierigere Schriftsätze rasch zu übermitteln, bei denen es auf jedes Wort ankommt. Das Fernschreiben ist daher neben dem Fernsprechen ein unentbehrliches Nachrichtenmittel. Trotzdem hat sich die Telegraphie im Nachrichtenverkehr neben der Telephonie lange Zeit nur schwer behaupten können.

---

[1] In dem Schaltbild deutet die senkrechte Linie mit den kurzen waagrechten Ansätzen den „Entzerrer", die schräge Linie mit den beiden Halbkreisen die „selbsttätige Regelbarkeit in Stufen" an.

[2] Graf, L., und Henkler, O.: Europ. Fernsprechdienst 52 (1939) S. 191.

[3] Vgl. Dreßler, G.: Hochfrequenz-Nachrichtentechnik für Elektrizitätswerke. Berlin: Springer 1941.

[4] Vgl. Küpfmüller, K., und Storch, P.: Europ. Fernsprechdienst 51 (1939) S. 5.

Im ersten Jahrzehnt dieses Jahrhunderts suchte man bei ihr den technischen Fortschritt in der Konstruktion komplizierter und teurer, aber sehr leistungsfähiger Schnelltelegraphen, die in kürzester Zeit eine große Zahl von Telegrammen über eine Leitung zu senden gestatten. Da die Telegramme bei diesen Schnellsendern vor der Sendung auf Lochstreifen übertragen werden müssen, konnte das Verfahren nur wirtschaftlich sein, wenn durch die äußerste Ausnutzung der teuren Leitungen so viel an Kapital gespart wurde, daß die hohen Kosten des Verfahrens in Kauf genommen werden konnten. Nun schreibt aber ein geschickter Maschinenschreiber etwa halb so rasch wie z. B. ein Siemens-Schnelltelegraphenapparat. Anderseits erfordert die Telegraphie nur schmale Kanäle; es stehen ihr daher, seit die Technik der Vielfachausnutzung von Leitungen zu hoher Vollkommenheit entwickelt ist, sehr viel mehr — zum Teil in anderer Weise überhaupt nicht ausnutzbare — Kanäle zur Verfügung als früher. Telegraphiert man also mit einer Fernschreibmaschine unmittelbar in die Leitung hinein, so spart man an Kapital, da die Fernschreibmaschinen billiger sind als die Schnelltelegraphen, und an Arbeitslohn, da nur ein einziger Apparat zu bedienen ist, ohne daß deshalb der auf die Leitungen fallende Kostenanteil höher würde.

Es kommt hinzu, daß man die billigeren und einfacheren Fernschreibmaschinen den Kunden der Post in die Hand geben kann; diese können dann eilige Nachrichten einem fernen Empfänger mit der Geschwindigkeit der gewöhnlichen Schreibmaschine übermitteln. Sie können den fernen Empfänger sogar wie in der Telephonie mit der Nummernscheibe wählen.

Die Vorzüge der Fernschreibmaschinen, die diese neuere Entwicklung möglich gemacht haben, liegen hauptsächlich darin, daß sie im Gegensatz zu dem Morseapparat und zu dem Schnellmorseapparat unmittelbar Druckschrift in Streifen- oder Blattform liefern und daß sie von jedem des Maschinenschreibens Kundigen ohne weiteres mit der Geschwindigkeit des Maschinenschreibens bedient werden können.

Neue Kanäle werden der Telegraphie durch die Unterlagerungstelegraphie und die Wechselstromtelegraphie mit Trägerfrequenzen zugeführt.

Berechnet man für die verschiedenen Nachrichtenmittel nach U. Meyer[1] das Verhältnis der Breite des erforderlichen Frequenzbandes zu der Zahl n der in der Zeiteinheit übermittelten Buchstaben oder Zeichen (§ 131), so erhält man für das Fernsprechen höhere, also ungünstigere Zahlen als für die Telegraphie. Man findet für den Siemensschnelltelegraphen 4, für die Fernschreibmaschine mit Gleichstrom 5,6, mit Wechselstrom 11,2 [vgl. (389. 12) und 390. 12)], für das Fernsprechen 180, für die Bildtelegraphie sogar bis zu 200. Man sieht also, daß das älteste elektrische Nachrichtenmittel, die Telegraphie, wegen der geringen Breite des von ihm beanspruchten Frequenzbands, von diesem Gesichtspunkt aus betrachtet, das vorteilhafteste ist.

§ 433. Unterlagerungstelegraphie (UT). Bei ihr wird das von der Telephonie nicht ausgenutzte Frequenzband unterhalb der Sprechfrequenzen für „Gleichstrom"-Telegraphie ausgenutzt[2]. Die Telegraphierströme werden durch Hochpässe von den Fernsprechapparaten, die Sprechströme durch Tiefpässe von den Telegraphenapparaten ferngehalten.

Wie breit das Frequenzband ist, das der zur Trennung benutzte Tiefpaß bei der Übermittlung eines Telegramms mit einer gewissen Schrittgeschwindigkeit $1/\tau_0$ durchlassen muß, dafür gibt die Betrachtung am Ende des § 144 einen Anhalt. Wir haben dort gesehen, daß man mit der Dauer τ_0 des Schritts nicht unter die Aufbaudauer τ eines Gleichstromzeichens heruntergehen darf. Die Aufbaudauer τ aber steht mit der erforderlichen Breite des Frequenzbands in

[1] Meyer, U.: Fachber. Verb. Dtsch. Elektrotechn. 10 (1938) S. 172.
[2] Jipp, A., und Nottebrock, H.: Tel.- u. Fernspr.-Techn. 17 (1928) S. 227.

dem durch (389. 12) gegebenen Zusammenhang. Demnach muß bei der Unterlagerungstelegraphie die Bedingung

$$\text{Grenzfrequenz des Tiefpasses} = \frac{1}{2\tau} \geqq \frac{1}{2\tau_0} \qquad (433.\ 1)$$

eingehalten werden. Aus ihr folgt für die international genormte Schrittgeschwindigkeit von 50 Baud eine Mindestgrenzfrequenz von 25 Hz.

Erfahrungsgemäß werden die Telegraphierzeichen durch einen Tiefpaß so gut wie überhaupt nicht mehr verzerrt, wenn dessen Grenzfrequenz gleich dem 1,6-fachen der Schrittfrequenz $1/(2\tau_0)$ gewählt wird[1].

Praktisch wählt man bei der Unterlagerungstelegraphie die Grenzfrequenz der Tiefpässe zu 60 Hz, die der Hochpässe zu 160 Hz. Dadurch erreicht man mit völliger Sicherheit, daß sich die Telegraphier- und Fernsprechströme gegenseitig nicht mehr stören.

Die Bedingung $\tau_0 \geqq \tau$ läßt sich leicht an der Erfahrung prüfen. Man braucht nur bei konstanter Aufbaudauer τ (z. B. $\tau = 30$ ms) die Schrittgeschwindigkeit $1/\tau_0$ zu ändern. Ist sie zu hoch, so kommen die Telegramme verstümmelt an.

Die Schaltung der Unterlagerungstelegraphie ist in Abb. 433. 1 dargestellt. (Die Rechtecke mit den gestrichelten Linien sollen die Filter andeuten.)

In der Regel werden nur die Stämme der Fernsprechleitungen mit Unterlagerungstelegraphie belegt. Es muß dann darauf geachtet werden, daß dadurch störendes „Flattern" entstehen kann (§ 421). Auch die Phantomkreise der Vierer können zur Gleichstromtelegraphie herangezogen werden, soweit sie nicht durch Fernsprechen belegt sind. Man bedarf dann keiner elektrischer Weichen. Werden sie schon als Fernsprechkreise ausgenutzt, so geht man zur „Achtertelegraphie" über.

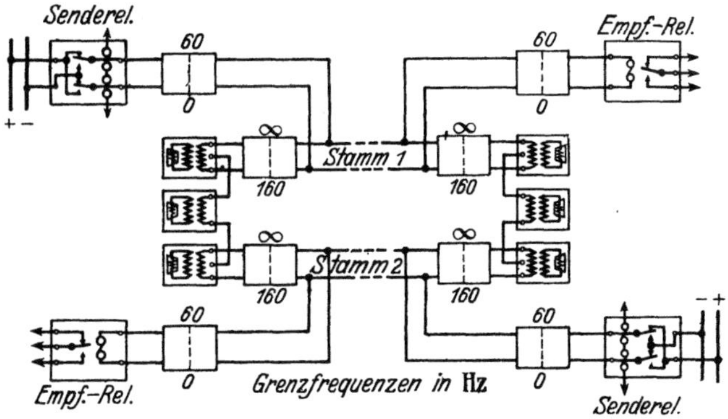

Abb. 433. 1.

Auf den 1,4-mm-Kabelleitungen erreicht man mit Unterlagerungstelegraphie eine Reichweite von 300 km, auf den 0,9-mm-Kabelleitungen eine solche von 150 km. Größere Entfernungen überbrückt man durch Relaisübertragung; dabei verwendet man die gewöhnlichen Endrelais der Unterlagerungstelegraphie. Die für die Fernsprechströme in die Leitungen eingebauten Verstärker müssen mit Frequenzweichen umgangen werden.

§ 434. Wechselstromtelegraphie (WT).

Während bei der „Gleichstrom"-Telegraphie, zu der auch die Unterlagerungstelegraphie gehört, ein konstanter Strom getastet wird, schaltet man bei der Wechselstromtelegraphie einen Wechselstrom konstanten Effektivwertes abwechselnd ein und aus. Die Wechselstromtelegraphie entspricht also dem „Einfachstrom"-Verfahren (§ 130) bei der Gleichstromtelegraphie, da auch bei ihr Zeiten, wo Strom fließt, mit stromlosen Zeiten abwechseln.

Bei der „Eintontelegraphie" wird das ganze für das Fernsprechen zur Verfügung stehende Band nur für ein einziges solches Wechselstromtelegramm ausgenutzt. Der Fernsprechteilnehmer schaltet auf ein Zusatzgerät um, das mit

[1] Wagner, K. W.: Elektr. Nachr.-Techn. 1 (1924) S. 114. Erhardt, O.: Ebenda 11 (1934) S. 267.

einer Frequenz im Fernsprechband, z. B. mit 1500 Hz, zu telegraphieren gestattet.

Bei diesem Verfahren, das z. B. in Holland in ziemlich weitem Umfang eingeführt ist, wird das Frequenzband der Sprache mangelhaft ausgenützt. Denn auch ein Wechselstromtelegramm beansprucht ebenso wie ein Gleichstromtelegramm praktisch nur ein verhältnismäßig schmales Frequenzband. Sendet man mit der Frequenz Ω fortgesetzt Punkte der „Schrittfrequenz" $f = \omega/2\pi$ (§ 387, dort mit f_0 bezeichnet), so entsteht nach (279. 4) die Schwingung

$$y_0\left\{\frac{1}{2} + \frac{2}{\pi}\left(\sin\omega t + \frac{1}{3}\sin 3\omega t + \cdots\right)\right\}\cos\Omega t.$$

Obgleich hierin neben der „Trägerfrequenz" Ω noch die Frequenzen $\Omega \pm \omega$ $\Omega \pm 3\omega, \ldots$ enthalten sind und obgleich in einem beliebigen Wechselstromtelegramm nach § 387 theoretisch sogar ein sehr breites stetig zusammenhängendes Frequenzband steckt, muß nach (390. 12) und § 433 bei einer Schrittgeschwindigkeit von 50 Baud doch nur ein Band von der Breite

$$f_2 - f_1 = \frac{1}{\tau} \geqq \frac{1}{\tau_0} = 2\frac{1}{2\tau_0} = 2 f_{\text{Schritt}} = 50\,\text{Hz} \qquad (434.\ 1)$$

wirklich übertragen werden. Es liegt dies natürlich daran, daß beim Telegraphieren nur die Anker gepolter Relais in „neutraler Einstellung" umgelegt werden müssen; die entstehenden Zeichen sind daher, wenn die Trägerfrequenz groß ist gegen die Schrittfrequenz, in erster Näherung (d. h. wenn man von dem Wellencharakter der Kurve Abb. 389. 2, von Prellungen usw. absieht) völlig verzerrungsfrei.

(. 1) sagt aus, daß jedes Baud 1 Hz Frequenzband erfordert.

Viel wirtschaftlicher als die Eintontelegraphie ist daher das Verfahren, die gewöhnlichen Fernsprech-Vierdrahtleitungen mit so viel Wechselstromtelegrammen der beiden Richtungen zu belegen, wie in dem Fernsprechband überhaupt untergebracht werden können. Ließe man die einzelnen Durchlaßbereiche fast unmittelbar aneinander anschließen, so müßte man wieder sehr konstante und teure Filter mit sehr steilen Dämpfungsanstiegen nehmen. Man hat daher den Abstand der Trägerfrequenzen international auf 120 Hz festgelegt. Bei der modernen Wechselstromtelegraphie im engeren Sinne stellt man den Telegraphierströmen 18 Kanäle zur Verfügung. Man wählt ihre Trägerfrequenzen Ω so, daß sie ungerade Vielfache von 60 Hz sind:

$$\Omega = 2\pi(2n + 1)\,60\,\text{Hz}. \qquad (n \text{ ganz}) \qquad (434.\ 2)$$

Wählt man (wie üblich) $n = 3, 4, \cdots 20$, so ist die tiefste Trägerfrequenz 420 Hz, die höchste 2460 Hz. Voraussetzung ist dabei, daß die Frequenz 2460 Hz noch wirksam übertragen wird. Ist das benutzte Frequenzband das unverschobene Band einer Pupinleitung, so muß deren Grenzfrequenz mit Rücksicht auf die Verzerrungen etwa bei 3500 Hz liegen.

Man nimmt ungerade Vielfache von 60 Hz, damit die ersten Oberfrequenzen. die ja gerade Vielfache von 60 Hz sind, in die Sperrbereiche der Filter fallen,

Da sich die in den einzelnen Telegrammen enthaltenen Frequenzbänder überlappen, dürfen die 18 Telegraphierströme der übertragenden Fernsprechleitung nicht unmittelbar zugeführt werden. Ihre Frequenzbänder müssen vielmehr vorher durch Sendefilter so beschnitten werden, daß ihre Breite im Einklang ist mit der Durchlaßbreite der Empfangsfilter, deren Wertigkeit man zweckmäßigerweise gleich der der Sendefilter macht. Man fordert bei den Filtern der Wechselstromtelegraphie Durchlaßbereiche von etwa 80 Hz Breite.

Die Anzahl der Kanäle ist, wie man sieht, durch die Breite des gesamten zur Verfügung stehenden Frequenzbereichs und die Schrittgeschwindigkeit bestimmt. Da diese festliegt, hängt die Zahl der Kanäle nur von der Breite des zur Verfügung stehenden Frequenzbereichs ab.

Die 18 Trägerfrequenzen werden mit Röhrensendern oder Maschinen („Tonrädern“) erzeugt. Bei Benutzung von Maschinen kann man die einzelnen Trägerschwingungen in der Phase gegeneinander verschieben und dadurch das nichtlineare Nebensprechen verringern. Im Empfänger werden die Wechselstromzeichen nach Siebung und Verstärkung gleichgerichtet (z. B. mit Trockengleichrichtern) und auf die Telegraphenapparate geleitet. Abb. 434. 1 zeigt die Gesamtschaltung (für Blattdruckerempfang).

Mit Rücksicht auf die Beeinflussung benachbarter Fernsprechleitungen und auf die Verzerrung durch Nichtlinearitäten empfiehlt das CCIF für alle Kanäle zusammengenommen eine höchste Leistung von 13,5 mW am Eingang der eigentlichen Fernleitung (d. h. am Ausgang des im Sendeamt liegenden Verstärkers). Dem entspricht in CCI-Einheiten (§ 412) ein Zahlenwert des Leistungspegels von $\ln\sqrt{13{,}5} = 1{,}3$ N. In der Praxis setzt man diesen Wert um $\approx \ln 2$ auf 0,6 N herab. Dann beträgt bei einem Scheinwiderstand der Leitung von 800 Ω der Zahlenwert des Spannungspegels an derselben Stelle nach (412. 6) $0{,}6 + \ln\sqrt{800/600} = 0{,}74$ N (entsprechend $0{,}775\ \mathrm{V}\cdot e^{0{,}74} = 1{,}6$ V) für alle Kanäle und $0{,}74 - \ln 18 = -2{,}1$ N (entsprechend $0{,}775\ \mathrm{V}\cdot e^{-2{,}1} = 91$ mV) für den einzelnen Kanal. Durch eine selbsttätige Pegelregelung muß dafür gesorgt werden[1], daß die Telegraphierströme durch Pegelschwankungen nicht verzerrt werden.

Die Reichweite der Wechselstromtelegraphie ist dadurch begrenzt, daß die Telegraphierströme bei ihrer Übertragung über die Leitungen Verzerrungen er-

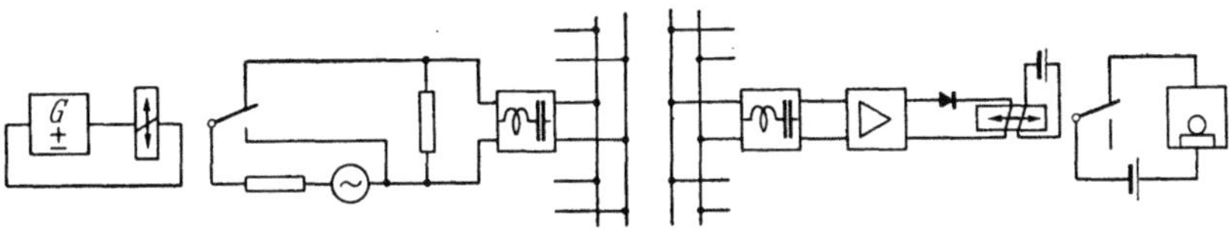

Abb. 434. 1.

leiden. Mit dem 18-Kanalsystem kommt man[2] auf Reichweiten von etwa 1600 km. Die Verstärkerfelddämpfung ist die gleiche wie bei den entsprechenden Vierdraht-Fernsprechleitungen.

Vielfach-Wechselstromtelegraphie ist auch in den verschobenen Bändern der Trägerfrequenztelephonie (z. B. über Freileitungen) möglich. Der hohen Störungen wegen arbeitet man nicht mit Einfachstrom, sondern formt die Telegraphierzeichen ähnlich wie beim Doppelstromverfahren aus 2 Frequenzen, die man abwechselnd sendet. Man tastet bei diesem Verfahren eine verhältnismäßig tiefe Frequenz (z. B. 1,5 kHz) und verschiebt das entstehende Band dann erst mit Hilfe einer hohen Trägerfrequenz. Gleichzeitig können nur 9 Telegramme übertragen werden.

§ 435. Die Mehrfachtelegraphie mit Trägerfrequenzen über Freileitungen (Mittelfrequenztelegraphie, MT) benutzt[3] den Frequenzbereich zwischen der Telephonie im natürlichen Frequenzband und der Mehrfachtelephonie mit Träger-

[1] Das ist nötig, weil die Wechselstromtelegraphie ein Einfachstromverfahren ist. Vgl. Jenß, H.: Tel.- u. Fernspr.-Techn. **22** (1933) S. 249.
[2] Arzmaier, A., und Ebert, A.: Tel.- u. Fernspr.-Techn. **23** (1934) S. 107.
[3] Arzmaier, A., und Zahrt, V.: Fachber. Verb. Dtsch. Elektrot. **9** (1937) S. 201.

frequenzen, also den Bereich zwischen etwa 3 und 10 kHz. Bei diesem Verfahren kann man die einzelnen Trägerschwingungen, die man wegen ihrer hohen Frequenz mit Röhren erzeugen muß, noch unmittelbar tasten, so daß es keiner besonderen Frequenzumsetzung bedarf.

Wie beim Trägerfrequenzfernsprechen über Freileitungen nutzt man die Leitungen nach dem Zweibandverfahren aus.

Als Trägerfrequenzabstand wählt man 240 Hz. Läßt man zwischen den beiden Frequenzbandgruppen und zwischen diesen und den Fernsprechkanälen reichlich bemessene Frequenzlücken, so kann man in dem Bereich zwischen 3 und 7 kHz ohne weiteres 12 Telegraphierkanäle unterbringen, 6 für jede Richtung. So hat man in einem Fall die Trägerfrequenzen (in kHz)

3,30; 3,54; 3,78; 4,02; 4,26; 4,50; 5,70; 5,94; 6,18; 6,42; 6,60; 6,90

benutzt.

Der Störungen wegen sendet man mit hohem Pegel. In den Zwischenverstärkern, die in Entfernungen von 300 · · · 400 km eingeschaltet werden, und im Empfänger muß der Pegel geregelt werden.

Anhang.

Zusammenstellung einiger Rechenregeln.

1. δ und ε seien gegen 1 kleine Zahlen. Dann gilt

   1. 1. $(1 \pm \delta)^n \approx 1 \pm n\delta$;

   1. 2. $(1 \pm \delta)(1 \pm \varepsilon) \approx 1 \pm \delta \pm \varepsilon$;

   1. 3. $\dfrac{1 \pm \delta}{1 \pm \varepsilon} \approx 1 \pm \delta \mp \varepsilon$;

   1. 4. $\sqrt{1 \pm \delta} \approx 1 \pm \dfrac{\delta}{2} - \dfrac{\delta^2}{8}$.

2. Reihenentwicklungen für Exponentialfunktion, Logarithmus und trigonometrische Funktionen:

   2. 1. $e^x = 1 + x + \dfrac{x^2}{2!} + \dfrac{x^3}{3!} + \cdots$;

   2. 2. $\ln(1 + x) = x - \dfrac{x^2}{2} + \dfrac{x^3}{3} - \cdots (-1 < x < 1)$;

   2. 3. $\cos x = 1 - \dfrac{x^2}{2!} + \dfrac{x^4}{4!} - \cdots$;

   2. 4. $\sin x = x - \dfrac{x^3}{3!} + \dfrac{x^5}{5!} - \cdots$;

   2. 5. $\operatorname{tg} x = x + \dfrac{x^3}{3} + \dfrac{2x^5}{15} + \cdots (-90^0 < x < 90^0)$.

3. Es sei $y = Ax + Bx^2 + Cx^3$. Dann ist

$$x = \frac{y}{A} - \frac{B}{A}\left(\frac{y}{A}\right)^2 + \left(2\left(\frac{B}{A}\right)^2 - \frac{C}{A}\right)\left(\frac{y}{A}\right)^3.$$

(Ob die entstehende Reihe konvergiert, muß wenn nötig geprüft werden.)

4. Extrema. u, v seien Funktionen von x; u' und v' ihre Ableitungen. Dann liegen die Extrema von

   4. 1. u^n dort, wo $u' = 0$ (außerdem dort, wo $u^{n-1} = 0$);

   4. 2. $\ln u$ dort, wo $u' = 0$ (außerdem im Unendlichen);

   4. 3. u/v dort, wo $u/v = u'/v'$.

5. Hyperbelfunktionen. Sie sind definiert durch

   5. 1. $\mathfrak{Cos}\, x = \dfrac{e^x + e^{-x}}{2}$, $\mathfrak{Sin}\, x = \dfrac{e^x - e^{-x}}{2}$, $\mathfrak{Tg}\, x = \dfrac{1}{\mathfrak{Ctg}\, x} = \dfrac{\mathfrak{Sin}\, x}{\mathfrak{Cos}\, x}$.

Der Hyperbelkosinus reellen Arguments ist nach Definition mindestens gleich $+1$; mit steigendem positivem oder negativem Argument wird $\mathfrak{Cos}\, x \approx \pm\, \mathfrak{Sin}\, x$.

Aus 5. 1 ergeben sich die Rechenregeln:

5. 2. $\mathfrak{Cof}\, x \pm \mathfrak{Sin}\, x = e^{\pm x}$ (entspricht dem „Eulerschen Lehrsatz“);

5. 3. $\mathfrak{Cof}^2 x - \mathfrak{Sin}^2 x = 1$ (folgt unmittelbar aus 5. 2);

5. 4. $\mathfrak{Cof}\, j x = \cos x, \qquad \cos j x = \mathfrak{Cof}\, x,$

$\mathfrak{Sin}\, j x = j \sin x, \qquad \sin j x = j\, \mathfrak{Sin}\, x;$

5. 5. $\mathfrak{Cof}\, x = 1 + \frac{x^2}{2!} + \frac{x^4}{4!} + \cdots,$

$\mathfrak{Sin}\, x = x + \frac{x^3}{3!} + \frac{x^5}{5!} + \cdots,$

$\mathfrak{Tg}\, x = x - \frac{x^3}{3} + \frac{2x^5}{15} - \cdots;$

5. 6. $\frac{d}{dx} \mathfrak{Cof}\, x = \mathfrak{Sin}\, x, \qquad \frac{d}{dx} \mathfrak{Sin}\, x = \mathfrak{Cof}\, x;$

5. 7. $\mathfrak{Sin} \ln x = \frac{1}{2}\left(x - \frac{1}{x}\right), \qquad \mathfrak{Cof} \ln x = \frac{1}{2}\left(x + \frac{1}{x}\right), \qquad \mathfrak{Tg} \ln x = \frac{x^2 - 1}{x^2 + 1}.$

6. Additionstheoreme der Hyperbelfunktionen und Folgerungen daraus:

6. 1. $\mathfrak{Cof}\,(x \pm y) = \mathfrak{Cof}\, x\, \mathfrak{Cof}\, y \pm \mathfrak{Sin}\, x\, \mathfrak{Sin}\, y,$

$\mathfrak{Sin}\,(x \pm y) = \mathfrak{Sin}\, x\, \mathfrak{Cof}\, y \pm \mathfrak{Cof}\, x\, \mathfrak{Sin}\, y;$

6. 2. $2\,\mathfrak{Cof}\, x\, \mathfrak{Cof}\, y = \mathfrak{Cof}\,(x + y) + \mathfrak{Cof}\,(x - y),$

$2\,\mathfrak{Sin}\, x\, \mathfrak{Sin}\, y = \mathfrak{Cof}\,(x + y) - \mathfrak{Cof}\,(x - y),$

$2\,\mathfrak{Sin}\, x\, \mathfrak{Cof}\, y = \mathfrak{Sin}\,(x + y) + \mathfrak{Sin}\,(x - y),$

$2\,\mathfrak{Cof}\, x\, \mathfrak{Sin}\, y = \mathfrak{Sin}\,(x + y) - \mathfrak{Sin}\,(x - y);$

6. 3. $\mathfrak{Cof}\, 2x + 1 = 2\,\mathfrak{Cof}^2 x, \qquad \mathfrak{Cof}\, 2x - 1 = 2\,\mathfrak{Sin}^2 x;$

6. 4. $\mathfrak{Sin}\, 2x = 2\,\mathfrak{Sin}\, x\, \mathfrak{Cof}\, x.$

7. Logarithmus einer komplexen Größe:

$\ln (r \angle \varphi) = \ln r + j \varphi.$

8. Konjugierte Größen. Es sei $\mathfrak{A} = A + jA' = |\mathfrak{A}| \angle \alpha$; $\mathfrak{A}^* = A - jA' = |\mathfrak{A}| \angle -\alpha$; dann gilt:

8. 1. $\mathfrak{A}\,\mathfrak{A}^* = |\mathfrak{A}|^2;$

8. 2. $\mathfrak{A} + \mathfrak{A}^* = 2A, \qquad \mathfrak{A} - \mathfrak{A}^* = 2jA'.$

Aus 6. 2 und 5. 4 ergibt sich daher

8. 3. $2\,\mathfrak{Cof}\,\mathfrak{A}\,\mathfrak{Cof}\,\mathfrak{A}^* = \mathfrak{Cof}\, 2A + \cos 2A',$

$2\,\mathfrak{Sin}\,\mathfrak{A}\,\mathfrak{Sin}\,\mathfrak{A}^* = \mathfrak{Cof}\, 2A - \cos 2A',$

$2\,\mathfrak{Sin}\,\mathfrak{A}\,\mathfrak{Cof}\,\mathfrak{A}^* = \mathfrak{Sin}\, 2A + j \sin 2A',$

$2\,\mathfrak{Cof}\,\mathfrak{A}\,\mathfrak{Sin}\,\mathfrak{A}^* = \mathfrak{Sin}\, 2A - j \sin 2A';$

8. 4. $\mathfrak{Tg}\,\mathfrak{A} = \frac{\mathfrak{Sin}\, 2A + j \sin 2A'}{\mathfrak{Cof}\, 2A + \cos 2A'} = \sqrt{\frac{\mathfrak{Cof}\, 2A - \cos 2A'}{\mathfrak{Cof}\, 2A + \cos 2A'}} \angle \operatorname{arc\,tg} \frac{\sin 2A'}{\mathfrak{Sin}\, 2A},$

$\mathfrak{Ctg}\,\mathfrak{A} = \frac{\mathfrak{Sin}\, 2A - j \sin 2A'}{\mathfrak{Cof}\, 2A - \cos 2A'} = \sqrt{\frac{\mathfrak{Cof}\, 2A + \cos 2A'}{\mathfrak{Cof}\, 2A - \cos 2A'}} \angle -\operatorname{arc\,tg} \frac{\sin 2A'}{\sin 2A}.$

9. **Potenzen trigonometrischer Funktionen.** Sie ergeben sich aus 8.2 (mit $\mathfrak{A} = \underline{/x}$) und dem binomischen Lehrsatz:

9.1. n gerade:

$$\cos^n x = \frac{1}{2^{n-1}}\left\{\cos n x + \binom{n}{1}\cos((n-2)x) + \binom{n}{2}\cos((n-4)x) + \cdots \right.$$
$$\left. + \binom{n}{\frac{n-2}{2}}\cos 2x + \frac{1}{2}\binom{n}{\frac{n}{2}}\right\},$$

$$\sin^n x = \frac{(-1)^{\frac{n}{2}}}{2^{n-1}}\left\{\cos n x - \binom{n}{1}\cos((n-2)x) + \binom{n}{2}\cos((n-4)x) - \cdots \right.$$
$$\left. + (-1)^{\frac{n}{2}-1}\binom{n}{\frac{n-2}{2}}\cos 2x + (-1)^{\frac{n}{2}}\frac{1}{2}\binom{n}{\frac{n}{2}}\right\};$$

9.2. n ungerade:

$$\cos^n x = \frac{1}{2^{n-1}}\left\{\cos n x + \binom{n}{1}\cos((n-2)x) + \binom{n}{2}\cos((n-4)x) + \cdots \right.$$
$$\left. + \binom{n}{\frac{n-3}{2}}\cos 3x + \binom{n}{\frac{n-1}{2}}\cos x\right\},$$

$$\sin^n x = \frac{(-1)^{\frac{n-1}{2}}}{2^{n-1}}\left\{\sin n x - \binom{n}{1}\sin((n-2)x) + \binom{n}{2}\sin((n-4)x) + \cdots \right.$$
$$\left. + (-1)^{\frac{n-3}{2}}\binom{n}{\frac{n-3}{2}}\sin 3x + (-1)^{\frac{n-1}{2}}\binom{n}{\frac{n-1}{2}}\sin x\right\}.$$

10. $\underline{/a + b\,\underline{/\varphi}} = \mathrm{e}^{-b\sin\varphi}\,\underline{/a + b\cos\varphi}\,.$

11. $\int \mathrm{e}^{(a+\mathrm{j}b)x}\,\mathrm{d}x = \frac{\mathrm{e}^{(a+\mathrm{j}b)x}}{a+\mathrm{j}b} + C = \int \mathrm{e}^{ax}(\cos bx + \mathrm{j}\sin bx)\,\mathrm{d}x;$

also ist:

$$\int \mathrm{e}^{ax}\cos bx\,\mathrm{d}x = \frac{\mathrm{e}^{ax}}{a^2+b^2}(a\cos bx + b\sin bx) + C,$$

$$\int \mathrm{e}^{ax}\sin bx\,\mathrm{d}x = \frac{\mathrm{e}^{ax}}{a^2+b^2}(a\sin bx - b\cos bx) + C.$$

12. $a\cos x + b\sin x = \sqrt{a^2+b^2}\cos\left(x - \operatorname{arctg}\frac{b}{a}\right).$

Zusammenstellung der benutzten Zeichen.

Die Liste enthält im wesentlichen Zeichen, die so oft vorkommen, daß ihre Bedeutung nicht jedesmal von neuem erklärt werden kann. Die Zahlen bedeuten die Nummern der Paragraphen, in denen man eine Erläuterung findet.

a Abstand; Winkelmaß (158); Röhrenkonstante (299); Amplitudenhub (398).

b (Wellen-)Dämpfungsmaß (158); b_{st} zusätzliche Stoßdämpfung (174); $\mathbf{b}$ Betriebsdämpfung (175); b_r, b_g Widerstands-, Ableitungsdämpfung (236); b_1 (236); b_n Nebensprechdämpfung (267); b_{n0} Grundwert (419).

c Schallgeschwindigkeit (275); Phasenhub (401).

d Dicke, Durchmesser.

e elektromotorische Kraft, Augenblickswert (96); $\hat{e}$ Scheitelwert (96); e Elektronenladung (29).

f Frequenz (53); Füllfaktor (78); f_0 Grenzfrequenz (234).

h Höhe; Hysteresebeiwert (248).

i Stromstärke, Augenblickswert (79); $\hat{i}$ Scheitelwert eines Wechselstroms (79); i_g, i_a, i_k Gitter-, Anoden-, Kathodenstrom (296); i_{max} höchster Augenblickswert eines Mischstroms (320).

$k = \sqrt{\mathfrak{K}_1 \mathfrak{K}_2}$ (166); bezogene Kopplung (267); k_{12}, $k_{1\varphi}$, $k_{2\varphi}$ elektrische bezogene Kopplungen in einem Vierer (262, 263); k Klirrfaktor (307); Boltzmannsche Konstante (314, 420).

m magnetische bezogene Kopplung (264); m_{12}, $m_{1\varphi}$, $m_{2\varphi}$ in einem Vierer; m Zobelscher Faktor (347, 357); $= k/R_e$ (363); Modulationsgrad (400); Zahl der Verstärkerfelder (422).

n Schreibgeschwindigkeit (131); Windungsverhältnis (196); Nachwirkungsbeiwert (248).

$p = l_L/(\mu_0 l)$ (74); Druck (273); $\hat{p}$ Scheitelwert des Schalldrucks (276); $p = \delta + \mathrm{j}\,\omega$ Heavisidescher Parameter (377); Pegel, Leistungspegel (412); p_u Spannungspegel (412).

q Frequenzhub (399).

s Ausschlag; Spulen-, Kreuzungsabstand (234, 268); (logarithmische) Verstärkung (301); $\mathbf{s}$ Betriebsverstärkung (321).

t Zeit; t_0 Gruppenlaufzeit (226).

u Spannung, Augenblickswert (53); $\hat{u}$ Scheitelwert einer Wechselspannung (53); Koordinate (180); Schnelle (274); u_g, u_a Gitter-, Anodenspannung (296).

v Koordinate (180); Phasengeschwindigkeit (224); $\bar{v}$ Gruppengeschwindigkeit (226); v Geschwindigkeit eines Elektrons (295).

w Windungszahl (68); Wirbelstrombeiwert (248).

x Koordinate; $= \mathfrak{Ar}\,\mathfrak{Sin}\,(\eta/b_1)$ (237); $x_{12} \cdots$ Teilkapazitäten (262); Augenblickswert einer schwingenden Größe (398).

y Koordinate; Augenblickswert einer schwingenden Größe (398).

A Amplitude einer Trägerschwingung (398); A_L magnetischer Leitwert (78).

C Kapazität (48); je Längeneinheit (209); C_{12} Kopplungskapazität je Längeneinheit (254); C_{ga} Gitteranodenkapazität (318).

D Beiwert der Rückstellkraft (288); Durchgriff (296).
E Elektromotorische Kraft (1); E_a der Anodenstromquelle (300).
G Leitwert (2); je Längeneinheit (209); magnetischer Leitwert (191); G_i innerer Leitwert (24, 298).
I Strom (1); Gleichanteil eines Mischstroms (287, 299); I^k Kurzschlußstrom (15); I_a Gleichanteil des Anodenstroms.
K Röhrenkonstante (295); K_h Hysteresekonstante (249).
L Induktivität (81); je Längeneinheit (209); L_0 für schwachen magnetisierenden Strom (248); L_{12} Gegeninduktivität (81); Kopplungsinduktivität je Längeneinheit (255).
M Masse eines Mols (273); elektromechanischer Kopplungsfaktor (288).
N Leistung (35); Zahl der Windungen je Längeneinheit (249); N_a Anodengleichleistung (305).
Q Elektrizitätsmenge (1).
R Widerstand, Wirk- (2); je Längeneinheit (209); Gaskonstante (273); R_i innerer Widerstand (15, 298); R_n, R_h, R_w Nachwirkungs-, Hysterese-, Wirbelstromwiderstand (248); R_0, R Verbraucherwiderstand für Gleich- und Wechselstrom (300).
S Steilheit (298).
T Schwingungsdauer (53); Temperatur, absolute (273).
U Spannung (10); U^l Leerlaufspannung (15); U_0 Temperaturspannung (304); U_g, U_a, U_s Gitter-, Anoden-, Schirmgitter-Gleichspannung (299, 316); U Frequenzmaß (363).
W Energie (51).
X Blindwiderstand (101); X_1 Längs-, X_2 Quer- (185); X^k, X^l Kurzschluß-, Leerlauf- (184).
$Z = \sqrt{L/C}$ (110).

$\mathfrak{g}$ Übertragungsmaß (158, 159).
$\mathfrak{i}$ Wechselanteil eines Mischstroms (287, 299).
$\mathfrak{k} = \sqrt{-\mathrm{j}\varkappa\mu_0\omega}$ (266).
$\mathfrak{p}$ komplexer Schalldruck (276).
$\mathfrak{r}$ hyperbolisches Anpassungsmaß (187); $\mathfrak{r}_a$, $\mathfrak{r}_e$ (187); $\mathfrak{r}_1$, $\mathfrak{r}_2$ (188).
$\mathfrak{s}$ Symmetriefaktor eines Vierpols (159); $\mathfrak{s}_L$ Leistungssymmetriefaktor (159).
$\mathfrak{u}$ Wechselanteil einer Mischspannung (299); Übersetzung; $\mathfrak{u}_1$ der Leerlaufspannung (154); $\mathfrak{u}_2$ des Stroms (153).
$\mathfrak{v}$ Übersetzung; Spannungsverstärkung (301); $\mathfrak{v}_2$ Spannungsübersetzung (157); $\mathfrak{v}_0$ Spannungsverstärkung bei Unterbrechung des Rückkopplungswegs (328).

$\mathfrak{A} = |\mathfrak{A}| \angle{-a}$ Übertragungsfaktor (384).
$\mathfrak{B}$ magnetische Induktion (59).
$\mathfrak{D}$ elektrische Verschiebung (43).
$\mathfrak{E}$ elektrische Feldstärke (28); komplexe elektromotorische Kraft (100).
$\mathfrak{G}$ komplexer Leitwert (106).
$\mathfrak{H}$ magnetische Feldstärke (66).
$\mathfrak{J}$ Magnetisierung (69); komplexer Strom (100); $\mathfrak{J}_1$, $\mathfrak{J}_2$ beim Vierpol (148); $\mathfrak{J}_a$ komplexer Anodenstrom (299).
$\mathfrak{K}$ Rückkopplungsfaktor (328).
$\mathfrak{L}$ komplexer Leitwert; $\mathfrak{L}_1^k$, $\mathfrak{L}_2^k$ Kurzschlußleitwerte (149).
$\mathfrak{M}$ Leerlauf-Kernwiderstand (149); $\mathfrak{M}_1^l$, $\mathfrak{M}_2^l$ beim allgemeinen Vierpol (149).
$\mathfrak{N}$ Wechselleistung (305); Scheinwiderstand einer Nachbildung (323).
$\mathfrak{P}$ Rückkopplungsprodukt (333).

$\mathfrak{R}$ komplexer Widerstand (100); bei Stern-, Dreiecks-, Kreuz-, Brückensternschaltung: $\mathfrak{R}_1$ Längs-, $\mathfrak{R}_2$ Querwiderstand (163, 165, 166, 168); $\mathfrak{R}_0$ dritter Widerstand der symmetrischen Brückensternschaltung (168); $\mathfrak{R}_i$, $\mathfrak{R}$ Widerstand der Stromquelle, des Verbrauchers (107); $\mathfrak{R}_a$, $\mathfrak{R}_e$ dasselbe beim Vierpol (153, 154); $\mathfrak{R}_g$, $\mathfrak{R}_i$ Eingangs- und Ausgangswiderstand eines Verstärkers (323).

$\mathfrak{U}$ komplexe Spannung (102); $\mathfrak{U}_1$, $\mathfrak{U}_2$ beim Vierpol (148); $\mathfrak{U}_g$, $\mathfrak{U}_a$, $\mathfrak{U}$ bei der Röhre (299, 300); $\bar{\mathfrak{U}}_g$ rückgekoppelte Gitterspannung (328).

$\mathfrak{W}$ komplexer Scheinwiderstand; $\mathfrak{W}_1$, $\mathfrak{W}_2$ beim Vierpol (156); $\mathfrak{W}_1^l$, $\mathfrak{W}_2^l$ Leerlauf- (149); $\mathfrak{W}_1^k$, $\mathfrak{W}_2^k$ Kurzschluß- (149); $\mathfrak{W}$ Stammfunktion (379).

$\mathfrak{Z}$ Wellenwiderstand (149, 275); $\mathfrak{Z}_1$, $\mathfrak{Z}_2$ äußere Wellenwiderstände (160); $\mathfrak{Z}_1$, $\mathfrak{Z}_2$ Wellenwiderstände der störenden und der gestörten Leitung (253).

α bezogenes Winkelmaß (172); α_i, α_u Strom-, Spannungsaussteuerung (308, 310).

β bezogenes Dämpfungsmaß (172); β_1 (237).

γ bezogenes Übertragungsmaß (172); Exponent (bei der Röhre) (295); $= G/C$ (360).

δ Verlustwinkel (54, 211); Verzögerung der magnetischen Induktion gegen die magnetische Feldstärke (195).

ε Dielektrizitätskonstante (46); ε_0 des leeren Raums (46); ε, ε_m Verlustgrößen (195); ε Verlustwinkel (211); Aussteuerungsgrad (320); abgegriffener Bruchteil (336).

η Verhältnis der Frequenz zu einer ausgezeichneten Frequenz (110).

ϑ Dicke der gleichwertigen Leitschicht (84); Dämpfungswinkel (110); Wirbelstromkonstante (195); Fehler (188); ϑ_1, ϑ_2, ϑ_a, ϑ_e (188).

$\varkappa$ Leitfähigkeit (6); Kopplungsgrad (82); Filterparameter (verschieden definiert).

λ Wellenlänge (225).

μ Permeabilität (67); Verstärkungsfaktor (300); μ_0 Permeabilität des leeren Raums (67); μ_A Anfangspermeabilität (73); μ_{rev} reversible (70).

ν Rayleighsche Hysteresekonstante (73).

$\xi = x/l$ Abstandsmaß (227); Frequenzmaß (355, 359).

ϱ Drahtradius; Dichte (273); $= R_i/(R_i + R)$ (307); $= R/L$ (360).

σ Streugrad (82); $= R/L + G/C$ (360).

τ Zeitkonstante (127); τ_1 erste, τ_2 zweite (134); τ_0 Schrittdauer (130); τ Aufbaudauer, Einschwingzeit (389).

φ Nullphasenwinkel (53); Füllfaktor (248); $\varphi(t)$ Übergangsfunktion (383); Nullphasenwinkel der modulierenden Schwingung (398).

ω Kreisfrequenz (53); ω_e Eigen- (136); ω_0 Grenzfrequenz der Pupinleitung (234); ω_1, ω_2 Grenzfrequenzen beim Übertrager und beim Verstärker (202, 317); ω_m mittlere Frequenz (197, 355, 356, 359, 367, 368); ω modulierende Frequenz (398).

Φ magnetischer Fluß (71).

Ω normierte Frequenz (355, 369, 371); geschaltete Frequenz (383); Trägerfrequenz (398); Ω_1, Ω_2 Seitenfrequenzen, Frequenzen der Komponenten bei der Schwebung (402, 403).

---

g_l Massengramm (272); g_p Kraftgramm (28).

grd Temperaturgrad (273).

$\angle$ Versorfunktion (98).

$|\ |$ Betrag.

$(\ )^*$ konjugierter Wert (106).

Sachverzeichnis.

Die Zahlen bedeuten die Nummern der Paragraphen.

GPSR Compliance

The European Union's (EU) General Product Safety Regulation (GPSR) is a set of rules that requires consumer products to be safe and our obligations to ensure this.

If you have any concerns about our products, you can contact us on ProductSafety@springernature.com

In case Publisher is established outside the EU, the EU authorized representative is:

Springer Nature Customer Service Center GmbH
Europaplatz 3
69115 Heidelberg, Germany

Batch number: 10683525

Printed by Printforce, the Netherlands